INTERNATIONAL
THOMSON
PUBLISHING

International Thomson Publishing

Informatik Lehrbuch-Reihe

Herausgegeben von:

Prof. Dr. Bernd Mahr
Technische Universität Berlin
e-mail: `mahr@cs.tu-berlin.de`

Prof. Dr. Alexander Schill
Technische Universität Dresden
e-mail: `schill@freia.inf.tu-dresden.de`

Prof. Dr. Gottfried Vossen
Westfälische Wilhelms-Universität Münster
e-mail: `vossen@uni-muenster.de`

Alfred V. Aho , Jeffrey D. Ullman

Informatik

Datenstrukturen und Konzepte der Abstraktion

Deutsche Übersetzung und Bearbeitung von Mechthild Boré

An International Thomson Publishing Company

Bonn • Albany • Belmont • Boston • Cincinnati • Detroit • Johannesburg • London
Madrid • Melbourne • Mexico City • New York • Paris • Singapore • Tokyo

INTERNATIONAL THOMSON PUBLISHING

Die deutsche Bibliothek - Cip Einheitsaufnahme

Aho, Alfred V.:
Informatik : Datenstrukturen und Konzepte der Abstraktion /
Alfred V. Aho ; Jeffrey D. Ullman
- 1. Aufl. - Bonn; Albany [u.a.] : Internat. Thomson Publ. 1996
NE: Ullman, Jeffrey D.

1. Auflage 1996

Die Originalausgabe erschien 1992 unter dem Titel:
Foundations of Computer Science

First published in the United States by
Computer Science Press, an imprint of W. H. Freeman and Company, New York

Herausgeber
Prof. Dr. Bernd Mahr, Technische Universität Berlin
Prof. Dr. Alexander Schill, Technische Universität Dresden
Prof. Dr. Gottfried Vossen, Westfälische Wilhelms-Universität Münster

Übersetzerin
Mechthild Boré, Rauenberg

Satz
EDV-Satz Reemers, Krefeld

Belichtung
Wolfram‘s Doku-Werkstatt, Attenkirchen

Umschlaggestaltung
Justo Garcia Pulido, Bonn

Farbreproduktionen
ImagingService Flöer, Bonn

Produktion
TYP*isch* Müller, München

Druck und buchbinderische Verarbeitung
Kösel, Kempten

Printed in Germany

Inhaltsverzeichnis

Vorwort

Dieses Buch entstand aus dem Wunsch von uns und anderen heraus, die Entwicklung der Kernveranstaltung in der Informatik voranzutreiben. Als Reaktion auf die einführende Lehrveranstaltung in die Wissenschaft der Informatik, die im „Denning Report" vorgestellt wurde (Denning, P. J, D. E. Comer, D. Gries, M. C. Mulder, A. Tucker, J. Turner und P. R. Young, „Computing as a Discipline", *Comm.* ACM **32**:1, S. 9 - 23, Januar 1989), haben viele Fachbereiche im Land ihren Lehrplan überarbeitet. Dieser Bericht lenkt die Aufmerksamkeit auf drei Arbeitsmethodiken und -prozesse – die Theorie, die Abstraktion und den Entwurf – und erachtet sie als grundlegend für das Grundstudium in dieser Disziplin. Vor kurzem nahm der Bericht *Computing Curricula* 1991 der gemeinsamen *ACM/IEEE-CS Curriculum Task Force* den Denning Report wieder auf und stellte die immer wiederkehrenden Schlüsselkonzepte heraus, die grundlegend für die Informatik sind. Dazu zählen insbesondere: konzeptuelle und formale Modelle, Effizienz und Abstraktionsebenen. Inhaltlich fassen diese beiden Berichte das zusammen, was wir mit diesem Buch versuchen, dem Studierenden anzubieten.

Ziele

Dieses Buch basiert auf den Aufzeichnungen für eine Lehrveranstaltung in Stanford – genannt CS109: *Einführung in die Informatik* – die mehrere Ziele verfolgt. Das erste Ziel ist, Anfängern im Hauptfach Informatik eine solide Grundlage für weitere Studien zu vermitteln. Die Informatik gewinnt aber in viel weiteren Bereichen wissenschaftlicher und Ingenieursdisziplinen mehr und mehr an Bedeutung. Ein zweites Ziel besteht daher darin, denjenigen Studenten, die keine weiterführenden Lehrveranstaltungen in Informatik besuchen wollen, die konzeptionellen Werkzeuge, die dieser Bereich bietet, zur Verfügung zu stellen. Als letztes, umfassendes Ziel sollen die Studenten nicht nur Aspekte der Programmierung kennenlernen, sondern auch auf die intellektuell reichhaltigen Grundlagen dieses Bereiches aufmerksam gemacht werden.

Informatik - Datenstrukturen und Konzepte der Abstraktion enthält Material, das heutzutage üblicherweise aufgespalten wird in eine Lehrveranstaltung über diskrete Mathematik und eine Informatik-Reihe für Studenten im 2. Jahr, die Themen wie Datenstrukturen oder Rechnerorganisation behandelt. Unsere Absicht war es, die mathematischen Grundlagen mit einem Blick darauf auszuwählen, was der Benutzer eines Computers tatsächlich benötigt, und nicht darauf, was ein Mathematiker vielleicht gewählt hätte. Wir haben also versucht, die mathematischen Grundlagen effektiv auf die Informatik abzustimmen, in der Hoffnung, auf diese Weise ein besseres Gefühl für das Wesen der Informatik zu vermitteln, als dies vielleicht in einem Programmierkurs, einer Lehrveranstaltung über diskrete Mathematik oder einer Lehrveranstaltung in einem Teilgebiet der Informatik der Fall wäre. Wir hoffen, daß alle Wissenschaftler und Ingenieure im Laufe der Zeit eine Grundlagenveranstaltung besuchen, die mit der in Stanford angebotenen vergleichbar ist, auf der dieses Buch basiert. Wir hoffen, daß eine derartige Lehrveranstaltung in der Informatik ebenso zum Standard wird, wie es vergleichbare Lehrveranstaltungen in der Analysis und der Physik sind.

Voraussetzungen

In Stanford und anderen Universitäten, wie der Universität von Waterloo, der Boise State Universität und der Montana State Universität, wo Vorveröffentlichungen dieses Buches zum Einsatz kamen, besuchten den Kurs sowohl Studenten im ersten Jahr, als auch Graduierte, die zumeist bereits über einige Pascal-Programmiererfahrung verfügten. Die Studenten im ersten Jahr haben normalerweise im *Computer Science Advanced Placement Test* gute Ergebnisse erzielt. Studenten, die über etwas Programmiererfahrung verfügen und die sich bereits mit fortgeschrittenen Ideen befaßt haben, wie rekursiven Prozeduren und der Datenstruktur der verketteten Liste, werden gut mit dem Programmierstoff dieses Buches zurechtkommen. Wir setzen kein weiteres Hintergrundwissen voraus.

Möglicher Aufbau von Grundlagenveranstaltungen in Informatik

Entsprechend einem traditionellen Informatik-Lehrplan verbindet dieses Buch eine erste Lehrveranstaltung in Datenstrukturen – das heißt eine „CS2“-Lehrveranstaltung – mit einer Lehrveranstaltung in diskreter Mathematik. Wir halten diese Verbindung dieser Themen aus zweierlei Gründen für sehr erstrebenswert:

1. Sie unterstützt die Motivation für die Mathematik, indem der Bezug zur Informatik hergestellt wird.

2. Die Informatik und die Mathematik unterstützen sich gegenseitig. Einige Beispiele sind die Art und Weise, wie rekursive Programmierung und mathematische Induktion zusammenhängen in Kapitel 2 und wie die Unterscheidung freier/gebundener Variablen für die Logik mit dem Gültigkeitsbereich einer Variablen in einer Prozedur verwandt ist in Kapitel 14.

Dieses Buch läßt sich auf vielfache Weise in der Lehre einsetzen.

Eine Lehrveranstaltung über zwei Quartale

Die CS109-Reihe in Stanford ist typisch für das, was in zwei Quartalen durchführbar ist. Im ersten Quartal der Lehrveranstaltung, CS109A, behandeln wir die Kapitel 1 bis 3 und 5 bis 8. In keinem der Quartale befassen wir uns mit Kapitel 4 über Rechnerorganisation, da dieses Thema im Lehrplan von Stanford an anderer Stelle behandelt wird. CS109A deckt demnach drei wichtige Gebiete ab:

1. *Rekursion und Induktion* (Kapitel 2) ungefähr 25 %. Den Studenten wird beigebracht, daß mathematische Induktion und rekursive Programmierung in einer Vielzahl von Anwendungen natürliche, mächtige Werkzeuge darstellen.

2. *Analyse von Algorithmen* (Kapitel 3), ungefähr 25 %. Wir nehmen dieses Thema in diesem Buch sehr ernst und versuchen ein Rezept zu erstellen, nach dem die Laufzeit von Programmen ermittelt werden kann. Wir gehen nicht soweit, untere Schranken zu behandeln und bevorzugen hier eine informelle Notation von „einfachen und dichten“ oberen Schranken der Laufzeit.

3. *Grundlegende Datenmodelle* (Kapitel 5 bis 8), ungefähr 50 %. In diesem Teil der Lehrveranstaltung befassen wir uns mit grundlegenden Datenstrukturen für Listen, Bäume und Menge, während wir dem Leser gleichzeitig das notwendige mathematische Hintergrundwissen, wie die elementaren Theorien von Mengen und Relationen, vermitteln. Desweiteren befassen wir uns mit fundamentalen Themen in bezug auf Algorithmen, von binärer Suche bis „Divide-and-Conquer“.

In CS109B lehren wir folgendes:

1. *Graphentheorie und Algorithmen* (Kapitel 9), ungefähr 25 %. Hier lernt der Student eine Reihe wichtiger, weit verbreiteter Algorithmen und bekommt ein Verständnis für einige der Punkte, die man bei der Auswahl eines Algorithmus berücksichtigen sollte. Die Inhalte sind vermischt mit elementaren Definitionen von Graphen und deren Eigenschaften, die beim Problemlösen nützlich sind.

2. *Mustersuche und -verarbeitung* (Kapitel 10 und 11), ungefähr 35 %. Eine Reihe fundamentaler Modelle – Automaten, reguläre Ausdrücke und Grammatiken – werden vorgestellt. Den Studenten wird gezeigt, wie Abstraktionen, wie reguläre Ausdrücke und kontextfreie Grammatiken, als high-level Programmierwerkzeuge bei Anwendungen wie dem String-Matchen und dem Parsieren eingesetzt werden können.

3. *Logik* (Kapitel 12 bis 14), ungefähr 40 %. Wir beginnen mit der Aussagenlogik und verwenden sie, um eine Reihe grundlegender Ideen zu erklären: Beweise, Entwurf (einfacher) logischer Ausdrücke und Beweisregeln (z. B. Beweis durch Kontraposition). Die Konzepte werden beim Entwurf digitaler Schaltungen eingesetzt. Gleichzeitig heben wir hervor, auf welche Weise Entwickler von Schaltkreisen ebenso wie von Programmen algorithmische Paradigmen, wie Divide-and-Conquer, benutzen können. Wir führen zudem die Resolution als Beweisverfahren ein und erklären deren Mächtigkeit. Zum Schluß behandeln wir viele dieser Themen noch einmal für die Prädikatenlogik (Logik erster Stufe).

Eine ganzjährige Lehrveranstaltung

Da die Stanford Quartale ziemlich lang sind, könnte der oben genannte Vorschlag durchaus auch in zwei Semestern behandelt werden. Auch würden wir anregen, das Material aus Kapitel 4 einzuschließen, wenn es sich mit dem Lehrplan vereinbaren läßt.

Eine einsemestrige Lehrveranstaltung in der Art wie „CS2"

Es ist möglich, dieses Buch für eine einsemestrige Lehrveranstaltung zu verwenden und dabei viele der Themen abzudecken, die auch in einer „CS2"-Vorlesung vorkommen. Natürlich enthält dieses Buch viel zu viel Material, als daß es in einem Semester abgehandelt werden könnte. Wir empfehlen deshalb folgendes:

1. *Rekursive Algorithmen und Programme* in Abschnitt 2.7 und 2.8.

2. *O-Analyse und Laufzeit von Programmen*: alles aus Kapitel 3 mit Ausnahme des Abschnitts 3.11 über das Lösen von Rekurrenzbeziehungen. Ist noch Zeit übrig, kann der Dozent die Abschnitte 4.8 bis 4.10 über die Beziehung zwischen Maschinenbefehlen und der Laufzeit von Pascal-Programmen behandeln.

3. *Bäume* in den Abschnitten 5.2, 5.3, 5.4, 5.6 und 5.8 bis 5.11.

4. *Listen*: das gesamte Kapitel 6. Manche mögen es vorziehen, die Listen vor den Bäumen zu behandeln, was der traditionelleren Vorgehensweise entspräche. Wir erachten Bäume als elementarer, es ist aber nicht schlimm,

die Reihenfolge zu vertauschen. Die einzige wichtige Abhängigkeit in Kapitel 6 betrifft den abstrakten Datentyp des „Wörterbuches“ (eine Menge mit den Operationen *insert*, *delete* und *lookup*), der in Abschnitt 5.8 als ein Konzept in Verbindung mit binären Suchbäumen eingeführt wird.

5. *Mengen und Relationen*. Datenstrukturen für Mengen und Relationen werden in den Abschnitten 7.2 bis 7.9 und 8.2 bis 8.6 hervorgehoben.
6. *Graphalgorithmen* werden in den Abschnitten 9.2 bis 9.9 behandelt.

Eine einsemestrige Lehrveranstaltung über diskrete Mathematik

In einer einsemestrigen Lehrveranstaltung über mathematische Grundlagen könnte der Dozent folgende Themen abdecken:

1. *Mathematische Induktion und rekursive Programme* in Kapitel 2.
2. *O-Analyse, Laufzeit und Rekurrenzbeziehungen* in den Abschnitten 3.4 bis 3.11.
3. *Mathematische Aspekte von Bäumen* in den Abschnitten 5.2 bis 5.6.
4. *Mathematische Aspekte von Mengen* in den Abschnitten 7.2, 7.3, 7.7, 7.10 und 7.11.
5. *Die Relationenalgebra* in den Abschnitten 8.2, 8.7 und 8.9.
6. *Graphalgorithmen und Graphentheorie* in Kapitel 9.
7. *Automaten und reguläre Ausdrücke* in Kapitel 10.
8. *Kontextfreie Grammatiken* in den Abschnitten 11.2 bis 11.4.
9. *Aussagen- und Prädikatenlogik* in Kapitel 12 bzw. Kapitel 14.

Merkmale dieses Buches

Um den Studierenden bei der Erarbeitung der Inhalte zu unterstützen, haben wir die folgenden Lernhilfen eingebaut:

1. Jedes Kapitel enthält einen Umriß am Anfang und eine Zusammenfassung am Ende, worin die wichtigsten Punkte hervorgehoben werden.
2. „Einwürfe“ werden vom Text durch doppelte Linien getrennt. Diese kurzen Anmerkungen dienen mehreren Zwecken:
   - Einige sind Erweiterungen des Textes oder behandeln wichtige Punkte über den Entwurf von Programmen und Algorithmen.
   - Andere sind zur Zusammenfassung oder Hervorhebung von Punkten, die im umliegenden Text angesprochen werden.

- Einige werden verwendet, um Beispiele *trügerischer* Argumente zu geben. Wir hoffen, daß die Trennung vom Text auf diese Weise mögliche Fehlinterpretationen (Mißdeutungen) dieser Punkte verhindert.
- Einige enthalten kurze Einführungen in wichtige Themen, wie die Unentscheidbarkeit oder die Geschichte des Computers, denen wir am liebsten einen ganzen Abschnitt gewidmet hätten.

3. Die meisten Abschnitte enden mit Übungen. Es gibt mehr als 600 Übungen, die sich auf die einzelnen Abschnitte verteilen. Davon sind ungefähr 30 % mit einem einzelnen Sternchen markiert, was besagt, daß man etwas mehr nachdenken muß als bei den Übungen ohne Sternchen. Ungefähr 10 % der Übungen haben zwei Sternchen, sie stellen die größte Herausforderung dar.
4. Die Kapitel enden mit bibliographischen Anmerkungen. Wir haben nicht versucht, das ganze Themengebiet auszuschöpfen, sondern bieten einige Vorschläge tiefergehender Texte zu Themen des Kapitels an und erwähnen die wichtigsten Papiere mit der größten, historischen Bedeutung.

Über das Titelbild

In der Informatik ist es fast schon Tradition, daß die Texte einen mit einem Bild versehenen Einband haben, welches den Inhalt des Buches symbolisiert. Hier stützen wir uns auf den Mythos der Welt als den Rücken einer Schildkröte. Unsere Welt wird aber bevölkert von Repräsentanten einiger anderer, fortgeschrittener Texte über die Informatik, die dieses Buch unterstützen soll. Es sind:

Der Teddybär: R. Sethi, *Programming Languages: Concepts and Constructs*, Addison Wesley, Reading, Mass., 1989.

Der Baseballspieler: J. D. Ullman, *Principles of Database and Knowledge-Base Systems*, Computer Science Press, New York, 1988.

Die Säule: J. L. Hennessy und D. A. Patterson, *Computer Architecture: a Quantitative Approach*, Morgan-Kaufmann, San Mateo, Calif., 1990.

Der Drachen: A. V. Aho, R. Sethi und J. D. Ullman, *Compiler Design: Principles, Techniques and Tools*, Addison Wesley, Reading Mass., 1986.

Der Triceratops: J. L. Peterson und A. Silberschatz, *Operating Systems Concepts*, zweite Ausgabe, Addison Wesley, Reading, Mass., 1985.

Danksagung

Wir sind vielen Kollegen und Studenten zu Dank verpflichtet, die dieses Buch gelesen haben und uns wertvolle Tips gaben, um dessen Präsentation zu verbessern. Ein besonderer Dank gilt Brian Kernighan, Don Knuth, Apostolos Lerios und Bob Martin, die das Manuskript genau studiert haben und uns viele aufschlußreiche Kommentare zukommen ließen. Wir haben Berichte über Tests mit den Aufzeichnungen für dieses Buch erhalten und dankbar von Michael Anderson, Margaret Johnson, Udi Manber, Joseph Naor, Prabhakar Ragde, Rocky Ross und Shuky Sagiv entgegengenommen.

Desweiteren danken wir Susan Aho, Michael Anderson, Lonnie Eldridge, Steve Friedland, Christopher Fuselier, Mike Genstil, Paul Grubb III, Hakan Jakobsson, Arthur Keller, James Kuffner Jr., Steve Lindell, Richard Long, Hugh McGuire, Monnia Oropeza, Stuart Reges, Steve Swenson, Sanjai Tiwari, Eric Traut und Lynzi Ziegenhagen für ihre hilfreichen Vorschläge. Auch danken wir den vielen anonymen Gutachtern vom Verlag, deren Kommentare und Korrekturen uns übermittelt wurden.

Den folgenden Personen gilt unser Dank für das Aufzeigen von Fehlern im ersten Druck: Michael Anderson, Aaron Edsinger, Barry Hayes, John Hwang, Dean Kelley, Mark MacDonald, Alan Morgan, Rodrigo Philander, Andrew Quan und Keith Swanson.

Peter Ullman fertigte eine Reihe der in diesem Buch benutzten Graphiken an. Wir danken Dan Clayton, Anthony Dayao, Mat Howard und Ron Underwood für ihre Unterstützung bei den $\TeX$-Fonts und Hester Glynn für ihre Hilfe beim Erstellen des Manuskripts.

Abschließend danken wir für die Stiftung von Geräten an die Universität Stanford den Firmen AT&T Foundation, Digital Equipment Corp. und IBM Corp., die die Erstellung dieses Manuskripts erheblich erleicherten.

A. V. A.
Chatham, NJ

J. D. U.
Stanford, CA

August, 1992

1

Informatik: Die Mechanisierung der Abstraktion

Obwohl sie noch ein neues Gebiet ist, berührt die Informatik inzwischen fast jeden Bereich menschlicher Bestrebungen. Ihr Einfluß auf die Gesellschaft äußert sich in der weiten Verbreitung von Computern, Informationssystemen, Texteditoren, Tabellenkalkulations- und allen anderen wunderbaren Anwendungsprogrammen, die entwickelt wurden, um Computer noch produktiver und leichter benutzbar zu machen. Ein großer Teil des Gebietes beschäftigt sich mit der Frage, wie man das Programmieren leichter und die Software zuverlässiger machen kann. Grundsätzlich ist die Informatik jedoch die Wissenschaft der *Abstraktion* – das richtige Modell für ein Problem zu entwerfen und die angemessene mechanisierbare Technik zu ersinnen, um es zu lösen.

Jede andere Wissenschaft beschäftigt sich mit dem Universum an sich. Die Aufgabe eines Physikers ist es zum Beispiel, zu verstehen, wie die Welt funktioniert und nicht, eine neue Welt zu erfinden, in der physikalische Gesetze einfacher und leichter zu befolgen sind. Im Gegensatz dazu müssen Informatiker Abstraktionen von Problemen der realen Welt entwickeln, die in einem Rechner dargestellt und manipuliert werden können.

Manchmal ist der Abstraktionsprozeß sehr einfach. So können wir beispielsweise das Verhalten eines elektronischen Schaltkreises zum Bau eines Rechners durch eine Form der Abstraktion modellieren, die „Aussagenlogik“ genannt wird. Die Modellierung von Schaltkreisen durch logische Ausdrücke ist nicht genau; sie vereinfacht und abstrahiert von vielen Einzelheiten – dazu zählt die Zeit, die Elektronen benötigen, um durch Schaltkreise und Gatter zu fließen. Nichtsdestotrotz ist das aussagenlogische Modell gut genug, um uns beim Entwurf von Computerschaltkreisen angemessen zu unterstützen. Wir werden uns in Kapitel 12 ausführlich mit der Aussagenlogik befassen.

Als weiteres Beispiel sei folgendes betrachtet: Angenommen, wir sind mit dem Problem konfrontiert, Termine für die Abschlußprüfungen verschiedener Lehrveranstaltungen festzulegen. Die Prüfungen müßten zeitlich so gelegt werden, daß zwei Lehrveranstaltungen ihre Prüfungen nur dann zur gleichen Zeit abhalten, wenn es keinen Studenten gibt, der an beiden Lehrveranstaltungen teilnimmt. Zunächst mag es nicht augenscheinlich sein, wie wir dieses Problem modellieren können. Ein Ansatz besteht darin, für jede Lehrveranstaltung einen Kreis zu zeichnen, den man *Knoten* nennt, und anschließend alle Knotenpaare durch eine Linie, genannt *Kante*, zu verbinden, bei denen tatsächlich ein Student an beiden betroffenen Veranstaltungen teilnimmt. Abbildung 1.1 enthält eine Möglichkeit für fünf Lehrveranstaltungen; man nennt dies einen *Lehrveranstaltungs-Konfliktgraphen*.

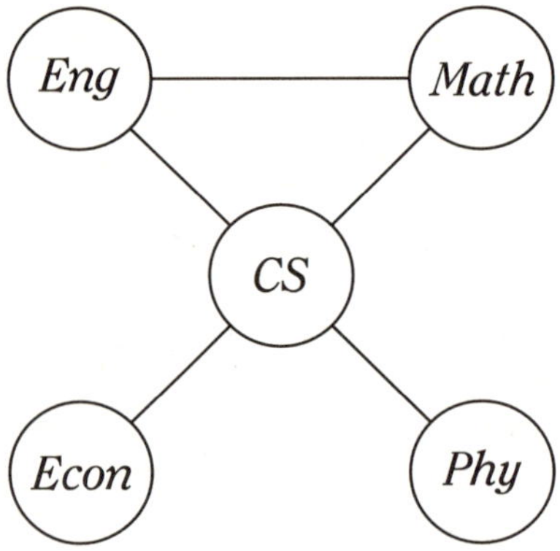

Abb. 1.1: Lehrveranstaltungs-Konfliktgraph für fünf Lehrveranstaltungen. Eine Kante zwischen zwei Knoten besagt, daß mindestens ein Student an beiden Veranstaltungen teilnimmt.

Ausgehend von diesem Lehrveranstaltungs-Konfliktgraphen können wir das Problem der Prüfungsplanung nun dadurch lösen, daß wir wiederholt *maximale unabhängige Mengen* finden und aus dem Graphen entfernen. Eine unabhängige Menge ist eine Ansammlung von Knoten, die untereinander keine verbindenden Kanten haben. Zu einer maximalen unabhängigen Menge kann kein anderer Knoten des Graphen hinzugefügt werden, ohne auch eine Kante zwischen zwei ihrer Knoten einzubeziehen. Bezogen auf die Lehrveranstaltungen bedeutet dies, daß eine maximale unabhängige Menge jede maximale Menge von Lehrveranstaltungen ist, die keine gemeinsamen Studenten haben. In Abb. 1.1 bilden die Elemente *Econ*, *Eng* und *Phy* eine mögliche maximale unabhängige Menge. Die Lehrveranstaltungen, die zu der ausgewählten maximalen unabhängigen Menge gehören, werden auf den ersten verfügbaren Termin gelegt.

Wir entfernen alle Knoten der maximalen unabhängigen Menge zusammen mit allen dazugehörigen Kanten aus dem Graphen und finden aus den verbleibenden Lehrveranstaltungen eine neue maximale unabhängige Menge. Eine mögliche maximale unabhängige Menge ist die einelementige Menge bestehend aus dem Element *CS*. Die Lehrveranstaltung dieser maximalen unabhängigen Menge wird auf den zweiten Termin gelegt.

Wir wiederholen den Prozeß des Findens und Entfernens maximaler unabhängiger Mengen solange, bis der Lehrveranstaltungs-Konfliktgraph keine Knoten mehr enthält. Dann wurden allen Lehrveranstaltungen Termine zugewiesen. In diesem Beispiel ist *Math* nach zwei Durchläufen (Iterationen) der einzig verbleibende Knoten im Lehrveranstaltungs-Konfliktgraphen; er stellt somit die letzte maximale unabhängige Menge dar, die dem dritten Termin zugewiesen wird. Die Terminplanung für die Prüfungen sieht nun folgendermaßen aus:

Termin	**Prüfungen**
1	*Econ, Eng, Phy*
2	*CS*
3	*Math*

Dieser Algorithmus teilt die Lehrveranstaltungen nicht notwendigerweise unter der kleinstmöglichen Anzahl von Terminen auf, aber er ist einfach und erstellt im allgemeinen einen Zeitplan mit einer Anzahl von Terminen, die dem Minimum nahe kommt. Zudem gehört er zu den Algorithmen, die mit Hilfe der Verfahren in Kapitel 9 leicht zu programmieren sind.

Man beachte, daß in diesem Ansatz von einigen Details des Problems abstrahiert wird, die vielleicht wichtig sind. Ein Student könnte beispielsweise fünf Prüfungen an fünf aufeinanderfolgenden Terminen haben. Wir könnten ein Modell entwerfen, das Einschränkungen darüber enthält, wieviele Prüfungen ein Student hintereinander ablegen kann; dies würde jedoch sowohl das Modell als auch die Lösung des Problems der Prüfungsplanung wesentlich komplizierter machen.

Häufig ist es schwer, eine gute Abstraktion zu finden, da man gezwungen ist, sich mit den grundlegenden Einschränkungen der Aufgaben, die Computer durchführen können, und der Geschwindigkeit, mit denen Computer diese Aufgaben erfüllen, auseinanderzusetzen. In den Anfängen der Informatik glaubten einige Optimisten, daß Roboter bald die ungeheuren Fähigkeiten und die Beweglichkeit des *Star Wars* Roboters C3PO haben würden. Seitdem hat man gelernt, daß man, um einem Computer (oder Roboter) „intelligentes" Verhalten beizubringen, diesem Computer ein Modell der Welt zur Verfügung stellen muß, das im wesentlichen genauso detailliert ist wie das, über das die Menschen vefügen, das heißt, es muß nicht nur Fakten enthalten („Sallys Telefonnummer ist 5551234“), sondern auch Prinzipien und Beziehungen („Wenn Du etwas fallen läßt, fällt es gewöhnlich nach unten“).

Keine Angst vor Abstraktion

Der Leser mag vor dem Wort „Abstraktion“ zurückschrecken, da wir alle intuitiv glauben, abstrakte Dinge seien schwer zu verstehen; zum Beispiel ist die abstrakte Algebra (Lehre von Gruppen, Ringen etc.) schwieriger als die Algebra, die man in der Oberschule hatte. Die Abstraktion wie wir sie hier verwenden, führt dagegen häufig zu Vereinfachungen; sie ersetzt komplexe und detaillierte Situationen der realen Welt durch ein verständliches Modell, in dem wir Probleme lösen können. Einzelheiten, deren Auswirkung auf die Lösung des Problems minimal sind oder gar nicht existieren, werden einfach „wegabstrahiert“; auf diese Weise entsteht ein Modell, bei dem nur das Wesentliche des Problems von Interesse ist.

Beim Problem der „Wissensrepräsentation“ sind große Fortschritte gemacht worden. So wurden Abstraktionen gefunden, die benutzt werden können, um Programme für bestimmte Arten des Schließens zu entwickeln. Ein Beispiel einer derartigen Abstraktion ist der gerichtete Graph, in dem Knoten Entitäten repräsentieren („die Spezies Katze“ oder „Fluffy“), und Pfeile (genannt *Bögen*) von einem Knoten zum anderen Beziehungen darstellen („Fluffy ist eine Katze“, „Katzen sind Tiere“, „Fluffy besitzt Fluffys Milchnapf“); Abbildung 1.2 enthält so einen Graphen.

Eine weitere nützliche Form der Abstraktion ist die formale Logik, die es ermöglicht, Fakten durch die Anwendung von Ableitungsregeln zu manipulieren, etwa „Wenn X eine Katze ist und Y die Mutter von X ist, dann ist Y eine Katze“. Nichtsdestoweniger bleibt der Fortschritt in der Modellierung und die Abstraktion der realen Welt oder signifikanter Teile davon eine grundlegende Herausforderung der Informatik, die in der nahen Zukunft wohl nicht vollständig gelöst werden wird.

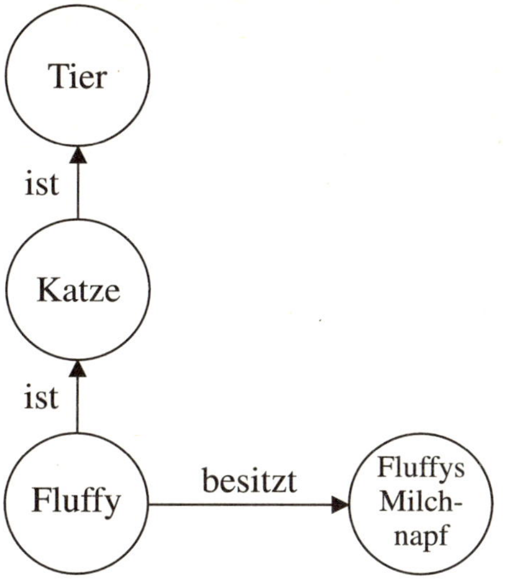

Abb. 1.2: Ein Graph, der Wissen über Fluffy repräsentiert.

1.1 Worum geht es in diesem Buch?

Dieses Buch gibt dem Leser, der über ein Grundwissen der Programmiersprache Pascal verfügen sollte, eine Einführung in die grundsätzlichen Ideen und Belange der Informatik. Das Buch betont dabei drei wichtige Werkzeuge zur Lösung von Problemen:

1. *Datenmodelle* – Abstraktionen, die zur Beschreibung von Problemen verwendet werden. Wir haben bereits zwei Modelle erwähnt: Logik und Graphen. In diesem Buch werden wir jedoch noch vielen anderen begegnen.

2. *Datenstrukturen* – Programmiersprachen-Konstrukte, die verwendet werden, um Datenmodelle darzustellen. Pascal verfügt über vorgegebene Abstraktionen wie Arrays, Records und Zeiger (*Pointer*), aus denen Datenstrukturen konstruiert werden können, die wiederum komplexere Abstraktionen wie Graphen repräsentieren.

3. *Algorithmen* – Verfahren, die verwendet werden, um durch Manipulation von Datenmodellen oder dazu assoziierten Datenstrukturen Lösungen zu erhalten.

Datenmodelle

Wir begegnen *Datenmodellen* in zweierlei Kontext. Datenmodelle wie die Graphen, die in der Einführung dieses Kapitels diskutiert wurden, sind Abstraktionen, die häufig zur Formulierung von Problemen verwendet werden. Wir werden in diesem Buch verschiedene Datenmodelle vorstellen: Bäume in Kapitel 5, Listen in Kapitel 6, Mengen in Kapitel 7, Relationen in Kapitel 8, Graphen in Kapitel 9, endliche Automaten in Kapitel 10, Grammatiken in Kapitel 11 und Logik in den Kapiteln 12 und 14.

Datenmodelle sind auch mit Programmiersprachen und Rechnern verbunden. Pascal enthält beispielsweise ein Datenmodell, das Abstraktionen wie Integer- und Real-Zahlen einschließt (die sich beide nicht so verhalten, wie die entsprechenden Gegenstücke aus der Mathematik; das liegt an der eingeschränkten Genauigkeit von Computern). Das Pascal-Datenmodell enthält außerdem Prozeduren, Arrays, Record-Strukturen und eine Anzahl weiterer Konzepte; in Abschnitt 1.4. werden wir dieses Datenmodell näher vorstellen. Kapitel 4 widmet sich den Datenmodellen in einem typischen Computer. Wir werden sehen, daß das Pascal-Datenmodell eine natürliche Erweiterung des Datenmodells eines typischen Computers darstellt.

Datenstrukturen

Wenn das Datenmodell der Sprache, in der wir ein Programm schreiben, keine vorgegebene Repräsentation des Datenmodells für das zu lösende Problem enthält, so muß das benötigte Datenmodell mit Hilfe der Abstraktionen dargestellt werden, die in der Sprache verfügbar sind. Deshalb werden in diesem Buch *Datenstrukturen* untersucht, das heißt, Verfahren zur Repräsentation von Abstraktionen, die nicht explizit Teil dieser Sprache sind, im Datenmodell einer Programmiersprache. Verschiedene Programmiersprachen können erstaunliche Unterschiede in ihren Datenmodellen aufweisen. So unterstützt die Sprache Lisp, im Gegensatz zu Pascal, unmittelbar die Datenstruktur Baum; im Datenmodell der Sprache Prolog ist die Logik implizit enthalten.

Algorithmen

Ein *Algorithmus* ist eine präzise und eindeutige Spezifikation einer Folge von Schritten, die mechanisch ausgeführt werden können. Die Notation, in der ein Algorithmus beschrieben wird, kann jede allgemein verständliche Sprache sein. In der Informatik werden Algorithmen jedoch meist formal als Programme in einer Programmiersprache oder auf informelle Weise als eine Folge von Konstrukten einer Programmiersprache gemischt mit Aussagen in der englischen Sprache ausgedrückt. Viele Leser werden beim Programmieren schon verschiedenen wichtigen Algorithmen begegnet sein. Dazu zählen die zahlreichen Algorithmen zur *Sortierung* von Elementen eines Arrays; die Elemente werden der Größe nach sortiert, beginnend mit dem kleinsten Element. Es gibt clevere Suchalgorithmen wie die *binäre Suche*, bei der ein gegebenes Element sehr schnell in einem sortierten Array gefunden wird, indem wiederholt der Teil des Arrays halbiert wird, in dem sich das Element befindet.

Dieser und viele andere „Tricks" zur Lösung üblicher Probleme gehören zu den Werkzeugen, derer sich ein Informatiker beim Programmentwurf bedient. Viele dieser Techniken – einschließlich der wichtigsten Sortier- und Suchverfahren – werden wir in diesem Buch behandeln. Zusätzlich werden wir verdeutlichen, wodurch ein Algorithmus besser ist als ein anderer. Häufig bestimmt die *Laufzeit* (*running time*), das heißt, die Zeit, die ein Algorithmus benötigt – gemessen als Funktion der Größe seiner Eingabe – die „Qualität" eines Algorithmus; die Laufzeit wird in Kapitel 3 diskutiert.

Es gibt aber auch andere wichtige Aspekte von Algorithmen; dazu zählt vor allem ihre Einfachheit. Im Idealfall sollte ein Algorithmus leicht verständlich und ohne Schwierigkeiten in ein Programm umzusetzen sein. Das fertige Programm sollte dann von einer Person verstanden werden können, die den Code des implementierten Algorithmus liest. Leider geraten unsere Wünsche nach einem schnellen und einfachen Algorithmus häufig in Konflikt miteinander, so daß ein Algorithmus sorgfältig gewählt werden muß.

Grundlegende Zusammenhänge

Beim Durcharbeiten dieses Buches werden wir einer Anzahl wichtiger vereinheitlichender Grundsätze begegnen; auf zwei dieser Grundsätze machen wir den Leser an dieser Stelle aufmerksam:

1. *Entwurfsalgebren.* In bestimmten Bereichen, in denen die zugrundeliegende Modelle inzwischen gut verstanden werden, kann man Notationen entwickeln, in denen *Trade-offs* des Entwurfs ausgedrückt und ausgewertet werden können. Durch das Verständnis dieser Zusammenhänge können wir eine Theorie des Entwurfs entwickeln, die der Erstellung gut konstruierter Systeme dient. Die Aussagenlogik mit ihrer Notation, der *Booleschen Algebra*, die wir in Kapitel 12 behandeln werden, ist ein gutes Beispiel für diese Art von Entwurfsalgebren. Mit ihrer Hilfe können wir effiziente Schaltkreise für Subsysteme entwerfen, wie sie in digitalen Rechnern verwendet werden. Andere Beispiele von Algebren, die in diesem Buch behandelt werden, sind die Mengenalgebra in Kapitel 7, die Relationenalgebra in Kapitel 8 und die Algebra der regulären Ausdrücke in Kapitel 10.

2. Die *Rekursion* ist eine derartig nützliche Technik zur Definition von Konzepten und zum Lösen von Problemen, daß sie hier gesondert erwähnt wird. Sie wird ausführlich in Kapitel 2 diskutiert und im gesamten Buch immer wieder verwendet. Jedesmal, wenn wir ein Objekt genau definieren oder

ein Problem lösen müssen, sollten wir uns fragen: „Wie sieht die rekursive Lösung dazu aus?“. Häufig besitzt gerade diese Lösung die Einfachheit und Effizienz, die uns zur Auswahl dieser Methode bewegt.

1.2 Worum geht es in diesem Kapitel?

Der Rest des Kapitels bildet das Gerüst, auf dem die Lehre der Informatik basiert. Die wichtigsten Konzepte, die behandelt werden, sind:

- Datenmodelle (Abschnitt 1.3)
- Das Datenmodell der Programmiersprache Pascal (Abschnitt 1.4)
- Grundlegende Schritte im Prozeß der Softwareentwicklung (Abschnitt 1.5)

Wir werden Beispiele für viele verschiedene Arten angeben, in denen Abstraktionen und Modelle in Rechnersystemen auftauchen. Unser besonderes Augenmerk richten wir auf Modelle, die in Programmiersprachen, in bestimmten Systemprogrammen, wie Betriebssystemen, und in Schaltkreisen, aus denen Computer bestehen, zu finden sind. Da die Software eine entscheidende Komponente heutiger Computersysteme darstellt, müssen wir den Prozeß der Software-Erstellung, die Rolle, die Algorithmen und Modelle spielen, und diejenigen Aspekte der Software-Erzeugung, die die Informatik nur unzureichend aufzeigen kann, gut verstehen.

1.3 Datenmodelle

Jedes mathematische Konzept kann als Datenmodell bezeichnet werden. In der Informatik hat ein Datenmodell gewöhnlich zwei Aspekte:

1. Die Werte, die Datenobjekte annehmen können. Viele Datenmodelle enthalten zum Beispiel Objekte, die Integer-Werte besitzen. Dieser Aspekt eines Datenmodells ist *statisch*; er sagt uns, welche Werte ein Objekt annehmen kann.
2. Die Operationen auf den Daten. Normalerweise wenden wir Operationen wie die Addition auf Integer-Zahlen an. Dieser Aspekt des Modells ist *dynamisch*; er beschreibt die Art, wie wir Werte ändern und neue erzeugen können.

Wir erwähnten bereits das Datenmodell der Sprache Pascal, das Integer-Zahlen (ganze Zahlen), Real-Zahlen (Gleitpunktzahlen), Zeichen, Arrays, Records, Zeiger und verschiedene andere Konzepte umfaßt; sie alle sind statisch. Zu den erlaubten Operationen auf Daten gehören die gewöhnlichen arithmetischen Operationen auf Integer- und Real-Zahlen, Zugriffsoperationen auf Arrays und Records und das *Dereferenzieren* von Zeigern, das heißt, das Finden des Elements, auf das der Zeiger zeigt. Diese Operationen sind Teil der Dynamik des Pascal-Datenmodells.

In einem Programmierkurs betrachtet man wichtige Datenmodelle wie Listen, Bäume und Graphen, die in Pascal nicht enthalten sind. Im mathematischen Sinne ist eine Liste eine Sequenz von n Elementen, die man als $(a_1, a_2, ..., a_n)$ schreiben kann, wobei a_1 das erste Element, a_2 das zweite usw. ist. Zu den Operationen auf Listen gehören u. a. das Einfügen neuer Elemente, das Löschen von Elementen und die *Konkatenation* von Listen (d. h. eine Liste an das Ende einer anderen hängen).

Datenmodelle kontra Datenstrukturen

Obwohl die Namen „Liste“ und „verkettete Liste“ sehr ähnlich sind, handelt es sich hierbei doch um sehr unterschiedliche Konzepte. Eine Liste ist eine mathematische Abstraktion bzw. ein Datenmodell. Eine verkettete Liste ist eine Datenstruktur. Letztere ist insbesondere diejenige Datenstruktur, die wir üblicherweise in Pascal und vielen vergleichbaren Sprachen verwenden, um abstrakte Listen in Programmen zu repräsentieren. Es gibt auch andere Sprachen, in denen es nicht notwendig ist, eine Datenstruktur zur Darstellung abstrakter Listen zu verwenden. So kann die Liste $(a_1, a_2, ..., a_n)$ direkt in der Sprache Lisp und ähnlich auch in Prolog als $[a_1, a_2, ..., a_n]$ dargestellt werden.

Beispiel 1.1

In Pascal kann das Datenmodell Liste durch die Datenstruktur der *verketteten Liste* dargestellt werden, in der die Listenelemente in Records der folgenden Form gespeichert werden:

```
type CELL = record
      element: ETYPE;
      next: LIST
      end
```

Vorher wird

```
type LIST = ^ CELL
```

definiert. Jedes Record hat hier zwei Felder. Das erste heißt `element` und enthält den Wert eines Elements der Liste. Es hat einen bestimmten Typ, den all diese Elemente haben. In der Deklaration von `CELL` haben wir diesen Typ als `ETYPE` bezeichnet, der entweder für einen bestimmten Typ steht, der vom Benutzer definiert wurde, oder der durch `Integer`, `Real` oder einen anderen Typ ersetzt wird, der in Pascal vorgegeben ist. Das zweite Feld jedes `CELL`-Records ist `next` vom Typ `LIST`, also ein Zeiger auf ein anderes Record vom Typ `CELL`. Somit können Records vom Typ `CELL` durch ihr Feld `next` miteinander verbunden werden, um das zu bilden, was wir gewöhnlich als verkettete Liste bezeichnen (vgl. Abb. 1.3). Die einzelnen Records werden als Rechtecke dargestellt, wobei im linken Teil das Element und im rechten der Zeiger verwaltet wird, der in Form eines Pfeiles auf das nächste `CELL`-Record zeigt. Ein Punkt in einem Kasten, in dem sonst ein Zeiger ist, bedeutet, daß der Zeiger `NIL` ist. Listen werden ausführlicher in Kapitel 6 behandelt. ♦

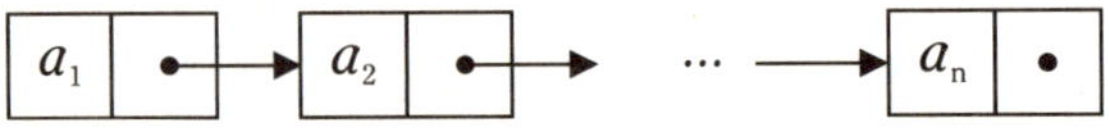

Abb. 1.3: Eine verkettete Liste zur Darstellung der Liste (a_1, a_2, ..., a_n).

Datenmodelle von Systemsoftware

Datenmodelle gibt es nicht nur in Programmiersprachen, sondern auch in Betriebssystemen und Anwendungsprogrammen. Sie kennen vermutlich ein Betriebssystem wie UNIX oder MS-DOS.[1] Die Aufgabe eines Betriebssystems ist es, die Ressourcen eines Rechners zu verwalten und zuzuteilen. Zu dem Datenmodell eines Betriebssystems gehören Konzepte wie Dateien (files), Verzeichnisse (directories) und Prozesse.

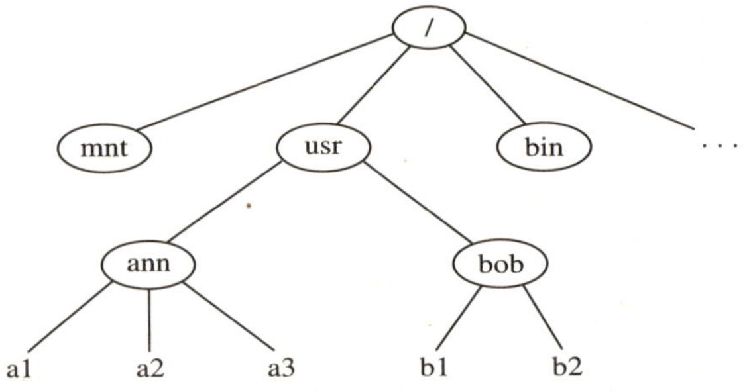

Abb. 1.4: Eine typische Directory- / File-Struktur in UNIX

[1]Wenn Sie sich mit Betriebssystemen nicht auskennen, können Sie die nächsten Absätze einfach überschlagen. Die meisten Leser sind vermutlich schon dem einen oder anderen Betriebssystem begegnet. So ist zum Beispiel auch die Macintosh-"Umgebung" ein Betriebssystem, obwohl dort eine ganz andere Terminologie verwendet wird. Ein Verzeichnis (directory) wird im Sprachgebrauch des Macintosh zum "Ordner" (folder).

1. Die Daten selbst werden in *Dateien* (*files*) gespeichert, die im UNIX-System Zeichenketten sind.

2. Dateien werden in *Verzeichnissen* (*directories*) gehalten, die eine Ansammlung von Dateien und/oder Verzeichnissen darstellen. Verzeichnisse und Dateien bilden zusammen einen Baum, an dessen Blättern jeweils die Dateien zu finden sind.[2] In Abbildung 1.4 ist ein Baum angegeben, der die Verzeichnis-Struktur eines typischen UNIX-Betriebssystems repräsentiert. Die Verzeichnisse werden dabei durch Kreise dargestellt. Das Wurzelverzeichnis `/` enthält Verzeichnisse mit den Namen `mnt`, `usr`, `bin` etc. Das Verzeichnis `/usr` enthält die Verzeichnisse `ann` und `bob`, und das Verzeichnis `ann` enthält drei Dateien: `a1`, `a2` und `a3`.

3. *Prozesse* sind einzelne Ausführungen von Programmen. Prozesse haben null oder mehr Eingabe-*Streams* und erzeugen null oder mehr Ausgabe-*Streams*. Im UNIX-System können Prozesse mit Hilfe von *Pipes* miteinander verbunden werden; die Ausgabe eines Prozesses wird sofort als Eingabe an den nächsten Prozeß übergeben. Die so entstehende Komposition von Prozessen wird als ein einziger Prozeß mit einer eigenen Ein- und Ausgabe angesehen.

Beispiel 1.2

Es sei folgende UNIX Kommandozeile gegeben:

```
bc | word | speak
```

Das Symbol | steht für eine *Pipe*, das heißt für eine Operation, die aus der Ausgabe des Prozesses auf der linken Seite dieses Symbols die Eingabe für den Prozeß auf der rechten Seite macht. Das Programm `bc` ist ein Taschenrechner, der arithmetische Ausdrücke wie 2 + 3 als Eingabe erhält und daraus die Antwort 5 als Ausgabe erzeugt. Das Programm `word` wandelt Zahlen in Wörter um; `speak` übersetzt Wörter in Phonem-Sequenzen, die dann von einem Stimmen-Synthesizer über einen Lautsprecher gesprochen werden. Die Pipe-Verbindung dieser drei Programme macht aus dieser UNIX Kommandozeile einen einzigen Prozeß, der sich wie ein „sprechender“ Taschenrechner verhält. Er erhält als Eingabe eingetippte arithmetische Ausdrücke und erzeugt als Ausgabe gesprochene Antworten. Dieses Beispiel suggeriert, daß komplexe Aufgaben als Komposition verschiedener einfacherer Funktionen leichter implementiert werden können. ♦

[2]"Links" in den Verzeichnissen können den Anschein erwecken, daß eine Datei oder ein Verzeichnis zu vielen verschiedenen Verzeichnissen gehört.

Es gibt viele andere Aspekte eines Betriebssystems; wie wird zum Beispiel die Sicherheit der Daten und die Interaktion mit dem Benutzer gehandhabt. Schon diese wenigen Anmerkungen sollen verdeutlichen, daß sich das Datenmodell eines Betriebssystems von dem Datenmodell einer Programmiersprache unterscheidet.

Eine andere Art eines Datenmodells findet man in Texteditoren. Jedes Texteditor-Datenmodell beinhaltet ein Konzept von Textstrings und Editier-Operationen auf Texten. Gewöhnlich enthält dieses Datenmodell den Begriff der *Zeilen*, die, wie die meisten Dateien, aus Zeichenketten bestehen. Im Gegensatz zu Dateien können Zeilen zu ihnen assoziierte Zeilennummern haben. Zeilen werden oft zu größeren Einheiten wie Absätzen zusammengefaßt, und Operationen auf Zeilen können gewöhnlich überall innerhalb der Zeile angewandt werden – nicht nur am Anfang, wie bei den meisten gebräuchlichen Dateioperationen. Der typische Editor unterstützt die Idee einer „aktuellen" Zeile (in der sich der Cursor befindet) und ggf. einer aktuellen Position innerhalb dieser Zeile. Die Operationen, die ein Editor durchführt, umfassen verschiedene Modifikationen an Zeilen, wie das Löschen oder Hinzufügen von Zeichen innerhalb der Zeile, das Löschen ganzer Zeilen und die Erzeugung neuer Zeilen. In typischen Editoren ist es zudem möglich, in den Zeilen der Datei, die editiert wird, nach Dingen wie speziellen Zeichenketten zu suchen.

Tatsächlich ergibt sich ein Muster, wenn man irgendwelche andere vertraute Software untersucht, sei es ein Tabellenkalkulationsprogramm oder ein Videospiel. Jedes Programm, das entworfen wurde, um von anderen genutzt zu werden, hat sein eigenes Datenmodell, mit dem der Benutzer arbeiten muß. Die Datenmodelle, denen wir begegnen, unterscheiden sich häufig drastisch voneinander, sowohl in bezug auf ihre Elementaroperationen zur Darstellung von Daten, als auch in den Operationen auf diesen Daten, die dem Benutzer angeboten werden. Dennoch wird jedes Datenmodell mit Hilfe von Datenstrukturen und den Programmen, die diese verwenden, in einer Programmiersprache implementiert.

Das Datenmodell der Schaltkreise

In diesem Buch werden wir uns auch mit einem Datenmodell für Computerschaltkreise auseinandersetzen. Dieses Modell, das man als *Aussagenlogik* bezeichnet, ist beim Entwurf von Computern sehr hilfreich. Computer werden aus elementaren Komponenten, genannt *Gatter*, zusammengesetzt. Jedes Gatter hat eine oder mehrere Eingaben und eine Ausgabe; der Wert der Ein- oder Ausgabe kann jeweils nur 0 oder 1 sein. Ein Gatter führt nur eine einfache Funktion aus – wie das UND, das als Ausgabe nur dann 1 liefert, wenn alle Eingaben 1 sind; die Ausgabe ist 0, wenn eine oder mehrere Eingaben 0 sind. Auf einer Ebene der Abstraktion betrachtet man den Entwurf von Computern als den Prozeß, bei dem entschieden wird, wie man Gatter miteinander verbindet, um grundlegende Operationen auf einem Computer durchführen zu können. Es gibt noch sehr viele Abstraktionsebenen, die auch mit dem Entwurf von Computern in Zusammenhang stehen.

Abbildung 1.5 zeigt das allgemein übliche Symbol für ein UND-Gatter zusammen mit seiner *Wahrheitstafel*, die den Ausgabewert des Gatters für jedes Paar von Eingabewerten anzeigt.[3] Wahrheitstafeln werden in Kapitel 12 und Gatter und ihre Verknüpfungen in Kapitel 13 diskutiert.

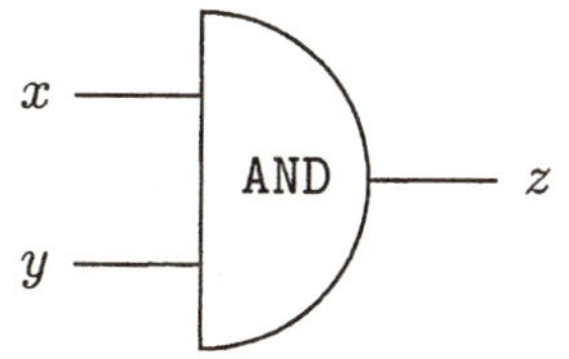

x	y	z
0	0	0
0	1	0
1	0	0
1	1	1

Abb. 1.5: Ein UND*-Gatter und seine Wahrheitstafel.*

Beispiel 1.3

Um die Zuweisung `a := b+c` in Pascal auszuführen, verwendet ein Computer für die Addition ein *Addierwerk*. Alle Zahlen werden in einem Rechner unter Verwendung der beiden Ziffern 0 und 1 (genannt *Binärziffern* oder kurz *Bits*) binär dargestellt. Der bekannte Algorithmus zur Addition von Dezimal-Zahlen, bei dem wir die Ziffern am rechten Ende addieren, einen Übertrag an die Stelle links daneben schreiben, diesen Übertrag und die Ziffern an dieser Stelle addieren, einen Übertrag auf die Stelle links daneben erzeugen, usw. funktioniert binär ebenso.

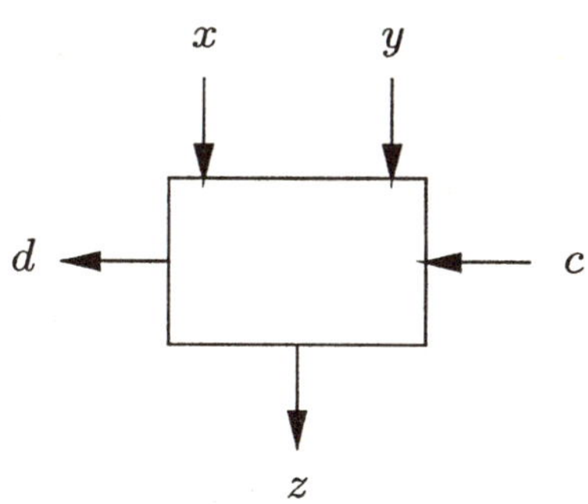

Abb. 1.6: Ein Ein-Bit-Addierer: dz ist die Summe aus $x + y + c$

[3]Wenn man 1 als "wahr" und 0 als "falsch" ansieht, so führt dieses UND-Gatter dieselbe logische Operation durch wie der AND-Operator in Pascal.

Aus einigen wenigen Gattern können wir einen *Ein-Bit-Addierer* bauen, wie in Abbildung 1.6 gezeigt wird. Zwei Eingabebits, x und y, und ein Eingangs-Übertragsbit (*carry-in bit*) c werden summiert, als Ergebnis erhält man das Summenbit z und ein Ausgangs-Übertragsbit (*carry-out bit*) d. Genauer gesagt erhält d den Wert 1, wenn zwei oder mehr der c, x und y 1 sind, während z den Wert 1 hat, wenn eine ungerade Anzahl (eins oder drei) von c, x und y 1 sind, wie auch aus der Tabelle in Abb. 1.7 ersichtlich. Das Ausgangs-Übertragsbit gefolgt von dem Summenbit – also dz – bilden eine 2-Bit Binärzahl, die die gesamte Anzahl von x, y und c, die 1 sind, darstellt. Auf diese Weise addiert der Ein-Bit-Addierer seine Eingaben

x	y	c	d	z
0	0	0	0	0
0	0	1	0	1
0	1	0	0	1
0	1	1	1	0
1	0	0	0	1
1	0	1	1	0
1	1	0	1	0
1	1	1	1	1

Abb. 1.7: Wahrheitstafel für den Ein-Bit-Addierer

Viele Rechner stellen Integers als 32-Bit Zahlen dar. Ein Addierwerk kann folglich aus 32 Ein-Bit-Addierern zusammengesetzt werden, wie in Abb. 1.8. gezeigt wird. Dieser Schaltkreis wird häufig als *Ripple-Carry-Addierer* bezeichnet, da sich der Übertrag (*carry*) von rechts nach links bitweise „durchwurschtelt“ (*ripples*). Hierbei ist zu beachten, daß der Übertrag, der an den ganz rechts stehenden Addierer (niederwertiges Bit) übergeben wird, immer 0 ist. Die Folge der Bits $x_{31}x_{30}...x_0$ repräsentiert die erste Zahl, die addiert wird, die Folge $y_{31}y_{30}...y_0$ die zweite. Die Summe ist $dz_{31}z_{30}...z_0$; das heißt, das führende Bit ist das Ausgangs-Übertragsbit des ganz links stehenden Addierers und die folgenden Bits der Summe sind die Summenbits aller Addierer, von links gesehen.

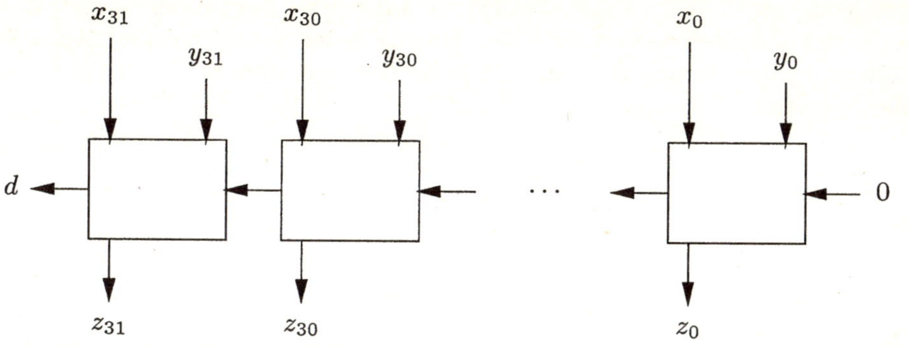

Abb. 1.8: Ein Ripple-Carry-Addierer: $dz_{31}z_{30}...z_0 = x_{31}x_{30}...x_0 + y_{31}y_{30}...y_0$.

Der Ripple-Carry-Additionsalgorithmus

Wir haben alle schon einmal den Ripple-Carry-Algorithmus verwendet, um Zahlen in Dezimaldarstellung zu addieren. Um 456 + 829 zu addieren, bedarf es folgender Schritte:.

$$
\begin{array}{rrr}
 & 1 & \\
4 & 5 & 6 \\
8 & 2 & 9 \\
\hline
 & & 5
\end{array}
\qquad
\begin{array}{rrr}
0 & & \\
4 & 5 & 6 \\
8 & 2 & 9 \\
\hline
 & 8 & 5
\end{array}
\qquad
\begin{array}{rrrr}
 & & & \\
 & 4 & 5 & 6 \\
 & 8 & 2 & 9 \\
\hline
1 & 2 & 8 & 5
\end{array}
$$

Im ersten Schritt werden die Ziffern, die ganz rechts stehen, addiert: 6 + 9 = 15. Wir schreiben die 5 hin und übertragen die 1 in die zweite Spalte. Der zweite Schritt besteht darin, den Eingangs-Übertrag 1 und die beiden Ziffern der zweiten Stelle von rechts zu addieren, um 1 + 5 + 2 = 8 zu erhalten. Die 8 wird wieder hingeschrieben, und der Übertrag ist diesmal 0. Im dritten Schritt addieren wir den Eingangs-Übertrag 0 und die Ziffern der dritten Stelle von rechts, um so 0 + 4 + 8 = 12 zu erhalten. Wir schreiben die 2 hin; da wir aber die Stelle ganz links erreicht haben, übertragen wir die 1 diesmal nicht, sondern schreiben sie als erste Ziffer der Lösung hin.

Die binäre Ripple-Carry-Addition funktioniert genauso. Nur sind an jeder Stelle der Übertrag und die zu addierenden „Ziffern" entweder 0 oder 1. Der Ein-Bit-Addierer beschreibt demnach die Addition vollständig für eine einzige Stelle. Das heißt, wenn alle drei Bits 0 sind, so ist die Summe auch 0; es wird also 0 hingeschrieben und 0 übertragen. Wenn eines der drei Bits 1 ist, dann ist die Summe 1; 1 wird hingeschrieben und der Übertrag ist 0. Wenn zwei der drei 1 sind, so ergibt die Summe 2 oder binär 10; 0 wird hingeschrieben und der Übertrag ist 1. Sollten alle drei Bits 1 sein, so ist die Summe 3 oder binär 11; es wird 1 hingeschrieben und 1 übertragen. Möchte man beispielsweise 101 zu 111 unter Verwendung der Carry-Ripple-Addition addieren, so bedarf es folgender Schritte:.

$$\begin{array}{cccc} & & 1 & \\ & 1 & 0 & 1 \\ & 1 & 1 & 1 \\ \hline & & & 0 \end{array} \qquad \begin{array}{cccc} & 1 & & \\ & 1 & 0 & 1 \\ & 1 & 1 & 1 \\ \hline & & 0 & 0 \end{array} \qquad \begin{array}{cccc} & 1 & 0 & 1 \\ & 1 & 1 & 1 \\ \hline 1 & 1 & 0 & 0 \end{array}$$

Der Schaltkreis in Abb. 1.8 ist tatsächlich ein Algorithmus im Datenmodell der Bits und der Elementaroperationen von Gattern; wenn auch kein besonders guter. Der Grund dafür ist, daß wir z_1 oder das Ausgangs-Übertragsbit der zweiten Stelle solange nicht berechnen können, bis wir das Ausgangs-Übertragsbit der rechten Stelle berechnet haben. Wir können z_2 oder das Ausgangs-Übertragsbit der dritten Stelle solange nicht berechnen, bis das Ausgangs-Übertragsbit der zweiten Stelle berechnet wurde, usw. Demnach entspricht die Zeit, die dieser Schaltkreis zur Berechnung benötigt, der Länge der Zahlen, die addiert werden – in unserem Fall 32 – multipliziert mit der Zeit, die ein Ein-Bit-Addierer braucht.

Man könnte vermuten, daß die Notwendigkeit, den Übertrag nacheinander durch alle Ein-Bit-Addierer „durchzuwurschteln“, der Definition der Addition innewohnt. Daher mag es den Leser erstaunen, daß Computer Zahlen weitaus schneller addieren können. Einen verbesserten Algorithmus der Addition werden wir im Rahmen des Entwurfs von Schaltkreisen in Kapitel 13 wieder aufgreifen. ♦

Übungen

1.3.1: Erklären Sie den Unterschied zwischen den statischen und dynamischen Aspekten eines Datenmodells.

1.3.2: Beschreiben Sie das Datenmodell Ihres Lieblings-Videospiels. Unterscheiden Sie dabei die statischen und dynamischen Aspekte des Modells. *Hinweis*: Nicht nur die Teile der Spielfläche, die sich nicht bewegen, sind statische Teile. In Pac Man zum Beispiel umfassen die statischen Teile nicht nur die Karte, sondern auch die „Energiepillen“, die „Monster“, usw.

1.3.3: Beschreiben Sie das Datenmodell Ihres Lieblings-Texteditors.

1.3.4: Beschreiben Sie das Datenmodell eines Tabellenkalkulationsprogramms.

1.4 Das Pascal-Datenmodell

In diesem Abschnitt wird eine Zusammenfassung des Datenmodells gegeben, das von der Programmiersprache Pascal verwendet wird. Wir beginnen mit dem statischen Teil des Modells, das in Programmiersprachen häufig als *Typsystem* bezeichnet wird, da der statische Aspekt eines Modells eigentlich die Menge der Typen ist, die Daten haben können. Anschließend setzen wir uns mit der Dynamik des Pascal-Datenmodells auseinander, also mit den Operationen, die auf Daten angewandt werden können.

Das Pascal-Typsystem

Das grundlegende Prinzip, nach dem Pascal und die meisten anderen Programmiersprachen mit Daten umgehen ist, daß jedes Programm Zugriff auf „Kästen" hat. Jeder Kasten hat einen Typ wie `integer` oder `CELL`, der in Beispiel 1.1 definiert wurde. In dem Kasten kann jeder Wert des korrekten Typs für diesen Kasten gespeichert werden. Derartige Werte, die in solchen Kästen abgelegt werden können, bezeichnet man häufig als *Datenobjekte*.

Aber auch die Kästen selbst können einen Namen erhalten. Im allgemeinen ist jeder Ausdruck, der einen Kasten kennzeichnet, ein *Name* für diesen Kasten. Oft denken wir bei diesen Namen an die Variablen eines Programms, was aber nicht ganz richtig ist. Wenn `x` beispielsweise eine lokale Variable der rekursiven Prozedur *P* ist, dann kann es viele Kästen geben, die den Namen `x` tragen und jeweils zu einem anderen Aufruf von *P* assoziiert werden. Der wahre Name eines solchen Kastens ist somit eine Kombination aus `x` und dem entsprechenden Aufruf von *P*.

Als weiteres Beispiel kann die vorgegebene Pascal-Funktion `new` auf eine Zeigervariable `p` angewandt werden. Wenn `new(p)` ausgeführt wird, zeigt `p` auf einen neuen Kasten, der den richtigen Typ haben muß, für etwas, auf das `p` zeigt. Wenn `p` also ein Zeiger auf Integer ist, muß der Kasten vom Typ `integer` sein. Der einzige Name, den dieser Kasten hat, ist `p^`.

In Pascal gibt es eine unendliche Menge von Typen, von denen jeder zu einem bestimmten Kasten assoziiert werden könnte. Diese Typen, zusammen mit den Regeln, nach denen sie konstruiert werden, bilden das *Typsystem* in Pascal. Das Typsystem enthält elementare Typen, wie Integer, und eine Anzahl von Typbildungsregeln, mit denen aus bereits bekannten Typen, komplexere Typen konstruiert werden können. Die Definition des Pascal-Typsystems stellt ein Beispiel rekursiver Definitionen dar, die in Abschnitt 2.6 allgemeiner behandelt werden. In rekursiven Definitionen geht man von einer *Basis* aus, in diesem Fall von den Elementartypen in Pascal, und fährt fort mit einem *Induktionsschritt*, wobei so oft wie nötig Bildungsregeln angewandt werden, um alle Objekte zu konstruieren, die man haben möchte.

BASIS. In Pascal sind die elementaren Typen

1. Integer (ganze Zahlen)
2. Real (reelle Zahlen)
3. Zeichen
4. Boolesche Werte (`TRUE` und `FALSE`)
5. Besondere Mengen mit endlich vielen Elementen; entweder
   a. *Bereichstypen* von Integer-Zahlen, wie `10..20`, oder von Zeichen, wie `'a'..'z'` oder
   b. *Aufzählungstypen*, wie

   ```
   (glücklich, schüchtern, grummlig, schläfrig, schäbig, haarig, schmutzig)
   ```

INDUKTION. Die Typbildungsregeln setzen voraus, daß bereits einige Typen existieren, seien es elementare oder andere Typen, die unter Verwendung dieser Regeln konstruiert wurden. Die Definition eines Typs T kann auch die direkte oder indirekte Benutzung von T selbst beinhalten. So wurde beispielsweise in der Definition von `CELL` in Abschnitt 1.3 ein Feld vom Typ `LIST` verwendet, wobei `LIST = ^ CELL` war. In Pascal werden die folgenden Regeln zur Erzeugung neuer Typen benutzt:

1. *Arraytypen*. Man kann ein Array erzeugen, dessen Elemente irgendeinen beliebigen Typ, sagen wir T, haben. Das Array ist durch eine endliche Menge I indiziert, wie in der obigen Basis-Regel (5) definiert. Folglich ist

   ```
   array [I] of T
   ```

   ein Arraytyp. Wenn der Indextyp den Bereich `1..100` umfaßt, und der Typ T der Array-Elemente der schon erwähnte Typ `CELL` ist, dann ist

   ```
   array [1..100] of CELL
   ```

   ein Arraytyp.

2. *Recordtypen*. Man kann ein Record erzeugen, dessen Felder beliebige Typen haben; es können Basistypen oder definierte Typen sein. Verschiedene Felder können auch verschiedene Typen haben, jedes Feld muß jedoch Elemente eines einzigen Typs besitzen. Die Regel zur Erzeugung von Records lautet: Wenn T_1, T_2, ..., T_n beliebige Typen und F_1, F_2, ..., F_n Feldnamen sind, so definiert

```
record
    F1 : T1;
    F2 : T2;
    ...
    Fn: Tn
end
```

einen Typ mit n Feldern. Das i-te Feld hat den Namen F_i und einen Wert vom Typ T_i, wobei $i = 1, 2, ..., n$ ist.

3. *Zeigertypen (pointer type).* Wenn T irgendein Typ ist, so gibt $^\wedge T$ den Typ „Zeiger auf ein Objekt vom Typ T" an. Hierbei ist zu erwähnen, daß, wenn `p` der Name eines Kastens vom Typ $^\wedge T$ ist, der Wert im Kasten `p` ein Zeiger – oft als Pfeil dargestellt – und kein Objekt vom Typ T selbst ist. Wenn wir die Architektur eines Rechners in Kapitel 4 genauer betrachten, so werden wir sehen, daß das, was nun tatsächlich im Kasten `p` auftaucht, die Adresse bzw. Speicherstelle darstellt, an der ein bestimmtes Objekt vom Typ T im Computer gespeichert wird. In Abb. 1.9 wird die allgemein übliche Vorstellung einer Zeigervariablen illustriert.
4. *Dateitypen.* Wenn T irgendein Typ ist, so definiert `file of` T den Typ, der eine Datei mit Objekten vom Typ T repräsentiert.
5. *Mengentypen.* Ist T ein Typ, der eine „kleine" Menge von Elementen bezeichnet, wie beispielsweise ein Unterbereichstyp mit einem hinreichend kleinen Bereich (die tatsächliche Begrenzung des Bereiches hängt vom jeweiligen Pascal-Compiler ab), so definiert `set of` T einen Typ, der eine Menge mit Objekten vom Typ T repräsentiert.

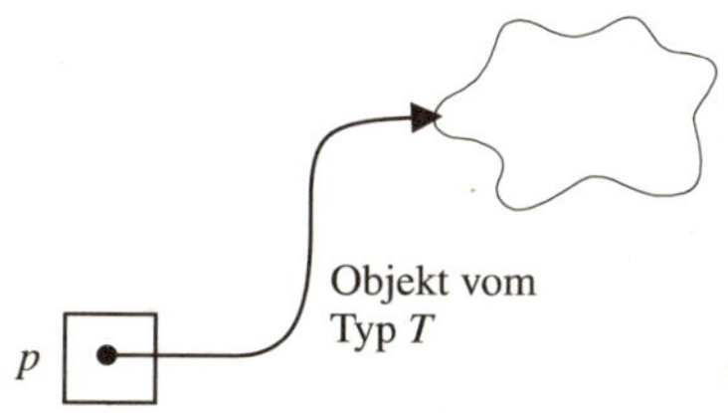

Abb. 1.9: Die Variable p ist vom Typ ^T.

Beispiel 1.4

Gegeben seien die vier Typdefinitionen aus Abb. 1.10. In der üblichen Betrachtungsweise von Daten in Pascal ist ein Objekt vom Typ `TYPE1` ein Array mit 10 Stellen, worin jeweils eine Integer-Zahl gehalten wird (vgl. Abb. 1.11 (a)). Objekte vom Typ `TYPE2` sind Zeiger auf derartige Arrays, wie in Abb. 1.11 (b) angegeben. Record-Objekte, wie die vom `TYPE3`, werden in Abb. 1.11 (c) bildhaft dargestellt, wobei es für jedes Feld eine Stelle gibt; man beachte hierbei, daß der Name des Feldes (zum Beispiel `field1`) nicht mit dem Wert des Feldes erscheint. Objekte vom `TYPE4` haben fünf Stellen, von denen jede ein Objekt vom `TYPE3` enthält; diese Struktur wird in Abb. 1.11 (d) wiedergegeben. ♦

```
TYPE1 = array [1..10] of integer;
TYPE2 = ^ TYPE1;
TYPE3 = record
      field1: integer;
      field2: TYPE2
   end;
TYPE4 = array [0..4] of TYPE3;
```

Abb. 1.10: Einige Typdeklarationen in Pascal.

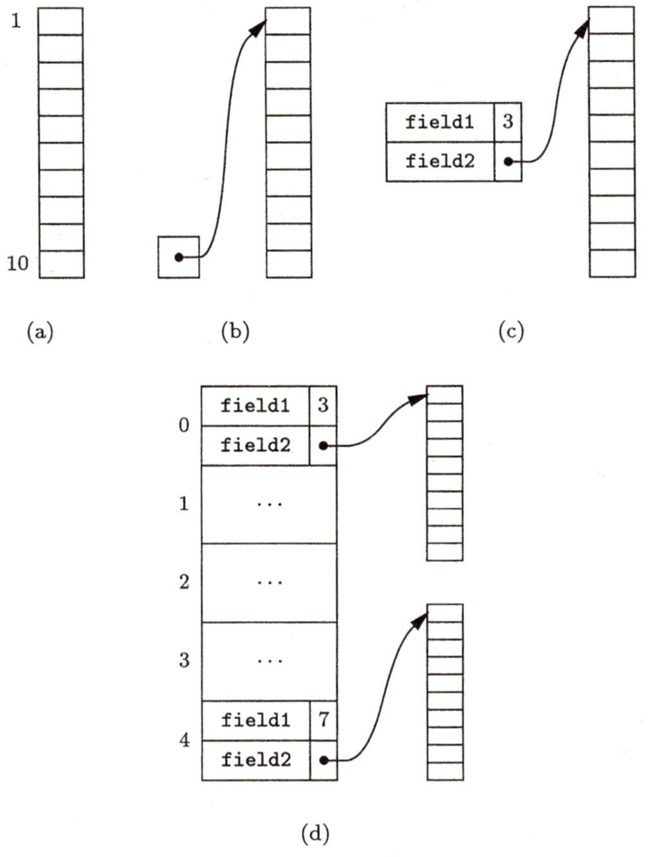

Abb. 1.11: Veranschaulichung der Typdeklarationen aus Abb. 1.10.

Beispiel 1.5

In Beispiel 1.4 wird die übliche Vorgehensweise bei der Konstruktion von Objekten von einem gegebenen Typ gezeigt; dabei wird vorausgesetzt, daß der Typ nicht durch sich selbst definiert wurde. Ist dies der Fall, so machen derartige Objekte ggf. dennoch Sinn. Ein Beispiel hierfür ist die verkettete Liste aus Beispiel 1.1, wo in Abb. 1.3 eine typische verkettete Liste durch einen `NIL`-Zeiger beendet wird. Genaugenommen könnten Objekte vom Typ `CELL` auch auf sich selbst zeigen, was in Abb. 1.13 veranschaulicht wird; in der Praxis werden derartige Strukturen jedoch meist vermieden. ♦

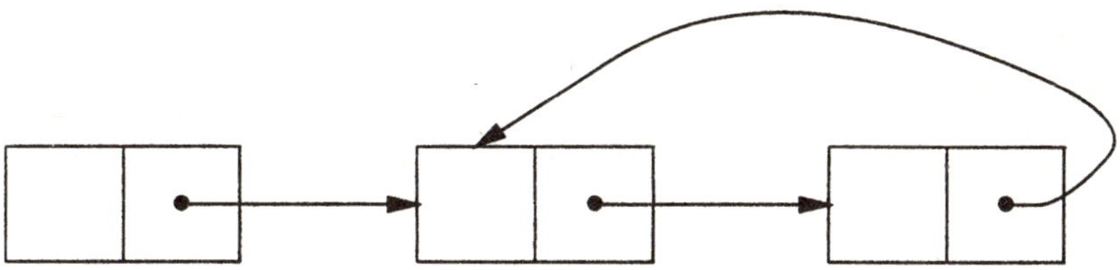

Abb. 1.12: Verkettete Liste, die nicht durch `NIL` *beendet wird.*

Typen, Namen, Variablen und Bezeichner

Eine Reihe von Begriffen in Zusammenhang mit Datenobjekten haben verschiedene Bedeutungen, können jedoch leicht verwechselt werden. Ein Typ beschreibt zunächst die „Gestalt" von Datenobjekten; wir haben in diesem Abschnitt das Pascal-Typsystem bzw. die Menge möglicher Typen illustriert, aber andere Programmiersprachen können andere Typsysteme haben. In Pascal werden Typen durch das Schlüsselwort `type` definiert, wie in

```
type T = <type descriptor>
```

Der *Typdeskriptor* ist ein Ausdruck, der das Aussehen von Objekten vom Typ *T* beschreibt, wie zum Beispiel `array [1,,10] of ^ integer`, ein Array bestehend aus 10 Zeigern auf Integer.

Eine Typdefinition des Typs *T* erzeugt kein Objekt dieses Typs. Ein Objekt vom Typ *T* wird erst erzeugt, wenn eine Deklaration der folgenden Form vorgenommen wird:

```
var x: T
```

`x` ist hierbei ein *Bezeichner* (*identifier*) bzw. ein „Variablenname", der zu irgendeiner Prozedur *P* assoziiert wird (als Spezialfall kann *P* auch das gesamte Programm sein). Wenn *P* aufgerufen wird, so wird ein Kasten mit dem Namen „das zu diesem Aufruf von *P* assoziierte `x`" erzeugt. Man erinnere sich, daß ein

„Name“ jeder Ausdruck ist, der zum Verweis auf einen Kasten verwendet werden kann. Wie bereits im Text erwähnt, kann es viele Kästen geben, deren Namen alle den Bezeichner `x` enthalten, da *P* rekursiv sein kann. Es kann auch andere Prozeduren geben, die ebenfalls den Bezeichner `x` verwendet haben, um eine ihrer Variablen zu benennen. Außerdem sind Namen allgemeiner als Bezeichner, da es jede Menge von Ausdrücken zur Benennung von Kästen gibt. Wir erwähnten bereits, daß `p^` der Name eines Objektes ist, auf das der Zeiger `p` zeigt. Andere Namen sind komplexe Ausdrücke wie `p^.f[2]`, der auf das Arrayelement mit der Nummer 2 im Feld `f` des Records verweist, auf das der Zeiger `p` zeigt.

Prozeduren und Funktionen

Auch Prozeduren haben zu ihnen assoziierte Typen, auch wenn wir keine Kästen oder „Werte“ zu ihnen assoziieren, wie das bei Programmvariablen der Fall ist. Für jede Liste T_1, T_2, ..., T_n von Typen kann man eine Prozedur mit n Parametern definieren, welche aus diesen Typen in der Reihenfolge ihres Auftretens bestehen. Diese Typenliste ist der „Typ“ der Prozedur. Eine Prozedur kann aber auch einen Wert zurückgeben; in diesem Falle wird die Prozedur eine Funktion genannt.[4] Der Typ einer Funktion wird durch die Liste der Typen ihrer Argumente angegeben, gefolgt von dem Typ des Wertes, der zurückgegeben wird, (den man *Rückgabewert* nennt).

Es gibt bestimmte Einschränkungen, wie Typen aus anderen Typen gebildet werden können. Allgemein können wir Typen dadurch erzeugen, daß wir die Typ-Konstruktionsregeln beliebig anwenden. Wie wir jedoch bereits erwähnten, kann der Mengentypkonstruktor aus Regel (5) nur auf eine sehr eingeschränkte Klasse von Typen angewandt werden. Weiterhin gilt für Dateitypen, die mit Hilfe der Regel (4) erzeugt werden, und für Prozedur- und Funktionstypen, die gerade beschrieben wurden, daß sie für die Konstruktion komplexerer Typen nicht verfügbar sind. So können wir beispielsweise kein Array von Prozeduren konstruieren.

Operationen im Pascal-Datenmodell

Die Operationen, die im Pascal-Datenmodell auf den Daten ausführbar sind, lassen sich in drei Kategorien einteilen:

1. Operationen, die ein Datenobjekt erzeugen, zerstören oder modifizieren.
2. Operationen, die auf einen Teil eines Datenobjekts zugreifen.

---

[4] Im folgenden verwenden wir häufig den Begriff "Prozedur", wenn wir "Prozedur oder Funktion" meinen.

3. Operationen, die die Werte von Datenobjekten kombinieren, um einen neuen Wert für ein Datenobjekt zu erzeugen.

Datenerzeugung in Pascal

Pascal stellt zwei Mechanismen zur Datenerzeugung zur Verfügung. Wenn eine Prozedur oder Funktion aufgerufen wird, werden für jede ihrer lokalen Variablen und jeden ihrer Parameter Kästen erzeugt; sie dienen dazu, neue Datenobjekte aufzunehmen. Zu Beginn besitzen nur die Parameter einen Wert: entweder den Zeiger auf das übergebene Argument (bei `var` Parametern) oder eine Kopie des übergebenen Wertes. Der zweite Mechanismus zur Datenerzeugung ist die Funktion `new`, die, wenn sie auf eine Variable `p` angewandt wird, deren Typ ein Zeiger auf ein Objekt eines Typs *T* ist, ein neues Objekt des Typs *T* ohne initialen Wert erzeugt. Der Zeiger `p` zeigt dann auf dieses Objekt, so daß ihm ein Wert zugewiesen werden kann.

Datenmodifikation

Das Modifizieren bzw. *Schreiben* von Werten in Pascal wird prinzipiell mit Hilfe des Zuweisungsoperators durchgeführt; er erlaubt es, entweder den gesamten Wert zu verändern oder einen der Teile, aus denen er sich zusammensetzt, wie etwa ein spezielles Element eines Arrays oder ein Feld eines Records. Wir können auch auf Teile solcher Teile zugreifen usw. Die read-Anweisung modifiziert ebenfalls Daten, und zwar indem der gelesene Wert einem Datenobjekt zugewiesen wird.

Pascals Mechanismen für den Zugriff auf Komponenten von Objekten (*Lesen*) werden in Beispiel 1.6 gezeigt. Wir verwenden die Bezeichnungen `a[i]`, um auf das *i*-te Element eines Arrays `a` zuzugreifen, `x.f` um auf das Feld `f` eines Records mit dem Namen `x` zuzugreifen, und `p^` für den Zugriff auf das Objekt, auf das der Zeiger `p` verweist.

Beispiel 1.6

Wenn `a` eine Variable des Typs `TYPE4` ist, der in Beispiel 1.4 definiert wurde, dann weist

```
a[0].field2^[3] := 99;
```

dem dritten Element des Arrays, auf das `field2` in der Record-Struktur zeigt, die das erste Element des Arrays `a` ist, den Wert 99 zu. ♦

Eigentlich besitzt Pascal keinen Mechanismus, mit dem man Datenobjekte zerstören kann, außer der Regel, daß lokale Variablen und Parameter eines Prozeduraufrufs aufhören zu existieren, wenn die Prozedurausführung beendet ist. Jedoch die meisten Pascal-Implementierungen verfügen über eine Prozedur dispose, mit der ein Objekt, das durch den Aufruf von new erzeugt wurde, wieder gelöscht werden kann. Der Effekt von dispose(p) besteht also darin, daß das Objekt, auf das p zeigt, zerstört wird (p selbst wird nicht zerstört).

Datenkombination

Die Operationen zur Kombination von Werten in Pascal sind auf Objekte bestimmter elementarer Typen und in manchen Fällen auf Mengen anwendbar. Diese Operatoren sind:

1. *Arithmetische Operationen* (+, -, *, /) auf Real- und Integer-Zahlen. Pascal unterscheidet die Division ganzer Zahlen, für die der Operator DIV verwendet wird, von der Division von Real-Zahlen, für die der Operator / benutzt wird. DIV wirft den Divisionsrest weg, so daß das Ergebnis immer vom Typ integer ist, wohingegen / einen exakten Wert berechnet, dessen Genauigkeit maschinenabhängig ist. In Pascal kann aber auch der Rest berechnet werden, dann liefert der Ausdruck i MOD j den Rest, der bei der Division von i durch j übrigbleibt. Andererseits stellt Pascal keinen Exponential-Operator zur Verfügung – im Gegensatz zu anderen Programmiersprachen. In Pascal muß man eine Funktion schreiben, um x^y zu berechnen.

2. *Typumwandlungs-Operatoren*. Die *Coersion* ist ein Prozeß, bei dem ein Wert eines Typs in einen äquivalenten Wert eines anderen Typs umgewandelt wird. Wenn x beispielsweise vom Typ real und i vom Typ integer ist, dann bewirkt die Zuweisung x := i, daß der Integer-Wert von i in eine Real-Zahl desselben Wertes konvertiert wird. Der Typumwandlungs-Operator wird hier nicht explizit angegeben, der Pascal-Compiler kann jedoch die Notwendigkeit einer Konvertierung von Integer nach Real erkennen und die entsprechenden Schritte einleiten. (Innerhalb des Rechners ist die Repräsentation einer Real-Zahl mit einem Integer-Wert *nicht* dieselbe wie die Darstellung dieses Integer-Wertes als Integer; vgl. Abschnitte 4.11 und 4.12.) Pascal stellt den *Coersions*-Operator ORD zur Umwandlung eines Zeichens in die Integer-Darstellung, die die Maschine für dieses Zeichen verwendet,, und den Operator CHR zur Konvertierung von Integer-Zahlen in ihre entsprechenden Zeichen explizit zur Verfügung. Diese Art der Konvertierung wird in Kapitel 4 näher erläutert.

3. *Vergleichsoperatoren*. Das Ergebnis, das die Anwendung eines der sechs Vergleichsoperatoren (=, <>, <, >, <= und >=) auf zwei Integer- oder Real-Werte liefert, ist ein Wert vom Typ bool (TRUE oder FALSE). Als Spezialfall können Vergleichsoperatoren auch auf Zeichenketten (die in Pascal durch Arrays von Zeichen dargestellt werden) der gleichen Länge angewandt werden; zudem ist ein alphabetischer bzw. *lexikographischer* Vergleich von Zei-

chenketten erforderlich. Das heißt, die jeweils ersten Elemente der beiden Arrays werden von Zeichen in ihre entsprechende Integer-Darstellung umgewandelt, und diese Integer-Werte werden dann miteinander verglichen. Wenn sie ungleich sind, so wurde dadurch entweder die Wahrheit oder die Falschheit des Vergleiches ermittelt. Sind sie gleich, so wird der Prozeß mit den zweiten Elementen wiederholt, usw.; die Zeichenketten werden nur dann als gleich erachtet, wenn alle Positionen gleich sind.[5] Weitere Einzelheiten über den Vergleich von Zeichenketten werden in den Abschnitten 2.2 und 2.6 behandelt.

4. *Logische Operatoren.* Die Operatoren `AND`, `OR` und `NOT` lassen sich auf Boolesche Werte anwenden; dazu zählen sowohl Datenobjekte vom Typ `bool` als auch Werte, die durch Operatoren, die boolesche Ergebnisse liefern, konstruiert wurden, wie logische Operatoren oder Vergleichsoperatoren. Ihr Ergebnis ist ein Boolescher Wert, `TRUE` oder `FALSE`, der auf die übliche Art und Weise berechnet wird.

5. *Mengenoperatoren.* Durch die Anwendung der Operatoren +, * und - auf Mengen erhält man die Vereinigung, die Schnittmenge und die Differenz zweier Mengen. Ob *x* ein Element der Menge *S* ist, wird durch den Ausdruck `x IN S` überprüft, der einen Booleschen Wert liefert.

Übungen

1.4.1: Erklären Sie den Unterschied zwischen einem Bezeichner in einem Pascal-Programm und einem Namen (für einen „Kasten“ bzw. für ein Datenobjekt).

1.4.2: Geben Sie ein Pascal-Datenobjekt an, das mehr als einen Namen hat.

1.4.3: Wenn Sie noch eine andere Programmiersprache außer Pascal kennen, beschreiben Sie deren Typsystem und Operationen.

1.5 Algorithmen und der Entwurf von Programmen

Die Untersuchung von Datenmodellen, ihrer Eigenschaften und ihrer angemessenen Verwendung ist einer der Grundpfeiler der Informatik. Ein ähnlich wichtiger Punkt ist die Untersuchung von Algorithmen und ihren zugehörigen Datenstrukturen. Wir müssen die besten Wege kennen, um häufige Aufgaben zu lösen, und wir müssen die wichtigsten Verfahren zum Entwurf guter Algorithmen lernen. Des weiteren müssen wir verstehen, wie die Verwendung von

[5] Viele Pascal-Versionen gestatten auch den Vergleich zweier Zeichenketten verschiedener Länge.

Datenstrukturen und Algorithmen mit dem Prozeß der Erstellung nützlicher Programme einhergeht. Datenmodelle, Algorithmen, Datenstrukturen und ihre Implementierung in Programmen sind voneinander abhängig, und jedes einzelne Thema wird noch viele Male in diesem Buch auftauchen. In diesem Abschnitt werden wir allgemeine Dinge über den Entwurf und die Implementierung von Programmen behandeln.

Die Erstellung von Software

Wenn Sie in einem Programmierkurs eine Programmieraufgabe erhielten, so haben Sie vermutlich zunächst einen Algorithmus zur Lösung des Problems entworfen, diesen dann in irgendeiner Programmiersprache implementiert, compiliert und das Programm mit einigen Testdaten laufen lassen, bevor Sie es zur Bewertung abgaben.

In einer kommerziellen Umgebung werden Programme unter ganz anderen Bedingungen geschrieben. Algorithmen – zumindest diejenigen, die einfach genug und ausreichend bekannt sind, so daß sie bereits Namen haben – sind gewöhnlich kleine Teile eines vollständigen Programms. Programme dagegen sind üblicherweise Komponenten eines größeren Systems, das sowohl Hardware als auch Software umfaßt. Sowohl Programme als auch die vollständigen Systeme, zu denen sie gehören, werden von Teams von Programmierern und Ingenieuren entwickelt; zu einem solchen Team können Hunderte von Leuten gehören.

Die Entwicklung eines Softwaresystems erstreckt sich gewöhnlich über mehrere Phasen. Obwohl diese Phasen oberflächlich betrachtet den Schritten ähnlich sehen, die zur Lösung der Programmierkurs-Aufgabe beitrugen, hat der meiste Aufwand beim Bau eines Softwaresystems zur Lösung eines gegebenen Problems nichts mit Programmierung zu tun. Hier nun ein idealisiertes Szenario.

Problemdefinition und -spezifikation. Der schwierigste und zugleich wichtigste Teil bei der Erstellung eines Softwaresystems ist es, zu definieren, was genau das Problem ist und zu spezifizieren, was zu seiner Lösung notwendig ist. Die Definition eines Problems beginnt üblicherweise mit der Analyse der Anforderungen des Benutzers; diese Anforderungen sind jedoch zumeist ungenau und nur schwer aufzuschreiben. Der „Architekt" eines Systems muß sich ggf. mit den zukünftigen Benutzern des Systems absprechen und die Spezifikation solange immer wieder überarbeiten, bis sowohl der Spezifizierer als auch die Benutzer der Meinung sind, daß die Spezifikation das gestellte Problem definiert und löst. In der Spezifikations-Phase kann es hilfreich sein, einen einfachen Prototyp oder ein Modell des endgültigen Systems zu entwickeln, um so Einblick in das Verhalten und die beabsichtigte Verwendung zu gewinnen. Auch die Datenmodellierung stellt ein wichtiges Werkzeug in der Phase der Problemdefinition dar.

Entwurf. Ist die Spezifikation einmal vollständig, so wird ein Entwurf des Systems auf höchster Ebene erstellt, wobei die wichtigsten Komponenten herausgestellt werden. Es wird ein Dokument erstellt, das den High-Level-Entwurf skizziert; zudem können Anforderungen an die Leistung des Systems enthalten sein. In dieser Phase können auch detailliertere Spezifikationen der wichtigeren Komponenten hinzugefügt werden. Ein kostengünstiger Entwurf erfordert häufig die Wiederverwendung oder Modifikation bereits konstruierter Komponenten.

Implementierung. Sobald der Entwurf festgelegt ist, kann mit der Implementierung der Komponenten fortgefahren werden. Viele der Algorithmen, die in diesem Buch behandelt werden, können bei der Implementierung neuer Komponenten verwendet werden. Wenn eine Komponente implementiert ist, findet eine Reihe von Tests statt, um sicherzustellen, daß sie sich der Spezifikation entsprechend verhält.

Integrations- und Systemtest. Wenn die Komponenten implementiert und einzeln getestet sind, wird das gesamte System zusammengesetzt und getestet.

Installation und Probebetrieb. Ist der Entwickler der Ansicht, daß das System zur Zufriedenheit des Kunden arbeiten wird, so wird es beim Kunden installiert und im Probebetrieb abschließend getestet.

Wartung. An diesem Punkt könnte man denken, daß der Löwenanteil der Arbeit getan ist. Die Wartung ist aber noch zu bewerkstelligen, und in vielen Fällen verschlingt sie mehr als die Hälfte der gesamten Systementwicklungskosten. Die Wartung kann aus verschiedenen Aktivitäten bestehen, zum Beispiel der Veränderung von Komponenten, um unvorhergesehene Seiteneffekte zu eliminieren, der Verbesserung der Systemleistung oder das Hinzufügen neuer Systemeigenschaften. Weil die Wartung ein so wichtiger Teil des Systementwurfs ist, ist es auch wichtig, Programme zu schreiben, die korrekt, robust, effizient, modifizierbar und – wann immer möglich – von einem Rechner auf einen anderen portierbar sind.

Es ist sehr wichtig, Fehler so früh wie möglich zu entdecken, vorzugsweise während der Problemdefinitionsphase. Mit jeder weiteren Phase steigen die Kosten der Beseitigung eines Entwurfs- oder Programmierfehlers enorm an.

Programmierstil

Ein einzelner Programmierer kann die Wartung außerordentlich erleichtern, indem er Programme schreibt, die andere leicht lesen und verändern können. Guter Programmierstil ist Erfahrungssache, und wir empfehlen Ihnen, daß Sie sofort damit beginnen, Ihre Programme so zu schreiben, daß sie für andere leicht verständlich sind. Es gibt keine Zauberformel, die garantiert, daß Programme lesbar werden, aber es gibt einige nützliche Faustregeln:

1. Modularisieren Sie ein Programm, das heißt, zerlegen Sie es in geeignete Teile.
2. Gestalten Sie ein Programm so, daß seine Struktur klar wird.
3. Schreiben Sie intelligente Kommentare, um das Programm zu erklären. Beschreiben Sie deutlich und präzise die zugrundeliegenden Datenmodelle, die für ihre Repräsentation ausgewählten Datenstrukturen und die Operationen, die jede Prozedur durchführt. Wenn Sie eine Prozedur beschreiben, geben sie an, was als Eingabe erwartet wird und in welchem Zusammenhang die Ausgabe mit ihr steht.
4. Verwenden sie aussagekräftige Namen für Prozeduren und Variablen.
5. Vermeiden Sie wo immer möglich explizite Konstanten. Verwenden Sie zum Beispiel nicht die 7 für die Anzahl der Zwerge. Benutzen Sie statt dessen eine Konstante wie `NumberOfDwarfs`, so daß Sie einfach alle Stellen, an denen diese Konstante benutzt wird, zu 8 ändern können, falls Sie sich dafür entscheiden sollten, einen weiteren Zwerg hinzuzufügen.
6. Vermeiden Sie die Verwendung „globaler Variablen" – also Variablen, die für das gesamte Programm definiert sind – es sei denn, die durch sie repräsentierten Daten werden wirklich von den meisten Prozeduren des Programms benutzt.

Eine andere gute Angewohnheit beim Programmieren ist es, während der Programmentwicklung eine Folge von Eingaben zu erstellen, die dazu führt, das jede Zeile des Codes ausgeführt wird. Immer wenn ein neuer Programmteil hinzugefügt wird, kann die Testfolge ausgeführt werden, um sicherzustellen, daß das neue Programm für diese Eingaben dasselbe Verhalten zeigt wie das ursprüngliche.

1.6 Zusammenfassung des 1. Kapitels

An dieser Stelle sollten Ihnen die folgenden Konzepte klar sein:

- Wie Datenmodelle, Datenstrukturen und Algorithmen zur Lösung von Problemen verwendet werden.
- Der Unterschied zwischen einer Liste als Datenmodell und einer verketteten Liste als Datenstruktur.
- Die Existenz irgendeines Datenmodells in jedem Softwaresystem, sei es eine Programmiersprache, ein Betriebssystem oder ein Anwendungsprogramm.

- Die wichtigsten Bestandteile des Datenmodells der Programmiersprache Pascal.
- Die wichtigsten Schritte bei der Entwicklung eines großen Softwaresystems.

1.7 Bibliographische Anmerkungen zum 1. Kapitel

Keller [1982] und Reges [1987] sind zwei der vielen exzellenten Bücher über die Programmiersprache Pascal. Sethi [1989] gibt eine Einführung in die Datenmodelle einiger wichtiger Programmiersprachen. Brooks [1974] beschreibt überzeugend die technischen und Management-Schwierigkeiten bei der Entwicklung großer Softwaresysteme. Kerninghan und Plauger [1978] geben vernünftige Ratschläge zur Verbesserung Ihres Programmierstils.

Brooks, F. P. [1974]. *The Mythical Man Month*, Addison-Wesley, Reading, Mass.

Keller, A. M. [1982]. *A First Course in Computer Programming Using Pascal*, McGraw-Hill, New York.

Kerninghan, B. W., P. J. Plauger [1978]. *The Elements of Programming Style, second edition*, McGraw-Hill, New York.

Reges, S. [1987]. *Building Pascal Programms*, Little Brown, Boston.

Sethi, R. [1989]. *Programming Languages: Concepts and Constructs*, Addison-Wesley, Reading, Mass.

2

Iteration, Induktion und Rekursion

Die Mächtigkeit eines Computers rührt von seiner Fähigkeit her, die gleiche Aufgabe oder verschiedene Versionen derselben Aufgabe immer wieder ausführen zu können. Bei der Berechnung taucht der Begriff der *Iteration* in vielerlei Gestalt auf. Viele Datenmodellkonzepte, wie Listen, basieren auf einer Form der Wiederholung, wie „Eine Liste ist entweder leer, oder sie besteht aus einem Element gefolgt von einem weiteren, gefolgt von einem weiteren, usw.“. Programme und Algorithmen verwenden die Iteration, um sich wiederholende Aufgaben durchzuführen, ohne daß eine große Anzahl ähnlicher Schritte einzeln spezifiziert werden muß, wie zum Beispiel „Wiederhole den nächsten Schritt 1000 mal“. Programmiersprachen benutzen Schleifenkonstrukte wie die while-, for- und repeat-Schleifen in Pascal, um iterative Algorithmen zu implementieren.

Eng verbunden mit der Wiederholung ist die *Rekursion*, ein Verfahren, bei dem ein Konzept direkt oder indirekt durch sich selbst definiert wird. So kann man ein Liste folgendermaßen definieren: „Eine Liste ist entweder leer, oder sie besteht aus einem Element gefolgt von einer Liste.“ Die Rekursion wird in vielen Programmiersprachen unterstützt. In Pascal kann sich eine Prozedur P selbst aufrufen, entweder direkt aus ihrem eigenen Rumpf oder indirekt durch den Aufruf einer anderen Prozedur, die wiederum eine andere aufruft, die eine andere aufruft, usw., bis eine Prozedur in dieser Folge die Prozedur P aufruft. Ein weiterer wichtiger Begriff ist der der *Induktion*, die nahe mit der „Rekursion“ verwandt ist und in vielen mathematischen Beweisen verwendet wird.

Notation: Das Summen- und das Produktzeichen

Um eine Summe anzugeben, wird oft ein überdimensioniertes, griechisches, großgeschriebenes Sigma verwendet wie in $\sum_{i=1}^{n} i$. Dieser Ausdruck repräsentiert die Summe der ganzen Zahlen von 1 bis n; er steht also für die Summe $1 + 2 + 3 + \ldots + n$. Allgemeiner ausgedrückt summieren wir irgendeine Funktion $f(i)$ des Summenindizes i. (Natürlich kann der Index auch durch ein anderes Symbol als i dargestellt werden.) Der Ausdruck $\sum_{i=a}^{b} f(i)$ steht für

$$f(a) + f(a+1) + f(a+2) + \ldots + f(b)$$

$\sum_{j=2}^{m} j^2$ steht zum Beispiel für $4 + 9 + 16 + \ldots + m^2$.

Tritt der Sonderfall ein, daß $b < a$ ist, so gibt es in der Summe $\sum_{i=a}^{b} f(i)$ keine Terme; per Konvention wird dann für den Wert des Ausdrucks 0 angenommen. Ist $b = a$, so gibt es genau einen Term, den für $i = a$. Folglich ist der Wert der Summe $\sum_{i=a}^{a} f(i)$ genau $f(a)$.

In der analogen Notation für Produkte wird ein überdimensioniertes, großgeschriebenes Pi verwendet. Dann steht der Ausdruck $\prod_{i=a}^{b} f(i)$ für das Produkt $f(a) \times f(a+1) \times f(a+2) \times \ldots \times f(b)$; wenn $b < a$ ist, so ist das Produkt 1.

Iteration, Induktion und Rekursion sind grundlegende Konzepte, die in vielen Formen in Datenmodellen, Datenstrukturen und Algorithmen auftauchen. Die folgende Liste enthält einige Verwendungsbeispiele dieser Konzepte, die alle in diesem Buch noch ausführlicher behandelt werden.

1. *Iterative Verfahren*. Die einfachste Art, eine Folge von Operationen wiederholt durchzuführen, ist die Verwendung eines iterativen Konstrukts wie der for-Schleife in Pascal.

2. *Rekursive Programmierung*. Neben vielen anderen Sprachen erlaubt Pascal die Verwendung rekursiver Prozeduren, die sich selbst entweder direkt oder indirekt aufrufen. Viele Programmieranfänger fühlen sich sicherer, wenn sie iterative anstelle von rekursiven Programmen schreiben; ein Ziel dieses Buches ist es jedoch, den Leser an das rekursive Denken und Programmieren zu gewöhnen, wo es angebracht ist. Rekursive Programme sind oft leichter zu schreiben, zu analysieren und zu verstehen.

3. *Induktionsbeweise*. Ein wichtiges Verfahren, um zu zeigen, daß eine Aussage wahr ist, ist der „Induktionsbeweis“. Wir werden Induktionsbeweise

ausführlich ab Abschnitt 2.3 behandeln, das folgende Beispiel soll dem Leser jedoch schon einen kleinen Einblick verschaffen, worum es dabei geht. Mit Hilfe eines Induktionsbeweises wollen wir zeigen, daß eine Aussage $S(n)$ mit der Variablen n wahr ist. Wir beweisen $S(n)$ dadurch, daß wir zunächst einen *Induktionsanfang* beweisen, das heißt, die Aussage $S(n)$ für einen bestimmten Wert n. So können wir zum Beispiel $n = 0$ setzen und die Aussage $S(0)$ beweisen. Als nächstes müssen wir den *Induktionsschritt* beweisen, worin wir zeigen, daß die Aussage S für einen Wert ihres Argumentes aus derselben Aussage S für die vorigen Werte ihres Argumentes folgt. Die einfachste Form der Induktion zeigt, daß für alle $n \geq 0$ $S(n)$ die Aussage $S(n+1)$ impliziert. Sei $S(n)$ zum Beispiel die bekannte Summenformel

$$\sum_{i=1}^{n} i = n(n+1)/2 \qquad (2.1)$$

die besagt, daß die Summe aller ganzer Zahlen von 1 bis n gleich $n(n+1)/2$ ist. Der Induktionsanfang sei $S(1)$ – das heißt, die Gleichung (2.1), wobei n durch 1 ersetzt wird – was genau der Gleichheit $1 = 1 \times 2/2$ entspricht. Der Induktionsschrittes besteht darin, zu zeigen, daß $\sum_{i=1}^{n} i = n(n+1)/2$ die Aussage $\sum_{i=1}^{n+1} i = (n+1)(n+2)/2$ impliziert; die erste Gleichung ist $S(n)$, entspricht also der Gleichung (2.1) selbst, während letztere $S(n+1)$ ist und die Gleichung (2.1) darstellt, bei der jedes n durch $n+1$ ersetzt wurde. In Abschnitt 2.3 wird gezeigt, wie man derartige Beweise konstruiert.

4. *Korrektheitsbeweise für Programme.* In der Informatik möchte man häufig, formal oder informell beweisen, daß eine Aussage $S(n)$ über ein Programm wahr ist. So kann die Aussage $S(n)$ zum Beispiel beschreiben, was in der n-ten Iteration einer Schleife oder für den n-ten rekursiven Aufruf einer Prozedur wahr ist. Beweise dieser Art sind gewöhnlich induktiv.

5. *Induktive Definitionen.* Viele wichtige Konzepte der Informatik, besonders diejenigen, die sich mit Datenmodellen befassen, werden am besten durch Induktion definiert. Dabei wird eine Basisregel angegeben, die das oder die einfachsten Beispiel(e) des Konzepts definiert, und eine oder mehrere induktive Regeln, in der aus kleineren Beispielen des Konzepts größere aufgebaut werden. So haben wir bereits erwähnt, daß eine Liste durch die Angabe einer Basis- und einer induktiven Regel definiert werden kann; die Basisregel besagt, daß eine leere Liste eine Liste ist, und die induktive Regel besagt, daß ein Element gefolgt von einer Liste ebenfalls eine Liste ist.

6. *Laufzeitanalyse.* Ein wichtiges Kriterium für die „Güte" eines Algorithmus ist die Zeit, die er benötigt, um Eingaben verschiedener Größe zu bearbei-

ten (seine „Laufzeit“). Wenn ein Algorithmus Rekursion verwendet, so benutzen wir eine Formel, genannt *Rekurrenzgleichung*, die eine induktive Definition zur Vorhersage der Zeit darstellt, die ein Algorithmus benötigt, um auf Eingaben verschiedener Größe zu laufen.

Jedes dieser Themen, mit Ausnahme des letzten, wird in diesem Kapitel vorgestellt; die Laufzeit eines Programms ist Thema des 3. Kapitels.

2.1 Worum geht es in diesem Kapitel?

In diesem Kapitel werden wir folgenden wichtigen Konzepten begegnen:

- Iterativer Programmierung (Abschnitt 2.2)
- Induktionsbeweisen (Abschnitte 2.3 und 2.4)
- Induktiven Definitionen (Abschnitt 2.6)
- Rekursiver Programmierung (Abschnitte 2.7 und 2.8)
- Korrektheitsbeweisen von Programmen (Abschnitte 2.5 und 2.9)

Weiterhin beleuchten wir verschiedene interessante und wichtige Themen der Informatik anhand von Beispielen dieser Konzepte. Dazu zählen

- Sortieralgorithmen, einschließlich *Selectionsort* (Abschnitt 2.2) und *Mergesort* (Abschnitt 2.8)
- Paritätsüberprüfung und Fehlererkennung bei Daten (Abschnitt 2.3)
- Arithmetische Ausdrücke und ihre Umwandlung unter Verwendung algebraischer Gesetze (Abschnitte 2.4 und 2.6)
- Korrekte Klammerung (Abschnitt 2.6)

2.2 Iteration

Jeder Programmieranfänger lernt die Verwendung der Iteration, indem er Schleifenkonstrukte, wie die for-, while- oder repeat-Anweisungen in Pascal benutzt. In diesem Abschnitt präsentieren wir ein Beispiel eines iterativen Algorithmus, „Selectionsort“. In Abschnitt 2.5 beweisen wir, daß dieser Algorithmus tatsächlich sortiert, und in Abschnitt 3.6 werden wir seine Laufzeit analysieren. In Abschnitt 2.8 zeigen wir, wie die Rekursion dabei helfen kann, einen effizienteren Sortieralgorithmus zu entwickeln, in dem die „Divide-and-Conquer“-Technik (*teile und herrsche*) verwendet wird.

Sortieren

Um eine Liste mit n Elementen zu sortieren, müssen die Elemente so vertauscht werden, daß sie in eine aufsteigende Reihenfolge gebracht werden.

Allgemeine Themen: Selbstdefinition und Basis Induktion

Wenn Sie dieses Kapitel durcharbeiten, sollten Sie auf zwei Themen achten, die in den verschiedenen Konzepten immer wieder auftauchen. Das erste ist Selbstdefinition, bei der ein Konzept durch einen Ausdruck, in dem es selbst wieder vorkommt, definiert oder aufgebaut wird. Wir hatten zum Beispiel schon gesehen, daß eine Liste so definiert werden kann: Sie ist leer oder besteht aus einem Element, gefolgt von einer Liste.

Das zweite Thema ist die Basis-Induktion. Rekursive Prozeduren testen normalerweise, ob der „Basisfall" vorliegt, in dem keine rekursiven Aufrufe stattfinden, oder ob der „induktive" Fall vorliegt, in dem ein oder mehrere rekursive Aufrufe stattfinden. Induktionsbeweise bestehen ebenfalls aus einem Basisfall und einem Induktionsschritt, genau wie induktive Definitionen. Das Basis-Induktion-Paar ist so wichtig, daß diese Worte im Text immer hervorgehoben werden, um auf jedes Auftreten eines Basisfalls oder eines Induktionsschrittes aufmerksam zu machen.

Wenn die Selbstdefinition sauber verwendet wird, gibt es kein Paradoxon und keinen Zirkelschluß, weil die durch Selbstdefinition beschriebenen Teile immer „kleiner" sind, als das definierte Objekt selbst. Weiterhin erreicht man nach einer endlichen Anzahl von Schritten, die zu kleineren Teilen führen, den Basisfall, in dem die Selbstdefinition endet. Ein Beispiel: Eine Liste L besteht aus einem Element und einer Liste, die ein Element kürzer ist als L. Wenn wir weiter fortfahren, erreichen wir irgendwann den Basisfall, in dem die Liste aus 0 Elementen besteht: „Die leere Liste ist eine Liste".

Ein anderes Beispiel: Wenn eine rekursive Prozedur funktioniert, müssen die Argumente der Aufrufe in gewissem Sinne „kleiner" sein, als die der aufrufenden Kopie der Prozedur. Nach einer bestimmten Anzahl rekursiver Aufrufe müssen die Argumente so „klein" sein, daß die Prozedur keine weiteren rekursiven Aufrufe macht.

Beispiel 2.1

Gegeben sei die Liste von Zahlen (3, 1, 4, 1, 5, 9, 2, 6, 5). Wir sortieren diese Liste, indem wir sie in die Reihenfolge (1, 1, 2, 3, 4, 5, 5, 6, 9) permutieren. Beachten Sie, daß das Sortieren nicht nur die Werte in eine Reihenfolge bringt, in der jeder Wert kleiner oder gleich dem folgenden Wert ist. Zusätzlich bewahrt es die Anzahl der Vorkommen jedes Wertes. Darum kommen in der sortierten Liste zweimal die 1, zweimal die 5 und je einmal die anderen Zahlen vor, die in der ursprünglichen Liste jeweils einmal auftreten. ♦

Man kann Listen von Elementen jeden Typs sortieren, sofern auf den Elementen eine „kleiner-als"-Ordnung definiert ist, die normalerweise durch das Symbol < dargestellt wird. Sind die Elemente beispielsweise Integer- oder Real-Zahlen, so steht das Symbol < für die normale kleiner-als-Relation auf Integer- oder Real-Zahlen; und wenn die Werte Zeichenketten wären, würden wir die lexikographische Ordnung auf Zeichenketten verwenden. (Vgl. den Kasten über lexikographische Ordnung.) Manchmal, wenn die Elemente komplex sind, wie etwa Record-Strukturen, wird man nur einen Teil jedes Elements für den Vergleich verwenden, zum Beispiel ein Feld.

Der Vergleich $a \leq b$ bedeutet wie immer, daß entweder $a < b$ gilt oder a und b gleich sind. Eine Liste $(a_1, a_2, ..., a_n)$ heißt *sortiert*, wenn $a_1 \leq a_2 \leq \ ... \leq a_n$ ist; das heißt, die Werte sind aufsteigend angeordnet. *Sortieren* ist die Operation, die von einer Liste $(a_1, a_2, ..., a_n)$ ausgehend eine Liste $(b_1, b_2, ..., b_n)$ erzeugt, so daß gilt:

1. Die Liste $(b_1, b_2, ..., b_n)$ ist sortiert.
2. Die Liste $(b_1, b_2, ..., b_n)$ ist eine Permutation der ursprünglichen Liste. Das heißt, jeder Wert kommt in der Liste $(a_1, a_2, ..., a_n)$ genau so oft vor wie in der Liste $(b_1, b_2, ..., b_n)$.

Ein *Sortieralgorithmus* erhält als Eingabe eine beliebige Liste und erzeugt als Ausgabe eine sortierte Liste, die eine Permutation der Eingabe ist.

Lexikographische Ordnung

Üblicherweise werden zwei Zeichenketten auf der Basis ihrer lexikographischen Ordnung miteinander verglichen. $c_1c_2...c_k$ und $d_1d_2...d_m$ seien zwei Zeichenketten, wobei jedes c bzw. d ein einzelnes Zeichen repräsentiert. Die Längen k und m der beiden Zeichenketten brauchen nicht gleich zu sein. Wir gehen davon aus, daß es eine < Ordnungsrelation auf Zeichen gibt; in Pascal kann man zum Beispiel durch Anwendung der Funktion ORD Zeichen in ganze Zahlen umwandeln; anschließend wird die herkömmliche < Relation auf Integer-Zahlen verwendet, um festzustellen, welches der beiden Zeichen „kleiner" als das andere ist. Diese Ordnung schließt die natürliche Gegebenheit mit ein, daß Kleinbuchstaben, die früher im Alphabet stehen, „kleiner" sind als diejenigen, die weiter hinten stehen; gleiches gilt für Großbuchstaben.

Damit können wir die Ordnung auf Zeichenketten, genannt *lexikographisches Wörterbuch* oder *alphabetische* Ordnung, wie folgt definieren. Wir sagen, $c_1c_2...c_k < d_1d_2...d_m$, wenn eine der beiden folgenden Bedingungen zutrifft:

1. Die erste Zeichenkette ist ein *echter Präfix* der zweiten, das heißt, $k < m$ und für alle $i = 1, 2, ..., k$ gilt $c_i = d_i$. Entsprechend dieser Regel gilt somit `bat` < `batter`. Als Sonderfall dieser Regel kann $k = 0$ sein, das heißt, die erste Zeichenkette enthält kein Zeichen. Wir verwenden ε, den griechischen Buchstaben Epsilon, um die *leere Zeichenkette*, das heißt, die Zeichenkette, die null Zeichen enthält, zu bezeichnen. Wenn $k = 0$ ist, besagt Regel (1), daß $\varepsilon < s$ für jede nichtleere Zeichenkette s gilt.
2. Für einen Wert $i > 0$ gilt, daß die ersten i-1 Zeichen der beiden Zeichenketten übereinstimmen, das i-te Zeichen der ersten Zeichenkette jedoch kleiner als das i-te Zeichen der zweiten Zeichenkette ist. Das heißt, für $j = 1, 2, ..., i-1$ gilt $c_j = d_j$, und $c_i < d_i$. Entsprechend dieser Regel ist `ball` < `base`, da sich die beiden Wörter an Position 3 unterscheiden; an dieser Position hat `ball` ein `l`, das im Alphabet vor dem Buchstaben `s`, der an der 3. Position des Wortes `base` steht, angeordnet ist.

Man beachte, daß < auf Zeichenketten in Pascal (eigentlich Arrays von Zeichen einer festen Länge) nur für Zeichenketten gleicher Länge definiert ist. Demzufolge ist für Pascal auch nur Regel (2) von Bedeutung. Regel (1) ist dann entscheidend, wenn man zum Beispiel Wörter in einem Wörterbuch oder Namen in einem Telefonverzeichnis einordnen möchte.

Beispiel 2.2

Betrachten Sie die folgende Liste von Wörtern

`base, ball, mound, bat, glove, batter`

Für diese Eingabe erzeugt ein Sortieralgorithmus unter Verwendung lexikographischer Ordnung die Ausgabe: `ball`, `base`, `bat`, `batter`, `glove`, `mound`. ♦

Namens- und Wertekonventionen

Eine Variable können wir uns als einen Kasten vorstellen, der einen Namen hat und einen Wert enthält. Wenn wir uns auf eine Variable wie `abc` beziehen, so verwenden wir den „Computer“ Schrifttyp für ihren Namen, wie in diesem Satz bereits geschehen. Beziehen wir uns auf den Wert der Variablen `abc`, so schreiben wir dies kursiv als *abc*. Zusammenfassend bezieht sich also `abc` auf den Namen des Kastens und *abc* auf dessen Inhalt.

Selectionsort: Ein iterativer Sortieralgorithmus

Angenommen, man hat ein Array von n ganzen Zahlen, das in aufsteigender Reihenfolge sortiert werden soll. Dann kann man einen Schritt iterieren, bei dem ein kleinstes Element[1] , das noch nicht Teil des sortierten Abschnittes des Arrays ist, gefunden und mit dem Element, das an der ersten Position des noch unsortierten Array-Teils steht, vertauscht wird. Bei der ersten Iteration findet („selektiert“) man ein kleinstes Element aus den Werten, die in `A[1..n]` stehen und tauscht es mit `A[1]`. Bei der zweiten Iteration sucht man ein kleinstes Element in `A[2..n]` und tauscht es mit der Stelle `A[2]`. Mit diesen Iterationen fährt man fort. Zu Beginn der i-ten Iteration enthält `A[1..i-1]` die i-1 kleinsten Elemente von `A` in aufsteigender Reihenfolge sortiert; die restlichen Elemente des Arrays sind noch unsortiert. In Abbildung 2.1 wird das Array `A` unmittelbar vor der i-ten Iteration dargestellt.

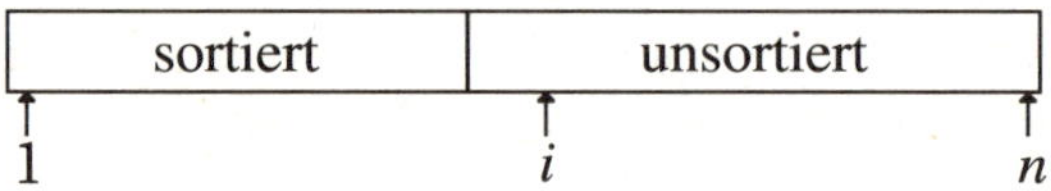

Abb. 2.1: Darstellung des Arrays unmittelbar vor der i-ten Iteration von Selectionsort.

Bei der i-ten Iteration findet man ein kleinstes Element in `A[i..n]` und tauscht es mit `A[i]`. Somit enthält `A[1..i]` nach der i-ten Iteration die i kleinsten, in aufsteigender Reihenfolge sortierten Elemente. Nach der (n-1)-sten Iteration ist das gesamte Array sortiert.

In Abbildung 2.2 wird eine Pascal-Prozedur für den Selectionsort-Algorithmus angegeben. Die Prozedur `SelectionSort` erhält als erstes Argument ein Array mit Platz für mindestens n Elemente. Der Typ `INTARRAY` wird als

```
type INTARRAY = array[1..MAX] of integer
```

definiert, wobei `MAX` eine angemessen definierte Konstante ist. Das zweite Argument n gibt die Anzahl der Elemente an, die sortiert werden; es wird davon ausgegangen, daß n nicht größer als *MAX* ist.

Die Auswahl eines kleinsten Elements innerhalb des unsortierten Teils des Arrays `A[i..n]` geschieht in den Zeilen (2) bis (5), wo die Variable `small` auf den Index des ersten Vorkommens des kleinsten Elements in diesem Teil des Arrays gesetzt wird. In den Zeilen (6) bis (8) wird nach der Wahl eines Wertes für den Index `small` das Element an dieser Stelle mit dem Element in `A[i]` vertauscht. Ist *small* = i, so wird der Tausch zwar durchgeführt, hat jedoch keinerlei Auswirkungen auf das Array. Um zwei Elemente vertauschen zu können, ist zu beachten, daß man einen Platz benötigt, um eines davon zwi-

[1]Wir sagen "ein kleinstes Element" statt "das kleinste Element", da es mehrere Vorkommen des kleinsten Wertes geben kann; ist dies der Fall, so soll uns jedes dieser Vorkommen recht sein.

schenzeitlich zu speichern. Daher wird der Wert aus `A[small]` in Zeile (6) in `temp` zwischengespeichert, der Wert von `A[i]` in Zeile (7) nach `A[small]` gepackt und schließlich der Wert von `A[small]` in Zeile (8) aus `temp` nach `A[i]` übertragen.

```
     procedure SelectionSort(var A: INTARRAY; n: integer);

     var i, j, small, temp: integer;

     begin
(1)   for i := 1 to n-1 do begin
        (*small auf den Index des ersten Vorkommens des kleinsten
        verbleibenden Elements setzen*)
(2)     small := i;
(3)     for j := i+1 to n do
(4)      if A[j] < A[small] then
(5)        small := j;
         (*wenn man hier ankommt, ist small der Index
         des ersten kleinsten Elements in A[i..n]; nun
         wird A[small] mit A[i] vertauscht *)
(6)     temp := A[small];
(7)     A[small] := A[i];
(8)     A[i] := temp;
      end;
     end;
```

Abb. 2.2: Iterativer Selectionsort.

Beispiel 2.3

Wir untersuchen nun das Verhalten von `SelectionSort` bei unterschiedlichen Eingaben. Was passiert, wenn wir `SelectionSort` auf einem leeren Array laufen lassen? Wenn $n = 0$ ist, so wird der Rumpf der for-Schleife aus Zeile (1) nicht ausgeführt, das heißt, `SelectionSort` macht eigentlich „nichts“.

Betrachten wir nun den Fall, daß das Array nur ein Element enthält. Auch hier wird der Rumpf der for-Schleife in Zeile (1) nicht ausgeführt. Das ist auch in Ordnung, da ein Array, das nur aus einem Element besteht, immer sortiert ist. Die Situationen, in denen n 0 oder 1 ist, sind wichtige Grenzfälle; jedes Programm und jeder Algorithmus müssen speziell auf ihr Verhalten in solchen Grenzfällen untersucht werden.

Zuletzt lassen wir `SelectionSort` auf einem kleinen Array mit vier Elementen laufen, wobei `A[1]` bis `A[4]` folgendermaßen aussehen

	1	2	3	4
A	40	30	20	10

Wir beginnen bei der äußeren Schleife mit $i = 1$ und setzen `small` in Zeile (2) auf 1. Die Zeilen (3) bis (5) bilden eine innere Schleife, in der `j` nacheinander auf 2, 3 und 4 gesetzt wird. Für $j = 2$ ist der Test in Zeile (4) erfolgreich, da $A[2]$, das ja 30 ist, kleiner als `A[small]` ist, das $A[1]$ bzw. 40 ist. Folglich wird `small` in Zeile (5) auf 2 gesetzt. Bei der zweiten Iteration der Zeilen (3) bis (5), in der $j = 3$ ist, verläuft der Test in Zeile (4) wiederum erfolgreich, da $A[3] < A[2]$ ist; `small` wird also in Zeile (5) auf 3 gesetzt. Bei der letzten Iteration der Zeilen (3) bis (5), wo $j = 4$ ist, ist der Test aus Zeile (4) erfolgreich, da $A[4] < A[3]$ ist; wir setzen `small` in Zeile (5) somit auf 4.

Nun verlassen wir die innere Schleife und gehen zu Zeile (6). Wir setzen `temp` auf 10, was `A[small]` entspricht; dann setzen wir in Zeile (7) `A[4]` auf $A[1]$ bzw. 40 und in Zeile (8) `A[1]` auf 10. Die erste Iteration der äußeren Schleife ist jetzt abgeschlossen, und das Array `A` sieht so aus:

	1	2	3	4
A	10	30	20	40

Die zweite Iteration der äußeren Schleife, in der $i = 2$ ist, setzt die Variable `small` in Zeile (2) auf 2. Die innere Schleife setzt `j` zuerst auf 3 und da $A[3] < A[2]$ ist, setzt Zeile (5) `small` auf 3. Für $j = 4$ ist die Bedingung in Zeile (4) nicht erfüllt, da $A[4] \geq A[3]$ ist. Folglich ist $small = 3$, wenn wir Zeile (6) erreichen. In den Zeilen (6) bis (8) wird `A[2]` mit `A[3]` vertauscht, was zu folgendem Array führt

	1	2	3	4
A	10	20	30	40

Obwohl das Array schon sortiert erscheint, iterieren wir die äußere Schleife noch einmal mit $i = 3$. In Zeile (2) setzen wir `small` auf 3; dann wird die innere Schleife nur mit $j = 4$ ausgeführt. Da der Test in Zeile (4) negativ ist, behält *small* den Wert 3; in den Zeilen (6) bis (8) „vertauschen" wir `A[3]` mit sich selbst. Der Leser sollte nachprüfen, daß das Vertauschen keinerlei Auswirkungen hat, wenn $small = i$ ist. ♦

Sortieren mit Schlüsseln

Wenn wir etwas sortieren, so wenden wir eine Vergleichsoperation auf die zu sortierenden Werte an. Nicht selten werden nur spezielle Teile der Werte miteinander verglichen; den Teil, der im Vergleich verwendet wird, bezeichnet man als den *Schlüssel* (*key*).

Eine Lehrveranstaltungsliste könnte zum Beispiel ein Array von Pascal-Records vom Typ

```
type STUDENT = record
     studentID: integer;
     name: array [1..30] of char;
     grade: char
   end;
```

sein. Wir können nach Matrikelnummer (*studentID*), Name oder Note (*grade*) sortieren; jedes davon bildet dann jeweils den Schlüssel. Möchten wir die Records zum Beispiel nach der Matrikelnummer sortieren, so verwenden wir den Vergleich

```
A[j].studentID < A[small].studentID
```

in Zeile (4) von `SelectionSort`. Der Typ des Arrays `A` und der temporären Variablen `temp`, die beim Vertauschen verwendet wird, ist der Typ `STUDENT` und nicht der Typ `integer`. Beachten Sie, daß ganze Records und nicht nur die Schlüsselfelder vertauscht werden.

```
     program sort(input, output);

     const MAX = 100;
     type INTARRAY = array[1..MAX] of integer;
     var A: INTARRAY;
      k, n: integer;

     procedure SelectionSort(var A: INTARRAY; n: integer);

     var i, j, small, temp: integer;

     begin
      for i := 1 to n-1 do begin
        small := i;
        for j := i+1 to n do
         if A[j] < A[small] then
           small := j;
        temp := A[small];
        A[small] := A[i];
        A[i] := temp;
      end;
     end;

     begin (* Hauptprogramm *)

(1)   readln(n);
```

```
(2)     if n > MAX then n := MAX;
          (* um einen Überlauf des Arrays A zu verhindern *)
(3)     for k := 1 to n do
(4)       read(A[k]);
(5)     SelectionSort(A,n);
(6)     for k := 1 to n do
(7)       write(A[k]);
(8)     writeln
      end.
```

Abb. 2.3: Ein Sortierprogramm, das Selectionsort verwendet.

Die Abbildung 2.3 zeigt, wie die Prozedur `SelectionSort` in einem vollständigen Programm eingesetzt werden kann, um eine Folge von n ganzen Zahlen zu sortieren, vorausgesetzt, daß $n \leq 100$ ist. In Zeile (1) wird der Wert n eingelesen, der uns sagt, wieviele Elemente des Arrays A in den Zeilen (3) und (4) gelesen werden müssen. Zunächst überprüfen wir jedoch in Zeile (2), ob $n \leq MAX$ ist; ist dies nicht der Fall, so wird n auf den Wert von MAX reduziert, damit nicht mehr Elemente eingelesen werden, als in das Array passen. An dieser Stelle wäre eine Warnung angebracht, die dem Benutzer mitteilt, daß n zu groß ist; wir übergehen dies hier.

In Zeile (5) wird die Prozedur `SelectionSort` aufgerufen, um das Array zu sortieren. In den Zeilen (6) und (7) wird das sortierte Array ausgedruckt und Zeile (8) beendet den Auftrag, indem in der Ausgabe auf die nächste Zeile gesprungen wird.

ÜBUNGEN

2.2.1: Simulieren Sie die Prozedur `SelectionSort` auf einem Array, das die folgenden Elemente enthält:

a) 6, 8, 14, 17, 23

b) 17, 23, 14, 6, 8

c) 23, 17, 14, 8, 6

2.2.2: Wie viele Vergleiche und wie viele Vertauschungen von Elementen werden in jedem der drei Fälle gemacht?

2.2.3:** Was ist die minimale und was die maximale Anzahl an (a) Vergleichen und (b) Vertauschungen, die `SelectionSort` bei der Sortierung einer Folge von n Elementen machen kann?

2.2.4: Schreiben Sie eine Pascal-Funktion, die zwei verkettete Listen von Zeichen als Argumente erhält und den Wert `TRUE` zurückliefert, wenn die erste Zeichenkette lexikographisch kleiner als die zweite ist. *Hinweis*: Implementieren Sie den Algorithmus zum Vergleich von Zeichenketten, der in diesem Abschnitt beschrieben wurde. Verwenden Sie Rekursion, indem Sie die Funktion sich für den Rest der Zeichenketten selbst wieder aufrufen lassen, wenn die ersten Zeichen der beiden Zeichenketten gleich sind. Alternativ kann auch ein iterativer Algorithmus entwickelt werden, der das gleiche tut.

2.2.5*: Ändern Sie Ihr Programm aus Übung 2.2.3 dahingehend, daß Sie die Groß- bzw. Kleinschreibung der Buchstaben beim Vergleich ignorieren. *Hinweis*: Denken Sie daran, daß Kleinbuchstaben ebenso wie Großbuchstaben fortlaufende Werte besitzen, wenn die Funktion `ORD` auf sie angewandt wird.

2.2.6: Was macht `SelectionSort`, wenn alle Elemente gleich sind?

Benennung der Induktionsparameter

Häufig ist es hilfreich, eine Induktion dadurch zu erklären, daß man die intuitive Bedeutung der Variablen n in der Aussage $S(n)$, die wir beweisen, angibt. Hat n keine besondere Bedeutung, wie in Beispiel 2.4, so sagen wir einfach: „Der Beweis wird durch Induktion über n durchgeführt." In anderen Fällen kann n eine physikalische Bedeutung haben, wie in Beispiel 2.6, bei dem n für die Anzahl der Bits in den Codewörtern steht. Dort sagen wir: „Der Beweis geschieht durch Induktion über die Anzahl der Bits in den Codewörtern."

2.2.7: Ändern Sie Abb. 2.3 dahingehend, daß Selectionsort nicht auf Arrays mit ganzzahligen Elementen, sondern auf Arrays mit Records vom Typ `STUDENT` durchgeführt wird, das im Kasten „Sortieren mit Schlüsseln" definiert wurde. Verwenden Sie das Feld `studentID` als Schlüssel.

2.2.8*: Verändern Sie Abb. 2.3 weiter, daß Elemente eines beliebigen Typs T sortiert werden. Gehen Sie davon aus, daß es eine Funktion *key* gibt, die ein Element vom Typ T als Argument erhält und den Schlüssel für dieses Element zurückgibt, der von einem beliebigen Typ K ist. Setzen Sie weiterhin voraus, daß es eine Funktion *lt* gibt, die zwei Elemente vom Typ K als Argumente hat und `TRUE` zurückliefert, wenn das erste „kleiner als" das zweite ist, und sonst `FALSE`.

2.2.9: Schreiben Sie ein iteratives Programm, das die verschiedenen Elemente eines Integer-Arrays ausdruckt.

2.2.10: Verwenden Sie die Σ- und Π-Schreibweise, die zu Beginn dieses Kapitels beschrieben wurde, um folgendes auszudrücken:

a) Die Summe aller ungeraden ganzen Zahlen von 1 bis 377

b) Die Summe der Quadrate aller geraden ganzen Zahlen von 2 bis n (n sei gerade)

c) Das Produkt aller Potenzen von 2 zwischen 8 und 2^k

2.2.11: Zeigen Sie, daß die Zeilen (6) bis (8) (Vertauschung) aus Abb. 2.2 keine Auswirkungen auf das Array A haben, wenn *small* = i ist.

2.3 Induktionsbeweise

Die *mathematische Induktion* stellt ein nützliches Verfahren dar, um zu beweisen, daß die Aussage $S(n)$ für alle nichtnegativen ganzen Zahlen n wahr ist oder, allgemeiner, für alle ganzen Zahlen ab oder oberhalb einer unteren Grenze gilt. In der Einführung dieses Kapitels haben wir angedeutet, daß die Aussage $\sum_{i=1}^{n} i = n(n+1)/2$ für alle $n \geq 1$ durch Induktion über n bewiesen werden kann.

$S(n)$ sei nun eine beliebige Aussage über eine ganze Zahl n. In der einfachsten Form eines Induktionsbeweises der Aussage $S(n)$ beweisen wir zwei Tatsachen:

1. Den *Induktionsanfang*, der meistens als $S(0)$ gewählt wird. Allerdings kann der Induktionsanfang auch $S(k)$ für eine beliebige ganze Zahl k sein, die Aussage $S(n)$ wird dann jedoch nur für $n \geq k$ bewiesen.

2. Den *Induktionsschritt*, in dem bewiesen wird, daß aus $S(n)$ für alle $n \geq 0$ [oder für alle $n \geq k$, wenn der Induktionsanfang $S(k)$ ist] $S(n+1)$ folgt. In diesem Teil des Beweises gehen wir davon aus, daß die Aussage $S(n)$ wahr ist. Man nennt $S(n)$ die *Induktionsannahme*; unter der Voraussetzung, daß sie wahr ist, müssen wir beweisen, daß auch $S(n+1)$ wahr ist.

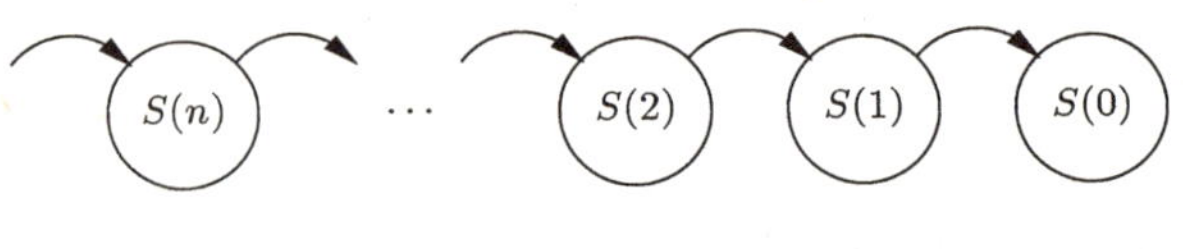

Abb. 2.4: In einem induktiven Beweis hängt jede Instanz der Aussage S(n) von der Aussage für den nächst niedrigeren Wert von n ab.

Abbildung 2.4 illustriert eine Induktion beginnend mit dem Wert 0. Für jede Integer-Zahl n ist eine Aussage $S(n)$ zu beweisen. Der Beweis für $S(1)$ verwendet $S(0)$, der Beweis von $S(2)$ verwendet $S(1)$, usw., wie durch die Pfeile angedeutet. Die Art, wie jede Aussage von der vorherigen abhängt, ist gleichförmig. Das heißt, *durch einen Beweis des Induktionsschrittes beweisen wir jeden der Schritte, die durch die Pfeile in Abb. 2.4 beschrieben werden.*

Beispiel 2.4

Als Beispiel für eine mathematische Induktion beweisen wir folgende

AUSSAGE $S(n)$: $\sum_{i=0}^{n} 2^i = 2^{n+1} - 1$ für alle $n \geq 0$.

Das heißt, die Summe aller Potenzen von 2 beginnend bei der 0-ten Potenz bis zur n-ten Potenz ist um 1 kleiner als die $(n+1)$-te Potenz von 2; zum Beispiel ist 1 + 2 + 4 + 8 = 16 - 1.[2] Der Beweis geht folgendermaßen.

BASIS. Um den Induktionsanfang zu beweisen, setzen wir in der Gleichung $S(n)$ 0 für n ein. $S(n)$ wird dann zu

$$\sum_{i=0}^{0} 2^i = 2^1 - 1 \qquad (2.2)$$

Auf der linken Seite der Gleichung (2.2) gibt es nur den einen Term für $i = 0$, so daß die linke Seite von (2.2) 2^0 bzw. 1 ergibt. Die rechte Seite der Gleichung (2.2), auf der $2^1 - 1$, also 2 - 1, steht, hat ebenfalls den Wert 1. Somit haben wir den Induktionsanfang von $S(n)$ bewiesen, das heißt, wir haben gezeigt, daß die Gleichheit für $n = 0$ gilt.

INDUKTION. Nun beweisen wir den Induktionsschritt; ausgehend von der Annahme, daß $S(n)$ wahr ist, beweisen wir dieselbe Gleichheit, wobei wir $n+1$ für n substituieren. Die Gleichung $S(n+1)$, die zu beweisen ist, lautet nun wie folgt

$$\sum_{i=0}^{n+1} 2^i = 2^{n+2} - 1 \qquad (2.3)$$

Um die Gleichung (2.3) zu beweisen, betrachten wir zunächst die Summe auf der linken Seite, das heißt, $\sum_{i=0}^{n+1} 2^i$. Die Summe entspricht in etwa der Summe auf der linken Seite von $S(n)$, also $\sum_{i=0}^{n} 2^i$, mit der Ausnahme, daß (2.3) auch einen Term für $i = n + 1$ enthält, den Term 2^{n+1}.

---

[2] $S(n)$ kann auch ohne Induktion unter Verwendung der Formel für die Summe einer geometrischen Folge bewiesen werden. Es dient uns hier jedoch als einfaches Beispiel für das Verfahren der mathematischen Induktion. Zudem sind die Beweise der Formeln für die Summe geometrischer und arithmetischer Folgen, denen Sie vermutlich in der Oberschule begegnet sind, eher informell; strenggenommen sollte mathematische Induktion verwendet werden, um diese Formeln zu beweisen.

Da wir in unserem Beweis der Gleichung (2.3) davon ausgehen dürfen, daß die Induktionsannahme $S(n)$ wahr ist, sollten wir versuchen, $S(n)$ zu unserem Vorteil zu verwenden. Dies geschieht, indem wir die Summe in (2.3) in zwei Teile spalten, von denen der eine die Summe in $S(n)$ widerspiegelt. Wir spalten also den letzten Term ab, in dem $i = n + 1$ ist und schreiben

$$\sum_{i=0}^{n+1} 2^i = \sum_{i=0}^{n} 2^i + 2^{n+1} \tag{2.4}$$

Nun verwenden wir die Gleichung $S(n)$, indem wir ihre rechte Seite, $2^{n+1} - 1$, für $\sum_{i=0}^{n} 2^i$ in der Gleichung (2.4) substituieren:

$$\sum_{i=0}^{n+1} 2^i = 2^{n+1} - 1 + 2^{n+1} \tag{2.5}$$

Wenn wir die rechte Seite der Gleichung (2.5) vereinfachen, so erhalten wir $2 \times 2^{n+1} - 1$ bzw. $2^{n+2} - 1$; die Summe auf der linken Seite von (2.5) ist also gleich der linken Seite von (2.3), und die rechte Seite von (2.5) ist gleich der rechten Seite von (2.3). Somit haben wir die Gültigkeit der Gleichung (2.3) unter Benutzung der Gleichheit $S(n)$ bewiesen; diesen Beweis nennt man den Induktionsschritt. Der Schluß, den wir daraus ziehen, ist, daß $S(n)$ für jeden nichtnegativen Wert von n gilt. ♦

Variablensubstitution

Die Leute sind oft verwirrt, wenn sie für eine Variable wie n in der Aussage $S(n)$ einen Ausdruck substituieren sollen, der selbst diese Variable enthält. So substituierten wir zum Beispiel $n + 1$ für n in $S(n)$, um die Gleichung (2.3) zu erhalten. Um die Substitution durchzuführen, markieren wir zunächst jedes Vorkommen von n in S. Ein sinnvoller Weg ist es, n durch eine andere Variable – sagen wir m – zu ersetzen, die ansonsten niergendwo in S auftaucht. $S(n)$ wird dann zu

$$\sum_{i=0}^{m} 2^i = 2^{m+1} - 1$$

Wir substituieren dann den gewünschten Ausdruck, hier $n + 1$, für jedes Vorkommen von m. Das führt zu

$$\sum_{i=0}^{n+1} 2^i = 2^{(n+1)+1} - 1$$

Wenn wir $(n+1) + 1$ zu $n + 2$ vereinfachen, erhalten wir (2.3).

Beachten Sie, daß wir den substituierten Ausdruck einklammern, um zu verhindern, daß wir unbeabsichtigt die Reihenfolge der Operationen durcheinanderbringen. Würden wir zum Beispiel $n + 1$ für m in dem Ausdruck $2 \times m$ substituieren, ohne $n + 1$ einzuklammern, erhielten wir $2 \times n + 1$ anstelle des korrekten Ausdrucks $2 \times (n + 1)$, der $2 \times n + 2$ entspricht.

Warum funktionieren Induktionsbeweise?

In einem Induktionsbeweis zeigen wir zunächst, daß $S(0)$ wahr ist. Anschließend zeigen wir, daß, wenn $S(n)$ wahr ist, auch $S(n+1)$ gilt. Warum können wir dann jedoch schließen, daß $S(n)$ für alle $n \geq 0$ wahr ist? Wir liefern zwei „Beweise". Ein Mathematiker würde darauf hinweisen, daß jeder unserer „Beweise" für das Funktionieren des Induktionsbeweises selbst auch wieder induktiv bewiesen werden muß und daher überhaupt kein Beweis ist. Trotzdem wird die folgende intuitive Erläuterung von vielen Menschen als hilfreich empfunden.

Im folgenden gehen wir davon aus, daß der Induktionsanfang $n = 0$ ist. Das heißt, wir wissen, daß $S(0)$ wahr ist und daß für alle n größer als 0 gilt, wenn $S(n)$ wahr ist, ist $S(n+1)$ wahr. Ähnliches gilt für jeden anderen ganzzahligen Induktionsanfang.

Erster „Beweis": *Iteration des Induktionsschrittes.* Angenommen, wir wollen zeigen, daß $S(a)$ für eine bestimmte nichtnegative ganze Zahl a wahr ist. Wenn $a = 0$ ist, so berufen wir uns einfach auf die Gültigkeit des Induktionsanfangs $S(0)$. Ist $a > 0$, so argumentieren wir folgendermaßen. Wir wissen, daß der Induktionsanfang $S(0)$ wahr ist. Ersetzt man in der Aussage „$S(n)$ impliziert $S(n+1)$" das n durch 0, so erhält man „$S(0)$ impliziert $S(1)$". Da wir wissen, daß $S(0)$ wahr ist, wissen wir auch, daß $S(1)$ wahr ist. Auf ähnliche Weise erhalten wir „$S(1)$ impliziert $S(2)$", wenn wir 1 für n substituieren; und so wissen wir auch, daß $S(2)$ wahr ist. Substituieren wir 2 für n, so haben wir „$S(2)$ impliziert $S(3)$", so daß $S(3)$ wahr ist, usw. Egal welchen Wert a annimmt, irgendwann erreichen wir $S(a)$ und sind fertig.

Zweiter „Beweis": *Kleinstes Gegenbeispiel.* Angenommen, $S(n)$ ist für mindestens einen Wert von n nicht wahr. a sei die kleinste nichtnegative ganze Zahl, für die $S(a)$ falsch ist. Ist $a = 0$, so widerspricht dies dem Induktionsanfang $S(0)$; folglich muß a größer als 0 sein. Wenn dagegen $a > 0$ ist und a die kleinste nichtnegative ganze Zahl ist, für die die Aussage $S(a)$ falsch ist, so muß $S(a\text{-}1)$ wahr sein. Der Induktionsschritt, bei dem n durch a-1 ersetzt wird, sagt nun aus, daß $S(a\text{-}1)$ die Aussage $S(a)$ impliziert. Da $S(a\text{-}1)$ wahr ist, muß auch $S(a)$ wahr sein, ein weiterer Widerspruch. Da wir davon ausgingen, daß es nichtnegative Werte von n gibt, für die die Aussage $S(n)$ falsch ist, und daraus einen Widerspruch herleiteten, muß folglich $S(n)$ für jedes $n \geq 0$ wahr sein.

Fehlererkennende Codes

In diesem Abschnitt beginnen wir unsere Diskussion über „fehlererkennende Codes“, einem Konzept, das an sich schon interessant ist, uns aber auch zu einem interessanten Induktionsbeweis führt. Wenn wir Informationen über ein Datennetzwerk übertragen, so codieren wir die Zeichen (Buchstaben, Ziffern, Interpunktion, usw.) in Folgen von Bits, das heißt, in 0-en und 1-en. Dieses Thema wird zwar in Abschnitt 4.3 noch genauer behandelt, für den Moment gehen wir aber davon aus, daß Zeichen durch sieben Bits repräsentiert werden. Es ist jedoch üblich, mehr als sieben Bits pro Zeichen zu übertragen; ein achtes Bit kann dazu verwendet werden, einige einfache Fehler bei der Übertragung zu ermitteln. Aufgrund einer Störung bei der Übertragung kann sich eine der 0-en oder 1-en verändern und wird dann als das gegenteilige Bit empfangen; eine 0, die in die Übertragungsleitung eintritt, kommt dann als 1 wieder heraus oder umgekehrt. Es ist daher nützlich, wenn das Kommunikationssystem feststellen kann, ob sich eines der acht Bits verändert hat, so daß es ggf. eine Wiederholung der Übertragung signalisieren kann.

Um Fehler in einem einzelnen Bit feststellen zu können, müssen wir sicher sein, daß zwei Zeichen nicht durch Bitfolgen repräsentiert werden, die sich nur an einer Stelle unterscheiden. Würde nämlich dann diese eine Stelle verändert, so wäre das Ergebnis der Code des anderen Zeichens, und wir könnten nicht erkennen, daß ein Fehler aufgetreten ist. Wenn der Code eines Zeichens beispielsweise durch die Bitfolge 01010101 und der Code eines anderen durch 01000101 dargestellt wird, so macht eine Veränderung an der vierten Stelle von links aus dem ersten Zeichen das letztere.

Eine Möglichkeit, sicherzustellen, daß sich Zeichen-Codes nicht nur an einer Stelle unterscheiden, besteht darin, dem üblichen 7-Bit-Code zur Darstellung eines Zeichens ein zusätzliches *Paritätsbit* voranzustellen. Wenn die Gesamtzahl der 1-en in einer Gruppe von Bits ungerade ist, so sagt man über diese Gruppe, daß sie eine *ungerade Parität* hat. Ist die Anzahl der 1-en innerhalb einer Gruppe gerade, so besitzt die Gruppe eine *gerade Parität*. Das Codierungsschema, das wir auswählen, repräsentiert jedes Zeichen durch einen 8-Bit-Code mit gerader Parität; ebensogut hätten wir auch den Code mit ungerader Parität wählen können. Wir erzwingen eine gerade Parität, indem wir das Paritätsbit wohlüberlegt wählen.

Beispiel 2.5

Der übliche ASCII („aski“ gesprochen; für „American Standard Code for Information Interchange“) 7-Bit-Code für das Zeichen `A` lautet 1000001. Die Folge der sieben Bits hat bereits eine gerade Anzahl von 1-en, so daß wir eine 0 voranstellen, um 01000001 zu erhalten. Der übliche Code für `C` lautet 1000011 und unterscheidet sich nur an der sechsten Stelle vom 7-Bit-Code für `A`. Dieser

Code hat aber eine ungerade Parität, so daß wir ihm eine 1 voranstellen, um den 8-Bit-Code 11000011 mit gerader Parität zu erhalten. Man beachte, daß wir 01000001 und 11000011 erhalten, nachdem wir den Codes für A und C die Paritätsbits vorangestellt haben; sie unterscheiden sich an zwei Stellen, an der ersten und an der siebten, wie in Abb. 2.5 zu sehen ist.

A:	0	1	0	0	0	0	0	1
C:	1	1	0	0	0	0	1	1

Abb. 2.5: Wir können das führende Paritätsbit so wählen, daß der 8-Bit-Code immer gerade Parität hat.

Wir können ein Paritätsbit, das dem 7-Bit-Code vorangestellt wird, immer so auswählen, daß die Anzahl der 1-en im 8-Bit-Code gerade ist. Wir entscheiden uns für das Paritätsbit 0, wenn der 7-Bit-Code für das entsprechende Zeichen eine gerade Parität hat, und wir wählen das Paritätsbit 1, wenn der 7-Bit-Code eine ungerade Parität hat. In jedem Fall ist dann die Anzahl der 1-en im 8-Bit-Code gerade.

Es gibt keine zwei Bitfolgen mit jeweils gerader Parität, die sich nur an einer Stelle unterscheiden. Denn wenn sich zwei derartige Bitfolgen genau an einer Stelle unterscheiden, so hat die eine genau eine 1 mehr als die andere. Somit muß eine Folge ungerade und die andere gerade Parität besitzen, was unserer Annahme widerspricht, daß beide gerade Parität besitzen. Wir schließen daraus, daß das Hinzufügen eines Paritätsbits, um eine gerade Anzahl von 1-en zu erhalten, der Erzeugung eines fehlererkennenden Codes für Zeichen dient.

Das Schema der Paritätsbits ist in dem Sinne ziemlich „effizient", daß es uns erlaubt, viele verschiedene Zeichen zu übertragen. Beachten Sie, daß es für n Bits 2^n verschiedene Bitfolgen gibt, da wir zwischen zwei möglichen Werten (0 oder 1) für die erste Stelle, zwischen zwei möglichen Werten für die zweite Stelle usw. auswählen können, was insgesamt $2 \times 2 \times ... \times 2$ (n Faktoren) möglichen Folgen entspricht. Demnach könnte man erwarten, daß bis zu $2^8 = 256$ Zeichen durch jeweils acht Bits dargestellt werden können.

Mit dem Paritätsschema können wir jedoch nur sieben der Bits auswählen; das achte wird uns aufgezwungen. Wir können also 2^7 bzw. 128 Zeichen darstellen und weiterhin einzelne Fehler erkennen. Das ist immer noch gut; wir können 128/256 bzw. die Hälfte aller möglichen 8-Bit-Codes als zulässige Codes für Zeichen verwenden und noch immer einen Fehler in einem Bit erkennen.

Damit vergleichbares gilt für den Fall, daß wir Folgen von n Bits verwenden und eines als Paritätsbit auswählen; wir können dann 2^{n-1} Zeichen darstellen, indem wir Folgen von n-1 Bits nehmen und das entsprechende Pritätsbit voranstellen, dessen Wert von den anderen n-1 Bits abhängt. Da es 2^n Folgen bestehend aus n Bits gibt, können wir $2^{n-1}/2^n$, also die Hälfte der möglichen Anzahl von Zeichen, darstellen und immer noch einen Fehler in einem einzelnen Bit einer Folge ermitteln.

Ist es auch möglich, Fehler zu erkennen und mehr als die Hälfte der möglichen Bitfolgen als zulässigen Code zu verwenden? Unser nächstes Beispiel beantwortet diese Frage mit nein. Der induktive Beweis benutzt eine Aussage, die für 0 nicht gilt und für die wir einen größeren Induktionsanfang, nämlich 1, wählen müssen.

Beispiel 2.6

Wir beweisen folgendes durch Induktion über n.

AUSSAGE $S(n)$: Ist C eine beliebige Menge von Bitstrings der Länge n, die *Fehler erkennen* kann (d. h. es gibt keine zwei Strings, die sich in genau einer Stelle unterscheiden), so enthält C höchstens 2^{n-1} Strings.

Diese Aussage gilt für $n = 0$ nicht. $S(0)$ sagt aus, daß jede fehlererkennende Menge von Strings der Länge 0 höchstens 2^{-1} Strings, also einen halben String, enthält. Genaugenommen ist die Menge C, die nur aus dem leeren String (einem String ohne Stellen) besteht, eine fehlererkennende Menge der Länge 0, da es keine zwei Strings in C gibt, die sich nur an einer Stelle unterscheiden. Die Menge C enthält mehr als einen halben String; sie enthält einen String, um genau zu sein. Somit ist die Aussage $S(0)$ falsch. Für alle $n \geq 1$ ist $S(n)$ jedoch wahr, wie wir noch sehen werden.

BASIS. $S(1)$ bildet den Induktionsanfang, das heißt, jede fehlererkennende Menge von Strings der Länge 1 enthält höchstens $2^{1-1} = 2^0 = 1$ String. Es gibt nur zwei Bitstrings der Länge 1, den String 0 und den String 1. Es können jedoch nicht beide in einer fehlererkennende Menge enthalten sein, da sie sich nur an genau einer Stelle unterscheiden. Somit darf jede fehlererkennende Menge für $n = 1$ höchstens einen String enthalten.

INDUKTION. Es sei $n \geq 1$ und die Induktionsannahme – daß eine fehlererkennende Menge von Strings der Länge n höchstens 2^{n-1} Strings enthält – sei wahr. Unter Verwendung der Annahme müssen wir zeigen, daß jede fehlererkennende Menge C von Strings der Länge $n + 1$ höchstens 2^n Strings enthält. Dafür teilt man die Menge C in zwei Mengen: C_0, die Menge der Strings aus C, die mit 0 beginnen und C_1, die Menge der Strings aus C, die mit 1 beginnen. Angenommen, es gilt $n = 2$, und C ist der Code mit Strings der Länge $n + 1 = 3$, die unter Verwendung eines Paritätstbits konstruiert wurden. Dann besteht C aus den Strings 000, 101, 110 und 011, wie in Abb. 2.6 gezeigt wird; C_0 besteht aus den Strings 000 und 011, und C_1 besteht aus den beiden anderen Strings, 101 und 110.

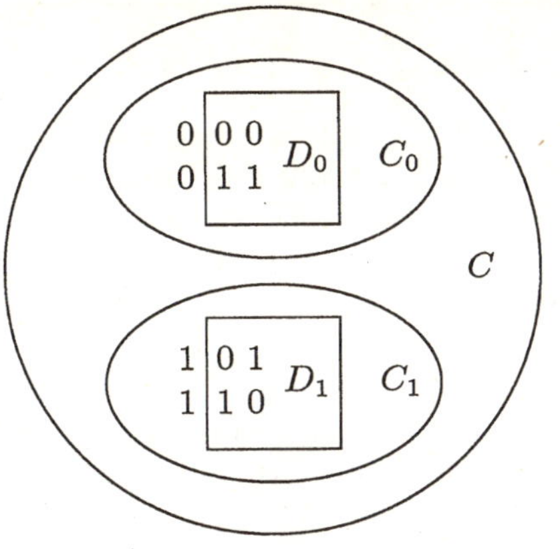

Abb. 2.6: Die Menge C wird aufgespalten in die Mengen C_0, also in die Strings, die mit 0 beginnen, und in C_1, die Strings, die mit 1 beginnen. D_0 und D_1 werden gebildet, indem man die führenden 0-en bzw. 1-en entfernt.

Betrachten Sie die Menge D_0, die aus den Strings aus C_0 besteht, bei denen die führende 0 entfernt wurde. Im obigen Beispiel enthält D_0 die Strings 00 und 11. Wir behaupten, daß D_0 keine zwei Strings enthält, die sich nur in einem Bit unterscheiden. Gibt es nämlich zwei solche Strings – sagen wir $a_1a_2,...a_n$ und $b_1b_2...b_n$ – so erhalten wir nach Wiederherstellung der führenden 0-en zwei Strings, $0a_1a_2,...a_n$ und $0b_1b_2...b_n$, in der Menge C_0, die sich nur an einer Stelle unterscheiden. Die Strings aus C_0 sind aber auch in C enthalten, und wir wissen, daß C keine zwei Strings enthält, die sich nur an einer Stelle unterscheiden. Deshalb gilt dies auch für D_0, so daß D_0 eine fehlererkennende Menge ist.

Wir benutzen nun die Induktionsannahme, um zu schließen, daß D_0 als fehlererkennende Menge mit Strings der Länge n höchstens 2^{n-1} Strings enthält. C_0 hat damit höchstens 2^{n-1} Strings.

Ähnlich argumentieren wir auch bei der Menge C_1. D_1 sei die Menge aller Strings aus C_1, bei denen die führenden 1-en entfernt wurden. D_1 ist eine fehlererkennende Menge mit Strings der Länge n und enthält nach Induktionsannahme höchstens 2^{n-1} Strings. Somit hat C_1 höchstens 2^{n-1} Strings. Jeder String aus C ist jedoch entweder in C_0 oder in C_1 enthalten. Daher hat C höchstens $2^{n-1} + 2^{n-1}$ bzw. 2^n Strings.

Wir haben bewiesen, daß aus $S(n)$ die Aussage $S(n+1)$ folgt. Daraus können wir schließen, daß $S(n)$ für alle $n \geq 1$ wahr ist. Wir schließen $n = 0$ von der Behauptung aus, da der Induktionsanfang $n = 1$ und nicht $n = 0$ ist. Wir erkennen nun, daß die fehlererkennenden Mengen, die durch Paritätsüberprüfung erzeugt werden, so groß wie möglich sind, da sie exakt 2^{n-1} Strings enthalten, wenn Strings mit n Bits verwendet werden. ♦

Wie kommt man auf Induktionsbeweise?

Es gibt keine „Patentlösung", die einem einen induktiven Beweis einer (wahren) Aussage $S(n)$ liefert. Das Finden eines induktiven Beweises, ähnlich wie das Finden eines anderen Beweises oder das Schreiben von Programmen, die dann auch laufen, ist eine Aufgabe, die eine intellektuelle Herausforderung darstellt; wir können an dieser Stelle nur einige wenige Ratschläge geben. Wenn Sie sich die Induktionsschritte in den Beispielen 2.4 und 2.6 genauer ansehen, so werden Sie bemerken, daß wir in beiden Fällen die Aussage $S(n+1)$, die wir beweisen wollten, so umformen mußten, daß die Induktionsannahme $S(n)$ neben zusätzlichen „Extras" hervorgehoben wurde. In Beispiel 2.4 haben wir die Summe

$$1 + 2 + 4 + ... + 2^n + 2^{n+1}$$

als die Summe

$$1 + 2 + 4 + ... + 2^n$$

ausgedrückt, über die die Induktionsannahme etwas aussagt, plus dem zusätzlichen Term 2^{n+1}. In Beispiel 2.6 haben wir die Menge C mit Strings der Länge $n + 1$ als zwei String-Mengen der Länge n ausgedrückt (die wir D_0 und D_1 nannten), so daß wir die Induktionsannahme auf diese Mengen anwenden und daraus schließen konnten, daß beide Mengen eine begrenzte Größe hatten.

Natürlich ist die Bearbeitung der Aussage $S(n+1)$, damit die Induktionsannahme angewendet werden kann, nur ein Spezialfall des allgemeineren Problemlösungsansatzes „Verwenden Sie die Vorgaben". Schwierig wird es immer, wenn wir uns mit dem „Extra"-Teil von $S(n+1)$ auseinandersetzen müssen und den Beweis von $S(n+1)$ ausgehend von $S(n)$ vervollständigen müssen.

ÜBUNGEN

2.3.1: Die Summe der ersten n ganzen Zahlen ist bekannterweise $n(n+1)/2$; dies kann durch die Formel für die Summe einer arithmetischen Folge bewiesen werden. Zur Übung beweisen Sie jedoch durch Induktion über n, daß $\sum_{i=1}^{n} i = n(n+1)/2$ gilt. Verwenden Sie $n = 1$ als Induktionsanfang.

2.3.2: Zahlen der Form $t_n = n(n+1)/2$ werden als *Dreieckszahlen* bezeichnet: Wenn man Murmeln in Form eines gleichseitigen Dreiecks mit n Murmeln an jeder Seite anordnet, so ergibt dies zusammen $\sum_{i=1}^{n} i$, also – wie in Übung 2.3.1 bereits gezeigt – t_n Murmeln. Bowlingkegel sind zum Beispiel in einem

Dreieck mit je 4 an einer Seite angeordnet, das heißt, es gibt $t_4 = 4 \times 5/2 = 10$ Kegel. Zeigen Sie durch Induktion über n, daß $\sum_{j=1}^{n} t_j = n(n+1)(n+2)/6$ gilt.

2.3.3: Zeigen Sie durch Induktion über n, daß gilt

$$\sum_{i=1}^{n} i^2 = n(n+1)(2n+1)/6$$

2.3.4: Zeigen Sie durch Induktion über n, daß gilt

$$\sum_{i=1}^{n} i^3 = n^2(n+1)^2/4$$

2.3.5: Finden Sie heraus, ob die Parität folgender Bitsequenzen ungerade oder gerade ist:

a) 01101

b) 111000111

c) 010101

2.3.6: Angenommen, wir verwenden zur Codierung von Symbolen die drei Ziffern 0, 1 und 2. Eine Menge C von Strings, die aus 0-en, 1-en und 2-en bestehen, ist *fehlererkennend*, wenn es keine zwei Strings in C gibt, die sich nur an einer Stelle unterscheiden. {00, 11, 22} ist zum Beispiel eine fehlererkennende Menge mit Strings der Länge 2, die die Ziffern 0, 1 und 2 verwenden. Zeigen Sie, daß für alle $n \geq 1$ gilt, daß keine fehlererkennende Menge von Strings der Länge n, die die Ziffern 0, 1 und 2 benutzen, mehr als 3^{n-1} Strings enthalten kann.

2.3.7*: Zeigen Sie, daß es für alle $n \geq 1$ eine fehlererkennende Menge mit 3^{n-1} Strings der Länge n gibt, die die Ziffern 0, 1 und 2 verwenden.

2.3.8*: Angenommen, wir verwenden k Symbole. Zeigen Sie, daß es für alle $k \geq 2$ zwar eine fehlererkennende Menge von Strings der Länge n mit k^{n-1} Strings gibt, die k verschiedene Symbole als „Ziffern" benutzen, daß es aber keine Menge mit mehr als k^{n-1} Strings gibt.

2.3.9*: Ist $n \geq 1$, so beträgt die Anzahl der Strings, die die Ziffern 0, 1 und 2 verwenden und bei denen an zwei aufeinanderfolgenden Stellen nicht die gleichen Ziffern stehen, $3 \times 2^{n-1}$. Es gibt beispielsweise 12 solcher Strings der Länge 3: 010, 012, 020, 021, 101, 102, 120, 121, 201, 202, 210 und 212. Beweisen Sie diese Behauptung durch Induktion über die Länge der Strings. Gilt die Formel für $n = 0$?

2.3.10*: Beweisen Sie, daß der Ripple-Carry-Additionsalgorithmus, der in Abschnitt 1.3 vorgestellt wurde, korrekte Antworten liefert. *Hinweis*: Zeigen Sie durch Induktion über i, daß nach Berücksichtigung der ersten i Stellen von rechts die Summe der „Endstücke" mit i Ziffern der beiden Summanden gleich der Zahl ist, deren binäre Darstellung das Carry-Bit gefolgt von den i Bits der bisher generierten Antwort ist.

2.3.11*: Die Formel für die Summe einer geometrischen Folge lautet

$$\sum_{i=0}^{n} ar^i = (ar^{n+1} - a) / (r-1)$$

Beweisen Sie diese Formel durch Induktion über n. Beachten Sie, daß $r \neq 1$ sein muß, damit die Formel gilt. An welcher Stelle Ihres Beweises benutzen Sie diese Annahme?

2.3.12: Geben Sie zwei informelle Beweise dafür, daß eine Induktion, die bei 1 beginnt, „funktioniert", auch wenn die Aussage $S(0)$ falsch ist.

2.3.13: Zeigen Sie durch Induktion über die Länge der Strings, daß der Code, der aus Strings mit ungerader Parität besteht, Fehler erkennt.

2.3.14:** Wenn sich in einem Code keine zwei Strings an weniger als drei Stellen unterscheiden, so kann man einzelne Fehler korrigieren, indem man den einzigen String im Code findet, der sich von dem empfangenen String an nur einer Stelle unterscheidet. Es stellt sich heraus, daß es einen Code für 7-Bit-Strings gibt, der einzelne Fehler korrigiert und 16 Strings enthält. Finden Sie einen derartigen Code. *Hinweis*: Es ist vermutlich am besten, logisch zu folgern, sollten Sie jedoch steckenbleiben, so schreiben Sie ein Programm, das nach solch einem Code sucht.

2.3.15*: Erkennt ein Code mit gerader Parität irgendwelche „Doppelfehler", das heißt, Veränderungen in zwei verschiedenen Bits? Kann er irgendwelche einzelnen Fehler korrigieren?

2.4 Vollständige Induktion

In den bisherigen Beispielen haben wir ausschließlich unter Verwendung von $S(n)$ als Induktionsannahme bewiesen, daß $S(n+1)$ wahr ist. Da wir die Aussage S jedoch für Werte ihrer Parameter beginnend beim Wert des Induktionsanfangs und weiter aufsteigend beweisen, dürfen wir $S(i)$ für alle Werte von i vom Basiswert bis zum Wert n verwenden. Diese Form der Induktion wird *vollständige* (manchmal auch *perfekte* oder *starke*) *Induktion* genannt. Formal ausgedrückt beweisen wir in zwei Schritten, daß $S(n)$ für alle $n \geq 0$ wahr ist:

1. Zuerst beweisen wir den Induktionsanfang $S(0)$.
2. Als Induktionsannahme gehen wir davon aus, daß $S(0)$, $S(1)$, ..., $S(n)$ wahr sind. Aus diesen Aussagen beweisen wir, daß $S(n+1)$ gilt.

Ebenso wie bei der gewöhnlichen Induktion, die im vorigen Abschnitt beschrieben wurde, kann auch hier ein Wert a anstelle der 0 als Basiswert ausgewählt werden. Für den Induktionsanfang beweisen wir $S(a)$, und im Induktionsschritt dürfen wir dann nur $S(a)$, $S(a+1)$, ..., $S(n)$ voraussetzen. Man beachte, daß die gewöhnliche Induktion ein Spezialfall der vollständigen Induktion ist, in dem wir bis auf $S(n)$ keine der gegebenen Aussagen verwenden, um $S(n+1)$ zu beweisen.

Abb. 2.7 zeigt, wie die vollständige Induktion funktioniert. Jede Instanz der Aussage $S(n)$ kann (optional) jede niedriger indizierte Instanz zu ihrer rechten in ihrem Beweis verwenden.

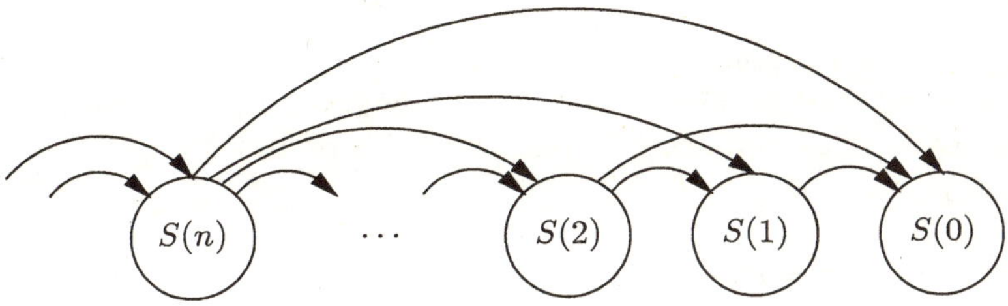

Abb. 2.7: Die vollständige Induktion erlaubt jeder Instanz, eine, mehrere oder alle ihrer Vorgängerinstanzen in ihrem Beweis zu verwenden

Genau wie die gewöhnliche Induktion kann die vollständige Induktion intuitiv als ein Beweisverfahren gerechtfertigt werden, in dem das Argument eines „kleinsten Gegenbeispiels“ verwendet wird. Der Induktionsanfang sei $S(a)$ und wir nehmen an, wir haben für alle $n \geq a$ gezeigt, daß $S(a)$, $S(a+1)$, ..., $S(n)$ zusammen $S(n+1)$ implizieren. Weiterhin nehmen wir an, daß $S(n)$ für mindestens einen Wert von $n \geq a$ falsch ist; b sei die kleinste Integer-Zahl größer oder gleich a, für die $S(b)$ falsch ist. Dann kann b nicht a sein, weil sonst der Induktionsanfang $S(a)$ widerlegt wäre. Weiterhin kann b auch nicht größer sein als a, da sonst alle $S(a)$, ..., $S(b\text{-}1)$ wahr sein müßten. Der Induktionsschritt sagt nun jedoch, daß $S(b)$ wahr sein muß, was zu einem Widerspruch führt.

Assoziativität und Kommutativität

Das *Assoziativgesetz* für die Addition besagt, daß wir drei Werte addieren können, indem wir entweder die ersten beiden addieren und dann den dritten zum Ergebnis hinzuzählen, oder indem wir den ersten Wert zum Ergebnis der Addition des zweiten und dritten hinzuaddieren; das Ergebnis bleibt das gleiche. Formal ausgedrückt gilt

$$(E_1 + E_2) + E_3 = E_1 + (E_2 + E_3)$$

wobei E_1, E_2 und E_3 beliebige arithmetische Ausdrücke sind. Beispielsweise ist

$$(1 + 2) + 3 = 1 + (2 + 3)$$

mit $E_1 = 1$, $E_2 = 2$ und $E_3 = 3$. Oder

$$((xy) + (3z - 2)) + (y + z) = xy + ((3z - 2) + (y + z))$$

mit $E_1 = xy$, $E_2 = 3z - 2$ und $E_3 = y + z$.

Das *Kommutativgesetz* für die Addition besagt, daß wir zwei Ausdrücke in beliebiger Reihenfolge addieren dürfen. Formal bedeutet das

$$E_1 + E_2 = E_2 + E_1$$

So gilt auch $1 + 2 = 2 + 1$ und $xy + (3z - 2) = (3z - 2) + xy$.

Normalformen für arithmetische Ausdrücke

Ein Compiler für eine Programmiersprache kann Vorteile aus den algebraischen Eigenschaften arithmetischer Operatoren ziehen, indem er die Reihenfolge, in der die Operanden eines arithmetischen Ausdrucks ausgewertet werden, neu festlegt. Ziel ist es, effizienteren Maschinencode zur Auswertung des Ausdrucks zu erzeugen (vgl. Kapitel 4, in dem Maschinencode vorgestellt wird).

In diesem Abschnitt betrachten wir arithmetische Ausdrücke, die nur einen einzigen assoziativen und kommutativen Operator, wie +, enthalten, und untersuchen, welche Umordnungen von Operanden möglich sind. Wir beweisen, daß der Wert jedes Ausdrucks, der nur den Operator + enthält, gleich dem Wert jedes anderen Ausdrucks ist, bei dem + auf dieselben Operanden angewandt wird, wobei diese auf beliebige Art und Weise angeordnet und/oder gruppiert sein können. Zum Beispiel

$$(a_3 + (a_4 + a_1)) + (a_2 + a_5) = a_1 + (a_2 + (a_3 + (a_4 + a_5)))$$

Wir beweisen diese Behauptung durch zwei einzeln durchgeführte Induktionen, von denen die erste eine vollständige Induktion ist.

Beispiel 2.7

Durch vollständige Induktion über n (die Anzahl der Operanden eines Ausdrucks) beweisen wir die Aussage

AUSSAGE $S(n)$: Ist E ein Ausdruck mit dem Operator + und mit n Operanden, und ist a einer dieser Operanden, so kann E unter Verwendung der Assoziativ- und Kommutativgesetze in einen Ausdruck der Form $a + F$ umgewandelt werden, so daß F ein Ausdruck ist, in dem außer a alle Operanden aus E enthalten und unter Benutzung des Operators + beliebig gruppiert sind.

Die Aussage $S(n)$ gilt nur für $n \geq 2$, da der Operator + mindestens einmal in E vorkommen muß. Somit verwenden wir $n = 2$ als Induktionsanfang.

BASIS. Sei $n = 2$; dann kann E für einen von a verschiedenen Operanden b nur $a + b$ oder $b + a$ sein. Im ersten Fall sei F der Ausdruck b; wir sind fertig. Im zweiten Fall kann man aufgrund des Kommutativgesetzes $b + a$ in $a + b$ umwandeln und wieder $F = b$ setzen.

INDUKTION. E habe $n + 1$ Operanden, und $S(i)$ sei für $i = 2, 3, ..., n$ wahr. Da wir den Induktionsschritt für $n \geq 2$ beweisen müssen, nehmen wir an, daß E mindestens drei Operanden hat und damit mindestens zwei Vorkommen von + enthält. Wir schreiben E als $E_1 + E_2$ für irgendwelche Ausdrücke E_1 und E_2. Da E genau $n + 1$ Operanden hat und E_1 und E_2 jeweils mindestens einen dieser Operanden enthalten, folgt daraus, daß weder E_1 noch E_2 mehr als n Operanden haben kann. Somit gilt die Induktionsannahme sowohl für E_1 als auch für E_2, falls sie jeweils mehr als einen Operanden enthalten (da wir von dem Induktionsanfang $n = 2$ ausgingen). Abhängig davon, ob a in E_1 oder in E_2 enthalten ist und ob es der einzige Operand in E_1 oder E_2 ist, müssen wir vier Fälle berücksichtigen.

a) E_1 besteht nur aus a. Ein Beispiel dafür wäre der Fall, daß E gleich $a + (b + c)$ ist; E_1 ist hier a und E_2 ist $b + c$. In diesem Falle dient uns E_2 als F, das heißt, E hat bereits die Form $a + F$.

b) E_1 besteht aus mehr als einem Operanden und a ist einer davon, zum Beispiel

$$E = (c + (d + a)) + (b + e)$$

wobei $E_1 = c + (d + a)$ und $E_2 = b + e$ ist. Weil E_1 nicht mehr als n, mindestens jedoch zwei Operanden enthält, können wir hier die Induktionsannahme benutzen. Sie besagt, daß E_1 zu $a + E_3$ umgeformt werden kann, indem man das Kommutativ- und Assoziativgesetz anwendet. Demzufolge kann E in $(a + E_3) + E_2$ umgewandelt werden. Wir wenden das Assoziativgesetz weiter an und sehen, daß E in $a + (E_3 + E_2)$ umgewandelt werden kann.

Also können wir F als $E_3 + E_2$ wählen, wodurch für diesen Fall der Induktionsschritt bewiesen ist. Für unseren Beispielausdruck E oben können wir annehmen, daß $E_2 = c + (d + a)$ durch die Induktionsannahme in $a + (c + d)$ umgeformt wird. Dann kann E zu $a + ((c + d) + (b + e))$ umgruppiert werden.

c) E_2 ist nur a. Zum Beispiel sei $E = (b + c) + a$. In diesem Fall wenden wir das Kommutativgesetz an und erhalten für E nun $a + E_1$, was der gewünschten Form entspricht, wenn wir F den Ausdruck E_1 sein lassen.

d) E_2 hat mehr als einen Operanden, unter ihnen a. Ein Beispiel hierfür ist $E = b + (a + c)$. Wir wenden das Kommutativgesetz an, um E in $E_2 + E_1$ umzuformen. Dann fahren wir fort wie in Fall (b). Wenn $E = b + (a + c)$ ist, formen wir E zunächst in $(a + c) + b$ um. Nach der Induktionsannahme kann der Ausdruck $a + c$ in die gewünschte Form gebracht werden; tatsächlich hat er bereits diese Form. Das Assoziativgesetz formt E in $a + (c + b)$ um.

In allen vier Fällen haben wir E in die gewünschte Form gebracht. Daher ist der Induktionsschritt bewiesen, und wir schließen, daß $S(n)$ für alle $n \geq 2$ gilt. ♦

Beispiel 2.8

Der Induktionsbeweis aus Beispiel 2.7 führt direkt zu einem Algorithmus, der einen Ausdruck in die gewünschte Form bringt. Als Beispiel betrachten wir den Ausdruck

$$E = (x + (z + v)) + (w + y)$$

und nehmen an, daß v der Operand ist, den wir „herausziehen" möchten, das heißt, er soll die Rolle des a aus Beispiel 2.7 übernehmen. Zu Beginn haben wir ein Beispiel für Fall (b), wobei $E_1 = x + (z + v)$ und $E_2 = w + y$ ist.

Als nächstes müssen wir den Ausdruck E_1 bearbeiten und v „herausziehen". E_1 ist ein Beispiel des Falles (d), und daher wenden wir als erstes das Kommutativgesetz an, um zu dem Ausdruck $(z + v) + x$ zu gelangen. Als Beispiel des Falles (b) müssen wir den Ausdruck $z + v$ bearbeiten, der ein Beispiel des Falles (c) darstellt. Daher transformieren wir ihn mit Hilfe des Kommutativgesetzes in $v + z$.

E_1 wurde so in $(v + z) + x$ umgewandelt, und eine weitere Verwendung des Assoziativgesetzes macht daraus $v + (z + x)$. Dies wandelt wiederum E in $(v + (z + x)) + (w + y)$ um. Nach dem Assoziativgesetz wird E in $v + ((z + x) + (w + y))$ umgeformt. Somit ist $E = v + F$, wobei F den Ausdruck $(z + x) + (w + y)$ repräsentiert. Die gesamte Umformungsfolge wird in Abb. 2.8 noch einmal zusammengefaßt. ♦

$$(x + (z + v)) + (w + y)$$
$$((z + v) + x) + (w + y)$$
$$((v + z) + x) + (w + y)$$
$$(v + (z + x)) + (w + y)$$
$$v + ((z + x) + (w + y))$$

Abb. 2.8: Unter Verwendung der Kommutativ- und Assoziativgesetze können wir jeden Operanden, wie hier das v, „herausziehen".

Nun können wir die Aussage verwenden, die in Beispiel 2.7 bewiesen wurde, um unsere ursprüngliche Behauptung zu beweisen. Sie besagte, daß zwei beliebige Ausdrücke, die den Operator + und die gleiche Liste verschiedener Operanden enthalten, unter Verwendung des Assoziativ- und Kommutativgesetzes in den jeweils anderen Ausdruck umgeformt werden können. Dieser Beweis geschieht durch gewöhnliche Induktion, die in Abschnitt 2.3 diskutiert wurde, nicht durch vollständige Induktion.

Beispiel 2.9

Wir beweisen folgende Aussage durch Induktion über n, die Anzahl von Operanden eines Ausdrucks.

AUSSAGE $T(n)$: Wenn E und F Ausdrücke sind, die den Operator + und dieselbe Menge von n verschiedenen Operanden umfassen, so ist es möglich, durch eine Folge von Anwendungen der Assoziativ- und Kommutativgesetze E in F umzuwandeln.

BASIS. Wenn $n = 1$ ist, so müssen beide Ausdrücke aus einem einzigen Operanden a bestehen. Da es sich demnach um denselben Ausdruck handelt, kann E natürlich in F „umgeformt" werden.

INDUKTION. Für $n \geq 1$ sei $T(n)$ wahr. Wir beweisen nun $T(n+1)$. E und F seien Ausdrücke, die dieselbe Menge von $n + 1$ Operanden enthalten, und a sei einer dieser Operanden. Da $n + 1 \geq 2$ ist, muß $S(n+1)$ – die Aussage aus Beispiel 2.7 – gelten. Somit können wir E in $a + E_1$ umwandeln, wobei E_1 die anderen n Operanden von E enthält. Ebenso können wir F in $a + F_1$ umwandeln, wobei F_1 ein Ausdruck ist, der dieselben n Operanden enthält wie E_1. In diesem Fall ist jedoch noch wichtiger, daß wir diese Transformationen auch in entgegengesetzter Richtung durchführen können, um $a + F_1$ unter Verwendung der Assoziativ- und Kommutativgesetze in F umzuformen. Nun nehmen wir die Induktionsannahme $T(n)$ für die Ausdrücke E_1 und F_1 zuhilfe. Beide haben dieselben n Operanden, so daß die Induktionsannahme gilt. Das heißt, wir können E_1 in F_1 und somit $a + E_1$ in $a + F_1$ umformen. Wir führen folgende Umformungen durch, um E in F umzuwandeln:

$E \to \ldots \to a + E_1$	unter Benutzung von $S(n+1)$
$\to \ldots \to a + F_1$	unter Benutzung von $T(n)$
$\to \ldots \to F$	unter Benutzung von $S(n+1)$ in umgekehrter Richtung ♦

Beispiel 2.10

Wir wollen nun $E = (x + y) + (w + z)$ in $F = ((w + z) + y) + x$ umformen. Dafür wählen wir zunächst einen Operanden aus, sagen wir w, den wir „herausziehen". Wenn wir die Fälle in Beispiel 2.7 überprüfen, so stellen wir fest, daß wir für E folgende Umformungssequenz durchführen

$$(x + y) + (w + z) \to (w + z) + (x + y) \to w + (z + (x + y)) \tag{2.6}$$

für F dagegen

$$((w + z) + y) + x \to (w + (z + y)) + x \to w + ((z + y) + x) \tag{2.7}$$

Wir haben jetzt das Problem, daß wir $z + (x + y)$ in $(z + y) + x$ umformen müssen. Dafür „ziehen" wir das x heraus. Die Umformungsfolge lautet nun

$$z + (x + y) \to (x + y) + z \to x + (y + z) \tag{2.8}$$

und

$$(z + y) + x \to x + (z + y) \tag{2.9}$$

Dies führt uns wiederum zu einem Problem. Wir müssen nämlich aus $y + z$ den Ausdruck $z + y$ machen, was wir durch die Anwendung des Kommutativgesetzes erreichen. Genaugenommen verwenden wir die Technik aus Beispiel 2.7, um y „herauszuziehen" und so für jeden Ausdruck $y + z$ zu erhalten. Der Induktionsanfang für Beispiel 2.9 zeigt uns, daß der Ausdruck z in sich selbst „umgeformt" werden kann.

Wir können also $z + (x + y)$ in $(z + y) + x$ umformen, indem wir zunächst die Schritte aus Zeile (2.8) durchführen, dann das Kommutativgesetz auf den Teilausdruck $y + z$ anwenden und schließlich die Umformung aus Zeile (2.9) in umgekehrter Richtung benutzen. Wir benutzen diese Umformung als Mittelteil der Umformung von $(x + y) + (w + z)$ in $((w + z) + y) + x$. Zunächst wenden wir die Umformungen aus Zeile (2.6) an, danach diejenigen, die wir gerade diskutierten, um $z + (x + y)$ in $(z + y) + x$ zu ändern und schließlich die Umformungen der Zeile (2.7) in umgekehrter Richtung. Die gesamte Umformungsfolge wird in Abb. 2.9 noch einmal zusammengefaßt. ♦

$(x + y) + (w + z)$	Ausdruck E
$(w + z) + (x + y)$	Mittlerer Teil von (2.6)
$w + (z + (x + y))$	Ende von (2.6)
$w + ((x + y) + z)$	Mittlerer Teil von (2.8)
$w + (x + (y + z))$	Ende von (2.8)
$w + (x + (z + y))$	Kommutativgesetz
$w + ((z + y) + x)$	(2.9) in umgekehrter Richtung
$(w + (z + y)) + x$	Mittlerer Teil von (2.7) in umgekehrter Richtung
$((w + z) + y) + x$	Ausdruck F, Ende von (2.7) in umgekehrter Richtung

Abb. 2.9: Umformung eines Ausdrucks in einen anderen unter Verwendung der Kommutativ- und Assoziativgesetze.

ÜBUNGEN

2.4.1: „Ziehen" Sie nacheinander jeden der Operanden aus dem Ausdruck $E = (u + v) + ((w + (x + y)) + z)$ heraus. Gehen Sie in jedem der sechs Teile von E aus, und verwenden Sie die Techniken aus Beispiel 2.7, um E in einen Ausdruck der Form $u + E_1$ umzuformen. Wandeln Sie dann E_1 in einen Ausdruck der Form $v + E_2$ um, usw.

2.4.2: Verwenden Sie die Vorgehensweise aus Beispiel 2.9, um folgende Umformungen durchzuführen

a) $w + (x + (y + z))$ in $((w + x) + y) + z$

b) $(v + w) + ((x + y) + z)$ in $((y + w) + (v + z)) + x$

2.4.3*: E sei ein Ausdruck mit den Operatoren +, -, * und /; jeder Operator ist binär, das heißt, er benötigt zwei Operanden. Zeigen Sie mit Hilfe einer vollständigen Induktion über die Anzahl der Vorkommen von Operatoren in E, daß E $n + 1$ Operanden hat, wenn in E n Operator-Vorkommen enthalten sind.

2.4.4: Geben Sie ein Beispiel eines binären Operators, der kommutativ, aber nicht assoziativ ist.

2.4.5: Geben Sie ein Beispiel eines binären Operators, der assoziativ, aber nicht kommutativ ist.

2.4.6*: E sei ein Ausdruck, dessen Operatoren alle binär sind (d. h. sie benötigen zwei Operanden; zum Beispiel +). Die *Länge* von E ist als die Anzahl der Symbole in E definiert, wobei sowohl ein Operator oder eine linke oder rechte Klammer als auch jeder Operand wie 123 oder `abc` als ein Symbol zählt. Beweisen Sie, daß E eine ungerade Länge haben muß. *Hinweis*: Beweisen Sie diese Behauptung durch vollständige Induktion über die Länge des Ausdrucks E.

2.4.7: Wir bezeichnen das Induktionsschema aus Abschnitt 2.3 als „gewöhnliche Induktion". Ist jeder Beweis durch gewöhnliche Induktion auch ein Beweis durch vollständige Induktion? Ist jeder Beweis durch vollständige Induktion auch ein Beweis durch gewöhnliche Induktion?

2.4.8*: In diesem Abschnitt haben wir gezeigt, wie man vollständige Induktion durch das Argument eines kleinsten Gegenbeispiels rechtfertigen kann. Zeigen Sie, wie die vollständige Induktion durch eine Iteration gerechtfertigt werden kann.

2.5 Beweis von Programmeigenschaften

In diesem Abschnitt werden wir uns in einen Bereich begeben, in dem induktive Beweise eine wichtige Rolle spielen: es geht darum, zu beweisen, daß ein Programm auch das tut, was es soll. Wir werden ein Verfahren kennenlernen, daß erklärt, was ein iteratives Programm beim Durchlauf einer Schleife tut. Wenn wir verstehen, was Schleifen bewirken, so verstehen wir auch allgemein, was wir über ein iteratives Programm wissen müssen. In Abschnitt 2.9 werden wir uns damit auseinandersetzen, was zum Beweis der Eigenschaften eines rekursiven Programms notwendig ist.

Wahrheit in der Werbung

Bei Korrektheitsbeweisen von Programmen ergeben sich viele Schwierigkeiten, sowohl theoretische als auch praktische. Eine augenfällige Frage lautet: „Wann ist ein Programm eigentlich 'korrekt'?" Wie wir bereits in Kapitel 1 erwähnten, werden die meisten Programme in der Praxis anhand einer informellen Spezifikation geschrieben. Die Spezifikation ist oft unvollständig oder inkonsistent. Selbst wenn es eine präzise formale Spezifikation gibt, können wir zeigen, daß kein Algorithmus existiert, der beweist, daß ein beliebiges Programm äquivalent zu einer gegebenen Spezifikation ist.

Trotz dieser Schwierigkeiten ist es jedoch vorteilhaft, Zusicherungen über Programme aufzustellen und zu beweisen. Schleifeninvarianten eines Programms sind häufig die nützlichste kurze Erklärung, die man angeben kann, um zu verdeutlichen, wie das Programm arbeitet. Weiterhin sollte ein Programmierer beim Schreiben eines Programmabschnitts immer eine Schleifeninvariante im Hinterkopf haben, das heißt, es muß einen Grund dafür geben, warum das Programm läuft. Dieser Grund hat häufig etwas mit einer Induktionsannahme zu tun, die immer gilt, wenn das Programm eine Schleife durchläuft oder wenn es einen rekursiven Aufruf durchführt. Ein Programmierer sollte in der Lage sein, sich einen Beweis vorzustellen, auch wenn es unpraktisch wäre, diesen Beweis Zeile für Zeile niederzuschreiben.

Schleifeninvarianten

Den Schlüssel zum Beweis einer Eigenschaft einer Schleife in einem Programm bildet die Auswahl einer *Schleifeninvarianten* oder *Induktionsbehauptung*, also einer Aussage S, die immer an einem bestimmten Punkt innerhalb der Schleife wahr ist. Die Aussage S wird dann durch Induktion über einen Parameter bewiesen, der auf die eine oder andere Art die Anzahl der Schleifendurchläufe zählt. So könnte dieser Parameter zum Beispiel die Anzahl repräsentieren, wie oft der Test einer while-Schleife erreicht wird, es könnte der Wert des Schleifenzählers in einer for-Schleife sein oder irgendein Ausdruck, der die Programmvariablen enthält und sich bei jedem Schleifendurchlauf um 1 erhöht.

Beispiel 2.11

Als Beispiel sei die innere Schleife des `SelectionSort` aus Abschnitt 2.2 betrachtet. Die Zeilen mit der Originalnumerierung aus Abb. 2.2 sind

```
(2) small := i;
(3) for j := i+1 to n do
(4)       if A[j] < A[small] then
(5)          small := j;
```

Vielleicht erinnern Sie sich, daß diese Zeilen der Variablen `small` den Index des Elements von `A[i..n]` mit dem kleinsten Wert zuweisen. Um zu verstehen, warum diese Behauptung wahr ist, vergleichen Sie das Flußdiagramm für die Schleife in Abb. 2.10. Dieses Flußdiagramm zeigt die fünf notwendigen Schritte zur Ausführung des Programms:

1. Zunächst müssen wir `small` mit i initialisieren, was in Zeile (2) geschieht.
2. Am Anfang der for-Schleife in Zeile (3) müssen wir `j` mit $i + 1$ initialisieren.
3. Dann müssen wir überprüfen, ob $j > n$ ist.
4. Ist dies nicht der Fall, so führen wir den Rumpf der Schleife aus, der aus den Zeilen (4) und (5) besteht.

5. Am Ende des Rumpfes müssen wir j inkrementieren (d. h. den Wert von j um 1 heraufsetzen) und zum Test zurückkehren.

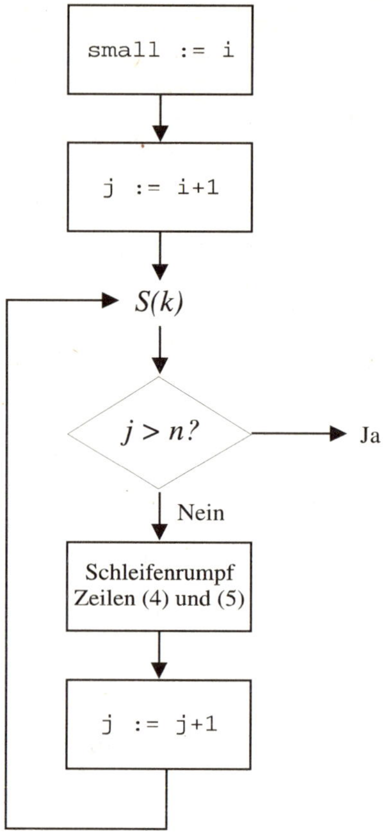

Abb. 2.10: Flußdiagramm der inneren Schleife von SelectionSort.

In Abb. 2.10 sehen wir eine Stelle unmittelbar vor dem Test, die mit einer schleifeninvarianten Aussage, die wir $S(k)$ genannt haben, markiert ist; wir werden gleich herausfinden, wie diese Aussage genau aussehen muß. Wenn wir den Test das erste Mal erreichen, hat j den Wert $i + 1$ und small den Wert i. Beim zweiten Mal hat j den Wert $i + 2$, da j einmal inkrementiert (also heraufgesetzt) wurde. Da der Rumpf (Zeilen 4 und 5) small auf $i + 1$ setzt, wenn $A[i + 1]$ kleiner als $A[i]$ ist, sehen wir, daß small der Index des jeweils kleineren Wertes von $A[i]$ und $A[i + 1]$ ist.[3]

[3]Sind beide gleich, so ist *small i*. Allgemein tun wir so, als würde keine Gleichheit auftreten, und wir reden vom "kleinsten Element", wenn wir eigentlich das "erste Vorkommen des kleinsten Elementes" meinen.

Ebenso ist der Wert von j $i + 3$ und `small` ist der Index des kleinsten Wertes von `A[i..i+2]`, wenn wir das dritte Mal den Test erreichen. Somit werden wir versuchen, folgende Aussage zu beweisen, die die allgemeine Regel zu sein scheint.

AUSSAGE $S(k)$: Wenn wir den Test $j > n$ in der for-Anweisung in Zeile (3) mit k als dem Wert des Schleifenindizes `j` erreichen, ist der Wert von `small` der Index des kleinsten Wertes von `A[i..k-1]`.

Beachten Sie, daß wir den Buchstaben k verwenden, der für einen der Werte steht, den die Variable `j` annimmt, während wir die Schleife durchlaufen. Das ist weniger beschwerlich, als wenn wir versuchten, j als den Wert von `j` zu verwenden, da wir k manchmal fest lassen müssen, während der Wert von `j` sich ändert. Beachten Sie auch, daß $S(k)$ die Form „wenn wir ... erreichen..." hat, da wir für einige Werte von k vielleicht niemals den Schleifentest erreichen, weil wir für einen kleineren Wert des Schleifenindizes `j` die Schleife verlassen. Wenn k ein solcher Wert ist, dann ist $S(k)$ sicher wahr, da jede Aussage der Form „wenn A, dann B" wahr ist, wenn A falsch ist.

BASIS. Der Induktionsanfang ist $k = i + 1$, wobei i der Wert der Variablen `i` aus Zeile (3) ist.[4] Nun ist $j = i + 1$, wenn wir mit der Schleife beginnen. Das heißt, wir haben gerade Zeile (2) ausgeführt, die `small` den Wert i zuweist, und wir haben `j` mit $i + 1$ initialisiert, um mit der Schleife anzufangen. $S(i+1)$ besagt, daß `small` der Index des kleinsten Elements aus `A[i..i]` ist, der Wert von `small` muß also i sein. Wir haben jedoch gerade beobachtet, daß `small` in Zeile (2) den Wert i erhält. Genaugenommen müssen wir auch zeigen, daß `j` niemals den Wert $i + 1$ haben kann, außer beim erstmaligen Erreichen des Tests. Der Grund dafür ist, daß wir `j` bei jedem Schleifendurchlauf inkrementieren, so daß er nie wieder so klein wie $i + 1$ ist. (Um ganz genau zu sein, sollten wir einen induktiven Beweis der Annahme durchführen, daß mit Ausnahme des ersten Tests $j > i + 1$ ist.) Damit wurde gezeigt, daß der Induktionsanfang $S(i+1)$ wahr ist.

INDUKTION. Unter der Voraussetzung, daß unsere Induktionsannahme $S(k)$ für ein $k \geq i + 1$ gilt, beweisen wir $S(k+1)$. Wenn $k > n$ ist, verlassen wir die Schleife, wenn `j` den Wert k hat oder früher, so daß wir sicher sind, niemals den Schleifentest zu erreichen, wenn der Wert von `j` gleich $k + 1$ ist. In diesem Fall ist $S(k+1)$ mit Sicherheit wahr.

Wir gehen somit davon aus, daß $k \leq n$ ist, so daß wir den Test mit `j` gleich $k + 1$ tatsächlich durchführen können. $S(k)$ besagt, daß `small` den kleinsten Wert von `A[i..k-1]` indiziert, und $S(k+1)$ sagt aus, daß `small` den kleinsten Wert von

---

[4]Was die Schleife der Zeilen (3) bis (5) angeht, so ändert sich i nicht. Somit ist $i + 1$ eine für den Induktionsanfang geeignete Konstante.

A[i..k] indiziert. Beachten Sie, was im Schleifenrumpf (Zeilen 4 und 5) geschieht, wenn j den Wert k hat; abhängig davon, ob der Test in Zeile (4) wahr ergibt oder nicht, gibt es zwei Fälle.

1. Wenn $A[k]$ nicht kleiner ist als der kleinste Wert von A[i..k-1], so ändert sich der Wert von small nicht. In diesem Fall indiziert small jedoch den kleinsten Wert von A[i..k], da $A[k]$ nicht der kleinste ist. Somit ist die Konklusion von $S(k+1)$ in diesem Fall wahr.

2. Ist $A[k]$ kleiner als der kleinste Wert von $A[i]$ bis $A[k\text{-}1]$, so wird small auf k gesetzt. Wiederum gilt die Konklusion von $S(k+1)$, da k der Index des kleinsten Elements von A[i..k] ist.

In jedem Fall ist also small der Index des kleinsten Wertes von A[i..k]. Wir durchlaufen die for-Schleife, indem wir die Variable j inkrementieren. Somit gilt die Schlußfolgerung von $S(k+1)$ unmittelbar vor dem Schleifentest, wenn j den Wert $k + 1$ hat. Wir haben nun gezeigt, daß aus $S(k)$ die Aussage $S(k+1)$ folgt. Wir haben demnach die Induktion abgeschlossen und folgern, daß $S(k)$ für alle Werte $k \geq i + 1$ gilt.

Als nächstes verwenden wir $S(k)$, um eine Behauptung an die innere Schleife der Zeilen (3) bis (5) zu machen. Wir verlassen die Schleife, wenn der Wert von j $n + 1$ erreicht. Da $S(n+1)$ besagt, daß small den kleinsten Wert von A[i..n] indiziert, haben wir somit eine wichtige Schlußfolgerung über die Funktionsweise der inneren Schleife. Im folgenden Beispiel werden wir sehen, wie diese genutzt wird. ◆

```
(1)  for i := 1 to n-1 do begin
(2)     small := i;
(3)     for j := i+1 to n do
(4)        if A[j] < A[small] then
(5)           small := j;
(6)        temp := A[small];
(7)        A[small) := A[i];
(8)        A[i] := temp;
     end
```

Abb. 2.11: Der Rumpf der Prozedur SelectionSort.

Beispiel 2.12

Wir betrachten nun die gesamte Prozedur SelectionSort, deren Herzstück noch einmal in Abb. 2.11 angegeben wird. Ein Flußdiagramm für dieses Programm, in dem „Rumpf" für die Zeilen (2) bis (8) steht, wird in Abb. 2.12 gezeigt. Unsere Induktionsbehauptung $T(m)$ ist wiederum eine Aussage darüber, was unmittelbar vor dem Terminations-Test der Schleife gelten muß. Informell ausgedrückt: Wenn i den Wert m hat, so haben wir m - 1 der kleinsten Elemente ausgewählt und sie am Anfang des Arrays sortiert. Genauer gesagt beweisen wir folgende Aussage $T(m)$ durch Induktion über m.

AUSSAGE $T(m)$: Wenn wir den Schleifentest $i > n - 1$ in Zeile (1) mit dem Wert der Variablen `i` gleich m erreichen, dann gilt

a) `A[i..m-1]` ist sortiert; das bedeutet, es gilt $A[1] \leq A[2] \leq ... \leq A[m\text{-}1]$.

b) alle Werte von `A[m..n]` sind mindestens so groß wie jeder beliebige Wert von `A[1..m-1]`.

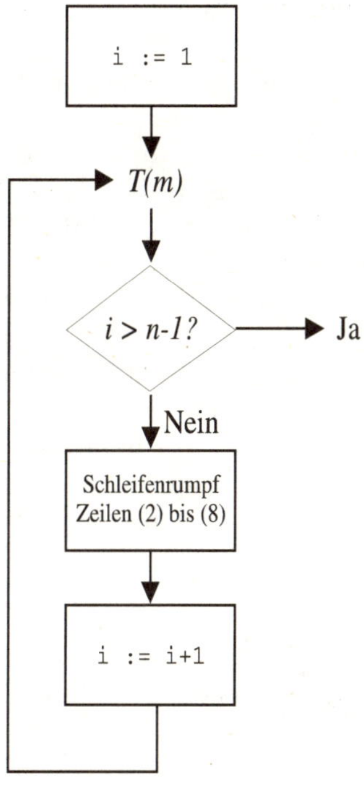

Abb. 2.12: Flußdiagramm der gesamten Selectionsort Prozedur.

BASIS. Der Induktionsanfang ist $m = 1$, der aus trivialen Gründen wahr ist. Wenn wir die Aussage $T(1)$ betrachten, so besagt Teil (a), daß `A[1..0]` sortiert ist. Es gibt im Bereich $A[1], ..., A[0]$ aber keine Elemente, so daß (a) wahr sein muß. Für $T(1)$ sagt Teil (b) aus, daß alle Elemente aus `A[1..n]` mindestens so groß sind wie jedes beliebige Element von `A[1..0]`. Da es keine Elemente der letzteren Art gibt, ist Teil (b) ebenfalls wahr.

INDUKTION. Für den Induktionsschritt nehmen wir an, daß $T(m)$ für ein $m \geq 1$ wahr ist, und zeigen, daß $T(m+1)$ gilt. Ebenso wie in Beispiel 2.11 versuchen wir eine Aussage der Form „wenn A, dann B" zu beweisen; diese Aussage ist immer dann wahr, wenn A falsch ist. Daher ist $T(m+1)$ wahr, wenn die Annahme, daß wir den for-Schleifentest mit `i` gleich $m + 1$ erreichen, falsch ist. Wir gehen also davon aus, daß wir den Test tatsächlich für den Wert $m + 1$ von `i` erreichen, das heißt es sei $m < n$.

Hat `i` den Wert m, so findet der Schleifenrumpf das kleinste Element in `A[m..n]` (wie durch die Aussage $S(m)$ in Beispiel 2.11 bewiesen). Dieses Element wird in den Zeilen (6) bis (8) mit $A[m]$ vertauscht. Teil (b) der Induktionsannahme $T(m)$ besagt, daß das ausgewählte Element mindestens so groß sein muß wie jedes beliebige Element von `A[1..m-1]`. Zudem waren diese Elemente sortiert, so daß nun alle Elemente von `A[i..m]` sortiert sind. Dies beweist Teil (a) der Aussage $T(m+1)$.

Um Teil (b) von $T(m+1)$ zu beweisen, sehen wir, daß $A[m]$ gerade so klein wie jedes beliebige Element von `A[m+1..n]` gewählt wurde. Teil (b) von $T(m)$ sagt uns, daß `A[1..m-1]` bereits so klein wie jedes beliebige Element von `A[m+1..n]` war. Nach der Ausführung des Rumpfes von Zeile (2) bis (8) und nach der Inkrementierung von `i` wissen wir, daß alle Elemente von `A[m+1..n]` mindestens so groß wie jedes beliebige Element von `A[1..m]` sind. Da der Wert von `i` nun $m + 1$ ist, haben wir gezeigt, daß $T(m+1)$ wahr ist und damit den Induktionsschritt bewiesen.

Nun sei $m = n$. Wir wissen, daß wir die äußere for-Schleife verlassen, wenn `i` den Wert n hat. $T(n)$ gilt also nach dem Ende dieser Schleife. Teil (a) von $T(n)$ besagt, daß alle Elemente von `A[1..n-1]` sortiert sind, und Teil (b) besagt, daß $A[n]$ so groß wie jedes beliebige der anderen Elemente ist. Nach Termination des Programms sind die Elemente in `A` somit in aufsteigender Reihenfolge angeordnet, das heißt, sie sind sortiert. ♦

Schleifeninvarianten für while-Schleifen

Wenn wir eine while-Schleife der Form

```
while <Bedingung> do
      <Rumpf>
```

haben, ist es gewöhnlich sinnvoll, die passende Schleifeninvariante für die Stelle unmittelbar vor der Überprüfung der Bedingung zu finden. Im allgemeinen versuchen wir die Gültigkeit der Schleifeninvariante durch Induktion über die Anzahl der Schleifendurchläufe zu beweisen. Wenn die Bedingung dann falsch wird, verwenden wir die Schleifeninvariante zusammen mit der Ungültigkeit der Bedingung, um etwas Sinnvolles darüber zu schließen, was nach der Termination der while-Schleife gilt.

Im Gegensatz zu for-Schleifen gibt es jedoch möglicherweise keine Variable, deren Wert die Anzahl der Durchläufe der while-Schleife zählt. Schlimmer noch, während die for-Schleife garantiert nur solange iteriert, bis die Grenze der Schleife erreicht ist (zum Beispiel bis n bei der inneren Schleife beim Programm `SelectionSort`), gibt es keinen Grund zu glauben, daß die Bedingung der while-Schleife jemals falsch werden wird. Folglich ist der Beweis, daß eine while-Schleife irgendwann einmal terminiert, Teil eines Korrektheitsbeweises der while-Schleife. Üblicherweise beweisen wir die Termination, indem wir einen Ausdruck E finden, der die Variablen des Programms enthält und für den gilt, daß

1. sich der Wert von E bei jedem Schleifendurchlauf mindestens um 1 verringert, und
2. die Schleifenbedingung falsch ist, wenn E so klein wie eine festgelegte Konstante, zum Beispiel 0, ist.

Beispiel 2.13

Die Fakultätsfunktion, die als $n!$ geschrieben wird, ist als Produkt der ganzen Zahlen $1 \times 2 \times ... \times n$ definiert. Zum Beispiel ist $1! = 1$, $2! = 1 \times 2 = 2$ und

$$5! = 1 \times 2 \times 3 \times 4 \times 5 = 120.$$

Abbildung 2.13 zeigt ein einfaches Programmstück, das $n!$ für alle Integer-Zahlen $n \geq 1$ berechnet.

```
(1)   readln(n)
(2)   i := 2;
(3)   fact := 1;
(4)   while i <= n do begin
(5)      fact := fact*i;
(6)      i := i+1
      end;
(7)   writeln(fact)
```

Abb. 2.13: Fragment eines Fakultätsprogramms

Zu Beginn beweisen wir, daß die while-Schleife in den Zeilen (4) bis (6) in Abb. 2.13 terminieren muß. Wir wählen für E den Ausdruck $n - i$. Beachten Sie, daß `i` bei jedem Durchlauf der while-Schleife um 1 erhöht wird, wohingegen `n` sich nicht verändert. Also wird E in jedem Schleifendurchlauf um 1 kleiner. Darüber hinaus gilt, wenn E den Wert -1 oder kleiner hat, $n - i \leq -1$, oder $i \geq n + 1$. Die Scheifenbedingung $i \leq n$ wird also falsch, wenn E negativ wird; die Schleife terminiert. Wie groß E am Anfang ist, wissen wir nicht, da sich nicht vorhersagen läßt, welcher Wert für n eingelesen wird. Was auch immer dieser Wert sein mag, E wird schließlich beim Wert -1 angelangen, und die Schleife wird beendet. Nun müssen wir noch beweisen, daß das Programm aus Abbildung 2.13 auch das tut, was es soll. Die geeignete schleifeninvariante Aussage, die wir per Induktion über den Wert der Variablen `i` beweisen, ist

AUSSAGE $S(j)$: Wenn wir den Schleifentest $i \leq n$ mit dem Wert der Variablen `i` gleich j erreichen, dann hat die Variable `fact` den Wert $(j - 1)!$.

BASIS. Der Induktionsanfang ist $S(2)$. Wir erreichen den Test mit dem Wert 2 für `i` nur, wenn wir von außen in die Schleife eintreten. Vor der Schleife wird in den Zeilen (1) und (2) von Abbildung 2.13 `fact` auf 1 und `i` auf 2 gesetzt. Weil $1 = (2 - 1)!$ gilt, ist damit der Induktionsanfang bewiesen.

INDUKTION. Wir nehmen an, daß $S(j)$ gilt und beweisen, daß dann auch $S(j + 1)$ wahr ist. Für den Fall $j > n$ brechen wir die while-Schleife ab; und zwar schon dann, wenn `i` den Wert j annimmt oder früher, so daß wir den Schleifentest niemals erreichen, wenn `i` den Wert $j + 1$ hat. In diesem Fall ist also $S(j + 1)$ trivialerweise wahr, weil sie die Form hat: „Wenn wir ... erreichen ...“.

Nehmen wir also $j \leq n$ an und sehen, was geschieht, wenn wir den Schleifenrumpf mit dem Wert j für `i` ausführen. Nach Induktionsannahme hat vor der Ausführung von Zeile (5) `fact` den Wert $(j - 1)!$ und `i` den Wert j. Nachdem Zeile (5) ausgeführt wurde, hat `fact` den Wert $j \times (j - 1)!$, also $j!$.

In Zeile (6) wird `i` um 1 inkrementiert und erhält so den Wert $j + 1$. Wenn wir also den Schleifentest mit dem Wert $j + 1$ für `i` erreichen, hat `fact` den Wert $j!$. Die Aussage $S(j + 1)$ besagt, daß, wenn `i` gleich $j + 1$ ist, `fact` den Wert $((j +1) - 1)!$, also $j!$ hat. Wir haben die Aussage $S(j + 1)$ bewiesen und damit auch den Induktionsschritt vollendet.

Wir haben schon gezeigt, daß die while-Schleife terminieren wird. Offensichtlich geschieht das, sowie `i` größer als n wird. Weil `i` ein Integer ist und in jedem Schleifendurchlauf um 1 inkrementiert wird, muß `i` bei Beendigung der Schleife den Wert $n + 1$ haben. Wenn wir also Zeile (7) erreichen, muß die Aussage $S(n + 1)$ gelten. Diese Aussage ist aber, daß `fact` den Wert $n!$ hat. Also druckt daß Programm $n!$ aus, was zu beweisen war.

Wir sollten uns den praktischen Aspekt klarmachen, daß das Fakultätsprogramm aus Abbildung 2.13 nur für sehr wenige Werte von n tatsächlich die Fakultät $n!$ ausdruckt. Das Problem ist, daß die Fakultätsfunktion so schnell wächst, daß die Antworten schnell die maximale Größe für Integers auf jedem realen Computer überschreiten. ♦

ÜBUNGEN

2.5.1: Nennen Sie eine geeignete Schleifeninvariante für das folgende Programmfragment, das `sum` auf die Summe der ganzen Zahlen von 1 bis n setzt.

```
readln(n);
sum := 0;
for i := 1 to n do
   sum := sum + i
```

Beweisen sie die Schleifeninvariante durch Induktion über i, und verwenden Sie diese für den Beweis, daß das Programm den beabsichtigten Zweck erfüllt.

2.5.2: Das folgende Programmstück berechnet die Summe der Integers im Array `A[1..n]`:

```
sum := 0;
for i := 1 to n do
   sum := sum + A[i]
```

Nennen Sie eine geeignete Schleifeninvariante. Verwenden Sie diese, um zu zeigen, daß das Programm wie beabsichtigt arbeitet.

2.5.3*: Betrachten Sie das folgende Programmstück:

```
readln(n);
x := 2;
for i := 1 to n do
   x := x * x
```

Eine geeignete Schleifeninvariante für den Punkt unmittelbar vor dem Test für $i > n$ ist, daß $x = 2^{2^{k-1}}$ ist, wenn wir diesen Punkt mit dem Wert k für die Variable `i` erreichen. Beweisen Sie durch Induktion über k, daß diese Invariante gilt. Welchen Wert hat `x` nach Termination der Schleife?

```
sum := 0;
readln(x);
while x >= 0 do begin
   sum := sum + x;
   readln(x)
end
```

Abb. 2.14: Summieren einer Liste von Integer-Zahlen, die durch eine negative ganze Zahl beendet wird.

2.5.4*: Das Fragment in Abb. 2.14 liest solange Integers ein, bis es eine negative Integer-Zahl findet, und druckt dann die berechnete Summe aus. Nennen Sie eine geeignete Invariante für den Punkt unmittelbar vor dem Schleifentest. Verwenden Sie die Invariante, um zu zeigen, daß das Fragment auch das tut, was es soll.

2.5.5: Finden Sie den größten Wert von n, für den das Programm aus Abb. 2.13 auf Ihrem Rechner läuft. Welche Bedeutung haben Integers fester Länge für den Beweis der Korrektheit von Programmen?

2.5.6: Zeigen Sie durch Induktion über die Anzahl der Schleifendurchläufe in Abb. 2.10, daß nach dem ersten Schleifendurchlauf $j > i + 1$ ist.

2.6 Rekursive Definitionen

In einer *rekursiven* oder *induktiven* Definition definieren wir eine Klasse eng miteinander verwandter Objekte (oder Fakten) durch einen Ausdruck, der das Objekt wieder enthält. Die Definition darf nicht bedeutungslos sein wie „ein Ding ist ein Ding mit einer Farbe“ oder paradox wie „etwas ist genau dann ein Ding, wenn es kein Ding ist“. Eine rekursive Definition umfaßt vielmehr eine Basis, in der ein oder mehrere einfache Objekte definiert sind, und einen Induktionsschritt, in dem größere Objekte mit Hilfe der kleineren aus der Sammlung definiert werden.

Beispiel 2.14

Im vorigen Abschnitt haben wir die Fakultätsfunktion mit Hilfe eines iterativen Algorithmus definiert: man multipliziere $1 \times 2 \times \ldots \times n$, um $n!$ zu erhalten. Wir können den Wert von $n!$ jedoch auch wie folgt rekursiv definieren.

BASIS. $1! = 1$.

INDUKTION. $n! = n \times (n - 1)!$.

Der Induktionsanfang sagt uns beispielsweise, daß $1! = 1$ ist. Diese Tatsache verwenden wir dann im Induktionsschritt für $n = 2$, um herauszufinden, daß

$$2! = 2 \times 1! = 2 \times 1 = 2 \text{ ist.}$$

Für $n = 3$, 4 und 5 gilt

$$3! = 3 \times 2! = 3 \times 2 = 6$$
$$4! = 4 \times 3! = 4 \times 6 = 24$$
$$5! = 5 \times 4! = 5 \times 24 = 120$$

und so weiter. Man beachte, daß wir in der Praxis, auch wenn es so scheint, als wäre der Begriff „Fakultät“ durch sich selbst definiert, den Wert von $n!$ für zunehmend größere Werte von n aus Ausdrücken erhalten, die nur die Fakultät kleinerer Werte von n bestimmen. Wir haben somit eine sinnvolle Definition der „Fakultät“.

Genaugenommen sollten wir beweisen, daß unsere rekursive Definition von $n!$ auch tatsächlich dasselbe Ergebnis liefert wie unsere ursprüngliche Definition

$$n! = 1 \times 2 \times \ldots \times n$$

Um dies zu tun, beweisen wir folgende Aussage:

AUSSAGE $S(n)$: $n!$ wie oben rekursiv definiert, entspricht $1 \times 2 \times \ldots \times n$.

Der Beweis wird durch Induktion über n vorgenommen.

BASIS. $S(1)$ gilt eindeutig. Der Induktionsanfang für die rekursive Definition besagt, daß $1! = 1$ ist, und das Produkt $1 \times ... \times 1$ (d. h. das Produkt der ganzen Zahlen „von 1 bis 1") ist offensichtlich auch 1.

INDUKTION. Angenommen, $S(n)$ gilt; das heißt, $n!$ wie durch die rekursive Definition gegeben, ist gleich $1 \times 2 \times ... \times n$. Dann sagt die rekursive Definition, daß

$$(n + 1)! = (n + 1) \times n!$$

ist. Verwenden wir das Kommutativgesetz für die Multiplikation, so sehen wir, daß

$$(n + 1)! = n! \times (n + 1) \tag{2.10}$$

ist. Nach Induktionsannahme gilt

$$n! = 1 \times 2 \times ... \times n$$

Somit substituieren wir in der Gleichung (2.10) $1 \times 2 \times ... \times n$ für $n!$ und erhalten

$$(n + 1)! = 1 \times 2 \times ... \times n \times (n + 1)$$

was der Aussage $S(n+1)$ entspricht. Wir haben dadurch die Induktionsannahme bewiesen und gezeigt, daß unsere rekursive Definition von $n!$ unserer iterativen Definition entspricht. ♦

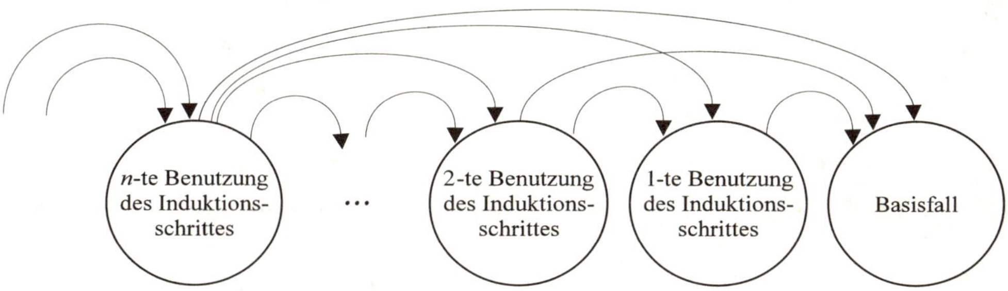

Abb. 2.15: In einer rekursiven Definition werden Objekte stufenweise konstruiert, wobei die Objekte, die auf einer Stufe konstruiert werden, von den Objekten abhängig sein können, die auf den ganzen vorherigen Stufen konstruiert wurden.

Abbildung 2.15 zeigt den allgemeinen Aufbau einer rekursiven Definition. Er ähnelt in seiner Struktur der vollständigen Induktion darin, daß es eine unendliche Kette von Fällen gibt, von denen jeder von einem oder allen vorigen Fällen abhängen kann. Wir beginnen mit der Anwendung der Basisregel. Auf der nächsten Stufe wenden wir die Induktionsregel auf das an, was wir bereits erreicht haben, um neue Fakten oder Objekte zu konstruieren. In der folgenden Runde wenden wir die Induktionsregel wiederum auf das bisher erreichte an, um neue Fakten oder Objekte zu erhalten, usw.

In Beispiel 2.14, in dem wir die Fakultät definiert haben, entdeckten wir den Wert für 1! durch die Anwendung des Basisfalles, den für 2! durch die einmalige Anwendung des Induktionsschrittes, den für 3! durch zwei Anwendungen, usw. Hier hat die Induktion die Form einer „gewöhnlichen" Induktion, bei der wir auf jeder Stufe nur das benutzen, was wir auf der vorigen Stufe gefunden haben.

Beispiel 2.15

Im Abschnitt 2.2 haben wir den Begriff der lexikographischen Ordnung auf Zeichenketten eingeführt, und unsere Definition war von ihrem Wesen her iterativ. Grob gesprochen überprüfen wir, ob eine Zeichenkette $c_1...c_n$ kleiner als eine Zeichenkette $d_1...d_m$ ist, in dem wir die jeweils korrespondierenden Symbole c_i und d_i von links beginnend vergleichen, bis wir entweder ein i finden, für das $c_i \neq d_i$ gilt, oder einer der Strings zu Ende ist. Die folgende rekursive Definition definiert die Paare von Strings w und x, für die w in der lexikographischen Ordnung x vorangeht. Intuitiv läuft die Induktion über die Anzahl der Paare gleicher Zeichen an den Anfängen der beiden beteiligten Strings.

BASIS. Der Induktionsanfang deckt die Stringpaare ab, für die wir die Frage nach der lexikographischen Ordnung sofort beantworten können. Er besteht aus zwei Teilen:

1. $\varepsilon < w$ gilt für jeden String, außer für ε selbst. Wie schon erwähnt, ist ε der leere String, das heißt, der String, der keine Zeichen enthält.

2. Wenn $c < d$ gilt, wobei c und d Zeichen sind, dann gilt für alle Strings w und x, daß $cw < dx$ ist.

INDUKTION. Wenn $w < x$ für zwei Strings w und x gilt, gilt für jedes Zeichen c: $cw < cx$.

Wir können diese Definition zum Beispiel verwenden, um zu zeigen, daß `base < batter` ist. Mittels Regel (2) des Induktionsanfanges, mit c = `s`, d = `t`, w = `e` und x = `ter`, erhalten wir `se < tter`. Wenden wir die rekursive Regel einmal an, mit c = `a`, w = `se` und x = `tter`, so können wir folgern, daß `ase < atter` ist. Schließlich wenden wir die rekursive Regel ein zweites Mal mit c = `b`, w = `ase` und x = `atter` an und sehen, daß `base < batter` ist. Der Basis- und die Induktionsschritte erscheinen also wie folgt:

```
se    <  tter
ase   <  atter
base  <  batter
```

Wir können auch zeigen, daß `bat < batter` ist: Teil (1) des Induktionsanfanges sagt uns, daß ε < `ter`. Wenden wir nun die rekursive Regel dreimal an – wobei *c* nacheinander gleich `t`, `a` und `b` ist – können wir die folgenden Schlußfolgerungen machen:

```
ε     <  ter
t     <  tter
at    <  atter
bat   <  batter
```

Nun sollten wir durch Induktion über die Anzahl der Zeichen, die zwei Strings an ihren linken Enden gemeinsam haben, beweisen, daß ein String einem anderen nach der Definition aus Abschnitt 2.2 dann und nur dann vorangeht, wenn er dies auch nach der eben gegebenen rekursiven Definition tut. Wir lassen diese beiden Beweise als Übungen offen. ♦

In Beispiel 2.15 sind die durch Abbildung 2.15 vorgeschlagen Gruppen von Fakten groß. Der Basisfall liefert uns alle Fakten $w < x$, für die entweder $w = \varepsilon$ gilt, oder w und x mit verschiedenen Buchstaben beginnen. Eine Anwendung des Induktionsschrittes liefert uns alle Fakten der Form $w < x$, bei denen w und x genau einen Anfangsbuchstaben gemeinsam haben, die zweite Anwendung deckt die Fälle ab, in denen w und x genau zwei gemeinsame Anfangsbuchstaben haben, usw.

Ausdrücke

Arithmetische Ausdrücke aller Art werden natürlicherweise rekursiv definiert. Als Basis der Definition legen wir fest, was die atomaren Operanden sein können. In Pascal beispielsweise sind atomare Operanden entweder Variablen oder Konstanten. Dann sagt uns die Induktion, welche Operatoren angewandt werden können und auf wie viele Operanden jeder angewandt wird. Zum Beispiel kann in PASCAL der Operator < auf zwei Operanden angewandt werden, das Operatorsymbol - kann auf einen oder auf zwei Operanden angewandt werden, und der Operator zur Anwendung einer Funktion, der durch ein Klammernpaar repräsentiert wird, das so viele Kommata wie nötig umschließt, kann auf einen oder mehrere Operanden angewandt werden, so wie in $f(a_1,...,a_n)$.

Mehr zur Terminologie bei Operatoren

Ein unärer Operator, der hinter seinem Argument auftaucht, wie der Fakultätsoperator ! in Ausdrücken wie $n!$, heißt *Postfixoperator*. Operatoren mit mehr als einem Operanden können ebenfalls Präfix- oder Postfixoperatoren sein, wenn sie vor bzw. hinter all ihren Argumenten auftreten. Es gibt keine

Beispiele in PASCAL oder in normalen arithmetischen Ausdrücken für Operatoren dieser Typen; in Abschnitt 5.4 werden wir jedoch Notationen untersuchen, in denen alle Operatoren Postfix- oder Präfixoperatoren sind.

Der seltene Operator, der drei Operanden hat, kann *ternärer Operator* genannt werden. In vielen Sprachen (nicht jedoch in PASCAL) kann es sinnvoll sein, „if C then S_1 else S_2" als ternären Operator mit der Bedingung C und den Anweisungen S_1 und S_2 als Argumenten anzusehen. Generell nennt man einen Operator mit k Argumenten *k-stelligen* Operator.

Beispiel 2.16

Allgemein bezeichnet man folgende Menge von Ausdrücken als „arithmetische Ausdrücke".

BASIS. Folgende Arten atomarer Operanden sind arithmetische Ausdrücke:

1. Variablen
2. Ganze Zahlen
3. Gleitpunktzahlen

INDUKTION. Wenn E_1 und E_2 arithmetische Ausdrücke sind, so sind folgende Ausdrücke auch arithmetische Ausdrücke:

1. $(E_1 + E_2)$
2. $(E_1 - E_2)$
3. $(E_1 \times E_2)$
4. (E_1/E_2)

Die Operatoren +, -, × und / werden als *binäre* Operatoren bezeichnet, da sie zwei Argumente erhalten. Außerdem werden sie als *Infixoperatoren* bezeichnet, da sie zwischen ihren beiden Argumenten stehen.

Zusätzlich erlauben wir, daß das Minuszeichen außer der Subtraktion auch die Negation (Änderung des Vorzeichens) bezeichnet. Diese Möglichkeit wird durch die fünfte und letzte rekursive Regel widergespiegelt:

5. Wenn E ein arithmetischer Ausdruck ist, so ist auch $(-E)$ ein arithmetischer Ausdruck.

Einen Operator wie das - in Regel (5) nennt man *unären* Operator. Zudem wird er als *Präfixoperator* bezeichnet, da er vor seinem Argument steht.

Abbildung 2.16 illustriert einige arithmetische Ausdrücke und erklärt, warum es sich dabei jeweils um einen Ausdruck handelt. Beachten Sie, daß Klammern nicht immer notwendig sind, wir können sie manchmal weglassen. Im letzten Ausdruck (*vi*) der Abb. 2.16 können die äußeren Klammern und diejenigen, die -(x + 10) einschließen, weggelassen werden, und wir können $y \times -(x + 10)$ schreiben. Die verbleibenden Klammern sind wesentlich, da $y \times -x + 10$ üblicherweise als $(y \times -x) + 10$ interpretiert wird, welches jedoch kein äquivalenter Ausdruck ist (versuchen Sie es zum Beispiel mal mit $y = 1$ und $x = 0$).[5] ♦

i)	x	Basisregel (1)
ii)	10	Basisregel (2)
iii)	$(x + 10)$	rekursive Regel (1) mit (*i*) und (*ii*)
iv)	$(-(x + 10))$	rekursive Regel (5) mit (*iii*)
v)	y	Basisregel (1)
vi)	$(y \times (-(x + 10)))$	rekursive Regel (3) mit (*v*) und (*iv*)

Abb. 2.16: Einige beispielhafte arithmetische Ausdrücke.

Ausgewogene Klammerung

Verknüpfungen von Klammern, die in Ausdrücken auftreten können, bezeichnet man als *ausgewogene Klammerung*. So taucht beispielsweise in Ausdruck (*vi*) der Abb. 2.16 das Muster ((( ))) auf, und der Ausdruck

$$((a + b) \times ((c + d) - e))$$

hat das Muster (( )(( ))). Der leere String ε ist ebenfalls ein String mit ausgewogener Klammerung; er entspricht zum Beispiel dem Muster des Ausdrucks x. Allgemein betrachtet, ist ein Klammerausdruck ausgewogen, wenn es zu jeder linken Klammer eine rechte Klammer gibt, die irgendwo weiter rechts steht. Eine allgemeine Definition „ausgewogener Klammerstrings“ basiert somit auf zwei Regeln:

1. Ein ausgewogener String hat eine gleiche Anzahl linker und rechter Klammern.
2. Wenn wir im String von links nach rechts gehen, so wird dessen Profil niemals negativ, wobei das *Profil* die laufende Summe aller linken Klammern minus der Anzahl aller rechten Klammern bis zur jeweiligen Stelle bezeichnet.

Hierbei ist zu beachten, daß das Profil mit 0 beginnen und auch mit 0 enden muß. So zeigt Abb. 2.17(a) zum Beispiel das Profil von (( )(( ))) und Abb. 2.17(b) das Profil von ( )(( ))( ).

[5]Klammern sind redundant, wenn sie durch die übliche Bindungsstärke von Operatoren (unäres Minus am höchsten, dann Multiplikation und Division und dann erst Addition und Subtraktion) und durch die Konvention der "Linksassoziativität" impliziert werden. Letztere besagt, daß wir Operatoren des gleichen Ranges (z. B. eine Kette mehrerer Plus und Minus) von links gruppieren. Dieses Konventionen sollten sowohl aus Pascal als auch aus der gewöhnlichen Arithmetik bekannt sein.

Es gibt eine Reihe rekursiver Definitionen für den Begriff der „ausgewogenen Klammerung". Die folgende ist etwas knifflig; wir werden jedoch beweisen, daß sie äquivalent zu der vorangehenden, nichtrekursiven Definition ist, die Profile verwendete.

BASIS. Der leere String ist ein String mit ausgewogener Klammerung.

INDUKTION. Wenn x und y Strings mit ausgewogener Klammerung sind, so ist $(x)y$ ebenfalls ein String mit ausgewogener Klammerung.

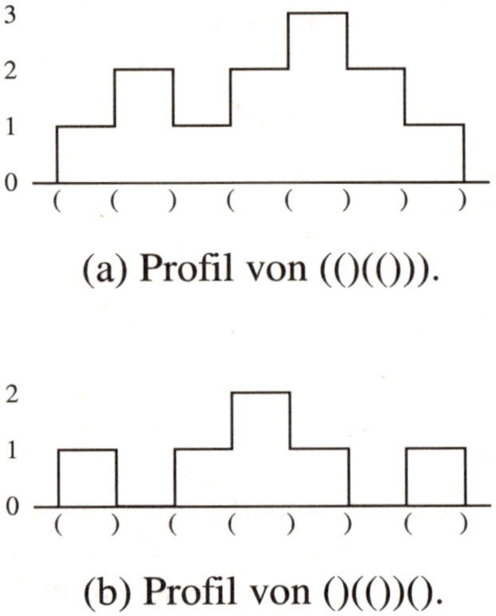

Abb. 2.17: Die Profile zweier Klammerstrings.

Beispiel 2.17

Aufgrund des Induktionsanfangs ist ε ein String mit ausgewogener Klammerung. Wenden wir die rekursive Regel mit x und y gleich ε an, so können wir herleiten, daß ( ) ausgewogen ist. Beachten Sie dabei, daß, wenn wir den leeren String für eine Variable wie x oder y substituieren, diese Variable „verschwindet". Danach wenden wir die rekursive Regel mit x = ( ) und y = ε an und stellen fest, daß (( )) ausgewogen ist; ebenso können wir die rekursive Regel mit x = ε und y = ( ) anwenden, um herauszufinden, daß ( )( ) ausgewogen ist. Nun sei in der rekursiven Regel x = y = ( ), und wir stellen fest, daß (( ))( ) ausgewogen ist. Da wir nun wissen, daß (( )) und ( )( ) ausgewogen sind, seien diese x bzw. y in der rekursiven Regel; wir zeigen damit, daß ((( )))( )( ) ausgewogen ist. ♦

Wir können zeigen, daß die beiden Definitionen von „ausgewogen" dieselben String-Mengen bestimmen. Um die Sache einfacher zu gestalten, bezeichnen wir die Strings, die nach der rekursiven Definition ausgewogen sind, einfach als *ausgewogen*, und diejenigen, die nach der nichtrekursiven Definition ausgewogen sind, nennen wir *profil-ausgewogen*. Die profil-ausgewogenen Strings sind demnach diejenigen, deren Profil mit einer 0 endet und niemals negativ wird. Wir müssen zwei Dinge zeigen:

1. Jeder ausgewogene String ist profil-ausgewogen.

2. Jeder profil-ausgewogene String ist ausgewogen.

Dies ist das Ziel der induktiven Beweise in den nächsten beiden Beispielen.

Beispiel 2.18

Zunächst beweisen wir Teil (1), daß jeder ausgewogene String profil-ausgewogen ist. Der Beweis geschieht durch eine vollständige Induktion, welche die Induktion, die die Klasse der ausgewogenen Strings definiert, widerspiegelt. Das heißt, wir beweisen

AUSSAGE $S(n)$: Wenn der String w durch n Anwendungen der rekursiven Regel als ausgewogen definiert wurde, so ist w profil-ausgewogen.

BASIS. Der Induktionsanfang ist $n = 0$. Der einzige String, für den ohne Anwendung der rekursiven Regel gezeigt werden kann, daß er ausgewogen ist, ist ε, der ja aufgrund der Basisregel ausgewogen ist. Das Profil des leeren Strings endet offensichtlich bei 0 und wird nicht negativ, ε ist also profil-ausgewogen.

Beweise über rekursive Definitionen

Beachten Sie, daß Beispiel 2.18 eine Zusicherung über eine Klasse rekursiv definierter Objekte (den ausgewogenen Klammerfolgen) durch Induktion über die Anzahl der Verwendung der rekursiven Regel beweist, um nachzuweisen, daß das Objekt zu der definierten Klasse gehört. Dies ist eine durchaus übliche Vorgehensweise der Behandlung rekursiv definierter Konzepte; es ist sogar einer der Gründe, warum rekursive Definitionen sinnvoll sind. Zur weiteren Verdeutlichung betrachten wir Beispiel 2.14, in dem wir eine Eigenschaft rekursiv definierter Werte der Fakultätsfunktion (daß $n!$ das Produkt der Integer-Zahlen von 1 bis n ist) durch Induktion über n bewiesen haben. n ist aber auch 1 plus der Anzahl der Anwendungen der rekursiven Regel in der Definition von $n!$, so daß der Beweis auch als Induktion über die Anzahl der Anwendungen der rekursiven Regel angesehen werden kann.

INDUKTION. Angenommen $S(i)$ ist für $i = 0, 1, ..., n$ wahr, und wir gehen von einer Instanz von $S(n+1)$ aus, das heißt, von einem String w, dessen Beweis der Ausgewogenheit $n+1$ Anwendungen der rekursiven Regel benötigt. Betrachten Sie die letzte Anwendung, in der wir zwei Strings x und y nahmen, die bekanntermaßen ausgewogen sind, und w als $(x)y$ bildeten. Wir verwendeten die rekursive Regel $n + 1$ Mal, um w zu bilden, wobei eine Verwendung der letzte Schritt war, der weder zur Bildung von x noch von y beitrug. Weder x noch y benötigt somit mehr als n Verwendungen der rekursiven Regel. Deshalb gilt die Induktionsannahme sowohl für x als auch für y, und wir können schließen, daß x und y profil-ausgewogen sind.

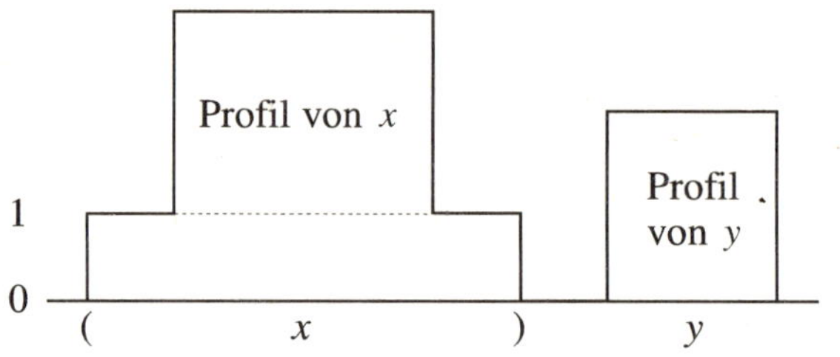

Abb. 2.18: Aufbau des Profils von $w = (x)y$.

Das Profil von w wird in Abb. 2.18 wiedergegeben. Als Reaktion auf die erste linke Klammer erhöht es sich zunächst um eine Ebene. Dann kommt das Profil von x, das um eine Ebene erhöht wurde, was durch die gestrichelte Linie angedeutet wird. Wir haben die Induktionsannahme verwendet, um zu schließen, daß x profil-ausgewogen ist; daher beginnt und endet sein Profil auf der Ebene 0 und wird niemals negativ. Da der Anteil von x im Profil von w in Abb. 2.18 um eine Ebene erhöht wird, beginnt und endet dieser Bereich auf der Ebene 1 und wird auch niemals kleiner als 1.

Die explizit angezeigte rechte Klammer zwischen x und y verringert das Profil von w auf 0. Danach kommt das Profil von y. Aufgrund der Induktionsannahme ist y profil-ausgewogen. Der Anteil von y im Profil von w geht demnach nicht unter 0, und das Profil von w wird bei 0 beendet.

Wir haben auf diese Art und Weise das Profil von w erstellt und gesehen, daß es die Bedingung eines profil-ausgewogenen Strings erfüllt. Das heißt, es beginnt und endet bei 0 und wird niemals negativ. Wir haben also gezeigt, daß, wenn ein String ausgewogen ist, er auch profil-ausgewogen ist. ♦

Wir widmen uns nun der zweiten Richtung der Äquivalenz zwischen den beiden Definitionen der „ausgewogenen Klammerung". Im nächsten Beispiel zeigen wir, daß ein profil-ausgewogener String ausgewogen ist.

Beispiel 2.19

Wir beweisen Teil (2), daß „profil-ausgewogen" „ausgewogen" impliziert, durch vollständige Induktion über die Länge der Klammerfolgen. Die formale Aussage lautet

AUSSAGE $S(n)$: Ist ein String w der Länge n profil-ausgewogen, so ist er auch ausgewogen.

BASIS. Wenn $n = 0$ ist, so muß der String ε sein. Aufgrund der Basisregel der rekursiven Definition wissen wir, daß ε ausgewogen ist.

INDUKTION. Angenommen, profil-ausgewogene Strings mit einer Länge kleiner oder gleich n sind ausgewogen. Wir müssen $S(n+1)$ beweisen, das heißt, daß profil-ausgewogene Strings der Länge $n+1$ ebenfalls ausgewogen sind.[6] Sei w ein solcher String. Da w profil-ausgewogen ist, kann er nicht mit einer rechten Klammer beginnen, da sonst sein Profil sofort negativ würde. Folglich beginnt w mit einer linken Klammer.

Wir spalten w in zwei Teile. Der erste Teil beginnt am Anfang von w und endet dort, wo das Profil von w zum ersten Mal 0 wird. Der zweite Teil ist der Rest von w. Zum Beispiel wird das Profil aus Abb. 2.17(a) erst ganz am Ende 0, so daß für w = (( )(( ))) der erste Teil sich über den gesamten String erstreckt, wohingegen der zweite Teil ε ist. In Abb. 2.17(b), in der w = ( )(( ))( ) ist, besteht der erste Teil aus ( ) und der zweite aus (( ))( ).

Der erste Teil kann niemals mit einer linken Klammer enden, da dann das Profil auf der vorherigen Position negativ wäre. Somit beginnt der erste Teil mit einer linken Klammer und endet mit einer rechten. Wir können w demnach als $(x)y$ schreiben, wobei (x) der erste Teil und y der zweite Teil ist. Sowohl x als auch y sind kürzer als w. Wenn wir also zeigen können, daß sie profil-ausgewogen sind, können wir die Induktionsannahme verwenden, um abzuleiten, daß sie ausgewogen sind. Im Anschluß daran können wir die rekursive Regel aus der Definition von „ausgewogen“ benutzen, um zu zeigen, daß $w = (x)y$ ausgewogen ist.

Man kann leicht erkennen, daß y profil-ausgewogen ist. Abbildung 2.18 illustriert zudem die Beziehung zwischen den Profilen von w, x und y. Das heißt, das Profil von y ist ein Schlußstück des Profils von w, das in der Höhe 0 beginnt und endet. Da w profil-ausgewogen ist, können wir schließen, daß dies auch für y gilt. Zu zeigen, daß x profil-ausgewogen ist, funktioniert fast genauso. Das Profil von x ist Teil des Profils von w; es beginnt und endet auf der Ebene 1 im Profil von w; wir können es jedoch um eine Ebene senken, um das Profil von x zu erhalten. Wir wissen, daß das Profil von w innerhalb der Ausdehnung von x niemals 0 wird, da wir (x) als kürzesten Präfix von w ausgewählt hatten, der endet, wenn das Profil von w auf Ebene 0 ist. Also erreicht das Profil von x innerhalb von w niemals die Ebene 0, und das Profil von x selbst wird nie negativ.

---

[6] Beachten Sie, daß alle profil-ausgewogenen Strings eine gerade Länge haben, so daß wir nichts aussagen, wenn $n + 1$ ungerade ist. Wir benötigen jedoch die Geradzahligkeit von n für den Beweis nicht.

Wir haben nun sowohl für x als auch für y die Profil-Ausgewogenheit gezeigt. Da beide kürzer sind als w, gilt die Induktionsannahme und beide sind ausgewogen. Die rekursive Regel, die „ausgewogen" definiert, besagt, daß, wenn x und y ausgewogen sind, für $(x)y$ dasselbe gilt. Da aber $w = (x)y$ ist, ist w ausgewogen. Wir haben demnach den Induktionsschritt vollendet und gezeigt, daß die Aussage $S(n)$ für alle $n \geq 0$ war ist. ♦

ÜBUNGEN

2.6.1*: Beweisen Sie, daß die Definitionen der lexikographischen Ordnung in Beispiel 2.15 und in Abschnitt 2.2 gleich sind. *Hinweis*: Der Beweis besteht aus zwei Teilen, von denen jeder ein induktiver Beweis ist. Gehen Sie beim ersten Teil davon aus, daß in bezug auf die Definition in Beispiel 2.15 $w < x$ ist. Beweisen Sie folgende Aussage $S(i)$ durch Induktion über i: „Wenn es nötig ist, die rekursive Regel i-mal anzuwenden, um zu zeigen, daß $w < x$ ist, dann steht w laut Definition der 'lexikographischen Ordnung' in Abschnitt 2.2 vor x." Der Induktionsanfang ist $i = 0$. Im zweiten Teil der Übung gilt es zu zeigen, daß, wenn w nach lexikographischer Ordnung laut Definition in Abschnitt 2.2 vor x steht, dann $w < x$ bezüglich der Definition in Beispiel 2.15 gilt. Nun geht die Induktion über die Anzahl der Anfangspositionen, die w und x gemeinsam haben.

2.6.2: Oft kann eine rekursive Definition unmittelbar in einen Algorithmus umgewandelt werden. Entwickeln Sie aus der rekursiven Definition von „kleiner als" auf Strings, die in Beispiel 2.15 angegeben wurde, eine rekursive Prozedur, die überprüft, ob der erste von zwei übergebenen Zeichenketten „kleiner als" der andere ist. Gehen Sie davon aus, daß Strings durch verkettete Listen von Zeichen repräsentiert werden.

2.6.3: Zeichnen Sie die Profile folgender aus Klammern bestehender Zeichenketten:

a) (( )(( ))

b) ( )( ))(( )

c) ((( )( ))( )( ))

d) (( )(( )(( ))))

Welche sind profil-ausgewogen? Benutzen sie die rekursive Definition aus Abschnitt 2.6 für die profil-ausgewogenen, um zu zeigen, daß sie ausgewogen sind.

2.6.4*: Zeigen Sie, daß jeder String ausgewogener Klammern (entsprechend der rekursiven Definition aus Abschnitt 2.6) der String aus den Klammern eines arithmetischen Ausdruckes ist (zur Definition arithmetischer Ausdrücke s. Beispiel 2.16). *Hinweis*: Verwenden Sie einen Induktionsbeweis über die Anzahl der Anwendungen der rekursiven Regel aus der Definition der „ausgewogenen Klammern“, die benötigt werden, um die gegebene ausgewogene Klammernfolge zu erzeugen.

2.6.5: Bestimmen Sie für jeden der folgenden PASCAL-Operatoren, ob er ein Präfix-, Postfix- oder Infixoperator und ob er unär, binär oder k-stellig für $k > 2$ ist?

a) <

b) `MOD`

c) `NOT`

2.6.6: Wenn Sie mit dem UNIX Filesystem oder einem ähnlichen System vertraut sind, geben Sie eine rekursive Definition der möglichen Verzeichnis-/Datei-Strukturen an.

2.6.7:** Eine bestimmte Menge S von ganzen Zahlen wird rekursiv durch die folgenden Regeln definiert:

BASIS. 0 ist in S enthalten.

INDUKTION. Wenn i in S enthalten ist, dann sind $i + 5$ und $i + 7$ ebenfalls in S enthalten.

a) Welches ist die größte ganze Zahl, die *nicht* in S enthalten ist?

b) Sei j Ihre Antwort aus Teil (a). Beweisen Sie, daß alle größeren Zahlen ab $j + 1$ in S enthalten sind. *Hinweis*: Verwenden Sie Induktion mit dem Induktionsanfang bestehend aus den Zahlen $j + 1$ bis $j + 5$.

2.6.8*: Definieren Sie rekursiv die Menge von Strings mit gerader Parität mittels Induktion über die Länge des Strings. *Hinweis*: Es ist hilfreich, zwei Konzepte gleichzeitig zu definieren, sowohl die Strings mit gerader als auch die mit ungerader Parität.

2.6.9*: Wir können sortierte Listen ganzer Zahlen wie folgt definieren:

BASIS. Eine Liste, die aus einer einzigen ganzen Zahl besteht, ist sortiert.

INDUKTION. Wenn L eine sortierte Liste mit a als letztem Element und $b \geq a$ ist, dann ist L gefolgt von b eine sortierte Liste.

Beweisen Sie, daß diese Definition einer „sortierten Liste“ äquivalent zu unserer ursprünglichen, nichtrekursiven Definition ist, die besagt, die Liste besteht aus ganzen Zahlen

$$a_1 \leq a_2 \leq \ldots \leq a_n$$

Vergessen Sie nicht, daß Sie 2 Teile beweisen müssen: (a) Wenn eine Liste nach der rekursiven Definition sortiert ist, so ist sie auch nach der nichtrekursiven

Definition sortiert, und (b) wenn eine Liste nach der nichtrekursiven Definition sortiert ist, so gilt dies auch nach der rekursiven. Für Teil (a) kann eine Induktion über die Anzahl der Anwendungen der rekursiven Regel verwendet werden, für Teil (b) kann eine Induktion über die Länge der Liste durchgeführt werden.

2.6.10:**Wie in Abb. 2.15 angedeutet, können wir, wann immer wir eine rekursive Definition haben, die Objekte entsprechend der „Stufe" klassifizieren, auf der sie jeweils erzeugt werden, das heißt, entsprechend der Anzahl der Anwendungen des Induktionsschrittes, bevor wir jedes Objekt erhalten. In den Beispielen 2.14 und 2.15 ist es ziemlich einfach, die Ergebnisse zu beschreiben, die auf jeder Stufe erzeugt wurden. Manchmal ist dies etwas schwieriger. Wie charakterisieren Sie die Objekte, die auf der n-ten Stufe für jede der folgenden Definitionen erzeugt werden?

a) Arithmetische Ausdrücke wie diejenigen, die wir in Beispiel 2.16 beschrieben haben. *Hinweis*: Wenn Sie sich mit Bäumen auskennen, die Thema des 5. Kapitels sind, könnten Sie die Baumdarstellung von Ausdrücken in Erwägung ziehen.

b) Ausgewogene Klammerzeichenketten. Hierbei ist zu beachten, daß die „Anzahl der benutzten Anwendungen" wie in Beispiel 2.18 diskutiert, nicht die gleiche ist, wie die Stufe, auf der ein String gefunden wird. Zum Beispiel verwendet (( ))( ) die induktive Regel dreimal, wird jedoch auf der zweiten Stufe entdeckt.

2.7 Rekursive Prozeduren

Eine rekursive Prozedur[7] ist eine Prozedur, die innerhalb ihres eigenen Rumpfes aufgerufen wird. Häufig ist der Aufruf *direkt*; eine Prozedur `foo` enthält beispielsweise einen Aufruf von `foo` in sich selbst. Manchmal handelt es sich jedoch um einen *indirekten* Aufruf: Irgendeine Prozedur P_1 ruft eine Prozedur P_2 direkt auf, welche wiederum P_3 direkt aufruft und so weiter, bis eine Prozedur P_k in dieser Folge wieder P_1 aufruft.

Es herrscht der allgemeine Glaube, daß es einfacher sei, iterativ programmieren zu lernen oder nichtrekursive Prozeduraufrufe zu verwenden, als rekursiv programmieren zu lernen. Wenngleich wir nicht schlüssig gegen diesen Standpunkt argumentieren können, glauben wir doch, daß rekursive Programmierung dann einfach ist, wenn man die Gelegenheit hatte, diesen Stil zu üben. Rekursive Programme sind nicht selten wesentlich kürzer und leichter

[7]Erinnern Sie sich aus Abschnitt 1.4 daran, daß wir in diesem Buch einer Konvention folgen, bei der der Begriff "Prozedur" normalerweise eine Pascal-Funktion mit einschließt.

verständlich als ihre iterativen Gegenstücke. Viel wichtiger ist jedoch, daß einige Probleme durch rekursive Programme wesentlich einfacher angegangen werden können als durch iterative Programme.[8]

Häufig können wir einen rekursiven Algorithmus dadurch entwickeln, daß wir eine rekursive Definition in der Spezifikation eines Programms, das wir zu implementieren versuchen, nachahmen. Eine rekursive Prozedur, die anhand einer rekursiven Definition geschrieben wurde, hat einen Basisteil und einen Induktionsteil. Häufig überprüft der Basisteil dabei eine einfache Eingabe, die durch die Basis der Definition gelöst werden kann, wozu kein rekursiver Aufruf benötigt wird, wohingegen der induktive Teil einen oder mehrere rekursive Aufrufe der Prozedur selbst benötigt. Einige Beispiele sollten diese Punkte verdeutlichen.

Noch mehr Wahrheit in der Werbung

Ein möglicher Nachteil der Verwendung von Rekursion beruht darauf, daß Prozeduraufrufe auf einigen Maschinen zeitaufwendig sind, so daß ein rekursives Programm mehr Zeit zum Laufen benötigt als ein iteratives Programm für dasselbe Problem. Auf vielen modernen Maschinen sind Prozeduraufrufe jedoch ziemlich effizient, so daß dieses Argument gegen die Verwendung rekursiver Programme mehr und mehr an Bedeutung verliert.

Sogar auf Maschinen mit langsamen Prozeduraufrufmechanismen kann man ein Programmprofil erstellen lassen (engl.: to *profile*), um herauszufinden, wieviel Zeit jeder Teil des Programms benötigt. Man kann dann diejenigen Teile des Programms neu schreiben, in denen ein Großteil der Zeit verbraucht wird, und Rekursion durch Iteration ersetzen, falls nötig. Auf diese Art und Weise erhält man die Vorteile der Rekursion im gesamten Programm mit Ausnahme einiger kleiner Bereiche des Codes, wo die Geschwindigkeit am kritischsten ist.

Beispiel 2.20

In Abbildung 2.19 ist eine rekursive Funktion gegeben, die auf die Eingabe einer positiven Integer-Zahl n den Wert $n!$ berechnet. Diese Funktion ist eine direkte Umsetzung der rekursiven Definition von $n!$ in Beispiel 2.14. Das heißt, Zeile (1) von Abb. 2.19 unterscheidet den Basisfall vom Induktionsfall. Wir nehmen an, daß $n \geq 1$ ist, so daß der Test in Zeile (1) in Wirklichkeit überprüft,

[8]Derartige Probleme beinhalten häufig irgendeine Art des Suchens. In Kapitel 5 werden wir beispielhaft einige rekursive Algorithmen für Suchbäume sehen, die kein geeignetes iteratives Gegenüber haben (obwohl es äquivalente iterative Algorithmen gibt, die auf Kellern arbeiten).

ob $n = 1$ ist. Ist dies der Fall, so wenden wir die Basisregel $1! = 1$ in Zeile (2) an. Ist $n > 1$, so wenden wir die induktive Regel $n! = n \times (n - 1)!$ in Zeile (3) an.

```
        function fact(n: integer): integer;
        begin
(1)        if n <= 1 then
(2)           fact := 1(*Basis*)
           else
(3)           fact := fact(n-1)(*Induktion*)
        end;
```

Abb. 2.19: Rekursive Funktion zur Berechnung von n!.

Wenn wir beispielsweise `fact(4)` aufrufen, resultiert dies in einem Aufruf von `fact(3)`, der wiederum `fact(2)` aufruft, der `fact(1)` aufruft. An diesem Punkt angelangt, wendet `fact(1)` die Basisregel an, da $n \leq 1$ ist und gibt den Wert 1 an `fact(2)` zurück. Dieser Aufruf von `fact` beendet Zeile (3) und übergibt den Wert 2 an `fact(3)`. Danach gibt `fact(3)` den Wert 6 an `fact(4)` weiter, was Zeile (3) durch die Rückgabe der 24 als Lösung beendet. Abbildung 2.20 zeigt das Muster von Aufrufen und Rückgaben. ♦

```
Call ↓                                              ↑ Return 24
   fact(4)                                            fact(4)
    Call ↓                                   ↑ Return 6
          fact(3)                              fact(3)
           Call ↓                     ↑ Return 2
                 fact(2)                fact(2)
                  Call ↓      ↑ Return 1
                       fact(1)
```

Abb. 2.20: Aufrufe und Rückgaben, die sich aus dem Aufruf von `fact(4)` *ergeben.*

Defensive Programmierung

Das Programm in Abb. 2.19 verdeutlicht einen wichtigen Punkt dabei, wie man rekursive Programme so schreibt, daß sie nicht in unendlichen Folgen von Aufrufen münden. Wir sind stillschweigend davon ausgegangen, daß `fact` nie mit einem Argument kleiner als 1 aufgerufen wird. Am besten sollte `fact` natürlich mit einem Test beginnen, der überprüft, ob $n \geq 1$ ist und eine Fehlermeldung druckt und einen bestimmten Wert wie 0 zurückgibt, wenn dies nicht zutrifft. Auch wenn wir ganz fest glauben, daß `fact` nie mit $n < 1$ aufgerufen wird, sollten wir dennoch schlau genug sein, im Basisfall all diese „Fehlerfälle" einzuschließen. Wenn die Funktion `fact` dann mit falschen Eingaben aufgerufen wird, gibt sie einfach den Rückgabewert 1 zurück, was zwar falsch, aber keine Katastrophe ist (1 ist sogar für $n = 0$ korrekt, da 0! üblicherweise als 1 definiert ist).

Nehmen wir nun an, wir würden die Fehlerfälle ignorieren und die Zeile (1) aus Abb. 2.19 schreiben als

```
if n = 1 then
```

Würden wir dann `fact(0)` aufrufen, so würde dies wie ein Beispiel des Induktionsschrittes aussehen, und wir würden als nächstes `fact(-1)`, dann `fact(-2)` und so weiter aufrufen. Dies wiederum würde zur Termination mit einem Fehler führen, wenn der Rechner keinen Speicher mehr hat, um die rekursiven Aufrufe zu speichern.

Wir können uns eine Rekursion in etwa so vorstellen, wie wir uns induktive Beweise und Definition vorgestellt haben. In Abb. 2.21 sind wir davon ausgegangen, daß es einen Begriff der „Größe" von Argumenten für eine rekursive Prozedur gibt. So ist zum Beispiel für die Prozedur *fact* in Beispiel 2.20 der Wert des Arguments n selbst die angemessene Größe. In Abschnitt 2.9 werden wir uns ausführlicher mit dem Thema Größe befassen. Lassen Sie uns hier jedoch anmerken, daß es für eine Rekursion wesentlich ist, nur Aufrufe durchzuführen, die Argumente kleinerer Größe verwenden. Außerdem müssen wir zum Basisfall gelangen – das heißt, wir müssen die Rekursion beenden – wenn wir eine bestimmte Größe wie die 0 in Abb. 2.21 erreichen.

Im Falle der Prozedur `fact` sind die Aufrufe nicht so allgemein wie in Abb. 2.21 angedeutet. Ein Aufruf von `fact(n)` resultiert in einem direkten Aufruf von `fact(n-1)`; `fact(n)` ruft `fact` jedoch nicht direkt mit irgendeinem noch kleineren Argument auf.

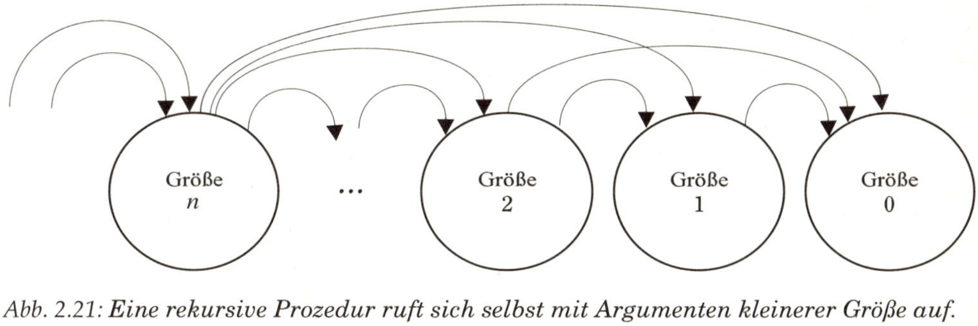

Abb. 2.21: Eine rekursive Prozedur ruft sich selbst mit Argumenten kleinerer Größe auf.

Beispiel 2.21

Wir können die Prozedur `SelectionSort` aus Abb. 2.2 in eine rekursive Prozedur umwandeln, wenn wir den zugrundeliegenden Algorithmus wie folgt ausdrücken.

1. Wähle ein kleinstes Element aus dem Rest des Arrays `A`, das heißt, aus `A[i..n]`.
2. Vertausche das in Schritt (1) ausgewählte Element mit `A[i]`.
3. Sortiere den Rest des Arrays `A[i+1..n]`.

Mit den Daten, die in `A[1..n]` sortiert werden sollen, können wir Selectionsort als folgenden rekursiven Algorithmus ausdrücken.

BASIS. Wenn $i = n$ ist, so muß nur noch das letzte Element des Arrays sortiert werden. Da jedes einzelne Element bereits sortiert ist, brauchen wir nichts zu tun.

INDUKTION. Ist $i < n$, so finden wir das kleinste Element in `A[i..n]`, vertauschen es mit `A[i]` und sortieren `A[i+1..n]` rekursiv.

Wenn wir i in der obigen Induktion als Parameter ansehen, so handelt es sich dabei um einen Fall von *Rückwärtsinduktion*, bei der wir mit einem hohen Induktionsanfang beginnen und durch die Induktionsregel Instanzen des Parameters mit kleineren Werten anhand von Instanzen höherer Werte auflösen. Dieser Induktionsstil ist vollkommen in Ordnung, obwohl wir diese Möglichkeit bisher noch nicht erwähnten. Wir können diese Induktion jedoch auch als eine gewöhnliche oder „Vorwärts"-Induktion über einen Parameter $k = n - i + 1$ betrachten, der die Anzahl der Elemente des noch zu sortierenden Arrays repräsentiert.

In bezug auf Abb. 2.21 ist $n - i + 1$ der passende Begriff von „Größe" für die Argumente der Prozedur `SelectionSort`. Die Basis ist dann $k = 1$ – d. h. die Sortierung eines Elements, bei der kein rekursiver Aufruf auftritt – und der Induktionsschritt sagt uns, wie k Elemente durch Auswahl des kleinsten Elements und durch Sortierung der restlichen $k - 1$ Elemente sortiert werden.

Das rekursive `SelectionSort` in Abb. 2.22 arbeitet wie folgt. Rufen wir uns zunächst in Erinnerung, daß der Typ `INTARRAY` in Abschnitt 2.2 als ein Array von Integers definiert wurde, das von 1 bis zu einer definierten Konstante `MAX` indiziert war. n sei kleiner oder gleich `MAX`; der Parameter `n` gibt die Größe des Arrays `A` an, das sortiert werden soll.

Der Parameter `i` sagt uns, wieviele Elemente des Arrays noch übrig sind und also noch sortiert werden müssen.; genauer gesagt müssen wir `A[i..n]` sortieren. Ein Aufruf von `SelectionSort(A,1,n)` wird somit das gesamte Array sortieren. In Zeile (1) überprüfen wir den Induktionsanfang, bei dem nur noch ein Element zur Sortierung übrig ist (wiederum verhalten wir uns defensiv.

Sollten wir irgendwie einen Aufruf mit $i > n$ machen, so würden wir uns darum nicht in einer unendlichen Folge von Aufrufen verfangen). Beim Induktionsanfang gibt es nichts zu tun, so daß wir die Prozedur verlassen.

Der Rest der Prozedur stellt den Induktionsfall dar. Die Zeilen (2) bis (8) wurden direkt von der iterativen Version von Selectionsort übernommen. Ebenso wie dieses Programm setzen diese Zeilen `small` auf den Index des Arrays `A[i..n]`, an dem sich ein kleinstes Element befindet und vertauschen dann dieses Element mit $A[i]$. In Zeile (9) befindet sich schließlich der rekursive Aufruf, der den Rest des Arrays sortiert. ♦

```
        procedure SelectionSort(var A: INTARRAY; i, n: integer);

        var j, small, temp: integer;

        begin
(1)        if i < n then (*ist i = n, so ist dies der Basisfall, bei dem die
                          Prozedur ohne Änderung des Arrays verlassen wird*)
           begin (*Induktion*)
(2)           small := i;
(3)           for j := i+1 to n do
(4)              if A[j] < A[small] then
(5)                 small := j;
(6)           temp := A[small];
7)            A[small] := A[i];
(8)           A[i] := temp;
(9)           SelectionSort(A, i+1, n)
           end
        end;
```

Abb. 2.22: Rekursives Selectionsort.

Divide-and-Conquer

Eine Möglichkeit, ein Problem anzugehen, beruht auf der Idee, es in Unterprobleme aufzuteilen, diese Unterprobleme zu lösen und deren Lösungen dann zu einer Lösung des Gesamtproblems zusammenzufügen. Der Begriff *Divide-and-Conquer* („Teile-und-Herrsche") wird verwendet, um diese Problemlösungstechnik zu beschreiben. Wenn die Unterprobleme dem ursprünglichen Problem ähnlich sind, können wir möglicherweise dieselbe Prozedur benutzen, um die Unterprobleme rekursiv zu lösen.

Zwei Bedingungen müssen erfüllt sein, damit dieses Verfahren auch funktioniert. Zum einen müssen die Unterprobleme einfacher sein als das ursprüngliche Problem. Zum zweiten müssen wir nach einer endlichen Anzahl von Aufteilungen ein Unterproblem erhalten, das direkt gelöst werden kann.

Wenn diese Kriterien nicht erfüllt sind, so wird ein rekursiver Algorithmus immer weiter fortfahren, das Problem zu unterteilen, ohne eine Lösung zu finden.

Wenn Sie die rekursive Prozedur `SelectionSort` in Abb. 2.22 betrachten, werden Sie feststellen, daß sie beide Kriterien erfüllt. Bei jedem Aufruf wird ein Unterarray übergeben, das ein Element weniger hat, und wenn die Prozedur auf einem Unterarray aufgerufen wird, das nur ein einziges Element enthält, so wird sie beendet, ohne sich selbst noch einmal aufzurufen. Auch das Fakultätsprogramm aus Abb. 2.19 ruft sich bei jedem Aufruf mit einem kleineren Integer-Wert auf, und die Rekursion ist beendet, wenn das Argument des Aufrufes 1 erreicht. Abschnitt 2.8 diskutiert einen noch mächtigeren Gebrauch der Divide-and-Conquer-Technik, den man „Mergesort“ nennt. Dabei wird die Größe des Arrays, das sortiert werden soll, sehr schnell verringert, da Mergesort mit der Halbierung des Arrays arbeitet, anstatt bei jedem rekursiven Aufruf 1 zu subtrahieren.

ÜBUNGEN

2.7.1: Wir können n^2 folgendermaßen rekursiv definieren.

BASIS. Für $n = 1$ gilt $1^2 = 1$.

INDUKTION. Wenn $n^2 = m$ ist, so ist $(n + 1)^2 = m + 2n + 1$.

a) Schreiben Sie eine rekursive Pascal-Funktion, um diese Rekursion zu implementieren.

b) Beweisen Sie durch Induktion über n, daß diese Definition n^2 korrekt berechnet.

2.7.2: Gegeben sei das Array `A[1..5]` mit den Elementen 10, 13, 4, 7, 11 in dieser Reihenfolge. Welchen Inhalt hat das Array `A` unmittelbar vor jedem rekursiven Aufruf von `SelectionSort` bezogen auf die rekursive Prozedur aus Abb. 2.22?

2.7.3: Angenommen, wir definieren Zellen für eine verkettete Liste, wie in Abschnitt 1.3 diskutiert, als

```
    type CELL = record
          element: integer;
          next: LIST
       end;
```

und haben weiterhin den Typ `LIST` als Zeiger auf eine Zelle definiert:

```
type LIST = ^ CELL
```

Schreiben Sie eine rekursive Funktion `find`, die ein Argument vom Typ `LIST` übernimmt und `TRUE` zurückliefert, falls eine Zelle der Liste die ganze Zahl 1698 als ihr `element` enthält und `FALSE`, falls nicht.

2.7.4: Schreiben Sie eine rekursive Funktion `add`, die ein Argument vom Typ `LIST` erhält, wie in Übung 2.7.3 definiert, und die Summe der Elemente dieser Liste zurückgibt.

2.7.5: Schreiben Sie eine Version eines rekursiven Selectionsort, die als Argument eine Liste von Integers übernimmt, die die in Übung 2.7.3 erwähnten Zellen verwendet.

2.7.6*: In Übung 2.2.7 erwähnten wir, daß man Selectionsort dahingehend verallgemeinern könnte, daß man beliebige *key* und *lt* Funktionen zum Vergleich von Elementen verwendet. Schreiben Sie den rekursiven Selectionsort-Algorithmus so um, daß er diese Verallgemeinerung berücksichtigt.

2.7.7*: Geben Sie einen rekursiven Algorithmus an, der eine ganze Zahl i übernimmt und die binäre Darstellung von i als Folge von 0-en und 1-en zurückgibt, wobei die niederwertigen Bits vorne stehen.

2.7.8*: Der *größte gemeinsame Teiler* (*ggT*) zweier ganzer Zahlen i und j ist die größte ganze Zahl, die sowohl i als auch j ohne Rest teilt. So sind zum Beispiel $ggT(24,30) = 6$ und $ggT(24,35) = 1$. Schreiben Sie eine rekursive Funktion, die zwei ganze Zahlen i und j, mit $i > j$, übernimmt und den $ggT(i,j)$ zurückgibt. *Hinweis*: Verwenden Sie folgende rekursive Definition des *ggT*. Sie geht davon aus, daß $i > j$ ist.

BASIS. Wenn i ohne Rest durch j teilbar ist, so ist j der *ggT* von i und j.

INDUKTION. Ist i nicht ohne Rest durch j teilbar, so sei k der Rest, wenn i durch j geteilt wird. Der $ggT(i,j)$ ist derselbe wie der $ggT(j,k)$.

2.7.9:** Beweisen Sie, daß die rekursive Definition des *ggT* aus Übung 2.7.8 das gleiche Ergebnis liefert wie die nichtrekursive Definition (die größte ganze Zahl, die sowohl i als auch j ohne Rest teilt).

1
1 1
1 2 1
1 3 3 1
1 4 6 4 1

Abb. 2.23: Die ersten Zeilen des Pascalschen Dreiecks.

2.7.10: Die Anzahl der *Kombinationen von m Dingen aus n*, geschrieben als $\binom{n}{m}$ und gelesen als „n über m“, ist die Anzahl der Möglichkeiten, nach denen wir m Dinge aus n unterschiedlichen Dingen auswählen können. So gibt es beispielsweise 52 unterschiedliche Karten in einem Kartenstapel. Die Anzahl möglicher Pokerblätter ist dann $\binom{52}{5}$, also die Anzahl der Möglichkeiten, nach denen wir fünf Karten aus dem Kartenspiel auswählen können. Es gibt folgende rekursive Definition für $\binom{n}{m}$.

BASIS. $\binom{n}{0} = 1$. Das heißt, es gibt nur eine Möglichkeit, 0 Dinge aus n auszuwählen: gar nichts zu wählen. Auch ist $\binom{n}{n} = 1$; das heißt, die einzige Art, n Dinge aus n auszuwählen ist es, alle zu wählen.

INDUKTION. Wenn $0 < m < n$ ist, so ist $\binom{n}{m} = \binom{n-1}{m} + \binom{n-1}{m-1}$. Wenn wir also m Dinge aus n wählen möchten, können wir entweder

i) das erste Element nicht auswählen und dann m Dinge aus den verbleibenden n - 1 auswählen, was durch den Term $\binom{n-1}{m}$ dargestellt wird, oder

ii) das erste Element auswählen und dann m - 1 Dinge aus den restlichen n - 1 auswählen, was durch den Term $\binom{n-1}{m-1}$ berücksichtigt wird.

Diese Rekursion wird häufig durch das *Pascalsche Dreieck* dargestellt, das in Abb. 2.23 illustriert ist. Bei ihm werden die Ränder durch 1-en (für den Induktionsanfang) repräsentiert, und jeder innere Eintrag ergibt sich aus der Summe der beiden nordöstlich bzw. nordwestlich von ihm gelegenen Zahlen (für die Induktion). $\binom{n}{m}$ kann dann aus dem $(m+1)$-sten Eintrag in der $(n+1)$-sten Zeile abgelesen werden. Wir können jedoch die rekursive Definition auch direkt anwenden (obwohl dies nicht so effizient ist, da es darauf hinausläuft, dieselben Werte immer wieder zu berechnen). Schreiben Sie eine rekursive Funktion *choose*(n,m), die $\binom{n}{m}$ berechnet.

2.7.11**: Es gibt eine Formel, die $\binom{n}{m}$ mit Hilfe von Fakultäten ausdrückt:

$$\binom{n}{m} = \frac{n!}{m!(n-m)!}$$

Beweisen Sie, daß diese Formel dieselben Ergebnisse berechnet wie die rekursive Definition aus Übung 2.7.10.

2.8 Mergesort: ein rekursiver Sortieralgorithmus

Wir betrachten nun einen Sortieralgorithmus, genannt *Mergesort*, der sich grundlegend von Selectionsort unterscheidet. Mergesort wird am besten rekursiv beschrieben; es veranschaulicht eine mächtige Verwendung der Divide-and-Conquer-Technik, bei der wir eine Liste $(a_1, a_2, ..., a_n)$ dadurch sortieren, daß wir das Problem in zwei ähnliche halb so große Probleme „teilen". Im Prinzip könnten wir damit beginnen, die Liste in zwei beliebig ausgewählte, gleich große Listen zu teilen; in dem Programm, das wir entwickeln, werden wir jedoch aus den ungeradzahligen Elementen $(a_1, a_3, a_5, ...,)$ und aus den geradzahligen Elementen $(a_2, a_4, a_6, ...,)$ jeweils eine Liste machen.[9] Anschließend sortieren wir jede der nur noch halb so großen Listen getrennt. Um die Sortierung der ursprünglichen Liste von n Elementen zu vollenden, fügen wir die beiden sortierten Listen der halben Länge durch einen Algorithmus zusammen, der im nächsten Beispiel beschrieben wird.

Im nächsten Kapitel werden wir sehen, daß die benötigte Zeit als Funktion der Länge n der Liste, die sortiert werden soll, bei Mergesort wesentlich langsamer ansteigt als bei Selectionsort. Selbst wenn rekursive Aufrufe zusätzliche Zeit benötigen, ist Mergesort doch für ein großes n Selectionsort vorzuziehen. In Kapitel 3 werden wir die relative Leistung dieser beiden Algorithmen untersuchen.

Mischen

„Mischen" oder „Vereinigen" (engl.: *to merge*) heißt, aus zwei sortierten Listen eine sortierte Liste zu erstellen, die alle Elemente der beiden gegebenen Listen, und nur diese Elemente, enthält. Seien zum Beispiel die beiden Listen (1, 2, 7, 7, 9) und (2, 4, 7, 8) gegeben, so lautet die vereinigte Liste (1, 2, 2, 4, 7, 7, 7, 8, 9). Wir wollen hier aber betonen, daß es keinen Sinn macht, über das „Vereinigen" von Listen zu reden, die nicht sortiert sind.

---

[9]Vergessen Sie nicht, daß sich "ungeradzahlig" und "geradzahlig" auf die Positionen der Elemente in einer Liste beziehen und nicht auf die Werte dieser Elemente.

Eine einfache Möglichkeit, zwei Listen miteinander zu vereinigen, besteht darin, sie von vorne beginnend zu untersuchen. Bei jedem Schritt finden wir das kleinere der beiden Elemente an den aktuellen Anfängen der Listen, wählen dieses Element als nächstes Element für die kombinierte Liste aus und entfernen das ausgewählte Element aus seiner Liste, wodurch ein neues „erstes“ Element bei dieser Liste zum Vorschein kommt. Sind zwei erste Elemente gleich, so kann beliebig ausgewählt werden, obwohl wir es aus der ersten Liste nehmen werden, wenn die führenden Elemente beider Listen gleich sind.

L_1	L_2	M
1, 2, 7, 7, 9	2, 4, 7, 8	empty
2, 7, 7, 9	2, 4, 7, 8	1
7, 7, 9	2, 4, 7, 8	1, 2
7, 7, 9	4, 7, 8	1, 2, 2
7, 7, 9	7, 8	1, 2, 2, 4
7, 9	7, 8	1, 2, 2, 4, 7
9	7, 8	1, 2, 2, 4, 7, 7
9	8	1, 2, 2, 4, 7, 7, 7
9	empty	1, 2, 2, 4, 7, 7, 7, 8
empty	empty	1, 2, 2, 4, 7, 7, 7, 8, 9

Abb. 2.24: Beispiel für das Zusammenfügen.

Beispiel 2.22

Es gilt, die beiden Listen zusammenzufügen

$$L_1 = (1, 2, 7, 7, 9) \text{ und } L_2 = (2, 4, 7, 8)$$

Die ersten Elemente der Listen sind hier 1 bzw. 2. Da 1 kleiner ist, wählen wir dieses als erstes Element der zusammengefügten Liste M und entfernen 1 aus L_1. Die neue Liste L_1 lautet also (2, 7, 7, 9). Nun hat sowohl L_1 als auch L_2 die 2 als erstes Element. Wir können uns für eine von beiden entscheiden. Wir entscheiden uns dafür, daß wir bei Gleichheit immer das Element aus L_1 entnehmen. Dann lautet die zusammengefügte Liste M (1, 2), L_1 wird zu (7, 7, 9) und

L_2 bleibt (2, 4, 7, 8). Die Tabelle in Abb. 2.24 zeigt die Schritte des Zusammenfügens, bis die Listen L_1 und L_2 leer sind. ♦

Es ist leichter, einen rekursiven Vereinigungsalgorithmus zu entwickeln, wenn wir Listen in der verketteten Form darstellen, die in Abschnitt 1.3 gezeigt wurden. Verkettete Listen werden in Kapitel 6 wieder aufgegriffen. Im folgenden seien die Listenelemente ganze Zahlen. Jedes Element kann somit durch eine „Zelle" oder Record-Struktur folgenden Typs repräsentiert werden

```
type CELL = record
      element: integer;
      next: LISTTYPE
   end
```

mit

```
type LISTTYPE = ^ CELL
```

Das Feld `element` jeder Zelle enthält eine ganze Zahl und das Feld `next` enthält einen Zeiger auf die nächste Zelle der Liste. Wenn ein Element das letzte in der Liste ist, so enthält das `next` Feld den Wert `NIL`, welcher die Abwesenheit eines Zeigers repräsentiert. Eine Liste von ganzen Zahlen wird durch einen Zeiger auf die erste Zelle der Liste dargestellt, das heißt, durch eine Variable vom Typ `LISTTYPE`. Eine leere Liste wird durch eine Variable mit dem Wert `NIL` anstelle eines Zeigers auf die erste Zelle repräsentiert.

```
        function merge(list1, list2: LISTTYPE): LISTTYPE;
           begin
(1)        if list1 = NIL then merge := list2
(2)        else if list2 = NIL then merge := list1
(3)        else if list1^.element <= list2^.element then begin
           (*Hier ist keine der Listen leer, und die erste Liste hat das
             kleinere erste Element. Die Antwort ist das erste Element der
             ersten Liste gefolgt vom Mischen der restlichen Elemente.*)
(4)           list1^.next := merge(list1^.next, list2);
(5)           merge := list1
           end
           else begin (*list2 hat das kleinere erste Element *)
(6)           list2^.next := merge(list1, list2^.next);
(7)           merge := list2
           end
        end;
```

Abb. 2.25: Rekursives Zusammenfügen.

Abbildung 2.25 gibt eine Pascal-Implementierung eines rekursiven Vereinigungsalgorithmus an. Die Funktion `merge` erhält als Argumente zwei Listen und gibt eine zusammengefügte Liste zurück. Die formalen Parameter `list1` und `list2` sind Zeiger auf die beiden gegebenen Listen und der Rückgabewert ist ein Zeiger auf die zusammengefügte Liste. Der rekursive Algorithmus kann folgendermaßen beschrieben werden.

BASIS. Wenn eine der beiden Listen leer ist, so ist die jeweils andere Liste das gewünschte Ergebnis. Diese Regel wurde in Abb. 2.25 in den Zeilen (1) und (2) implementiert. Sind beide Listen leer, so wird `list2` zurückgegeben. Dies ist korrekt, da der Wert von `list2` dann `NIL` ist und die Vereinigung zweier leerer Listen eine leere Liste ergibt.

INDUKTION. Wenn keine der beiden Listen leer ist, so hat jede von ihnen ein erstes Element, auf das wir durch `list1^.element` bzw. `list2^.element` verweisen können, das heißt, durch die Felder `element` der Zellen, auf die `list1` bzw. `list2` zeigen; Abb. 2.26 gibt eine bildhafte Darstellung der Datenstruktur an. Die Liste, die zurückgegeben wird, beginnt mit der Zelle des kleinsten Elements. Der Rest der Liste ergibt sich aus dem Zusammenfügen aller übrigen Elemente.

Die Zeilen (4) und (5) behandeln zum Beispiel den Fall, bei dem das erste Element der Liste 1 das kleinste ist. Zeile (4) ist ein rekursiver Aufruf von `merge`. Das erste Argument dieses Aufrufs ist `list1^.next`, das heißt, ein Zeiger auf das zweite Element der ersten Liste (oder `NIL`, falls die erste Liste nur ein Element hat). Somit erhält der rekursive Aufruf die Liste, die aus allen Elementen bis auf das erste der ersten Liste besteht. Das zweite Argument ist die gesamte zweite Liste. Daraus folgt, daß der rekursive Aufruf von `merge` in Zeile (4) einen Zeiger auf die zusammengefügte Liste der restlichen Elemente zurückgibt und einen Zeiger auf diese zusammengefügte Liste im Feld `next` der ersten Zelle der Liste 1 speichert. In Zeile (5) geben wir einen Zeiger auf diese Zelle zurück, die nun die erste Zelle der zusammengefügten Liste aller Elemente ist.

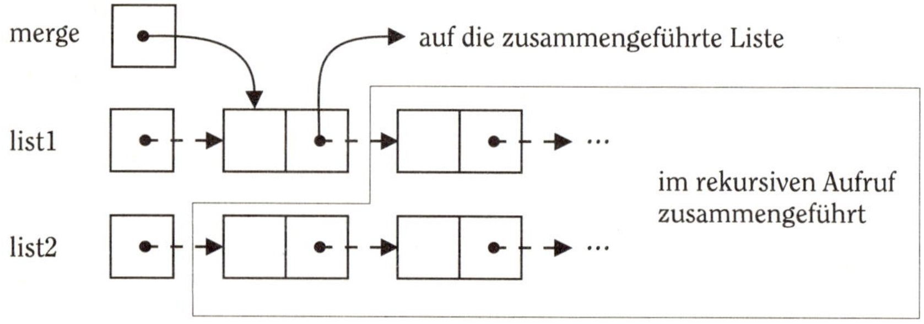

Abb. 2.26: Induktionsschritt des Vereinigungsalgorithmus.

Abbildung 2.26 illustriert die Veränderungen. Gepunktete Pfeile deuten den Aufruf von `merge` an. Durchgehende Pfeile werden durch `merge` erzeugt. Insbesondere ist der Rückgabewert von `merge` ein Zeiger auf die Zelle des kleinsten

Elements, und das `next` Feld dieses Elements zeigt gerade auf die Liste, die durch den rekursiven Aufruf von `merge` in Zeile (4) zurückgegeben wird.

In den Zeilen (6) und (7) wird schließlich der Fall behandelt, bei dem die zweite Liste das kleinste Element hat. Das Verhalten des Algorithmus entspricht exakt dem in den Zeilen (4) und (5), nur daß die Rollen der beiden Listen vertauscht sind.

Beispiel 2.23

Angenommen, wir rufen `merge` mit den Listen (1, 2, 7, 7, 9) und (2, 4, 7, 8) aus Beispiel 2.22 auf. Abbildung 2.27 veranschaulicht die Folge der Aufrufe von `merge`, wenn wir die erste Spalte von oben lesen. Wir lassen die Kommata weg, die die Listenelemente voneinander trennen, dafür werden Kommas verwendet, um die Argumente von `merge` zu trennen.

Aufruf	Rückgabe
merge (12779, 2478)	`122477789`
merge (2779, 2478)	`22477789`
merge (779, 2478)	`2477789`
merge (779, 478)	`477789`
merge (779, 78)	`77789`
merge (79, 78)	`7789`
merge (9, 78)	`789`
merge (9, 8)	`89`
merge (9, NIL)	`9`

Abb. 2.27: Rekursive Aufrufe von `merge`.

Da das erste Element der Liste 1 kleiner als das erste Element der Liste 2 ist, wird Zeile (4) aus Abb. 2.25 ausgeführt und wir fügen rekursiv alle Elemente bis auf das erste aus Liste 1 zusammen. Das heißt, das erste Argument ist der Rest der Liste 1 bzw. (2, 7, 7, 9) und das zweite Argument ist die gesamte Liste 2 bzw. (2, 4, 7, 8). Nun sind die führenden Elemente beider Listen gleich. Da der Test aus Zeile (3) in Abb. 2.25 die erste Liste bevorzugt, entfernen wir die 2 aus Liste 1 und unser nächster Aufruf von `merge` bekommt als erstes Argument (7, 7, 9) und als zweites (2, 4, 7, 8).

Die zurückgegebene Listen sind in der zweiten Spalte dargestellt, von unten nach oben zu lesen. Es fällt auf, daß im Gegensatz zur iterativen Beschreibung des Zusammenfügens, das in Abb. 2.24 dargestellt wurde, der rekursive Algorithmus die vereinigte Liste von hinten zusammensetzt, wohingegen der iterative Algorithmus dies von vorne tut. ♦

Aufspalten von Listen

Eine weitere wichtige Aufgabe, die man für Mergesort benötigt, ist das Aufspalten von Listen in zwei gleiche Teile bzw. in Teile, deren Längen sich nur durch 1 unterscheiden, wenn die ursprüngliche Liste eine ungerade Länge hat. Eine Möglichkeit hierfür ist, die Anzahl der Elemente der Liste zu zählen, durch 2 zu teilen und die Liste an ihrem Mittelpunkt aufzuspalten. Wir geben statt dessen eine einfache rekursive Prozedur `split` an, die die Elemente in zwei Listen „aufteilt“, wobei die eine aus dem ersten, dritten, fünften Element usw. besteht und die andere aus den Elementen an den geraden Positionen. Präziser ausgedrückt entfernt die Funktion `split` die geradzahligen Elemente aus der Liste, die sie als Argument übergeben bekommt, und gibt eine neue Liste bestehend aus den geradzahligen Elementen zurück.

Der Pascal-Code für die Funktion `split` wird in Abb. 2.28 angegeben. Er verwendet die Typen `LISTTYPE` und `CELL`, die in Zusammenhang mit der Funktion `merge` definiert wurden. Beachten Sie dabei, daß die lokale Variable `SecondCell` vom Typ `LISTTYPE` ist. Wir benutzen `SecondCell` tatsächlich als Zeiger auf das zweite Element einer Liste und nicht als Liste selbst, aber natürlich ist der Typ `LISTTYPE` in Wirklichkeit ein Zeiger auf ein Element.

Es ist wichtig zu erkennen, daß `split` eine Funktion mit einem Seiteneffekt ist. Sie entfernt die Elemente an den geraden Positionen aus der Liste, die sie als Argument erhält, und sie fügt diese Elemente zu einer neuen Liste zusammen, die dann den Rückgabewert der Funktion darstellt.

```
        function split(list: LISTTYPE): LISTTYPE;

        var SecondCell: LISTTYPE;

        begin
(1)         if list = NIL then split := NIL
(2)         else if list^.next = NIL then split := NIL else begin
            (* Es gibt mindestens zwei Elemente. *)
(3)             SecondCell := list^.next;
(4)             list^.next := SecondCell^.next;
(5)             SecondCell^.next := split(SecondCell^.next);
(6)             split := SecondCell
            end
        end;
```

Abb. 2.28: Aufspalten einer Liste in zwei gleich große Teile.

Mehrere Basisfälle

Beachten Sie, daß der Induktionsanfang für den `split` Algorithmus aus den beiden Werten 0 und 1 besteht. Obwohl wir diese Möglichkeit bisher noch nicht diskutiert haben, ist es doch eine natürliche Verallgemeinerung von Induktionen mit einem einzigen Basiswert, mehrere kleine Werte in der Induktion als Basisfall behandeln zu dürfen. Übung 2.6.7 ist ein weiteres Beispiel, bei dem mehr als ein Basisfall benötigt wird.

Der Aufspaltungsalgorithmus kann induktiv folgendermaßen beschrieben werden. Er verwendet eine Induktion über die Länge einer Liste.

BASIS. Wenn die Liste die Länge 0 oder 1 hat, so tun wir gar nichts. Genauer gesagt ist eine leere Liste bereits in zwei leere Listen „aufgespalten", ebenso wie eine Liste bestehend aus einem Element dadurch aufgespalten wird, daß man das Element in der gegebenen Liste beläßt und eine leere Liste der geradzahligen Elemente, von denen es keines gibt, zurückgibt. Der Induktionsanfang wird in der Abb. 2.28 in den Zeilen (1) und (2) behandelt. Zeile (1) bearbeitet den Fall, in dem `list` leer ist und Zeile (2) denjenigen, in dem sie aus einem einzigen Element besteht. Hierbei ist es wichtig, daß wir darauf achten, `list^.next` in Zeile (2) nicht zu untersuchen, bevor wir in Zeile (1) festgestellt haben, daß `list` nicht `NIL` ist.

INDUKTION. Der Induktionsschritt findet Anwendung, wenn es mindestens zwei Elemente in `list` gibt. In Zeile (3) halten wir einen Zeiger auf die zweite Zelle der Liste in der lokalen Variablen `SecondCell`. Zeile (4) sorgt dafür, daß das `next` Feld der ersten Zelle die zweite Zelle überspringt und auf die dritte Zelle zeigt (oder `NIL` wird, wenn es nur zwei Elemente in der Liste gibt). In Zeile (5) rufen wir `split` rekursiv mit der Liste auf, die aus allen außer den ersten beiden Elementen besteht. Der Wert, der durch diesen Aufruf zurückgegeben wird, ist ein Zeiger auf das vierte Element (oder `NIL`, wenn die Liste aus weniger als vier Elementen besteht). Diesen Zeiger setzen wir in das `next` Feld der zweiten Zelle, um die Verkettung der geradzahligen Elemente abzuschließen. Ein Zeiger auf die zweite Zelle wird durch `split` in Zeile (6) zurückgegeben; dieser Zeiger gewährt uns Zugriff auf die verkettete Liste der geradzahligen Elemente der ursprünglichen Liste.

Die Veränderungen, die von `split` durchgeführt werden, werden in Abb. 2.29 veranschaulicht. Die ursprünglichen Zeiger sind gepunktete und die neuen sind durchgehende Linien. Zudem geben wir die Zeilenzahl an, die jeweils einen neuen Zeiger erzeugt.

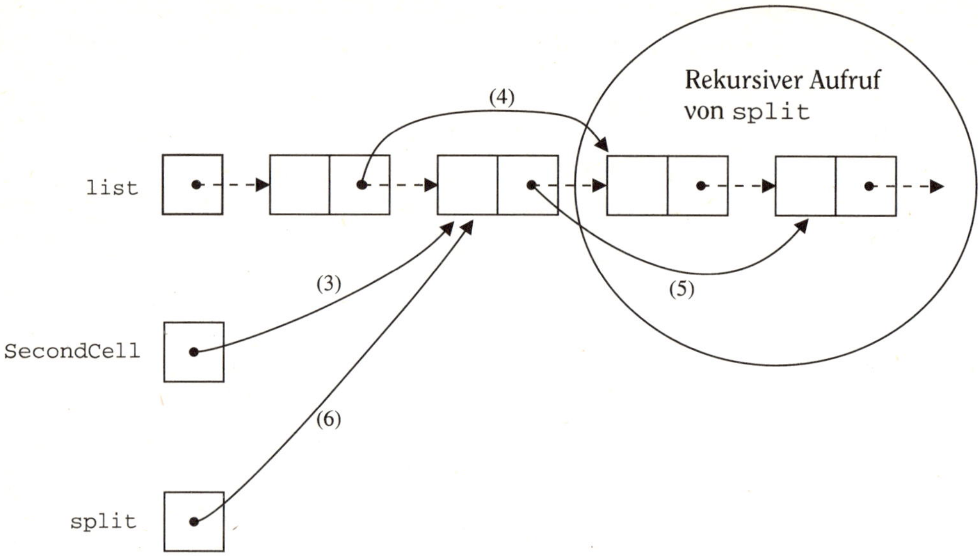

Abb. 2.29: Arbeitsweise der Funktion `split`.

Der Sortieralgorithmus

Der rekursive Sortieralgorithmus wird in Abb. 2.30 angegeben. Er erhält einen Var-Parameter `list` und ersetzt die unsortierte Liste, auf die `list` zeigt, durch eine sortierte Version derselben Liste. Der Algorithmus kann durch folgenden Induktionsanfang und Induktionsschritt beschrieben werden.

BASIS. Wenn die zu sortierende Liste leer ist oder nur aus einem Element besteht, so tue gar nichts; die Liste ist bereits sortiert. Der Induktionsanfang wird in den Zeilen (1) und (2) der Abb. 2.30 behandelt.

INDUKTION. Hat die Liste mindestens die Länge 2, so verwende die Funktion `split` in Zeile (3), um die geradzahligen Elemente aus `list` zu entfernen und daraus eine andere Liste zu bilden, auf die die lokale Variable `SecondList` zeigt. Die Zeilen (4) und (5) sortieren die halben Listen rekursiv, und in Zeile (6) verwenden wir die Funktion `merge`, um die ursprüngliche Liste durch ihre sortierte Version zu ersetzen.

```
        procedure MergeSort(var list: LISTTYPE);

        var SecondList: LISTTYPE;

        begin
(1)        if list <> NIL then
(2)           if list^.next <> NIL then begin
              (* Mindestens zwei Elemente in list. *)
(3)              SecondList := split(list);
```

```
                (* Als Seiteneffekt wird hier die Hälfte der Elemente aus
                   list entfernt. *)
(4)             MergeSort(list);
(5)             MergeSort(SecondList);
(6)             list := merge(list, SecondList)
            end
    end;
```

Abb. 2.30: Der Mergesort-Algorithmus.

Beispiel 2.24

Wir wollen Mergesort verwenden, um die Liste der Ziffern 742897721 zu sortieren. Aus Gründen der Einfachheit lassen wir wiederum die Kommata zwischen den Ziffern weg. Zunächst wird die Liste durch den Aufruf von `split` in Zeile (3) von `MergeSort` in zwei Hälften geteilt. Eine der Ergebnislisten besteht aus den ungeraden Positionen, die andere aus den geraden; das heißt, daß `list` = 72971 und `SecondList` = 4872 ist. In den Zeilen (4) und (5) werden diese Listen dann sortiert, was zu den Listen 12779 und 2478 führt. Die Zeile (6) fügt diese Listen zusammen, um die sortierte Liste 122477789 zu erstellen.

Die Sortierung der beiden halben Listen geschieht jedoch nicht durch Magie, sondern vielmehr durch die methodische Anwendung des rekursiven Algorithmus. Am Anfang spaltet `MergeSort` die Liste, mit der es aufgerufen wurde, wenn die Länge der Liste größer als 1 ist. Abb. 2.31(a) zeigt die rekursive Aufspaltung der Listen bis jede Liste die Länge 1 hat. Diese gespalteten Listen werden dann baumaufwärts paarweise wieder zusammengefügt, bis die gesamte Liste sortiert ist. Dieser Prozeß wird in Abb. 2.31(b) beschrieben. Es ist jedoch erwähnenswert, daß die Aufspaltungen und Vereinigungen in gemischter Reihenfolge auftreten; nicht alle Aufspaltungen werden von einem Vereinigungsprozeß gefolgt. So wird die erste halbe Liste, 72971, vollständig gespalten und zusammengefügt, bevor wir überhaupt mit der zweiten halben Liste, 4872, beginnen. ♦

Das vollständige Programm

Um zu sehen, wie der Mergesort-Algorithmus in der Praxis funktioniert, zeigen wir in Abb. 2.32 ein Programm, welches analog zu dem Programm in Abb. 2.3 ist, das auf Selectionsort basiert. Ein Array `A` mit bis zu 100 Integers wird in den Zeilen (9) und (10) des Hauptprogramms aus dem Eingabestream gelesen. In Zeile (11) konvertiert eine Hilfsprozedur `MakeList` das Array durch einen einfachen rekursiven Algorithmus in eine verkettete Liste. `MakeList(i,n)` wandelt den Rest des Arrays `A[i..n]` in eine verkettete Liste um. Die Arbeitsweise von `MakeList` kann somit folgendermaßen beschrieben werden.

BASIS. Ist $i > n$, das heißt, gibt es keine Elemente mehr, so gib die leere Liste zurück; vgl. Zeile (1) in Abb. 2.32.

INDUKTION. Wenn ein oder mehrere Elemente übrig sind, so erzeuge eine Liste, deren erste Zelle `A[i]` enthält und deren restliche Elemente das Ergebnis der Umwandlung von `A[i+1..n]` in eine Liste unter Verwendung eines rekursiven Aufrufs von `MakeList` sind; vgl. die Zeilen (2) bis (4) in Abb. 2.32.

Die Zeile (12) des Hauptprogramms enthält den Aufruf von `MergeSort`. Als Ergebnis wird aus `list` eine sortierte Liste. In Zeile (13) drucken wir die Liste mit einer weiteren Hilfsprozedur `PrintList`. Der Algorithmus von `PrintList` kann einfach wie folgt beschrieben werden:

BASIS. Wenn die Liste leer ist, tue nichts, wie in Zeile (6) der Abb. 2.32.

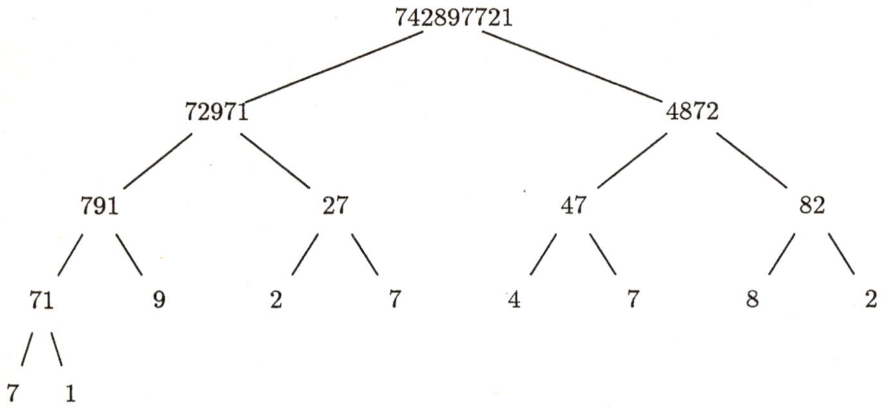

(a) Splitting.

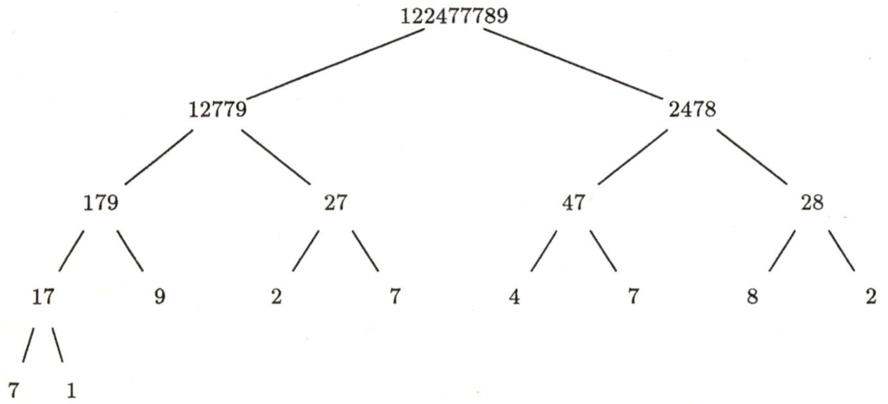

(b) Merging.

Abb. 2.31: Rekursives Aufspalten und Zusammenfügen.

INDUKTION. Gibt es Elemente, so drucke das erste Element (Zeile 7) und drucke dann den Rest der Liste (Zeile 8) durch einen rekursiven Aufruf von PrintList.

```
program sort(input, output);
const MAX = 100;
type      LISTTYPE = ^ CELL;
          CELL = record
             element: integer;
             next: LISTTYPE
          end;

var A: array[1..MAX] of integer;
    k, n: integer;
    list: LISTTYPE;

function split(list: LISTTYPE): LISTTYPE;

var SecondCell: LISTTYPE;

begin
      if list = NIL then split := NIL
      else if list^.next = NIL then split := NIL
      else (* es gibt mindestens zwei Zellen *) begin
         SecondCell := list^.next;
         list^.next := SecondCell^.next;
         SecondCell^.next := split(SecondCell^.next);
         split := SecondCell
      end
end;

function merge(list1, list2: LISTTYPE): LISTTYPE;
begin
      if list1 = NIL then merge := list2
      else if list2 = NIL then merge := list1
      else if list1^.element <= list2^.element then begin
         list1^.next := merge(list1^.next, list2);
         merge := list1
      end
      else (* list2 hat das kleinere Element *) begin
         list2^.next := merge(list1, list2^.next);
         merge := list2
      end
end;

procedure MergeSort(var list: LISTTYPE);
```

```
var SecondList: LISTTYPE;

begin
      if list <> NIL then
         if list^.next <> NIL then
         begin (* Mindestens zwei Elemente in list. *)
            SecondList := split(list);
            MergeSort(list);
            MergeSort(SecondList);
            list := merge(list, SecondList)
         end
end;

function MakeList(i, n: integer): LISTTYPE;

var NewCell: LISTTYPE; (* Zeiger auf eine neue Zelle *)

begin
(1)     if i > n then MakeList := NIL
        else (* ein oder mehr Elemente des Arrays sind übrig *)
        begin
(2)       new(NewCell);
(3)       NewCell^.next := MakeList(i+1,n);
(4)       NewCell^.element := A[i];
(5)       MakeList := NewCell
        end
end;

procedure PrintList(list: LISTTYPE);
begin
(6)     if list <> NIL then begin (*Tue nichts, wenn die Liste NIL ist.*)
(7)       write(list^.element);
(8)       PrintList(list^.next)
        end
end;

begin  (* Hauptprogramm *)
(9)    readln(n);
(10)   for k := 1 to n do read(A[k]);
(11)      list := MakeList(1,n);
(12)      MergeSort(list);
(13)      PrintList(list);
(14)      writeln
end.
```

Abb. 2.32: Ein Sortierprogramm, das Mergesort verwendet.

ÜBUNGEN

2.8.1: Zeigen sie das Ergebnis, das man erhält, wenn man die Funktion `merge` auf die Listen (1, 2, 3, 4, 5) und (2, 4, 6, 8, 10) anwendet.

2.8.2: Angenommen, wir beginnen mit der Liste (8, 7, 6, 5, 4, 3, 2, 1). Zeigen Sie die Folge der Aufrufe von `merge`, `split` und `MergeSort`, die sich dabei ergeben.

2.8.3*: Ein *Mehrfach*-Mergesort zerlegt eine Liste in k Teile gleicher (oder ungefähr gleicher) Größe, sortiert diese rekursiv und fügt alle k Listen durch den Vergleich aller ersten Elemente zusammen, von denen jeweils das kleinste genommen wird. Das Mergesort, das in diesem Abschnitt beschrieben wurde, gilt für den Fall, daß $k = 2$ ist. Ändern Sie das Programm in Abb. 2.32 so, daß daraus ein Mehrfach-Mergesort für den Fall $k = 3$ wird.

2.8.4*: Schreiben Sie das Mergesort-Programm unter Verwendung der Funktionen *lt* und *key* um, die in Übung 2.2.7 benutzt wurden, um Elemente beliebigen Typs zu ordnen.

2.8.5: Setzen Sie die Prozeduren (a) `merge` (b) `split` (c) `MakeList` (d) `PrintList` in Beziehung zu Abb. 2.21. Welcher Größenbegriff ist für die jeweilige Prozedur am geeignetsten?

2.9 Das Beweisen von Eigenschaften rekursiver Programme

Wenn wir eine bestimme Eigenschaft einer rekursiven Prozedur beweisen wollen, so müssen wir im allgemeinen eine Aussage über die Auswirkung eines Aufrufes dieser Prozedur beweisen. Diese Auswirkung kann zum Beispiel eine Beziehung zwischen den Argumenten und dem Rückgabewert sein, wie „Die Prozedur gibt $i!$ zurück, wenn sie mit dem Argument i aufgerufen wird". Häufig definieren wir einen Begriff der „Größe" der Argumente einer Prozedur und führen einen Beweis durch Induktion über diese Größe durch. Einige der vielen möglichen Weisen, auf die die Größe von Argumenten definiert werden kann, sind

1. Der Wert eines Argumentes. Die geeignete Größe für das rekursive Fakultätsprogramm in Abb. 2.19 ist zum Beispiel der Wert des Argumentes n.

2. Die Länge einer Liste, auf die ein Argument zeigt. Die rekursive Prozedur `split` in Abb. 2.28 stellt ein Beispiel dar, bei dem die Länge der Liste die geeignete Größe ist.

3. Eine Funktion der Argumente. Wir erwähnten beispielsweise, daß das rekursive Selectionsort in Abb. 2.22 eine Induktion über die Anzahl der Elemente des Arrays durchführt, die noch sortiert werden müssen. In bezug auf die Argumente n und i ist dies die Funktion $n - i + 1$. Als weiteres Beispiel ist die geeignete Größe für die Funktion `merge` aus Abb. 2.25 die Summe der Längen der Listen, auf die die beiden Argumente der Funktion zeigen.

Egal für welchen Größenbegriff wir uns auch entscheiden, das Wesentliche ist, daß eine Prozedur, wenn sie mit Argumenten der Größe s aufgerufen wird, nur Prozeduraufrufe mit Argumenten der Größe $s - 1$ oder kleiner veranlaßt. Diese Anforderung ist wichtig, damit wir eine Induktion über die Größe vornehmen können, um eine Programmeigenschaft zu beweisen. Weiterhin muß gelten, daß, wenn die Größe auf einen bestimmten festgelegten Wert sinkt – sagen wir 0 – die Prozedur keinen rekursiven Aufruf durchführen darf. Diese Bedingung ist notwendig, damit wir unseren induktiven Beweis mit einem Induktionsanfang beginnen können.

Beispiel 2.25

Gegeben sei das Fakultätsprogramm aus Abb. 2.19 in Abschnitt 2.7. Die Aussage, die durch Induktion über i für $i \geq 1$ zu beweisen ist, lautet

AUSSAGE $S(i)$: Wenn `fact` mit dem Wert i für das Argument `n` aufgerufen wird, so gibt `fact` $i!$ zurück.

BASIS. Für $i = 1$ veranlaßt der Test in Zeile (1) in Abb. 2.19, daß der Induktionsanfang in Zeile (2) ausgeführt wird. Dies erzeugt den Rückgabewert 1, was 1! ist.

INDUKTION. $S(i)$ sei wahr, das heißt, wenn `fact` mit einem Argument $i \geq 1$ aufgerufen wird, so gibt es $i!$ zurück. Was geschieht nun, wenn `fact` mit $i + 1$ als Wert der Variablen `n` aufgerufen wird? Wenn $i \geq 1$ ist, so ist $i + 1$ mindestens 2, so daß der Induktionsfall in Zeile (3) Anwendung findet. Der Rückgabewert ist somit $n \times fact(n - 1)$; oder, da die Variable `n` den Wert $i + 1$ hat, das Ergebnis $(i + 1) \times fact(i)$ ist. Nach der Induktionsannahme ist $fact(i) = i!$. Da $(i + 1) \times i! = (i + 1)!$ ist, haben wir den Induktionsschritt bewiesen, daß `fact` mit dem Argument $i + 1$ den Wert $(i + 1)!$ zurückgibt. ♦

Beispiel 2.26

Lassen Sie uns nun die Prozedur `MakeList` untersuchen, eine der Hilfsroutinen in Abb. 2.32 aus Abschnitt 2.8. Diese Prozedur wandelt ein Array `A[1..n]` in eine verkettete Liste um. Die Aussage, die wir beweisen wollen, lautet folgendermaßen

AUSSAGE $S(j)$: Wenn $0 \leq j \leq n$ ist, und wenn `MakeList` dann mit den letzten j Elementen des Arrays `A`, die in eine Liste konvertiert werden sollen, aufgerufen wird (d. h., wenn der Wert des Arguments `i` $n - j + 1$ ist), so gibt diese Funktion eine Liste bestehend aus den letzten j Elementen zurück.

BASIS. Der Induktionsanfang ist $j = 0$, das heißt, $i = n + 1$. Der Test $i > n$ in Zeile (1) von `MakeList` setzt den Rückgabewert in derselben Zeile auf `NIL`. `MakeList` gibt korrekterweise eine leere Liste zurück.

INDUKTION. $S(j)$ sei für ein beliebiges $j \geq 0$ wahr. Angenommen, `MakeList` wird mit einem Array mit $j + 1$ Elementen aufgerufen, das heißt, mit $i = n - j$. Ist $j \geq n$, so gibt es nichts zu beweisen, da $S(j + 1)$ mit der Aussage „wenn $0 \leq j + 1 \leq n$ ..." beginnt und daher für $j \geq n$ sicherlich wahr ist. Man betrachte nun den Fall, daß $j < n$ ist. Nun kann $i \geq 1$ angenommen werden, da i als $n - j$ definiert wurde. Da wir von $j \geq 0$ ausgehen, wissen wir auch, daß $i \leq n$ ist, so daß $1 \leq i \leq n$ gilt. Das heißt `A[i]` ist wirklich eines der Elemente des Arrays `A`.

Da $i \leq n$ ist, wird der Induktionsfall in den Zeilen (2) bis (5) in Abb. 2.32 ausgeführt. Zeile (2) erzeugt eine neue Zelle, und Zeile (3) läßt diese neue Zelle auf das zeigen, was `MakeList` zurückgibt, wenn es das Argument $i + 1$ erhält. Dieser Aufruf erhält somit die letzten j Elemente von `A`, um sie in eine Liste zu übertragen; aufgrund der Induktionsannahme führt er dies korrekt aus. Zeile (4) steckt das $(j + 1)$-te Element vom Ende aus, das heißt, $A[i]$, in die neue Zelle. Ein Zeiger auf die neue Zelle, wie er in Zeile (5) zurückgegeben wird, ist somit ein Zeiger auf die Liste der letzten $j + 1$ Elemente des Arrays.

Wir haben den Induktionsschritt bewiesen und schließen, daß `MakeList`, wenn es auf den letzten j Elementen des Arrays aufgerufen wird, diese Elemente als Liste zurückgibt. Insbesondere wandelt `MakeList` beim Aufruf mit $i = 1$, das heißt, mit $j = n$, das gesamte Array in eine Liste um. ♦

Beispiel 2.27

Als letztes Beispiel wollen wir die Korrektheit des Mergesort-Programms aus Abb. 2.30 unter der Annahme beweisen, daß die Funktionen `split` und `merge` ihre jeweiligen Aufgaben korrekt ausführen. Die Induktion wird über die Länge der Liste durchgeführt, die `MergeSort` als Argument erhält. Die Aussage, die durch vollständige Induktion über $n \geq 0$ bewiesen wird, lautet

AUSSAGE $S(n)$: Wenn `list` eine Liste der Länge n ist, wenn `MergeSort` aufgerufen wird, so ist `list` bei Rückgabe eine sortierte Version derselben Elemente.

BASIS. Als Induktionsanfang nehmen wir sowohl $S(0)$ als auch $S(1)$. Hat `list` die Länge 0, so ist ihr Wert `NIL` und der Test in Zeile (1) in Abb. 2.30 scheitert. Die gesamte Prozedur tut gar nichts. Auf ähnliche Weise versagt der Test in

Zeile (2), wenn `list` die Länge 1 hat; die Prozedur tut nichts. `MergeSort` läßt `list` somit unverändert, wenn n 0 oder 1 ist, was die Aussagen $S(0)$ und $S(1)$ beweist; eine Liste der Länge 0 oder 1 ist bereits sortiert.

INDUKTION. Es gelte $n \geq 1$ und daß $S(i)$ für alle $i = 0, 1, ..., n$ wahr sei. Wir müssen $S(n+1)$ beweisen. Es sei daher eine Liste der Länge $n + 1$ gegeben. Da $n \geq 1$ ist, hat diese Liste mindestens die Länge 2, so daß wir Zeile (3) in Abb. 2.30 erreichen. Dort zerlegt `split` die Liste in zwei Listen der Länge $(n + 1)/2$, wenn $n + 1$ gerade ist, und der Längen $(n/2)+1$ und $n/2$, wenn $n + 1$ ungerade ist. Da $n \geq 1$ ist, kann keine dieser Listen so lang wie $n + 1$ sein. Somit gilt die Induktionsannahme, und wir können schließen, daß die Listen der halben Länge durch die Aufrufe von `MergeSort` in den Zeilen (4) und (5) korrekt sortiert werden. In Zeile (6) werden die beiden sortierten Listen schließlich zu einer Liste zusammengefügt, die dann den Wert des Arguments `list` bildet. Wir gingen davon aus, daß `merge` korrekt arbeitet, so daß die Ergebnisliste sortiert ist. ♦

```
type LIST = ^ CELL;
     CELL = record
            element: integer;
            next: LIST
         end;

function sum(L: LIST): integer;
begin
     if L = NIL then sum := 0
     else sum := L^.element + sum(L^.next)
end;

function find0(L: LIST): Boolean;
begin
     if L = NIL then find0 := FALSE
     else if L^.element = 0 then find0 := TRUE
     else find0 := find0(L^.next)
end
```

Abb. 2.33: Zwei rekursive Funktionen, `sum` *und* `find0`.

ÜBUNGEN

2.9.1: Beweisen Sie, daß die Prozedur `PrintList` aus Abb. 2.32 die Elemente der Liste druckt, die sie als Argument erhält. Welche Aussage $S(i)$ beweisen Sie induktiv? Wie lautet der Basiswert für i?

2.9.2: Die Funktion `sum` in Abb. 2.33 berechnet die Summe der Elemente ihrer übergebenen Liste durch Addieren des ersten Elements zu der Summe der restlichen Elemente; die letztere Summe wird durch einen rekursiven Aufruf mit dem Rest der Liste berechnet. Beweisen Sie, daß `sum` die Summe der Listenelemente korrekt berechnet. Welche Aussage $S(i)$ beweisen Sie induktiv? Wie lautet der Basiswert für i?

2.9.3: Die Funktion `find0` in Abb. 2.33 gibt `TRUE` zurück, wenn mindestens eines der Elemente in der Liste 0 ist, und sonst `FALSE`. Sie gibt `FALSE` zurück, wenn die Liste leer ist, `TRUE`, wenn das erste Element 0 ist ansonsten führt sie einen rekursiven Aufruf mit dem Rest der Liste durch und liefert die Antwort zurück, die jeweils für den Rest erzeugt wird. Beweisen Sie, daß `find0` korrekt ermittelt, ob eine 0 in der Liste vorkommt. Welche Aussage $S(i)$ beweisen Sie induktiv? Wie lautet der Induktionsanfang für i?

2.9.4*: Beweisen Sie, daß die Funktionen (a) `merge` aus Abb. 2.25 und (b) `split` aus Abb. 2.28 das ausführen, was in Abschnitt 2.8 behauptet wurde.

2.9.5: Geben Sie einen intuitiven Beweis durch ein „kleinstes Gegenbeispiel" dafür an, warum eine Induktion, die mit einer Basis beginnt, welche sowohl 0 als auch 1 umfaßt, gültig ist.

2.9.6:** Beweisen Sie die Korrektheit (Ihrer Pascal-Implementierung) der rekursiven Algorithmen, die gegeben wurden in

a) *ggT* in Übung 2.7.8

b) $\binom{n}{m}$ in Übung 2.7.10

2.10 Zusammenfassung des 2. Kapitels

Hier nun die wichtigsten Ideen, die wir aus Kapitel 2 gelernt haben sollten.

- Induktionsbeweise, rekursive Definitionen und rekursive Programme sind eng miteinander verwandt. Sie alle sind abhängig von einer Basis und einem Induktionsschritt, damit sie „funktionieren".
- Bei „gewöhnlichen" Induktionen hängen die nachfolgenden Schritte nur von dem vorhergehenden Schritt ab. Häufig müssen wir einen Beweis durch vollständige Induktion durchführen, bei dem jeder Schritt von allen vorherigen Schritten abhängt.
- Es gibt verschiedene Methoden des Sortierens. Selectionsort ist ein einfacher, aber langsamer Sortieralgorithmus, wohingegen Mergesort schneller, dafür aber auch komplexer ist.
- Die Induktion ist für den Beweis, daß ein Programm oder das Teilstück eines Programms korrekt läuft, von wesentlicher Bedeutung.

- Divide-and-Conquer stellt ein nützliches Verfahren zur Entwicklung einiger guter Algorithmen wie Mergesort dar. Bei diesem Verfahren wird ein Problem in voneinander unabhängige Teile aufgeteilt; anschließend werden die Ergebnisse wieder zusammengefügt.
- Ausdrücke werden auf natürliche, rekursive Art und Weise anhand ihrer Operanden und Operatoren definiert. Operatoren können nach der Anzahl der Argumente, die sie benötigen, klassifiziert werden: unär (ein Argument), binär (zwei Argumente) und k-stellig (k Argumente). Einen binären Operator, der zwischen seinen Operanden steht, bezeichnet man als Infixoperator, einen, der vor seinen Operanden steht, als Präfixoperator und einen, der hinten steht, als Postfixoperator.

2.11 Bibliographische Anmerkungen zum 2. Kapitel

Eine ausgezeichnete Abhandlung über Rekursion bietet Roberts [1986]. Das Standardnachschlagewerk über Sortieralgorithmen ist Knuth [1973]. Berlekamp [1968] berichtet über Verfahren – von denen das Fehlererkennungsschema in Abschnitt 2.3 das einfachste ist – zur Erkennung und Korrektur von Fehlern in Bitstreams.

Berlekamp, E. R. [1968]. *Algebraic Coding Theory*, McGraw-Hill, New York.

Knuth, D. E. [1973]. *The Art of Computer Programming*, Vol. III: *Sorting* and *Searching*, Addison Wesley, Reading, Mass.

Roberts, E. [1986]. *Thinking Recursively*, Wiley, New York.

3

Die Laufzeit von Programmen

In Kapitel 2 haben wir zwei völlig unterschiedliche Sortieralgorithmen kennengelernt: Selectionsort und Mergesort. Es gibt in der Tat jede Menge Sortieralgorithmen. Diese Situation ist durchaus typisch: Jedes Problem kann durch mehr als einen Algorithmus gelöst werden.

Wie wählen wir also einen Algorithmus zur Lösung eines gegebenen Problems aus? Als allgemeine Regel sollten wir uns immer für den Algorithmus entscheiden, der leicht zu verstehen, zu implementieren und zu dokumentieren ist. Wenn die Leistung eine wichtige Rolle spielt, was häufig der Fall ist, benötigen wir zudem einen Algorithmus, der schnell läuft und die verfügbaren Ressourcen zur Berechnung effizient nutzt. Wir müssen uns demnach mit dem oft kniffligen Thema befassen, wie wir die Laufzeit eines Programms oder Algorithmus berechnen können und welche Schritte wir unternehmen müssen, um ein Programm schneller zu machen.

3.1 Worum geht es in diesem Kapitel?

In diesem Kapitel werden wir uns mit folgenden Themen auseinandersetzen:

- Wichtige Bemessungsgrenzen für Programme
- Verfahren zur Bewertung der Programmleistung
- Die „O"-Notation (die Groß-O-Schreibweise)
- Abschätzung der Laufzeit von Programmen unter Verwendung der O-Notation
- Die Verwendung von Rekurrenzbeziehungen zur Bestimmung der Laufzeit rekursiver Programme

Die O-Notation, die in den Abschnitten 3.4 und 3.5 eingeführt wird, vereinfacht die Abschätzung der Laufzeit von Programmen, indem sie uns erlaubt, Konstanten zu vernachlässigen, die fast unmöglich zu bestimmen sind, wie etwa die Anzahl der Maschinenanweisungen, die von einem typischen Pascal-Compiler für ein gegebenes Quellprogramm generiert werden.

In mehreren Etappen stellen wir die Techniken vor, die zur Abschätzung der Laufzeit eines Programms notwendig sind. In den Abschnitten 3.6 und 3.7 führen wir Verfahren ein, die zur Analyse von Programmen ohne Prozeduraufrufe verwendet werden. Abschnitt 3.8 erweitert unsere Fähigkeit auf Programme mit Aufrufen nichtrekursiver Prozeduren. In den Abschnitten 3.9 und 3.10 zeigen wir dann, wie man mit rekursiven Prozeduren umgeht. Abschnitt 3.11 diskutiert schließlich Lösungen von Rekurrenzbeziehungen, wobei es sich um induktive Definitionen von Funktionen handelt, die entstehen, wenn wir die Laufzeit rekursiver Prozeduren analysieren.

3.2 Auswahl eines Algorithmus

Wenn Sie ein Programm schreiben, das nur einmal mit einer kleinen Mengen von Daten verwendet und dann weggeworfen wird, so sollten Sie den am einfachsten zu implementierenden Algorithmus auswählen, den Sie kennen, das Programm schreiben, die Fehler korrigieren und sich anschließend mit etwas anderem beschäftigen. Müssen Sie jedoch ein Programm schreiben, das von vielen Menschen über eine lange Zeit benutzt und gewartet werden soll, so ergeben sich ganz andere Probleme. Eines davon ist die Verständlichkeit bzw. Einfachheit des zugrundeliegenden Algorithmus. Einfache Algorithmen sind aus diversen Gründen wünschenswert. Vielleicht am wichtigsten dabei ist, daß ein einfacher Algorithmus leichter zu implementieren ist als ein komplexer. Für das resultierende Programm besteht zudem eine geringere Gefahr, daß es verborgene Fehler enthält, die zum Vorschein kommen, wenn das Programm auf eine unerwartete Eingabe stößt, nachdem es schon eine gewisse Zeit in Benutzung war.

Programme sollten klar geschrieben und sorgfältig dokumentiert werden, so daß sie von anderen gewartet werden können. Wenn ein Algorithmus einfach und verständlich ist, so kann er leichter beschrieben werden. Eine gute Dokumentation trägt dazu bei, daß Veränderungen am ursprünglichen Programm auch von jemand anderem als dem ursprünglichen Verfasser (der oft nicht verfügbar ist) oder auch durch den ursprünglichen Verfasser selbst, wenn das Programm schon vor einiger Zeit geschrieben wurde, vorgenommen werden können. Es gibt unzählige Geschichten von Programmierern, die effiziente und clevere Algorithmen geschrieben und die Firma dann verlassen haben, nur damit ihre Algorithmen von nachfolgenden Programmierern entfernt und durch langsamere aber verständlichere ersetzt wurden.

Soll ein Programm wiederholt laufen, so gewinnt seine Effizienz und die seines zugrundeliegenden Algorithmus zunehmend an Bedeutung. Im allgemeinen assoziieren wir die Effizienz mit der Zeit, die ein Programm zum Laufen benötigt, obwohl es auch noch andere Ressourcen gibt, die ein Programm gelegentlich sparsam behandeln muß, wie

1. die Menge an Speicherplatz, die seine Variablen benötigen
2. die Datenbewegungen, die es in einem Computernetzwerk erzeugt
3. die Menge der Daten, die von den Platten gelesen und wieder auf sie geschrieben werden muß.[1]

Bei umfangreichen Problemen bestimmt jedoch die Laufzeit, ob ein vorliegendes Programm verwendet werden kann; die Laufzeit ist daher das wichtigste Thema dieses Kapitels. Tatsächlich meinen wir im folgenden mit der Effizienz eines Programms die Zeit, die es benötigt, gemessen als Funktion der Größe seiner Eingaben.

Oft widersprechen die Ziele der Verständlichkeit und Effizienz einander. Der Leser, der beispielsweise das Selectionsort-Programm aus Abb. 2.3 mit dem Mergesort-Programm aus Abb. 2.32 vergleicht, wird sicher zustimmen, daß letzteres nicht nur länger, sondern auch wesentlich schwieriger zu verstehen ist. Dies würde auch dann noch zutreffen, wenn wir die Erklärungen, die in den Abschnitten 2.2 und 2.8 gegeben wurden, dadurch zusammenfaßten, daß wir gut durchdachte Kommentare in die Programme einfügten. Wie wir noch lernen werden, ist Mergesort weitaus effizienter als Selectionsort, solange die Anzahl der zu sortierenden Elemente hundert oder mehr umfaßt. Leider ist diese Situation durchaus typisch: Algorithmen, die für große Datenmengen effizient sind, sind tendenziell komplexer zu schreiben und zu verstehen als relativ ineffiziente Algorithmen.

Die Verständlichkeit und Einfachheit eines Algorithmus ist ein wenig subjektiv. Bis zu einem gewissen Grade können wir den Mangel an Einfachheit eines Algorithmus ausgleichen, indem wir ihn mit Hilfe von Kommentaren und Programmdokumentation ausführlich erklären. Die Person, die die Dokumentation schreibt, sollte immer auch diejenigen berücksichtigen, die das Programm mit seinen Kommentaren lesen: Ist eine einigermaßen intelligente Person in der Lage zu verstehen, was ausgesagt wird, oder bedarf es weiterer Erklärungen, Einzelheiten, Definitionen und Beispiele?

Andererseits ist die Effizienz von Programmen eine objektive Angelegenheit: Ein Programm braucht solange wie es braucht, da gibt es keinen Raum für Streitigkeiten. Leider können wir ein Programm nicht mit allen möglichen

---

[1]Kapitel 4 erklärt, warum Platten von den meisten Programmen benötigt werden, und warum es sich manchmal als Flaschenhals entpuppt, wenn man Information von der Platte und auf dieselbe schaffen möchte.

Eingaben laufen lassen – von denen es in der Regel unendlich viele gibt. Wir sind somit gezwungen, Maße für die Laufzeit eines Programms zu finden, um die Programmleistung für alle Eingaben zusammenzufassen, üblicherweise durch einen Ausdruck wie „n^2“. Wie man dies erreichen kann, ist das Thema dieses Kapitels.

3.3 Das Messen der Laufzeit

Nachdem wir einmal darin übereinstimmen, daß man ein Programm durch Berechnung seiner Laufzeit beurteilen kann, sehen wir uns dem Problem gegenüber, herauszufinden, was die Laufzeit denn eigentlich ist. Zwei grundlegende Ansätze zur Erfassung der Laufzeit sind

1. Bewertungsprogramme (*benchmarks*)
2. Analyse

Wir werden sie nacheinander behandeln, der Schwerpunkt dieses Kapitels liegt jedoch auf den Techniken der Analyse eines Programms oder Algorithmus.

Bewertungsprogramme

Wenn man zwei oder mehr Programme miteinander vergleicht, die zur Bearbeitung derselben Aufgaben entworfen wurden, so wird üblicherweise eine kleine Sammlung typischer Eingaben entwickelt, die als *Benchmarks* (dt. Maßstab) dienen. Das heißt, wir akzeptieren diese Benchmark-Eingaben als repräsentative Vertreter von Aufträgen; von einem Programm, das mit diesen Benchmark-Eingaben eine gute Leistung erbringt, wird angenommen, daß es mit allen anderen Eingaben ebensogut läuft.

So enthalten Benchmarks zur Bewertung eines Sortierprogramms beispielsweise eine kleine Menge von Zahlen, wie die ersten 20 Ziffern von π; eine mittlere Menge, wie die Menge aller Postleitzahlen von Texas; und eine große Menge, wie die Menge aller Telefonnummern im Telefonverzeichnis von Brooklyn. Gegebenenfalls wollen wir auch überprüfen, ob ein Programm effizient (und korrekt) arbeitet, wenn es als Eingabe eine leere Menge mit zu sortierenden Elementen übergeben bekommt, eine einelementige Menge und eine Liste, die bereits sortiert ist. Interessanterweise verhalten sich einige Algorithmen äußerst erbärmlich, wenn sie als Eingabe eine Liste von Elementen erhalten, die bereits sortiert ist.[2]

[2] Weder Selectionsort noch Mergesort gehören dazu; sie benötigen für eine sortierte Liste ungefähr die gleiche Zeit wie jede andere Liste derselben Länge.

Die 90-10-Regel

Beim Benchmarking ist es häufig hilfreich zu bestimmen, an welcher Stelle das betrachtete Programm seine Zeit verbraucht. Diese Methode, die Leistungsfähigkeit eines Programms auszuwerten, wird *Profilerstellung* genannt, und die meisten Programmierumgebungen verfügen über Werkzeuge, sog. *Profilers*, die jeder Anweisung eines Programms eine Zahl zuweisen, die den Anteil der Gesamtlaufzeit repräsentiert, der in genau dieser Anweisung verbraucht wurde. Ein verwandtes Werkzeug, das man als *Anweisungszähler* bezeichnet, bestimmt für jede Anweisung eines Quellprogramms, wie häufig diese Anweisung bei einer gegebenen Eingabe ausgeführt wird.

Viele Programme haben die Eigenschaft, daß die meiste Laufzeit in einem kleinen Teil des Quellcodes verbraucht wird. Es gibt eine informelle Regel, die besagt, daß 90 % der Laufzeit in 10 % des Codes verbraucht werden. Wenn auch die genaue prozentuale Verteilung von Programm zu Programm variiert, so besagt die „„90-10-Regel“, daß die meisten Programme den größten Teil ihrer Laufzeit an wenigen Stellen verbrauchen. Eine der einfachsten Möglichkeiten, ein Programm schneller zu machen, besteht darin, sein Profil zu erstellen und dann an den „hot spots“, den Stellen des Programms, an denen die meiste Zeit verbraucht wird, den Code zu verbessern. Wir haben in Kapitel 2 erwähnt, daß man ein Programm dadurch schneller machen kann, daß man eine rekursive Prozedur durch eine äquivalente iterative Prozedur ersetzt. Das macht allerdings nur Sinn, wenn die rekursive Prozedur in den Teilen des Programms auftaucht, in denen die meiste Zeit verbraucht wird.

Als Extremfall führte eine Reduktion auf null bei der Laufzeit für die 90 % des Codes, in denen nur 10 % der Laufzeit verbraucht werden, nur zu einer Verminderung der Gesamtlaufzeit des Programms um 10 %. Wenn es dagegen gelingt, die Laufzeit der 10 % des Programms, in denen 90 % der Zeit verbraucht werden, zu halbieren, wird die Gesamtlaufzeit um 45 % reduziert.

Analyse eines Programms

Um ein Programm zu analysieren, beginnen wir damit, die Eingaben entsprechend ihrer Größe zu gruppieren. Was wir als die Größe einer Eingabe bezeichnen, kann von Programm zu Programm variieren, wie wir bereits in Abschnitt 2.9 in Verbindung mit dem Beweis von Eigenschaften rekursiver Programme gesehen haben. Für ein Sortierprogramm ist die Anzahl der zu sortierenden Elemente ein gutes Maß für die Größe. Für ein Programm, das n lineare Gleichungen mit n Unbekannten löst, ist es üblich, n als Größe des Problems anzusehen. Andere Programme können den Wert einer bestimmten Eingabe oder die Länge einer Liste, die dem Programm als Eingabe übergeben wird, oder die Größe eines Arrays, das eine Eingabe ist, oder irgendeine Kombination solcher Größen verwenden.

Laufzeit

Es ist nützlich, eine Funktion $T(n)$ zu verwenden, um die Anzahl der Zeiteinheiten zu repräsentieren, die ein Programm oder Algorithmus für eine Eingabe der Größe n verbraucht. Wir bezeichnen $T(n)$ als *Laufzeit* des Programms. Ein Programm kann zum Beispiel eine Laufzeit von $T(n) = cn$ besitzen, wobei c irgendeine Konstante ist. Anders ausgedrückt ist die Laufzeit dieses Programms linear proportional zur Größe der Eingabe, auf die es angewandt wird. Solch ein Programm wird als *Programm mit linearem Aufwand* oder kurz als *linear* bezeichnet.

Wir können uns die Laufzeit $T(n)$ als die Anzahl der Pascal-Anweisungen vorstellen, die von dem Programm ausgeführt werden, oder auch als die Zeitspanne, die benötigt wird, um das Programm auf irgendeinem Standardrechner auszuführen. Meistens werden wir die Einheit von $T(n)$ nicht genauer spezifizieren. Wir werden im nächsten Abschnitt sogar sehen, daß es sinnvoll ist, von der Laufzeit eines Programms nur als dem Produkt eines (unbekannten) konstanten Faktors und $T(n)$ zu reden.

Relativ häufig hängt die Laufzeit eines Programms von einer bestimmten Eingabe ab und nicht nur von der Größe der Eingabe. In diesen Fällen definieren wir $T(n)$ als die Laufzeit im schlimmsten Fall (*worst-case running time*), das heißt als die maximale Laufzeit für eine Eingabe aus allen Eingaben der Größe n.

Ein anderes Maß für die Leistung ist $T_{avg}(n)$, die durchschnittliche Laufzeit des Programms über allen Eingaben der Größe n. Die durchschnittliche Laufzeit ist manchmal ein realistischeres Maß dafür, welche Leistung man in der Praxis beobachten wird, aber sie ist häufig viel schwieriger zu bestimmen als die Worst-Case-Laufzeit. Die Bedeutung einer „durchschnittlichen" Laufzeit impliziert auch, daß alle Eingaben der Größe n gleich wahrscheinlich sind, was in einer bestimmten Situation stimmen kann oder auch nicht.

Beispiel 3.1

Bestimmen wir nun die Laufzeit des Teiles des `SelectionSort` Programms aus Abb. 3.1. Die Anweisungen sind mit den ursprünglichen Zeilennummern aus Abb. 2.2 versehen. Der Zweck dieses Programmabschnitts besteht darin, `small` auf den Index des kleinsten Elements aus dem Teil des Arrays `A` von `A[i]` bis `A[n]` zu setzen.

```
(2)   small := i;
(3)   for j := i+1 to n do
(4)      if A[j] < A[small] then
(5)         small := j;
```

Abb. 3.1: Innere Schleife von `SelectionSort`.

Zunächst müssen wir einen einfachen Zeiteinheitenbegriff entwickeln. Wir werden diesen Aspekt später detailliert untersuchen, im Moment soll uns folgendes einfache Schema genügen. Wir zählen eine Zeiteinheit für jede ausgeführte Zuweisung. In Zeile (3) zählen wir eine Einheit für die Initialisierung von `j` am Beginn der for-Schleife, eine Einheit für die Inkrementierung von `j` und eine weitere für den Test, ob $j > n$ gilt, und dies für jeden Schleifendurchlauf. Schließlich veranschlagen wir eine Einheit für die Durchführung des Tests in Zeile (4).

Lassen Sie uns zunächst den Rumpf der inneren Schleife betrachten, das sind die Zeilen (4) und (5). Der Test in Zeile (4) wird immer ausgeführt, die Zuweisung in Zeile (5) dagegen nur, wenn der Test erfolgreich verläuft. Also braucht der Rumpf entweder 1 oder 2 Zeiteinheiten in Abhängigkeit der Daten, die das Array `A` enthält. Wenn wir den schlimmsten Fall annehmen, braucht die Ausführung des Rumpfes 2 Zeiteinheiten. Wir durchlaufen die for-Schleife $n - i$ mal, und in jedem Durchlauf führen wir die Anweisungen des Rumpfes aus (2 Zeiteinheiten), inkrementieren dann `j` und prüfen, ob $j > n$ ist (weitere 2 Zeiteinheiten). Demzufolge ist die Anzahl der Zeiteinheiten, die in der Schleife verbraucht werden, $4(n - i)$. Dazu müssen wir 1 addieren für die Initialisierung von `small` in Zeile (2), 1, um `j` in Zeile (3) zu initialisieren, und 1 für den ersten Test $j > n$ in Zeile (3), der nicht mit dem Ende einer Iteration der Schleife verbunden ist. Die Gesamtlaufzeit, die das Programmstück aus Abb. 3.1 benötigt, ist also $4(n - i) + 3$.

Es ist natürlich, $n - i + 1$ als „Größe" der Daten, auf denen das Programmstück aus Abb. 3.1 arbeitet, anzusehen, weil dies die Länge des Arrays `A[i..n]` ist, mit dem es arbeitet. Sei $m = n - i + 1$. Dann kann die Laufzeit $4(n - i) + 3$ als $4(n - i + 1) - 1$ ausgedrückt werden, was gleich $4m - 1$ ist. Also beträgt die Laufzeit $T(m)$ für das Programmstück in Abb. 3.1 $4m - 1$. ♦

Der Vergleich verschiedener Laufzeiten

Angenommen, wir haben für ein Problem die Auswahl zwischen einem Programm A mit linearem Aufwand, dessen Laufzeit $T_A(n) = 100n$ beträgt, und einem Programm B mit quadratischem Aufwand, dessen Laufzeit $T_B(n) = 2n^2$ ist. Die beiden Laufzeiten seien die Anzahl der Millisekunden, die ein bestimmter Computer für eine Eingabe der Größe n benötigt.[3] Die Graphen der Laufzeiten werden in Abb. 3.2 dargestellt.

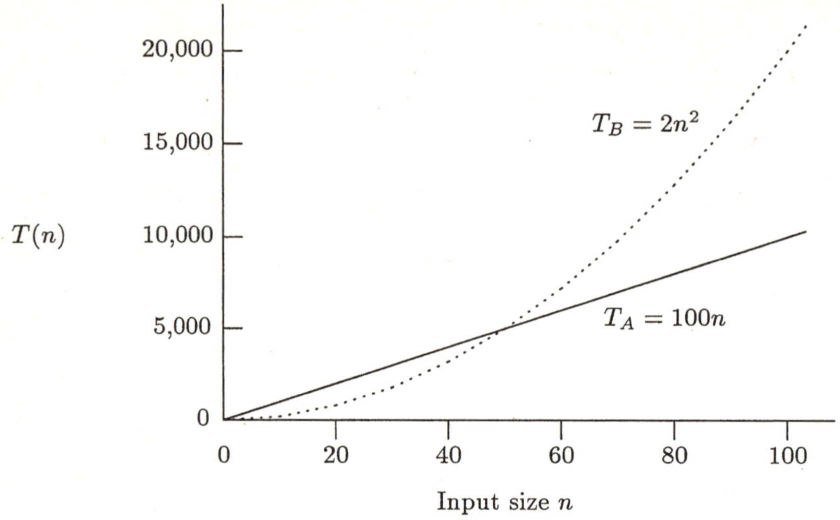

Abb. 3.2: Laufzeit von Programmen mit linearem und quadratischem Aufwand.

In Abb. 3.2 kann man erkennen, daß das Programm B für Eingaben mit einer Größe kleiner als 50 schneller ist als Programm A. Wird die Eingabe größer als 50, so wird Programm A schneller, und von da an steigt der Vorteil von A gegenüber B stetig an je größer die Eingaben werden. Für Eingaben der Größe 100 ist A zweimal so schnell wie B, und für Eingaben der Größe 1000 ist A 20mal so schnell.

Die Kurvenform der Laufzeit eines Programms bestimmt letztendlich, Probleme welcher Größe mit dem Programm gelöst werden können. Wenn sich die Geschwindigkeit von Rechnern erhöht, erhöht sich die Größe der Probleme, die wir mit Programmen mit einem langsamen Anstieg der Laufzeit lösen können, um einiges mehr als die Größe der Probleme, die wir mit Programmen, deren Laufzeit rapide ansteigt, lösen können.

Wiederum unter der Voraussetzung, daß die Laufzeit der Programme in Abb. 3.2 in Millisekunden dargestellt ist, gibt die Tabelle in Abb. 3.3 an, wie groß die Probleme sein können, die wir mit jedem Programm auf dem gleichen Computer in verschiedenen Zeiten lösen können; die Angabe erfolgt in Sekunden. Angenommen, wir haben 100 Sekunden Rechnerzeit zur Verfügung. Wenn Rechner zehnmal so schnell werden, dann können wir in 100 Sekunden Probleme der Größe bearbeiten, die ursprünglich 1000 Sekunden benötigten. Mit dem Algorithmus A können wir nun Probleme lösen, die 10mal so groß sind,

[3] Diese Situation unterscheidet sich nur wenig von der, wo Algorithmus A Mergesort und Algorithmus B Selectionsort ist. Wie wir in Abschnitt 3.10 noch sehen werden, wächst die Laufzeit von Mergesort jedoch wie $n \log n$.

mit Algorithmus *B* jedoch nur solche, die etwa 3mal so groß sind. Mit schneller werdenden Rechnern erreichen wir demnach noch bedeutendere Vorteile durch die Verwendung von Algorithmen und Programmen mit niedrigeren Wachstumsraten.

Kümmern Sie sich nicht um die Effizienz von Algorithmen; warten Sie einfach ein paar Jahre

Nicht selten vernimmt man das Argument, daß es nicht nötig sei, die Laufzeit von Algorithmen zu verbessern oder effiziente Algorithmen auszuwählen, da sich die Rechnergeschwindigkeit alle paar Jahre verdoppelt und es nicht mehr allzu lange dauern wird, bis jeder Algorithmus, egal wie ineffizient er ist, so wenig Zeit benötigt, daß einen das nicht mehr interessiert. Dies wird seit vielen Jahrzehnten behauptet, es ist aber noch keine Grenze der Nachfrage nach Rechnerkapazität in Sicht. Aus diesem Grunde lehnen wir im allgemeinen die Ansicht ab, daß Verbesserungen in der Hardware das Studium effizienter Algorithmen überflüssig macht.

Es gibt aber auch Situationen, in denen wir uns um die Effizienz nicht so sehr kümmern müssen. Am Ende jedes Schuljahres überträgt beispielsweise eine Schule die Noten, die auf elektronisch lesbaren Notenbögen eingetragen wurden, auf die Abschriften für die Schüler, die alle auf einem Computer gespeichert werden. Die Zeit, die diese Operation benötigt, ist voraussichtlich linear in der Anzahl der aufgezeichneten Noten, wie der angenommene Algorithmus *A* auch. Würde die Schule ihren Rechner durch einen 10mal schnelleren ersetzen, so könnte diese Aufgabe in einem Zehntel der Zeit durchgeführt werden. Es ist jedoch sehr unwahrscheinlich, daß die Schule deswegen 10 mal so viele Schüler aufnehmen oder von jedem Schüler fordern würde, 10 mal so viele Kurse zu belegen. Die schnellere Geschwindigkeit des Computers hat keine Auswirkungen auf die Größe der Eingaben in das Übertragungsprogramm, da die Größe von anderen Faktoren begrenzt wird.

Auf der anderen Seite gibt es einige Probleme, die uns allmählich mit den neu entstehenden Computern erreichbar erscheinen, deren „Größe" jedoch zu groß für die gegenwärtig existierende Technologie ist. Einige dieser Probleme sind das Verstehen natürlicher Sprache, Computervision (das Verständnis digitalisierter Bilder) und die „intelligente" Interaktion zwischen Computern und Menschen in allen Bereichen. Die Erhöhung der Geschwindigkeit, sei es durch verbesserte Algorithmen oder durch Verbesserungen an den Maschinen, wird unsere Fähigkeit steigern, in Zukunft mit derartigen Problemen umgehen zu können. Wenn sie zu „einfachen" Problemen werden, so wird eine neue Generation von Herausforderungen, die wir uns heute kaum vorstellen können, ihren Platz an der Grenze des Computer-Möglichen einnehmen.

Zeit Sek.	Maximale Problemgröße, die mit Programm A zu lösen ist	Maximale Problemgröße, die mit Programm B zu lösen ist
1	10	22
10	100	70
100	1000	223
1000	10000	707

Abb. 3.3: Problemgröße als Funktion der verfügbaren Zeit.

ÜBUNGEN

3.3.1: Gegeben sei das Fakultätsprogramm aus Abb. 2.13, wobei die Größe der Eingabe der Wert von n sei, der eingelesen wird. Berechnen Sie die Laufzeit des Programms, wobei Sie eine Zeiteinheit für jede Zuweisung, für *read* und *write* zählen und eine für jedes Mal, wenn die Bedingung der while-Schleife überprüft wird.

3.3.2: Geben Sie für die Programmfragmente aus (a) Übung 2.5.1 und (b) Abb. 2.14 eine geeignete Größe für den Input an. Bestimmen Sie unter Verwendung der Zählvorgaben aus Übung 3.3.1 die Laufzeiten der Programme.

3.3.3: Angenommen, Programm A benötigt $2^n/1000$ Zeiteinheiten und Programm B $1000n^2$. Für welche Werte von n benötigt Programm A weniger Zeit als Programm B?

3.3.4: Wie große Probleme können von jedem der Programme aus Übung 3.3.3 in (a) 10^6 Zeiteinheiten, (b) 10^9 Zeiteinheiten und (c) 10^{12} Zeiteinheiten gelöst werden?

3.3.5: Wiederholen Sie Übung 3.3.3 und 3.3.4 mit der Vorgabe, daß Programm A $1000n^4$ Zeiteinheiten benötigt und Programm B n^{10}.

3.4 „O“ und die ungefähre Laufzeit

Angenommen, wir haben ein Pascal-Programm geschrieben, die Fehler korrigiert und eine bestimmte Eingabe ausgewählt, auf der es nun laufen soll. Die Laufzeit des Programms mit dieser Eingabe hängt noch von zwei weiteren Faktoren ab:

1. Von dem Computer, auf dem das Programm läuft. Einige Rechner führen Anweisungen schneller aus als andere; das Verhältnis zwischen den schnellsten Superrechnern und den langsamsten PCs liegt bei weit mehr als 1000 zu 1.

2. Von dem Pascal-Compiler, der zur Erzeugung der Maschinenbefehle für diesen Computer verwendet wird.[4] Auf einer typischen Maschine gibt es viele Wege, dieselbe Pascal-Anweisung auszuführen, und die Anzahl der Maschinenbefehle zur Ausführung einer gegebenen Anweisung variiert von Compiler zu Compiler.

Daher können wir nicht einfach ein Pascal-Programm und seine Eingabe nehmen und behaupten, „diese Aufgabe benötigt 3,21 Sekunden", solange wir nicht wissen, welche Maschine und welcher Compiler verwendet werden. Auch wenn wir das Programm, die Eingaben, die Maschine und den Compiler kennen, ist es noch viel zu schwierig exakt vorherzusagen, wie viele Maschinenbefehle ausgeführt werden.

Aus diesen Gründen drücken wir die Laufzeit von Programmen gewöhnlich unter Verwendung der „O-Notation" aus, die dazu bestimmt ist, konstante Faktoren wie die folgenden zu verstecken:

1. Die durchschnittliche Anzahl von Maschinenbefehlen, die ein bestimmter Compiler generiert.

2. Die durchschnittliche Anzahl von Maschinenbefehlen, die eine bestimmte Maschine pro Sekunde ausführt.

Anstatt beispielsweise zu sagen, wie wir es in Beispiel 3.1 getan haben, daß das Programmstück aus `SelectionSort`, das wir untersucht haben, $4m - 1$ Zeit für ein Array der Länge m benötigt, würden wir nun sagen, es braucht $O(m)$ Zeit. Man liest dies als „Groß-O von m" oder einfach als „O von m" und es bedeutet informell „irgendeine Konstante mal m".

Der Begriff „irgendeine Konstante mal m" gestattet uns nicht nur, daß wir unbekannte Größen, die mit dem Compiler oder der Maschine zusammenhängen, ignorieren dürfen, sondern auch, daß wir einige vereinfachende Annahmen machen können. So haben wir in Beispiel 3.1 angenommen, daß alle Zuweisungen die gleiche Zeit benötigen, und daß diese Zeit auch vom Test zur Termination der for-Schleife, der Inkrementierung von `j` beim Schleifendurchlauf, der Initialisierung usw. benötigt wurde. Wie wir in Kapitel 4 sehen werden, ist keine diese Annahmen gültig. Die Konstanten 4 und -1 in der Laufzeitformel $T(m) = 4m - 1$ sind demnach reine Annäherungswerte, und es wäre angemessener zu sagen „eine Konstante mal m plus oder minus einer anderen Konstante".

[4]Vergleichen Sie Kapitel 4, in dem die Maschinenanweisungen eines Computers vorgestellt werden und die Art und Weise, wie diese die Aufgaben erfüllen, die durch Pascal-Anweisungen spezifiziert wurden. Es ist Aufgabe des Compilers, die Maschinenanweisungen auszuwählen, die das ausführen, was das Pascal-Programm vorgibt.

O-Notation

$T(n)$ sei die Laufzeit eines Programms, die als Funktion über der Eingabegröße n berechnet wird. Wie es für eine Funktion, die die Laufzeit eines Programms berechnet, angebracht ist, nehmen wir an, daß

1. das Argument n eine nichtnegative ganze Zahl ist und
2. $T(n)$ für alle Argumente n nichtnegativ ist.

$f(n)$ sei eine Funktion, die auf den nichtnegativen ganzen Zahlen n definiert ist. Wir sagen, „$T(n)$ ist $O(f(n))$", wenn $T(n)$ höchstens eine Konstante mal $f(n)$ ist, außer vielleicht für einige kleine Werte von n. Formal sagen wir, daß $T(n)$ $O(f(n))$ ist, wenn es eine ganze Zahl n_0 und eine Konstante $c > 0$ dergestalt gibt, daß für alle Integer-Zahlen $n \geq n_0$ gilt $T(n) \leq cf(n)$.

Wir können die Definition von „O" anwenden, um zu beweisen, daß $T(n)$ für bestimmte Funktionen T und f $O(f(n))$ ist. Wir tun dies, indem wir eine bestimmte Auswahl für n_0 und c herausstellen und dann beweisen, daß $T(n) \leq cf(n)$ ist, wobei wir nur davon ausgehen, daß n eine nichtnegative ganze Zahl ist und daß n mindestens so groß wie unser gewähltes n_0 ist. Gewöhnlich braucht man bei diesem Beweis nur Algebra und die Manipulation von Ungleichungen.

Beispiel 3.2

Gegeben sei ein Programm, dessen Laufzeit $T(0) = 1$, $T(1) = 4$, $T(2) = 9$ und allgemein $T(n) = (n + 1)^2$ ist. Wir können dann sagen, daß $T(n)$ $O(n^2)$ ist oder daß $T(n)$ *quadratisch* ist, da wir in Anlehnung an die obige Definition $c = 4$ und $n_0 = 1$ sein lassen können. Wir sehen dann, daß $(n + 1)^2 \leq 4n^2$ für $n \geq 1$ gilt. Im Beweis schreiben wir $(n + 1)^2$ aus als $n^2 + 2n + 1$. Solange $n \geq 1$ ist, wissen wir, daß $n \leq n^2$ und $1 \leq n^2$ gilt. Daraus folgt

$$n^2 + 2n + 1 \leq n^2 + 2n^2 + n^2 = 4n^2$$

Alternativ können wir auch $c = 2$ und $n_0 = 3$ auswählen, da, wie der Leser überprüfen kann, $(n + 1)^2 \leq 2n^2$ für alle $n \geq 3$ ist. Wir können jedoch nicht $n_0 = 0$ mit irgendeinem c nehmen, da wir mit $n = 0$ zeigen müßten, daß $(0 + 1)^2 \leq c0^2$ ist, das heißt, daß 1 kleiner oder gleich c mal 0 ist. Da $c \times 0 = 0$ ist, egal welches c wir wählen, und da $1 \leq 0$ falsch ist, sind wir zum Scheitern verurteilt, wenn wir $n_0 = 0$ wählen. Das macht aber nichts, da wir, um zu zeigen, daß $(n + 1)^2$ $O(n^2)$ ist, nur irgendeine Auswahl von c und n_0 finden müssen, die funktioniert. ♦

Es mag seltsam erscheinen, daß wir, obwohl $(n + 1)^2$ größer als n^2 ist, dennoch sagen, daß $(n + 1)^2$ $O(n^2)$ ist. Wir können sogar sagen, daß $(n + 1)^2$ „O" von einem Bruchteil von n^2, zum Beispiel $O(n^2/100)$, ist. Um zu sehen warum, sei $n_0 = 1$ und $c = 400$. Ist dann $n \geq 1$, so wissen wir, daß

$$(n + 1)^2 \leq 400(n^2/100) = 4n^2$$

aus denselben Gründen, die in Beispiel 3.2 aufgeführt wurden, gilt.

Allgemeine Grundsätze, die diesen Beobachtungen zugrunde liegen, sind

1. *Konstante Faktoren sind unwichtig.* Für jede positive Konstante d und jede Funktion $T(n)$ ist $T(n)$ $O(dT(n))$, egal ob d eine große Zahl oder ein sehr kleiner Bruch ist, solange nur $d > 0$ gilt. Um zu zeigen, warum, sei $n_0 = 0$ und $c = 1/d$. Dann ist $T(n) \leq c(dT(n))$, da $cd = 1$ ist. Ähnliches gilt, wenn wir wissen, daß $T(n)$ $O(f(n))$ ist. Dann wissen wir auch, daß $T(n)$ für jedes $d > 0$ $O(df(n))$ ist, sogar für ein sehr kleines d. Das liegt daran, daß wir wissen, daß für eine Konstante c_1 und alle $n \geq n_0$ $T(n) \leq c_1 f(n)$ ist. Wenn wir $c = c_1/d$ wählen, sehen wir, daß $T(n) \leq c(df(n))$ für $n \geq n_0$ gilt.

2. *Terme niederer Ordnung sind unwichtig.* $T(n)$ sei ein Polynom der Form

   $$a_k n^k + a_{k-1} n^{k-1} + \ldots + a_2 n^2 + a_1 n + a_o$$

   bei dem der führende Koeffizient a_k positiv ist. Wir können dann alle Terme bis auf den ersten (den Term mit dem höchsten Exponenten k) wegwerfen und aufgrund Regel (1) die Konstante a_k ignorieren und durch 1 ersetzen. Das heißt, wir können schließen, daß $T(n)$ die Ordnung $O(n^k)$ hat. Im Beweis sei $n_0 = 1$ und c sei die Summe aller positiver Koeffizienten der a_i mit $0 \leq i \leq k$. Ist ein Koeffizient a_j 0 oder negativ, dann gilt sicher, daß $a_j n^j \leq 0$ ist. Wenn aber a_j positiv ist, so gilt für alle $j < k$, daß $a_j n^j \leq a_j n^k$ ist, solange $n \geq 1$ ist. $T(n)$ ist somit nicht größer als n^k mal die Summe der positiven Koeffizienten oder cn^k.

Trügerische Beweise über O

Die Definition des „O“ ist deshalb knifflig, weil sie von uns fordert, daß wir nach Betrachtung von $T(n)$ und $f(n)$ c und n_0 endgültig auswählen und dann zeigen, daß $T(n) \leq cf(n)$ für alle $n \geq n_0$ gilt. Es ist nicht erlaubt, c und/oder n_0 für jeden Wert von n neu auszuwählen. So sieht man gelegentlich folgenden trügerischen „Beweis“, daß n^2 den Aufwand $O(n)$ hat. „Wähle $n_0 = 0$ und für jedes n wähle $c = n$. Dann ist $n^2 \leq cn$.“ Dies ist ungültig, da wir c einmal endgültig festlegen müssen, ohne n zu kennen.

Wir können sogar wie folgt zeigen, daß n^2 ganz bestimmt nicht $O(n)$ ist. Angenommen, dies wäre der Fall. Dann gäbe es Konstanten $c > 0$ und n_0 derart, daß $n^2 \leq cn$ für alle $n \geq n_0$ ist. Teilen Sie beide Seiten durch n, um zu schließen, daß $n \leq c$ für alle $n \geq n_0$ gilt. Wählen wir aber n_1 gleich dem größeren von $2c$ und n_0, muß die Ungleichung $n_1 \leq c$ gelten (da $n_1 \geq n_0$ ist und $n \leq c$ angeblich für alle $n \geq n_0$ gilt). Wir schließen, daß n_1, das mindestens $2c$ ist, auch kleiner als c sein muß. Da c positiv sein muß, ist dies jedoch unmöglich. Somit existieren keine Konstanten c und n_0, die zeigen würden, daß n^2 die Ordnung $O(n)$ hat, und wir schließen, daß n^2 nicht $O(n)$ ist.

Beispiel 3.3

Als Beispiel für Regel (1) („Konstanten sind unwichtig") können wir sehen, daß $2n^3$ die Ordnung $O(0{,}001n^3)$ hat. Es sei $n_0 = 0$ und $c = 2/0{,}001 = 2000$. Dann ist offensichtlich $2n^3 \leq 2000(0{,}001n^3) = 2n^3$ für alle $n \geq 0$.

Als Beispiel für Regel (2) („Terme niederer Ordnung sind unwichtig") sei folgendes Polynom gegeben

$$T(n) = 3n^5 + 10n^4 - 4n^3 + n + 1$$

Der Term höchster Ordnung ist n^5, und wir behaupten, daß $T(n)$ die Ordnung $O(n^5)$ hat. Um die Behauptung zu überprüfen, sei $n_0 = 1$ und c die Summe der positiven Koeffizienten. Die Terme mit positiven Koeffizienten sind die mit den Exponenten 5, 4, 1 und 0, deren jeweilige Koeffizienten 3, 10, 1 und 1 sind. Es sei also $c = 15$. Wir behaupten, daß für $n \geq 1$ folgendes gilt

$$3n^5 + 10n^4 - 4n^3 + n + 1 \leq 3n^5 + 10n^5 + n^5 + n^5 = 15n^5 \tag{3.1}$$

Wir können überprüfen, daß die Ungleichung (3.1) gilt, indem wir die positiven Terme direkt vergleichen; das heißt $3n^5 \leq 3n^5$, $10n^4 \leq 10n^5$, $n \leq n^5$ und $1 \leq n^5$. Der negative Term auf der linken Seite von (3.1) kann zudem ignoriert werden, da $-4n^3 \leq 0$ ist. Die linke Seite von (3.1), die $T(n)$ entspricht, ist kleiner oder gleich der rechten Seite, die $15n^5$ bzw. cn^5 ist. Wir können schließen, daß $T(n)$ die Ordnung $O(n^5)$ hat.

Tatsächlich trifft der Grundsatz, daß Terme niederer Ordnung gestrichen werden können, nicht nur auf Polynome zu, sondern auf jede Summe von Ausdrücken. Das heißt, wenn sich das Verhältnis $h(n)/g(n)$ gegen 0 nähert, wenn n gegen unendlich strebt, so „wächst $h(n)$ langsamer" als $g(n)$ oder „hat eine geringere Wachstumsrate" als $g(n)$, so daß wir $h(n)$ vernachlässigen dürfen. Das heißt, $g(n) + h(n)$ hat die Ordnung $O(g(n))$.

Als Beispiel sei $T(n) = 2^n + n^3$. Es ist bekannt, daß jedes Polynom, wie n^3, langsamer wächst als jede exponentielle Funktion, wie 2^n. Da $n^3/2^n$ sich mit wachsendem n der 0 nähert, können wir den Term niederer Ordnung weglassen und schließen, daß $T(n)$ $O(2^n)$ ist.

Um formal zu beweisen, daß $2^n + n^3$ $O(2^n)$ ist, sei $n_0 = 10$ und $c = 2$. Wir müssen zeigen, daß für $n \geq 10$ folgendes zutrifft

$$2^n + n^3 \leq 2 \times 2^n$$

Wenn wir von beiden Seiten 2^n subtrahieren, sehen wir, daß es ausreicht zu zeigen, daß für $n \geq 10$ gilt, daß $n^3 \leq 2^n$ ist. Für $n = 10$ erhalten wir $2^{10} = 1024$ und $10^3 = 1000$, so daß $n^3 \leq 2^n$ für $n = 10$ gilt. Immer wenn wir n um 1 erhöhen, verdoppelt sich 2^n, während n^3 mit der Größe $(n + 1)^3/n^3$ multipliziert wird, die kleiner als 2 ist, wenn $n \geq 10$ ist. Während n über 10 hinauswächst, wird n^3 zunehmend kleiner als 2^n. Wir schließen, daß $n^3 \leq 2^n$ für $n \geq 10$ zutrifft und somit $2^n + n^3$ die Ordnung $O(2^n)$ hat. ♦

ÜBUNGEN

3.4.1: Gegeben seien die vier Funktionen

f_1: n^2
f_2: n^3
f_3: n^2, wenn n ungerade ist, und n^3, wenn n gerade ist
f_4: n^2, wenn n eine Primzahl ist und n^3, wenn n teilbar ist

Bestimmen Sie für jedes i und j gleich 1, 2, 3, 4, ob $f_i(n)$ $O(f_j(n))$ ist. Geben Sie entweder die Werte n_0 und c an, die die O-Beziehung beweisen, oder nehmen Sie an, daß es solche Werte n_0 und c gibt, und leiten Sie einen Widerspruch her, um zu beweisen, daß $f_i(n)$ nicht $O(f_j(n))$ ist. *Hinweis*: Bedenken Sie, daß alle Primzahlen außer 2 ungerade sind. Zudem gibt es unendlich viele Primzahlen und unendlich viele teilbare Zahlen (keine Primzahlen).

3.4.2: Es folgen einige O-Beziehungen. Geben Sie jeweils Werte für n_0 und c an, die dem Beweis der Beziehung dienen.

a) n^2 ist $O(0{,}001n^3)$

b) $25n^4 - 19n^3 + 13n^2 - 106n + 77$ ist $O(n^4)$

c) 2^{n+10} ist $O(2^n)$

d) n^{10} ist $O(3^n)$

e)* $\log_2 n$ ist $O(\sqrt{n})$

3.4.3*: Beweisen Sie, daß, wenn $f(n) \leq g(n)$ für alle n gilt, dann $f(n) + g(n)$ die Ordnung $O(g(n))$ hat.

3.4.4:** $f(n)$ sei $O(g(n))$ und $g(n)$ sei $O(f(n))$. Was können Sie über $f(n)$ und $g(n)$ aussagen? Ist es notwendigerweise wahr, daß $f(n) = g(n)$ ist? Existiert die Schranke $f(n)/g(n)$ notwendigerweise, wenn n gegen unendlich strebt?

Polynomiale und exponentielle O-Ausdrücke

Der *Grad* eines Polynoms ist der höchste Exponent, der bei einem der Terme gefunden wird. Der Grad des Polynoms aus den Beispielen 3.3 und 3.4 ist 5, da $3n^5$ der Term höchster Ordnung ist. Aufgrund der beiden Grundsätze, die wir aufgestellt haben (konstante Faktoren sind unwichtig und Terme niederer Ordnung sind unwichtig), und aufgrund des Transitivitätsgesetzes für O-Ausdrücke wissen wir folgendes:

1. Wenn $p(n)$ und $q(n)$ Polynome sind und der Grad von $q(n)$ so hoch oder höher als der Grad von $p(n)$ ist, dann hat $p(n)$ die Ordnung $O(q(n))$.
2. Ist der Grad von $q(n)$ kleiner als der Grad von $p(n)$, dann ist $p(n)$ *nicht* $O(q(n))$.
3. *Exponentielle Funktionen* sind Ausdrücke der Form a^n mit $a > 1$. Jede exponentielle Funktion wächst schneller als jedes Polynom. Das heißt, wir können für jedes Polynom $p(n)$ zeigen, daß $p(n)$ in $O(a^n)$ ist. n^5 ist zum Beispiel $O((1{,}01)^n)$.
4. Umgekehrt ist keine exponentielle Funktion a^n mit $a > 1$ für irgendein Polynom $p(n)$ in $O(p(n))$.

3.5 Die Vereinfachung von „O"-Ausdrücken

Wie wir im vorigen Abschnitt festgestellt haben, ist es möglich, O-Ausdrücke zu vereinfachen, indem man konstante Faktoren und Terme niederer Ordnung wegfallen läßt. Wir werden noch sehen, wie wichtig es ist, derartige Vereinfachungen vorzunehmen, wenn wir Programme analysieren. Die Laufzeit eines Programms ergibt sich üblicherweise aus vielen verschiedenen Anweisungen oder Programmabschnitten; es ist jedoch auch normal, wenn einige wenige dieser Programmabschnitte einen Großteil der Laufzeit ausmachen (nach der „90-10" Regel). Durch das Weglassen der Terme niederer Ordnung und durch die Kombination gleicher oder ungefähr gleicher Terme können wir die Ausdrücke für die Laufzeit häufig entscheidend vereinfachen.

Das Transitivitätsgesetz für O-Ausdrücke

Zu Beginn nehmen wir eine nützliche Regel zum Nachdenken über O-Ausdrücke auf. Eine Beziehung wie $\leq$ bezeichnet man als *transitiv*, da sie dem Gesetz „wenn $A \leq B$ und $B \leq C$ ist, so ist auch $A \leq C$" unterliegt. Da $3 \leq 5$ ist und $5 \leq 10$, können wir sicher sein, daß $3 \leq 10$ ist.

Die Beziehung „ist O von“ ist ein weiteres Beispiel für eine transitive Beziehung. Das heißt, wenn $f(n)$ $O(g(n))$ ist und $g(n)$ ist $O(h(n))$, folgt daraus, daß $f(n)$ $O(h(n))$ ist. Um zu verstehen warum, sei $f(n)$ $O(g(n))$. Dann gibt es Konstanten n_1 und c_1 derart, daß $f(n) \leq c_1 g(n)$ für alle $n \geq n_1$ ist. Ähnlich gilt: Wenn $g(n)$ $O(h(n))$ ist, dann gibt es Konstanten n_2 und c_2 dergestalt, daß $g(n) \leq c_2 h(n)$ für alle $n \geq n_2$ ist. n_0 sei das größere von n_1 und n_2 und es sei $c = c_1 c_2$. Solange $n \geq n_0$ gilt, wissen wir, daß $f(n) \leq c_1 g(n)$ und $g(n) \leq c_2 h(n)$ ist. Demnach ist $f(n) \leq c_1 c_2 h(n)$, was beweist, daß $f(n)$ $O(h(n))$ ist.

Beispiel 3.4

Aus Beispiel 3.3 wissen wir, daß

$$T(n) = 3n^5 + 10n^4 - 4n^3 + n + 1$$

die Ordnung $O(n^5)$ hat. Zudem wissen wir aufgrund der Regel „konstante Faktoren sind unwichtig“, daß n^5 $O(0{,}01n^5)$ ist. Und wir wissen aufgrund des Transitivitätsgesetzes für O-Ausdrücke, daß $T(n)$ $O(0{,}01n^5)$ ist. ♦

Beschreibung der Laufzeit eines Programms

Wir sagten, daß die Laufzeit $T(n)$ eines Programms die Anzahl der Zeiteinheiten ist, die für eine Eingabe der Größe n benötigt wird. Wir sagten auch, daß die Ermittlung einer genauen Formel für $T(n)$ eine schwierige, wenn nicht sogar unmögliche Aufgabe ist. Häufig können wir die Sache bedeutend vereinfachen, wenn wir einen O-Ausdruck $O(f(n))$ als obere Schranke von $T(n)$ verwenden. Dies bedeutet, daß es Konstanten n_0 und c derart gibt, daß die Laufzeit des Programms höchstens $cf(n)$ für alle Eingaben der Größe $n \geq n_0$ beträgt.

Angenommen, wir stellen fest, daß die obere Schranke für die Laufzeit $T(n)$ von `SelectionSort` an^2 für eine Konstante a beträgt, was tatsächlich der Fall ist. Dann können wir sagen, die Laufzeit von `SelectionSort` beträgt $O(n^2)$. Aufgrund der Natur der Groß-O-Notation können wir die Laufzeit auch als $O(0{,}01n^2)$ oder $O(7n^2\text{-}4n+26)$ oder sogar als Groß-O irgendeines quadratischen Polynoms angeben. Der Grund dafür liegt darin, daß n^2 Groß-O jeder quadratischen Funktion ist, und das Transitivitätsgesetz zusammen mit der Tatsache, daß $T(n)$ $O(n^2)$ ist, beinhaltet, daß $T(n)$ Groß-O jeder quadratischen Funktion ist.

Schlimmer noch ist n^2 Groß-O jedes Polynoms vom Grad 3 oder höher und jeder exponentiellen Funktion. Wegen der Transitivität gilt auch hier wieder, daß $T(n)$ $O(n^3)$, $O(2^n + n^4)$, usw. ist. Später werden wir erklären, warum $O(n^2)$ die Laufzeit von `SelectionSort` am besten ausdrückt.

Genauigkeit

Zunächst wünschen wir im allgemeinen die „dichteste" obere O-Schranke, die wir beweisen können. Das heißt, wenn $T(n)$ $O(n^2)$ ist, möchten wir dies auch ausdrücken, anstatt die zwar wahre, aber schwächere Aussage zu treffen, $T(n)$ sei $O(n^3)$. Auf der anderen Seite ist dieser Weg auch etwas verrückt, wenn wir nämlich $O(n^2)$ als Ausdruck der Laufzeit anerkennen, sollten wir $O(0{,}5n^2)$ noch besser finden, da es „genauer" ist, und wir sollten $O(0.01n^2)$ noch mehr mögen, usw. Da konstante Faktoren in O-Ausdrücken jedoch keinerlei Rolle spielen, macht es auch keinen Sinn, die Abschätzung der Laufzeit durch Verkleinern des konstanten Faktors „genauer" zu machen. Wann immer dies möglich ist, versuchen wir daher, einen O-Ausdruck zu verwenden, der den konstanten Faktor 1 hat.

Abbildung 3.4 listet einige der üblicheren Laufzeiten für Programme und ihre informellen Namen auf. Dabei ist wichtig, daß $O(1)$ als idiomatische Abkürzung für „irgendeine Konstante" steht und wir $O(1)$ zu diesem Zweck wiederholt benutzen werden.

Groß-O	**Informeller Name**
$O(1)$	konstant
$O(\log n)$	logarithmisch
$O(n)$	linear
$O(n \log n)$	$n \log n$
$O(n^2)$	quadratisch
$O(n^3)$	kubisch
$O(2^n)$	exponentiell

Abb. 3.4: Informelle Namen für einige übliche O-Laufzeiten.

Präziser ausgedrückt werden wir sagen, daß $f(n)$ eine *genaue* O-Schranke von $T(n)$ ist, wenn

1. $T(n)$ $O(f(n))$ ist, und
2. wenn $T(n)$ $O(g(n))$ ist, dann gilt auch, daß $f(n)$ $O(g(n))$ ist. Informell bedeutet dies, wir können keine Funktion $g(n)$ finden, die mindestens so schnell wie $T(n)$, aber langsamer als $f(n)$ wächst.

Die Verwendung der O-Notation in mathematischen Ausdrücken

Strenggenommen geschieht die einzige mathematisch korrekte Art der Verwendung eines O-Ausdrucks mit dem Wort „ist“ wie in „$2n^2$ ist $O(n^3)$“. In Beispiel 3.7 und für den Rest des Kapitels nehmen wir uns jedoch die Freiheit, O-Ausdrücke als Operanden der Addition und anderer arithmetischer Operatoren zu verwenden, wie bei $O(n) + O(n^2)$.

Ein O-Ausdruck, der auf diese Art und Weise verwendet wird, sollte mit der Bedeutung „eine Funktion, die O von ... ist“ interpretiert werden. $O(n) + O(n^2)$ bedeutet beispielsweise „die Summe einer linearen Funktion und einer quadratischen Funktion“. Auch sollte $O(n) + T(n)$ als die Summe irgendeiner linearen Funktion und der bestimmten Funktion $T(n)$ interpretiert werden.

Beispiel 3.5

Es seien $T(n) = 2n^2 + 3n$ und $f(n) = n^2$. Wir behaupten, daß $f(n)$ eine genaue Schranke für $T(n)$ ist. Um zu sehen warum, nehmen wir an, daß $T(n)$ $O(g(n))$ ist. Dann gibt es Konstanten c und n_0 derart, daß wir für alle $n \geq n_0$ $T(n) = 2n^2 + 3n \leq cg(n)$ erhalten. Dann ist $g(n) \geq (2/c)n^2$ für $n \geq n_0$. Da $f(n) = n^2$ ist, haben wir $f(n) \leq (c/2)g(n)$ für $n \geq n_0$. Demnach ist $f(n)$ $O(g(n))$.

Andererseits ist $f(n) = n^3$ keine genaue O-Schranke für $T(n)$. Wir wählen nun $g(n) = n^2$. Wir haben gesehen, daß $T(n)$ $O(g(n))$ ist, können jedoch nicht zeigen, daß $f(n)$ $O(g(n))$ ist, da n^3 nicht $O(n^2)$ ist. n^3 ist demnach keine genaue O-Schranke zu $T(n)$. ♦

Einfachheit

Das andere Ziel in unserer Auswahl einer O-Schranke ist die Einfachheit im Ausdruck der Funktion. Im Gegensatz zur Genauigkeit ist die Einfachheit manchmal Geschmackssache. Wir wollen jedoch eine Funktion $f(n)$ allgemein als *einfach* ansehen, wenn es sich dabei um einen einzigen Term handelt, dessen Koeffizient 1 ist.

Beispiel 3.6

Die Funktion n^2 ist einfach; $2n^2$ und $n^2 + n$ sind es nicht. ♦

Es gibt einige Situationen, bei denen sich die Ziele der Genauigkeit einer oberen O-Schranke und der Einfachheit der Schranke widersprechen. Es folgt ein Beispiel, bei dem uns die einfache Schranke einiges verschweigt. Glücklicherweise sind diese Fälle in der Praxis äußerst selten.

Beispiel 3.7

Gegeben sei die Funktion `PowersOfTwo` aus Abb. 3.5, die ein Argument n ungleich null übernimmt und zählt, wie oft n durch 2 teilbar ist. Das heißt, der Test in Zeile (2) überprüft, ob n gerade ist, wenn dies zutrifft, entfernt die Funktion in Zeile (3) des Schleifenrumpfes einen Faktor 2. Zudem inkrementieren wir in der Schleife `i`, welches die Anzahl der Faktoren zählt, die wir aus dem ursprünglichen Wert `n` entfernt haben.

Logarithmen in Laufzeiten

Der Leser, der bei Logarithmen an Integrale ($\log_e a = \int_1^a \frac{1}{x} dx$) oder an das alte Konzept denkt, das erklärt wie Rechenschieber funktionieren, wird überrascht sein herauszufinden, daß sie relativ oft in Zusammenhang mit Algorithmen diskutiert werden. In der Informatik verwenden wir häufig eher Logarithmen zur Basis 2 als zur Basis e oder 10; Informatiker denken demnach bei „log n" an $\log_2 n$. Beachten Sie, daß $\log_2 n$ angibt, wie oft wir n durch 2 teilen müssen, um bis zur 1 zu gelangen, oder anders ausgedrückt, wie viele 2-en wir miteinander multiplizieren müssen, um n zu erhalten. Der Leser kann leicht überprüfen, daß $n = 2^k$ dasselbe aussagt wie $\log_2 n = k$; nehmen Sie nur die Logarithmen zur Basis 2 auf beiden Seiten.

Die Funktion `PowersOfTwo` teilt n so oft sie kann durch 2, zumindest für solche n, die Potenzen von 2 sind, was erklärt, warum Logarithmen in ihrer Laufzeitanalyse erscheinen. Die weitaus natürlichere Art, auf die Logarithmen in der Informatik auftauchen, ist die Analyse von Divide-and-Conquer-Algorithmen wie Mergesort, die auf jeder Stufe ihre Eingabe in zwei gleich große oder beinahe gleich große Teile zerlegen. Wenn wir mit einer Eingabe der Größe n beginnen, so ergibt sich die Anzahl der Stufen, auf denen wir die Eingaben halbieren, bis wir bei Teilen der Größe 1 angelangt sind, aus $\log_2 n$, oder, wenn n keine Potenz von 2 ist, aus der kleinsten ganzen Zahl, die größer als $\log_2 n$ ist.

Die Größe der Eingabe sei der Wert von n selbst. Der Rumpf der while-Schleife besteht aus zwei Pascal-Zuweisungen in den Zeilen (3) und (4), so daß wir sagen können, daß die Zeit, die zur einmaligen Ausführung des Rumpfes benötigt wird, $O(1)$, also eine konstante Zeit ist, die nicht von n abhängt. Wird die Schleife m mal ausgeführt, so ist der Gesamtzeitaufwand der Schleifendurchläufe $O(m)$, das heißt ein Zeitaufwand, der proportional zu m ist. Zu dieser Menge müssen wir $O(1)$, das heißt eine Konstante für die einzelnen Ausführungen der Zeilen (1) und (5) addieren, zusammen mit dem ersten Test der while-Bedingung, der genaugenommen nicht Teil einer Schleifeniteration ist. Demnach ergibt sich der von diesem Programm benötigte Zeitaufwand aus $O(m) + O(1)$. Nach unserer Regel, daß Terme niederer Ordnung vernachlässigt werden dürfen, erhalten wir einen Zeitaufwand von $O(m)$, es sei denn $m = 0$, was zu dem Aufwand $O(1)$ führen würde. Anders ausgedrückt ist der Aufwand, der für die Eingabe n benötigt wird, proportional zu 1 plus der Anzahl der Male, die 2 n teilt.

```
        function PowersOfTwo(n: integer): integer;

        var i: integer;

        begin
(1)        i := 0;
(2)        while NOT ODD(n) do begin
(3)           n := n DIV 2;
(4)           i := i + 1
           end;
(5)        PowersOfTwo := i
        end;
```

Abb. 3.5: Zählen der Faktoren von 2.

Wie oft teilt 2 n? Für jedes ungerade n lautet die Antwort 0, so daß die Funktion `PowersOfTwo` für jedes ungerade n den Aufwand $O(1)$ hat. Wenn n jedoch eine Potenz von 2 ist, das heißt, wenn $n = 2^k$ für ein k ist, so ist n genau k-mal durch 2 teilbar. Ist $n = 2^k$, so nehmen wir auf beiden Seiten den Logarithmus zur Basis 2 und schließen, daß $\log_2 n = k$ ist. Das heißt, m ist höchstens logarithmisch in n bzw. $m = O(\log n)$.[5]

Wir können somit sagen, daß die Laufzeit von `PowersOfTwo` $O(\log n)$ beträgt. Diese Schranke entspricht unserer Definition von Einfachheit. Es gibt jedoch noch einen anderen, genaueren Weg, eine obere Schranke für die Laufzeit von `PowersOfTwo` anzugeben, indem wir sagen, daß sie O von der Funktion $f(n) = m + 1$ ist, wobei m die Anzahl der Male darstellt, die 2 n teilt. Diese Funktion kann man kaum als einfach bezeichnen, wie Abb. 3.6 zeigt. Sie oszilliert wild, geht aber niemals über $1 + \log_2 n$.

[5]Hierbei ist wichtig, daß, wenn wir von Logarithmus innerhalb eines O-Ausdrucks sprechen, wir keine Basis spezifizieren müssen. Sind nämlich a und b Basen, so ist $\log_a n = (\log_b n)(\log_a b)$. Da es sich bei $\log_a b$ um eine Konstante handelt, erkennen wir, daß sich $\log_a n$ und $\log_b n$ nur durch einen konstanten Faktor unterscheiden. Demnach sind die Funktionen $\log_x n$ zu unterschiedlichen Basen x O-Ausdrücke voneinander, und aufgrund des Transitivitätsgesetzes können wir innerhalb eines O-Ausdrucks jeden $\log_a n$ durch $\log_b n$ ersetzen, wobei b eine andere Basis als a ist.

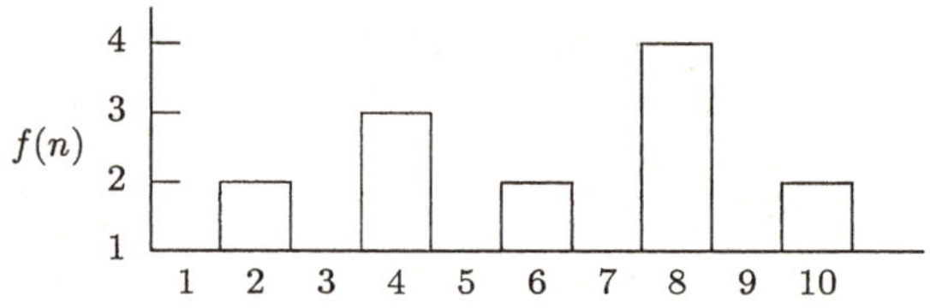

Abb. 3.6: Die Funktion f(n) = m + 1, wobei m die Anzahl der Male darstellt, die n durch 2 teilbar ist.

Da die Laufzeit von `PowersOfTwo` $O(f(n))$ beträgt, log n jedoch nicht $O(f(n))$ ist, behaupten wir, daß log n keine genaue Schranke der Laufzeit darstellt. Andererseits ist $f(n)$ eine genaue Schranke, sie ist jedoch nicht einfach. ♦

Die Summenregel

Es gibt ein allgemeines Verfahren, zwei O-Ausdrücke miteinander zu kombinieren. Angenommen, ein Programm besteht aus zwei Teilen, von denen der eine den Aufwand $O(n^2)$ hat und der andere $O(n^3)$ hat. Wir können diese beiden O-Schranken „addieren", um die Laufzeit für das gesamte Programm zu erhalten. In vielen Fallen, wie auch hier, ist es möglich, O-Ausdrücke unter Verwendung folgender *Summenregel* zu „addieren".

Angenommen, $T_1(n)$ ist bekanntermaßen $O(f_1(n))$, während $T_2(n)$ $O(f_2(n))$ ist. Weiterhin gelte, daß f_2 nicht schneller als f_1 wächst; das heißt, $f_2(n)$ ist $O(f_1(n))$. Wir können dann schließen, daß $T_1(n) + T_2(n)$ $O(f_1(n))$ ist.

Für den Beweis wissen wir, daß es die Konstanten n_1, n_2, n_3, c_1, c_2 und c_3 dergestalt gibt, daß

1. wenn $n \geq n_1$ ist, dann $T_1(n) \leq c_1 f_1(n)$ gilt
2. wenn $n \geq n_2$ ist, dann $T_2(n) \leq c_2 f_2(n)$ gilt
3. wenn $n \geq n_3$ ist, dann $f_2(n) \leq c_3 f_1(n)$ gilt .

n_0 sei das größte von n_1, n_2 und n_3, so daß (1), (2) und (3) gelten, wenn $n \geq n_0$ ist. Für $n \geq n_0$ erhalten wir also

$$T_1(n) + T_2(n) \leq c_1 f_1(n) + c_2 f_2(n)$$

Wenn wir (3) verwenden, um eine obere Schranke für $f_2(n)$ zu bekommen, können wir $f_2(n)$ insgesamt loswerden und schließen, daß gilt

$$T_1(n) + T_2(n) \leq c_1 f_1(n) + c_2 c_3 f_1(n)$$

Daher erhalten wir für alle $n \geq n_0$

$$T_1(n) + T_2(n) \leq cf_1(n)$$

wobei $c = c_1 + c_2c_3$ ist. Diese Aussage benötigen wir, um schließen zu können, daß $T_1(n) + T_2(n)$ $O(f_1(n))$ ist.

Beispiel 3.8

Betrachten Sie den Programmabschnitt in Abb. 3.7. Dieses Programm macht aus `A` eine $n \times n$ Einheitsmatrix. Die Zeilen (2) bis (4) schreiben in jede Zelle des $n \times n$ Arrays eine 0, und die Zeilen (5) und (6) schreiben in die diagonalen Positionen von `A[1,1]` bis `A[n,n]` eine 1. Das Ergebnis ist die Einheitsmatrix `A` mit der Eigenschaft, daß

```
A × M = M × A = M
```

für jede $n \times n$ Matrix `M` gilt.

```
(1)    readln(n);
(2)    for i := 1 to n do
(3)       for j := 1 to n do
(4)          A[i,j] := 0;
(5)    for i := 1 to n do
(6)       A[i,i] := 1;
```

Abb. 3.7: Programm, das aus `A` eine Einheitsmatrix macht.

Zeile (1), die `n` einliest, benötigt $O(1)$ Zeit, also eine konstante Zeit unabhängig vom Wert n. Die Zuweisung in Zeile (6) benötigt ebenfalls $O(1)$ Zeit, und wir durchlaufen die Schleife in den Zeilen (5) und (6) genau n mal, was zu einem Aufwand von $O(n)$ führt, den wir für diese Schleife benötigen. Auch die Anweisung in Zeile (4) braucht $O(1)$ Zeit. Wir durchlaufen die Schleife in den Zeilen (3) und (4) n mal, was einen Zeitaufwand von $O(n)$ ergibt. Die äußere Schleife in den Zeilen (2) bis (4) durchlaufen wir n mal, wobei jede Iteration $O(n)$ Zeit benötigt, was zu einer Gesamtsumme von $O(n^2)$ Zeit führt.

Die Zeit, die das Programm in Abb. 3.7 demnach benötigt, ergibt sich aus $O(1) + O(n^2) + O(n)$ jeweils für die Anweisung (1), die Schleife in den Zeilen (2) bis (4) und die Schleife in den Zeilen (5) und (6). Formaler ausgedrückt, wenn

$T_1(n)$ die Zeit ist, die Zeile (1) benötigt,
$T_2(n)$ die Zeit ist, die die Zeilen (2) bis (4) benötigen,
$T_3(n)$ die Zeit ist, die die Zeile n (5) und (6) benötigen,

dann gilt

$T_1(n)$ ist $O(1)$,
$T_2(n)$ ist $O(n^2)$ und
$T_3(n)$ ist $O(n)$.

Wir benötigen demnach eine obere Schranke für $T_1(n) + T_2(n) + T_3(n)$, um die Laufzeit des gesamten Programms ableiten zu können.

Da die Konstante 1 mit Sicherheit $O(n^2)$ ist, können wir die Summenregel anwenden, so daß $T_1(n) + T_2(n)$ $O(n^2)$ ist. Da n $O(n^2)$ ist, können wir danach die Summenregel auf $(T_1(n) + T_2(n))$ und $T_3(n)$ anwenden, um zu schließen, daß $T_1(n) + T_2(n) + T_3(n)$ $O(n^2)$ ist. Das heißt, der gesamte Programmabschnitt in Abb. 3.7 hat die Laufzeit $O(n^2)$. Informell ausgedrückt, verbraucht es beinahe all seine Zeit in der Schleife in den Zeilen (2) bis (4), was wir auch erwartet haben; das liegt daran, daß für große n die Fläche der Matrixm n^2, viel größer ist, als ihre Diagonale, die aus n Zellen besteht. ♦

Das Beispiel 3.8 stellt nur eine Anwendung der Regel dar, daß Terme niederer Ordnung unwichtig sind, da wir die Terme 1 und n nicht berücksichtigt haben. Bei diesen Termen handelt es sich um Polynome, die einen niedrigeren Grad als n^2 haben. Die Summenregel erlaubt uns jedoch mehr, als nur Terme niederer Ordnung zu verwerfen. Wenn wir mehrere konstante Terme innerhalb der O-Darstellung haben, die gleich sind, wie eine Folge von 10 Zuweisungen, von denen jede einzelne $O(1)$ Zeit braucht, so können wir zehn $O(1)$-en „addieren", um $O(1)$ zu erhalten. Weniger formal bedeutet dies, daß die Summe von 10 Konstanten auch wieder eine Konstante ist. Um zu sehen, warum dies so ist, berücksichtigen Sie, daß 1 $O(1)$ ist, so daß jeder der 10 $O(1)$-en zu jedem anderen „addiert" werden kann, um $O(1)$ als Ergebnis zu erhalten. Wir kombinieren die Terme solange, bis nur noch ein $O(1)$ übrig ist.

Wir müssen jedoch aufpassen, daß wir „eine konstante Zahl" eines Terms wie $O(1)$ nicht mit einer Zahl dieser Terme, die sich bei verschieden großen Eingaben ändert, verwechseln. So könnten wir versucht sein, zu beobachten, daß es $O(1)$ Zeit benötigt, einmal die Schleife in den Zeilen (5) und (6) in Abb. 3.7 zu durchlaufen. Die Anzahl der Schleifendurchläufe beträgt n, so daß sich die Laufzeit für die Zeilen (5) und (6) aus $O(1) + O(1) + O(1) + \ldots$ (n-mal) ergibt. Die Summenregel besagt, daß die Summe zweier $O(1)$-en wieder $O(1)$ ergibt; durch Induktion können wir zeigen, daß die Summe jeder konstanten Anzahl von $O(1)$-en auch $O(1)$ ist. In diesem Programm ist n jedoch keine Konstante; es ändert sich mit der Größe der Eingabe. Keine Folge von Anwendungen der Summenregel sagt uns demnach, daß n $O(1)$-en irgendeinen bestimmten Wert hat. Wenn wir natürlich darüber nachdenken, wissen wir, daß die Summe von n c, wobei c eine Konstante ist, cn ergibt, eine Funktion, die $O(n)$ ist und die die tatsächliche Laufzeit der Zeilen (5) und (6) liefert.

Unvergleichbare Funktionen

Es wäre schön, wenn alle Funktionen $f(n)$ und $g(n)$ anhand ihrer O-Notation miteinander verglichen werden könnten; das heißt, entweder ist $f(n)$ $O(g(n))$ oder $g(n)$ ist $O(f(n))$ (oder beides, da es Funktionen wie $2n^2$ und $n^2 + 3n$ gibt, die, wie wir gesehen haben, jeweils den O-Ausdruck der anderen bilden). Leider gibt es auch Paare *unvergleichbarer* Funktionen, bei denen keine der O-Ausdruck der jeweils anderen ist.

Beispiel 3.9

Gegeben sei die Funktion $f(n)$, die für ein ungerades n das Ergebnis n liefert und für ein gerades n das Ergebnis n^2. Das heißt, $f(1) = 1$, $f(2) = 4$, $f(3) = 3$, $f(4) = 16$, $f(5) = 5$, usw. Ähnlich sei $g(n)$ n^2 für ungerade n und n für gerade n. Dann kann $f(n)$ aufgrund der geraden n nicht $O(g(n))$ sein. Denn wir haben in Abschnitt 3.4 gesehen, daß n^2 bestimmt nicht $O(n)$ ist. Genauso kann auch $g(n)$ aufgrund der ungeraden n nicht $O(f(n))$ sein, weil die Werte von g schneller wachsen als die entsprechenden Werte von f. ♦

ÜBUNGEN

3.5.1: Beweisen Sie folgendes:

a) n^a ist $O(n^b)$, wenn $a \leq b$ ist.

b) n^a ist nicht $O(n^b)$, wenn $a > b$ ist.

c) a^n ist $O(b^n)$, wenn $1 < a \leq b$ ist.

d) a^n ist nicht $O(b^n)$, wenn $1 < b < a$ ist.

e) n^a ist $O(b^n)$ für alle a und für alle $b > 1$.

f) a^n ist nicht $O(n^b)$ für alle b und für alle $a > 1$.

g) $(\log n)^a$ ist $O(n^b)$ für alle a und für alle $b > 0$.

h) n^a ist nicht $O((\log n)^b)$ für alle b und für alle $a > 0$.

3.5.2: Zeigen Sie, daß $f(n) + g(n)$ $O(\max(f(n),g(n)))$ ist.

3.5.3: $T(n)$ sei $O(f(n))$ und $f(n)$ sei eine Funktion, deren Wert niemals negativ wird. Beweisen Sie, daß $g(n)T(n)$ $O(g(n)f(n))$ ist.

3.5.4: $S(n)$ sei $O(f(n))$ und $T(n)$ sei $O(g(n))$. Gehen Sie davon aus, daß keine dieser Funktionen für irgendein n negativ ist. Beweisen Sie, daß $S(n)T(n)$ $O(f(n)g(n))$ ist.

3.5.5: $f(n)$ sei $O(g(n))$. Zeigen Sie, daß $\max(f(n),g(n))$ $O(g(n))$ ist.

3.5.6*: Zeigen Sie, daß, wenn sowohl $f_1(n)$ als auch $f_2(n)$ genaue Schranken einer Funktion $T(n)$ sind, dann $f_1(n)$ und $f_2(n)$ jeweils O-Ausdrücke voneinander sind.

3.5.7*: Zeigen Sie, daß $\log_2 n$ nicht $O(f(n))$ ist, wobei $f(n)$ die Funktion aus Abb. 3.6 ist.

3.5.8: Im Programm in Abb. 3.7 erzeugten wir eine Einheitsmatrix, indem wir diese zunächst mit 0-en auffüllten und dann die 1-en entlang der Diagonale eintrugen. Es scheint so, als ließe sich diese Aufgabe schneller erledigen, wenn wir Zeile (4) durch einen Test ersetzen, der überprüft, ob $i = j$ ist und eine 1 an die Stelle `A[i,j]` trägt, wenn dies der Fall ist, sonst eine 0. Wir können dann die Zeilen (5) und (6) entfernen. Schreiben Sie dieses Programm.

3.5.9: Gegeben seien die Programme aus Abb. 3.7 und aus Ihrer Antwort auf Übung 3.5.8. Berechnen Sie die Anzahl der Zeiteinheiten, die jedes Programm benötigt, indem Sie vereinfachende Annahmen wie in Beispiel 3.1 machen. Welches ist schneller? Lassen Sie die Programme mit unterschiedlich langen Arrays laufen und zeichnen Sie ihre Laufzeiten auf.

3.6 Die Analyse der Laufzeit eines Programms

Ausgestattet mit den Konzepten der O-Notation und den Regeln aus den Abschnitten 3.4 und 3.5 zur Manipulation von O-Ausdrücken werden wir nun erläutern, wie man obere O-Schranken für die Laufzeit typischer Programme ableitet. Wann immer dies möglich ist, suchen wir nach einfachen und genauen O-Schranken. In diesem Abschnitt werden wir nur Programme ohne Prozeduraufrufe berücksichtigen und so das Thema Prozeduren späteren Abschnitten überlassen.

Ebenso wie wir jedes schwierige mathematische Problem dahingehend umwandeln können, die Korrektheit eines Programms zu beweisen, können wir auch jedes Problem als eine Frage der Form, „ist die Laufzeit dieses Programms $O(f(n))$ für eine bestimmte Funktion $f(n)$?“ ausdrücken. Deshalb erwarten wir nicht, beliebige Programme analysieren zu können. Andererseits sind die meisten Programme in der Praxis nicht schwer zu analysieren, wenn man einmal ein paar einfache Regeln verstanden hat.

Die Laufzeit einfacher Anweisungen

Der erste Grundsatz lautet, daß jede Pascal-Zuweisung, jede read-, write- oder goto-Anweisung $O(1)$ Zeit benötigt, also eine konstante Zeit, es sei denn die Anweisung enthält einen Funktionsaufruf.[6] Der Grund dafür ist, daß eine Zu-

[6] Es gibt einige Versionen von Pascal, die Zuweisungen ganzer Arrays gestatten; `A := B` weist z. B. jedem Element des Arrays `A` den Wert des entsprechenden Elementes in Array `B` zu. Eine Zuweisung wie diese hat nicht den Aufwand $O(1)$, da sie von der Länge der Arrays abhängt. Wir gehen hier jedoch von der Verwendung von Standard-Pascal aus und daß derartige Zuweisungen, die eigentlich verkürzte Schleifen darstellen, durch entsprechende Schleifen ersetzt werden.

weisung aus einer endlichen Anzahl von Operationen besteht, die jeweils repräsentiert werden durch

1. das Auftreten eines arithmetischen Zeichens wie + oder

2. einen Struktur-Zugriffsoperator. Dazu zählen die eckigen Klammern, die einen Zugriff auf ein Array anzeigen, „^“, welches einen Zeigerzugriff andeutet, oder der Punkt zur Auswahl eines Feld in einem Record.

Nach der Auswertung des Ausdrucks auf der rechten Seite folgt eine letzte Operation, die dem Objekt auf der linken Seite des Zuweisungsoperators einen Wert zuweist.

Auf ähnliche Weise kopiert jede read- oder write-Anweisung eine feste Anzahl von Werten aus einer Eingabedatei oder in eine Ausgabedatei. Kapitel 4 wird sich mit weiteren Einzelheiten bzgl. des tatsächlichen Zeitaufwandes von Operationen wie diesen befassen, im Moment sei jedoch angenommen, daß jede funktionslose Zuweisung, jedes read, write und goto $O(1)$ Zeit benötigt.

Beispiel 3.10

In Beispiel 3.8 haben wir gesehen, daß die read-Anweisung aus Zeile (1) in Abb. 3.7 und die Zuweisungen in den Zeilen (4) und (6) jeweils $O(1)$ Zeit benötigen. Zur weiteren Veranschaulichung sei das Fragment eines Selectionsort-Programms gegeben, das in Abb. 3.8 dargestellt wird. Die Zuweisungen in den Zeilen (2), (5), (6), (7) und (8) haben jeweils einen Aufwand von $O(1)$. ♦

```
(1)   for i := 1 to n-1 do begin
(2)      small := i;
(3)      for j := i+1 to n do
(4)         if A[j] < A[small] then
(5)            small := j;
(6)      temp := A[small];
(7)      A[small] := A[i];
(8)      A[i] := temp
      end
```

Abb. 3.8: Selectionsort-Programmabschnitt.

Häufig finden wir einen Block aus einfachen Anweisungen, die nacheinander ausgeführt werden. Ist die Laufzeit jeder dieser Anweisungen $O(1)$, so benötigt der gesamte Block nach der Summenregel $O(1)$ Zeit. Das heißt, jede konstante Anzahl von $O(1)$-en summiert sich zu $O(1)$.

Beispiel 3.11

Die Zeilen (6) bis (8) in Abb. 3.8 bilden einen Block, da sie immer nacheinander ausgeführt werden. Da jede von ihnen $O(1)$ Zeit benötigt, hat der Block der Zeilen (6) bis (8) den Aufwand $O(1)$.

Beachten Sie, daß wir Zeile (5) nicht als zu dem Block gehörig betrachten sollten, da sie Teil der if-Anweisung in Zeile (4) ist. Das heißt, die Zeilen (6) bis (8) werden manchmal ausgeführt, ohne daß Zeile (5) ausgeführt wird. ♦

Die Laufzeit von for-Schleifen

Eine for-Schleife zu analysieren ist nicht viel schwerer als die Analyse einer einfachen Anweisung. Die Grenzen der for-Schleife geben uns eine obere Schranke der Anzahl der Schleifendurchläufe an; diese obere Schranke ist genau, es sei denn, es gibt Möglichkeiten, die Schleife mit Hilfe einer goto-Anweisung zu verlassen. Um die Laufzeit einer for-Schleife einzugrenzen, müssen wir eine obere Schranke für die Zeit, die eine Iteration des Schleifenrumpfes ausmacht, finden. Beachten Sie, daß der Aufwand für eine Iteration die Zeit mit einschließt, die man zur Inkrementierung des Schleifenindizes braucht (zum Beispiel `j := j+1` in Zeile (3) in Abb. 3.8), die $O(1)$ beträgt, und die Zeit, die gebraucht wird, um den Schleifenindex mit der oberen Grenze zu vergleichen (zum Beispiel das implizierte $j > n$ in Zeile (3) der Abb. 3.8), die ebenfalls $O(1)$ ist. In allen Fällen, bis auf den Ausnahmefall eines leeren Schleifenrumpfes, können diese $O(1)$-en aufgrund der Summenregel fallengelassen werden.

Im einfachsten Fall, bei dem die im Schleifenrumpf verbrauchte Zeit für jede Iteration gleich ist, können wir die oberen O-Schranken für den Rumpf mit der Anzahl der Schleifendurchläufe multiplizieren. Genaugenommen müssen wir den Aufwand $O(1)$ zur Initialisierung des Schleifenindizes und den Aufwand $O(1)$ für den ersten Vergleich des Schleifenindizes mit der Grenze noch dazu addieren, da wir einmal mehr testen, als wir die Schleife durchlaufen. Wenn es nicht gerade möglich ist, die Schleife nullmal auszuführen, so handelt es sich bei dem Zeitaufwand, der benötigt wird, um die Schleife zu initialisieren und die Grenze einmal zu überprüfen um einen Term niederer Ordnung, der aufgrund der Summenregel weggelassen werden kann.

Beispiel 3.12

Gegeben sei die for-Schleife in den Zeilen (3) und (4) in Abb. 3.7, die folgendermaßen aussieht:

```
(3)   for j := 1 to n do
(4)       A[i,j] := 0;
```

Wir wissen, daß Zeile (4) $O(1)$ Zeit benötigt. Wir durchlaufen die Schleife n-mal, was wir durch Subtraktion der unteren Grenze von der oberen Grenze, die in Zeile (3) gefunden wird, und durch Addieren einer 1 berechnen können. Da der Rumpf in Zeile (4) $O(1)$ Zeit benötigt, können wir die Zeit, die zur Inkrementierung von `j` und für den Vergleich von j mit n verbraucht wird, welche auch jeweils $O(1)$ beträgt, vernachlässigen. Die Laufzeit der Zeilen (3) und (4) ist demnach das Produkt von n und $O(1)$, also $O(n)$.

Auf ähnliche Weise können wir die Laufzeit der äußeren Schleife eingrenzen, die aus den Zeilen (2) bis (4) besteht und folgendermaßen aussieht

```
(2)   for i := 1 to n do
(3)      for j := 1 to n do
(4)         A[i,j] := 0;
```

Wir haben bereits herausgefunden, daß die Schleife in den Zeilen (3) und (4) den Aufwand $O(n)$ hat. Wir können demnach den Aufwand $O(1)$ vernachlässigen, der zur Inkrementierung von `i` und zur Überprüfung, ob $i > n$ gilt, in jeder Iteration benötigt wird, und schließen, daß jede Iteration der äußeren Schleife $O(n)$ Zeit braucht. Die Initialisierung `i := 1` der äußeren Schleife und der $(n+1)$-ste Test der Bedingung $i > n$ haben jeweils einen Aufwand $O(1)$ und können somit vernachlässigt werden. Schließlich beobachten wir, daß wir die äußere Schleife n-mal durchlaufen und $O(n)$ Zeit für jede Iteration benötigen, was zu einer Gesamtlaufzeit von $O(n^2)$ führt. ♦

Beispiel 3.13

Wir betrachten nun die for-Schleife in den Zeilen (3) bis (5) in Abb. 3.8. Den Rumpf bildet hier eine if-Anweisung, deren Analyse wir im nächsten Abschnitt lernen werden. Es ist nicht schwer zu folgern, daß Zeile (4) $O(1)$ Zeit benötigt, um den Test durchzuführen, und Zeile (5), wenn wir sie denn ausführen, den Aufwand $O(1)$ hat, da es sich dabei um eine Zuweisung ohne Funktionsaufrufe handelt. Wir benötigen somit $O(1)$ Zeit, um den Rumpf der for-Schleife auszuführen, egal ob Zeile (5) ausgeführt wird oder nicht. Die Inkrementierung und der Test in der Schleife addieren noch einmal $O(1)$ hinzu, so daß die gesamte Zeit für eine Iteration der Schleife nur $O(1)$ beträgt.

Nun müssen wir die Anzahl der Schleifendurchläufe zählen. Die Anzahl der Iterationen steht nicht in Beziehung zu n, der Größe der Eingabe. Vielmehr liefert uns die Formel „obere Grenze minus unterer Grenze plus 1" $n - (i + 1) + 1$ bzw. $n - i$ die Anzahl der Schleifendurchläufe. Genaugenommen gilt diese Formel nur, wenn $i \leq n$ ist. Glücklicherweise können wir in Zeile (1) in Abb. 3.8 sehen, daß i niemals größer als $n - 1$ wird, so daß $n - i$ nicht nur die Anzahl der Iterationen ist, sondern wir auch wissen, daß diese Zahl niemals 0 wird. Die Zeit, die die Schleife also benötigt, ist $(n - i) \times O(1)$ bzw. $O(n-i)$.[7] Für die Initialisierung von `j` brauchen wir $O(1)$ nicht dazu zu addieren, da wir herausgefunden haben, daß $n - i$ nicht 0 werden kann. Hätten wir nicht festgestellt, daß $n - i$ positiv ist, so hätten wir die obere Schranke der Laufzeit als $O(\max(1,n-i))$ schreiben müssen. ♦

Die Laufzeit bedingter Anweisungen

Eine if-then-else-Anweisung der Form

```
if <Bedingung> then
    <if-Teil>
else
    <else-Teil>
```

besteht aus

1. einer zu überprüfenden Bedingung,
2. einem if-Teil, der nur ausgeführt wird, wenn die Bedingung wahr ist, und
3. einem (optionalen) else-Teil, der nur ausgeführt wird, wenn die Bedingung falsch ist.

Normalerweise benötigt die Bedingung zur Ausführung $O(1)$ Zeit, es sei denn sie enthält Funktionsaufrufe. Ebenso wie für Zuweisungen wird der Grund, warum die Überprüfung einer Bedingung einen konstanten Aufwand hat, in Kapitel 4 ausführlich erklärt. Unsere Intuition sagt uns, daß, egal wie komplex eine Bedingung ist, der Rechner nur eine konstante Anzahl arithmetischer Operationen, Struktur-Zugriffsoperationen, Vergleiche von Werten (zum Beispiel <) und logischer Operationen (zum Beispiel AND) benötigt.

Angenommen, die Bedingung enthält keine Funktionsaufrufe und der if- und else-Teil haben die oberen O-Schranken $f(n)$ bzw. $g(n)$. Zudem seien $f(n)$ und $g(n)$ nicht beide 0; das heißt, während der else-Teil fehlen kann, ist der then-Teil kein leerer Block. Als Übungsaufgabe überlassen wir Ihnen die Frage, was passiert, wenn beide Teile fehlen oder leere Blöcke sind.

Wenn $f(n)$ $O(g(n))$ ist, können wir $O(g(n)$ als obere Schranke der Laufzeit der bedingten Anweisung betrachten. Das liegt daran, daß

1. wir das $O(1)$ für die Bedingung vernachlässigen können,
2. wenn der else-Teil ausgeführt wird, $g(n)$ als Schranke der Laufzeit bekannt ist, und
3. wenn der if-Teil anstelle des else-Teils ausgeführt wird, die Laufzeit $O(g(n))$ beträgt, da $f(n)$ $O(g(n))$ ist.

Wenn $g(n)$ $O(f(n))$ ist, können wir die Laufzeit der bedingten Anweisung auf $O(f(n))$ eingrenzen. Hierbei darf nicht unerwähnt bleiben, daß, wenn der else-Teil fehlt, was häufig der Fall ist, $g(n)$ 0 ist, was mit Sicherheit $O(f(n))$ ist.

---

[7]Genaugenommen haben wir keinen O-Operator vorgestellt, der auf eine Funktion von mehr als einer Variablen angewandt wird. Wir können $O(n\text{-}i)$ in diesem Fall als "höchstens eine Konstante mal n - i" ansehen. Das heißt, wir können n - i als Ersatz für eine einzelne Variable betrachten.

Der Problemfall ergibt sich, wenn weder f noch g der O-Ausdruck des anderen ist. Wir wissen, daß entweder der if-Teil oder der else-Teil ausgeführt wird, aber niemals beide. Demnach stellt das größere von $f(n)$ und $g(n)$ eine sichere obere Schranke der Laufzeit dar. Welches größer ist, hängt von der Größe von n ab, wie wir in Beispiel 3.9 gesehen haben. Wir müssen also die Laufzeit der bedingten Anweisung als $O(\max(f(n), g(n)))$ schreiben.

Beispiel 3.14

Wie wir in Beispiel 3.11 gesehen haben, hat die bedingte Anweisung in den Zeilen (4) und (5) in Abb. 3.8 einen if-Teil in Zeile (5), der $O(1)$ Zeit benötigt, und einen fehlenden else-Teil, der 0 Zeit braucht. $f(n)$ ist demnach 1 und $g(n)$ ist 0. Da $g(n)$ $O(f(n))$ ist, erhalten wir $O(1)$ als obere Schranke der Laufzeit für die Zeilen (4) und (5). Hierbei ist wichtig, daß der Zeitaufwand $O(1)$ zur Durchführung des Tests `A[j] < A[small]` in Zeile (4) nicht berücksichtigt zu werden braucht. ♦

```
(1)    if A[1,1] = 0 then
(2)       for i := 1 to n do
(3)          for j := 1 to n do
(4)             A[i,j] := 0
       else
(5)       for i := 1 to n do
(6)          A[i,i] := 1;
```

Abb. 3.9: Beispiel einer bedingten Anweisung.

Beispiel 3.15

Als etwas schwierigeres Beispiel sei das Programmfragment aus Abb. 3.9 gegeben, das die (relativ sinnlose) Aufgabe durchführt, die Matrix `A` entweder mit Nullen zu füllen oder ihre Diagonale mit 1 zu beschreiben. Wie wir in Beispiel 3.12 bereits sahen, beträgt die Laufzeit der Zeilen (2) bis (4) $O(n^2)$, während die Laufzeit der Zeilen (5) und (6) $O(n)$ ist. $f(n)$ ist demnach hier n^2 und $g(n)$ ist n. Da n $O(n^2)$ ist, können wir die Zeit, die der else-Teil benötigt, vernachlässigen und $O(n^2)$ als eine Schranke der Laufzeit des gesamten Programmabschnittes in Abb. 3.9 annehmen. Anders ausgedrückt, wir haben keine Ahnung, ob oder wann die Bedingung in Zeile (1) wahr wird, die einzig sichere obere Schranke ergibt sich aber aus der Annahme des schlimmsten Falles, daß die Bedingung wahr ist und der if-Teil ausgeführt wird. ♦

Die Laufzeit von Blöcken

Wir erwähnten bereits, daß ein Folge von Zuweisungen, Lese- und Schreiboperationen, die jeweils $O(1)$ Zeit benötigen, insgesamt einen Aufwand von $O(1)$

haben. Allgemeiner müssen Folgen von Anweisungen kombinieren können, von denen einige *komplexe Anweisungen* sind, also bedingte Anweisungen oder Schleifen. Eine derartige Sequenz einfacher und komplexer Anweisungen bezeichnet man als *Block*. Die Laufzeit eines Blocks wird berechnet, indem man die Summe der oberen O-Schranken für jede (möglicherweise komplexe) Anweisung in diesem Block bildet. Wenn wir Glück haben, können wir die Summenregel verwenden, um alle bis auf einen der Terme in der Summe zu eliminieren.

Beispiel 3.16

In dem Selectionsort-Programmabschnitt aus Abb. 3.8 können wir den Rumpf der äußeren Schleife, das heißt, die Zeilen (2) bis (8) als Block ansehen. Dieser Block besteht aus fünf Anweisungen:

1. Die Zuweisung in Zeile (2)
2. Die Schleife in den Zeilen (3), (4) und (5)
3. Die Zuweisung in Zeile (6)
4. Die Zuweisung in Zeile (7)
5. Die Zuweisung in Zeile (8)

Hierbei fällt auf, daß die bedingte Anweisung in den Zeilen (4) und (5) und die Anweisung in Zeile (5) auf der Ebene dieses Blockes nicht sichtbar sind; sie sind innerhalb einer größeren Anweisung, der for-Schleife in den Zeilen (3) bis (5), verborgen. Wir wissen, daß die vier Zuweisungen jeweils $O(1)$ Zeit benötigen. In Beispiel 3.13 haben wir festgestellt, daß die Laufzeit der zweiten Anweisung des Blocks, das heißt, Zeile (3) bis (5) den Aufwand $O(n - i)$ hat. Die Laufzeit des Blockes ergibt sich also aus

$$O(1) + O(n - i) + O(1) + O(1) + O(1)$$

Da 1 $O(n - i)$ ist (erinnern Sie sich, daß wir zudem gefolgert haben, daß i niemals größer als $n - 1$ wird), können wir aufgrund der Summenregel alle $O(1)$ entfernen. Folglich benötigt der gesamte Block $O(n - i)$ Zeit.

Als weiteres Beispiel sei wiederum der Programmabschnitt aus Abb. 3.7 betrachtet. Er kann als ein einzelner Block bestehend aus drei Anweisungen betrachtet werden:

1. Die read-Anweisung in Zeile (1)
2. Die Schleife in den Zeilen (2) bis (4)
3. Die Schleife in den Zeilen (5) und (6)

Wir wissen, daß Zeile (1) den Aufwand $O(1)$ hat. Aus Beispiel 3.12 entnehmen wir, daß die Zeilen (2) bis (4) $O(n^2)$ Zeit benötigen; die Zeilen (5) und (6) brauchen $O(n)$ Zeit. Der Block selbst benötigt demnach

$$O(1) + O(n^2) + O(n)$$

Zeit. Aufgrund der Summenregel können wir $O(1)$ und $O(n)$ zugunsten von $O(n^2)$ entfernen. Wir schließen, daß das Programmfragment aus Abb. 3.7 $O(n^2)$ Zeit benötigt. ♦

Die Laufzeit von while- und repeat-Schleifen

Die Analyse einer while- oder repeat-Schleife entspricht in etwa der Analyse einer for-Schleife. Es gibt jedoch keine Beschränkung der Anzahl der Durchläufe einer while- oder repeat-Schleife, so daß häufig eine Erörterung, die eine obere Schranke für die Anzahl der Iterationen der Schleife liefert, Teil der Analyse ist. Diese Beweise folgen gewöhnlich dem Muster, das wir in Abschnitt 2.5 vorgestellt haben. Das heißt, wir beweisen eine Aussage durch Induktion über die Anzahl der Schleifendurchläufe und die Aussage impliziert, daß die Schleifenbedingung falsch (bei einer while-Schleife) oder wahr (bei einer repeat-Schleife) werden muß, nachdem die Anzahl der Durchläufe eine bestimmte Grenze erreicht.

Auch müssen wir eine Schranke für die Zeit zur Ausführung einer Schleifeniteration ermitteln. Wir untersuchen dafür den Rumpf und erhalten eine Schranke seiner Ausführung. Dazu addieren wir $O(1)$, um die Bedingung nach der Ausführung des Schleifenrumpfes zu überprüfen, wenn jedoch der Schleifenrumpf nicht gerade fehlt, können wir diesen Term $O(1)$ vernachlässigen. Wir erhalten eine Schranke der Schleifenlaufzeit, indem wir eine obere Schranke für die Anzahl der Iterationen mit unserer oberen Schranke für die Zeit einer einzelnen Iteration multiplizieren. Ist die Schleife eine while-Schleife und keine repeat-Schleife, müssen wir genaugenommen die Zeit, die zur erstmaligen Überprüfung der while-Bedingung vor Eintritt in den Rumpf benötigt wird, mit einkalkulieren, gewöhnlich wird der Term $O(1)$ jedoch vernachlässigt.

```
(1)   i := 1;
(2)   while x <> A[i] do
(3)       i := i+1
```

Abb. 3.10: Programmabschnitt für lineare Suche.

Beispiel 3.17

Gegeben sei der Programmabschnitt aus Abb. 3.10. Das Programm durchsucht ein Array `A[1..n]` nach der Stelle eines Elements x, von dem angenommen wird, daß es sich im Array befindet. Die beiden Zuweisungen (1) und (3) in

Abb. 3.10 haben eine Laufzeit von $O(1)$. Die while-Schleife in den Zeilen (2) und (3) kann bis zu n-mal ausgeführt werden, aber nicht öfter, da wir davon ausgehen, daß tatsächlich eines der Array-Elemente x ist. Da der Schleifenrumpf $O(1)$ Zeit benötigt, beträgt die Laufzeit der while-Schleife $O(n)$. Aufgrund der Summenregel ist die Laufzeit des gesamten Programmabschnittes $O(n)$ das Maximum der Zeit, die die erste Zuweisung und der Zeit, die die while-Schleife benötigt. In Kapitel 6 werden wir sehen, wie dieses $O(n)$-Programm durch ein $O(\log n)$-Programm unter Verwendung der binären Suche ersetzt werden kann. ♦

ÜBUNGEN

3.6.1: Wie oft durchlaufen wir die for-Schleife

```
for i := a to b do
```

als Funktion von a und b? Wie sieht es bei der for-Schleife

```
for i := a downto b do
```

aus?

3.6.2: Geben Sie eine obere O-Schranke der Laufzeit einer trivialen bedingten Anweisung

if *C* **then begin end**

an, wobei *C* eine Bedingung repräsentiert, die keine Funktionsaufrufe enthält.

3.6.3: Wiederholen Sie Übung 3.6.2 für die triviale while-Schleife

while *C* **do begin end**

3.6.4*: Stellen Sie eine Regel für die Laufzeit einer case-Anweisung in Pascal auf.

3.6.5: Geben Sie eine Regel für eine bedingte Anweisung an, für die wir voraussagen können, welche Verzweigung genommen wird, wie in

```
if 1 = 2 then
    something O(f(n))
else
    something O(g(n))
```

3.6.6: Geben Sie eine Regel für die Laufzeit einer degenerierten while-Schleife an, bei der die Bedingung von Beginn an bekanntermaßen falsch ist, wie in

```
while 1 <> 1 do
    something O(f(n))
```

Noch mehr zur defensiven Programmierung

Wenn Sie glauben, das Array A aus Beispiel 3.17 enthielte immer das Element x, nur weil wir dies annehmen, möchten wir Ihnen an dieser Stelle noch einen „heißen“ Tip geben. Wenn x nicht in dem Array ist, so wird die Schleife aus Abb. 3.10 für immer laufen. Glücklicherweise gibt es einen einfachen Weg, dieses Problem zu umgehen, ohne zuviel zusätzliche Zeit bei jedem Schleifendurchlauf zu verlieren. Wir gestatten ein zusätzliches $(n + 1)$-tes Feld am Ende des Arrays und kopieren x dorthin, bevor wir die Schleife starten. Wir können dann wirklich sicher sein, daß x irgendwo in dem Array auftaucht. Wenn die Schleife endet, überprüfen wir, ob $i = n + 1$ ist. Ist dies der Fall, dann war x nicht wirklich in dem Array enthalten, und wir haben das Array bis zur Kopie von x, die wir als Wächter angelegt hatten, durchlaufen. Ist $i \leq n$, so repräsentiert i die Position, an der x steht. Ein Beispielprogramm mit dieser Schutzvorrichtung könnte folgendermaßen aussehen

```
A[n+1] := x;
i := 1;
while x <> A[i] do
   i := i+1;
if i = n+1 then (* tue etwas angemessenes für den Fall, daß x nicht
                  im Array ist *)
else  (* tue etwas angemessenes für den Fall, daß x an der Position i
         gefunden wurde *)
```

3.7 Eine rekursive Regel zur Eingrenzung der Laufzeit

Im vorhergehenden Abschnitt haben wir informell eine Anzahl von Regeln zur Definition der Laufzeit bestimmter Programmkonstrukte anhand ihrer Bestandteile beschrieben. So haben wir zum Beispiel gesagt, daß sich die Zeit, die eine for-Schleife benötigt, im wesentlichen aus der Zeit zusammensetzt, die der Rumpf braucht, multipliziert mit der Anzahl der Schleifendurchläufe. Hinter all diesen Regeln verbarg sich die Idee, daß Programme unter Verwendung induktiver Regeln aufgebaut werden, mit deren Hilfe komplexe Anweisungen aus einer Basis konstruiert werden, die aus einfachen Anweisungen wie Zuweisungen, read-, write- und goto-Anweisungen besteht. Die induktiven Regeln behandelten Schleifen, bedingte Anweisungen und Blöcke, welche Folgen komplexer Anweisungen darstellen.[8]

Wir werden die Regeln zur Bildung von Pascal-Anweisungen als rekursive Definition angeben. Diese Regeln entsprechen den Grammatikregeln zur Definition von Pascal, die häufig in Texten über Pascal erscheinen. In Kapitel 11 werden wir sogar sehen, daß Grammatiken als knappe rekursive Notationen zur Spezifizierung der Syntax von Programmiersprachen dienen können.

BASIS. Eine Zuweisung, ein read, write oder goto ist eine Anweisung.

INDUKTION. Folgende Regeln erlauben uns, Anweisungen aus kleineren Anweisungen zu konstruieren:

1. *While-Anweisung.* Wenn S eine Anweisung ist und C eine Bedingung, dann ist

   while C **do** S

   eine Anweisung.

2. *Repeat-Anweisung.* Wenn S_1, ..., S_n Anweisungen sind und C eine Bedingung ist, dann ist

   repeat S_1; ...; S_n **until** C

   eine Anweisung.

3. *For-Anweisung.* Wenn S eine Anweisung ist, dann ist

   for I **do** S

   eine Anweisung, wobei I ein geeigneter *Iterator* für die Schleife ist, das heißt, eine Folge von Zeichen, die die Form `i := a to b` oder die Form `i := a downto b` haben. `i` ist hierbei eine Variable, und a und b sind Ausdrücke, die zu Integer-Zahlen ausgewertet werden oder zu einem anderen einfachen Typ, mit dem eine Aufzählung durchgeführt werden kann.

4. *Bedingte Anweisungen.* Wenn S_1 und S_2 Anweisungen sind und C eine Bedingung ist, dann ist

   if C **then** S_1 **else** S_2

   eine Anweisung, und

   if C **then** S_1

   ebenfalls.

---

[8]In Pascal gibt es noch verschiedene andere Möglichkeiten, komplexe Anweisungen zu bilden. Dazu zählen with-Anweisungen, deren Laufzeit der Laufzeit, die innerhalb des "with"-Blockes benötigt wird, entspricht, und case-Anweisungen, die analysiert werden können, indem man sie als mehrfach bedingte Anweisungen ansieht. Wir werden diese Mittel zum Bilden von Anweisungen hier nicht betrachten.

5. *Block*. Wenn S_1, ..., S_n Anweisungen sind, dann ist

begin S_1; ...; S_n **end**

eine Anweisung.

Mit Hilfe dieser rekursiven Definition von Anweisungen ist es möglich, ein Programm durch die Identifizierung seiner einzelnen Bestandteile zu parsieren. Das heißt, wir beginnen mit den einfachen Anweisungen und gruppieren sie zu immer größer werdenden Anweisungen.

Beispiel 3.18

Gegeben sei der Selectionsort-Programmabschnitt aus Abb. 3.11. Als Basis bildet jede der Zuweisungen in den Zeilen (2), (5), (6), (7) und (8) für sich allein bereits eine Anweisung. Die Zeilen (4) und (5) sind zu einer bedingten Anweisung zusammengefaßt. Als nächstes sind die Zeilen (3) bis (5) zu einer for-Schleife gruppiert. Dann werden die Zeilen (2) bis (8) zu einem Block zusammengestellt. Und das gesamte Programmfragment ist schließlich zu einer for-Anweisung zusammengefaßt.

Wir können die Struktur dieses Programmabschnittes durch den Baum aus Abb. 3.12 darstellen, dessen Blätter (die Kreise) einfache Anweisungen darstellen und dessen übrige Knoten zusammengesetzte Anweisungen repräsentieren.[9] Knoten werden mit der Art des Konstrukts markiert, das sie repräsentieren, mit Ausnahme der Blätter, die in diesem Baum ausschließlich Zuweisungen darstellen. Die Blätter werden mit der Nummer der Anweisung markiert, die sie repräsentieren, und die anderen Knoten mit einem Bereich von Anweisungsnummern. ♦

```
(1)  for i := 1 to n-1 do begin
(2)     small := i;
(3)     for j := i+1 to n do
(4)        if A[j] < A[small] then
(5)           small := j
(6)     temp := A[small];
(7)     A[small] := A[i];
(8)     A[i] := temp
     end
```

Abb. 3.11: Selectionsort-Programmabschnitt.

[9]Bäume werden ausführlich in Kapitel 5 diskutiert. Der Baum, der in Abb. 3.12 bildhaft dargestellt ist, repräsentiert die Art wie Anweisungen parsiert werden.

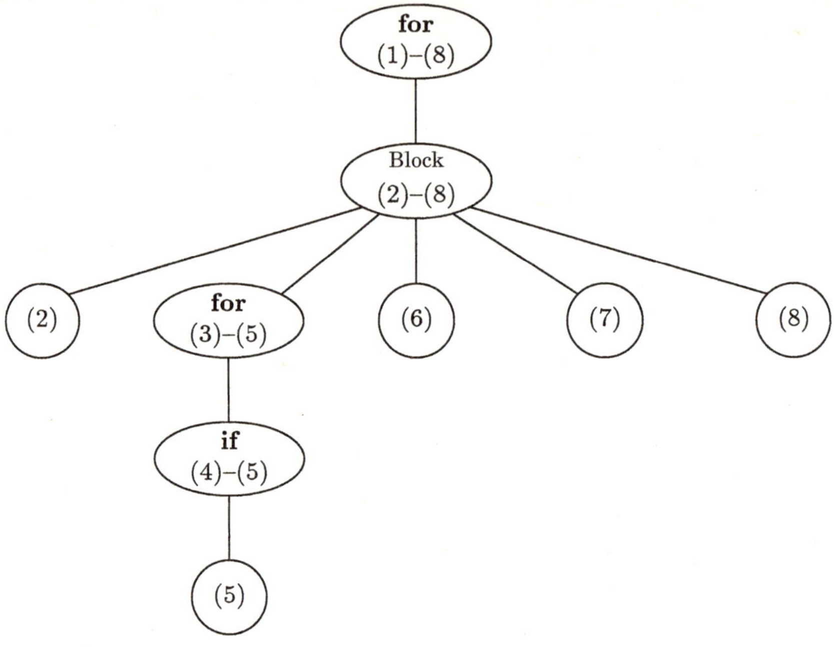

Abb. 3.12: Ein Baum, der die Zusammensetzung von Anweisungen darstellt.

Ebenso wie Programmstrukturen rekursiv aufgebaut sind, können wir obere O-Schranken der Laufzeit von Programmen definieren, indem wir ein analoges rekursives Verfahren verwenden. Wie in Abschnitt 3.6 nehmen wir an, daß es keine Prozeduraufrufe innerhalb von Blöcken und keine Funktionsaufrufe innerhalb von Zuweisungen, Druckanweisungen oder Bedingungen gibt.

BASIS. Die Schranke für eine einfache Anweisung – also für eine Zuweisung, ein read, write oder goto – ist $O(1)$.

INDUKTION. Für die fünf oben genannten Konstrukte definieren wir folgende Schranken:

1. *While-Anweisung.* $O(f(n))$ sei die obere Schranke für die Laufzeit des Rumpfes der while-Anweisung, die durch die rekursive Anwendung dieser Regeln gebildet wurde. $g(n)$ sei eine obere Schranke für die Anzahl der möglichen Schleifendurchläufe, $g(n)$ sei jedoch mindestens 1 für alle n. Dann ist $O(f(n)g(n))$ eine obere Schranke für die Laufzeit der while-Schleife.

2. *Repeat-Anweisung.* Ebenso wie bei der while-Schleife gilt hier, wenn $O(f(n))$ unsere obere Schranke für den Schleifenrumpf[10] und $g(n)$ eine obere Schranke für die Anzahl der Schleifendurchläufe ist, dann ist $O(f(n)g(n))$ eine obere Schranke für die Laufzeit der repeat-Schleife. Beachten Sie dabei, daß $g(n)$ bei einer repeat-Schleife immer mindestens 1 ist.

3. *For-Anweisung*. Wenn $O(f(n))$ unsere obere Schranke für die Laufzeit des Rumpfes und $g(n)$ eine obere Schranke für die Anzahl der Schleifendurchläufe ist, und $g(n)$ für alle n mindestens 1 ist, dann ist $O(f(n)g(n))$ eine obere Schranke für die Laufzeit der for-Schleife.

4. *Bedingte Anweisung*. Wenn $O(f_1(n))$ und $O(f_2(n))$ obere Schranken für die Laufzeit des if- bzw. des else-Teils sind ($f_2(n)$ ist 0, falls der else-Teil fehlt), dann ist $O(\max(f_1(n),\ f_2(n)))$ eine obere Schranke für die Laufzeit der bedingten Anweisung. Ist einer der beiden Ausdrücke $f_1(n)$ und $f_2(n)$ O von dem jeweils anderen, so kann dieser Ausdruck vereinfacht werden, indem man den größeren auswählt, wie in Übung 3.5.5 angegeben.

5. *Block*. Wenn $O(f_1(n))$, $O(f_2(n))$, ..., $O(f_k(n))$ obere Schranken für die Anweisungen innerhalb des Blockes sind, dann ist $O(f_1(n) + f_2(n) + ... + f_k(n))$ eine obere Schranke für die Laufzeit des Blockes. Verwenden Sie nach Möglichkeit die Summenregel, um diesen Ausdruck zu vereinfachen.

Im allgemeinen wenden wir diese Regeln an, wenn wir uns im Baum, der die Konstruktion komplexer Anweisungen darstellt, von den kleineren Anweisungen hocharbeiten. Wir können uns die Anwendung dieser Regeln auch so vorstellen, daß wir von den einfachsten Anweisungen, die durch die Basis abgedeckt sind, ausgehen und dann mit den größeren komplexen Anweisungen fortfahren, indem wir in jedem Schritt die passende der fünf induktiven Regeln anwenden. Wie auch immer wir den Prozeß zur Berechnung der oberen Schranke der Laufzeit betrachten, wir analysieren eine komplexe Anweisung erst, nachdem wir alle Anweisungen, aus denen sie besteht, analysiert haben.

Beispiel 3.19

Lassen Sie uns noch einmal unser Selectionsort-Programm, das wir zuletzt in Abb. 3.11 zeigten, betrachten, dessen Struktur durch Abb. 3.12 angegeben war. Zunächst wissen wir, daß jede der Zuweisungen an den Blättern in Abb. 3.12 $O(1)$ Zeit benötigt. Wenn wir im Baum aufwärts gehen, treffen wir als nächstes auf die if-Anweisung aus den Zeilen (4) und (5). Aus Beispiel 3.14 wissen wir, daß diese komplexe Anweisung $O(1)$ Zeit benötigt.

Wenn wir uns weiter im Baum hocharbeiten (oder von kleineren Anweisungen zu den sie umgebenden größeren gelangen), müssen wir dann die for-Schleife aus den Zeilen (3) bis (5) analysieren. Dies haben wir bereits in Beispiel 3.13 getan und dabei den Aufwand $O(n - i)$ bestimmt. Wir haben uns hier dafür entschieden, die Laufzeit als Funktion der beiden Variablen `n` und `i` auszudrücken. Diese Wahl stellt uns vor einige Schwierigkeiten bei der Berech-

[10] Um die obere Schranke für den Rumpf einer repeat-Schleife zu erhalten, müssen wir genaugenommen den Rumpf als einen Block behandeln und Regel (5) anwenden, um die Summe der Laufzeiten der verschiedenen Anweisungen zu bilden.

nung, und wie wir noch sehen werden, hätten wir auch die etwas weniger einschränkende obere Schranke $O(n)$ wählen können. Bei der Arbeit mit $O(n - i)$ als oberer Schranke müssen wir nun in Zeile (1) in Abb. 3.11 feststellen, daß i niemals so groß wie n werden kann. Demnach ist $n - i$ echt größer als 0. Folglich brauchen wir auch keinen $O(1)$ Term für die Initialisierung des Index `j` der for-Schleife hinzu zu addieren, da $O(1)$ deutlich kleiner ist als $O(n - i)$.

Wir widmen uns nun dem Block in den Zeilen (2) bis (8). Wie bereits in Beispiel 3.16 diskutiert, ergibt sich die Laufzeit dieses Blockes aus der Summe der vier $O(1)$-Terme für die vier Zuweisungen plus dem Term $O(n - i)$ für die komplexe Anweisung in den Zeilen (3) bis (5). Aufgrund der Summenregel und unserer Beobachtung, daß $i < n$ gilt, lassen wir die $O(1)$-Terme weg, so daß wir $O(n - i)$ als Laufzeit für den Block erhalten.

Schließlich müssen wir die for-Schleife der Zeilen (1) bis (8) betrachten. Diese Schleife wurde in Abschnitt 3.6 nicht analysiert, wir können aber die induktive Regel (3) anwenden. Diese Regel sagt uns, wie man die obere Schranke der Laufzeit des Rumpfes, also des Blockes in den Zeilen (2) bis (8) bestimmt. Wir ermittelten gerade die Schranke $O(n - i)$ für diesen Block, was uns mit einer Situation konfrontiert, die wir bisher nicht erlebt haben. Während `i` innerhalb des Blockes konstant ist, ist `i` der Index der äußeren for-Schleife und verändert sich daher innerhalb der Schleife. Die Schranke $O(n - i)$ ergibt daher keinen Sinn, wenn wir sie für die Laufzeit aller Iterationen der Schleife halten. Glücklicherweise sehen wir in Zeile (1), daß i niemals kleiner wird als 1, so daß $O(n - 1)$ eine obere Schranke für $O(n - i)$ ist und, aufgrund des Transitivitätsgesetzes für O-Ausdrücke, eine obere Schranke für die Laufzeit jeder Iteration der äußeren Schleife darstellt. Überdies können wir mit Hilfe unserer Regel, daß Terme niederer Ordnung nicht wichtig sind, $O(n - 1)$ zu $O(n)$ vereinfachen.

Als nächstes müssen wir die Anzahl der Schleifendurchläufe ermitteln. Da `i` die Zahlen 1 bis $n - 1$ annimmt, durchlaufen wir die Schleife offensichtlich $n - 1$ mal. Wenn wir $n - 1$ mit $O(n)$ multiplizieren, erhalten wir $O(n^2 - n)$. Wir entfernen wiederum den Term niederer Ordnung und sehen, daß $O(n^2)$ eine obere Schranke für die Laufzeit des gesamten Selectionsort-Programms ist. Selectionsort hat also eine quadratische obere Schranke seiner Laufzeit. Die quadratische obere Schranke ist die dichteste, da wir zeigen können, daß Selectionsort $n(n - 1)/2$ Vergleiche durchführt, wenn die Elemente zu Beginn in umgekehrter Reihenfolge sortiert sind. ♦

Wie wir noch sehen werden, können wir $n \log n$ als obere und untere Schranken für die Laufzeit von Mergesort herleiten. In der Praxis ist Mergesort für alle bis auf einige kleine Werte von n effizienter als Selectionsort. Der Grund, warum Mergesort manchmal langsamer ist als Selectionsort, ist der, daß die obere Schranke $O(n \log n)$ eine größere Konstante verbirgt als die Schranke $O(n^2)$ für Selectionsort. Die tatsächliche Situation ist ein Paar sich kreuzender Funktionen wie in Abb. 3.2 in Abschnitt 3.3 angegeben.

Genauere obere Schranken für Laufzeiten von Schleifen

Wir haben angedeutet, daß man zur Bewertung der Laufzeit einer Schleife eine einheitliche Schranke finden muß, die für jede Iteration der Schleife gilt. Eine noch sorgfältigere Analyse einer Schleife würde jedoch jede Iteration getrennt behandeln. Wir könnten statt dessen die oberen Schranken jeder einzelnen Iteration summieren. Genaugenommen müssen wir die Zeit zur Inkrementierung des Indizes (wenn es eine for-Schleife ist) und zur Überprüfung der Bedingung in den seltenen Fällen berücksichtigen, in denen die Zeit für diese Operationen einen Unterschied ausmacht. Im allgemeinen verändert diese sorgfältigere Analyse das Ergebnis nicht, obwohl es einige ungewöhnliche Schleifen gibt, bei denen die meisten Iterationen sehr wenig Zeit, aber eine oder einige wenige eine Menge Zeit brauchen. Dann kann die Summe der Zeiten für jede Iteration bedeutend kleiner sein als das Produkt der Anzahl der Iterationen und der maximalen Zeit, die eine Iteration benötigt.

Beispiel 3.20

Wir führen diese genauere Analyse der äußeren Schleife von Selectionsort durch, um zu zeigen, daß es keinen Unterschied macht, da wir wieder eine quadratische Schranke herausbekommen werden. Wie Beispiel 3.19 veranschaulicht hat, ist die Laufzeit der Iteration der äußeren Schleife mit dem Wert i für die Indexvariable `i` $O(n - i)$. Da `i` von 1 bis n - 1 geht, ergibt sich für die Zeit, die alle Iterationen zusammen benötigen, der Aufwand $O(\sum_{i=1}^{n-1}(n-i))$. Die Terme in dieser Summe bilden eine arithmetische Folge, so daß wir die Formel „erster Term plus letzter Term mal der Hälfte der Anzahl der Terme“ verwenden können. Diese Formel sagt uns, daß gilt

$$\sum_{i=1}^{n-1}(n-i) = n(n - 1)/2 = 0.5n^2 - 0.5n$$

Wenn wir Terme niederer Ordnung und konstante Faktoren vernachlässigen, sehen wir, daß $O(0.5n^2 - 0.5n)$ das gleiche ist wie $O(n^2)$. Wiederum schließen wir, daß Selectionsort eine quadratische obere Schranke seiner Laufzeit besitzt. ♦

Der Unterschied zwischen der einfachen Analyse in Beispiel 3.19 und der genaueren Analyse in Beispiel 3.20 wird in Abb. 3.13 verdeutlicht. In Beispiel 3.19 haben wir die maximale Zeit aller Iterationen als Zeit für jede Iteration gewählt und somit die Fläche des Quadrates als unsere Schranke für die Laufzeit der äußeren for-Schleife aus Abb. 3.11 erhalten. In Beispiel 3.20 beschränkten wir die Laufzeit jeder Iteration durch die diagonale Linie, da die Zeit für jede Iteration linear mit i sinkt. Wir erhielten somit die Fläche des Dreiecks als unsere Schätzung der Laufzeit.

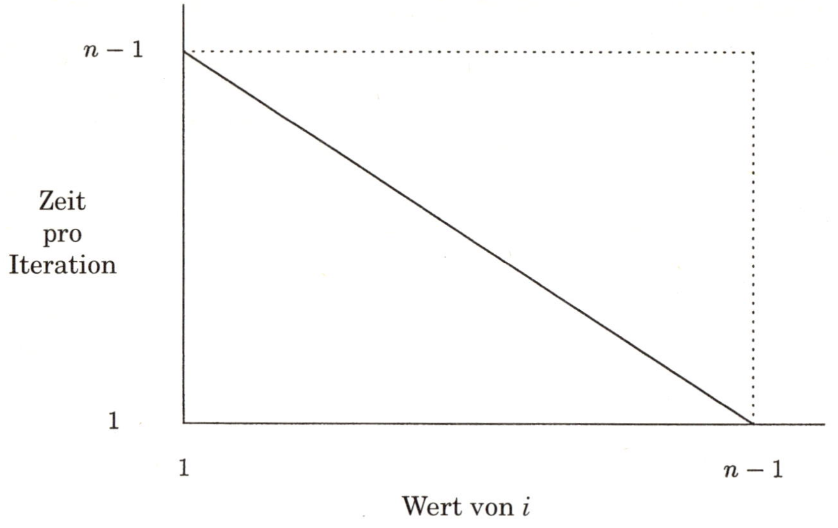

Abb. 3.13: Einfache und genaue Schätzungen der Schleifen-Laufzeit.

Es ist bekannt, daß die Fläche des Dreiecks die Hälfte der Fläche des Quadrates ist. Da der Faktor von 2 mit den anderen konstanten Faktoren verlorengeht, die durch die O-Notation sowieso verborgen sind, sind die beiden oberen Schranken der Laufzeit in Wirklichkeit gleich.

Abschließend sollten wir noch erwähnen, daß konstante Faktoren in der Praxis einen großen Unterschied in der Leistung von Programmen ausmachen können. Eine gute Strategie zum Schreiben effizienter Programme basiert darauf, einen Algorithmus auszuwählen, dessen Laufzeit für die Größe der infragekommenden Eingaben so klein wie möglich ist. Ist der Algorithmus dann implementiert, so erstelle man ein Profil des Ergebnisprogramms und mache den Code an den kritischen Stellen so „gut" wie möglich.

ÜBUNGEN

3.7.1: Abbildung 3.14 enthält ein Pascal-Programm zur Ermittlung des Durchschnitts der Elemente eines Arrays `A[1..n]` und des Elements, das dem Durchschnitt am nächsten kommt (ein Unentschieden wird zugunsten des zuerst gefundenen Elements aufgelöst). Geben Sie einen Baum wie in Abb. 3.12 an, der zeigt, wie die Anweisungen zu immer komplexeren Anweisungen zusammengesetzt werden, und ermitteln Sie eine einfache und genaue obere O-Schranke für die Laufzeit jeder Anweisung im Baum. Wie lautet die Laufzeit für das gesamte Programm?

```
(1)   begin
(2)      sum := 0;
(3)      for i := 1 to n do
(4)         sum := sum + a[i];
(5)      avg := sum/n;
(6)      closest := 1;
(7)      i := 2;
(8)      while i <= n do begin
(9)      if (A[i]-avg)*(A[i]-avg) < (A[closest]-avg)*(A[closest]-avg) then
(10)        closest := i;
(11)     i := i+1
         end
      end
```

Abb. 3.14: Programm für Übung 3.7.1.

3.7.2: Das Fragment in Abb. 3.15 dient dazu, eine $n \times n$ Matrix A in eine obere Dreiecksmatrix, das heißt, in eine Matrix, bei der alle Einträge unterhalb der Diagonale 0 sind, umzuwandeln. Geben Sie den Baum in der Form wie in Abb. 3.12 an, der die Struktur der Anweisungen repräsentiert. Geben Sie eine obere O-Schranke für die Laufzeit jeder komplexen Anweisung an

a) Wobei die Schranke für die beiden inneren Schleifen eine Funktion von n und i ist.

b) Wobei die Schranke für alle Schleifen nur eine Funktion von n ist.

Ergibt sich für das gesamte Programm ein O-Unterschied zwischen Ihren Antworten auf die Teile (a) und (b)?

```
(1)   for i := 1 to n-1 do
(2)      for j := i+1 to n do
(3)         for k := i to n do
(4)            A[j,k] := A[j,k]-A[i,k]*A[j,i]/A[i,i]
```

Abb. 3.15: Programm für Übung 3.7.2.

3.7.3*: Abbildung 3.16 enthält ein Programmfragment, das die Operation „Potenzen-von-2“, die in Beispiel 3.7 auf die ganzen Zahlen i von 1 bis n angewendet wurde. Geben Sie in der Form aus Abb. 3.12 den Baum an, der die Struktur der Anweisungen widerspiegelt. Geben Sie eine obere O-Schranke für die Laufzeit jeder komplexen Anweisung an

a) Wobei die Schranke für die while-Schleife eine Funktion (der Faktoren) von i ist.

b) Wobei die Schranke für die while-Schleife eine Funktion von n allein ist.

Ergibt sich für das gesamte Programm ein O-Unterschied zwischen Ihren Antworten auf die Teile (a) und (b)?

```
(1)   for i := 1 to n do begin
(2)      m := 0;
(3)      j := i;
(4)      while NOT ODD(j) do begin
(5)         j := j DIV 2;
(6)         m := m+1
         end
      end
```

Abb. 3.16: Programm zur Übung 3.7.3.

3.7.4: In Abb. 3.17 ist eine Funktion angegeben, die feststellt, ob das Argument n eine Primzahl ist. Beachten Sie, daß, wenn n keine Primzahl ist, es ohne Rest durch eine ganze Zahl i zwischen 2 und $\sqrt{n}$ teilbar ist. Geben Sie, wie in Abb. 3.12, den Baum an, der die Struktur der Anweisungen widerspiegelt. Geben Sie eine obere O-Schranke für die Laufzeit jeder komplexen Anweisung als Funktion von n an. Wie groß ist die Laufzeit der gesamten Funktion?

```
      function prime(n: integer): Boolean;

      label 99;

      var i: integer;

      begin
(1)      prime := TRUE;
(2)      i := 2;
(3)      while i*i <= n do
(4)         if n MOD i = 0 then begin
(5)            prime := FALSE;
(6)            goto 99
            end
            else
(7)            i := i+1;
      99:
      end
```

Abb. 3.17: Programm für Übung 3.7.4.

3.8 Analyse von Programmen mit Prozeduraufrufen

Wir werden nun zeigen, wie man Programme oder Programmabschnitte analysiert, die Prozeduraufrufe enthalten. Wie bisher meinen wir auch Funktionen, wenn wir allgemein über Prozeduren sprechen. Wenn alle Prozeduren nichtrekursiv sind, können wir zunächst die Laufzeit der Prozeduren, aus denen ein Programm besteht, eine nach der anderen bestimmen, wobei wir mit den Prozeduren beginnen, die keine anderen Prozeduren aufrufen. Danach bewerten wir die Laufzeit derjenigen Prozeduren, die nur Prozeduren aufrufen, deren Laufzeit wir bereits bestimmt haben. Auf diese Weise fahren wir solange fort, bis wir die Laufzeit für alle Prozeduren ausgewertet haben.

Aufgrund der Tatsache, daß es für unterschiedliche Prozeduren verschiedene natürliche Maße für die Größe der Eingabe geben kann, ergeben sich einige Schwierigkeiten. Im allgemeinen ist die Eingabe für eine Prozedur die Liste der Argumente dieser Prozedur. Wenn die Prozedur P die Prozedur Q aufruft, müssen wir die Größenmaße der Argumente von Q zu den Größenmaßen, die für P verwendet werden, in Beziehung setzen. Es ist schwierig, sinnvolle Verallgemeinerungen anzugeben, aber einige Beispiele in diesem und im nächsten Abschnitt werden uns helfen zu verstehen, wie der Prozeß der Beschränkung der Laufzeit für Prozeduren in einfachen Fällen abläuft.

Angenommen, wir haben festgestellt, daß eine gute obere Schranke für die Laufzeit der Prozedur P $O(f(n))$ ist, wobei n ein Maß für die Größe der Argumente von P ist. Bei Prozeduren, die P aufrufen, können wir dann die Zeit für eine Anweisung, die aus einem Aufruf von P besteht, durch $O(f(n))$ beschränken. Wir können somit diese Zeit in einen Block, der den Aufruf enthält, in einen Schleifenrumpf, der den Aufruf enthält oder in den if- oder else-Teil einer bedingten Anweisung, der den Aufruf enthält, mit aufnehmen.

Funktionen sind sehr ähnlich, nur können Funktionsaufrufe auch in Zuweisungen oder Bedingungen auftauchen, und es können mehrere in einer Zuweisung oder Bedingung enthalten sein. Bei einer Zuweisung oder Schreibanweisung, die einen oder mehrere Funktionsaufrufe enthält, nehmen wir als Schranke der Laufzeit dieser Anweisung die Summe der Schranken der Laufzeit jedes Funktionsaufrufes. Wenn ein Funktionsaufruf mit der oberen Schranke $O(f(n))$ in einer Bedingung oder bei der Initialisierung oder Begrenzung einer for-Schleife auftaucht, so wird die Zeit dieses Funktionsaufrufes folgendermaßen berücksichtigt:

1. Wenn sich der Funktionsaufruf in der Bedingung einer while- oder repeat-Schleife befindet, so addiere $f(n)$ zu der Schranke der Zeit für jede Iteration. Dann multipliziere diese Zeit mit der Schranke für die Anzahl der Schleifendurchläufe, wie gewöhnlich. Im Falle einer while-Schleife, addiere $f(n)$ zu den Kosten des ersten Tests der Bedingung, falls die Schleife nullmal durchlaufen werden kann.

2. Wenn sich der Funktionsaufruf in der Initialisierung oder am Ende einer for-Schleife befindet, addiere $f(n)$ zu den Gesamtkosten der Schleife.

3. Wenn sich der Funktionsaufruf in der Bedingung einer if-Anweisung befindet, addiere $f(n)$ zu den Kosten der Anweisung.

```
    program main(input, output);

    var a, n: integer;

        procedure foo(var x,n: integer);

        var i: integer;

        begin
(1)         for i := 1 to n do
(2)         x := x + bar(i,n)
        end; (* foo *)

        function bar(x,n: integer): integer;

        var i: integer;

        begin
(3)         for i := 1 to n do
(4)             x := x + i
(5)         bar := x
        end; (* bar *)

        begin (* Hauptprogramm *)
(6)         readln(n);
(7)         a := 0;
(8)         for(a,n);
(9)         writeln(bar(a,n))
        end.
```

Abb. 3.18: Ein Programm, das nichtrekursive Prozeduraufrufe illustriert.

Beispiel 3.21

Wir analysieren nun das (bedeutungslose) Programm aus Abb. 3.18. Lassen Sie uns zunächst anmerken, daß es sich dabei um kein rekursives Programm handelt. Die Prozedur `main` ruft sowohl die Prozedur `foo` als auch die Funktion `bar` auf, und `foo` ruft `bar` auf, das ist alles. Das Diagramm in Abb. 3.19, das man als Aufrufgraphen bezeichnet, gibt an, wie sich Prozeduren gegenseitig aufrufen. Da es keine Zyklen gibt, gibt es keine Rekursion, so daß wir die Prozeduren beginnend mit „Gruppe 1“ auswerten können, also denjenigen, die keine anderen Prozeduren aufrufen (in diesem Falle `bar`), dann weiter mit „Gruppe 2“, denjenigen, die nur Prozeduren aus Gruppe 1 aufrufen (in diesem Falle `foo`) und schließlich „Gruppe 3“, also diejenigen, die nur Prozeduren aus Gruppe 1 und 2 aufrufen (hier `main`). Danach sind wir fertig, da sich alle Prozeduren in den Gruppen befinden. Im allgemeinen müssen wir mit einer großen Anzahl von Gruppen umgehen, aber solange es keine Zyklen gibt, können wir jede Prozedur einer Gruppe zuordnen.

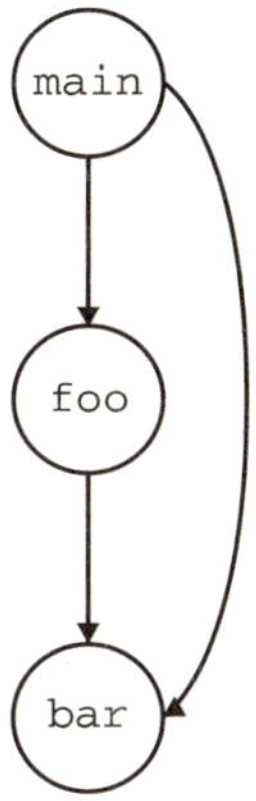

Abb. 3.19: Aufrufgraph zu Abb. 3.18.

Die Reihenfolge, in der wir die Laufzeit von Prozeduren analysieren, ist die gleiche, in der wir sie untersuchen sollten, um zu verstehen, was das Programm tut. Zunächst wollen wir daher feststellen, was die Funktion `bar` berechnet. Die for-Schleife in den Zeilen (3) und (4) addiert alle ganzen Zahlen von 1 bis n zu x. Als Ergebnis ist $bar(x,n)$ gleich $x+\sum_{i=1}^{n} i$. Die Summe $\sum_{i=1}^{n} i$ ist ein weiteres Beispiel der Summierung einer arithmetischen Reihe, die wir berechnen können, indem wir den ersten und den letzten Term addieren, mit der Anzahl der Terme multiplizieren und durch 2 teilen. Es gilt also $\sum_{i=1}^{n} i = (1+n)n/2$. Demnach ist $bar(x,n) = x + n(n + 1)/2$.

Nun betrachten Sie die Prozedur `foo`, die zu ihrem Argument x die Summe

$$\sum_{i=1}^{n} bar(i,n)$$

addiert.

Unserem Verständnis nach wissen wir über `bar`, daß $bar(i,n) = i + n(n + 1)/2$ ist. `foo` addiert also die Summe $\sum_{i=1}^{n}(i+n(n+1)/2)$ zu `x`. Wir müssen eine weitere arithmetische Folge summieren, die zusätzlicher algebraischer Manipulation bedarf. Der Leser kann jedoch nachprüfen, daß die Summe, die `foo` zum Argument `x` addiert, $(n^3 + 2n^2 + n)/2$ lautet.

Kommen wir schließlich zur Prozedur `main`. In Zeile (6) lesen wir n ein, setzen `a` in Zeile (7) auf 0 und wenden `foo` dann in Zeile (8) auf 0 und n an. Nach unserem Verständnis von `foo` ist der Wert von `a` nach Zeile (8) sein ursprünglicher Wert, 0, plus $(n^3 + 2n^2 + n)/2$. In Zeile (9) schreiben wir *bar(a,n)*, was unserem Verständnis von `bar` nach $n(n + 1)/2$ zum gegenwärtigen Wert von `a` addiert und das Ergebnis ausdruckt. Der ausgedruckte Wert lautet somit $(n^3 + 3n^2 + 2n)/2$. ♦

Beweise und Programmverständnis

Sie haben vielleicht bemerkt, daß wir bei der Untersuchung des Programms aus Abb. 3.18 in der Lage waren zu verstehen, was das Programm tut, ohne dies, wie in Kapitel 2, formal zu beweisen. Es gibt aber viele einfache induktive Beweise, die dicht unter der Oberfläche lauern. So müssen wir zum Beispiel durch Induktion über die Anzahl der Schleifendurchläufe in den Zeilen (3) und (4) beweisen, daß der Wert von `x` unmittelbar vor Beginn der Iteration mit dem Wert i für `i` der initiale Wert von `x` plus $\sum_{j=1}^{i-1} j$ ist. Beachten Sie dabei, daß, wenn $i = 1$ ist, diese Summe aus 0 Termen besteht und somit den Wert 0 hat.

Beispiel 3.22

Wir wollen nun die Laufzeit des Programms aus Abb. 3.18 analysieren, wobei wir zunächst `bar`, dann `foo` und schließlich `main` bearbeiten, wie wir es in Beispiel 3.21 taten. In diesem Fall wählen wir den Wert n als Eingabegröße aller Prozeduren. Das heißt, obwohl wir im allgemeinen die „Größe" aller Argumente einer Prozedur berücksichtigen wollen, hängt die Laufzeit der Prozeduren in diesem Fall nur von n ab.

Um `bar` analysieren zu können, stellen wir zunächst fest, daß Zeile (4) $O(1)$ Zeit braucht. Die for-Schleife in den Zeilen (3) und (4) iteriert n Mal, so daß der Aufwand für die Zeilen (3) und (4) $O(n)$ ist. Zeile (5) benötigt $O(1)$ Zeit, der Aufwand für den Block in den Zeilen (3) bis (5) ist demnach $O(n)$.

Wir fahren nun mit `foo` fort. Die Zuweisung in Zeile (2) benötigt $O(1)$ plus der Zeit für den Aufruf von `bar(i,n)`. Wie wir bereits wissen, braucht dieser Aufruf $O(n)$ Zeit und somit hat Zeile (2) den Aufwand $O(n)$. Die for-Schleife in den Zeilen (1) und (2) läuft n-mal, wir multiplizieren also $O(n)$ für den Rumpf mit n und erhalten $O(n^2)$ als Laufzeit für einen Aufruf von `foo`.

Nun zu `main`. Die Zeilen (6) und (7) benötigen jeweils $O(1)$. Wie wir gerade festgestellt haben, braucht der Aufruf von `foo` in Zeile (8) $O(n^2)$ Zeit. Die write-Anweisung in Zeile (9) braucht $O(1)$ Zeit plus die Zeit für den Aufruf von `bar`. Letztere hat den Aufwand $O(n)$, so daß Zeile (9) ebenfalls $O(n)$ Zeit benötigt. Die gesamte Zeit für den Block in den Zeilen (6) bis (9) ergibt sich demnach aus $O(1) + O(1) + O(n^2) + O(n)$. Aufgrund der Summenregel dürfen wir alle Terme, bis auf den dritten, eliminieren, und schließen, daß die Prozedur `main` $O(n^2)$ Zeit benötigt. Das heißt, der Aufruf von `foo` in Zeile (8) kostet am meisten Zeit. ♦

ÜBUNGEN

3.8.1: Zeigen Sie die Behauptung aus Beispiel 3.21, daß gilt

$$\sum_{i=1}^{n}(i + n(n+1)/2 = (n^3 + 2n^2 + n)/2$$

3.8.2: *prime*(n) sei ein Funktionsaufruf, der $O(\sqrt{n})$ Zeit benötigt. Zudem sei eine Prozedur gegeben, deren Rumpf folgendermaßen aussieht

```
if prime(n) then
    A
else
    B
```

Geben Sie eine einfache und genaue obere O-Schranke für die Laufzeit dieser Prozedur als Funktion von n an unter der Annahme, daß

a) A $O(n)$ Zeit benötigt und B $O(1)$

b) A und B jeweils $O(1)$ Zeit benötigen

3.8.3: Gegeben sei eine Prozedur, deren Rumpf

```
sum := 0;
for i := 1 to f(n) do
   sum := sum + i
```

lautet, wobei $f(n)$ ein Funktionsaufruf ist. Geben Sie eine einfache und genaue obere O-Schranke für die Laufzeit dieser Prozedur als Funktion von n an unter der Annahme, daß

a) Die Laufzeit von $f(n)$ $O(n)$ und der Wert von $f(n)$ $n!$ ist

b) Die Laufzeit von $f(n)$ $O(n)$ und der Wert von $f(n)$ n ist

c) Die Laufzeit von $f(n)$ $O(n^2)$ und der Wert von $f(n)$ n ist

d) Die Laufzeit von $f(n)$ $O(1)$ und der Wert von $f(n)$ 0 ist

3.8.4: Zeichnen Sie den Aufrufgraphen für die Prozeduren innerhalb des Mergesort-Programms aus Abschnitt 2.8. Ist das Programm rekursiv?

3.8.5*: Nehmen Sie an, Zeile (1) der Prozedur `foo` aus Abb. 3.18 würde durch

```
for i := 1 to bar(n,n) do
```

ersetzt. Wie würde sich die Laufzeit von `main` dann ändern?

3.9 Die Analyse rekursiver Prozeduren

Die Bestimmung der Laufzeit einer Prozedur, die sich selbst rekursiv aufruft, nimmt mehr Arbeit in Anspruch als die Analyse nichtrekursiver Prozeduren. Zur Analyse einer rekursiven Prozedur müssen wir zu jeder Prozedur P in einem Programm eine unbekannte Laufzeit $T_P(n)$ assoziieren, die die Laufzeit von P als Funktion von n, der Größe der Argumente von P, definiert. Wir bilden dann eine induktive Definition, genannt *Rekurrenzbeziehung* für $T_P(n)$, die $T_P(n)$ zu einer Funktion der Form $T_Q(k)$ für die anderen Prozeduren Q innerhalb des Programms und ihren zugehörigen Argumentgrößen k in Beziehung setzt. Ist P direkt rekursiv, so entsprechen ein oder mehrere Q der Prozedur P.

Der Wert von $T_P(n)$ wird üblicherweise mit Hilfe einer Induktion über die Argumentgröße n ermittelt. Es ist daher notwendig, einen Begriff der Argumentgröße auszuwählen, der uns garantiert, daß Prozeduren mit immer kleineren Argumenten aufgerufen werden, während die Rekursion fortschreitet. Diese Anforderung entspricht derjenigen, der wir schon in Abschnitt 2.9 begegnet sind, als wir versuchten, Aussagen über rekursive Programme zu beweisen. Das sollte keine Überraschung sein, weil eine Aussage über die Laufzeit eines Programms nur ein Beispiel für etwas ist, was wir versuchen könnten für ein Programm zu beweisen.

Nachdem wir eine geeignete Vorstellung der Argumentgröße haben, können wir zwei Fälle betrachten:

1. Die Argumentgröße ist klein genug, so daß keine rekursiven Aufrufe von P durchgeführt werden. Dieser Fall entspricht dem Induktionsanfang in der induktiven Definition von $T_P(n)$.

2. Die Argumentgröße ist groß genug, daß rekursive Aufrufe auftreten können. Wir nehmen dabei jedoch an, daß, welche rekursiven Aufrufe P auch immer ausführt, seien es Selbstaufrufe oder Aufrufe einer anderen Prozedur Q, die Argumente stets kleiner sind. Dieser Fall entspricht dem Induktionsschritt in der Definition von $T_P(n)$.

Die Rekurrenzbeziehung, die $T_P(n)$ definiert, wird abgeleitet, indem der Code der Prozedur P untersucht und folgendes gemacht wird:

a) Für jeden Aufruf einer Prozedur Q oder jede Benutzung einer Funktion Q in einem Ausdruck (beachten Sie, daß Q auch P sein kann) wird $T_Q(k)$ als Laufzeit des Aufrufes verwendet, wobei k das geeignete Maß der Größe der Argumente des Aufrufs ist.

b) Berechnen Sie die Laufzeit des Prozedurrumpfes von P, indem Sie dieselben Verfahren wie in den vorigen Abschnitten anwenden, dabei aber Terme wie $T_Q(k)$ als unbekannte Funktionen belassen, also nicht durch konkrete Funktionen wie beispielsweise n^2 ersetzen. Diese Terme können im allgemeinen nicht mit konkreten Funktionen kombiniert werden, indem Tricks zur Vereinfachung wie die Summenregel angewandt werden. Wir müssen P zweimal analysieren – einmal unter der Annahme, daß die Argumentgröße ausreichend klein ist, so daß keine rekursiven Aufrufe erfolgen und einmal unter der Annahme, daß n nicht so klein ist. Als Ergebnis erhalten wir zwei Ausdrücke für die Laufzeit von P – einer dient uns als Induktionsanfang der Rekurrenzbeziehung für $T_P(n)$ und der andere dient uns als Induktionsteil.

c) In den resultierenden Ausdrücken für die Laufzeit von P ersetzen Sie O-Terme wie $O(f(n))$ durch das Produkt einer spezifischen Konstante und der betreffenden Funktion – zum Beispiel $cf(n)$.

d) Wenn a ein Basiswert für die Eingabegröße ist, setzen Sie $T_P(a)$ gleich dem Ausdruck, der sich aus Schritt (c) unter der Annahme, daß es keine rekursiven Aufrufe gibt, ergibt. Ebenso setzen Sie $T_P(n)$ gleich dem Ausdruck aus (c) für den Fall, daß n kein Basiswert ist.

Die Laufzeit der gesamten Prozedur wird bestimmt, indem die Rekurrenzbeziehung gelöst wird. In Abschnitt 3.11 werden wir allgemeine Techniken zur Lösungen von Rekurrenzen behandeln, wie sie bei der Analyse typischer rekursiver Prozeduren auftreten. Bis dahin werden wir diese Rekurrenzen ad hoc lösen.

```
        function fact(n: integer): integer;
        begin
(1)         if n <= 1 then
(2)             fact := 1
            else
(3)             fact := n * fact(n-1)
        end;
```

Abb. 3.20: Programm zur Berechnung von n!.

Beispiel 3.23

Es sei noch einmal das rekursive Programm aus Abschnitt 2.7 zur Berechnung der Fakultätsfunktion betrachtet; der Code wird in Abb. 3.20 angegeben. Da es nur die eine Prozedur `fact` gibt, verwenden wir $T(n)$ als unbekannte Laufzeit dieser Prozedur. Wir benutzen n, den Wert des Argumentes, als Größe des Argumentes. Wenn das Argument n ist, erhalten rekursive Aufrufe, die von `fact` durchgeführt werden, offensichtlich kleinere Argumente, $n - 1$, um genau zu sein.

Als Basis für die induktive Definition von $T(n)$ wählen wir $n = 1$, da `fact` keine rekursiven Aufrufe durchführt, wenn sein Argument 1 ist. Mit $n = 1$ ist die Bedingung in Zeile (1) erfüllt, so daß der Aufruf von `fact` die Zeilen (1) und (2) ausführt. Jede hat einen Aufwand von $O(1)$ und die Laufzeit von `fact` ist somit für den Basisfall $O(1)$. Das heißt $T(1)$ ist $O(1)$.

Was geschieht nun, wenn $n > 1$ ist? Die Bedingung aus Zeile (1) ist nicht erfüllt, so daß wir nur die Zeilen (1) und (3) ausführen. Zeile (1) benötigt $O(1)$ Zeit und Zeile (3) braucht $O(1)$ Zeit für die Multiplikation und die Zuweisung plus $T(n - 1)$ für den rekursiven Aufruf von `fact`. Dies bedeutet, daß für $n > 1$ die Laufzeit von `fact` $O(1) + T(n - 1)$ ist. Wir können daher $T(n)$ mit Hilfe folgender Rekurrenzbeziehung definieren:

BASIS. $T(1) = O(1)$.

INDUKTION. $T(n) = O(1) + T(n - 1)$ für $n > 1$.

Wie in Regel (c) bereits angeregt, denken wir uns nun Konstantensymbole aus, die die Plätze der Konstanten einnehmen, welche innerhalb der verschiedenen O-Ausdrücke verborgen sind. In diesem Fall können wir $O(1)$ in der Basis durch eine Konstante a ersetzen und das $O(1)$ in der Induktion durch eine Konstante b. Dies führt uns zu folgender Rekurrenzbeziehung:

BASIS. $T(1) = a$.

INDUKTION. $T(n) = b + T(n - 1)$ für $n > 1$.

Wir müssen nun diese Rekurrenz für $T(n)$ lösen. Die ersten Werte lassen sich noch leicht berechnen. $T(1) = a$ aufgrund der Basis. Somit erhalten wir durch die induktive Regel

$$T(2) = b + T(1) = a + b$$

Verwenden wir die induktive Regel weiter, so erhalten wir

$$T(3) = b + T(2) = b + (a + b) = a + 2b$$

Dann

$$T(4) = b + T(3) = b + (a + 2b) = a + 3b$$

An dieser Stelle sollte es nicht überraschen, wenn wir raten, daß $T(n) = a + (n-1)b$ für alle $n \geq 1$ ist. Einige Beispielwerte zu berechnen, dann eine Lösung zu vermuten und schließlich die Korrektheit unserer Vermutung durch einen induktiven Beweis zu beweisen, stellt eine übliche Vorgehensweise der Behandlung von Rekurrenzen dar.

In diesem Falle können wir die Lösung jedoch unmittelbar mit Hilfe eines Verfahrens, das als *wiederholte Substitution* bekannt ist, herleiten. Zunächst führen wir eine Variablensubstitution, m für n, in der rekursiven Gleichung durch, die dann zu

$$T(m) = b + T(m - 1) \text{ für } m > 1 \qquad (3.2)$$

wird. Wir können nun in Gleichung (3.2) $n, n - 1, n - 2, ..., 2$ für m substituieren und erhalten die Folge von Gleichungen

1) $T(n) = b + T(n - 1)$

2) $T(n - 1) = b + T(n - 2)$

3) $T(n - 2) = b + T(n - 3)$

...

$n - 1$) $T(2) = b + T(1)$

Als nächstes können wir Zeile (2) von oben verwenden, um $T(n - 1)$ in (1) zu ersetzen und erhalten die Gleichung

$$T(n) = b + (b + T(n - 2)) = 2b + T(n - 2)$$

Nun benutzen wir Zeile (3), um $T(n - 2)$ in der vorigen Gleichung zu ersetzen und erhalten

$$T(n) = 2b + (b + T(n - 3)) = 3b + T(n - 3)$$

In dieser Art fahren wir fort, wobei wir jedesmal $T(n - i)$ durch $b + T(n - i - 1)$ ersetzen, bis wir bei $T(1)$ ankommen. An dieser Stelle sieht die Gleichung folgendermaßen aus

$$T(n) = (n - 1)b + T(1)$$

Wir können dann die Basis verwenden, um $T(1)$ durch a zu ersetzen und schließen, daß $T(n) = a+(n-1)b$ ist.

Um diese Analyse etwas formaler zu gestalten, müssen wir unsere intuitiven Beobachtungen darüber, was geschieht, wenn wir $T(n - i)$ wiederholt substituieren, durch Induktion beweisen. Wir beweisen folgendes durch Induktion über i:

AUSSAGE $S(i)$: Wenn $1 \leq i < n$ ist, dann ist $T(n) = ib + T(n - i)$.

BASIS. Der Induktionsanfang ist $i = 1$. $S(1)$ besagt, daß $T(n) = b + T(n - 1)$ ist. Dies ist der induktive Teil der Definition von $T(n)$ und daher bekanntermaßen wahr.

INDUKTION. Wenn $i \geq n - 1$ ist, gibt es nichts zu beweisen. Der Grund dafür liegt darin, daß die Aussage $S(i+1)$ mit „Wenn $1 \leq i+1 < n$ ist ..." beginnt und demnach die Annahme, daß $i + 1 < n$ ist, falsch ist.

Nehmen Sie daher an, es gelte $i \leq n - 2$. $S(i)$ besagt, daß $T(n) = ib + T(n - i)$ ist. Wir können dann die induktive Regel für T, das heißt, (3.2) mit $n - i$ anstelle von m, anwenden, um die Gleichung $T(n - i) = b + T(n - i - 1)$ zu erhalten. Wenn wir $b + T(n - i - 1)$ für $T(n - i)$ in der Gleichung $T(n) = ib + T(n - i)$ substituieren, erhalten wir

$$T(n) = ib + (b + T(n - i - 1)) = (i + 1)b + T(n - (i+ 1))$$

Dies entspricht der Aussage $S(i+1)$ und wir haben somit den Induktionsschritt bewiesen.

Wir haben gezeigt, daß $T(n) = a +(n - 1)b$ ist. a und b sind aber unbekannte Konstanten. Es ist daher nicht sehr sinnvoll, die Lösung so darzustellen. Wir drücken $T(n)$ lieber als Polynom in n aus, also als $bn +(a - b)$ und ersetzen dann Terme durch O-Ausdrücke, was uns zu $O(n) + O(1)$ führt. Aufgrund der Summenregel können wir $O(1)$ eliminieren und stellen fest, daß $T(n)$ $O(n)$ ist. Das macht Sinn; es sagt uns, daß wir zur Berechnung von $n!$ nacheinander n Aufrufe von `fact` durchführen (die tatsächliche Anzahl ist genau n), von denen jeder $O(1)$ Zeit benötigt, ausschließlich der Zeit, die zur Durchführung des rekursiven Aufrufes von `fact` benötigt wird. ♦

ÜBUNGEN

3.9.1: Stellen Sie die Rekurrenzbeziehung für die Laufzeit der Funktion `sum` auf, die in Übung 2.9.2 erwähnt wurde. Tun Sie dies als Funktion über die Länge der Liste, die als Eingabe des Programms dient. Ersetzen Sie O-Terme durch (unbekannte) Konstanten und versuchen Sie, Ihre Rekurrenz zu lösen. Welche Laufzeit hat `sum`?

3.9.2: Wiederholen Sie Übung 3.9.1 für die Funktion `find0` aus Übung 2.9.3. Nennen Sie ein geeignetes Größenmaß.

3.9.3*: Wiederholen Sie Übung 3.9.1 für das rekursive Selectionsort-Programm aus Abb. 2.22 in Abschnitt 2.7. Nennen Sie ein geeignetes Größenmaß.

3.9.4:** Wiederholen Sie Übung 3.9.1 für die Funktion in Abb. 3.21, die die Fibonacci-Zahlen berechnet. (Die ersten beiden Zahlen sind 1 und jede folgende Zahl ergibt sich aus der Summe ihrer beiden Vorgänger. Die sieben ersten Fibonacci-Zahlen lauten 1, 1, 2, 3, 5, 8, 13.) Beachten Sie, daß der Wert von n die angemessene Größe eines Arguments ist und daß Sie sowohl 1 als auch 2 als Basisfälle benötigen.

```
function fibonacci(n: integer): integer;
begin
   if n <= 2 then
      fibonacci := 1
   else
      fibonacci := fibonacci(n-1)+fibonacci(n-2)
end
```

Abb. 3.21: Pascal-Funktion zur Berechnung der Fibonacci-Zahlen.

3.9.5*: Schreiben Sie ein rekursives Programm zur Berechnung des $ggT(i,j)$, also des größten gemeinsamen Teilers zweier ganzer Zahlen i und j, wie in Übung 2.7.8 beschrieben. Zeigen Sie, daß das Programm die Laufzeit $O(\log i)$ hat. *Hinweis*: Zeigen Sie, daß wir nach zwei Aufrufen $ggT(m,n)$ aufrufen, wobei $m \leq i/2$ gilt.

3.9.6: Gegeben sei das Programm zur Berechnung von $\binom{n}{m}$, das in Übung 2.7.10 beschrieben wurde. Zeigen Sie, daß $O(2^n)$ eine obere Schranke der Laufzeit dieses Programms darstellt.

3.9.7: Zeigen Sie, daß das Programm für $\binom{n}{m}$, das in Übung 2.7.11 beschrieben wurde, tatsächlich eine Laufzeit proportional zu $\binom{n}{m}$ benötigt.

3.10 Analyse von Mergesort

Im folgenden werden wir den Mergesort-Algorithmus analysieren, den wir in Abschnitt 2.8 vorstellten. Zunächst zeigen wir, daß `merge` und `split` jeweils den Aufwand $O(n)$ für Listen der Länge n haben, und danach benutzen wir diese Schranken, um zu zeigen, daß die Prozedur `MergeSort` $O(n \log n)$ Zeit für Listen der Länge n benötigt.

Analyse der Merge-Prozedur

Wir beginnen mit der Analyse der rekursiven Prozedur `merge`, deren Code wir in Abb. 3.22 noch einmal angeben. Ein geeigneter Begriff der Größe n für das Argument von `merge` ist die Summe der Längen der Listen *list*1 und *list*2. $T(n)$ sei daher die Zeit, die `merge` benötigt, wenn die Summe der Längen ihrer Argumentlisten n ist. Wir wählen $n = 1$ als Basisfall, so daß wir Abb. 3.22 unter der Annahme analysieren, daß eine der beiden `list1` und `list2` leer ist und die andere nur aus einem Element besteht. Es ergeben sich zwei Fälle:

1. Wenn der Test in Zeile (1) – *list*1 = NIL – erfolgreich ist, führen wir die Zuweisung merge := list2 durch, die $O(1)$ Zeit benötigt. Die Zeilen (2) bis (7) werden nicht ausgeführt. Der gesamte Prozeduraufruf benötigt demnach $O(1)$ Zeit zur Überprüfung der Bedingung in Zeile (1) und $O(1)$ Zeit zur Durchführung der Zuweisung in Zeile (1), insgesamt also den Aufwand $O(1)$.

2. Wenn der Test in Zeile (1) negativ verläuft, dann ist *list*1 nicht leer. Da wir annehmen, daß die Summe der Längen der Listen nur 1 ist, muß also *list*2 leer sein. Folglich muß der Test in Zeile (2) – das heißt *list*2 = NIL – erfolgreich sein. Wir benötigen dann $O(1)$ Zeit, um den Test in Zeile (1) zu bewerkstelligen, $O(1)$, um den Test in Zeile (2) durchzuführen und $O(1)$ für die Zuweisung merge := list1 in Zeile (2). Die Zeilen (3) bis (7) werden nicht ausgeführt. Wiederum benötigen wir nur $O(1)$ Zeit.

Wir schließen, daß merge im Basisfall $O(1)$ Zeit braucht.

```
        function merge(list1, list2: LISTTYPE): LISTTYPE;
        begin
(1)        if list1 = NIL then merge := list2
(2)        else if list2 = NIL then merge := list1
(3)        else if list1^.element <= list2^.element then begin
(4)           list1^.next := merge(list1^.next, list2);
(5)           merge := list1
           end
           else begin (*list2 hat das kleinere erste Element *)
(6)           list2^.next := merge(list1, list2^.next);
(7)           merge := list2
           end
        end;
```

Abb. 3.22: Die Prozedur merge.

Wir widmen uns nun dem Induktionsfall, in dem die Summe der Listenlängen größer als 1 ist. Auch wenn die Summe der Längen 2 oder mehr beträgt, kann natürlich noch immer eine der Listen leer sein. Demnach kann jeder der vier Fälle, die durch die geschachtelten bedingten Anweisungen dargestellt werden, gewählt werden. Die Baumstruktur (nach Art der Abb. 3.12) für das Programm in Abb. 3.22 wird in Abb. 3.23 gezeigt. Wie in Abb. 3.12 können wir das Programm analysieren, indem wir uns von unten hoch arbeiten.

Die innerste bedingte Anweisung beginnt mit dem „if" in Zeile (3), wo wir überprüfen, welche Liste das kleinere erste Element enthält. Wir führen dann entweder die Zeilen (4) und (5) oder die Zeilen (6) und (7) aus. Die Auswertung der Bedingung in Zeile (3) benötigt $O(1)$ Zeit. Zeile (5) braucht $O(1)$ Zeit zur Berechnung und Zeile (4) hat den Aufwand $O(1)$ plus $T(n - 1)$ für den rekursiven Aufruf von merge.

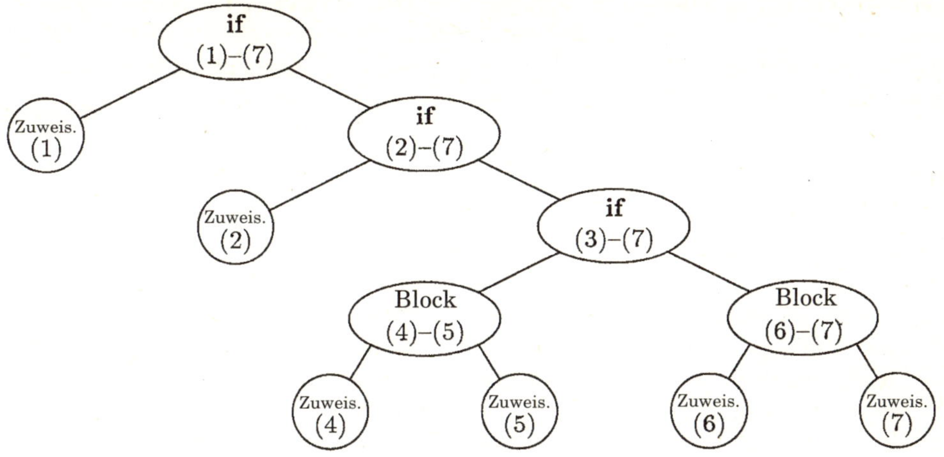

Abb. 3.23: Die Struktur von `merge`.

Beachten Sie, daß n - 1 dabei die Argumentgröße für den rekursiven Aufruf ist, da wir genau ein Element aus einer der Listen entfernt und die andere Liste so belassen haben wie sie war. Der Block in den Zeilen (4) und (5) benötigt demnach $O(1) + T(n - 1)$ Zeit.

Die Analyse des else-Teils in den Zeilen (6) und (7) verläuft genau gleich: Zeile (7) benötigt $O(1)$ Zeit und Zeile (6) $O(1) + T(n - 1)$. Wollen wir dann das Maximum der Laufzeiten des if- und else-Teils auswählen, so stellen wir fest, daß beide Zeiten gleich sind. Der Aufwand $O(1)$ zum Testen der Bedingung kann vernachlässigt werden, so daß wir schließen, daß die Laufzeit der innersten bedingten Anweisung $O(1) + T(n - 1)$ beträgt.

Wir fahren fort mit der bedingten Anweisung, die in Zeile (2) beginnt, wo wir überprüfen, ob *list*2 = `NIL` ist. Die Zeit zur Überprüfung der Bedingung beträgt $O(1)$ und der Aufwand für den if-Teil, der aus der Zuweisung in Zeile (2) besteht, ist auch $O(1)$. Der else-Teil ist die bedingte Anweisung in den Zeilen (3) bis (7), für die wir gerade festgestellt haben, daß sie $O(1) + T(n - 1)$ Zeit benötigt. Der Aufwand der bedingten Anweisung in den Zeilen (2) bis (7) beträgt somit

$$O(1) + \max(O(1), O(1) + T(n - 1))$$

Der zweite Term des Maximums dominiert den ersten Term sowie den Term $O(1)$, der für den Test der Bedingung steht. Die Zeit für die if-Anweisung, die in Zeile (2) beginnt, ist demnach auch $O(1) + T(n - 1)$.

Zum Schluß führen wir dieselbe Analyse für die äußerste if-Anweisung durch. Im Grunde genommen braucht der else-Teil, der aus den Zeilen (2) bis (7) besteht, die meiste Zeit. Das heißt, die Zeit für die Fälle, in denen ein rekursiver Aufruf stattfindet – Zeilen (4) und (5) oder Zeilen (6) und (7) – dominiert die Zeit, die die Fälle, in denen kein rekursiver Aufruf stattfindet –

Zeilen (1) und (2) – und die Zeit für alle drei Tests in den Zeilen (1), (2) und (3). Wenn $n > 1$ ist, so ist die Zeit für die Prozedur `merge` nach oben durch $O(1) + T(n - 1)$ beschränkt. Wir erhalten daher folgende Rekurrenzbeziehung zur Definition von $T(n)$:

BASIS. $T(1) = O(1)$.

INDUKTION. $T(n) = O(1) + T(n - 1)$ für $n > 1$.

Diese Gleichungen entsprechen exakt denen, die wir in Beispiel 3.23 für die Prozedur `fact` hergeleitet haben. Die Lösung ist demnach die gleiche, und wir können schließen, daß $T(n)$ $O(n)$ ist. Intuitiv ist dieses Ergebnis einleuchtend, da die Vorgehensweise von `merge` darin besteht, ein Element aus einer der Listen zu entfernen, was $O(1)$ Zeit benötigt, und sich dann selbst mit der restlichen Liste wieder rekursiv aufzurufen. Daraus folgt, daß die Anzahl der rekursiven Aufrufe nicht größer ist als die Summe der Längen der Listen. Da jeder Aufruf $O(1)$ Zeit benötigt, ohne die Zeit für den rekursiven Aufruf, erwarten wir $O(n)$ als Laufzeit für `merge`.

Eine typische Form der Rekursion

Viele der einfachsten rekursiven Prozeduren, wie `fact` und `merge`, führen irgendeine Operation durch, die den Aufwand $O(1)$ hat, und rufen sich dann selbst mit einem Argument, das um eins kleiner ist, rekursiv auf. Unter der Annahme, daß der Basisfall $O(1)$ Zeit benötigt, sehen wir, daß eine derartige Prozedur immer zu einer Rekurrenzbeziehung $T(n) = O(1) + T(n - 1)$ führt. Die Lösung von $T(n)$ ist $O(n)$ bzw. linear zur Größe des Arguments. In Abschnitt 3.11 werden wir einige Verallgemeinerungen dieses Prinzips kennenlernen.

```
          function split(list: LISTTYPE): LISTTYPE;

          var SecondCell: ^CELL;

          begin
(1)          if list = NIL then split := NIL
(2)          else if list^.next = NIL then split := NIL
             else begin (*Es gibt mindestens zwei Elemente.*)
(3)             SecondCell := list^.next;
(4)             list^.next := SecondCell^.next;
(5)             SecondCell^.next := split(SecondCell^.next);
(6)             split := SecondCell
             end
          end;
```

Abb. 3.24: Die Prozedur `split`.

Analyse der Split-Funktion

Es sei die `split`-Prozedur betrachtet, die wir in Abb. 3.24 wiedergeben. Die Analyse ist für die Prozedur `merge` sehr ähnlich. Die Größe n des Arguments sei die Länge der Liste, und wir benutzen hier $T(n)$ als die Zeit, die `split` zur Bearbeitung einer Liste der Länge n benötigt.

Als Basis nehmen wir sowohl $n = 0$ als auch $n = 1$. Wenn $n = 0$ ist – das heißt, *list* ist leer – ist der Test in Zeile (1) erfolgreich, und wir führen die Zuweisung `split := NIL` in Zeile (1) aus. Die Zeilen (2) bis (6) werden nicht ausgeführt, wir benötigen daher $O(1)$ Zeit. Ist $n = 1$, das heißt, *list* besteht aus nur einem Element, so ist der Test in Zeile (1) negativ, der Test in Zeile (2) verläuft dagegen erfolgreich. Wir führen daher die Zuweisung in Zeile (2) aus und bearbeiten die Zeilen (3) bis (6) nicht. Wiederum wird nur $O(1)$ Zeit für die beiden Tests und eine Zuweisung benötigt.

Bei der Induktion für $n > 1$ ergibt sich eine dreifache bedingte Verzweigung, ähnlich der vierfachen Verzweigung, der wir bei `merge` begegneten. Um bei der Analyse Zeit zu sparen, stellen wir fest – wie letztendlich auch bei `merge` – daß wir $O(1)$ Zeit für eine oder beide Tests der bedingten Anweisung in den Zeilen (1) und (2) benötigen. Auch in den Fällen, in denen einer der beiden Tests erfüllt ist und wir eine der Zuweisungen in den Zeilen (1) und (2) ausführen, beträgt der zusätzliche Zeitaufwand nur $O(1)$. Die dominante Zeit ergibt sich in dem Fall, in dem beide Tests versagen, das heißt die Liste hat mindestens die Länge 2; in diesem Fall führen wir die Zuweisungen in den Zeilen (3) bis (6) durch. Alle bis auf den rekursiven Aufruf in Zeile (5) haben den Aufwand $O(1)$. Der rekursive Aufruf benötigt $T(n - 2)$ Zeit, da die Argumentliste dem ursprünglichen Wert von `list` entspricht, dem die ersten beiden Elemente fehlen (um zu verstehen, warum, verweisen wir Sie auf den Inhalt des Abschnitts 2.8, und dort insbesondere auf das Diagramm in Abb. 2.29). Im Induktionsfall ist $T(n)$ somit $O(1) + T(n - 2)$.

Wir stellen folgende Rekurrenzbeziehung auf:

BASIS. $T(0) = O(1)$ und $T(1) = O(1)$.

INDUKTION. $T(n) = O(1) + T(n - 2)$ für $n > 1$.

Ebenso wie in Beispiel 3.23 müssen wir uns zunächst Konstanten zur Darstellung der Proportionalitäts-Konstanten, die durch die $O(1)$-Terme verborgen werden, ausdenken. a und b seien die Konstanten, die in der Basis für die Werte von $T(0)$ bzw. $T(1)$ durch $O(1)$ repräsentiert werden. Ferner benutzen wir c als die Konstante, die durch $O(1)$ im Induktionsschritt repräsentiert wird. Wir schreiben die rekursive Definition folgendermaßen neu

BASIS. $T(0) = a$ und $T(1) = b$.

INDUKTION. $T(n) = c + T(n - 2)$ für $n \geq 2$.

Wir berechnen die ersten Werte von $T(n)$. Offensichtlich gilt aufgrund der Basis $T(0) = a$ und $T(1) = b$. Wir verwenden den Induktionsschritt, um folgendes abzuleiten

$$
\begin{aligned}
T(2) &= c + T(0) = a + c \\
T(3) &= c + T(1) = b + c \\
T(4) &= c + T(2) = c + (a + c) = a + 2c \\
T(5) &= c + T(3) = c + (b + c) = b + 2c \\
T(6) &= c + T(4) = c + (a + 2c) = a + 3c
\end{aligned}
$$

Die Berechnung von $T(n)$ besteht in Wirklichkeit aus zwei getrennten Berechnungen, eine für ungerade n und eine für gerade n. Für gerade n erhalten wir $T(n) = a + cn/2$. Das ist insofern einleuchtend, als wir bei einer Liste mit gerader Länge zwei Elemente gleichzeitig eliminieren, wofür wir die Zeit c benötigen. Nach $n/2$ rekursiven Aufrufen ist die Liste leer, und wir führen keine rekursiven Aufrufe mehr durch und benötigen a Zeit.

Bei einer ungeraden Listenlänge eliminieren wir auch zwei Elemente gleichzeitig, was c Zeit benötigt. Nach $(n - 1)/2$ Aufrufen sind wir bei einer Liste der Länge 1 angelangt, für die b Zeit benötigt wird. Die Zeit für eine Liste ungerader Länge beträgt somit $b + c(n - 1)/2$.

Die induktiven Beweise dieser Betrachtungen gleichen dem Beweis in Beispiel 3.23. Das heißt, wir beweisen folgendes:

AUSSAGE $S(i)$: Wenn $1 \leq i \leq n/2$ gilt, dann ist $T(n) = ic + T(n - 2i)$.

Im Beweis benutzen wir die induktive Regel in der Definition von $T(n)$, die wir mit dem Argument m neu schreiben können als

$$T(m) = c + T(m - 2) \text{ für } m \geq 2 \tag{3.3}$$

Wir beweisen $S(i)$ dann wie folgt:

BASIS. Die Basis $i = 1$ ist (3.3), wobei n für m steht.

INDUKTION. Da $S(i)$ eine wenn-dann-Form hat, ist $S(i+1)$ immer wahr, wenn $i \geq n/2$ ist. Der Induktionsschritt – daß $S(i)$ $S(i+1)$ impliziert – braucht also nicht bewiesen zu werden.

Schwierig wird es erst, wenn $1 \leq i < n/2$ gilt. In dieser Situation gehen wir davon aus, daß die Induktionsannahme $S(i)$ wahr ist, das heißt, daß $T(n) = ic + T(n - 2i)$ ist. Wir substituieren $n - 2i$ für m in (3.3) und erhalten

$$T(n - 2i) = c + T(n - 2i - 2)$$

Wenn wir $T(n - 2i)$ in $S(i)$ substituieren, bekommen wir

$$T(n) = ic + (c + T(n - 2i - 2))$$

Fassen wir die Terme zusammen, so führt dies zu

$$T(n) = (i + 1)c + T(n - 2(i + 1))$$

was der Aussage $S(i+1)$ entspricht. Wir haben somit den Induktionsschritt bewiesen und schließen, daß $T(n) = ic + T(n - 2i)$ ist.

Wenn n nun gerade ist, sei $i = n/2$. $S(n/2)$ besagt dann, daß $T(n) = cn/2 + T(0)$ ist, was $a + cn/2$ entspricht. Ist n ungerade, so sei $i = (n - 1)/2$. $S((n - 1)/2)$ sagt aus, daß $T(n)$

$$c(n - 1)/2 + T(1)$$

ist, was gleich $b + c(n - 1)/2$ ist, da $T(1) = b$ gilt.

Zum Schluß müssen wir noch die Konstanten a, b und c, die Compiler- und maschinenspezifische Größen repräsentieren, in O-Notation umwandeln. Beide Polynome $a + cn/2$ und $b + c(n -1)/2$ enthalten Terme hoher Ordnung, die proportional zu n sind. Die Frage, ob n ungerade oder gerade ist, ist tatsächlich nicht von Bedeutung; die Laufzeit von `split` ist in jedem Fall $O(n)$. Dies ist wieder die intuitiv korrekte Antwort, da `split` auf einer Liste der Länge n ungefähr $n/2$ rekursive Aufrufe durchführt, von denen jeder $O(1)$ Zeit benötigt.

Die Prozedur MergeSort

Wir kommen schließlich zur Prozedur `MergeSort`, die in Abb. 3.25 noch einmal angegeben ist. Das geeignete Maß n für die Argumentgröße ist wiederum die Länge der zu sortierenden Liste. Wir verwenden hier $T(n)$ als Laufzeit von `MergeSort` auf einer Liste der Länge n. Wir nehmen $n = 1$ als Basisfall und $n > 1$ als Induktionsfall, in dem rekursive Aufrufe durchgeführt werden. Bei der Untersuchung von `MergeSort` stellen wir fest, daß es keine Möglichkeit gibt, einen Aufruf mit einer leeren Liste als Argument zu erhalten, es sei denn wir rufen `MergeSort` aus einer anderen Prozedur heraus mit einer leeren Liste als Argument auf. Der Grund liegt darin, daß wir die Zeilen (4) und (5) nur ausführen, wenn `list` mindestens zwei Elemente hat, so daß die Ergebnislisten nach einer Aufspaltung jeweils mindestens ein Element enthalten. Wir können demnach den Fall $n = 0$ ignorieren und unsere Induktion gleich mit $n = 1$ beginnen.

```
procedure MergeSort(var list: LISTTYPE);

      var SecondList: LISTTYPE;

      begin

(1)      if list <> NIL then
(2)         if list^.next <> NIL then begin
               (* Mindestens zwei Elemente in list. *)
```

```
(3)           SecondList := split(list);
(4)           MergeSort(list);
(5)           MergeSort(SecondList);
(6)           list := merge(list, SecondList)
          end
      end;
```

Abb. 3.25: Der Mergesort-Algorithmus.

BASIS. Wenn `list` aus einem einzigen Element besteht, dann führen wir die Tests in den Zeilen (1) und (2) aus, aber nichts sonst. Im Basisfall ist $T(1)$ $O(1)$.

INDUKTION. Im Induktionsfall sind beide Tests in Zeile (1) und (2) negativ, so daß wir den Block in den Zeilen (3) bis (6) ausführen. Um die Sache etwas zu vereinfachen, gehen wir davon aus, daß n eine Potenz von 2 ist. Der Grund, warum uns diese Annahme hilft, liegt darin, daß, wenn n gerade ist, die Liste in zwei Teile genau der Länge $n/2$ gespalten wird. Wenn n eine Potenz von 2 ist, dann ist auch $n/2$ eine Potenz von 2. Die Divisionen durch 2 resultieren demnach alle in gleich große Teile bis wir bei Teilen, die aus einem Element bestehen, angekommen sind und die Rekursion endet. Die Zeit, die `MergeSort` für $n > 1$ benötigt, ergibt sich aus der Summe folgender Terme:

1. $O(1)$ für die beiden Tests
2. $O(1) + O(n)$ für die Zuweisung und den Aufruf von `split` in Zeile (3)
3. $T(n/2)$ für den rekursiven Aufruf von `MergeSort` in Zeile (4)
4. $T(n/2)$ für den rekursiven Aufruf von `MergeSort` in Zeile (5)
5. $O(1) + O(n)$ für die Zuweisung und den Aufruf von `merge` in Zeile (6)

Wenn wir diese Terme addieren und die $O(1)$-Terme zugunsten der größeren $O(n)$-Terme, die sich aus den Aufrufen von `split` und `merge` ergeben, wegfallen lassen, erhalten wir die Schranke $2T(n/2) + O(n)$ für die Zeit, die `MergeSort` im Induktionsfall verbraucht. Wir haben somit folgende Rekurrenzbeziehung:

BASIS. $T(1) = O(1)$.

Induktionen, die einige Werte überspringen

Der Leser möge sich durch die neue Art der Induktion, die zur Analyse von `MergeSort` verwendet wird und bei der alles bis auf die Zweierpotenzen in unserem Beweis übersprungen wird, nicht abschrecken lassen. Allgemein gilt: Wenn i_1, i_2, ... eine Folge ganzer Zahlen ist, über die wir die Aussage S beweisen wollen, so können wir $S(i_1)$ als eine Basis beweisen und dann für die Induktion zeigen, daß $S(i_j)$ für alle j $S(i_{j+1})$ impliziert. Es handelt sich dabei um eine gewöhnliche Induktion, wenn wir sie als Induktion über j betrachten. Präziser ausgedrückt, definieren wir die Aussage S' durch $S'(j) = S(i_j)$. Dann beweisen wir $S'(j)$ durch Induktion über j. Für den gegebenen Fall gilt $i_1 = 1$, $i_2 = 2$, $i_3 = 4$ und allgemein $i_j = 2^{j-1}$.

Beachten Sie übrigens, daß $T(n)$, die Laufzeit von `MergeSort`, mit Sicherheit nicht sinkt während n steigt. Der Beweis, daß $T(n)$ $O(n \log n)$ für n gleich einer Potenz von 2 ist, zeigt, daß $T(n)$ für alle n $O(n \log n)$ ist.

INDUKTION. $T(n) = 2T(n/2) + O(n)$, wobei n eine Potenz von 2 und größer als 1 ist.

Im nächsten Schritt ersetzen wir die O-Ausdrücke durch Funktionen mit konkreten Konstanten. Wir ersetzen $O(1)$ im Induktionsanfang durch a und $O(n)$ im Induktionsschritt durch bn, für eine Konstante b. Unsere Rekurrenzbeziehung wird somit zu

BASIS. $T(1) = a$.

INDUKTION. $T(n) = 2T(n/2) + bn$, wobei n eine Potenz von 2 und größer als 1 ist.

Diese Rekurrenz ist etwas komplizierter als die anderen, die wir bisher kennengelernt haben, wir können aber dieselben Techniken anwenden. Lassen Sie uns zunächst die Werte von $T(n)$ für einige kleine n untersuchen. Der Induktionsanfang besagt, daß $T(1) = a$ ist. Der Induktionsschritt sagt dann aus, daß

$$\begin{array}{llll}
T(2) & = 2T(1) + 2b & & = 2a + 2b \\
T(4) & = 2T(2) + 4b & = 2(2a + 2b) + 4b & = 4a + 8b \\
T(8) & = 2T(4) + 8b & = 2(4a + 8b) + 8b & = 8a + 24b \\
T(16) & = 2T(8) + 16b & = 2(8a + 24b) + 16b & = 16a + 64b
\end{array}$$

Es ist nicht ganz leicht zu verstehen, was hier vor sich geht. Offensichtlich hält der Koeffizient von a mit dem Wert von n schritt; das heißt, $T(n)$ ist n mal a plus eine Anzahl von b's. Der Koeffizient von b wächst aber schneller als irgendein Vielfaches von n. Die Beziehung zwischen n und dem Koeffizienten von b wird folgendermaßen zusammengefaßt:

Wert von n	2	4	8	16
Koeffizient von b	2	8	24	64
Verhältnis	1	2	3	4

Das Verhältnis ergibt sich aus dem Koeffizienten von b geteilt durch den Wert von n. Es zeigt sich, daß der Koeffizient von b sich aus n mal einem anderen Faktor ergibt, der jedesmal, wenn n sich verdoppelt, um 1 wächst. Insbesondere können wir sehen, daß das Verhältnis $\log_2 n$ ist, da $\log_2 2 = 1$, $\log_2 4 = 2$, $\log_2 8 = 3$ und $\log_2 16 = 4$ ist. Es ist daher naheliegend zu vermuten, daß die Lösung unserer Rekurrenzbeziehung $T(n) = an + bn \log_2 n$ ist, zumindest für ein n, das eine Potenz von 2 ist. Wir werden sehen, daß diese Formel korrekt ist.

Um eine Lösung für die Rekurrenz zu erhalten, verfolgen wir dieselbe Strategie wie bei vorhergehenden Beispielen. Wir schreiben die induktive Regel mit dem Argument m als

$$T(m) = 2T(m/2) + bm, \text{ wobei } m \text{ eine Potenz von 2 und } m > 1 \qquad (3.4)$$

Wir beginnen mit $T(n)$ und verwenden (3.4), um $T(n)$ durch einen Ausdruck zu ersetzen, der kleinere Werte des Arguments betrifft; in diesem Fall enthält der ersetzende Ausdruck $T(n/2)$. Das heißt, wir beginnen mit

$$T(n) = 2T(n/2) + bn \qquad (3.5)$$

Als nächstes benutzen wir (3.4) mit $n/2$ anstelle von m, um einen Ersatz für $T(n/2)$ in (3.5) zu erhalten. Das heißt (3.4) besagt, daß $T(n/2) = 2T(n/4) + bn/2$ ist und wir (3.5) durch folgendes ersetzen können

$$T(n) = 2(2T(n/4) + bn/2) + bn = 4T(n/4) + 2bn$$

Dann können wir $T(n/4)$ durch $2T(n/8) + bn/4$ ersetzen; (3.4) mit $n/4$ anstelle von m berechtigt uns dazu. Wir erhalten

$$T(n) = 4(2T(n/8) + bn/4) + 2bn = 8T(n/8) + 3bn$$

Die Aussage, die wir durch Induktion über i beweisen, lautet

AUSSAGE $S(i)$: Wenn $1 \le i \le \log_2 n$ gilt, ist $T(n) = 2^i T(n/2^i) + ibn$.

BASIS. Für $i = 1$ besagt die Aussage, daß $T(n) = 2T(n/2) + bn$ ist. Diese Gleichheit ist die induktive Regel in der Definition von $T(n)$, der Laufzeit von *merge* und *sort*, so daß wir wissen, daß die Basis gilt.

INDUKTION. Wie in ähnlichen Induktionen, bei denen die Induktionsannahme die wenn-dann-Form hat, gilt der Induktionsschritt immer, wenn sich i außerhalb des angenommenen Bereiches befindet; hier bildet $i \ge \log_2 n$ den einfachen Fall, für den $S(i+1)$ offensichtlich gilt.

Schwieriger ist es, wenn wir annehmen, daß $i < \log_2 n$ gilt. Zudem sei die Induktionsannahme $S(i)$ gegeben; das heißt, $T(n) = 2^i T(n/2^i) + ibn$. Ersetzen Sie $n/2^i$ für m in (3.4), um folgende Gleichung zu erhalten

$$T(n/2^i) = 2T(n/2^{i+1}) + bn/2^i \qquad (3.6)$$

Substituieren Sie die rechte Seite von (3.6) für $T(n/2^i)$ in $S(i)$ und Sie erhalten

$$T(n) = 2^i(2T(n/2^{i+1}) + bn/2^i) + ibn$$

$$= 2^{i+1}T(n/2^{i+1}) + bn + ibn$$

$$= 2^{i+1}T(n/2^{i+1}) + (i + 1)bn$$

Die letzte Gleichung ist die Aussage $S(i+1)$, wir haben also den Induktionsschritt bewiesen.

Wir schließen, daß die Gleichheit $S(i)$ – also $T(n) = 2^iT(n/2^i) + ibn$ – für alle i zwischen 1 und $\log_2 n$ gilt. Betrachten Sie nun die Formel $S(\log_2 n)$, das heißt

$$T(n) = 2^{\log_2 n}T(n/2^{\log_2 n}) + (\log_2 n)bn$$

Wir wissen, daß $2^{\log_2 n} = n$ ist ($\log_2 n$ ist definiert als die Potenz, zu der wir 2 erheben müssen, um n zu erhalten). $S(\log_2 n)$ kann demnach als

$$T(n) = nT(1) + bn \log_2 n$$

geschrieben werden. Außerdem wissen wir aufgrund der Basis der Definition von T, daß $T(1) = a$ ist. Es gilt also

$$T(n) = an + bn\log_2 n$$

Nach dieser Analyse müssen wir die Konstanten a und b durch O-Ausdrücke ersetzen. Das heißt $T(n)$ hat den Aufwand $O(n) + O(n \log n)$.[11] Da n langsamer wächst als $n \log n$, vernachlässigen wir den $O(n)$-Term und sagen, daß $T(n)$ $O(n \log n)$ ist. Das heißt, Mergesort ist ein $O(n \log n)$ Sortieralgorithmus. Sie erinnern sich, daß Selectionsort $O(n^2)$ Zeit benötigt. Obwohl $O(n^2)$ genaugenommen nur eine obere Schranke ist, ist es tatsächlich die genaueste einfache Schranke für Selectionsort. Wir können also sicher sein, daß, wenn n groß genug wird, Mergesort immer schneller ist als Selectionsort. In der Praxis ist Mergesort schneller als Selectionsort, wenn n größer als ein paar Dutzend ist.

ÜBUNGEN

3.10.1: Zeichnen Sie Bäume nach Art der Abb. 3.12, die die Struktur der Funktionen

a) `split`

b) `mergesort`

widerspiegeln. Geben Sie die Laufzeit für jeden Knoten des Baumes an.

---

[11] Wir erinnern noch einmal daran, daß man innerhalb eines O-Ausdruckes keine Basis eines Logarithmus spezifizieren muß, da Logarithmen zu allen Basen bis auf einen konstanten Faktor gleich sind.

3.10.2*: Definieren Sie eine Prozedur k-Mergesort, die eine Liste in k Teile spaltet, jeden Teil sortiert und dann die Resultate zusammenfügt.

a) Welche Laufzeit hat k-Mergesort als Funktion von k?

b) Welcher Wert von k liefert den schnellsten Algorithmus?

3.11 Lösen von Rekurrenzbeziehungen

Es gibt viele Verfahren zur Lösung von Rekurrenzbeziehungen. In diesem Abschnitt werden wir zwei Ansätze diskutieren. Der erste, den wir bereits kennengelernt haben, besteht darin, wiederholt die induktive Regel in sich selbst zu substituieren, bis wir eine Beziehung zwischen $T(n)$ und $T(1)$ oder – wenn 1 nicht die Basis ist – zwischen $T(n)$ und $T(i)$ für ein i, das durch die Basis abgedeckt ist, herstellen können. Das zweite Verfahren, das wir vorstellen wollen, basiert darauf, eine Lösung zu raten und deren Korrektheit durch Substitution in der Basis und der induktiven Regel zu überprüfen.

In den beiden vorhergehenden Abschnitten haben wir für $T(n)$ exakt gelöst. Da $T(n)$ jedoch in Wirklichkeit eine obere O-Schranke der exakten Laufzeit darstellt, ist es ausreichend eine genaue obere Schranke für $T(n)$ zu finden. Besonders für den „Rate-und-Prüfe"-Ansatz fordern wir daher nur, daß die Lösung eine obere Schranke der wirklichen Lösung der Rekurrenz ist.

Lösen von Rekurrenzen durch wiederholte Substitution

Die vermutlich einfachste Form von Rekurrenzen, der wir in der Praxis begegnen, wurde in Beispiel 3.23 vorgestellt, wo wir uns mit folgender Rekurrenz befaßten

BASIS. $T(1) = a$.

INDUKTION. $T(n) = T(n - 1) + b$ für $n > 1$.

Wir können diese Form etwas verallgemeinern, indem wir die Addition einer Funktion $g(n)$ anstelle der Konstanten b in der Induktion gestatten. Wir schreiben diese Form folgendermaßen

BASIS. $T(1) = a$.

INDUKTION. $T(n) = T(n - 1) + g(n)$ für $n > 1$.

Diese Form ergibt sich immer dann, wenn wir eine rekursive Prozedur haben, die die Zeit $g(n)$ benötigt und sich dann mit einem Argument selbst aufruft, das um eins kleiner ist, als das Argument, mit dem der gegenwärtig laufende Prozeduraufruf durchgeführt wurde. Beispiele sind die Fakultätsfunktion aus Beispiel 3.23, die Prozedur `merge` aus Abschnitt 3.10 und das rekursive Selectionsort aus Abschnitt 2.7. Bei den ersten beiden Prozeduren ist $g(n)$ eine Konstante und bei der dritten ist es linear in n. Die Prozedur `split` aus Abschnitt 3.10 hat beinahe diese Form; sie ruft sich selbst mit einem Argument auf, das um 2 kleiner ist. Wir werden sehen, daß dieser Unterschied unerheblich ist.

Wir wollen diese Rekurrenz durch wiederholte Substitution lösen. Wie in Beispiel 3.23 schreiben wir die induktive Regel zunächst mit dem Argument m als $T(m) = (m - 1) + g(m)$ auf und fahren dann fort, für T immer wieder auf der rechten Seite der ursprünglichen induktiven Regel zu substituieren. Wenn wir dies tun, erhalten wir folgende Ausdruckssequenz

$$
\begin{aligned}
T(n) &= T(n-1) + g(n) \\
&= T(n-2) + g(n-1) + g(n) \\
&= T(n-3) + g(n-2) + g(n-1) + g(n) \\
&\dots \\
&= T(n-\mathrm{i}) + g(n-i+1) + g(n-i-2) + \dots + g(n-1) + g(n)
\end{aligned}
$$

Mit Hilfe der Technik aus Beispiel 3.23 können wir durch Induktion über i für $i = 1, 2, ..., n - 1$ beweisen, daß gilt

$$T(n) = T(n-i) + \sum_{j=0}^{i-1} g(n-j)$$

Wir möchten einen Wert für i so auswählen, daß $T(n - i)$ durch die Basis abgedeckt ist; wir wählen deshalb $i = n - 1$. Da $T(1) = a$ ist, erhalten wir $T(n) = a + \sum_{j=0}^{n-2} g(n-j)$. Anders ausgedrückt ist $T(n)$ die Konstante a plus die Summe aller Werte für g von 2 bis n oder $a + g(2) + g(3) + ... + g(n)$. Außer wenn alle $g(j)$ 0 sind, spielt der Term a bei der Umwandlung dieses Ausdrucks in einen O-Ausdruck keine Rolle, und wir benötigen daher im allgemeinen nur die Summe der $g(j)$.

Beispiel 3.24

Gegeben sei die rekursive Selectionsort Prozedur aus Abb. 2.11, deren Rumpf wir in Abb. 3.26 noch einmal darstellen. Wenn $T(m)$ die Laufzeit der Prozedur `SelectionSort` für ein Array mit m zu sortierenden Elementen ist (d. h. wenn das Argument i den Wert $n - m + 1$ hat), können wir für $T(m)$ eine Rekurrenzbeziehung entwickeln wie im folgenden angegeben. Als erstes ist der Basisfall $m = 1$. Es wird nur Zeile (1) ausgeführt, was $O(1)$ Zeit benötigt.

```
(1)    if i < n then begin
(2)       small := i;
(3)       for j := i+1 to n do
(4)          if A[j] < A[small] then
(5)       small := j;
(6)       temp := A[small];
(7)       A[small] := A[i];
(8)       A[i] := temp;
(9)       SelectionSort(i+1)
        end
```

Abb. 3.26: Rekursives Selectionsort.

Im Induktionsfall $m > 1$ führen wir den Test in Zeile (1) und die Zuweisungen in den Zeilen (2), (6), (7) und (8) aus, die jeweils den Aufwand $O(1)$ haben. Die for-Schleife in den Zeilen (3) bis (5) braucht $O(n - i)$, das heißt $O(m)$, Zeit, was wir in Verbindung mit dem iterativen Selectionsort-Programm in Beispiel 3.16 bereits herausgefunden hatten. Um sich in Erinnerung zu rufen, warum dies so war, beachten Sie, daß der Rumpf in den Zeilen (4) und (5) den Aufwand $O(1)$ hat und daß wir die Schleife $m - 1$ mal durchlaufen. Die Zeit der for-Schleife übersteigt somit die Zeit, die in den Zeilen (1) bis (8) benötigt wird, und wir können $T(m)$, die Zeit der gesamten Prozedur, als $T(m - 1) + O(m)$ schreiben. Der zweite Term, $O(m)$, gilt für die Zeilen (1) bis (8), und der Term $T(m - 1)$ beschreibt die Zeit, welche Zeile (9), also der rekursive Aufruf, benötigt. Wenn wir die verborgenen konstanten Faktoren im O-Ausdruck durch konkrete Konstanten ersetzen, erhalten wir die Rekurrenzbeziehung

BASIS. $T(1) = a$.

INDUKTION. $T(m) = T(m - 1) + bm$ für $m > 1$.

Diese Rekurrenz hat die Form, die wir behandelt haben, mit $g(m) = bm$. Das heißt, die Lösung lautet

$$\begin{aligned} T(m) &= a + \sum_{j=0}^{m-1} b(m-j) \\ &= a + b + 2b + 3b + \ldots + mb \\ &= a + bm(m+1)/2 \end{aligned}$$

$T(m)$ hat demnach den Aufwand $O(m^2)$. Da wir an der Laufzeit der Prozedur `SelectionSort` für das gesamte Array der Länge n interessiert sind, das heißt, wenn sie mit $i = 1$ aufgerufen wird, benötigen wir den Ausdruck für $T(n)$ und erhalten $O(n^2)$. Die rekursive Version von Selectionsort ist also, ebenso wie die iterative Version, quadratisch. ♦

Eine andere häufige Form der Rekurrenz verallgemeinert die Rekurrenz, die wir für `MergeSort` im vorhergehenden Abschnitt hergeleitet haben:

BASIS. $T(1) = a$.

INDUKTION. $T(n) = 2T(n/2) + g(n)$, wobei n eine Potenz von 2 und größer als 1 ist.

Dies ist eine Rekurrenz für einen rekursiven Algorithmus, der ein Problem der Größe n dadurch löst, daß er es in zwei Unterprobleme aufspaltet, die jeweils die Größe $n/2$ haben. $g(n)$ repräsentiert hier die Zeit, die verwendet wurde, um die Unterprobleme zu erzeugen und die Lösungen miteinander zu kombinieren. So teilt `MergeSort` ein Problem der Größe n in zwei Probleme der Größe $n/2$. Die Funktion $g(n)$ ist bn für eine Konstante b, da der Aufwand, den `MergeSort` ohne die rekursiven Aufrufe von sich selbst hat, $O(\mathrm{n})$ beträgt und sich hauptsächlich aus den Algorithmen `split` und `merge` ergibt.

Um diese Rekurrenz zu lösen, substituieren wir für T auf der rechten Seite. Hier nehmen wir an, daß $n = 2^k$ für irgendein k gilt. Die rekursive Gleichung mit m als Argument kann als $T(m) = 2T(m/2) + g(m)$ geschrieben werden. Wenn wir $n/2^i$ für m substituieren, erhalten wir

$$T(n/2^i) = 2T(n/2^{i+1}) + g(n/2^i) \qquad (3.7)$$

Wenn wir mit der induktiven Regel beginnen und fortfahren, für T unter Verwendung von (3.7) mit immer größer werdenden Werten von i zu substituieren, erhalten wir

$$\begin{aligned}
T(n) &= 2T(n/2) + g(n) \\
&= 2(2T(n/2^2) + g(n)/2) + g(n) \\
&= 2^2(T(n/2^2) + 2g(n/2)) + g(n) \\
&= 2^2(2T(n/2^3) + g(n/2^2)) + 2g(n/2) + g(n) \\
&= 2^3T(n/2^3) + 2^2g(n/2^2) + 2g(n/2) + g(n) \\
&\ldots \\
&= 2^i T(n/2^i) + \sum_{j=0}^{i-1} 2^j g(n/2^j)
\end{aligned}$$

Wenn $n = 2^k$ gilt, wissen wir, daß $T(n/2^k) = T(1) = a$ ist. Wenn also $i = k$ gilt, das heißt, wenn $i = \log_2 n$ ist, erhalten wir als Lösung

$$T(n) = an + \sum_{j=0}^{(\log_2 n)-1} 2^j g(n/2^j) \tag{3.8}$$

für unsere Rekurrenz.

Intuitiv repräsentiert der erste Term aus (3.8) den Anteil des Basiswertes a. Das heißt, es gibt n Aufrufe der rekursiven Prozedur mit einem Argument der Größe 1. Die Summe stellt den rekursiven Anteil dar und spiegelt das wider, was von allen Aufrufen mit einer Argumentgröße größer als 1 geleistet wurde.

Abb. 3.27 deutet die Akkumulation der Zeit während der Ausführung von `MergeSort` an. Sie stellt die Zeit dar, die zur Sortierung von acht Elementen benötigt wird. Die erste Zeile steht für die Arbeit des äußersten Aufrufs, der alle acht Elemente einschließt; die zweite Zeile repräsentiert die Arbeit der beiden Aufrufe mit je vier Elementen; und die dritte Zeile enthält die vier Aufrufe mit jeweils zwei Elementen. Die letzte Zeile stellt schließlich die acht Aufrufe von `MergeSort` mit einer Liste der Länge eins dar. Allgemein bedeutet dies, wenn die ursprüngliche unsortierte Liste n Elemente enthält, so gibt es $\log_2 n$ Ebenen, auf denen bn Arbeit durch Aufrufe von `MergeSort`, die wiederum andere Aufrufe verursachen, geleistet wird. Die gesamte Zeit dieser Aufrufe beträgt somit $bn \log_2 n$. Es gibt eine Ebene, auf der Aufrufe getätigt werden, die nicht zu weiteren Aufrufen führen und an ist die gesamte Zeit, die diese Aufrufe benötigen. Beachten Sie, daß die ersten $\log_2 n$ Ebenen die Terme der Summe aus (3.8) repräsentieren und daß die niedrigste Ebene den Term an darstellt.

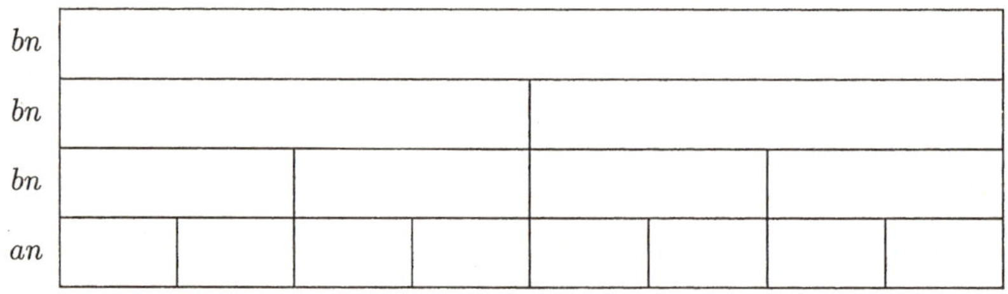

Abb. 3.27: Zeitaufwand der Aufrufe von `MergeSort`.

Beispiel 3.25

Im Falle von `MergeSort` ist die Funktion $g(n)$ für eine Konstante b gleich bn. Die Lösung (3.8) mit diesen Parametern lautet daher

$$T(n) = an + \sum_{j=0}^{(\log_2 n)-1} 2^j bn / 2^j$$

$$= an + bn \sum_{j=0}^{(\log_2 n)-1} 1$$

$$= an + bn \log n$$

Die letzte Gleichheit ergibt sich aus der Tatsache, daß die Summe $\log_2 n$ Terme enthält und jeder Term 1 ist. Wenn $g(n)$ linear ist, lautet die Lösung somit $O(n \log n)$. ♦

Lösen von Rekurrenzen durch Raten einer Lösung

Ein weiterer nützlicher Ansatz zur Lösung von Rekurrenzen besteht darin, eine Lösung $f(n)$ anzunehmen und dann die Rekurrenz zu verwenden, um zu zeigen, daß $T(n) \leq f(n)$ gilt. Das liefert zwar nicht unbedingt den genauen Wert von $T(n)$, wir geben uns jedoch damit zufrieden, eine genaue obere Schranke zu erhalten. Oft schätzen wir nur die funktionale Form von $f(n)$ und lassen einige der Parameter unspezifiziert; wir vermuten zum Beispiel, daß $f(n) = an^b$ für irgendein a und b gilt. Die Werte der Parameter werden während unseres Versuchs, $T(n) \leq f(n)$ für alle n zu beweisen, erzwungen.

Obwohl wir die Vorstellung eigenartig finden können, daß wir Lösungen genau raten können, können wir oft auf die Terme höherer Ordnung schließen, indem wir die Werte von $T(n)$ für ein paar kleine Werte von n betrachten. Wir geben dann noch ein paar Terme niederer Ordnung dazu und sehen, ob ihre Koeffizienten sich als ungleich null herausstellen.[12]

Beispiel 3.26

Wir wollen noch einmal die `MergeSort` Rekurrenzbeziehung aus dem vorigen Abschnitt untersuchen, die wir folgendermaßen beschrieben hatten

---

[12]Falls es Sie tröstet: Die Theorie der Differentialgleichungen, die in vielerlei Hinsicht der Theorie der Rekurrenzgleichungen ähnelt, beruht ebenfalls auf bekannten Lösungen von Gleichungen einiger häufiger Formen und dann auf wohlbegründeten Vermutungen zur Lösung anderer Gleichungen.

BASIS. $T(1) = a$.

INDUKTION. $T(n) = 2T(n/2) + bn$ mit n als Potenz von 2 und größer als 1.

Wir werden raten, daß $f(n) = cn \log_2 n + d$ für die Konstanten c und d eine obere Schranke für $T(n)$ ist. Sie erinnern sich vielleicht, daß diese Form nicht ganz richtig ist; im vorigen Beispiel haben wir die Lösung hergeleitet und festgestellt, daß sie einen $O(n \log n)$ Term zusammen mit einem $O(n)$ Term anstelle eines konstanten Terms enthielt. Diese Vermutung stellt sich aber als gut genug heraus, um eine $O(n \log n)$ obere Schranke für $T(n)$ zu beweisen.

Wir benutzen eine vollständige Induktion über n, um folgendes für die Konstanten c und d zu beweisen:

AUSSAGE $S(n)$: Wenn n eine Potenz von 2 ist und $n \geq 1$ gilt, dann ist $T(n) \leq f(n)$, wobei $f(n)$ die Funktion $cn \log_2 n + d$ ist.

BASIS. Wenn $n = 1$ ist, gilt $T(1) \leq f(1)$ vorausgesetzt, daß $a \leq d$ ist. Das liegt daran, daß der Term $cn \log_2 n$ in $f(n)$ 0 ist, wenn $n = 1$ ist, so daß $f(1) = d$ gilt, und es gegeben ist, daß $T(1) = a$ ist.

Behandlung von Ungleichungen

In Beispiel 3.26 leiten wir eine Ungleichung, $T(n) \leq cn \log_2 n + d$, aus einer anderen Ungleichung, $T(n) \leq cn \log_2 n + (b - c)n + 2d$, ab. Wir tun dies, indem wir einen „Überschuß" finden und fordern, daß dieser höchstens 0 ist. Das zugrundeliegende Prinzip sieht so aus: Wenn wir eine Ungleichung $A \leq B + E$ haben und zeigen wollen, daß $A \leq B$ gilt, dann reicht es aus zu zeigen, daß $E \leq 0$ ist. In Beispiel 3.26 entspricht das A dem $T(n)$, B ist $cn \log_2 n + d$ und E, der Überschuß, ist $(b - c)n + d$.

INDUKTION. Nehmen wir an, $S(i)$ gilt für alle $i < n$ und beweisen $S(n)$ für ein $n > 1$.[13] Wenn n keine Zweierpotenz ist, gibt es nichts zu beweisen, da der if-Abschnitt der if-then-Anweisung $S(n)$ nicht erfüllt ist. Betrachten wir daher den schwierigen Fall, in dem n eine Potenz von 2 ist. Wir setzen $S(n/2)$ voraus, das heißt, es gilt

$$T(n/2) \leq (cn/2)\log_2(n/2) + d$$

da es Teil der Induktionsannahme ist.

[13] In den meisten vollständigen Induktionen nehmen wir $S(i)$ für i bis n an und beweisen $S(n+1)$. In diesem Fall ist es notationell einfacher $S(n)$ für $i < n$ zu beweisen, was zum gleichen Ergebnis führt.

Für den Induktionsschritt müssen wir zeigen, daß

$$T(n) \leq f(n) = cn \log_2 n + d$$

ist. Wenn $n \geq 2$ ist, sagt uns der induktive Teil der Definition von $T(n)$, daß folgendes gilt

$$T(n) \leq 2T(n/2) + bn$$

Verwenden wir die Induktionsannahme, um $T(n/2)$ zu beschränken, erhalten wir

$$T(n) \leq 2[c(n/2)\log_2(n/2) + d] + bn$$

Da $\log_2(n/2) = \log_2 n - \log_2 2 = \log_2 n - 1$ ist, vereinfachen wir diesen Ausdruck zu

$$T(n) \leq cn \log_2 n + (b - c)n + 2d \tag{3.9}$$

Nun zeigen wir, daß $T(n) \leq cn \log_2 n + d$ gilt, vorausgesetzt, daß der Überschuß über $cn \log_2 n + d$ auf der rechten Seite von (3.9) höchstens 0 ist; das heißt, $(b - c)n + d \leq 0$. Da $n > 1$ ist, ist diese Ungleichung wahr, wenn $d \geq 0$ und $b - c \leq -d$ ist.

Wir haben nun drei Bedingungen dafür, daß $f(n) = cn \log n + d$ eine obere Schranke für $T(n)$ bildet:

1. Der Beschränkung $a \leq d$ entstammt der Basis.
2. $d \geq 0$ kommt von der Induktion, da wir aber wissen, daß $a > 0$ ist, wird diese Ungleichung durch (1) überflüssig.
3. $b - c \leq -d$ bzw. $c \geq b + d$ entstammt ebenfalls der Induktion.

Diesen drei Einschränkungen wird offensichtlich genügt, wenn wir $d = a$ und $c = a + b$ setzen. Wir haben nun durch Induktion über n gezeigt, daß für alle $n \geq 1$, die Zweierpotenzen sind, gilt,

$$T(n) \leq (a + b)n \log_2 n + a$$

Dieser Beweis zeigt, daß $T(n)$ den Aufwand $O(n \log n)$ hat, das heißt, daß $T(n)$ nicht schneller wächst als $n \log n$. Die Schranke $(a + b)n \log_2 n + a$, die wir herausbekommen haben, ist jedoch ein wenig größer als die exakte Antwort, die wir in Beispiel 3.25 erhielten, die $bn \log_2 n + an$ lautete. Zumindest hatten wir bei der Suche nach einer Schranke Erfolg. Hätten wir uns für die einfache Vermutung $f(n) = cn \log_2 n$ entschieden, so hätten wir keinen Erfolg gehabt, da es keinen Wert für c gibt, für den $f(1) \geq a$ gilt. Der Grund dafür ist, daß $c \times 1 \times \log_2 1 = 0$ ist, so daß $f(1) = 0$ ist. Wenn $a > 0$ ist, können wir offensichtlich nicht $f(1) \geq a$ erreichen. ♦

Zusammenfassung der Lösungen

In der unten angegebenen Tabelle listen wir die Lösungen für einige der häufigsten Rekurrenzbeziehungen auf, einschließlich einiger, die wir in diesem Abschnitt nicht behandelt haben. In jedem Fall gehen wir davon aus, daß die Basisgleichung $T(1) = a$ lautet und daß $k \geq 0$ gilt.

INDUKTIVE GLEICHUNG	***T(n)***
$T(n) = T(n - 1) + bn^k$	$O(n^{k+1})$
$T(n) = cT(n - 1) + bn^k$, für $c > 1$	$O(c^n)$
$T(n) = cT(n/d) + bn^k$, für $c > d^k$	$O(n^{\log_d c})$
$T(n) = cT(n/d) + bn^k$, für $c < d^k$	$O(n^k)$
$T(n) = cT(n/d) + bn^k$, für $c = d^k$	$O(n^k \log n)$

All dies gilt auch, wenn bn^k durch irgendein anderes k-gradiges Polynom ersetzt wird.

Beispiel 3.27

Gegeben sei eine Rekurrenzbeziehung, der wir weiter hinten in diesem Buch noch begegnen werden:

BASIS. $G(1) = 3$.

INDUKTION. $G(n) = (2^{n/2} + 1)G(n/2)$ für $n > 1$.

Die Rekurrenz enthält echte Zahlen wie 3 anstelle von symbolischen Konstanten wie a. In Kapitel 13 werden wir Rekurrenzen wie diese verwenden, um die Anzahl der Gatter in einem Schaltkreis zu zählen. Gatter können exakt gezählt werden, ohne daß man die O-Notation braucht, um unbestimmbare konstante Faktoren zu verbergen.

Wenn wir über eine Lösung durch wiederholte Substitution nachdenken, sehen wir, daß wir $\log_2 n - 1$ Substitutionen durchführen, bevor $G(n)$ durch einen Ausdruck mit $G(1)$ ersetzt wird. Während wir die Substitutionen vornehmen, generieren wir Faktoren

$$(2^{n/2} + 1)(2^{n/4} + 1)(2^{n/8} + 1)\ldots(2^1 + 1)$$

Wenn wir in jedem Faktor den Term „+1“ vernachlässigen, erhalten wir ungefähr das Produkt $2^{n/2}2^{n/4}2^{n/8}\ldots2^1$, also

$$2^{n/2+n/4+n/8+\ldots+1}$$

oder 2^{n-1}, wenn wir die geometrische Reihe im Exponenten summieren. Das ist die Hälfte von 2^n und so vermuten wir, daß 2^n ein Term in der Lösung $G(n)$ ist. Vermuten wir jedoch, daß $f(n) = c2^n$ eine obere Schranke für $G(n)$ ist, so scheitern wir, wie der Leser nachprüfen mag. Wir erhalten zwei Ungleichungen mit c, die keine Lösung haben.

Wir nehmen daher die nächst einfache Form $f(n) = c2^n + d$ an und sind damit erfolgreich. Das heißt wir können folgende Aussage durch vollständige Induktion über n für Konstanten c und d beweisen:

AUSSAGE. $S(n)$: Wenn n eine Zweierpotenz ist und $n \geq 1$ gilt, dann ist $G(n) \leq c2^n + d$.

BASIS. Wenn $n = 1$ ist, müssen wir zeigen, daß $G(1) \leq c2^1 + d$ ist, das heißt, es gilt $3 \leq 2c + d$. Diese Ungleichung wird eine der Beschränkungen für c und d.

INDUKTION. Ebenso wie in Beispiel 3.26 tritt nur dann eine Schwierigkeit auf, wenn n eine Zweierpotenz ist und wir $S(n)$ anhand von $S(n/2)$ beweisen wollen. In diesem Fall lautet die Gleichung

$$G(n/2) \leq c2^{n/2} + d$$

Wir müssen $S(n)$ beweisen, was $G(n) \leq c2^n + d$ entspricht. Wir beginnen mit der induktiven Definition von G,

$$G(n) = (2^{n/2} + 1)G(n/2)$$

und substituieren dann unsere obere Schranke für $G(n/2)$, was diesen Ausdruck umwandelt in

$$G(n) \leq (2^{n/2} + 1)(c2^{n/2} + d)$$

Nachdem wir diesen noch vereinfacht haben, erhalten wir

$$G(n) \leq c2^n + (c + d)2^{n/2} + d$$

Das liefert uns die gewünschte obere Schranke $c2^{n/2} + d$ für $G(n)$, vorausgesetzt, daß der Überschuß auf der rechten Seite, $(c + d)2^{n/2}$, nicht größer als 0 ist. Es reicht daher aus, daß $c + d \leq 0$ gilt.

Wir müssen c und d auswählen, um die beiden folgenden Ungleichungen zu erfüllen

1. $2c + d \geq 3$ aus der Basis und

2. $c + d \leq 0$ aus der Induktion.

Diese Ungleichungen sind zum Beispiel erfüllt, wenn $c = 3$ und $d = -3$ ist. Wir wissen dann, daß $G(n) \leq 3(2^n - 1)$ gilt. $G(n)$ wächst also exponentiell zu n. Zufällig ist diese Funktion die exakte Lösung , das heißt, $G(n) = 3(2^n - 1)$, wie der Leser durch Induktion über n beweisen kann. ♦

ÜBUNGEN

3.11.1: $T(n)$ sei durch die Rekurrenz

$$T(n) = T(n - 1) + g(n) \text{ für } n > 1$$

definiert. Beweisen Sie durch Induktion über i, daß, wenn $1 \leq i < n$ gilt,

$$T(n) = T(n - i) + \sum_{j=0}^{i-1} g(n-j)$$

ist.

3.11.2: Angenommen, wir haben eine Rekurrenz der Form

$$T(1) = a$$
$$T(n) = T(n - 1) + g(n) \text{ für } n > 1$$

Geben Sie genaue obere O-Schranken für die Lösung an, wenn $g(n)$

a) n^2

b) $n^2 + 3n$

c) $n^{3/2}$

d) $n \log n$

e) 2^n

ist.

3.11.3: Angenommen, wir haben eine Rekurrenz der Form

$$T(1) = a$$
$$T(n) = T(n/2) + g(n), \text{ wobei } n \text{ eine Potenz von 2 und } n > 1 \text{ ist.}$$

Geben Sie genaue obere O-Schranken für die Lösung an, wenn $g(n)$

a) n^2

b) $2n$

c) 10

d) $n \log n$

e) 2^n

ist.

3.11.4*: „Raten" Sie jede der folgenden Funktionen als Lösung der Rekurrenz

$$T(1) = a$$
$$T(n) = 2T(n/2) + bn \text{ mit } n \text{ als Potenz von 2 und } n > 1.$$

a) $cn \log_2 n + dn + e$

b) $cn + d$

c) cn^2

Welche Einschränkungen werden für die unbekannten Konstanten c, d und e impliziert? Für welche dieser Formen existiert eine obere Schranke für $T(n)$?

3.11.5: Zeigen Sie, daß wir, wenn wir $G(n) \le c2^n$ als Rekurrenz von Beispiel 3.27 annehmen, keine Lösung finden werden.

3.11.6*: Zeigen Sie, daß, wenn

$$T(1) = a$$
$$T(n) = T(n - 1) + n^k \text{ für } n > 1$$

gilt, $T(n)$ den Aufwand $O(n^{k+1})$ hat. Nehmen Sie an, es gelte $k \ge 0$. Zeigen Sie außerdem, daß dies die genaueste einfache obere O-Schranke ist, das heißt, $T(n)$ ist nicht $O(n^m)$, wenn $m < k + 1$ gilt. *Hinweis*: Schreiben Sie $T(n)$ aus als Ausdruck mit $T(n - i)$ für $i = 1, 2, \ldots$, um die obere Schranke zu erhalten. Zeigen Sie für die untere Schranke, daß $T(n)$ mindestens cn^{k+1} für ein bestimmtes $c > 0$ ist.

3.11.7**: Zeigen Sie, daß, wenn

$$T(1) = a$$
$$T(n) = cT(n - 1) + p(n) \text{ für } n > 1$$

ist, wobei $p(n)$ irgendein Polynom über n und $c > 1$ ist, dann $T(n)$ $O(c^n)$ ist. Zeigen Sie außerdem, daß dies die genaueste einfache obere O-Schranke ist, das heißt, $T(n)$ ist nicht $O(d^n)$, wenn $d < c$ gilt.

3.11.8**: Gegeben sei die Rekurrenz

$$T(1) = a$$
$$T(n) = cT(n/d) + bn^k \text{ für } n \text{ als Potenz von } d$$

Schreiben Sie $T(n)$ iterativ als einen Ausdruck mit $T(n/d^i)$ für $i = 1, 2, \ldots$. Zeigen Sie, daß

a) wenn $c > d^k$ ist, $T(n)$ $O(n^{\log_d c})$ ist

b) wenn $c = d^k$ ist, $T(n)$ $O(n^k \log n)$ ist

c) wenn $c < d^k$ ist, $T(n)$ $O(n^k)$ ist

3.11.9: Lösen Sie folgende Rekurrenzen, für die jeweils $T(1) = a$ gilt:

a) $T(n) = 3T(n/2) + n^2$ wobei n eine Potenz von 2 und $n > 1$ ist

b) $T(n) = 10T(n/3) + n^2$ wobei n eine Potenz von 3 und $n > 1$ ist

a) $T(n) = 16T(n/4) + n^2$ wobei n eine Potenz von 4 und $n > 1$ ist

Verwenden Sie die Lösungen aus Übung 3.11.8.

3.11.10: Lösen Sie die Rekurrenz

$$T(1) = \mathrm{a}$$
$$T(n) = 3^n T(n/2)$$

wobei n eine Potenz von 2 und $n > 1$ ist

3.11.11: Die *Fibonacci-Rekurrenz* lautet $F(0) = F(1) = 1$ und

$$F(n) = F(n - 1) + F(n - 2) \text{ für } n > 1$$

Die Werte $F(0)$, $F(1)$, $F(2)$, ... bilden die Folge der Fibonacci-Zahlen, bei denen jede Zahl nach den ersten beiden die Summe der beiden vorhergehenden Zahlen ist (vgl. Übung 3.9.4). Es sei $r = (1 + \sqrt{5})/2$. Diese Konstante r bezeichnet man als *Goldenen Schnitt* und ihr Wert beträgt ungefähr 1,62. Zeigen Sie, daß $F(n)$ $O(r^n)$ ist. *Hinweis*: Bei der Induktion ist es hilfreich anzunehmen, daß $F(n) \leq ar^n$ für ein n ist und die Ungleichung durch Induktion über n zu beweisen. Die Basis muß die beiden Werte $n = 0$ und $n = 1$ beinhalten. Im Induktionsschritt hilft es, zu erkennen, daß r der Gleichung $r^2 = r + 1$ genügt.

3.12 Zusammenfassung des 3. Kapitels

Hier noch einmal die wichtigsten Konzepte, die in Kapitel 3 behandelt wurden.

- Bei der Auswahl eines Algorithmus für ein Programm spielen viele Faktoren eine wichtige Rolle; Einfachheit, Leichtigkeit der Implementierung und Effizienz sind dabei vorherrschend.
- O-Ausdrücke stellen eine bequeme Form der Notation für obere Schranken von Programmlaufzeiten dar.
- Es gibt rekursive Regeln zur Berechnung der Laufzeit verschiedener komplexer Anweisungen in Pascal, wie for-Schleifen und bedingten Anweisungen, anhand der Laufzeiten ihrer einzelnen Bestandteile.
- Wir können die Laufzeit einer Prozedur dadurch berechnen, daß wir einen Baum zeichnen, der die geschachtelte Struktur von Anweisungen repräsentiert, und die Laufzeit der verschiedenen Teile von unten nach oben berechnen.

- Rekurrenzbeziehungen stellen eine natürliche Art dar, die Laufzeit rekursiver Programme zu modellieren.
- Wir lösen Rekurrenzbeziehungen entweder durch wiederholte Substitution oder durch Vermuten einer Lösung und Überprüfen, ob diese Vermutung korrekt ist.

Devide-and-Conquer ist eine wichtige Algorithmen-Entwurfstechnik, bei der ein Problem in Unterprobleme aufgespalten wird, deren Lösungen dann wieder kombiniert werden, um eine Lösung des Gesamtproblems zu erhalten. Ein paar Faustregeln können verwendet werden, um die Laufzeit des sich ergebenden Algorithmus zu berechnen:

- Eine Prozedur, die n^k Zeit benötigt und sich dann selbst für ein Unterproblem der Größe n - 1 aufruft, braucht $O(n^{k+1})$ Zeit. Der Fall, in dem $k = 0$ ist, tritt häufig auf.
- Wenn sich eine Prozedur zweimal aufruft, die Rekursion aber $\log_2 n$ Ebenen weiterläuft (wie bei Mergesort), beträgt die gesamte Laufzeit $O(n \log n)$ mal die Arbeit, die bei jedem Aufruf durchgeführt wird, plus $O(n)$ mal der Arbeit, die in der Basis getan wird.
- Wenn sich eine Prozedur zweimal aufruft und die Rekursion über n Ebenen weiterläuft (wie in dem Programm zur Berechnung von $\binom{n}{m}$) aus Übung 2.7.10), so ist die Laufzeit exponentiell in n.

3.13 Bibliographische Anmerkungen zum 3. Kapitel

Hartmanis und Stearns [1965] leisteten Pionierarbeit bei der Untersuchung der Laufzeit von Programmen und der Berechnungskomplexität von Problemen. Knuth [1968] führte die Untersuchung der Laufzeit von Algorithmen als wesentlichen Bestandteil der Informatik ein.

Seit dieser Zeit entwickelte sich eine reichhaltige Theorie für die Schwierigkeit von Problemen. Viele der wichtigsten Ideen findet man in Aho, Hopcroft und Ullman [1974, 1983].

In diesem Kapitel haben wir uns auf obere Schranken der Laufzeit von Programmen konzentriert. Knuth [1976] beschreibt analoge Notationen für untere Schranken und genaue Schranken für Laufzeiten.

Eine ausführlichere Erörterung von Devide-and-Conquer als eine Algorithmen-Entwurfstechnik ist in Aho, Hopcroft und Ullman [1974] oder in Borodin und Munro [1975] beschrieben. Zusätzliche Informationen über die Lösung von Rekurrenzbeziehungen stehen in Graham, Knuth und Patashnik [1989].

Aho, A. V., J. E. Hopcroft und J. D. Ullman [1974]. *The Design and Analysis of Computer Algorithms*, Addison Wesley, Reading, Mass.

Aho, A. V., J. E. Hopcroft und J. D. Ullman [1983]. *Data Structures and Algorithms*, Addison Wesley, Reading, Mass.

Borodin, A. B. und I. Munro [1975]. *The Computational Complexity of Algebraic and Numeric Problems*, American Elsevier, New York.

Graham, R. L., D. E. Knuth und O. Patashnik [1989]. *Concrete Mathematics: a Foundation for Computer Science*, Addison Wesley, Reading, Mass.

Hartmanis, J. und R. E. Stearns [1965]. „*On the computational complexity of algorithms,*" Trans. AMS **117**, pp. 285-306.

Knuth, D. E. [1968]. *The Art of Computer Programming* Vol. I: *Fundamental Algorithms*, Addison Wesley, Reading, Mass.

Knuth, D. E. [1976]. „*Big omicron, big omega and big theta,*" ACM SIGACT News **8**:2, pp. 18-23.

4

Datenmodelle für den Rechner

In diesem Kapitel schauen wir in das Innere eines typischen Rechners und untersuchen seine Hardware- und Softwarearchitektur. Wir werden sehen, daß ein Computer und die zu ihm gehörige Software auf vielen verschiedenen Abstraktionsebenen betrachtet werden kann. Ausgehend von den zugrundeliegenden Schaltkreisen arbeiten wir uns über die Maschinensprache hin zum Betriebssystem, den Programmiersprachen und schließlich zu den Anwendungspaketen, die auf der Maschine laufen. Mit jeder Ebene sind charakteristische Datentypen und Operationen auf diesen Typen verbunden.

Im Laufe unserer Untersuchung der Rechnerarchitektur werden wir die Antworten auf zwei Fragen finden: der Grund für das Datenmodell von Pascal und die Rechtfertigung für die Laufzeit von Pascal-Anweisungen. Wir werden feststellen, daß die Basistypen von Pascal den Basistypen eines typischen Rechners, betrachtet auf der Ebene der Maschinensprache, gleichen. Auf ähnliche Weise stehen die Typkonstruktoren – Arrays, Records und Zeiger – zu elementaren Eigenschaften eines typischen Rechners in Beziehung. In Kapitel 3 machten wir gewisse Annahmen darüber, wieviel Zeit eine Pascal-Anweisung benötigt. Diese Annahmen werden bestätigt, wenn wir zeigen, wie Pascal-Anweisungen in Folgen von Maschinenbefehlen übersetzt werden.

4.1 Worum geht es in diesem Kapitel?

In Abschnitt 4.2 beginnen wir mit einem Überblick darüber, wie ein Computer als eine Hierarchie von Abstraktionen, genannt „virtuelle Maschinen“, angesehen werden kann. Anschließend entwickeln wir die folgenden Punkte und Inhalte.

- Die allgemeine Architektur eines Rechners: Zentraleinheit (*central processing unit*, kurz: *CPU*), Haupt- und Sekundärspeicher, arithmetisch-logische Einheit (*arithmetic-logical unit*, kurz: *ALU*) und Möglichkeiten der Kommunikation zwischen diesen Einheiten (Abschnitt 4.3).
- Der Hauptspeicher und seine Organisation (Abschnitt 4.4).
- Wie magnetische und optische Plattenspeichergeräte arbeiten (Abschnitt 4.5).
- Wie Magnetbänder arbeiten (Abschnitt 4.5).
- Maschinenbefehle und deren Ausführung (Abschnitt 4.6).
- Assemblersprache und typische Maschinenbefehle (Abschnitte 4.6 und 4.7).
- In welcher Beziehung das Datenmodell von Pascal zu dem Datenmodell eines typischen Rechners steht (Abschnitte 4.8 bis 4.10).
- Wie der Rechner Zahlen darstellt und Arithmetik auf ihrer kodierten Form durchführt (Abschnitte 4.11 und 4.12).
- Wie der Rechner Dateien darstellt (Abschnitt 4.13).

4.2 Die Abstraktionshierachie in einem Rechner

Zusammen mit seiner Software stellt ein Computer eine Hierarchie von Abstraktionen dar, die *virtuelle Maschinen* genannt werden. Abbildung 4.1 zeigt die wichtigsten Abstraktionen in dieser Hierarchie. Jede Ebene, mit Ausnahme der untersten, wird implementiert, indem die Anweisungen in dieser Ebene unter Verwendung der Anweisungen oder Einrichtungen niedrigerer Ebenen übersetzt oder interpretiert werden. Die Begriffe *Abstraktion* und *Ebene* werden in diesem Kapitel synonym für „virtuelle Maschine" benutzt.

EBENE	**ABSTRAKTION**
6	Anwendungsprogramm
5	Programmiersprache
4	Assemblersprache
3	Betriebssystemkern
2	Maschinensprache
1	Mikroprogramm
0	Digitale Logik

Abb. 4.1: Abstraktionsebenen, die von einem digitalen Computer und seiner Software dargestellt werden.

Die unterste Ebene, die digitale Logik, stellt eine Abstraktion der elektronischen Schaltkreise eines Rechners dar. Die digitale Logik ist mit Hilfe von Schaltungen, genannt *Gatter*, implementiert, die eine oder mehrere digitale Eingaben erhalten (gewöhnlich dargestellt durch 0-en und 1-en) und als Ausgabe eine logische Funktion ihrer Eingaben erzeugen (wie AND oder OR). Gatter, die kurz in Abschnitt 1.3 erwähnt wurden, bestehen aus Transistoren und anderen Schaltelementen. In Kapitel 13 werden wir Gatter und logische Schaltkreise näher betrachten.

Die Ebene 1, die Mikroprogrammebene, ist die erste Sprachebene. Nicht alle Rechner verfügen über diese Ebene, aber bei denjenigen, die sie besitzen, besteht sie aus einer Sammlung von Schritten, die zur Implementierung der Maschinensprachbefehle in Ebene 2 verwendet werden. Ein Maschinensprachbefehl der Ebene 2 kann beispielsweise zwei Zahlen addieren, Daten von einem Ort zum anderen bewegen oder bestimmen, ob eine Zahl gleich Null ist. Primitive Befehle wie diese sind ausreichend, um jedes Programm oder jede Anwendung auf höheren Ebenen auszuführen.

Ebene 3 repräsentiert den Betriebssystemkern. Die Hilfsmittel dieser Ebene werden dazu benutzt, die Ressourcen des Rechners den verschiedenen auf dieser Maschine laufenden Programmen zu verwalten und zuzuweisen. MS-DOS, UNIX, die Macintosh-"Umgebung" und „Microsoft Windows" sind einige gängige Betriebssysteme. Der Betriebssystemkern selbst kann in einer höheren Sprache geschrieben sein, die in Maschinensprache übersetzt wurde. Häufig umfaßt das vollständige Betriebssystem weit mehr als nur den Kern; es enthält eine Vielzahl von Anwendungsprogrammen (Ebene 6), die den Benutzer beim Edieren von Dateien, beim Verwalten von Fenstern und bei vielen anderen Aktivitäten unterstützen.

Die historische Entwicklung von Computern

Der erste Allzweckcomputer war ein mechanischer Rechner, der von dem englischen Mathematiker Charles Babbage (1792 - 1871) entworfen wurde. Dieses Gerät hatte mit einer Berechnungseinheit, einem Speicher, einem Eingabe- und einem Ausgabegerät grundsätzlich die Form eines modernen Rechners. 1940 baute George Stibbitz am Dartmouth College einen funktionierenden mechanischen Rechner und bis 1944 schaffte es Howard Aiken, einen elektromechanischen Rechner in Harvard zum Laufen zu bringen.

Nach dem 2. Weltkrieg tauchten Rechner auf, die mit Vakuumröhren arbeiteten. Zu den berühmteren Erbauern von Computern dieser Zeit zählen Eckert und Mauchley mit ihrem ENIAC (*Electronic Numerical Integrator and Computer*) und EDVAC (*Electronic Discrete Variable Automatic Computer*), Wilkes mit seinem EDSAC und von Neumann und Goldstine am „Institute for Advanced

Study" in Princeton mit ihrer IAS-Maschine. Der grundlegende Entwurf dieser frühen Rechner ist unter dem Namen *von-Neumann-Maschine* bekannt geworden; diese Architektur gibt es auch heute noch. Ein von-Neumann-Rechner besteht aus fünf Teilen: aus einer arithmetisch-logischen Einheit, einem Speicher, einer Programmsteuerungseinheit, einer Eingabe- und einer Ausgabeeinheit.

Nachfolgende Rechnergenerationen verwendeten Transistoren und schließlich integrierte Schaltkreise. In den 80er Jahren erlaubte es die als VLSI-Technologie (*Very Large Scale Integration*) bekannte Technologie, eine große Anzahl von Transistoren platzsparend auf einem einzelnen Mikrochip anzuordnen. Diese Technologie bildete die Grundlage für die Entwicklung der sehr beliebten Personalcomputer und der Hochleistungsrechner basierend auf der RISC-Technologie (*Reduced Instruction Set Computers*) der 90er Jahre.

Ebene 4, die Ebene der Assemblersprache, ist eine symbolische Repräsentation von Befehlen, die auf niedrigeren Ebenen zu finden sind. Ein Assemblerprogramm wird durch einen Übersetzer, genannt *Assembler*, in Befehle niedrigerer Ebenen umgewandelt.

Die Ebene 5 vertritt die höheren Programmiersprachen, mit deren Hilfe Anwendungsprogrammierer Probleme einfacher lösen könnnen als mit Assemblersprachen. Einige der am häufigsten verwendeten Sprachen sind Basic, C, Cobol, Fortran, Lisp und Pascal, obwohl auf modernen Rechnern Tausende von höheren Programmiersprachen verfügbar sind. Ein Programm, das eine Sprache aus der 5. Ebene in eine niedrigere Ebene übersetzt, nennt man einen *Compiler.*

Die Anwendungen auf Ebene 6 sind Programme – jedes mit seinem eigenen Datenmodell – die entworfen wurden, um spezielle Probleme in einem weiten Bereich von Disziplinen zu lösen. Es wurden Anwendungspakete für Algebra, zum Design von Autos, zum Erstellen eines Zugfahrplanes, zur Verwaltung von Unternehmensdaten und zur Durchführung unzähliger anderer Aufgaben des modernen Lebens geschrieben. Ebene 6 ist der Grund dafür, warum Computer im modernen Leben allgegenwärtig geworden sind.

Viele Computer verfügen über zusätzliche Abstraktionen wie Benutzerschnittstellen und die Fähigkeit zur Datenkommunikation. Für den Rest dieses Kapitels widmen wir uns jedoch den niedrigeren Ebnen. Wir werden feststellen, wie deren Möglichkeiten benutzt werden können, um Programme, die in Programmiersprachen höherer Ebene wie Pascal geschrieben wurden, auszuführen.

4.3 Blick auf einen typischen Computer

In Abb. 4.2 sehen wir ein Diagramm, das die wichtigsten Teile eines Computers zeigt. Die große Mehrheit der Computer, seien es nun „tragbare", „Personal"-Computer, „Arbeitsplatzrechner" (*Workstations*), „Minicomputer" oder „Großrechner" (*Mainframes*), sehen dem in Abb. 4.2 dargestellten Computer ähnlich; die unterschiedlichen Namen beziehen sich lediglich auf Geschwindigkeit, physikalische Größe und Speicherkapazität der Maschine, die ausgehend von den tragbaren bis zu den Großrechnern alle ansteigen.

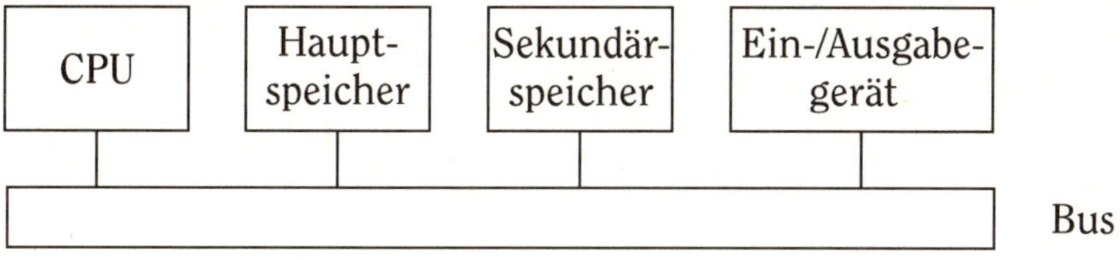

Abb. 4.2: Modell eines typischen Computers.

Es folgt eine kurze Beschreibung jedes dieser Elemente. In den nächsten Abschnitten werden sie genauer untersucht.

1. Der *Bus* bildet die zentrale Kommunikationseinrichtung eines Rechners. Daten und Befehle werden zwischen Geräten, die an den Bus angeschlossen sind, ausgetauscht.

2. Die *Zentraleinheit* (CPU) stellt eine Sammlung von Schaltkreisen dar, die die Aktivität des Rechners regeln. Eine ihrer wichtigsten Aufgaben besteht darin, Befehle aus dem Hauptspeicher zu holen, sie zu dekodieren und auszuführen.

3. Der *Hauptspeicher* speichert das Programm, das ausgeführt wird, und die von diesem Programm benutzten Daten.

4. Als *Sekundärspeicher* bezeichnet man ein Gerät oder eine Menge von Geräten, wie Festplatten, die erheblich mehr Informationen als der Hauptspeicher speichern können. Die Information wird darin permanent gespeichert, das heißt, auch wenn der Rechner ausgeschaltet wird, bleiben die Daten im Sekundärspeicher und sind verfügbar, sobald der Rechner wieder eingeschaltet wird. Die Daten im Hauptspeicher verschwinden wahrscheinlich, wenn der Rechner aus- und angeschaltet wird. Da ein Sekundärspeicher immer wesentlich langsamer ist als der Hauptspeicher, versucht der Rechner, die am häufigsten benutzten Daten (und Programme) in seinem Hauptspeicher zu halten.

5. *Ein-/Ausgabegeräte* (*I/O devices*), wie Drucker oder Kommunikationsgeräte, sind mit dem Bus entweder direkt oder über einen I/O-"Controller" verbunden. Die Daten werden über den Bus zwischen den Ein-/Ausgabegeräten und dem Haupt- oder Sekundärspeicher ausgetauscht.

Die Zentraleinheit

Die Zentraleinheit (*central processing unit*) bildet das „Gehirn", das den Rechner steuert. Sie besteht aus drei wesentlichen Einheiten: einer *arithmetisch-logischen Einheit* (kurz: ALU), einer Menge von Registern und einer *Steuerungseinheit*, wie in Abb. 4.3 angegeben. Die arithmetisch-logische Einheit führt arithmetische Operationen (z. B. Addition und Multiplikation), logische Operationen (z. B. AND und OR) und Vergleiche (z. B. < und ≥) auf Daten durch, die sie im Hauptspeicher oder in den Registern des Rechners findet.

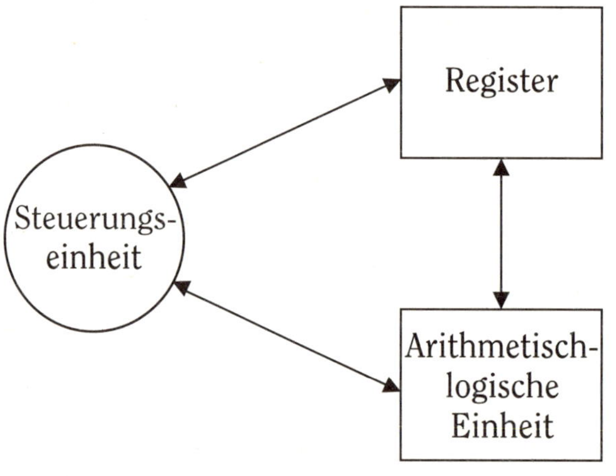

Abb. 4.3: Zentraleinheit.

Register sind Speicherplätze, die einen extrem schnellen Zugriff auf ihren Inhalt erlauben. Der Zugriff auf Register ist sogar schneller als der Zugriff auf den Hauptspeicher, und in vielen Maschinen gibt es Operationen, wie die Arithmetik, die auf Daten in Registern ausgeführt werden können, nicht aber auf Daten im Hauptspeicher. Gewöhnlich gibt es viele spezielle Register. Eines, genannt *Programmzähler* (*program counter*), gibt den als nächstes auszuführenden Befehl an. Ein anderes, das *Befehlsregister* (*instruction register*), enthält den Befehl, der gerade ausgeführt wird.

Die Steuerungseinheit führt die Befehle nach dem sog. *Holen-Dekodieren-Ausführen*-Zyklus aus. Das ist eine Folge von Schritten, in denen

1. der nächste Befehl aus dem Speicher in das Befehlsregister geholt wird,
2. der Befehlstyp dekodiert wird,

3. die Daten, die dieser Befehl benötigt, lokalisiert und in die entsprechenden Register gesteckt werden und

4. der Befehl anschließend ausgeführt wird.

Häufig ist das, was wir als einen „Mikroprozessorchip" bezeichnen, eine integrierte Schaltung, auf der wir neben einer CPU nicht viel finden. Ist ein solcher Mikroprozessorchip mit Kommunikations- und Speicherchips und mit mindestens einem Sekundärspeicher verbunden, so wird daraus ein richtiger Computer.

Variationen eines Themas

Einige Architekturen unterscheiden sich wesentlich von der, die in Abb. 4.2 angegeben wurde. Ein Arbeitsplatzrechner ohne eigene Festplatte (*diskless workstation*) besitzt beispielsweise keinen eigenen Sekundärspeicher. Er erhält dagegen permanent gespeicherte Daten, wie Programme, von einem anderen Rechner, der oft als *File Server* bezeichnet wird und einen Sekundärspeicher besitzt, mit dem der Arbeitsplatzrechner ohne eigene Festplatte über ein lokales Netzwerk (*local area network*) verbunden ist.

Eine immer größer werdende Zahl von Rechnern sind *Multiprozessor-Rechner* oder „Parallelprozessor-Rechner". Während wir in Abb. 4.2 nur eine einzelne CPU zeigten, verfügt ein Multiprozessor über mehrere, vielleicht Hunderte oder Tausende, dieser *Prozessoren*, die jeweils aus einer CPU und gewöhnlich aus einem lokalen Speicher bestehen, der als privater Hauptspeicher fungiert.[1] Diese können auf verschiedene Arten miteinander verbunden werden, so auch durch Angliederung aller Komponenten aller Prozessoren an einen einzigen Bus, über den sie mit einem gemeinsamen Hauptspeicher und somit indirekt auch untereinander kommunizieren.

4.4 Der Hauptspeicher

Die Speichereinheit für den Hauptspeicher ist das *Byte*. Wir können uns ein Byte als einen „Kasten" vorstellen, ganz ähnlich den Kästen, die wir uns in Zusammenhang mit einem Pascal-Programm vorstellten, welche die Daten des Programms enthielten. Jedes Byte hat eine *Adresse*, die es von allen anderen Bytes unterscheidet. Byteadressen sind in Wirklichkeit Zahlen, die bei 0, 1, 2, ... beginnen und bei N-1 enden, wenn N für die Anzahl der Bytes im Haupt-

[1] Dieser private Speicher ist häufig ein kleiner, sehr schneller Speicher genannt „Cache" (gesprochen: „käsch", A. d. Ü.). In Abschnitt 4.4 werden wir uns ausführlicher mit Cache-Speichern befassen.

speicher steht. Die technische Definition eines Bytes besagt sogar, daß es „die minimale Menge an Speicher, die eine eigene Adresse hat“, ist.

In der Praxis bestehen Bytes aus 8 Bits. Sie erinnern sich, daß ein Bit eine Stelle ist, an der entweder eine 0 oder eine 1 – aber nichts anderes – gespeichert werden kann. Der Wert eines Bytes – also die Menge, die in dem „Kasten“ für dieses Byte abgelegt wurde – ist daher eine Folge von acht 0-en und 1-en, so daß es 256 verschiedene Werte gibt, die ein Byte annehmen kann.

Man stellt sich ein Byte auch häufig als ein Zeichen vor. Durch den ASCII-Code (vgl. unsere Diskussion über ASCII in Abschnitt 2.3) erhalten viele der 256 8-Bit-Folgen eine Bedeutung, entweder als druckbare Zeichen (z. B. ist A 01000001, a ist 01100001 und ? ist 00111111) oder als nichtdruckbare Zeichen (00001000 ist ein Rückschritt und 00000111 klingelt an der Console).[2]

Wörter

Pascal-Zeichen können mit Hilfe des ASCII-Codes in einem einzigen Byte gespeichert werden. Es ist jedoch nicht möglich, Integers in einem einzigen Byte zu speichern. Würden wir dies tun, könnten Integer-Variablen nur 256 verschiedene Werte annehmen. Pascal gestattet jedoch Integer-Werte in einem weit größeren Bereich; es können ungefähr vier Milliarden verschiedene Integer-Werte (um genau zu sein, 2^{32}) dargestellt werden. Diese Spannbreite wurde so ausgewählt, damit ganze Zahlen in Pascal durch 32 Bits ausgedrückt werden können. Sie benötigen somit vier Bytes; wir bezeichnen vier aufeinanderfolgende Bytes als ein *Wort*.

Rechner benutzen zwei unterschiedliche Arten, um die Bytes in einem Wort anzuordnen. Eine *Big-Endian*-Maschine ordnet die Bytes von links nach rechts an; eine *Little-Endian*-Maschine ordnet sie von rechts nach links an.[3]

Bei einer Big-Endian-Maschine repräsentieren die Bytes 0, 1, 2 und 3 das erste Wort, die Bytes 4, 5, 6 und 7 das zweite, usw., wohingegen bei einer Little-Endian-Maschine die Bytes 3, 2, 1 und 0 das erste Wort repräsentieren, die Bytes 7, 6, 5 und 4 das zweite, usw. In beiden Schemata steht die niedrigste Bytezahl für die Adresse des Wortes. So würde zum Beispiel in einer Big-Endian-Maschine die 32-Bit Integer-Zahl 11 in dem Wort mit der Adresse 48 so dargestellt werden, daß in den Bytes 48, 49, 50 nur Nullen stehen und in Byte 51 die Bitfolge 00001011.

---

[2]Tatsächlich weist der ASCII-Code nur Folgen bestehend aus 7 Bits eine Bedeutung zu, so daß der Code für A in Wirklichkeit 1000001 lautet. Der Code wird normalerweise auf acht Bits erweitert, indem man eine 0 auf der linken Seite davor schreibt, wie wir es auch hier getan haben.

[3]Die Begriffe entstammen Jonathan Swifts *Gullivers Reisen*, worin Politiker Kriege darüber führen, ob Eier am dicken oder am schmalen Ende geöffnet werden sollen.

Das *K* und das *M* und die Zweierpotenzen

In der Informatik sind die Zweierpotenzen „runde Zahlen“. So wird die Größe eines Hauptspeichers nicht selten als Zweierpotenz gewählt, obwohl es grundsätzlich keinen Grund dafür gibt, warum nicht auch andere Werte verwendet werden könnten. Der Grund, Zweierpotenzen zu bevorzugen, besteht darin, daß Zahlen innerhalb des Rechners binär dargestellt werden. Wenn wir eine feste Anzahl von Bits zur Darstellung von Zahlen eines bestimmten Typs zuweisen (z. B. Speicheradressen), ist der Bereich der Zahlen, die diese Bits repräsentieren können, immer eine Potenz von 2. Genauer gesagt: Wenn wir k Bits verwenden, können wir Zahlen von 0 bis 2^k - 1 darstellen, was einen Bereich von 2^k verschiedenen Zahlen ergibt. In einem Byte (8 Bits) können wir demnach 0 bis 255 bzw. 256 = 2^8 Zahlen repräsentieren.

Ein nützlicher Trick zur Umwandlung von Zweierpotenzen in Dezimalzahlen basiert darauf, sich zu merken, daß 2^{10} bzw. 1024 sehr nahe an tausend liegt. Daher ist 2^{30} gleich $(2^{10})^3$ oder ungefähr 1000^3, also eine Milliarde. Dann ist $2^{32} = 4 \times 2^{30}$ oder ungefähr vier Milliarden. Häufig gehen Informatiker sogar davon aus, daß 2^{10} tatsächlich *genau* 1000 ergibt und bezeichnen es dann als „1K“; das K steht für „Kilo“. Wir schreiben 2^{15} als „32K“, da

$$2^{15} = 2^5 \times 2^{10} = 32 \times \text{„1000“}$$

ist. Aber 2^{20}, was eigentlich genau 1.048.576 ergibt, bezeichnen wir als „1M“ bzw. „eine Million“ und nicht als „1000K“ oder „1024K“. Es folgt eine Tabelle, die die Begriffe für verschiedene Zehnerpotenzen und deren grobe Äquivalenz in Zweierpotenzen angibt.

PRÄFIX	BUCHSTABE	WERT
Kilo	K	10^3 oder 2^{10}
Mega	M	10^6 oder 2^{20}
Giga	G	10^9 oder 2^{30}
Tera	T	10^{12} oder 2^{40}

000000000	00000000	00000000	00001011
48	49	50	51

In einer Little-Endian-Maschine würde dieselbe ganze Zahl durch 00001011 in Byte 48 und durch 0-en in den Bytes 49, 50 und 51 dargestellt werden. Es ist egal, welches Schema eine Maschine verwendet. Probleme entstehen erst, wenn Daten von einem Maschinentyp auf einen anderen übertragen werden müssen; bei der Übertragung muß dann die Reihenfolge der Bytes innerhalb eines Wortes gegebenenfalls vertauscht werden. Im weiteren Verlauf dieses Kapitels dient uns die Big-Endian-Reihenfolge als Grundlage.

Wie ist ein Speicher aufgebaut?

Der Hauptspeicher wird aus „Speicherchips" oder „RAM-Chips" konstruiert.[4] Ein Chip ist ein integrierter Schaltkreis, kleiner als ein Quadratzoll (1 Quadratzoll ≈ 6,45 cm^2), auf dem viele Drähte und elektrische Komponenten angeordnet sind. Der Schaltkreis auf einem Speicherchip besteht aus einer großen Anzahl von Bits; die Anzahl ist immer eine gerade Zweierpotenz, das heißt 2^{2i} für eine ganze Zahl i.

Was bedeutet „eine große Anzahl" von Bits?

In den frühen 90er Jahren war 2^{20} bzw. „1M" („ein Megabit") eine übliche Größe für einen Speicherchip. Bis zur Mitte der 90er Jahre wird erwartet, daß 2^{22} (4M) Chips allgemein verfügbar sind und vielleicht 2^{24} (16M) oder größere Chips hergestellt werden. Die Anzahl der Bits auf einem Speicherchip wächst von Generation zu Generation immer um den Faktor 4, da Bits in einem Quadrat angeordnet sind, dessen Seite jeweils eine Zweierpotenz ist.

Wenn wir uns überlegen, daß 1980 ein 2^{10} (1K) Bit Speicherchip dem neuesten Stand der Technik entsprach, sehen wir, wie schnell die Anzahl der Bits gewachsen ist, die für einen festen Preis (ein paar Dollar) auf einem Chip derselben physikalischen Größe verfügbar ist. Dieses Wachstum hat, auch in Verbindung mit vergleichbaren Entwicklungen in der Geschwindigkeit von Mikroprozessorchips und der Kapazität von Sekundärspeichergeräten, innerhalb weniger Jahrzehnte den Computer vom Laborgerät zu einer allgegenwärtigen und einflußreichen Kraft unseres Lebens gewandelt.

---

[4]RAM steht für „random access memory", was bedeutet, daß es bei jedem Bit gleich leicht ist, darauf (lesend oder schreibend) zuzugreifen (engl.: *access*), das heißt auf ein „zufälliges" (engl.: *random*) Bit zuzugreifen. Im Vergleich dazu sind Sekundärspeichergeräte, wie Bänder und Festplatten, Geräte mit *sequentiellem Zugriff*, da man auf Bits nur in bestimmten Reihenfolgen ohne erhebliche Mehrkosten bei der Zugriffszeit zugreifen kann.

Jedes Bit eines Speicherchips besitzt eine Adresse, die zwischen 0 und eins weniger als die Anzahl der Bits auf dem Chip liegt. Wie in Abb. 4.4(a) gezeigt, findet der Chip nach Angabe der Adresse und einem „read"-Signal das Bit mit dieser Adresse und überträgt es in einen „Puffer", aus dem dieser Wert gelesen oder auf den Bus des Rechners gebracht werden kann. Auch können wir einen neuen Wert in ein bestimmtes Bit schreiben, indem wir dem Chip die Adresse des Bits und den neuen Wert mitteilen und dann das „write"-Signal angeben, wie in Abb. 4.4(b) verdeutlicht. Jede dieser Operationen benötigt ungefähr ein Zehntel einer Mikrosekunde, also 10^{-7} Sekunden.

Natürlich ziehen wir es vor, uns einen Speicher als in Bytes organisiert vorzustellen und nicht in Bits, so daß man für einen Speicher aus, sagen wir einem Megabyte (2^{20} bzw. 1 MByte), acht 1-Megabit-Chips verwendet und jedem dieselbe Adresse eingibt. Diese Anordnung wird in Abb. 4.5 wiedergegeben, in der eine Leseoperation illustriert ist. Jeder der acht Chips stellt ein Bit des gewünschten Bytes zur Verfügung. Da sie zur selben Zeit („parallel") gelesen (oder geschrieben) werden, dauert es nicht länger, ein Byte zu lesen als ein Bit.

Lesen und Schreiben von Wörtern

In der Regel wollen wir ein Wort lesen oder schreiben, das heißt, vier aufeinanderfolgende Bytes, die bei einem Byte beginnen, dessen Adresse durch 4 teilbar ist. Wir könnten jedes der vier Bytes nacheinander lesen und diese dann zu einem Wort zusammenfügen, was allerdings viermal solange dauern würde wie das Lesen eines einzelnen Bytes. Eine Möglichkeit, Wörter in kaum mehr Zeit zu lesen oder zu schreiben, als nötig, um ein einzelnes Byte zu lesen, wird in Abb. 4.6 vorgeschlagen. Die vier Kästen repräsentieren Megabyte-Speichereinheiten des Typs, den wir in Abb. 4.5 angegeben haben. Während die Byteadressen jeder dieser Einheiten strenggenommen zwischen 0 und $2^{20} - 1$ liegen, erhalten wir noch mehr Adressen, indem wir uns den vollständigen 4-Megabyte-Speicher als *speicherverschränkt* (*interleaved*) vorstellen.

Stellen wir uns die Adresse innerhalb der Einheit als eine *interne* Adresse vor, während wir die Adresse von Bytes im Speicher als Ganzes die *externe* Adresse nennen wollen. Interne Adressen reichen also von 0 bis 1M minus 1, wohingegen externe Adressen zwischen 0 und 4M minus 1 liegen. Jedes Byte mit der externen Adresse a, wobei a durch 4 teilbar ist, erscheint in der ersten Speichereinheit und seine interne Adresse heißt b, wenn $a = 4b$ ist. Wenn die externe Adresse eines Bytes $a = 4b + 1$ ist, also eine Adresse mit einem Rest 1 ist, wenn sie durch 4 geteilt wird, so erscheint das Byte in der zweiten Einheit und seine interne Adresse ist wiederum b. Ebenso erscheinen externe Adressen der Form $4b + 2$ und $4b + 3$ in der dritten und vierten Speichereinheit mit der internen Adresse b.

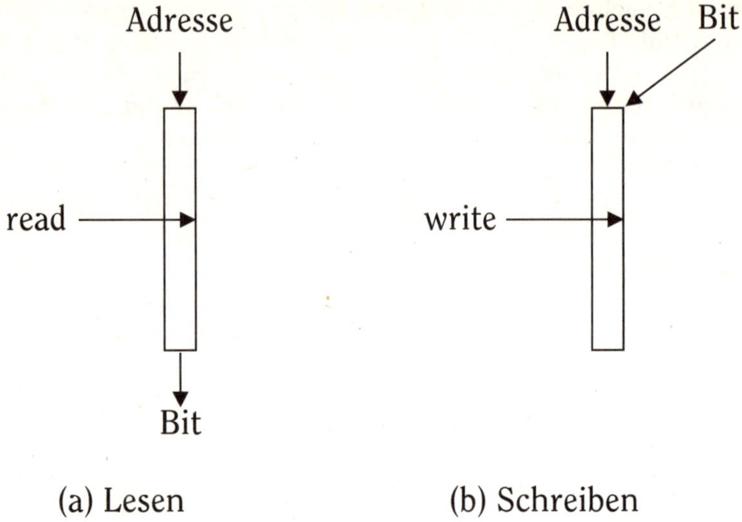

Abb. 4.4: Lesen und Schreiben in einem Speicherchip.

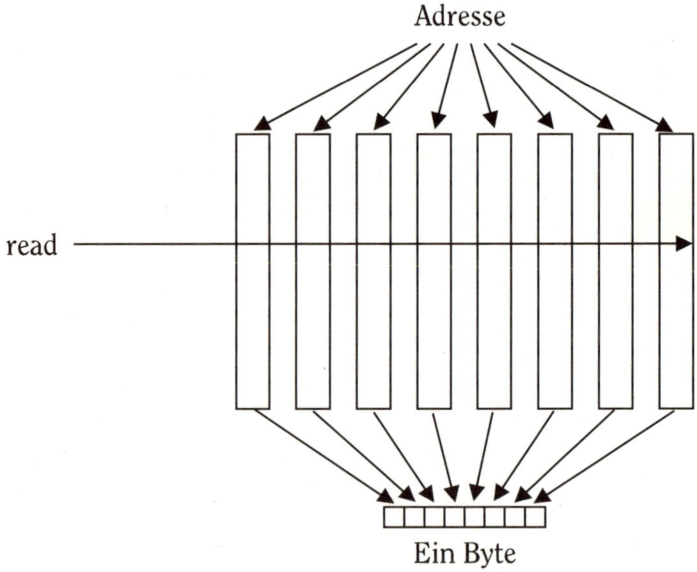

Abb. 4.5: Organisation eines Speichers in Bytes.

Wir stellen nun fest, daß wir, wenn wir eine externe Adresse $a = 4b$ nehmen und die Bytes an der internen Adresse b jeder Speichereinheit finden, die folgenden Bytes mit den externen Adressen a, $a + 1$, $a + 2$ und $a + 3$ erhalten; das heißt, wir erhalten das Wort beginnend bei Adresse a.

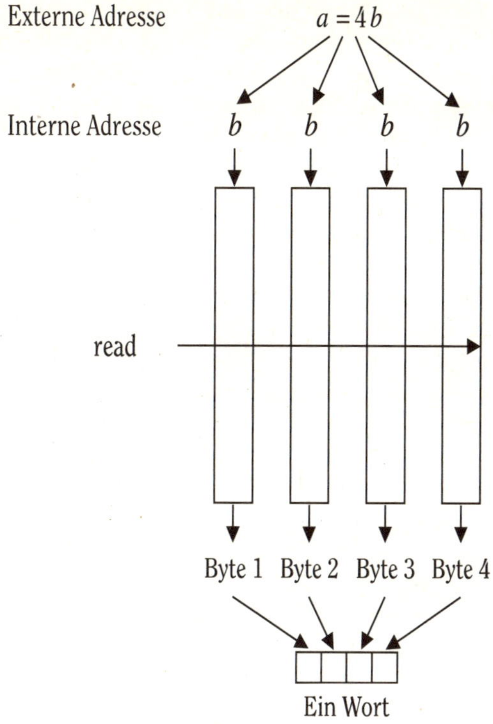

Abb. 4.6: Verschränkter Speicher.

Wollten wir schreiben anstatt zu lesen, könnten wir das Wort in seine vier Bytes zerlegen und jedes Byte an der internen Adresse b der entsprechenden Speichereinheit speichern. Das Lesen oder Schreiben eines Wortes dauert etwas länger als das Lesen oder Schreiben eines Bytes, was wiederum etwa soviel Zeit benötigt wie das Lesen eines Bits. Das liegt daran, daß bei Verwendung des speicherverschränkten Schemas alle 32 Bits eines Wortes zur selben Zeit gelesen oder geschrieben werden. Wenn wir genauer darüber nachdenken, sehen wir sogar, daß Abb. 4.6 ziemlich genau der Abb. 4.5 entspricht, nur sind dort 32 Bits auf 32 Chips anstelle von 8 Bits auf 8 Chips. Der wesentliche Unterschied beruht auf der Tatsache, daß wir in Abb. 4.6 die Adresse durch 4 teilen müssen, bevor wir auf den Speicher zugreifen.

Variationen eines Themas

In Abb. 4.6 haben wir aus vier 1-Megabyte-“Speichereinheiten“ einen vier Megabyte großen Speicher erzeugt. Angenommen, wir wollten einen größeren Speicher bauen, der beispielsweise acht Megabyte groß ist. Wir könnten dafür in acht anstelle von vier Teile speicherverschränken, was es erforderlich machen würde, daß alle Speicherzugriffe bei einer Adresse beginnen, die durch 8 teilbar ist.[5] Tatsächlich ist eine stärkere Speicheraufteilung wünschenswert, denn wenn ein Rechner auf ein Byte zugreift, ist es sehr wahrscheinlich, daß er auch auf viele der nachfolgenden Bytes zugreift.[6]

Speicherverschränkung gibt es jedoch nicht umsonst, und irgendwann kommt der Punkt, an dem es keinen Sinn mehr macht, den Speicher noch weiter zu verschränken. Ein Schema, das unbeschränktes Wachstum der Speichergröße erlaubt, ist in Abb. 4.7 angegeben. Betrachten wir die Struktur aus Abb. 4.6 als eine „Supereinheit", können wir einen Speicher mit jeder beliebigen Anzahl von Supereinheiten bauen; der Speicher in Abb. 4.7 benutzt zwei. Die erste Supereinheit verwaltet die Bytes mit den niedrigen Adressen, die nächste Supereinheit enthält die nächsten Bytes, und so geht es weiter, solange wir wollen.

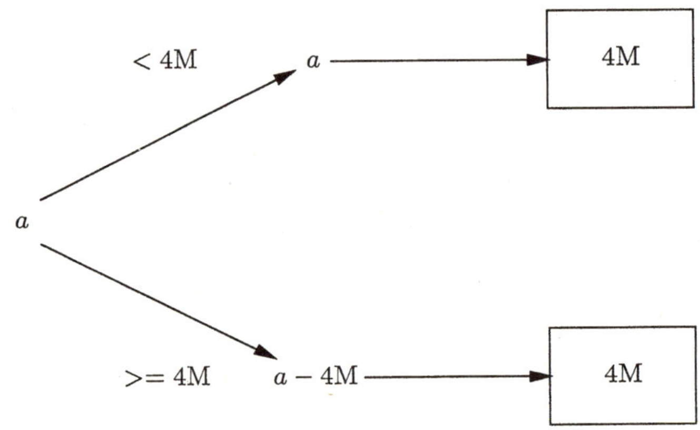

Abb. 4.7: Bauen eines größeren Speichers.

Beispiel 4.1

In Abb. 4.7, in der Supereinheiten jeweils 4 Megabytes verwalten, enthält die erste Supereinheit die Bytes 0 bis 2^{22} - 1 und die zweite die von 2^{22} bis 2×2^{22} - 1. Um Adresse a zu finden, überprüfen wir, ob a kleiner als 4M ist. Ist dies der

[5]Möchten wir ein Wort haben, dessen Adresse nicht durch 8 teilbar ist, sagen wir 52, würden wir die acht Bytes beginnend bei der Adresse minus 4 lesen in diesem Fall 48 bis 55 , was das gewünschte Wort mit einschließt.

[6]Wir werden beispielsweise sehen, daß Rechnerbefehle gewöhnlich in der Reihenfolge ausgeführt werden, in der sie im Speicher abgelegt wurden. Wenn wir also auf einen Befehl treffen, können wir Zeit sparen, indem wir die nächsten paar Befehle auch gleich aus dem Hauptspeicher lesen, da sie voraussichtlich sowieso benötigt werden.

Fall, dann ist das Byte a das Byte a der ersten Supereinheit. Hat a den Wert 4M oder größer, so subtrahieren wir 4M von a; in diesem Fall ist Byte a das Byte a - 4M der zweiten Einheit.

Wenn wir noch einmal überdenken, was in den Abb. 4.5, 4.6 und 4.7 geschieht, erkennen wir, daß die Adresse a, die sich in dem Bereich 0 bis 8M minus 1 befindet, als 23-Bit-Binärzahl geschrieben werden kann. Das erste von links bzw. höchstwertige Bit bestimmt, welcher Supereinheit das Byte, entsprechend dem Schema in Abb. 4.7, angehört. Die beiden äußerst rechten bzw. niederwertigsten Bits bestimmen, in welche Einheit in Abb. 4.6 das Byte gehört; und die restlichen Bits, 2 bis 21, bestimmen, wo das Byte auf dem Megabit-Chip gefunden werden kann, wie in Abb. 4.5 angegeben. Abbildung 4.8 verdeutlicht die Art und Weise, wie eine 23-Bit-Speicheradresse zu interpretieren ist. ◆

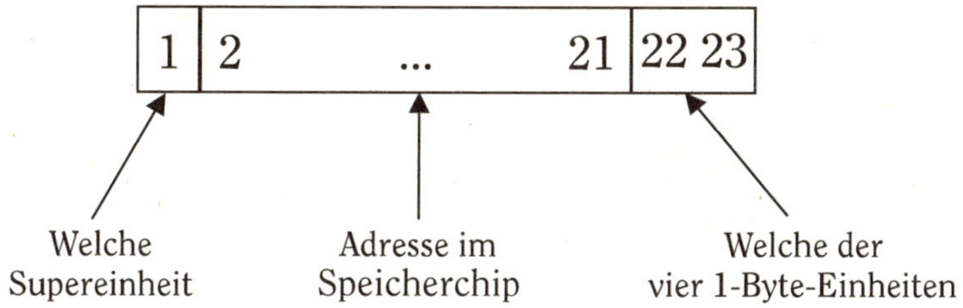

Abb. 4.8: Interpretation von Adress-Bits.

Der Cache

Um den Zugriff zu beschleunigen, besitzen viele Rechner einen *Cache* (*Pufferspeicher*); es handelt sich dabei um einen kleinen, schnellen Speicher, der Kopien einiger Worte des Hauptspeichers enthält. In der Praxis stellt sich heraus, daß, wenn man auf ein Wort zugreift, es sehr wahrscheinlich ist, daß man dies bald wieder tut. Immer, wenn man nun ein Wort aus dem Hauptspeicher liest, wird eine Kopie im Cache abgelegt, falls diese nicht bereits dort vorhanden ist. Möchte der Rechner ein Wort lesen, überprüft er zunächst, ob es sich im Cache befindet. Ist dies der Fall, dann erhält er dieses Wort in einem Bruchteil der Zeit, die es benötigen würde, das Wort aus dem Hauptspeicher zu lesen.

Es mag nicht sofort klar sein, wie wir ein bestimmtes Wort im Cache finden. Wenn wir Worte einfach in einen „Eimer" werfen, auch wenn sie durch Adressen identifiziert werden können, wäre es nicht leichter, ein Wort mit einer gegebenen Adresse zu finden, als einen bestimmten Socken in der Sockenschublade. Es gibt viele Schemata zur Organisation eines Caches, eines der einfachsten wird in Abb. 4.9 gezeigt. Der Cache ist eine kleine Tabelle – die beispielsweise Platz für 1K Wörter haben kann – die durch bestimmte Bits einer Adresse indiziert ist. Wenn sich 1K, also 2^{10}, Wörter im Cache befinden, entspricht der Index den 10 niederwertigsten (äußerst rechten) Bits der Adresse eines Wortes. Da alle binären Wortadressen mit zwei 0-en enden, nehmen wir die nächsten 10 Bits vom rechten Ende als die niederwertigsten Bits einer Wortadresse. Entspricht zum Beispiel der Hauptspeicher dem 8-Megabyte-Speicher aus Abb. 4.7, bei dem die Adressen aus 23 Bits bestehen, so entspricht der Index des Caches den Bits 12 bis 21 von links aus gesehen.

	höherwertige Bits	Wert
0		
1		
.		
.		
.		
1023		

Abb. 4.9: Ein einfacher Cache.

Bei diesem einfachen Schema kann nur ein Wort gleichzeitig für eine gegebene niederwertige Adresse im Cache erscheinen. Im Cacheeintrag für niederwertige Bits finden wir

1. die höherwertigen Bits der Adresse für das Wort, das tatsächlich im Cache gefunden wird.
2. den Wert des Wortes.

Beispiel 4.2

Gegeben sei der 8-Megabyte-Hauptspeicher, dessen Adressen 23 Bit lang sind, wie in Beispiel 4.1 diskutiert. Weiterhin nehmen wir an, es sei der Cache aus Abb. 4.9 gegeben. Wie wir bereits erwähnten, sind die „niederwertigen Bits" in Wirklichkeit die Bits 12 bis 21 der Adressen, da die Bits 22 und 23 bei allen Worten 0 sind. Die hochwertigen Bits sind demnach die Bits 1 bis 11. Nehmen wir an, wir möchten das Wort mit der Adresse 10.000 (dezimal) lesen. Binär lautet diese Zahl 10011100010000. Als Binäradresse müssen wir sie links mit neun 0-en auffüllen und erhalten so 00000000010011100010000. Um an die niederwertigen Bits zu gelangen, entfernen wir die beiden letzten Bits, die 0 sein müssen und nehmen die nächsten zehn Bits von rechts, also 0111000100. Die hochwertigen Bits lauten 00000000010.

Um zu sehen, ob das gewünschte Wort im Cache enthalten ist, schauen wir im Fach (genannt *Zeile*) für den Index 0111000100 nach und stellen fest, ob die hochwertigen Bits der Sequenz 00000000010 entsprechen. Ist dies der Fall, so nehmen wir den Wert in dieser Zeile als den Wert des gewünschten Wortes. Wenn nicht, erhalten wir dieses Wort aus dem Hauptspeicher, kopieren seinen Wert in die Zeile mit dem Index 0111000100 und ändern die höherwertigen Bits in dieser Zeile in 00000000010 um. Das Wort, das vorher in dieser Zeile stand, ist im Cache nun nicht mehr verfügbar. ◆

ÜBUNGEN

4.4.1: Wandeln Sie folgendes unter der Vorgabe, daß 2^{10} = 1K und 2^{20} = 1M ist, in K- oder M-Ausdrücke um: (a) 2^{13} (b) 2^{17} (c) 2^{24}.

4.4.2: Wandeln Sie folgende Zehnerpotenzen in ungefähre Zweierpotenzen um: (a) 10^{12} (b) 10^{18} (c) 10^{99}.

4.4.3: Angenommen, wir möchten einen 64-Megabyte-Speicher (2^{26}-Byte-Speicher) haben, der aus 1-Megabit-Chips besteht, die in solchen Einheiten organisiert sind, wie sie in Abb. 4.6 beschrieben wurden.

a) Wieviele derartiger Einheiten benötigen wir?

b) Wieviele Bits wären nötig, um eine Speicheradresse zu spezifizieren?

c) Geben Sie an, wie die Bits einer Adresse, in Analogie zur Anordnung in Abb. 4.8, aufgeteilt wären.

4.4.4: Wo würden wir in dem Cache aus Abb. 4.9 nach den Worten mit folgenden dezimalen Adressen suchen: (a) 250 (b) 250.000 (c) 2.500.000?

4.4.5: Angenommen, wir möchten einen Cache entwerfen wie den in Abb. 4.9, nur mit 2^9 Zeilen (Speicherstellen) anstelle von 2^{10} Zeilen und für einen Speicher der Größe 64M anstelle von 8M. Erklären Sie, wie wir herausfinden können, ob ein Wort mit einer gegebenen Adresse im Cache enthalten ist.

4.4.6: Geben Sie den Inhalt der vier Bytes eines Wortes an, wenn eine (*i*) Big-Endian- (*ii*) Little-Endian-Reihenfolge zur Darstellung folgender ganzer Zahlen verwendet wurde: (a) 1000 (b) 1.000.000 (c) 1.000.000.000.

4.5 Sekundärspeichergeräte

In diesem Abschnitt werden wir uns über die wichtigsten Sekundärspeichergeräte unterhalten: das Band, die Magnetplatte und die optische Platte. Wir erklären jeweils kurz die physikalischen Grundlagen der Arbeitsweise und erwähnen die typischen Geschwindigkeiten und Kapazitäten dieser Geräte.

Magnetplatte

Eine Magnetplatteneinheit besteht aus einer oder mehreren runden Platten, deren Oberfläche oben und unten aus magnetisierbarem Material besteht. Die kleinsten Platten, die *Disketten* oder *Minidisks* genannt werden, enthalten eine einzige Platte, während größere Einheiten zehn oder mehr Platten haben können, die um eine Achse im Zentrum der Platten gestapelt sind, wie Abb. 4.10 verdeutlicht. Jede Oberfläche besitzt ihren eigenen Lesekopf und alle Köpfe bewegen sich zusammen nach außen und nach innen, um so Informationen an unterschiedlichen Radien vom Zentrum aus gesehen lesen zu können. Bei den meisten Platteneinheiten kann jedoch nur ein Kopf zu einer Zeit lesen.

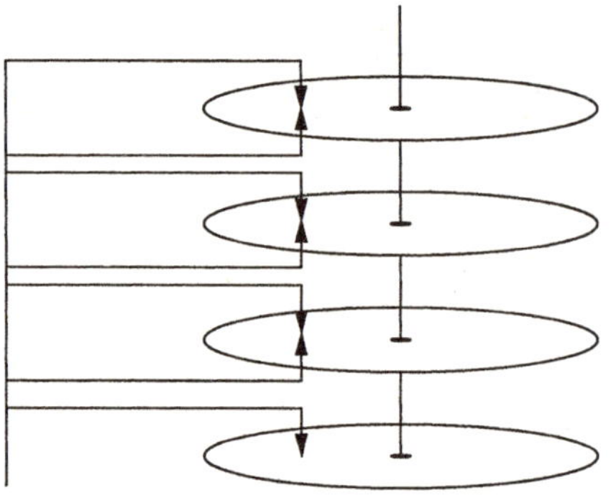

Abb. 4.10: Schematisches Diagramm einer Platteneinheit.

Die gesamte Platteneinheit (mit Ausnahme der Köpfe) dreht sich unentwegt um die Achse im Zentrum. Die übliche Geschwindigkeit beträgt hierbei mehrere tausend Umdrehungen pro Minute, so daß ein Punkt auf der Oberfläche den Kopf ungefähr 60 Mal pro Sekunde passiert.

Die Informationen sind auf einer Platte in *Spuren* angeordnet, wie in Abb. 4.11 gezeigt wird, wo der Blick von oben auf eine der Oberflächen einer Platteneinheit wiedergegeben wird. Auf jeder Spur werden Bits magnetisch dargestellt, wobei 0 und 1 durch entgegengesetzte Richtungen der Polarität repräsentiert werden. Die Anzahl der Bits auf einer Spur bewegt sich üblicherweise um die Hunderttausende. In Abhängigkeit des Formats können diese Bits in Sektoren aufgeteilt werden, die durch „Tortenstück"-Regionen nichtmagnetischer Polarität voneinander getrennt sind, oder es gibt nur ein derartiges Tortenstück, wie in Abb. 4.11 angegeben. Zweck dieser unpolarisierten Regionen ist es, die Einheit dabei zu unterstützen, den Anfang der Daten auf einer Spur oder in einem Sektor zu finden.

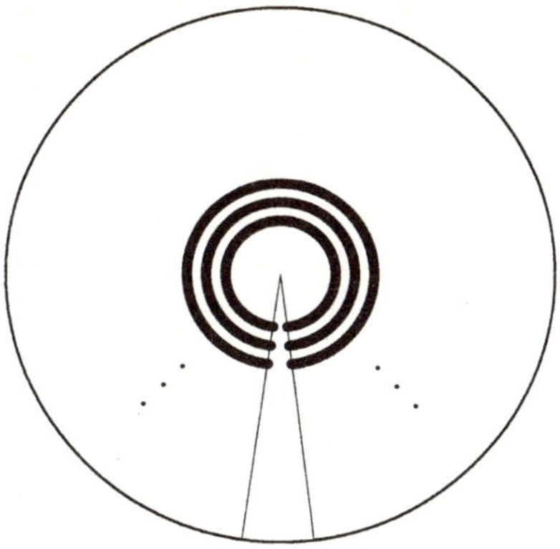

Abb. 4.11: Spuren auf einer Plattenoberfläche.

Die Anzahl der Spuren auf einer Oberfläche variiert; 40 sind bei Disketten üblich, wohingegen größere Einheiten Tausende und mehr haben können. Die Gesamtkapazität einer Platteneinheit kann demnach zwischen ein paar hunderttausend Bytes und mehreren Gigabytes liegen („Giga" steht für eine Milliarde, das heißt für 10^9 – oder, genauer gesagt, 2^{30} in der Computerwelt).

Beispiel 4.3

Eine kleine „einseitige" Diskette nutzt nur eine der beiden Oberflächen einer einzelnen Platte. Diese Oberfläche hat vielleicht 40 Spuren, die jeweils 80.000 Bits bzw. 10.000 Bytes enthalten. Die Kapazität einer derartigen Platte beträgt demnach 400KBytes.

Eine einigermaßen große Platteneinheit hat ungefähr 10 Platten mit 20 Oberflächen. Jede Oberfläche enthält ca. 1000 Spuren und jede Spur enthält 50.000 Bytes. Die Gesamtkapazität ergibt sich somit aus

20 Oberflächen × 1000 Spuren × 50.000 Bytes / Spuren =
1.000.000.000 Bytes ◆

Lesen von Platten und Schreiben auf Platten

Um ein bestimmtes Byte von der Platte zu lesen oder eines auf die Platte zu schreiben, müssen wir zwei Dinge tun.[7]

1. Wir müssen die Köpfe so positionieren, daß ein Kopf sich über der Spur des gewünschten Bytes befindet.

[7]Wir werden nur das Lesen vorstellen. Der Prozeß des Schreibens ist im wesentlichen der gleiche, mit der Ausnahme, daß neue Information an die Stelle des bzw. der Zielbytes geschrieben wird, anstatt nur deren Werte zu lesen.

2. Während sich die Platte dreht, müssen wir darauf warten, daß das gewünschte Byte unter dem Kopf auftaucht.

Jede dieser Operationen benötigt im Schnitt vielleicht einige Hundertstelsekunden; die tatsächliche Zeit hängt nicht nur von den Charakteristiken der Platteneinheit ab, sondern auch von der Anzahl der Spuren, über die sich die Köpfe bewegen müssen und von der Position des Bytes in Relation zu den Köpfen in dem Moment, wo diese die richtige Spur erreichen. Im Vergleich zu dem Bruchteil einer Mikrosekunde, die nötig ist, um ein Byte aus dem Hauptspeicher zu lesen, ist dieser Zeitaufwand geradezu enorm. Wenn wir andererseits aufeinanderfolgende Bytes aus einer Spur lesen, passieren die folgenden Bytes den Kopf ziemlich schnell, wenn einmal das erste Byte gefunden wurde. Das nächste Beispiel berechnet die benötigte Zeit.

Beispiel 4.4

Gegeben sei eine Platteneinheit mit folgenden Merkmalen:

1. Die Rotationssrate beträgt 3600 U/min, also 60 mal pro Sekunde.
2. Die Köpfe bewegen sich in $5 + 0{,}01 \times t$ Millisekunden (eine Millisekunde sind 10^{-3} Sekunden, also ein Tausendstel einer Sekunde), wenn die Stecke, die sich die Köpfe bewegen, t Spuren beträgt.
3. Die Bits sind mit einer Dichte von 1000 Bits pro Bogengrad bzw. 125 Bytes pro Grad in die Spuren gepackt.

Weiterhin nehmen wir an, wir möchten 1000 aufeinanderfolgende Bytes aus einer Spur lesen, die 500 Spuren von der gegenwärtigen Position der Köpfe entfernt ist. Die Zeit zur Positionierung der Köpfe (genannt *Einstellzeit*) ergibt sich dann aus

$$5 + 500 \times 0{,}01 = 10 \text{ Millisekunden}$$

Die Zeit des Wartens, bis das erste Byte unter dem Kopf auftaucht (genannt *Rotationslatenz*) bewegt sich zwischen 0, wenn er genau an der richtigen Stelle ist, und 16,7 Millisekunden, wenn wir diese gerade verpaßt haben; durchschnittlich sind es natürlich 8,3 Millisekunden bei einer durchschnittlichen Wartezeit (*Gesamtlatenz*) von 18,3 Millisekunden.

Wir müssen nun warten, bis alle 1000 Bytes den Kopf passiert haben. Um festzustellen, wie lang diese Wartezeit ist, beachten Sie, daß bei 125 Bytes pro Grad 1000 Bytes 8 Grad benötigen. Wir müssen demnach warten, bis 8/360 = 1/45 einer Umdrehung der Platte vollzogen wurden, bevor 1000 Bytes den Kopf passiert haben. Da eine vollständige Umdrehung 1/60 Sekunden benötigt, beträgt die Zeit zum Lesen aller 1000 Bytes 0,37 Millisekunden bzw. weniger als die Hälfte einer Millisekunde pro Byte. ◆

Wie Beispiel 4.4 illustriert, ist die Latenz bzw. die Zeit, die es dauert, ein einzelnes Byte zu finden, um Größenordnungen höher als die Zeit, die benötigt wird, um ein unter dem Kopf vorbeilaufendes Byte zu lesen oder zu schreiben. Aus diesem Grunde wird eine Platte häufig als ein Gerät mit *sequentiellem Zugriff* bezeichnet, da es viel effizienter ist, Daten in der Reihenfolge von einer Platte zu lesen, in der sie auf dem Gerät erscheinen, als Daten in einer „zufälligen" Reihenfolge zu lesen. Im Vergleich dazu nannten wir den Hauptspeicher einen Speicher mit „direktem Zugriff" (*random-access*), da die Reihenfolge, in der wir Bytes lesen oder schreiben, die Zeit pro Byte nicht beeinflußt. Um die Plattennutzung effizienter zu gestalten, tendieren wir dazu, die Spuren in *Blöcke* zu je ungefähr 1000 Bytes einzuteilen und diese dann als Einheiten zu lesen bzw. zu schreiben. Besteht eine Datei aus mehreren Blöcken, ist es außerdem hilfreich, wenn sich diese Blöcke auf demselben *Zylinder* befinden. Ein Zylinder ist eine Zusammenfassung von Spuren, jeweils eine pro Oberfläche, die vom Zentrum aus an einem festgelegten Radius liegen. Auf alle Blöcke kann dann ohne Bewegung der Köpfe zugegriffen werden, was die Einstellzeit auf 0 reduziert.

Optische Platten

In den frühen 90er Jahren wird die optische Platte, die eine ähnliche Technologie wie die Compact-Disk anwendet, zu einer wichtigen Speichertechnologie. Ebenso wie die Magnetplatte ist das physikalische Gerät eine rotierende Platte, die in Spuren eingeteilt ist, auf denen Bits gespeichert werden. Anstelle des magnetischen Materials wird hierbei jedoch die Oberfläche mit einem Material bedeckt, das Licht reflektiert. Ein Laser strahlt eine winzige Stelle an und wenn eine Reflexion wahrgenommen wird, schließen wir, daß dort eine 0 steht. Um eine 1 zu „schreiben", wird die Oberfläche an dieser Stelle eingeritzt, so daß die Oberfläche das Licht nicht mehr direkt reflektiert, sondern es zerstreut. Wenn wir diese Stelle nun mit einem Laser abtasten, wird keine wesentliche Reflexion erkannt, und wir schließen, daß eine 1 geschrieben wurde.

Die ersten optischen Platten konnten nur einmal beschrieben werden (*write-once*), was bedeutet, daß, nachdem die Oberfläche an einer Bitposition eingeritzt wurde, diese nicht wieder geglättet werden konnte und dadurch somit verhindert wurde, daß eine 1 zurück in eine 0 geändert wurde. Derartige Platten sind für einige Anwendungen dennoch sehr nützlich. Man könnte beispielsweise ein Betriebssystem auf einer einmal beschreibbaren optischen Platte kaufen und die Programme, die sich darauf befinden, immer wieder verwenden. Tatsächlich möchten wir sowieso nicht, daß der Benutzer das Betriebssystem umschreibt. Eine weitere wichtige Verwendung ist die *Archivierung*, also das Anlegen von Sicherheitskopien von Dateien, die auf der Platte gespeichert sind, so daß diese wiedergefunden werden können, sollte die

Platte „abstürzen“ (versagen) oder der Besitzer der Datei die Wiederherstellung eines früheren Zustands der Datei wünschen, um eine fehlerhafte Änderung zu korrigieren.

Einige der neueren optischen Platten verwenden eine Technologie, die das Wiederbeschreiben, wie bei Magnetplatten, gestattet. Das Markieren der Oberfläche wird durch elektronische Veränderungen des Materials vollzogen. Diese Markierung kann rückgängig gemacht werden, was es erlaubt, den für ein Bit reservierten Bereich wieder zu glätten und somit eine 0 zu speichern. Die Aussichten sowohl für einmal beschreibbare als auch für Lese-Schreib-Platten sind gut, da abzusehen ist, daß es möglich wird, Informationen weitaus dichter zu speichern (d. h. mehr Bits pro Quadratzoll der Oberfläche unterzubringen) als mit Magnettechnologien.

Fehlerkorrektur auf einem Band

Bänder neigen viel häufiger zu Lesefehlern als Magnetplatten. Zunächst ist das Band ein beweglicher magnetischer Film, der ständig verbogen wird, während er sich zwischen den Spulen bewegt. Was aber noch viel wichtiger ist, ein Band ist Staubpartikeln aus der Luft weit mehr ausgesetzt als eine Platte. Wenn ein Bit von Staub bedeckt ist, kann es voraussichtlich nicht mehr korrekt gelesen werden. Die Spuren liegen jedoch genügend weit auseinander [ungefähr ein Zehntel eines Zolls (also ca. 0,25 cm)], daß es unwahrscheinlich ist, daß ein Staubkorn zwei Bits einer Spalte bedeckt. Ein Fehler wird daher selten unbemerkt bleiben. Häufig werden zusätzliche Bits zu der Information auf einem Band periodisch hinzugefügt, um die Korrektur der Fehler, die durch die Paritätsbits entdeckt werden, zu unterstützen.

Magnetband

Eine alte, aber noch lebendige Speichertechnologie ist das Magnetband. Wie Abb. 4.12 verdeutlicht, sind die Bits für gewöhnlich in neun Spuren angeordnet. Eine Spalte – das heißt neun Bits an derselben Position über die Breite des Bandes – repräsentieren ein Byte. Die ersten acht Bits bilden das Byte selbst, und das neunte Bit ist ein *Paritätsbit*, welches üblicherweise so gewählt wird, daß die Anzahl der 1-en aller neun Bits ungerade wird. Zweck des Paritätsbits ist es, die Fehlererkennung zu unterstützen, denn wenn sich ein einzelnes Bit in einer Spalte verändert, muß die Anzahl der 1-en gerade sein, was wiederum einen Fehler anzeigt. (Rufen Sie sich unsere Untersuchung der Parität in Abschnitt 2.3 in Erinnerung.)

```
         Ein Byte
------------------------
- - - - - - - - 0 - - - - - - - -
- - - - - - - - 1 - - - - - - - -
- - - - - - - - 1 - - - - - - - -
- - - - - - - - 0 - - - - - - - -
- - - - - - - - 0 - - - - - - - -
- - - - - - - - 0 - - - - - - - -
- - - - - - - - 1 - - - - - - - -
- - - - - - - - 0 - - - - - - - -
- - - - - - - - 0 - - - - - - - -
------------------------
```

Abb. 4.12: Aufbau eines Magnetbandes.

Die Bits sind entlang einer Spur dichter gepackt als die Spuren selbst zueinander angeordnet sind. Während auf einem ca. 1 Zoll breiten Band (1 Zoll = 2,54 cm) neun Spuren angeordnet sind, lagern die Spalten bzw. Bytes häufig zu 5600 Bits pro Zoll entlang der Länge des Bandes. Wir lesen oder beschreiben das Band, indem wir es an Lese- und Schreibköpfen vorbei bewegen. Bewegt sich das Band mit 100 Zoll pro Sekunde, können wir mit einer Rate von 560.000 Bytes pro Sekunde bzw. ungefähr zwei Mikrosekunden pro Byte lesen oder schreiben.

Andererseits ist es wesentlich einfacher ein beliebiges Byte auf einer Platte als auf einem Band zu finden. Wir können jedes Byte auf einer Platte in weit weniger als einer Sekunde finden. Ein Band kann dagegen mehrere tausend Fuß lang sein (1 Fuß = 30,48 cm). Es dauert Minuten, um das Band bei einer üblichen Rate von 100 Zoll (ca. 2,5 m) pro Minute von einem Ende zum anderen zu bewegen. Folglich wird das Band heute vorwiegend zum Erstellen von Sicherheitskopien von Platten verwendet, so daß die Platte im zuletzt gespeicherten Zustand wiederhergestellt werden kann, sollte sie einmal versagen.

ÜBUNGEN

4.5.1: Welche Kapazität, in Bytes, hat eine Platteneinheit mit

a) einer Platte mit zwei Seiten, 100 Spuren pro Seite und 100.000 Bits pro Spur?

b) zehn Platten (zwanzig Seiten), 2000 Spuren pro Seite und 400.000 Bits pro Spur?

4.5.2: Nehmen Sie an, die Platte in Beispiel 4.4 hat 1001 Spuren. Was ist die maximale (a) Einstellzeit (b) Rotationslatenz (c) Gesamtlatenz?

4.5.3: Wie hoch ist die durchschnittliche Zeit, die die Platte aus Beispiel 4.4 benötigt, um 10.000 Bytes von einer Spur zu lesen, die 200 Spuren von der gegenwärtigen Position ihres Kopfes entfernt liegt?

4.5.4: Angenommen, wir lesen Daten von der Platte, die in Beispiel 4.4 gegeben war, und kopieren diese auf ein neunspuriges (einschließlich der Spur für die Parität) Magnetband, das 5600 Bits pro Zoll speichert. Wie schnell müßte sich das Band bewegen, um mit der Platte mithalten zu können?

4.5.5: Zu einer Zeit war es üblich, Daten auf einer einseitigen Diskette mit einem Durchmesser von 5,5 Zoll, 40 Spuren und ungefähr 11.000 Bytes pro Spur zu speichern. Zur gleichen Zeit war ein typisches Magnetband 1,25 Zoll breit und speicherte 5600 Bytes pro linearem Zoll. Wie läßt sich die Menge an Platz, die eine „Floppy-Disk“ braucht, mit der Menge an Platz vergleichen, die ein Band benötigt, um eine gleiche Datenmenge zu speichern?

4.5.6*: Ein Satellit sendet Daten mit einer Rate von einem Gigabit (10^9 Bits) pro Sekunde zur Erde. Sobald die Daten ankommen, möchten wir sie auf einer gewissen Anzahl von Platten mit den Charakteristika der Platte aus Beispiel 4.4 speichern; es müssen genügend Platten vorhanden sein, daß die Daten des Satellits bei ihrer Ankunft unmittelbar auf diesen Platten gespeichert werden können. Wir gehen davon aus, daß wir bei jeder Platte einen Zylinder mit feststehenden Köpfen vollständig füllen, die Köpfe dann zu einer angrenzenden Spur bewegen und sofort beginnen, den nächsten Zylinder zu füllen (keine Rotationslatenz). Ein Zylinder besteht aus 20 Spuren; das heißt, die Platteneinheit hat 10 Platten mit Köpfen auf beiden Seiten. Beachten Sie, daß wir nicht wissen müssen, wieviele Spuren es auf einer Platte gibt, obwohl dies in der Praxis bestimmt, wie schnell die Platte voll wird. Wieviele Platten benötigen wir, damit die Datenankunftsrate der Rate entspricht, in der Daten auf den Platten gespeichert werden können?

4.5.7: Ein typisches Buch enthält ungefähr zwei Millionen Zeichen. Wieviele der üblichen

a) „einigermaßen großen Platten“ aus Beispiel 4.3

b) 2000 Fuß langen Bänder des Typs, der in diesem Abschnitt diskutiert wurde,

wären nötig, um eine Bibliothek mit zehn Millionen Büchern zu speichern? Experten sagen, um das „Aussehen und Gefühl“ alter Bücher zu erfassen, bedarf es ungefähr einer halben Milliarde Bytes. Wieviele Bänder oder Platten würden dann benötigt, um die Bibliothek zu speichern?

4.5.8*: Es gibt eine nützliche Faustregel, die man die *Regel der 70* nennt, welche uns beim Einschätzen der Auswirkungen exponentiellen Wachstums unterstützt. Sie besagt, daß sich der Wert einer Menge, die pro Jahr um x Prozent wächst, in ungefähr $70/x$ Jahren verdoppelt. Diese Regel wird zum Beispiel zur Zinsberechnung verwendet. Wenn Sie Ihr Geld für 7 % pro Jahr investieren, dauert es 10 Jahre, bis es sich verdoppelt, während es bei 5 % 14 Jahre dauert. Nehmen wir an, die Dichte von Platten wächst 3,5 % pro Jahr, ausgehend von der „einigermaßen großen Platte“, die wir in Beispiel 4.3 beschrieben haben. Beachten Sie, daß wir, während die Dichte wächst, sowohl die Anzahl der Spuren als auch die Anzahl der Bits pro Spur erhöhen können. Wie groß wird in 100 Jahren die Kapazität einer „einigermaßen großen Platte“ sein?

4.6 Maschinenbefehle und ihre Ausführung

In diesem und in den nächsten vier Abschnitten werden wir untersuchen, wie die Daten und Operationen eines Pascal-Programms zu den gespeicherten Daten und Befehlen, die ein Rechner durchführt, in Beziehung stehen. Die Übersetzung von Pascal oder einer anderen Programmiersprache wird von einem Programm durchgeführt, das man einen *Compiler* nennt. In diesem Buch werden wir jedoch keine Algorithmen vorstellen, nach denen diese Übersetzung durchgeführt wird; statt dessen geben wir nur einen Einblick in die wichtigsten Ideen.

Das Speichern von Programmvariablen

Bevor wir uns mit den Operationen der Maschine beschäftigen, widmen wir uns noch dem Thema, wie Pascal-Variablen im Hauptspeicher eines Rechners dargestellt werden. Jeder Variablen teilen wir die Anzahl der Bytes zu, die benötigt werden, um eben diese Variable zu speichern.[8] Ein Nachteil dabei ist, daß wir gegebenenfalls einige Bytes überspringen, da bestimmte Datentypen wie Integer- und Real-Zahlen, bei einer Wortbegrenzung beginnen müssen (ein Byte, dessen Adresse durch 4 teilbar ist).

```
i, j, k: integer;
r: record
   word: array[1..10] of char;
   count: integer
end;
a: array[0..6] of real;
```

Abb. 4.13: Variablendeklarationen.

Beispiel 4.5

Angenommen, eine Prozedur enthält die in Abb. 4.13 deklarierten Variablen. Wir könnten für die Variablen `i`, `j`, `k`, `r` und `a` nacheinander Speicherstellen reservieren, wobei wir an einer beliebigen Speicheradresse beginnen. In Abb.

---

[8]Das Thema, wo Platz für Variablen angelegt wird, ist nicht ganz einfach, was insbesondere für rekursive Prozeduren gilt. Wir erläutern diese Thema kurz in Abschnitt 6.7.

4.14 haben wir dafür die Adresse 100 gewählt. `i`, das ein Integer ist und demnach vier Bytes benötigt, belegt die Bytes 100 bis 103. Die Variable `j` belegt die Bytes 104 bis 107 und `k` die Bytes 108 bis 111.

Das Record `r` beginnt an der Adresse 112. Das Feld `word` des Records, ein Array bestehend aus zehn Zeichen, braucht ein Byte pro Zeichen und belegt somit die Bytes 112 bis 121. Das Feld `count` ist ein Integer und muß daher an einem Bytes beginnen, dessen Adresse durch 4 teilbar ist; das nächste Byte, das diese Bedingung erfüllt, ist Byte 124. `r.count` belegt also die Bytes 124 bis 127, und die Bytes 122 und 123 bleiben ungenutzt. Die sieben Elemente des Arrays `a` benötigen schließlich jeweils vier Bytes, so daß wir diese in den nächsten 28 Bytes unterbringen, wobei `a[0]` an der Stelle 128 bis 131 steht, `a[1]` an der Stelle 132 bis 135 und so weiter. Von jedem Element von a, das eine Real-Zahl ist, wird angenommen, daß es Bytes benötigt, die an einer durch 4 teilbaren Adresse beginnen, dieser Bedingung wird durch das Muster in Abb. 4.14 entsprochen. ◆

Maschinensprache

Die Befehle, die ein Programm ausmachen, sind ebenso wie seine Daten im Hauptspeicher in aufeinanderfolgenden Bytes gespeichert. Verglichen mit Pascal-Anweisungen sind Maschinenbefehle ziemlich einfach. Ein Befehl fragt zum Beispiel den Inhalt des Wortes des Speichers mit der und der Adresse ab, um ihn in ein bestimmtes Register zu kopieren. Ein anderer Befehl ruft den Inhalt des Registers auf, um diesen dann zu dem Inhalt eines anderen Registers zu addieren, wobei das Ergebnis im letzteren gespeichert wird.

Ebenso wie unsere Vorstellung davon, wie ein Pascal-Programm vom Rechner ausgeführt wird, den Begriff einer „aktuellen Anweisung“ aufwirft, hat ein Computer ein spezielles Register, genannt *Programmzähler* (*program counter* oder PC), das den Maschinenbefehl, der gegenwärtig ausgeführt wird, verwaltet. Wie in Abb. 4.15 angegeben zeigt der PC auf das erste Byte (enthält die Adresse des ersten Bytes) des aktuellen Befehls. Dieses Byte gibt gewöhnlich die Art des Befehls an und wieviele zusätzliche Bytes zur vollständigen Durchführung des Befehls notwendig sind.

Beispiel 4.6

Der Befehlscode 01101011, der in Abb. 4.15 angegeben ist, könnte für den Befehl stehen „addiere den Inhalt eines Registers zu dem eines anderen unter der Annahme, daß die Register Wörter enthalten, die Integers repräsentieren“.[9] Ein derartiger Befehl benötigt vielleicht nur ein Byte mehr, um vollständig zu sein; dieses Byte wird an der Adresse gefunden, die auf die folgt, auf die der PC zeigt. Gibt es beispielsweise nicht mehr als 16 Register in der Maschine, so könnten wir Register durch vier Bits darstellen.

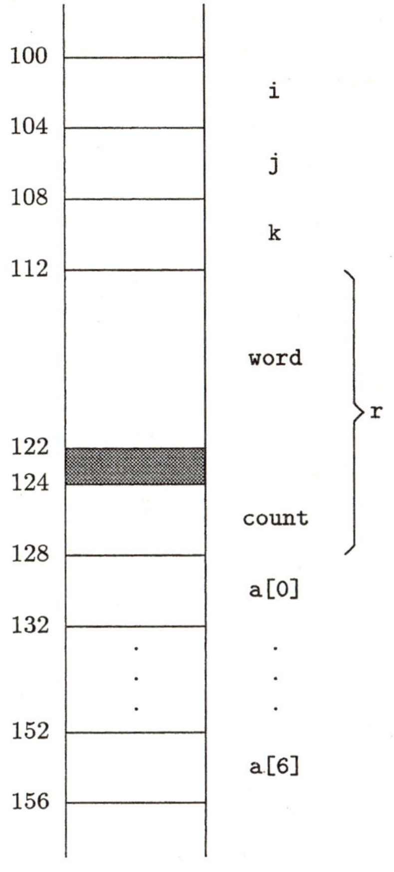

Abb. 4.14: Speicherzuteilung für Variablen.

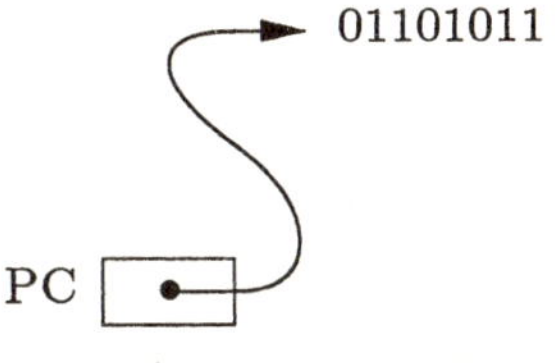

Abb. 4.15: Der Programmzähler.

[9]Wie wir in den Abschnitten 4.11 und 4.12 sehen werden, unterscheiden sich die Formate von Worten, die Integer-Zahlen und Real-Zahlen darstellen, wesentlich voneinander. Ein Additionsbefehl muß somit anzeigen, welches Format die bearbeiteten Wörter verwenden.

Das zweite Befehlsbyte könnte dann das erste Register in seinen ersten vier Bits darstellen und das zweite Register in den letzten vier Bits. Ein zweites Byte der Form 00110100 könnte aussagen „addiere den Inhalt von Register 3 zum Inhalt von Register 4 und belasse das Ergebnis in Register 4". ◆

Die meisten Befehle benötigen mehr als zwei Bytes; jeder Befehl, der eine oder mehr Adressen des Hauptspeichers umfaßt, braucht mehr. Wenn wir zum Beispiel drei Bytes (24 Bits) zur Darstellung von Speicheradressen verwenden, können wir 2^{24} bzw. 16M verschiedene Adressen darstellen. In diesem Fall würde ein Befehl zur Addition zweier ganzer Zahlen, die im Hauptspeicher gefunden werden, mindestens sieben Bytes benötigen; eine für die Operation und jeweils drei für die beiden Adressen. Ein Verzweigungsbefehl, der eine neue Adresse spezifiziert, die im Programmzähler gespeichert wird (wie das goto in Pascal), benötigt mindestens vier Bytes.[10]

Der Holen-Dekodieren-Ausführen-Zyklus

Zur Ausführung der Befehle durchläuft die Maschine die Schleife in Abb. 4.16. Dieser Kreislauf benötigt auf fast allen modernen Maschinen weniger als eine Mikrosekunde (10^{-6} Sekunden), auf einigen wenigen „Superrechnern" beträgt diese Zeit nur ein paar Nanosekunden (eine *Nanosekunde* sind 10^{-9} Sekunden bzw. ein Tausendstel einer Mikrosekunde). Die Befehle werden also in der Reihenfolge bearbeitet, in der sie im Hauptspeicher auftauchen, es sei denn, man trifft auf eine Verzweigung.

```
repeat forever
    hole Befehl PC^;
    dekodiere Befehl;
    führe Befehl aus;
    if Befehl war kein Sprung
        (gab keine nächste PC-Position an) then
        inkrementiere PC auf den nächsten Befehl
end
```

Abb. 4.16: Holen-Dekodieren-Ausführen-Zyklus.

Eine Verzweigung kann *bedingungsfrei* sein, wie eine goto-Anweisung, oder sie ist *bedingt*. Bei einer bedingten Verzweigung wird ein Test durchgeführt, wobei die nächste auszuführende Anweisung diejenige ist, die durch den Befehl bestimmt wird, vorausgesetzt die überprüfte Bedingung ist wahr. Ist die Bedingung falsch, wird der nächste Befehl der Befehlssequenz ausgeführt, wie es

[10] Die meisten Maschinen verwenden ein weitaus komplizierteres System zur Darstellung von Adressen des Hauptspeichers, was dazu führt, daß diese Adressen in zwei Bytes (16 Bits) dargestellt werden können, obwohl die Größe des Speichers bedeutend größer ist als 216. Diese Schemata werden wir in diesem Buch jedoch nicht behandeln.

auch bei nichtverzweigenden Befehlen der Fall wäre. Beachten Sie, daß diese Vorgehensweise die Ausführungsreihenfolge von Pascal widerspiegelt, wo Anweisungen in der Reihenfolge ausgeführt werden, in der sie im Programm auftauchen, es sei denn eine goto-Anweisung oder ein Test (if-Anweisung, while-Anweisung oder ähnliches) verändert diese Reihenfolge.

Wenn wir beispielsweise den 2-Byte-Befehl, den wir in Beispiel 4.6 behandelten, ausführen, so addieren wir 2 zum Programmzähler, bevor wir den nächsten Befehl holen. Vergessen Sie nicht, daß, wenn ein verschränkendes Schema verwendet wird, wie in Abschnitt 4.3 vorgestellt, die Maschine nicht nur ein Befehlsbyte zu einer Zeit holt. Es wird vielmehr ein Wort – oder sogar mehrere, abhängig vom Grad der Speicherverschränkung – aus dem Hauptspeicher geholt, und der PC bewegt sich durch die abgerufenen Bytes, wobei er die Befehle dekodiert.

Unterbrechungen

Ein *Interrupt* (*Unterbrechung*) ist ein Signal, das den Holen-Dekodieren-Ausführen-Zyklus vorübergehend verändert. Bestimmte Ereignisse, wie das Drükken eines Consolen-Knopfes, ein „Überlauf" (eine Situation, in der der berechnete Wert zu groß für ein Register ist) während einer arithmetischen Operation oder der dringende Bedarf der Verwendung des Busses durch ein Kommunikationsmedium, lösen Interrupts aus. In diesem Fall

1. wird der gegenwärtige PC-Wert an eine Speicherstelle geschrieben, die speziell für diesen Zweck vorgesehen ist.
2. wird der PC auf eine Adresse gesetzt, an der sich Befehle zur Bearbeitung des Interrupts befinden.
3. wenn diese Befehle beendet sind, wird der gesicherte PC-Wert zurück in das PC-Register geladen und die Ausführung planmäßig fortgeführt.

ÜBUNGEN

4.6.1: Gehen Sie davon aus, daß Real-Zahlen vier Bytes und Zeichen ein Byte benötigen. Nehmen Sie weiterhin an, daß ganze und reelle Zahlen an Wortgrenzen beginnen müssen, also an Speicheradressen, die durch 4 teilbar sind. Gegeben sei folgende Deklaration des Typs `BLOB`

```
type BLOB =record
      x: real;
      c: char;
   end;
```

Es sei weiterhin deklariert

```
type SPLAT =record
      a, b: BLOB
   end;
```

a) Beschreiben Sie, wie der Speicherplatz für ein SPLAT im Speicher angeordnet ist.

b) Wie würde die Anordnung für ein Array bestehend aus 12 BLOB-Elementen im Speicher aussehen?

4.6.2: Wenn wir die Elemente in der Struktur SPLAT aus Übung 4.6.1(a) oder das Array aus Übung 4.6.1(b) neu anordnen könnten, wieviel Platz könnten wir sparen? Das heißt, angenommen, wir haben die Möglichkeit, die einzelnen Gleitkommazahlen und Zeichen so im Speicher anzuordnen, wie wir es möchten. In welcher Reihenfolge würden sie stehen und wieviele Bytes würde die gesamte Datenmenge benötigen?

4.6.3: Beschreiben Sie, wie die Daten des Selectionsort-Programms aus Abb. 2.3 im Speicher angeordnet würden.

4.7 Ein typischer Befehlssatz

Wir wollen nun die Befehlsarten vorstellen, die üblicherweise in einem Rechner zur Verfügung stehen. Dazu gehören

1. *Datentransportbefehle*, um Daten zwischen Registern und Hauptspeicherstellen auszutauschen.
2. *Arithmetische* und *logische Befehle* zur Durchführung der Berechnungen, zu denen die ALU des Rechners in der Lage ist.
3. *Verzweigungsbefehle*, um Entscheidungen fällen zu können und die normale Abfolge der Befehle zu verändern.

Das Gerät, auf dem diese Befehle ausgeführt werden, entspricht dem in Abb. 4.3 in Abschnitt 4.3: eine Steuerungseinheit zum Dekodieren und Ausführen der Befehle, einer ALU für die arithmetischen und logischen Operationen und Register zur Speicherung von Daten und zur Durchführung einer großen Anzahl spezieller Aufgaben, die wir in diesem Abschnitt behandeln werden. Bei unserem Beispielrechner gehen wir davon aus, daß er 16 Register besitzt, die jeweils 1 Wort speichern können – das heißt vier Bytes bzw. 32 Bits.

Assemblersprache

Heutzutage schreibt kaum ein Programmierer seine Programme in Maschinensprache. Statt dessen wird eine symbolische Notation verwendet, die man *Assemblersprache* nennt und die durch ein Programm, genannt *Assemblierer*, welches einem einfachen Compiler ähnlich ist, übersetzt wird. Die Assemblersprache benutzt Namen anstelle von Bitsequenzen, und zwar in zweierlei Hinsicht.

1. Der Code für die Operationen wird durch passende mnemotechnische Ausdrücke wie ADD ersetzt.

2. Speicheradressen erhalten Namen, die *symbolische Adressen* genannt werden und den Variablen einer Programmiersprache gleichen.

Der Assemblierer geht die Befehle durch und ersetzt dabei die mnemotechnischen Ausdrücke für die Operationen durch ihre entsprechenden Bitsequenzen. Zudem wählt er auf eine Weise, die wir beschreiben werden, Adressen für alle symbolischen Adressen aus und ersetzt sie durch ihre tatsächlichen Adressen.

Assemblerbefehle haben gewöhnlich die Form

<Operation> <Operand(en)>

Die einzelnen mnemotechnischen Ausdrücke, die für die üblichen Operationen benutzt werden, variieren. Wir werden mnemotechnische Ausdrücke vorstellen, die in den meisten Fällen dem vollständigen Namen der Operation entsprechen; die meisten echten Assemblersprachen verwenden Abkürzungen.

Datentransport

Um ein Wort aus einer Speicheradresse in ein Register zu kopieren, sagen wir

```
LOAD <Speicheradresse>, <Register>
```

Bei Assemblerbefehlen stellen wir das Register *i* durch R*i* dar. Die hierbei angegebene „Speicheradresse" ist gewöhnlich eine symbolische Adresse, könnte aber auch eine konstante Adresse sein.

Beispiel 4.7

Der Assemblerbefehl

```
LOAD foobar, R2
```

kopiert das Wort, das an derjenigen Speicheradresse beginnt, die durch die symbolische Adresse `foobar` repräsentiert wird, in Register 2. Seine Bedeutung ist ähnlich der der Pascal-Anweisung

```
R2 := foobar
```

Hierbei ist zu beachten, daß, ähnlich wie bei der Pascal-Zuweisung, beim Laden eines Speicherwortes das Wort selbst im Speicher zwar unverändert bleibt, daß aber das, was vor der Operation im Register stand, nun verloren ist und im Register nicht auch gefunden werden kann. ◆

Um die Inhalte eines Registers in den Speicher zu kopieren, sagen wir

```
STORE <Register>, <Speicheradresse>
```

So kopiert

```
STORE R12, baz
```

den Inhalt von Register 12 in das Wort des Speichers, dessen Adresse der symbolischen Adresse entspricht, die durch baz repräsentiert wird. Frühere Inhalte dieses Wortes gehen verloren.

Um die Inhalte eines Registers (sagen wir R*i*) in ein anderes Register (z. B. R*j*) zu kopieren, schreiben wir

```
MOVE Ri, Rj
```

Arithmetische Operationen

Auf Worte, die ganze Zahlen repräsentieren, kann man die üblichen arithmetischen Operationen anwenden. Wir werden beispielsweise

```
ADD <Operand>, <Register>
```

verwenden, um den Operanden zum Inhalt des Registers zu addieren und das Ergebnis im selben Register zu speichern. Der Operand kann entweder eine Speicheradresse oder ein anderes Register sein. Außerdem kann der Operator einer der folgenden sein

1. SUB, um den Operanden vom Register zu subtrahieren.
2. MULT, um das Register mit dem Operanden zu multiplizieren.
3. DIV, um das Register durch den Operanden zu dividieren. Da hier von ganzen Zahlen die Rede ist, wirft die Division den Rest weg.

Möchten wir auf Worten operieren, die Real-Zahlen enthalten, benutzen wir die mnemotechnischen Ausdrücke ADDFL, SUBFL, MULTFL bzw. DIVFL. Wie wir in Abschnitt 4.12 noch sehen werden, werden Real-Zahlen anders dargestellt als ganze Zahlen, nämlich in einer Schreibweise genannt „Gleitkomma" („floating point"); daher das „FL" für „floating", um anzuzeigen, daß die Maschine die Worte, auf denen sie operiert, als Real-Zahlen bzw. Gleitkommazahlen betrachten soll.

Beispiel 4.8

Eine Approximation des Sinus des Winkels x, gemessen in Radianten, lautet

$$x - x^3/6 + x^5/120$$

oder äquivalent dazu

$$x\left(1-\frac{x^2}{6}\left(1-\frac{x^2}{20}\right)\right) \tag{4.1}$$

Das Assemblerprogramm in Abb. 4.17 berechnet diese Formel unter der Annahme, daß `x` die symbolische Adresse des Wertes des Argumentes x ist; das Ergebnis wird in einem Speicherwort mit der symbolischen Adresse `sine` abgelegt. Zudem benutzen wir in diesem Programm die symbolischen Adressen `one`, `six` und `twenty` für Speicherworte, von denen angenommen wird, daß sie die Gleitkommadarstellungen der ganzen Zahlen 1, 6 bzw. 20 enthalten.[11]

```
(1)  LOAD      x, R1
(2)  MULTFL    x, R1
(3)  MOVE      R1, R2
(4)  DIVFL     twenty, R2
(5)  LOAD      one, R3
(6)  SUBFL     R2, R3
(7)  MULTFL    R1, R3
(8)  DIVFL     six, R3
(9)  LOAD      one, R1
(10) SUBFL     R3, R1
(11) MULTFL    x, R1
(12) STORE     R1, sine
```

Abb. 4.17: Assemblerprogramm zur Berechnung des Sinus.

Zeile (1) in Abb. 4.17 kopiert x in Register 1, und Zeile (2) multipliziert Register 1 mit x, so daß dieses Register anschließend x^2 enthält. In Zeile (3) kopieren wir das Register 1 in Register 2 und belassen x^2 außerdem in Register 1 zur späteren Verwendung. Zeile (4) teilt Register 2 durch 20, was zu $x^2/20$ in dem Register führt. Zeile (5) legt den Wert 1 in Register 3 ab, und in der nächsten Zeile subtrahieren wir den Inhalt von Register 2 von 1, so daß Register 3 nun den Inhalt $1 - x^2/20$ hat.

Die Zeile (7) multipliziert dieses Ergebnis mit x^2, welches in Register 1 gespeichert war, und Zeile (8) dividiert das Ergebnis durch 6, so daß $(x^2/6)(1 - x^2/20)$ im Register 3 verbleibt. Zeile (9) packt den Wert 1 in Register 1; beachten

[11]Wir werden bald erfahren, wie man Konstanten auf natürlichere Art und Weise in ein Assemblerprogramm einfügt.

Sie, daß wir x^2 nicht länger benötigen und so Register 1 wieder nutzen können. Zeile (10) subtrahiert $(x^2/6)(1 - x^2/20)$ von 1, was in Register 1 in etwa die Formel (4.1) erzeugt. Wir müssen nur noch mit x multiplizieren, was durch Zeile (11) geschieht. In der letzten Zeile wird der Wert von (4.1), der in Register 1 berechnet wurde, an die Speicheradresse geschrieben, die den symbolischen Namen `sine` hat. ◆

Logische Operationen

Logische Operationen wie `AND` und `OR` werden auf Worten durchgeführt, wobei die entsprechenden Bits der beiden Wörter unabhängig voneinander betrachtet werden. Das `AND` zweier Bits ist nur dann 1, wenn beide Bits 1 sind, während das `OR` zweier Bits 1 ist, wenn entweder eines der beiden oder beide Bits 1 sind. Wir verwenden für `AND` und `OR` Assemblerbefehle dasselbe Format wie für die arithmetischen Befehle.

Überlauf

Die Größe der Zahlen, die entweder im Integer- oder im Gleitkommaformat unter Verwendung von 32-Bit-Worten dargestellt werden können, ist beschränkt. Wenn wir zwei positive Zahlen fast maximaler Größe addieren, wird das Ergebnis zu groß, um dargestellt werden zu können; auch die Subtraktion und Multiplikation können nichtdarstellbare Zahlen erzeugen, obwohl ein Rechner häufig so entworfen ist, daß er das Ergebnis einer Multiplikation in zwei Registern speichert und so das Problem einschränkt (es jedoch für Gleitkommazahlen nicht los wird). In den Abschnitten 4.11 und 4.12 werden wir sehen, welcher Zahlenbereich erlaubt ist. Für den Moment merken wir uns nur, daß das Ergebnis einer arithmetischen Operation nicht darstellbar sein kann, ein Zustand, den man gewöhnlich als *Überlauf* bezeichnet.

Die Möglichkeit eines Überlaufs verleiht der Rechnerarithmetik einen bitteren Beigeschmack. Strenggenommen gilt so beispielsweise das Assoziativgesetz nicht. Angenommen, ein Rechner kann für eine größere Zahl M ganze Zahlen zwischen $-M$ und $+M$ darstellen. Wir können vielleicht $(a + b) + c$ berechnen, da b und c große positive Zahlen (sagen wir jeweils M) sind, während a eine große negative Zahl (sagen wir $-M$) ist. In diesem Fall ergibt $a + b$ den Wert 0 und $0 + c$ ist M. Versuchen wir dagegen, $a + (b + c)$ zu berechnen, können wir $b + c$ nicht darstellen, da die Summe, $2M$, nicht darstellbar ist. Es ist demnach eigentlich nicht wahr, daß $(a + b) + c = a + (b + c)$ in der „Rechnerarithmetik" gilt. Dennoch tun wir zumeist so, als gelten die üblichen algebraischen Gesetze, wie das Assoziativgesetz. Solange wir es nicht mit sehr großen oder sehr kleinen Zahlen zu tun haben, werden wir den Unterschied nicht wahrnehmen.

Beispiel 4.9

Angenommen, wir führen den Befehl

```
AND R1, R2
```

zu einer Zeit aus, zu der die 32 Bits von Register 1 mit 0011... und die 32 Bits von Register 2 mit 0101... beginnen. Das erste Bit ist bei beiden Worten 0, so daß das Ergebnis 0 ist. Bei den zweiten und dritten Bits steht bei einem Wort die 0, während beim anderen eine 1 steht; das zweite und dritte Bit des Ergebnisses sind daher auch 0. Die vierten Bits beider Worte sind 1, so daß das Ergebnis im vierten Bit eine 1 stehen hat. Nach der Ausführung beginnt das Wort in Register 2 also mit 0001... .

Wäre die Operation

```
OR R1, R2
```

gegeben und die Register 1 und 2 enthielten zu Beginn 0011... bzw. 0101..., so würde das Ergebnis in Register 2 mit 0111... anfangen. ◆

Verzweigungsbefehle

Die Befehle, die wir bisher kennengelernt haben, dienen der Implementierung von Zuweisungen. Wir benötigen zusätzlich noch Befehle, die den Kontrollfluß steuern können – Tests, die in Bedingungen (wie bei if- und while-Anweisungen) auftauchen und Befehle, die die normale Ausführungsreihenfolge verändern. Die übliche Art und Weise zur Überprüfung von Bedingungen basiert auf dem Vergleichsbefehl

COMPARE R*i*, R*j*

der bestimmte Bits, genannt *Bedingungsbits*, abhängig davon setzt, ob der Inhalt von Register *i* kleiner als, gleich oder größer als der Inhalt von Register *j* ist. Wir gehen davon aus, daß die Operanden von COMPARE Worte sind, die ganze Zahlen repräsentieren. Müssen wir Worte im Gleitkommaformat, das für Real-Zahlen verwendet wird, miteinander vergleichen, so benutzen wir COMPAREFL.

Nach Ausführung des COMPARE-Befehls wird einer von mehreren verschiedenen Verzweigungsbefehlen (*branch*) verwendet, um den Programmzähler zu verändern, wenn ein oder mehrere bestimmte Bedingungsbits gesetzt wurden. Zum Beispiel überprüft

```
BREQ <Marke>
```

ob das „Gleich"-Bedingungsbit gesetzt wurde (d. h., ob der vorhergehende Vergleich zwischen zwei gleichen Größen stattgefunden hat); wenn ja, erhält der PC die Adresse, die durch <Marke> angegeben wurde. Ist eines der anderen Bedingungsbits gesetzt (< oder >), so wird der PC wie gewöhnlich auf den nächsten Befehl gesetzt.

Eine *Marke* ist ein symbolischer Name, der vor einem Assemblerbefehl steht. Die Marke steht inhaltlich für „welche Speicheradresse auch immer der Anfang dieses Befehls ist“. In unserem Assemblercode steht hinter den Marken noch ein Doppelpunkt, so daß sie nicht mit den Namen der Operationen verwechselt werden können.

Zusätzlich zu BREQ benutzen wir folgende mnemotechnischen Ausdrücke für die anderen Möglichkeiten.

1. BRNE, um zu der Marke zu springen, wenn der Vergleich „nicht gleich“ war, das heißt, wenn entweder das „kleiner als“ oder das „größer als“ Bedingungsbit gesetzt ist.
2. BRLT, um zu verzweigen, wenn das < Bit gesetzt ist.
3. BRLE, um zu verzweigen, wenn entweder das < oder das = Bit gesetzt ist.
4. BRGT, um zu verzweigen, wenn das > Bit gesetzt ist.
5. BRGE, um zu verzweigen, wenn entweder das = oder das > Bit gesetzt ist.
6. BRANCH, um unbedingt zu verzweigen, das heißt, egal welches Bit gesetzt ist. Dieser Befehl verhält sich wie das goto in Pascal.

```
(1)          LOAD      a, R1
(2)          LOAD      b, R2
(3)          COMPARE   R1, R2
(4)          BRGE      label1
(5)          ADD       R2, R1
(6)          STORE     R1, a
(7)          BRANCH    label2
(8)  label1: SUB       R2, R1
(9)          STORE     R1, b
(10) label2:           Code, der hinter dem if-then-else steht
```

Abb. 4.18: Implementierung eines if-then-else-Konstrukts.

Beispiel 4.10

Das Pascal-Fragment

```
if a < b then
   a := a+b
else
   b := a-b
```

kann in unserem Assemblercode wie in Abb. 4.18 wiedergegeben werden. Die Zeilen (1) und (2) laden a und b in die Register 1 bzw. 2. Diese Werte werden in Zeile (3) verglichen. Wenn wir in Zeile (4) feststellen, daß $a \geq b$ ist, so wird der „else“-Teil ausgeführt. Wir springen über die Zuweisung a := a+b hinweg, die durch die Zeilen (5) und (6) in Abb. 4.18 wiedergegeben wird. Das heißt, wenn $a \geq b$ ist, dann wird die Verzweigung nach `label1` in Zeile (4) gewählt, und im Anschluß an Zeile (4) führen wir Zeile (8) aus. Die Zeilen (8) und (9) implementieren die Zuweisung `b := a-b`.

Welche Zuweisung auch vorgenommen wird, wir geraten als nächstes immer an Zeile (10), von der wir annehmen, daß es sich dabei um den Anfang des Assemblercodes handelt, der dem entspricht, was auf das if-then-else-Konstrukt folgt. Das heißt, wenn $a < b$ gilt, gelangen wir von Zeile (4) zu Zeile (5), führen den „if"-Teil aus und erreichen schließlich Zeile (7), die uns sofort zu Zeile (10) bringt, wo `label2` gefunden wird. Ist $a \geq b$, so gehen wir von Zeile (4) zu Zeile (8) und schließlich zu Zeile (10). ◆

Adressierungsarten

Während die Befehle, die wir bisher kennengelernt haben, sich mit Operationen auf den einfachen Datentypen befaßten, vornehmlich auf Integers und Reals, haben wir nichts, was den Zugriff auf Arrays, Records oder Zeiger unterstützt, die aber alle wesentliche Bestandteile des Pascal-Datenmodells sind. Das Datenmodell der Maschine schließt derartige Eigenschaften durch ein Schema, genannt *Adressierungsarten*, mit ein. Bisher haben wir uns jeden Operanden, der kein Register repräsentiert, als etwas vorgestellt, was eine Speicheradresse darstellt. Tatsächlich haben Rechner eine Anzahl anderer Interpretationen, die für die Operanden festgelegt werden können. Die Möglichkeiten sind von Maschine zu Maschine unterschiedlich, folgende Liste, die wir in unserem Beispiel verwenden werden, deckt zumindest die grundlegenden Ideen ab.

1. *Direkte Adressierung*. Im direkten Modus wird ein Operand direkt als der Wert genommen, der benutzt werden soll, anstatt als Adresse dieses Operanden. Wir verwenden #<Wert>, um anzugeben, daß ein Operand eine direkte Adresse ist. Der Befehl

   ```
   ADD #24, R1
   ```

   addiert beispielsweise die ganze Zahl 24 zu dem Inhalt von Register 1; er addiert nicht den Inhalt des Wortes mit der Adresse 24 zu Register 1, wie es der Befehl

   ```
   ADD 24, R1
   ```

   tun würde.

2. *Indizierte Adressierung*. Im indizierten Modus addiert der Rechner den Inhalt eines bestimmten Registers zu der Adresse. Wir benutzen

   ```
   <Basis>[<Register>]
   ```

um eine Adresse zu bezeichnen, die sich dadurch ergibt, daß die Adresse, auf die `<Basis>` zeigt, genommen und der Inhalt von `<Register>` hinzu addiert wird.

Beispiel 4.11

Gegeben sei ein Array, das in Pascal folgendermaßen deklariert wäre

```
a: array[1..100] of integer
```

Wir möchten die folgende Zuweisung ausführen

```
x := a[i]
```

Da wir davon ausgehen, daß ganze Zahlen jeweils 4 Bytes benötigen, reservieren wir zur Speicherung dieses Arrays einen Block mit 400 aufeinanderfolgenden Bytes, von denen das erste durch die symbolische Adresse `a` repräsentiert wird. `a[1]` wird dann in den Bytes a bis $a + 3$ gefunden, `a[2]` in den Bytes $a + 4$ bis $a + 7$ und so weiter; allgemein bedeutet dies, daß `a[i]` sich in den Bytes $a + 4i - 4$ bis $a + 4i - 1$ befindet.

```
(1) LOAD    i, R1
(2) MULT    #4, R1
(3) LOAD    b[R1], R2
(4) STORE   R2, x
```

Abb. 4.19: Assemblercode für `x := a[i]`.

Angenommen, es gilt $b = a - 4$ und die Speicheradresse `b` enthält die ganze Zahl b. Dann kann unsere Pascal-Zuweisung in Assembler so geschrieben werden, wie in Abb. 4.19 dargestellt. Zeile (2) berechnet $4i$ in Register 1 unter Verwendung direkter Adressierung. In Zeile (3) repräsentiert die indizierte Adresse `b[R1]` den Wert $b + 4i$, der gleich $a + 4i - 4$ ist, das heißt, gleich der Adresse des Wortes, das für `a[i]` reserviert wurde. Zeile (3) lädt demnach den Wert von `a[i]` in Register 2, und dieser Wert wird dann in Zeile (4) in dem Wort für `x` gespeichert. ◆

Viele Assemblierer übernehmen die Arithmetik für uns. In diesem Fall besteht kein Bedarf, einen symbolischen Namen b für $a - 4$ zu erzeugen, wir schreiben Zeile (3) aus Abb. 4.19 als

```
LOAD  (a-4)[R1], R2
```

Zuweisung von Speicherplätzen für symbolische Namen

Jeder symbolische Name muß durch eine echte Speicheradresse ersetzt werden. Diese Aufgabe wird vom Assemblierer übernommen. Die Adressen für Marken können folgendermaßen berechnet werden. Jeder Befehl eines Assembler-Programms wird nacheinander untersucht und es wird bestimmt, wieviele Bytes jeder Befehl benötigt. Geht man davon aus, daß der erste Befehl bei Byte 0 beginnt, so kann man das Byte berechnen, an dem jeder Befehl anfängt. Da jede Marke den Anfang eines Befehls repräsentiert, wissen wir nun, welchen Wert wir jeder symbolischen Adresse, die eine Marke ist, zuweisen müssen.

Andere symbolische Adressen repräsentieren Daten. Der Assemblierer kann für die durch einen solchen Namen benannte Variable Platz schaffen. Üblicherweise sammeln sich Befehle und Daten nach der „Verschiebung" in getrennten Bereichen des Speichers auf (vgl. den Kasten über „verschiebbare Maschinensprache"). Aus Gründen der Einfachheit nehmen wir an, daß die Adressen der Daten unmittelbar hinter den Adressen für die Befehle liegen. Wir benutzen einen Assembler-Befehl

```
<symbolische Adresse>: BLOCK <Länge>
```

um den Speicherbedarf für den Wert, der mit der symbolischen Adresse assoziiert wird, anzugeben. So besagt

```
foo: BLOCK 1000
```

beispielsweise, daß die symbolische Adresse `foo` den Anfang eines Blockes mit 1000 Bytes darstellt, der für ein Datenobjekt reserviert werden soll, das wir uns als `foo` vorstellen; dieses Objekt könnte zum Beispiel ein Array mit 250 Integer-Zahlen sein oder ein Record mit zwei Feldern, die Zeichenketten der Länge 498 sind, und einem Feld, das ein Integer ist.

Um die Sache zu vereinfachen, gehen wir davon aus, daß jede symbolische Adresse, die nicht durch einen `BLOCK`-Befehl „deklariert" wurde, einen Block von vier Bytes repräsentiert, wie es für eine Integer- oder Real-Zahl benutzt würde. Wir werden weiter annehmen, daß der Speicherbereich für jede symbolische Adresse so angepaßt wird, daß er bei einem Byte beginnt, das durch 4 teilbar ist.

Verschiebbare Maschinensprache

Wir sprachen über das Zuweisen von Adressen an Befehle und Daten so, als würde ein Programm immer an der Adresse 0 beginnen. Tatsächlich ist dies aber im allgemeinen nicht möglich, da 0 und andere kleine Adressen gewöhnlich für bestimmte Zwecke reserviert sind. An dieser Stelle sei noch einmal auf den Kasten über „Interrupts" am Ende des Abschnitts 4.6 verwiesen. Wir erwähnten dort die Notwendigkeit einer Speicherstelle zur Speicherung des Programmzählers und den Bedarf an Speicherstellen, die helfen, das Problem zu behandeln, welches den Interrupt verursachte. Häufig haben wir auch zwei oder noch mehr Programme gleichzeitig im Hauptspeicher, während die Maschine Schritte jedes Programms ausführt und diesen jeweils nacheinander kleine Zeitintervalle zuweist. Aus diesen Gründen bedarf es der Möglichkeit, Programme beginnend bei irgendeiner spezifizierten Adresse, die dem Assemblierer beim Bearbeiten des Programms nicht bekannt sein kann, in den Hauptspeicher laden zu können.

Assemblierer (und Compiler für Programmiersprachen wie Pascal) erzeugen daher eine *verschiebbare Maschinensprache*. Diese Sprache entspricht genau der Maschinensprache, die generiert würde, wenn wir davon ausgingen, daß Befehle an der Adresse 0 beginnen. Bevor ein in einer verschiebbaren Maschinensprache geschriebenes Programm laufen kann, wird es von einem Systemprogramm, das passenderweise als *Lader* bezeichnet wird, in den Speicher *geladen*. Der Lader bekommt die Konstante c mitgeteilt, die zu allen Adressen addiert werden muß, dann wird das Programm an Adressen gespeichert, die mit c beginnen.

Um dem Lader mitzuteilen, welche Befehlsanteile „verschoben" werden müssen, also zu welchen ein c addiert werden muß, verwenden verschiebbare Maschinensprachen ein Bit für jeden Adressanteil eines Befehle, das angibt, ob er verschiebbar ist oder nicht. Nehmen wir also an, unser Programm umfaßt den zweiten und dritten Befehl in Abb. 4.19, die an den Adressen 300 bzw. 306 beginnen sollen, und es sei $c = 1000$. Dann hätte Befehl (2), `MULT #4, R1`, in der Ausgabe des Assemblierers kein verschiebbares Argument. Dies gilt für das erste, weil es sich hierbei um die Konstante 4 handelt, und für das zweite, weil es ein Register ist. Der Befehl würde jedoch c zu seiner eigenen Adresse addiert und darum beginnend mit der Byte-Adresse 1300 geladen werden. Beim zweiten Befehl `LOAD b[R1], R2` würde die Adresse `b` verschoben, die sein erster Operand ist (die Adressänderung, die Register 1 benutzt, würde als Teil der Operation ausgedrückt). Der Befehl selbst würde dann an Adresse 1306 beginnen. Wenn zum Beispiel `b` im verschiebbaren Maschinencode die Adresse 2000 repräsentiert, würde der Lader c hinzuaddieren und tatsächlich 3000 in den Befehl einfügen.

In Wirklichkeit ist die Verschiebung etwas komplizierter. Das verschiebbare Maschinensprachprogramm verwendet zwei Arten von Adressen, die beide mit 0 beginnen, genannt I- und D-Bereiche (Befehls- bzw. Datenbereiche). Der Lader benutzt zwei Konstanten, c und d, die zu den Befehls- bzw. Datenadressen addiert werden. c repräsentiert also den Anfang des I-Bereiches und d den des D-Bereiches.

Beispiel 4.12

Das Programm in Beispiel 4.11 (Abb. 4.19) verwendet die symbolischen Adressen `x`, `i` und `a`. Die erste ist, wie angegeben, ein Integer oder Real und die zweite ist ein Integer. Für das Array `a` wurde in Beispiel 4.11 angegeben, daß es 400 Bytes benötigt. Wir können also für diese drei Datenobjekte einen Speicherbereich wie folgt deklarieren

```
x: BLOCK    4
i: BLOCK    4
a: BLOCK    400
```

Was noch fehlt

Wir haben noch keine vollständige Assemblersprache angegeben, keine, die dem ganzen Befehls-Repertoire einer typischen Maschine entspricht. Wir beenden diesen Abschnitt daher, indem wir noch einige der wichtigsten Lücken schließen.

1. *Zeichenadressierung*. Es gibt gewöhnlich eine Variante von `LOAD`- und `STORE`-Befehlen, mit denen man auf einzelne Bytes zugreifen kann, wobei diese zwischen einem Byte des Hauptspeichers und einem Byte eines Registers bewegt werden. Diese Operationen werden benötigt, um Zeichenketten effizient zu bearbeiten.
2. *Shift-Operationen*. Ein Rechner hat Befehle, die es gestatten, die Bits eines Registers um eine spezifizierte Anzahl von Bits nach links oder rechts zu verschieben. In den meisten Variationen dieses Befehls gehen Bits verlogen, die aus dem einen Ende des Registers geschoben wurden.
3. *Unterstützung von Prozeduraufrufen*. Beispiele hierfür sind Befehle, die alle Register in einem Speicherblock sichern oder Register aus einem solchen Speicherblock wieder laden. Derartige Befehle sichern jeder Prozedur beim Aufruf die Verfügbarkeit aller Register zu, ohne daß die Gefahr besteht, daß Daten, die noch von der aufrufenden Prozedur benötigt werden, von der aufgerufenen Prozedur zerstört werden. Natürlich können wir den Effekt dieser Befehle durch eine Folge von Lade- und Speicherbefehlen imitieren, nicht ohne dabei einen entscheidenden Effizienzverlust zu erleiden, wenn es viele Register gibt. Eine spezielle Art einer unbedingten Verzweigung, der die „Rücksprungadresse" an einer bestimmten Speicherstelle ablegt, stellt eine weitere Unterstützung von Prozeduraufrufen dar. Die aufgerufene Prozedur kann an eben diese gespeicherte Adresse zurückkehren, was hilft, die Steuerung des Kontrollflusses so zu gestalten, daß genau die Stelle erreicht wird, die auf den Prozeduraufruf folgt, gleichgültig wer die Prozedur aufgerufen hat.
4. *Eingabe-/Ausgabeoperationen*. Der Rechner benötigt Befehle, um Datentransporte zu oder von Sekundärspeicher- und Kommunikationsgeräten zu veranlassen. Auch muß er über Befehle verfügen, die abfragen, ob die jeweiligen Geräte gewisse Bedingungen erfüllen, wie die Bereitschaft zum Empfang oder Versenden von Daten.

ÜBUNGEN

4.7.1: Übersetzen Sie folgende Sequenz von Pascal-Zuweisungen in Assemblersprache. Versuchen Sie, so wenig Befehle wie möglich zu verwenden, indem Sie Werte benutzen, die noch in den Registern verblieben sind. Sie können annehmen, daß alle Variablen vom Typ Integer sind.

a) `a := b+c; d := a+b; a := d-c;`

b) `c := a*b; d := a*b; e := c+d;`

4.7.2: Schreiben Sie das Programm aus Abb. 4.17 neu, indem Sie die direkte Adressierung als eine Möglichkeit nutzen, Konstanten als Argumente zu erhalten.

4.7.3: Schreiben Sie ein Assemblerprogramm zur Berechnung der größten der ganzen Zahlen a, b und c und speichern Sie diese in d.

4.7.4: `a`, `b` und `c` seien die Adressen von drei Worten, die jeweils aus 32 Bits bestehen. Schreiben Sie eine Folge logischer Befehle, die ein Wort `d` berechnet, das genau an den Stellen eine 1 hat, an denen zwei oder mehr von `a`, `b` und `c` eine 1 haben.

4.7.5: Nehmen wir an, `a` ist ein Array von ganzen Zahlen, das von 1 bis 100 indiziert ist. Schreiben Sie für folgende Anweisungen jeweils ein Assemblerprogramm. Sie können davon ausgehen, daß `a` die symbolische Adresse für das erste Wort des Arrays und daß `b` die symbolische Adresse für a - 4 ist.

a) `a[i] := x;`

b) `a[10] := a[20];`

b) `for i := 1 to 100 do a[i] := 0;`

4.7.6: Angenommen, der Befehl (1) in Abb. 4.18 beginnt bei Adresse 0 des I-Bereiches und jeder Befehl benötigt 4 Bytes. Zudem sei die Speicherstelle von `a` 0 im D-Bereich und die von `b` 4 im D-Bereich. Verschieben Sie den Code aus Abb. 4.18 indem Sie 10.000 auf alle verschiebbaren Befehlsadressen und 50.000 auf alle verschiebbaren Datenadressen addieren.

4.8 Unterstützen des Pascal-Datenmodells

Wir wollen nun untersuchen, wie typische maschinensprachliche Elementarfunktionen zur Implementierung der Operationen, die Pascal zur Verfügung stellt, benutzt werden. Man kann sich darüber streiten, ob Pascal gerade dieses Datenmodell benutzt, weil seine Eigenschaften relativ einfach durch einen typischen Computer unterstützt werden oder ob das Pascal-Datenmodell vielmehr „natürlich“ ist und Rechner so entworfen wurden wie sie sind, um dieses oder ähnliche Modelle zu implementieren. Beide Standpunkte sind sicherlich in gewissem Sinne richtig.

Um die Beziehung zwischen den Datenmodellen einer typischen Maschine und einer üblichen Sprache wie Pascal zu erkennen, sollten wir uns zunächst an Abschnitt 4.6, und hier besonders an Abb. 4.14, erinnern. Dort wurde beschrieben, wie man aufeinanderfolgende Bytes des Speichers gliedert, um einfache Datentypen darzustellen. Wir werden diese Idee für beliebige Pascal-Typen in Abschnitt 4.9 verallgemeinern, zunächst wollen wir jedoch betrachten, wie die grundlegenden Operationen von Pascal implementiert sind. Arithmetische Operationen auf ganzen und Gleitkommazahlen sind unmittelbar durch den entsprechenden Maschinenbefehl implementiert. Zugriffsoperationen auf Strukturen, die aus Zeigern, Arrays und Records bestehen, werden beinahe implementiert, wie wir in diesem und in Abschnitt 4.9 sehen werden.

Zugriff auf Arrays

Wir haben bereits in Beispiel 4.11 gesehen, wie eine Zuweisung wie `x := a[i]` implementiert wird. `a` ist dabei ein Array, dessen Elemente einen Typ wie Integer oder Real haben, der in einem einzigen Wort dargestellt wird, und der Index von `a` beginnt bei 1. Wir können die Sequenz dahingehend verallgemeinern, daß der Index von `a` bei einer anderen Zahl als der 1 beginnt. Wenn der Index von `a` beispielsweise `[j..k]` den Bereich umfaßt, können wir `x := a[i]` durch die Befehle in Abb. 4.20 implementieren.

```
(1)  LOAD    i, R1
(2)  MULT    #4, R1
(3)  LOAD    (a-4*j)[R1], R2
(4)  STORE   R2, x
```

Abb. 4.20: Zugriff auf ein Array mit dem niedrigsten Index j.

Beachten Sie, daß `a` in Zeile (3) in Abb. 4.20 eine symbolische Adresse ist, die das erste Byte des Blockes repräsentiert, der zur Speicherung des Arrays `a` verwendet wird. Der Wert des Ausdrucks $a - 4 * j$ in Zeile (3) ist bekannt, nachdem das Array `a` deklariert wurde. Wir gehen jedoch davon aus, daß unser Assemblierer die zur Auswertung eines Ausdrucks wie $a - 4 * j$ notwendige Arithmetik beherrscht, wenn er die tatsächlichen Werte der Variablen a und j erhält.

Beachten Sie weiterhin, daß, wenn der Index von `a` bei j beginnt, die Adresse des Wortes, das `a[i]` speichert, $a + 4(i - j)$ lautet. Ist beispielsweise $i = j$, dann ist a selbst die Adresse; wenn $i = j + 1$ ist, dann ist die Adresse $a + 4$ und so weiter. Da die Zeilen (1) und (2) aus Abb. 4.20 $4i$ in Register 1 berechnen, lautet das Ergebnis der Addition des Inhalts von Register 1 zu $a - 4j$ in

Zeile (3) $4i + (a - 4j)$, was gleich $a + 4(i - j)$, also gleich der Adresse von a[i] ist. In Zeile (3) erhält Register 2 somit wie gewünscht den Wert von a[i], der in Zeile (4) in x gespeichert wird.

Auf ähnliche Weise können wir auch in a[i] speichern. Wir können beispielsweise a[i] := y mit der Befehlsfolge ausführen, die in Abb. 4.21 angegeben wird. Wieder nehmen wir an, j sei der erste Index des Arrays a.

```
(1) LOAD    i, R1
(2) MULT    #4, R1
(3) LOAD    y, R2
(4) STORE   R2, (a-4*j)[R1]
```

Abb. 4.21: Speichern in einem Array.

Man könnte sich fragen, was wohl passiert, wenn die Elemente des Arrays a nicht die Größe eines Wortes hätten. In unserem Maschinenmodell können wir nur ein Wort zu einer Zeit speichern. Hätten wir zum Beispiel ein Array a, dessen Elemente von einem Typ τ sind, der 3 Worte Speicher benötigt, und x wäre eine Variable vom Typ τ, so könnten wir die Zuweisung x := a[i] durch die Schrittfolge in Abb. 4.22 ausführen.

```
(1) LOAD    i, R1
(2) MULT    #12, R1
(3) LOAD    (a-12*j)[R1], R2
(4) STORE   R2, x
(5) LOAD    (a-12*j+4)[R1], R2
(6) STORE   R2, x+4
(7) LOAD    (a-12*j+8)[R1], R2
(8) STORE   R2, x+8
```

Abb. 4.22: Zugriff auf ein Array mit 12-Byte-großen Elementen.

Um Abb. 4.22 zu verstehen, muß man sich in Erinnerung rufen, daß sowohl jedes Element von a als auch die Variable x 12 Bytes bzw. drei Worte benötigt. a[i] befindet sich demnach in den 12 Bytes, die an der Adresse $a + 12 * (i - j)$ beginnen, wobei j der erste Index von a ist. Wenn wir in Abb. 4.20 4 durch 12 ersetzen, erhalten wir die ersten vier Zeilen von Abb. 4.22. Da ein Register jedoch nur ein Wort bzw. 4 Bytes speichern kann, kopieren die Zeilen (3) und (4) nur das erste Drittel von a[i] in das erste Drittel von x. Die Zeilen (5) und (6) wiederholen diese Operation, wobei aber 4 sowohl zur gelesenen Adresse als auch zur Adresse, die den Wert in Register 2 erhält, addiert wird. Die Bytes 5 bis 8 von a[i] werden somit in Register 2 und dann in die Bytes 5 bis 8 von x kopiert. Auf ähnliche Weise kopieren die Zeilen (7) und (8) in Abb. 4.22 das letzte Drittel von a[i] in das letzte Drittel von x.

Anhand dieses Beispieles sollte es Ihnen möglich sein, sich Assembler-Befehle auszudenken, die ein Array-Element beliebiger Größe in eine Variable derselben Größe kopieren und um einen Wert der passenden Größe in ein Array-Element zu speichern.

Zeiger

In Pascal kann eine Variable ein Zeiger auf Objekte eines spezifizierten Typs sein. Unabhängig von diesem Typ können wir den Wert eines Pascal-Zeigers durch die Adresse des Dinges, auf das er zeigt, repräsentieren. Sie erinnern sich, daß die Adresse von etwas immer das erste Byte ist, das es im Speicher belegt. Im folgenden nehmen wir an, daß Zeiger 4 Bytes belegen, eine angemessene Menge an Platz für eine Adresse.

p sei eine Variable, die ein Zeiger auf eine Integer- oder Real-Zahl ist, das heißt auf Daten eines Typs, der in 1 Wort paßt. Die Pascal-Zuweisung

```
x := p^
```

ändert den Wert von x in den Wert des Dinges, auf das p zeigt. Als Assembler-Befehl wird dies folgendermaßen ausgedrückt

```
LOAD     p, R1
LOAD     0[R1], R2
STORE    R2, x
```

Um zu verstehen, was geschieht, ist es wichtig zu bemerken, daß im ersten Schritt der Wert von p in Register 1 kopiert wird. Register 1 enthält somit die Adresse des Wortes, das wir nach x kopieren möchten. Im zweiten Schritt besagt der Operand 0[R1], daß wir Null und den Inhalt von Register 1 addieren sollen und das Ergebnis die Adresse des Wortes ist, das in Register 2 geladen wird. Diese Adresse entspricht genau dem Inhalt von Register 1, und wir erwähnten gerade, daß im ersten Schritt in diesem Register die Adresse desjenigen Dinges abgelegt wurde, auf das p zeigt. Daher schreibt der zweite Schritt den Wert von p^ in Register 2, also den Wert, den wir x zuweisen möchten. Im dritten Schritt wird der Wert einfach in x gespeichert.

Wenn wir im umgekehrten Fall etwas mittels eines Zeigers speichern möchten wie in der Zuweisung

```
p^ := y
```

können wir den Assemblercode wie folgt angeben

```
LOAD     y, R2
LOAD     p, R1
STORE    R2, 0[R1]
```

Wiederum steht der Operand 0[R1] in der dritten Zeile für die Adresse, auf die p zeigt, da der Wert von p im vorhergehenden Schritt in Register 1 geladen wurde.

Möchten wir Zeiger auf Typen benutzen, die größer als ein einzelnes Wort sind, müssen wir dafür sorgen, daß ein Wort nach dem anderen kopiert wird, wie wir es auch im Falle des Array-Zugriffs getan haben. Die Einzelheiten dieser Verallgemeinerung überlassen wir dem interessierten Leser bzw. dem desinteressierten Leser, dessen Lehrer dieses Problem als Hausaufgabe stellt.

Records

Wir wenden uns nun dem Thema zu, wie man auf Felder eines Records zugreift. Im allgemeinen assoziiert Pascal zu jedem Feld eines Records einen *Offset*, der angibt, wie viele Bytes relativ zum Anfang des Records selbst das entsprechende Feld beginnt. Die Idee wurde in Beispiel 4.5 zu Beginn des Abschnitts 4.6 vorgestellt. Wir haben dort insbesondere gesehen, daß es nützlich ist, jedes Feld an einer Wortgrenze beginnen zu lassen – das heißt, bei einem Byte, dessen Adresse durch 4 teilbar ist – und wir wollen annehmen, daß dies immer der Fall ist. Wir betrachten als Beispiel einen Record-Typ, der verwendet werden könnte, um Binärbäume zu modellieren (vgl. Abschnitt 5.6), die an jedem Knoten Zeichenketten der Länge 10 speichern. Eine geeignete Definition ist

```
type TREE = ^NODE;
   NODE = record
          string: array [1..10] of char;
          left, right: TREE
      end;
```

Nehmen wir an, daß das Record aus den Feldern `string`, `left` und `right` besteht und zwar in dieser Reihenfolge, wie in Abb. 4.23 gezeigt. Das erste Feld hat immer den Offset 0, weil es dort beginnt, wo auch das Record selbst beginnt. Das zweite Feld hat einen Offset, der sich aus der Anzahl der Bytes ergibt, die das erste Feld beansprucht, wobei diese Anzahl auf ein ganzzahliges Vielfaches von 4 „aufgerundet" wird. In unserem Beispiel hat das Feld `left` den Offset 12, weil `string` 10 Bytes benötigt. Dementsprechend hat das dritte Feld einen Offset, der der Summe aus dem Offset des zweiten Feldes und der Größe des zweiten Feldes (wenn nötig auf ein Vielfaches von 4 aufgerundet) entspricht. Weil wir angenommen haben, daß Zeiger vier Bytes belegen, hat `right` den Offset 16, nämlich 12 plus 4, das heißt, den Offset von `left` plus der Größe von `left`. In diesem Fall ist ein Aufrunden nicht notwendig, weil die Größe von `left` schon ein ganzzahliges Vielfaches von 4 ist. Damit sollte das Vorgehen klar sein. Der Offset jedes Feldes ist die Summe des Offsets des vorigen Feldes und der Größe des vorigen Feldes, falls notwendig auf ein Vielfaches von 4 aufgerundet.

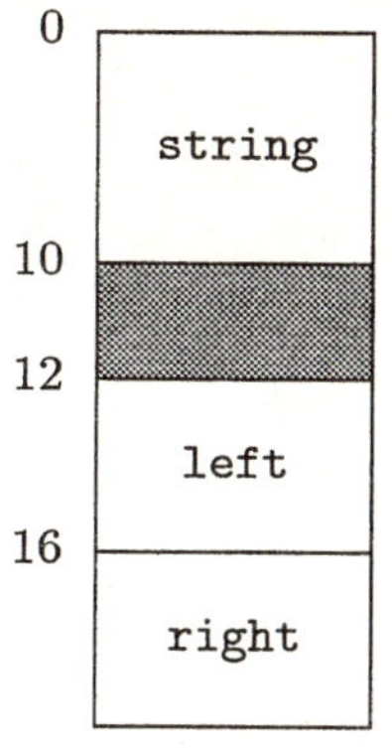

Abb. 4.23: Struktur eines Records des Typs NODE.

Wenn n eine Variable vom Typ NODE und p vom Typ TREE (d. h. ein Zeiger auf einen Knoten) ist, können wir p den Wert des right-Feldes von n durch die folgende Pascal-Zuweisung zuweisen

```
p := n.right
```

In Assembler erreichen wir dieselbe Zuweisung durch

```
LOAD      n+16, R1
STORE     R1, p
```

Die erste Anweisung kopiert das Wort beginnend beim Offset 16 relativ zum Anfang von n; dieses Wort ist n.right. Die zweite Anweisung speichert diesen Wert in p.

Auf ähnliche Weise können wir einen neuen Wert in einem Feld speichern. Nehmen wir an, wir wollen die folgende Zuweisung durchführen

```
n.left := y
```

Eine entsprechende Anweisungsfolge in Assemblersprache lautet

```
LOAD      y, R1
STORE     R1, n+12
```

Beachten Sie, daß wir im zweiten Schritt den Offset 12 für left benutzen, anstelle des Offsets 16 für right, wie wir es im vorigen Beispiel getan haben. Die zweite Anweisung speichert Register 1, das den Wert von y enthält, in das Wort, das beim Offset 12, vom Anfang von n aus gerechnet, beginnt. Dieses Wort ist dasjenige, das das Feld n.left enthält.

ÜBUNGEN

4.8.1: Schreiben Sie ein Assembler-Programm analog zur Abb. 4.22, um den Wert von `y` in `a[i]` zu speichern. `a` sei dabei ein Array mit 12-Byte großen Elementen, dessen erster Index *j* ist, wie in der Abbildung.

4.8.2: Angenommen, `p` ist ein Zeiger auf Objekte eines Typs, der 8 Bytes benötigt. Schreiben Sie den Assemblercode, um

a) in `x` den Wert dessen zu speichern, auf das `p` zeigt

b) den Wert `y` in darin zu speichern, worauf `p` zeigt

4.8.3: Angenommen, wir möchten, daß der Zeiger `p` auf die Variable `z` zeigt. Wie könnten wir dies in unserer Assemblersprache realisieren? *Hinweis*: Benutzen Sie direkte Adressierung mit einer variablen Adresse. Beachten Sie, daß diese Operation in Pascal nicht explizit erlaubt, aber notwendig dafür ist, daß die Funktion *new* in Pascal funktioniert.

4.8.4*: `q` zeige auf ein Record vom Typ `NODE` wie in Abb. 4.23. Schreiben Sie Assemblerprogramme, um folgende Operationen durchzuführen:

a) Speichern Sie den Wert von `x` im Feld `q^.right`.

b) Kopieren Sie den Wert von `q^.left` nach `q^.right`.

c) Lassen Sie sowohl `q^.left` als auch `q^.right` auf das Record zeigen, auf das `q` zeigt.

d) Lassen Sie `q` dahin zeigen, wohin `q^.left` zeigt.

e) Finden Sie unter der Annahme, daß ein `NIL`-Zeiger durch den Wert 0 in einem Wort dargestellt wird, welches einen Zeiger verwaltet (was insofern sinnvoll ist, da 0 üblicherweise keine Adresse ist, in der Daten gespeichert werden können), den im Baum am weitesten links liegenden `NIL`-Zeiger. `q` zeige auf die Wurzel des Baumes.

4.8.5*: Schreiben Sie ein Assemblerprogramm zur Realisierung des Selectionsort-Algorithmus aus Abb. 2.3.

4.9 Die Darstellung von Strukturen: der allgemeine Fall

In diesem Abschnitt werden wir zeigen, wie die im letzten Abschnitt vermittelten Techniken verallgemeinert werden können, um auf Pascal-Strukturen wie Arrays, Zeiger und Records zuzugreifen. Das heißt, wir werden allgemeine Regeln für die Organisation dieser Strukturen im Speicher angeben, und wir werden allgemeine Regeln dafür angeben, wie man auf jeden Teil jeder dieser

Strukturen zugreifen kann. Wir werden dabei jeweils rekursive Regeln für die Übersetzung von Pascal in Assembler-Code angeben.

Basisregeln für die Zuteilung von Speicherplatz

Als erstes betrachten wir die Größe und Gliederung von Blöcken, die verwendet werden, um die Objekte der verschiedenen Pascal-Typen darzustellen. In diesem Unterabschnitt werden wir die Basistypen und ihren Speicherbedarf behandeln. Die folgende Liste enthält nicht nur die Basistypen von Pascal, sondern zusätzlich zwei Spezialfälle.

1. *Integer-Zahlen.* Wir verwenden ein Wort für jede Variable des Typs Integer.

2. *Aufzählungs- und Unterbereichstypen.* Hierbei handelt es sich tatsächlich um Mengen ganzer Zahlen, und wir werden sie ebenfalls durch ein Speicherwort darstellen. Unterbereiche wie `3..50` haben offensichtlich ganze Zahlen als Werte. Aufzählungstypen wie

   ```
   (Jan, Feb, ..., Dec)
   ```

   werden einfach in Beziehung zu ganzen Zahlen, beginnend bei 1, gesetzt, so daß `Jan` durch die ganze Zahl 1 dargestellt wird, `Feb` durch 2, und so weiter.

3. *Real-Zahlen.* Wir speichern eine Gleitkommazahl in einem Wort. Es gibt eine spezielle Codierung, um eine Real-Zahl als Bitsequenz darzustellen. Wir werden dies in Abschnitt 4.12 ausführen. In unserer Beispielmaschine werden wir für Gleitkommazahlen einen 32-Bit-Code verwenden. Viele Maschinen benutzen längere Codierungen – insbesondere 2-Wort-Darstellungen (64 Bit) – ebenso wie 1-Wort-Repräsentationen.

4. *Zeichen und Wahrheitswerte.* Diese werden wir normalerweise durch ein Wort darstellen. Dementsprechend belegt ein Zeichen (*character*) das letzte der vier Bytes eines Wortes und ein Boole'scher Wert belegt nur das letzte Bit des letzten Bytes eines Wortes. Diese *ungepackte* (*unpacked*) Repräsentation mag als große Speicherverschwendung erscheinen. Auf den meisten Maschinen ist aber das Lesen eines Wortes mindestens so effizient wie das Lesen eines speziellen Bytes oder Bits, daher können wir diese Repräsentation als Default-Fall übernehmen. Beachten Sie die Punkte (5) und (6) unten, in denen wir wichtige Spezialfälle untersuchen, in denen Bits und Bytes so dicht wie möglich in Worte gepackt werden.

5. *Zeichen-Arrays.* Ein Typ der Form

   ```
   array [a..b] of char
   ```

   wird normalerweise nicht als Basistyp angesehen. Auf der anderen Seite handelt es sich hier um eine Zeichenkette fester Länge, also um einen häufig verwendeten Pascal-Typ. Darum schlagen wir vor, daß ein solches Array, dessen Länge $b - a + 1$ ist, in $\lceil (b - a + 1)/4 \rceil$ Worte gepackt wird, wobei alle Bytes dieser Worte verwendet werden, mit Ausnahme der letzten Bytes des letzten Wortes, falls $b - a + 1$ nicht durch 4 teilbar ist. Wir haben bereits in Beispiel 4.5 ein Beispiel für das Packen einer Zeichenkette kennengelernt.

6. *Mengen*. In Pascal können Mengen nur Untermengen eines kleinen Aufzählungs- oder Unterbereichstyps sein. Die Zahl möglicher Elemente einer Menge variiert mit dem Pascal-Compiler, ein typischer Ansatz besteht aber darin, nur solche Mengen zu erlauben, die durch ein Wort darstellbar sind. Im einzelnen bedeutet dies, daß ein Wort aus 32 Bits das Vorhandensein oder die Abwesenheit von 32 oder weniger Elementen anzeigen kann. Jede Bitposition steht für ein Element, und eine 1 bedeutet, daß das Element in der Menge enthalten ist; 0 heißt, es ist nicht enthalten.

Beispiel 4.13

Angenommen, wir möchten Mengen des Typs

```
set of 20..40
```

darstellen. Dann wird die ganze Zahl 20 durch das erste Bit dargestellt, 21 durch das zweite und allgemein die ganze Zahl i im Bereich zwischen 20 und 40 durch das Bit $i - 19$. Die letzten 11 Bits des Wortes entsprechen keinem Integer. Die Menge der Primzahlen im Bereich zwischen 20 und 40 wird somit zum Beispiel durch die Bitsequenz 000100000101000001000 repräsentiert. Strenggenommen würden auf diese Sequenz noch weitere 11 Nullen folgen, um ein 32-Bit-Wort zu füllen.

In ähnlicher Art und Weise können wir eine Integer-Codierung für die Elemente eines Aufzählungstyps verwenden. Wenn unser Typ

```
set of (Jan, Feb, ..., Dec)
```

ist und wir die Bitpositionen in dieser Reihenfolge vergeben, dann ließe sich die Menge der Monate mit 31 Tagen als 101010110101 darstellen, aufgefüllt mit 20 Nullen. ◆

Charakteristische Vektoren

Eine Folge wie die in Beispiel 4.13 mit der Bedeutung „in der Menge enthalten“ für 1 und „nicht in der Menge enthalten“ für 0 wird häufig als *charakteristischer Vektor* bezeichnet. Wenn wir Mengen durch ihre charakteristischen Vektoren darstellen, die jeweils mit Nullen aufgefüllt werden, damit vollständige Worte entstehen, können wir die Vereinigung von Mengen berechnen, indem wir das logische `OR` auf die Worte anwenden; die Schnittmenge läßt sich durch Anwendung des logischen AND auf Worte berechnen. Wenn wir Mengen durch kurze charakteristische Vektoren darstellen, gibt es demnach eine sehr effiziente Methode, Vereinigung und Schnittmenge zu berechnen, obwohl diese Operationen auf den ersten Blick nach viel Berechnungsaufwand aussehen. In Abschnitt 7.5 werden charakteristische Vektoren genauer untersucht.

Diese Einfachheit der Berechnung von Vereinigungs- und Schnittmengen ist zweifellos der Grund für die Pascal-Begrenzungen der Größe der Unterbereichs- oder Aufzählungstypen, aus denen Mengen gebildet werden können. Nichtsdestoweniger könnten wir Vereinigungen und Schnitte mit wenigen Anweisungen durchführen, sogar wenn der Unterbereichs- oder Aufzählungstyp mehr als 32 Elemente enthielte. Wollten wir zum Beispiel

```
set of 1..320
```

darstellen, könnten wir 10 Worte verwenden, um den charakteristischen Vektor einer Menge zu verwalten und die Vereinigung oder Schnittmenge durch Anwendung der OR- oder AND-Operation auf die entsprechenden Worte der beiden charakteristischen Vektoren ermitteln.

Rekursive Regeln für die Speicherzuteilung

Wir betrachten nun, was geschieht, wenn wir mit Hilfe von Zeigern, Arrays und Records komplexe Typen erzeugen. Angenommen, wir haben bereits die Speichermenge ermittelt, die einige Typen benötigen, vielleicht Basistypen oder Typen, die anhand rekursiver Regeln erzeugt wurden. Auch gehen wir davon aus, daß die Speichermenge für einen Typ eine ganzzahlige Anzahl von Worten ist, das heißt, eine Anzahl von Bytes, die durch 4 teilbar ist. Nun wenden wir zusätzlich einen der Typkonstruktoren an. Mit Hilfe folgender Regeln berechnen wir die Speichermenge, die der neue Typ benötigt, die, wie wir feststellen werden, ebenfalls durch 4 teilbar ist.

1. *Zeiger*. Gegeben sei der Typ ^τ. Für Objekte diesen Typs weisen wir ein einzelnes Wort zu, das einen Zeiger auf ein Objekt vom Typ τ verwaltet. Hierbei ist es wichtig, daß die Größe des Zeigers ^τ nicht vom Typ τ abhängt. Man kann davon ausgehen, daß Zeiger, das heißt also Speicheradressen, in ein Wort passen, da 32 Bits ausreichen, um jede von 2^{32} unterschiedlichen Speicheradressen darzustellen.

2. *Arrays*. Angenommen, wir haben einen Typ

   ```
   array [a..b] of τ
   ```

   mit einem Typ τ, dessen Elemente jeweils k Worte benötigen. Ein Array dieses Typs benötigt dann $(b - a + 1)k$ Worte und entspricht in seiner Anordnung Abb. 4.24.[12]

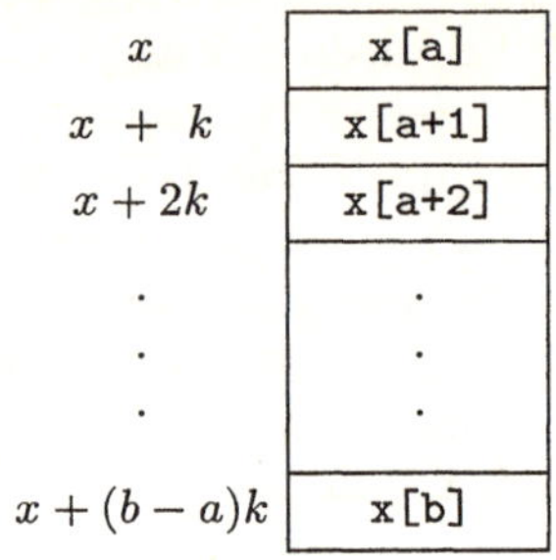

Abb. 4.24: Anordnung eines Arrays.

3. *Records*. Gegeben sei ein Record mit den n Feldern F_1, ..., F_n und mit den Typen τ_1, ..., τ_n. Die Größe der Objekte dieser Typen betrage k_1, ..., k_n Bytes. Wir nehmen an, daß jedes k durch 4 teilbar ist. Die Größe eines Objektes dieses Records beträgt dann $\sum_{i=1}^{n} k_i$. Das j-te Feld F_j befindet sich an dem Offset $\sum_{i=1}^{j-1} k_i$ Bytes vom Anfang des Records aus gesehen.[13]

Die Anordnung eines Records mit n Feldern ist der eines Arrays mit n Elementen sehr ähnlich. Bei einem Record kann jedoch jedes Feld eine andere Größe haben, auch hat jedes Feld einen Namen. Bei einem Array haben alle Elemente dieselbe Größe, und sie werden nur durch ihren Index benannt.

Wir behaupteten übrigens, daß jeder anhand dieser drei Regeln definierte Typ eine Größe (in Bytes) hat, die durch 4 teilbar ist. Wir können diese Aussage durch eine Induktion über die Anzahl der Verwendungen eines Konstruktors (Zeiger, Array oder Record) zur Egrzeugung eines Typs beweisen; diesen Beweis lassen wir jedoch als Übungsaufgabe.

```
TYPE1 = array [1..10] of integer;
TYPE2 = ^TYPE1;
TYPE3 = record
        field1: integer;
        field2: TYPE2
    end;
TYPE4 = array [0..4] of TYPE3;
```

Abb. 4.25: Typdeklarationen.

[12]Beachten Sie, daß Zeichen-Arrays nicht unter diese Regel fallen, da wir derartige Arrays so speichern, daß ein Element in ein Byte gepackt wird. Wir haben Zeichen-Arrays bereits in den elementaren Regeln behandelt, so daß hier nicht vom Typ `char` sein kann.

[13]Ist $j = 1$, so reicht die Summe von $i = 1$ bis $i = 0$, ein scheinbar sinnloser Ausdruck. Per Konvention ist eine derartige Summe null, was auch sinnvoll ist, da es besagt, daß der Offset von Feld F_1 0 ist; d. h. es beginnt genau da, wo auch das Record beginnt.

Zugriff auf Strukturen in Assemblersprache

Wir lernen nun eine Anzahl rekursiver Regeln kennen, die uns gestatten, auf Teile von Objekten zuzugreifen, die einen beliebig komplexen Typ haben. Betrachten wir zum Beispiel die Folge von Typdeklarationen aus Abschnitt 1.4, die wir hier in Abb. 4.25 noch einmal angeben. Wenn wir ein Array `a` vom Typ `TYPE4` haben, könnten wir beispielsweise eine Zuweisung durchführen wie

```
a[3].field2^[2] := x
```

oder

```
y := a[3].field2^[2]
```

Dazu sind die nachfolgenden Schritte notwendig:

1. Das Array-Element `a[3]` finden, das ein Objekt vom Typ `TYPE3` ist.
2. Das Feld `field2` dieses Elements finden, welches ein Objekt vom Typ `TYPE2` ist.
3. Dem Zeiger in diesem Feld folgen, der auf ein Objekt vom Typ `TYPE1` zeigt, das heißt, auf ein Array bestehend aus 10 ganzen Zahlen.
4. Auf das zweite Element dieses Arrays zugreifen.

Es bedarf eines Schemas, um beliebigen Schrittsequenzen der drei nachfolgend aufgelisteten Typen zu folgen:

a) Einem Zeiger folgen.

b) Ein Array-Element finden.

c) Ein Feld eines Records finden.

Jedes Objekt jeden Typs hat eine *Basisadresse* (kurz: *Adresse*), die dem ersten Byte des Blocks entspricht, in dem dieses gespeichert ist. Allen drei oben genannten Operationen liegt zugrunde, daß sie sich von der Basisadresse des Objektes zu einer neuen Basisadresse eines der Unterobjekte vorarbeiten.

Damit eine Folge von Schritten zusammenpaßt, nehmen wir an, daß die Basisadresse eines Objektes in einem Register i steht und daß die Basisadresse des Unterobjektes entweder im Register i berechnet wird oder, wenn dies nicht zweckmäßig erscheint, in Register $i + 1$. Da unser Rechner nur über eine beschränke Anzahl von Registern verfügt, gehen uns irgendwann die Register aus. Basisadressen werden im Laufe einer Zugriffssequenz jedoch nur einmal benutzt, so daß zwei Register, wenn wir sie abwechselnd nutzen, genügen. Zur Vereinfachung nehmen wir aber an, daß eine unendliche Anzahl an Registern verfügbar ist.

Elementare Regeln für den Zugriff auf Strukturen

Diese Regeln finden Anwendung, wenn es sich bei dem Unterobjekt um ein Objekt eines Basistyps handelt. Wir brauchen nicht die Adresse eines Unterobjektes zu finden, müssen aber das Objekt selbst lesen.

Zunächst nehmen wir an, daß das erste Unterobjekt, von einem Basistyp, ein Speicherwort benötigt. Wenn sich die Basisadresse in Register i befindet, können wir den Wert dieses Unterobjektes in Register $i + 1$ durch

```
LOAD      0[Ri], R(i+1)
```

laden ebenso wie wir einen Wert in dem Objekt speichern können, indem wir den Wert in Register $i + 1$ übertragen und dann den nachfolgenden Befehl angeben

```
LOAD      R(i+1), 0[Ri]
```

Eine Ausnahme ergibt sich, wenn der Basistyp eine Zeichenkette ist. Wir hatten uns entschieden, eine Zeichenkette (ein Zeichen-Array) so zu speichern, daß sie in so wenig Worte gepackt wird, wie zur Speicherung des Arrays notwendig sind. Angenommen, wir möchten das j-te Byte eines solchen Arrays lesen. Um ein einzelnes Byte in ein Register zu schreiben oder daraus zu lesen, müssen wir spezielle Lade- und Speicheroperationen für Bytes voraussetzen, wie am Ende von Abschnitt 4.7 diskutiert. Wenn die mnemotechnischen Ausdrücke für diese Befehle `LOADB` und `STOREB` heißen, können wir Byte j einer Zeichenkette, deren Basisadresse sich in Register i befindet, durch folgenden Befehl lesen

```
LOADB  (j-1)[Ri], R[(i+1)]
```

Wir können den Wert, der in Register $i + 1$ gehalten wird, in Byte j speichern durch

```
STOREB    R[(i+1)], (j-1)[Ri]
```

Man beachte, daß der Offset des j-ten Bytes eines Strings bzw. Zeichen-Arrays j - 1 ist und nicht j. Das erste Byte hat dieselbe Adresse wie das Array selbst, das zweite Byte hat eine Adresse, die um 1 höher ist, und so weiter.

Induktive Regeln zur Berechnung der Basisadresse

Wir möchten unsere Diskussion über den Zugriff auf Strukturen abschließen, indem wir zeigen, wie man Assemblercode erstellt, der die Basisadresse für Unterstrukturen findet. Die folgenden drei Regeln entsprechen den drei Typ-Konstruktoren von Pascal.

1. *Zeiger.* Wenn wir ein Objekt vom Typ ^τ für einen beliebigen Typ τ haben und sich die Basisadresse dieses Typs in Register i befindet, verwenden wir den Befehl

```
LOAD    0[Ri], R[i+1]
```

um dem Zeiger zu folgen. Das heißt, Register i enthält die Adresse eines Wortes, das ein Zeiger auf ein (d. h. die Basisadresse von einem) Objekt vom Typ τ ist. Dieser Befehl schreibt den Inhalt des Wortes mit der Adresse null plus dem Inhalt des Registers i, das heißt also, den Inhalt des Wortes, das dem besagten Zeiger entspricht, in Register $i + 1$. Register $i + 1$ enthält nun die Basisadresse des Objektes vom Typ τ.

2. *Arrays.* Angenommen, Register i enthält die Basisadresse eines Objektes vom Typ

```
array [a..b] of τ
```

und wir möchten auf das Element j dieses Arrays zugreifen. Wir können dafür sorgen, daß die Basisadresse dieses Elements in Register i gespeichert wird. Hierfür betrage die Größe der Elemente von Typ τ k Bytes. Wenn j eine Variable ist, die an der Speicherstelle mit der symbolischen Adresse j gefunden wird, können wir die folgenden zusätzlichen Schritte ausführen, die Register $i + 1$ als temporäre Ablage verwenden, um den Offset des Elements j zu berechnen.

```
LOAD    j, R(i+1)
SUB     #a, R(i+1)
MULT    #k, R(i+1)
ADD     R(i+1), Ri
```

Ist j jedoch eine Konstante, können wir den Offset $k(j - a)$ für das gewünschte Array-Element dann berechnen, wenn wir den Assemblercode verfaßt haben. Folgender Befehl erzielt den gleichen Effekt.

```
ADD     #k(j-a), Ri
```

3. *Records.* Wir nehmen an, Register i enthält die Basisadresse eines Records und wir möchten auf eines seiner Felder zugreifen, das einen Offset von k Bytes hat. Wir müssen dafür nur k plus die Basisadresse des Records in Register i berechnen; das heißt, wir können den nachfolgenden Befehl verwenden

```
ADD     #k, Ri
```

Beispiel 4.14

Gegeben sei ein Array a des Typs TYPE4, der in der Typdefinition in Abb. 4.25 definiert wurde. Betrachten wir folgende Zuweisung:

```
a[j].field2^[7] := x
```

Die Basisadresse von Array a sei die symbolische Adresse a, so daß wir mit dem Befehl

```
LOAD     #a, R1
```

beginnen müssen. Um das Element *j* des Arrays zu erhalten, dessen Basisadresse in Register 1 steht, müssen wir von *j* den niedrigsten Index des Arrays (in diesem Fall 0) subtrahieren und dann mit der Größe der Elemente multiplizieren. Da diese Elemente vom Typ TYPE3 sind, der aus einem Integer und einem Zeiger besteht, beträgt die Elementgröße 8 Bytes. Wir führen somit die notwendige Berechnung in Register 2 durch und addieren das Ergebnis zum Inhalt von Register 1, entsprechend der oben genannten Regel (2). Die Befehle lauten:

```
LOAD     j, R2
SUB      #0, R2
MULT     #8, R2
ADD      R2, R1
```

Register 1 enthält nun die Basisadresse des Array-Elements a[j]. Als nächstes benötigen wir die Basisadresse von field2 dieses Records. Da field2 den Offset 4 hat (es liegt hinter einem Feld der Größe 4), brauchen wir nur den Befehl

```
ADD      #4, R1
```

auszuführen und die Basisadresse für a[j].field2 erscheint in Register 1.

Im nächsten Schritt müssen wir dem Zeiger in field2 folgen und verwenden aufgrund von Regel (1) den Befehl

```
LOAD     0[R1], R2
```

um die Adresse des Elements vom Typ TYPE1 in Register 2 zu kopieren. Das heißt, wir haben nun die Basisadresse des Arrays mit zehn Integer-Zahlen, das dem Wert des Ausdrucks a[j].field2^ entspricht.

Nun müssen wir noch das siebente Element dieses Arrays finden; es ist einfach, den entsprechenden Offset 24 zu berechnen. Wir brauchen demnach nur 24 zum Inhalt des Registers 2 zu addieren, was durch folgenden Befehl geschieht.

```
ADD      #24, R2
```

Schließlich laden wir den Wert von `x` in Register 3 und speichern diesen Wert in der Adresse, die in Register 2 gefunden wird; diese Adresse entspricht der Speicherstelle für die ganze Zahl `a[j].field2^[7]`. Die letzten Befehle lauten

```
LOAD    x, R3
STORE   R3, 0[R2]
```

Die gesamte Befehlssequenz wird in Abb. 4.26 noch einmal wiedergegeben.

```
(1)  LOAD     #a, R1
(2)  LOAD     j, R2
(3)  SUB      #0, R2
(4)  MULT     #8, R2
(5)  ADD      R2, R1
(6)  ADD      #4, R1
(7)  LOAD     0[R1], R2
(8)  ADD      #24, R2
(9)  LOAD     x, R3
(10) STORE    R3, 0[R2]
```

Abb. 4.26: Mechanisch erstellte Befehle für den Zugriff auf Strukturen.

Die Befehle in Abb. 4.26 bieten nicht die bestmögliche Lösung. Eine Subtraktion von Null ist unnötig, daher kann Zeile (3) gelöscht werden. Auch ist es nicht notwendig, `a` in Zeile (1) in ein Register zu laden und dann dazu in Zeile (5) zu addieren. Wir sollten vielmehr $8j$ in Register 1 berechnen und dann den Wert der Adresse von `a` addieren. Die Zeilen (1) bis (5) würden danach durch folgendes ersetzt

```
LOAD    j, R1
MULT    #8, R1
ADD     #a, R1
```

Betrachten wir nun die Zeilen (6) und (7) in Abb. 4.26. Es wird die 4 zu Register 1 addiert und dann eine Adresse `0[R1]` berechnet. Wir würden denselben Effekt erzielen, wenn wir 4 nicht zu Register 1 addierten, sondern die Adresse `4[R1]` berechneten. Diese Zeilen können somit durch nachfolgenden Befehl ersetzt werden.

```
LOAD    4[R1], R2
```

Ähnliches gilt für die Zeilen (8) und (10), die durch einen Befehl ersetzt werden können. Die resultierenden sechs Befehle werden in Abb. 4.27 angegeben. ◆

Compiler-Optimierung

Das Verfahren, das wir in Beispiel 4.14 angewendet haben, ist typisch für die Arbeitsweise eines Compilers. Einfache rekursive Regeln generieren eine Folge von Maschinen- oder Assembler-Befehlen, die garantiert funktionieren, da es eine einfache Schnittstelle zwischen den Anwendungen der verschiedenen Regeln gibt. In Beispiel 4.14 lautete diese Schnittstelle in etwa wie folgt: „Eine Basisadresse erscheint in einem bestimmten Register, und wir müssen die nächste Basisadresse in einem bestimmten Register berechnen". Anschließend werden lokale „Tricks" bzw. *Optimierungen* angewandt, um den Code durch Reduzierung der Anzahl der Befehle zu verbessern, wobei sichergestellt wird, daß dasselbe Ergebnis berechnet wird.

```
LOAD    j, R1
MULT    #8, R1
ADD     #a, R1
LOAD    4[R1], R2
LOAD    x, R3
STORE   R3, 24[R2]
```

Abb. 4.27: Verbesserte Befehlssequenz.

ÜBUNGEN

4.9.1: `b` sei ein Array vom Typ `TYPE4`, welcher in Abb. 4.25 definiert wurde. Schreiben Sie ein Assembler-Programm, um den Wert des Integers `x` in

a) `b[4].field1`

b) `b[1].field2^[3]`

zu speichern und verwenden Sie dafür den in diesem Abschnitt beschriebenen rekursiven Algorithmus.

4.9.2: Schreiben Sie – wiederum unter Verwendung des rekursiven Algorithmus dieses Abschnitts – ein Assembler-Programm, das die Integer-Zahlen aus Übung 4.9.1(a) und (b) in einer Integer-Variablen `y` speichert.

4.9.3: Finden Sie Befehlssequenzen, die dasselbe wie in den Übungen 4.9.1 und 4.9.2 leisten. Verwenden Sie so wenig Befehle wie möglich.

4.9.4: Wir behaupteten, daß die Typen, die durch Anwendungen der Regeln für die Typkonstruktoren Zeiger, Array und Record definiert wurden, alle eine Größe (in Bytes) haben, die durch 4 teilbar ist. Beweisen Sie dies durch Induktion über die Anzahl der Male, die ein Konstruktor benutzt wird.

4.9.5*: Wir erwähnten, daß Mengen durch charakteristische Vektoren repräsentiert werden können. Wenn S die Teilmenge einer Menge mit 32 Elementen ist, die wir als 1, 2, ..., 32 bezeichnen können, können wir das Vorhandensein bzw. das Fehlen von i in S durch das i-te Bit eines Wortes `s` darstellen. Um beispielsweise zu überprüfen, ob i in S ist, müssen wir ein Bit eines Wortes isolieren, so daß das Wort entweder nur aus 0-en besteht (wenn dieses Bit 0 ist) oder aus einer 1 (wenn das Bit 1 ist). Bei nicht-Null können wir verzweigen, um den Wert des Bits zu testen. Um dies tun zu können, benötigen wir *Schiebebefehle*

```
SHIFTL     Rm, D
SHIFTR     Rm, D
```

Der erste dieser beiden Befehle schiebt die Bits in Register m um D Bits nach links und füllt die rechte Seite mit 0-en auf. D kann hier entweder ein Register sein, dann entspricht die Anzahl der zu verschiebenden Bits dem Inhalt dieses Registers, oder es kann eine Zahl #j sein, dann verschieben wir um j Positionen. Der `SHIFTR`-Befehl ist ganz ähnlich, nur daß die Bits hier nach rechts verschoben werden. Unter Benutzung dieser Befehle, gegebenenfalls zusammen mit logischen Befehlen, ist es möglich, Assembler-Programme für folgende Operationen zu schreiben; tun Sie dies.

a) Angenommen, `s` ist der charakteristische Vektor für die Menge S und `i` enthält eine ganze Zahl zwischen 1 und 32. Verzweigen Sie zu `yes`, wenn die Integer-Zahl i Element von S ist und verzweigen Sie zu `no`, wenn nicht.

b) Verändern Sie den charakteristischen Vektor `s` so, daß i Element der Menge S ist.

c) Geben Sie an, ob die Zahl 23 Element der Menge S ist, die durch den charakteristischen Vektor `s` repräsentiert wird.

d) Löschen Sie die 23 aus der Menge S, die durch den charakteristischen Vektor `s` repräsentiert wird.

4.10 Die Laufzeit von Programmen

In Kapitel 3 machten wir einige Annahmen über die Laufzeiten verschiedener Pascal-Anweisungen. Wir sagten beispielsweise, daß jede Pascal-Zuweisung und jede Überprüfung einer Bedingung „eine konstante Zeit“ benötigt, unabhängig von den Werten, für die diese Operationen durchgeführt werden; das heißt, jede Zuweisung und jeder Test braucht $O(1)$ Zeit. Auch behaupteten wir, daß wir aus verschiedenen Gründen die Laufzeit nicht genauer bestimmen konnten. Wir sind jetzt in der Lage zu verstehen, worauf diese Annahmen basieren.

Jede Maschine führt ihren Befehlszyklus (Holen, Dekodieren und Ausführen, wie in Abschnitt 4.6 beschrieben) in einer festen maximalen Zeit pro Befehl aus. Diese Zeit bewegt sich zwischen 10^{-6} und 10^{-7} Sekunden oder weniger. Zusätzlich zu den Unterschieden bei der Rate, mit der Befehle zur Bearbeitung angestoßen werden, besitzen verschiedene Maschinen auch unterschiedliche Befehlssätze und Adressierungsarten. Einige Maschinen können einen Befehl initiieren, bevor der vorhergehende fertig ist (vgl. Kasten über „Pipeline-Prozessoren"). Diese Unterschiede können die Anzahl der Befehle beeinflussen, die für Operationen wie Arithmetik und Zugriff auf Strukturen notwendig sind. In Beispiel 4.14 sahen wir schließlich, auf welche Art der Compiler den Assemblercode, den er generiert, „optimieren" kann. In unserem einfachen Beispiel ergab sich ein Verhältnis von 10:6 zwischen der Anzahl der Befehle, die eine sture Anwendung der Regeln zur Übersetzung von Pascal in Assemblercode hervorbrachte, und der Anzahl der Befehle bei einem etwas geschickter entworfenen Programm.

All diese Gründe offenbaren uns, daß wir die Anzahl der Befehle nicht als mehr ansehen dürfen, als nur als eine Annäherung an die Laufzeit. Die Unterschiede der Laufzeiten aufgrund von Variationen bei

1. den Befehlsausführungsraten
2. den Befehlssätzen und
3. der Qualität des compilierten Programms

können zu erheblichen Schwankungen zwischen der Zeit bei einer Maschinen-Compiler-Kombination und der bei einer anderen führen.

Pipeline-Prozessoren

Einige moderne Maschinen bearbeiten Befehle fließbandartig (engl.: *to pipeline*), was bedeutet, daß sie die Phase des Holens, des Dekodierens und sogar der Ausführung für einen Befehl beginnen, noch bevor die Ausführung des vorhergehenden Befehls beendet ist. Es gibt dennoch eine konstante Rate, mit der Befehle zur Bearbeitung angestoßen werden, die Zeit zwischen derartigen Initiierungen kann jedoch sehr kurz sein, und mehrere Befehle können sich gleichzeitig im Prozeß der Ausführung befinden.

Ein Problem dieser Architektur basiert darauf, daß, wenn eine Verzweigung genommen wird, alle Arbeitsschritte aller darauffolgender Befehle, die bereits mit der Ausführung begonnen hatten, rückgängig gemacht werden müssen und die Pipeline von neuem bei dem Befehl, zu dem verzweigt wurde, beginnen muß. Ein Verzweigungsbefehl, bei dem tatsächlich verzweigt wird, benötigt demnach beträchtlich mehr Zeit als andere Befehle.

Das Zählen von Befehlen

Wir haben gerade festgestellt, daß wir bis auf einen konstanten Faktor die Laufzeit von Programmen in Pascal oder einer anderen Sprache dadurch messen können, daß wir das Programm geradewegs in Assemblercode übersetzen und dabei die Anzahl der Befehle zählen, die ausgeführt werden. In den folgenden Absätzen werden wir wichtige Beobachtungen darüber machen, wieviele Befehle für die unterschiedlichen Konstrukte notwendig sind. Der wesentliche Punkt dabei ist, daß bei vielen wichtigen Pascal-Konstrukten, wie Zuweisungen, die Anzahl der ausgeführten Befehle von der bestimmten Instanz des betroffenen Konstrukts und von den Typen der Operanden abhängen kann, jedoch in keiner Weise von dem Wert der Daten. Die Laufzeit dieser Konstrukte ist somit nicht abhängig von der Größe der Eingabe.

Im folgenden nehmen wir an, daß kein Operand innerhalb eines Ausdrucks einen Funktionsaufruf beinhaltet. Wir werden Funktionsaufrufe am Ende dieses Abschnitts gesondert behandeln.

Zugriff auf Operanden

Ausdrücke verschiedener Typen enthalten Operanden, die entweder einfache Variablen sein können oder aber Record-, Zeiger- und Array-Zugriffsoperatoren („.“, „^“ und „[ ]“), wie wir sie im vorigen Abschnitt kennengelernt haben, notwendig machen. Wir hatten dort festgestellt, daß höchstens vier Befehle pro zugreifendem Operator notwendig sind, plus einer, um die initiale Basisadresse zu erhalten und einem weiteren, um den betreffenden Wert zu laden oder zu speichern (wobei wir davon ausgingen, daß der Wert ein Wort ist). Benötigt der Wert mehr als ein Wort, so benötigt man zum Laden oder Speichern je Wort einen Befehl. Da der Typ einer Pascal-Variablen jedoch bekannt ist, bevor das Programm läuft, ist die Anzahl der Befehle, die zum Lesen oder Speichern eines Operanden benötigt wird, eine Konstante, unabhängig davon, wie viele Zugriffsoperatoren verwendet werden und welchen Typ die Variable hat. Hierbei ist wichtig zu verstehen, daß diese Zahl, auch wenn sie sehr groß ist, in keiner Weise vom zu lesenden oder zu speichernden Wert abhängt. Jeder Datenzugriff benötigt somit $O(1)$ Zeit, auch wenn die konstanten Faktoren c, die durch das O impliziert werden, bei den verschiedenen Vorkommen der Zugriffsoperatoren verschieden sein können.

Arithmetische Operationen

Techniken zur Übersetzung eines arithmetischen Ausdrucks wie `a+b[i]*c` in Assemblercode werden in Abschnitt 5.7 aufgegriffen. Aber auch ohne die Einzelheiten der Übersetzung zu kennen, stellen wir fest, daß jede arithmetische Operation mit drei Befehlen ausgeführt werden kann: einen zum Laden des ersten Operanden, einen zur Durchführung der Operation und einen zum Speichern des Ergebnisses. Stehen genügend Register zur Verfügung, so können wir uns viele Lade- und Speichervorgänge sparen und auf diese Art weniger als drei Befehle pro Operation benutzen. Wir müssen den Befehlszähler jedoch um die entsprechende Zahl erhöhen, wenn wir einen Operandenzugriff wie `b[i]` durchführen.

Um den Assemblercode für einen arithmetischen Ausdruck zu erzeugen, müssen wir uns zunächst für eine korrekte Reihenfolge der Operationen entscheiden, eine Reihenfolge, die nicht versucht, eine Operation auszuführen, bevor nicht all ihre Operanden ausgewertet wurden. In unserem Beispiel müssen wir `b[i]` mit `c` multiplizieren, bevor wir das Produkt zu `a` addieren. Im schlimmsten Fall muß das Ergebnis jeder Operation in einem eigenen Speicherwort gespeichert werden. Eine Operation kann dann mit den folgenden Schritten durchgeführt werden.

a) Lade den linken Operanden in Register 1.

b) Operiere auf Register 1 und verwende dabei den linken Operanden.

c) Speichere das Ergebnis in der entsprechenden Speicherstelle.

Bei unserem Beispielausdruck würden wir eine symbolische Adresse wie `temp1` für `b[i]*c` verwenden und den Code wie in Abb. 4.28 generieren. Zudem benutzen wir `temp2` zur Speicherung des Ergebnisses des gesamten Ausdrucks und `BsubI` zur Speicherung von `b[i]`. Die Zeilen (1) bis (3) in Abb. 4.28 repräsentieren die Anwendung des Multiplikationsoperators, und in den Zeilen (4) bis (6) wird die Addition dargestellt. Die Befehle für den Zugriff auf `b[i]` und zur Berechnung von `BsubI` fallen unter die Kosten für den Zugriff auf Strukturen.

```
                  Code zur Auswertung von
                  b[i] und anschließender
                  Speicherung an einer
                  temporären Speicherstelle BsubI
(1)    LOAD       BsubI, R1
(2)    MULT       c, R1
(3)    STORE      R1, temp1
(4)    LOAD       a, R1
(5)    ADD        temp1, R1
(6)    STORE      R1, temp2
```

Abb. 4.28: Auswertung eines arithmetischen Ausdrucks.

Vergleichsoperationen

Betrachten wir einen Vergleich wie wir ihn im bedingten Ausdruck einer if-Anweisung oder in einer while-Schleife vorfinden, ein Beispiel wäre `a[i].field1 < b`. Ebenso wie bei arithmetischen Ausdrücken benötigen wir auch hier Befehle, um auf die Operanden zugreifen zu können. Die Anzahl dieser Befehle ist endlich und abhängig von der Anzahl der Zeiger-, Array- und Record-Zugriffe, nicht aber vom Wert eines Datenobjektes. Jeder Vergleichsoperator wie < oder = kann durch die folgenden drei Befehle ausgeführt werden.

a) Lade den rechten Operanden in ein Register.

b) Vergleiche den linken Operanden mit dem Register.

c) Verzweige in Abhängigkeit des Vergleichsergebnisses.

Eine Ausnahme bildet der Vergleich von Zeichenketten, der in Pascal erlaubt ist, wobei „<“ die Bedeutung hat „steht in lexikographischer Reihenfolge vor“. Wir müssen dabei solange byteweise vergleichen bis wir bestimmen können, welcher String in lexikographischer Hinsicht kleiner ist. Aber auch hier ist die Anzahl der Vergleiche und Verzweigungen auf keinen Fall größer als die Länge der verglichenen Zeichenketten, und diese Länge ist bereits festgelegt, wenn das Programm geschrieben ist und die Typen deklariert sind; sie ist nicht datenabhängig. Wir schließen daraus, daß die maximale Anzahl der Befehle, die für einen Vergleich benötigt werden, nicht von den Werten der verglichenen Objekte abhängt. Auch hier kann die Anzahl der Befehle für verschiedene Vergleiche variieren, für jeden Vergleich im Programm gibt es jedoch eine obere Grenze für die Anzahl der ausgeführten Befehle. Bei allen, außer bei Vergleichen von Zeichenketten, liegt diese Grenze bei drei Befehlen.

Bedingte Ausdrücke

Ausdrücke wie

```
(a<b) AND (c=d)
```

die beispielsweise in if-Anweisungen, repeat- oder while-Schleifen vorkommen, erfordern Befehle zur Auswertung der Vergleiche, wie im vorigen Abschnitt besprochen. Das allgemeine Verfahren hierfür soll in diesem Buch nicht angegeben werden, wir können es aber beispielhaft an der oben gegebenen Bedingung illustrieren.

Als erstes müssen wir dafür sorgen, daß wir an eine Stelle springen, die wir `labelT` nennen, falls die Bedingung wahr ist, und an eine andere `labelF`, wenn die Bedingung falsch ist. Wir prüfen die erste Hälfte der Bedingung $a < b$ in den ersten drei Befehlen aus Abb. 4.29. Wenn $a \geq b$ ist, muß die Bedingung falsch sein, und wir brauchen uns um den anderen Teil $c = d$ nicht zu kümmern. Befehl (3) verzweigt demnach zu `labelF`, wenn $a < b$ falsch ist.

Wenn $a < b$ ist, wird mit den auf Befehl (3) folgenden nächsten drei Befehlen fortgefahren, die testen, ob $c = d$ gilt. Ist $c \neq d$, verzweigen wir bei Befehl (6) zu `labelF`, weil die Bedingung insgesamt falsch ist. Im anderen Fall fahren wir beim auf den Test folgenden Befehl fort und landen bei `labelT`, was korrekt ist, weil beide Teile der Bedingung sich als wahr herausgestellt haben.

Im allgemeinen kann jeder Vergleich, ohne die für den Datenzugriff notwendigen Befehle, mit drei Befehlen ausgeführt werden. Also kann jeder bedingte Ausdruck in $O(1)$ Befehlen ausgewertet werden, auch wenn sich die implizit enthaltene Konstante für verschiedene bedingte Ausdrücke unterscheidet.

```
(1)             LOAD        b, R1
(2)             COMPARE     a, R1
(3)             BRGE        labelF
(4)             LOAD        d, R1
(5)             COMPARE     c, R1
(6)             BRNE        labelF
     labelT:                Code für den Fall,
                            daß die Bedingung wahr ist

     labelF:                Code für den Fall,
                            daß die Bedingung falsch ist
```

Abb. 4.29: Auswertung einer bedingten Anweisung.

Schleifen

Abschnitt 3.6 behandelte im Detail, wie man obere Schranken für die Laufzeit einer Schleife ermittelt. Wir werden nun eine einfache for-Schleife betrachten, um diese Regeln zu rechtfertigen.

```
for i := 1 to n do
  <Rumpf>
```

Das Programm beginnt mit der Initialisierung von `i` mit 1. Um ein paar Befehle zu sparen, werden wir Register 1 dafür verwenden, den Wert von `i` für die Dauer der Schleife zu speichern. Außerdem werden wir den Wert von `n` in das Register 2 laden. Diese Register dürfen in dem Teil des Programms, der den Schleifenrumpf implementiert, nicht verwendet werden. Das Programm für die for-Schleife könnte dann so aussehen wie in Abb. 4.30 vorgeschlagen.

```
(1)                 LOAD        #1, R1
(2)                 LOAD        n, R2
(3)   beginLoop:    COMPARE     R1, R2
(4)                 BRGT        endLoop
                                Code für den Rumpf
(5)                 ADD         #1, R1
(6)                 BRANCH      beginLoop
      endLoop:                  Code, der auf die Schleife folgt
```

Abb. 4.30: Assemblerprogramm für eine for-Schleife.

Zeile (1) initialisiert `i` mit 1 und Zeile (2) kopiert `n` in das Register 2. Die Zeilen (3) und (4) sind tatsächlich der Beginn der Schleife, und wir testen dort, ob $i > n$ gilt. Ist dies der Fall, so ist die Bearbeitung der Schleife beendet, und wir verzweigen zum auf die Schleife folgenden Befehl, das heißt, zu der Stelle, die durch die Marke `endLoop` markiert wird. Falls $i \leq n$ ist, führen wir den Rumpf der Schleife aus. Danach, in Zeile (5), addieren wir 1 zu `i`, das sich ja in Register 1 befindet. Schließlich springen wir in Zeile (6) zurück zum Anfang der Schleife, also zu Befehl (3), der durch die Marke `beginLoop` bezeichnet wird.

Nun können wir erkennen, wie die Laufzeit der Schleife sich zur Laufzeit des Rumpfes verhält, die wir $T_{Body}(n)$ nennen wollen. Die Initialisierung, die Befehle (1) und (2), benötigen $O(1)$ Zeit und das unabhängig von n. In jeder Iteration der Schleife finden wir die Befehle (3), (4), (5) und (6), die pro Durchlauf $O(1)$ Zeit benötigen. Unter der Annahme, daß der Rumpf nicht leer ist und darum mindestens $O(1)$ Zeit benötigt wird, braucht die Schleife also $O(1)$ für die Initialisierung plus $O(nT_{Body}(n))$ Zeit. Wenn $n > 0$ ist, kann der $O(1)$ Term vernachlässigt werden, womit als Laufzeit $O(nT_{Body}(n))$ übrigbleibt.

Prozedur- und Funktionsaufrufe

Wir haben noch nicht alle nötigen Informationen, um die Befehle zu beschreiben, die ausgeführt werden müssen, wenn eine Prozedur aufgerufen wird oder zurückkehrt. Wir können die Kosten eines Prozeduraufrufes als eine Konstante plus die Kosten der Auswertung seiner aktuellen Parameter und ihrer Speicherung an einem Platz, an dem die aufgerufene Prozedur sie finden kann, annehmen. In der O-Abschätzung kann die Konstante wiederum vernachlässigt werden, es sei denn, die Anzahl der Parameter ist null. Die Konstante deckt dabei Befehle ab, die folgendes tun:

1. Speichere die „Rücksprungadresse", zu der die Prozedur zurückkehren muß, an einem festgelegten Speicherplatz.

2. Speichere den Inhalt der Register gegebenenfalls an einem sicheren Ort.

3. Manipuliere gegebenenfalls einen Keller, auf dem sich Platz für die lokalen Variablen einer Prozedur befindet.

4. Wenn die Prozedur eine Funktion ist, speichere den Rückgabewert an einem Platz, an dem die aufrufende Prozedur ihn finden kann.

5. Springe zurück zur Rücksprungadresse.

Jeder dieser Schritte benötigt $O(1)$ Zeit. Es sollte nun klar sein, wie jeder Schritt, mit Ausnahme von Schritt (3), abgewickelt werden kann. Keller und die Implementierung rekursiver Prozeduren werden wir in Abschnitt 6.7 behandeln.

ÜBUNGEN

4.10.1: Erweitern Sie das Programm in Abb. 4.28 um den Code zur Berechnung von $b[i]$ an der Speicherstelle `BsubI`. Verbessern Sie anschließend das Programm, indem Sie mehrere Register verwenden und sich so, wo immer dies möglich ist, Lade- und Speichervorgänge ersparen. Vermeiden Sie also das Speichern und das anschließende Laden ein und desselben Wertes, wo Sie nur können.

4.10.2: Schreiben Sie Assemblerprogramme zur Auswertung folgender arithmetischer Ausdrücke, und legen Sie das Ergebnis in einem Register ab. Gehen Sie davon aus, daß jede Variable in dem Ausdruck an einer symbolischen Adresse desselben Namens gefunden wird. Nehmen Sie weiterhin an, daß jedes Array ganze Zahlen als Elemente hat und daß sein Index bei 0 beginnt.

a) `a+b*c`

b) `(a^+b.f)*(c-d)`

c) `a[i]+b[i]*c[i]`

4.10.3: Schreiben Sie Assemblerprogramme, die folgende bedingte Ausdrücke auswerten. Verzweigen Sie zur Speicherstelle `labelF`, wenn der Ausdruck falsch ist, und zu `labelT`, wenn der Ausdruck wahr ist. Die Annahmen aus Übung 4.10.2 gelten auch hier.

a) `(a[i]<b) OR (c<d)`

b) `(a[i]<b) AND (c>=d)`

c) `(a<b) AND ((c<d) OR (e<=f))`

4.10.4: Schreiben Sie Assemblerprogramme für folgende Schleifen. Auch hier gelten die Annahmen aus Übung 4.10.2.

a) `for i:= 1 to n do j := j*j;`

b) `while a[i]<0 do i := i+1;`

c) `repeat i := i+1 until a[i]>0;`

4.10.5: Zählen Sie für jede der Schleifen aus Übung 4.10.4 die Anzahl der Befehle, die ausgeführt werden. Bei (a) handelt es sich um eine Funktion über n; bei (b) und (c) ist die Anzahl eine Funktion der Anzahl der Elemente von Array `a`, die überprüft werden müssen, bevor ein positives Element gefunden wird. Beachten Sie hierbei, daß wir eine exakte Zählung der Befehle erhalten und nicht nur eine O-Abschätzung. Die tatsächliche Laufzeit ist allerdings eine Funktion, die sich nicht nur aus der Anzahl der Befehle ergibt, sondern auch aus der Zeit, welche die Maschine zur Ausführung der Befehle benötigt, so daß wir wieder nur eine O-Abschätzung der wahren Laufzeit erhalten.

4.10.6*: Schätzen Sie die Anzahl der Befehle, die von Ihrem Selectionsort-Programm aus Übung 4.8.5 (d. h. vom Assemblercode für Abb. 2.3) bei einem aus 100 Elementen bestehenden Array ausgeführt werden.

4.11 Die Darstellung von ganzen Zahlen durch Rechnerworte

Ganze Zahlen lassen sich auf verschiedenste Art und Weise durch Binärverkettungen darstellen und in Rechnern werden in der Tat unterschiedliche Notationen verwendet. Die erste und offensichtlichste Möglichkeit ist die einer *vorzeichenlosen ganzen Zahl* (*unsigned integer*), wobei ein 32-Bit langer binärer String als Binärzahl behandelt wird.

Beispiel 4.15

In diesem und in den folgenden Beispielen werden wir nicht versuchen, tatsächlich mit 32-Bit-Strings zu arbeiten. Statt dessen werden wir so tun, als ob Worte sechs Bits lang wären, was zur Verdeutlichung der grundlegenden Ideen dieses Abschnitts ausreicht. Der aus sechs Bits bestehende String *abcdef* repräsentiert die ganze Zahl

$$32a + 16b + 8c + 4d + 2e + f$$

Es gilt beispielsweise $(101100)_2 = (44)_{10}$. a, c und d sind hier 1 und b, e und f sind 0. ◆

Vorzeichenbehaftete Größen

Die Notation mit vorzeichenlosen ganzen Zahlen ist dann angebracht, wenn nur nichtnegative Zahlen repräsentiert werden sollen. So sind zum Beispiel Speicheradressen niemals negativ, weshalb diese Notation verwendet werden kann. Demgegenüber können ganze Zahlen in einem Programm im allgemeinen positiv oder negativ sein, was es erforderlich macht, das Vorzeichen in irgendeiner Weise darzustellen. Die einfachste Möglichkeit dafür ist

1. das erste Bit als *Vorzeichenbit* zu benutzen, wobei 1 eine negative Zahl und 0 eine positive Zahl bedeutet und

2. die verbleibenden Bits als die *Größe*, in der Notation vorzeichenloser ganzer Zahlen zu verwenden.

Diese Darstellung wird als Notation *vorzeichenbehafteter Größen* (*signed-magnitude* notation) bezeichnet oder gelegentlich auch als *Vorzeichen-und-Größen*-Notation (*sign-and-magnitude* notation).

Grundzahl-Notation

Wir müssen gelegentlich die Basis bzw. die Grundzahl der behandelten ganzen Zahlen angeben. Wir verwenden dazu die Notation $(x)_y$ mit der Bedeutung „der Wert der Zeichenkette *x* wird interpretiert als eine ganze Zahl zur Basis *y*". Die Zahl *y* ist dabei immer eine Dezimalzahl. Zum Beispiel ist $(10)_{10}$ die Anzahl der Gebote und $(10)_2$ ist die Anzahl der Smothers Brothers.[14]

Beispiel 4.16

Wir gehen wiederum von 6-Bit-"Worten" aus. In der Darstellung vorzeichenbehafteter Größen repräsentiert das Wort *abcdef* die Integer-Zahl $(-1)^a(16b+8c+4d+2e+f)$.[15] 101100 stellt somit in vorzeichenbehafteter Größendarstellung $(-12)_{10}$ dar und 001100 repräsentiert $(12)_{10}$. ◆

Mit der *n*-Bit vorzeichenbehafteten Größennotation können wir demnach ganze Zahlen im Bereich von $-(2^{n-1} - 1)$ bis einschließlich $2^{n-1} - 1$ darstellen. 6-Bit-Worte können somit Zahlen zwischen -31, also 111111, und + 31 bzw. 011111 repräsentieren.

Zweierkomplement

Es gibt verschiedene Probleme mit der Notation vorzeichenbehafteter Größen. Zunächst hat die null zwei Darstellungsformen, 00...0 und 10...0. Wichtiger ist jedoch, zu berücksichtigen, welchen logischen Gedankengang wir (bzw. die Schaltkreise des Rechners) durchlaufen müssen, um die Summe $x + y$ in der Notation vorzeichenbehafteter Größen zu berechnen. Wenn *x* und *y* dieselben Vorzeichen haben, addieren wir die Größen von *x* und *y* und geben dem Ergebnis das Vorzeichen der Operanden. Haben *x* und *y* unterschiedliche Vorzeichen, so müssen wir herausfinden, welcher von beiden Werten größer ist und dann den kleineren vom größeren subtrahieren. Das Vorzeichen entspricht dem Vorzeichen des größeren Wertes. Die Subtraktion $x - y$ verläuft ähnlich, wenn wir *y* negieren und das Problem als Addition $x + (-y)$ behandeln.

Die Zweierkomplementnotation, die wir als nächstes behandeln, hat diese Probleme nicht. Für jede Zahl gibt es nur eine Repräsentation. Wenn wir zwei Zahlen addieren, brauchen wir uns nicht um ihre Vorzeichen zu kümmern, oder darum, welche von beiden größer ist; der Additionsalgorithmus ist in je-

---

[14](A. d. Ü.: Die Smothers Brothers waren zu zweit und hatten in den 60er Jahren eine in den USA wöchentlich im Fernsehen laufende Comedy-Show.)

[15]Beachten Sie, daß $(-1)^a$ 1 ergibt, wenn $a = 0$ ist und -1, wenn $a = 1$ ist.

dem Fall gleich. Für die Durchführung der Subtraktion gibt es einen einfachen Weg, den Subtrahenden zu negieren, und dann können wir wie bei der Addition fortfahren.

Zur Interpretation eines n-Bit-Strings als eine Zweierkomplementzahl, müssen wir ihn zunächst als eine vorzeichenlose ganze Zahl interpretieren. Wenn das führende Bit des Strings eine 0 ist, sind wir fertig. Ist das führende Bit dagegen eine 1, subtrahieren wir 2^n. Das Ergebnis führt dazu, daß das führende Bit nun als ein Vorzeichenbit anzusehen ist, so daß positive Zahlen in der Notation vorzeichenbehafteter Größen und in Zweierkomplementdarstellung gleich aussehen. Negative Zahlen werden wieder anders behandelt. Als vorzeichenlose Integer-Zahlen repräsentieren n-Bit-Strings, die mit einer 1 beginnen, Zahlen zwischen 2^{n-1} (wenn der String die Form 10...0 hat) und 2^n - 1 (wenn der String die Form 11...1 hat). Wenn wir 2^n subtrahieren, so erhalten wir Zahlen zwischen -2^{n-1} (für 10...0) bis -1 (für 11...1).

Eine andere Betrachtungsweise des Zweierkomplements wird im folgenden beschrieben. a sei eine ganze Zahl zwischen -2^{n-1} und $2^{n-1} - 1$. Ist a 0 oder positiv, wandle a in eine Binärzahl um und, wenn nötig, fülle diese vorne mit 0-en auf, um einen n-Bit-String zu erhalten. Wenn a negativ ist, berechne $a + 2^n$ und wandle diesen Wert in eine n-Bit lange binäre vorzeichenlose Integer-Zahl um.

Beachten Sie dabei, daß die negativen Zahlen im Zweierkomplement „rückwärts" erscheinen. Das heißt, 10...0, nach der Notation für vorzeichenbehaftete Größen eigentlich null, stellt die negativste noch mögliche Zahl dar, nämlich -2^{n-1}, wohingegen 11...1 die negative Zahl mit der kleinsten Größe, -1, darstellt. Auch ist wichtig zu erwähnen, daß null im Zweierkomplement nur auf eine mögliche Art dargestellt werden kann, nämlich als 00...0. Der String 10...0, der in der Notation vorzeichenbehafteter Größen ebenfalls die null darstellt, steht im Zweierkomplement für die Zahl -2^{n-1}; die letztere ganze Zahl hat noch nicht einmal eine Darstellung in der Notation n-Bit langer vorzeichenbehafteter Größen. Der Leser sollte nun Abb. 4.31 betrachten, worin die Unterschiede zwischen den drei Notationen, die wir bisher erwähnten, und noch zwei weiteren, die wir in Kürze behandeln werden, verdeutlicht werden.

	00...0	**01...1**	**10...0**	**10...01**	**11...1**
Vorzeichenlose ganze Zahl	0	$2^{n-1}-1$	2^{n-1}	$2^{n-1}+1$	2^n-1
Vorzeichenbehaftete Größe	0	$2^{n-1}-1$	0	-1	$-(2^{n-1}-1)$
Zweierkomplement	0	$2^{n-1}-1$	2^{n-1}	$-(2^{n-1}-1)$	-1
Einerkomplement	0	$2^{n-1}-1$	$-(2^{n-1}-1)$	$-(2^{n-1}-2)$	0
Excess-2^{n-1}	-2^{n-1}	-1	0	1	$2^{n-1}-1$

Abb. 4.31: Vergleich fünf verschiedener Interpretationen von n-Bit-Strings.

Beispiel 4.17

Das 6-Bit-Wort 0*bcdef* im Zweierkomplement repräsentiert die ganze Zahl

$$16b+8c+4d+2e+f$$

und das Wort 1*bcdef* repräsentiert $32+16b+8c+4d+2e+f-64$ oder einfacher ausgedrückt

$$16b+8c+4d+2e+f-32$$

001100 stellt demnach $(12)_{10}$ und 101100 stellt $(44)_{10}$ - $(64)_{10}$ = $(-20)_{10}$ dar. ◆

Addition im Zweierkomplement

Einer der großen Vorteile der Zweierkomplementschreibweise beruht darauf, daß wir Zahlen mit beliebigen Vorzeichen addieren können, indem wir ihre Darstellung als vorzeichenlose Integer-Zahlen behandeln und jeden Übertrag (*carry*) aus dem führenden (am weitesten links stehenden) Bit verwerfen. Da die Anzahl der Bits zur Repräsentation ganzer Zahlen natürlich beschränkt ist, kann es zu einem „Überlauf" kommen, das heißt zu einer Situation, in der das Ergebnis nicht mehr darstellbar ist. Wir werden uns mit Überläufen und deren Erkennung am Ende dieses Abschnittes befassen.

Beispiel 4.18

Gegeben sei die Summe $(12)_{10}$ + $(-19)_{10}$. In der 6-Bit-Zweierkomplementdarstellung lautet die Summe 001100 + 101101. Das bedeutet, daß $(12)_{10} = (001100)_2$ ist und daß gilt

$$(-19)_{10} + (64)_{10} = (45)_{10} = (101101)_2$$

Die Summe von 001100 und 101101, die wie vorzeichenlose Integer behandelt werden, ergibt $(111001)_2$; in diesem Fall gibt es an der ersten Position keinen Übertrag, so daß nichts verworfen wird. Der String 111001 in 6-Bit-Zweierkomplementdarstellung repräsentiert $(-7)_{10}$, die korrekte Lösung.

Es sei nun die Summe $(-12)_{10}$ + $(19)_{10}$ gegeben, die in der Schreibweise des Zweierkomplements folgendermaßen lautet

$$110100+010011$$

Behandelt man sie als vorzeichenlose Integer, so ist die Summe $(1000111)_2$. Wir müssen den Übertrag an der siebenten Stelle von rechts entfernen und erhalten $(000111)_2$. Der Bitstring 000111, der $(7)_{10}$ im Zweierkomplement darstellt, ist wiederum korrekt.

Betrachten wir zum Schluß die Summe $(14)_{10}$ + $(19)_{10}$ bzw. in Zweierkomplementdarstellung

$$001110+010011$$

Berechnen wir die Summe vorzeichenloser ganzer Zahlen, so erhalten wir $(100001)_2$. Es scheint so, als ergäbe dies die Summe $(1)_{10}$, was natürlich falsch ist. Das sich hierbei ergebende Problem ist ein Überlauf, da die tatsächliche Summe, $(33)_{10}$, im 6-Bit-Zweierkomplement nicht darstellbar ist. Wir können einen Überlauf daran erkennen, daß, obwohl wir einen Übertrag in die erste Stelle haben, es keinen Übertrag in der ersten Stelle gibt. Warum dieser Test gelingt, wird bei der späteren Behandlung von Überläufen ausführlich diskutiert. ◆

Wir wollen nun untersuchen, warum die Regel „verwerfe einen Übertrag aus der ersten Stelle" zur Berechnung der korrekten Summe zu verwenden ist, solange wir keinen Überlauf haben. Im n-Bit-Zweierkomplement wird jede Zahl entweder durch sich selbst als vorzeichenlose ganze Zahl (wenn die Zahl positiv ist) dargestellt oder durch sich selbst plus 2^n (wenn die Zahl negativ ist). Es ergeben sich drei Fälle, wenn wir $a+b$ im Zweierkomplement addieren:

1. a und b sind beide positiv. Dann werden a und b durch sich selbst dargestellt. Die Summe lautet $a + b$, und diese Summe, die ja positiv ist, wird wiederum durch sich selbst dargestellt. Es gibt keinen Übertrag aus der ersten Stelle.

2. Eine der beiden – sagen wir a – ist positiv und die andere negativ. Im Zweierkomplement addieren wir somit $a + (b + 2^n)$. Wenn a mindestens so groß ist wie b, ist die Summe $a + b$ nichtnegativ, und wenn wir $a + b + 2^n$ im Zweierkomplement berechnen, ergibt sich aus der ersten Stelle ein Übertrag, den wir verwerfen, so daß $a + b$ übrigbleibt. Da diese Summe nichtnegativ ist, ist $a + b$ ihre korrekte Darstellung im Zweierkomplement. Ist a kleiner als die Größe von b, dann verursacht $a + b + 2^n$ keinen Übertrag aus der ersten Stelle, da es kleiner ist als 2^n. Da $a + b$ negativ ist, entspricht $a + b + 2^n$ der korrekten Repräsentation im Zweierkomplement.

3. a und b sind beide negativ. In der Darstellung des Zweierkomplements addieren wir dann $(a + 2^n) + (b + 2^n)$. Gibt es keinen Überlauf, dann gilt $a + b \geq -2^{n-1}$, so daß es mit Sicherheit einen Übertrag aus der ersten Stelle gibt, was $a + b + 2^n$ ergibt. Da $a + b$ negativ ist, entspricht dies der korrekten Zweierkomplementdarstellung der Summe.

Negation im Zweierkomplement

Um die Subtraktion so durchzuführen als wäre es eine Addition, müssen wir den Subtrahend negieren. Die Regel im Zweierkomplement ist einfach: Bilde das Komplement jedes Bits mit Ausnahme der am weitesten rechts stehenden 1 und allen 0-en zu ihrer Rechten. Einen Sonderfall bildet ein ausschließlich aus 0-en bestehender String, der seine eigene Negation darstellt. Auch 10...0 besitzt keine Negation, da die ganze Zahl, die dieser String repräsentiert, nämlich -2^{n-1}, eine Negation 2^{n-1} hat, die nicht darstellbar ist.

Beispiel 4.19

$(12)_{10}$ entspricht im 6-Bit-Zweierkomplement 001100. Die am weitesten rechts stehende 1 steht drei Stellen von rechts, so daß wir nur das Komplement der drei links stehenden Bits bilden, um 110100 zu erhalten; dies stellt $(-12)_{10}$ dar, was man leicht überprüfen kann.

$(-19)_{10}$ entspricht 101101 im Zweierkomplement. Um die Darstellung für $(19)_{10}$ zu finden, müssen wir von allen Stellen, bis auf die ganz rechts stehende, das Komplement bilden, weil dort die „letzte" 1 steht. Wir erhalten demnach für $(19)_{10}$ die Darstellung 010011, die korrekt ist. ◆

Um zu verstehen, warum dieses Verfahren im allgemeinen funktioniert, nehmen wir an, daß wir eine n-Bit-Zweierkomplementdarstellung benutzen und daß a eine positive Zahl ist. Die Repräsentation von a entspricht dann einer n-Bit langen Binärzahl, die mit 0 beginnt. Irgendwo steht auch eine 1, so daß wir sie als $b_1...b_k10...0$ schreiben können, wobei die 0...0 am Ende null oder mehr 0-en darstellen und $b_1...b_k$ für irgendeine Bitfolge steht. $-a$ hat nun die n-Bit-Zweierkomplementdarstellung, die $2^n - a$ als einer n-Bit langen vorzeichenlosen ganzen Zahl entspricht. 2^n entspricht im Dualsystem 10...0, wobei der Teil 0...0 exakt n Nullen repräsentiert. Daher müssen wir „borgen", wenn wir die Subtraktion $2^n - a$ im Binärsystem ausführen

$$\begin{array}{cccccccc} 1 & 0 & ... & 0 & 0 & 0 & ... & 0 \\ - & b_1 & ... & b_k & 1 & 0 & ... & 0 \end{array}$$

sobald wir die am weitesten rechts liegende 1 erreichen, wodurch die Subtraktion folgende Gestalt annimmt:

$$\begin{array}{cccccccc} 0 & 1 & ... & 1 & 2 & 0 & ... & 0 \\ - & b_1 & ... & b_k & 1 & 0 & ... & 0 \end{array}$$

An der Stelle der am weitesten rechts stehenden 1 ist die Differenz also 1, und an allen Stellen links davon ist sie $1 - b_i$, also das Komplement des Bits b_i an der i-ten Position.

Einerkomplement

Es gibt eine dem Zweierkomplement ähnliche Notation, die in einigen Rechnern verwendet wurde und das in erster Linie, weil der Negationsalgorithmus noch einfacher ist als der des Zweierkomplements. Weil diese Notation, das *Einerkomplement*, heutzutage keine große Bedeutung mehr hat, werden wir sie hier nur definieren und einige Beispiele behandeln. Die Korrektheitsbeweise für die Addition und die Subtraktion können zur Übung selbst durchgeführt werden.

Die Darstellung der Null und der positiven Zahlen ist im n-bit Einerkomplement dieselbe wie im Zweierkomplement (oder auch in der Notation vorzeichenbehafteter Größen) - vergleichen Sie dazu auch Abb. 4.31. Die Interpretation einer negativen Zahl, die ein mit 1 beginnender Bitstring ist, erhält man, indem man den String als vorzeichenlose Integer-Zahl betrachtet und dann 2^n - 1 subtrahiert (im Gegensatz zu 2^n im Zweierkomplement). Anders ausgedrückt, wir repräsentieren eine negative Zahl a dadurch, daß wir a + 2^n - 1 als n-bit Integer ohne Vorzeichen konstruieren.

Das Einerkomplement gestattet bei Verwendung von n Bits die Darstellung ganzer Zahlen im Bereich von -(2^{n-1} - 1) bis 2^{n-1} - 1. Für die Null gibt es zwei Formen der Darstellung: Nur 0-en oder nur 1-en; letzteres, weil 0 + 2^n - 1 im Binärsystem 1...1 entspricht.

Um Zahlen im n-Bit Einerkomplement zu addieren, addieren wir sie wie vorzeichenlose ganze Zahlen. Gibt es an der am weitesten links stehenden Stelle einen Übertrag, so wird daraus ein *End-Around*-Übertrag (*end-around carry*), das heißt der Übertrag wird entfernt und zur am weitesten rechts stehenden Stelle addiert.[16]

Die Negation im Einerkomplement ist die Stärke dieser Darstellung, weil der Negationsalgorithmus so einfach ist. Man negiert eine Zahl einfach dadurch, daß man jedes Bit in sein Komplement überführt.

Beispiel 4.20

$(19)_{10}$ lautet im 6-Bit-Einerkomplement 010011. Um die Einerkomplementdarstellung von $(-12)_{10}$ zu erhalten, können wir auf zwei Arten vorgehen: Zunächst ist ja die Einerkomplementdarstellung von $(12)_{10}$ 001100. Um sie zu negieren, komplementieren wir einfach jedes Bit: Die Einerkomplementdarstellung von $(-12)_{10}$ ist also 110011.

---

[16]Ein Hinweis, warum diese „Übertragswanderung" sinnvoll ist: Der Übertrag, der vor der ersten Stelle einer n-Bit Zahl entsteht, hat den Wert 2^n. Wenn wir diese Eins löschen und an der niederwertigsten Stelle wieder addieren, subtrahieren wir in Wirklichkeit 2^n - 1.

Alternativ dazu können wir auch der Definition der Einerkomplementdarstellung folgen und kommen so zur n-Bit Darstellung einer vorzeichenlosen ganzen Zahl $-12 + 2^6 - 1$. Diese Zahl, die $(51)_{10}$ entspricht, hat im Binären das Äquivalent $(110011)_2$.

Nun werden wir die Differenz $(19)_{10} - (12)_{10}$ berechnen. Dazu wandeln wir sie zunächst in die Summe $(19)_{10} + (-12)_{10}$ um. Wenn wir nun die 6-Bit-Einerkomplementdarstellungen dieser Zahlen als vorzeichenlose Integer addieren, führen wir die Addition 010011 + 110011 = 1000110 durch. Das führende Bit der Summe ist Übertrag aus der ersten Stelle der 6-Bit-Zahlen; es wird also ein End-Around Übertrag und wird zur am weitesten rechts stehenden Stelle addiert. Wir führen also die Addition 000110 + 000001 = 000111 aus. Dies ist die Einerkomplementdarstellung von $(7)_{10}$, und wir haben somit das korrekte Ergebnis. ◆

Excess-k Code

Um einen Bitstring nach dem *Excess-k Code* zu interpretieren, behandelt man den String wie eine vorzeichenlose ganze Zahl und subtrahiert k. Dementsprechend muß man zur Darstellung von a im n-Bit Excess-k Code $a + k$ in eine vorzeichenlose n-Bit Integer-Zahl konvertieren. Auf diese Art und Weise können wir Zahlen von $-k$ bis einschließlich $2^n - k - 1$ darstellen. Dieser Code wird beispielsweise zur Darstellung von Exponenten bei Gleitkommazahlen verwendet, wie wir in Abschnitt 4.12 noch sehen werden.

Üblicherweise möchten wir, daß k ungefähr 2^{n-1} ist, da wir so eine gleiche Verteilung zwischen positiven und negativen Zahlen erhalten. Es ist sogar so, daß bei einem n-Bit Excess-2^{n-1} Code das führende Bit die Funktion eines Vorzeichenbits einnimmt, das im Gegensatz zu den anderen vier Notationen, die wir bisher betrachtet haben, jedoch genau umgekehrt interpretiert wird: Eine 1 bedeutet hier positiv und eine 0 negativ.

Um n-Bit-Zahlen im Excess-k Code zu addieren, addiert man diese wie vorzeichenlose ganze Zahlen, wobei man bei Bedarf auch $n + 1$ Bits verwendet. Danach wird k vom Ergebnis subtrahiert, das ein n-Bit-Integer ist, es sei denn, es gab einen Überlauf. Diese Methode ist deshalb erfolgreich, weil a und b durch die vorzeichenlosen Integer-Zahlen $a + k$ bzw. $b + k$ repräsentiert werden; $a + b$ sollte durch $a + b + k$ repräsentiert werden. Wenn wir $(a + k) + (b + k)$ berechnen und dann k subtrahieren, erhalten wir die korrekte Darstellung von $a + b$. Ähnliches gilt, wenn wir $a - b$ berechnen möchten. Wir subtrahieren ihre Excess-k-Darstellung und addieren k.

Beispiel 4.21

Gegeben sei der 6-Bit-Excess-32 Code. $(12)_{10}$ hat die Darstellung $(12)_{10} + (32)_{10} = (44)_{10}$, umgewandelt in 6-Bit im Binärsystem ergibt das $(101100)_2$. Auf ähnliche Weise kann $(-19)_{10}$ durch die Konvertierung von $(13)_{10}$ in 6-Bit Binärcode bzw. in $(001101)_2$ repräsentiert werden. Um die Summe dieser Zahlen zu berechnen, addieren wir sie wie vorzeichenlose ganze Zahlen:

$$(101100)_2 + (001101)_2 = (111001)_2$$

Als nächstes subtrahieren wir $(32)_{10}$, was $(100000)_2$ entspricht, um die vorzeichenlose ganze Zahl $(011001)_2$, also $(25)_{10}$, zu erhalten. Um festzustellen, welche Zahl 011001 im Excess-32-Code repräsentiert, subtrahieren wir $(32)_{10}$, um $(-7)_{10}$, die korrekte Summe aus $(12)_{10}$ und $(-19)_{10}$, zu erhalten. ◆

Überlauf

Egal welche der Notationen wir auch benutzen, immer besteht die Gefahr eines Überlaufs, das heißt, einer Situation, in der das Ergebnis einer Addition oder Subtraktion in der entsprechenden Notation nicht dargestellt werden kann, da es größer oder kleiner ist als die jeweils größte positive oder negative darstellbare Zahl. Es gibt einfache Regeln, um festzustellen, wann ein Überlauf in jeder der Darstellungen, die wir diskutiert haben, auftritt. Wir gehen dabei nur auf die Addition ein, da die Subtraktion durch eine Negation gefolgt von einer Addition durchgeführt werden kann.

1. *Vorzeichenbehaftete Größen*. Gegeben sei die Größe der Summanden, die (n-1)-Bit-Zahlen entsprechen, wenn ein n-Bit-Code verwendet wird. Sind die Vorzeichen unterschiedlich, so nehme man die Differenz der beiden Größen; ein Überlauf ist unmöglich. Sind die Vorzeichen gleich, so nehme man die Summe der beiden Größen. Ist diese Summe kleiner als 2^{n-1} – das heißt, das Ergebnis kann in n - 1 Bits dargestellt werden – gibt es keinen Überlauf. Ist die Summe dagegen gleich 2^{n-1} oder größer, so kommt es zu einem Überlauf.
2. *Zweierkomplement*. Man addiere die Zahlen wie vorzeichenlose Integer-Zahlen. Man muß feststellen, ob es einen Übertrag in die erste Stelle (n-te Stelle von rechts) und ob es einen Übertrag aus der ersten Stelle gibt. Um ein korrektes Ergebnis zu erzielen, muß entweder beides oder keines von beiden eintreten. Gibt es nur einen der beiden Überträge, so tritt ein Überlauf auf. Warum diese Regel gültig ist, werden wir im nächsten Unterabschnitt genauer untersuchen.
3. *Einerkomplement*. Es gilt dieselbe Regel wie beim Zweierkomplement, wobei wir aber nicht vergessen dürfen, daß der Übertrag für die erste Stelle möglicherweise solange nicht auftriff, bis der End-Around-Übertrag addiert wurde.

4. *Excess-k*. Führe die normale Addition durch, wobei zeitweise ein zusätzliches Bit gestattet ist – das heißt bevor k subtrahiert wird. Das Ergebnis muß eine nichtnegative ganze Zahl sein, die nicht größer ist als 2^n-1, wenn ein n-Bit-Excess-k Code verwendet wird; ist dies nicht der Fall, so gab es einen Überlauf.

Beispiel 4.22

Angenommen, wir verwenden einen 6-Bit-Einerkomplement-Code und wollen $(-16)_{10}$ + $(-15)_{10}$ addieren. Die Einerkomplementdarstellung dieser Zahlen entspricht 101111 bzw. 110000, so daß wir folgendes wie vorzeichenlose ganze Zahlen addieren

$$(101111)_2 + (110000)_2 = (1011111)_2$$

Das Ergebnis enthält einen Übertrag aus der ersten Stelle, so daß dieser an die Stelle ganz rechts geschrieben und zum verbleibenden Ergebnis addiert wird; das heißt wir erhalten die Lösung durch folgende Addition

$$(011111)_2 + (000001)_2 = (100000)_2$$

Der String 100000 ist die Einerkomplementdarstellung von $(-31)_{10}$, also der korrekten Lösung. Da es einen Übertrag aus dem ersten Bit in der ersten Phase und einen Übertrag in das erste Bit in der zweiten Phase gab, schließen wir daraus, daß es keinen Überlauf gibt.
Betrachten wir die Summe $(-17)_{10}$ + $(-15)_{10}$. Im Einerkomplement berechnen wir zunächst

$$(101110)_2 + (110000)_2 = (1011110)_2$$

Das Addieren des Übertrags zum verbleibenden Rest des Ergebnisses führt uns in der zweiten Phase zu der Summe

$$(011110)_2 + (000001)_2 = (011111)_2$$

Dieses Ergebnis ist ein Überlauf, da es einen Übertrag aus der letzten Stelle gegeben hat, aber in keiner Phase gab es einen Übertrag an diese Stelle. ◆

Warum funktioniert diese Rein-/Raus-Übertragsregel

Wir werden erklären, warum die Regel „Übertrag *in* die erste Stelle dann und nur dann, wenn es einen Übertrag *aus* der ersten Stelle gibt" auf korrekte Art und Weise überprüft, daß kein Überlauf aufgetreten ist. Wir betrachten nur n-Bit Zweierkomplementdarstellungen und lassen das Einerkomplement als Übungsaufgabe.

Es sei zunächst die Addition zweier positiver Zahlen a und b betrachtet. Beide haben die 0 als Vorzeichenbit bzw. als führende Bitposition. Es kann demnach keinen Übertrag aus ersten Stelle geben. Gibt es einen Übertrag in diese Stelle, so beginnt das Ergebnis mit einer 1. Ein String, der im Zweierkomplement mit einer 1 beginnt, repräsentiert eine negative Zahl, was bei $a + b$ aber nicht sein kann. Es muß also einen Überlauf gegeben haben, wie unsere Regel bestätigt. Anders ausgedrückt muß die Summe $a + b$ mindestens 2^{n-1} sein und ist daher nicht darstellbar.

Gehen wir nun davon aus, daß es keinen Übertrag in die erste Stelle gibt. $a + b$ ist dann kleiner als 2^{n-1}, und die Summe, die wir berechnet haben, entspricht der korrekten Darstellung von $a + b$ im Zweierkomplement. Da wir wissen, daß es aus der ersten Stelle keinen Übertrag gab, sagt uns unsere Regel korrekterweise, daß es keinen Überlauf gibt.

Was passiert, wenn genau eine der beiden Zahlen a und b – sagen wir b – negativ ist? Dann ist die Zweierkomplementdarstellung von a gleich $0a_2...a_n$ und die von b $1b_2...b_n$, wobei die a_i und die b_i einzelne Bits repräsentieren. Immer wenn ein Übertrag in das erste Bit hineinkommt, gibt es auch einen Übertrag aus diesem Bit, da die Summanden an dieser Position 0 und 1 sind. Gibt es dagegen keinen Übertrag in das linkeste Bit, so entsteht dort auch kein Übertrag. Unsere Regel besagt daher, daß es nie einen Überlauf gibt, wenn eine positive und eine negative Zahl addiert werden, eine Schlußfolgerung, die einleuchtet, da eine derartige Summe der null näher kommt, als einer der Summanden.

Zum Schluß sei die Summe zweier negativer Zahlen $a + b$ betrachtet, die im Zweierkomplement als $1a_2...a_n$ bzw. $1b_2...b_n$ dargestellt werden. x sei die ganze Zahl $(a_2...a_n)_2$ und y sei die ganze Zahl $(b_2...b_n)_2$. Es ist zu beachten, daß die Darstellung von a im Zweierkomplement $x + 2^{n-1}$ ist, was $a + 2^n$ entsprechen muß; es gilt daher $a = x - 2^{n-1}$. Genauso gilt auch $b = y - 2^{n-1}$.

Es gibt immer einen Übertrag aus dem ersten Bit, wenn wir $a + b$ im Zweierkomplement summieren. Einen Übertrag in das erste Bit gibt es nur genau dann, wenn $x + y \geq 2^{n-1}$ ist. Aufgrund der Beziehungen, die im vorigen Absatz genannt wurden, gilt $x + y = a + b + 2^n$. Es gibt also nur einen Übertrag in die erste Position, wenn $a + b \geq -2^{n-1}$ gilt. Dementsprechend gibt es genau dann einen Übertrag in das erste Bit, wenn das Ergebnis im n-Bit Zweierkomplement darstellbar ist. Da es bei negativen Summanden immer einen Ausgangsübertrag aus der ersten Position gibt, gibt unsere Regel korrekt an, daß es genau dann keinen Überlauf gibt, wenn das Ergebnis darstellbar ist.

ÜBUNGEN

4.11.1: Was ist der Darstellungsbereich für ganze Zahlen, die durch 8-Bit-Integers (a) im vorzeichenlosen Integercode (b) als vorzeichenbehaftete Größe (c) im Zweierkomplement (d) im Einerkomplement (e) im Excess-128-Code repräsentiert werden.

4.11.2: Interpretieren Sie die folgenden 8-Bit-Integers in den fünf Notationen aus Übung 4.11.1:

(*i*) 01100111 (*ii*) 11000100 (*iii*) 00100001 (*iv*) 10000111

4.11.3: Wandeln Sie jede der im Dezimalsystem dargestellten ganzen Zahlen in jede der 8-Bit-Notationen aus Übung 4.11.1 um: (*i*) 37 (*ii*) -37 (*iii*) 101.

4.11.4: Wandeln Sie die folgenden Paare im Dezimalsystem dargestellter ganzer Zahlen in das 8-Bit-Zweierkomplement um und addieren Sie sie. Geben Sie an, ob das Ergebnis zu einem Überlauf führt.

a) 50 + 60

b) 50 + (-60)

c) (-50) + (-78)

d) 60 + 70

e) (-35) + (-105)

4.11.5: Wiederholen Sie Übung 4.11.4 für das 8-Bit-Einerkomplement.

4.11.6: Wiederholen Sie Übung 4.11.4 für die 8-Bit-Excess-128-Notation.

4.11.7: Finden Sie die Negationen folgender im 8-Bit-Zweierkomplement dargestellter ganzer Zahlen:

a) 10101010

b) 11111111

c) 10001000

4.11.8: Wiederholen Sie Übung 4.11.7 für die Notation im Einerkomplement.

4.11.9:** Erklären Sie, warum die Regel des *End-Around*-Übertrags (*end-around-carry*) bei der Einerkomplementdarstellung funktioniert.

4.11.10:** Schreiben Sie ein Programm, das ein n-Bit-Array und zwei Zeichen (*characters*) als Argumente erhält und das Array aus der Integer-Darstellung, die durch das erste Zeichen angegeben wird, in diejenige, die durch das zweite Zeichen angegeben wird, umwandelt. Es soll folgender Code verwendet werden: `s` = vorzeichenbehaftete Größe, `t` = Zweierkomplement, `o` = Einerkomplement und `e` = Excess-2^{n-1}. Wenn die Umwandlung nicht durchgeführt werden kann, da dies zu einem Überlauf führen würde, sollte eine Fehlermeldung zurückgegeben werden.

4.12 Die Darstellung von Gleitkommazahlen

Was wir uns in Pascal als Gleitkommazahlen (Real-Zahlen) vorstellen, ist in Wirklichkeit eine beschränkte Menge von Größen, die in einer Darstellungsweise ähnlich der „wissenschaftlichen Schreibweise" repräsentiert sind. Wenn wir ein 32-Bit-Wort verwenden, um Gleitkommazahlen darzustellen, so können wir nicht mehr als 2^{32} unterschiedliche Zahlen repräsentieren. In jeder der Integer-Darstellungen des vorigen Abschnitts repräsentierten wir etwa 2^{32} ganze Zahlen ungefähr im Bereich von -2^{31} bis 2^{31}. In Gleitkommanotation können wir ungefähr dieselbe Anzahl verschiedener Größen darstellen, sie sind aber nicht gleichmäßig innerhalb einer gewissen Spannbreite verteilt. Die größte Konzentration liegt sogar zwischen -1 und 1, wo sich etwa die Hälfte aller darstellbaren Größen befinden. Die andere Hälfte hat eine Größe größer als 1 und die maximale Größe ist weitaus größer als 2^{31}.

Es werden eine Anzahl verschiedener Gleitkommanotationen benutzt; jede basiert auf der wissenschaftlichen Schreibweise. In der *wissenschaftlichen Schreibweise* werden Größen durch ein Vorzeichen, einige signifikante Ziffern und einer potenzierten 10 dargestellt wie bei $6{,}02 \times 10^{23}$. Die Gleitkommanotation unterscheidet sich davon nur dahingehend, daß

1. die *Mantisse* (signifikante Stellen, wie 6,02 in unserem Beispiel) in ihrer Spannbreite beschränkt ist und zum Beispiel zwischen 1 und 2 liegt.
2. der *Exponent* (hier 23) als eine Potenz von 2 und nicht von 10 angegeben wird.

IEEE standardisierte Gleitkommazahlen

Während einige Maschinen ihre eigene Notation für Gleitkommazahlen verwenden, wird ein bestimmtes, vom IEEE (*Institute of Electrical and Electronic Engineers*) unterstütztes Format zum Standard auf neueren Rechnern. Der IEEE-Standard beinhaltet drei Formate. Das Basisformat mit einfacher Genauigkeit (*single-precision*) verwendet ein 32-Bit-Wort. Es gibt auch Formate mit doppelter (*double-precision*) und vierfacher Genauigkeit (*quadruple-precision*), die zwei Worte (64 Bits) bzw. vier Worte (128 Bits) benutzen. Wir geben hier nur das Format mit einfacher Genauigkeit an; die anderen unterscheiden sich nur in der Anzahl der Bits, die sie dem Exponenten und der Mantisse zuweisen.
Das Format mit einfacher Genauigkeit wird in Abb. 4.32 angegeben.

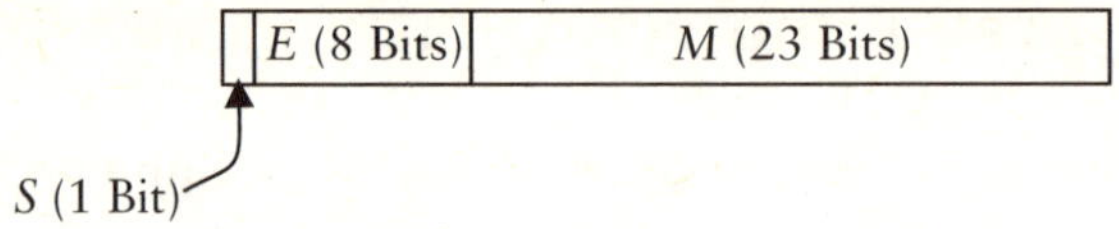

Abb. 4.32: IEEE Standardformat mit einfacher Genauigkeit zur Darstellung von Gleitkommazahlen.

1. Das erste Bit, S, ist das *Vorzeichenbit* mit der üblichen Interpretation, daß 1 „minus" bedeutet und 0 „plus".
2. Die nächsten acht Bit sind für den *Exponenten E*. Er wird als eine ganze Zahl im Excess-127-Code interpretiert.[17]
3. Die restlichen 23 Bits bilden die *Mantisse M*. Der Wert der Mantisse wird üblicherweise als $(1.M)_2$ angenommen, das heißt, 1 plus dem Wert von M, der als binärer Bruch mit „dezimalem Punkt" am linken Ende behandelt wird.

Der Wert, der durch S, E und M dargestellt wird, entspricht $(-1)^S(2^{E-127})(1.M)$. Eine Ausnahme bildet der Fall, daß E 00000000 ist, das heißt $(-127)_{10}$. Dann wird M ohne die „plus 1" in der Mantisse interpretiert, so daß der Wert der Zahl nun $(-1)^S(2^{-127})(.M)$ ist. Insbesondere ist der dargestellte Wert null, wenn E und M 0-en sind.

Beispiel 4.23

Gegeben sei das 32-Bit lange Wort

1 10000111 10100000000000000000000

Die Abstände sollen nur dem Auge zu unterscheiden helfen zwischen dem S, das 1 und somit ein negatives Vorzeichen ist, E, der $(10000111)_2 = (135)_{10}$ ist und M, die den Wert $(5/8)_{10}$ bzw. $(0.625)_{10}$ hat. Der Wert, der durch dieses Wort dargestellt wird, entspricht also $-2^{135-127} \times 1.625$, was das gleiche ist wie -256×1.625 oder -416. Dieser Wert ist zufälligerweise eine ganze Zahl. Wären die Exponentenbits jedoch beispielsweise 01111000, was im Excess-127-Code $(120)_{10} - (127)_{10} = (-7)_{10}$ bedeutet, wäre der Wert der Gleitpunktzahl $-2^{-7} \times 1.625$ oder ungefähr $(.0127)_{10}$.

Wäre der Exponent 00000000, so wäre der Wert $-2^{-127} \times 0.625$, entspräche also ungefähr 3.67×10^{-39}. Hierbei ist wichtig zu beachten, daß am Anfang der Mantisse keine 1 angenommen wird, wenn der gesamte Exponent 0-en enthält. ◆

[17] Beachten Sie, daß 127 gleich $2^7 - 1$ ist. Die acht Bits des Exponenten repräsentieren demnach Zahlen von -127 bis 128.

Die im IEEE Format größte darstellbare Zahl mit einfacher Genauigkeit ist die Zahl

0 11111111 11111111111111111111111

die den Wert $2^{255-127} \times (1.11...1)_2 = 2^{128} \times (2 - 2^{-23})$ hat. Das entspricht annähernd 2^{129}, also ungefähr 6.81×10^{38}.

Die kleinste positive Zahl ist

0 00000000 00000000000000000000001

Der Wert dieser Zahl beträgt $2^{-127} \times 2^{-23} = 2^{-150}$ oder ungefähr 7×10^{-46}. ◆

ÜBUNGEN

4.12.1: Werten Sie folgende IEEE-Standard Gleitkommazahlen aus:

a) 0 01110101 01010100000000000000000

b) 0 10110000 10101000000000000000000

c) 1 00101010 11100000000000000000000

4.12.2: Drücken Sie folgende Gleitkommazahlen so genau wie möglich im IEEE-Standard für Gleitkommazahlen aus.

a) 2.5

b) .00005

c) 10^{-40}

d) 300

4.12.3:** Schreiben Sie ein Programm, das als Eingabe eine Zeichenfolge erhält, die aus durch einen Dezimalpunkt getrennten Ziffern besteht, und das herausfindet, ob die eingegebene Zahl eine exakte Darstellung im IEEE-Standard für Gleitkommazahlen mit einfacher Genauigkeit besitzt. Wenn dies der Fall ist, geben Sie die Darstellung als Ergebnis zurück.

4.13 Das Dateimodell des Sekundärspeichers

Unsere Diskussion über ein Datenmodell für den Rechner hat sich hauptsächlich auf Aspekte, die mit Daten im Hauptspeicher zu tun hatten, konzentriert. Wir haben gelernt, den Hauptspeicher als eine Sammlung von „Kästen" anzusehen, in denen Datenwerte beschränkter Größe gespeichert werden können, was dem Datenmodell von Pascal nicht unähnlich ist. Obwohl man Sekundärspeicher auch auf diese Art und Weise betrachten könnte, ist es häufig sinnvoller, sich diesen als in *Dateien* (*files*) unterteilt vorzustellen, die unendlich langen Strömen von Objekten eines gegebenen Typs entsprechen. In diesem Abschnitt werden wir lernen, wie Dateien üblicherweise in einem Rechner dargestellt werden.

Zunächst nehmen wir an, daß eine Platteneinheit oder vielleicht ein Teil auf einer Platteneinheit als Dateisystem (*file system*) organisiert ist, in dem die verfügbaren Bytes in *Blöcke* fester Größe gespalten werden, die wir hier beispielhaft als 1K Byte annehmen. Jeder Block hat im Dateisystem eine *Adresse*, die ein paar Bytes umfaßt, welche unmißverständlich angibt, wo sich ein Block innerhalb eines Dateisystems befindet.

Die Daten werden in Einheiten von einem Block zwischen Haupt- und Sekundärspeicher ausgetauscht. Diese Einschränkung ist aufgrund physikalischer Eigenschaften von Geräten, wie magnetischen und optischen Platten, sinnvoll. Wie wir in Abschnitt 4.5 gelernt haben, dauert es eine gewisse Zeit, um einen bestimmten Punkt auf einer rotierenden Platte zu erreichen. Sind wir jedoch einmal dort angelangt, können wir die folgenden Bytes ziemlich schnell lesen. Wenn Blöcke aus aufeinanderfolgenden Bytes auf einer Spur einer Platte liegen, dauert das Lesen von 1000 Bytes nicht viel länger als das Lesen eines Bytes. Die Praxis des Lesens ganzer Blöcke ist deshalb bei der Verwendung von Sekundärspeicher hoch zu bewerten, da, wenn wir ein Byte eines Blockes benötigen, es sehr wahrscheinlich ist, daß wir alle oder die meisten Bytes dieses Blockes benötigen.

Dateien

Eine sinnvolle Verwendung von Blöcken des Sekundärspeichers ist die Unterstützung von *Dateien*. Allgemein betrachtet ist eine Datei einfach eine Zeichenkette beliebiger Länge, die nur von Anfang bis Ende gelesen oder geschrieben werden kann. Wir können uns eine Datei aber auch als einen Strom von Objekten irgendeinen Typs vorstellen, was den Dateien in Pascal entspräche. In der Praxis werden Objekte komplexen Typs als eine Folge von Bytes in einer Datei gespeichert, genauso als würde eine Folge von Bytes oder Worten im Hauptspeicher gespeichert werden.

Im Gegensatz zu den Datenstrukturen einer Programmiersprache gehen Dateien nicht verloren, wenn das Programm beendet ist. Sie werden vielmehr auf Dauer im Sekundärspeicher gespeichert (sie sind *persistent*). Nur ein Sekundärspeicher, der die meisten Maschinenabstürze oder Stromausfälle übersteht, ist für die Speicherung von Dateien oder anderer persistenter Strukturen geeignet. Es ist daher üblich, Dateien zur Verwaltung von Programmen, Datenbanken, Dokumenten und anderem Material, dessen Lebenszeit länger ist als die Ausführung eines einzigen Programms, zu benutzen.

Eine Datei besteht aus einer Folge von Blöcken in denen ihre Zeichen gespeichert werden. Wenn eine Datei nicht zu lang ist, kann sie in einer Blockstruktur gespeichert werden, wie sie in Abb. 4.33 angegeben ist. Es gibt einen Kopfblock, der folgendes enthält

1. einige Informationen über die Datei, zum Beispiel ihre gegenwärtige Länge in Bytes, und

2. Zeiger auf eine Folge von Blöcken, in denen der Zeichenkettenwert der Datei verwaltet wird.

Wenn beispielsweise eine Blockadresse – das heißt, ein Zeiger auf einen Block, wie in der Abb. 4.33 durch Pfeile angegeben – vier Bytes benötigt, kann ein 1K Block 256 Zeiger auf andere Blöcke speichern, so daß Dateien bis zu einer Größe von 256K Bytes durch das einfache Schema aus Abb. 4.33 behandelt werden können. Die tatsächliche maximale Dateilänge ist etwas kleiner, da einiger Platz im Kopfteil für Dateiinformationen verwendet wird und somit nicht für Blockadressen verfügbar ist. Werden zum Speichern der Datei noch mehr Blöcke benötigt, können die Blöcke der zweiten Ebene verwendet werden, um Zeiger auf Blöcke der dritten Ebene zu verwalten, und so weiter.

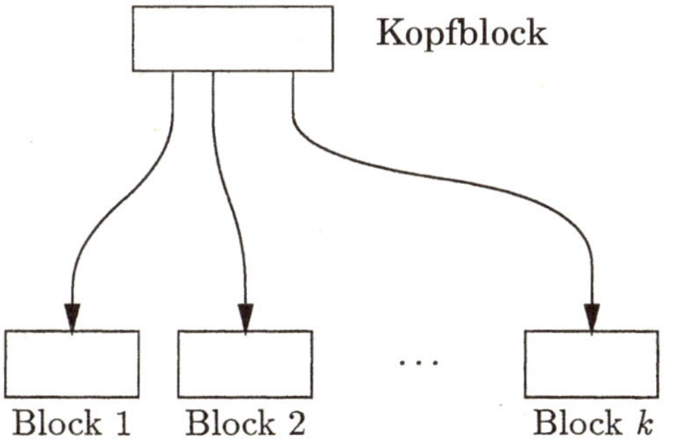

Abb. 4.33: Eine einfache Dateistruktur.

Das Puffern von Dateien

Um eine Datei zu lesen, sind folgende Schritte notwendig:

1. *Öffnen* der Datei. Dadurch reservieren wir für die Datei einen Bereich (einen *Puffer*) im Hauptspeicher, der die Größe eines Blockes hat.

2. *Lesen* der Datei, jeweils einen Block gleichzeitig, nacheinander, indem aufeinanderfolgende Blöcke in den Puffer der Datei kopiert werden. Operationen, die aus der Datei lesen, wie das **read** in Pascal, arbeiten in Wirklichkeit auf diesem Puffer, wobei sie aufeinanderfolgende Zeichen

lesen. Wir können uns den Puffer als ein Array von Zeichen mit einem Index vorstellen, der das nächste zu lesenden Zeichen markiert, wie in Abb. 4.34 angedeutet. Wenn der Index über das letzte Byte des Puffers hinausgeht, wird der nächste Block des Puffers gelesen und der Index auf das erste Byte gesetzt.

3. *Schließen* der Datei. Nachdem das letzte Byte der Datei gelesen wurde oder wir nicht mehr aus der Datei lesen möchten, können wir die Datei schließen, wodurch der Puffer nun wieder einer anderen Datei zur Verfügung steht.

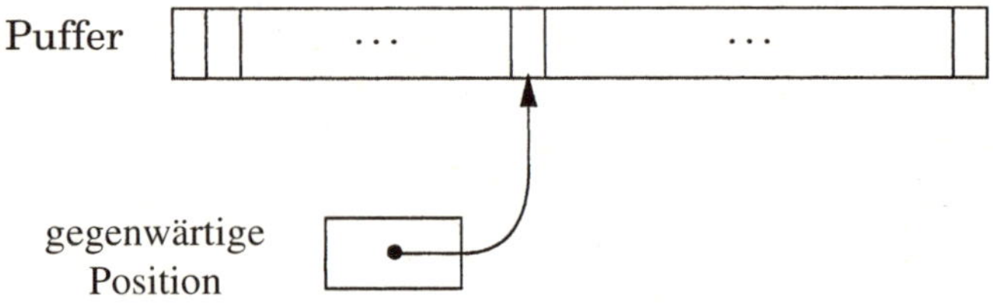

Abb. 4.34: Lesen aus einem Dateipuffer.

Das Schreiben in eine Datei geschieht auf ähnliche Weise. Wir öffnen die Datei und erzeugen einen Puffer zum Schreiben eines neuen Wertes dieser Datei. Während wir die Bytes für diese Datei generieren, ordnen wir sie hintereinander im Puffer an. Wenn der Puffer voll ist, kopieren wir ihn in einen Sekundärspeicherblock, der dann zum nächsten Block der Datei wird. Dann setzen wir den Index für den Puffer auf den Anfang und beginnen im Puffer mit der Erzeugung des nächsten Blockes der Datei. Wenn wir mit dem Schreiben fertig sind, so wird der gegenwärtige Puffer als letzter Block der Datei gespeichert – auch wenn der Puffer nicht voll ist – und wir schließen die Datei.

ÜBUNGEN

4.13.1: Angenommen, Kopfblöcke der Größe 1K in der Anordnung wie in Abb. 4.33 können 250 Zeiger auf andere Blöcke verwalten. Blöcke, die die Bytes einer Datei enthalten, können natürlich bis zu 1K Bytes verwalten. Wie lang kann eine Datei (in Bytes) sein, wenn sie durch das Schema in Abb. 4.33 repräsentiert wird?

4.13.2*: Dateien, die größer sind als diejenigen, die durch das Schema in Abb. 4.33 dargestellt werden können, können durch ein 3-Ebenen-Schema repräsentiert werden, wobei der Kopfblock Zeiger auf bis zu 250 Blöcke enthält, von denen keiner Daten zum Inhalt hat, sondern Zeiger auf bis zu 250 Datenblöcke.

a) Welche Größe kann eine Datei haben, die durch ein 3-Ebenen-Schema repräsentiert wird?

b) Was wäre ein 4-Ebenen-Schema zur Darstellung von Dateien?

c) Welche Größe könnte eine Datei haben, die durch ein 4-Ebenen-Schema repräsentiert wird?

4.14 Zusammenfassung des 4. Kapitels

Hier noch einmal die wichtigsten Ideen, die wir von Kapitel 4 behalten sollten.

- Ein Rechnersystem behandelt Informationen auf verschiedenen Abstraktionsstufen. Jede hat ihr eigenes Datenmodell, in dem die Abstraktionsstufen darüber implementiert sind.
- Ein Rechner besteht grundsätzlich aus den Komponenten Haupt- und Sekundärspeicher, einer ALU (arithmetisch-logischen Einheit), Registern, Steuerung, Ein-/Ausgabegeräte und einem Bus zur Kommunikation der Komponenten untereinander.
- Der Hauptspeicher setzt sich aus 8-Bit großen Bytes zusammen und vier Bytes werden häufig als ein Wort behandelt, welches dazu verwendet wird, um beispielsweise ganze Zahlen, reelle Zahlen und Zeiger zu speichern. Der Hauptspeicher hat einen „direkten Zugriff" (*random access*), da wir jedes Byte sehr schnell lesen oder schreiben können und in ungefähr derselben Zeit wie jedes andere Byte auch.
- Sekundärspeichergeräte, hauptsächlich Platten und Bänder, speichern Informationen magnetisch. Es handelt sich dabei um Geräte mit „sequentiellem Zugriff", da wir eine große Menge von Daten viel schneller aus aufeinanderfolgenden Stellen lesen bzw. an aufeinanderfolgende Stellen schreiben können, als dies bei der gleichen Menge an Daten möglich wäre, wären diese über das Gerät verstreut.
- Dateien und Dateisysteme helfen uns bei der Organisation des Sekundärspeichers, um die Effizienz des Zugriffs zu erhöhen.
- Typische Maschinenbefehle kopieren Datenworte hin und her oder führen einfache arithmetische, logische oder Vergleichsoperationen auf zwei Worten aus. Binärcodes stellen diese Operationen maschinengerecht dar; der Programmierer schreibt jedoch in einer „Assemblersprache", in der der Binärcode durch mnemotechnische Ausdrücke ersetzt wird.
- Der Zugriff auf die Datenstrukturen in Pascal, die sich aus Zeigern, Arrays und Records zusammensetzen, wird auf einfache Weise durch den Befehlssatz eines typischen Rechners implementiert.

- Es gibt verschiedene Arten, ganze Zahlen beschränkter Größe durch Computerworte zu repräsentieren. Das Zweierkomplement ist am gängigsten, aber auch die vorzeichenbehaftete Größe, das Einerkomplement und der Excess-k-Code finden Verwendung.
- Der IEEE-Standard zur Darstellung von Gleitkommazahlen wird in den meisten modernen Rechnern zur Repräsentation von Real-Zahlen verwendet. Wir können nur einen eingeschränkten Bereich von Gleitkommazahlen in einem Wort darstellen.

4.15 Bibliographische Anmerkungen zum 4. Kapitel

Für eine weiterführende Behandlung von Rechnerarchitekturen schlagen wir Hennessy und Patterson [1990] oder Tanenbaum [1990] vor. Ein gutes Standardwerk über Betriebssysteme und die Art, wie die Software- und Hardware-Komponenten eines Rechnersystems zusammenwirken, ist Peterson und Silberschatz [1985].

Um etwas über die Frühgeschichte der Rechner zu erfahren, schlagen wir Goldstine [1972] vor. Die Arbeiten, die zuerst viele der wichtigen Prinzipien heutiger Computer zum Ausdruck gebracht haben, wurden von John von Neumann und seinen Kollegen verfaßt - Goldstine und von Neumann [1946], Burks, Goldstine und von Neumann [1946] - auch wenn, wie wir schon im Kasten am Anfang dieses Kapitels erwähnt haben, in dieser Zeit viele Leute an der Konstruktion ähnlicher Geräte beteiligt waren.

Burks, A. W., H. H. Goldstine und J. von Neumann [1946], „Preliminary discussion of the logical design of an electronic computing instrument", neu erschienen in *John von Neumann: Collected Works*, Vol. 5, S. 34 - 79, Macmillan, New York, 1961.

Goldstine, H. H. und J. von Neumann [1946]. „On the principles of large scale computing machines"", neu erschienen in *John von Neumann: Collected Works*, Vol. 5, S. 1 - 32, Macmillan, New York, 1961.

Goldstine, H. H. [1972]. *The Computer: From Pascal to von Neumann*, Princeton University Press, Princeton, New Jersey.

Hennessy, J. L. und D. A. Patterson [1990]. *Computer Architecture: a Quantitative Approach*, Morgan-Kaufmann, San Mateo, Calif.

Peterson, J. L. und A. Silberschatz [1985]. *Operating Systems Concepts*, 2d ed., Addison Wesley, Reading, Mass.

Tanenbaum, A. S. [1990]. *Structured Computer Organization*, 3d ed., Prentice-Hall, Englewood Cliffs, New Jersey.

5

Das Baum-Datenmodell

Es gibt viele Situationen, in denen die Information eine hierarchische oder geschachtelte Struktur besitzt, wie es beispielsweise bei Familienstammbäumen oder Organisationsdiagrammen der Fall ist. Die Abstraktion zur Modellierung derartiger hierarchischer Strukturen nennt man einen *Baum*; dieses Modell ist eines der wichtigsten Modelle der Informatik. Es liegt zudem zahlreichen Programmiersprachen, einschließlich Lisp, zugrunde.

In vielen Kapiteln dieses Buches tauchen die unterschiedlichsten Bäume auf. So haben wir bereits in Abschnitt 1.3 gesehen, wie Verzeichnisse und Dateien in einigen Rechnersystemen als Baumstrukturen realisiert sind. In Abschnitt 2.8 verwendeten wir Bäume, um zu zeigen, wie man Listen im Mergesort-Algorithmus rekursiv aufspalten und wieder zusammensetzen kann. Und in Abschnitt 3.7 haben wir Bäume benutzt, um zu zeigen, wie einfache Anweisungen eines Programms zu immer komplexeren Anweisungen kombiniert werden können.

5.1 Worum geht es in diesem Kapitel?

Die folgenden Themen werden in diesem Kapitel behandelt:

- Die den Baumstrukturen zugrundeliegenden Begriffe und Konzepte (Abschnitt 5.2).
- Die grundlegenden Datenstrukturen, die zur Darstellung von Bäumen in Programmen verwendet werden (Abschnitt 5.3).
- Rekursive Algorithmen, die auf den Knoten eines Baumes operieren (Abschnitt 5.4).

- Ein Verfahren, Induktionsbeweise über Bäume zu führen, die sogenannte *strukturelle Induktion*, in der wir ausgehend von kleinen Bäumen zu größeren gelangen (Abschnitt 5.5).
- Der Binärbaum, der eine Variante eines Baumes ist, dessen Knoten zwei „Stellen" für Kinder enthalten. Wir werden ein wichtiges Beispiel für die Verwendung von Binärbäumen bei der Generierung von Assemblercode für arithmetische Ausdrücke anführen (Abschnitte 5.6 und 5.7).
- Den binären Suchbaum, eine Datenstruktur, mit der man eine Menge von Elementen verwalten kann, in die Elemente eingefügt und aus der Elemente gelöscht werden (Abschnitte 5.8 und 5.9).
- Die Prioritätsschlange, eine Menge, zu der man zwar Elemente hinzufügen, aus der man aber zu einem Zeitpunkt nur das jeweils größte Element wieder entnehmen kann. Für die Implementierung von Prioritätsschlangen wird eine effiziente Datenstruktur, der sogenannte *partiell geordnete Baum*, eingeführt, und es wird ein $O(n \log n)$ Algorithmus, genannt *Heapsort* hergeleitet, mit dem n Elemente unter Verwendung einer partiell geordneten, ausgewogenen Baumstruktur, dem sogenannte *Heap* sortiert werden können, (Abschnitte 5.10 und 5.11).

5.2 Grundlegende Terminologie

Wir können einen Baum als eine Menge von Punkten, sogenannte *Knoten*, und einer Menge von Linien, sogenannte *Kanten*, definieren, wobei eine Kante zwei verschiedene Knoten verbindet. Ein Baum hat drei Eigenschaften:

1. Ein Knoten ist hervorgehoben und heißt die *Wurzel*.
2. Jeder Knoten c außer der Wurzel ist durch eine Kante mit einem anderen Knoten p, dem *Vater* von c, verbunden.
3. Ein Baum ist in dem Sinne *zusammenhängend*, daß wir, wenn wir bei einem beliebigen, von der Wurzel verschiedenen Knoten n beginnen und uns von dort aus zum Vater von n bewegen, und von dort aus zum Vater des Vaters von n, usw., schließlich die Wurzel des Baumes erreichen.

Wenn p der Vater eines Knotens c ist, sagen wir auch, daß c ein *Kind* von p ist. Ein Knoten kann null oder mehr Kinder haben, aber jeder Knoten außer der Wurzel hat genau einen Vater. Darüber hinaus ist die Folge von Vätern, die von einem Knoten zur Wurzel führt, immer eindeutig.

Beispiel 5.1

Abbildung 5.1 zeigt einen Baum mit sieben Knoten, wobei wir einen Knoten als Kreis gekennzeichnet haben, in dem der Name des Knotens steht. Der Knoten n_1 ist die Wurzel und gleichzeitig der Vater der Knoten n_2, n_3 und n_4. Dementsprechend sind die Knoten n_2, n_3 und n_4 die Kinder des Knotens n_1. Der Knoten n_2 ist der Vater von n_5 und n_6, und n_4 ist der Vater von n_7. Ebenso können wir sagen, daß n_5 und n_6 Kinder von n_2 sind, während n_7 das einzige Kind von n_4 ist. In der Informatik werden Bäume zumeist mit der Wurzel nach oben und den Vätern über den Kindern gezeichnet. ◆

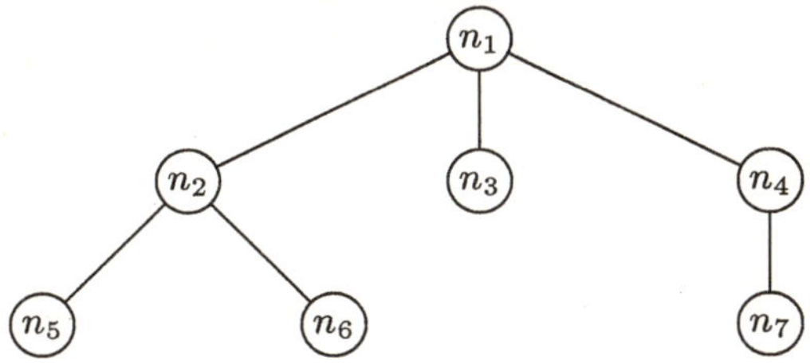

Abb. 5.1: Baum mit sieben Knoten.

Eine äquivalente rekursive Definition von Bäumen

Es ist auch möglich, Bäume rekursiv mit Hilfe einer induktiven Definition, die aus kleineren Bäumen größere erzeugt, zu definieren.

BASIS. Ein einzelner Knoten n ist ein Baum. Wir sagen, daß n die Wurzel dieses ein-knotigen Baumes ist.

INDUKTION. Es sei r ein neuer Knoten und $T_1, T_2, ..., T_k$ seien ein oder mehrere Bäume mit den entsprechenden Wurzeln $c_1, c_2, ..., c_k$. Wir fordern, daß kein Knoten mehr als einmal in den T_i auftaucht; und natürlich kann r, da es ja ein „neuer" Knoten ist, in keinem dieser Bäume enthalten sein. Wir erstellen einen neuen Baum T aus r und $T_1, T_2, ..., T_k$ wie folgt:

a) Mache r zur Wurzel des Baumes T.

b) Füge von r zu jedem $c_1, c_2, ..., c_k$ eine Kante ein, wodurch jeder dieser Knoten zu einem Kind der Wurzel r wird. Andersherum betrachtet haben wir aus r den Vater jeder der Wurzeln der Bäume $T_1, T_2, ..., T_k$ gemacht.

Beispiel 5.2

Wir können diese rekursive Definition zur Erzeugung des Baumes in Abb. 5.1 verwenden. Diese Konstruktion verifiziert zudem, daß es sich bei der Struktur aus Abb. 5.1 um einen Baum handelt. Aufgrund der Basisregel sind die Knoten

n_5 und n_6 jeweils selbst wieder Bäume; diese besagt, daß ein einzelner Knoten als Baum angesehen werden kann. Wir können dann die induktive Regel anwenden, um einen neuen Baum mit n_2 als Wurzel r und dem nur aus n_5 bestehenden Baum T_1 und dem aus n_6 bestehenden Baum T_2 als Kinder dieser neuen Wurzel erzeugen. Die Knoten c_1 und c_2 entsprechen n_5 bzw. n_6, da diese die Wurzeln der Bäume T_1 und T_2 sind. Als Ergebnis können wir schließen, daß die Struktur

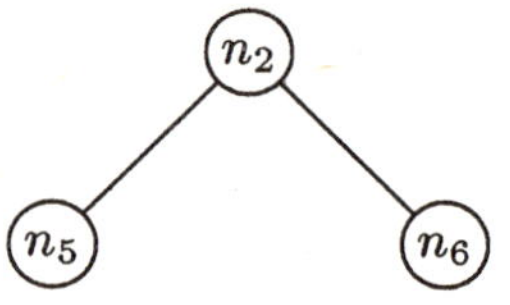

ein Baum ist; seine Wurzel ist n_2.

Der Knoten n_3 ist selbst schon ein Baum. Nehmen wir zum Schluß n_1 als r und n_2, n_3 und n_4 als Wurzeln der gerade erwähnten drei Bäume, so erzeugen wir die Struktur in Abb. 5.1 und verifizieren damit, daß es sich tatsächlich um einen Baum handelt. ◆

Pfade, Vorgänger und Nachfolger

Die Vater-Kind-Beziehung kann auf natürliche Art auf Vorgänger und Nachfolger erweitert werden. Informell ausgedrückt bedeutet dies, daß die Vorgänger eines Knotens gefunden werden können, indem man dem eindeutigen Pfad von diesem Knoten zu seinem Vater, zum Vater vom Vater, und so weiter, folgt. Strenggenommen ist ein Knoten auch sein eigener Vorgänger. Die Nachfolgerbeziehung ist genau umgekehrt zur Vorgängerbeziehung, ebenso wie auch die Vater- und Kind-Beziehungen jeweils die Umkehrung der anderen sind. Das heißt, Knoten d ist ein Nachfolger von Knoten a genau dann, wenn a ein Vorgänger von d ist.

Formaler ausgedrückt sei $m_1, m_2, ..., m_k$ eine Folge von Knoten in einem Baum dergestalt, daß m_1 der Vater von m_2 ist, welcher wiederum der Vater von m_3 ist, und so weiter bis zu m_{k-1}, also dem Vater von m_k. $m_1, m_2, ..., m_k$ bezeichnet man dann als *Pfad* von m_1 zu m_k im Baum. Die *Länge* des Pfades ist k - 1, also eins weniger als die Anzahl der Knoten im Pfad. Beachten Sie, daß ein Pfad auch nur aus einem Knoten bestehen kann (wenn $k = 1$ ist); der Pfad hat dann die Länge 0.

Beispiel 5.3

In Abb. 5.1 bilden n_1, n_2, n_6 einen Pfad der Länge 2 von der Wurzel n_1 bis zum Knoten n_6; n_1 ist ein Pfad der Länge 0 von n_1 zu sich selbst. ◆

Wenn m_1, m_2, ..., m_k einen Pfad in einem Baum bilden, dann nennt man m_1 einen *Vorgänger* von m_k und den Knoten m_k einen *Nachfolger* von m_1. Hat der Pfad die Länge 1 oder ist er länger, so bezeichnet man m_1 als *echten* Vorgänger von m_k und m_k als *echten* Nachfolger von m_1. Wir dürfen hier nicht vergessen, daß ein Pfad der Länge 0 möglich ist, woraus wir schließen können, daß m_1 ein Vorgänger und ein Nachfolger von sich selbst ist, wenn auch kein echter. Die Wurzel ist ein Vorgänger von jedem Knoten des Baumes und jeder Knoten des Baumes ist Nachfolger der Wurzel.

Beispiel 5.4

In Abb. 5.1 sind alle sieben Knoten Nachfolger von n_1, und n_1 ist ein Vorgänger aller Knoten. Auch sind alle Knoten, bis auf n_1 selbst, echte Nachfolger von n_1, und n_1 ist ein echter Vorgänger von allen Knoten des Baumes bis auf sich selbst. Die Vorgänger von n_5 sind n_5, n_2 und n_1. Die Nachfolger von n_4 sind n_4 und n_7. ◆

Knoten, die denselben Vater haben, werden manchmal *Geschwister* genannt. In Abb. 5.1 sind die Knoten n_2, n_3 und n_4 Geschwister, gleiches gilt für die Knoten n_5 und n_6.

Unterbäume

In einem Baum T wird ein Knoten n mit all seinen echten Nachfolgern, soweit vorhanden, als *Unterbaum* von T bezeichnet. Knoten n ist die Wurzel dieses Unterbaumes. Hierbei ist zu beachten, daß ein Unterbaum den drei Bedingungen genügt, die ein Baum erfüllen muß: Er hat eine Wurzel, alle anderen Knoten des Unterbaumes haben im Unterbaum einen eindeutigen Vater und man gelangt von jedem Knoten des Unterbaumes irgendwann zur Wurzel des Unterbaumes, wenn man den Vaterknoten folgt.

Beispiel 5.5

Wir beziehen uns wieder auf Abb. 5.1, worin der Knoten n_3 selbst ein Unterbaum ist, da er keine anderen Nachfolger hat als sich selbst. Ein weiteres Beispiel bilden die Knoten n_2, n_5 und n_6, die ebenfalls einen Unterbaum mit der

Wurzel n_2 darstellen, da diese Knoten genau die Nachfolger von n_2 sind. Die beiden Knoten n_2 und n_6 bilden ohne den Knoten n_5 jedoch noch keinen Unterbaum. Schließlich ist der gesamte Baum aus Abb. 5.1 ein Unterbaum von sich selbst mit der Wurzel n_1. ◆

Blätter und innere Knoten

Ein *Blatt* ist ein Knoten eines Baumes, der keine Kinder hat. Ein *innerer Knoten* ist ein Knoten, der ein oder mehr Kinder hat. Jeder Knoten eines Baumes ist demnach entweder ein Blatt oder ein innerer Knoten, aber niemals beides. Die Wurzel eines Baumes ist gewöhnlich ein innerer Knoten, besteht der Baum jedoch nur aus einem Knoten, so ist dieser Knoten sowohl die Wurzel als auch ein Blatt.

Beispiel 5.6

In Abb. 5.1 sind n_5, n_6, n_3 und n_7 Blätter. n_1, n_2 und n_4 sind innere Knoten. ◆

Höhe und Tiefe

In einem Baum entspricht die *Höhe* eines Knotens n der Länge des längsten Pfades von n zu einem Blatt. Die *Höhe des Baumes* ist die Höhe der Wurzel. Die *Tiefe* oder die *Ebene* eines Knotens n entspricht der Länge des Pfades von der Wurzel zu n.

Beispiel 5.7

In Abb. 5.1 hat der Knoten n_1 die Höhe 2, n_2 hat die Höhe 1 und Blatt n_3 hat die Höhe 0. Jedes Blatt hat die Höhe 0. Der Baum in Abb. 5.1 hat die Höhe 2. Die Tiefe von n_1 beträgt 0, die Tiefe von n_1 ist 1 und die Tiefe von n_5 ist 2. ◆

Geordnete Bäume

Auch wenn wir das nicht müssen, so können wir den Kindern jedes Knotens doch eine von links nach rechts gehende Reihenfolge zuweisen. Die Kinder von n_1 in Abb. 5.1 stehen zum Beispiel in der Reihenfolge n_2 ganz links, dann n_3 und dann n_4. Diese Reihenfolge von links nach rechts kann dahingehend erweitert werden, daß alle Knoten eines Baumes dieser Ordnung unterliegen. Wenn m und n Geschwister sind und m links von n liegt, dann liegen alle Nachfolger von m links von allen Nachfolgern von n.

Beispiel 5.8

Die Knoten des Unterbaumes in Abb. 5.1, deren Wurzel n_2 bildet – das heißt, n_2, n_5 und n_6 – liegen alle links von den Knoten der Unterbäume, deren Wurzeln n_3 und n_4 sind. n_2, n_5 und n_6 liegen somit links von n_3, n_4 und n_7. ◆

Man wähle in einem Baum zwei Knoten x und y, von denen keiner der Vorgänger des anderen ist. Aufgrund der Definition von „links von" liegt entweder x oder y links vom jeweils anderen. Um zu bestimmen, welcher es ist, folge man den Pfaden von x und y zur Wurzel. An einem Punkt, vielleicht erst an der Wurzel, vielleicht tiefer, werden sich die beiden Pfade bei einem Knoten z treffen; wie in Abb. 5.2 angegeben. Die Pfade von x und y erreichen z von zwei unterschiedlichen Knoten m und n aus; es ist möglich, daß $m = x$ und/oder $n = y$ ist, es muß aber gelten, daß $m \neq n$ ist, sonst hätten sich die Pfade irgendwo unterhalb von z getroffen.

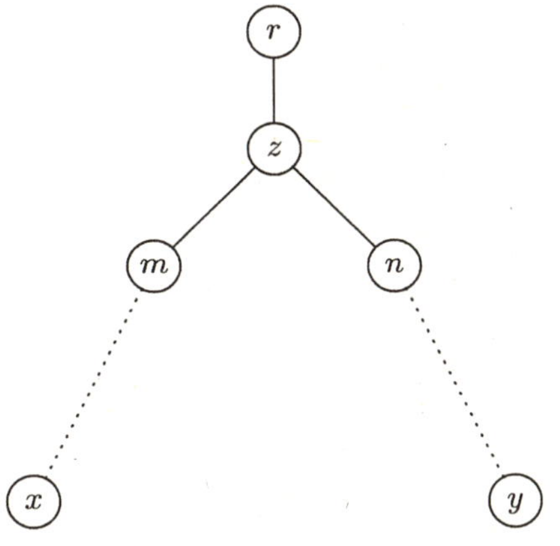

Abb. 5.2: Knoten x liegt links von Knoten y.

Angenommen, m liegt links von n. Da x sich im Unterbaum von m befindet und y im Unterbaum von n steht, folgt daraus, daß x links von y liegt. Wenn m rechts von n stünde, wäre auch x rechts von y.

Beispiel 5.9

Da kein Blatt Vorgänger eines anderen Blattes sein kann, folgt daraus, daß alle Blätter „von links" geordnet werden können. Die Reihenfolge der Blätter in Abb. 5.1 lautet beispielsweise n_5, n_6, n_3, n_7. ◆

Markierte Bäume

Ein *markierter* Baum ist ein Baum, bei dem zu jedem Knoten des Baumes eine Markierung oder ein Wert assoziiert wird. Wir können uns diese Markierung als die Information vorstellen, die zu einem gegebenen Knoten gehört. Eine solche Markierung kann etwas Einfaches, wie eine ganze Zahl, sein oder etwas Komplexeres, wie der Text eines ganzen Dokuments. Wir können die Markierung eines Knotens verändern, nicht aber den Namen des Knotens.

Ist der Name eines Knotens nicht wichtig, so können wir einen Knoten durch seine Markierung repräsentieren. Die Markierung stellt jedoch nicht immer einen eindeutigen Namen für einen Knoten dar, da verschiedene Knoten dieselbe Markierung haben können. Sind also Zweifel angebracht, zeichnen wir einen Knoten sowohl mit seiner Markierung als auch mit seinem Namen. Die folgenden Absätze verdeutlichen das Konzept markierter Bäume und bieten einige Beispiele.

Termbäume - eine wichtige Klasse von Bäumen

Arithmetische Ausdrücke lassen sich durch markierte Bäume darstellen, und es ist häufig hilfreich, sich Ausdrücke in Form von Bäumen bildlich zu veranschaulichen. In der Tat spiegeln *Termbäume*, wie sie gelegentlich genannt werden, die Zuordnung der Operanden eines Ausdruckes zu seinen Operatoren in einheitlicher Weise wider, gleichgültig ob diese Zuordnung durch die Verwendung von Klammern erzwungen oder durch die Vorrang- und Assoziativitätsregeln der beteiligten Operatoren erzielt wird.

Rufen wir uns noch einmal die Diskussion aus Abschnitt 2.6, besonders Beispiel 2.16, in Erinnerung, wo wir eine rekursive Definition für Ausdrücke mit den üblichen arithmetischen Operatoren vorstellten. Analog zur rekursiven Definition der Ausdrücke können wir auch die entsprechenden markierten Bäume rekursiv definieren. Wir gehen dabei von der Vorstellung aus, daß wir jedesmal, wenn wir einen größeren Ausdruck durch die Anwendung eines Operators auf kleinere Ausdrücke aufbauen, einen neuen Knoten erzeugen, der mit diesem Operator markiert ist. Der neue Knoten wird zur Wurzel des Baumes für den größeren Ausdruck, und seine Kinder sind die Wurzeln für die den kleineren Ausdrücken entsprechenden Bäumen.

Wir können zum Beispiel die markierten Bäume für arithmetische Ausdrücke, die die binären Operatoren +, -, ×, / und den unären Operator - verwenden, folgendermaßen definieren.

BASIS. Ein einzelner, atomarer Operand (zum Beispiel eine Variable, ein ganze oder Gleitkommazahl, wie in Abschnitt 2.6) ist ein Ausdruck, und der dazugehörige Baum besteht aus einem einzelnen Knoten, der mit diesem Operanden markiert ist (siehe Abbildung 5.3).

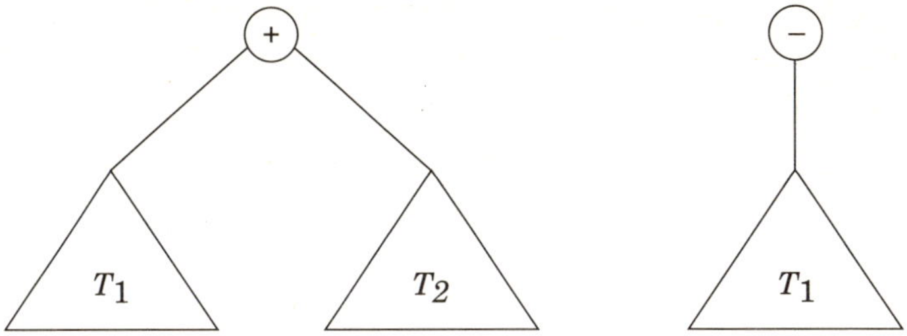

(a) $(E_1 + E_2)$ (b) $(-E_1)$

Abb. 5.3: Termbäume für $(E_1 + E_2)$ und $(-E_1)$.

INDUKTION. Wenn E_1 und E_2 durch zwei Bäume T_1 und T_2 repräsentierte Ausdrücke sind, dann wird der Ausdruck $(E_1 + E_2)$ durch den in Abb. 5.3(a) angegebenen Baum repräsentiert, dessen Wurzel mit + markiert ist. Diese Wurzel hat zwei Kinder, die die Wurzeln von T_1 und T_2 (in dieser Reihenfolge) sind. In ähnlicher Weise entsprechen den Ausdrücken $(E_1 - E_2)$, $(E_1 \times E_2)$ und (E_1 / E_2) Termbäume mit Wurzeln, die durch -, × und / markiert sind, und den Unterbäumen T_1 und T_2. Schließlich können wir noch den unären Minusoperator auf einen Ausdruck E_1 anwenden . Wir führen eine Wurzel ein, die mit - markiert ist und deren einziges Kind die Wurzel von T_1 ist; der Baum für $(-E_1)$ wird in Abb. 5.3(b) gezeigt.

Beispiel 5.10

In Beispiel 2.16 haben wir die rekursive Konstruktion einer Folge von 6 Ausdrücken mit Hilfe der Basis und der Induktionsregeln behandelt. Diese Ausdrücke, die in Abb. 2.16 aufgezählt wurden, lauteten wie folgt:

i) `x`

ii) `10`

iii) `(x + 10)`

iv) `(-(x + 10))`

v) `y`

vi) `(y ×(-(x + 10)))`

Die Ausdrücke (*i*), (*ii*), (*v*) sind einzelne Operanden, und die Basisregel besagt, daß die in den Abbildungen 5.4(a), (b) und (e) dargestellten Bäume diese Ausdrücke repräsentieren. Beachten Sie, daß jeder dieser Bäume aus einem einzelnen Knoten besteht, dem wir einen Namen gegeben haben – n_1, n_2, und n_5 – und eine Markierung, die jeweils dem Operanden im Kreis entspricht.

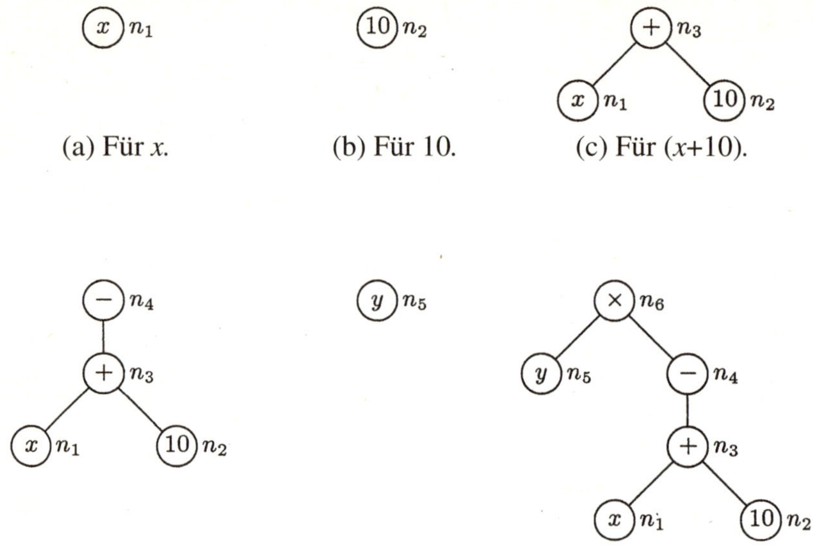

(a) Für x. (b) Für 10. (c) Für $(x+10)$.

(d) Für $(-(x+10))$. (e) Für y. (f) Für$(y\times(-(x+10)))$.

Abb. 5.4: Konstruktion von Termbäumen

Der Ausdruck (*iii*) wird durch die Anwendung des Operators + auf die Operanden x und 10 gebildet, und dementsprechend sehen wir in Abbildung 5.4(c) den Baum für diesen Ausdruck, mit der durch + markierten Wurzel und den Wurzeln der Bäume aus Abb. 5.4(a) und (b) als ihren Kindern. Der Ausdruck (*iv*) wird durch die Anwendung des unären - auf den Ausdruck (*iii*) gebildet, so daß der Baum für $(-(x + 10))$, wie in Abb. 5.4(d) gezeigt, eine mit - markierte Wurzel besitzt, die sich über dem Baum für den Ausdruck $(x + 10)$ befindet. Der Baum für den Ausdruck $(y \times (-(x + 10)))$ in Abb. 5.4(f) hat schließlich eine mit $\times$ markierte Wurzel, deren Kinder die Wurzeln der Bäume aus den Abbildungen 5.4(e) und (d) - in dieser Reihenfolge - sind. ◆

Übungen

5.2.1: In Abbildung 5.5 sehen wir einen Baum. Erklären Sie, was durch jeden der folgenden Ausdrücke beschrieben wird.

a) Die Wurzel des Baumes

b) Die Blätter des Baumes

c) Die inneren Knoten des Baumes

d) Die Geschwister von Knoten 6

e) Der Unterbaum mit der Wurzel 5

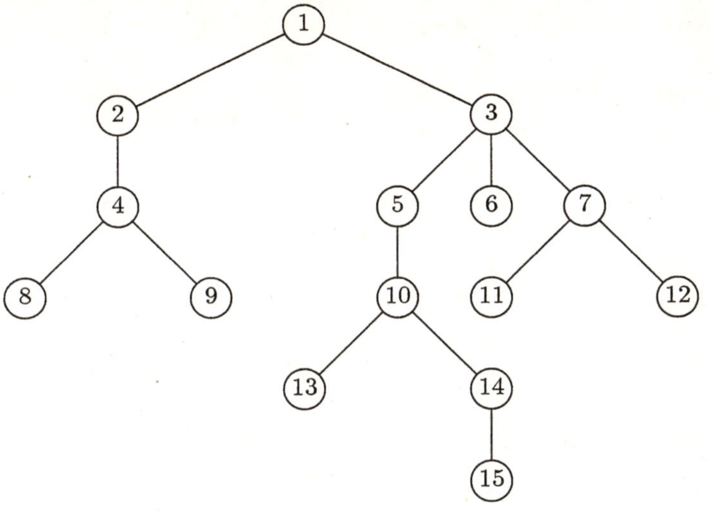

Abb. 5.5: Baum zur Übung 5.2.1.

f) Die Vorgänger von Knoten 10

g) Die Nachfolger von Knoten 10

h) Die Knoten links von Knoten 10

i) Die Knoten rechts von Knoten 10

j) Der längste Pfad im Baum

k) Die Höhe von Knoten 3

l) Die Tiefe von Knoten 13

m) Die Höhe des Baumes

5.2.2: Kann ein Blatt in einem Baum jemals (a) Nachfolger, (b) echte Nachfolger haben?

5.2.3: Beweisen Sie, daß in einem Baum kein Blatt Vorgänger eines anderen Blattes sein kann.

5.2.4*: Beweisen Sie, daß die beiden Definitionen für Bäume in diesem Abschnitt äquivalent sind. *Hinweis*: Um zu zeigen, daß ein Baum nach der nichtrekursiven Definition auch ein Baum nach der rekursiven Definition ist, führen Sie eine Induktion über die Anzahl der Knoten in einem Baum durch. Benutzen Sie in die andere Richtung eine Induktion über die Anzahl der in der rekursiven Definition verwendeten Durchläufe.

5.2.5: Gegeben sei ein Graph, der aus den vier Knoten r, a, b und c besteht. Knoten r sei ein isolierter Knoten und habe keine Kante, die mit ihm verbunden ist. Die verbleibenden drei Knoten bilden einen Kreis, das heißt, eine Kante verbindet a und b, eine Kante verbindet b und c und eine dritte Kante verbindet c und a. Warum ist dieser Graph kein Baum?

5.2.6: Bei vielen Arten von Bäumen gibt es einen wesentlichen Unterschied zwischen den inneren Knoten und den Blättern (oder vielmehr zwischen den Markierungen dieser Knotenarten). In einem Termbaum stellen die inneren Knoten beispielsweise Operatoren und die Blätter atomare Operanden dar. Geben Sie den Unterschied zwischen den inneren Knoten und den Blättern für jede der folgenden Baumarten an:

a) Bäume, die Verzeichnisstrukturen darstellen, wie in Abschnitt 1.3 beschrieben

b) Bäume, die das Aufspalten und die Vereinigung von Listen für den Mergesort-Algorithmus repräsentieren, wie in Abschnitt 2.8 beschrieben

c) Bäume, die die Struktur einer Prozedur darstellen, wie in Abschnitt 3.7 erläutert

5.2.7: Geben Sie Termbäume für die folgenden Ausdrücke an. Beachten Sie dabei, daß wir, wie es bei Ausdrücken üblich ist, auf überflüssige Klammern verzichtet haben. Sie sollten zunächst die korrekten Klammernpaare ermitteln, indem Sie die allgemein üblichen Regeln für die Vorrangstufen und die Assoziativität von Operatoren anwenden.

a) $(x + 1) \times (x - y + 4)$

b) $1 + 2 + 3 + 4 + 5 + 6$

c) $9 \times 8 + 7 \times 6 + 5$

5.2.8: Zeigen Sie, daß, wenn x und y zwei unterschiedliche Knoten in einem geordneten Baum sind, eine der folgenden Bedingungen gelten muß:

a) x ist ein echter Vorgänger von y.

b) x ist ein echter Nachfolger von y.

c) x liegt links von y.

d) x liegt rechts von y.

5.3 Datenstrukturen für Bäume

Es gibt viele Datenstrukturen zur Darstellung von Bäumen. Für welche wir uns letztendlich entscheiden, hängt von den Operationen ab, die wir durchführen möchten. Wollten wir zum Beispiel nur den Vaterknoten von Knoten herausfinden, könnten wir jeden Knoten durch ein Record darstellen, welches aus einer Markierung plus einem Zeiger auf das Record, das den Vater dieses Knotens darstellt, besteht.

Wir können die allgemeine Regel aufstellen, daß Knoten eines Baumes durch Records dargestellt werden können, in denen die Felder die Knoten auf ähnliche Weise verketten wie die Knoten im abstrakten Syntaxbaum verbunden sind; der Baum selbst kann durch einen Zeiger auf das Wurzel-Record dargestellt werden. Bei der Darstellung der Bäume interessiert uns demnach vor allem, wie die Knoten repräsentiert werden.

Eine Unterscheidung bei der Repräsentation bezieht sich darauf, wo die Records für die Knoten im Speicher eines Rechners „leben". In Pascal können wir Records mit Hilfe der Funktion `new` erzeugen, wobei die Records dann im Speicher „umhertreiben" und nur durch die Zeiger anderer Knoten zugreifbar sind. Alternativ dazu können wir ein Array von Records erzeugen und die Elemente des Arrays zur Darstellung von Knoten verwenden. Auch hier können die Knoten entsprechend ihrer Position im Baum verbunden werden; es ist aber auch möglich, Knoten zu erreichen, indem man sich am Array entlang arbeitet. Wir können somit auf Knoten zugreifen, ohne einem Pfad durch den Baum zu folgen. Der Nachteil an diesem auf einem Array beruhenden Verfahren besteht darin, daß wir nicht mehr Knoten erzeugen können, als das Array Elemente hat. Im folgenden gehen wir davon aus, daß Knoten-Records durch `new` erzeugt werden, obwohl in den Situationen, in denen es eine Beschränkung für die Größe der Bäume gibt, ein Array von Records desselben Typs eine brauchbare und möglicherweise vorzuziehende Alternative darstellt.

Die Darstellung von Bäumen durch Zeiger-Arrays

Einer der einfachsten Wege zur Darstellung von Bäumen besteht darin, für jeden Knoten ein Record bestehend aus einem Feld oder aus Feldern für die Markierung des Knotens zu verwenden, gefolgt von einem Array von Zeigern, die auf die Kinder dieses Knotens zeigen. Eine derartige Struktur wird in Abb. 5.6 vorgegeben. Die Konstante *bf* ist die Größe des Zeiger-Arrays. Sie gibt die maximale Anzahl von Kindern an, die ein Knoten haben darf, eine Größe, die man auch als *Verzweigungsfaktor* (*branching factor*) bezeichnet. Die i-te Komponente des Arrays an einem Knoten enthält einen Zeiger auf das i-te Kind dieses Knotens. Ein nicht vorhandenes Kind wird durch einen `NIL`-Zeiger angegeben.

info			
p_1	p_2	$\cdots$	p_{bf}

Abb. 5.6: Ein durch ein Zeiger-Array dargestellter Knoten.

In Pascal kann diese Datenstruktur durch folgenden Typ realisiert werden:

```
type PTRTONODE = ^NODE;
   NODE = record
      info: INFOTYPE;
      children: array[1..bf] of PTRTONODE
      end;
```

Das Feld `info` repräsentiert hierbei die Information, die die Markierung ausmacht, wenn es sich um einen markierten Baum handelt.

Ein Baum kann durch einen Zeiger auf den Wurzelknoten dargestellt werden. `PTRTONODE` dient demnach auch als Typ des Baumes.

Die Darstellung durch das Zeiger-Array gestattet uns, auf das i-te Kind jedes Knotens in $O(1)$ Zeit zuzugreifen. Sie verschwendet jedoch sehr viel Platz, wenn nur ein paar Knoten des Baumes sehr viele Kinder haben. In diesem Fall sind die meisten Zeiger der Arrays `NIL`.

Beispiel 5.11

Ein Baum kann verwendet werden, um eine Sammlung von Wörtern derart darzustellen, daß man auf effiziente Art und Weise überprüfen kann, ob eine gegebene Zeichenfolge ein gültiges Wort ist. Bei diesem Baumtyp, der als *Trie* bezeichnet wird, enthält jeder Knoten, mit Ausnahme der Wurzel, einen Buchstaben. Die Zeichenfolge, die durch einen Knoten n repräsentiert wird, entspricht der Folge von Buchstaben entlang des Pfades von der Wurzel bis zum Knoten n. Für eine gegebene Menge von Wörtern besteht der Trie aus Knoten für exakt die Zeichenketten, die Präfixe eines Wortes dieser Menge sind. Die Markierung eines Knotens besteht aus dem Buchstaben, der durch den Knoten repräsentiert wird und aus einem Symbol, das besagt, ob der String von der Wurzel bis zu diesem Knoten ein vollständiges Wort ergibt; wir verwenden * für den Fall, daß dies so ist und -, falls nicht.[1]

[1]Im vorigen Abschnitt haben wir so getan, als wäre die Markierung ein einzelner Wert. Werte können jedoch jeden Typ haben und Markierungen können aus Records bestehen, die zwei oder mehr Felder besitzen. In diesem Fall hat die Markierung ein Feld, das ein Buchstabe ist, und ein zweites, entweder vom Aufzählungstyp('*' oder '-'). Das zweite Feld könnte ebensogut durch Boolesche Werte realisiert werden.

Versuchen Sie sich Trie zu merken

Der Begriff „Trie“ entstammt dem mittleren Teil des Wortes „retrieval“ (gesprochen: ritriwel, dt. Wiedererlangen). Ursprünglich sollte er „tree“ ausgesprochen werden. Glücklicherweise hat sich im allgemeinen Sprachgebrauch die Betonung „try“ (gesprochen: trei) durchgesetzt.

Nehmen wir beispielsweise an, unser „Wörterbuch“ besteht aus den vier Wörtern `he`, `hers`, `his` und `she`. Ein Trie für diese Wörter wird in Abb. 5.7 angegeben. Um festzustellen, ob das Wort `he` zur Menge gehört, beginnen wir bei der Wurzel n_1, bewegen uns zu Kind n_2 mit der Markierung `h` und dann von diesem Knoten aus zu dessen Kind n_4, welches mit `e` markiert ist. Da all diese Knoten im Baum existieren und n_4 als Teil seiner Markierung ein * hat, schließen wir, daß `he` zur Menge gehört.

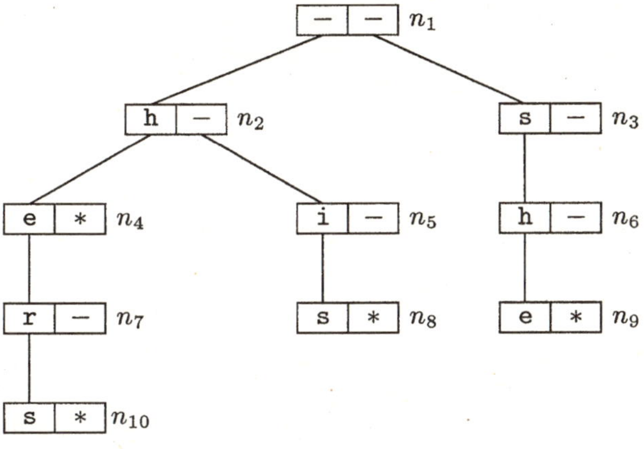

Abb. 5.7: Ein Trie für die Wörter he, hers, his und she.

Im nächsten Beispiel wollen wir herausfinden, ob `him` in der Menge enthalten ist. Wir folgen dem Pfad von der Wurzel zu n_2 und dann zu n_5, was im Präfix `hi` resultiert; bei n_5 finden wir jedoch kein Kind, welches dem Buchstaben `m` entspricht. Wir schließen daraus, daß `him` nicht zur Menge gehört. Wenn wir nun zum Schluß noch nach dem Wort `her` suchen, finden wir den Weg von der Wurzel zu Knoten n_7. Dieser Knoten existiert zwar, enthält jedoch kein *. Wir schließen also daraus, daß `her` nicht in der Menge enthalten ist, obwohl es einen korrekten Präfix eines Wortes der Menge, nämlich des Wortes `hers`, darstellt.

Die Knoten eines Tries haben einen Verzweigungsfaktor, der der Anzahl der verschiedenen Zeichen im Alphabet entspricht, aus dem die Worte gebildet werden. Wenn wir beispielsweise nicht zwischen Groß- und Kleinbuchstaben unterscheiden und wenn die Wörter keine Sonderzeichen wie Apostrophe enthalten, können wir von einem Verzweigungsfaktor der Größe 26 ausgehen. Der Typ eines Knotens, einschließlich der beiden Markierungsfelder, kann wie in Abb. 5.8 definiert werden.

```
type LETTERTYPE = 'a'..'z';
   PTRTONODE = ^NODE;
   NODE = record
         letter: LETTERTYPE;
         isWord: ('*', '-');
         children: array[LETTERTYPE] of PTRTONODE
      end;
```

Abb. 5.8: Definition eines alphabetischen Tries.

Der abstrakte Trie in Abb. 5.7 kann durch die Datenstruktur aus Abb. 5.9 dargestellt werden. Wir repräsentieren Knoten, indem wir die ersten beiden Felder, `letter` und `isWord`, zusammen mit den Elementen des Arrays `children` angeben, die Zeiger ungleich `NIL` enthalten. Im `children`-Array wird bei jedem Element, das nicht `NIL` ist, der Buchstabe, der das Array indiziert, über dem Zeiger auf das Kind angegeben, wobei der Buchstabe nicht wirklich im Record steht. Man beachte, daß das `letter`-Feld der Wurzel keine Bedeutung hat und wir somit den Wert - für dieses Feld verwenden. Strenggenommen müßte das Zeichen - auch Teil des Typs `LETTERTYPE` sein oder wir sollten einen richtigen Buchstaben im `letter`-Feld der Wurzel verwenden. ◆

Baumdarstellung durch erstes Kind und rechte Geschwister

Die Benutzung von Zeiger-Arrays ist platzmäßig nicht unbedingt effizient, da üblicherweise die Mehrzahl der Zeiger `NIL` ist. Dies gilt mit Sicherheit für Abb. 5.9, in der kein Knoten mehr als zwei Zeiger enthält, die nicht `NIL` sind. Wenn wir genauer darüber nachdenken, stellen wir sogar fest, daß die Anzahl der Zeiger in jedem Trie, der auf einem 26-Buchstaben-Alphabet basiert, 26 mal soviel Platz für Zeiger besitzt, wie es Knoten gibt. Da aber kein Knoten zwei Väter haben kann und die Wurzel überhaupt keinen Vater hat, folgt daraus, daß es bei N Knoten nur N - 1 nicht-`NIL`-Zeiger gibt; weniger als einer aus 26 Zeigern ist demnach sinnvoll.

Eine Möglichkeit, um diese Platzineffizienz der Zeiger-Array-Darstellung eines Baumes zu umgehen, besteht darin, verkettete Listen zur Repräsentation der Kinder der Knoten zu benutzen. Der Platz, der durch eine verkettete Liste für einen Knoten belegt wird, ist proportional zur Anzahl der Kinder dieses Knotens.

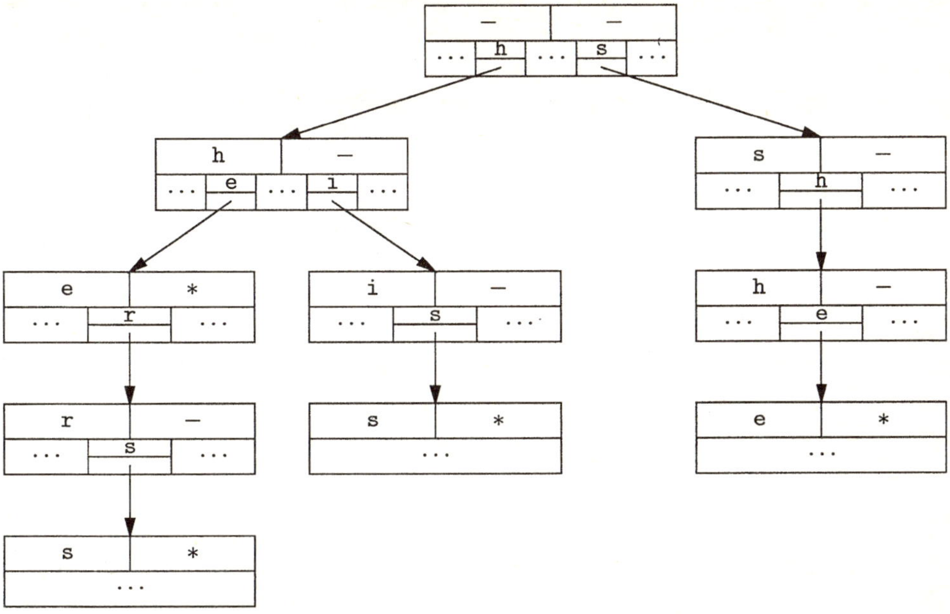

Abb. 5.9: Datenstruktur für den Trie aus Abb. 5.7.

Es gibt bei dieser Form der Darstellung jedoch einen zeitlichen Nachteil; der Zugriff auf das i-te Kind benötigt $O(i)$ Zeit, da wir eine Liste der Länge i - 1 traversieren müssen, um zum i-ten Knoten zu gelangen. Im Vergleich dazu gelangen wir bei Verwendung eines Arrays, dessen Elemente aus Zeigern auf Kinder bestehen, in $O(1)$ Zeit zum i-ten Kind, unabhängig von i.
Bei der Darstellung von Bäumen, die man als *Darstellung des ersten Kindes und der rechten Geschwister* (*leftmost-child-right-sibling*) bezeichnet, enthält jeder Knoten nur einen Zeiger auf das erste Kind von links; auf die anderen Kinder besitzt der Knoten keine Zeiger. Um das zweite Kind und die nachfolgenden Kinder eines Knotens n zu finden, erzeugen wir eine verkettete Liste dieser Kinder, wobei jedes Kind c auf das Kind von n zeigt, das sich unmittelbar rechts von c befindet. Dieser Knoten wird als *rechter Geschwisterknoten* (*right sibling*) von c bezeichnet.

Beispiel 5.12

In Abb. 5.1 ist n_3 der rechte Geschwisterknoten von n_2, n_4 ist der rechte Geschwisterknoten von n_3 und n_4 hat keinen Geschwisterknoten. Wir finden die Kinder von n_1, indem wir seinem Zeiger auf sein erstes Kind n_2 folgen, dann dem Zeiger auf den rechten Geschwisterknoten zu n_3 und schließlich dem Zeiger auf die rechten Geschwisterknoten von n_3 zu n_4. Dort würden wir auf einen rechten-Geschwister-Zeiger treffen, der NIL ist, und wissen somit, daß n_1 nicht mehr Kinder hat.

Abbildung 5.10 enthält eine Skizze der Darstellung des ersten Kindes und der rechten Geschwister für den Baum aus Abb. 5.1. Die Abwärtspfeile repräsentieren die ersten Kinder; die seitwärts laufenden Pfeile sind die Verkettungen der rechten Geschwister. ◆

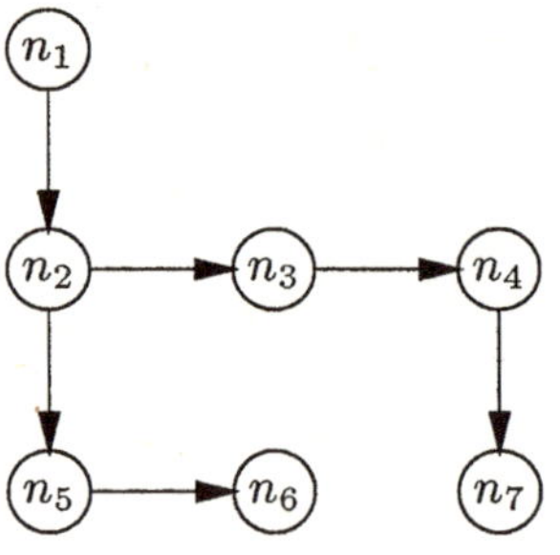

Abb. 5.10: Darstellung des ersten Kindes und der rechten Geschwister für den Baum aus Abb. 5.1.

Bei der Darstellung des ersten Kindes und der rechten Geschwister eines Baumes können die Knoten folgendermaßen definiert werden:

```
type NODE = record
        info: INFOTYPE;
        leftmostChild, rightSibling: PTRTONODE
    end;
```

Wie oben ist auch hier PTRTONODE vom Typ ^NODE.

Das Feld info enthält die zu dem Knoten assoziierte Markierung. Die Felder leftmostChild und rightSibling zeigen auf das erste Kind und den rechten Geschwisterknoten des betroffenen Knotens. Beachten Sie, daß, während leftmostChild Informationen über den Knoten selbst enthält, das Feld rightSibling in einem Knoten in Wirklichkeit Teil einer verketteten Liste von Kindern des Vaters dieses Knotens ist.

Beispiel 5.13

Wir geben den Trie aus Abb. 5.7 in der *leftmost-child-right-sibling*-Darstellung an. Der Typ der Knoten sieht dann folgendermaßen aus

```
type NODE = record
        letter: LETTERTYPE;
        isWord: ('*', '-');
        leftmostChild, rightSibling: PTRTONODE
    end;
```

Die ersten beiden Felder repräsentieren Informationen entsprechend dem Schema, das in Beispiel 5.11 beschrieben wurde. Der Trie aus Abb. 5.7 wird durch die in Abb. 5.11 angegebene Datenstruktur dargestellt. Es ist zu beachten, daß jedes Blatt einen `NIL`-Zeiger auf das erste Kind und daß jedes am weitesten rechts liegende Kind einen `NIL`-Zeiger auf den rechten Geschwisterknoten besitzt.

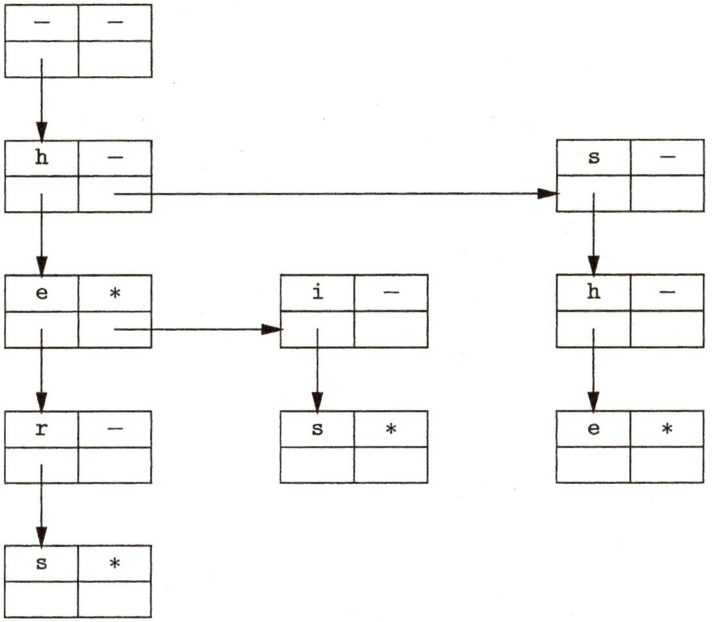

Abb. 5.11: Darstellung des ersten Kindes und der rechten Geschwister für den Trie aus Abb. 5.7

Als Beispiel dafür, wie man die Darstellung des ersten Kindes und der rechten Geschwister benutzt, wird in Abb. 5.12 eine Funktion `seek` angegeben, die als Argumente einen Buchstaben *let* und einen Knoten *n* erhält. Die Funktion gibt einen Zeiger auf das erste Kind von *n* zurück, das *let* in seinem `letter`-Feld enthält oder `NIL`, wenn es einen derartigen Knoten nicht gibt. In der while-Schleife in Abb. 5.12 wird der Reihe nach jeder Knoten untersucht. Wir erreichen die Markierung 999 entweder, wenn *let* gefunden wurde, oder wenn wir alle Kinder untersuchen und so die Schleife verlassen. In jedem Fall enthält *c* den korrekten Wert, also einen Zeiger auf das Kind, das *let* enthält, wenn es vorhanden ist, oder `NIL`, wenn nicht.

Die von seek benötigte Zeit ist proportional zur Anzahl der Kinder, die untersucht werden müssen, bis wir das gesuchte Kind finden. Wenn wir es nicht finden, ist die benötigte Zeit proportional zu der Anzahl der Kinder. Im Vergleich dazu könnte seek bei Verwendung der Zeiger-Array-Repräsentation von Bäumen einfach das Array-Element für den Buchstaben *let* zurückgeben, was $O(1)$ Zeit dauern würde. ◆

```
function seek(let: LETTERTYPE; n: NODE): PTRTONODE;

var c: PTRTONODE; (* zeigt nacheinander auf jedes Kind von n *)
label 999;

begin
   c := n.leftmostChild;
   while c <> NIL do
      if c^.letter = let then
         goto 999
      (* verlasse die Schleife; c ist das gewünschte Kind *)
   else
      c := c^.rightSibling; (* gehe weiter zum nächsten Kind *)
999:seek := c (* beachte, daß c = NIL ist, wenn let nicht
                gefunden wird *)
end (* seek *)
```

Abb. 5.12: Finden des Kindes für einen gewünschten Buchstaben.

Vaterzeiger

Es ist manchmal nützlich, im Record jedes Knotens zusätzlich einen Zeiger auf den Vaterknoten zu definieren. Die Wurzel enthält einen NIL-Zeiger auf den Vater. Das Record aus Beispiel 5.13 würde dann zu

```
type NODE = record
        letter: LETTERTYPE;
        isWord: ('*', '-');
        leftmostChild, rightSibling, parent: PTRTONODE
    end;
```

Mit Hilfe dieser Struktur wird es möglich zu bestimmen, welches Wort ein gegebener Knoten repräsentiert. Wir folgen solange den Vaterknoten, bis wir bei der Wurzel angekommen sind, die wir daran erkennen, daß nur dort parent = NIL gilt. Die unterwegs gefundenen letter-Felder buchstabieren das Wort rückwärts.

ÜBUNGEN

5.3.1: Geben Sie für jeden Knoten des Baumes in Abb. 5.5 an, welches das erste Kind ist und welches die rechten Geschwister sind.

5.3.2: Stellen Sie den Baum aus Abb. 5.5

a) als Trie mit dem Verzweigungsfaktor 3

b) durch Zeiger auf das erste Kind und die rechten Geschwister

dar. Wieviele Bytes des Speichers benötigt jede dieser Darstellungen?

5.3.3: Gegeben sei folgende Menge englischer Singular-Personalpronomen: I, my, mine, me, you, your, yours, he, his, him, she, her, hers. Vergrößern Sie den Baum aus Abb. 5.7, so daß er alle dreizehn Wörter enthält.

5.3.4: Nehmen Sie an, daß ein vollständiges englisches Wörterbuch 2.000.000 Wörter enthält und daß die Anzahl der Präfixe von Wörtern – das heißt, Buchstabenketten, die am Ende durch null oder mehr zusätzliche Buchstaben zur Erzeugung eines Wortes erweitert werden können – 10.000.000 beträgt.

a) Wieviele Knoten enthielte ein Trie zur Darstellung dieses Wörterbuches?

b) Angenommen, wir benutzen das Record aus Beispiel 5.11 zur Darstellung der Knoten. Wir gehen davon aus, daß Zeiger vier Bytes und daß die Informationsfelder `letter` und `isWord` insgesamt vier Bytes benötigen. Wieviele Bytes braucht der Trie?

c) Wieviel des in Aufgabenteil (b) berechneten Platzes benötigen die `NIL`-Zeiger?

5.3.5: Angenommen, wir stellen das Wörterbuch, das in Übung 5.3.4 beschrieben wurde, unter Verwendung des Records aus Beispiel 5.13 (eine Darstellung des ersten Kindes und der rechten Geschwister) dar. Ausgehend von denselben Annahmen über den Platz, den Zeiger und die Informationsfelder benötigen, wie in Übung 5.3.4(b), wieviel Platz braucht der Baum für das Wörterbuch? Welchen Anteil dieses Platzes machen `NIL`-Zeiger aus?

5.3.6: In einem Baum ist ein Knoten c der *niedrigste gemeinsame Vorgänger* der Knoten x und y, wenn c ein Vorgänger von x und y ist und wenn kein echter Nachfolger von c ein Vorgänger von x und y ist. Schreiben Sie ein Programm, das den niedrigsten gemeinsamen Vorgänger eines beliebigen Knotenpaares in einem gegebenen Baum findet. Wie sieht eine gute Datenstruktur für Bäume in einem derartigen Programm aus?

Vergleich von Baumdarstellungen

Wir fassen noch einmal jeweils die Vorteile der Zeiger-Array-Repräsentation (Tries) und der Darstellung des ersten Kindes und der rechten Geschwister (*leftmost-child-right-sibling*) für Bäume zusammen:

- Die Zeiger-Array-Repräsentation bietet einen schnellen Zugriff auf die Kinder und benötigt zum Erreichen jedes Kindes $O(1)$ Zeit, egal wieviel Kinder es gibt.
- Die Darstellung des ersten Kindes und der rechten Geschwister benötigt weniger Platz. In unserem laufenden Beispiel des Tries in Abb. 5.7 enthält jeder Knoten in der Array-Darstellung 26 Zeiger, in der Darstellung des ersten Kindes und der rechten Geschwister sind es nur zwei.
- Bei der Darstellung des ersten Kindes und der rechten Geschwister gibt es keine Beschränkung des Verzweigungsfaktors der Knoten. Wir können Bäume mit beliebigem Verzweigungsfaktor darstellen, ohne die Datenstruktur zu verändern. Haben wir dagegen bei der Zeiger-Array-Darstellung einmal die Größe des Arrays gewählt, können wir keinen Baum mit größerem Verzweigungsfaktor darstellen.

5.4 Rekursionen auf Bäumen

Die Nützlichkeit von Bäumen wird durch eine Anzahl rekursiver Operationen auf Bäumen, die auf natürliche und unkomplizierte Art und Weise geschrieben werden können, bekräftigt. Abbildung 5.13 gibt die allgemeine Form einer rekursiven Prozedur $P(n)$ an, die einen Knoten n eines Baumes als Argument übernimmt. Zunächst führt P ein paar (gegebenenfalls auch keine) Schritte durch, die wir als Aktion A_0 kennzeichnen. Anschließend ruft P sich selbst mit dem ersten Kind, c_1, von n auf. Während dieses rekursiven Aufrufs „untersucht“ P den Unterbaum, dessen Wurzel c_1 ist, und tut dabei das, was der Operation entspricht, die P auf einem Baum durchführen soll. Wenn dieser Aufruf zu dem Aufruf in Knoten n zurückkehrt, wird eine andere Aktion – sagen wir A_1 – durchgeführt. Anschließend wird P für das zweite Kind von n aufgerufen, was zur Untersuchung des zweiten Unterbaumes führt, und so weiter, wobei Aktionen bei n mit Aufrufen von P auf Kindern von n abwechseln.

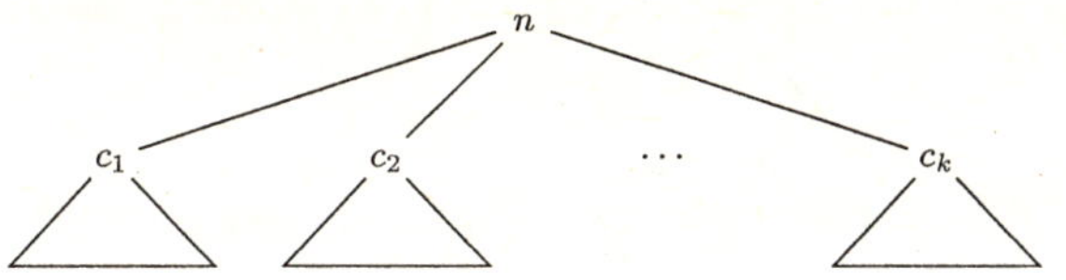

(a) Allgemeine Form eines Baumes.

```
procedure P(n: NODE);

begin
        action A0;
        P(c1);
        action A1;
        P(c2);
        action A2;
        ...
        P(ck);
        action Ak;
end;
```

(b) Allgemeine Form einer rekursiven procedure auf dem Baum.

Abb. 5.13: Rekursive Prozedur auf Bäumen.

Beispiel 5.14

Eine einfache Rekursion auf einem Baum erzeugt etwas, das als *Präorder-Aufzählung* (*preorder listing*) der Knotenmarkierungen von Bäumen bekannt ist. Aktion A_0 druckt dabei die Markierung des Knotens, und die anderen Aktionen führen nichts außer ein paar „Buchhaltungs"-Operationen durch, die uns gestatten, jedes Kind eines gegebenen Knotens aufzusuchen. Auf diese Weise werden die Markierungen gedruckt, sobald wir sie antreffen.
Dabei beginnen wir bei der Wurzel und umrunden den Baum entgegen dem Uhrzeigersinn einmal, wobei wir alle Knoten erreichen. Es ist zu beachten, daß wir die Markierung eines Knotens nur beim erstmaligen Erreichen dieses Knotens drucken. Die Umrundung wird durch den Pfeil in Abb. 5.14 illustriert, und die Reihenfolge, in der die Knoten erreicht werden lautet +*a*+*-*b*-*c*-***d**+. Die Präorder-Aufzählung entspricht der Sequenz der Knotenmarkierungen +*a**-*bcd*.

Wir gehen von der Darstellung des ersten Kindes und der rechten Geschwister der Knoten in einem Termbaum aus, dessen Markierungen aus einem Zeichen bestehen.

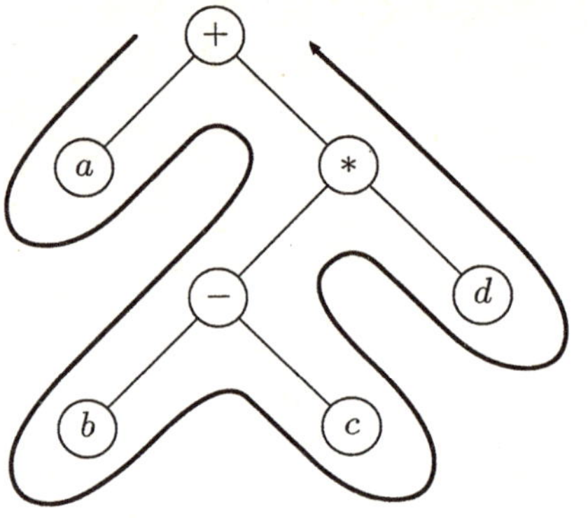

Abb. 5.14: Ein Termbaum und seine Umrundung.

Die Markierung eines inneren Knotens ist der arithmetische Operator an diesem Knoten und die Markierung eines Blattes entspricht einem Buchstaben, der für einen Operanden steht. Der Typ eines Knotens sieht demnach folgendermaßen aus

```
type NODE = record
      nodelabel: char;
      leftmostChild, rightSibling: PTRTONODE
   end;
```

wobei auch hier der Typ PTRTONODE als Zeiger auf einen Knoten definiert ist, das heißt,

```
type PTRTONODE = ^NODE;
```

Die Prozedur preorder wird in Abb. 5.15 angegeben. In der folgenden Erklärung ist es hilfreich, sich die Zeiger auf Knoten so vorzustellen, als wären sie selbst die Knoten.

```
      procedure preorder(n: PTRTONODE);

      var c: PTRTONODE; (* ein Kind von Knoten n *)

      begin
(1)      writeln(n^.nodelabel);
(2)      c := n^.leftmostChild;
(3)      while c <> NIL do begin
(4)         preorder(c);
(5)         c := c^.rightSibling
         end
      end; (* preorder *)
```

Abb. 5.15: Prozedur zur Präorder-Traversierung.

Aktion „A_0“ besteht aus den folgenden Teilen des Programms in Abb. 5.15:

1. Drucken der Markierung des Knotens *n* in Zeile (1),
2. Initialisierung von *c* als erstes Kind von *n* in Zeile (2) und
3. Durchführung des ersten Tests, ob `c <> NIL` gilt, in Zeile (3).

Zeile (2) initialisiert eine Schleife, bei der *c* nacheinander zu jedem Kind von *n* wird. Beachten Sie, daß, wenn *n* ein Blatt ist, *c* in Zeile (2) den Wert `NIL` zugewiesen bekommt.

Wir durchlaufen die while-Schleife in den Zeilen (3) bis (5) solange, bis wir keine Kinder von *n* mehr finden. Für jedes Kind rufen wir in Zeile (4) die Prozedur `preorder` rekursiv mit diesem Kind auf und gehen dann in Zeile (5) weiter zum nächsten Kind. Jede der Aktionen A_i, mit $i \geq 1$, besteht aus Zeile (5), welche *c* nacheinander die Kinder von *n* zuweist, und dem Test in Zeile (3), um festzustellen, ob alle Kinder abgearbeitet wurden. Diese Aktionen dienen ausschließlich der Buchführung; im Vergleich dazu führt Zeile (1) in der Aktion A_0 den wichtigen Schritt des Druckens der Markierung durch.

Die Folge der Ereignisse wird in Abb. 5.16 noch einmal zusammengefaßt. Das Zeichen links in jeder Zeile entspricht der Markierung des Knotens *n*, auf dem der Aufruf von `preorder(n)` gegenwärtig ausgeführt wird. Da keine zwei Knoten dieselbe Markierung haben, ist es günstig, die Markierung eines Knotens als dessen Name zu verwenden, obwohl wir Markierungen im allgemeinen nicht als Namen verwenden können. Die ausgedruckten Zeichen sind $+a*-bcd$ in dieser Reihenfolge, welche genau der Reihenfolge der Umrundung entspricht. ◆

```
(+)  drucke +
(+)  rufe preorder(a) auf
(a)       drucke a
(+)  rufe preorder(*) auf
(*)       drucke *
(*)       rufe preorder(-) auf
(-)            drucke -
(-)            rufe preorder(b) auf
(b)                 drucke b
(-)            rufe preorder(c) auf
(c)                 drucke c
(*)       rufe preorder(d) auf
(d)            drucke d
```

Abb. 5.16: Aktionsfolge der rekursiven Prozedur `preorder` *auf dem Baum aus Abb. 5.14.*

Beispiel 5.15

Eine weitere Möglichkeit zum Ordnen der Knoten eines Baumes, genannt *Postorder-Aufzählung*, entspricht der Umrundung des Baumes, wie in Abb. 5.14 angegeben, nur daß der Knoten erst aufgelistet wird, wenn er das letzte Mal angetroffen wird und nicht beim ersten Mal. Die Postorder-Aufzählung für Abb. 5.14 ergibt beispielsweise *abc-d**+. Um eine Postorder-Aufzählung der Knoten zu erstellen, ist die letzte Aktion das Drucken. Die Markierung eines Knotens wird demnach erst gedruckt, nachdem die Postorder-Aufzählungsprozedur auf all seinen Kindern nacheinander von links aufgerufen wurde. Die anderen Aktionen initialisieren die Schleife für die Kinder oder gehen zum nächsten Kind über. Ist ein Knoten ein Blatt, listen wir nur die Markierung auf; es gibt dann keine rekursiven Aufrufe.

Benutzen wir für die Knoten die Darstellung aus Beispiel 5.14, so können wir durch die rekursive Prozedur `postorder` aus Abb. 5.17 eine Postorder-Aufzählung erzeugen. Die Aktionsfolge dieser Prozedur, wenn sie mit der Wurzel des Baumes aus Abb. 5.14 aufgerufen wird, ist in Abb. 5.18 angegeben. Es wird hier von denselben Absprachen in bezug auf Knotennamen ausgegangen wie in Abb. 5.16. ◆

```
        procedure postorder(n: PTRTONODE);

        var c: PTRTONODE; (* ein Kind von Knoten n *)

        begin
(1)        c := n^.leftmostChild;
(2)        while c <> NIL do begin
(3)           postorder(c);
(4)           c := c^.rightSibling
           end;
(5)        writeln(n^.nodelabel);
        end; (* preorder *)
```

Abb. 5.17: Rekursive Postorder-Prozedur.

```
(+)  rufe postorder(a) auf
(a)       drucke a
(+)  rufe postorder(*) auf
(*)       rufe postorder(-) auf
(-)            rufe preorder(b) auf
(b)                 drucke b
(-)            rufe postorder(c) auf
(c)                 drucke c
(-)            drucke -
```

(*)   rufe postorder(d) auf
(d)   drucke d
(*)   drucke *
(+) drucke +

Abb. 5.18: Aktionsfolge der rekursiven Prozedur postorder *auf dem Baum aus Abb. 5.14.*

Beispiel 5.16

Unser nächstes Beispiel erfordert die Durchführung einiger wichtiger Aktionen unter Benutzung aller rekursiver Aufrufe auf Unterbäumen. Gegeben sei ein Termbaum mit ganzen Zahlen als Operanden und mit binären Operatoren. Angenommen, wir möchten den numerischen Wert des Ausdrucks, der durch den Baum dargestellt wird, erzeugen. Wir erreichen dies durch die Ausführung des nachfolgenden rekursiven Algorithmus für den Termbaum.

BASIS. Für ein Blatt erzeugen wir den ganzzahligen Wert des Knotens als Wert des Baumes.

INDUKTION. Angenommen, wir möchten den Wert eines Ausdrucks berechnen, der durch einen Unterbaum dargestellt ist, welcher einen Knoten n als Wurzel hat. Wir werten die Teilausdrücke der beiden Unterbäume aus, deren Wurzeln die Kinder von n sind; diese entsprechen dann den Werten der Operanden für den Operator von n. Anschließend wenden wir den Operator, der n markiert, auf die Werte dieser beiden Unterbäume an und erhalten so den Wert des gesamten Unterbaumes mit der Wurzel n.

Für die Knoten benutzen wir Records der Form

```
type NODE = record
        op: char;
        value: integer;
        leftmostChild, rightSibling: PTRTONODE
    end;
```

und gehen wieder davon aus, daß PTRTONODE den Typ ^NODE hat. Das Feld op enthält entweder das Zeichen für einen arithmetischen Operator oder das Zeichen i, das für Integer steht und einen Knoten als Blatt identifiziert. Wenn der Knoten ein Blatt ist, enthält das value-Feld die dargestellte ganze Zahl, wohingegen value zur temporären Speicherung an den inneren Knoten verwendet wird.

Diese Notation erlaubt Operatoren mit einer beliebigen Anzahl von Argumenten, obwohl wir ein Programm schreiben werden, das auf der vereinfachenden Annahme beruht, daß alle Operatoren binär sind. Der entsprechende Code steht in Abb. 5.19.

Ist der Knoten n ein Blatt, so ist der Test in Zeile (1) erfolgreich und wir geben die ganzzahlige Markierung dieses Blattes in Zeile (2) zurück. Wenn der Knoten kein Blatt ist, werten wir seinen linken Operanden in Zeile (3) aus und speichern das Ergebnis in `^n.value`. In Zeile (4) finden wir die Wurzel des Baumes, der den rechten Operanden von n repräsentiert; dies ist das zweite Kind von n. Die Zeilen (5) bis (9) bilden eine case-Anweisung, in der wir bestimmen, um welchen Operator es sich bei n handelt, den rechten Operanden berechnen und die entsprechende Operation auf den linken und rechten Operanden anwenden. Sie erinnern sich, daß der linke Operand in Zeile (3) in `n^.value` abgelegt wurde. Der Wert des Unterbaumes mit der Wurzel n erscheint übrigens im `value`-Feld dieses Knotens; in Zeile (10) geben wir diesen Wert auch zurück.

Betrachten Sie als Beispiel den Termbaum in Abb. 5.20. In Abb. 5.21 sehen wir die Folge von Aufrufen und Rückgaben, die bei der Auswertung dieses Ausdrucks vorgenommen werden. Wie bei vorhergehenden Beispielen haben wir uns die Tatsache zunutze gemacht, daß Markierungen eindeutig sind und daher die Knoten mit ihren Markierungen benannt. ◆

Präfix- und Postfix-Ausdrücke

Wenn wir die Markierungen eines Termbaumes als Präorder-Aufzählung angeben, erhalten wir den zu dem gegebenen Ausdruck äquivalenten *Präfix-Ausdruck*. Auf ähnliche Weise erhalten wir durch die Postorder-Aufzählung der Markierungen eines Termbaumes den äquivalenten *Postfix-Ausdruck*. Ausdrücke in ihrer gewöhnlichen Notation, bei der binäre Operatoren zwischen ihren Operanden stehen, werden als *Infix-Ausdrücke* bezeichnet. Der Termbaum aus Abb. 5.14 stellt zum Beispiel den Infix-Ausdruck $a + (b - c) * d$ dar. Wie wir in den Beispielen 5.14 und 5.15 gesehen haben, lautet der dazu äquivalente Präfix-Ausdruck $+a*-bcd$ und der äquivalente Postfix-Ausdruck entsprechend $abc-d*+$.

Interessant bei Präfix- und Postfix-Notationen ist, daß, solange jeder Operator eine eindeutige Anzahl von Operanden besitzt (z. B. können wir nicht dasselbe Symbol für das binäre und das unäre Minus verwenden), niemals Klammern benötigt werden und wir die Operatoren trotzdem noch eindeutig ihren Operanden zuordnen können.

Wir können auf folgende Weise aus einem Präfix-Ausdruck einen Infix-Ausdruck machen. Bei dem Präfix-Ausdruck finden wir einen Operator, hinter dem die erforderliche Anzahl von Operanden steht, zwischen denen sich kein anderer Operator befindet. Bei dem Präfix-Ausdruck $+a*-bcd$ entspricht der Teilausdruck $-bc$ beispielsweise einem solchen String, da das Minuszeichen, wie alle anderen Operatoren unseres Beispiels, zwei Operanden erwartet. Wir ersetzen diesen Teilausdruck durch ein neues Symbol, sagen wir $x = -bc$, und wiederholen den Prozeß des Identifizierens eines Operators, hinter dem die von ihm benötigten Operanden stehen. In unserem Beispiel arbeiten wir nun mit $+a*xd$. An dieser Stelle wählen wir den Teilausdruck $y = *xd$ aus und reduzieren den restlichen String auf $+ay$. Dieser String entspricht gerade der Instanz eines Operators und seiner Operanden, so daß wir ihn in den Infix-Ausdruck $a + y$ umwandeln.

Den Rest des Infix-Ausdrucks rekonstruieren wir, indem wir diese Schritte zurückverfolgen. Wir stellen fest, daß der Teilausdruck $y = *xd$ in Infix-Notation die Form $x * d$ hat, und so substituieren wir in $a + y$ für y und erhalten $a + (x * d)$. Beachten Sie, daß bei Infix-Ausdrücken im allgemeinen Klammern notwendig sind, obwohl wir sie in unserem Fall auch weglassen können, da die Konvention gilt, daß * bei der Gruppierung von Operanden Vorrang vor + hat. Anschließend substituieren wir den Infix-Ausdruck $b - c$ für $x = -bc$, so daß der endgültige Ausdruck die Form $a + ((b - c) * d)$ hat, die der durch den Baum in Abb. 5.14 dargestellten entspricht.

Bei einem Postfix-Ausdruck verwenden wir einen ähnlichen Algorithmus. Der einzige Unterschied besteht darin, daß wir bei der Zerlegung eines Postfix-Ausdrucks nach einem Operator suchen, dem die erforderliche Anzahl von Operanden vorangestellt ist.

```
function eval(n: PTRTONODE): integer;

var secondChild: PTRTONODE; (* Zeiger auf das zweite Kind von Knoten n *)
begin
   if n^.op = 'i' then (* n zeigt auf ein Blatt *)
      eval := n^.value
   else begin (* n zeigt auf einen inneren Knoten *)
      n^.value := eval(n^.leftmostChild);
      secondChild := n^.leftmostChild^.rightSibling;
      case n^.op of
         '+': n^.value := n^.value + eval(secondChild);
         '-': n^.value := n^.value - eval(secondChild);
         '*': n^.value := n^.value * eval(secondChild);
         '/': n^.value := n^.value / eval(secondChild);
      end;
      eval := n^.value
   end
end; (* eval *)
```

Abb. 5.19: Auswertung eines arithmetischen Ausdrucks.

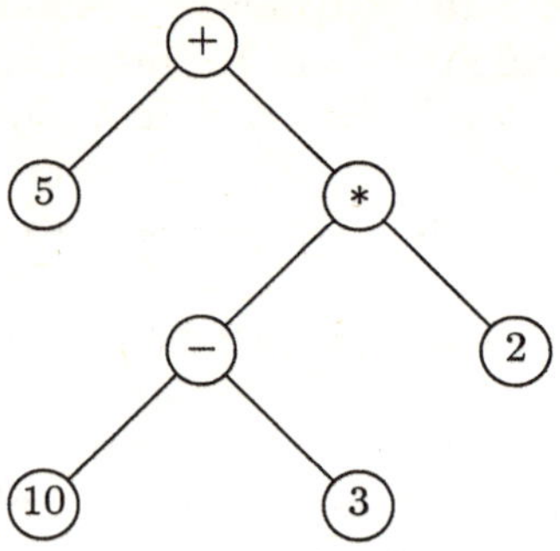

Abb. 5.20: Ein Termbaum mit Integer-Operanden.

```
(+)   rufe eval(5) auf
(5)        gebe 5 zurück
(+)   rufe eval(*) auf
(*)        rufe eval(-) auf
(-)             rufe eval(10) auf
(10)                 gebe 10 zurück
(-)             rufe eval(3) auf
(3)                  gebe 3 zurück
(-)             gebe 7 zurück
(*)        rufe eval(2) auf
(2)             gebe 2 zurück
(*)        gebe 14 zurück
(+)   gebe 19 zurück
```

Abb. 5.21: Aktionsfolge der rekursiven Prozedur `eval` *auf dem Baum aus Abb. 5.20.*

Beispiel 5.17

Manchmal müssen wir die Höhe jedes Knotens in einem Baum ermitteln. Die Höhe eines Knotens läßt sich durch folgende Prozedur rekursiv definieren:

BASIS. Ein Blatt hat die Höhe 0.

INDUKTION. Die Höhe eines inneren Knotens ist um 1 größer als die größte Höhe eines seiner Kinder.

Wir übersetzen diese Definition in ein rekursives Programm, das die Höhe jedes Knotens in einem Feld `height` berechnet:

BASIS. Setze die Höhe an einem Blatt auf 0.

INDUKTION. Berechne an einem inneren Knoten die Höhe der Kinder rekursiv, finde das Maximum, addiere 1 und speichere das Ergebnis im `height`-Feld.

Dieses Programm steht in Abb. 5.22. Wir nehmen Knoten als Records der folgenden Form an

```
type NODE = record
        height: integer;
        leftmostChild, rightSibling: PTRTONODE;
    end;
```

Wie gewöhnlich gehen wir davon aus, daß `PTRTONODE` vom Typ `^NODE` ist. Die Prozedur `computeHt` erhält als Argument einen Zeiger auf einen Knoten und berechnet die Höhe dieses Knotens im Feld `height`. Rufen wir die Prozedur mit der Wurzel eines Baumes auf, so berechnet sie die Höhen aller Knoten des Baumes.

```
        procedure computeHt(n: PTRTONODE);

        var c: PTRTONODE;

        begin
(1)         n^.height = 0;
(2)         c := n^.leftmostChild;
(3)          while c <> NIL do begin
(4)             computeHt(c);
(5)             if c^.height >= n^.height then
(6)                n^.height := 1+c^.height;
(7)             c := c^.rightSibling
            end
        end; (* computeHt *)
```

Abb. 5.22: Prozedur zur Berechnung der Höhen aller Knoten eines Baumes.

In Zeile (1) initialisieren wir die Höhe von n mit 0. Wenn n ein Blatt ist, sind wir fertig, da der Test in Zeile (3) sofort versagt, so daß die Höhe jedes Blattes als 0 berechnet wird. Zeile (2) setzt c (als Zeiger) auf das erste Kind von n. Während wir die Schleife in den Zeilen (3) bis (7) durchlaufen, wird c nacheinander zu jedem Kind von n. Wir berechnen die Höhe von c in Zeile (4) rekursiv. Während wir fortschreiten, ist der Wert in `n^.height` um 1 größer als die Höhe des bisher höchsten Kindes; er ist dagegen 0, wenn wir keine Kinder angetroffen haben. Die Zeilen (5) und (6) erlauben uns daher, die Höhe von n zu erhöhen, wenn wir ein neues Kind finden, das höher ist als jedes vorangegangene Kind. Auch ist der Test in Zeile (5) beim ersten Kind sicher erfüllt, so daß wir `n^.height` um eins höher setzen als die Höhe des ersten Kindes. Wenn wir die Schleife verlassen, weil wir alle Kinder erreicht haben, wurde `n^.height` auf 1 höher gesetzt als die maximale Höhe jedes der Kinder von n. ◆

Noch mehr zur defensiven Programmierung

Abbildung 5.19 ist ein Beispiel für einen schlampigen Programmierstil, den wir vermeiden würden, wollten wir nicht in Abb. 5.19 einige Punkte besonders hervorheben. Insbesondere folgen wir Zeigern, ohne vorher zu überprüfen, ob sie `NIL` sind. So könnte n in Zeile (1) durchaus `NIL` sein. Wir sollten daher das Programm folgendermaßen beginnen

```
if n <> NIL then (* führe die Zeilen (1) bis (10) aus *)
else (* drucke eine Fehlermeldung *)
```

Auch wenn n nicht `NIL` ist, finden wir unter Umständen in Zeile (3) heraus, daß sein `leftmostChild`-Feld `NIL` ist. Wir sollten also überprüfen, ob `n^.leftmostChild` `NIL` ist, und wenn dies zutrifft, eine Fehlermeldung ausgeben, anstatt `eval` aufzurufen. Auch wenn das erste Kind von n existiert, kann es sein, daß dieser Knoten keinen rechten Geschwisterknoten hat, so daß wir vor Zeile (4) überprüfen müssen, daß gilt

```
n^.leftmostChild^.rightSibling <> NIL
```

Man gerät leicht in Versuchung, sich auf die Korrektheit der Daten zu verlassen. Wenn ein Knoten beispielsweise ein innerer Knoten ist, so ist er durch einen binären Operator markiert und hat bestimmt zwei Kinder. Die Zeiger, denen in den Zeilen (3) und (4) gefolgt wird, können demnach unmöglich `NIL` sein. Das Vertrauen auf die Annahme, daß Eingaben für Programme immer korrekt sind, ist zu einfach; in der Realität gilt „alles was schiefgehen kann, geht schief". Ein Programm, das mehr als einmal verwendet wird, wird sicher irgendwann mit Daten aufgerufen, die nicht der Form entsprechen, die sich der Programmierer gedacht hatte. Im allgemeinen kann man nicht vorsichtig genug sein und blind einem `NIL`-Zeiger zu folgen, ist ein häufig vorkommender Programmierfehler.

ÜBUNGEN

5.4.1: Schreiben Sie ein rekursives Programm, das die Anzahl der Knoten eines Baumes zählt, der durch Zeiger auf das erste Kind und die rechten Geschwister repräsentiert ist.

5.4.2: Schreiben Sie ein rekursives Programm, mit dem sich die maximale Markierung der Knoten eines Baumes finden läßt. Nehmen Sie an, daß der Baum ganzzahlige Markierungen besitzt und daß er durch Zeiger auf das erste Kind und die rechten Geschwister dargestellt ist.

5.4.3: Verändern Sie das Programm aus Abb. 5.19 so, daß es Bäume behandeln kann, die unäre Minus-Knoten enthalten.

5.4.4*: Schreiben Sie ein rekursives Programm, das für einen durch Zeiger auf das erste Kind und die rechten Geschwister dargestellten Baum die Anzahl der *links-rechts Paare* berechnet, das heißt, der Knotenpaare n und m, bei denen n sich links von m befindet. In Abb. 5.20 befindet sich beispielsweise Knoten 5 links von den mit *, -, 10, 3 und 2 markierten Knoten; Knoten 10 liegt links von den Knoten 3 und 2, und Knoten - befindet sich links von Knoten 2. Demzufolge lautet die Antwort für diesen Baum: 8 Paare. *Hinweis*: Lassen Sie ihre rekursive Funktion zwei Informationen zurückgeben, wenn Sie mit einem Knoten n aufgerufen wird: Die Anzahl der links-rechts Paare in dem Unterbaum, dessen Wurzel n ist, und die Anzahl der Knoten im Unterbaum mit der Wurzel n.

5.4.5: Zählen Sie die Knoten des Baumes in Abb. 5.5 (vgl. die Übungen für Abschnitt 5.2) in (a) Präorder und (b) Postorder auf.

5.4.6: Führen Sie für jeden der Ausdrücke

i) $(x + y) * (x + z)$

ii) $((x - y) * z + (y - w)) * x$

iii) $((((a * x + b) * x + c) * x + d) * x + e) * x + f$

folgendes durch:

a) Konstruieren Sie den Termbaum.

b) Geben Sie den äquivalenten Präfix-Ausdruck an.

c) Geben Sie den äquivalenten Postfix-Ausdruck an.

5.4.7: Überführen Sie den Ausdruck *ab+c*de-/f+* aus der Postfix- in die (a) Infix- und (b) Präfix-Darstellung.

5.4.8: Schreiben Sie eine Funktion, die einen Baum „umrundet" und dabei den Namen eines Knotens jedesmal ausdruckt, wenn er passiert wird.

5.4.9: Welches sind die Aktionen A_0, A_1, usw. für die Postorder-Prozedur aus Abb. 5.17? („Aktionen" seien wie in Abb. 5.13 definiert).

5.5 Strukturelle Induktion

In den Kapiteln 2 und 3 haben wir einige induktive Beweise für Eigenschaften ganzer Zahlen gesehen. Wir nahmen dabei an, daß eine Aussage für n oder für alle ganzen Zahlen kleiner oder gleich n wahr ist und haben diese Induktionsannahme dann für den Beweis genutzt, daß die Aussage auch für $n + 1$ gilt. Eine ähnliche, aber nicht identische Form der Beweisführung ist hilfreich beim Beweis von Eigenschaften von Bäumen.

Nehmen wir an, wir wollen beweisen, daß eine Aussage $S(T)$ für alle Bäume T wahr ist. Im Induktionsanfang zeigen wir, daß $S(T)$ wahr ist, wenn T aus einem einzelnen Knoten besteht. Bei der Induktion gehen wir davon aus, daß T ein Baum mit der Wurzel r und den Kindern $c_1, c_2, ..., c_k$ für ein $k \geq 1$ ist. $T_1, T_2, ..., T_k$ seien die Unterbäume von T, deren Wurzeln jeweils an $c_1, c_2, ..., c_k$ sind, was in Abb. 5.23 verdeutlicht wird. Der Induktionsschritt besteht dann darin, unter der Annahme, daß $S(T_1), S(T_2), ..., S(T_k)$ allesamt wahr sind, $S(T)$ zu beweisen. Gelingt uns dies, so können wir schließen, daß $S(T)$ für alle Bäume T gilt. Diese Form der Argumentation bezeichnet man als *strukturelle Induktion*. Beachten Sie, daß eine strukturelle Induktion keinen Bezug auf die exakte Anzahl der Knoten in einem Baum nimmt, außer zur Unterscheidung des Induktionsanfangs (ein Knoten) vom Induktionsschritt (mehr als ein Knoten).

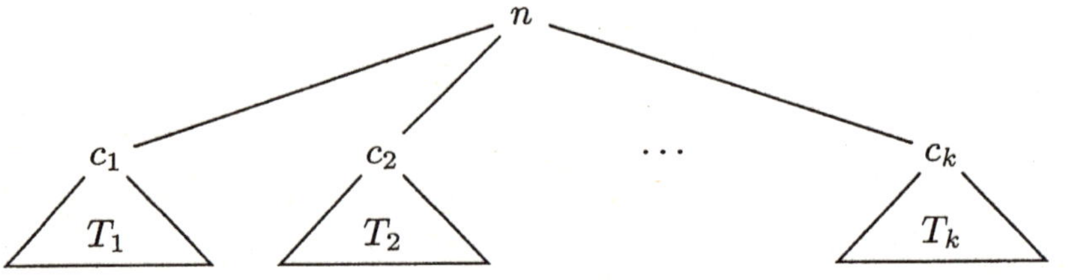

Abb. 5.23: Ein Baum und seine Unterbäume.

```
(1)     if n^.op = 'i' then (* n zeigt auf ein Blatt *)
(2)        eval := n^.value
        else begin (* n zeigt auf einen inneren Knoten *)
(3)        n^.value := eval(n^.leftmostChild);
(4)        secondChild := n^.leftmostChild^.rightSibling;
(5)        case n^.op of
(6)           '+': n^.value := n^.value + eval(secondChild);
(7)           '-': n^.value := n^.value - eval(secondChild);
(8)           '*': n^.value := n^.value * eval(secondChild);
(9)           '/': n^.value := n^.value / eval(secondChild);
           end;
(10)       eval := n^.value
         end
```

Abb. 5.24: Der Rumpf der Funktion `eval(n)` *aus Abb. 5.19.*

Beispiel 5.18

Die strukturelle Induktion wird im allgemeinen dazu benötigt, die Korrektheit eines rekursiven Programms, das mit Bäumen arbeitet, zu beweisen. Betrachten wir als Beispiel die Funktion `eval` aus Abb. 5.19, deren Rumpf wir in Abb. 5.24 wiederholen. Wird diese Funktion mit einem Baum T aufgerufen, indem ihr ein Zeiger auf die Wurzel von T als Argument n übergeben wird, so berechnet sie den Wert des Ausdruckes, den T repräsentiert. Wir werden die folgende Aussage mittels struktureller Induktion beweisen:

AUSSAGE $S(T)$: Der Wert, den `eval` zurückliefert, wenn es mit der Wurzel von T aufgerufen wird, ist gleich dem Wert des arithmetischen Ausdruckes, den T repräsentiert.

BASIS. Für den Induktionsanfang bestehe T aus einem einzigen Knoten, das heißt, wenn `eval(n)` aufgerufen wird, ist n ein (Zeiger auf ein) Blatt. Weil das `op`-Feld den Wert `'i'` hat, wenn der Knoten einen Operanden repräsentiert, ist der Test in Zeile (1) aus Abb. 5.24 erfolgreich, und der Wert dieses Operanden wird in Zeile (2) zurückgegeben.

INDUKTION. Der Knoten n sei kein Blatt. Die Induktionsannahme besteht nun darin, daß $S(T')$ für jeden Baum T' wahr ist, dessen Wurzel ein Kind des Knotens n ist. Diese Annahme müssen wir verwenden, um zu beweisen, daß $S(T)$ für den Baum mit der Wurzel n gilt. Da wir angenommen haben, daß unsere Operatoren binär sind, besitzt n zwei Kinder. Seien die Werte der Ausdrücke, deren Wurzel diese Kinder bilden, v_1 und v_2.

Zunächst wenden wir die Induktionsannahme an, um zu zeigen, daß der in Zeile (3) berechnete und in `n^.value` gespeicherte Wert v_1 ist. Das ist deshalb der Fall, weil in Zeile (3) `eval` mit dem ersten Kind von n aufgerufen wird und der zurückgelieferte Wert nach der Induktionsannahme der Wert des Ausdruckes ist, den der Unterbaum mit diesem Kind als Wurzel repräsentiert – also v_1. Aufgrund der Induktionsannahme wissen wir auch, daß der in einer der Zeilen (6) bis (9) durchgeführte Aufruf `eval(secondChild)` jeweils den Wert v_2 zurückliefert. Wir müssen nur die vier Fälle der case-Anweisung in den Zeilen (5) bis (9) untersuchen.

Handelt es sich bei dem Operator zum Beispiel um +, wird Zeile (6) ausgeführt und der Wert $v_1 + v_2$ in `n^.value` abgelegt; dieser Wert entspricht dem des gesamten Ausdruckes mit der Wurzel n, wie in Abb. 5.25 dargestellt. In ähnlicher Weise entspricht der in den Zeilen (7), (8) oder (9) in `n^.value` gespeicherte Wert $v_1 - v_2$, $v_1 * v_2$ oder v_1/v_2, wenn der Operator -, * oder / verwendet wurde. In allen vier Fällen ist der Wert, der in Zeile (10) zurückgeliefert wird, und der in `n^.value` gespeichert wird, der Wert des Ausdruckes mit der Wurzel n.

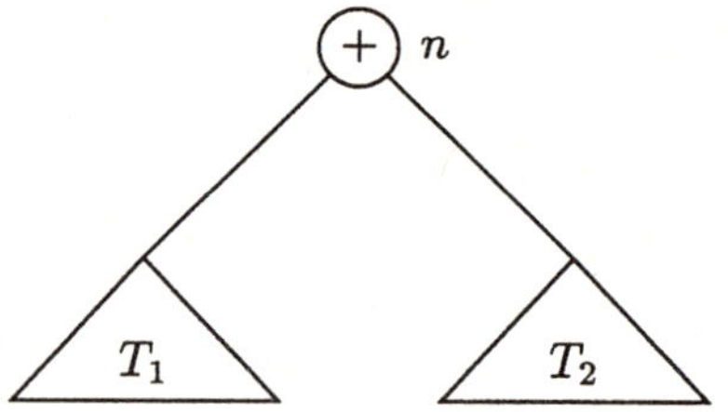

Abb. 5.25: Der Aufruf `eval(n)` *liefert die Summe der Werte von T_1 und T_2.*

Der Induktionsschritt ist nun abgeschlossen. Wir schließen, daß $S(T)$ für alle Termbäume T gilt und die Funktion `eval` Bäume, die Ausdrücke repräsentieren, korrekt auswertet. ◆

```
(1)    n^.height = 0;
(2)    c := n^.leftmostChild;
(3)    while c <> NIL do begin
(4)       computeHt(c);
(5)       if c^.height >= n^.height then
(6)          n^.height := 1+c^.height;
(7)       c := c^.rightSibling
       end
```

Abb. 5.26: Der Rumpf der Funktion `computeHt(n)` *aus Abb. 5.22.*

Beispiel 5.19

Betrachten wir nun die Prozedur `computeHt` aus Abb. 5.22, deren Rumpf in Abb. 5.26 gezeigt wird. Diese Prozedur bekommt einen (Zeiger auf einen) Knoten n als Argument und berechnet die Höhe von n. Wir werden folgende Aussage durch strukturelle Induktion beweisen:

AUSSAGE $S(T)$: Wenn `computeHt` mit einem Zeiger auf die Wurzel eines Baumes T aufgerufen wird, wird die korrekte Höhe eines jeden Knotens in dessen `height`-Feld gespeichert.

BASIS. Wenn der Baum T ein einzelner Knoten n ist, erhält c in Zeile (2) der Abb. 5.26 den Wert `NIL`, weil n keine Kinder hat. Der Test in Zeile (3) scheitert also sofort, und der Rumpf der while-Schleife wird niemals ausgeführt. Weil `n^.height` in Zeile (1) auf 0 gesetzt wird, welches der für ein Blatt korrekte Wert ist, schließen wir, daß $S(T)$ gilt, wenn T nur aus einem einzelnen Knoten besteht.

INDUKTION. Nehmen wir nun an, daß n die Wurzel eines Baumes T ist, der nicht nur aus einem Knoten besteht. Dann hat n mindestens ein Kind. Aufgrund der Induktionsannahme gehen wir davon aus, daß, wenn `computeHt(c)` in Zeile (4) aufgerufen wird, die korrekte Höhe im `height`-Feld jedes Knotens im Unterbaum mit der Wurzel *c*, einschließlich *c* selbst, eingetragen wird. Wir müssen zeigen, daß die while-Schleife in den Zeilen (3) bis (7) `n^.height` korrekt auf 1 höher als das Maximum der Höhen der Kindknoten von *n* setzt. Dafür müssen wir das Maximum der Höhen der Kinder von *n* bestimmen. Dafür müssen wir eine weitere Induktion führen, die genauso „innerhalb" der strukturellen Induktion enthalten ist, wie eine Schleife in einem Programm innerhalb einer anderen Schleife geschachtelt sein kann. Es handelt sich bei dieser Induktion um eine „gewöhnliche" Induktion und nicht um eine strukturelle Induktion, und sie hat die folgende Aussage.

AUSSAGE $S'(i)$: Nachdem die Schleife in den Zeilen (3) bis (7) i-mal ausgeführt wurde, ist der Wert von `n^.height` um 1 höher als die größte Höhe der ersten i Kinder von n.

BASIS. Der Induktionsanfang ist $i = 1$. Da `n^.height` außerhalb der Schleife – in Zeile (1) – auf 0 gesetzt wird und mit Sicherheit keine Höhe kleiner als 0 ist, wird der Test in Zeile (5) erfüllt. Die Zeile (6) setzt `n^.height` um 1 höher als die Höhe seines ersten Kindes.

INDUKTION. Angenommen, $S'(i)$ ist wahr: Das heißt, `n^.height` ist nach i Iterationen der Schleife um 1 größer als die größte Höhe der ersten i Kinder. Wenn es ein $(i+1)$-tes Kind gibt, ist der Test in Zeile (3) erfolgreich und wir führen den Rumpf der Schleife zum $(i+1)$-ten Mal aus. Der Test in Zeile (5) vergleicht die neue Höhe mit der größten vorangegangenen Höhe. Ist die neue Höhe `c^.height` kleiner als 1 plus der größten der ersten i Höhen, wird `n^.height` nicht verändert. Das ist korrekt, da die maximale Höhe der ersten $i + 1$ Kinder der maximalen Höhe der ersten i Kinder entspricht. Ist die neue Höhe jedoch größer als das vorherige Maximum, so ist der Test in Zeile (5) erfolgreich und `n^.height` wird auf 1 höher gesetzt als die Höhe des $(i+1)$-ten Kindes, was korrekt ist.

Widmen wir uns nun wieder unserer strukturellen Induktion. Wenn der Test in Zeile (3) versagt, haben wir alle Kinder von *n* betrachtet. Die innere Induktion $S'(i)$ sagt uns, daß, wenn i die Gesamtzahl der Kinder ist, `n^.height` 1 größer ist als die größte Höhe eines Kindes von *n*. Das entspricht der korrekten Höhe für *n*. Die Induktionsannahme S angewandt auf jedes Kind von *n* besagt, daß die korrekte Höhe in jedem ihrer `height`-Felder gespeichert wurde. Da wir gerade festgestellt haben, daß die Höhe von *n* ebenfalls korrekt berechnet wurde, schließen wir, daß alle Knoten in T ihre korrekte Höhe zugewiesen bekommen haben.

Wir sind mit dem Induktionsschritt der strukturellen Induktion fertig und schließen, daß `computeHt` die Höhe jedes Knotens jedes Baumes, mit dem es aufgerufen wird, korrekt berechnet. ◆

Warum funktioniert die strukturelle Induktion?

Die Erklärung, warum die strukturelle Induktion eine gültige Beweismethode darstellt, ähnelt dem Grund, warum gewöhnliche Induktion funktioniert: Wäre die Schlußfolgerung falsch, gäbe es ein kleinstes Gegenbeispiel, welches entweder die Basis oder die Induktion verletzten würde. Also angenommen, wir haben eine Aussage $S(T)$, für die wir die Basis Induktionsanfang und den strukturellen Induktionsschritt bewiesen haben, es gibt aber noch ein oder mehrere Bäume, für die S nicht gilt. T_0 sei ein Baum, bei dem $S(T_0)$ nicht gilt, T_0 habe so wenig Knoten wie irgendein Baum, für den S falsch ist.

Zwei Fälle sind zu berücksichtigen. Der erste ergibt sich, wenn T_0 aus nur einem einzigen Knoten besteht. $S(T_0)$ ist dann aufgrund des Induktionsanfangs wahr, so daß dieser Fall nicht auftreten kann.

Die einzige andere Möglichkeit ist, daß T_0 mehr als einen Knoten – sagen wir m Knoten – besitzt und daß T_0 daher aus einer Wurzel r und einem oder mehreren Kindern besteht. Die Bäume, deren Wurzeln diese Kinder bilden, seien mit $T_1, T_2, ..., T_k$ bezeichnet. Wir behaupten, daß keiner der Bäume $T_1, T_2, ..., T_k$ mehr als m - 1 Knoten haben kann. Denn wenn einer – sagen wir T_i – m oder mehr Knoten hätte, so hätte T_0 mindestens $m + 1$ Knoten. Dies widerspricht unserer Annahme, daß T_0 genau m Knoten hat.

Da nun jeder der Unterbäume $T_1, T_2, ..., T_k$ m - 1 oder weniger Knoten hat, wissen wir, daß diese Bäume die Aussage S nicht verletzen können, da wir T_0 so klein wählten, wie ein Baum sein kann, um S falsch zu machen. Wir wissen somit, daß $S(T_1), S(T_2), ..., S(T_k)$ alle wahr sind. Der Induktionsschritt, den wir als bewiesen voraussetzen, besagt, daß $S(T_0)$ ebenfalls wahr ist. Wiederum widerlegen wir die Annahme, daß T_0 die Aussage S verletzt.

Wir haben die beiden möglichen Fälle betrachtet, ein Baum bestehend aus nur einem Knoten und einen Baum mit mehr als einem Knoten, und herausgefunden, daß T_0 in keinem Fall eine Verletzung von S darstellen kann. S wird daher niemals verletzt, und $S(T)$ muß für alle Bäume T erfüllt sein.

Die Beziehung zwischen struktureller und gewöhnlicher Induktion

In gewissem Sinne bietet die strukturelle Induktion eigentlich nichts Neues. Angenommen, es ist eine Aussage $S(T)$ über Bäume gegeben, die wir durch strukturelle Induktion beweisen möchten. Wir könnten statt dessen auch folgendes beweisen:

AUSSAGE $S'(i)$: $S(T)$ ist für alle Bäume mit i Knoten wahr.

$S'(i)$ hat die Form einer gewöhnlichen Induktion über eine ganze Zahl i mit dem Induktionsanfang $i = 1$. Sie kann durch vollständige Induktion bewiesen werden, wobei wir $S'(j)$ für alle $j \leq i$ annehmen und $S'(i+1)$ beweisen. Dieser Beweis sieht dann genauso aus wie der Beweis von $S(T)$, wobei T für einen beliebigen Baum mit $i + 1$ Knoten steht.

ÜBUNGEN

5.5.1: Beweisen Sie durch strukturelle Induktion, daß

a) die Präorder-Traversierungs-Prozedur aus Abb. 5.15 die Markierungen des Baumes in Präorder-Darstellung druckt.

b) die Postorder-Prozedur in Abb. 5.17 die Markierungen in Postorder auflistet.

5.5.2*: Angenommen, ein Trie mit dem Verzweigungsfaktor b wird durch Knoten der Form aus Abb. 5.6 dargestellt. Beweisen Sie durch strukturelle Induktion, daß, wenn ein Baum T n Knoten hat, es $1 + (b - 1)n$ `NIL`-Zeiger unter diesen Knoten gibt. Wieviele nicht-`NIL`-Zeiger gibt es?

5.5.3*: Der *Grad* eines Knotens entspricht der Anzahl der Kinder, die dieser Knoten besitzt.[2] Beweisen Sie durch strukturelle Induktion, daß bei jedem Baum T die Anzahl der Knoten um 1 höher ist als die Summe der Grade der Knoten.

5.5.4*: Beweisen Sie durch strukturelle Induktion, daß bei jedem Baum T die Anzahl der Blätter um 1 höher ist, als die Anzahl der Knoten, die rechte Geschwister haben.

5.5.5*: Beweisen Sie durch strukturelle Induktion, daß bei jedem Baum T, der durch die Datenstruktur des ersten Kindes und der rechten Geschwister dargestellt ist, die Anzahl der `NIL`-Zeiger um 1 höher ist als die Anzahl der Knoten.

5.6 Binärbäume

Dieser Abschnitt stellt eine weitere Art von Bäumen vor, genannt *Binärbäume*, die sich vom „gewöhnlichen“, in Abschnitt 5.2 eingeführten Baum unterscheidet. Bei einem Binärbaum kann ein Knoten höchstens zwei Kinder

[2]Der Verzweigungsfaktor und der Grad sind zwei verwandte Konzepte, sie sind jedoch nicht gleich. Der Verzweigungsfaktor entspricht dem maximalen Grad jedes Knotens in einem Baum.

haben, und anstatt diese Kinder von links her zu zählen, gibt es zwei „Stellen", einen für ein *linkes Kind* und einen für ein *rechtes Kind*. Einer oder auch beide Stellen können leer sein.

Abb. 5.27: Die beiden Binärbäume mit zwei Knoten.

Beispiel 5.20

Abbildung 5.27 zeigt zwei Binärbäume. Jeder hat den Knoten n_1 als Wurzel. Beim ersten Baum ist n_2 das linke Kind der Wurzel, er hat kein rechtes Kind. Der zweite hat kein linkes Kind und besitzt n_2 als rechtes Kind der Wurzel. In beiden Bäumen hat n_2 weder ein linkes noch ein rechtes Kind. Dies sind die einzigen Binärbäume mit zwei Knoten. ◆

Wir definieren Binärbäume folgendermaßen rekursiv.

BASIS. Der leere Baum ist ein Binärbaum.

INDUKTION. Wenn r ein Knoten ist und T_1 und T_2 Binärbäume sind, dann gibt es einen Binärbaum mit der Wurzel r, dem linken Unterbaum T_1 und dem rechten Unterbaum T_2, wie er in Abb. 5.28 angegeben ist. Das heißt, die Wurzel von T_1 entspricht dem linken Kind von r, es sei denn T_1 ist der leere Baum, dann hätte r kein linkes Kind. Ebenso ist die Wurzel von T_2 das rechte Kind von r, falls T_2 nicht leer ist; dann hätte r kein rechtes Kind.

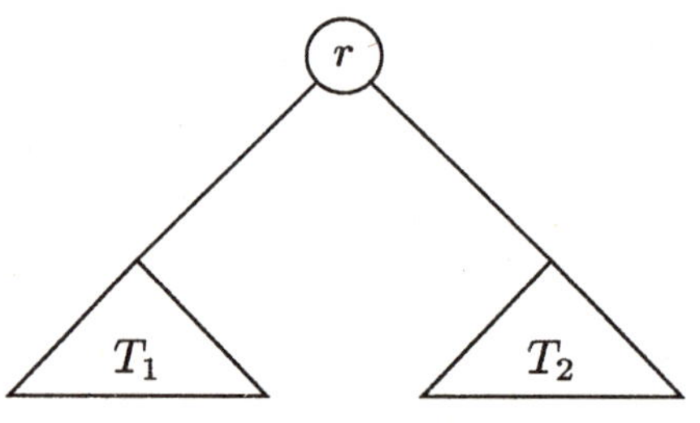

Abb. 5.28: Rekursive Konstruktion eines Binärbaumes.

Der Unterschied zwischen (gewöhnlichen) Bäumen und Binärbäumen

Es ist wichtig zu verstehen, daß, während bei Binärbäumen unterschieden werden muß, ob ein Kind ein linkes oder ein rechtes Kind ist, dies bei gewöhnlichen Bäumen nicht nötig ist. Das heißt, Binärbäume sind nicht einfach nur Bäume, deren Knoten zwei oder weniger Kinder haben. Die beiden Bäume aus Abb. 5.27 unterscheiden sich nicht nur voneinander, sie stehen auch in keiner Beziehung zu einem gewöhnlichen Baum, der aus einer Wurzel und einem einzigen Kind der Wurzel besteht:

Es gibt einen weiteren technischen Unterschied. Während Bäume so definiert sind, daß sie mindestens einen Knoten enthalten, ist es bei den Binärbäumen von Vorteil, den *leeren Baum*, also den Baum ohne Knoten, einzuschließen.

Binärbaum-Terminologie

Die Begriffe des Pfades, der Vorgänger und Nachfolger, die in Abschnitt 5.2 eingeführt wurden, finden auch bei Binärbäumen Anwendung. Das heißt, daß linke und rechte Kinder beide als „Kinder" angesehen werden. Ein Pfad ist auch hier eine Folge von Knoten $m_1, m_2, ..., m_k$ dergestalt, daß m_{i+1} ein (linkes oder rechtes) Kind von m_i ist, wobei $i = 1, 2, ..., k\text{-}1$ gilt. Dieser Pfad geht von m_1 zu m_k. Der Fall $k = 1$ ist erlaubt, dann besteht der Pfad aus nur einem Knoten.

Wenn die beiden Kinder eines Knotens existieren, so sind sie Geschwister. Ein Blatt ist ein Knoten, der weder über ein linkes noch über ein rechtes Kind verfügt; dementsprechend ist ein Blatt ein Knoten, dessen linke und rechte Unterbäume leer sind. Ein innerer Knoten ist ein Knoten, der kein Blatt ist.

Die Pfadlänge, Höhe und Tiefe sind genauso definiert wie bei gewöhnlichen Bäumen. Die Länge eines Pfades in einem Binärbaum ist um 1 kleiner als die Anzahl der Knoten; das heißt, die Länge entspricht der Anzahl der Vater-Kind-Schritte entlang des Pfades. Die Höhe eines Knotens n ergibt sich aus der Länge des längsten Pfades von n zu einem Nachfolger-Blatt. Die Höhe eines Binärbaumes ist die Höhe seiner Wurzel. Die Tiefe eines Knotens n ist die Länge des Pfades von der Wurzel zu n.

Beispiel 5.21

Abbildung 5.29 zeigt die fünf Formen, die ein Binärbaum mit drei Knoten annehmen kann. In jedem Binärbaum in Abb. 5.29 ist n_3 ein Nachfolger von n_1, und es gibt einen Pfad von n_1 nach n_3. Der Knoten n_3 ist in jedem Baum ein Blatt, während n_2 im mittleren Baum ein Blatt ist und in den anderen vier Bäumen ein innerer Knoten.

Die Höhe von n_3 lautet bei jedem Baum 0, während die Höhe von n_1 in allen bis auf den mittleren Baum 2 ist, in dem n_1 die Höhe 1 hat. Die Höhe jedes Baumes entspricht der Höhe von n_1 in diesem Baum. Der Knoten n_3 hat in allen Bäumen, bis auf den mittleren Baum, in dem er die Tiefe 1 besitzt, die Tiefe 2. ◆

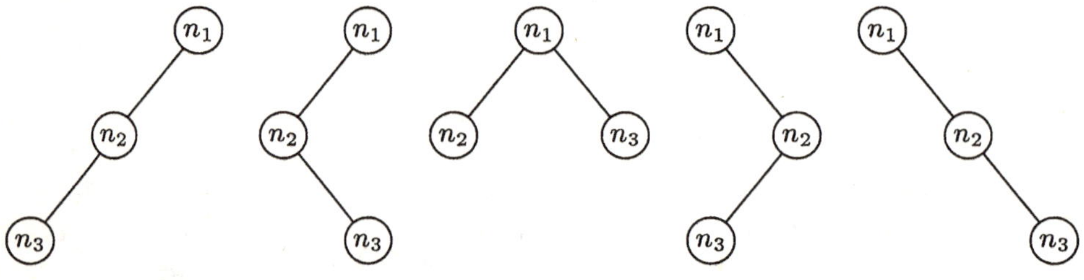

Abb. 5.29: Die fünf Binärbäume mit drei Knoten.

Datenstrukturen für Binärbäume

Es gibt eine natürliche Art der Darstellung von Binärbäumen. Die Knoten werden durch Records mit den beiden Feldern `leftChild` und `rightChild` ausgedrückt, welche auf das linke bzw. das rechte Kind des Knotens zeigen. Ein `NIL`-Zeiger in einem der Felder gibt an, daß der entsprechende linke oder rechte Unterbaum fehlt – das heißt, es gibt kein linkes bzw. rechtes Kind.

Ein Binärbaum kann durch einen Zeiger auf seine Wurzel angegeben werden. Der leere Binärbaum wird durch `NIL` repräsentiert. Folgende Typdeklarationen stellen somit Binärbäume dar:

```
type PTRTONODE = ^NODE;
   NODE = record
          leftChild, rightChild: PTRTONODE
      end;
```

Wahlweise können wir zu dem `NODE`-Record noch ein Markierungsfeld hinzufügen und/oder einen Zeiger auf den Vaterknoten.

Man beachte in dieser Darstellung die Beziehung zwischen Binärbäumen und Zeigern auf Knoten. Da der Typ eines Baumes ein Zeiger auf einen Knoten ist, können wir `leftChild`- und `rightChild`-Felder entweder als Zeiger auf die Kinder oder als linken und rechten Unterbaum selbst interpretieren.

Rekursionen auf Binärbäumen

Es gibt eine Vielzahl natürlicher Algorithmen auf Binärbäumen, die rekursiv beschrieben werden können. Das Rekursionsschema ist etwas eingeschränkter als das Schema aus Abb. 5.13 für gewöhnliche Bäume, da Aktionen nur auftreten können, bevor der linke Unterbaum untersucht wird, zwischen der Untersuchung der Unterbäume oder nachdem beide untersucht wurden. Das Schema für Rekursionen auf Binärbäumen ist in Abb. 5.30 zu finden.

begin
  Aktion A_0;
  Rekursiver Aufruf auf linkem Unterbaum;
  Aktion A_1;
  Rekursiver Aufruf auf rechtem Unterbaum;
  Aktion A_2;
end

Abb. 5.30: Schablone eines rekursiven Algorithmus auf einem Binärbaum.

Beispiel 5.22

Termbäume mit binären Operatoren können durch Binärbäume dargestellt werden. Diese Binärbäume sind deswegen eine Besonderheit, weil die Knoten entweder zwei Kinder oder kein Kind haben. (Im allgemeinen können Binärbäume auch Knoten mit einem Kind enthalten.) So können wir den Termbaum aus Abb. 5.14, der hier in Abb. 5.31 noch einmal angegeben wird, auch als einen Binärbaum ansehen.

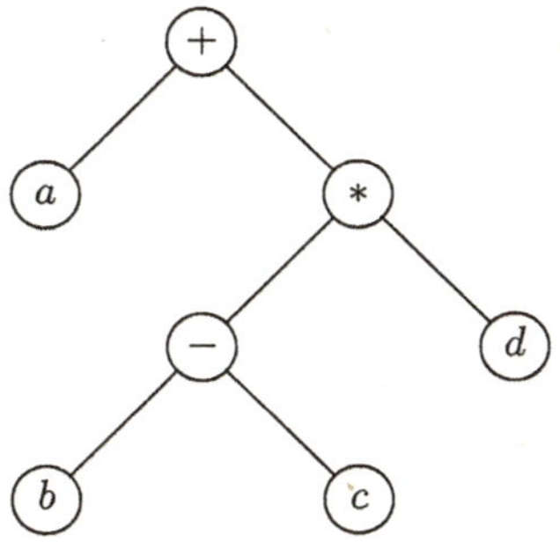

*Abb. 5.31: Der Ausdruck a + (b - c) * d dargestellt durch einen Binärbaum.*

Angenommen, wir verwenden den Typ

```
type PTRTONODE = ^ NODE;
   NODE = record
         nodelabel: char;
         leftChild, rightChild: PTRTONODE
      end;
```

für Knoten und benutzen PTRTONODE als Typ für einen Baum. Abbildung 5.32 zeigt eine rekursive Prozedur, die die Markierungen der Knoten eines Binärbaumes *T* in Präorder-Form auflistet.

```
      procedure preorder(t: PTRTONODE);
      begin
(1)      if t <> NIL then begin
(2)         writeln(t^.nodelabel);
(3)         preorder(t^.leftChild);
(4)         preorder(t^.rightChild)
         end
      end; (* preorder *)
```

Abb. 5.32: Präorder-Aufzählung der Knotenmarkierungen von Binärbäumen

Das Verhalten dieser Prozedur ist ähnlich dem der Prozedur gleichen Namens in Abb. 5.15, die für den Einsatz auf gewöhnlichen Bäumen entworfen wurde. Der entscheidende Unterschied liegt darin, daß die Prozedur aus Abb. 5.32, wenn sie bei einem Blatt ankommt, sich selbst mit den (fehlenden) linken und rechten Kindern aufruft. Diese Aufrufe kehren sofort zurück, da, falls *t* NIL ist, vom Rumpf nichts außer der Zeile (1) ausgeführt wird. Wir könnten diese Extraaufrufe einsparen, wenn wir die Zeilen (3) und (4) in Abb. 5.32 durch die beiden folgenden Zeilen ersetzten:

```
(3)   if t^.leftChild <> NIL then preorder(t^.leftChild);
(4)   if t^.rightChild <> NIL then preorder(t^.rightChild);
```

Allerdings würde uns diese Änderung des Programms nicht davor schützen, daß preorder aus einer anderen Prozedur heraus mit NIL als Argument aufgerufen wird. Daher müßten wir auch hier den Test in Zeile (1) aus Sicherheitsgründen belassen. ◆

Inorder-Traversierungen

Zusätzlich zu den Prä- und Postorder-Auflistungen binärer Bäume gibt es eine weitere Anordnung von Knoten, die nur bei Binärbäumen sinnvoll ist. Eine *Inorder*-Aufzählung der Knoten eines Binärbaumes wird gebildet, indem jeder Knoten aufgelistet wird, nachdem sein linker Unterbaum, aber bevor sein rechter Unterbaum behandelt worden ist (d. h. in der Position für Aktion A_1 in Abb. 5.30). Als Beispiel sei die Inorder-Aufzählung des Baumes aus Abb. 5.31 aufgeführt: $a + b - c * d$.

Eine Präorder-Traversierung eines Binärbaumes, der für einen Ausdruck steht, erzeugt die Präfix-Form dieses Term, und eine Postorder-Traversierung desselben Baumes erzeugt die Postfix-Form des Ausdrucks. Die Inorder-Traversierung erzeugt fast die übliche, die Infix-Form, eines Ausdrucks, nur daß die Klammern fehlen. Das heißt, daß der Baum in Abb. 5.31 den Ausdruck $a + (b - c) * d$ repräsentiert, was aufgrund der fehlenden, aber notwendigen Klammern nicht der Inorder-Aufzählung $a + b - c * d$ entspricht.

Um sicher zu gehen, daß notwendige Klammern auch dargestellt werden, können wir alle Operatoren in Klammern setzen. Nach dieser modifizierten Inorder-Traversierung überprüft Aktion A_0, also der Schritt vor der Untersuchung des linken Unterbaumes, ob die Markierung des Knotens ein Operator ist, wenn ja, druckt sie '(', eine linke Klammer. Aktion A_2, die nach der Untersuchung beider Unterbäume durchgeführt wird, druckt dementsprechend eine rechte Klammer, ')', wenn in der Markierung ein Operator gefunden wird. Angewandt auf den Binärbaum in Abb. 5.31 führt dies zu dem Ergebnis $(a + ((b - c) * d))$, welches zusätzlich zu dem notwendigen Klammernpaar um $b - c$ noch zwei redundante Klammernpaare enthält.

ÜBUNGEN

5.6.1: Schreiben Sie eine Prozedur, die eine Inorder-Aufzählung der (Markierungen der) Knoten eines Binärbaumes erstellt. Gehen Sie davon aus, daß die Knoten durch Records mit Zeigern auf das linke und das rechte Kind dargestellt werden, wie in diesem Abschnitt beschrieben.

5.6.2: Schreiben Sie eine Prozedur, die einen binären Termbaum übernimmt und eine vollständig geklammerte Version des dargestellten Ausdrucks erzeugt. Gehen Sie von derselben Datenstruktur aus wie in Übung 5.6.1.

5.6.3*: Wiederholen Sie Übung 5.6.2, drucken Sie jedoch nur die notwendigen Klammern, wobei Sie von den üblichen Bindungsstärken ausgehen und die Assoziativität arithmetischer Operatoren berücksichtigen.

5.6.4: Definieren Sie den Knoten eines Binärbaumes als *voll*, wenn er sowohl ein linkes als auch ein rechtes Kind besitzt. Beweisen Sie durch strukturelle Induktion, daß die Anzahl voller Knoten um 1 kleiner ist als die Anzahl der Blätter.

5.6.5: Angenommen, wir stellen einen Binärbaum durch den Record-Typ dar, der ein linkes und ein rechtes Kind enthält. Beweisen Sie durch strukturelle Induktion, daß die Anzahl der `NIL`-Zeiger um 1 größer ist als die Anzahl der Knoten.

5.7 Erzeugen von Assemblercode aus Binärbäumen

Wir werden uns nun einem größeren Beispiel zuwenden, das auch für sich allein betrachtet interessant ist und in dem es darum geht, wie Rekursionen und rekursive Beweise bei Binärbäumen ebenso wie bei gewöhnlichen Bäumen geführt werden. Wir werden einen sehr einfachen Einblick in ein Verfahren geben, das es ermöglicht, aus einem Termbaum den Assemblercode zu gewinnen, der den zugehörigen Ausdruck auswertet. Bevor wir dies tun, können Sie natürlich fragen, wie man denn Ausdrücke, wie sie beispielsweise in Pascal-Programmen auftreten, in Termbäume überführt. Wir werden diese Frage bis zu einem gewissen Grad in Kapitel 11 beantworten, wenn wir uns über „Parser"-Programme unterhalten, die aus Ausdrücken die Termbäume erstellen, die diese repräsentieren. Selbst wenn bereits ein derartiger Termbaum existiert, ist es dennoch keinesfalls trivial, daraus den passenden Assemblercode zu generieren.

Wir wollen Ausdrücke durch Binärbäume und nicht durch normale Bäume modellieren, obgleich auf beide Repräsentationen dieselben Ideen anwendbar sind. Knoten werden durch Records des folgenden Typs dargestellt

```
type PTRTONODE = ^NODE;
   NODE = record
         nodelabel: char;
         height: integer;
         leftChild, rightChild: PTRTONODE
      end;
```

und Bäume sind, wie gewöhnlich, Zeiger auf Knoten. Markierungen bestehen aus einzelnen Zeichen, entweder aus einem Buchstaben aus `'a'..'z'` zur Darstellung atomarer Operanden oder aus einem der vier binären arithmetischen Operatoren, wie `'+'`.

Berechnung der Höhe von Knoten

Wir werden sehen, daß es praktisch sein kann, die Höhe eines Knotens direkt bei diesem Knoten selbst verfügbar zu haben; zu diesem Zweck benutzen wir ein `height`-Feld. Die Höhen lassen sich mit Hilfe einer Prozedur, wie der aus Abb. 5.26, berechnen, die auf Binärbäume angepaßt werden muß. Eine derartige Prozedur ist in Abb. 5.33 enthalten. Sie berechnet rekursiv die Höhen der linken und rechten Kinder und setzt anschließend die Höhe eines Knotens auf 1 plus der größeren Höhe der beiden Kinder. `ComputeHt` liefert -1 zurück, wenn sie mit einem `NIL`-Zeiger aufgerufen wird, so daß ein Blatt mit zwei `NIL`-Kindern wie beabsichtigt die Höhe 0 erhält.

```
function computeHt(t: PTRTONODE): integer;

var rightHt: integer; (* speichert 1 + die Höhe des rechten Kindes *)

begin
   if t = NIL then computeHt := -1
   else begin
      t^.height := 1 + computeHt(t^.leftChild);
      rightHt := 1 + computeHt(t^.rightChild);
      if (rightHt > t^.heigt) then
         t^.height := rightHt;
      computeHt := t^.height
   end
end; (* computeHt *)
```

Abb. 5.33: Berechnung der Höhe eines Binärbaumes.

Generierung des Codes

Betrachten wir nun, wie wir aus einem Termbaum mit Hilfe eines rekursiven Algorithmus Assemblercode generieren. Wir gehen dazu von einem Termbaum wie dem in Abb. 5.34 aus, bei dem der Wurzeloperator '+' ist; natürlich könnte es auch jeder der anderen drei Operatoren sein. Es gibt zwei Teilausdrücke, E_L und E_R, und der gesamte Ausdruck E ergibt sich aus der Summe dieser beiden Teilausdrücke. Ein Assemblerprogramm, das den Wert von E berechnen soll, muß daher

1. den Wert des linken Teilausdruckes E_L in einem Register berechnen,
2. den Wert des rechten Teilausdruckes E_R in einem anderen Register berechnen und
3. die Werte in den beiden Registern addieren.

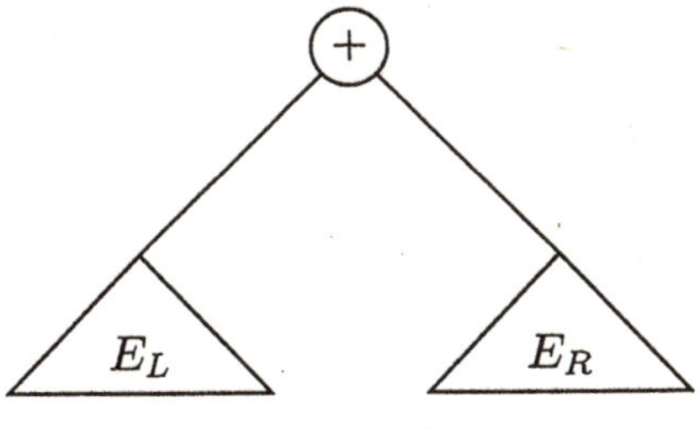

Abb. 5.34: Termbaum E.

Allerdings müssen wir in Schritt (2) darauf bedacht sein, nicht das Register zu verwenden, das den Wert von E_L enthält, wenn wir E_R berechnen. Täten wir dies, so wäre der Wert von E_L verloren, bevor wir die Addition in Schritt (3) ausführen. Eine Möglichkeit, den Wert von E_L zu retten, besteht darin, ihn in einem Register aufzubewahren, dessen Nummer höher ist als die irgendeines Registers, das für die Berechnung von E_R verwendet wird. Dies ist der Punkt, an dem uns die Knotenhöhen hilfreich sind. Wenn wir E_L auswerten, werden wir es so einrichten, daß das Endergebnis in einem Register berechnet wird, dessen Höhe mindestens der Höhe des Wurzelknotens von E entspricht. Zudem sorgen wir dafür, daß die zur Berechnung von E_R benutzten Register nicht höher numeriert sind als die Höhe von E_R. Da die Höhe von E mindestens um 1 höher ist als die Höhe von E_R, wissen wir, daß der Wert von E_L während der Berechnung von E_R sicher ist.

Unsere Prozedur `genCode` erhält daher zwei Argumente:

1. Einen Zeiger auf die Wurzel des Unterbaumes, für den sie den Assemblercode generieren soll, und
2. die Nummer des Registers, in dem der Wert dieses Unterbaumes berechnet werden muß.

Abbildung 5.35 gibt die Prozedur an und Abb. 5.36 beinhaltet gewisse Hilfsprozeduren, die `genCode` benötigt. Wie vorher geschehen, vernachlässigen wir auch hier zur Vereinfachung die notwendigen Tests, daß wir keinem `NIL`-Zeiger folgen oder andere Fehler begehen, weil unsere Daten nicht in das angenommene Format passen.

Die Hilfsprozeduren, deren Details eher uninteressant sind, haben folgende Funktionen:

1. `isOperator(c)` stellt fest, ob das Zeichen *c* eines der vier Zeichen ist, die arithmetische Operatoren repräsentieren.
2. `genOp(o,i,j)` generiert einen Assembler-Befehl, dessen Operation der durch das Zeichen *o* angegebenen Operation entspricht (z. B. `ADD`, wenn *o* + ist) und dessen erster Operand in Register R*i* und dessen zweiter Operand in Register R*j* steht.
3. `genLoad(x,i)` generiert einen Befehl, um Register R*i* von der Speicherstelle *x* zu laden. *x* ist hier eines der Zeichen von `'a'` bis `'z'`.

```
    procedure genCode(t: PTRTONODE; r: integer);

    var rightReg: integer; (* die Nummer des Registers, in das das Ergebnis
         der Berechnung des rechten Unterbaumes gespeichert wird *)
    begin
(1)     if isOperator(t^.nodelabel) then begin
```

```
(2)         genCode(t^.leftChild, r);
(3)         rightReg := t^.rightChild^.height;
(4)         genCode(t^.rightChild, rightReg);
(5)         genOp(t^.nodelabel, rightReg, r);
         end
         else  (* t zeigt auf einen atomaren Operanden *)
(6)         genLoad(t^.nodelabel, r)
      end; (* genCode *)
```

Abb. 5.35: Die Prozedur genCode.

```
function isOperator(c: char): Boolean;
begin
   isOperator := (c = '+') OR (c = '-') OR (c = '*') OR (c = '/')
end;

procedure genOp(c: char; i, j: integer);
begin
   (* generiere den entsprechenden Assember-Operator *)
   case c of
      '+': write ('ADD ');
      '-': write ('SUB ');
      '*': write ('MULT ');
      '/': write ('DIV ');
   end;
   (* generiere die Operanden: Register i und j *)
   writeln('R', i, ' R', j)
end;

procedure genLoad(c: char; j: integer);
begin
   writeln('LOAD ', c, ', R', j)
end
```

Abb. 5.36: Hilfsprozeduren für die Generierung von Assemblercode.

Wir können genCode folgendermaßen verstehen. In Zeile (1) testen wir, ob die Markierung der Wurzel des Baumes *t* ein Operator ist. Wenn nicht, muß die Wurzel ein atomarer Operand sein, und wir generieren einfach nur eine Anweisung, um diesen Operanden in das durch das Argument *r* bezeichnete Register zu laden. Dieser Ladevorgang wird durch Zeile (6) generiert, und wir sind fertig.

Handelt es sich bei der Markierung um einen Operator, müssen wir die Zeilen (2) bis (5) ausführen, die den Code für den linken und den rechten Unterbaum rekursiv generieren. Anschließend wird ein weiterer Schritt ausgeführt, der den Operator auf die Ergebnisse anwendet. In Zeile (2) rufen wir genCode rekursiv auf dem linken Unterbaum auf. Das Zielregister bleibt *r*. In Zeile (3) berechnen wir dann `rightReg`, das Register, das den Wert des rechten Unterbaumes speichern wird; `rightReg` entspricht der Höhe der Wurzel des rechten Unterbaumes, die, wie wir noch zeigen werden, immer echt kleiner ist als *r*. Zeile (4) ruft `genCode` rekursiv auf dem rechten Unterbaum auf, und das Zielregister `rightReg` garantiert, daß sich die Auswertung des rechten Unterbaumes in Registern abspielt, die eine niedrigere Numerierung haben als *r*. In Zeile (5) generieren wir schließlich den Assembler-Befehl, der den Operator der Wurzel auf den Wert des linken Unterbaumes, der in Register *r* gesichert war, und den Wert des rechten Unterbaumes, den wir gerade in Register `rightReg` berechnet haben, anwendet.

Die Prozedur `genCode` wird anfangs mit ihrem ersten Argument, einem Zeiger auf die Wurzel des Termbaumes, für den wir den Assemblercode generieren möchten, aufgerufen. Das zweite Argument entspricht der Höhe dieses Baumes. Der Code ist korrekt, solange die Höhe des Baumes die Anzahl der verfügbaren Register nicht übersteigt.[3]

Beispiel 5.23

Wir wollen den Aktionen der Prozedur `genCode` auf dem binären Termbaum aus Abb. 5.31 folgen. Der initiale Aufruf hat als erstes Argument einen Zeiger auf die Wurzel (die mit + markiert ist) und als zweites Argument die Konstante 3, die die Höhe der Wurzel angibt. Die Aktionsfolge wird in Abb. 5.37 unter Benutzung der Absprachen umrissen, die in den vorigen Abschnitten für Rekursionen auf diesem Ausdruck angegeben wurden. Links steht die Markierung des Knotens, auf dem der „aktuelle" Aufruf von `genCode` läuft, und rechts steht, zur Verdeutlichung der Rekursionsebene ein Schritt, den der Aufruf durchführt.

```
(+)  rufe genCode('a',3) auf
(a)      generiere LOAD a, R3
(+)  rufe genCode('*',3) auf
(*)      rufe genCode('-',2) auf
(-)          rufe genCode('b',2) auf
(b)              generiere LOAD b, R2
(-)          rufe genCode('c',0) auf
(c)              generiere LOAD c, R0
(-)          generiere SUB R0, R2
(*)      rufe genCode('d',0) auf
```

---

[3]Gibt es keinen ausreichend großen Registersatz, müssen wir Speicherstellen verwenden, um die fehlenden hoch-numerierten Register zu ersetzen. Die Einzelheiten darüber, welcher Assemblercode in einem solchen Fall generiert werden muß, wird als eine nicht-triviale Übungsaufgabe offengelassen.

(*d*) generiere `LOAD d, R0`
(*) generiere `MULT R0, R2`
(+) generiere `ADD R2, R3`

Abb. 5.37: Aktionsfolge der rekursiven Prozedur `genCode` *auf dem Binärbaum aus Abb. 5.31.*

Abbildung 5.38 enthält den für dieses Beispiel von `genCode` generierten Code. Der linke Operand der Wurzel wird in Schritt (1) in Register 3 geladen, während die Schritte (2) bis (6) den rechten Operanden, (*b* - *c*) * *d*, auswerten und in Register 2 schreiben (man beachte, daß 2 die Höhe der Wurzel dieses Teilausdrucks ist). Die letzte Addition wird in Schritt (7) durchgeführt und das Ergebnis in Register 3 geschrieben. Es ist zu beachten, daß, obwohl *c* und *d* beide in Register 0 geladen werden, *c* in Schritt (4) zur Berechnung von *b* - *c* in Register 1 „benutzt" wird, so daß wir Register 0 für die Speicherung von *c* nicht brauchen, wenn *d* in Schritt (5) in diesem Register abgelegt wird. ◆

```
1)  LOAD   a, R3
2)  LOAD   b, R2
3)  LOAD   c, R0
4)  SUB    R0,R2
5)  LOAD   d, R0
6)  MULT   R0,R2
7)  ADD    R2,R3
```

Abb. 5.38: Für den Baum aus Abb. 5.31 generierter Assemblercode.

Beweis, daß die Code-Generierungsprozedur funktioniert

Wir werden nun zeigen, daß `genCode` den Code für den Ausdruck, den es als Argument erhält, korrekt generiert. Der erste Teil des Beweises soll zeigen, daß der rekursive Aufruf auf dem rechten Kind in Zeile (4) in Abb. 5.35 den Wert des Registers, in dem der Wert des linken Unterbaumes gespeichert wurde, nicht ändern kann. Rein intuitiv liegt das daran, daß, wenn `genCode` mit einem Zeiger auf Knoten *n* als erstem Argument aufgerufen wird, sein zweites Argument *r* mindestens der Höhe von *n* entspricht. Da das Ergebnis des Aufrufs auf dem linken Kind von *n* mit demselben zweiten Argument *r* ausgeführt wird, erwarten wir, daß das Ergebnis dieses Aufrufs in Register *r* gespeichert wird. Der Aufruf auf dem rechten Kind von *n* wird jedoch mit einem zweiten Argument durchgeführt, das der Höhe dieses Kindes entspricht, die echt kleiner sein muß als die Höhe von *n* und somit auch echt kleiner als *r*. Wir müssen folgendes zeigen:

1. Wird `genCode` für den Knoten *n* aufgerufen, so entspricht das zweite Argument mindestens der Höhe von *n*.

2. Wird genCode für den Knoten n mit dem zweiten Argument r aufgerufen, so verwendet das generierte Assembler-Programm keine Register, die eine höhere Nummer als r haben.

3. Wird genCode für den Knoten n mit dem zweiten Argument r aufgerufen, so hinterläßt das generierte Assembler-Programm den Wert des Teilausdrucks mit der Wurzel n in Register r.

Wir haben nun alle für den Korrektheitsbeweis von genCode notwendigen Teile beisammen. Jedes Teil werden wir nacheinander durch eine Induktion beweisen.

Bei Aussage (1) können wir folgendermaßen argumentieren. Die Induktion geht über die Tiefe des Knotens n in dessen Termbaum.

BASIS. Hat n die Tiefe 0, so ist n die Wurzel des gesamten Ausdrucks. Da wir genCode zu Beginn für die Wurzel mit einem zweiten Argument aufrufen, das gleich der Höhe der Wurzel ist, gilt Annahme (1) sicher.

Top-Down- und Bottom-Up-Induktionen auf Bäumen

Die am meisten verbreitete Form der Induktion auf Bäumen, die wir als strukturelle Induktion bezeichnen, wird „bottom-up" durchgeführt. Wir beginnen dabei unten im Baum, also an den Blättern, mit dem Induktionsanfang. Der Induktionsschritt beweist dann eine Aussage an einem Knoten mit Hilfe derselben Aussage über dessen Kinder.

Der Beweis von Aussage (1) verläuft dagegen „top-down". Wir beginnen also bei der Wurzel als Basis und beweisen eine Aussage an einem Knoten, indem wir dieselbe Aussage verwenden, die wir beim Vater dieses Knotens bereits benutzt haben. Die Induktion wird über die Tiefe des Knotens geführt. Es gibt noch eine andere Form der Top-Down-Induktion, die gelegentlich den richtigen Ansatz darstellt. Dabei nehmen wir das Ergebnis für einen n-knotigen Baum an und beweisen eine Aussage für $(n+1)$-knotige Bäume. Wir führen die Induktion über die Anzahl der Knoten und beweisen den Induktionsschritt, indem wir ein Blatt aus einem $(n+1)$-knotigen Baum entfernen. Anschließend berufen wir uns auf die Induktionsannahme für den daraus resultierenden n-knotigen Baum und beweisen dieselbe Aussage für den $(n+1)$-knotigen Baum anhand notwendiger zusätzlicher Beobachtungen.

Es ist wichtig zu erkennen, daß eine scheinbar ähnliche Form der Induktion, bei der wir einen Knoten in einen n-knotigen Baum einfügen, nicht notwendigerweise gültig ist. Abhängig davon, wie wir den Knoten auswählen, übersehen wir möglicherweise den einen oder anderen $(n+1)$-knotigen Baum.

INDUKTION. Angenommen, (1) gilt für Knoten der Tiefe d und n ist ein Knoten der Tiefe $d + 1$ für ein $d \geq 0$. Der Vater p des Knotens n hat dann die Tiefe d. Zudem wissen wir, daß das zweite Argument, r, des Aufrufs von `genCode` auf dem Knoten p nicht kleiner ist als die Höhe von p. Zwei Fälle sind zu erwägen:

1. Knoten n ist das linke Kind von p. Der Aufruf von `genCode` für n hat dann dasselbe zweite Argument wie der Aufruf auf Knoten p, nämlich r. Da die Höhe eines Kindes kleiner als die Höhe seines Vaters ist, kann die Höhe von n r nicht übersteigen.

2. Knoten n ist das rechte Kind von p. Das zweite Argument des Aufrufs von `genCode` für n ist aufgrund der Zeile (4) von `genCode` in Abb. 5.35 gleich der Höhe von n.

Diese Beobachtungen beenden den Induktionsschritt, und wir können schließen, daß Aussage (1) wahr ist – das bedeutet, daß der Wert des zweiten Argumentes immer mindestens der Höhe des Knotens entspricht, für den `genCode` aufgerufen wurde.

Widmen wir uns nun der Aussage (2): Wenn `genCode` auf einem Knoten n mit dem zweiten Argument r aufgerufen wird, verwendet der generierte Assemblercode keine Register mit einer Nummer höher als r. Wir werden dieses Ergebnis durch eine strukturelle Induktion beweisen.

BASIS. Der Basisfall tritt ein, wenn n ein Blatt und daher mit einem Operanden markiert ist. Wir führen Schritt (6) von `genCode` aus, der das Laden dieses Operanden in ein Register r generiert. Da in diesem Fall kein weiterer Assemblercode generiert wird, werden natürlich auch keine Register mit einer Nummer höher als r verwendet.

INDUKTION. n sei die Wurzel eines Baumes T, der nicht nur aus einem Knoten besteht. Dann hat n einen Operator, und wir führen die Zeilen (2) bis (5) von `genCode` aus. In Zeile (3) rufen wir `genCode` rekursiv mit demselben zweiten Argument r auf einem Baum auf, der kleiner ist als T. Aufgrund der Induktionsannahme wissen wir, daß der während dieses Aufrufes generierte Assemblercode keine Register benutzt, deren Nummer höher ist als r. In Zeile (4) wird `genCode` erneut auf einem kleineren Baum mit einem zweiten Parameter gleich h, der Höhe des rechten Kindes von n, aufgerufen. Aus Aussage (1) wissen wir, daß r mindestens der Höhe von n entspricht und somit größer als h ist. Weil der Aufruf in Zeile (4) einen kleineren Baum behandelt, wissen wir infolge der Induktionsannahme, daß kein Register mit einer größeren Nummer als h verwendet wird - und demzufolge auch kein höheres Register als r. In Zeile (5) werden schließlich die Register h und r benutzt. Weil keine weiteren Assembler-Anweisungen generiert werden, schließen wir, daß keine der generierten Anweisungen ein Register mit einer größeren Nummer als r verwendet.

Beweisen wir nun Aussage (3): Der Code, der durch einen Aufruf von `genCode` mit dem Knoten n und mit r als zweitem Argument, das größer oder gleich der Höhe von n ist, generiert wird, wertet den Ausdruck mit der Wurzel n korrekt aus und legt das Ergebnis in Register r ab. Wir führen diesen Beweis mittels struktureller Induktion.

BASIS. Für ein Blatt generiert Zeile (6) von `genCode` das Laden des Operanden in das richtige Register, wodurch ein nur aus einem Operanden bestehender Ausdruck korrekt berechnet wird.

INDUKTION. Sei n die Wurzel eines Baumes T, der kein Blatt ist. Dann werden die Zeilen (2) bis (5) von `genCode` ausgeführt. Zeile (2) ruft `genCode` mit dem linken Kind von n auf, welches die Wurzel eines kleineren Baumes als T ist. Nach der Induktionsannahme berechnet der während dieses Aufrufes generierte Code den Wert des linken Operanden des Operators in Knoten n und hinterläßt das Resultat in Register r, das durch das zweite Argument des Aufrufes in Zeile (2) dafür bestimmt war.

Der Aufruf in Zeile (4) mit dem rechten Kind von n und dem zweiten Argument gleich h bearbeitet ebenfalls einen kleineren Baum. Wir ziehen daher die Induktionsannahme heran und schließen, daß der generierte Code den rechten Operanden des Operators in n berechnet und dessen Wert in Register h ablegt. Außerdem wird nach Aussage (2) kein größeres Register als h von diesem Code verwendet. Es gilt nun $r > h$, da die Aussage (1) besagt, daß r mindestens die Höhe von n ist und daher größer als jede Höhe der Kinder von n ist. Nach Aussage (2) wird der Wert des linken Operanden somit durch die Schritte, die durch den Aufruf von `genCode` auf dem rechten Kind von n generiert werden, nicht verändert.

Die zuletzt generierte Assembler-Anweisung entspricht der in Zeile (5), die die jeweilige Operation auf die Register r und h anwendet. Da wir gerade festgestellt haben, daß Register r immer noch den Wert des linken Operanden zum Inhalt hat und daß aufgrund der Induktionsannahme der Aufruf von `genCode` mit dem rechten Kind von n den Code erzeugt, der den Wert des rechten Operanden in Register h berechnet, berechnet der letzte Schritt den Wert des gesamten Ausdrucks, dessen Wurzel n ist, in Register r. Wir haben nun die dritte Aussage bewiesen, was auch unsere Absicht war: die Korrektheit von `genCode`.

ÜBUNGEN

5.7.1: Welche Aktionen A_0, A_1 und A_2 umgeben die rekursiven Aufrufe von `computeHt` in Abb. 5.33?

5.7.2*: Beweisen Sie durch strukturelle Induktion, daß die Höhenberechnungsfunktion aus Abb. 5.33 korrekt ist. *Hinweis*: Seien Sie vorsichtig bei der Wortwahl der zu beweisenden Aussage. Sie sollte sicherstellen, daß die „Höhe" eines leeren Baumes -1 ist.

5.7.3:** Verändern Sie die Prozedur `genCode` derart, daß sie nur noch von 0 bis 15 numerierte Register verwendet. Werden höhere Register benötigt, so muß ersatzweise eine Folge von Variablen `a1`, `a2`, ... anstelle der Register benutzt werden. Da wir keine Arithmetik in Speicherstellen durchführen können, ist es notwendig, für die Durchführung von Operationen auf diesen Variablen ein Register zu reservieren.

5.7.4:** Bei Bäumen können viele Beweise durch eine Induktion über die Anzahl der Knoten geführt werden, wobei wir im Induktionsschritt mit einem (n+1)-knotigen Baum beginnen, ein Blatt entfernen und dann die Induktionsannahme auf den resultierenden n-knotigen Baum anwenden. Geben Sie diese alternative Beweisform für die Aussagen in (a) Übung 5.5.3, (b) Übung 5.5.4, (c) Übung 5.5.5, (d) Übung 5.6.4, (e) Übung 5.6.5 an.

5.7.5: Wenden Sie die Prozedur `genCode` auf folgende Ausdrücke an:

a) $((x + y) * (x - z)) + w$

b) $((((a + x) * x + b) * x + c) * x + d) * x + e$

c) $e + x * (d + x * (c + x * (b + x * (a + x))))$

5.8 Binäre Suchbäume

Eine häufig beobachtete Aktivität, die in vielen Computerprogrammen vorkommt, ist das Verwalten einer Menge von Werten. Wir möchten dann in der Lage sein, die folgenden Operationen durchführen können:

1. Elemente in die Menge einfügen,
2. Elemente aus der Menge löschen und
3. ein Element suchen, um festzustellen, ob es sich gegenwärtig in der Menge befindet.

Ein Beispiel ist ein englisches Wörterbuch, in dem wir von Zeit zu Zeit ein neues Wort wie `fax` einfügen, ein Wort wie `aegilops` löschen, das nicht mehr verwendet wird, oder eine Folge von Buchstaben nachschlagen, um festzustellen, ob es sich dabei um ein Wort handelt (als Teil eines Rechtschreibprüfprogramms beispielsweise).

Da dieses Beispiel so geläufig ist, wird eine Menge, auf der wir die Operationen *Einfügen* (*insert*), *Löschen* (*delete*) und *Suchen* (*lookup*) wie oben definiert durchführen, als *Wörterbuch* (*dictionary*) bezeichnet, egal wofür die Menge benutzt wird. Ein weiteres Beispiel eines Wörterbuchs; ein Professor hat eine Namensliste der Studenten seiner Lehrveranstaltung. Gelegentlich kommt ein neuer Student in die Lehrveranstaltung (eine Einfügeoperation) oder ein anderer verläßt sie (ein Löschvorgang) oder es ist nötig festzustellen, ob ein bestimmter Student für eine Lehrveranstaltung registriert ist (eine Suchoperation).

Ein binärer Suchbaum, eine Art markierter Binärbaum, bietet eine gute Möglichkeit, ein Wörterbuch zu implementieren. Wir nehmen an, daß die Markierungen der Knoten aus einer Menge mit einer „kleiner-als"-Ordnung stammen, was wir als < andeuten werden. Zu den Beispielen zählen ganze Zahlen oder Gleitkommazahlen mit ihrer üblichen kleiner-als-Ordnung; oder Zeichenketten und ihre lexikographische bzw. alphabetische Ordnung, die durch < dargestellt wird.

Ein *binärer Suchbaum* (*BST - binary search tree*) ist ein markierter Binärbaum, bei dem folgende Eigenschaft an jedem Knoten x des Baumes gilt: Alle Knoten im linken Unterbaum von x besitzen Markierungen, die kleiner sind als die Markierung von x, und alle Knoten im rechten Unterbaum von x haben Markierungen, die größer sind als die Markierung von x. Dieses Merkmal wird als die *Eigenschaft binärer Suchbäume* bezeichnet.

Beispiel 5.24

Abbildung 5.39 gibt einen binären Suchbaum für die Menge

```
{Hairy, Bashful, Grumpy, Sleepy, Sleazy, Happy}
```

an, bei dem die < Ordnung lexikographisch ist. Alle Begriffe im linken Unterbaum der Wurzel sind lexikographisch kleiner als `Hairy`, wohingegen diejenigen im rechten Unterbaum lexikographisch größer sind. Diese Eigenschaft gilt für jeden Knoten des Baumes. ◆

Implementierung eines Wörterbuches als binärer Suchbaum

Wir können einen binären Suchbaum als einen markierten Binärbaum darstellen. Wir definieren beispielsweise den Typ `NODE` wie folgt

```
type PTRTONODE = ^NODE;
   NODE = record
         element: ETYPE;
         leftChild, rightChild: PTRTONODE
      end;
```

Der Typ eines Elements, `ETYPE`, sollte passend gewählt sein. Das durch einen binären Suchbaum repräsentierte Wörterbuch wird durch einen Zeiger auf die Wurzel des binären Suchbaumes dargestellt.

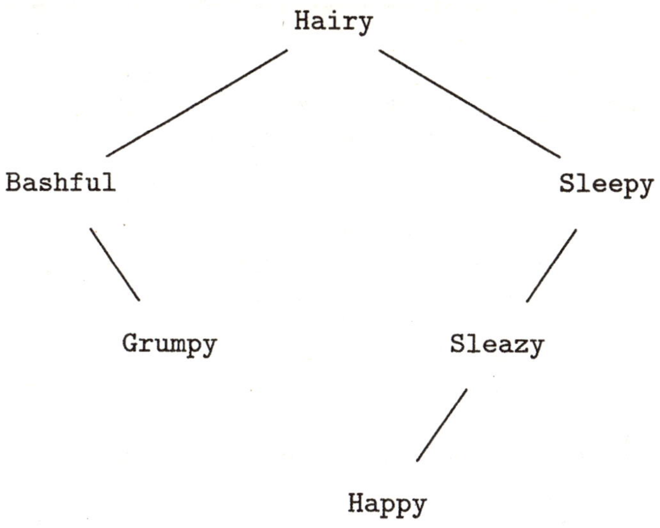

Abb. 5.39: Binärer Suchbaum mit sechs durch Strings markierten Knoten.

Suchen eines Elements in einem binären Suchbaum

Angenommen, wir wollen ein Element x suchen, das sich unter Umständen in einem Wörterbuch befindet, welches durch einen binären Suchbaum T repräsentiert wird. Vergleichen wir x mit dem Element an der Wurzel von T, so machen wir uns die BST-Eigenschaft zunutze, um x schnell zu finden oder um festzustellen, daß sich x nicht im Suchbaum befindet. Befindet sich x an der Wurzel, sind wir fertig. Ist x dagegen kleiner als das Element an der Wurzel, so kann x (aufgrund der BST-Eigenschaft) nur im linken Unterbaum gefunden werden; wenn x größer ist, kann es sich nur im rechten Unterbaum befinden (wiederum aufgrund der BST-Eigenschaft). Die *Suchoperation* läßt sich somit durch folgenden rekursiven Algorithmus ausdrücken.

BASIS. Ist der Baum T leer, dann ist x nicht enthalten. Ist T nicht leer und x befindet sich an der Wurzel, dann ist x vorhanden.

INDUKTION. Wenn T nicht leer ist, x sich aber nicht an der Wurzel befindet, sei y das Element an der Wurzel von T. Ist $x < y$, dann suche x im linken Unterbaum der Wurzel; ist $x > y$, suche x im rechten Unterbaum von y. Die BST-Eigenschaft garantiert, daß x sich nicht in dem Unterbaum befinden kann, den wir nicht durchsucht haben.

Abstrakte Datentypen

Eine Zusammenfassung von Operationen wie *insert*, *delete* oder *lookup*, die auf einer Menge von Objekten durchgeführt werden, wird manchmal als *abstrakter Datentyp* oder *ADT* bezeichnet. Verschiedentlich wird dieses Konzept auch *Klasse* oder *Modul* genannt. Wir werden in Kapitel 7 einige abstrakte Datentypen vorstellen; in diesem Kapitel lernen wir die Prioritätsschlange kennen.

Ein ADT kann mehr als eine abstrakte Implementierung haben. Wir werden zum Beispiel in diesem Abschnitt sehen, daß der binäre Suchbaum eine gute Möglichkeit bietet, den Wörterbuch-ADT zu implementieren. Auch stellen Listen eine weitere plausible, allerdings gewöhnlich weniger effiziente Art und Weise dar, den Wörterbuch-ADT zu implementieren. Abschnitt 7.6 befaßt sich mit dem Hashing, einer anderen guten Implementierung des Wörterbuches.

Jede abstrakte Implementierung kann wiederum durch viele verschiedene Datenstrukturen konkret implementiert werden. Nehmen wir beispielhaft die Implementierung des linken und rechten Kindes von Binärbäumen als eine Datenstruktur, die einen binären Suchbaum implementiert. Zusammen mit den geeigneten Prozeduren für *insert*, *delete* und *lookup* wird aus dieser Datenstruktur eine Implementierung des abstrakten Wörterbuch-Datentyps.

Ein wichtiger Grund für die Verwendung abstrakter Datentypen in Programmen ist, daß auf die dem ADT zugrundeliegenden Daten nur anhand von Operationen auf dem Datentyp zugegriffen werden kann; die Operation *insert* ist ein Beispiel dafür. Diese Beschränkung ist eine Form der defensiven Programmierung, die vor versehentlichen Änderungen der Daten durch Prozeduren schützt, die Daten auf unerwartete Weise manipulieren können. Ein zweiter wichtiger Grund für die Nutzung abstrakter Datentypen basiert auf der Möglichkeit, Datenstrukturen und die dazugehörigen Prozeduren zur Implementierung ihrer Operationen neu zu entwerfen, vielleicht um die Effizienz der Operationen zu erhöhen, ohne sich darum sorgen zu müssen, daß man dadurch im Rest des Programms Fehler einbaut; es können keine auftreten, solange die Schnittstelle zum ADT aus korrekt neugeschriebenen Prozeduren für seine Operationen besteht.

Dieser Algorithmus entspricht einer Implementierung von *lookup* auf der abstrakten Repräsentation des ADT „Wörterbuch“ unter Verwendung eines binären Suchbaumes. Präziser ausgedrückt implementiert die rekursive Funktion `lookup(x,T)` in Abb. 5.40 diesen Algorithmus und verwendet dabei die Datenstruktur des rechten und linken Kindes. In Zeile (1) stellt `lookup` fest, ob T leer ist. Wenn nicht, ermittelt `lookup` in Zeile (3), ob x im aktuellen Knoten gespeichert ist. Ist dies nicht der Fall, sucht `lookup` rekursiv den linken oder den rechten Unterbaum ab, abhängig davon, ob x kleiner oder größer als das im aktuellen Knoten gespeicherte Element ist.

```
    function lookup (x: ETYPE; T: PTRONODE): Boolean;
    begin
(1)     if T = NIL then
(2)         lookup := FALSE
(3)     else if x = T^.element then
(4)         lookup := TRUE
(5)     else if x < T^.element then
(6)         lookup := lookup(x, T^.leftChild)
(7)     else (* x muß > T^.element sein *)
(8)         lookup := lookup(x, T^.rightChild)
    end; (* lookup *)
```

Abb. 5.40: Die Funktion `lookup(x,T)` *gibt* `TRUE` *zurück, wenn x in T ist, sonst gibt sie* `FALSE` *zurück.*

Beispiel 5.25

Angenommen, wir möchten `Grumpy` im binären Suchbaum aus Abb. 5.39 suchen. Dazu vergleichen wir an der Wurzel `Grumpy` mit `Hairy` und finden heraus, daß `Grumpy` nach lexikographischer Ordnung vor `Hairy` kommt. Wir rufen also in Zeile (6) aus Abb. 5.40 `lookup` auf dem linken Unterbaum auf.

Die Wurzel des linken Unterbaumes bildet `Bashful`, wir vergleichen diese Markierung mit `Grumpy` und finden heraus, daß erstere vor letzterer steht. Anschließend rufen wir in Zeile (8) `lookup` auf dem rechten Unterbaum von `Bashful` auf. Dann finden wir `Grumpy` an der Wurzel dieses Unterbaumes und geben in Zeile (4) den Wert `TRUE` zurück. ◆

Einfügen eines Elements in einen binären Suchbaum

Das Hinzufügen eines Elements x in einen binären Suchbaum T ist einfach. Folgender rekursiver Algorithmus skizziert die Idee:

BASIS. Wenn T ein leerer Baum ist, ersetze T durch einen neuen Knoten und lege x in diesem Knoten ab. Ist T nicht leer und seine Wurzel enthält das Element x, dann ist x bereits im Wörterbuch enthalten, und wir tun nichts.

INDUKTION. Wenn T nicht leer ist und x nicht an der Wurzel steht, so füge x in den linken Unterbaum ein, wenn x kleiner als das Element an der Wurzel ist, und füge x in den rechten Unterbaum ein, wenn x größer ist als das Element an der Wurzel.

Die Prozedur `insert(x,T)`, die in Abb. 5.41 angegeben ist, implementiert diesen Algorithmus für die Datenstruktur mit dem linken und rechten Kind. T wird als `var`-Parameter übergeben. Sollten wir in Zeile (1) feststellen, daß T

den Wert NIL hat, erzeugen wir in den Zeilen (2) bis (5) einen neuen Knoten an der Stelle, an der x normalerweise stehen würde und markieren den neu erzeugten Knoten mit x. Man beachte, daß T sich im leftChild- bzw. rightChild-Feld eines anderen Knotens befindet und daß in diesem Feld der Wert, der augenblicklich NIL ist, durch einen Zeiger auf den neuen Knoten ersetzt wird. Steht x nicht an der Wurzel von T, so wird insert in den Zeilen (6) bis (9) auf dem linken bzw. rechten Unterbaum aufgerufen, je nachdem, welcher Fall eintritt. Zu erwähnen bleibt, daß, wenn x sich an der Wurzel von T befindet, keiner der Tests in den Zeilen (1), (6) und (8) erfolgreich ist; in diesem Fall wird insert verlassen, ohne daß etwas getan wurde. Dies ist korrekt, da x sich bereits im Wörterbuch befindet.

```
        procedure insert (x: ETYPE; var T: PTRTONODE);
        begin
(1)        if T = NIL then begin
(2)           new(T);
(3)           T^.element := x;
(4)           T^.leftChild := NIL;
(5)           T^.rightChild := NIL
           end
(6)        else if x < T^.element then
(7)           insert(x, T°.leftChild)
(8)        else if x > T^.element then
(9)           insert(x, T^.rightChild)
        end; (* insert *)
```

Abb. 5.41: Die Prozedur insert(x,T) *fügt x in T ein.*

Beispiel 5.26

Abbildung 5.42 zeigt den binären Suchbaum aus Abb. 5.39, nachdem Filthy hinzugefügt wurde. Wir beginnen damit, daß wir insert mit der Wurzel aufrufen und feststellen, daß Filthy < Hairy ist. Wir rufen insert in Zeile (7) der Abb. 5.41 demnach mit dem linken Kind auf. Als Ergebnis erhalten wir, daß Filthy > Bashful ist, so daß wir insert in Zeile (9) mit dem rechten Kind aufrufen. So gelangen wir zu Grumpy, das nach lexikographischer Ordnung hinter Filthy steht und rufen insert mit dem linken Kind von Grumpy auf.

Der Zeiger auf das linke Kind von Grumpy ist NIL, so daß wir in Zeile (1) feststellen, daß wir einen neuen Knoten erzeugen müssen. Auf diesen Knoten zeigt das leftChild-Feld des Knotens mit der Markierung Grumpy, was als Ergebnis den in Abb. 5.42 angegebenen Baum liefert. ◆

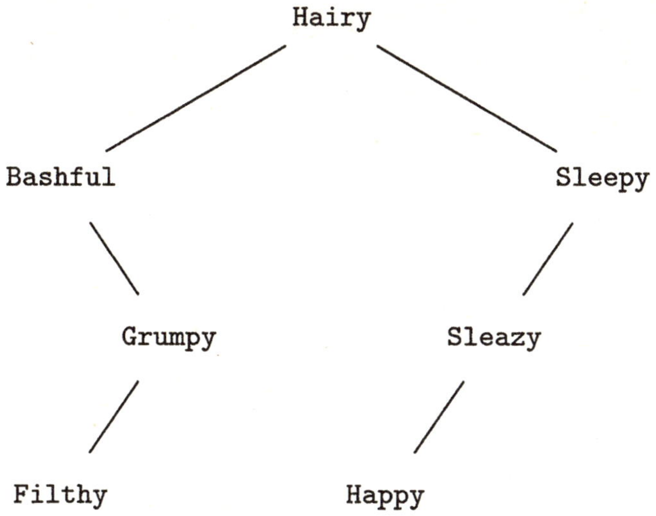

Abb. 5.42: Binärer Suchbaum nach Einfügen von Filthy.

Löschen eines Elements aus einem binären Suchbaum

Das Löschen eines Elements x aus einem binären Suchbaum gestaltet sich etwas schwieriger als die Operationen *lookup* und *insert*. Zu Beginn lokalisieren wir den Knoten, der x enthält; gibt es keinen derartigen Knoten, sind wir fertig, da x sich offensichtlich nicht im Baum befindet. Steht x in einem Blatt, können wir dieses Blatt einfach löschen. Befindet sich x jedoch in einem inneren Knoten n, können wir diesen Knoten nicht löschen, da dies den Baum auseinanderreißen würde.

Wir müssen den Baum irgendwie umgestalten, so daß die BST-Eigenschaft erhalten bleibt, x aber nicht mehr vorhanden ist. Es ergeben sich zwei Fälle. Erstens, wenn n nur ein Kind hat, können wir n durch dieses Kind ersetzen, wobei die BST-Eigenschaft bestehen bleibt.

Nehmen wir zweitens an, daß n zwei Kinder besitzt. Eine Strategie besteht darin, den Knoten m mit der Markierung y, dem kleinsten Element im rechten Unterbaum von n, zu finden und x durch y in Knoten n zu ersetzen, was in Abb. 5.43 graphisch erläutert wird. Wir können dann Knoten m aus dem rechten Unterbaum entfernen.

Die BST-Eigenschaft gilt weiterhin. Das liegt daran, daß x größer ist als alles, was im linken Unterbaum von n steht, so daß y, das ja größer ist als x (da y sich im rechten Unterbaum von n befindet), auch größer ist als alles, was im linken Unterbaum von n steht. Was den linken Unterbaum von n betrifft, ist y

demnach ein geeignetes Element für n. Aber auch in bezug auf den rechten Unterbaum von n eignet sich y als Wurzel, da y als kleinstes Element des rechten Unterbaumes ausgewählt wurde.

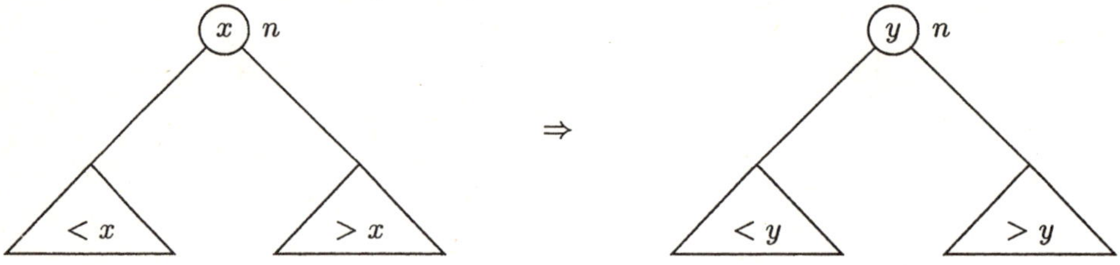

Abb. 5.43: Um x zu löschen, entferne man den Knoten, der y enthält, also das kleinste Element im rechten Unterbaum, und ersetze im Knoten n die Markierung x durch y.

```
     function deletemin(var T: PTRTONODE) : ETYPE;
     begin
(1)     if T^.leftChild = NIL then begin
(2)        deletemin := T^.element;
(3)        T := T^.rightChild
         end
         else
           deletemin := deletemin(T^.leftChild)
     end; (* deletemin *)
```

Abb. 5.44: Die Funktion `deletemin(T)` *entfernt das kleinste Element aus T und gibt es als Ergebnis zurück.*

Es ist hilfreich, sich die in Abb. 5.44 angegebene Funktion `deletemin(T)` zu definieren, die den Knoten mit dem kleinsten Element aus einem nichtleeren binären Suchbaum entfernt und den Wert dieses kleinsten Elements zurückgibt. Wir finden das kleinste Element, indem wir den linken Kindern solange folgen, bis wir in Zeile (1) in Abb. 5.44 einen Knoten finden, dessen linkes Kind `NIL` ist. Das Element y in diesem Knoten m muß das kleinste Element des Unterbaumes sein. Zu Erklärung läßt sich feststellen, daß y kleiner als die Elemente jedes Vorgängers von m im Unterbaum ist, da wir nur den linken Kindern gefolgt sind. Die einzigen anderen Knoten im Unterbaum befinden sich entweder im rechten Unterbaum von m, was aber aufgrund der BST-Eigenschaft hieße, daß ihre Elemente mit Sicherheit größer sind als y, oder sie befinden sich im rechten Unterbaum von einem der Vorgänger von m. Die Elemente in rechten Unterbäumen sind aber größer als das Element in einem Vorgänger von m und damit größer als y, wie in Abb. 5.45 angezeigt.

Nachdem wir das kleinste Element im Unterbaum gefunden haben, geben wir diesen Wert in Zeile (2) zurück. In Zeile (3) ersetzen wir den Knoten mit dem kleinsten Element durch seinen rechten Unterbaum. Hierbei ist zu beachten, daß, wenn wir das kleinste Element aus dem Unterbaum löschen, wir uns immer dem einfachen Fall eines Löschvorganges gegenübersehen, da es keinen linken Unterbaum gibt.

Bleibt in bezug auf `deletemin(T)` noch zu klären, daß wir mit dem linken Kind fortfahren, wenn der Test in Zeile (1) versagt. Dies würde nämlich bedeuten, daß wir noch nicht beim kleinsten Element angekommen sind. Dieser Schritt wird durch den rekursiven Aufruf in Zeile (4) realisiert.

Die Prozedur `delete(x,T)` steht in Abb. 5.46. Wenn T ein leerer Baum ist, ist nichts zu tun, und der Test in Zeile (1) sorgt dafür, daß wirklich nichts getan wird. Andernfalls behandeln die Tests in den Zeilen (2) und (4) die Fälle, in denen x nicht an der Wurzel steht und wir dementsprechend in den linken oder in den rechten Unterbaum geführt werden. Erreichen wir Zeile (6), so muß x sich an der Wurzel von T befinden, und wir müssen es löschen. Zeile (6) überprüft die Möglichkeit, ob das linke Kind `NIL` ist, dann würden wir T einfach durch seinen rechten Unterbaum ersetzen.

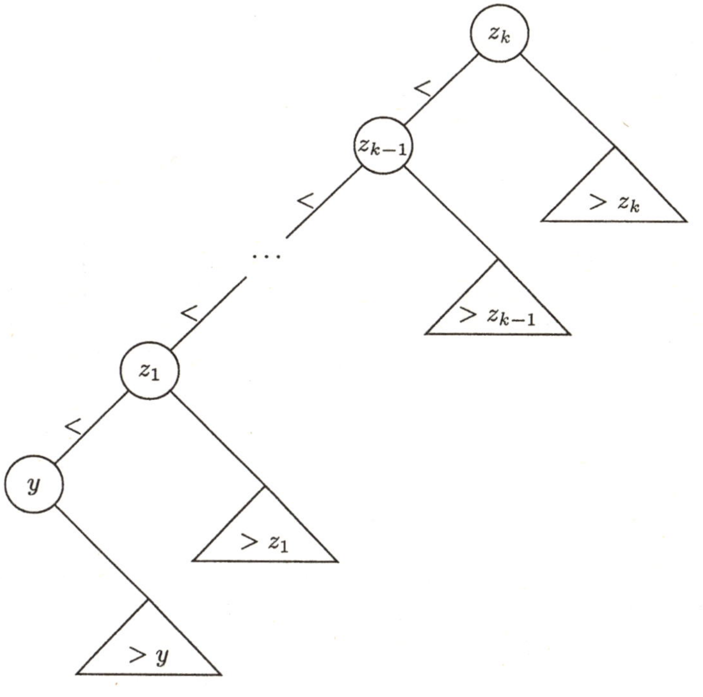

Abb. 5.45: Alle anderen Elemente im rechten Unterbaum sind größer als y.

```
      procedure delete(x: ETYPE; var T: PTRTONODE);
      begin
(1)      if T <> NIL then
(2)         if x < T^.element then
(3)            delete(x, T^.leftChild)
(4)         else if x > T^.element then
(5)            delete(x, T^.rightChild)
            else (* x befindet sich in der Wurzel von T *)
(6)            if T^.leftChild = NIL then
(7)               T := T^.rightChild
(8)         else if T^.rightChild = NIL then
(9)               T := T^.leftChild
            else (* keines der Kinder ist NIL *)
(10)           T^.element := deletemin(T^.rightChild)
      end; (* delete *)
```

Abb. 5.46: Die Prozedur `delete(x,T)` *entfernt das Element x aus T.*

Ähnliches gilt, wenn das linke Kind nicht `NIL` ist, aber das rechte doch. In Zeile (9) ersetzen wir dann *T* durch seinen linken Unterbaum. Es ist wichtig zu bemerken, daß, wenn beide Kinder der Wurzel `NIL` sind, wir *T* in Zeile (7) durch `NIL` ersetzen.

Der letzte Fall, bei dem keines der Kinder `NIL` ist, wird in Zeile (10) behandelt. Wir rufen die Funktion `deletemin` auf, die das kleinste Element, *y*, des rechten Unterbaumes zurückgibt und *y* zudem aus diesem Unterbaum entfernt. Die Zuweisung in Zeile (10) ersetzt *x* durch *y* in der Wurzel von *T*.

Beispiel 5.27

Abbildung 5.47 zeigt uns, was passieren würde, wenn wir die Prozedur `delete` dazu verwendeten, `Hairy` aus dem binären Suchbaum aus Abb. 5.42 zu entfernen. Da sich `Hairy` an einem Knoten befindet, der zwei Kinder hat, ruft `delete` die Funktion `deletemin` auf, welche das kleinste Element, `Happy`, aus dem rechten Unterbaum der Wurzel entfernt und als Ergebnis zurückgibt. Danach wird die Wurzel des Baumes, das heißt, der Knoten, an dem `Hairy` vorher gespeichert war, mit `Happy` markiert.

ÜBUNGEN

5.8.1: Angenommen, wir implementieren einen binären Suchbaum in der *leftmost-child-right-sibling*-Darstellung (Darstellung des ersten Kindes und der rechten Geschwister). Schreiben Sie die Prozeduren zur Implementierung der Wörterbuch-Operationen *insert*, *delete* und *lookup* so um, daß sie mit dieser Datenstruktur korrekt arbeiten.

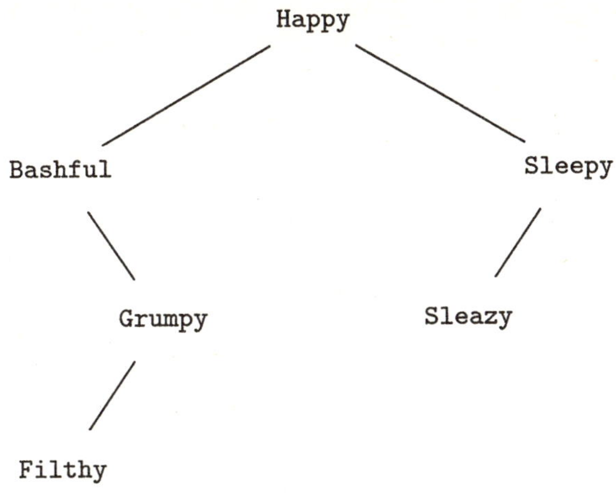

Abb. 5.47: Binärer Suchbaum nach dem Löschen von Hairy.

5.8.2: Zeigen Sie, was mit dem binären Suchbaum aus Abb. 5.39 geschieht, wenn wir nacheinander die Zwerge Doc, Dopey, Inky, Blinky, Pinky und Sue einfügen. Zeigen Sie weiterhin, was passiert, wenn wir nacheinander Doc, Sleazy und Hairy löschen.

5.8.3: Anstatt das Löschen eines Knotens mit zwei Kindern durch Auffinden des kleinsten Elements im rechten Unterbaum zu bewerkstelligen, könnten wir ebensogut das größte Element des linken Unterbaumes herausfinden und es dazu verwenden, das gelöschte Element zu ersetzen. Schreiben Sie die Prozeduren delete und deletemin aus den Abbildungen 5.44 und 5.46 unter Berücksichtigung dieser Veränderung neu.

5.8.4*: Wenn wir das Element an einem Knoten n entfernen müssen, der einen Vaterknoten p, ein (nichtleeres) linkes Kind l und ein (nichtleeres) rechtes Kind r hat, besteht eine weitere Möglichkeit der Durchführung einer *delete*-Operation darin, den Knoten m zu finden, der das kleinste Element im rechten Unterbaum von n enthält. Anschließend machen wir r zu einem linken oder rechten Kind von p, je nachdem was n war. Aus l machen wir das linke Kind von m (hierbei ist wichtig, daß m vorher kein linkes Kind haben konnte). Zeigen Sie, warum mit diesen Änderungen die BST-Eigenschaft bestehen bleibt. Würden Sie diese Strategie der in Abschnitt 5.8 beschriebenen vorziehen? *Hinweis*: Betrachten Sie bei den beiden Vorgehensweisen jeweils die Auswirkungen auf die Pfadlänge. Im nächsten Abschnitt werden wir sehen, daß kurze Pfade die Operationen schnell machen.

5.8.5*: Diese Übung bezieht sich auf den binären Suchbaum aus Abb. 5.45. Zeigen Sie durch Induktion über i, daß, wenn $1 \leq i \leq k$ gilt, $y < z_i$ ist. Zeigen Sie weiterhin, daß y das kleinste Element des Baumes mit der Wurzel z_k ist.

5.9 Effizienz der Operationen auf binären Suchbäumen

Der binäre Suchbaum stellt eine ziemlich schnelle Implementierung eines Wörterbuches dar. Zunächst ist zu erwähnen, daß jede der Operationen *insert*, *delete* und *lookup* eine Anzahl rekursiver Aufrufe durchführt, die der Länge des zu verfolgenden Pfades entspricht (falls `deletemin` aufgerufen wird, muß dieser Pfad den Weg zum kleinsten Element des rechten Unterbaumes einschließen). Eine einfache Analyse der Prozeduren `lookup`, `insert`, `delete` und `deletemin` ergibt, daß jede Operation $O(1)$ Zeit benötigt zuzüglich der Zeit für einen rekursiven Aufruf. Hinzu kommt, daß dieser rekursive Aufruf jeweils mit einem Kind des aktuellen Knotens durchgeführt wird, so daß sich die Höhe des Knotens mit jedem folgenden Aufruf mindestens um 1 verringert.

Wenn $T(h)$ die Zeit beschreibt, die jede dieser Prozeduren benötigt, wenn sie mit einem Zeiger auf einen Knoten der Höhe h aufgerufen wird, erhalten wir demnach folgende Rekurrenzbeziehung, die $T(h)$ nach oben beschränkt:

BASIS. $T(0) = O(1)$. Das bedeutet, daß der Aufruf terminiert, wenn die jeweilige Prozedur mit einem Blatt aufgerufen wird, oder ein rekursiven Aufruf mit einem `NIL`-Argument durchgeführt und die Prozedur anschließend ohne weitere Aufrufe verlassen wird. Zusammen ergibt dies den Aufwand $O(1)$.

INDUKTION. Es gilt $T(h) \leq T(h - 1) + O(1)$ für $h \geq 1$. Das heißt, der Aufwand, den ein Aufruf auf einem inneren Knoten hat, beträgt $O(1)$ zuzüglich der Zeit für einen rekursiven Aufruf, der mit einem Knoten mit höchstens der Höhe h - 1 durchgeführt wird. Gehen wir von der durchaus angemessenen Annahme aus, daß sich $T(h)$ mit größer werdenden h erhöht, dann braucht ein rekursiver Aufruf nicht mehr als $T(h - 1)$ Zeit.

Wie in Abschnitt 3.9 bereits besprochen, lautet die Lösung der Rekurrenz von $T(h)$ $O(h)$. Die Laufzeit jeder Wörterbuch-Operation auf einem binären Suchbaum mit n Knoten ist somit höchstens proportional zur Höhe des Baumes. Was aber ist die Höhe eines typischen binären Suchbaumes mit n Knoten?

Der schlimmste Fall

Im schlimmsten Fall sind alle Knoten eines binären Suchbaumes, wie in dem Baum in Abb. 5.48, in einem einzigen Pfad angeordnet. Ein solcher Baum kommt zum Beispiel dann zustande, wenn man eine Liste von k sortierten Elementen nimmt und ein Element nach dem anderen in einen anfänglich leeren Baum einfügt. Es gibt auch Bäume, bei denen der einzelne Pfad nicht nur aus rechten Kindern besteht, sondern eine Mischung aus rechten und linken Kindern darstellt, wobei der Pfad an jedem inneren Knoten entweder links oder rechts entlang führt.

Die Höhe eines k-knotigen Baumes, wie der in Abb. 5.49, beträgt k - 1. Wir erwarten also, daß die Operationen *lookup*, *insert* und *delete* auf einem Wörterbuch mit k Elementen den Aufwand $O(k)$ haben, wenn dieses Wörterbuches durch einen dieser degenerierten Bäume dargestellt wird. Intuitiv ist zu erwarten, daß, wenn wir ein Element x suchen, wir dieses im Durchschnitt auf der Hälfte des Pfades finden sollten. Wir müßten also $k/2$ Knoten betrachten. Wenn wir x nicht finden, müßten wir den Baum solange durchforsten, bis wir zu der Stelle gelangen, an der x stehen sollte, die sich wiederum durchschnittlich auf der Hälfte des Weges befinden müßte. Da wir bei jeder der Operationen *lookup*, *insert* und *delete* nach einem bestimmten Element suchen, wissen wir, daß diese Operationen im Durchschnitt $O(k)$ Zeit benötigen, wenn einer dieser schlechten Bäume aus Abb. 5.48 gegeben ist.

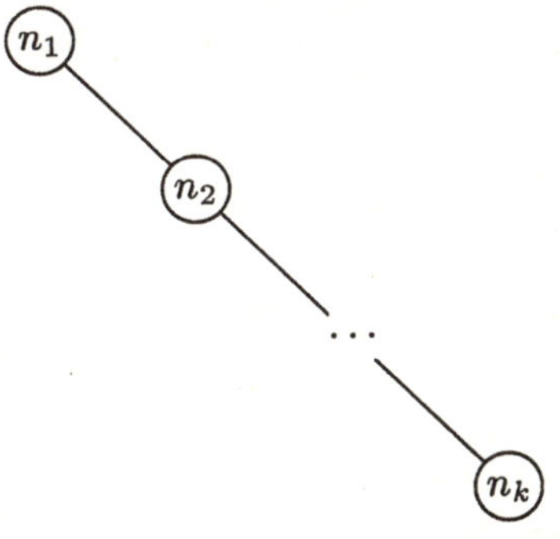

Abb. 5.48: Ein degenerierter Binärbaum.

Der beste Fall

Ein Binärbaum braucht jedoch nicht unbedingt lang und dünn zu wachsen wie der in Abb. 5.48; er könnte ebensogut kurz und verästelt sein, wie in Abb. 5.49. Einen Baum, wie den zuletzt beschriebenen, bei dem jeder innere Knoten bis zu einer gewissen Ebene zwei Kinder hat und die nächste Ebene ausschließlich Blätter enthält, bezeichnet man als *vollen* oder *vollständigen* Baum.

Ein vollständiger Baum der Höhe h hat 2^{h+1}-1 Knoten. Wir können diese Behauptung durch eine Induktion über die Höhe h beweisen.

BASIS. Wenn h = 0 ist, besteht der Baum aus einem einzigen Knoten. Da 2^{0+1}-1 = 1 ist, gilt der Induktionsanfang.

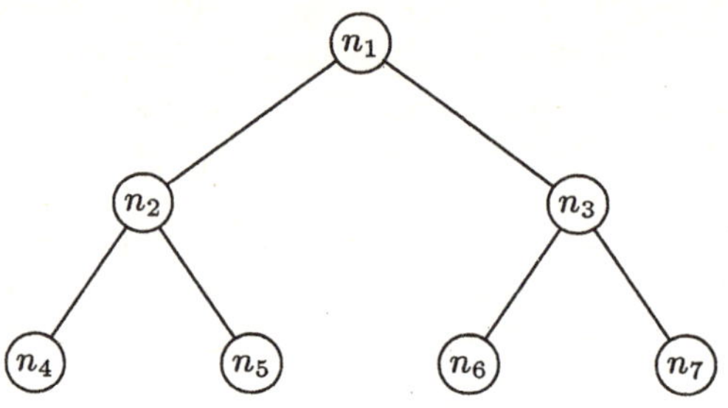

Abb. 5.49: Voller Binärbaum mit sieben Knoten.

INDUKTION. Angenommen, ein vollständiger Binärbaum der Höhe h besitzt 2^{h+1}-1 Knoten, und es sei weiterhin ein vollständiger Binärbaum der Höhe h + 1 gegeben. Dieser Baum besteht aus einem Knoten an der Wurzel und aus linken und rechten Unterbäumen, die selbst vollständige Binärbäume der Höhe h sind. Der vollständige Binärbaum der Höhe 2 aus Abb. 5.49 besteht beispielsweise aus der Wurzel n_1, aus einem linken Unterbaum mit den Knoten n_2, n_4 und n_5, der einen vollständigen Binärbaum der Höhe 1 darstellt, und aus einem rechten Unterbaum, der aus den drei restlichen Knoten besteht und auch ein vollständiger Binärbaum der Höhe 1 ist. Aufgrund der Induktionsannahme beträgt die Anzahl der Knoten in zwei vollständigen Binärbäumen der Höhe h nun $2(2^{h+1} - 1)$. Wenn wir den Wurzelknoten noch dazu nehmen, so stellt sich heraus, daß ein vollständiger Binärbaum der Höhe $h + 1$ genau $2(2^{h+1} - 1) + 1 = 2^{h+2} - 1$ Knoten enthält, was den Induktionsschritt beweist.

Wir können diese Beziehung auch umdrehen und sagen, daß ein vollständiger Binärbaum mit $k = 2^{h+1}-1$ Knoten die Höhe h hat. Es gilt somit auch $k + 1 = 2^{h+1}$. Nehmen wir den Logarithmus, dann ist $\log_2(k+1) = h + 1$ bzw. h ist ungefähr $O(\log k)$. Da die Laufzeit von *lookup*, *insert* und *delete* proportional zur Höhe des Baumes ist, schließen wir, daß diese Operationen auf einem vollständigen Binärbaum eine zur Anzahl der Knoten logarithmische Zeit benötigen. Diese Leistung ist wesentlich besser als die lineare Zeit, die es braucht, um einen dieser degenerierten Bäume aus Abb. 5.48 zu bearbeiten. Mit einem größer werdenden Wörterbuch wächst die Laufzeit der Wörterbuch-Operationen erheblich langsamer als die Anzahl der Elemente der Menge.

Der typische Fall

Welcher der beiden Fälle in den Abbildungen 5.48 und 5.49 trifft häufiger zu? In der Praxis ist eigentlich keiner von beiden die Regel, der vollständige Baum aus Abb. 5.49 bietet jedoch eine Effizienz der Wörterbuch-Operationen, die dem typischen Fall wesentlich näher kommt. Das bedeutet, *lookup*, *insert* und *delete* haben im Durchschnitt einen logarithmischen Aufwand.

Einen Beweis darüber zu führen, daß ein typischer Binärbaum für die Wörterbuch-Operationen eine logarithmische Zeit benötigt, ist schwierig. Im folgenden werden wir jedoch sehen, warum dies die korrekte Laufzeit ist. Die Wurzel eines Binärbaumes teilt die Knoten, bis auf sich selbst, in zwei Unterbäume. Bei der gleichmäßigsten Aufteilung ergibt dies für einen k-knotigen Baum zwei Unterbäume, die jeweils ungefähr $k/2$ Knoten enthalten. Dieser Fall tritt ein, wenn sich das Wurzelelement zufällig genau in der Mitte der sortierten Elementliste befindet. Bei der schlechten Aufteilung ist das Wurzelelement das erste oder das letzte Element eines Wörterbuches, und die Aufteilung zerlegt den Baum in einen Unterbaum, der leer ist, und in einen, der k - 1 Knoten hat.

Im Durchschnitt können wir erwarten, daß sich das Wurzelelement auf halbem Wege zwischen der Mitte und einem Ende der sortierten Liste befindet; weiterhin dürfen wir erwarten, daß sich durchschnittlich $k/4$ Knoten im kleineren und $3k/4$ Knoten im größeren Unterbaum befinden. Wir wollen davon ausgehen, daß, während wir uns im Baum hinab arbeiten, wir bei jedem rekursiven Aufruf mit der Wurzel des größeren Unterbaumes fortfahren und daß auf jeder Ebene ähnliche Annahmen über die Verteilung der Elemente gelten. Auf der ersten Ebene wird der Baum im Verhältnis 1 : 3 geteilt, so daß auf der zweiten Ebene ein größter Unterbaum mit $(3/4)(3k/4)$ bzw. mit $9k/16$ Knoten übrigbleibt. In der d-ten Ebene erwarten wir somit, daß der größte Unterbaum ungefähr $(3/4)^d k$ Knoten besitzt.

Wenn d ausreichend groß wird, nähert sich die Größe $(3/4)^d k$ dem Wert 1, und wir dürfen erwarten, daß der größte Unterbaum auf dieser Ebene aus einem Blatt besteht.

Wir fragen uns also, für welchen Wert von d $(3/4)^d k \leq 1$ gilt. Nehmen wir den Logarithmus zur Basis 2, so erhalten wir

$$d \log_2(3/4) + \log_2 k \leq \log_2 1 \qquad (5.1)$$

Nun ist aber $\log_2 1 = 0$ und $\log_2(3/4)$ ist eine negative Konstante, deren Wert bei ungefähr -0,4 liegt. (5.1) läßt sich somit zu $\log_2 k \leq 0{,}4d$ oder $d \geq (\log_2 k)/0{,}4 = 2{,}5 \log_2 k$ umformen.

Anders ausgedrückt, bei einer Tiefe von ungefähr zweieinhalb mal dem Logarithmus der Knotenanzahl zur Basis 2 erwarten wir, daß wir nur noch Blätter vorfinden (oder diese bereits auf höheren Ebenen gefunden haben). Dieses Argument rechtfertigt zwar die Aussage, daß typische binäre Suchbäume eine Höhe proportional zum Logarithmus der Anzahl der Knoten eines Baumes haben, es beweist diese Aussage jedoch nicht.

ÜBUNGEN

5.9.1: Wenn Baum T die Höhe h und den Verzweigungsfaktor b hat, wie viele Knoten kann T dann höchstens und wie viele muß er mindestens haben?

5.9.2*: Angenommen, n zufällig gewählte Knoten werden in einen anfänglich leeren binären Suchbaum eingefügt. $P(n)$ sei die durchschnittliche Anzahl an Knoten auf dem Pfad von der Wurzel zu irgendeinem Knoten im Baum.

a) Zeigen Sie, daß für $n \geq 2$ gilt:

$$P(n) = 1 + \frac{2}{n^2} \sum_{k=1}^{n-1} kP(k)$$

b) Beweisen Sie, daß $P(n)$ $O(\log n)$ ist.

5.10 Prioritätsschlangen und partiell geordnete Bäume

Bisher kennen wir nur einen abstrakten Datentyp, das Wörterbuch, und eine Implementierung dafür, den binären Suchbaum. In diesem Abschnitt werden wir einen weiteren abstrakten Datentyp und eine seiner effizientesten Implementierungen untersuchen. Dieser ADT, der als *Prioritätsschlange* bezeichnet wird, ist eine Menge von Elementen, die jeweils eine mit ihnen assoziierte *Priorität* besitzen. Beispielsweise könnten die Elemente Records sein, und die Priorität wäre der Wert eines der Record-Felder. Die beiden zu dem Prioritätsschlangen-ADT gehörenden Operationen sind folgende:

1. Einfügen eines Elements in die Menge (*insert*).
2. Finden und Löschen eines Elements höchster Priorität in der Menge (diese kombinierte Operation nennt man *deletemax*). Das gelöschte Element wird von dieser Funktion zurückgegeben.

Beispiel 5.28

Ein Betriebssystem, das Mehrprogrammbetrieb zuläßt (*time-shared operating system*), nimmt Dienstanforderungen aus verschiedenen Quellen an. Diese Aufträge (*jobs*) müssen keinesfalls alle dieselbe Priorität haben. Die höchste Priorität könnten zum Beispiel die Systemprozesse haben; hierunter fallen die „Dämonen“, die auf eingehende Daten, wie etwa das durch einen Tastendruck an einer Tastatur generierte Signal oder auf die Ankunft eines Bitpakets über ein lokales Netz, warten. Als nächstes kämen die Benutzerprozesse, die Befehle, die von gewöhnlichen Benutzern angestoßen wurden. Darunter könnten gewisse Hintergrundaufträge liegen, wie das Sichern von Daten auf ein Band oder lange Berechnungen, für die der Benutzer eine niedrige Priorität festgelegt hat.

Aufträge können durch Records bestehend aus einer Integer-ID für den Auftrag und einer ganzen Zahl für die Priorität des Auftrags dargestellt werden. Das heißt, wir könnten die Struktur

```
type ETYPE = record
        jobID: integer;
        priority: integer
    end;
```

für die Elemente einer Prioritätsschlange verwenden. Wird ein neuer Auftrag begonnen, so erhält dieser eine Identität und eine Priorität. Anschließend führen wir für dieses Element die *insert*-Operation auf der Prioritätsschlange von Aufträgen, die auf ihre Bearbeitung warten, durch. Wird ein Prozessor verfügbar, so wendet sich das System an die Prioritätsschlange und führt die *deletemax* Operation aus. Das Element, das von dieser Operation zurückgeliefert wird, ist ein wartender Auftrag mit der höchsten Priorität; er wird als nächster ausgeführt. ◆

Beispiel 5.29

Wir können einen Sortieralgorithmus mit Hilfe einer Prioritätsschlange implementieren. Es sei die Sequenz $a_1, a_2, ..., a_n$ ganzer Zahlen zu sortieren. Jedes Element wird in eine Prioritätsschlange eingefügt, wobei der Wert des jeweiligen Elements als Priorität dient. Führen wir *deletemax* dann n mal aus, werden die ganzen Zahlen so gewählt, daß die höchste Zahl zuerst kommt bzw. daß sie in der umgekehrten Reihenfolge ihrer sortierten Ordnung (bei der das kleinste Element das erste war) erscheinen. Wir werden diesen Algorithmus im nächsten Abschnitt genauer betrachten; er wird Heapsort genannt. ◆

Partiell geordnete Bäume

Eine Prioritätsschlange kann auf effiziente Art und Weise durch einen *partiell geordneten Baum* (*partially ordered tree*, kurz: *POT*) implementiert werden. Es handelt sich dabei um einen markierten Binärbaum mit folgenden Eigenschaften:

1. Die Markierungen der Knoten sind Elemente mit einer „Priorität"; diese Priorität kann der Wert eines Elements oder der Wert einer Komponente eines Elements sein.
2. Die in einem Knoten gespeicherten Elemente haben mindestens eine ebenso hohe Priorität wie die in den Kindern dieses Knotens gespeicherten Elemente.

Die Eigenschaft 2 impliziert, daß das Element an der Wurzel jedes Unterbaumes immer ein größtes Element dieses Unterbaumes ist. Wir nennen diese 2. Eigenschaft die *Eigenschaft partiell geordneter Bäume* oder kurz die *POT-Eigenschaft*.

Beispiel 5.30

Abbildung 5.50 zeigt einen partiell geordneten Baum mit 10 Elementen. Hier, wie auch im weiteren Verlauf dieses Abschnitts, werden wir die Elemente anhand ihrer Priorität darstellen, so als wären die Elemente und die Priorität dasselbe. Beachten Sie, daß gleiche Elemente auf unterschiedlichen Ebenen des Baumes vorkommen können. Daß die POT-Eigenschaft an der Wurzel erfüllt ist, erkennt man daran, daß die 18, das Element an eben dieser Stelle, nicht kleiner ist als die Elemente 18 und 16 ihrer Kinder. Auf ähnliche Weise läßt sich prüfen, daß die POT-Eigenschaft an jedem inneren Knoten gilt. Abbildung 5.50 ist somit ein partiell geordneter Baum. ◆

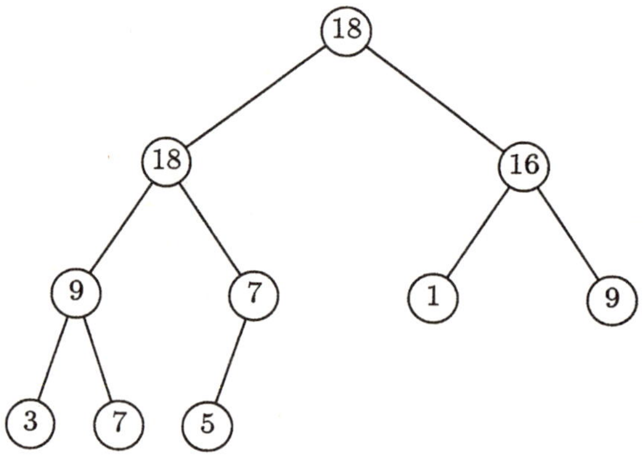

Abb. 5.50: Partiell geordneter Baum mit 10 Elementen.

Partiell geordnete Bäume stellen eine nützliche abstrakte Implementierung von Prioritätsschlangen dar. Um *deletemax* auszuführen, finden wir an der Wurzel den Knoten, der der maximale Knoten sein muß, und ersetzen diesen durch den am weitesten rechts stehenden Knoten der untersten Ebene. Es kann nun aber passieren, daß wir dabei die POT-Eigenschaft verletzen. Wir müssen demnach diese Eigenschaft dadurch wiederherstellen, daß wir das neu an der Wurzel plazierte Element solange nach unten „durchreichen" bis eine passende Ebene gefunden wurde, in der dieses Element kleiner ist als sein Vater, aber mindestens genauso groß wie jedes seiner Kinder. Zur Ausführung der Operation *insert* können wir in der untersten Ebene soweit links wir nur möglich bzw. am linken Ende einer neuen Ebene, falls die unterste Ebene bereits voll ist, ein neues Blatt hinzufügen. Wiederum kann es zu einer Verletzung der POT-Eigenschaft kommen. Ist dies der Fall, so „reichen" wir das neue Element solange nach oben weiter, bis es seinen Platz gefunden hat.

Ausgewogene partiell geordnete Bäume und Heaps

Wir bezeichnen einen partiell geordneten Baum als ausgewogen, wenn alle möglichen Knoten auf allen Ebenen mit Ausnahme der untersten vorhanden sind und die Blätter der untersten Ebene so weit links stehen wie möglich. Dieses Bedingung impliziert, daß, wenn ein Baum n Knoten besitzt, kein Pfad von der Wurzel zu einem Knoten länger als $\log_2 n$ ist. Der Baum in Abb. 5.50 ist ein ausgewogener POT.

Ein ausgewogener POT kann unter Verwendung einer Array-Datenstruktur, genannt *Heap*, implementiert werden, der eine schnelle, kompakte Implementierung des Prioritätsschlangen-ADT darstellt. Ein Heap ist eigentlich nur ein Array A mit einer besonderen Art der Interpretation der Elementindizes. Die Elemente der Knoten eines ausgewogenen partiell geordneten Baumes erscheinen in A eine Ebene nach der anderen ausgehend von der Wurzel und innerhalb einer Ebene von links nach rechts. Die Wurzel eines ausgewogenen partiell geordneten Baumes steht somit in $A[1]$, das linke Kind der Wurzel steht in $A[2]$ und das rechte Kind der Wurzel in $A[3]$. Allgemein bedeutet dies, daß das linke Kind des Knotens in $A[i]$ sich in $A[2i]$ befindet und daß das rechte Kind in $A[2i+1]$ steht, wenn diese Kinder im partiell geordneten Baum existieren. Die Ausgewogenheit dieses Baumes erlaubt diese Darstellungsweise. Die POT-Eigenschaft der Elemente impliziert, daß $A[i]$ mindestens so groß ist wie $A[2i]$ und $A[2i+1]$, wenn $A[i]$ zwei Kinder hat, und wenn $A[i]$ nur ein Kind hat, ist es mindestens so groß wie $A[2i]$.

1	2	3	4	5	6	7	8	9	10
18	18	16	9	7	1	9	3	7	5

Abb. 5.51: Heap für Abb. 5.50.

Beispiel 5.31

Der Heap zur Darstellung des ausgewogenen partiell geordneten Baumes aus Abb. 5.50 wird in Abb. 5.51 illustriert. $A[4]$ enthält beispielsweise den Wert 9; dieses Array-Element repräsentiert das linke Kind des linken Kindes der Wurzel in Abb. 5.50. Die Kinder dieses Knotens stehen in $A[8]$ und $A[9]$. Ihre Elemente, 3 und 7, sind beide nicht größer als 9, wie von der POT-Eigenschaft gefordert. Das Array-Element $A[5]$, welches dem rechten Kind des linken Kindes der Wurzel entspricht, hat ein linkes Kind in $A[10]$. Sein rechtes Kind würde in $A[11]$ stehen, doch besteht der partiell geordnete Baum gegenwärtig nur aus 10 Elementen, so daß $A[11]$ nicht Teil des Heaps ist. ◆

Obwohl wir Baumknoten und Array-Elemente so dargestellt haben, als wären sie selbst die Priorität, steht in einem Knoten oder einem Array grundsätzlich ein ganzes Record. Wie wir noch feststellen werden, ist es bei einem partiell geordneten Baum oder bei seiner Heap-Repräsentation unvermeidbar, daß Elemente zwischen den Kindern und den Vätern ausgetauscht werden. Es ist daher wesentlich effizienter, wenn die Array-Elemente selbst Zeiger auf Records sind, die die Objekte der Prioritätsschlange repräsentieren, und wenn diese Records in einem anderen Array „außerhalb" des Heaps gespeichert werden. Dann brauchen wir nur die Zeiger zu vertauschen und nicht die Records.

Implementationsschichten

Es ist sinnvoll, unsere beiden abstrakten Datentypen, das Wörterbuch und die Prioritätsschlange, miteinander zu vergleichen und zu beachten, daß wir bei beiden eine abstrakte Implementierung und eine Datenstruktur für diese Implementierung angegeben haben. Für beide gibt es andere abstrakte Implementierungen und für jede abstrakte Implementierung gibt es wieder andere Datenstrukturen. Wir versprachen, noch andere abstrakte Implementierungen für das Wörterbuch vorzustellen, wie die Hashtabelle. In den Übungen des Abschnitts 5.10 schlagen wir den binären Suchbaum als geeignete Implementierung einer Prioritätsschlange vor. Die unten angegebene Tabelle faßt das zusammen, was wir bereits über abstrakte Implementierungen und Datenstrukturen für das Wörterbuch und die Prioritätsschlange wissen.

ADT	ABSTRAKTE IMPLEMENTIERUNG	DATENSTRUKTUR
Wörterbuch	binärer Suchbaum	Struktur mit linkem und rechtem Kind
Prioritäts-schlange	ausgewogener partieller geordneter Baum	Heap

Durchführung von Prioritätsschlangenoperationen auf einem Heap

Wir werden einen Heap durch ein Array darstellen, dessen Typ folgendermaßen deklariert wird:

```
type INTARRAY = array[1..MAX] of integer;
```

In diesem gesamten Abschnitt nehmen wir an, daß es sich bei den Elementen um ganze Zahlen handelt, die gleichzeitig ihren Prioritäten entsprechen. Wenn die Elemente Records sind, können wir Zeiger auf die Records im Array speichern und die Priorität eines Elements anhand eines Feldes in seinem Record bestimmen.

Angenommen, es ist ein Heap mit n - 1 Elementen gegeben, der der POT-Eigenschaft genügt, und wir fügen an der Stelle $A[n]$ ein n-tes Element ein. Dann gilt die POT-Eigenschaft weiterhin überall außer vielleicht zwischen $A[n]$ und seinem Vaterknoten. Wenn $A[n]$ größer ist als $A[n$ `DIV` $2]$, das Element am Vaterknoten, müssen wir diese Elemente vertauschen. Nun kann es jedoch wieder eine Verletzung der POT-Eigenschaft zwischen $A[n$ `DIV` $2]$ und seinem Vaterknoten geben. Ist dies der Fall, „reichen" wir das neue Element solange rekursiv nach oben durch, bis es entweder eine Position gefunden hat, an dem der Vater ein größeres Element besitzt, oder bis es die Wurzel erreicht hat.

Die Prozedur `bubbleUp`, die diese Operation durchführt, steht in Abb. 5.52. Sie macht sich eine Prozedur `swap(A,i,j)` zunutze, die die Elemente in $A[i]$ und $A[j]$ vertauscht; auch diese Prozedur wird in Abb. 5.52 definiert. Die Arbeitsweise von `bubbleUp` ist einfach. Für das gegebene Argument i, das dem Knoten entspricht, der in bezug auf seinen Vater möglicherweise die POT-Eigenschaft verletzt, überprüfen wir, ob $i = 1$ ist (d. h. ob wir bereits an der Wurzel angekommen sind, so daß keine Verletzung der POT-Eigenschaft mehr auftreten kann). Wenn nicht, testen wir, ob das Element $A[i]$ größer ist als das Element am Vaterknoten. Ist dies der Fall, so vertauschen wir $A[i]$ mit seinem Vaterknoten und rufen `bubbleUp` mit dem Vaterknoten rekursiv auf.

```
procedure swap(var A: INTARRAY; i,j: integer);

var temp: integer;

begin
    temp := A[i];
    A[i] := A[j];
    A[j] := temp
end; (* swap *)

procedure bubbleUp(var A: INTARRAY; i: integer);
begin
```

```
    if i > 1 then if A[i] > A[i DIV 2] then begin
        swap(A, i, i DIV 2);
        bubbleUp(A, i DIV 2)
    end
end; (* bubbleUp *)
```

Abb. 5.52: Die Prozedur `swap` *vertauscht Array-Elemente, und die Prozedur* `bubbleUp` *schiebt ein neues Element in einem Heap an seine richtige Position.*

Beispiel 5.32

Angenommen, es ist der Heap aus Abb. 5.51 gegeben, und wir fügen ein elftes Element mit der Priorität 13 hinzu. Dieses Element wird in $A[11]$ geschrieben, was zu folgendem Array führt:

1	2	3	4	5	6	7	8	9	10	11
18	18	16	9	7	1	9	3	7	5	13

Wir rufen anschließend `bubbleUp(A,11)` auf, das $A[11]$ mit $A[5]$ vergleicht und dabei erkennt, daß wir diese Elemente vertauschen müssen, da $A[11]$ größer ist. Das heißt, $A[5]$ und $A[11]$ verletzen die POT-Eigenschaft. Das Array wird dann zu

1	2	3	4	5	6	7	8	9	10	11
18	18	16	9	13	1	9	3	7	5	7

Nun rufen wir `bubbleUp(A,5)` auf. Das führt zu dem Vergleich von $A[2]$ und $A[5]$. Da $A[2]$ größer ist, ergibt sich k eine Verletzung der POT-Eigenschaft, so daß `bubbleUp(A,5)` gar nichts unternimmt. Wir haben demnach die POT-Eigenschaft für dieses Array wiederhergestellt. ◆

Die Prozedur `bubbleUp` kann zur Implementierung der Prioritätsschlangenoperation *insert* benutzt werden. Unter der Annahme, daß das Array genügend Platz hat und bereits die POT-Eigenschaft erfüllt, inkrementieren wir den Index n des letzten Elements des aktuellen Heaps um 1, speichern das neue Element an dieser Position des Arrays, die nun `A[n]` ist, und rufen `bubbleUp(A,n)` auf. Wir implementieren *insert* somit durch die Prozedur aus Abb. 5.53. Das Argument x ist das einzufügende Element, und das Argument n beschreibt die Anzahl der Elemente, die sich gegenwärtig im Heap befinden. Der Test, ob $n < MAX$ ist, wird weggelassen.

```
procedure insert(var A: INTARRAY; x: integer; var n: integer);
begin
    n := n + 1;
    A[n] := x;
```

```
    bubbleUp(A,n)
end; (* insert *)
```

Abb. 5.53: Die auf einem Heap implementierte Prioritätsschlangenoperation insert.

Zur Implementierung der Prioritätsschlangenoperation *deletemax* benötigen wir eine weitere Operation auf Heaps oder auf partiell geordneten Bäumen, diesmal, um ein Element an der Wurzel, das die POT-Eigenschaft verletzt, nach unten zu verschieben. Angenommen, $A[i]$ gefährdet potentiell die POT-Eigenschaft, da es kleiner als eines oder beide seiner Kinder, $A[2i]$ und $A[2i+1]$, ist. Wir können $A[i]$ mit einem seiner Kinder vertauschen, müssen aber aufpassen mit welchem. Wenn wir es mit dem größeren der beiden Kinder vertauschen, gehen wir sicher, daß wir keine Verletzung der POT-Eigenschaft zwischen den beiden früheren Kindern von $A[i]$ hervorrufen, von denen das eine jetzt zum Vater des anderen geworden ist.

Die Prozedur `bubbleDown` aus Abb. 5.54 implementiert diese Operation. Nachdem ein Kind ausgewählt wurde, mit dem $A[i]$ vertauscht werden soll, ruft sie sich selbst rekursiv auf, um eine mögliche POT-Verletzung zwischen dem Element $A[i]$ in seiner neuen Position – die nun `A[2i]` oder `A[2i+1]` ist – und einem seiner neuen Kinder auszuschließen. Das Argument n entspricht der Anzahl der Elemente im Heap bzw. äquivalent dazu dem Index des letzten Elements.

```
    procedure bubbleDown(var A: INTARRAY; i, n: integer);

    var child: integer;

    begin
(1)    child := 2*i;
(2)    if child < n then if A[child+1] > A[child] then
(3)       child := child+1;
(4)       if child <= n then if A[i] < A[child] then begin
(5)          swap(A, i, child);
(6)          bubbleDown(A, child, n)
          end
    end; (* bubbleDown *)
```

Abb. 5.54: `bubbleDown` *verschiebt ein die POT-Eigenschaft erletzendes Element abwärts, bis ein Blatt erreicht wird.*

Diese Prozedur ist etwas knifflig. Wir müssen uns entscheiden, mit welchem Kind von $A[i]$ wir tauschen, wenn überhaupt, und wir nehmen zunächst in Zeile (1) in Abb. 5.54 an, daß $A[2i]$ das größere Kind ist. Wenn das rechte Kind existiert (also $child < n$ gilt) und das rechte Kind auch das größere ist, werden die Tests in Zeile (2) erfüllt, und in Zeile (3) machen wir *child* zum rechten Kind von $A[i]$.

In Zeile (4) überprüfen wir zwei Dinge. Zunächst ist es möglich, daß $A[i]$ tatsächlich keine Kinder im Heap besitzt. Deshalb überprüfen wir durch die Abfrage, ob $child \leq n$ gilt, ob $A[i]$ ein innerer Knoten ist. Der zweite Test in Zeile (4) prüft, ob $A[i]$ kleiner ist als $A[child]$. Sind beide Bedingungen erfüllt, so tauschen wir in Zeile (5) $A[i]$ mit seinem größeren Kind, und in Zeile (6) rufen wir `bubbleDown` rekursiv auf, um das schuldige Element, wenn nötig, weiter nach unten zu verschieben.

`bubbleDown` kann auch zur Implementierung der Prioritätsschlangenoperation *deletemax* verwendet werden, wie in Abb. 5.55 angegeben. n entspricht hier der Anzahl der Elemente, die sich gegenwärtig im Heap befinden; wir führen keinen Test zur Überprüfung durch, ob $n > 0$ ist.

In Zeile (1) vertauschen wir das zu löschende Element an der Wurzel mit dem letzten Element in `A[n]`. Genaugenommen sollten wir das gelöschte Element zurückgeben, aber wie wir noch sehen werden, ist es praktischer, es in `A[n]` abzulegen, welches nicht mehr zum Heap gehört.

In Zeile (2) dekrementieren wir n um 1, was dazu führt, daß das größte Element, das sich im alten `A[n]` befindet, gelöscht wird. Da die Wurzel nun gegebenenfalls die POT-Eigenschaft verletzt, rufen wir in Zeile (3) `bubbleDown(A,1,n)` auf. Dadurch wird das schuldige Element solange nach unten weitergereicht, bis es entweder eine Stelle erreicht, an der es nicht kleiner als eines seiner Kinder ist, oder bis es zu einem Blatt geworden ist; in beiden Fällen kommt es nicht zu einer Verletzung der POT-Eigenschaft.

```
        procedure deletemax(var A: INTARRAY; var n: integer);
        begin
(1)        swap(A,1,n);
(2)        n := n-1;
(3)        bubbleDown(A,1,n)
        end; (* deletemax *)
```

Abb. 5.55: Die auf einem Heap implementierte Prioritätsschlangenoperation deletemax.

Beispiel 5.33

Angenommen, wir beginnen mit dem Heap aus Abb. 5.51 und führen `deletemax` aus. Nach dem Vertauschen der Elemente $A[1]$ und $A[10]$ setzen wir n auf 9. Der Heap wird dann zu

1	2	3	4	5	6	7	8	9
5	18	16	9	7	1	9	3	7

Wenn wir `bubbleDown(A,1,9)` ausführen, setzen wir *child* auf 2. Da $A[2] \geq A[3]$ ist, inkrementieren wir *child* in Zeile (3) in Abb. 5.54 nicht. Und da $child \leq n$ und $A[1] < A[2]$ ist, vertauschen wir anschließend diese Elemente, um das folgende Array zu erhalten

1	2	3	4	5	6	7	8	9
18	5	16	9	7	1	9	3	7

Danach rufen wir `bubbleDown(A,2,9)` auf. Dafür müssen wir in Zeile (2) $A[4]$ mit $A[5]$ vergleichen, und es stellt sich heraus, daß ersteres größer ist. In Zeile (4) von Abb. 5.54 ist demnach $child = 4$. Stellen wir fest, daß $A[2] < A[4]$ gilt, so vertauschen wir diese Elemente und rufen `bubbleDown(A,4,9)` auf folgendem Array auf

1	2	3	4	5	6	7	8	9
18	9	16	5	7	1	9	3	7

Als nächstes vergleichen wir $A[8]$ und $A[9]$ miteinander und stellen fest, daß letzteres größer ist, so daß in Zeile (4) von `bubbleDown(A,4,9)` $child = 9$ ist. Wieder vertauschen wir die Elemente, da $A[4] < A[9]$ ist, was uns zu folgendem Array führt

1	2	3	4	5	6	7	8	9
18	9	16	7	7	1	9	3	5

Im nächsten Schritt rufen wir `bubbleDown(A,9,9)` auf. In Zeile (1) setzen wir *child* auf 18, wonach der erste Test in Zeile (2) versagt, da $child < n$ falsch ist. Auch der Test in Zeile (4) versagt, so daß wir keine Vertauschung und keinen rekursiven Aufruf mehr vornehmen. Das Array entspricht nun einem Heap, dessen POT-Eigenschaft wiederhergestellt wurde. ◆

Die Laufzeit von Operationen auf Prioritätsschlangen

Die Heap-Implementierung von Prioritätsschlangen hat eine Laufzeit von $O(\log n)$ pro *insert*- oder *deletemax*-Operation. Um zu verstehen, warum dies so ist, wollen wir zunächst das `insert`-Programm aus Abb. 5.53 unter die Lupe nehmen. Offensichtlich braucht dieses Programm für die ersten beiden Schritte $O(1)$ Zeit plus der Zeit, die der Aufruf von `bubbleUp` benötigt. Wir müssen also die Laufzeit von `bubbleUp` ermitteln.

Informell ausgedrückt beobachten wir jedesmal, wenn `bubbleUp` sich selbst aufruft, daß wir uns an einem Knoten befinden, der um eine Position näher an der Wurzel liegt. Da ein ausgewogener partiell geordneter Baum ungefähr eine Höhe von $\log_2 n$ hat, beträgt die Anzahl der rekursiven Aufrufe $O(\log_2 n)$. Da jeder Aufruf von `bubbleUp` die Zeit $O(1)$ plus der Zeit für den rekursiven Aufruf, wenn es einen gibt, benötigt, muß eine Gesamtzeit von $O(\log n)$ veranschlagt werden.

Formal ausgedrückt sei $T(i)$ die Laufzeit von `bubbleUp(A,i)`. Dann können wir für $T(i)$ wie folgt eine Rekurrenzbeziehung aufstellen.

BASIS. Wenn $i = 1$ ist, dann ist $T(i)$ $O(1)$. Es ist dabei leicht festzustellen, daß das `bubbleUp`-Programm aus Abb. 5.52 keine rekursiven Aufrufe durchführt und nur der Test der if-Anweisung ausgeführt wird.

INDUKTION. Ist $i > 1$, so kann der Test der if-Anweisung versagen, weil $A[i]$ dann nicht weiter oben stehen muß. Wenn der Test erfolgreich ist, führen wir `swap`, das $O(1)$ Zeit plus einen rekursiven Aufruf von `bubbleUp` mit einem Argument $i/2$ benötigt (oder geringfügig kleiner, falls i ungerade ist). Es gilt $T(i) \leq T(i/2)+O(1)$.

Für Konstanten a und b erhalten wir demnach folgende Rekurrenz:

$$T(1) = a$$
$$T(i) = T(i/2)+b \text{ für } i > 1$$

als obere Schranke der Laufzeit von `bubbleUp`. Wenn wir $T(i/2)$ ausschreiben, erhalten wir

$$T(i) = T(i/2^j)+bj \qquad (5.2)$$

für alle j. Wie auch in Abschnitt 3.10, wählen wir den Wert von j so, daß $T(i/2^j)$ möglichst einfach wird. In diesem Fall setzen wir $j = \log_2 i$, so daß $i/2^j = 1$ ist. (5.2) wird somit zu $T(i) = a+b \log_2 i$; das heißt, $T(i)$ ist $O(\log i)$. Da `bubbleUp` den Aufwand $O(\log i)$ hat, gilt dies auch für `insert`.

Widmen wir uns nun der Prozedur `deletemax`. Aus Abb. 5.55 ersehen wir, daß sich die Laufzeit für `deletemax` aus $O(1)$ plus der Laufzeit von `bubbleDown` ergibt. Die Analyse der Laufzeit von `bubbleDown` entspricht im wesentlichen der Analyse von `bubbleUp`. Wir lassen sie daher an dieser Stelle aus und schließen, daß `bubbleDown` und `deletemax` ebenfalls $O(\log n)$ Zeit benötigen.

ÜBUNGEN

5.10.1: Zeigen Sie, ausgehend von dem Heap aus Abb. 5.51, was geschieht, wenn wir

a) 3 einfügen

b) 20 einfügen

c) das maximale Element löschen

d) wiederum das maximale Element löschen

5.10.2: Beweisen Sie die Gleichung (5.2) durch Induktion über j.

5.10.3: Beweisen Sie durch Induktion über die Tiefe der Verletzung der POT-Eigenschaft, daß die Prozedur `bubbleUp` aus Abb. 5.52 aus einem Baum mit einer Verletzung auf korrekte Weise wieder einen Baum macht, der die POT-Eigenschaft besitzt.

5.10.4: Beweisen Sie, daß die Prozedur `insert(A,x,n)` aus `A` einen Heap der Größe n macht, wenn `A` vorher ein Heap der Größe n - 1 war. Verwenden Sie gegebenenfalls Übung 5.10.3. Was geschieht, wenn `A` vorher kein Heap war?

5.10.5: Beweisen Sie durch Induktion über die Höhe der Verletzung der POT-Eigenschaft, daß die Prozedur `bubbleDown` aus Abb. 5.54 aus einem Baum mit einer Verletzung auf korrekte Weise wieder einen Baum macht, der die POT-Eigenschaft besitzt.

5.10.6: Beweisen Sie, daß `deletemax(A,n)` aus einem Heap der Größe n einen Heap der Größe n - 1 macht. Was geschieht, wenn `A` vorher kein Heap war?

5.10.7: Beweisen Sie, daß `bubbleDown(A,1,n)` $O(\log n)$ Zeit für einen Heap der Länge n benötigt.

5.10.8:** Wie groß ist die Wahrscheinlichkeit, daß ein n-elementiger Heap mit unterschiedlichen, zufällig ausgewählten Elementprioritäten ein partiell geordneter Baum ist? Können Sie keine allgemeine Regel herleiten, so schreiben Sie eine rekursive Prozedur zur Berechnung der Wahrscheinlichkeit als Funktion über n.

5.10.9: Wir sind nicht auf einen Heap angewiesen, um einen partiell geordneten Baum zu implementieren. Angenommen, wir verwenden die übliche Datenstruktur des linken und rechten Kindes für Binärbäume. Zeigen Sie, wie unter Verwendung dieser anstelle der Heap-Struktur die Prozeduren `bubbleDown`, `insert` und `deletemax` zu implementieren sind.

5.10.10*: Ein binärer Suchbaum kann als abstrakte Implementierung einer Prioritätsschlange benutzt werden. Zeigen Sie, wie die Operationen *insert* und *deletemax* unter Verwendung eines binären Suchbaumes mit der Datenstruktur des linken und rechten Kindes implementiert werden können. Welche Laufzeiten haben diese Operationen (a) im schlimmsten Fall und (b) im Durchschnitt?

5.11 Heapsort: Sortieren mit ausgewogenen partiell geordneten Bäumen

Wir werden nun den als *Heapsort* bekannten Algorithmus beschreiben. Er sortiert ein Array `A[1..n]` in zwei Phasen. In der ersten Phase sorgt Heapsort dafür, daß A die POT-Eigenschaft erhält. Die zweite Phase von Heapsort wählt solange das größte verbliebene Element des Heaps aus, bis der Heap nur noch aus dem kleinsten Element besteht, woraufhin das Array A sortiert ist.

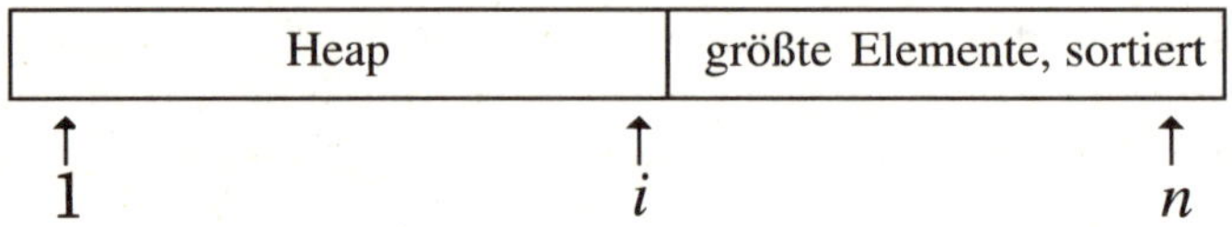

Abb. 5.56: Zustand des Arrays A während des Heapsorts.

Abbildung 5.56 zeigt das Array A während der zweiten Phase. Der Anfangsteil des Arrays besitzt die POT-Eigenschaft, im restlichen Teil sind die Elemente aufsteigend sortiert. Desweiteren sind die Elemente im sortierten Teil die größten $n - i$ Elemente des Arrays. In der zweiten Phase läuft i von n abwärts bis 1, so daß der gesamte Heap, anfänglich das ganze Array A, schließlich soweit zusammenschrumpft, bis er nur noch aus dem kleinsten Element besteht, das sich in `A[1]` befindet. Im einzelnen besteht die zweite Phase aus folgenden Schritten.

1. $A[1]$, das größte Element in `A[1..i]`, wird mit $A[i]$ vertauscht. Da alle Elemente in `A[i+1..n]` so groß wie oder größer als alle in `A[1..i]` sind, und da wir gerade das größte der letzteren Elementgruppe an die Position i getauscht haben, wissen wir, daß `A[i..n]` die größten $n - i + 1$ Elemente enthält und daß diese sortiert sind.
2. Der Wert i wird dekrementiert, was die Größe des Heaps um 1 verringert.
3. Die POT-Eigenschaft wird für den Anfangsteil des Arrays wiederhergestellt, indem das Element an der Wurzel, das wir gerade an die Position $A[1]$ getauscht hatten, nach unten durchgereicht wird.

Beispiel 5.34

Gegeben sei das Array aus Abb. 5.51, welches die POT-Eigenschaft besitzt. Wir wollen nun die erste Iteration der zweiten Phase nachvollziehen. Im ersten Schritt vertauschen wir $A[1]$ und $A[10]$ und erhalten:

1	2	3	4	5	6	7	8	9	10
5	18	16	9	7	1	9	3	7	18

Der zweite Schritt verkleinert die Heap-Größe auf 9, und der dritte Schritt stellt die POT-Eigenschaft durch den Aufruf von `bubbleDown(1)` für die ersten neun Elemente wieder her. Bei diesem Aufruf werden die Elemente $A[1]$ und $A[2]$ vertauscht:

1	2	3	4	5	6	7	8	9	10
18	5	16	9	7	1	9	3	7	18

Dann werden $A[2]$ und $A[4]$ vertauscht:

1	2	3	4	5	6	7	8	9	10
18	9	16	5	7	1	9	3	7	18

Zum Schluß werden noch $A[4]$ und $A[9]$ vertauscht:

1	2	3	4	5	6	7	8	9	10
18	9	16	7	7	1	9	3	5	18

An diesem Punkt besitzt `A[1..9]` die POT-Eigenschaft.

Die zweite Iteration der Phase 2 beginnt mit dem Vertauschen des Elements 18 in `A[1]` mit dem Element 5 in `A[9]`. Nachdem die 5 nach unten durchgereicht wurde, wird das Array zu

1	2	3	4	5	6	7	8	9	10
16	9	9	7	7	1	5	3	18	18

In dieser Phase sind die beiden letzten Elemente des Arrays in sortierter Reihenfolge die größten.

Phase 2 fährt solange fort, bis das Array vollständig sortiert ist:

1	2	3	4	5	6	7	8	9	10
1	3	5	7	7	9	9	16	18	18

◆

Heapifizieren eines Arrays

Informell ließe sich Heapsort wie folgt beschreiben:

for i := 1 **to** n **do**
    insert(a_i);
  for i := 1 **to** n **do**
    deletemax

Zur Implementierung dieses Algorithmus fügen wir n zu sortierende Elemente a_1, a_2,..., a_n in einen anfänglich leeren Heap ein. Anschließend führen wir *deletemax* n mal aus und erhalten die Elemente so in einer Reihenfolge, bei der das größte Element das erste ist. Die Anordnung in Abb. 5.56 gestattet uns, die gelöschten Elemente im hinteren Teil des Arrays zu speichern, während wir den Heap-Abschnitt dieses Arrays schrumpfen lassen.

Da im letzten Abschnitt gezeigt wurde, daß *insert* und *deletemax* jeweils $O(\log n)$ Zeit benötigen, und da jede Operation offensichtlich n mal ausgeführt wird, haben wir es hier mit einem $O(n \log n)$ Sortieralgorithmus zu tun, was mit Mergesort vergleichbar ist. In einer Situation, in der wir nur ein paar der größten Elemente anstelle der gesamten sortierten Liste benötigen, kann Heapsort dem Mergesort-Algorithmus sogar überlegen sein. Der Grund dafür ist, daß wir in $O(n)$ anstatt in $O(n \log n)$ Zeit aus einem Array einen Heap machen können, wenn wir die Prozedur `heapify` aus Abb. 5.57 verwenden.

```
procedure heapify(var A: INTARRAY; n: integer);

var i: integer;

begin
   for i := n DIV 2 downto 1 do
      bubbleDown(A,i,n)
end; (* heapify *)
```

Abb. 5.57: Heapifizieren eines Arrays.

Die Laufzeit von Heapify

Zunächst mag es so erscheinen, als würden die $n/2$ Aufrufe von `bubbleDown` in Abb. 5.57 $O(n \log n)$ Zeit benötigen, weil $\log n$ die einzige obere Schranke ist, die wir als Laufzeit von `bubbleDown` kennen. Wir erhalten aber eine noch genauere Schranke, $O(n)$, wenn wir uns die Tatsache zunutze machen, daß die Sequenzen, in denen Elemente nach unten durchgereicht werden, zumeist sehr kurz sind.

Zunächst müssen wir bubbleDown für die zweite Hälfte des Arrays nicht aufrufen, da dort alle Elemente Blätter sind. Auf dem zweiten Viertel des Arrays, das heißt, auf

```
A[(n DIV 4)+1..n DIV 2]
```

rufen wir bubbleDown gegebenenfalls einmal auf, wenn das Element kleiner ist als eines seiner Kinder; diese Kinder befinden sich aber in der zweiten Hälfte und sind somit Blätter. Im zweiten Viertel von A rufen wir bubbleDown demnach höchstens einmal auf. Auf ähnliche Weise rufen wir im zweiten Achtel des Arrays bubbleDown höchstens zweimal auf, und so weiter. Die Anzahl der Aufrufe von bubbleDown in den verschiedenen Regionen des Arrays wird in Abb. 5.58 verdeutlicht.

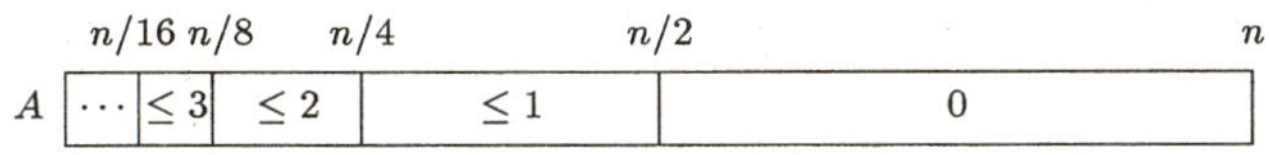

Abb. 5.58: Beim Durchlauf des Arrays von den niedrigen zu den hohen Indizes verringert sich die Anzahl der Aufrufe von bubbleDown *rapide.*

Wir wollen nun die Anzahl der Aufrufe von bubbleDown, die von heapify durchgeführt werden, einschließlich der rekursiven Aufrufe, zählen. In Abb. 5.58 ist zu erkennen, daß wir A in *Zonen* einteilen können, wobei die i-te Zone aus A[j] für j größer als $n/2^{i+1}$ nicht aber größer als $n/2^i$ besteht. Die Anzahl der Elemente in Zone i beträgt demnach $n/2^{i+1}$, und es gibt höchstens i Aufrufe von bubbleDown für jedes Element in Zone i. Weiterhin sind die Zonen $i > \log_2 n$ leer, da sie höchstens $n/2^{1+\log_2 n} = 1/2$ Elemente enthalten. Das Element A[1] ist das einzige in der Zone $\log_2 n$. Wir müssen somit die folgende Summe berechnen

$$\sum_{i=1}^{\log_2 n} in/2^{i+1} \tag{5.3}$$

Wir geben für die endliche Summe (5.3) eine obere Schranke an, indem wir sie zu einer unendlichen Summe erweitern und dann den Faktor $n/2$ herausziehen:

$$\frac{n}{2}\sum_{i=1}^{\infty} i/2^i \tag{5.4}$$

Wir müssen nun eine obere Schranke für die Summe (5.4) finden. Ausgeschrieben sieht diese Summe $\sum_{i=1}^{\infty} i/2^i$ wie folgt aus:

$$(1/2)+(1/4+1/4)+(1/8+1/8+1/8)+(1/16+1/16+1/16+1/16)+...$$

Diese invertierten Zweierpotenzen lassen sich auch in Form des in Abb. 5.59 angezeigten Dreiecks darstellen. Jede Zeile entspricht einer unendlichen geometrischen Folge mit dem Faktor 1/2, deren Summe zweimal der erste Term in der Folge ist, wie am rechten Rand der Abb. 5.59 angegeben. Die Zeilensummen bilden eine weitere geometrische Folge , die sich zu 2 summiert.

$$
\begin{array}{rrrrl}
1/2 + & 1/4 + & 1/8 + & 1/16 + \ldots & = 1 \\
 & 1/4 + & 1/8 + & 1/16 + \ldots & = 1/2 \\
 & & 1/8 + & 1/16 + \ldots & = 1/4 \\
 & & & 1/16 + \ldots & = 1/8 \\
 & & & \ldots & = \ldots
\end{array}
$$

Abb. 5.59: Anordnung der Summe $\sum_{i=1}^{\infty} i / 2^i$ *als Dreieckssumme.*

Daraus folgt, daß (5.4) nach oben durch $(n/2) \times 2 = n$ beschränkt ist. Das heißt, die Anzahl der Aufrufe von `bubbleDown` innerhalb der Prozedur `heapify` ist nicht größer als n. Da wir bereits herausgefunden haben, daß jeder Aufruf $O(1)$ Zeit ausschließlich aller rekursiven Aufrufe benötigt, schließen wir, daß `heapify` die Gesamtzeit $O(n)$ braucht.

Der vollständige Heapsort-Algorithmus

Das Pascal-Programm für Heapsort steht in Abb. 5.60. Es geht davon aus, daß ein Array von Integer-Zahlen `A[1..MAX]` gegeben ist und daß n die Anzahl der zu sortierenden Elemente beschreibt, wobei $n \leq$ `MAX` gilt. Die zu sortierenden Elemente befinden sich anfänglich in `A[1..n]`. Wir benutzen die Prozeduren `heapify` aus Abb. 5.57 und `deletemax` aus Abb. 5.55; letztere verwendet `swap` aus Abb. 5.52 und `bubbleDown` aus Abb. 5.54.

```
        procedure heapsort(var A: INTARRAY; n: integer);

        var i: integer;

        begin
(1)        heapify(A, n);
(2)        i := n;
(3)        while i > 1 do
(4)           deletemax(A, i)
        end; (* heapsort *)
```

Abb. 5.60: Sortieren eines Arrays mit Heapsort.

Die Zeile (1) ruft `heapify` auf, das aus den n zu sortierenden Elementen einen Heap macht; Zeile (2) initialisiert `i` mit n und markiert so das Ende des Heaps. Die Schleife in den Zeilen (3) und (4) wendet `deletemax` n - 1 mal an. Wir sollten das Programm aus Abb. 5.55 noch einmal betrachten, um uns in Erinnerung zu rufen, daß `deletemax(A,i)` das maximale Element des restlichen Heaps – das immer in `A[1]` steht – mit $A[i]$ vertauscht. Ein Nebeneffekt dabei ist, daß i um 1 dekrementiert wird, so daß die Größe des Heaps um 1 schrumpft. Das von `deletemax` in Zeile (4) „gelöschte" Element ist nun Teil des sortierten Endes des Arrays. Es ist kleiner oder gleich jedem Element des vorhergehenden Array-Endes, `A[i+1..n]`, jedoch größer oder gleich jedem Element, das sich noch im Heap befindet. Die geforderte Eigenschaft bleibt somit erhalten; alle Heap-Elemente stehen vor allen Elementen des Array-Endes.

Die Laufzeit von Heapsort

Wir haben gerade gezeigt, daß `heapify` in Zeile (1) eine Zeit proportional zu n benötigt. Zeile (2) braucht eindeutig $O(1)$ Zeit. Da sich i bei jedem Schleifendurchlauf in den Zeilen (3) und (4) um 1 verringert, beträgt die Anzahl der Schleifendurchläufe n - 1. Der Aufruf von `deletemax` in Zeile (4) benötigt $O(\log n)$ Zeit. Der gesamte Zeitaufwand für die Schleife ist demnach für n Elemente $O(n \log n)$. Diese Zeit dominiert den Aufwand für die Zeilen (1) und (2), und deshalb ist die Laufzeit von `heapify` für n Elemente $O(n \log n)$.

ÜBUNGEN

5.11.1: Wenden Sie Heapsort auf die Liste mit folgenden Elementen an: 3, 1, 4, 1, 5, 9, 2, 6, 5.

5.11.2*: Geben Sie einen Algorithmus mit der Laufzeit $O(n)$ an, der die $\sqrt{n}$ größten Elemente einer n-elementigen Liste findet.

5.12 Zusammenfassung des 5. Kapitels

Aus Kapitel 5 sollte der Leser die folgenden Punkte behalten:

- Bäume sind ein wichtiges Datenmodell zur Darstellung hierarchischer Information.
- Viele Datenstrukturen, die sich aus der Kombination von Arrays und Zeigern ergeben, können zur Implementierung von Bäumen verwendet werden; die gewählte Datenstruktur hängt von den Operationen ab, die auf dem Baum ausgeführt werden sollen.
- Zwei der wichtigsten Formen zur Repräsentation von Baumknoten sind die „Darstellung des ersten Kindes und der rechten Geschwister" (*leftmost-child-right-sibling*-Darstellung) und der Trie (ein Array von Zeigern auf die Kinder).

- Rekursive Algorithmen und Beweise sind für Bäume sehr gut geeignet. Eine Variante unseres elementaren Induktionsschemas, genannt strukturelle Induktion, ist praktisch eine vollständige Induktion über die Anzahl der Knoten eines Baumes.
- Der Binärbaum stellt eine Variante des Baummodells dar, bei dem jeder Knoten (optional) ein linkes und ein rechtes Kind hat.
- Ein binärer Suchbaum ist ein markierter Binärbaum mit der „Eigenschaft binärer Suchbäume", daß alle Markierungen des linken Unterbaumes vor der Markierung des Knotens stehen und daß alle Markierungen des rechtens Unterbaumes auf die Markierung des Knotens folgen.
- Der abstrakte Datentyp des Wörterbuches ist eine Menge, auf der wir die Operationen *insert*, *delete* und *lookup* durchführen können. Der binäre Suchbaum implementiert Wörterbücher auf effiziente Weise.
- Eine Prioritätsschlange ist ein weiterer abstrakter Datentyp; er stellt eine Menge dar, auf der wir die Operationen *insert* und *deletemax* durchführen können.
- Ein partiell geordneter Baum ist ein markierter Binärbaum mit der Eigenschaft, daß die Markierung an jedem Knoten mindestens so groß ist wie die Markierung an seinen Kindern.
- Ausgewogene partiell geordnete Bäume, bei denen die Knoten alle Ebenen von der Wurzel bis zur niedrigsten Ebene, bei der nur die links liegenden Positionen besetzt sind, vollständig belegen, können durch eine Array-Struktur, genannt Heap, implementiert werden. Diese Struktur bietet eine $O(\log n)$ Implementierung einer Prioritätsschlange und führt zu einem $O(n \log n)$ Sortieralgorithmus, der als Heapsort bezeichnet wird.

5.13 Bibliographische Anmerkungen zum 5. Kapitel

Für weiterreichende Anwendungen von Bäumen siehe Tarjan[1983]. Die Anwendung von Bäumen bei der Compilierung, wie in Abschnitt 5.7 eingeführt, ist in Aho, Sethi und Ullman [1986] nachzulesen.

Die Trie-Darstellung von Bäumen entstammt Fredkin [1960]. Der binäre Suchbaum wurde unabhängig voneinander von mehreren Personen erfunden, wir verweisen den Leser an dieser Stelle auf Knuth [1973], der sowohl einen geschichtlichen Abriß als auch ausführliche Informationen über verschiedene Arten von Suchbäumen zur Verfügung stellt.

Williams [1964] ersann die Heap-Implementierung ausgewogener partiell geordneter Bäume. Floyd [1964] beschreibt eine effiziente Version von Heapsort.

Aho, A. V., R. Sethi und J. D. Ullman [1986]. *Compilers: Principles, Techniques, and Tools*, Addison-Wesley, Reading, Mass.

Floyd, R. W. [1964]. „Algorithm 245: Treesort 3“, Comm. ACM **7**:12, S. 701.

Fredkin, E. [1960]. „Trie memory“, Comm. ACM **3**:4, S. 490 - 500.

Knuth, D. E. [1973]. *The Art of Computer Programming*, Vol. III, *Sorting and Searching*, 2. Auflage, Addison-Wesley, Reading, Mass.

Tarjan, R. E. [1983]. *Data Structures and Network Algorithms*, SIAM Press, Philadelphia.

Williams, J. W. J. [1964]. „Algorithm 232: Heapsort“, Comm. ACM **7**:6, S. 347 - 348.

6

Das Listen-Datenmodell

Ebenso wie Bäume gehören Listen zu den wichtigsten Datenmodellen, die in Computerprogrammen Anwendung finden. In gewissem Sinne stellen Listen eine vereinfachte Form von Bäumen dar, da man sich eine Liste als einen Binärbaum vorstellen kann, bei dem jedes linke Kind ein Blatt ist. Listen bieten aber auch einige Aspekte, die nicht als Spezialfall dessen, was wir über Bäume gelernt haben, angesehen werden können. Wir werden beispielsweise Listenoperationen vorstellen, wie „push“ und „pop“, die kein Analogon für Bäume besitzen. Auch werden wir uns über Zeichenketten unterhalten, bei denen es sich um spezielle und wichtige Arten von Listen handelt, die eigene Datenstrukturen benötigen.

6.1 Worum geht es in diesem Kapitel?

In Abschnitt 6.2 geben wir eine Einführung in die Listenterminologie. Anschließend stellen wir im verbleibenden Kapitel folgende Themen vor:

- Elementare Operationen auf Listen (Abschnitt 6.3).
- Implementierungen abstrakter Listen durch Datenstrukturen, insbesondere die Datenstruktur der verketteten Liste (Abschnitt 6.4) und eine Array-Datenstruktur (Abschnitt 6.5).
- Den Keller (*stack*), eine Liste bei der wir nur an einem Ende einfügen und Elemente entfernen (Abschnitt 6.6).
- Die Warteschlange (*queue*), eine Liste bei der wir an einem Ende einfügen und am anderen Ende Elemente entfernen (Abschnitt 6.8).
- Zeichenketten und die speziellen Datenstrukturen, die wir zu deren Darstellung verwenden (Abschnitt 6.6).

Des weiteren werden wir zwei Anwendungen von Listen im Detail untersuchen:

- Den Laufzeitkeller (*run-time stack*) und die Art und Weise, wie Pascal und viele andere Sprachen rekursive Prozeduren implementieren (Abschnitt 6.7).
- Das Problem, die längste gemeinsame Teilsequenz zweier Strings zu finden, und dessen Lösung mit Hilfe eines „dynamischen Programmierungs“- oder Tabellenfüllalgorithmus (Abschnitt 6.9).

6.2 Grundlegende Terminologie

Eine *Liste* ist eine endliche Folge von null oder mehr Elementen eines gegebenen Typs. Sind die Elemente vom Typ `ETYPE`, so bezeichnen wir den Typ der Liste als „Liste von `ETYPE`“. Wir haben somit Listen von Integers, Listen von Real-Zahlen, Listen von Records, Listen von Listen von Integers, usw. Da ein „Typ“ auch die Vereinigung mehrerer Typen sein kann, sind wir prinzipiell nicht darauf beschränkt, daß die Elemente einer Liste alle denselben Typ haben.

Eine Liste schreibt man oft als eine durch Kommata gegliederte in Klammern eingeschlossene Folge

$$(a_1, a_2, ..., a_n)$$

wobei die a_i die Elemente der Liste bezeichnen. Die Kommata und Klammern sind allerding nicht notwendig; sie dienen dazu, die Elemente der Liste deutlich zu trennen und die Liste von anderen Listen oder dem umgebenden Text zu unterscheiden. In einigen Situationen werden wir die Klammern und Kommata nicht explizit aufführen. Im besonderen werden wir uns später mit *Zeichenketten* (*character strings*) beschäftigen, bei denen es sich um Listen von Zeichen handelt. Zeichenketten schreibt man im allgemeinen ohne Kommata oder andere Trennzeichen und ohne Klammern. Wir werden Fettdruck verwenden, um dem Leser zu signalisieren, daß eine Zeichenkette gemeint ist; so ist `foo` beispielsweise die Liste bestehend aus dem ersten Zeichen `f` und dem zweiten und dritten Zeichen `o`.

Beispiel 6.1

Hier nun einige Beispiellisten.

1. Die Liste der Primzahlen, die kleiner sind als 20, der Größe nach sortiert:

   (2, 3, 5, 7, 11, 13, 17, 19)

2. Die Liste der Edelgase in der Reihenfolge ihrer Atomgewichte:

   (Helium, Neon, Argon, Krypton, Xenon, Radon)

3. Die Liste der Anzahl der Tage der Monate eines Nicht-Schaltjahres:

   (31, 28, 31, 30, 31, 30, 31, 31, 30, 31, 30, 31)

Dieses Beispiel erinnert zudem daran, daß dasselbe Element mehr als einmal in einer Liste auftauchen kann. ◆

Beispiel 6.2

Ein Beispiel einer Liste, das nicht ganz so offensichtlich ist wie die Listen in Beispiel 6.1, ist eine Textzeile. Die einzelnen Zeichen, aus denen die Zeile besteht, stellen die Elemente dieser Liste dar. Eine Textzeile ist demnach eine Liste von Zeichen, also eine Zeichenkette. Gewöhnlich enthält diese Zeichenkette einige Leerzeichen, und das letzte Zeichen einer Textzeile ist normalerweise das „Neue-Zeile"-Zeichen.

Als weiteres Beispiel kann auch ein Dokument als Liste angesehen werden. Die Elemente der Liste sind hier die Textzeilen. Ein Dokument ist somit eine Liste, deren Elemente selbst wieder Listen sind; das heißt, die Elemente haben den Typ „Liste von Zeichen". ◆

Beispiel 6.3

Ein Punkt im n-dimensionalen Raum kann durch eine Liste von n reellen Zahlen dargestellt werden. Die Ecken des Einheitswürfels können beispielsweise durch die Tripel in Abb. 6.1 angegeben werden. Die drei Elemente jeder Liste repräsentieren die Koordinaten eines Punktes, der eine der acht Ecken (oder „Scheitelpunkte") eines Würfels ist. Die erste Komponente repräsentiert die x-Koordinate (horizontal), die zweite repräsentiert die y-Koordinate (in die Seite hineingehend) und die dritte repräsentiert die z-Koordinate (vertikal). ◆

Die Länge einer Liste

Die *Länge* einer Liste entspricht der Anzahl der Vorkommen von Elementen in der Liste. Ist die Anzahl der Elemente null, dann bezeichnet man die Liste als *leer*. Zur Darstellung der leeren Liste benutzen wir den griechischen Buchstaben ε (Epsilon). Wir können die leere Liste aber auch durch ein leeres Klammernpaar () darstellen. Hierbei ist es wichtig, sich zu merken, daß die Länge die Positionen zählt und nicht die verschiedenen Symbole, so daß ein Symbol, das k-mal in der Liste vorkommt, die Länge der Liste auch um k erhöht.

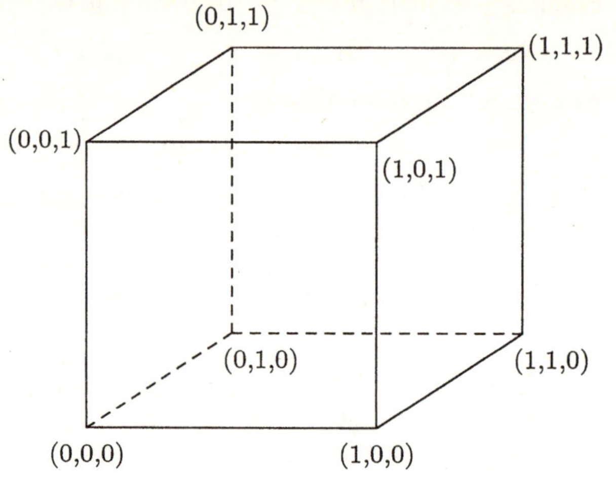

Abb. 6.1: Die Ecken des Einheitswürfels dargestellt als Tripel.

Beispiel 6.4

Die Länge der Liste (1) in Beispiel 6.1 ist 8, und die Länge von Liste (2) ist 6. Liste (3) hat die Länge 12, da jeder Monat eine Position belegt. Die Tatsache, daß sich nur drei unterschiedliche Zahlen in der Liste befinden, ist für die Länge der Liste nicht von Bedeutung. ◆

Teile einer Liste

Ist ein Liste nicht leer, so besteht sie aus einem ersten Element, genannt *Kopf* (*head*), und aus den restlichen Elementen der Liste, genannt *Rest* (*tail*). Den Kopf der Liste (2) aus Beispiel 6.1 bildet Helium, während der Rest die Liste ist, die aus den übrigen fünf Elementen

(Neon, Argon, Krypton, Xenon, Radon)

besteht.

Wenn die Liste $L = (a_1, a_2, ..., a_n)$ gegeben ist, bezeichnet man für jedes i und j mit $1 \leq i \leq j \leq n$, $(a_i, a_{i+1}, ..., a_j)$
als *Teilliste* von L. Eine Teilliste wird somit gebildet, indem man von einer Position i ausgeht und bis zu einer gewissen Position j alle Elemente herausnimmt. Zudem sagen wir, daß ε, die leere Liste, eine Teilliste jeder Liste ist.

Elemente und Listen der Länge 1

Es ist wichtig, sich zu merken, daß der Kopf einer Liste ein Element ist und daß der Rest einer Liste eine Liste ist. Auch sollten wir den Kopf einer Liste – sagen wir a – nicht mit einer Liste der Länge 1 verwechseln, die nur das Element a enthält und normalerweise mit Klammern als (a) geschrieben wird. Ist das Element a vom Typ `ETYPE`, so hat die Liste (a) den Typ „Liste von `ETYPE`".

Nichtbeachtung des Unterschieds führt zu Programmierfehlern, wenn wir Listen durch Datenstrukturen implementieren. Beispielsweise können wir Listen durch verkettete Zellen darstellen, bei denen es sich üblicherweise um Record-Strukturen mit einem ein Element speicherndes `element`-Feld vom Typ `ETYPE` und einem `next`-Feld zur Verwaltung eines Zeigers auf die nächste Zelle handelt. Das Element a ist dann vom Typ `ETYPE`, während die Liste (a) einer Zelle mit einem `element`-Feld, das a enthält, und einem `next`-Feld, das `NIL` enthält, entspricht.

Eine *Teilsequenz* (*subsequence*) der Liste $L = (a_1, a_2, ..., a_n)$ ist eine Liste, die durch Entfernen von null oder mehr Elementen aus L entsteht. Die übrigen Elemente, die die Teilsequenz bilden, müssen in derselben Reihenfolge stehenbleiben, in der sie auch in L standen; die Elemente der Teilsequenz müssen jedoch in L nicht unmittelbar aufeinander folgen. Man beachte, daß ε und die Liste L selbst immer sowohl Teilsequenzen als auch Teillisten von L sind.

Beispiel 6.5

L sei die Zeichenkette `abc`. Dann sind die Teillisten von L

ε, `a`, `b`, `c`, `ab`, `bc` und `abc`

Sie alle sind gleichzeitig auch Teilsequenzen von L. Zudem ist `ac` eine Teilsequenz, nicht aber eine Teilliste.

Als weiteres Beispiel sei L nun die Zeichenkette `abab`. Dann sind die Teillisten von L

ε, `a`, `b`, `ab`, `ba`, `aba`, `bab` und `abab`

Auch dies sind alles gleichzeitig Teilsequenzen von L, zusätzlich hat L die Teilsequenzen `aa`, `bb`, `aab` und `abb`. Beachten Sie, daß eine Zeichenkette wie `bba` keine Teilsequenz von L ist. Obwohl L zwei `b` und ein `a` enthält, erscheinen diese nicht in einer solchen Reihenfolge in L, daß wir `bba` durch Wegstreichen von Elementen aus L bilden können. Das heißt, wir haben hier hinter dem zweiten `b` in L kein `a`. ◆

Als *Präfix* einer Liste bezeichnet man jede Teilliste, die am Anfang der Liste beginnt. Der *Suffix* einer Liste ist eine Teilliste, die mit dem Ende der Liste abschließt. Als Sonderfall bildet ε sowohl einen Präfix als auch einen Suffix jeder Liste.

Beispiel 6.6

Die Präfixe der Liste `abc` sind ε, `a`, `ab` und `abc`. Die Suffixe sind ε, `c`, `bc` und `abc`. ◆

Die Position eines Elements in einer Liste

Jedes Element einer Liste wird mit einer *Position* assoziiert. Wenn $(a_1, a_2, ..., a_n)$ eine Liste und $n \geq 1$ ist, bezeichnet man a_1 als *erstes* Element, a_2 als *zweites* und so weiter; a_n bildet das *letzte* Element. Auch sagen wir, daß Element a_i an der *Position* i steht. Zusätzlich sagen wir von a_i, daß es *auf* a_{i-1} *folgt* und *vor* a_{i+1} *steht*. Eine Position, an der ein Element a steht, wird als ein *Vorkommen* von a bezeichnet.

Car und Cdr

In der Programmiersprache LISP wird der Kopf *car* und der Rest *cdr* (gesprochen „kadder") genannt. Die Begriffe „*car*" und „*cdr*" entstammen den Namen zweier Felder eines Maschinenbefehls auf einer IBM 709, dem Rechner, auf dem Lisp zuerst implementiert wurde. *car* steht für „contents of the address register" (dt. „Inhalt des Adressregisters") und *cdr* steht für „contents of the decrement register" (dt. „Inhalt des Dekrementregisters"). In gewissem Sinne wurden Speicherworte als Zellen mit `element`- und `next`-Feldern angesehen, die jeweils dem *car* bzw. dem *cdr* entsprechen. Weder das Adreß- noch das Dekrementregister waren „Register" in der modernen Bedeutung des Ausdrucks, wie wir ihn in Kapitel 4 benutzt haben.

Die Anzahl der Positionen in einer Liste entspricht der Länge der Liste. Dasselbe Element kann an zwei oder mehr Positionen auftauchen. Es ist daher wichtig, eine Position nicht mit dem Element an dieser Position zu verwechseln. Die Liste (3) aus Beispiel 6.1 hat beispielsweise zwölf Positionen, von denen sieben mit der Zahl 31 belegt sind – es sind die Positionen 1, 3, 5, 7, 8, 10 und 12.

ÜBUNGEN

6.2.1: Beantworten Sie folgende Fragen zur Liste (2, 7, 1, 8, 2).

a) Welche Länge hat sie?

b) Wie lauten alle Präfixe?

c) Wie lauten alle Suffixe?

d) Wie lauten alle Teillisten?

e) Wieviele Teilsequenzen gibt es?

f) Was ist der Kopf?

g) Was ist der Rest?

h) Wie viele Positionen gibt es?

6.2.2: Wiederholen Sie Übung 6.2.1 für die Zeichenkette `banana`.

6.2.3:** Was ist die größtmögliche und was die kleinstmögliche Anzahl von (a) Präfixen (b) Teillisten (c) Teilsequenzen in einer Liste der Länge $n \geq 0$?

6.2.4: Wenn der Rest des Restes der Liste L leer ist, welche Länge hat L dann?

6.2.5*: Bea Fuddled (A. d. Ü.: Wortspiel: „befuddle" bedeutet „durcheinanderbringen") schrieb eine Liste, deren Elemente selbst wieder Listen ganzer Zahlen waren, ohne Klammern, als 1,2,3. Es gibt viele Listen von Listen, die dadurch repräsentiert sein können, wie ((1),(2,3)). Nennen Sie alle Listen, die nicht die leere Liste als Element enthalten.

6.3 Operationen auf Listen

Auf Listen läßt sich eine große Anzahl von Operationen durchführen. In unserer Diskussion über Mergesort in Kapitel 2 bestand das grundlegende Problem in der Sortierung einer Liste. Zudem mußten wir aber auch eine Liste in zwei Teile spalten und zwei sortierte Listen zusammenfügen. Formal läuft die Operation der *Sortierung* einer Liste $(a_1, a_2, ..., a_n)$ darauf hinaus, die Liste durch eine Liste bestehend aus einer Permutation ihrer Elemente, $(b_1, b_2, ..., b_n)$, so zu ersetzen, daß $b_1 \leq b_2 \leq ... \leq b_n$ gilt. Wie in vorangegangenen Kapiteln repräsentiert $\leq$ eine Ordnung der Elemente, wie „kleiner als oder gleich" auf ganzen und reellen Zahlen, oder wie die lexikographische Ordnung auf Zeichenketten. Bei der Operation des Zusammenfügens zweier sortierter Listen wird aus beiden eine sortierte Liste gebildet, welche dieselben Elemente wie die beiden gegebenen Listen enthält. Mehrfache Vorkommen von Elementen müssen erhalten bleiben; das heißt, wenn es k Vorkommen des Elements a in den beiden gegebenen Listen gibt, muß die Ergebnisliste ebenfalls k Vorkommen von a enthalten. Beispiele für diese beiden Listenoperationen können Sie in Abschnitt 2.8 nachlesen.

Einfügen, Löschen und Suchen

Rufen Sie sich aus Abschnitt 5.8 in Erinnerung, daß ein „Wörterbuch" eine Menge von Elementen ist, auf der wir die Operationen *insert*, *delete* und *lookup* durchführen. Zwischen Mengen und Listen gibt es einen entscheidenden Unterschied. In einer Menge kann ein Element niemals mehr als einmal enthalten sein, was, wie wir gesehen haben, bei Listen durchaus der Fall sein kann; dieses und andere Themen in bezug auf Mengen werden in Kapitel 7 behandelt. Mit Hilfe von Listen können Mengen jedoch implementiert werden, indem die Elemente einer Menge $\{a_1, a_2, ..., a_n\}$ in einer beliebigen Reihenfolge in eine Liste eingetragen werden, zum Beispiel in der Reihenfolge $(a_1, a_2, ..., a_n)$ oder in der Reihenfolge $(a_n, a_{n-1}, ..., a_1)$. Es sollte daher nicht verwundern, daß es Listenoperationen gibt, die analog zu den Wörterbuchoperationen auf Mengen sind.

1. Wir können ein Element x in eine Liste L einfügen (*insert*). Grundsätzlich kann x überall in der Liste stehen, und es macht auch nichts, wenn x in der Liste L bereits einmal oder mehrmals vorkommt. Wir fügen es ein, indem wir ein weiteres Vorkommen von x hinzufügen. Ein Sonderfall ergibt sich, wenn wir x zum Kopf der neuen Liste machen (und L somit zum Rest wird); wir sagen, daß wir, wenn wir x auf der Liste L ablegen, eine *push*-Operation durchführen; die Ergebnisliste lautet dann x, L.

2. Wir können ein Element x aus einer Liste L löschen (*delete*). Wir löschen dabei ein Vorkommen von x aus L. Gibt es mehrere Vorkommen, so spezifizieren wir, welches Element zu löschen ist; wir könnten beispielsweise immer das erste Vorkommen löschen. Wollen wir alle Vorkommen von x löschen, können wir diesen Löschvorgang so oft wiederholen, bis kein x mehr übrig ist. Wenn x in der Liste nicht vorkommt, hat das Löschen keine Auswirkungen auf die Liste. Wir definieren noch einen Spezialfall: Wenn wir das Kopfelement einer Liste löschen, so daß aus der Liste x,L dann L wird, sprechen wir von einer *pop*-Operation.

3. Wir können ein Element in einer Liste L suchen (*lookup*). Diese Operation liefert `TRUE` oder `FALSE` zurück, je nachdem, ob x in der Liste enthalten ist oder nicht.

Beispiel 6.7

Sei L die Liste (1, 2, 3, 2). Das Ergebnis von *insert*(1, L) ist die Liste (1, 1, 2, 3, 2), wenn wir uns für eine *push*-Operation entscheiden, also am Anfang der Liste einfügen. Wir könnten 1 auch am Ende der Liste einfügen und erhielten dann (1, 2, 3, 2, 1). Alternativ könnte die 1 an jeder der drei anderen Positionen der Liste eingefügt werden.

Das Ergebnis von *delete*(2, *L*) führt zu der Liste (1, 3, 2), wenn wir das erste Vorkommen von 2 löschen. Stellen wir die Anfrage *lookup*(x, L), so lautet die Antwort TRUE, wenn x 1, 2 oder 3 ist, sie lautet aber FALSE, wenn x irgendeinen anderen Wert hat. ◆

Konkatenation

Wir *konkatenieren* zwei Listen L und M, indem wir die Liste bilden, die mit den Elementen aus L beginnt und mit den Elementen aus M weitergeht. Wenn $L = (a_1, a_2, ..., a_n)$ und $M = (b_1, b_2, ..., b_k)$ ist, erhalten wir beispielsweise als Konkatenation der Listen L und M die Liste LM, die sich wie folgt zusammensetzt:

$$(a_1, a_2, ..., a_n, b_1, b_2, ..., b_k)$$

Beachten Sie, daß die Konkatenation einer leeren Liste die Identitätsfunktion ist. Das heißt, für jede Liste L gilt $\varepsilon L = L\varepsilon = L$.

Beispiel 6.8

Wenn L die Liste (1,2,3) und M die Liste (3,1) ist, dann ist LM die Liste (1,2,3,3,1). Wenn L die Zeichenkette dog ist und M ist die Zeichenkette house, so bildet LM die Zeichenkette doghouse. ◆

Weitere Listenoperationen

Eine andere Gruppe von Listenoperationen bezieht sich auf bestimmte Positionen der Liste. Beispiele hierfür sind:

a) Die Operation *first*(L), die das erste Element (den Kopf) der Liste L zurückgibt, und *last*(L), welche das letzte Element von L liefert. Beide erzeugen einen Fehler, wenn L leer ist.

b) Die Operation *retrieve*(i, L), die das Element an der i-ten Position der Liste L zurückgibt. Sie erzeugt einen Fehler, wenn die Länge von L kleiner als i ist.

Weitere Operationen beziehen sich auf die Länge einer Liste. Die gängigsten Operationen sind:

c) *length*(L), die die Länge der Liste L zurückgibt.

d) *isEmpty*(L), die TRUE zurückgibt, wenn L eine leere Liste ist und FALSE, wenn nicht. Eine Operation *isNotEmpty*(L) würde das umgekehrte Ergebnis liefern.

ÜBUNGEN

6.3.1: Gegeben sei die Liste $L = (3, 1, 4, 1, 5, 9)$.

a) Welchen Wert ergibt *delete*(5, *L*)?

b) Welchen Wert ergibt *delete*(1, *L*)?

c) Welches Ergebnis liefert eine *pop*-Operation auf *L*?

d) Welches Ergebnis liefert eine *push*-Operation mit dem Element 2 auf *L*?

e) Was wird zurückgegeben, wenn wir *lookup* mit dem Element 6 und der Liste *L* aufrufen?

f) Welchen Wert hat *LM* (die Konkatenation von *L* und *M*), wenn *M* die Liste (6, 7, 8) ist? Wie sieht *ML* aus?

g) Was liefert *first*(*L*)? Was liefert *last*(*L*)?

h) Welches Ergebnis liefert *retrieve*(3, *L*)?

i) Welchen Wert ergibt *length*(*L*)?

j) Welchen Wert liefert *isEmpty*(*L*)?

6.3.2:** Wenn *L* und *M* Listen sind, unter welchen Bedingungen gilt dann $LM = ML$?

6.3.3:** *x* sei ein Element und *L* eine Liste. Unter welchen Bedingungen gelten folgende Gleichungen?

a) *delete*(*x*, *insert*(*x*, *L*)) = *L*

b) *insert*(x, *delete*(*x*, *L*)) = *L*

c) *first*(*L*) = *retrieve*(1, *L*)

d) *last*(L) = *retrieve*(*length*(*L*), *L*)

6.4 Die Datenstruktur der verketteten Liste

Die einfachste Art und Weise, eine Liste zu implementieren, besteht in der Verwendung einer verketteten Liste von Zellen. Jede Zelle besteht aus zwei Feldern, von denen das eine das Listenelement enthält und das andere einen Zeiger auf die nächste Zelle der verketteten Liste. Angenommen, wir wollen eine Liste implementieren, in der jedes Element vom Typ `ETYPE` ist. Wir können eine Zelle anhand der Deklaration definieren

```
type CELL = record
        element: ETYPE;
        next: LIST
    end;
```

Der Typ `LIST` muß (vorher) bereits definiert worden sein:

```
type LIST = ^CELL;
```

Beachten Sie, daß `LIST` auch der Typ eines Zeigers auf eine Zelle ist. Tatsächlich zeigt das `next`-Feld sowohl auf die nächste Zelle als auch auf den gesamten Rest der Liste.

Abbildung 6.2 zeigt eine verkettete Liste, die folgende abstrakte Liste darstellt

$$L = (a_1, a_2, ..., a_n)$$

Für jedes Element gibt es eine Zelle; das Element a_i steht im `element`-Feld der i-ten Zelle. Der Zeiger in der i-ten Zelle zeigt auf die $(i+1)$-ste Zelle für $i = 1, 2, .., n - 1$, und der Zeiger in der letzten Zelle ist `NIL` und bezeichnet so das Ende der Liste. Außerhalb der Liste befindet sich ein Zeiger, genannt L, der auf das erste Element der Liste zeigt; L ist vom Typ `LIST`. Wäre die Liste L leer, hätte L den Wert `NIL`.

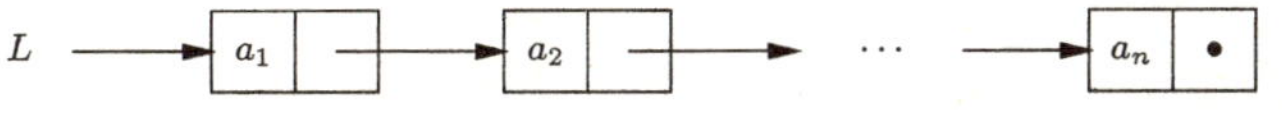

Abb. 6.2: Eine verkettete Liste, die die Liste $L = (a_1, a_2, ..., a_n)$ repräsentiert.

Implementation von Wörterbuchoperationen durch verkettete Listen

Wir werden uns nun damit auseinandersetzen, wie die Wörterbuchoperationen zu implementieren sind, wenn wir zur Darstellung des Wörterbuches eine verkettete Liste verwenden. Die folgenden Operationen auf Wörterbüchern wurden in Abschnitt 5.8 definiert:

1. *insert*(x, D), um Element x in das Wörterbuch D einzufügen,
2. *delete*(x, D), um Element x aus dem Wörterbuch D zu löschen und
3. *lookup*(x, D), um festzustellen, ob sich Element x im Wörterbuch D befindet.

Wir werden feststellen, daß die verkettete Liste eine einfachere Datenstruktur zur Implementierung von Wörterbüchern darstellt als der binäre Suchbaum, den wir im vorigen Kapitel untersuchten. Allerdings werden wir feststellen, daß sich das Laufzeitverhalten von Wörterbuchoperationen bei der Verwendung einer verketteten Liste gegenüber dem bei der Verwendung binärer Suchbäume verschlechtert. In Kapitel 7 werden wir eine noch bessere Implementierung für Wörterbücher kennenlernen, die Hashtabelle, die sich die Wörterbuchoperationen auf Listen als Unterprogrammaufrufe zunutze macht.

Wir nehmen an, daß unser Wörterbuch Elemente vom Typ ETYPE enthält und daß die Zellen wie am Beginn dieses Abschnitts definiert sind. Ein Wörterbuch ist somit vom Typ LIST, welcher ebenfalls am Anfang des Abschnitts definiert wurde. Das Wörterbuch mit der Elementmenge $\{a_1, a_2, ..., a_n\}$ könnte durch die verkettete Liste aus Abb. 6.2 repräsentiert werden. Es gibt jedoch viele andere Listen, die dieselbe Menge darstellen.

Listen und verkettete Listen

Es ist von größter Wichtigkeit, nicht zu vergessen, daß eine Liste ein abstraktes bzw. mathematisches Modell ist. Die verkettete Liste ist eine einfache Datenstruktur, die bereits in Kapitel 1 erwähnt wurde. Eine verkettete Liste stellt nur eine Möglichkeit dar, das Listen-Datenmodell zu implementieren, jedoch nicht die einzige, wie wir noch sehen werden. Auf jeden Fall ist dies ein guter Augenblick, sich einmal mehr den Unterschied zwischen Modellen und den Datenstrukturen, die diese implementieren, zu verdeutlichen.

Suchen

Zur Durchführung von *lookup*(x, D) untersuchen wir jede Zelle der Liste, die D repräsentiert, um herauszufinden, ob sie das gewünschte Element x enthält. Wenn ja, geben wir TRUE zurück. Erreichen wir das Ende der Liste ohne x zu finden, wird FALSE zurückgeliefert. In Abb. 6.3 ist eine rekursive Funktion zur Durchführung dieses Tests angegeben. Wir rufen die Funktion lookup(x,D) auf, um den Test zu starten, der überprüft, ob x Element des Wörterbuches D ist.

```
function lookup(x: ETYPE; L: LIST): Boolean;
begin
   if L = NIL then
      lookup := FALSE
   else if L^.element = x THEN
      lookup := TRUE
   else
      lookup := lookup(x, L^.next)
end; (* lookup *)
```

Abb. 6.3: Suchen in einer verketteten Liste.

Wir behaupten, daß die Prozedur aus Abb. 6.3 für eine Liste der Länge n den Aufwand $O(n)$ hat. Mit Ausnahme des rekursiven Aufrufs am Ende benötigt lookup $O(1)$ Zeit. Wenn der Aufruf durchgeführt wird, ist die Länge der restlichen Liste um 1 kleiner als die Länge der Liste L. Es sollte daher niemanden überraschen, daß lookup für eine Liste der Länge n $O(n)$ Zeit benötigt. Formaler ausgedrückt gibt die folgende Rekurrenzbeziehung die Laufzeit $T(n)$ von lookup an, wenn die Liste L, auf die das zweite Argument zeigt, die Länge n hat.

BASIS. $T(0)$ ist $O(1)$, da es keinen rekursiven Aufruf gibt, wenn L NIL ist.

INDUKTION. $T(n) = T(n - 1) + O(1)$.

Die Lösung dieser Rekurrenz lautet $T(n) = O(n)$, was wir schon mehrfach in Kapitel 3 beobachten konnten. Da ein Wörterbuch mit n Elementen durch eine Liste der Länge n dargestellt wird, benötigt *lookup* auf einem Wörterbuch der Größe n $O(n)$ Zeit.

Leider ist die durchschnittliche Zeit für eine erfolgreiche Suche auch proportional zu n. Denn wenn wir nach irgendeinem sich in D befindenden Element x suchen, müssen wir erwarten, daß wir erst die Hälfte der Liste abarbeiten müssen, bevor wir x tatsächlich finden. Daraus ergeben sich im Durchschnitt $n/2$ rekursive Aufrufe von lookup, von denen jeder $O(1)$ Zeit benötigt. Im Durchschnitt braucht eine erfolgreiche Suche somit $O(n)$ Zeit. Ist die Suche dagegen nicht erfolgreich, müssen wir natürlich n Aufrufe durchführen, bevor wir das Ende der Liste erreichen und FALSE zurückgeben.

Löschen

Die Prozedur delete(x,L) wird in Abb. 6.4 angegeben. Wir bewegen uns entlang der verketteten Liste, indem wir in dem var-Parameter L der Prozedur einen Zeiger auf die „aktuelle" Zelle speichern. Wenn wir, in Zeile (2), x in der aktuellen Zelle C finden, ändern wir, in Zeile (3), den Zeiger auf Zelle C dahingehend, daß er nun auf die Zelle, die in der Liste hinter C liegt, zeigt. Ist C die letzte Zelle der Liste, so wird der vorherige Zeiger auf C zu NIL. Ist x nicht das aktuelle Element, löschen wir x in Zeile (4) rekursiv aus dem Rest der Liste. Man beachte, daß der Test in Zeile (1) dafür sorgt, daß die Prozedur ohne Ausführung einer Aktion verlassen wird, wenn die Liste leer ist. Dies liegt daran, daß sich x nicht in der leeren Liste befindet und wir demnach nichts tun müssen, um x aus dem Wörterbuch zu entfernen. Ein Aufruf von delete(x,D) stößt das Löschen von x aus dem Wörterbuch D an.

```
          procedure delete(x: ETYPE; var L: LIST);
          begin
(1)           if L <> NIL then
(2)               if L^.element = x then
(3)                   L := L^.next
              else
(4)               delete(x, L^.next)
          end; (* delete *)
```

Abb. 6.4: Löschen eines Elements.

Befindet sich x nicht in der Liste für das Wörterbuch D, durchlaufen wir die Liste bis ans Ende, wobei wir $O(1)$ Zeit für jedes Element benötigen. Die Analyse ist der von `lookup` in Abb. 6.3 sehr ähnlich, so daß wir die Einzelheiten dem Leser überlassen. Das Löschen eines Elements, das sich nicht in D befindet, benötigt demnach $O(n)$ Zeit, wenn D n Elemente enthält. Befindet sich x jedoch im Wörterbuch D, so treffen wir x im Durchschnitt auf der Hälfte der Liste an. Durchschnittlich durchsuchen wir somit $n/2$ Zellen, so daß die Laufzeit eines erfolgreichen Löschvorgangs ebenfalls $O(n)$ beträgt.

Einfügen

Um ein Element x in ein Wörterbuch D einzufügen, müssen wir zunächst überprüfen, ob x nicht bereits enthalten ist (ist es das, tun wir gar nichts). Ist x noch nicht in D, müssen wir es in die Liste einfügen. Es ist eigentlich egal, wo wir x einfügen, aber die Prozedur in Abb. 6.5 fügt x am Ende der Liste ein. Wenn wir in Zeile (1) das `NIL` am Ende vorfinden und somit sicher sind, daß sich x nicht bereits in D befindet, wird x in den Zeilen (2) bis (4) an das Ende der Liste gehängt. Ist die Liste nicht `NIL`, so überprüft die Zeile (5) die aktuelle Zelle auf x, und wenn es dort nicht gefunden wird, führt Zeile (6) einen rekursiven Aufruf mit dem Rest der Liste durch. Wird x aber in Zeile (5) gefunden, terminiert die Prozedur `insert` ohne rekursiven Aufruf und ohne die Liste L zu verändern. Ein Aufruf von `insert(x,D)` veranlaßt das Einfügen von x in das Wörterbuch D.

Wie auch im Falle des Suchens und Löschens durchlaufen wir die Liste bis zum Ende, was $O(n)$ Zeit benötigt, falls wir x nicht in der Liste finden. Finden wir x, so durchlaufen wir die Liste im Durchschnitt bis zur Hälfte und benötigen noch immer durchschnittlich $O(n)$ Zeit.

```
          procedure insert(x: ETYPE; var L: LIST);
          begin
(1)          if L = NIL then begin
(2)             new(L);
(3)             L^.element := x;
(4)             L^.next := NIL
             end
(5)       else if L^.element <> x then
(6)          insert(x, L^.next)
          end; (* insert *)
```

Abb. 6.5: Einfügen eines Elements.

Ein anderer Ansatz mit Duplikaten

Wir können das Einfügen schneller machen, wenn wir das Vorhandensein von x in der Liste vor dem Einfügen nicht überprüfen. Das kann allerdings zur Folge haben, daß sich mehrere Kopien eines Elements in einer ein Wörterbuch darstellenden Liste befinden.

Zur Ausführung der Wörterbuchoperation *insert*(x, D) erzeugen wir einfach eine neue Zelle, packen x hinein und führen ein *push* auf den Anfang der Liste für D durch. Diese Operation benötigt $O(1)$ Zeit.

Die Suchoperation entspricht genau der in Abb. 6.3 angegebenen. Der einzige Nachteil besteht darin, daß wir möglicherweise eine längere Liste durchsuchen müssen, da die Länge der Liste zur Darstellung des Wörterbuches D größer sein kann als die Anzahl der Elemente in D.

Das Löschen ist etwas anders. Wir können unsere Suche nach x nicht beenden, wenn wir eine Zelle mit dem Element x antreffen, da es weitere Kopien von x geben könnte. Wir müssen x somit aus dem Rest einer Liste L löschen, auch wenn der Kopf von L bereits x enthält. Das hat zur Folge, daß wir es nicht nur mit längeren Listen zu tun haben, sondern daß wir, um erfolgreich zu löschen, nun jede Zelle durchsuchen müssen, anstatt im Durchschnitt die halbe Liste durchsuchen zu müssen, was bei den Listen, bei denen keine Duplikate erlaubt waren, der Fall war. Die Einzelheiten dieser Variante der Wörterbuchoperationen überlassen wir dem Leser als Übung.

Zusammenfassend läßt sich sagen, daß wir mit dem Erlauben von Duplikaten das Einfügen schneller machen; der Aufwand ist nun $O(1)$ anstatt $O(n)$. Ein erfolgreicher Löschvorgang verlangt das Durchsuchen der gesamten Liste, anstelle durchschnittlich der halben Liste. Zudem gilt sowohl für das Suchen als auch für das Löschen, daß wir es mit Listen zu tun haben, die länger sind als diejenigen, bei denen Duplikate nicht gestattet waren, obwohl die Verlängerung der Liste davon abhängt, wie oft wir ein sich bereits im Wörterbuch befindendes Element einfügen.

Es ist ziemlich schwierig, sich für eines der Verfahren zu entscheiden. Sind Einfügeoperationen vorherrschend, sollten wir Duplikate erlauben. Im Extremfall, bei dem wir nur einfügen, aber niemals löschen oder suchen, erlangen wir eine Leistung von $O(1)$ pro Operation, anstelle von $O(n)$.[1] Wenn wir aus gewissen Gründen sicher sind, daß wir niemals ein bereits im Wörterbuch vorhandenes Element einfügen, können wir sowohl das schnelle Einfügen als auch das schnelle Löschen verwenden, bei dem wir aufhören, wenn wir ein Vorkommen des zu löschenden Elements finden. Wenn wir dagegen doppelte Elemente einfügen und Such- und Löschoperationen vorherrschen, sind wir am besten beraten, wenn wir das Vorhandensein von x überprüfen, bevor wir es einfügen, wie bei der Prozedur *insert* in Abb. 6.5.

---

[1] Warum sollten wir aber etwas in ein Wörterbuch einfügen, wenn wir niemals nachschauen, was dort steht?

Nochmals Abstraktion versus Implementierung

Es mag überraschen, uns bei der Verwendung von Duplikaten in Listen zu ertappen, die Wörterbücher repräsentieren, da der abstrakte Datentyp WÖRTERBUCH als eine Menge definiert ist und Mengen keine Duplikate enthalten. Es ist jedoch nicht das Wörterbuch, das die Duplikate enthält. Vielmehr darf die Datenstruktur, die das Wörterbuch repräsentiert, Duplikate enthalten. Auch wenn x mehrfach in einer verketteten Liste vorkommt, ist es doch nur einmal in dem Wörterbuch vorhanden, das die verkettete Liste repräsentiert.

Sortierte Listen zur Darstellung von Wörterbüchern

Eine andere Alternative bietet das Speichern der Elemente in einer sortierten, aufsteigenden Reihenfolge in einer ein Wörterbuch D repräsentierenden Liste. Wollen wir das Element x suchen, brauchen wir uns nur bis zu der Position vorzuarbeiten, an der x stehen müßte; im Durchschnitt befindet sich diese Position auf der Hälfte des Weges durch die Liste. Treffen wir auf ein Element, das größer ist als x, besteht keinerlei Hoffnung mehr, x noch weiter hinten in der Liste zu finden. Auf diese Art vermeiden wir es, bei nicht erfolgreicher Suche die gesamte Liste durchlaufen zu müssen. Das spart uns in etwa den Faktor 2, obwohl der genaue Faktor etwas verwischt wird, da wir für jedes Element, das wir in der Liste antreffen, herausfinden müssen, ob x in sortierter Reihenfolge auf das Element folgt, was einen zusätzlichen Schritt bei jeder Zelle bedeutet. Derselbe Einsparfaktor wird jedoch bei nicht erfolgreicher Suche während des Einfügens und Löschens erzielt.

Eine Suchprozedur für sortierte Listen steht in Abb. 6.6. Wir überlassen dem Leser die Aufgabe, die Prozeduren aus den Abbildungen 6.4 und 6.5 dahingehend zu verändern, daß sie auf sortierten Listen arbeiten.

```
function lookup(x: ETYPE; L: LIST): Boolean;
begin
   if L = NIL then
      lookup := FALSE
   else if x > L^.element then
      lookup := lookup(x, L^.next)
   else if x = L^.element then
      lookup := TRUE
   else (* hier gilt x < L^.element, so daß x nicht in der
            sortierten Liste L sein kann *)
      lookup := FALSE
end; (* lookup *)
```

Abb. 6.6: Suchen in einer sortierten Liste.

Vergleich der Verfahrensweisen

Die Tabelle in Abb. 6.7 gibt für jede der drei listenbasierten Darstellungen von Wörterbüchern, die wir kennengelernt haben, die Anzahl der Zellen an, die bei jeder der drei Wörterbuchoperationen zu durchsuchen sind. Wir nehmen n als die Anzahl der Elemente im Wörterbuch, die auch die Länge der Liste ist, wenn keine Duplikate vorkommen dürfen. m wird für die Länge von Listen benutzt, bei denen Duplikate gestattet sind. Wir wissen zwar, daß $m \geq n$ gilt, wir wissen jedoch nicht, um wieviel m größer ist als n. Wenn wir $n/2 \to n$ verwenden, meinen wir damit, daß die Anzahl der Zellen bei einer erfolgreichen Suche im Durchschnitt $n/2$ beträgt und n, wenn die Suche nicht erfolgreich verläuft. Der Eintrag $n/2 \to m$ gibt an, daß eine erfolgreiche Suche durchschnittlich $n/2$ Elemente des Wörterbuches betrachtet, bevor wir das gesuchte Element finden.[2] Bei einer nicht erfolgreichen Suche müssen wir uns bis zum Ende der Liste der Länge m durcharbeiten.

	EINFÜGEN	**LÖSCHEN**	**SUCHEN**
keine Duplikate	$n/2 \to n$	$n/2 \to n$	$n/2 \to n$
Duplikate	0	m	$n/2 \to m$
Sortiert	$n/2$	$n/2$	$n/2$

Abb. 6.7: Anzahl der durchsuchten Zellen bei den drei Verfahren zur Darstellung von Wörterbüchern anhand verketteter Listen.

Beachten Sie, daß all diese Laufzeiten, mit Ausnahme der für das Einfügen mit Duplikaten, schlechter sind als die durchschnittlichen Laufzeiten für Wörterbuchoperationen, wenn als Datenstruktur ein binärer Suchbaum gewählt wurde. Wie wir in Abschnitt 5.9 gesehen haben, benötigen Wörterbuchoperationen bei Verwendung eines binären Suchbaumes im Durchschnitt nur $O(\log n)$ Zeit.

Umsichtige Anordnung von Tests

Betrachten Sie die Reihenfolge, in der die drei Tests in Abb. 6.6 durchgeführt werden. Uns bleibt nichts anderes übrig, als zunächst zu testen, ob L gleich `NIL` ist, denn wenn L gleich `NIL` wäre, würden die anderen beiden Tests einen Fehler verursachen. y sei der Wert von `L^.element`. Dann muß in jeder von uns besuchten Zelle, außer in der letzten, $x < y$ gelten. Wäre $x = y$, so würde die Su-

[2] Da es gegebenenfalls Duplikate geben kann, müssen wir voraussichtlich etwas mehr als $n/2$ Zellen untersuchen, bevor wir erwarten dürfen, $n/2$ unterschiedliche Elemente anzutreffen.

che erfolgreich terminieren, und wäre $x > y$, terminiert sie, ohne x zu finden. Wir führen also den Test $x < y$ zuerst durch. Nur wenn dieser versagt, müssen wir die anderen beiden Fälle trennen. Diese Anordnung der Tests folgt einem allgemeinen Grundsatz: Wir wollen die wahrscheinlichsten Fälle zuerst überprüfen und somit die Gesamtzahl der durchschnittlich durchgeführten Tests gering halten.

Wenn wir k Zellen untersuchen, testen wir k-mal, ob L `NIL` und k-mal ob x kleiner als y ist. Einmal werden wir überprüfen, ob $x = y$ ist, was die Gesamtsumme von $2k + 1$ Tests ergibt. Wir führen also im Falle, daß das Element x gefunden wird, nur einen Test mehr durch als in der `lookup`-Prozedur aus Abb. 6.3 – die unsortierte Listen verwendet. Wird das Element nicht gefunden, erwarten wir in Abb. 6.6 weit weniger Tests als in Abb. 6.3, da wir in Abb. 6.6 im Durchschnitt nach Untersuchung der Hälfte der Zellen fertig sind. Obwohl die O-Laufzeiten der Wörterbuchoperationen sowohl bei Verwendung von sortierten als auch von unsortierten Listen somit $O(n)$ betragen, gibt es daher gewöhnlich einen geringfügigen Vorteil bezüglich des konstanten Faktors, wenn wir sortierte Listen verwenden.

Doppelt verkettete Listen

Bei einer verketteten Liste ist es nicht einfach, sich von einer Zelle aus zum Anfang der Liste zu bewegen. Eine doppelt verkettete Liste ist eine Datenstruktur, die sowohl eine Vorwärts- als auch eine Rückwärtsbewegung innerhalb einer Liste ermöglicht. Die Zellen einer doppelt verketteten Liste enthalten drei Felder:

```
type LIST = ^CELL;
   CELL = record
         element: ETYPE;
         next, previous: LIST;
      end;
```

Das dritte Feld enthält einen Zeiger auf die vorhergehende Zelle der Liste. Die Abbildung 6.8 gibt die Datenstruktur einer doppelt verketteten Liste an, welche die Liste $L = (a_1, a_2, ..., a_n)$ repräsentiert.

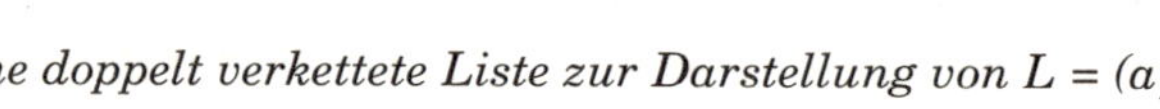

Abb. 6.8: Eine doppelt verkettete Liste zur Darstellung von $L = (a_1, a_2, ..., a_n)$.

Wörterbuchoperationen auf der Datenstruktur der doppelt verketteten Liste unterscheiden sich kaum von denen auf einer einfach verketteten Liste. Um den Vorteil einer doppelt verketteten Liste zu erkennen, betrachten wir die

Operation des Löschens eines Elements a_i, wobei nur ein Zeiger auf die Zelle gegeben ist, die das Element enthält. Bei einer einfach verketteten Liste hätten wir die vorhergehende Zelle finden müssen, indem wir die Liste von Anfang an durchsuchen. Bei einer doppelt verketteten Liste können wir diese Aufgabe durch eine Folge von Zeigermanipulationen in $O(1)$ Zeit durchführen, wie in Abb. 6.9 angegeben.

```
        procedure delete(p: LIST; var L: LIST);
        (* p ist ein Zeiger auf die zu löschende Zelle und L ist ein Zeiger
           auf die erste Zelle der Liste *)
        begin
(1)        if p^.next <> NIL then
(2)           p^.next^.previous := p^.previous
(3)        if p^.previous = NIL then (* p zeigt auf die erste Zelle *)
(4)           L := p^.next
           else
(5)           p^.previous^.next := p^.next
        end; (* delete *)
```

Abb. 6.9: Löschen einer Zelle aus einer doppelt verketteten Liste.

In Zeile (1) in Abb. 6.9 prüfen wir, ob p auf die letzte Zelle zeigt. Ist dies nicht der Fall, lassen wir in Zeile (2) den Rückwärtszeiger der folgenden Zelle auf die Zelle vor p zeigen (oder wir setzen ihn auf `NIL`, wenn p gerade die erste Zelle ist). Die Zeile (3) überprüft, ob p die erste Zelle ist. Wenn ja, lassen wir L in Zeile (4) auf die zweite Zelle zeigen. Hierbei ist zu beachten, daß Zeile (2) in diesem Fall das `previous`-Feld der zweiten Zelle auf `NIL` gesetzt hat. Wenn p nicht auf die erste Zelle zeigt, lassen wir in Zeile (5) den Vorwärtszeiger der vorhergehenden Zelle auf die auf p folgende Zelle zeigen. Auf diese Weise wurde die Zelle, auf die p zeigt, aus der Liste entfernt; die vorangehende und die nachfolgende Zelle zeigen nun aufeinander.

ÜBUNGEN

6.4.1: Stellen Sie die Rekurrenzbeziehungen für die Laufzeiten von (a) `delete` aus Abb. 6.4 (b) `insert` aus Abb. 6.5 auf. Wie lauten die Lösungen?

6.4.2: Schreiben Sie Pascal-Prozeduren für die Wörterbuchoperationen *insert*, *lookup* und *delete* und verwenden Sie verkettete Listen, bei denen Duplikate erlaubt sind.

6.4.3: Schreiben Sie Pascal-Prozeduren für *insert* und *delete* unter Verwendung sortierter Listen wie in Abb. 6.6.

6.4.4: Schreiben Sie eine Pascal-Prozedur, die ein Element x in eine neue Zelle einer doppelt verketteten Liste einfügt, welche hinter der durch p angegebenen Zelle steht. In Abb. 6.9 ist eine ähnliche Prozedur für das Löschen angegeben, für das Einfügen brauchen wir den Listenkopf L jedoch nicht.

6.4.5: Wenn wir die Datenstruktur doppelt verketteter Listen verwenden, muß eine Liste nicht durch einen Zeiger auf eine Zelle repräsentiert werden, sondern kann durch eine Zelle, deren Elementfeld ungenutzt bleibt, dargestellt werden. Diese „Kopf"-Zelle ist selbst nicht Teil der Liste. Das `next`-Feld des Kopfes zeigt auf die erste richtige Zelle der Liste und das `previous`-Feld der ersten Zelle zeigt auf die Kopfzelle. Wir können dann die Zelle (nicht den Kopf) löschen, auf die der Zeiger p zeigt, ohne den Kopf L zu kennen, was in Abb. 6.9 noch notwendig war. Schreiben Sie eine Pascal-Prozedur für das Löschen aus einer doppelt verketteten Liste und verwenden Sie dafür das hier angegebene Format.

6.4.6: Schreiben Sie rekursive Prozeduren für (a) $retrieve(i, L)$ (b) $length(L)$ (c) $last(L)$ für die Datenstruktur der verketteten Liste.

6.4.7*: In diesem Abschnitt haben wir drei Versionen von Wörterbuchoperationen auf verketteten Listen angegeben – bzw. Sie in den Übungen 6.4.2 und 6.4.3 aufgefordert, diese zu entwerfen. Schreiben Sie alle neun Prozeduren als nichtrekursive Programme in der Assemblersprache, die wir in Kapitel 4 eingeführt haben. Zählen Sie die Anzahl der pro Element ausgeführten Befehle und vergleichen Sie die Leistung der drei Prozedurmengen, sowohl für den Fall, daß das Element in der Mitte der Liste gefunden wird, als auch für den, daß das Element sich nicht in der Liste befindet.

6.5 Array-basierte Implementierung von Listen

Eine weitere Art der Implementierung einer Liste besteht in der Verwendung eines Arrays zur Speicherung der Elemente. Wir können einen Zähler für die Anzahl der Elemente in einer gesonderten Variablen verwalten und die Elemente an unmittelbar aufeinanderfolgenden Stellen im Array speichern, wobei wir gewöhnlich mit der ersten Stelle beginnen. Abbildung 6.10 zeigt, wie wir die Liste $(a_1, a_2, ..., a_n)$ bei Benutzung eines Arrays darstellen können.

Die Deklaration für eine Array-basierte Implementierung einer Liste, deren Elemente vom Typ `ETYPE` sind, wird im folgenden angegeben:

```
type LIST = record
        A: array[1..MAXLENGTH] of ETYPE;
        length: integer
    end;
```

LIST ist hier ein Record bestehend aus zwei Feldern; das erste Feld ist ein Array A, das die Elemente speichert, und das zweite ist eine ganze Zahl length, die die Anzahl der Elemente der Liste enthält. Die Größe MAXLENGTH ist eine benutzerdefinierte Konstante, die die Anzahl der jemals in der Liste zu speichernden Elemente beschränkt.

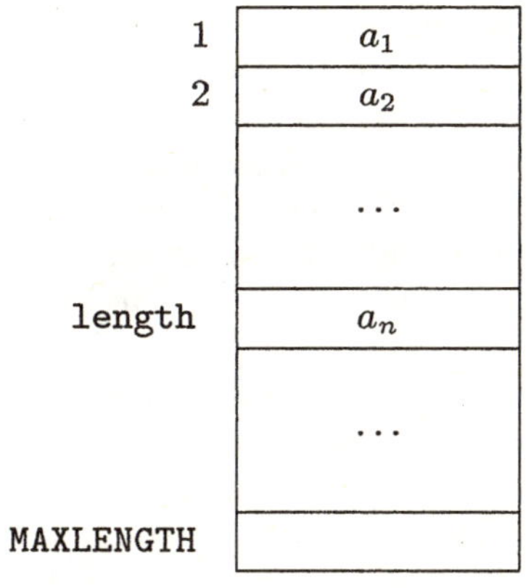

Abb. 6.10: Ein Array, das die Liste (a_1, a_2, ..., a_n) darstellt.

Die Array-basierte Darstellung von Listen ist in vielfacher Hinsicht praktischer als die Darstellung der verketteten Liste. Sie leidet jedoch unter der Einschränkung, daß die Listen nicht länger werden dürfen als die Länge des Arrays, was das Scheitern einer Einfügeoperation zur Folge haben kann. Bei der Darstellung verketteter Listen können wir Listen grundsätzlich so groß werden lassen, wie wir wollen, auch wenn in der Praxis irgendwann der Speicher des Rechners erschöpft ist, wenn unsere Listen astronomisch lang werden.

Die Wörterbuchoperationen auf Array-basierten Listen können in ungefähr derselben Zeit ausgeführt werden wie auf Listen der verketteten Listendarstellung. Wir konzentrieren uns hier auf die Arbeitsweise von *lookup*. Die Operationen *insert* und *delete* sind ähnlich.

Um x einzufügen, suchen wir x und wenn wir es nicht finden, prüfen wir, ob *length* kleiner als *MAXLENGTH* ist. Wenn nicht, liegt ein Fehler vor, da das neue Element nicht in das Array paßt. Ansonsten erhöhen wir *length* um 1 und speichern x an der Stelle A[length]. Um x zu löschen, suchen wir wieder zunächst nach x. Wenn es gefunden wurde, schieben wir alle folgenden Elemente von A um eine Position nach vorn; dann dekrementieren wir *length* um 1.

Lookup mit linearer Suche

Abbildung 6.11 beinhaltet ein Programm, das die Funktion $lookup(x, L)$ implementiert. Die with-Anweisung in Zeile (1) veranlaßt die Interpretation von `A` und `length` als `L.A` bzw. `L.length`. Es handelt sich dabei um die beiden Felder des Records `L`.

Ausgehend von $i = 1$ in Zeile (2) untersuchen wir nacheinander jede Stelle des Arrays bis wir entweder die letzte belegte Stelle erreichen oder x finden. Man beachte, daß die komplizierte Bedingung in Zeile (3) dazu führt, daß die while-Schleife verlassen wird, wenn eine dieser beiden Bedingungen eintritt. In Zeile (5) untersuchen wir dann, warum die while-Schleife verlassen wurde. Wenn $x = A[i]$ ist, haben wir x gefunden und setzen *lookup* auf `TRUE`. Haben wir x nicht gefunden, so daß i nun gleich *length* ist, setzen wir *lookup* auf `FALSE`. Diese Vorgehensweise des Suchens wird als *lineare* bzw. *sequentielle* Suche bezeichnet.

Es ist leicht zu erkennen, daß wir im Durchschnitt die Hälfte des Arrays `A[1..length]` durchsuchen, bevor wir x finden, wenn es enthalten ist. Wenn n der Wert von `length` ist, benötigen wir demnach $O(n)$ Zeit zur Durchführung einer Suche. Ist x nicht enthalten, durchsuchen wir das gesamte Array `A[1..lenth]` und benötigen wiederum $O(n)$ Zeit. Diese Leistung entspricht der einer verketteten Listendarstellung.

```
      function lookup(x: ETYPE; var L: LIST): Boolean;

      var i: integer;

      begin
(1)      with L do begin
(2)         i := 1;
(3)         while (i < length) AND x <> A[i]) do
(4)            i := i+1;
(5)            lookup := (x = A[i])
         end
      end; (* lookup *)
```

Abb. 6.11: Programm, das lookup mittels linearer Suche durchführt.

Suchen mit Wächtern

Die while-Schleife in Abb. 6.11 hat einen komplizierten Terminationstest. Wir können diesen Test vereinfachen und das Programm schneller machen, indem wir x temporär am Ende der Liste einfügen. Dieses x am Ende der Liste wird als *Wächter* bezeichnet. Diese Technik wurde bereits in einem Kasten über „Noch mehr zur defensiven Programmierung" in Abschnitt 3.6 erwähnt und findet hier eine wichtige Anwendung. Unter der Annahme, daß sich am Ende der Liste immer eine zusätzliche Stelle befindet, können wir das Programm in Abb. 6.12 für die Suche nach x verwenden. Die Laufzeit des Programms beträgt noch immer $O(n)$, die Proportionalitätskonstante ist aber kleiner, da die Anzahl der vom Rumpf benötigten Maschinenbefehle und der Test der while-Schleifen typischerweise bei Abb. 6.12 kleiner ist als bei Abb. 6.11.

```
    function lookup(x: ETYPE; var L: LIST): Boolean;

    var i: integer;

    begin
(1)   with L do begin
(2)     A[length+1] := x;
(3)     i := 1;
(4)     while x <> A[i] do
(5)       i := i+1;
(6)     lookup := (i <= length)
      end
    end; (* lookup *)
```

Abb. 6.12: Programm, das lookup mit Hilfe eines Wächters durchführt.

Der Wächter wird in Zeile (1) unmittelbar hinter die Liste geschrieben. Da sich *length* nicht tatsächlich verändert, ist dieses x nicht wirklich Teil der Liste. Die Schleife der Zeilen (4) und (5) erhöht i solange, bis wir x finden. Beachten Sie, daß wir x aufgrund des Wächters irgendwann garantiert finden werden. Haben wir x erreicht, so überprüfen wir in Zeile (6), ob wir den Wächter gefunden haben (d. h., i ist größer als *length*), was bedeutet, daß x nicht wirklich in der Liste steht, oder ob wir ein echtes Vorkommen von x gefunden haben. Es ist wichtig zu beachten, daß, wenn wir bei Verwendung eines Wächters eine Einfügeoperation durchführen, es notwendig ist, daß *length* immer echt kleiner als *MAXLENGTH* ist, da es sonst keinen Platz für den Wächter gibt.

Die Bedeutung konstanter Faktoren in der Praxis

In Kapitel 3 betonten wir die Bedeutung von O-Laufzeitmessungen und vermittelten so womöglich den Eindruck, daß das große O das einzig Wichtige wäre und daß jeder $O(n)$ Algorithmus so gut wie jeder andere $O(n)$ Algorithmus zur Lösung derselben Aufgabe ist. Dennoch haben wir hier bei unserer Diskussion über Wächter ebenso wie in anderen Abschnitten den konstanten Faktor, der durch $O(n)$ verborgen wird, sorgfältig untersucht. Der Grund dafür ist einfach. Während es wahr ist, daß O-Messungen der Laufzeit konstante Faktoren dominieren, ist es auch wahr, daß jeder, der sich mit diesem Thema beschäftigt, dies ziemlich schnell lernt. Wir lernen beispielsweise, einen Sortieralgorithmus mit der Laufzeit $O(n \log n)$ zu verwenden, wann immer n groß genug ist, um einen Auswirkung zu zeigen. Eine Verbesserung der Leistung von Software ergibt sich häufig durch Verringerung des konstanten Faktors in einem Algorithmus, der bereits die richtige „O“-Laufzeit hat. Oft entscheidet dieser Unterschied über Erfolg oder Mißerfolg eines kommerziellen Softwareproduktes.

Lookup in sortierten Listen mit binärer Suche

Angenommen, L ist eine Liste, in der die Elemente $a_1, a_2, ..., a_n$ in aufsteigender Reihenfolge sortiert sind. Wenn die sortierte Liste in einem Array `A[1..n]` gespeichert ist, können wir die Suche durch Verwendung eines Verfahrens, genannt *binäre Suche*, erheblich schneller machen. Zunächst müssen wir den Index m des mittleren Elements finden; das heißt, $m = \lceil n/2 \rceil$ oder dazu äquivalent $m = \lfloor (1+n)/2 \rfloor$.[3] Anschließend vergleichen wir das zu suchende Element x mit $A[m]$. Sind die Elemente gleich, haben wir x gefunden. Wenn $x < A[m]$ ist, wiederholen wir die Suche rekursiv auf der Teilliste `A[1..m-1]`. Ist $x > A[m]$, wiederholen wir die Suche rekursiv auf der Teilliste `A[m+1..n]`. Versuchen wir zu irgendeiner Zeit, eine leere Liste zu durchsuchen, so geben wir eine Fehlermeldung aus. Abbildung 6.13 illustriert den Teilungsprozeß.

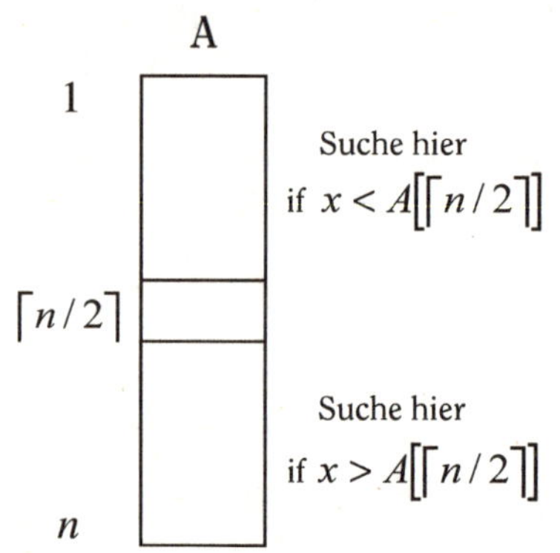

Abb. 6.13: Die binäre Suche teilt einen Bereich in zwei Teile.

[3]Die Schreibweise $\lfloor a \rfloor$, die Bodenfunktion (floor) von a, entspricht dem ganzzahligen Teil von a. Somit ist $\lfloor 6{,}5 \rfloor = 6$ und $\lfloor 6 \rfloor = 6$. Ebenso ist $\lceil a \rceil$, die Dachfunktion (ceiling) von a, die kleinste ganze Zahl größer oder gleich a. Es gilt beispielsweise $\lceil 6{,}5 \rceil = 7$ und $\lceil 6 \rceil = 6$.

Das vollständige Programm wird in Abb. 6.14 angegeben. Das Programm verwendet die Variablen `low` und `high` als untere und obere Schranke des Bereichs, in dem sich x befinden kann. Wenn die untere Schranke irgendwann die obere übersteigt, haben wir x nicht gefunden; das Programm terminiert und gibt `FALSE` zurück.

Die Prozedur untersucht $A[mid]$, das Element in des Mitte der Bereichs, um zu bestimmen, ob x gefunden wurde, wobei $mid = \lfloor (low + high)/2 \rfloor$ ist. Wenn nicht, so wird die Suche in der unteren oder oberen Hälfte des Bereiches fortgesetzt, abhängig davon, ob x kleiner oder größer als $A[mid]$ ist. Die Korrektheit der Prozedur kann unter Benutzung der induktiven Zusicherung bewiesen werden, daß, wenn x sich im Array befindet, es irgendwo im Bereich `A[low..high]` liegen muß. Der Beweis wird durch Induktion über die Differenz *high - low* geführt und als Übungsaufgabe gestellt.

```
        function lookup(x: ETYPE; var L: LIST; low, high: integer): Boolean;

        var mid: integer;

        begin
(1)        with L do begin
(2)           if low > high then lookup := FALS
              else begin
(3)              mid := (low + high) DIV 2;
(4)              if x < A[mid] then
(5)                 lookup := lookup(x, L, low, mid-1)
(6)              else if x > A[mid] then
(7)                 lookup := lookup(x, L, mid+1, high)
                 else (* x = A[mid] *)
(8)                 lookup := TRUE
              end
           end
        end; (* lookup *)
```

Abb. 6.14: Programm, das lookup unter Verwendung binärer Suche durchführt.

Bei jeder Iteration findet das binäre Suchprogramm entweder das Element x, wenn es in Zeile (8) ankommt, oder es ruft sich in Zeile (5) oder (7) selbst rekursiv mit einer Teilliste auf, die höchstens halb so lang ist, wie das dem Programm übergebene Array `A[low..high]`. Bei einem Array der Länge n können wir die Länge des zu durchsuchenden Arrays nicht öfter als $\log_2 n$-mal halbieren, bevor es die Länge 1 hat, woraufhin wir x entweder an der Stelle $A[mid]$ finden oder es nach einem Aufruf auf der leeren Liste nicht finden.

`lookup` ruft sich also höchstens $O(\log n)$ mal selbst auf. Bei jedem Aufruf benötigen wir $O(1)$ Zeit plus die Zeit für den rekursiven Aufruf. Die Laufzeit der binären Suche beträgt daher $O(\log n)$. Dies ist im Vergleich zur linearen Suche günstiger, die, wie wir bereits gesehen haben, durchschnittlich $O(n)$ Zeit benötigt.

ÜBUNGEN

6.5.1: Schreiben Sie Prozeduren (a) zum Einfügen von x in eine Liste L und (b) zum Löschen von x aus einer Liste L und verwenden Sie die lineare Suche auf einem Array.

6.5.2: Wiederholen Sie Übung 6.5.1 für ein Array mit Wächtern.

6.5.3: Wiederholen Sie Übung 6.5.1 für ein sortiertes Array.

6.5.4:** $P(k)$ sei die Länge ($high$ - low + 1) des längsten Arrays derart, daß der binäre Suchalgorithmus aus Abb. 6.14 niemals mehr als k *Untersuchungen* [Auswertungen von *mid* in Zeile (3)] durchführt. Es gilt zum Beispiel $P(1) = 1$ und $P(2) = 3$. Schreiben Sie eine Rekurrenzbeziehung für $P(k)$. Wie lautet die Lösung Ihrer Rekurrenzbeziehung? Verdeutlicht sie, daß die binäre Suche $O(\log n)$ Untersuchungen durchführt?

6.5.5*: Beweisen Sie durch Induktion über die Differenz zwischen *low* und *high*, daß, wenn x sich in `A[low..high]` befindet, der binäre Suchalgorithmus aus Abb. 6.14 x findet.

6.5.6: Angenommen, in Arrays sind Duplikate erlaubt, so daß das Einfügen in $O(1)$ Zeit durchgeführt werden kann. Schreiben Sie für diese Datenstruktur die Prozeduren *insert*, *delete* und *lookup*.

6.5.7*: Schreiben Sie unter Verwendung der Array-Datenstruktur dieses Abschnitts Assemblerprogramme für die Wörterbuchoperationen. Wie verhält sich die Anzahl der Befehle pro Element zu der Anzahl bei der Darstellung verketteter Listen in Übung 6.4.6?

6.5.8:** Stellen Sie eine Rekurrenzbeziehung für die Laufzeit der binären Suche auf einem Array mit n Elementen auf und lösen Sie sie. *Hinweis*: Um die Sache zu vereinfachen, ist es hilfreich, $T(n)$ als obere Schranke der Laufzeit der binären Suche bei jedem beliebigen Array mit n oder weniger Elementen anzunehmen (anstatt für genau n Elemente, was unserem üblichen Ansatz entspräche).

6.5.9: Bei der *ternären Suche* berechnen wir für einen gegebenen Bereich *low* bis *high* den ungefähren 1/3 Punkt des Bereiches

$$first = \lfloor (2 \times low + high)/3 \rfloor$$

und vergleichen das zu suchende Element x mit $A[first]$. Wenn $x > A[first]$ ist, berechnen wir den ungefähren 2/3 Punkt,

$$second = \lceil (low + 2 \times high)/3 \rceil$$

und vergleichen x mit $A[second]$. Wir isolieren x somit innerhalb einem der drei Bereiche, von denen jeder einem Drittel des Gesamtbereiches von *low* bis *high* entspricht. Schreiben Sie eine Prozedur zur Durchführung der ternären Suche.

6.5.10:** Wiederholen Sie Übung 6.5.4 für die ternäre Suche. Das heißt, finden und lösen Sie eine Rekurrenzbeziehung für das größte Array, das während der ternären Suche nicht mehr als k Untersuchungen notwendig macht. Zu welchem Ergebnis führt ein Vergleich der bei einer binären und ternären Suche notwendigen Anzahl von Untersuchungen? Können wir für ein gegebenes k größere Arrays mit der binären oder ternären Suche behandeln?

6.6 Keller

Ein *Keller* oder auch *Stapel* (*stack*) ist ein abstrakter, auf einem Listenmodell basierender Datentyp, bei dem alle Operationen an einem Ende der Liste durchgeführt werden, das man als oberstes Element (*top*) des Kellers bezeichnet. Der Begriff „LIFO" (für last-in first-out) wird synonym für Keller benutzt.

Das abstrakte Modell eines Kellers entspricht im wesentlichen dem einer Liste – das heißt, einer Folge von Elementen $a_1, a_2, ..., a_n$ eines Typs ETYPE. Was Keller von allgemeinen Listen unterscheidet, ist die besondere Menge erlaubter Operationen. Später werden wir eine vollständigere Menge von Operationen angeben. Im Moment widmen wir uns nur den wichtigsten Kelleroperationen *push* und *pop*. *push*(x) packt das Element x oben auf den Keller und *pop* entfernt das oberste Element. Wenn wir einen Keller so darstellen, daß das oberste Element am rechten Ende steht, ergibt die Operation *push*(x) angewandt auf die Liste $(a_1, a_2, ..., a_n)$ die neue Liste $(a_1, a_2, ..., a_n, x)$. Die Anwendung der Operation *pop* auf die Liste $(a_1, a_2, ..., a_n)$ führt zu der Liste $(a_1, a_2, ..., a_{n-1})$; ein *pop* auf der leeren Liste ε ist nicht möglich und verursacht einen Fehler.

Beispiel 6.9

Viele Compiler beginnen damit, einen im Programm erscheinenden Infix-Ausdruck in einen äquivalenten Postfix-Ausdruck umzuwandeln. Zum Beispiel entspricht der Ausdruck $(3 + 4) \times 2$ dem Ausdruck $3\ 4 + 2 \times$ in Postfix-Notation. Zur Auswertung von Postfix-Ausdrücken kann ein Keller verwendet werden. Ausgehend von einem leeren Keller bearbeiten wir den Postfix-Ausdruck von links nach rechts. Jedesmal wenn wir auf ein Argument treffen, legen wir es auf dem Keller ab. Treffen wir auf einen Operator, wenden wir zweimal die pop-Operation auf den Keller an und merken uns die auf diese Art entfernten Operanden. Anschließend wenden wir den Operator auf die beide gerade entfernten Werte an (wobei der zweite Operator die linke Position einnimmt) und legen dieses Ergebnis mit einer push-Operation wieder auf dem Keller ab. Die Abb. 6.15 zeigt den Keller nach jedem Schritt der Abarbeitung des Postfix-Ausdrucks 3 4 + 2 ×. Nach der Abarbeitung verbleibt die Zahl 14 als Ergebnis auf dem Keller. ◆

Bearbeitetes Symbol	**Keller**	**Aktion**
Initialzustand	ε	
3	3	*push* 3
4	3, 4	*push* 4
+	ε	*pop* 4; *pop* 3 compute 7 = 3 + 4
	7	*push* 7
2	7, 2	*push* 2
x	ε	*pop* 2; *pop* 7 compute 14 = 7 x 2
	14	*push* 14

Abb. 6.15: Auswertung eines Postfix-Ausdrucks unter Verwendung eines Kellers.

Operationen auf einem Keller

Auf jedem der beiden eben diskutierten abstrakten Datentypen, Wörterbuch und Prioritätsschlange, war eine bestimmte Menge zugehöriger Operationen definiert. Ein Keller ist in Wirklichkeit eine Familie gleichartiger abstrakter Datentypen, die auf demselben Modell basieren, aber Unterschiede in der Menge erlaubter Operationen haben. In diesem Abschnitt werden wir uns mit den gängigen Operationen auf Kellern befassen und zwei Datenstrukturen angeben, die als Implementierung eines Kellers dienen können. Die eine basiert auf verketteten Listen und die andere auf Arrays.

Wie bereits erwähnt erwarten wir in jeder Sammlung von Kelleroperationen zumindest die Operationen *push* und *pop*. Es gibt ein anderes gemeinsames Merkmal aller Operationen, die für den oder die abstrakten Datentyp(en) des Kellers ausgewählt wurden: Sie alle können unabhängig von der Anzahl der Elemente im Keller mit einem Aufwand von $O(1)$ implementiert werden. Zur Übung können Sie überprüfen, daß alle Operationen der beiden angegebenen Datenstrukturen nur eine konstante Zeit benötigen.

Zusätzlich zu *push* und *pop* benötigen wir im allgemeinen eine Operation *clear*, die den Keller als leeren Keller initialisiert. In Beispiel 6.9 sind wir stillschweigend davon ausgegangen, daß der Keller zu Beginn leer war, ohne zu erklären, wie es dazu kam. Eine andere mögliche Operation könnte überprüfen, ob der Keller gegenwärtig leer ist.

Die letzte Operation, die wir betrachten werden, überprüft, ob der Keller „voll" ist. Nun gibt es aber in unserem abstrakten Modell des Kellers keinen Begriff eines vollen Kellers, da ein Keller eine Liste ist, die ja bekanntlich grundsätzlich so lang werden kann, wie wir wünschen. Es gibt jedoch bei jeder Implementierung eines Kellers eine Länge, ab der er nicht mehr wachsen kann. Das hierfür gängigste Beispiel bildet die Darstellung einer Liste oder eines Kellers anhand eines Arrays. Wie wir bereits im vorigen Abschnitt festgestellt hatten, mußten wir davon ausgehen, daß die Liste nicht größer wird als die Konstante `MAXLENGTH`, da sonst unsere Implementierung von *insert* nicht funktionieren würde.

Die formalen Definitionen der Operationen, die wir bei unserer Implementierung eines Kellers verwenden werden, lauten wie folgt. *S* sei dabei ein Keller vom Typ `ETYPE` und *x* ein Element vom Typ `ETYPE`.

1. *clear*(*S*). Mache den Keller *S* leer.

2. *isEmpty*(*S*). Gib `TRUE` zurück, wenn *S* leer ist, sonst `FALSE`.

3. *isFull*(*S*). Gib `TRUE` zurück, wenn *S* voll ist, sonst `FALSE`.

4. *pop*(*S*,*x*). Wenn *S* leer ist, gib `FALSE` zurück; ansonsten setze *x* auf den Wert des obersten Elements des Kellers *S*, entferne dieses Element und gib `TRUE` zurück.

5. *push*(*x*;*S*). Wenn *S* voll ist, gib `FALSE` zurück; ansonsten füge das Element *x* als oberstes Element in den Keller *S* ein und gib `TRUE` zurück.

Eine häufig vorkommende Variation von *pop* geht davon aus, daß *S* nicht leer ist. Diese Funktion erhält nur *S* als Argument und gibt das durch *pop* entfernte Element *x* zurück. Wieder eine andere Version von *pop* liefert überhaupt keinen Rückgabewert; das oberste Element des Kellers wird einfach entfernt. Ebenso können wir ein *push* schreiben, das von einem nicht „vollen" Keller ausgeht. In diesem Fall gibt *push* keinen Wert zurück.

Array-Implementierung eines Kellers

Die Implementierungen, die wir bei den Listen verwendet haben, können ebenso für Keller benutzt werden. Wir werden zunächst eine Array-basierte Implementierung betrachten, ehe wir uns der Darstellung durch verkettete Listen widmen.

Die Deklaration eines Array-basierten Kellers sieht wie folgt aus:

```
type STACK = record
        A: array [1..MAXLENGTH] of ETYPE;
        top: integer
    end;
```

Bei einer Array-basierten Implementierung kann der Keller entweder von unten nach oben (von niedrigen zu höheren Stellen) oder von oben nach unten (von höheren zu niedrigeren Stellen) wachsen. Wir entscheiden uns für einen aufwärtswachsenden Keller[4] ; das heißt, das älteste Element a_1 im Keller steht an Stelle 1, das nächst-älteste Element a_2 steht an Stelle 2 und das zuletzt eingefügte Element a_n steht an der Stelle, die durch die Variable top bezeichnet wird. Abbildung 6.16 verdeutlicht diese Anordnung. Ein leerer Keller wird durch *top* = 0 repräsentiert. In einem solchem Fall ist der Inhalt des Arrays A irrelevant, da sich keine Elemente im Keller befinden.

Die Programme für die fünf oben definierten Kelleroperationen werden in Abb. 6.17 angegeben.

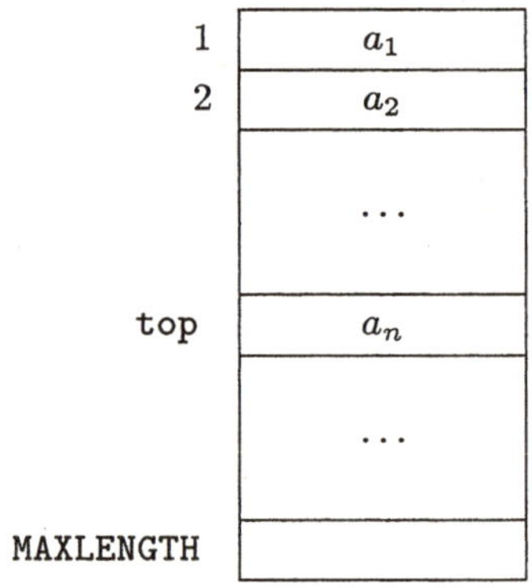

Abb. 6.16: Ein Array zur Darstellung eines Kellers.

Implementierung eines Kellers durch verkettete Listen

Ebenso wie jede andere Liste können wir einen Keller durch die Datenstruktur der verketteten Liste repräsentieren. Hierbei ist es jedoch von Vorteil, wenn das oberste Element des Kellers dem ersten Element der Liste entspricht. So können wir die push- und pop-Operationen am Kopf der Liste vornehmen, was nur $O(1)$ Zeit benötigt. Müßten wir zunächst das Ende der Liste aufsuchen, um

---

[4]Das oberste Element („top“) des Kellers steht somit unten auf der Seite, eine etwas unglückliche, aber durchaus übliche Übereinkunft.

ein Element hinzuzufügen oder um eines zu entfernen, so bräuchten wir bei einem Keller der Länge n $O(n)$ Zeit zur Durchführung dieser Operationen. Demzufolge muß der Keller $S = (a_1, a_2, ..., a_n)$ „rückwärts“ durch eine verkettete Liste wie folgt dargestellt werden:

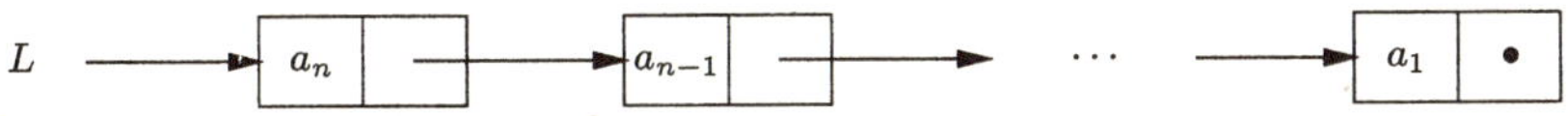

Wir verwenden wieder den CELL-Typ

```
type CELL = record
         element: ETYPE;
         next: STACK
      end;
```

mit der vorherigen Definition des Typs STACK,

```
type STACK = ^CELL;
```

Für diese Form der Darstellung werden die Operationen durch das Programm in Abb. 6.18 implementiert. Wir gehen davon aus, daß new immer genug Speicher zur Verfügung hat, was zur Folge hat, daß die Operation *isFull* immer FALSE zurückgibt und daß die *push*-Operation immer durchführbar ist.

Die Auswirkungen von *push* und *pop* auf einen als verkettete Liste implementierten Keller werden in Abb. 6.19 illustriert.

```
procedure clear(var S: STACK);
begin
   S.top := 0
end; (* clear *)

function isEmpty(var S: STACK): Boolean;
begin
   isEmpty := (S.top = 0)
end; (* isEmpty *)

function isFull(var S: STACK): Boolean;
begin
   isFull := (top >= MAXLENGTH)
end; (* isFull *)

function pop(var S: STACK; var x: ETYPE): Boolean;
begin
   with S do
      if isEmpty(S) then
         pop := FALSE
      else begin
```

```
            x := A[top];
            top := top-1;
            pop := TRUE
         end
end; (* pop *)

function push(x: ETYPE; var S: STACK): Boolean;
begin
   with S do
      if isFull(S) then
         push := FALSE
      else begin
         top := top+1;
         A[top] := x;
         push := TRUE
      end
end; (* push *)
```

Abb. 6.17: Prozeduren zur Implementierung der Kelleroperationen auf Arrays.

Wann verwendet man var-Parameter?

Man beachte, daß der Keller *S* in Abb. 6.17 sogar in Prozeduren wie `isEmpty`, die *S* nicht verändern, ein `var`-Parameter ist. Der Grund dafür ist, daß wir dadurch vermeiden, daß für die aufgerufene Prozedur eine Kopie von *S* angelegt wird, was eine nicht unerhebliche Zeitersparnis bedeutet.

```
procedure clear(var S: STACK);
begin
   S := NIL
end; (* clear *)

function isEmpty(var S: STACK): Boolean;
begin
   isEmpty := (S = NIL)
end; (* isEmpty *)

function isFull(var S: STACK): Boolean;
begin
   isFull := FALSE
end; (* isFull *)

function pop(var S: STACK; var x: ETYPE): Boolean;
begin
```

```
(1)        if S = NIL then
(2)           pop := FALSE
           else begin
(3)           x := S^.element;
(4)           S := S^.next;
(5)           pop := TRUE
           end
       end; (* pop *)

       function push(x: ETYPE; var S: STACK): Boolean;

       var newCell: STACK (* Zeiger auf neue Zelle *)

       begin
(1)       new(newCell);
(2)       newCell^.element := x;
(3)       newCell^.next := S;
(4)       S := newCell;
(5)       push := TRUE
       end; (* push *)
```

Abb. 6.18: Prozeduren zur Implementierung von Kellern durch verkettete Listen.

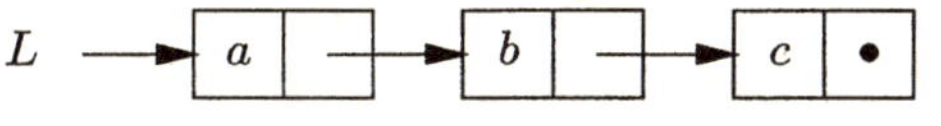

(a) Liste *L*.

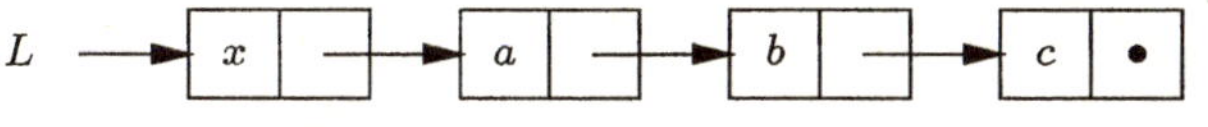

(b) Nach Ausführung von *push*(*x*,*L*).

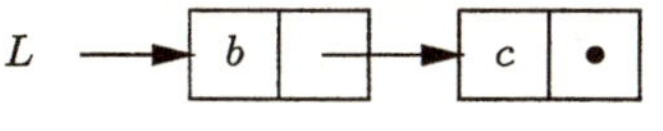

(c) Nach Ausführung von *pop*(*L*,*x*) auf der Liste *L* aus (*a*).

Abb. 6.19: push- und pop-Operationen auf einem als verkettete Liste implementierten Keller.

ÜBUNGEN

6.6.1: Wie sieht der Keller aus, der nach Ausführung der folgenden Sequenz von Operationen, angefangen mit einem leeren Keller? *push*(a), *push*(b), *pop*, *push*(c), *push*(d), *pop*, *push*(e), *pop*, *pop*.

6.6.2: Schreiben Sie ausschließlich unter Verwendung der fünf in diesem Abschnitt vorgestellten Operationen zur Manipulation von Kellern ein Programm zur Auswertung von Postfix-Ausdrücken mit Integer-Operanden und den vier üblichen arithmetischen Operatoren. Halten Sie sich dabei an den in Beispiel 6.9 vorgestellten Algorithmus. Zeigen Sie, daß Sie bei ihrem Programm entweder die Array-Implementierung oder die Implementierung durch verkettete Listen benutzen können, indem Sie den Datentyp `STACK` angemessen definieren und in ihrem Programm zunächst die Prozeduren aus Abb. 6.17 einfügen und danach die Prozeduren aus Abb. 6.18.

6.6.3*: Wie würden Sie einen Keller verwenden, um Präfix-Ausdrücke auszuwerten?

6.6.4: Berechnen Sie die Laufzeit jeder Prozedur der Abbildungen 6.17 und 6.18. Haben alle den Aufwand $O(1)$?

6.6.5: Manchmal verwendet der abstrakte Kellerdatentyp eine Operation *top*, bei der der Aufruf *top*(S) das oberste Element des Kellers S zurückgibt, wobei der Keller als nicht leer angenommen wird. Schreiben Sie Prozeduren für *top*, die auf den in diesem Abschnitt für Keller definierten

a) Array-Datenstrukturen

b) verketteten Listen-Datenstrukturen

verwendet werden können. Benötigen Ihre Implementierungen von *top* $O(1)$ Zeit?

6.6.6: Simulieren Sie einen Keller, der folgende Postfix-Ausdrücke auswertet:

a) $ab + cd \times +e\times$

b) $abcde + + + +$

c) $ab + c + d + e +$

6.6.7*: Angenommen, wir gehen von einem leeren Keller aus und führen einige *push*- und *pop*-Operationen durch. Wenn der Keller nach diesen Operationen die Gestalt $(a_1, a_2, ..., a_n)$ (oberstes Element rechts) hat, beweisen Sie, daß a_i vor a_{i+1} mit $i = 1, 2, ..., n - 1$, auf den Keller gepackt wurde.

6.7 Implementierung von Prozeduraufrufen unter Verwendung eines Kellers

Eine wichtige Anwendung von Kellern bleibt üblicherweise im Verborgenen: Ein Keller wird dazu verwendet, den unterschiedlichen Prozeduren angehörenden Variablen eines Programms Speicherstellen im Speicher des Rechners zuzuweisen. Wir werden den von Pascal benutzten Mechanismus näher betrachten, auch wenn in fast jeder anderen Programmiersprache ein ähnlicher Mechanismus verwendet wird.

Um die Problematik besser zu verstehen, sei noch einmal die einfache, rekursive Fakultätsfunktion `fact` aus Abschnitt 2.7 betrachtet, die wir in Abb. 6.20 erneut angeben. Die Funktion hat ein Argument `n` und einen Rückgabewert; auf letzteren wird, wie bei allen Pascal-Funktionen, durch den Funktionsnamen `fact` zugegriffen. Da `fact` sich selbst rekursiv aufruft, sind gleichzeitig unterschiedliche Aufrufe aktiv. Diese Aufrufe haben unterschiedliche Werte für das Argument `n` und erzeugen unterschiedliche Werte für den Rückgabewert `fact`. Wo werden diese unterschiedlichen Objekte mit denselben Namen verwaltet?

```
          function fact(n: integer): integer;
          begin
(1)          if n <= 1 then
(2)             fact := 1 (* Basis *)
             else
(3)             fact := n * fact(n-1) (* Induktion *)
          end; (* fact *)
```

Abb. 6.20: Rekursive Funktion zur Berechnung von n!.

Um diese Frage zu beantworten, müssen wir zunächst etwas über die zu einer Programmiersprache assoziierte *Laufzeitorganisation* lernen. Die Laufzeitorganisation entspricht einem Plan, der verwendet wird, um den Speicher eines Rechners in Regionen zur Speicherung der unterschiedlichen von einem Programm benutzten Daten zu unterteilen. Wir werden dies wiederum am Beispiel von Pascal erläutern; diese Sprache ist sehr typisch. Wenn ein Programm läuft, wird jede Ausführung einer Prozedur oder einer Funktion als *Aktivierung* (*activation*) bezeichnet. Die mit einer Aktivierung assoziierten Datenobjekte werden im Speicher des Computers in einem Block gespeichert, der als *Aktivierungssegment* (*activation record*) dieser Aktivierung bezeichnet wird. Die Datenobjekte umfassen Argumente, den Rückgabewert, die Rücksprungadresse und alle zu dieser Prozedur lokalen Variablen.

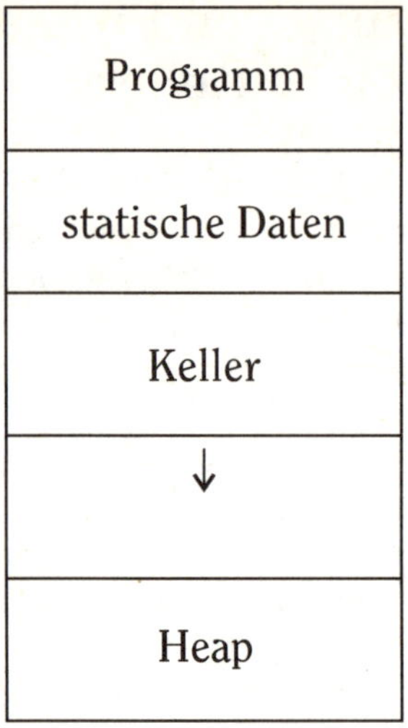

Abb. 6.21: Laufzeitspeicherorganisation.

Abbildung 6.21 zeigt eine typische Unterteilung des Laufzeitspeichers. Der erste Bereich enthält den Objekt-Code für das ausgeführte Programm. Im nächsten Bereich befinden sich die statischen Daten des Programms, wie beispielsweise die Werte gewisser Konstanten, die das Programm verwendet. Der dritte Bereich enthält den *Laufzeitkeller* (*run-time stack*), der nach unten hin zu den größer werdenden Speicheradressen wächst. An den am höchsten numerierten Speicherstellen befindet sich der *Heap*, ein Bereich, der für die Objekte bereitgestellt wird, die durch die Benutzung der `new`-Funktion von Pascal Speicherplatz zugewiesen bekommen.[5]

Der Laufzeitkeller enthält die Aktivierungssegmente aller gegenwärtig bestehenden Aktivierungen. Ein Keller ist die geeignete Struktur, denn wenn wir eine Prozedur aufrufen, können wir ein Aktivierungssegment auf dem Keller ablegen. Zu jeder Zeit befindet sich das Aktivierungssegment der gegenwärtig laufenden Aktivierung A_1 ganz oben auf dem Keller. Unmittelbar unter dem *top*-Element des Kellers befindet sich das Aktivierungssegment der Aktivierung A_2, die A_1 aufgerufen hat. Unter dem Aktivierungssegment A_2 liegt das Aktivierungssegment der Aktivierung, die A_2 aufgerufen hat, und so weiter. Kehrt eine Prozedur zurück, so entfernen wir ihr Aktivierungssegment mit Hilfe der pop-Operation von der obersten Stelle des Kellers und legen so das Aktivierungssegment der Prozedur frei, die diese ursprünglich aufgerufen hatte. Genau das wollen wir haben, denn wenn eine Prozedur zurückkehrt, wird die Kontrolle wieder an die aufrufende Prozedur übergeben.

---

[5] Verwechseln Sie die Benutzung des Begriffs „Heap“ nicht mit der Heap-Datenstruktur, die wir in Abschnitt 5.10 diskutierten.

```
procedure main;

var x, y, z: integer;

procedure P;

var p1, p2: integer;

begin
   Q;
end;

procedure Q;

var q1, q2, q3: integer;
begin
   ...
end;

begin (* main *)
   P; (* hier*)
end.
```

Abb. 6.22: Skelettversion eines Programms.

Beispiel 6.10

Gegeben sei das Programmskelett aus Abb. 6.22. Das Programm ist nicht rekursiv und es gibt niemals mehr als eine Aktivierung für jede Prozedur. Wenn die Prozedur `main` die Ausführung beginnt, wird ihr Aktivierungssegment, das den Platz für die Variablen `x`, `y` und `z` enthält, auf dem Keller abgelegt. Wenn die Prozedur `P` an der mit `hier` markierten Stelle aufgerufen wird, wird ihr Aktivierungssegment, das den Platz für die Variablen `p1` und `p2` enthält, auf den Keller gepackt.[6] Wenn `P` die Prozedur `Q` aufruft, wird das Aktivierungssegment von `Q` auf dem Keller abgelegt. In dieser Phase befindet sich der in Abb. 6.23 angegebene Keller.

Wenn `Q` ihre Ausführung beendet, wird ihr Aktivierungssegment durch ein *pop* vom Keller entfernt. `P` ist zu dieser Zeit ebenfalls fertig, so daß auch ihr Aktivierungssegment vom Keller genommen wird. Schließlich ist auch `main` fertig, so daß auch ihr Aktivierungssegment vom Keller entfernt wird. Der Keller ist nun leer und das Programm ist beendet. ◆

---

[6]Man beachte, daß das Aktivierungssegment für *P* zwei Datenobjekte und somit einen anderen „Typ" als das Aktivierungssegment des Hauptprogramms hat. Wir erachten jedoch alle Formen von Aktivierungssegmenten als Varianten eines einzigen Record-Typs und bewahren uns so den Standpunkt, daß alle Elemente eines Kellers denselben Typ haben.

x y z
p1 p2
q1 q2 q3

Abb. 6.23: Laufzeitkeller während der Ausführung der Prozedur `Q`.

Beispiel 6.11

Gegeben sei die rekursive Funktion `fact` aus Abb. 6.20. Zu jeder Zeit können viele Aktivierungen von `fact` bestehen, aber jede von ihnen hat ein Aktivierungssegment derselben Form, nämlich

n
fact

bestehend aus einem Wort für das Argument `n`, das zu Beginn eingetragen wird, und einem Wort für den Rückgabewert `fact`, der erst im letzten Schritt der Aktivierung kurz vor dem Rücksprung eingetragen wird.

Angenommen, wir rufen `fact(4)` auf. Dann erzeugen wir ein Aktivierungssegment der Form

n	4
fact	–

Da `fact(4)` anschließend `fact(3)` aufruft, legen wir als nächstes ein Aktivierungssegment für diese Aktivierung auf den Laufzeitkeller, der nun folgendermaßen aussieht:

Man beachte, daß es nun zwei Speicherorte gibt, die `n` heißen, und zwei, die `fact` heißen. Das führt nur deshalb zu keiner Verwirrung, weil sie unterschiedlichen Aktivierungen angehören und sich nur ein Aktivierungssegment zu einer Zeit als oberstes Element auf dem Keller befinden kann: das zur gegenwärtig ausführenden Aktivierung gehörende Aktivierungssegment.

n	4
fact	–
n	3
fact	–

Anschließend ruft `fact(3)` `fact(2)` auf, das wiederum `fact(1)` aufruft. Zu diesem Zeitpunkt hat der Laufzeitkeller die in Abb. 6.24 angegebene Form. `fact(1)` führt nun keinen rekursiven Aufruf mehr durch, sondern die Zuweisung *fact* = 1. Der Wert 1 wird somit an der Stelle des obersten Aktivierungssegments plaziert, die für `fact` reserviert ist. Die anderen mit `fact` markierten Stellen bleiben unverändert, wie in Abb. 6.25 angegeben.

n	4
fact	–
n	3
fact	–
n	2
fact	–
n	1
fact	–

Abb. 6.24: Aktivierungssegmente während der Ausführung von `fact`.

n	4
fact	–
n	3
fact	–
n	2
fact	–
n	1
fact	1

Abb. 6.25: Nachdem `fact(1)` *seinen Wert berechnet hat.*

Anschließend kehrt `fact(1)` zurück, legt das Aktivierungssegment für `fact(2)` frei und übergibt die Kontrolle an die Aktivierung `fact(2)` an genau der Stelle, von wo aus `fact(1)` aufgerufen wurde. Der Rückgabewert 1 von `fact(1)` wird mit dem Wert von n im Aktivierungssegment von `fact(2)` multipliziert und das Produkt wird an die Stelle `fact` dieses Aktivierungssegments geschrieben, was in Zeile (3) in Abb. 6.20 geschieht. Der daraus resultierende Keller wird in Abb. 6.26 angegeben.

n	4
fact	–
n	3
fact	–
n	2
fact	2

Abb. 6.26: Nachdem `fact(2)` *seinen Wert berechnet hat.*

Ebenso gibt `fact(2)` die Kontrolle an `fact(3)` zurück, und das Aktivierungssegment von `fact(2)` wird vom Keller entfernt. Der Rückgabewert 2 multipliziert mit dem n aus `fact(3)` ergibt den Rückgabewert 6. Anschließend kehrt `fact(3)` zurück und ihr Rückgabewert wird multipliziert mit `n` in `fact(4)`, was den Rückgabewert 24 ergibt. Der Keller sieht nun so aus:

n	4
fact	24

An diesem Punkt angekommen übergibt `fact(4)` an eine hypothetische aufrufende Prozedur, deren Aktivierungssegment (nicht angegeben) sich unter dem von `fact(4)` im Keller befindet. Sie würde den Rückgabewert 24 als Wert des Aufrufs von `fact(4)` erhalten und mit ihrer eigenen Ausführung fortfahren. ◆

```
      procedure main();

      var A: array[1..4] of integer; j: integer;

      function sum(i: integer): integer;
      begin
(1)      if i > 4 then sum := 0
(2)         else sum := A[i] + sum(i+1)
```

```
      end;

      begin (* main *)
(3)      for j := 1 to 4 do readln A[j];
(4)         writeln sum(1)
      end.
```

Abb. 6.27: Programm für Übung 6.7.1.

ÜBUNGEN

6.7.1: Gegeben sei das Pascal-Programm aus Abb. 6.27. Das Aktivierungssegment für `main` enthält das Array `A` und die ganze Zahl `j`. Zu dem Zeitpunkt, an dem wir `sum` zum ersten Mal aufrufen, ist die Variable `j` undefiniert und `A` enthält den (unveränderlichen) eingelesenen Wert; wir wollen uns hier nicht die Mühe machen, den Inhalt des Aktivierungssegments von `main` aufzuzeigen. Die wichtigen Daten im Aktivierungssegment von `sum` sind

1. der Parameter `i`,
2. der Rückgabewert `sum` und
3. eine ungenannte Hilfsstelle zur Speicherung des Wertes von $sum(i+1)$, die wir `temp` nennen werden. Letztere wird in Zeile (2) berechnet und dann zu $A[i]$ addiert, um so den Rückgabewert zu erhalten.

Geben Sie den Keller der Aktivierungssegmente unter der Annahme, daß der Wert von $A[i]$ $10i$ ist, unmittelbar vor und unmittelbar nach jedem Aufruf von `sum` an. Zeigen Sie also den Keller unmittelbar nachdem wir ein Aktivierungssegment für `sum` auf dem Keller abgelegt haben und kurz bevor wir ein Aktivierungssegment vom Keller entfernen. Sie brauchen dabei nicht jedesmal den Inhalt des untersten Aktivierungssegments (für `main`) anzugeben.

6.7.2*: Die Prozedur `delete` aus Abb. 6.28 entfernt das erste Vorkommen einer ganzen Zahl x aus einer verketteten Liste, die aus den üblichen Zellen mit `element`- und `next`-Feldern besteht. Das Aktivierungssegment für `delete` besteht aus den Argumenten `x` und `L`. Da `L` jedoch ein `var`-Parameter ist, ist der Wert von `L` im Aktivierungssegment nicht L selbst, sondern vielmehr ein Zeiger auf den Wert von L. Üblicherweise enthält ein Aktivierungssegment einen Zeiger auf das `next`-Feld einer Zelle (dieses Feld ist zufällig auch ein Zeiger auf eine Zelle). Geben Sie die Entwicklung des Kellers an, wenn *delete*(3, L) (von einer anderen Prozedur) aufgerufen wird; L ist dabei ein Zeiger auf eine verkettete Liste mit den Elementen 1, 2, 3 und 4, die in dieser Reihenfolge in der Liste stehen.

```
procedure delete(x: integer; var L: LIST);
begin
   if L<> NIL then
```

```
    if x = L^.element then
       L := L^.next
    else
       delete(x, L^.next)
end
```

Abb. 6.28: Prozedur zur Übung 6.7.2.

6.8 Warteschlangen

Ein weiterer wichtiger auf dem Listen-Datenmodell basierender abstrakter Datentyp ist die *Warteschlange* (*queue*; auch die Kurzform „Schlange" ist gebräuchlich), eine eingeschränkte Form einer Liste, bei der die Elemente hinten, am *Ende*, eingefügt und am anderen Ende, dem *Anfang*, entfernt werden. Der Begriff „FIFO" (für *first-in first-out*) ist ein Synonym für Warteschlange.

Intuitiv steckt hinter einer Warteschlange die Idee einer Warteschlange an einer Kasse. Die Menschen stellen sich am Ende der Schlange an und werden bedient, sobald sie am Anfang angekommen sind. Im Gegensatz zu einem Keller verhält sich eine Warteschlange fair; die Leute werden in der Reihenfolge bedient, in der sie sich in der Warteschlange anstellen. Die Person, die am längsten gewartet hat, wird demnach als nächstes bedient.

Operationen auf Warteschlangen

Das abstrakte Modell einer Warteschlange entspricht dem einer Liste (oder eines Kellers), nur die Operationen sind etwas anders. Die für eine Warteschlange charakteristischen Operationen heißen *enqueue* und *dequeue*; *enqueue*(x) fügt x am Ende einer Warteschlange ein, *dequeue* entfernt das Element vom Anfang der Warteschlange. Ebenso wie bei Kellern gibt es weitere nützliche Operationen, die wir vielleicht auf Warteschlangen anwenden wollen.

Q sei eine Warteschlange, deren Elemente vom Typ `ETYPE` sind, und x sei ein Element vom Typ `ETYPE`. Wir werden folgende Operationen auf Warteschlangen betrachten:

1. *clear*(Q). Mache die Schlange Q leer.
2. *dequeue*(Q, x). Wenn Q leer ist, gib `FALSE` zurück; ansonsten setze x auf den Wert des Elements am Anfang von Q, entferne dieses Element aus Q und gib `TRUE` zurück.
3. *enqueue*(x, Q). Wenn Q voll ist, gib `FALSE` zurück; ansonsten füge das Element x am Ende von Q ein und gib `TRUE` zurück.

4. *isEmpty*(*Q*). Gib TRUE zurück, wenn *Q* leer ist und sonst FALSE.

5. *isFull*(*Q*). Gib TRUE zurück, wenn *Q* voll ist und sonst FALSE.

Wie auch bei Kellern, können wir „vertrauensvollere" Versionen von *enqueue* und *dequeue* haben, die nicht überprüfen, ob eine Warteschlange voll bzw. leer ist. *enqueue* gibt dann keinen Wert zurück und *dequeue* erhält nur *Q* als Argument und gibt den aus der Warteschlange entfernten Wert zurück.

```
procedure clear(var Q: QUEUE);
begin
   Q^.front := NIL
end; (* clear *)

function isEmpty(var Q: QUEUE): Boolean;
begin
   isEmpty := (Q^.front = NIL)
end; (* isEmpty *)

function isFull(var Q: QUEUE): Boolean;
begin
   isFull := FALSE
end; (* isFull *)

function dequeue(var Q: QUEUE; var x: ETYPE): Boolean;
begin
   if isEmpty(Q) then
      dequeue := FALSE
   else begin
      x := Q.front^.element;
      Q.front := Q.front^.next;
      dequeue := TRUE
   end
end; (* dequeue *)

function enqueue(x: ETYPE; var Q: QUEUE): Boolean;
begin
   if isEmpty(Q) then begin
      new(Q.front);
      (* erste Zelle der Warteschlange erzeugen *)
      Q.rear := Q.front
   end
   else begin
      new(Q.rear^.next);
      (* neue Zelle ans Ende der Warteschlange hängen *)
      Q.rear := Q.rear^.next;
   end;
   Q.rear^.element := x; (* x in die letzte Zelle packen *)
```

```
    Q.rear^.next := NIL;
    enqueue := TRUE
end; (* enqueue *)
```

Abb. 6.29: Prozeduren zur Implementierung der Warteschlangenoperationen unter Verwendung verketteter Listen.

Weitere abstrakte Datentypen

Wir können den Keller und die Warteschlange in die Tabelle der abstrakten Datentypen eintragen, die wir in Abschnitt 5.10 begonnen hatten. In Abschnitt 6.6 stellten wir zwei Datenstrukturen für den Keller vor und in Abschnitt 6.8 eine für die Warteschlange. Übung 6.8.3 deckt eine weitere Datenstruktur für Warteschlangen ab, das „Ring-Array".

ADT	**Keller**	**Warteschlange**
abstrakte Implementierung	Liste	Liste
Datenstrukturen	1) verkettete Liste 2) Array	1) verkettete Liste 2) Ring-Array

Eine Implementierung einer Warteschlange unter Verwendung einer verketteten Liste

Ein Element wird in einer Warteschlange in einer Zelle der für verkettete Listen üblichen Form gespeichert:

```
type  LIST = ^CELL
   CELL = record
      element: ETYPE;
      next: LIST
   end;
```

Die Elemente einer Warteschlange werden in einer verketteten Liste von Zellen gespeichert. Eine Warteschlange selbst ist ein Record mit zwei Zeigern – einer zeigt auf die Anfangszelle (die erste in der verketteten Liste) und ein anderer auf die Endzelle (die letzte der verketteten Liste).

```
type QUEUE = record
      front, rear: LIST
   end;
```

Ist die Warteschlange leer, dann ist `front` gleich `NIL`, so daß der Wert von `rear` keine Rolle spielt.

Abbildung 6.29 enthält ein Programm zur Implementierung der Warteschlangenoperationen, die in diesem Abschnitt erwähnt wurden. Beachten Sie, daß es bei Verwendung einer verketteten Liste keinen Begriff einer „vollen" Warteschlange gibt, so daß ***isFull*** immer `FALSE` zurückgibt. Würden wir eine Array-basierte Implementierung benutzen, bestünde durchaus die Möglichkeit einer vollen Warteschlange.

ÜBUNGEN

6.8.1: Geben Sie die Warteschlange an, die nach Ausführung folgender Operationen übrigbleibt. Beginnen Sie dabei mit der leeren Warteschlange: $enqueue(a)$, $enqueue(b)$, $dequeue$, $enqueue(c)$, $enqueue(d)$, $dequeue$, $enqueue(e)$, $dequeue$, $dequeue$.

6.8.2: Zeigen Sie, daß jede Prozedur aus Abb. 6.29 in $O(1)$ Zeit ausgeführt werden kann, unabhängig von der Länge der Warteschlange.

6.8.3*: Wir können eine Warteschlange auch anhand eines Arrays darstellen, vorausgesetzt die Warteschlange wird nicht zu lang. Damit die Operationen nur $O(1)$ Zeit benötigen, müssen wir uns das Array *ringförmig* vorstellen. In diesem Array `A[1..n]` folgt `A[2]` auf `A[1]`, `A[3]` auf `A[2]`, und so weiter bis hin zu `A[n]`, welches auf `A[n-1]` folgt. Als große Ausnahme folgt in dieser Array-Form `A[1]` auf `A[n]`. Die Warteschlange wird durch ein Paar ganzer Zahlen `front` und `rear` repräsentiert, welche die Positionen des ersten und letzten Elements anzeigen. Eine leere Warteschlange wird dargestellt, indem *front* im Ring auf die Position *rear* folgt; zum Beispiel ist *front* = 23 und *rear* = 22 oder *front* = 1 und *rear* = n. Beachten Sie, daß eine Warteschlange somit niemals n Element haben kann, bzw. daß dieser Zustand auch dadurch repräsentiert würde, daß *front* unmittelbar auf *rear* folgt. Die Warteschlange ist demnach bereits voll, wenn sie n - 1 Elemente und nicht erst, wenn sie n Elemente enthält. Schreiben Sie die Prozeduren für die Warteschlangenoperationen bei Verwendung eines ringförmigen Arrays. Vergessen Sie nicht zu überprüfen, ob die Warteschlange voll oder leer ist, und übergeben Sie das Array als Var-Parameter.

6.8.4*: Zeigen Sie, daß, wenn $(a_1, a_2, ..., a_n)$ eine Warteschlange ist, bei der a_1 am Anfang steht, a_i vor a_{i+1} angehängt wurde, wobei $i = 1, 2, ..., n - 1$ gilt.

6.9 Längste gemeinsame Teilsequenz

Dieser Abschnitt befaßt sich mit einem interessanten Problem bei Listen. Angenommen, wir haben zwei Listen und möchten herausfinden, worin sich diese unterscheiden. Dieses Problem taucht in vielen verschiedenen Gestalten auf; am vielleicht häufigsten, wenn zwei Listen zwei unterschiedliche Versionen einer Textdatei repräsentieren und wir herausfinden wollen, welche Zeilen bei beiden Versionen gleich sind. Zur notationellen Vereinfachung gehen wir im gesamten Abschnitt davon aus, daß Listen Zeichenketten sind.

Zum Verständnis dieses Problems ist es hilfreich, Dateien als eine Folge von Symbolen $x = a_1 \ldots a_m$ und $y = b_1 \ldots b_n$ zu behandeln, wobei a_i die i-te Zeile der ersten Datei und b_j die j-te Zeile der zweiten Datei repräsentieren. Ein abstraktes Symbol wie a_i kann somit in Wirklichkeit ein „großes" Objekt, vielleicht ein ganzer Satz, sein.

Es gibt in UNIX das Kommando `diff`, das zwei Texte auf ihren Unterschied hin überprüft. Eine Datei, x, sei beispielsweise die aktuelle Version eines Programms und die andere, y, sei eine Version des Programms, bevor eine kleine Änderung durchgeführt wurde. Dann könnten wir `diff` benutzen, um uns die von y nach x durchgeführten Änderungen in Erinnerung zu rufen. Die häufigsten Veränderungen einer Textdatei sind

1) das Einfügen einer Zeile

2) das Löschen einer Zeile.

Eine Veränderung einer Zeile kann als eine Löschoperation gefolgt von einer Einfügeoperation betrachtet werden.

Wenn wir zwei Textdateien untersuchen, in denen nur wenige Änderungen bei der Umwandlung der einen Datei in die andere vorgenommen wurden, ist es häufig leicht zu erkennen, welche Zeilen welchen entsprechen und welche gelöscht oder eingefügt wurden. Dem `diff`-Kommando liegt die Annahme zugrunde, daß die durchgeführten Änderungen dadurch zu identifizieren sind, daß man eine *längste gemeinsame Teilsequenz* (*longest common subsequence*) oder *LCS* der beiden Listen findet, deren Elemente den Zeilen der beiden Textdateien entsprechen. Eine LCS repräsentiert genau diejenigen Zeilen, die nicht verändert wurden.

Sie erinnern sich, daß eine Teilsequenz einer Liste gebildet wurde, indem null oder mehr Elemente gelöscht und die restlichen Elemente in ihrer Reihenfolge belassen wurden. Eine *gemeinsame Teilsequenz* (*common subsequence*) zweier Listen ist eine Liste, die Teilsequenz beider Listen ist. Eine längste gemeinsame Teilsequenz zweier Listen ist eine gemeinsame Teilsequenz, die mindestens so lang ist wie jede andere gemeinsame Teilsequenz der beiden Listen.

Beispiel 6.12

Im folgenden stellen wir uns Zeichen wie a, b oder c jeweils so vor, als repräsentierten sie eine Textzeile oder auch als jeden anderen Elemententyp, wenn wir wollen. So sind beispielsweise baba und cbba jeweils längste gemeinsame Teilsequenzen von abcabba und cbabac. Wir erkennen, daß baba eine Teilsequenz von abcabba ist, da wir die Positionen 2, 4, 5 und 7 des letzteren Strings verwenden können, um baba zu bilden. Der String baba ist ebenfalls eine Teilsequenz von cbabac, da wir hier die Positionen 2, 3, 4 und 5 benutzen können. Ebenso kann cbba aus den Positionen 3, 5, 6 und 7 von abcabba und aus den Positionen 1, 2, 4 und 5 von cbabac gebildet werden. cbba ist demnach auch eine gemeinsame Teilsequenz dieser Strings. Wir müssen uns nun davon überzeugen, daß dies längste gemeinsame Teilsequenzen sind; das heißt, es gibt keine gemeinsamen Teilsequenzen der Länge 5 oder länger. Diese Tatsache ergibt sich aus dem folgenden Algorithmus. ◆

Eine Rekursion zur Berechnung von LCS

Wir stellen eine rekursive Definition der Länge der LCS zweier Listen vor. Diese Definition hilft uns, auf einfache Weise die Länge zu berechnen. Durch Untersuchung der bei diesem Algorithmus erstellten Tabelle können wir anschließend, anstatt uns nur mit der Länge zu begnügen, eine der möglichen LCS selbst finden. Aus der LCS ist abzulesen, welche Änderungen an den betroffenen Textdateien vorgenommen wurden; im wesentlichen entspricht alles, was nicht Teil der LCS ist, einer Änderung.

Um die Länge einer LCS der Listen x und y zu ermitteln, müssen wir die Längen aller LCS aller Paare von Präfixen finden, von denen der eine aus x und der andere aus y stammt. Sie erinnern sich, daß ein Präfix eine sich am Anfang befindende Teilliste einer Liste ist, so daß die Präfixe von cbabac beispielsweise ε, c, cb, cba und so weiter lauten. Nehmen wir an, daß $x = (a_1, a_2, ..., a_m)$ und $y = (b_1, b_2, ..., b_n)$ sind. Für alle i und j, für die gilt, daß sich i zwischen 0 und m und j zwischen 0 und n befindet, können wir nach einer LCS des Präfix $(a_1, ..., a_i)$ von x und des Präfix $(b_1, ..., b_j)$ von y fragen.

Ist i oder j 0, dann ist einer der Präfixe ε, und die einzige mögliche gemeinsame Teilsequenz der beiden Präfixe ist ε. Wenn also entweder i oder j 0 ist, ist die Länge der LCS ebenfalls 0. Diese Beobachtung wird sowohl in der Basis als auch in Regel (1) der Induktion formalisiert, die unserer informellen Diskussion über die Berechnung der LCS folgt.

Betrachten wir nun den Fall, in dem sowohl i als auch j größer ist als 0. Es ist hilfreich, sich eine LCS als eine Übereinstimmung an gewissen Positionen der beiden betroffenen Strings vorzustellen. Das heißt, daß wir für alle Elemente der LCS jeweils die beiden Positionen beider Strings einander zuordnen, aus denen das Element stammt. Die so einander zugeordneten Positionen müssen dasselbe Symbol enthalten, und die Linien zwischen diesen einander zugeordneten Positionen dürfen sich nicht überkreuzen.

Beispiel 6.13

Abbildung 6.30(a) zeigt eine der beiden möglichen Zuordnungen zwischen den Strings abcabba und cbabac, die der gemeinsamen Teilsequenz baba entspricht. Abbildung 6.30(b) zeigt eine Zuordnung, die den String cbba ergibt. ◆

(a) Für baba. *(b) Für* cbba.

Abb. 6.30: LCS als Zuordnung zwischen Positionen.

Betrachten wir nun alle Zuordnungen zwischen den Präfixen $(a_1, ..., a_i)$ und $(b_1, ..., b_j)$. Es ergeben sich zwei Fälle, abhängig davon, ob die letzten Symbole der beiden Listen gleich sind oder nicht.

a) Wenn $a_i \neq b_j$ ist, kann die Zuordnung nicht sowohl a_i als auch b_j enthalten. Eine LCS von $(a_1, ..., a_i)$ und $(b_1, ..., b_j)$ muß demnach entweder

   i) eine LCS von $(a_1, ..., a_{i-1})$ und $(b_1, ..., b_j)$ sein oder

   ii) eine LCS von $(a_1, ..., a_i)$ und $(b_1, ..., b_{j-1})$.

   Haben wir die Längen der längsten gemeinsamen Teilsequenzen dieser beiden Präfixpaare gefunden, können wir die längere als die Länge der LCS von $(a_1, ..., a_i)$ und $(b_1, ..., b_j)$ annehmen. Diese Situation wird in Regel (2) der folgenden Induktion formalisiert.

b) Ist $a_i = b_j$, können wir a_i und b_j einander zuordnen, und diese Zuordnung überkreuzt sich mit keiner anderen potentiellen Zuordnung. Die Länge der LCS von $(a_1, ..., a_i)$ und $(b_1, ..., b_j)$ ist demnach um 1 größer als die Länge der LCS von $(a_1, ..., a_{i-1})$ und $(b_1, ..., b_{j-1})$. Diese Situation wird in Regel (3) der folgenden Induktion formalisiert.

Diese Beobachtungen ermöglichen es uns, eine rekursive Definition für $L(i, j)$, die Länge der LCS von $(a_1, ..., a_i)$ und $(b_1, ..., b_j)$, anzugeben. Wir verwenden eine vollständige Induktion über die Summe $i + j$.

BASIS. Wenn $i+j = 0$ ist, sind i und j beide 0, so daß die LCS ε ist. Somit ist $L(0,0) = 0$.

INDUKTION. Gegeben seien i und j, und wir nehmen an, wir haben $L(g, h)$ bereits für alle g und h berechnet, für die gilt $g + h < i + j$. Es gibt drei Fälle, die berücksichtigt werden müssen.

1. Wenn entweder i oder j gleich 0 ist, dann ist $L(i, j) = 0$.
2. Wenn $i > 0$ und $j > 0$ gilt und wenn $a_i \neq b_j$ ist, so ist $L(i, j) = \max(L(i, j\text{-}1), L(i\text{-}1, j))$.
3. Wenn $i > 0$ und $j > 0$ gilt und wenn $a_i = b_j$ ist, so ist $L(i, j) = 1 + L(i\text{-}1, j\text{-}1)$.

Ein dynamischer Programmieralgorithmus für LCS

Was wir haben wollen, ist $L(m,n)$, die Länge einer LCS für die beiden Listen x und y. Wenn wir auf der Grundlage der oben angegebenen Induktion ein rekursives Programm schreiben, wird dies einen Zeitaufwand exponentiell zu dem kleineren der Werte von m und n haben. Das ist viel zu viel, um den einfachen rekursiven Algorithmus, sagen wir für $m = n = 100$, praktikabel zu machen. Der Grund, warum diese Rekursion so schlecht abschneidet, ist etwas subtil. Zu Beginn betrachten wir den Fall, daß es zwischen den Zeichen der Listen x und y keinerlei Übereinstimmung gibt und daß wir $L(3,3)$ aufrufen. Das resultiert in den Aufrufen $L(2,3)$ und $L(3,2)$. Diese beiden Aufrufe führen jeweils wieder den Aufruf $L(2,2)$ durch. Wir arbeiten also den Aufruf $L(2,2)$ zweimal ab. Die Anzahl der Male, die $L(i, j)$ aufgerufen wird, steigt rapide mit dem Kleinerwerden der Argumente von L. Folgen wir dem Aufrufpfad weiter, so stellen wir fest, daß $L(1,1)$ 6mal, $L(0,1)$ und $L(1,0)$ jeweils 10mal und $L(0,0)$ 20mal aufgerufen werden.

Wir fahren weitaus besser, wenn wir eine zweidimensionale Tabelle oder ein Array aufbauen, um $L(i, j)$ für die verschiedenen Werte von i und j zu speichern. Wenn wir die Werte in der Reihenfolge der Induktion berechnen – also die kleinsten Werte von $i + j$ zuerst – dann befinden sich die dafür benötigten Werte von L immer bereits in der Tabelle, wenn wir $L(i, j)$ berechnen. Es ist sogar einfacher, L zeilenweise, das heißt, für $i = 0, 1, 2$ und so weiter, zu berechnen; innerhalb einer Zeile berechnen wir spaltenweise für $j = 0, 1, 2$ und so weiter. Wir können sicher sein, daß wir die zur Berechnung von $L(i, j)$ benötigten Werte in der Tabelle vorfinden und daß keine rekursiven Aufrufe notwendig sind. Das führt dazu, daß die Berechnung jedes Eintrags in der Tabelle nur $O(1)$ Zeit benötigt, so daß eine Tabelle für die längsten gemeinsamen Teilsequenzen von Listen der Längen m und n in $O(mn)$ Zeit erstellt werden kann. In Abb. 6.31 steht das Pascal-Programm, das diese Tabelle füllt, wobei es zeilenweise und nicht mit Hilfe der Summe $i + j$ vorgeht. Wir gehen davon aus, daß die Liste x in einem Array `a[1..m]` und die Liste y in einem Array `b[1..n]` gespeichert wird. Den Beweis, daß die Laufzeit dieses Programms für Listen der Längen m und n $O(mn)$ beträgt, überlassen wir Ihnen als Übungsaufgabe.[7]

```
for j := 0 to n do
   L[0,j] := 0;
   for i := 1 to m do begin
      L[i,0] := 0;
      for j := 1 to n do
         if a[i] <> b[j] then
            if L[i-1,j] >= L[i,j-1] then
               L[i,j] := L[i-1,j]
            else
               L[i,j] := L[i,j-1]
         else (* a[i] = b[j] *)
            L[i,j] := 1 + L[i-1,j-1]
   end
```

Abb. 6.31: Pascal-Fragment zum Füllen der LCS-Tabelle.

Ein Verfahren zum Füllen einer Tabelle wie in diesem Beispiel wird häufig als *dynamischer Programmieralgorithmus* bezeichnet. Wie in diesem Fall kann dies wesentlich effizienter sein als eine direkte Implementierung einer Rekursion, die dasselbe Teilproblem mehr als einmal löst.

Dynamische Programmierung

Der Begriff der „dynamischen Programmierung" entstammt einer allgemeinen Theorie zur Lösung von Problemen bei Steuerungssystemen, die in den 50er Jahren von R. E. Bellman entwickelt wurde. Leute, die im Bereich der künstlichen Intelligenz arbeiten, bezeichnen diese Technik häufig als *Memoing* oder *Tabellarisierung* (*tabulation*).

Beispiel 6.14

x sei die Liste cbabac und y die Liste abcabba. Abbildung 6.32 zeigt die für diese beiden Listen erstellte Tabelle. $L(6,7)$ ist ein Fall, bei dem $a_6 \neq b_7$ ist. $L(6,7)$ ist somit der größere der Einträge direkt unter ihm und direkt links von ihm. Da dort 3 bzw. 4 stehen, setzen wir $L(6,7)$, den Eintrag in der obersten rechten Ecke, auf 4. Betrachten wir nun $L(4,5)$. Da sowohl a_4 als auch b_5 dem Symbol b entsprechen, addieren wir 1 zu dem links darunter stehenden Eintrag $L(3,4)$. Da dieser Eintrag 2 ist, setzen wir $L(4,5)$ auf 3. ◆

[7] Genaugenommen haben wir bisher nur O-Ausdrücke diskutiert, die Funktionen einer Variablen darstellten. Die Bedeutung sollte hier jedoch klar sein. Wenn $T(m,n)$ die Laufzeit des Programms für die Listen der Längen m und n ist, gibt es Konstanten m_0, n_0 und c derart, daß für alle $m \geq m_0$ und $n \geq n_0$ gilt, $T(m,n) \leq cmn$.

c	6	0	1	2	3	3	3	3	4
a	5	0	1	2	2	3	3	3	4
b	4	0	1	2	2	2	3	3	3
a	3	0	1	1	1	2	2	2	3
b	2	0	0	1	1	1	2	2	2
c	1	0	0	0	1	1	1	1	1
	0	0	0	0	0	0	0	0	0
		0	1	2	3	4	5	6	7
			a	b	c	a	b	b	a

Abb. 6.32: Tabelle der längsten gemeinsamen Teilsequenzen für `cbabac` *und* `abcabba`

Wiederfinden einer LCS

Wir haben nun eine Tabelle, die uns nicht nur die Länge der LCS für die gegebenen Listen angibt, sondern auch für jedes ihrer Präfixpaare. Aus dieser Information müssen wir nun eine der möglichen längsten gemeinsamen Teilsequenzen für die beiden gegebenen Listen herausfiltern. Dies geschieht, indem wir die übereinstimmenden Elementpaare herausfinden, die eine der längsten gemeinsamen Teilsequenzen bilden. Einen Pfad finden wir, indem wir uns von der rechten oberen Ecke durch die Tabelle arbeiten; dieser Pfad identifiziert eine LCS.

Angenommen, unser von der rechten oberen Ecke ausgehender Pfad hat uns zur Zeile i und Spalte j geführt, dem Punkt der Tabelle also, der dem Elementpaar a_i und b_j entspricht. Wenn $a_i = b_j$ ist, ergibt sich $L(i, j)$ aus $1 + L(i\text{-}1, j\text{-}1)$. Wir behandeln a_i und b_j dann als ein übereinstimmendes Elementpaar und fügen das Symbol, das a_i (und auch b_j) entspricht, vor allen bereits gefundenen Elementen in die LCS ein. Anschließend bewegen wir uns mit dem Pfad nach unten und nach links, das heißt, in Zeile i - 1 und Spalte j - 1.

Es ist aber auch möglich, daß $a_i \neq b_j$ ist. Ist dies der Fall, dann muß $L(i, j)$ mindestens gleich einem der beiden Einträge $L(i\text{-}1, j)$ und $L(i, j\text{-}1)$ sein. Wenn $L(i, j) = L(i\text{-}1, j)$ ist, bewegen wir uns im Pfad eine Zeile nach unten, wenn nicht, wissen wir, daß $L(i, j) = L(i, j\text{-}1)$ ist und bewegen uns im Pfad eine Spalte nach links.

Befolgen wir diese Regel, so erreichen wir irgendwann die linke untere Ecke. An diesem Punkt angelangt, haben wir eine bestimmte Elementfolge für unsere LCS ausgewählt und die LCS selbst entspricht der Liste dieser Elemente in einer gegenüber der Auswahl umgekehrten Reihenfolge.

c	6	0	1	2	3	3	3	3	**4**
a	5	0	1	2	2	3	3	3	**4**
b	4	0	1	2	2	2	3	**3**	3
a	3	0	1	1	1	2	**2**	2	3
b	2	0	0	1	1	1	**2**	2	2
c	1	0	0	0	**1**	**1**	1	1	1
	0	**0**	**0**	**0**	0	0	0	0	0
		0	1	2	3	4	5	6	7
			a	b	c	a	b	b	a

Abb. 6.33: Ein Pfad, der die LCS caba *findet.*

Beispiel 6.15

Die Tabelle in Abb. 6.32 wird noch einmal in Abb. 6.33 angegeben, diesmal mit dem fettgedruckten Pfad. Wir beginnen bei $L(6,7)$, das den Eintrag 4 enthält. Da $a_6 \neq b_7$ ist, schauen wir unmittelbar nach links und nach unten, um den Wert 4 zu finden, der an mindestens einer dieser Stellen stehen muß. In diesem Fall steht 4 nur unten, so daß wir nun zum Eintrag $L(5,7)$ übergehen. Hier ist $a_5 = b_7$; beide lauten a. a ist demnach das letzte Element der LCS, und wir bewegen uns nun südwestlich zu $L(4,6)$.

Da a_4 und b_6 beide b sind, fügen wir b unmittelbar vor a in der zu bildenden LCS ein und bewegen uns erneut nach Südwesten zu $L(3,5)$. Hier stellen wir fest, daß $a_3 \neq b_5$ ist und daß der Eintrag $L(3,5)$, der 2 ist, sowohl gleich dem darunterliegenden als auch dem links davon liegenden Eintrag ist. Wir hatten uns dafür entschieden, in einer derartigen Situation nach unten zu gehen, so daß wir als nächstes $L(2,5)$ erreichen. Dort finden wir $a_2 = b_5 =$ b vor, fügen daher ein b vor der zu bildenden LCS ein und bewegen uns anschließend südwestlich nach $L(1,4)$.

Da $a_1 \neq b_4$ und nur der Eintrag links denselben Wert (1) wie $L(1,4)$ hat, bewegen wir uns zu $L(1,3)$. Dort steht $a_1 = b_3 =$ c und wir fügen c am Anfang der LCS ein und gehen weiter zu $L(0,2)$. An dieser Stelle bleibt uns keine andere Wahl als nach links zu $L(0,1)$ und dann zu $L(0,0)$ zu gehen, und wir sind fertig. Die Ergebnis-LCS besteht aus den vier von uns entdeckten Zeichen in umgekehrter Reihenfolge also aus cbba. Dies ist eine der beiden längsten gemeinsamen Teilsequenzen, die wir in Beispiel 6.12 erwähnten. Andere längste gemeinsame Teilsequenzen erhalten wir, wenn wir uns, im Falle daß $L(i, j)$ sowohl gleich $L(i, j\text{-}1)$ als auch gleich $L(i\text{-}1, j)$ ist, dafür entscheiden, nach links anstatt nach unten zu gehen. Gleiches gilt für die Entscheidung, daß wir nach links oder nach unten gehen, wenn einer der beiden Einträge gleich $L(i, j)$ ist, auch in dem Falle, daß $a_i = b_j$ ist (d. h. wir übergehen gewisse Übereinstimmungen zugunsten weiter links liegender Übereinstimmungen). ◆

Wir können beweisen, daß dieser Algorithmus für das Finden eines Pfades immer eine LCS findet. Die Aussage, die wir durch vollständige Induktion über die Summe der Listenlängen beweisen, lautet:

AUSSAGE $S(k)$: Wenn wir uns in Zeile i und Spalte j befinden, wobei $i + j = k$ gilt, und wenn $L(i, j) = v$ ist, so finden wir von da an v Elemente für unsere LCS.

BASIS. Der Induktionsanfang ist $k = 0$. Wenn $i + j = 0$ ist, sind i und j beide 0. Wir haben unseren Pfad somit beendet und finden keine Elemente mehr für die LCS. Wie wir wissen, gilt $L(0,0) = 0$, die Induktionsannahme gilt für $i + j = 0$.

INDUKTION. Gegeben sei die Induktionsannahme für Summen k oder kleiner, und es gelte $i + j = k + 1$. Angenommen, wir befinden uns bei $L(i, j)$, das den Wert v hat. Wenn $a_i = b_j$ ist, finden wir eine Übereinstimmung und gehen weiter zu $L(i\text{-}1, j\text{-}1)$. Da die Summe $(i - 1)+(j - 1)$ kleiner ist als $i + j$, gilt die Induktionsannahme. Wir wissen, da $L(i\text{-}1, j\text{-}1)$ $v - 1$ sein muß, daß wir noch $v - 1$ Elemente für unsere LCS finden werden, was zusammen mit dem gerade gefundenen Element v Elemente ergibt. Diese Beobachtung beweist in diesem Fall die Induktionsannahme.

Der einzige andere Fall ergibt sich für $a_i \neq b_j$. Dann müssen entweder $L(i\text{-}1, j)$ oder $L(i, j\text{-}1)$ oder beide den Wert v enthalten, so daß wir uns zu einer dieser Positionen bewegen, die den Wert v enthält. Da die Summe der Zeile und der Spalte in jedem Fall $i + j - 1$ ist, gilt die Induktionsannahme, und wir schließen, daß wir v Elemente für die LCS finden. Wieder schließen wir, daß $S(k+1)$ wahr ist. Da wir alle Fälle betrachtet haben, sind wir fertig und schließen, daß, wenn wir beim Eintrag $L(i, j)$ ankommen, wir immer $L(i, j)$ Elemente für unsere LCS finden werden.

ÜBUNGEN

6.9.1: Welche Länge hat die LCS der Listen

a) banana und cabana

b) abaacbacab und bacabbcaba

6.9.2*: Finden Sie alle längsten gemeinsamen Teilsequenzen der Listenpaare aus Übung 6.9.1. *Hinweis*: Nachdem Sie die Tabelle aus Übung 6.9.1 erstellt haben, arbeiten Sie sich rückwärts von der rechten oberen Ecke vor, wobei Sie an einem Punkt, der auf zwei oder drei verschiedene Arten erklärt werden könnte, nacheinander jede Möglichkeit durchgehen.

6.9.3:** Angenommen, wir benutzen den rekursiven Algorithmus zur Berechnung der LCS, den wir zuerst beschrieben haben (anstelle des von uns empfohlenen Programms zum Füllen einer Tabelle). Wenn wir $L(4,4)$ mit zwei Listen aufrufen, bei denen kein Symbol übereinstimmt, wieviele Aufrufe von $L(1,1)$ werden dann durchgeführt? Vergleichen Sie dieses Problem mit dem Problem der Berechnung des Pascalschen Dreiecks aus Übung 2.7.10. *Hinweis*: Lösen Sie dieses Problem für einen allgemeinen Aufruf $L(i,j)$ durch einen Algorithmus (mit dynamischer Programmierung), der eine Tabelle füllt.

6.9.4:** Angenommen, es sind zwei Listen x und y gegeben, die beide die Länge n haben. Für ein n unter einer gewissen Größe kann es höchstens einen String geben, der eine LCS von x und y ist (obwohl dieser String an unterschiedlichen Positionen von x und/oder y stehen kann). Wenn zum Beispiel $n = 1$ ist, kann die LCS nur ε sein, es sei denn, x und y bestehen aus demselben Symbol a; dann wäre a die LCS. Wie lautet der kleinste Wert von n, für den x und y zwei unterschiedliche längste gemeinsame Teilsequenzen haben können?

6.9.5: Zeigen Sie, daß das Programm aus Abb. 6.31 die Laufzeit $O(mn)$ hat.

6.9.6: Schreiben Sie ein Pascal-Programm, das eine Tabelle wie die durch das Programm in Abb. 6.31 berechnete als Eingabe erhält und welches von einer LCS die Positionen in jedem String findet. Welche Laufzeit hat Ihr Programm, wenn die Tabelle die Größe m mal n hat?

6.10 Darstellung von Zeichenketten

Zeichenketten (Strings) sind vermutlich die verbreitetste Form von Listen, denen man in der Praxis begegnet. Es gibt die unterschiedlichsten Möglichkeiten zur Darstellung von Zeichenketten, wobei sich einige dieser Techniken kaum für andere Arten von Listen eignen. Wir widmen diesen Abschnitt daher speziellen Themengebieten, die sich auf Zeichenketten beziehen.

Zunächst müssen wir uns klarmachen, daß das Speichern einer einzigen Zeichenkette kaum das Problem sein kann. Häufig haben wir es mit einer ganzen Reihe oft recht kurzer Zeichenketten zu tun. Sie könnten in einem Wörterbuch enthalten sein, was bedeutet, daß wir mit der Zeit Zeichenketten in diese Sammlung einfügen und wieder andere aus ihr entfernen. Oder es handelt sich um eine *statische* Menge von Zeichenketten, die sich im Laufe der Zeit nicht verändert. Es folgen zwei typische Beispiele.

1. Ein nützliches Werkzeug zur Untersuchung von Texten ist eine *Konkordanz*, eine Liste bestehend aus allen in einem Dokument verwendeten Wörter und den Stellen, an denen sie stehen. In einem großen Dokument werden üblicherweise Zehntausende verschiedene Wörter benutzt, und jedes Vorkommen muß einmal gespeichert werden. Die Menge verwendeter

Wörter ist statisch; das heißt, was einmal erstellt wurde, wird nicht mehr verändert, es sei denn, es befänden sich noch Fehler in der ursprünglichen Konkordanz.

2. Der Compiler, der ein Pascal-Programm in Maschinencode umwandelt, muß sich alle Zeichenketten merken, die Variablen des Programms repräsentieren. Ein großes Programm kann Hunderte oder Tausende von Variablennamen enthalten, insbesondere wenn wir uns in Erinnerung rufen, daß zwei lokale, in unterschiedlichen Prozeduren deklarierte Variablen mit dem Namen `i` in Wirklichkeit zwei unterschiedliche Variablen sind. Während der Compiler das Programm einliest, findet er neue Variablennamen und fügt sie in die Menge der Namen ein. Ist der Compiler einmal mit der Compilierung einer Prozedur fertig, sind die Variablen dieser Prozedur für nachfolgende Prozeduren nicht mehr verfügbar und werden so gegebenenfalls gelöscht.

Beide Beispiele enthalten viele kurze Zeichenketten. Im Englischen gibt es kurze Wörter im Überfluß, Programmierer verwenden gerne einzelne Buchstaben wie `i`, `j` und `x` für ihre Variablen. Andererseits gibt es keine Längenbeschränkung für Wörter, weder in englischen Texten, wo man Wörter wie *pneumonoultramicroscopicsilicovolcanoconiosis* findet, noch in Programmen, wo ein Programmierer Variablennamen wie `NumberOfHamburgersOrdered` verwenden darf.

Zeichenketten in Pascal

In Pascal gibt es eine einfache, aber ziemlich starre Möglichkeit zur Darstellung von Zeichenketten. Wir können Arrays von Zeichen erzeugen, wobei jedes Array eine feste Länge besitzt. Zeichenketten, die kürzer sind als das Array, werden am rechten Ende mit Leerzeichen aufgefüllt; Zeichenketten, die länger sind als das Array, können nicht als Ganzes gespeichert werden. Lange Zeichenketten müssen *gekürzt* werden, indem nur ihr Präfix mit einer Länge gleich der des Arrays gespeichert wird.

Beispiel 6.16

Gegeben sei die Datenstruktur, die wir zur Verwaltung eines Eintrags in einer Konkordanz verwenden können, das heißt, ein einzelnes Wort und die dazugehörigen Informationen. Sie muß folgendes enthalten:

1. Das Wort selbst,
2. die Anzahl der Vorkommen dieses Wortes und
3. eine Liste der Zeilen des Dokuments, in denen das Wort ein- oder mehrmals vorkommt.

Wir könnten folgende Struktur benutzen:

```
type WORDCELL = record
        word: array [1..NAXLENGTH] of char;
        occurrences: integer;
        lines: LIST
     end;
```

MAXLENGTH ist hier die maximale Länge eines Wortes. Alle WORDCELL-Records enthalten ein Array mit MAXLENGTH Bytes, egal wie kurz das Wort ist.[8] Das Feld occurrences ist ein Zähler für die Anzahl der Vorkommen des Wortes, lines enthält einen Zeiger auf den Anfang der verketteten Liste von Zellen. Jede Zelle enthält eine ganze Zahl, die einer Zeile entspricht, in der sich ein oder mehr Vorkommen des betroffenen Wortes befinden. Das bedeutet, CELL und LIST werden auf die übliche Art und Weise definiert:

```
type LIST = ^CELL;
   CELL = record
        line: integer;
        next: LIST
     end;
```

Man beachte, daß occurrences größer sein kann als die Länge der Liste, wenn das Wort mehrmals in einer Zeile steht.

In Abb. 6.34 sehen wir die Struktur für das Wort earth im ersten Kapitel der Schöpfungsgeschichte. Wir gehen von MAXLENGTH = 15 aus, so daß earth durch 10 Leerzeichen aufgefüllt wird.

word: 'earth

occurrences: 20

lines:

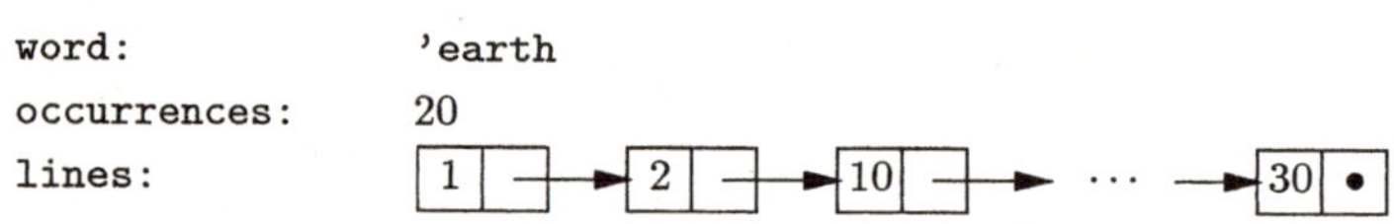

Abb. 6.34: Konkordanzeintrag für das Wort earth *im ersten Kapitel der Schöpfungsgeschichte.*

Die vollständige Liste der (Vers-)Zahlen lautet (1, 2, 10, 11, 12, 15, 17, 20, 22, 24, 25, 26, 28, 29, 30). Die gesamte Konkordanz könnte aus einer Sammlung von Records vom Typ WORDCELL bestehen. Diese könnten als binärer Suchbaum

[8] Wenn unser Computer Felder bei einer Wortschranke beginnen läßt, das heißt an einem Byte, dessen Zahl ein Vielfaches von 4 ist, benötigt das word-Feld sogar noch mehr Bytes. Ist MAXLENGTH beispielsweise 15, würden wir 16 Bytes für dieses Feld benutzen.

mit einer < Ordnung der Records basierend auf der alphabetischen Reihenfolge der Wörter organisiert sein. Bei Benutzung der Konkordanz würde diese Struktur einen relativ schnellen Zugriff auf die Wörter ermöglichen. Sie würde uns außerdem gestatten, die Konkordanz beim Einlesen des Textes zur Lokalisierung und Auflistung der Vorkommen unterschiedlichster Wörter auf effiziente Weise zu erstellen. Um die binäre Baumstruktur verwenden zu können, müßten im Typ `WORDCELL` Felder für die linken und rechten Kinder vorhanden sein. Auch könnten wir diese Records in einer verketteten Liste anordnen, indem wir den Typ `WORDCELL` stattdessen um ein „next"-Feld erweiterten. Dies wäre zwar eine einfachere, aber dafür eine langsamere Struktur, sollte die Anzahl der Worte groß sein. Im nächsten Kapitel werden wir lernen, wie man diese Records in einer Hashtabelle anordnen kann, die vermutlich für dieses Problem die geeignetste Datenstruktur ist. ◆

Verkettete Listen für Zeichenketten

Die Beschränkung der Länge von Zeichenketten und die Notwendigkeit, eine feste Menge an Speicherplatz zuzuweisen, egal wie kurz die Zeichenkette ist, sind zwei Nachteile der vorangegangenen Implementierung von Zeichenketten. Pascal und andere Sprachen gestatten es uns jedoch, andere flexiblere Datenstrukturen zur Darstellung von Strings zu erzeugen. Wünschen wir beispielsweise keine obere Beschränkung der Länge einer Zeichenkette, so können wir herkömmliche verkettete Listen von Zeichen zur Speicherung von Zeichenketten verwenden. Wir deklarieren dafür einen Typ

```
type CHARSTRING = ^CELL;
   CHARCELL = record
            character: char;
            next: CHARSTRING
         end;
```

Im Typ `WORDCELL` wird `CHARSTRING` zum Typ des Feldes `word` wie in

```
type WORDCELL = record
         word: CHARSTRING;
         occurrences: integer;
         lines: LIST
      end;
```

Das Wort `earth` würde beispielsweise dargestellt durch

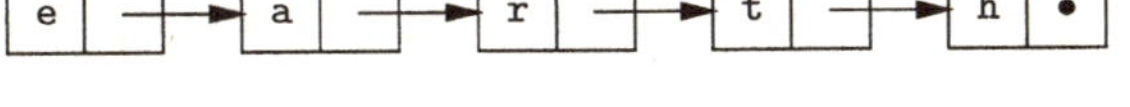

Dieses Schema beseitigt die obere Schranke für die Wortlängen, es ist in der Praxis jedoch nicht sehr platzsparend. Der Grund dafür ist, daß jedes Record vom Typ `CHARCELL` mindestens fünf Bytes benötigt, eins für das Zeichen und vier für den Zeiger auf die nächste Zelle der Liste. Sollten wir zudem darauf bestehen, daß Felder an Wortbegrenzungen beginnen, also an Bytes, deren Adressen ein Vielfaches von 4 sind, so benötigt ein `CHARCELL`-Record acht Bytes. Entsprechend dieser durchaus üblichen Annahme braucht unsere Liste für das Wort `earth` 40 Bytes (ausgehend von 8 Bytes pro Zelle) plus die zusätzlichen 4 Bytes für den Kopf der Liste, was zusammen 44 Bytes ergibt. Da es nur wenige Wörter gibt, die mehr als 44 Zeichen enthalten, ist die Struktur aus Beispiel 6.16 mit `MAXLENGTH` = 44 ebensogut.

Wir können uns ein wenig schlauer anstellen, wenn wir mehrere Bytes in das Datenfeld jeder Zelle packen. Unter der Annahme, daß Felder an einer Wortbegrenzung beginnen müssen, tut es uns keinen Abbruch, vier Bytes in das Datenfeld jeder Zelle zu packen. Wir müssen nur darauf achten, daß es ein Zeichen wie das Leerzeichen geben muß, das als Füllzeichen wie im Falle der in Arrays gespeicherten Zeichenketten dient. Wenn das Leerzeichen ein in Zeichenketten legitimes Zeichen ist (wir erstellen zum Beispiel eine Konkordanz von Sätzen anstelle einzelner Wörter), müßten wir mit einem anderen Sonderzeichen auffüllen, von dem wir sicher wissen, daß es nicht Teil der Zeichenkette sein kann. Allgemein gesagt, wenn `CPC` (*characters per cell*) die Anzahl der Zeichen ist, die wir in einer Zelle ablegen möchten, können wir die Zellen wie folgt deklarieren:

```
type CHARCELL = record
        characters: array [1..CPC] of char;
        next: CHARSTRING
    end;
```

Wäre `CPC` = 4, könnten wir zum Beispiel das Wort `earth` in zwei Zellen speichern.

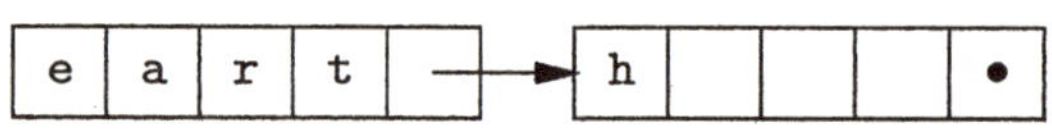

Die Zellen benötigen noch immer jeweils 8 Bytes, so daß wir nun 16 Bytes plus 4 Bytes für den Kopf, also 20 Bytes für das Wort `earth` benötigen.

Auch könnten wir `CPC` größer sein lassen als 4. Dadurch würde sich der durch die Zeiger eingenommene Platz verringern, was gut ist; es bedeutet, daß die Unkosten bei Verwendung verketteter Listen anstelle von Arrays fallen. Wenn wir andererseits einen sehr großen Wert für `CPC` verwenden, würden wir feststellen, daß fast alle Wörter eine einzige Zelle benutzen, daß diese Zelle aber viele Füllzeichen enthalten würde, genau wie ein Array der Länge `CPC`.

Beispiel 6.17

Wir wollen annehmen, daß in unserer Sammlung von Zeichenketten 30 % zwischen 1 und 4 Zeichen lang sind, 40 % zwischen 5 und 8 Zeichen lang, 20 % 9 - 12 Zeichen enthalten und 10 % sich in der Spannbreite von 13 - 16 Zeichen bewegen. Dann gibt die Tabelle in Abb. 6.35 die Anzahl der Bytes an, die den verketteten Listen zugeordnet sind, welche Wörter der 4 Bereiche darstellen, und zwar für vier Werte von `CPC`, nämlich 4, 8, 12 und 16. In unserer Annahme über die Häufigkeiten von Wortlängen schneidet `CPC` = 8 mit einer durchschnittlichen Nutzung von 15,6 Bytes (zu denen wir 4 Bytes für den Kopf addieren müssen, was zusammen 19,6 Bytes ergibt) am besten ab. Am besten eignen sich somit Zellen mit Platz für 8 Bytes, die einschließlich der 4 Bytes für den `next`-Zeiger insgesamt 12 Bytes pro Zelle verwenden. Beachten Sie, daß die gesamten Platzkosten, 19,6 Bytes, nicht so gut sind wie die Verwendung von 16 Bytes für ein Zeichen-Array. Das Schema der verketteten Liste kann jedoch Strings unterbringen, die länger als 16 Zeichen lang sind, auch wenn unsere Annahmen eine Wahrscheinlichkeit von 0 % vorgeben, derartige Zeichenketten zu finden. ◆

		CHARACTERS PER CELL			
RANGE	PROBABILITY	4	8	12	16
1-4	.3	8	12	16	20
5-8	.4	16	12	16	20
9-12	.2	24	24	16	20
13-16	.1	32	24	32	20
Avg.		16.8	15.6	17.6	20.0

Abb. 6.35: Die Anzahl der Bytes, die von Zeichenketten verschiedener Längenbereiche für unterschiedliche Werte von `CPC` verwendet werden.

Massenspeicherung von Zeichenketten

Es gibt noch einen anderen Ansatz in bezug auf die Speicherung einer großen Anzahl von Zeichenketten, der die Vorteile der Array-Speicherung (keine Zeiger) mit den Vorteilen der Speicherung in verketteten Listen (keine Platzverschwendung durch Füllen und keine Einschränkung der String-Länge) miteinander verbindet. Wir erzeugen ein sehr langes Array von Zeichen, in dem wir jede Zeichenkette speichern werden. Um unterscheiden zu können, wo eine Zeichenkette endet und wo die nächste beginnt, benötigen wir ein besonderes Zeichen, das man *Endekennung* (*endmarker*) nennt. Das Endekennungszeichen darf nicht als Teil einer zulässigen Zeichenkette erscheinen. Im folgenden werden wir zur Sichtbarmachung * als Endekennung verwenden, obwohl dafür üblicherweise ein nichtdruckbares Zeichen ausgewählt wird, wie das „null"-Zeichen (Code 0) im ASCII-Zeichensatz.

Beispiel 6.18

Angenommen, wir deklarieren ein Array `space` durch

```
var space: array[1..MAX] of char
```

Wir speichern dann ein Wort durch Angabe des Indexes der ersten Position von `space`, die für dieses Wort bestimmt ist. Das `WORDCELL`-Record ist analog zu dem in Beispiel 6.16:

```
type WORDCELL = record
        word: integer;
        occurrences: integer;
        lines: LIST
    end;
```

In Abb. 6.36 sehen wir das Record für das Wort `the` in einer Konkordanz, die auf dem Buch der Schöpfungsgeschichte basiert. Der Wert 4 für `word` verweist uns auf das vierte Element des `space`-Arrays, welches uns den Anfang des Wortes `the` liefert. Die niedrigsten Elemente des Arrays `space` erwecken den Anschein, als enthielten sie den Text selbst. Das ist jedoch nicht lange der Fall. Auch wenn die nächsten Elemente die Worte `beginning`, `God` und `created` beinhalteten, würde das zweite `the` nicht wieder im Array `space` auftauchen. Dieses Wort würde vielmehr aufgeführt werden, indem 1 zur Anzahl der Vorkommen für `the` im `WORDCELL`-Record addiert würde. Während wir uns durch das Buch arbeiten und weitere Wiederholungen von Wörtern finden, würden die Einträge in `space` immer weniger dem biblischen Text selbst ähneln. ◆

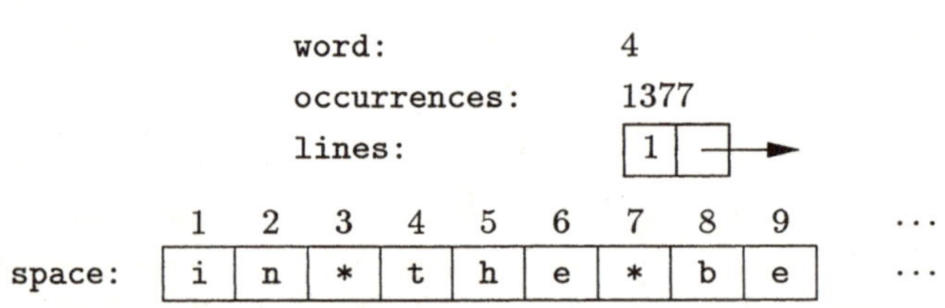

Abb. 6.36: Darstellung von Wörtern durch Indizes im String `space`.

Ebenso wie die Records aus Beispiel 6.16, lassen sich auch die Records aus Beispiel 6.18 in Strukturen wie binäre Suchbäume oder verkettete Listen umwandeln, indem man die Records um die entsprechenden Zeigerfelder erweitert.

Um jedoch einen binären Suchbaum zu implementieren, bei dem < die lexikographische Ordnung von Zeichenketten repräsentiert, müssen wir unsere eigenen Funktionen zur Überprüfung, ob nach dieser Ordnung ein String kleiner als ein anderer ist, implementieren. Abbildung 6.37 beinhaltet eine Funktion `precedes`, die als Eingabe zwei ganze Zahlen, i und j, erhält und bestimmt, ob der an Position i des `space`-Arrays beginnende String vor dem an Position j beginnenden String steht.

```
function precedes(i, j: integer): Boolean;
begin
   if (space[i] = '*') AND (space[j] <> '*') then
      (* der bei i beginnende String ist leer,
         aber der bei j beginnende nicht *)
      precedes := TRUE
   else if space[j] = '*' then
      (* der bei j beginnende String ist leer *)
      precedes := FALSE
   else if space[i] < space[j] then
      (* erster Buchstabe des an Posistion i beginnenden
         Wortes kommt vor dem an Position j beginnenden *)
      precedes := TRUE
   else if space[i] > space[j] then
      (* erster Buchstabe bei j kommt vor erstem Buchstaben i *)
      precedes := FALSE
   else (* ersten Buchstaben sind gleich; rufe rekursiv mit
          zweitem Buchstaben auf *)
      precedes := precedes(i+1, j+1)
end; (* precedes *)
```

Abb. 6.37: Überprüfung, ob eine Zeichenkette nach lexikographischer Ordnung vor einer anderen steht.

Wir wollen nun überlegen, wie die Funktion `precedes` zur Erstellung einer Konkordanz genutzt werden kann. Zunächst müssen wir einen Index `available` einführen, eine ganze Zahl, die die erste nicht belegte Position im Array `space` anzeigt. Zu Anfang wird `available` auf 1 gesetzt. Angenommen, wir lesen den Text ein, für den die Konkordanz erstellt werden soll, und finden das nächste Wort – sagen wir `the`. Wir wissen nicht, ob sich `the` bereits in der Datenstruktur für die Konkordanz befindet, von der wir für das Beispiel annehmen, sie sei ein binärer Suchbaum. Daher fügen wir `the*` vorübergehend in den Positionen `space[available..available+3]` ein und addieren 4 zu `available`. i sei der alte Wert von `available`, das heißt, die erste Position der Zeichenkette `the*`, die wir gerade einfügten.

Jetzt können wir das Wort im binären Suchbaum suchen. Wenn wir uns an einem Knoten befinden, auf den `p` zeigt, können wir `precedes(i, p^.word)` aufrufen, um festzustellen, ob `the` nach lexikographischer Ordnung vor dem an diesem Knoten befindlichen Wort steht. Wenn ja, dann gehen wir zum linken Kind. Wenn nicht, so überprüfen wir `precedes(p^.word, i)`. Ist diese Bedingung wahr, gehen wir zum rechten Kind. Ist keine der Bedingungen wahr, dann muß das Wort an diesem Knoten des binären Suchbaumes `the` sein. Wir haben das gewünschte Wort gefunden. Wir erhöhen den Zähler seiner Vorkommen um 1 und fügen die aktuelle Zeile in die Liste der Zeilen ein. Auch müssen wir `available` wieder auf *i* setzen, da wir diese Kopie von `the*` nicht mehr benötigen; es befindet sich bereits eine in `space`, die an der Position `p^.word` beginnt.

Was aber geschieht, wenn wir in einem binären Suchbaum nach einem linken oder rechten Kind suchen und herausfinden, daß es keines gibt. In diesem Fall haben wir die Stelle gefunden, an der das neue Wort `the` eingefügt werden muß. Wir erzeugen einen neuen Knoten – der die Felder des `WORDCELL`-Records plus Zeiger auf das linke und rechte Kind (beide `NIL`) umfaßt – und fügen ihn an besagtem Punkt in den Baum ein. Anschließend setzen wir das `word`-Feld des neuen Knotens auf *i*, so daß es sich auf unsere Kopie des Wortes `the` bezieht, setzen dann `occurrences` auf 1 und erzeugen eine bisher nur aus der aktuellen Textzeile bestehende Liste für das Feld `lines`.

Was geschieht, wenn uns der Speicherplatz ausgeht?

Wir sind davon ausgegangen, daß `space` so groß ist, daß es immer genug Platz zum Einfügen neuer Worte gibt. Tatsächlich müssen wir aber jedesmal, wenn wir ein Zeichen einfügen, darauf achten, daß die gegenwärtige Position, in die wir schreiben, nicht größer ist als `MAX`. Wir müssen eher auf den Eintrag des Wortes verzichten, als zu versuchen, in `space[MAX+1]` zu schreiben, was zu einem Fehler führt.

Es ist jedoch noch nicht alles verloren. Anstatt ein Array `space` zu erzeugen, können wir einen Typ

```
type SPACE = array[1..MAX] of char
```

definieren und folgenden Zeiger `p` deklarieren

```
var p: ^SPACE
```

Wir initialisieren `p` durch Ausführung von `new(p)`. Sollten wir einmal das nächste Wort nicht in das Array einfügen können, auf das `p` zeigt, rufen wir erneut `new(p)` auf, um so mehr Platz zu erhalten.

Ein Problem bei dieser Regelung besteht darin, daß wir das alte Array aus den Augen verlieren, wenn wir ein neues aufbauen. Wollen wir also ein neues Wort in das Array `p^` einfügen, müssen wir uns nicht nur den Anfang des Wortes, sondern auch den Wert von `p` in dem Record merken, das dieses Wort darstellt. Anstelle des word-Feldes vom Typ WORDCELL benötigen wir somit die Felder pArray vom Typ ^SPACE und begins vom Typ integer. Wenn available beispielsweise die erste verfügbare Position im Array p^ enthält und newWord auf ein Record vom Typ WORDCELL zeigt, können wir folgendes ausführen

```
newWord^.pArray := p;
newWord^.begins := available
```

Wir speichern ein Zeichen – sagen wir *c* – an der ersten verfügbaren Stelle durch

```
if available > MAX then
   begin new(p); available := 1 end;
p^[available] := c;
available := available + 1
```

Wir können jedoch kein Wort über die Grenzen eines Arrays hinweg aufspalten; wir müssen ein neues SPACE-Array anlegen und von neuem beginnen, das Wort in diesem Array zu speichern.

ÜBUNGEN

6.10.1: Schreiben Sie für den in Beispiel 6.16 diskutierten Record-Typ WORDCELL die folgenden Prozeduren:

a) Eine Funktion create(word: array[1..MAXLENGTH] of char), die ein Wort als Argument übernimmt und einen Zeiger auf ein Record vom Typ WORDCELL ohne Vorkommen und mit einer leeren Zeilenliste zurückgibt.

b) Eine Prozedur insert(word: ^WORDCELL; line: integer), die als Eingabe einen Zeiger auf ein Wort-Record und eine Zeilennummer erhält, zum Zähler der Vorkommen für dieses Wort 1 addiert und die Zeile in die Zeilenliste einträgt, wenn sie nicht bereits enthalten ist.

6.10.2: Wiederholen Sie Beispiel 6.17 unter der Annahme, daß jede Wortlänge von 1 bis 40 gleich wahrscheinlich ist; das heißt, 10 % der Wörter haben die Länge 1 - 4, 10 % die Länge 5 - 8, und so weiter bis zu den 10 % mit der Länge 37 - 40. Wie groß ist die durchschnittlich benötigte Anzahl von Bytes, wenn CPC 4, 8, ..., 40 ist?

6.10.3*: Wenn in dem Modell aus Beispiel 6.17 alle Wortlängen von 1 bis n gleich wahrscheinlich wären, welcher Wert von CPC als Funktion von n minimiert dann die Anzahl der verwendeten Bytes? Wenn Sie die exakte Lösung nicht finden können, ist eine O-Annäherung hilfreich.

6.10.4*: Ein Vorteil bei Verwendung der Struktur aus Beispiel 6.18 besteht darin, daß Teile des space-Arrays von zwei oder mehr Wörtern gleichzeitig genutzt werden können. So könnte zum Beispiel das Record für das Wort he eine word-Feld gleich 5 im Array aus Abb. 6.36 haben. Komprimieren Sie die Wörter all, call, man, mania, maniac, recall, two, woman in so wenig Elemente des space-Arrays wir irgend möglich. Wieviel Platz sparen Sie durch diese Kompression?

6.10.5*: Ein weiterer Ansatz zur Speicherung von Wörtern besteht darin, das Endekennungszeichens aus dem space-Array zu entfernen. Stattdessen erweitern wir die WORDCELL-Records aus Beispiel 6.18 um ein length-Feld, das uns sagt, wie viele Zeichen vom ersten Zeichen aus gesehen es im Wort gibt, das im word-Feld angegeben ist. Davon ausgehend, daß Integers 4 Bytes benötigen, spart oder kostet dieses Schema Platz im Vergleich zu dem in Beispiel 6.18 beschriebenen Schema? Was wäre, wenn Integers in einem Byte gespeichert werden könnten?

6.10.6:** Das in Übung 6.10.5 beschriebene Schema bietet uns auch die Gelegenheit, das space-Array zu komprimieren. Wörter können darin überlappen, auch wenn keines ein Suffix des anderen ist. Wie viele Elemente des space-Arrays benötigen Sie, um die Wörter der Liste aus Übung 6.10.4 unter Verwendung des Schemas aus Übung 6.10.5 zu speichern?

6.11 Zusammenfassung des 6. Kapitels

Folgende Punkte wurden in Kapitel 6 behandelt.

- Listen sind ein wichtiges Datenmodell zur Darstellung von Elementsequenzen.
- Verkettete Listen und Arrays sind zwei Datenstrukturen, die zur Implementierung von Listen verwendet werden können.
- Listen bieten eine einfache Implementierung von Wörterbüchern, ihre Effizienz läßt sich jedoch nicht mit der binärer Suchbäume aus Kapitel 5 oder der in Kapitel 7 zu behandelnden Hashtabellen vergleichen.
- Die Plazierung eines „Wächters" am Ende eines Arrays, die sicherstellt, daß wir das gesuchte Element finden, stellt eine nützliche Effizienzverbesserung dar.
- Keller (*stack*) und Warteschlangen (*queue*) sind wichtige Spezialfälle von Listen.
- Der Keller wird „im Verborgenen" verwendet, um rekursive Prozeduren zu implementieren.
- Eine Zeichenkette ist ein wichtiger Spezialfall einer Liste, und es gibt eine große Anzahl spezieller Datenstrukturen zur effizienten Darstellung von Zeichenketten. Dazu gehören verkettete Listen, die mehrere Zeichen pro Zelle enthalten, und große Arrays, die von vielen Zeichenketten gemeinsam genutzt werden.

- Das Problem des Findens längster gemeinsamer Teilsequenzen kann mit Hilfe der Technik der „dynamischen Programmierung“ auf effiziente Art und Weise gelöst werden; wir füllen dabei eine Informationstabelle in einer geeigneten Reihenfolge.

6.12 Bibliographische Anmerkungen zum 6. Kapitel

Knuth [1968] ist noch immer die grundlegende Quelle in bezug auf Listendatenstrukturen. Während es sich als schwierig erweist, die Ursprünge der sehr elementaren Begriffe wie „„Liste“ oder „Keller“ zurückzuverfolgen, war IPL-V (Newell et al. [1961]) die erste Programmiersprache, die Listen als Teil ihres Datenmodells verwendete, obwohl von den frühen listenverarbeitenden Sprachen heute unter den augenblicklich wichtigen Sprachen nur noch Lisp (McCarthy et al. [1962]) überlebt hat. Lisp steht übrigens für „LISt Processing“.

Die Benutzung von Kellern in der Laufzeitimplementierung rekursiver Programme wird ausführlich in Aho, Sethi und Ullman [1986] diskutiert.

Der in Abschnitt 6.9 vorgestellte Algorithmus zur längsten gemeinsamen Teilsequenz entstammt Wagner und Fischer [1975]. Der beim UNIX `diff` Kommando tatsächlich verwendete Algorithmus wird in Hunt und Szymanski [1977] beschrieben. Aho [1990] untersucht eine Anzahl von Algorithmen, die sich mit der Mustersuche bei Zeichenketten befassen.

Dynamische Programmierung als abstrakte Technik wurde von Bellman [1957] beschrieben. Aho, Hopcroft und Ullman [1983] stellen einige Beispiele von Algorithmen vor, die dynamische Programmierung verwenden.

Aho, A. V. [1990]. „Algorithms for finding patterns in strings“, in *Handbook of Theoretical Computer Science* Vol. A: *Algorithms and Complexity* (J. Van Leeuwen, Hrsg.), MIT Press, Cambridge, Mass.

Aho, A. V., J. E. Hopcroft und J. D. Ullman [1983]. *Data Structures and Algorithms*, Addison Wesley, Reading, Mass.

Aho, A. V., R. Sethi und J. D. Ullman [1986]. *Compilers: Principles, Techniques, and Tools*, Addison Wesley, Reading, Mass.

Bellman, R. E. [1957]. *Dynamic Programming*, Princeton University Press, Princeton, NJ.

Hunt, J. W. und T. G. Szymanski [1977]. „A fast algorithm for computing longest common subsequences“, *Comm. ACM* **20**:5, S. 350 - 353.

Knuth, D. E. [1968]. *The Art of Computer Programming*, Vol. I, *Fundamental Algorithms*, Addison Wesley, Reading, Mass.

McCarthy, J. et al. [1962]. LISP 1.5 *Programmer's Manual*, MIT Computation Center and Research Laboratory of Electronics, Cambridge, Mass.

Newell, A., F. M. Tonge, E. A. Feigenbaum, B. F. Green und G. H. Mealy [1961]. *Information Processing Language-V Manual*, Prentice-Hall, Englewood Cliffs, New Jersey.

Wagner, R. A. und M. J. Fischer [1975]. „The string to string correction problem", J. *ACM* **21**:1, S. 168 - 173.

7

Das Mengen-Datenmodell

Die Menge ist das grundlegendste Datenmodell der Mathematik. Jedes Konzept der Mathematik, von Bäumen bis zu reellen Zahlen, kann als eine spezielle Art von Menge ausgedrückt werden. Es sollte daher nicht überraschen, daß Mengen ebenfalls ein wesentliches Datenmodell der Informatik darstellen. In diesem Kapitel wiederholen wir die grundlegenden Definitionen in bezug auf Mengen und stellen anschließend Algorithmen zur effizienten Implementierung der Mengenoperationen vor.

7.1 Worum geht es in diesem Kapitel?

Dieses Kapitel deckt folgende Themen ab:

- Grundlegende Definitionen der Mengentheorie und die wichtigsten Operationen auf Mengen einschließlich der Wörterbuchoperationen *insert*, *delete* und *lookup* (Abschnitte 7.2 bis 7.3).
- Die drei gebräuchlichsten Datenstrukturen zur Implementierung von Mengen: verkettete Listen, charakteristische Vektoren und Hashtabellen. Wir vergleichen diese Datenstrukturen in bezug auf ihre relative Effizienz bei der Unterstützung verschiedener Operationen auf Mengen (Abschnitte 7.4 bis 7.6).
- Relationen und Funktionen als Mengen von Paaren (Abschnitt 7.7).
- Datenstrukturen zur Darstellung von Relationen und Funktionen (Abschnitte 7.8 bis 7.9).
- Spezielle Arten binärer Relationen, wie partielle Ordnungen und Äquivalenzrelationen (Abschnitt 7.10).
- Unendliche Mengen (Abschnitt 7.11).

7.2 Grundlegende Definitionen

In der Mathematik ist der Begriff „Menge" nicht explizit definiert. Wie die Begriffe „Punkt" und „Gerade" in der Geometrie wird der Begriff der Menge vielmehr durch seine Eigenschaften definiert. Insbesondere der Begriff der *Mitgliedschaft* (*membership*) ist nur bei Mengen sinnvoll. Wenn S eine Menge und x irgend etwas ist, können wir die Frage stellen: „Ist x Element der Menge S?" Die Menge S besteht dann aus all den Elementen x, für die gilt, x ist Element von S. Die folgenden Punkte fassen einige wichtige Notationen bezüglich Mengen zusammen.

1. Der Ausdruck $x \in S$ bedeutet, daß das Element x ein Element der Menge S ist.

2. Wenn $x_1, x_2, ..., x_n$ alle Elemente der Menge S sind, schreiben wir

   $$S = \{x_1, x_2, ..., x_n\}$$

   Hier muß jedes x verschieden sein; es darf keine Wiederholung eines Elements in einer Menge vorkommen. Die Reihenfolge, in der die Elemente der Menge aufgelistet werden, ist jedoch beliebig.

3. Die leere Menge, gekennzeichnet durch $\varnothing$, ist die Menge, die keine Elemente enthält. Das heißt, $x \in \varnothing$ ist immer falsch, egal was x ist.

Beispiel 7.1

Es sei $S = \{1, 3, 6\}$; das heißt, S sei die Menge, die nur die ganzen Zahlen 1, 3 und 6 enthält und sonst keine Elemente hat. Wir können dann sagen, $1 \in S$, $3 \in S$ und $6 \in S$. Die Aussage $2 \in S$ ist jedoch falsch, ebenso wie jede andere Aussage darüber, daß noch ein anderes Ding Element von S ist.

Mengen können auch andere Mengen als Elemente enthalten. Es sei zum Beispiel $T = \{\{1, 2\}, 3, \varnothing\}$. Dann hat T drei Elemente. Das erste ist die Menge $\{1, 2\}$, das heißt, die Menge mit 1 und 2 als einzigen Elementen. Das zweite ist die ganze Zahl 3. Das dritte ist die leere Menge. Folgende Aussagen sind wahr: $\{1, 2\} \in T$, $3 \in T$ und $\varnothing \in T$. $1 \in T$ ist dagegen falsch. Die Tatsache, daß 1 Element eines Elements von T ist, heißt nicht gleichzeitig, daß 1 Element von T selbst ist. ◆

Atome

In der formalen Mengentheorie gibt es nichts außer Mengen. Bei unserer informellen Mengentheorie und bei auf Mengen basierten Datenstrukturen und Algorithmen ist es von Vorteil, die Existenz gewisser *Atome* anzunehmen. Atome sind Elemente, die keine Mengen sind. Ein Atom kann Element einer Menge sein, nichts kann jedoch Element eines Atoms sein. Es ist wichtig, sich zu erinnern, daß die leere Menge, wie alle Atome auch, keine Elemente enthält. Die leere Menge ist aber eine Menge und kein Atom.

Im allgemeinen werden wir davon ausgehen, daß ganze Zahlen und Kleinbuchstaben Atome bezeichnen. In bezug auf Datenstrukturen hat es sich als vorteilhaft erwiesen, komplexe Datentypen als Typen für Atome zu verwenden. Atome können daher Records oder Arrays sein und somit in keinster Weise „atomar“.

Mengendefinition durch Abstraktion

Die Aufzählung der Elemente einer Menge ist nicht die einzige Art und Weise, auf die wir Mengen definieren können. Häufig ist es angebrachter, mit einer Menge S und einer Eigenschaft P von Elementen zu beginnen und dann die Menge der Elemente von S zu definieren, die die Eigenschaft P besitzen. Die Notation für diese Operation, die als *Abstraktion* bezeichnet wird, lautet

$$\{x \mid x \in S \text{ und } P(x)\}$$

oder „die Menge der Elemente x in S derart, daß x die Eigenschaft P besitzt“.

Der vorangegangene Ausdruck wird *Mengenbildner* genannt. Die Variable x im Mengenbildner ist lokal zu diesem Ausdruck, und wir hätten ebensogut

$$\{y \mid y \in S \text{ und } P(y)\}$$

schreiben können, um dieselbe Menge zu beschreiben.

Mengen und Listen

Obwohl sich unsere Schreibweisen für eine Liste, wie $(x_1, x_2, ..., x_n)$, und für eine Menge, $\{x_1, x_2, ..., x_n\}$, sehr ähnlich sind, gibt es entscheidende Unterschiede. Zunächst ist die Reihenfolge der Elemente in einer Menge nicht von Bedeutung. Die Menge, die wir als {1, 2} schreiben, könnte ebensogut als {2, 1} geschrieben werden. Im Gegensatz dazu ist die Liste (1, 2) nicht gleich der Liste (2, 1).

Zweitens kann eine Liste Wiederholungen enthalten. So hat die Liste (1, 2, 2) zum Beispiel 3 Elemente: das erste ist 1, das zweite ist 2 und das dritte ist ebenfalls 2. Die Menge {1, 2, 2} ist dagegen nicht sinnvoll. Es kann kein Element, wie hier die 2, mehr als einmal als Element einer Menge vorkommen. Wenn diese Schreibweise irgendeine Bedeutung hat, dann entspricht diese den Mengen {1, 2} oder {2, 1} – das heißt, der Menge mit den Elementen 1 und 2, aber mit keinen anderen Elementen.

Gelegentlich reden wir von einer *Multimenge* oder einem *Bag*. Es handelt sich dabei um eine Menge, deren Elemente mehr als einmal vorkommen dürfen. Wir können somit die Menge, die eine 1 und zweimal die 2 enthält, als Multimenge bezeichnen. Multimengen sind etwas anderes als Listen, da die Elemente auch hier keiner Reihenfolge unterliegen.

Mengen in Pascal

In Pascal gibt es ein rudimentäres Konzept einer Menge, die sich von der allgemeinen Definition unterscheidet. Zunächst sind Mengen darauf beschränkt, aus Elementen eines elementaren Typs zu bestehen, wie Aufzählungs- oder Bereichstypen wie `20..40`. Im allgemeinen müssen Mengen nicht notwendigerweise aus Elementen eines einzigen Typs bestehen. Nehmen wir beispielsweise die Menge T aus Beispiel 7.1, deren Elemente sich aus zwei Mengen und einem Atom zusammensetzen.

Zweitens haben Mengen in Pascal gewöhnlich eine niedrige obere Grenze für die Anzahl ihrer Elemente, wie 32 oder 64. Grund dafür ist es, eine einfache Implementierung gewisser Operationen auf Pascal-Mengen des Typs „charakteristischer Vektor" zu ermöglichen, welchen wir in Abschnitt 7.5 behandeln werden. In der Mathematik gibt es für Mengen natürlich keine obere Schranke für die Zahl der Elemente.

Beispiel 7.2

S sei die Menge $\{1, 3, 6\}$ aus Beispiel 7.1. $P(x)$ sei die Eigenschaft „x ist ungerade". Dann stellt

$$\{x \mid x \in S \text{ und } x \text{ ist ungerade}\}$$

eine weitere Möglichkeit der Definition der Menge $\{1, 3\}$ dar. Sie besagt, daß wir die Elemente 1 und 3 aus S akzeptieren, weil sie ungerade sind, die 6 aber ablehnen, weil sie nicht ungerade ist.

Als weiteres Beispiel sei die Menge $T = \{\{1, 2\}, 3, \varnothing\}$ aus Beispiel 7.1 betrachtet. Dann beschreibt

$$\{A \mid A \in T \text{ und } A \text{ ist eine Menge}\}$$

die Menge $\{\{1, 2\}, \varnothing\}$.

Drittens bleibt zu erwähnen, daß die Menge der nichtnegativen ganzen Zahlen, bzw. der „natürlichen Zahlen", häufig durch **N** gekennzeichnet wird. $P(x)$ sei die Eigenschaft, daß x eine Primzahl ist (d. h. $x > 1$ und x ist nur durch 1 und sich selbst teilbar). Die Menge der Primzahlen wird dann durch folgende Schreibweise angegeben

$$\{x \mid x \in \mathbf{N} \text{ und } P(x)\}$$

Dieser Ausdruck beschreibt die unendliche Menge {2, 3, 5, 7, 11, ...}. ◆

Unendliche Mengen

Es beruhigt anzunehmen, daß Mengen *endlich* sind – das heißt, daß es eine bestimmte ganze Zahl n derart gibt, daß die gegebene Menge genau n Elemente besitzt. So hat die Menge {1, 3, 6} zum Beispiel 3 Elemente. Es gibt aber auch *unendliche* Mengen, was bedeutet, daß es keine ganze Zahl gibt, die die Anzahl der Elemente der Menge begrenzt. Wir kennen die unendlichen Mengen

- **N**, die Menge der nichtnegativen ganzen Zahlen
- **Z**, die Menge der nichtnegativen und negativen Zahlen
- **R**, die Menge der reellen Zahlen
- **C**, die Menge der komplexen Zahlen

Aus diesen Mengen können wir mit Hilfe der Abstraktion weitere unendliche Mengen erzeugen.

Beispiel 7.3

Der Mengenbildner

$$\{x \mid x \in \mathbf{Z} \text{ und } x < 3\}$$

steht für die Menge aller negativen ganzen Zahlen plus 0, 1 und 2.

Der Mengenbildner

$$\{x \mid x \in \mathbf{Z} \text{ und } \sqrt{x} \in \mathbf{Z}\}$$

repräsentiert diejenige Menge der ganzen Zahlen, die vollkommene Quadratzahlen sind, also die Menge {0, 1, 4, 9, 16, ...}. ◆

Unendliche Mengen haben einige tiefgründige und interessante Eigenschaften. Wir werden uns mit diesem Thema in Abschnitt 7.11 erneut auseinandersetzen.

ÜBUNGEN

7.2.1: Welche Elemente enthält die Menge $\{\{a, b\}, \{a\}, \{b, c\}\}$?

7.2.2: Schreiben Sie Mengenbildner-Ausdrücke für folgende Mengen:

a) Die Menge der ganzen Zahlen größer als 1000.

b) Die Menge aller geraden ganzen Zahlen.

7.3 Operationen auf Mengen

Es gibt spezielle Operationen, die üblicherweise auf Mengen ausgeführt werden, dazu zählen die Vereinigung und der Schnitt. Die meisten von Ihnen kennen diese Operationen vermutlich bereits, wir werden hier dennoch die wichtigsten Operationen wiederholen und im nächsten Abschnitt einige Implementierungen dieser Operationen vorstellen.

Russells Paradoxon

Manch einer mag sich wundern, warum es die Operation der Abstraktion erforderlich macht, daß wir eine andere Menge angeben, aus der die Elemente der neuen Menge stammen müssen. Warum können wir nicht einfach einen Ausdruck wie $\{x \mid P(x)\}$ verwenden, zum Beispiel

$$\{x \mid x \text{ ist blau}\}$$

um die Menge aller blauen Dinge zu definieren? Der Grund dafür ist, daß es zu logischen Inkonsistenzen führen würde, wenn es gestattet wäre, Mengen auf diese allgemeine Art und Weise zu definieren. Diese Inkonsistenzen wurden von Bertrand Russell entdeckt und als *Russells Paradoxon* bezeichnet. Ihnen ist dieses Paradoxon vielleicht schon einmal informell begegnet, als Sie von der Stadt gehört haben, in der der Barbier jeden rasiert, der sich nicht selbst rasiert und dann gefragt wurde, ob der Barbier sich selbst rasiert. Tut er dies, so tut er es nicht, wenn er es aber nicht tut, so tut er es. Um aus dieser Anomalie wieder herauszufinden, muß man erkennen, daß die Aussage „rasiert jeden, der sich nicht selbst rasiert", obwohl sie vernünftig erscheint, in Wirklichkeit formal keinen Sinn ergibt.

Um Russells Paradoxon in bezug auf Mengen zu verstehen, nehmen wir an, wir dürfen für jede Eigenschaft P Mengen der Form $\{x \mid P(x)\}$ definieren. $P(x)$ sei die Eigenschaft „x ist nicht Element von x". Das heißt, P sei für eine Menge x wahr, wenn x nicht Element von sich selbst ist. S sei die Menge

$$S = \{x \mid x \text{ ist nicht Element von } x\}$$

Wir können nun die Frage stellen: „Ist die Menge S Element von sich selbst?"

1. Fall: Angenommen, S ist nicht Element von S. Dann ist $P(S)$ wahr und es gilt, daß S ein Element der Menge $\{x \mid x$ ist nicht Element von $x\}$ ist. Diese Menge ist jedoch S, wir beweisen also unter der Annahme, daß S nicht Element von sich selbst ist, daß S tatsächlich Element von sich selbst ist. Es kann daher nicht sein, daß S nicht Element von sich selbst ist.

2. Fall: Angenommen, S ist Element von sich selbst. Dann ist S nicht Element von

$$\{x \mid x \text{ ist nicht Element von } x\}$$

Aber wiederum handelt es sich dabei um die Menge S, so daß wir schließen, daß S nicht Element von sich selbst ist.

Wenn wir also davon ausgehen, daß $P(S)$ falsch ist, beweisen wir, daß es wahr ist, und wenn wir davon ausgehen, daß $P(S)$ wahr ist, beweisen wir, daß es falsch ist. Da wir in jedem Fall bei einem Widerspruch landen, sind wir gezwungen, die Schreibweise dafür verantwortlich zu machen. Das tatsächliche Problem besteht also darin, daß es keinen Sinn macht, S so zu definieren, wie wir es getan haben.

Als weitere interessante Konsequenz aus Russells Paradoxon ergibt sich, daß es ebenfalls sinnlos ist anzunehmen, es gäbe eine „Menge aller Elemente". Würde es eine derartige „universale Menge" geben – nennen wir sie U – könnten wir folgendes angeben

$$\{x \mid x \in U \text{ und } x \text{ ist nicht Element von } x\}$$

und würden wieder bei Russells Paradoxon landen. Wir wären dann gezwungen, die Abstraktion insgesamt aufzugeben; diese Operation ist aber viel zu nützlich, um sie fallenzulassen.

Vereinigung, Schnitt und Differenz

Die vielleicht häufigsten Arten, Mengen miteinander zu kombinieren, basieren auf den drei folgenden Operationen:

1. Die *Vereinigung* (*union*) zweier Mengen S und T, geschrieben als $S \cup T$, ist die Menge, die die Elemente enthält, die in S, in T oder in beiden enthalten sind.

2. Der *Schnitt* (*intersection*) zweier Mengen S und T, geschrieben als $S \cap T$, ist die Menge, die die Elemente enthält, die sich sowohl in S als auch in T befinden.

3. Die *Differenz* (*difference*) zweier Mengen S und T, geschrieben als $S - T$, ist die Menge, die diejenigen Elemente enthält, die sich in S, nicht aber in T befinden.

Beispiel 7.4

S sei die Menge {1, 2, 3} und T sei die Menge {3, 4, 5}. Dann gilt

$$S \cup T = \{1, 2, 3, 4, 5\}, S \cap T = \{3\} \text{ und } S - T = \{1, 2\}$$

S enthält somit alle Elemente, die in S oder in T vorkommen. Obwohl 3 sowohl in S als auch in T steht, gibt es natürlich nur ein Vorkommen von 3 in $S \cup T$, da Elemente nicht mehr als einmal in Mengen enthalten sein dürfen. $S \cap T$ enthält nur die 3, da kein anderes Element sowohl in S als auch in T vorkommt. $S - T$ schließlich enthält 1 und 2, da diese zwar in S, nicht aber in T vorkommen. Das Element 3 erscheint in $S - T$ nicht, da es, obwohl in S steht, es ebenfalls in T vorkommt. ◆

Venn-Diagramme

Häufig ist es hilfreich, sich Mengenoperationen als Bilder, genannt *Venn-Diagramme*, zu verdeutlichen. Abbildung 7.1 ist ein solches Venn-Diagramm, das die beiden Mengen S und T zeigt, die jeweils durch eine Ellipse repräsentiert werden. Die beiden Ellipsen teilen die Ebene in vier Regionen, die wir von 1 bis 4 numeriert haben.

1. Region 1 repräsentiert diejenigen Elemente, die sich weder in S noch in T befinden.
2. Region 2 repräsentiert $S - T$, also diejenigen Elemente, die sich in S, nicht aber in T befinden.
3. Region 3 repräsentiert $S \cap T$, also diejenigen Elemente, die sowohl in S als auch in T vorkommen.
4. Region 4 repräsentiert $T - S$, also diejenigen Elemente, die sich in T, nicht aber in S befinden.
5. Die Regionen 2, 3 und 4 repräsentieren zusammen $S \cup T$, also diejenigen Elemente, die sich in S oder in T oder in beiden Mengen befinden.

Was ist eine Algebra?

Wir glauben vielleicht, daß sich der Begriff „Algebra“ auf das Lösen von Wortproblemen, das Finden von Wurzeln von Polynomen und andere Themen bezieht, die in den Algebra-Kursen der Oberschule abgedeckt werden. Für einen Mathematiker bezieht sich der Begriff Algebra jedoch auf jede Art von System, in dem es Operanden und Operatoren gibt, aus denen man Ausdrücke zusammensetzt.

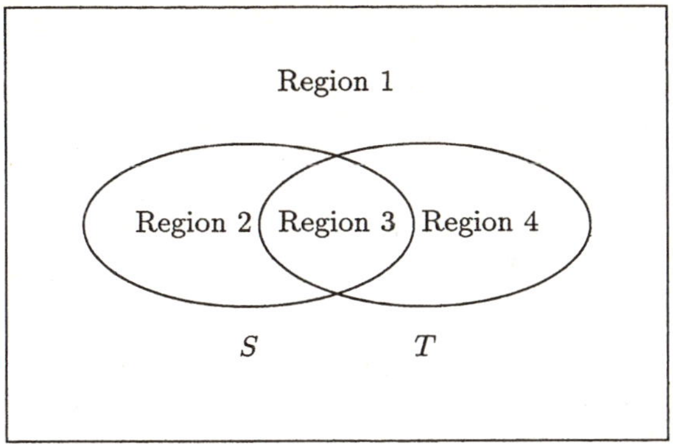

Abb. 7.1: Durch Venn-Diagramme dargestellte Regionen für die grundlegenden Mengenoperationen

Damit eine Algebra interessant und nützlich ist, enthält sie gewöhnlich spezielle Konstanten und *Gesetze*, die es uns gestatten, einen Ausdruck in einen anderen „äquivalenten" Ausdruck zu überführen.

Die bekannteste Algebra ist die, bei der die Operanden ganze, reelle oder vielleicht komplexe Zahlen – oder Variablen, die für Werte aus einer dieser Klassen stehen – und die Operatoren die gewöhnlichen arithmetischen Operatoren sind: Addition, Multiplikation, Subtraktion und Division. Die Konstanten 0 und 1 haben eine Sonderstellung und genügen Gesetzen wie $x + 0 = x$. Bei der Manipulation arithmetischer Ausdrücke benutzen wir Gesetze wie das Distributivgesetz, das uns erlaubt, jeden Ausdruck der Form $a \times b + a \times c$ durch einen äquivalenten Ausdruck $a \times (b + c)$ zu ersetzen. Beachten Sie dabei, daß wir durch diese Transformation die Anzahl der arithmetischen Operationen um 1 verringern. Häufig ist der Zweck algebraischer Manipulationen von Ausdrücken wie diesem, einen äquivalenten Ausdruck zu finden, dessen Auswertung weniger Zeit benötigt als die Auswertung des ursprünglichen Ausdrucks.

Im Verlauf dieses Buches werden wir verschiedenen Arten von Algebren begegnen. Abschnitt 8.7 führt in die *Relationenalgebra* ein, einer Verallgemeinerung der Algebra von Mengen, die wir hier diskutieren. Abschnitt 10.5 erläutert die Algebra *Regulärer Ausdrücke* zur Beschreibung von Mustern in Zeichenketten. Abschnitt 12.8 gibt dem Leser eine Einführung in die *Boolesche* Algebra der Logik.

Algebraische Gesetze für die Vereinigung, den Schnitt und die Differenz

In Anlehnung an die Algebra arithmetischer Operationen wie + und * kann man eine Algebra für Mengen definieren, bei der die Vereinigung, der Schnitt und die Differenz die Operatoren bilden und die Operanden Mengen oder Mengen bezeichnende Variablen sind. Wenn wir uns dann erlauben, komplizierte Ausdrücke wie $R \cup ((S \cap T) - U)$ zu bilden, können wir auch fragen, ob zwei Ausdrücke *äquivalent* sind, das heißt, ob sie immer dieselbe Menge bezeichnen, egal welche Mengen wir für die Operanden, die Variablen sind, einsetzen. Durch Substituieren eines Ausdrucks für einen anderen äquivalenten Ausdruck lassen sich manchmal Mengenausdrücke vereinfachen, so daß sie effizienter ausgewertet werden können.

Im folgenden werden wir die wichtigsten *algebraischen Gesetze* – das heißt, Aussagen, die zusichern, daß ein Ausdruck äquivalent zu einem anderen ist – für Vereinigung, Schnitt und Differenz von Mengen auflisten. Das Symbol $\equiv$ wird zur Kennzeichnung der Äquivalenz zweier Ausdrücke benutzt.

Bei vielen dieser algebraischen Gesetze gibt es eine Analogie zwischen Vereinigung, Schnitt und Differenz von Mengen auf der einen und Addition, Multiplikation und Subtraktion ganzer Zahlen auf der anderen Seite. Wir werden jedoch auf die Gesetze hinweisen, die nicht analog zur gewöhnlichen Arithmetik sind.

a) *Das Kommutativgesetz der Vereinigung*: $(S \cup T) \equiv (T \cup S)$. Es bedeutet, daß es egal ist, welche Menge bei der Vereinigung vorne steht. Der Grund, warum dieses Gesetz gilt, ist einfach. Das Element x befindet sich in $S \cup T$, wenn x in S oder in T oder in beiden Mengen vorkommt. Das entspricht genau der Bedingung, nach der sich x in $T \cup S$ befindet.

b) *Das Assoziativgesetz der Vereinigung*: $(S \cup (T \cup R)) \equiv ((S \cup T) \cup R)$. Es bedeutet, daß die Vereinigung dreier Mengen so geschrieben werden kann, daß entweder die Vereinigung der ersten beiden oder die der letzten beiden zuerst berechnet wird; das Ergebnis ist in jedem Fall gleich. Dieses Gesetz läßt sich ebenso wie das Kommutativgesetz rechtfertigen, indem wir argumentieren, daß sich ein Element nur dann in der Menge auf der linken Seite befindet, wenn es auch in der Menge auf der rechten Seite vorkommt. Intuitiv wird das dadurch begründet, daß beide Mengen exakt die Elemente enthalten, die sich in S, T oder R oder in zwei oder drei dieser Mengen gleichzeitig befinden.

Zusammen besagen das Kommutativ- und das Assoziativgesetz der Vereinigung, daß wir die Vereinigung einer Anzahl von Mengen in jeder Reihenfolge ermitteln können und daß das Ergebnis immer dieselbe Menge von Elementen ergibt. Die Argumentation entspricht der, die wir bei der Addition in Abschnitt

2.4 verwendeten, bei der es sich um eine weitere kommutative und assoziative Operation handelt. Wir zeigten dort, daß alle Möglichkeiten, eine Summe zu gruppieren, zum selben Ergebnis führen.

c) *Das Kommutativgesetz des Schnitts*: $(S \cap T) \equiv (T \cap S)$. Intuitiv befindet sich ein Element x unter exakt denselben Umständen in den Mengen $S \cap T$ und $T \cap S$: wenn x in S und x in T vorkommt.

d) *Das Assoziativgesetz des Schnitts*: $(S \cap (T \cap R)) \equiv ((S \cap T) \cap R)$. Intuitiv befindet sich x dann in beiden Mengen, wenn x in allen drei Mengen S, T und R vorkommt. Ebenso wie die Addition oder die Vereinigung kann der Schnitt jeder Ansammlung von Mengen frei gruppiert werden, das Ergebnis ist immer gleich; es ist die Menge der Elemente, die in allen Mengen vorkommen.

e) *Distributivgesetz des Schnitts über die Vereinigung*: Ebenso wie wir wissen, daß sich die Multiplikation über die Addition verteilt – das heißt, $a \times (b + c) = a \times b + a \times c$ – gilt das Gesetz

$$(S \cap (T \cup R)) \equiv ((S \cap T) \cup (S \cap R))$$

für Mengen. Intuitiv befindet sich ein Element x genau dann in jeder dieser Mengen, wenn x in S vorkommt und zugleich in mindestens einer der beiden Mengen T und R. Ebenso können wir wegen der Kommutativität der Vereinigung und des Schnitts die Schnitte wie folgt von rechts verteilen

$$((T \cup R) \cap S) \equiv ((T \cap S) \cup (R \cap S))$$

f) *Distributivgesetz der Vereinigung über den Schnitt*: Auf ähnliche Weise gilt

$$(S \cup (T \cap R)) \equiv ((S \cup T) \cap (S \cup R))$$

Sowohl die linke als auch die rechte Seite sind Mengen, die ein Element x genau dann enthalten, wenn x entweder in S ist oder in den beiden Mengen T und R. Hierbei ist zu beachten, daß das analoge Gesetz der Arithmetik, bei dem die Vereinigung durch die Addition und der Schnitt durch die Multiplikation ersetzt wird, falsch ist. Das heißt, daß der Ausdruck $a + b \times c$ im allgemeinen nicht gleich $(a + b) \times (a + c)$ ist. Dies ist eine der Stellen, wo die Analogie zwischen Mengenoperationen und arithmetischen Operationen zusammenbricht. Wie in (e) können wir jedoch die Kommutativität der Vereinigung verwenden, um folgendes äquivalente Gesetz zu erhalten

$$((T \cap R) \cup S) \equiv ((T \cup S) \cap (R \cup S))$$

Beispiel 7.5

Es seien $S = \{1, 2, 3\}$, $T = \{3, 4, 5\}$ und $R = \{1, 4, 6\}$. Dann gilt

$$\begin{aligned} S \cup (T \cap R) &= \{1, 2, 3\} \cup (\{3, 4, 5\} \cap \{1, 4, 6\}) \\ &= \{1, 2, 3\} \cup \{4\} \\ &= \{1, 2, 3, 4\} \end{aligned}$$

Andererseits gilt

$$\begin{aligned} (S \cup T) \cap (S \cup R) &= (\{1, 2, 3\} \cup \{3, 4, 5\}) \cap (\{1, 2, 3\} \cup \{1, 4, 6\}) \\ &= \{1, 2, 3, 4, 5\} \cap \{1, 2, 3, 4, 6\} \\ &= \{1, 2, 3, 4\} \end{aligned}$$

Das Distributivgesetz der Vereinigung über den Schnitt gilt in diesem Fall. Dies beweist natürlich nicht, daß das Gesetz allgemein gilt; die intuitive Argumentation, die wir zusammen mit Regel (f) angegeben haben, sollte jedoch überzeugen. ◆

g) *Assoziativgesetz der Vereinigung und der Differenz*: $(S - (T \cup R)) \equiv ((S - T) - R)$. Beide Seiten enthalten genau dann ein Element x, wenn x in S, aber weder in T noch in R vorkommt. Man beachte, daß das Gesetz analog zu dem arithmetischen Gesetz $a - (b + c) = (a - b) - c$ ist.

h) *Distributivgesetz der Differenz über die Vereinigung*: $((S \cup T) - R) \equiv ((S - R) \cup (T - R))$. Zur Rechtfertigung sei gesagt, ein Element x befindet sich in jeder der Mengen, wenn es nicht in R, aber entweder in S oder in T oder in beiden vorkommt. Hier findet sich eine weitere Stelle, an der die Analogie zur Addition und Subtraktion zusammenbricht; es ist nicht wahr, daß $(a + b) - c = (a - c) + (b - c)$ ist, es sei denn $c = 0$.

i) *Die leere Menge ist die Identität bei der Vereinigung*. Das bedeutet, daß $(S \cup \varnothing) \equiv S$ und aufgrund der Kommutativität der Vereinigung $(\varnothing \cup S) \equiv S$ gilt. Informell kann sich ein Element x nur dann in $S \cup \varnothing$ befinden, wenn x in S vorkommt, da x nicht in $\varnothing$ enthalten sein kann.

Beachten Sie, daß es beim Schnitt keine Identität gibt. Wir könnten uns vorstellen, daß die Menge „aller Elemente“ als Identität für den Schnitt dienen kann, da der Schnitt einer Menge S mit dieser „Menge“ sicher S ergeben würde. Wie jedoch in Zusammenhang mit Russells Paradoxon erwähnt wurde, kann es keine „Menge aller Elemente“ geben.

j) *Idempotenz der Vereinigung*. Ein Operator wird als *idempotent* bezeichnet, wenn, nachdem er auf zwei Kopien desselben Wertes angewandt wurde, das Ergebnis wiederum diesen Wert ergibt. Es gilt $(S \cup S) \equiv S$. Das heißt, ein Element x befindet sich in $S \cup S$ genau dann, wenn es sich in S befindet. Wiederum versagt die Analogie zur Arithmetik, da $a + a$ im allgemeinen nicht a ergibt.

k) *Idempotenz des Schnitts*. Ebenso gilt $(S \cap S) \equiv S$.

Es gibt eine Reihe von Gesetzen, die die leere Menge neben der Vereinigung auch zu anderen Operationen in Beziehung setzen. Wir listen diese im folgenden auf.

l) $(S - S) \equiv \varnothing$.

m) $(\varnothing - S) \equiv \varnothing$.

n) $(\varnothing \cap S) \equiv \varnothing$ und aufgrund der Kommutativität des Schnitts auch $(S \cap \varnothing) \equiv \varnothing$.

Beweis von Äquivalenzen mit Hilfe von Venn-Diagrammen

Abbildung 7.2 illustriert das Distributivgesetz für den Schnitt über die Vereinigung mit Hilfe eines Venn-Diagramms. Dieses Diagramm zeigt drei Mengen, S, T und R, die die Ebene in acht Regionen unterteilen, welche von 1 bis 8 numeriert sind. Diese Regionen entsprechen den acht möglichen Beziehungen (jeweils innerhalb oder außerhalb), in denen ein Element zu diesen drei Mengen stehen kann.

Wir können das Diagramm benutzen, um die Werte der verschiedenen Teilausdrücke im Auge zu behalten. $T \cup R$ steht zum Beispiel in den Regionen 3, 4, 5, 6, 7 und 8. Da S die Regionen 2, 3, 5 und 6 umfaßt, folgt daraus, daß $S \cap (T \cup R)$ den Regionen 3, 5 und 6 entspricht. Ebenso steht $S \cap T$ in den Regionen 3 und 6, während sich $S \cap R$ in den Regionen 5 und 6 befindet. Als Folge daraus muß die Menge $(S \cap T) \cup (S \cap R)$ in den Regionen 3, 5 und 6 stehen, was beweist, daß gilt

$$(S \cap (T \cup R)) \equiv ((S \cap T) \cup (S \cap R))$$

Allgemein können wir eine Äquivalenz dadurch beweisen, daß wir ein repräsentatives Element jeder Region betrachten und feststellen, daß es sich entweder in der von den beiden Seiten der Äquivalenz beschriebenen Menge befindet oder daß es in keiner von beiden vorkommt. Dieses Verfahren kommt der Wahrheitstafel-Methode sehr nahe, mit der wir in Kapitel 12 algebraische Gesetze der Aussagenlogik beweisen.

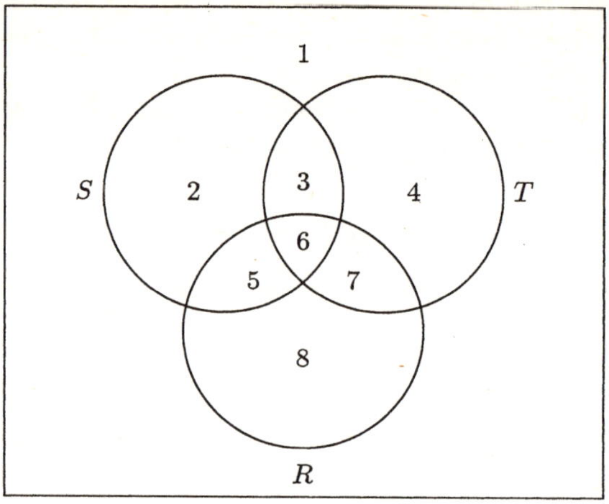

Abb. 7.2: Ein Venn-Diagramm, das das Distributivgesetz des Schnitts über die Vereinigung zeigt: $S \cap (T \cup R)$ besteht ebenso aus den Regionen 3, 5 und 6 wie $(S \cap T) \cup (S \cap R)$ auch.

Beweis von Äquivalenzen durch Anwendung von Transformationen

Eine andere Möglichkeit zu beweisen, daß zwei Ausdrücke äquivalent sind, besteht darin, einen Ausdruck unter Verwendung einer oder mehrerer der oben genannten algebraischen Gesetze in einen anderen umzuwandeln. In Kapitel 12 werden wir die Manipulation von Ausdrücken formaler behandeln, aber für den Augenblick sei nur beobachtet, daß wir in einem Ausdruck jeden Ausdruck für jede Variable einsetzen können, vorausgesetzt wir ersetzen alle Vorkommen dieser Variablen. So können wir beispielsweise im Gesetz $(S \cup S) \equiv S$ die Menge S durch $T \cap R$ ersetzen, um so die Äquivalenz $((T \cap R) \cup (T \cap R)) \equiv (T \cap R)$ zu erhalten.

Ebenso können wir eine Folge von Substitutionen und Gesetzen anwenden, um neue Äquivalenzen zu erhalten. Das folgende ist ein Beispiel.

Beispiel 7.6

Wir wollen S für T in Gesetz (g), dem Assoziativgesetz für Vereinigung und Differenz, ersetzen; das Ergebnis ist $(S - (S \cup R)) \equiv ((S - S) - R)$. Nach Gesetz (1) gilt, $(S - S) \equiv \varnothing$. Und somit folgt

$$(S - (S \cup R)) \equiv (\varnothing - R)$$

Wir wenden anschließend (m) mit R anstelle von S auf die rechte Seite an und schließen, daß $(S - (S \cup R)) \equiv \varnothing$ gilt. ◆

Die Teilmengenbeziehung

Für Mengen gibt es eine Familie von Vergleichsoperatoren, die zu den Vergleichen von Zahlen analog sind. Wenn S und T Mengen sind, sagen wir, daß $S \subseteq T$ gilt, wenn jedes Element von S auch Element von T ist. In Worten kann dies auf unterschiedliche Art und Weise ausgedrückt werden: „S ist eine Teilmenge von T“, „T ist einer Obermenge von S“, „S ist in T enthalten“, „T enthält S“ oder „T enthält S echt“.

Wir sagen $S \subset T$, wenn $S \subseteq T$ gilt und es mindestens ein Element von T gibt, das nicht Element von S ist. Die Beziehung $S \subset T$ kann gelesen werden als „S ist eine echte Teilmenge von T“, „T ist eine echte Obermenge von S“ oder „S ist echt enthalten in T“.

Ebenso wie bei „kleiner gleich“ können wir die Richtung des Vergleichs umdrehen; $S \supset T$ ist synonym zu $T \subset S$ und $S \supseteq T$ ist synonym zu $T \subseteq S$.

Beispiel 7.7

Folgende Vergleiche sind wahr:

1. $\{1, 2\} \subseteq \{1, 2, 3\}$
2. $\{1, 2\} \subset \{1, 2, 3\}$
3. $\{1, 2\} \subseteq \{1, 2\}$

Es ist zu bemerken, daß eine Menge immer auch Teilmenge von sich selbst ist, eine Menge ist jedoch niemals eine echte Teilmenge von sich selbst, so daß $\{1, 2\} \subset \{1, 2\}$ falsch ist. ◆

Es gibt eine Reihe algebraischer Gesetze, die den Teilmengenoperator und andere bereits vorgestellte Operatoren betreffen. Wir geben im folgenden einige an.

o) $\varnothing \subseteq S$ für jede Menge S.

p) Wenn $S \subseteq T$ ist, dann gilt

   i) $(S \cup T) \equiv T$,

   ii) $(S \cap T) \equiv S$ und

   iii) $(S - T) \equiv \varnothing$.

Beweis von Äquivalenzen durch den Beweis, daß jede Seite der Äquivalenz Teilmenge der anderen Seite ist

Zwei Mengen S und T sind genau dann gleich, wenn gilt $S \subseteq T$ und $T \subseteq S$; das heißt, jede Menge ist Teilmenge der anderen. Die Regel ist analog zu der Regel, daß $a = b$ nur dann gilt, wenn $a \leq b$ und $b \leq a$ wahr sind. Wir können die Äquivalenz zweier Ausdrücke E und F zeigen, indem wir beweisen, daß jeder im anderen enthalten ist. Das heißt,

1. wir betrachten ein beliebiges Element x in E und beweisen, daß es auch in F enthalten ist, und

2. wir betrachten ein beliebiges Element x in F und beweisen, daß es auch in E enthalten ist.

Beachten Sie, daß beide Beweise notwendig sind, um $E \equiv F$ zu beweisen.

Beispiel 7.8

Wir wollen nun das Assoziativgesetz für Vereinigung und Differenz beweisen,

$$(S - (T \cup R)) \equiv ((S - T) - R)$$

Wir beginnen mit der Annahme, daß x sich im linken Ausdruck befindet. Die Schrittfolge wird in Abb. 7.3 angegeben. Beachten Sie, daß wir in den Schritten (4) und (5) die Definition der Vereinigung rückwärts anwenden. Das heißt, (3) besagt, daß x nicht in $T \cup R$ vorkommt. Würde x Element von T sein, wäre (3) falsch, so daß wir schließen können, daß x nicht in T vorkommt. Ebenso gilt, daß x nicht in R ist.

Wir sind noch nicht fertig; nun müssen wir mit der Annahme beginnen, daß x sich in $(S - T) - R$ befindet und zeigen, daß es Element von $S - (T \cup R)$ ist. Die entsprechenden Schritte werden in Abb. 7.4 angegeben.

	Schritt	**Grund**
(1)	x ist in $S - (T \cup R)$	Voraussetzung
(2)	x ist in S	Definition von - und (1)
(3)	x ist nicht in $T \cup R$	Definition von - und (1)
(4)	x ist nicht in T	Definition von $\cup$ und (3)
(5)	x ist nicht in R	Definition von $\cup$ und (3)
(6)	x ist in $S - T$	Definition von - mit (2) und (4)
(7)	x ist in $(S - T) - R$	Definition von - mit (6) und (5)

Abb. 7.3: Beweis der einen Hälfte des Assoziativgesetzes für Vereinigung und Differenz

	Schritt	Grund
(1)	x ist in S - (T - R)	Voraussetzung
(2)	x ist in S - T	Definition von - und (1)
(3)	x ist nicht in R	Definition von - und (1)
(4)	x ist in S	Definition von - und (2)
(5)	x ist nicht in T	Definition von - und (2)
(6)	x ist nicht in $T \cup R$	Definition von $\cup$ mit (3) und (5)
(7)	x ist in S - ($T \cup R$)	Definition von - mit (4) und (6)

Abb. 7.4: Zweite Hälfte des Beweises des Assoziativgesetzes für Vereinigung und Differenz.

Beispiel 7.9

Zur weiteren Veranschaulichung wollen wir einen Teil von (p) beweisen, nämlich die Regel, daß, wenn $S \subseteq T$ ist, dann auch $S \cup T \equiv T$ gilt. Wir gehen von der Annahme aus, daß x Element von $S \cup T$ ist. Aufgrund der Definition der Vereinigung wissen wir, daß entweder

1. x in S vorkommt oder
2. x in T vorkommt.

Da $S \subseteq T$ angenommen wird, wissen wir in Fall (1), daß x sich in T befindet. Im Fall (2) sehen wir sofort, daß x Element von T ist. x befindet sich somit in jedem Fall in T, und wir haben die erste Hälfte des Beweises, also die Aussage, daß $(S \cup T) \subseteq T$ gilt, abgeschlossen.

Nun nehmen wir an, daß x Element von T ist. Dann gilt aufgrund der Definition der Vereinigung, daß x in $S \cup T$ enthalten ist; dies bildet die zweite Hälfte des Beweises. Wir schließen, daß $(S \cup T) \equiv T$ gilt. ◆

Die Potenzmenge einer Menge

Wenn S eine Menge ist, entspricht die Potenzmenge von S der Menge aller Teilmengen von S. Wir werden die Schreibweise $\mathbf{P}(S)$ zur Kennzeichnung der Potenzmenge von S verwenden, obwohl auch die Notation 2^S gebräuchlich ist.

Beispiel 7.10

Gegeben sei $S = \{1, 2, 3\}$. Dann ist

$$\mathbf{P}(S) = \{\emptyset, \{1\}, \{2\}, \{3\}, \{1, 2\}, \{1, 3\}, \{2, 3\}, \{1, 2, 3\}\}$$

Das heißt, **P**(S) ist eine Menge mit acht Elementen; jedes Element ist selbst eine Menge. Die leere Menge ist Element von **P**(S), da mit Sicherheit $\emptyset \subseteq S$ gilt. Die *Singleton* – Mengen mit nur einem Element von S, also {1}, {2} und {3} – sind in **P**(S) enthalten. Ebenso kommen die drei Mengen mit jeweils zwei Elementen von S in **P**(S) vor, auch S selbst ist Element von **P**(S).

Ein anderes Beispiel ist **P**($\emptyset$) = {$\emptyset$}, da $\emptyset \subseteq S$ ist; es gilt jedoch für keine Menge S mit Ausnahme der leeren Menge, daß $S \subseteq \emptyset$ ist. Es ist wichtig zu beachten, daß {$\emptyset$}, also die Menge, die die leere Menge enthält, nicht dasselbe ist wie die leere Menge. Insbesondere enthält die erst genannte Menge ein Element, nämlich $\emptyset$, wohingegen die leere Menge keine Elemente enthält. ♦

Die Größe von Potenzmengen

Wenn S n Elemente hat, dann hat **P**(S) 2^n Elemente. In Beispiel 7.10 haben wir gesehen, daß eine Menge mit 3 Elementen eine Potenzmenge mit $2^8 = 8$ Elementen besitzt. Es gilt auch $2^0 = 1$, und wir haben festgestellt, daß die null Elemente enthaltende leere Menge eine Potenzmenge mit einem Element besitzt.

Es sei $S = \{a_1, a_2, ..., a_n\}$, wobei $a_1, a_2, ..., a_n$ n beliebige Elemente sind. Dann beweisen wir durch Induktion über n, daß **P**(S) 2^n Elemente besitzt.

BASIS. Wenn $n = 0$ ist, ist S die leere Menge $\emptyset$. Wir haben bereits gesehen, daß **P**($\emptyset$) ein Element enthält. Da $2^0 = 1$ gilt, haben wir den Induktionsanfang bewiesen.

INDUKTION. Wir nehmen an, daß, wenn $S = \{a_1, a_2, ..., a_n\}$ ist, **P**(S) 2^n Elemente besitzt. Es sei a_{n+1} ein neues Element und $T = S \cup \{a_{n+1}\}$ sei eine Menge mit $n + 1$ Elementen. Eine Teilmenge von T enthält das Element a_{n+1} nicht oder sie enthält es. Wir wollen diese beiden Fälle nacheinander betrachten.

1. Die Teilmengen von T, die a_{n+1} nicht enthalten, sind auch Teilmengen von S und daher in **P**(S) enthalten. Aufgrund der Induktionsannahme gibt es genau 2^n solcher Mengen.

2. Wenn R eine Teilmenge von T ist, die a_{n+1} enthält, dann sei $Q = R - \{a_{n+1}\}$; das heißt, Q entspricht R ohne a_{n+1}. Dann ist Q eine Teilmenge von S. Aufgrund der Induktionsannahme gibt es genau 2^n mögliche Mengen Q und jede entspricht einer eindeutigen Menge R, die sich aus $Q \cup \{a_{n+1}\}$ ergibt.

Wir schließen daraus, daß es genau 2×2^n bzw. 2^{n+1} Teilmengen von T gibt, von denen die Hälfte Teilmengen von S sind und die andere Hälfte aus einer Teilmenge von S durch Hinzufügen von a_{n+1} gebildet werden. Der Induktionsschritt ist somit bewiesen; unter der Voraussetzung, daß jede Menge S mit n Elementen 2^n Teilmengen hat, haben wir gezeigt, daß jede Menge T mit $n + 1$ Elementen 2^{n+1} Teilmengen besitzt.

ÜBUNGEN

7.3.1: In Abb. 7.2 gaben wir zwei Ausdrücke für die Mengen der Regionen {3, 5, 6} an. Jede dieser Regionen kann jedoch auch durch Ausdrücke bestehend aus S, T und R und den Operatoren Vereinigung, Schnitt und Differenz dargestellt werden. Schreiben Sie für folgende Regionen jeweils zwei unterschiedliche Ausdrücke:

a) allein für Region 6

b) für die Regionen 2 und 4 zusammen

c) für die Regionen 2, 4 und 8 zusammen.

7.3.2: Verwenden Sie Venn-Diagramme, um die folgenden algebraischen Gesetze zu beweisen. Geben Sie für jeden Teilausdruck der Äquivalenz die Menge der Regionen an, die er repräsentiert.

a) $(S \cup (T \cap R)) \equiv ((S \cup T) \cap (S \cup R))$

b) $((S \cup T) - R) \equiv ((S - R) \cup (T - R))$

c) $(S - (T \cup R)) \equiv ((S - T) - R)$

7.3.3: Zeigen Sie jede der Äquivalenzen aus Übung 7.3.2 durch den Beweis, daß jede Seite in der jeweils anderen enthalten ist.

7.3.4: Unter der Annahme, daß $S \subseteq T$ gilt, beweisen Sie folgendes, indem Sie zeigen, daß jede Seite der Äquivalenz eine Teilmenge der anderen Seite ist:

a) $(S \cap T) \equiv S$

b) $(S - T) \equiv \emptyset$

7.3.5*: In wie viele Regionen unterteilt ein Venn-Diagramm mit n Mengen die Ebene, wenn man von der Annahme ausgeht, daß keine Menge Teilmenge einer anderen ist? Gehen Sie davon aus, daß sich unter den n Mengen eine befindet, die Teilmenge einer anderen ist, daß es ansonsten aber keine derartigen Teilmengenbeziehungen gibt. Einige Regionen wären dann leer. Würde in Abb. 7.1 zum Beispiel $S \subseteq T$ gelten, wäre Region 2 leer, da es kein Element gibt, das zwar in S, nicht aber in T vorkommt. Wie viele nichtleere Regionen gibt es im allgemeinen?

7.3.6: Beweisen Sie, daß, wenn $S \subseteq T$ gilt, auch $\mathbf{P}(S) \subseteq \mathbf{P}(T)$ gilt.

7.3.7*: In Pascal können wir eine sich aus Mengen zusammensetzende Menge S durch eine verkettete Liste darstellen, deren Elemente Köpfe von Listen sind; jede dieser Listen repräsentiert dann eine Menge, die einem der Elemente von S entspricht. Schreiben Sie ein Pascal-Programm, das als Eingabe eine Liste von Elementen erhält, die jeweils Mengen sind (d. h. eine Liste, bei der alle Elemente verschieden sind) und die Potenzmenge der gegebenen

Menge zurückgibt. Welche Laufzeit hat Ihr Programm? *Hinweis*: Benutzen Sie den Induktionsbeweis, daß es in einer Potenzmenge einer n-elementigen Menge 2^n Elemente gibt, um einen rekursiven Algorithmus zur Erzeugung der Potenzmenge zu entwerfen. Schlau wäre es, dieselbe Liste als Teil verschiedener Mengen zu verwenden, um ein Kopieren der Liste, die die Elemente der Potenzmenge repräsentiert, zu vermeiden und so Zeit und Platz zu sparen.

7.3.8: Zeigen Sie, daß gilt

a) $\mathbf{P}(S) \cup \mathbf{P}(T) \subseteq \mathbf{P}(S \cup T)$

b) $\mathbf{P}(S \cap T) \subseteq \mathbf{P}(S) \cap \mathbf{P}(T)$

Wären (a) und (b) auch wahr, wenn die Teilmengenbeziehung durch eine Äquivalenz ersetzt würde?

7.3.9: Was ergibt $\mathbf{P}(\mathbf{P}(\mathbf{P}(\varnothing)))$?

7.4 Listenimplementierungen von Mengen

Wir haben bereits in Abschnitt 6.4 gesehen, wie die Wörterbuchoperationen *insert*, *delete* und *lookup* unter Verwendung der Datenstruktur der verketteten Liste implementiert werden. Auch haben wir dabei beobachtet, daß die Laufzeit für diese Operationen im Durchschnitt $O(n)$ beträgt, wenn die Menge n Elemente hat. Diese Laufzeit ist nicht so gut wie die durchschnittliche $O(\log n)$ Zeit, die die Wörterbuchoperationen bei Benutzung der Datenstruktur eines ausgewogenen binären Suchbaumes benötigen, was in Abschnitt 5.9 beschrieben wurde. Wie wir in Abschnitt 7.6 noch sehen werden, spielt aber die Darstellung eines Wörterbuchs durch verkettete Listen eine wesentliche Rolle bei der Hashtabellen-Datenstruktur für Wörterbücher, die im allgemeinen schneller ist als der binäre Suchbaum.

Vereinigung, Schnitt und Differenz

Die elementaren Mengenoperationen, wie die Vereinigung, können Vorteile aus der Verwendung verketteter Listen als Datenstruktur ziehen, obwohl sich die Techniken etwas von denen bei Wörterbuchoperationen verwendeten unterscheiden. Insbesondere ist das Sortieren der Listen für die Vereinigung, den Schnitt und die Differenz nützlich, wenn wir eine gute Laufzeit erzielen wollen. Wie wir in Abschnitt 6.4 gesehen haben, stellt das Sortieren nur eine kleine Verbesserung für die Laufzeit der Wörterbuchoperationen dar.

Zu Anfang wollen wir erst einmal feststellen, welche Probleme sich ergeben, wenn wir Mengen durch unsortierte Listen repräsentieren. In diesem Fall müssen wir jedes Element jeder Menge mit jedem Element der anderen vergleichen. Für Mengen der Größe m und n würde es somit $O(mn)$ Zeit brauchen, um die Vereinigung, den Schnitt und die Differenz dieser Mengen zu bilden. Um zum Beispiel eine Liste U zu erzeugen, welche die Vereinigung zweier Mengen S und T repräsentiert, beginnen wir damit, die Liste für S in die anfänglich leere Liste U zu kopieren. Anschließend untersuchen wir jedes Element von T und überprüfen, ob es in S vorkommt. Wenn nicht, fügen wir dieses Element in U ein. Die Idee wird in Abb. 7.5 skizziert.

```
(1)  kopiere S nach U;
(2)  for jedes x in T do
(3)      if not lookup(x, S) then
(4)          insert(x, U)
```

Abb. 7.5: Pseudocodeskizze des Algorithmus, der die Vereinigung zweier durch unsortierte Listen dargestellte Mengen bildet.

Angenommen, S hat n Elemente und T hat m Elemente. Die Operation in Zeile (1), die S nach U kopiert, kann leicht in $O(n)$ Zeit durchgeführt werden. Die Zeilen (3) und (4), die Suche und das Einfügen, benötigen $O(n)$ Zeit, und die for-Schleife der Zeilen (2) bis (4) wird m mal ausgeführt. Der Zeitaufwand für die Zeilen (2) bis (4) beträgt somit $O(mn)$, was die $O(n)$ Zeit für Zeile (1) dominiert.

Für den Schnitt und die Differenz gibt es vergleichbare Algorithmen, die jeweils $O(mn)$ Zeit benötigen. Wir überlassen diese dem Leser.

Vereinigung, Schnitt und Differenz bei Verwendung sortierter Listen

Die Vereinigung, der Schnitt und die Differenz können weitaus schneller berechnet werden, wenn wir zur Darstellung von Mengen sortierte Listen verwenden. Wir werden sogar feststellen, daß es sich auszahlt, die Listen vor Durchführung dieser Operationen zu sortieren, sollten diese anfänglich noch nicht sortiert sein. Betrachten wir beispielsweise die Berechnung von $S \cup T$, wobei S und T durch sortierte Listen repräsentiert sind. Der Vorgehensweise ist vergleichbar mit dem Merge-Algorithmus aus Abschnitt 2.8. Ein Unterschied besteht darin, daß, wenn sich am aktuellen Anfang der beiden Listen zwei gleiche Elemente befinden, wir nur eine Kopie dieses Elements anlegen, anstatt wie beim Zusammenfügen zwei Kopien. Der andere Unterschied bezieht sich darauf, daß wir für die Vereinigung nicht einfach Elemente aus den Listen für S und T entfernen können, da wir S und T bei der Erzeugung ihrer Vereinigung nicht zerstören sollten. Stattdessen müssen wir Kopien aller Elemente anlegen, um die Vereinigung zu bilden.

Wir nehmen an, daß die Typen `LIST` und `CELL` folgendermaßen definiert sind:

```
type LIST = ^CELL;
   CELL = record
      element: integer;
   next: LIST
   end;
```

Wir gehen außerdem davon aus, daß der Elementtyp, der hier als Integer gewählt wurde, ein Typ sein muß, der mit dem Vergleichsoperator < verglichen werden kann.

Die Funktion `union` wird in Abb. 7.6 angegeben. Sie verwendet eine Hilfsfunktion *assemble*(x, L, M), die in Zeile (1) eine neue Zelle erzeugt, in Zeile (2) das Element x in dieser Zelle ablegt und in Zeile (3) `union` aufruft, um die Vereinigung der Listen L und M zu berechnen. Anschließend gibt `assemble` eine Zelle für x zurück gefolgt von der Liste, die sich aus der Anwendung von `union` auf L und M ergibt. Beachten Sie, daß die Funktionen `assemble` und `union` verschränkt rekursiv sind; jede ruft die andere auf.

Die Funktion `union` wählt aus den beiden ihr übergebenen sortierten Listen das kleinste Element aus und übergibt dieses und die Reste der beiden Listen an `assemble`. Für `union` ergeben sich sechs Fälle, abhängig davon, ob eine der beiden Listen `NIL` ist oder nicht, und, wenn nicht, welches der beiden Elemente an den Köpfen der Listen kleiner ist als das andere.

1. Wenn beide Listen `NIL` sind, gibt `union` einfach `NIL` zurück und beendet somit die Rekursion. Dieser Fall entspricht den Zeilen (5) und (6) in Abb. 7.6.

2. Wenn L `NIL` ist und M nicht, setzen wir die Vereinigung in den Zeilen (7) und (8) zusammen, indem wir das erste Element aus M nehmen, gefolgt von der „Vereinigung" der `NIL`-Liste mit dem Rest von M. Beachten Sie, daß nachfolgende Aufrufe von `union` in diesem Fall dazu führen, daß M kopiert wird.

3. Wenn M `NIL` ist, L jedoch nicht, dann machen wir in den Zeilen (9) und (10) genau das Gegenteil und fügen die Lösung aus dem ersten Element von L und dem Rest von L zusammen.

4. Sind die ersten Elemente von M und L gleich, setzen wir in den Zeilen (11) und (12) die Lösung aus einer Kopie dieses Elements, das durch `L^.element` referenziert wird, und den Resten von L und M zusammen.

5. Wenn das erste Element von L kleiner ist als das von M, fügen wir in den Zeilen (13) und (14) die Lösung aus diesem kleinsten Element, dem Rest von L und der gesamten Liste M zusammen.

6. Dazu symmetrisch verhält sich der Fall in den Zeilen (15) und (16), daß M das kleinste Element besitzt. Wir setzen dann die Lösung aus diesem Element, der gesamten Liste L und dem Rest von M zusammen.

Beispiel 7.11

Angenommen, S ist die Menge {1, 3, 6} und T ist {5, 3}. Die diese Mengen repräsentierenden sortierten Listen sind $L = (1, 3, 6)$ und $M = (3, 5)$. Wir rufen *union*(L, M) auf, um die Vereinigung zu bilden. Da das erste Element von L, also 1, kleiner ist als das erste Element von M, also 3, findet Fall (5) Anwendung. Wir setzen die Lösung daher aus 1, dem Rest von L, den wir als $L_1 = (3, 6)$ bezeichnen, und aus M zusammen. Die Funktion *assemble*(1, L_1, M) ruft in Zeile (3) *union*(L_1, M) auf und das Ergebnis ergibt eine Liste, deren erstes Element 1 und deren Rest gleich dieser Vereinigung ist.

Dieser Aufruf von `union` entspricht Fall (4), bei dem die beiden führenden Elemente gleich sind; hier sind beide 3. Wir setzen die Vereinigung daher aus einer Kopie von Element 3 und den Resten der Listen L_1 und M zusammen. Diese Reste sind L_2, die nur aus dem Element 6 besteht, und M_1, die nur aus dem Element 5 besteht. Der nächste Aufruf lautet *union*(L_2, M_1), der einer Instanz von Fall (6) entspricht. Wir fügen 5 in die Vereinigung ein und rufen union(L_2, `NIL`) auf. Dies entspricht Fall (3), was zur Erweiterung der Vereinigung um 6 und zum Aufruf union(`NIL`, `NIL`) führt. An dieser Stelle trifft Fall (1) zu und die Rekursion ist beendet. Das Ergebnis des ursprünglichen Aufrufs von `union` ist die Liste (1, 3, 5, 6). Abbildung 7.7 gibt die Folge der Aufrufe und Rückgabe von Werten für diese Beispieldaten im einzelnen wieder. ◆

```
    function assemble(x: ETYPE; L, M: LIST): LIST;
       (* erzeugt eine Liste, deren Kopfelement x und deren
       Rest die Vereinigung der Listen L und M ist *)

       var first: LIST;

       begin
(1)       new(first);
(2)       first^.element := x;
(3)       first^.next := union(L, M);
(4)       assemble := first
       end; (* assemble *)

       function union(L, M: LIST): LIST;
       (* erzeugt eine Liste, die die Vereinigung von L und M darstellt *)
       begin
```

```
(5)         if (L = NIL) AND (M = NIL) then
(6)            union := NIL
(7)         else if L = NIL then (* M kann hier nicht NIL sein *)
(8)            union := assemble(M^.element, NIL, M^.next)
(9)         else if M = NIL then (* L kann hier nicht NIL sein *)
(10)           union := assemble(L^.element, L^.next, NIL)
               (* hier angekommen, kann weder L noch M NIL sein *)
(11)        else if L^.element = M^.element then
(12)           union := assemble(L^.element, L^.next, M^.next)
(13)        else if L^.element < M^.element then
(14)           union := assemble(L^.element, L^.next, M)
(15)        else (* hier gilt M^.element < L^.element *)
(16)           union := assemble(M^.element, L, M^.next)
      end; (* union *)
```

Abb. 7.6: Berechnen der Vereinigung von Mengen, die durch sortierte Listen dargestellt sind.

Beachten Sie, daß die von `union` generierte Liste immer sortiert ist. Wir verstehen, warum der Algorithmus funktioniert, wenn wir uns vor Augen halten, daß, egal welcher Fall eintritt, jedes Element der Listen L und M entweder in die Ausgabe kopiert wird, dadurch, daß es das erste Argument im Aufruf von `assemble` wird, oder in den Listen verbleibt, die als Argumente dem rekursiven Aufruf von `union` übergeben werden.

Die Laufzeit der Vereinigung

Wenn wir `union` auf Mengen mit n bzw. m Elementen aufrufen, benötigt `union` $O(n+m)$ Zeit. Um zu verstehen warum, beachte man, daß Aufrufe von `assemble` $O(1)$ Zeit für das Erzeugen einer neuen Zelle für die Ausgabeliste brauchen und dann `union` auf den restlichen Listen aufrufen. Die Kosten der Aufrufe von `assemble` in Abb. 7.6 ergeben sich somit aus $O(1)$ Zeit plus der Zeit für einen Aufruf von `union` auf Listen, deren Längensumme entweder um eins kleiner ist als die von L und M oder, in Fall (4) sogar um 2 kleiner. Zudem benötigt all die in `union` verrichtete Arbeit, ausschließlich des Aufrufs von `assemble`, $O(1)$ Zeit.

Daraus folgt, daß, wenn `union` auf Listen der Gesamtlänge $m + n$ aufgerufen wird, sich daraus höchstens $m + n$ rekursive Aufrufe von `union` und ebenso viele von `assemble` ergeben, die jeweils $O(1)$ Zeit benötigen. Die Zeit zur Berechnung der Vereinigung beträgt somit $O(n+m)$, das heißt, sie ist proportional zur Summe der Größe der Mengen.

```
Aufruf union((1, 3, 6), (3, 5))
    Aufruf assemble(1, (3, 6), (3, 5))
        Aufruf union((3, 6), (3, 5))
            Aufruf assemble(3, (6), (5))
                Aufruf union((6), (5))
                    Aufruf assemble(5, (6), NIL)
                        Aufruf union((6), NIL)
                            Aufruf assemble(6, NIL, NIL)
                                Aufruf union(NIL, NIL)
                                Rückgabe NIL
                            Rückgabe (6)
                        Rückgabe (6)
                    Rückgabe (5, 6)
                Rückgabe (5, 6)
            Rückgabe (3, 5, 6)
        Rückgabe (3, 5, 6)
    Rückgabe (1, 3, 5, 6)
Rückgabe (1, 3, 5, 6)
```

Abb. 7.7: Folge von Aufrufen und Rückgaben für Beispiel 7.11.

O-Ausdrücke für Funktionen mit mehr als einer Variablen

Wie wir bereits in Abschnitt 6.9 herausstellten, kann der O-Begriff, den wir nur für Funktionen mit einer Variablen definiert hatten, auch auf Funktionen mit mehr als einer Variablen angewandt werden. Wir sagen, daß $f(x_1, x_2, ..., x_k)$ $O(g(x_1, x_2, ..., x_k))$ ist, wenn es Konstanten c und $a_1, a_2, ..., a_k$ derart gibt, daß, immer wenn $x_i \geq a_i$ für alle $i = 1, ..., k$ gilt, auch $f(x_1, x_2, ..., x_k) \leq cg(x_1, x_2, ..., x_k)$ gilt. Insbesondere ist zu beachten, daß, auch wenn $m + n$ größer als mn ist, wenn eines von m und n 0 und das andere größer als 0 ist, wir noch immer sagen können, daß $m + n$ $O(mn)$ ist, indem wir die Konstanten c, a_1 und a_2 alle gleich 1 wählen.

Das ist weniger als die $O(mn)$ Zeit, die benötigt wurde, um die Vereinigung von Mengen zu berechnen, die durch unsortierte Listen dargestellt wurden. Sind die Listen unserer Mengen nicht sortiert, können wir diese sogar in $O(n \log n + m \log m)$ Zeit sortieren und dann die Vereinigung der sortierten Listen bilden. Da $n \log n$ den Wert n dominiert und $m \log m$ den Wert m, können wir den Gesamtaufwand des Sortierens und der Vereinigung als $O(n \log n + m \log m)$ angeben. Dieser Ausdruck kann größer sein als $O(mn)$, er ist jedoch immer dann kleiner, wenn die Werte von n und m eng beieinander liegen – das heißt, wenn die Mengen ungefähr die gleiche Größe haben. Es ist daher gewöhnlich sinnvoll, vor der Vereinigung zu sortieren.

Schnitt und Differenz

Die Idee, die hinter dem in Abbildung 7.6 umrissenen Algorithmus für die Vereinigung steckt, funktioniert für den Schnitt und die Differenz genauso: Wenn die Mengen durch sortierte Listen dargestellt werden, sind der Schnitt und die Differenz ebenfalls in linearer Zeit durchzuführen. Beim Schnitt möchten wir ein Element nur dann in die Ausgabe kopieren, wenn es in beiden Listen vorkommt, wie in Fall (4). Ist eine der beiden Listen `NIL`, kann es keine Elemente in der Schnittmenge geben, so daß die Fälle (1), (2) und (3) durch einen Schritt ersetzt werden können, der `NIL` zurückgibt. In Fall (4) kopieren wir das Element am Kopf der Liste in die Schnittmenge. In den Fällen (5) und (6), in denen sich die Köpfe der Listen unterscheiden, kann das kleinere unmöglich in beiden Listen vorkommen, so daß wir der Schnittmenge nichts hinzufügen, sondern nur das kleinere aus seiner Liste entfernen und den Schnitt vom Rest der Listen berechnen.

Warum dies sinnvoll ist, läßt sich zeigen, wenn wir als Beispiel annehmen, daß a am Kopf der Liste L und daß b am Kopf der Liste M steht und daß gilt a < b. Dann kann a nicht in der sortierten Liste M vorkommen, so daß wir die Möglichkeit, daß sich a in beiden Listen befindet, als unzulässig betrachten können. b dagegen kann durchaus irgendwo in Liste L hinter a auftauchen, so daß wir b aus M noch benutzen können. Daher müssen wir den Schnitt der Restliste von L mit der ganzen Liste M bilden. Wäre umgekehrt b kleiner als a, würden wir den Schnitt von L mit dem Rest von M bilden. Ein Pascal-Programm zur Berechnung des Schnittes findet sich in Abb. 7.8. Es ist notwendig, `assemble` dahingehend zu verändern, daß es nun `intersection` anstelle von `union` aufruft. Diese Änderung sowie ein Programm zur Berechnung der Differenz sortierter Listen überlassen wir dem Leser zur Übung.

```
function intersection(L, M: LIST): LIST;
begin
   if (L = NIL) OR (M = NIL) then
      intersection := NIL
   else if L^.element = m^.element then
      intersection := assemble(L^.element, L^.next, M^.next)
   else if L^.element < M^.element then
      intersection := intersection(L^.next, M)
   else (* hier ist M^.element < L^.element *)
      intersection := intersection(L, M^.next)
end; (* intersection *)
```

Abb. 7.8: Berechnung des Schnittes zweier durch sortierte Listen dargestellter Mengen. Eine neue Version von `assemble` *ist erforderlich.*

ÜBUNGEN

7.4.1: Schreiben Sie Pascal-Programme zur Berechnung (a) der Vereinigung, (b) des Schnittes und (c) der Differenz von Mengen, die durch unsortierte Listen repräsentiert werden.

7.4.2: Verändern Sie das Programm aus Abb. 7.6 so, daß es (a) den Schnitt und (b) die Differenz zweier durch sortierte Listen dargestellter Mengen berechnet.

7.4.3: Die Prozeduren `assemble` und `union` aus Abb. 7.6 lassen die Listen, für die sie die Vereinigung bilden, unverändert; das heißt, sie legen Kopien der Elemente an, anstatt die Zellen der gegebenen Listen selbst zu verwenden. Können Sie das Programm dahingehend vereinfachen, daß das Zerstören der Listen während der Berechnung der Vereinigung gestattet ist?

7.4.4*: Beweisen Sie durch eine Induktion über die Summe der Längen der als Argumente übergebenen Listen, daß `union` aus Abb. 7.6 die Vereinigung der gegebenen Listen zurückgibt.

7.4.5*: Die *symmetrische Differenz* zweier Mengen S und T errechnet sich aus $(S - T) \cup (T - S)$, das heißt, aus den Elementen, die sich genau in einer der beiden Mengen S und T befinden. Schreiben Sie ein Programm zur Berechnung der symmetrischen Differenz zweier Mengen, die durch sortierte Listen repräsentiert werden. Ihr Programm sollte die Liste einmal durchlaufen, wie in Abb. 7.6, anstatt Routinen für die Vereinigung und die Differenz aufzurufen.

7.4.6*: Wir haben das Programm aus Abb. 7.6 informell analysiert, indem wir argumentierten, daß, wenn die Gesamtlänge beider Listen n wäre, es $O(n)$ Aufrufe von `union` und `assemble` geben würde, die jeweils $O(1)$ Zeit plus die Zeit brauchen, die ein rekursiver Aufruf benötigt. Diese Argumentation läßt sich dadurch formalisieren, daß wir $T_U(n)$ als Laufzeit von `union` und $T_A(n)$ als Laufzeit von `assemble` auf Listen der Länge n bestimmen. Stellen Sie rekursive Regeln auf, in denen sich T_U und T_A gegenseitig benutzen. Substituieren Sie, um T_A zu eliminieren, und stellen Sie eine herkömmliche Rekurrenz für T_U auf. Lösen Sie die Rekurrenz. Zeigt dies, daß `union` die Laufzeit $O(n)$ hat?

7.5 Implementierung von Mengen anhand charakteristischer Vektoren

Häufig sind die Mengen, denen wir begegnen, Teilmenge einer „Universalmenge“ U. Zum Beispiel ist ein Blatt von Spielkarten eine Teilmenge aller 52 Karten. Wenn die Mengen, mit denen wir es zu tun haben, jeweils Teilmengen einer Menge U sind und wenn U hinreichend klein ist, dann gibt es eine Mengendarstellung, die weitaus effizienter ist als die im vorigen Abschnitt beschriebene Listendarstellung. Wir ordnen die Elemente aus U so an, daß jedes Element von U zu einer eindeutigen „Position" assoziiert werden kann, die eine ganze Zahl von 1 bis n ist, wobei n der Anzahl der Elemente in U entspricht.

Für eine gegebene Menge S, die in U enthalten ist, können wir S durch einen *charakteristischen Vektor* bestehend aus 0-en und 1-en darstellen. Dabei wird für jedes Element x von U, wenn x sich in S befindet, an die dem Element x entsprechende Position eine 1 geschrieben. Wenn x nicht in S vorkommt, enthält diese Position eine 0.

Beispiel 7.12

U sei die Menge der Karten. Wir können die Karten so anordnen wie wir wollen, ein geeignetes Schema ist aber die Ordnung nach Farben: Kreuz, dann Karo, dann Herz, dann Pik. Innerhalb der Farben sortieren wir die Karten As, 2, 3, ..., 10, Bube, Dame, König. Die Position des Asses von Kreuz ist zum Beispiel 1, die des Königs von Kreuz ist 13, das As von Karo hat Position 14 und der Bube von Pik steht an Position 50. Ein „Royal Flush" mit Herz wird durch folgenden charakteristischen Vektor dargestellt

0000000000000000000000000010000000011110000000000000

Die erste 1 an Position 27 repräsentiert das Herzas; die anderen vier 1-en an den Positionen 36 bis 39 repräsentierten die 10, den Buben, die Dame und den König von Herz.

Die Menge aller Kreuz wird dargestellt durch

1111111111111000000000000000000000000000000000000000

und die Menge aller Bildkarten durch

0000000000111000000000011100000000001110000000000111

Array-Implementierung von Mengen

Wir können charakteristische Vektoren für Teilmengen einer Universalmenge mit n Elementen durch Arrays des folgenden Typs repräsentieren:

```
type USET = packed array[1..n] of Boolean
```

Um das einer bestimmten Position i entsprechende Element in eine als vom Typ `USET` deklarierte Menge S einzufügen, brauchen wir nur folgendes auszuführen:

```
S[i] := TRUE
```

Ebenso löschen wir das zur Position i gehörende Element aus S durch

```
S[i] := FALSE
```

Wenn wir dieses Element suchen wollen, brauchen wir nur den Wert $S[i]$ zurückzugeben, der uns sagt, ob das i-te Element in S enthalten ist oder nicht.

Beachten Sie, daß jede der Wörterbuchoperationen *insert*, *delete* und *lookup* $O(1)$ Zeit benötigt, wenn Mengen durch charakteristische Vektoren dargestellt werden. Der einzige Nachteil dieser Technik ist, daß alle Mengen Teilmengen einer Universalmenge U sein müssen. Zudem muß diese Universalmenge klein sein; sonst würde die Länge des Arrays zu lang werden, so daß es nicht so leicht zu speichern wäre. Da wir normalerweise alle Elemente des Arrays für die Menge S mit den Werten 0 und 1 initialisieren müssen, braucht die Initialisierung jeder Teilmenge von U (sogar von $\emptyset$) eine Zeit proportional zur Größe von U. Hätte U eine sehr große Anzahl an Elementen, könnte die Zeit zur Initialisierung einer Menge die Kosten aller anderen Operationen übersteigen.

Um die Vereinigung zweier Mengen zu bilden, die Teilmengen einer gemeinsamen Universalmenge mit n Elementen sind und durch die charakteristischen Vektoren S und T repräsentiert werden, definieren wir einen weiteren charakteristischen Vektor R, der die bitweise OR-Verknüpfung der charakteristischen Vektoren S und T enthält:

```
for i := 1 to n do
   R[i] := S[i] OR T[i];
```

Ähnlich kann R auch den Schnitt von S und T darstellen, indem man S und T bitweise mit AND verknüpft:

```
for i := 1 to n do
   R[i] := S[i] AND T[i];
```

Auch die Mengendifferenz S - T kann schließlich in R wie folgt repräsentiert werden:

```
for i := 1 to n do
   R[i] := S[i] AND NOT T[i];
```

Beispiel 7.13

Wir wollen nun Mengen von Apfelsorten untersuchen. Unsere Universalmenge wird aus den sechs in Abb. 7.9 aufgelisteten Sorten bestehen; die Reihenfolge ihrer Auflistung gibt ihre Position im charakteristischen Vektor an.

Die Menge roter Äpfel wird durch den charakteristischen Vektor

$$Red = 101110$$

dargestellt und die Menge der Frühäpfel wird dargestellt durch

$$Early = 011100$$

	Sorte	Farbe	Reift
1)	Delicious	rot	spät
2)	Granny Smith	grün	früh
3)	Gravenstein	rot	früh
4)	Jonathan	rot	früh
5)	McIntosh	rot	spät
6)	Pippin	grün	spät

Abb. 7.9: Merkmale einiger Apfelsorten.

Die Menge der Äpfel, die entweder rot sind oder früh geerntet werden, also die Menge $Red \cup Early$, wird demnach durch den charakteristischen Vektor 111110 repräsentiert. Bei diesem Vektor sind diejenigen Positionen mit einer 1 belegt, an denen der Vektor für *Red*, 101110, oder der Vektor für *Early*, 011100, oder beide eine 1 enthalten.

Wir können den charakteristischen Vektor für $Red \cap Early$, also die Menge der Äpfel, die sowohl rot sind als auch früh geerntet werden, finden, indem wir an diejenigen Positionen eine 1 schreiben, an der in beiden Vektoren 101110 und 011100 eine 1 steht. Der Ergebnisvektor lautet 001100 und repräsentiert die Apfelmenge {Gravenstein, Jonathan}. Die Menge der Äpfel, die rot sind, aber nicht früh geerntet werden, das heißt, *Red - Early*, wird durch den Vektor 100010 dargestellt. Die Menge enthält {Delicious, McIntosh}. ◆

Beachten Sie, daß die Zeit zur Durchführung der Vereinigung, des Schnitts und der Differenz unter Verwendung charakteristischer Vektoren proportional zur Länge der Vektoren ist. Diese Länge steht nicht unmittelbar zur Größe der Mengen in Beziehung, sondern ist gleich der Größe der Universalmenge. Wenn die Mengen einen einigermaßen großen Bruchteil der Elemente der Universalmenge ausmachen, ist die Zeit für die Vereinigung, den Schnitt und die Differenz proportional zur Größe der betroffenen Mengen. Das ist besser als die $O(n \log n)$ Zeit für sortierte Listen und wesentlich besser als die $O(n^2)$ Zeit für unsortierte Listen. Der Nachteil charakteristischer Vektoren wird jedoch sichtbar, wenn die Mengen viel kleiner sind als die Universalmenge; die Laufzeit kann die Größe der betroffenen Mengen dann bei weitem übersteigen.

In Worte gepackte charakteristische Vektoren

Wir können die Tatsache nicht leugnen, daß die Charakteristische-Vektoren-Methode der Mengendarstellung für sehr große Universalmengen eher unpraktisch ist. Es gibt jedoch eine Möglichkeit, die Operationen, die diese Form der Darstellung benutzen, um einen signifikanten, konstanten Faktor schneller zu machen, indem man die Ebene von Pascal verläßt und sich auf Maschinenebene begibt. So kann zur Darstellung von 32 Positionen eines charakteristischen Vektors ein 32-Bit-Wort verwendet werden. Die Operationen `OR`, `AND` und `NOT`, die wir in unserem vorhergehenden Beispiel ein Bit nach dem anderen berechneten, könnten dann als Wortoperationen 32 Bits gleichzeitig bearbeiten.

Beispiel 7.14

In Beispiel 7.12 besprachen wir diverse Kartenmengen. Da es 52 Spielkarten gibt, paßt jede Menge in die 64 Bits zweier Worte, indem der charakteristische Vektor der Menge mit zwölf 0-en „aufgefüllt" wird. Der Royal Flush in Herz kann somit durch die beiden folgenden Worte *f*1 und *f*2 angegeben werden

$$f1 = 00000000000000000000000000100000$$

$$f2 = 00011110000000000000000000000000$$

*f*1 deckt alle Kreuz und Karo ab und die Herzkarten bis zur 6. *f*2 beinhaltet die restlichen Herz und Pik; die letzten 12 Positionen haben keine Bedeutung.

Ähnlich kann die Menge der Bildkarten durch die Worte *p*1 und *p*2 mit folgenden Werten dargestellt werden

$$p1 = 00000000011100000000000111000000$$

$$p2 = 00001110000000000111000000000000$$

```
LOAD    f1, R1
AND     p1, R1
STORE   R1, I1
LOAD    f2, R1
AND     p2, R1
STORE   R1, I2
```

Abb. 7.10: Berechnung des Schnittes zweier Kartenmengen in Assemblersprache.

Weiteres zu Mengen in Pascal

Die Möglichkeit, Mengen in Pascal direkt zu manipulieren, ist eingeschränkt. Mengen müssen Teilmengen einer Universalmenge beschränkter Größe sein; viele Pascal-Compiler beschränken die Größe von Universalmengen auf 64. Zudem muß die Universalmenge ein Aufzählungs- oder Unterbereichstyp sein.

Die Diskussion in diesem Abschnitt soll erklären, warum Pascal diese Anforderungen stellt. In Pascal sind Mengen durch charakteristische Vektoren implementiert, und diese charakteristischen Vektoren werden in höchstens zwei Worte gepackt gespeichert (wenn 64 die Beschränkung der Größe einer

Universalmenge ist). Zudem muß es eine einfache Möglichkeit geben, eine Position mit jedem Element der Universalmenge zu assoziieren. Wenn wir einen Unterbereichstyp wie `i..j` verwenden, so hat die ganze Zahl k im charakteristischen Vektor die Position $k - i + 1$. Verwenden wir dagegen einen Aufzählungstyp, so bestimmt die Reihenfolge der Elemente in der Aufzählung deren Position im charakteristischen Vektor.

Der Schnitt dieser beiden Mengen – das heißt, die Menge aller Bildkarten bei einem Royal Flush mit Herz – wird berechnet durch AND angewandt auf $f1$ und $p1$, um das erste Wort des Schnittes zu erhalten, und durch AND angewandt auf $f2$ und $p2$ für das zweite Wort. Im ersten Wort des Schnittes steht an jeder Position eine 0, wohingegen im zweiten Wort an der fünften bis siebenten Position eine 1 steht, für den Buben, die Dame und den König von Herz.

Der Schnitt kann mit den sechs in Abb. 7.10 aufgeführten Assembler-Befehlen berechnet werden. Das Ergebnis wird in den beiden Worten $I1$ und $I2$ gespeichert. ◆

ÜBUNGEN

7.5.1: Geben Sie die charakteristischen Vektoren folgender Spielkartenmengen an. Zur Vereinfachung verwenden Sie 0^k und 1^k zur Darstellung k aufeinanderfolgender 0-en bzw. 1-en.

a) Die Karten, die in einem Binokel-Kartensatz vorkommen (2×24 Karten, in der Reihenfolge: As, 10, König, Dame, Bube, 7).

b) Die roten Karten.

c) Die „einäugigen Buben" (A. d. Ü.: d. h. die auf den Karten im Profil abgebildeten Buben, üblicherweise Herz- und Pik-Bube) und der „selbstmörderische König" (A. d. Ü.: der sich einen Dolch an den Kopf hält, üblicherweise der Herz-König).

7.5.2: Schreiben Sie ein Assembler-Programm zur Berechnung (a) der Vereinigung und (b) der Differenz zweier Kartenmengen, von denen die erste durch die Worte $a1$ und $a2$ und die zweite durch die Worte $b1$ und $b2$ repräsentiert wird.

7.5.3*: Angenommen, wir möchten einen Bag (eine Multimenge) darstellen, dessen Elemente in einer kleinen Universalmenge U enthalten sind. Wie könnten wir die Methode der Darstellung charakteristischer Vektoren auf Bags verallgemeinern? Zeigen Sie, wie (a) *insert*, (b) *delete* und (c) *lookup* auf Bags durchzuführen ist, die auf diese Art dargestellt sind. Achten Sie darauf, daß *lookup*(x) bei Bags die Anzahl der Vorkommen von x im Bag zurückgibt.

7.6 Hashing

Wenn die Charakteristischer-Vektor-Darstellung von Wörterbüchern verwendet werden kann, ist es möglich, direkt auf die Stelle zuzugreifen, an der ein Element repräsentiert ist. Das heißt, wir können auf die durch den Wert des Elements indizierte Position des Arrays zugreifen. Wie wir bereits erwähnten, darf unsere Universalmenge jedoch nicht zu groß werden, da das Array sonst zu lang wäre, um in den verfügbaren Speicher des Rechners zu passen; auch wenn es passen würde, wäre die Zeit zur Initialisierung des Arrays untragbar. Nehmen wir zum Beispiel an, wir möchten ein echtes Wörterbuch der englischen Sprache speichern, und nehmen wir zudem an, wir würden Wörter mit mehr als 10 Buchstaben ignorieren. Wir hätten es noch immer mit $26^{10} + 26^9 + \ldots + 26$ möglichen Wörtern bzw. mit über 10^{14} Wörtern zu tun. Jedes dieser möglichen Wörter würde eine Position in dem Array benötigen.

Zu jeder Zeit gibt es jedoch nur ungefähr eine Million Wörter in der englischen Sprache, so daß nur einer von 100 Millionen Einträgen des Arrays TRUE wäre. Vielleicht könnten wir das Array so zusammenschieben, daß sich mehrere mögliche Wörter einen Eintrag teilen. Nehmen wir beispielsweise an, wir weisen die ersten 100 Millionen möglichen Wörter der ersten Zelle des Arrays zu, die nächsten 100 Millionen Möglichkeiten der zweiten Zelle, und so weiter, bis zur millionsten Zelle. Bei dieser Anordnung ergeben sich zwei Probleme:

1. Es reicht nicht mehr aus, nur einfach TRUE in die Zelle zu schreiben, da wir dann nicht wissen, welche der 100 Millionen möglichen Wörter tatsächlich im Wörterbuch vorkommen oder ob tatsächlich mehr als ein Wort in irgendeiner Gruppe steht.

2. Wenn die ersten 100 Millionen möglichen Wörter zum Beispiel alle kurzen Wörter umfassen, würden wir erwarten, daß weit mehr als die durchschnittliche Anzahl von Wörtern aus dem Wörterbuch unter diese Gruppe möglicher Wörter fällt. Wie Sie sehen, hat unsere Anordnung so viele Array-Zellen wie es Wörter im Wörterbuch gibt, so daß wir von der durchschnittlichen Zelle erwarten, daß sie ein Wort repräsentiert; im Englischen finden sich jedoch mit Sicherheit viele Tausend Wörter in der ersten Gruppe, die alle Wörter bis zu fünf Buchstaben und einige Wörter mit sechs Buchstaben umfaßt.

Zur Lösung von Problem (1) müssen wir in jeder Zelle des Arrays all die Worte in ihrer Gruppe auflisten, die es im Wörterbuch gibt. Das heißt, die Array-Zelle wird zum Kopf einer verketteten Liste, die diese Worte enthält. Um Problem (2) zu lösen, müssen wir uns gut überlegen, wie wir den Gruppen potentielle Wörter zuweisen. Wir müssen die Art, wie potentielle Elemente des Wörterbuches ihren Gruppen zugewiesen werden, willkürlich gestalten, so daß es unwahrscheinlich, wenn auch niemals unmöglich, ist, daß sich viele Elemente in einer einzigen Gruppe befinden. Bleibt zu erwähnen, daß, wenn sich in einer Gruppe viele Elemente befinden und wir Gruppen durch verkettete Listen repräsentieren, das Finden von Elementen dieser Gruppe sehr langsam vonstatten geht.

Die Hashtabellen-Datenstruktur

Wir haben aus dem charakteristischen Vektor – einer wertvollen Datenstruktur, die nur begrenzt verwendbar ist – eine Struktur, genannt *Hashtabelle*, entwickelt, die für jede Form eines Wörterbuches und für viele andere Zwecke nützlich ist.[1] Die Geschwindigkeit, die die Hashtabelle für die Wörterbuchoperationen benötigt, kann im Durchschnitt bei auf $O(1)$ gebracht werden, unabhängig von der Größe des Wörterbuches und unabhängig von der Universalmenge, der das Wörterbuch entstammt. Ein Bild einer Hashtabelle ist in Abb. 7.11 angegeben. Wir geben jedoch nur die Liste einer Gruppe an, der Gruppe, zu der x gehört.

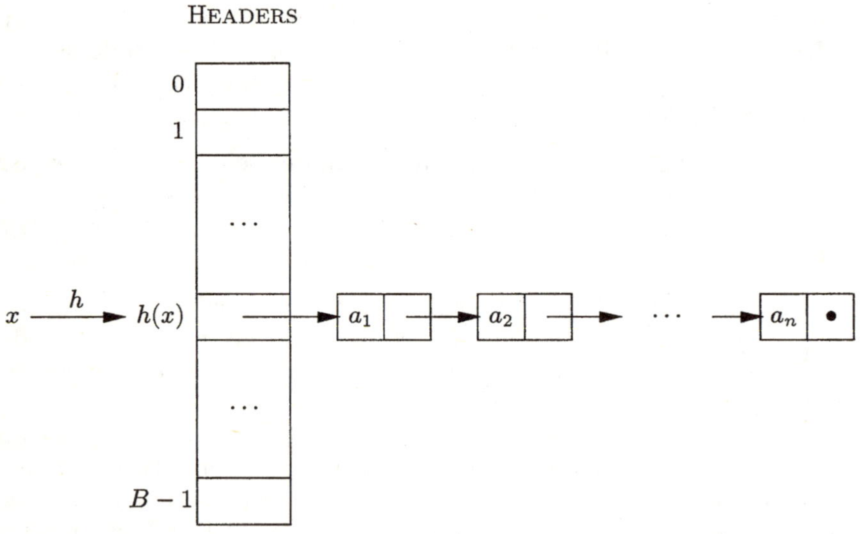

Abb. 7.11: Eine Hashtabelle.

Es gibt eine *Hashfunktion*, die ein Element x als Argument erhält und eine ganze Zahl zwischen 0 und B - 1 erzeugt, wobei B die Anzahl der *Buckets* (dt. Eimer) in der Hashtabelle angibt. Der Wert $h(x)$ entspricht dem Bucket, in

[1] Allerdings würden wir in den Situationen, in denen ein charakteristischer Vektor verwendet werden könnte, normalerweise diese Art der Repräsentation jeder anderen vorziehen.

dem wir das Element x ablegen. Die Buckets entsprechen demnach den „Gruppen“ von Wörtern, die wir in der vorangegangenen, informellen Diskussion erwähnten, und die Hashfunktion wird benutzt, um zu entscheiden, in welchen Bucket ein gegebenes Element gehört.

Die geeignete Hashfunktion hängt vom Typ der Elemente ab. Zum Beispiel könnten wir,

1. wenn die Elemente ganze Zahlen sind, $h(x)$ als x MOD B wählen, das heißt, als den Rest, der übrigbleibt, wenn x durch B geteilt wird. Diese Zahl liegt immer in der erforderlichen Spannbreite von 0 bis B - 1.

2. wenn die Elemente Zeichenketten sind, ein Element $x = a_1a_2...a_k$, nehmen, bei dem jedes a_i für ein Zeichen steht, und y = ORD(a_1) + ORD(a_2) + ... + ORD(a_k) berechnen. ORD konvertiert ein Zeichen in eine ganze Zahl zwischen 0 und 127. Auf diese Art und Weise erhalten wir eine ganze Zahl y, die der Summe der Integer-Gegenwerte aller Zeichen der Zeichenkette x entspricht. Wenn wir y durch B teilen und den Rest nehmen, erhalten wir eine Bucketnummer zwischen 0 und B - 1.

Wichtig dabei ist, daß die Hashfunktion das Element „hasht“ (dt. „durcheinanderbringen“). Das heißt, h mischt die Buckets, in die die Elemente eingeordnet werden, wild durcheinander, so daß sie sich in etwa gleich auf alle Buckets verteilen. Das gilt auch, wenn wir es mit einem relativ regelmäßigen Muster von Elementen zu tun haben, wie aufeinanderfolgende ganze Zahlen oder Zeichenketten, die sich nur in einer Position unterscheiden.

Jeder Bucket besteht aus einer verketteten Liste, in der all diejenigen Elemente gespeichert werden, die von der Hashfunktion in genau diesen Bucket verwiesen wurden. Um ein Element x zu finden, berechnen wir $h(x)$, was uns zu einer Bucketnummer führt. Wenn sich x irgendwo befindet, dann in diesem Bucket. Wir suchen x, indem wir die Liste für diesen Bucket durcharbeiten. Die Hashtabelle gestattet uns sogar, die (langsame) Listendarstellung für Mengen zu verwenden. Die Aufteilung der Mengen auf B Buckets ermöglicht uns, Listen zu durchsuchen, die im Durchschnitt nur so lang sind wie $1/B$ mal die Größe der Menge. Wenn B in etwa so groß wie die Menge ist, dann enthalten die Buckets durchschnittlich nur ein Element, so daß wir Elemente im Durchschnitt in $O(1)$ Zeit finden können, was dem Aufwand bei der Charakteristischer-Vektor-Darstellung von Mengen entspricht.

Beispiel 7.15

Angenommen, wir wollen eine Menge von Zeichenketten von bis zu 10 Zeichen Länge speichern. Wir werden die oben unter (2) genannte Hashfunktion mit B = 5, also eine Hashtabelle mit fünf Buckets verwenden. Zur Vereinfachung verwenden wir Leerzeichen, um Zeichenketten auf die Länge 10 aufzufüllen. Um den Hashwert jedes Elements zu berechnen, summieren wir die Integer-Werte der zehn Zeichen jedes Strings, einschließlich der Leerzeichen. Die Typen, die wir für die verketteten Listen, welche die Buckets bilden, verwenden, werden folgendermaßen definiert:

```
type LIST = ^CELL;
   CELL = record
      element: ETYPE;
   next: LIST
   end;
```

wobei ETYPE definiert wurde als

```
type ETYPE = array [1..10] of char
```

Auch müssen wir das Array von Bucket-Kopfelementen definieren und können den Typ HASHTABLE definieren durch

```
const B = 5;
type HASHTABLE = array [0..B-1] of LIST
```

Dann ist es möglich, unsere Hashtabelle durch folgende Deklaration zu definieren

```
headers: HASHTABLE
```

Das Array headers hat nun den geeigneten Typ, um die Bucket-Kopfelemente für unsere Hashtabelle zu speichern.

Jetzt müssen wir die Hashfunktion h definieren. Der Programmtext für diese Funktion steht in Abb. 7.12. Der ganzzahlige Gegenwert jedes der 10 Zeichen einer Zeichenkette x wird in der Variablen sum summiert. Der letzte Schritt berechnet den Rest dieser Summe, nachdem sie durch die Anzahl der Buckets B geteilt wurde, als Wert der Hashfunktion h und gibt diesen zurück.

```
function h(x: ETYPE): integer;
var i, sum: integer;
begin
   sum := 0;
   for i := 1 to 10 do
   sum := sum + ORD(x[i]);
   h := sum MOD B
end;   (*h*)
```

Abb. 7.12: Eine Hashfunktion, die die ganzzahligen Werte von Zeichen summiert und davon ausgeht, daß ETYPE *ein Array von zehn Zeichen ist.*

Wir betrachten nun einige Beispielworte und die Buckets, in die die Hashfunktion h diese ablegt. Dafür tragen wir die folgenden sieben Worte in die Hashtabelle ein:[2]

```
anyone lived in a pretty how town
```

Das Wort anyone wird mit vier Leerzeichen aufgefüllt, um daraus eine Zeichenkette mit 10 Zeichen zu machen. Um h(anyone) zu berechnen, müssen wir uns erst einmal klar machen, wie ORD arbeitet. Im üblichen ASCII-Code für Zeichen haben die Kleinbuchstaben ganzzahlige Werte beginnend bei 97 für a (in Binärdarstellung 1100001), 98 für b, und so weiter bis 122 für z. Die Großbuchstaben entsprechen ganzen Zahlen, die 32 kleiner sind als ihre kleinbuchstabigen Gegenstücke – das heißt, von 65 für A (1000001 in binär) bis 90 für Z. Das Leerzeichen hat den Integer-Code 32.

Die Integer-Äquivalente für anyone lauten somit 97, 110, 121, 111, 110, 101 und viermal die 32 für die vier Füllzeichen. Deren Summe ist demnach 778. Teilen wir nun durch B, hier durch 5, erhalten wir den Rest 3. anyone gehört also in Bucket 3. Abbildung 7.13 gibt an, in welchen Buckets die Hashfunktion aus Abb. 7.12 die sieben Wörter aus unserem Beispiel abgelegt hat.

Wort	Summe	Bucket
anyone	778	3
lived	692	2
in	471	1
a	385	0
pretty	808	3
how	558	3
town	648	3

Abb. 7.13: Worte, ihre Werte und die dazugehörigen Buckets.

Wir stellen fest, daß vier von sieben Wörtern an einen Bucket zugewiesen wurden, an Nummer 3, wohingegen Bucket 4 nichts zugewiesen bekam; jeweils ein Wort gehört in die Buckets 0, 1 und 2. Diese Verteilung ist ein wenig unausgewogener als dies üblicherweise der Fall ist; bei einer kleinen Anzahl von Wörtern und Buckets sind jedoch Anomalien zu erwarten. Mit steigender Anzahl von Wörtern werden sich diese im allgemeinen ungefähr gleich auf die fünf Buckets verteilen. Nach Einfügen der sieben Worte entspricht die Hashtabelle der in Abb. 7.14 angegebenen Form. ◆

[2]Die Worte stammen aus einem Gedicht gleichen Namens von E. E. Cummings. Das Gedicht wird in den folgenden Zeilen nicht leichter zu entschlüsseln. Die nächste Zeile lautet: „with up so floating many bells down“.

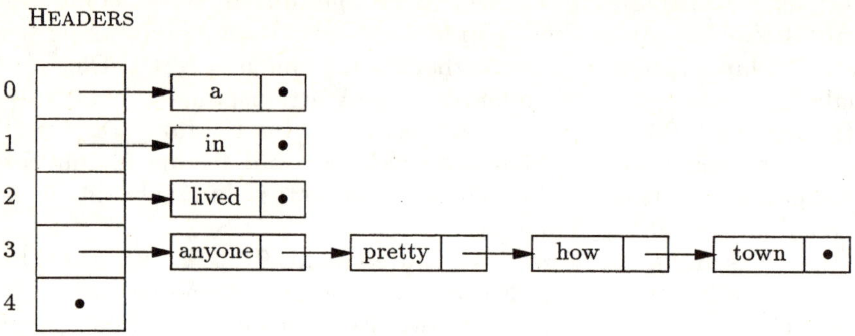

Abb. 7.14: Eine Hashtabelle, die sieben Elemente enthält.

Implementierung der Wörterbuchoperationen mit einer Hashtabelle

Um ein Element x in ein durch eine Hashtabelle repräsentiertes Wörterbuch einzufügen, es zu löschen oder zu suchen, müssen drei einfache Schritte befolgt werden:

1. Berechne den richtigen Bucket, also $h(x)$.
2. Verwende das Array von Zeigern auf Kopfelemente, um die Liste der Elemente des mit $h(x)$ numerierten Buckets zu finden.
3. Führe die Operation auf dieser Liste durch, als würde die Liste die gesamte Menge repräsentieren.

Für die Listenoperationen können die Algorithmen aus Abschnitt 6.4 verwendet werden: Abb. 6.5 für `insert`, Abb. 6.4 für `delete` und Abb. 6.3 für `lookup`. Als Beispiel geben wir in Abb. 7.15 die Prozedur für das Einfügen eines Elements in eine Hashtabelle an. Zur Übung können Sie ähnliche Prozeduren für `delete` und `lookup` entwickeln.

```
procedure bucketInsert(x: ETYPE; var L: LIST);
begin
   if L = NIL then begin
      new(L);
      L^.element := x;
      L^.next := NIL
   end
   else if L^.element <> x then
      bucketInsert(x, L^.next)
end; (* bucketInsert *)
procedure insert(x: ETYPE; S: HASHTABLE);
```

```
begin
  bucketInsert(x, S[h(x)])
end; (* insert *)
```

Abb. 7.15: Einfügen eines Elements in eine Hashtabelle.

Um Abb. 7.15 zu verstehen, ist es zunächst hilfreich zu erkennen, daß die Prozedur `bucketInsert` haargenau der Prozedur `insert` aus Abb. 6.5 entspricht. Die Prozedur `insert` besteht hier nur aus einer einzigen Zeile, in der wir `bucketInsert` aufrufen, nachdem wir zunächst das Element des Arrays S gefunden haben, das den Kopf für den entsprechenden Bucket, $h(x)$, bildet. Wir gehen davon aus, daß die Hashfunktion h außerhalb definiert wurde. Rufen Sie sich zudem in Erinnerung, daß der Typ `HASHTABLE` bedeutet, daß S ein Array von Zeigern auf Zellen und die Länge des Arrays B ist. B ist hier eine definierte Konstante, die die Anzahl der Buckets bezeichnet, und S ist von 0 bis B - 1 indiziert.

Beispiel 7.16

Angenommen, wir möchten das Element `pretty` aus der Hashtabelle aus Abb. 7.14 löschen, wobei die in Beispiel 7.15 beschriebene Hashfunktion gegeben sei. Die Löschoperation wird im wesentlichen genauso ausgeführt wie die Prozedur `insert` in Abb. 7.15. Wir berechnen h(`pretty`), was 3 ergibt, und bewegen uns somit zum Kopfelement des Buckets mit der Nummer 3 (wobei es sich natürlich um den vierten Bucket handelt, da wir bei 0 mit dem Zählen beginnen). Die zweite Zelle der Liste für diesen Bucket enthält `pretty`, und wir löschen diese Zelle. Das ausführliche Pascal-Programm wird als Übungsaufgabe offengelassen. ◆

Die Laufzeit von Operationen auf Hashtabellen

Wie wir durch Untersuchung der Abb. 7.15 feststellen, benötigt die Prozedur *insert* für das Finden von $S[h(x)]$, den Kopf des richtigen Buckets, $O(1)$ Zeit. Wir nehmen dabei an, daß die Zeit zur Berechnung von $h(x)$ eine Konstante ist, unabhängig von der Anzahl der in der Hashtabelle gespeicherten Elemente.[3] Im Durchschnitt müssen wir zu dieser Konstanten noch die zusätzliche Zeit $O(n/B)$ addieren, wobei n die Anzahl der Elemente in der Hashtabelle und B die Anzahl der Buckets ist. Der Grund dafür ist, daß *insertBucket* eine

[3] Dies ist bei der Hashfunktion aus Abb. 7.12 und bei den meisten anderen Hashfunktionen der Fall, denen wir in der Praxis begegnen. Die Zeit zur Berechnung der Bucketnummer kann vom Typ des Elements abhängen – längere Zeichenketten erfordern beispielsweise das Summieren von mehr ganzen Zahlen – sie ist jedoch nicht abhängig von der Anzahl der gespeicherten Elemente.

Zeit proportional zur Länge der Liste benötigt, und diese Länge im Durchschnitt der Gesamtzahl der Elemente geteilt durch die Anzahl der Buckets oder kurz n/B entspricht.

Daraus ergibt sich die interessante Konsequenz, daß, wenn wir B annähernd gleich der Anzahl der Elemente in der Menge wählen – wenn also n und B nahe beieinander liegen – n/B ungefähr 1 ergibt und die Wörterbuchoperationen auf einer Hashtabelle demnach jeweils einen durchschnittlichen Aufwand von $O(1)$ haben, so als würden wir eine Darstellung durch charakteristische Vektoren verwenden. Versuchen wir dies dadurch zu verbessern, daß wir B viel größer machen als n, so daß die meisten Buckets leer bleiben, bedarf es noch immer $O(1)$ Zeit, um das Bucket-Kopfelement zu finden, so daß sich die Laufzeit nicht wesentlich verbessert, wenn B größer als n wird.

Auch müssen wir bedenken, daß es unter gewissen Umständen nicht möglich ist, B zu jeder Zeit annähernd so groß wie n sein zu lassen. Wenn die Menge rapide wächst, so steigt n, wohingegen B fest bleibt, so daß n/B irgendwann sehr groß wird. Es ist möglich, die Hashtabelle neu zu strukturieren, indem wir einen größeren Wert für B auswählen und dann jedes der Elemente in die neue Tabelle einfügen. Dies benötigt $O(n)$ Zeit, was nicht mehr ist als die $O(n)$ Zeit, die es braucht, um die n Elemente in die ursprüngliche Hashtabelle einzufügen. (Beachten Sie, daß n Einfügeoperationen, mit durchschnittlich $O(1)$ Zeit pro Einfügeoperation, insgesamt $O(n)$ Zeit benötigen).

ÜBUNGEN

7.6.1: Fahren Sie mit dem Füllen der Hashtabelle aus Abb. 7.14 mit den Worten `with up so floating many bells down` fort.

7.6.2*: Kommentieren Sie, wie effektiv folgende Hashfunktionen wären, wollte man zufällige Mengen englischer Wörter in Buckets ungefähr gleicher Größe aufteilen:

a) Verwenden Sie $B = 10$, und $h(x)$ sei der Rest, wenn die Länge des Wortes x durch 10 geteilt wird.

b) Verwenden Sie $B = 128$, und $h(x)$ sei das Ergebnis, wenn `ORD` auf das letzte Zeichen von x angewandt wird.

c) Verwenden sie $B = 10$. Berechnen Sie die Summe von `ORD` angewandt auf jedes Zeichen von x. Quadrieren Sie das Ergebnis und nehmen Sie den Rest, nachdem es durch 10 geteilt wurde.

7.6.3: Schreiben Sie ein Pascal-Programm zur Durchführung von (a) *delete* und (b) *lookup* auf einer Hashtabelle, ausgehend von denselben Annahmen wie im Programm in Abb. 7.15.

7.7 Relationen und Funktionen

Während wir im allgemeinen davon ausgegangen sind, daß die Elemente von Mengen atomar sind, ist es in der Praxis häufig nützlich, Elementen irgendeine Art von Struktur zu geben. Im vorigen Abschnitt unterhielten wir uns zum Beispiel über Elemente in Form von Zeichenketten der Länge 10. Eine weitere wichtige Struktur für Elemente, die wir in diesem Abschnitt vorstellen werden, ist mit einem Record in Pascal vergleichbar, bei dem ein Element zwei oder mehr Komponenten hat.

Listen von Elementen werden *Tupel* genannt, und jedes Element der Liste wird als *Komponente* bezeichnet. Die Anzahl der Komponenten, die ein Tupel besitzt, nennt man seine *Stelligkeit*. Zum Beispiel ist (a, b) ein Tupel der Stelligkeit 2; seine erste Komponente ist a und seine zweite Komponente ist b.

Eine Menge von Elementen, die alle Tupel derselben Stelligkeit – sagen wir k – sind, nennt man eine *Relation*. Die Stelligkeit dieser Relation ist k. Ein Tupel oder eine Relation der Stelligkeit 1 ist *einstellig*. Wenn die Stelligkeit 2 ist, ist es *zweistellig*, und allgemein ausgedrückt, wenn die Stelligkeit k ist, ist das Tupel oder die Relation *k-stellig*. Ein Tupel der Stelligkeit k wird auch *k-Tupel* genannt.

Beispiel 7.17

Die Relation $R = \{(1, 2), (1, 3), (2, 2)\}$ ist eine Relation der Stelligkeit 2, bzw. eine zweistellige Relation. Ihre Elemente sind (1, 2), (1, 3) und (2, 2), von denen jedes ein Tupel der Stelligkeit 2 darstellt. ◆

In diesem Abschnitt werden wir vorwiegend zweistellige Relationen betrachten. Es gibt aber viele wichtige Anwendungen nicht-zweistelliger Relationen, insbesondere bei der Darstellung und Manipulation tabellarischer Daten (wie bei relationalen Datenbanken); wir werden dieses Thema ausführlich in Kapitel 8 behandeln.

Auch für zweistellige Relationen gibt es wichtige Anwendungen. Wir werden sehen, wie sie mathematisch die Bedeutung sowohl arithmetischer Vergleichsoperatoren wie $<$ als auch von Funktionen, die in Programmiersprachen wie Pascal vorkommen, repräsentieren. Beispiel 7.40 in Abschnitt 7.10 zeigt, wie Relationen verwendet werden, um Vorrangstellungen verschiedener Aufgaben untereinander zu beschreiben. Dies gestattet uns, beispielsweise in einem Herstellungsprozeß eine Reihenfolge der Aufgaben zu berechnen, so daß keine Aufgabe ausgeführt wird, bevor nicht die anderen Aufgaben, von denen diese Aufgabe abhängt, fertiggestellt wurden.

Kartesische Produkte

Bevor wir zweistellige Relationen formal untersuchen, müssen wir noch einen weiteren Operator auf Mengen definieren. A und B seien zwei Mengen. Dann ist das *Produkt* der Mengen A und B, geschrieben als $A \times B$, definiert als die Menge aller Paare, bei denen die erste Komponente aus A und die zweite Komponente aus B stammt. Das heißt

$$A \times B = \{(a, b) \mid a \in \text{A und } b \in \text{B}\}$$

Das Produkt wird nach dem französischen Mathematiker René Descartes manchmal als *kartesisches* Produkt bezeichnet.

Beispiel 7.18

Sie erinnern sich, daß **Z** das übliche Symbol für die Menge aller ganzer Zahlen ist. $\mathbf{Z} \times \mathbf{Z}$ steht somit für die Menge aller Integer-Paare.

Als ein weiteres Beispiel sei A die zweielementige Menge $\{1, 2\}$ und B die dreielementige Menge $\{a, b, c\}$, dann ergibt $A \times B$ die sechselementige Menge

$$\{(1, a), (1, b), (1, c), (2, a), (2, b), (2, c)\}$$

Beachten Sie, daß das Produkt von Mengen den passenden Namen hat, denn wenn A und B endliche Mengen sind, ist die Anzahl der Elemente in $A \times B$ das Produkt aus der Anzahl der Elemente in A und der Anzahl der Elemente in B. ◆

Zweistellige Relationen

Eine zweistellige Relation R ist eine Menge von Paaren, die eine Teilmenge des Produktes zweier Mengen A und B ist. Wenn eine Relation R eine Teilmenge von $A \times B$ ist, sagen wir, daß *R von* A *nach* B geht. Wir bezeichnen A als *Definitionsbereich* (*domain*) und B als *Wertebereich* (*range*) der Relation. Wenn B gleich A ist, sagen wir, daß R eine Relation *auf A* oder *auf dem Definitionsbereich A* ist.

Beispiel 7.19

Die arithmetische Relation < auf ganzen Zahlen ist eine Teilmenge von $\mathbf{Z} \times \mathbf{Z}$ bestehend aus den Paaren (a, b) derart, daß a kleiner als b ist. Das Symbod < kann somit als Name der folgenden Menge angesehen werden:

$$\{(a, b) \mid (a, b) \in \mathbf{Z} \times \mathbf{Z} \text{ und } a \text{ ist kleiner als } b\}$$

Wir verwenden $a < b$ als Kurzform für „$(a, b) \in <$“ oder „(a, b) ist ein Element der Relation <“. Die anderen arithmetischen Relationen auf ganzen Zahlen, wie > oder ≤, können auf ähnliche Weise definiert werden, gleiches gilt für die arithmetischen Vergleiche auf reellen Zahlen.

Als weiteres Beispiel betrachten wir die Relation R aus Beispiel 7.17. Ihr Definitions- und Wertebereich sind ungewiß. Wir wissen, daß 1 und 2 im Definitionsbereich enthalten sein müssen, da diese ganzen Zahlen als erste Komponenten der Tupel in R erscheinen. Auch wissen wir, daß der Wertebereich von R 2 und 3 beinhalten muß. Wir könnten R jedoch als eine Relation von $\{1, 2\}$ nach $\{2, 3\}$ erachten oder als eine von **Z** nach **Z**, um nur zwei Beispiele der unendlich vielen Möglichkeiten zu nennen. ◆

Infix-Notation für Relationen

Wie in Beispiel 7.19 bereits erwähnt, ist es bei zweistelligen Relationen durchaus üblich, eine Infix-Notation zu verwenden, so daß eine Relation, wie $<$, die in Wirklichkeit eine Paarmenge repräsentiert, zwischen den Komponenten der Paare in der Relation geschrieben werden kann. Deshalb begegnen wir auch eher Ausdrücken wie $1 < 2$ und $4 \geq 4$, anstatt der pedantischeren Version „$(1, 2) \in <$“ oder „$(4, 4) \in \geq$“.

Bestimmung des Definitions- und Wertebereichs einer Relation

Der zweite Teil von Beispiel 7.19 unterstreicht den Punkt, daß wir den Definitions- und den Wertebereich einer Relation nicht nur durch scharfes Hinsehen bestimmen können. Sicherlich muß die Menge der Elemente, die in der ersten Komponente stehen, eine Teilmenge des Definitionsbereiches, und die Menge der in der zweiten Komponente stehenden Elemente eine Teilmenge des Wertebereiches sein. Wollen wir diese Konzepte aber benutzen, müssen wir immer explizit den Definitions- und den Wertebereich angeben. In gewissem Sinne können wir uns den Definitions- und Wertebereich als die Typen der Elemente in der ersten bzw. der zweiten Komponente vorstellen. Eine Variable eines bestimmten Typs, sagen wir `integer`, nimmt zur Laufzeit eines Programm auch nicht jede mögliche ganze Zahl als Wert an. Ebenso benutzt der Wert einer Relation auch nicht unbedingt alle Elemente seines deklarierten Definitions- und Wertebereiches.

Beispiel 7.20

Dieselbe Notation kann für beliebige zweistellige Relationen verwendet werden. So kann die Relation R aus Beispiel 7.17 als die drei „Fakten“ $1R2$, $1R3$ und $2R2$ geschrieben werden. ◆

Das kartesische Produkt von mehr als zwei Mengen

Im Gegensatz zum arithmetischen Produkt hat das kartesische Produkt nicht die üblichen Eigenschaften der Kommutativität oder der Assoziativität. Es ist leicht, Beispiele zu finden, für die gilt

$$A \times B \neq B \times A$$

was die Kommutativität widerlegt. Das Assoziativgesetz ergibt überhaupt keinen Sinn, da $(A \times B) \times C$ Elementpaare wie $((a, b), c)$ enthält, während Elemente von $A \times (B \times C)$ Paare der Form $(a, (b, c))$ sind.

Da wir bei verschiedenen Anlässen Mengen von Tupeln mit mehr als zwei Komponenten begegnen werden, müssen wir unsere Produktnotation auf ein k-faches Produkt erweitern. $A_1 \times A_2 \times \ldots \times A_k$ stehe für das *Produkt* der Mengen $A_1, A_2, \ldots, A_k$, das heißt, für die Menge der k-Tupel $(a_1, a_2, \ldots, a_k)$ derart, daß gilt $a_1 \in A_1$, $a_2 \in A_2$ und $a_k \in A_k$.

Beispiel 7.21

$\mathbf{Z} \times \mathbf{Z} \times \mathbf{Z}$ repräsentiert die Menge der Tripel von ganzen Zahlen (i, j, k) – sie enthält zum Beispiel das Tripel (1, 2, 3). Dieses Dreifach-Produkt darf nicht mit $(\mathbf{Z} \times \mathbf{Z}) \times \mathbf{Z}$ verwechselt werden, das Paare wie ((1, 2), 3) repräsentiert, oder mit $\mathbf{Z} \times (\mathbf{Z} \times \mathbf{Z})$, welches Paare wie (1, (2, 3)) repräsentiert.

Andererseits ist zu erwähnen, daß alle drei Produktausdrücke durch Records bestehend aus drei Integer-Feldern dargestellt werden können. Der Unterschied besteht darin, wie man ein Record dieses Typs interpretiert. Häufig bringen wir daher geklammerte und nicht geklammerte Ausdrücke beliebig „durcheinander“. Auch würden die drei Pascal-Typdeklarationen

```
record f1, f2, f3: integer end;
record record f1, f2: integer end; f3: integer end;
record f1: integer; record f2, f3: integer end end;
```

alle auf die gleiche Art gespeichert werden. Nur die Schreibweise für den Zugriff auf Felder würde sich unterscheiden. ◆

Graphen für Relationen

Wir können eine Relation R, deren Definitionsbereich A und deren Wertebereich B endliche Mengen sind, durch einen Graphen repräsentieren. Wir zeichnen für jedes in A und/oder B befindliche Element einen Knoten. Wenn aRb gilt, zeichnen wir einen Pfeil („Kante“) von a nach b. (Allgemeine Graphen werden in Kapitel 9 ausführlich behandelt.)

Beispiel 7.22

Der Graph für die Relation R aus Beispiel 7.17 wird in Abb. 7.16 angegeben. Er enthält Knoten für die Elemente 1, 2 und 3. Da gilt $1R2$, gibt es eine Kante von Knoten 1 zu Knoten 2. Da weiterhin gilt $1R3$, gibt es ebenfalls eine Kante von 1 nach 3, und für $2R2$ gibt es eine Kante von Knoten 2 auf sich selbst. Es gibt keine weiteren Kanten, da es keine weiteren Paare in R gibt. ♦

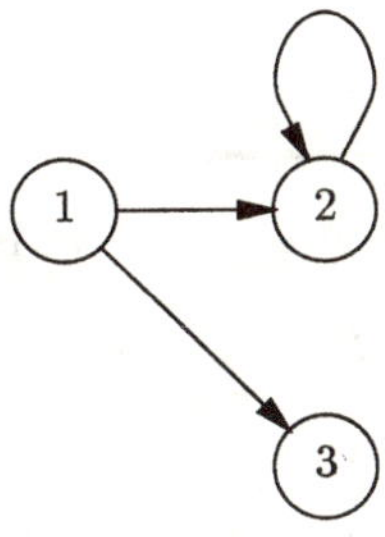

Abb. 7.16: Graph der Relation {(1, 2), (1, 3), (2, 2)}.

Funktionen

Gegeben sei eine Relation R von einem Definitionsbereich A in einen Wertebereich B mit der Eigenschaft, daß es für jedes Element a aus A höchstens ein Element b aus B gibt, so daß gilt aRb. Man nennt R dann eine *partielle Funktion von dem Definitionsbereich A in den Wertebereich B*.

Wenn es für jedes Element a aus A genau ein Element b in B derart gibt, daß aRb gilt, bezeichnet man R als *totale Funktion* von A nach B. Der Unterschied zwischen einer partiellen und einer totalen Funktion besteht darin, daß eine partielle Funktion für einige Elemente ihres Definitionsbereiches undefiniert sein kann; so kann es zum Beispiel ein a in A geben, zu dem es kein b in B dergestalt gibt, daß aRb gilt. Wenn wir den Begriff „Funktion" verwenden, meinen wir damit den allgemeineren Begriff der partiellen Funktion kommt es aber auf den Unterschied zwischen der partiellen und der totalen Funktion an, so werden wir dies explizit angeben.

Es gibt eine übliche Schreibweise, die zur Beschreibung von Funktionen verwendet wird. Wir schreiben häufig $R(a) = b$, wenn b das einzige Element ist, für das gilt aRb.

Beispiel 7.23

S sei die totale Funktion von $\mathbf{Z}$ nach $\mathbf{Z}$ gegeben durch

$$\{(a, b) \mid b = a^2\}$$

das heißt, die Menge aller Paare ganzer Zahlen, deren zweite Komponente das Quadrat der ersten Komponente ist. Dann enthält S Elemente wie (3, 9), (-4, 16) und (0, 0). Wir können die Tatsache, daß S die Quadratfunktion ist, auch durch die Schreibweise $S(3) = 9$, $S(-4) = 16$ und $S(0) = 0$ ausdrücken. ◆

Die zahlreichen Notationen für Funktionen

Eine Funktion F von $A \times B$ nach C ist genaugenommen eine Teilmenge von $(A \times B) \times C$. Ein typisches Paar in dieser Funktion hätte somit die Form $((a, b), c)$, wobei a, b und c Elemente aus A, B bzw. C sind. Verwenden wir die spezielle Notation für Funktionen, so können wir $F(a, b) = c$ schreiben.

Wir können F auch als eine Relation von $A \times B$ nach C ansehen, da jede Funktion eine Relation ist. Unter Verwendung der Infix-Notation für Relationen könnte die Tatsache, daß $((a, b), c)$ in F enthalten ist, auch als $(a, b)Fc$ geschrieben werden.

Wenn wir das kartesische Produkt auf mehr als zwei Mengen erweitern, könnte uns daran gelegen sein, Klammern aus Produktausdrücken zu entfernen. Wir setzen somit $(A \times B) \times C$ mit dem strenggenommen nichtäquivalenten Ausdruck $A \times B \times C$ gleich. In diesem Fall hätte ein typisches Element von F das Aussehen (a, b, c). Wenn wir F als eine Menge derartiger Tripel speicherten, dürfen wir dabei nicht vergessen, daß die ersten beiden Komponenten zusammen das Element aus dem Definitionsbereich ausmachen, und die dritte Komponente das Element aus dem Wertebereich ist.

Die mengentheoretische Anschauung einer Funktion unterscheidet sich kaum von der Vorstellung einer Funktion, der wir in Pascal begegnen. Das heißt, angenommen, `s` ist eine Pascal-Funktion, die wie folgt deklariert ist

```
function s(a: integer): integer;
begin
   s := a*a
end;
```

und als Eingabe eine ganze Zahl erhält und deren Quadrat zurückgibt. Gewöhnlich glauben wir, daß `s(a)` dieselbe Funktion ist wie $S(a)$, obwohl erstere einen Weg zur Berechnung von Quadraten darstellt und letztere die Operation des Quadrierens nur abstrakt definiert. Beachten Sie auch, daß `s(a)` in der

Praxis immer eine partielle Funktion ist, da es viele Werte von a gibt, für die s(a) aufgrund der Endlichkeit der Computerarithmetik keinen Integer-Wert zurückgeben wird.

Pascal enthält Funktionen, die mehr als ein Argument haben. Eine Pascal-Funktion f, die zwei Integer-Argumente a und b übernimmt und eine ganze Zahl zurückgibt, ist eine Funktion von $\mathbf{Z} \times \mathbf{Z}$ nach $\mathbf{Z}$. Ähnliches gilt, wenn zwei Argumente Typen haben, die sie zu Elementen der Mengen A und B machen, und f ein Element vom Typ C zurückgibt, dann ist f eine Funktion von $A \times B$ nach C. Allgemeiner ausgedrückt, wenn f k Argumente – sagen wir jeweils aus den Mengen $A_1, A_2, ..., A_k$ – übernimmt und ein Element der Menge B zurückgibt, dann sagen wir, daß f eine Funktion von $A_1 \times A_2 \times ... \times A_k$ nach B ist.

Wir können die Funktion lookup(x,L) aus Abschnitt 6.4 zum Beispiel als eine Funktion von $E \times L$ nach {TRUE, FALSE} ansehen. E ist hier die Menge der Werte vom Typ ETYPE, was auch immer dieser Typ sein mag, und L ist die Menge der verketteten Listen von Elementen vom Typ ETYPE.

Formal ist eine Funktion von einem Definitionsbereich $A_1 \times A_2 \times ... \times A_k$ in einen Wertebereich B eine Menge von Paaren der Form $((a_1, ..., a_k), \mathrm{b})$, wobei jedes a_i in der Menge A_i und b in der Menge B enthalten ist. Beachten Sie, daß das erste Element des Paares selbst ein k-Tupel ist. So kann die oben genannte Funktion lookup(x,L) zum Beispiel als eine Menge von Paaren $((x, L), t)$ angesehen werden, wobei x ein Element vom Typ ETYPE, L eine Liste solcher Elemente und t entweder TRUE oder FALSE ist, abhängig davon, ob x sich in der Liste L befindet oder nicht. Wir können uns eine Funktion, ob nun in Pascal oder als formal in der Mengentheorie definiert, als einen Kasten vorstellen, der einen Wert aus dem Definitionsbereich nimmt und einen Wert des Wertebereichs erzeugt; diese Vorstellung wird für die Funktion lookup in Abb. 7.17 illustriert.

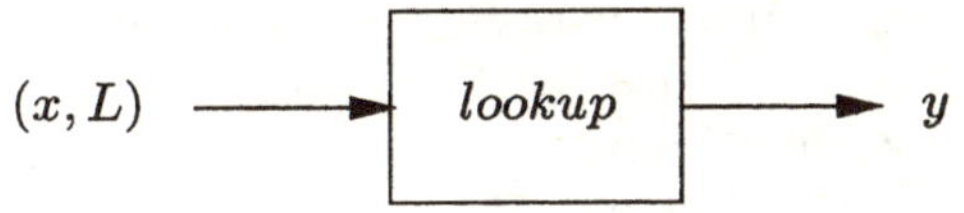

Abb. 7.17: Eine Funktion assoziiert Elemente aus dem Definitionsbereich mit eindeutigen Elementen aus dem Wertebereich.

Eins-zu-Eins-Beziehung

F sei eine partielle Funktion aus dem Definitionsbereich A in den Wertebereich B mit folgenden Eigenschaften:

1. Für jedes Element a in A gibt es ein Element b in B dergestalt, daß $F(a) = b$.
2. Für jedes Element b in B gibt es irgendein Element a in A dergestalt, daß $F(a) = b$.

3. Für kein Element b in B gibt es zwei Elemente a_1 und a_2 in A dergestalt, daß $F(a_1)$ und $F(a_2)$ beide gleich b sind.

F wird als eine *Eins-zu-Eins-Beziehung* von A nach B bezeichnet. Auch wird der Begriff *Bijektion* bei einer Eins-zu-Eins-Beziehung verwendet.

Die Eigenschaft (1) besagt, daß F eine totale Funktion von A nach B ist. Eigenschaft (2) beschreibt die Bedingung, „*auf*" zu sein: F ist eine totale Funktion von B auf A. Manche Mathematiker verwenden den Begriff *Surjektion* für eine totale Funktion, die „*auf*" ist.

Die Eigenschaften (2) und (3) zusammen sagen aus, daß F sich wie eine totale Funktion von A nach B verhält. Eine totale Funktion mit der Eigenschaft (3) wird manchmal *Injektion* genannt.

Eine Eins-zu-Eins-Beziehung ist im wesentlichen eine totale Funktion in beide Richtungen, es ist jedoch wichtig zu erkennen, daß es nicht nur von den Paaren in F abhängt, ob F eine Eins-zu-Eins-Beziehung ist, sondern auch von den angegebenen Definitions- und Wertebereichen. Wir könnten zum Beispiel irgendeine Eins-zu-Eins-Beziehung von A nach B nehmen und den Definitionsbereich durch Hinzufügen eines neuen Elements e in A ändern, das in F nicht erwähnt wird. F wäre dann keine Eins-zu-Eins-Beziehung von $A \cup \{e\}$ nach B.

Beispiel 7.24

Die Quadratfunktion S von **Z** nach **Z** aus Beispiel 7.23 ist keine Eins-zu-Eins-Beziehung. Sie genügt Eigenschaft (1), da es für jede ganze Zahl i eine andere ganze Zahl i^2 derart gibt, daß $S(i) = i^2$ gilt. An Eigenschaft (2) dagegen scheitert sie, da es in **Z** einige Elemente b – insbesondere alle negativen ganzen Zahlen – gibt, die für kein a $S(a)$ sind. Auch der Eigenschaft (3) genügt S nicht, da es viele Beispiele zweier unterschiedlicher Elemente a gibt, für die $S(a)$ dasselbe b ergibt. Zum Beispiel gilt sowohl $S(3) = 9$ als auch $S(-3) = 9$.

Als Beispiel für eine Eins-zu-Eins-Beziehung betrachte man die totale Funktion P von **Z** nach **Z**, die durch $P(a) = a + 1$ definiert ist. P addiert 1 zu jeder ganzen Zahl. Es sind zum Beispiel $P(5) = 6$ und $P(-5) = -4$. Andere Betrachtungsweisen ergeben, daß P aus den Tupeln

$$\{ \ldots, (-2, -1), (-1, 0), (0, 1), (1, 2), \ldots \}$$

besteht oder durch den Graph in Abb. 7.18 repräsentiert wird.

Wir behaupten, daß P eine Eins-zu-Eins-Beziehung von ganzen Zahlen nach ganzen Zahlen ist. Zunächst ist P eine partielle Funktion, da, wenn wir 1 zu einer ganzen Zahl a addieren, wir die eindeutige ganze Zahl $a + 1$ erhalten. Sie genügt der Eigenschaft (1), da es für jede ganze Zahl a eine ganze Zahl a + 1 gibt, die $P(a)$ entspricht. Eigenschaft (2) wird befriedigt, da es für jede ganze Zahl b irgendeine ganze Zahl, nämlich b - 1, derart gibt, daß $P(b - 1) = b$ gilt.

Der Eigenschaft (3) wird schließlich entsprochen, weil es für eine ganze Zahl b keine zwei verschiedenen ganzen Zahlen derart geben kann, daß, wenn wir 1 zu jeder der beiden addieren, das Ergebnis b ist. Beachten Sie aber, daß P keine Eins-zu-Eins-Beziehung von reellen Zahlen nach reellen Zahlen ist, da P keine Paare für reelle Zahlen hat, die nicht ganze Zahlen sind.

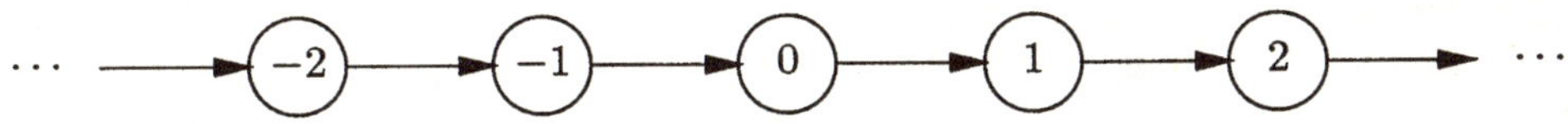

Abb. 7.18: Graph der Relation, die der Funktion P(a) = a + 1 entspricht.

Eine Eins-zu-Eins-Beziehung von A nach B ist eine Möglichkeit, eine eindeutige Zuordnung zwischen den Elementen von A und B aufzubauen. Klatschen wir beispielsweise in die Hände, so berühren sich unsere linken und rechten Daumen, unsere linken und rechten Zeigefinger, und so weiter. Wir können diese Zuordnung zwischen der Menge der Finger an der linken Hand und den Fingern an der rechten Hand auch als eine Eins-zu-Eins-Beziehung F, definiert durch F(„linker Daumen“) = „rechter Daumen“, F(„linker Zeigefinger“) = „rechter Zeigefinger“, und so weiter ansehen. Auch könnten wir uns diese Zuordnung als eine inverse Funktion von der rechten zur linken Hand vorstellen. Eine Eins-zu-Eins-Beziehung kann im allgemeinen umgekehrt werden, indem man die Reihenfolge der Komponenten ihrer Paare vertauscht, so daß daraus eine Eins-zu-Eins-Beziehung von B nach A wird.

Eine Konsequenz, die sich aus dem Bestehen einer Eins-zu-Eins-Beziehung zwischen Händen ziehen läßt, ist, daß die Anzahl der Finger jeder Hand gleich sein muß. Das scheint eine natürliche und intuitive Forderung zu sein; zwei Mengen haben dieselbe Anzahl an Elementen genau dann, wenn es eine Eins-zu-Eins-Beziehung von einer Menge in die andere gibt. In Abschnitt 7.11 werden wir jedoch feststellen, daß es bei unendlichen Mengen einige überraschende Schlüsse gibt, die wir aus dieser Definition der „gleichen Anzahl von Elementen“ ziehen müssen.

ÜBUNGEN

7.7.1: Geben Sie Beispielmengen A und B an, für die gilt, daß $A \times B$ nicht gleich $B \times A$ ist.

7.7.2: R sei die durch aRb, bRc, cRd, aRc und bRd definierte Relation.

a) Zeichnen Sie den Graphen von R.

b) Ist R eine Funktion?

c) Geben Sie zwei mögliche Definitionsbereiche an; nennen Sie zwei mögliche Wertebereiche.

d) Welches ist die kleinste Menge S derart, daß R eine Relation auf S ist (d. h., sowohl der Definitions- als auch der Wertebereich kann S sein)?

7.7.3: T sei ein Baum und S sei die Menge der Knoten von T. R sei die „Kind-Vater“-Relation; das heißt, cRp gilt nur genau dann, wenn c ein Kind von p ist. Beantworten Sie die folgenden Fragen und begründen Sie Ihre Antworten:

a) Ist R eine partielle Funktion, egal wie der Baum T beschaffen ist?

b) Ist R eine totale Funktion von S nach S, egal wie der Baum T beschaffen ist?

c) Kann R jemals eine Eins-zu-Eins-Beziehung sein (d. h. für irgendeinen Baum T)?

d) Wie sieht der Graph von R aus?

7.7.4: R sei die Relation auf der Menge ganzer Zahlen $\{1, 2, ..., 10\}$, definiert durch aRb, wenn a und b verschieden sind und einen weiteren gemeinsamen Teiler außer 1 besitzen. Es gilt zum Beispiel $2R4$ und $6R9$, nicht aber $2R3$.

a) Zeichnen Sie den Graphen für R.

b) Ist R eine Funktion? Warum oder warum nicht?

7.7.5*: Obwohl wir gesehen haben, daß $S = (A \times B) \times C$ und $T = A \times (B \times C)$ nicht dieselbe Menge bezeichnen, können wir zeigen, daß sie „im wesentlichen gleich“ sind, indem wir eine natürliche Eins-zu-Eins-Beziehung zwischen diesen Mengen beweisen. Es sei für jedes $((a, b), c)$ in S

$$F(((a, b), c)) = (a, (b, c))$$

Zeigen Sie, daß F eine Eins-zu-Eins-Beziehung von S nach T ist.

7.7.6: Was haben die drei Aussagen $F(10) = 20$, $10F20$ und $(10, 20) \in F$ gemeinsam?

7.7.7*: Die *Inverse* einer Relation R ist die Menge der Paare (b, a) für die gilt, (a, b) ist in R enthalten.

a) Erklären Sie, wie man den Graphen der Inversen von R aus dem Graphen von R ableitet.

b) Wenn R eine totale Funktion ist, ist dann die Inverse von R auch notwendigerweise eine Funktion? Was ist, wenn R eine Eins-zu-Eins-Beziehung ist?

7.7.8: Zeigen Sie, daß eine Relation nur dann eine Eins-zu-Eins-Beziehung ist, wenn sie eine totale Funktion und ihre Inverse ebenfalls eine totale Funktion ist.

7.8 Funktionen als Daten implementieren

In einer Programmiersprache werden Funktionen üblicherweise als Unterprogramm implementiert; ist ihr Definitionsbereich jedoch klein, so können sie unter Verwendung von Techniken implementiert werden, die den bei Mengen verwendeten nicht unähnlich sind. In diesem Abschnitt werden wir die Benutzung verketteter Listen, charakteristischer Vektoren und Hashtabellen zur Implementierung endlicher Funktionen behandeln.

Operationen auf Funktionen

Die am häufigsten auf Funktionen durchgeführten Operationen ähneln denen auf Wörterbüchern. Gegeben sei die Funktion F von der Definitionsbereichsmenge A in die Wertebereichsmenge B. Dann können wir

1. ein neues Paar (a, b) *einfügen* (*insert*), so daß $F(a) = b$ gilt. Die einzige Abweichung dabei ist, daß, wenn es bereits ein Paar (a, c) für ein c gibt, dieses Paar durch (a, b) ersetzt werden muß, da F ja eine Funktion sein muß.
2. den zu $F(a)$ assoziierten Wert *löschen* (*delete*). Hier brauchen wir nur den Wert des Elements aus d%m Definiti/nsbereich a angeben. Wenn es ein b derart gibt, daß $F(a) = b$ ist, so wird das Paar (a, b) aus der Menge entfernt. Gibt es ein solches Paar nicht, wird keine Veränderung vorgenommen.
3. den zu $F(a)$ assoziierten Wert *suchen* (*lookup*); das heißt, wir geben für einen gegebenen Wert a aus dem Definitionsbereich den Wert b zurück, für den gilt $F(a) = b$. Gibt es kein derartiges Paar (a, b) in der Menge, geben wir einen besonderen Wert zurück, der anzeigt, daß $F(a)$ nicht definiert ist.

Beispiel 7.25

Gegeben sei F bestehend aus den Paaren $\{(3, 9), (-4, 16), (0,0)\}$; das heißt, $F(3) = 9$, $F(-4) = 16$ und $F(0) = 0$. Dann gibt *lookup*(3) 9 zurück und *lookup*(2) gibt ein Symbol zurück, das angibt, daß für $F(2)$ kein Wert definiert ist. Wenn F die „Quadrat"-Funktion ist, könnte der Wert -1 verwendet werden, um einen nicht vorhandenen Wert anzuzeigen, da -1 nicht Quadrat einer ganzen Zahl sein kann.

Funktionen als Programme und Funktionen als Daten

Während wir in Abschnitt 7.7 eine starke Analogie zwischen dem abstrakten Begriff einer Funktion und einer Funktion, wie sie in Pascal implementiert wird, herausstellten, sollten wir uns ebenfalls eines wichtigen Unterschieds bewußt werden. Wenn F eine Pascal-Funktion und x ein Element ihres Definitionsbereiches ist, dann sagt F uns, wie der Wert $F(x)$ zu berechnen ist. Dasselbe Programm funktioniert für jeden Wert x.

Geht es aber darum, Funktionen als Daten zu repräsentieren, nehmen wir erstens an, daß die Funktion aus einer endlichen Menge von Paaren besteht. Zweitens ist es normal, daß die Paare im wesentlichen nicht vorherzusagen sind. Das heißt, es gibt keine geeignete Art, den Wert $F(x)$ für ein gegebenes x zu berechnen. Es ist bestenfalls möglich, eine Tabelle zu erzeugen, die jedes der Paare

$$(a_1, b_1), (a_2, b_2), ..., (a_n, b_n)$$

angibt, so daß $\mathrm{F}(a_i) = b_i$ gilt. Eine derartige Funktion ist effektiv ein Datum und kein Programm, auch wenn wir prinzipiell ein Programm erstellen könnten, das die Tabelle als Teil von sich selbst speichert und in dieser internen Tabelle für ein gegebenes x den Wert $F(x)$ sucht. Ein produktiverer Ansatz besteht jedoch darin, die Tabelle getrennt als Datum zu speichern und Werte mit Hilfe einer allgemein verwendbaren Prozedur zu suchen, die für alle derartigen Funktionen funktioniert.

Die Operation *delete*(3) entfernt das Paar (3, 9), während *delete*(2) keine Auswirkung hat. Führen wir *insert*(5, 25) aus, wird das Paar (5, 25) zur Menge F hinzugefügt oder, dazu äquivalent, gilt nun F(5) = 25. Wenn wir *insert*(3, 10) ausführen, wird das alte Paar (3, 9) aus F entfernt und das neue Paar (3, 10) zu F hinzugefügt, so daß nun $F(3) = 10$ gilt. ◆

Darstellung von Funktionen durch verkettete Listen

Eine Funktion, als eine Menge von Paaren, kann, ebenso wie andere Mengen auch, in einer verketteten Liste gespeichert werden. Es ist sinnvoll, Zellen mit drei Feldern zu definieren, eins für den Wert des Definitionsbereiches, eins für den Wert des Wertebereiches und eines für den Zeiger auf die nächste Zelle. Wir könnten Zellen zum Beispiel definieren als

```
type LIST = ^CELL;
   CELL = record
      domain: DTYPE;
      range: RTYPE;
      next: LIST
   end;
```

wobei `DTYPE` den Typ der Elemente des Definitionsbereiches beschreibt und `RTYPE` der Typ der Elemente des Wertebereiches ist. Eine Funktion wird dann durch einen Zeiger auf eine verkettete Liste (bzw. auf deren erstes Element) repräsentiert.

Die Prozedur in Abb. 7.19 führt die Operation *insert*(a, b) durch. Wir suchen eine Zelle, bei der a im `domain`-Feld steht. Wenn wir eine finden, setzen wir das `range`-Feld auf b. Erreichen wir das Ende der Liste, so erzeugen wir eine neue Zelle und speichern (a, b) darin. Andernfalls überprüfen wir, ob die Zelle das Element a aus dem Definitionsbereich enthält. Wenn ja, verändern wir den Wert aus dem Wertebereich zu b und sind fertig. Hat das Element aus dem Definitionsbereich einen anderen Wert als a, fügen wir rekursiv im Rest der Liste ein.

Wenn die Funktion F n Paare enthält, benötigt *insert* im Durchschnitt $O(n)$ Zeit. Ebenso benötigen die dazu analogen *delete*- und *lookup*-Prozeduren für eine durch eine verkettete Liste dargestellte Funktion durchschnittlich $O(n)$ Zeit.

```
procedure insert(a: DTYPE; b: RTYPE; var F: LIST);
begin
   if F = NIL then begin (* am Ende der Liste *)
      new(F);
      F^.domain := a;
      F^.range := b;
      F^.next := NIL
   end
   else if F^.domain = a then (* verändere F(a) *)
      F^.range := b
   else (* Element des Definitionsbereiches ist nicht a *)
      insert(a, b, F^.next)
end; (* insert *)
```

Abb. 7.19: Einfügen eines neuen Faktums in eine durch eine verkettete Liste dargestellte Funktion.

Vektordarstellung von Funktionen

Ist der Definitionsbereich eine Menge, die klein genug ist, um sich als Indexmenge eines Arrays zu eignen, dann können wir eine Verallgemeinerung eines charakteristischen Vektors zur Darstellung von Funktionen benutzen. Für die gegebenen Typen `DTYPE` und `RTYPE` der Definitions- und Wertebereiche können wir folgendes definieren:

```
type FUNCT = array[DTYPE] of RTYPE
```

Es ist jedoch von wesentlicher Bedeutung, daß entweder die Funktion für jeden Wert von `DTYPE` definiert ist oder daß `RTYPE` einen Wert enthält, der als „kein Wert" interpretiert werden kann.

Beispiel 7.26

Angenommen, wir wollen Informationen über Äpfel speichern, wie die Ernteinformation aus Abb. 7.9, nur daß wir diesmal den tatsächlichen Erntemonat angeben möchten und nicht nur die binäre Auswahl früh/spät. Zunächst definieren wir die Typen

```
type APPLES = (Delicious, GrannySmith, Jonathan, McIntosh, Gravenstein,
               Pippin);
   MONTHS = (Jan, Feb, Mar, Apr, May, Jun, Jul, Aug, Sep, Oct, Nov, Dec,
             Unknown)
```

wobei `Unknown` angibt, daß der Erntemonat nicht bekannt ist. Zudem deklarieren wir

```
type FUNCT = array[APPLES] of MONTHS;
Harvest: FUNCT
```

mit der Absicht, daß die Funktion `Harvest` die Menge der Paare in Abb. 7.20 repräsentieren soll. Das Array `Harvest` wird in Abb. 7.21 angegeben, in dem zum Beispiel der Eintrag `Harvest[Delicious] = Oct` ist. ◆

Apfel	**Erntemonat**
Delicious	Okt
Granny Smith	Aug
Jonathan	Sep
McIntosh	Okt
Gravenstein	Sep
Pippin	Nov

Abb. 7.20: Erntemonate von Äpfeln.

Delicious	Okt
GrannySmith	Aug
Jonathan	Sep
McIntosh	Okt
Gravenstein	Sep
Pippin	Nov

Abb. 7.21: Das Array `Harvest`.

Hashtabellendarstellung von Funktionen

Wir können die zu einer Funktion gehörenden Paare in einer Hashtabelle speichern. Der entscheidende Punkt dabei ist, daß wir die Hashfunktion nur auf das Element des Definitionsbereiches anwenden, um den Bucket des Paares zu ermitteln. Die Zellen in der verketteten Liste, die die Buckets bilden, enthalten ein Feld für das Element des Definitionsbereiches, ein anderes für das entsprechende Element des Wertebereiches und ein drittes, um eine Zelle mit der nächsten der Liste zu verbinden. Ein Beispiel sollte diese Technik verdeutlichen.

Beispiel 7.27

Wir wollen dieselben Daten über Äpfel betrachten, die in Beispiel 7.26 verwendet wurden. Zur Darstellung der Funktion `Harvest` benutzen wir eine Hashtabelle mit fünf Buckets. Den Typ `APPLES` des Definitionsbereichs müssen wir wie folgt neu definieren

```
type APPLES = array[1..15] of char
```

Wir verwenden die Definition des Typs `MONTHS` aus Beispiel 7.26 mit dem dreizehnten Wert, `Unknown`, den wir als Antwort auf eine Suche nach einer nicht in unserer Hashtabelle vorkommenden Apfelsorte zurückgeben. Der Typ der Listenzellen sieht dann folgendermaßen aus:

```
type LIST = ^CELL;
   CELL = record
      variety: APPLES;
      harvested: MONTHS;
      next: LIST
   end;
```

Das Feld `variety` repräsentiert das Element des Definitionsbereichs, während `harvested` das Element des Wertebereiches darstellt.

Wir werden eine Hashfunktion h verwenden, die der in Abb. 7.12 aus Abschnitt 7.6 benutzten sehr ähnlich ist. Dort haben wir aber Zeichenketten der Länge 10 behandelt, wohingegen wir es hier mit Zeichenketten der Länge 15 zu tun haben, da einige Apfelnamen ziemlich lang sind. Natürlich wird h nur auf Elemente des Definitionsbereiches angewandt – das heißt, auf Zeichenketten der Länge 15 bestehend aus dem Namen einer Apfelsorte, die, wenn nötig, durch Einfügen von Leerzeichen auf die Länge 15 aufgefüllt werden.

Wir können nun den Typ `HASHTABLE` wie folgt definieren:

```
type HASHTABLE = array[0..B-1] of LIST
```

wobei B die Anzahl der Buckets bezeichnet, die wir hier als 5 gewählt haben. Danach deklarieren wir zur Darstellung der gewünschten Funktion eine Hashtabelle `Harvest` durch

```
Harvest: HASHTABLE
```

Die Anordnung der Zellen innerhalb der Buckets für die sechs in Abb. 7.20 angegebenen Apfelsorten wird in Abb. 7.22 illustriert. Das mit sechs Leerzeichen aufgefüllte Wort `Delicious` erzielt zum Beispiel eine Summe von 1121, nachdem `ORD` auf jedes der fünfzehn Zeichen angewandt wurde. Da sich ein Rest von 1 ergibt, wenn 1121 durch 5 geteilt wird, gehört der Delicious-Apfel in Bucket 1. Die Zelle für Delicious enthält diese Zeichenkette im `variety`-Feld, den Monat `Oct` im `harvested`-Feld und einen Zeiger auf die nächste Zelle des Buckets. ◆

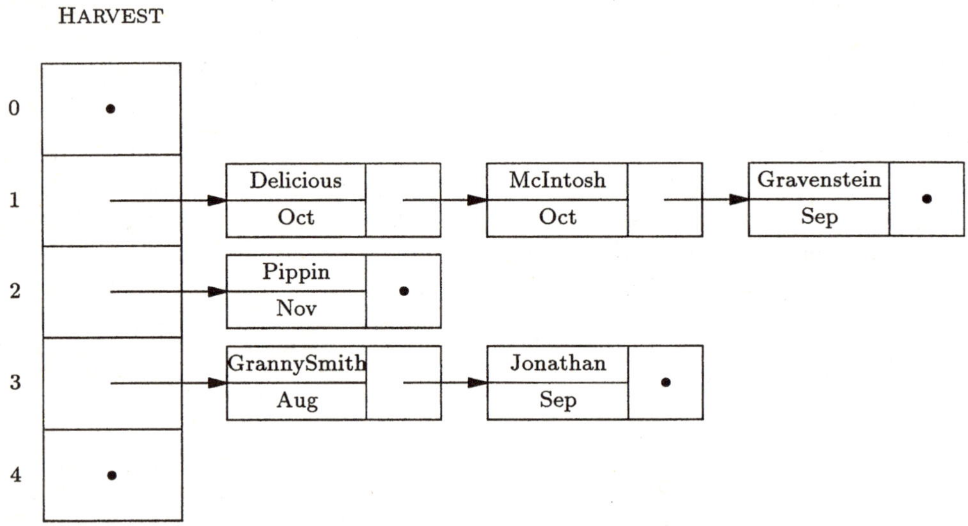

Abb. 7.22: Äpfel und ihre Erntemonate in einer Hashtabelle gespeichert.

Operationen auf Funktionen, die durch eine Hashtabelle dargestellt sind

Jede der Operationen *insert*, *delete* und *lookup* beginnt mit einem Wert des Definitionsbereiches, den wir „hashen" (dt. „durcheinanderbringen"), um einen Bucket zu ermitteln. Um ein Paar (a, b) einzufügen, finden wir den Bucket $h(a)$ und durchsuchen dessen Liste. Die danach ausgeführte Aktion entspricht der Prozedur für das Einfügen eines Funktionspaares in eine Liste, die in Abb. 7.19 angegeben wurde.

Bei der Ausführung von *delete*(a) finden wir den Bucket $h(a)$, suchen nach einer Zelle mit dem Wert a des Definitionsbereiches und löschen diese Zelle aus der Liste, wenn sie denn gefunden wird. Die Operation *lookup*(a) wird ausgeführt, indem wiederum die Hashfunktion auf a angewendet und der Bucket $h(a)$ nach der Zelle mit dem Wert a des Definitionsbereiches durchsucht wird. Wird eine derartige Zelle gefunden, geben wir den dazu assoziierten Wert des Wertebereichs zurück.

Die Funktion `lookup(a)`, basierend auf der Hashtabelle aus Beispiel 7.27, wird beispielhaft in Abb. 7.23 angegeben. Die Funktion `lookupBucket(a)` läuft die Liste eines Buckets entlang und gibt den Wert `harvested(a)` zurück, also den Monat, in dem die Apfelsorte a geerntet wird.

```
function lookup(a: APPLES): MONTHS;
begin
   lookup l= lookupBucket(a, Harvest[h(a)])
end; (* lookup *)

function lookupBucket(a: APPLES; L: LIST): MONTHS;
begin
   if L = NIL then
      lookupBucket := Unknown
   else if a = L^.variety then
      lookupBucket := L^.harvested
   else (* a nicht gefunden; Rest untersuchen *)
      lookupBucket := lookupBucket(a, L^.next)
end; (* lookupBucket *)
```

Abb. 7.23: Suchen in einer durch eine Hashtabelle dargestellten Funktion.

Vektoren versus Hashtabellen

In den Beispielen 7.26 und 7.27 gibt es einen grundlegenden Unterschied in der Art der Betrachtungsweise der Informationen über Äpfel. Beim Ansatz mit den charakteristischen Vektoren waren Apfelsorten eine feste Menge, die zu einem Aufzählungstyp wurde. Wenn ein Pascal-Programm läuft, gibt es keine Möglichkeit, die Menge der Apfelnamen zu ändern, so daß es keinen Sinn ergibt, eine Suche mit einem Namen durchzuführen, der nicht Teil unser Aufzählungsmenge ist.

Legen wir auf der anderen Seite dieselbe Funktion als eine Hashtabelle an, so behandeln wir die Apfelnamen als Zeichenketten und nicht als Elemente eines Aufzählungstyps. Als Folge daraus ist es möglich, während das Programm läuft die Menge der Namen zu verändern – sagen wir zum Beispiel als Reaktion auf Eingabedaten über neue Apfelsorten. Es macht daher Sinn, daß eine

Suche auch für eine sich nicht in der Hashtabelle befindliche Sorte durchgeführt wird, so daß wir die Möglichkeit, daß wir nach einer Sorte suchen, die nicht in unserer Hashtabelle steht, durch Hinzufügen eines „Monats“ `Unknown` berücksichtigen mußten. Die Hashtabelle bietet somit höhere Flexibilität gegenüber den charakteristischen Vektoren, dies jedoch auf Kosten der Schnelligkeit.

Effizienz von Operationen auf Funktionen

Die Zeiten, die für die Operationen auf Funktionen für die drei hier vorgestellten Darstellungsweisen benötigt werden, entsprechen denen der gleichnamigen Operationen auf Wörterbüchern. Das heißt, wenn die Funktion aus n Paaren besteht, benötigt die Darstellung mit verketteter Liste durchschnittlich $O(n)$ Zeit pro Operation. Der Ansatz der charakteristischen Vektoren benötigt pro Operation nur $O(1)$ Zeit, kann aber, wie bei Wörterbüchern, nur benutzt werden, wenn der Typ des Definitionsbereichs eine begrenzte Größe hat. Die Hashtabelle mit B Buckets benötigt im Durchschnitt $O(n/B)$ Zeit pro Operation. Wenn es möglich ist, B so zu wählen, daß es nahe bei n liegt, genügt durchschnittlich eine Zeit von $O(1)$ pro Operation.

ÜBUNGEN

7.8.1: Schreiben Sie, analog zur *insert*-Prozedur aus Abb. 7.19, Prozeduren, die (a) *delete* und (b) *lookup* auf Funktionen durchführen, welche durch verkettete Listen dargestellt sind.

7.8.2: Schreiben Sie Prozeduren, die (a) *insert*, (b) *delete* und (c) *lookup* auf einer Funktion durchführen, die durch einen Vektor dargestellt wird, das heißt, durch ein Array `array[DTYPE] of RTYPE`.

7.8.3: Schreiben Sie, analog zur *lookup*-Prozedur aus Abb. 7.23, Prozeduren, die (a) *insert* und (b) *delete* auf Funktionen durchführen, die durch Hashtabellen dargestellt sind.

7.8.4: Ein binärer Suchbaum kann ebenfalls zur Darstellung von Funktionen als Daten verwendet werden. Definieren Sie geeignete Datenstrukturen für einen binären Suchbaum, der die Apfelinformationen aus Abb. 7.20 enthält und implementieren Sie (a) *insert*, (b) *delete* und (c) *lookup* unter Verwendung dieser Strukturen.

7.8.5: Entwerfen Sie ein Informationssystem, das die Informationen über Schläge und Treffer von Baseballspielern verwaltet. Ihr System sollte Tripel der Form

```
Ruth 5 2
```

akzeptieren, um anzuzeigen, daß Ruth bei 5 Schlägen 2 Treffer erzielte. Der Eintrag für Ruth sollte entsprechend aktualisiert werden. Auch sollte es möglich sein, die Anzahl der Schläge und Treffer jedes Spielers abzufragen. Implementieren Sie Ihr System so, daß die Prozeduren *insert* und *lookup* auf jeder Datenstruktur laufen, solange diese die geeigneten Subroutinen und Typen verwendet.

7.9 Implementierung zweistelliger Relationen

Die Implementierung zweistelliger Relationen unterscheidet sich in einigen Einzelheiten von der Implementierung von Funktionen. Sie erinnern sich, daß sowohl zweistellige Relationen als auch Funktionen Mengen von Paaren sind, nur daß eine Funktion für jedes Element a des Definitionsbereiches höchstens ein Paar der Form (a, b) für irgendein b enthält. Im Gegensatz dazu können bei einer zweistelligen Relation beliebig viele Elemente des Wertebereichs zu einem gegebenen Element a des Definitionsbereichs assoziiert werden.

In diesem Abschnitt werden wir zunächst die Bedeutung des Einfügens, Löschens und Suchens für zweistellige Relationen untersuchen. Anschließend sehen wir, wie sich die drei von uns verwendeten Implementierungen – verkettete Listen, charakteristische Vektoren und Hashtabellen – auf zweistellige Relationen verallgemeinern lassen. In Kapitel 8 werden wir Implementierungen von Relationen mit mehr als zwei Komponenten diskutieren. Häufig werden die Datenstrukturen für derartige Relationen aus den Strukturen für Funktionen und zweistelligen Relationen aufgebaut.

Operationen auf zweistelligen Relationen

Wenn wir ein Paar (a, b) in eine zweistellige Relation R einfügen, brauchen wir uns nicht darum zu kümmern, ob sich schon ein Paar (a, c) mit $c \neq b$ in R befindet, wie wir es tun müßten, wenn wir (a, b) in eine Funktion einfügen wollten. Der Grund dafür ist natürlich, daß es für die Anzahl der Paare in R, die den Wert a des Definitionsbereiches haben dürfen, keine Beschränkung gibt. Wir würden das Paar (a, b) demnach einfach so in R einfügen, wie wir ein Element in jede andere Menge einfügen würden.

Auch das Löschen eines Paares (a, b) aus einer Relation ähnelt dem Löschen eines Elements aus einer Menge: Wir suchen das Paar und entfernen es, wenn es vorhanden ist.

Die *lookup*-Operation kann auf viele verschiedene Arten definiert werden. Wir könnten beispielsweise ein Paar (a, b) nehmen und fragen, ob dieses Paar in R enthalten ist. Wenn wir *lookup* so interpretieren, verhält sich aber eine Relation zusammen mit den gerade definierten *insert*- und *delete*-Operationen wie irgendein Wörterbuch. Die Tatsache, daß die Elemente, auf denen gearbeitet wird, Paare sind und somit nicht atomar, spielt keine entscheidende Rolle; sie betrifft nur die Typen der Elemente des Wörterbuchs.

Häufig ist es jedoch nützlich, *lookup* so zu definieren, daß es ein Element a des Definitionsbereichs übernimmt und alle Elemente b des Wertebereiches derart zurückgibt, daß (a, b) in der zweistelligen Relation R enthalten ist. Diese Interpretation von *lookup* führt uns zu einem abstrakten Datentyp, der sich in einigen Punkten vom Wörterbuch unterscheidet und gewisse Verwendungen hat, die anders sind als diejenigen des Wörterbuch-ADT.

Beispiel 7.28

Die meisten Pflaumensorten benötigen eine von mehreren anderen bestimmten Sorten zur Bestäubung; ohne den geeigneten „Bestäuber" kann der Baum keine Früchte tragen. Ein paar Sorten sind „Selbstbestäuber"; sie können sich selbst bestäuben. Abbildung 7.24 zeigt eine zweistellige Relation auf der Menge der Pflaumensorten. Ein Paar (a, b) dieser Relation sagt aus, daß Sorte b ein Bestäuber für Sorte a ist.

Sorte	**Bestäuber**
Beauty	Santa Rosa
Santa Rosa	Santa Rosa
Burbank	Beauty
Burbank	Santa Rosa
Eldorado	Santa Rosa
Eldorado	Wickson
Wickson	Santa Rosa
Wickson	Beauty

Abb. 7.24: Bestäuber für bestimmte Pflaumensorten.

Das Einfügen eines Paares in diese Tabelle entspricht der Behauptung, daß eine Sorte ein Bestäuber für eine andere Sorte ist. Wenn zum Beispiel eine neue Sorte entwickelt wird, tragen wir in die Relation Fakten darüber ein, welche Sorten die neue Sorte bestäuben können und welche sie bestäuben kann. Das Löschen eines Paares entspricht der Rücknahme einer Behauptung, daß eine Sorte eine andere bestäuben kann – ein mögliches, aber eher unwahrscheinliches Ereignis.

Die von uns definierte Suchoperation übernimmt eine Sorte a als Argument, sucht in der ersten Spalte nach allen Paaren mit dem Element a und gibt die Menge der zugehörigen Werte des Wertebereichs zurück. Wir fragen also: „Welche Sorte kann Sorte a bestäuben?" Dies scheint die wahrscheinlichste Frage zu sein, die wir über die Informationen in dieser Tabelle stellen werden, denn wenn wir einen Pflaumenbaum pflanzen, müssen wir sicherstellen, daß es, wenn er kein Selbstbestäuber ist, in der Nähe einen Bestäuber gibt. Rufen wir zum Beispiel *lookup*(Burbank) auf, erwarten wir die Antwort

{Beauty, Santa Rosa}

Implementierung zweistelliger Relationen durch verkettete Listen

Wenn wir wollen, können wir die Paare einer Relation in einer Liste verknüpfen. Die Zellen dieser Liste bestehen aus einem Element des Definitionsbereiches, einem Element des Wertebereiches und einem Zeiger auf die nächste Zelle, genau wie die Zellen für Funktionen. Einfügen und Löschen werden genauso ausgeführt wie bei gewöhnlichen Mengen, wie in Abschnitt 6.4 diskutiert. Der einzige Unterschied ist, daß die Gleichheit von Mengenelementen sowohl durch den Vergleich des Feldes, das das Element des Definitionsbereiches enthält, als auch durch den des Feldes, welches das Element des Wertebereiches enthält, ermittelt wird.

lookup unterscheidet sich in einigen Punkten von den gleichnamigen Operationen, denen wir bisher begegnet sind. Wir müssen die Liste entlanglaufen, wobei wir nach Zellen mit einem bestimmten Wert a aus dem Definitionsbereich suchen, und wir müssen eine Liste mit den dazugehörigen Werten des Wertebereichs zusammensetzen. Ein Beispiel wird die Vorgehensweise der *lookup*-Operation auf einer verketteten Liste veranschaulichen.

Allgemeinere Operationen auf Relationen

Vielleicht wollen wir noch mehr Auskünfte erhalten, als die drei Operationen *insert*, *delete* und *lookup* bei Anwendung auf die Pflaumensorten aus Beispiel 7.28 zur Verfügung stellen können. So wollen wir zum Beispiel wissen: „Welche Sorten bestäubt Santa Rosa?“ Oder: „Bestäubt Eldorado die Sorte Beauty?“ Einige Datenstrukturen, wie die verkettete Liste, erlauben es uns, Fragen wie diese ebenso schnell zu beantworten, wie wir die drei Basisoperationen ausführen können, wenn auch nur aus dem Grund, daß verkettete Listen für keine dieser Operationen sehr effizient sind.

Eine auf den Elementen des Definitionsbereichs basierende Hashtabelle hilft uns nicht bei Beantwortung der Fragen, bei denen ein Element des Wertebereichs gegeben ist und wir alle dazugehörigen Elemente des Definitionsbereichs finden müssen – zum Beispiel: „Welche Sorten bestäubt Santa Rosa?“ Wir könnten natürlich die Hashfunktion auf den Elementen des Wertebereichs aufbauen, könnten dann aber Fragen wie, „Wer ist Bestäuber für Burbank?“ nur schwer beantworten. Wir könnten der Hashfunktion eine Kombination aus den Werten des Definitions- und Wertebereiches zugrunde legen, dann könnten wir jedoch keinen der beiden Anfragetypen effizient beantworten; nur Fragen wie, „Bestäubt Eldorado die Sorte Beauty?“ fielen uns leicht.

Es gibt Wege, Fragen all dieser Typen effizient zu beantworten. Wir müssen jedoch bis zum nächsten Kapitel auf das relationale Modell warten, um diese Techniken zu erlernen.

Beispiel 7.29

Angenommen, wie wollen die Pflaumenrelation aus Beispiel 7.28 als verkettete Liste implementieren. Dann könnten wir den Typ `PVARIETY` als Zeichenkette der Länge 15 definieren; Zellen, deren Typ wir `RCELL` (Relationszelle) nennen, werden durch folgende Record-Struktur definiert:

```
type PVARIETY = array[1..15] of char;
   RLIST = ^RCELL;
   RCELL = record
      variety, pollinizer: PVARIETY;
      next: RLIST
      end;
```

Zudem benötigen wir eine Zelle, die eine Pflaumensorte und einen Zeiger auf die nächste Zelle enthält, um eine Liste der Bestäuber einer gegebenen Sorte aufzubauen und somit eine *lookup*-Anfrage zu beantworten. Diesen Typ werden wir `PCELL` nennen und definieren:

```
type PLIST = ^PCELL;
   PCELL = record
      pollinizer: PVARIETY;
      next: PLIST
   end;
```

Danach können wir *lookup* durch die in Abb. 7.25 angegebene Funktion definieren.

Die Funktion *lookup* übernimmt als Argumente ein Element a aus dem Definitionsbereich und einen Zeiger auf die erste Zelle einer verketteten Liste von Paaren. Wir führen die Operation *lookup*(a) auf einer Relation R durch, indem wir `lookup(a,L)` aufrufen, wobei L ein Zeiger auf die erste Zelle der verketteten Liste ist, die die Relation R repräsentiert. Die Zeilen (1) und (2) sind einfach. Wenn die Liste leer ist, geben wir `NIL` zurück, da es in einer leeren Liste mit Sicherheit keine Paare gibt, deren erste Komponente a ist.

```
      function lookup(a: PVARIETY; L: RLIST): PLIST;
      var P: PLIST;
      begin
(1)      if L = NIL then
(2)         lookup := NIL
```

```
(3)        else if L^.variety = a then begin
(4)           new(P);
(5)           P^.pollinizer := L^.pollinizer;
(6)           P^.next := lookup(a, L^.next);
(7)           lookup := P
           end
           else (* a ist nicht der Wert des Definitionsbereiches des
                    aktuellen Paares *)
(8)           lookup := lookup(a, L^.next)
        end; (* lookup *)
```

Abb. 7.25: Suche in einer zweistelligen, durch eine verkettete Liste dargestellten Relation.

Schwierig wird es, wenn a im Feld für den Definitionsbereich, genannt `variety`, in der ersten Zelle der Liste gefunden wird; dieser Fall wird in Zeile (3) entdeckt und in den Zeilen (4) bis (7) behandelt. In Zeile (4) erzeugen wir eine neue Zelle vom Typ `PCELL`, die zur ersten Zelle der Liste bestehend aus `PCELL`-Elementen wird, die wir zurückgeben werden. In Zeile (5) wird der dazu assoziierte Wert des Wertebereichs in die neue Zelle eingetragen. In Zeile (6) rufen wir dann `lookup` rekursiv auf dem Rest der Liste L auf. Der Rückgabewert dieses Aufrufs, ein Zeiger auf die erste Zelle der Ergebnisliste (`NIL`, wenn die Liste leer ist), wird in das `next`-Feld der von uns in Zeile (4) erzeugten Zelle geschrieben. Danach geben wir in Zeile (7) einen Zeiger auf die neu erzeugte Zelle zurück, die einen Wert des Wertebereiches enthält und mit Zellen verkettet ist, die andere Werte für den Wert a des Definitionsbereiches enthalten, wenn sie denn existieren.

Der letzte Fall tritt ein, wenn der gewünschte Wert des Definitionsbereiches a nicht in der ersten Zelle der Liste L gefunden wird. Wir rufen dann nur *lookup* auf dem Rest der Liste auf, was in Zeile (8) geschieht, und geben das zurück, was dieser Aufruf eben zurückgibt. ◆

Ein Ansatz mit charakteristischen Vektoren

Bei Mengen und Funktionen haben wir gesehen, daß wir ein mit den Elementen einer „Universalmenge" indiziertes Array erzeugen und die geeigneten Werte in das Array eintragen können. Bei Mengen sind diese geeigneten Werte `TRUE` und `FALSE` und bei Funktionen sind es die Werte, die im Wertebereich vorkommen plus (üblicherweise) ein besonderer Wert, der „keiner" bedeutet.

Bei zweistelligen Relationen können wir ein Array mit den Elementen des Definitionsbereichs indizieren – vorausgesetzt die Menge ist klein und fest – genau wie wir es bei Funktionen getan haben. Wir können jedoch keinen einzelnen Wert als Array-Element verwenden, da eine Relation für einen gegebenen Wert des Definitionsbereiches eine beliebige Anzahl von Werten des

Wertebereiches haben kann. Am besten ist es, den Kopf einer verketteten Liste als ein Array-Element zu verwenden. Diese Liste enthält alle zu einem gegebenen Definitionsbereichswert assoziierten Werte des Wertebereiches.

Beispiel 7.30

Lassen Sie uns das Pflaumenbeispiel noch einmal für diese Form der Organisation betrachten. Wie wir im letzten Abschnitt erwähnten, müssen wir zumindest die Menge der Werte im Definitionsbereich festlegen, wollen wir einen charakteristischen Vektor verwenden; bei der Darstellung durch verkettete Listen oder Hashtabellen gibt es eine derartige Einschränkung nicht. Wir müssen demnach den `PVARIETY`-Typ neu deklarieren, nur diesmal als Aufzählungstyp:

```
type PVARIETY = (Beauty, SantaRosa, Burbank, Eldorado, Wickson)
```

Den in Beispiel 7.29 definierten `PCELL`-Typ für Listen von Sorten können wir weiter verwenden. Dann definieren wir noch das Array

```
Pollinizers: array[PVARIETY] of PLIST
```

Das heißt, das die Relation aus Abb. 7.24 repräsentierende Array ist mit den Sorten indiziert, die in dieser Abbildung benutzt wurden, und der zu jeder Sorte assoziierte Wert ist ein Zeiger auf die erste Zelle ihrer Liste von Bestäubern. Abbildung 7.26 zeigt die Paare aus Abb. 7.24 in dieser Darstellung.

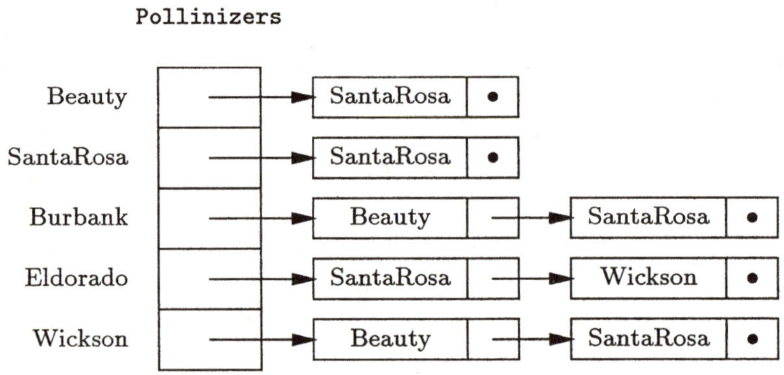

Abb. 7.26: Charakteristische-Vektor-Darstellung der Bestäuberrelation.

Das Einfügen und das Löschen von Paaren geschieht durch Finden des entsprechenden Array-Elements und der dazugehörigen verketteten Liste. An diesem Punkt angelangt, wird das Einfügen in oder das Löschen aus der Liste wie üblich vorgenommen.

Finden wir beispielsweise heraus, daß Wickson die Sorte Eldorado nicht ausreichend bestäuben kann, so könnten wir folgende Operation ausführen:

delete(Eldorado, Wickson)

Der Kopf der Liste steht in `Pollinizers[`Eldorado`]`, und von da aus gehen wir die Liste entlang, bis wir eine Zelle finden, die Wickson enthält, und löschen sie. Die Suche ist trivial; wir müssen nur den am entsprechenden Array-Eintrag gefundenen Zeiger zurückgeben. Um zum Beispiel die Anfrage *lookup*(Burbank, Pollinizers) zu beantworten, geben wir einfach die Liste `Pollinizers[`Burbank`]` zurück.

Hashtabellenimplementation zweistelliger Relationen

Wir können eine gegebene zweistellige Relation R in einer Hashtabelle unter Verwendung einer Hashfunktion speichern, die nur von der ersten Komponente eines Paares abhängt. Das heißt, das Paar (a, b) wird in Bucket $h(a)$ abgelegt, wobei h die Hashfunktion ist. Beachten Sie, daß sich dieses Arrangement in nichts von dem einer Funktion unterscheidet; der einzige Unterschied ist, daß ein Bucket bei einer zweistelligen Relation mehr als ein Paar mit einem gegebenen Wert a als erster Komponente enthalten kann, wohingegen er bei einer Funktion niemals mehr als ein solches Paar enthalten könnte.

Um das Paar (a, b) einzufügen, berechnen wir $h(a)$ und untersuchen den mit dieser Zahl bezeichneten Bucket, um sicherzugehen, daß (a, b) nicht bereits enthalten ist. Ist dies nicht der Fall, hängen wir (a, b) an das Ende der Liste dieses Buckets. Um das Paar (a, b) zu löschen, gehen wir zu Bucket $h(a)$, suchen dieses Paar und entfernen es aus der Liste, wenn es vorhanden ist.

Zur Ausführung von *lookup*(a) finden wir wieder erst den Bucket $h(a)$ und gehen die Liste dieses Buckets entlang, wobei wir alle b einsammeln, die in einer Zelle mit der ersten Komponente a vorkommen. Die *lookup*-Funktion aus Abb. 7.25, die wir für eine verkettete Liste schrieben, läßt sich ebensogut auf die Liste anwenden, die einen Buckets einer Hashtabelle bildet.

Die Laufzeit von Operationen auf zweistelligen Relationen

Die Leistung der drei Darstellungsformen für zweistellige Relationen unterscheidet sich kaum von der Leistung derselben Strukturen auf Funktionen oder Wörterbüchern. Betrachten wir zunächst die Listendarstellung. Obwohl wir die Prozeduren für *insert* und *delete* nicht geschrieben haben, sollten wir in der Lage sein, uns vorzustellen, daß diese Prozeduren auf der Suche nach dem gewünschten Paar die gesamte Liste entlanglaufen und erst anhalten, wenn sie es gefunden haben. Bei einer Liste der Länge n dauert diese Suche durchschnittlich $O(n)$ Zeit, da wir die gesamte Liste durchgehen müssen, wenn das Paar nicht gefunden wird. Wird das Paar gefunden, so durchsuchen wir im Durchschnitt die halbe Liste.

Bei *lookup* sollte uns eine Untersuchung der Abb. 7.25 davon überzeugen, daß diese Funktion $O(1)$ Zeit plus einen rekursiven Aufruf auf dem Rest der Liste benötigt. Wir brauchen für eine Liste der Länge n demnach n Aufrufe, was uns den Gesamtzeitaufwand von $O(n)$ liefert.

Widmen wir uns nun den verallgemeinerten charakteristischen Vektoren. Die Operation *lookup*(a) ist am einfachsten. Wir gehen zu dem mit a indizierten Array-Element und finden dort unsere Antwort, eine Liste aller Werte b derart, daß (a, b) in der Relation enthalten ist. Wir brauchen die Elemente nicht einmal zu prüfen oder zu kopieren. *lookup* benötigt somit bei Benutzung charakteristischer Vektoren $O(1)$ Zeit.

Auf der anderen Seite sind *insert* und *delete* weit weniger leicht durchzuführen. Beim Einfügen von (a, b) erreichen wir das mit a indizierten Array-Element noch relativ leicht, wir müssen jedoch die Liste durchsuchen, um sicherzustellen, daß (a, b) nicht bereits enthalten ist.[4] Das erfordert einen Zeitaufwand, der durchschnittlich proportional zur Länge der Liste ist, das heißt zur durchschnittlichen Anzahl von Werten des Wertebereiches, die zu einem gegebenen Wert des Definitionsbereiches assoziiert werden. Wir nennen diesen Parameter m. Anders ausgedrückt ist m die Gesamtzahl n der Paare in der Relation geteilt durch die Anzahl der unterschiedlichen Definitionsbereichswerte. Wenn wir davon ausgehen, daß das Durchsuchen einer Liste ebenso wahrscheinlich ist wie das Durchsuchen einer anderen, benötigen wir für die Durchführung eines *insert* oder *delete* im Durchschnitt $O(m)$ Zeit.

Zum Schluß wollen wir uns noch der Hashtabelle widmen. Wenn es in unserer Relation n Paare gibt und wir von B Buckets ausgehen, erwarten wir im Durchschnitt n/B Paare pro Bucket. Der Parameter m muß jedoch auch berücksichtigt werden. Wenn es n/m unterschiedliche Definitionsbereichswerte gibt, können höchstens n/m Buckets gefüllt sein, da der Bucket für ein Paar nur mit Hilfe des Wertes des Definitionsbereiches ermittelt wird. m ist demnach eine untere Schranke der durchschnittlichen Größe eines Buckets, unabhängig von B. Da n/B ebenfalls eine untere Schranke ist, ergibt sich die Zeit zur Durchführung einer der drei Operationen aus $O(\max(m, n/B))$.

Beispiel 7.31

Gegeben sei eine Relation bestehend aus 1000 Paaren, die auf 100 Werte des Definitionsbereiches verteilt sind. Der typische Wert des Definitionsbereiches hat dann 10 zu ihm assoziierte Werte des Wertebereichs; das heißt, $m = 10$. Verwenden wir 1000 Buckets – ist also $B = 1000$ – so muß m größer sein als n/B, das 1 ergibt, und wir erwarten, daß der durchschnittliche Bucket (da sich seine

---

[4] Wir könnten das Paar einfach einfügen, ohne uns darum zu kümmern, ob es bereits enthalten ist oder nicht. Das hätte jedoch sowohl die Vor- als auch die Nachteile der in Abschnitt 6.4 behandelten Listendarstellung, bei der Duplikate erlaubt waren.

Nummer $h(a)$ aus einem in der Relation vorkommenden Wert a des Definitionsbereiches ergibt) ungefähr 10 Paare enthält. Tatsächlich hat er durchschnittlich etwas mehr, da für verschiedene Werte a_1 und a_2 des Definitionsbereiches zufällig $h(a_1)$ und $h(a_2)$ derselbe Bucket sein könnte. Würden wir $B = 100$ wählen, dann wäre $m = n/B = 10$, und wir würden wieder von jedem von uns durchsuchten Bucket erwarten, daß er ungefähr 10 Elemente enthält. Wie wir gerade erwähnten, liegt die tatsächliche Anzahl aufgrund von Zufällen, bei denen zwei Werte des Definitionsbereiches nach dem „Hashen" zum selben Bucket führen, etwas höher. ◆

ÜBUNGEN

7.9.1: Schreiben Sie, basierend auf den Datentypen aus Beispiel 7.29, eine Funktion, die einen Bestäuberwert b und eine Liste von Sorte-Bestäuber-Paaren übernimmt und eine Liste derjenigen Sorten zurückgibt, die von b bestäubt werden.

7.9.2: Schreiben Sie, ausgehend von den Annahmen aus Beispiel 7.29, (a) *insert*- und (b) *delete*-Routinen für Sorte-Bestäuber-Paare.

7.9.3: Schreiben Sie (a) *insert*-, (b) *delete*- und (c) *lookup*-Prozeduren für eine durch die Vektordatenstruktur aus Beispiel 7.30 repräsentierte Relation. Vergessen Sie beim Einfügen nicht, das Vorhandensein eines identischen, bereits in der Relation befindlichen Paares zu überprüfen.

7.9.4: Entwerfen Sie eine Hashtabellendatenstruktur zur Darstellung der Bestäuberrelation, die das Hauptbeispiel dieses Abschnitts bildet. Schreiben Sie Prozeduren für die Operationen *insert*, *delete* und *lookup*.

7.9.5*: Beweisen Sie die Korrektheit der Funktion `lookup` aus Abb. 7.25, indem Sie durch Induktion über die Länge der Liste L zeigen, daß `lookup` eine Liste aller Elemente b zurückgibt, für die das Paar (a, b) in der Liste L enthalten ist.

7.9.6*: Entwerfen Sie eine Datenstruktur, bei der die Operationen *insert*, *delete*, *lookup* und *inverseLookup* jeweils durchschnittlich in $O(1)$ Zeit ausgeführt werden können. Die letzte Operation übernimmt ein Element des Wertebereiches und findet die dazu assoziierten Elemente des Definitionsbereiches.

7.9.7: In diesem und im vorherigen Abschnitt definierten wir einige neue abstrakte Datentypen, die die Operationen *insert*, *delete* und *lookup* enthielten. Diese Operationen wurden jedoch etwas anders definiert als die gleichnamigen Operationen auf Wörterbüchern. Erstellen Sie eine Tabelle für die abstrakten Datentypen WÖRTERBUCH, FUNKTION (entsprechend Abschnitt 7.8) und RELATION (wie in diesem Abschnitt besprochen) und geben Sie die möglichen abstrakten Implementierungen und die diese unterstützenden Datenstrukturen an. Geben Sie dabei für jede Implementierung die Laufzeit der einzelnen Operationen an.

7.10 Einige spezielle Eigenschaften zweistelliger Relationen

In diesem Abschnitt werden wir uns mit einigen Eigenschaften befassen, die gewisse nützliche zweistellige Relationen haben. Wir beginnen mit der Definition einiger grundlegender Eigenschaften: Transitivität, Reflexivität, Symmetrie und Antisymmetrie. Diese werden zur Bildung gängiger Typen zweistelliger Relationen kombiniert: partielle Ordnungen, totale Ordnungen und Äquivalenzrelationen.

Transitivität

R sei eine zweistellige Relation auf dem Definitionsbereich D. Wir bezeichnen eine Relation R als *transitiv*, wenn gilt, daß, wenn aRb und bRc wahr sind, auch aRc wahr ist. Abbildung 7.27 illustriert die Eigenschaft der Transitivität an einem Graphen einer Relation. Immer wenn die gepunkteten Pfeile von a nach b und von b nach c für bestimmte a, b und c in einem Diagramm vorkommen, muß der durchgehende Pfeil von a nach c ebenfalls im Diagramm enthalten sein. Es ist wichtig, nicht zu vergessen, daß die Transitivität, wie auch die anderen in diesem Abschnitt noch zu definierenden Eigenschaften, die Relation als Ganzes betreffen. Es reicht nicht aus, daß die Eigenschaft für drei bestimmte Elemente des Definitionsbereiches zutrifft; sie muß für alle Tripel a, b und c im Definitionsbereich D gelten.

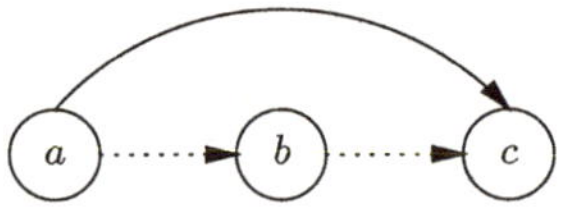

Abb. 7.27: Die Transitivitätsbedingung erfordert, daß, wenn die beiden Kanten aRb und bRc im Graphen einer Relation enthalten sind, auch die Kante aRc enthalten ist.

Beispiel 7.32

Gegeben sei die Relation $<$ auf **Z**, der Menge der ganzen Zahlen. Das heißt, $<$ ist die Menge der Paare ganzer Zahlen (a, b) derart, daß a kleiner als b ist. Die Relation $<$ ist transitiv, da wir wissen, wenn $a < b$ und $b < c$ ist, daß $a < c$ gilt. Ebenso sind die Relationen $\leq$, $>$ und $\geq$ auf ganzen Zahlen transitiv. Diese vier Vergleichsrelationen sind auch auf der Menge der reellen Zahlen transitiv.

Betrachten wir nun aber die Relation $\neq$ auf ganzen Zahlen (oder auf reellen Zahlen). Diese Relation ist nicht transitiv. Es seien als Beispiel a und c gleich 3 und b gleich 5. Dann sind $a \neq b$ und $b \neq c$ wahr. Wäre die Relation transitiv, so würde ebenfalls gelten, daß $a \neq c$ wahr ist. Das würde jedoch bedeuten, daß $3 \neq 3$ gilt, was falsch ist. Wir schließen daraus, daß $\neq$ nicht transitiv ist.

Als weiteres Beispiel einer transitiven Relation sei $\subseteq$, die Teilmengenrelation, betrachtet. Wir mögen versucht sein, die Relation als die Menge aller Paare von Mengen (S, T) anzusehen, für die gilt, daß $S \subseteq T$ ist. Die Vorstellung, daß es eine solche Menge gibt, würde uns jedoch wieder zu Russells Paradoxon führen. Nehmen wir jedoch an, wir haben eine „universale" Menge U. Wir können $\subseteq_U$ als die Menge der Paare von Mengen

$$\{(S, T) \mid S \subseteq T \text{ und } T \subseteq U\}$$

auswählen. $\subseteq_U$ ist dann eine Relation auf $\mathbf{P}(U)$, der Potenzmenge von U, und wir können uns $\subseteq_U$ als die Teilmengenrelation vorstellen.

Es sei zum Beispiel $U = \{1, 2\}$. Dann besteht $\subseteq_{\{1,2\}}$ aus den neun, in Abb. 7.28 angegebenen (S, T)-Paaren. $\subseteq_U$ enthält somit genau diejenigen Paare, für die gilt, daß die erste Komponente eine Teilmenge (nicht notwendigerweise eine echte) der zweiten Komponente ist und daß beide Teilmengen von $\{1, 2\}$ sind.

Es ist leicht zu überprüfen, daß $\subseteq_U$ transitiv ist, egal wie die Universalmenge U aussieht. Wenn $A \subseteq B$ und $B \subseteq C$ ist, dann muß auch $A \subseteq C$ sein. Der Grund ist, daß wir von jedem x in A wissen, daß es auch in B enthalten ist, weil $A \subseteq B$ gilt. Da x sich in B befindet, wissen wir auch, daß x in C vorkommt, da ebenfalls $B \subseteq C$ gilt. Jedes Element von A ist demnach auch Element von C. Deshalb gilt $A \subseteq C$. ◆

S	T
$\emptyset$	$\emptyset$
$\emptyset$	$\{1\}$
$\emptyset$	$\{2\}$
$\emptyset$	$\{1,2\}$
$\{1\}$	$\{1\}$
$\{1\}$	$\{1,2\}$
$\{2\}$	$\{2\}$
$\{2\}$	$\{1,2\}$
$\{1,2\}$	$\{1,2\}$

Abb. 7.28: Die Paare in der Relation $\subseteq_{\{1, 2\}}$.

Reflexivität

Einige zweistellige Relationen haben die Eigenschaft, daß für jedes Element a des Definitionsbereichs das Paar (a, a) in R enthalten ist; es gilt also aRa. Ist dies der Fall, so bezeichnen wir die Relation als *reflexiv.* Abbildung 7.29 deutet an, daß der Graph einer reflexiven Relation an allen Elementen des Definitionsbereiches Schleifen enthält. Der Graph kann neben den Schleifen natürlich auch andere Pfeile beinhalten.

Abb. 7.29: Bei einer reflexiven Relation R gilt für jedes x des Definitionsbereiches xRx.

Beispiel 7.33

Die Relation $\geq$ auf den reellen Zahlen ist reflexiv. Für jede reelle Zahl a gilt $a \geq a$. $\leq$ ist ebenfalls reflexiv, ebenso wie beide Relationen auch auf ganzen Zahlen reflexiv sind. Dagegen sind $<$ und $>$ nicht reflexiv, da $a < a$ bzw. $a > a$ jeweils mindestens für einen Wert von a falsch ist; tatsächlich sind beide sogar für alle a falsch.

Die in Beispiel 7.32 definierten Teilmengenrelationen $\subseteq_U$ sind ebenfalls reflexiv, da $A \subseteq A$ für jede Menge A gilt. Die ebenso definierten Relationen $\subset_U$, die das Paar (S, T) enthalten, wenn $S \subset T$ gilt – wenn also S eine echte Teilmenge von T ist – und $T \subseteq U$, sind nicht reflexiv. Das liegt daran, daß $A \subset A$ für ein A (und sogar für alle A) falsch ist. ◆

Symmetrie und Antisymmetrie

R sei eine zweistellige Relation. Wie in Übung 7.7.7 definiert, ist die *Inverse* von R die Menge aller Paare von R mit vertauschten Komponenten. Für die Inverse von R, gekennzeichnet durch R^{-1}, gilt somit

$$\{(b, a) \mid (a, b) \in R\}$$

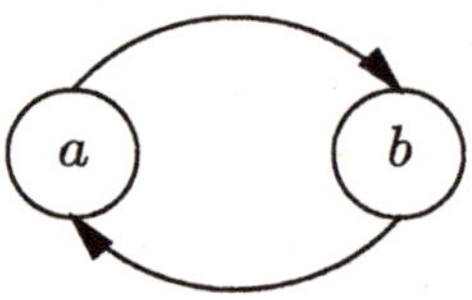

Abb. 7.30: Wenn aRb gilt, fordert die Symmetrie, daß auch bRa gilt.

Zum Beispiel ist > die Inverse von <, da $a > b$ genau dann gilt, wenn $b < a$ ist. Ebenso ist ≥ die Inverse von ≤.

Wir bezeichnen die Relation R als *symmetrisch*, wenn sie ihre eigene Inverse ist. Das heißt, R ist symmetrisch, wenn, immer wenn aRb gilt, auch bRa gilt. Abbildung 7.30 gibt an, wie die Symmetrie in einem Graphen einer Relation aussieht. Immer wenn eine Vorwärtskante existiert, muß auch eine Rückwärtskante vorhanden sein.

Wir sagen, daß R *antisymmetrisch* ist, wenn aRb und bRa nur dann gleichzeitig wahr sind, wenn $a = b$ ist. Hierbei ist wichtig zu erwähnen, daß es nicht notwendig ist, daß aRa in einer antisymmetrischen Relation für irgendein bestimmtes a wahr ist. Allerdings kann eine antisymmetrische Relation auch reflexiv sein. Abbildung 7.31 zeigt, wie sich die Antisymmetriebedingung auf die Graphen von Relationen auswirkt.

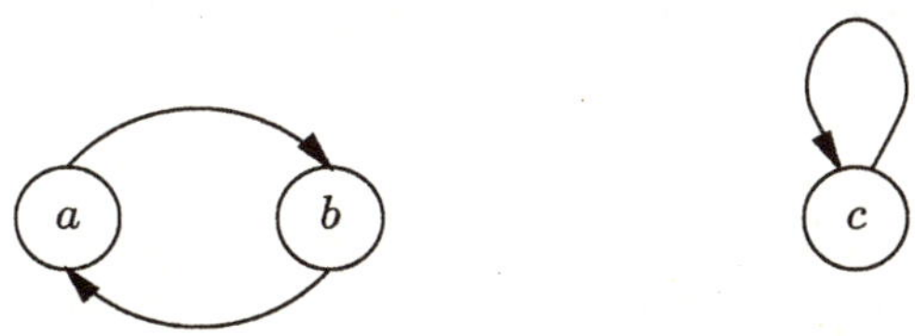

Abb. 7.31: Eine antisymmetrische Relation darf keine Zyklen enthalten, die zwei Elemente umfassen; Schleifen an einem einzelnen Element sind dagegen erlaubt.

Beispiel 7.34

Die Relation ≤ auf ganzen oder reellen Zahlen ist antisymmetrisch, da $a = b$ sein muß, wenn sowohl $a \leq b$ als auch $b \leq a$ gilt. Auch die Relation < ist antisymmetrisch, da unter keinen Umstände $a < b$ und $b < a$ gleichzeitig wahr sein können. Ebenso sind ≥ und > antisymmetrisch, wie auch die Teilmengenrelationen $\subseteq_U$, die wir in Beispiel 7.32 besprachen.

Beachten Sie jedoch, daß ≤ nicht symmetrisch ist. Es gilt zum Beispiel $3 \leq 5$, nicht aber $5 \leq 3$. Ebenso ist keine der anderen im vorigen Absatz erwähnten Relationen symmetrisch.

≠ ist ein Beispiel einer symmetrischen Relation auf ganzen Zahlen. Das bedeutet, wenn $a \neq b$ ist, dann ist sicher auch $b \neq a$. ◆

Partielle und totale Ordnungen

Eine *partielle Ordnung* ist eine transitive und antisymmetrische zweistellige Relation. Eine Relation wird als *totale Ordnung* bezeichnet, wenn sie nicht nur transitiv und antisymmetrisch ist, sondern wenn sie zusätzlich jedes Elementpaar im Definitionsbereich *vergleichbar* macht. Das bedeutet, wenn R eine totale Ordnung ist und a und b zwei Elemente aus ihrem Definitionsbereich sind, daß dann entweder aRb oder bRa wahr ist. Beachten Sie, daß jede totale Ordnung reflexiv ist, da es sich bei a und b um dasselbe Element handeln könnte, woraufhin die Forderung nach der Vergleichbarkeit besagt, daß aRa gilt.

Stolpersteine in Definitionen von Eigenschaften

Wir wiesen darauf hin, daß die Definition einer Eigenschaft eine allgemeine Bedingung darstellt, eine, die für alle Elemente des Definitionsbereiches Anwendung findet. Damit eine Relation R auf dem Definitionsbereich D reflexiv ist, muß für jedes $a \in D$ aRa gelten. Es reicht weder aus, daß aRa für ein a wahr ist, noch ist es sinnvoll zu sagen, daß eine Relation für einige Elemente reflexiv ist und für andere nicht. Wenn es auch nur ein a in D gibt, für das aRa falsch ist, so ist R nicht reflexiv. (Reflexivität hängt demnach sowohl vom Definitionsbereich als auch von der Relation R ab.)

Weiterhin gilt, daß eine Bedingung wie die Transitivität – „wenn aRb und bRc, dann aRc" – die Form „wenn A, dann B" hat. Sie erinnern sich, daß wir eine solche Aussage erfüllen, indem wir entweder B wahr oder A falsch machen. Für ein gegebenes Tripel a, b und c ist die Transitivitätsbedingung demnach immer erfüllt, wenn aRb falsch ist oder wenn bRc falsch ist oder wenn aRc wahr ist. Ein extremes Beispiel stellt die leere Relation dar, die transitiv, symmetrisch und antisymmetrisch ist, da die „wenn"-Bedingung niemals erfüllt ist. Die leere Relation ist jedoch nicht reflexiv, es sei denn der Definitionsbereich ist ebenfalls $\varnothing$.

Beispiel 7.35

Bei den arithmetischen Vergleichen $\leq$ und $\geq$ auf ganzen und reellen Zahlen handelt es sich um totale und somit gleichzeitig partielle Ordnungen. Man beachte, daß für jedes a und b gilt, $a \leq b$ oder $b \leq a$, beides ist aber nur genau dann wahr, wenn $a = b$ ist.

Die Vergleiche $<$ und $>$ sind partielle, aber keine totalen Ordnungen. Sie sind antisymmetrisch, aber nicht reflexiv; das heißt, weder a < a ist wahr noch a > a.

Die Teilmengenrelationen $\subseteq$ und $\subset$ auf 2^U für eine Universalmenge U sind partielle Ordnungen. Wir haben bereits gesehen, daß sie transitiv und antisymmetrisch sind. Diese Relationen sind jedoch keine totalen Ordnungen, solange U mindestens zwei Elemente enthält, da es dann nicht-vergleichbare Elemente gibt. Es sei beispielsweise $U = \{1, 2\}$. Dann sind $\{1\}$ und $\{2\}$ Teilmengen von U, aber keine ist Teilmenge der anderen. ◆

Man kann eine totale Ordnung R als eine lineare Folge von Elementen ansehen, wie in Abb. 7.32 angedeutet, bei der immer, wenn aRb für verschiedene Elemente a und b gilt, a auf der Linie links von b steht. Entspricht R beispielsweise der Relation $\leq$ auf ganzen Zahlen, dann wären die Elemente entlang der Linie ..., -2, -1, 0, 1, 2, ... Wenn R die Relation $\leq$ auf reellen Zahlen ist, entsprechen die Punkte den Punkten entlang der Linie der reellen Zahlen, so als wäre die Linie ein unendliches Lineal; die reelle Zahl x wird x Einheiten rechts von der 0-Markierung gefunden, wenn x positiv ist, und $-x$ Einheiten links von der 0-Markierung, wenn x negativ ist.

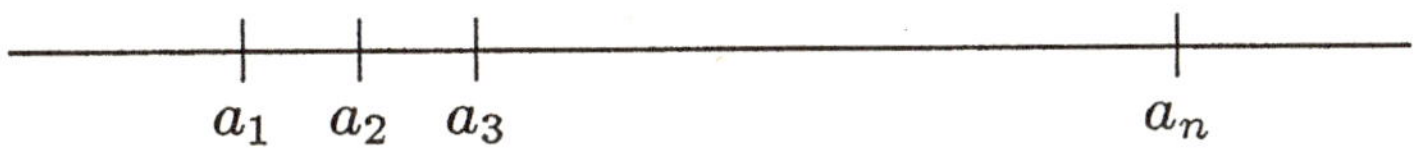

Abb. 7.32: Abbildung einer totalen Ordnung auf $a_1, a_2, a_3, ..., a_n$.

Wenn R eine partielle, aber keine totale Ordnung ist, können wir die Elemente des Definitionsbereiches auch so zeichnen, daß, wenn aRb gilt, a links von b steht. Da es jedoch einige nicht-vergleichbare Elemente gibt, können wir die Elemente nicht notwendigerweise auf einer Linie einzeichnen, so daß die Relation R „links von" bedeutet.

Beispiel 7.36

Abbildung 7.33 repräsentiert die partielle Ordnung $\subseteq_{\{1,2,3\}}$. Wir haben die Relation als *reduzierten Graphen* aufgezeichnet, in dem wir Kanten weggelassen haben, die aufgrund der Transitivität abgeleitet werden können. Das heißt, $S \subseteq_{\{1,2,3\}} T$, wenn einer der drei folgenden Punkte gilt:

1. $S = T$,
2. es existiert eine Kante von S nach T oder
3. es gibt einen Pfad von S nach T bestehend aus zwei oder mehr Kanten.

Wir wissen zum Beispiel, daß $\varnothing \subseteq_{\{1,2,3\}} \{1, 3\}$ ist, da es einen Pfad von $\varnothing$ über $\{1\}$ nach $\{1, 3\}$ gibt. ♦

Äquivalenzrelationen

Eine *Äquivalenzrelation* ist eine zweistellige Relation, die reflexiv, symmetrisch und transitiv ist. Diese Art der Relation unterscheidet sich wesentlich von den partiellen und totalen Ordnungen, denen wir in den vorhergehenden Beispielen begegnet sind. Tatsächlich kann eine partielle Ordnung niemals eine Äquivalenzrelation sein, außer im trivialen Fall, daß der Definitionsbereich nur ein Element a enthält und die Relation $\{(a, a)\}$ lautet.

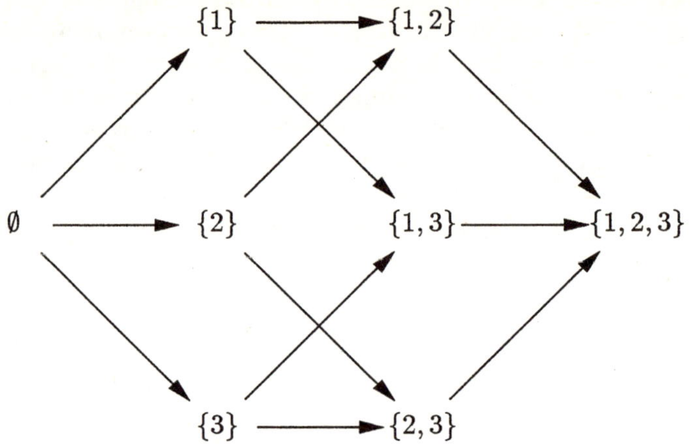

Abb. 7.33: Reduzierter Graph für die partielle Ordnung $\subseteq_{\{1,2,3\}}$.

Beispiel 7.37

Eine Relation wie $\leq$ auf ganzen Zahlen ist keine Äquivalenzrelation. Sie ist zwar transitiv und reflexiv, aber nicht symmetrisch. Wenn $a \leq b$ ist, gilt $b \leq a$ nicht, es sei denn es gilt $a = b$.

Als Beispiel für eine Äquivalenzrelation bestehe R aus denjenigen Paaren ganzer Zahlen (a, b), für die gilt, $a - b$ ist ein ganzzahliges Vielfaches von 3. Es gilt zum Beispiel $3R9$, da $3 - 9 = -6 = 3 \times (-2)$ ist. Auch gilt $5R(-4)$, da $5 - (-4) = 9 = 3 \times 3$ ist. (1, 2) ist nicht in R enthalten (wir können auch sagen, „$1R2$ ist falsch"), da $1 - 2 = -1$ ergibt, also kein ganzzahliges Vielfaches von 3 ist. Wir können zeigen, daß R eine Äquivalenzrelation ist:

1. R ist reflexiv, da aRa für jede ganze Zahl a gilt, denn $a - a$ ergibt Null, was ein Vielfaches von 3 ist.

2. R ist symmetrisch. Wenn $a - b$ ein Vielfaches von 3 ist – sagen wir $3c$ für eine ganze Zahl c – dann ist $b - a$ gleich $-3c$ und daher ebenfalls ein ganzzahliges Vielfaches von 3.

3. R ist transitiv. Angenommen, es gelte aRb und bRc. Das heißt, $a - b$ ist ein Vielfaches von 3, sagen wir $3d$; und $b - c$ ist ein Vielfaches von 3, sagen wir $3e$. Dann gilt

   $$a - c = (a - b) + (b - c) = 3d + 3e = 3(d + e)$$

   was zeigt, daß $a - c$ auch ein Vielfaches von 3 ist. aRb und bRc implizieren demnach aRc, was bedeutet, daß R transitiv ist.

Als weiteres Beispiel sei S die Menge aller Städte der Welt. T sei die Relation, die definiert ist durch aTb, wenn a und b durch Straßen miteinander verbunden sind, das heißt, wenn es möglich ist, mit dem Auto von a nach b zu fahren. Das Paar (Toronto, New York) ist somit in T enthalten, nicht aber das Paar

(Honolulu, Anchorage).

Wir behaupten, daß T eine Äquivalenzrelation ist.

T ist reflexiv, da jede Stadt trivialerweise mit sich selbst verbunden ist. T ist symmetrisch, denn wenn a mit b verbunden ist, dann ist auch b mit a verbunden. T ist transitiv, denn wenn a mit b verbunden ist und b mit c, ist auch a mit c verbunden; wir können von a nach c über b reisen, wenn keine kürzere Strecke existiert. ◆

Äquivalenzklassen

Eine andere Art der Betrachtung einer Äquivalenzrelation besteht darin, daß diese ihren Definitionsbereich in *Äquivalenzklassen* zerlegt. Wenn R eine Äquivalenzrelation auf einem Definitionsbereich D ist, können wir D in Äquivalenzklassen zerlegen, so daß gilt:

1. Jedes Element des Definitionsbereiches ist in genau einer Äquivalenzklasse enthalten.
2. Wenn aRb gilt, befinden sich a und b in derselben Äquivalenzklasse.
3. Wenn aRb nicht gilt, befinden sich a und b in verschiedenen Äquivalenzklassen.

Beispiel 7.38

Gegeben sei die Relation R aus Beispiel 7.37, wo aRb galt, wenn $a - b$ ein Vielfaches von 3 war. Eine Äquivalenzklasse bildet die Menge der ganzen Zahlen, die genau durch 3 teilbar sind, das heißt, diejenigen, bei denen ein Rest von 0 übrigbleibt, nachdem sie durch 3 geteilt wurden. Diese Klasse ist $\{..., -3, 0, 3, 6, ...\}$. Eine zweite bildet die Menge der ganzen Zahlen, die einen Rest von 1 ergeben, nachdem sie durch 3 geteilt wurden, also $\{..., -2, 1, 4, 7, ...\}$. Die letzte Klasse entspricht der Menge der ganzen Zahlen, die einen Rest von 2 übriglassen, nachdem sie durch 3 geteilt wurden. Diese Klasse entspricht $\{..., -1, 2, 5, 8, ...\}$. Die Klassenzerlegung der Menge der ganzen Zahlen in drei disjunkte Mengen wird in Abb. 7.34 verdeutlicht.

Beachten Sie, daß, wenn zwei ganze Zahlen denselben Rest ergeben, nachdem sie durch 3 geteilt wurden, sich ihre Differenz glatt durch 3 teilen läßt. Zum Beispiel ist $14 = 3 \times 4 + 2$ und $5 = 3 \times 1 + 2$. Demnach gilt $14 - 5 = 3 \times 4 - 3 \times 1 + 2 - 2 = 3 \times 3$. Wir wissen daher, daß gilt $14R5$.

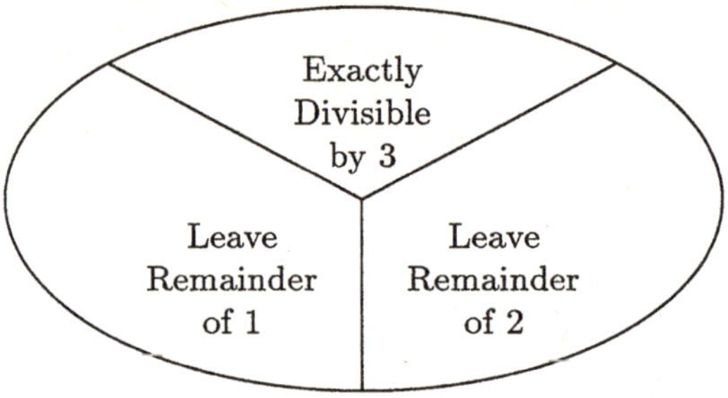

Abb. 7.34: Äquivalenzklassen für die Relation auf ganzen Zahlen: „Differenz ist durch 3 teilbar“

Haben zwei ganze Zahlen aber einen unterschiedlichen Rest, nachdem sie durch 3 geteilt wurden, so ist ihre Differenz mit Sicherheit nicht glatt durch 3 teilbar. Ganze Zahlen verschiedener Klassen, wie 5 und 7, stehen demnach nicht durch R in Beziehung. ◆

Um die Äquivalenzklassen für eine Äquivalenzrelation R zu bilden, sei $class(a)$ die Menge der Elemente b derart, daß gilt aRb. Nehmen wir zum Beispiel die Äquivalenzrelation R aus Beispiel 7.37, dann enthielte $class(4)$ die Menge der ganzen Zahlen, die einen Rest von 1 haben, wenn sie durch 3 geteilt werden; das heißt, $class(4) = \{..., -2, 1, 4, 7, ...\}$.

Es ist zu beachten, daß, wenn wir a jedes Element des Definitionsbereiches durchlaufen lassen, wir typischerweise mehrere Vorkommen derselben Klasse erhalten. Wenn aRb gilt, gilt sogar $class(a) = class(b)$. Um zu verstehen, warum, nehmen wir an, daß c in $class(a)$ enthalten ist. Dann gilt aufgrund der Definition von *class* auch aRc. Da aRb gegeben ist, folgt aus der Symmetrie, daß auch bRa gilt. Aufgrund der Transitivität implizieren bRa und aRc, daß gilt bRc. bRc sagt nun aber aus, daß sich c in $class(b)$ befindet. Jedes Element in $class(a)$ ist demnach in $class(b)$ enthalten. Da dasselbe Argument besagt, daß, solange aRb gilt, jedes Element in $class(b)$ auch in $class(a)$ enthalten ist, schließen wir, daß $class(a)$ und $class(b)$ identisch sind.

Ist $class(a)$ nun aber nicht gleich $class(b)$, können diese beiden Klassen kein Element gemeinsam haben. Gehen wir vom Gegenteil aus. Dann muß es ein c sowohl in $class(a)$ als auch in $class(b)$ geben. Aufgrund unserer vorhergehenden Annahme wissen wir, daß aRc und bRc gelten. Nach der Symmetrieeigenschaft gilt dann auch cRb. aRc und cRb implizieren aufgrund der Transitivität, daß aRb gilt. Wir haben aber gerade gezeigt, daß, immer wenn aRb wahr ist, $class(a)$ und $class(b)$ gleich sind. Da wir davon ausgingen, daß diese Klassen nicht gleich sind, haben wir einen Widerspruch. Das angenommene c im Schnitt von $class(a)$ und $class(b)$ kann es demnach nicht geben.

Es verbleibt ein noch zu klärender Punkt: Jedes Element des Definitionsbereiches ist in einer Äquivalenzklasse enthalten. Insbesondere ist a immer in $class(a)$ enthalten, da die Reflexivität besagt, daß aRa gilt.

Wir können nun schließen, daß eine Äquivalenzrelation ihren Definitionsbereich in Äquivalenzklassen zerlegt, die disjunkt sind und die jedes Element genau einer Klasse zuordnen. Beispiel 7.38 illustriert dieses Phänomen.

Abschlüsse von Relationen

Eine häufig auf Relationen angewandte Operation besteht darin, eine Relation, der eine Eigenschaft fehlt, zu nehmen und so wenig Paare wir möglich hinzuzufügen, um eine Relation zu erzeugen, die diese Eigenschaft besitzt. Die Ergebnisrelation wird als *Abschluß* (für diese Eigenschaft) der ursprünglichen Relation bezeichnet.

Beispiel 7.39

In Zusammenhang mit Abb. 7.33 stellten wir reduzierte Graphen vor. Obwohl wir eine transitive Relation, $\subseteq_{\{1,2,3\}}$, darstellten, zeichneten wir Kanten, die nur einer Teilmenge der Paare in der Relation entsprachen. Durch Anwendung des Transitivitätsgesetzes können wir die gesamte Relation rekonstruieren, indem wir solange neue Paare ableiten, bis keine weiteren mehr ableitbar sind. Zum Beispiel stellen wir fest, daß es Kanten gibt, die den Paaren ({1}, {1, 3}) und ({1, 3}, {1, 2, 3}) entsprechen, so daß das Transitivitätsgesetz besagt, daß das Paar ({1}, {1, 2, 3}) ebenfalls in der Relation enthalten sein muß. Dieses Paar sagt uns dann zusammen mit dem Paar (∅, {1}), daß auch (∅, {1, 2, 3}) in der Relation vorkommt. Dazu müssen wir noch die „reflexiven" Paare (S, S) für jede Menge S, die Teilmenge von {1, 2, 3} ist, hinzufügen. Auf diese Art können wir alle Paare in der Relation $\subseteq_{\{1,2,3\}}$ rekonstruieren. ◆

Eine weitere nützliche Abschluß-Operation ist die *topologische Sortierung,* bei der wir eine partielle Ordnung nehmen und solange Tupel hinzufügen, bis daraus eine totale Ordnung wird. Während der transitive Abschluß einer zweistelligen Relation eindeutig ist, gibt es häufig mehrere totale Ordnungen, die eine gegebene partielle Ordnung enthalten. In Kapitel 9 werden wir einen überraschend effizienten Algorithmus für die topologische Sortierung kennenlernen. Für den Augenblick wollen wir ein Beispiel betrachten, bei dem die topologische Sortierung hilfreich ist.

Beispiel 7.40

Es ist üblich, eine Folge von Aufgaben, die im Laufe eines Verarbeitungsprozesses geleistet werden müssen, durch eine Menge von „Vorrangstellungen" darzustellen, die eingehalten werden müssen. Sie müssen zum Beispiel Ihren linken Socken vor Ihrem linken Schuh anziehen und Ihren rechten Socken vor Ihrem rechten Schuh. Dabei gibt es keine anderen Vorrangstellungen, die eingehalten werden müssen. Wir können diese Vorrangstellungen durch eine Menge bestehend aus den beiden Paaren (*leftsock*, *leftshoe*) und (*rightsock*, *rightshoe*) darstellen. Diese Menge ist eine partielle Ordnung.

Diese Relation läßt sich auf sechs verschiedene totale Ordnungen erweitern. Eine davon ist die totale Ordnung, bei der wir den linken Fuß zuerst bekleiden; diese Relation ist eine aus folgenden zehn Paaren bestehende Menge:

(*leftsock*, *leftsock*)	(*leftsock*, *leftshoe*)	(*leftsock*, *rightsock*)	(*leftsock*, *rightshoe*)
(*leftshoe*, *leftshoe*)	(*leftshoe*, *rightsock*)	(*leftshoe*, *rightshoe*)	
(*rightsock*, *rightsock*)	(*rightsock*, *rightshoe*)		
(*rightshoe*, *rightshoe*)			

Wir können uns diese totale Ordnung vorstellen als die lineare Anordnung

leftsock → *leftshoe* → *rightsock* → *rightshoe*

Es gibt eine analoge Vorgehensweise, bei der wir den rechten Fuß zuerst anziehen.

Es gibt vier weitere mögliche totale Ordnungen, die sich aus der ursprünglichen partiellen Ordnung ergeben, bei denen wir zuerst die Socken und dann die Schuhe anziehen. Sie werden durch folgende lineare Anordnungen repräsentiert:

leftsock → *rightsock* → *leftshoe* → *rightshoe*

leftsock → *rightsock* → *rightshoe* → *leftshoe*

rightsock → *leftsock* → *leftshoe* → *rightshoe*

rightsock → *leftsock* → *rightshoe* → *leftshoe*

Eine dritte Form des Abschlusses besteht darin, die kleinste Äquivalenzrelation zu finden, die eine gegebene Relation enthält. Zum Beispiel repräsentiert eine Straßenkarte eine Relation, die aus Städtepaaren besteht, welche miteinander durch Straßensegmente ohne dazwischenliegende Städte verbunden sind. Um die durch Straßen miteinander verbundenen Städte herauszufinden, können wir die Reflexivität, die Transitivität und die Symmetrie anwenden, um diejenigen Städtepaare abzuleiten, die durch eine Folge dieser elementaren Straßen miteinander verbunden sind. Diese Form des Abschlusses wird als das Finden „zusammenhängender Komponenten" eines Graphen bezeichnet. In Kapitel 9 werden wir einen effizienten Algorithmus für dieses Problem vorstellen.

ÜBUNGEN

7.10.1: Geben Sie eine Relation an, die für einen Definitionsbereich reflexiv, für einen anderen dagegen nicht reflexiv ist. Vergessen Sie nicht, daß, wenn D ein möglicher Definitionsbereich einer Relation R sein soll, D jedes in einem Paar von R vorkommende Element enthalten muß, daß es aber auch mehr Elemente enthalten darf.

7.10.2:**Wie viele Paare gibt es in der Relation $\subseteq_{\{1,2,3\}}$? Wie viele Paare gibt es allgemein in $\subseteq_U$, wenn U n Elemente hat? *Hinweis*: Versuchen Sie, die Funktion mit Hilfe einiger Fälle zu erraten, wie den zweielementigen Fall (Abb. 7.28), bei dem es 9 Paare gibt. Beweisen Sie die Korrektheit Ihrer Vermutung durch Induktion.

7.10.3: Gegeben sei die zweistellige Relation auf dem Definitionsbereich vierbuchstabiger Zeichenketten, die definiert ist durch: sRt, wenn t aus der Zeichenkette s gebildet wurde, indem deren Zeichen um eine Position nach links verschoben wurden, und das erste Zeichen von s an die letzte Position von t geschrieben wurde. Es gilt somit $abcdRbcda$, wobei a, b, c und d einzelne Buchstaben sind. Finden Sie heraus, ob R (a) reflexiv, (b) symmetrisch, (c) transitiv, (d) eine partielle Ordnung und/oder (e) eine Äquivalenzrelation ist. Begründen Sie für jeden Fall, warum er gilt, bzw. geben Sie ein Gegenbeispiel an.

7.10.4: Gegeben sei der Definitionsbereich vierbuchstabiger Zeichenketten aus Übung 7.10.3. S sei die zweistellige Relation bestehend aus R, das 0 mal oder öfter angewandt wurde. Es gelten somit $abcdSabcd$, $abcdSbcda$, $abcdScdab$ und $abcdSdabc$. Anders ausgedrückt, eine Zeichenkette steht durch S zu jeder ihrer „Rotationen" in Beziehung. Beantworten Sie die fünf Fragen aus Übung 7.10.3 für die Relation S. Rechtfertigen Sie wieder jeden Fall.

7.10.5*: Was stimmt beim folgenden „Beweis" nicht?

(Nicht-)Theorem: Wenn die zweistellige Relation R symmetrisch und transitiv ist, dann ist R reflexiv.

(Nicht-)Beweis: x sei ein Element des Definitionsbereichs von R. Wähle y derart, daß gilt xRy. Wegen der Symmetrie gilt yRx. xRy und yRx implizieren aufgrund der Transitivität, daß xRx gilt. Da x ein beliebiges Element des Definitionsbereiches von R ist, haben wir gezeigt, daß xRx für jedes Element des Definitionsbereiches von R gilt, was beweist, daß R reflexiv ist.

7.10.6: Geben Sie Beispielrelationen auf dem Definitionsbereich {1, 2, 3} an, die

a) reflexiv und transitiv, aber nicht symmetrisch sind,

b) reflexiv und symmetrisch, aber nicht transitiv sind,

c) symmetrisch und transitiv, aber nicht reflexiv sind,

d) symmetrisch und antisymmetrisch sind,

e) reflexiv, transitiv und eine totale Funktion sind,

f) antisymmetrisch und eine Eins-zu-Eins-Beziehung sind.

7.10.7*: Wieviele Kanten können wir sparen, wenn wir zur Darstellung der Relation $\subseteq_U$ den reduzierten Graphen und nicht den vollständigen Graphen verwenden, wobei U n Elemente enthält?

7.10.8: Sind (a) $\subseteq_U$ und (b) $\subset_U$ partielle oder totale Ordnungen, wenn U ein Element enthält?

Was ist, wenn U kein Element enthält?

7.10.9*: Zeigen Sie durch Induktion über n, beginnend bei $n = 1$, daß, wenn es eine Folge von n Paaren a_0Ra_1, a_1Ra_2, ..., $a_{n-1}Ra_n$ gibt und wenn R eine transitive Relation ist, dann a_0Ra_n gilt. Zeigen Sie also, daß, wenn es einen Pfad im Graphen einer transitiven Relation gibt, es auch eine Kante vom Anfang des Pfades zu dessen Ende gibt.

7.10.10: Finden Sie die kleinste Äquivalenzrelation, die die Paare (a, b), (a, c), (d, e) und (b, f) enthält.

7.10.11: R sei die Relation auf den ganzen Zahlen derart, daß aRb gilt, wenn a und b verschieden sind und noch einen anderen gemeinsamen Teiler als 1 haben. Finden Sie heraus, ob R (a) reflexiv, (b) symmetrisch, (c) transitiv, (d) eine partielle Ordnung und/oder (e) eine Äquivalenzrelation ist.

Jede Menge ist entweder endlich oder unendlich

Auf den ersten Blick mag es so erscheinen, als gäbe es Dinge, die nicht ganz endlich und nicht ganz unendlich sind. Als wir uns zum Beispiel über verkettete Listen unterhielten, legten wir der Länge einer verketteten Liste keine Beschränkung auf. Wird jedoch während der Ausführung eines Programms eine verkettete Liste erzeugt, hat sie immer eine endliche Länge. Wir können daher folgende Unterscheidungen machen:

1. Jede verkettete Liste ist in ihrer Länge endlich; das heißt, sie enthält eine endliche Anzahl von Zellen.

2. Die Länge einer verketteten Liste kann jede positive ganze Zahl sein, so daß die Menge der möglichen Längen verketteter Listen unendlich ist.

7.11 Unendliche Mengen

Alle Mengen, die man in einem Computerprogramm implementieren würde, sind endlich oder in ihrer Ausdehnung beschränkt; man könnte sie nicht im Speicher eines Computers speichern, wenn dies nicht so wäre. Viele Mengen der Mathematik, wie die ganzen oder die reellen Zahlen, sind in ihrer Ausdehnung unendlich. Intuitiv scheinen diese Bemerkungen klar zu sein, was aber unterscheidet eine endliche Menge von einer unendlichen?

Der Unterschied zwischen einer endlichen und einer unendlichen Menge ist eher überraschend. Eine endliche Menge ist eine Menge, die nicht dieselbe Anzahl von Elementen wie eine ihrer echten Teilmengen hat. Sie erinnern sich an Abschnitt 7.7, wo wir sagten, wir könnten die Existenz einer Eins-zu-Eins-Beziehung zwischen zwei Mengen verwenden, um herauszustellen, daß diese *gleichmächtig* sind, das heißt, daß sie dieselbe Anzahl von Elementen besitzen.

Wenn wir eine endliche Menge wie $S = \{1, 2, 3, 4\}$ und irgendeine echte Teilmenge davon, wie $T = \{1, 2\ 3\}$, nehmen, gibt es keine Möglichkeit, eine Eins-zu-Eins-Beziehung zwischen diesen beiden Mengen zu finden. Wir könnten zum Beispiel 4 aus S auf 3 aus T, 3 aus S auf 2 aus T und 2 aus S auf 1 aus T abbilden, hätten dann jedoch kein Element von T, das wir mit 1 aus S assoziieren könnten. Jeder andere Versuch, eine Eins-zu-Eins-Beziehung von S nach T aufzubauen, ist ebenso zum Scheitern verurteilt. Gleiches gilt für den Versuch, eine Eins-zu-Eins-Beziehung zwischen S und irgend einer anderen ihrer echten Teilmengen zu finden.

Ihre Intuition sagt Ihnen vielleicht, daß dasselbe für jede Menge gilt: Wie kann eine Menge dieselbe Anzahl an Elementen haben, wie eine Menge, die durch Entfernen eines oder mehrerer Elemente aus dieser Menge gebildet wurde? Betrachten wir die natürlichen Zahlen (die nichtnegativen ganze Zahlen) **N** und die echte Teilmenge von **N**, die durch Entnahme der 0 gebildet wird; wir nennen sie $\mathbf{N} - \{0\}$ oder $\{1, 2, 3, ...\}$. Anschließend betrachte man die Eins-zu-Eins-Beziehung F von **N** nach $\mathbf{N} - \{0\}$, die durch $F(0) = 1$, $F(1) = 2$ und allgemein $F(i) = i + 1$ definiert ist.

Überraschenderweise ist F eine Eins-zu-Eins-Beziehung von **N** nach $\mathbf{N} - \{0\}$. Für jedes i in **N** gibt es höchstens ein j derart, daß $F(i) = j$ gilt, so daß F eine Funktion ist. Tatsächlich gibt es genau ein derartiges j, nämlich $i + 1$, so daß Bedingung (1) in der Definition einer Eins-zu-Eins-Beziehung (vgl. Abschnitt 7.7) erfüllt ist. Für jedes j in $\mathbf{N} - \{0\}$ gibt es ein i derart, daß $F(i) = j$ ist, nämlich $i = j - 1$. Somit ist auch Bedingung (2) der Definition einer Eins-zu-Eins-Beziehung erfüllt. Schließlich kann es keine zwei unterschiedlichen Zahlen i_1 und i_2 in **N** dergestalt geben, daß $F(i_1)$ und $F(i_2)$ beide j ergeben, da dann $i_1 + 1$ und $i_2 + 1$ beide j sind, woraus wir schließen würden, daß $i_1 = i_2$ ist. Wir sind gezwungen, daraus zu schließen, daß F eine Eins-zu-Eins-Beziehung zwischen **N** und ihrer echten Teilmenge $\mathbf{N} - \{0\}$ ist.

Es ist allgemein anerkannt, daß die Definition einer *unendlichen Menge* eine Menge ist, die eine Eins-zu-Eins-Beziehung zwischen sich selbst und mindestens einer ihrer echten Teilmengen hat. Es gibt noch extremere Beispiele, wie zwischen einer unendlichen Menge und einer echten Teilmenge eine Eins-zu-Eins-Beziehung bestehen kann.

Beispiel 7.41

Die Mengen der natürlichen Zahlen und die der geraden natürlichen Zahlen sind gleichmächtig. Es sei $F(i) = 2i$. Dann ist F eine Eins-zu-Eins-Beziehung, die 0 auf 0, 1 auf 2, 2 auf 4, 3 auf 6 und allgemein jede natürliche Zahl auf eine eindeutige natürliche Zahl, nämlich ihr Zweifaches, abbildet.

Ebenso gilt, daß **Z** und **N** dieselbe Größe haben; das heißt, es gibt ebenso viele nichtnegative und negative ganze Zahlen, wie es nichtnegative ganze Zahlen gibt. Es sei $F(i) = 2i$ für alle $i \geq 0$ und $F(i) = -2i - 1$ für $i < 0$. Dann wird 0 auf 0, 1 auf 2, -1 auf 1, 2 auf 4, -2 auf 3 und so weiter abgebildet. Jede ganze Zahl wird auf eine eindeutige nichtnegative ganze Zahl abgebildet, wobei die negativen ganzen Zahlen zu den ungeraden Zahlen und die nichtnegativen zu den geraden Zahlen assoziiert werden.

Was aber noch mehr überrascht, die Menge der Paare natürlicher Zahlen ist ebensogroß wie **N** selbst. Um zu sehen, wie die Eins-zu-Eins-Beziehung aufgebaut wird, betrachten wir Abb. 7.35, welche die Paare in $\mathbf{N} \times \mathbf{N}$ in einem unendlichen Quadrat angeordnet angibt. Wir ordnen die Paare entsprechend ihrer Summe und bei Paaren gleicher Summe entsprechend ihrer ersten Komponenten. Diese Anordnung beginnt mit (0, 0), (0, 1), (1, 0), (0, 2), (1, 1), (2, 0), (0, 3), (1, 2), und so weiter, wie in Abb. 7.35 verdeutlicht.

j ↑						
5	15					
4	10	16				
3	6	11				
2	3	7	12			
1	1	4	8	13		
0	0	2	5	9	14	
	0	1	2	3	4	5
		i →				

Abb. 7.35: Ordnung von Paaren natürlicher Zahlen.

In dieser Ordnung hat jedes Paar seinen Platz. Der Grund dafür ist, daß es für jedes Paar (i, j) nur eine endliche Anzahl von Paaren mit kleineren Summen und eine endliche Anzahl mit derselben Summe und einem kleineren

Wert von i gibt. Wir können sogar die Position des Paars (i, j) in der Ordnung berechnen; sie ergibt sich aus $(i + j)(i + j + 1)/2 + i$. Das heißt, unsere Eins-zu-Eins-Beziehung assoziiert das Paar (i, j) mit der eindeutigen natürlichen Zahl $(i + j)(i + j + 1)/2 + i$. ◆

Es bleibt zu erwähnen, daß wir beim Ordnen von Paaren sorgfältig vorgehen müssen. Hätten wir die Paare in Abb. 7.35 nach Zeilen geordnet, würden wir niemals zu den Paaren in der zweiten oder in einer höheren Zeile gelangen, da es in jeder Zeile eine unendliche Anzahl von Paaren gibt. Aus demselben Grund würde die Ordnung nach Spalten auch nicht funktionieren.

Die Kardinalität von Mengen

Wir definierten zwei Mengen S und T als gleichmächtig (gleich groß), wenn es eine Eins-zu-Eins-Beziehung von S nach T gibt. Die Gleichmächtigkeit ist eine Äquivalenzrelation auf jeder Menge von Mengen, und wir überlassen Ihnen diesen Punkt als Übungsaufgabe. Die Äquivalenzklasse, zu der eine Menge S gehört, wird als *Kardinalität* von S bezeichnet. Die leere Menge gehört zum Beispiel zu einer Äquivalenzklasse für sich; wir können diese Äquivalenzklasse durch die Kardinalität 0 identifizieren. Die Klasse, die die Menge $\{a\}$ enthält, wobei a irgendein Element ist, hat die Kardinalität 1, die Klasse, die die Menge $\{a, b\}$ enthält, hat die Kardinalität 2, und so weiter.

Die Klasse, die die Menge **N** enthält, hat „die Kardinalität der ganzen Zahlen“, sie wird üblicherweise *Aleph-Null* genannt, und eine Menge in dieser Klasse heißt *abzählbar*. Die Menge der reellen Zahlen gehört zu einer anderen Äquivalenzklasse, die häufig als *Kontinuum* bezeichnet wird. Es gibt tatsächlich eine unendliche Anzahl verschiedener unendlicher Kardinalitäten.

Abzählbare und nichtabzählbare Mengen

Aufgrund von Beispiel 7.41 glauben wir vielleicht, daß alle unendlichen Mengen gleichmächtig sind. Wir haben gesehen, daß **Z**, die Menge der ganzen Zahlen, und **N**, die Menge der nichtnegativen ganzen Zahlen, dieselbe Größe haben, wie auch einige Teilmengen von ihnen, die kleiner „erscheinen“ als **N**. Da wir in Beispiel 7.41 festgestellt haben, daß die Paare natürlicher Zahlen die gleiche Anzahl wie **N** haben, folgt daraus, daß die nichtnegativen rationalen Zahlen die gleiche Anzahl wie die natürlichen Zahlen haben, da eine rationale Zahl nur ein Paar natürlicher Zahlen bestehend aus ihrem Zähler und ihrem Nenner ist. Auch kann gezeigt werden, daß die (nichtnegativen und negativen) rationalen Zahlen genauso zahlreich sind wie die ganzen Zahlen und somit auch wie die natürlichen Zahlen.

Jede Menge S, für die es eine Eins-zu-Eins-Beziehung von S nach **N** gibt, wird als *abzählbar* bezeichnet. Die Verwendung des Begriffs „abzählbar" ist deshalb sinnvoll, weil S ein der 0 entsprechendes Element haben muß, eines, das der 1 entspricht, uns so weiter, so daß wir die Elemente von S „zählen" können. Aus dem gerade Gesagten folgt, daß die ganzen Zahlen, die rationalen Zahlen, die geraden Zahlen und die Menge der Paare natürlicher Zahlen alle zu den abzählbaren Mengen zählen. Es gibt noch viele andere abzählbare Mengen, und wir lassen die Entdeckung der geeigneten Eins-zu-Eins-Beziehungen als Übungsaufgaben offen.

Es gibt jedoch auch unendliche Mengen, die nicht abzählbar sind. Insbesondere sind die reellen Zahlen nicht abzählbar. Wir werden sogar zeigen, daß sich zwischen 0 und 1 mehr reelle Zahlen befinden, als es natürliche Zahlen gibt. Der springende Punkt des Arguments ist, daß die reellen Zahlen zwischen 0 und 1 jeweils durch einen Dezimalbruch unendlicher Länge dargestellt werden können. Wir werden die Positionen rechts vom Dezimalkomma mit 0, 1, und so weiter numerieren. Sind die reellen Zahlen zwischen 0 und 1 abzählbar, können wir sie mit r_0, r_1 und so weiter numerieren. Wir können die reellen Zahlen dann in einer unendlichen Quadrattabelle anordnen, wie in Abb. 7.36 angegeben. In unserer hypothetischen Auflistung der reellen Zahlen zwischen 0 und 1 wird $\pi/10$ zur Zeile null, 5/9 zur Zeile eins, 5/8 zur Zeile zwei, 4/33 zur Zeile drei, und so weiter assoziiert.

Wir können jedoch beweisen, daß Abb. 7.36 nicht wirklich eine Auflistung aller reellen Zahlen zwischen 0 und 1 darstellt. Unser Beweis ist von einem Typ, der unter dem Namen *Diagonalisierung* bekannt ist. Dabei verwenden wir die Diagonale der Tabelle, um einen Wert zu erzeugen, der nicht in der Liste reeller Zahlen vorkommen kann. Wir erzeugen eine neue reelle Zahl r, die die dezimale Repräsentation $.a_0a_1a_2...$ besitzt. Der Wert der i-ten Ziffer, a_i, hängt von der i-ten Diagonalziffer ab, das heißt, von dem Wert, der an der i-ten Position der i-ten reellen Zahl gefunden wird. Wenn dieser Wert 0 bis 4 ist, setzen wir $a_i = 8$. Wenn der Wert an der i-ten Diagonalposition 5 bis 9 ist, dann setzen wir $a_i = 1$.

		POSITIONEN							
		0	1	2	3	4	5	6	...
	0	3	1	4	1	5	9	2	...
REELLE	1	5	5	5	5	5	5	5	...
ZAHLEN	2	6	2	5	0	0	0	0	...
↓	3	1	2	1	2	1	2	1	...
	4								

Abb. 7.36: Hypothetische Tabelle der reellen Zahlen unter der Annahme, daß reelle Zahlen abzählbar seien.

Unendliche Hotels

Um Ihnen zu helfen einzusehen, daß es von 0 aufwärts ebenso viele Zahlen gibt wie von 1 aufwärts, stellen Sie sich ein Hotel mit einer unendlichen Anzahl von Zimmern vor, die mit 0, 1, 2 und so weiter numeriert sind; für jede ganze Zahl gibt es ein Zimmer mit dieser ganzen Zahl als Zimmernummer. Zu einer bestimmten Zeit ist jedes Zimmer von einem Gast belegt. Ein Känguruh kommt zum Empfang und fragt nach einem Zimmer. Der Empfangschef sagt: „Känguruhs sehen wir hier äußerst selten." Moment, – das ist eine andere Geschichte, die ein anderes Mal erzählt werden soll. In Wirklichkeit schafft der Empfangschef auf folgende Weise für das Känguruh Platz. Er siedelt den Gast aus Zimmer 0 um in Zimmer 1, den Gast aus Zimmer 1 in Zimmer 2, und so weiter. All die alten Gäste haben noch immer ein Zimmer, nur daß nun Zimmer 0 frei ist, so daß das Känguruh dort einziehen kann. Dieser „Trick" funktioniert, weil die Anzahl der Zimmer, die von 1 aufwärts numeriert sind, tatsächlich mit der Anzahl der von 0 aufwärts numerierten Zimmer übereinstimmt.

Beispiel 7.42

Wenn der Ausschnitt der in Abb. 7.36 aufgelisteten Tabelle gegeben wäre, würde unsere reelle Zahl r mit .8118... beginnen. Um dies einzusehen, sei bemerkt, daß an Position 0 der reellen Zahl 0 der Wert 3 steht, so daß $a_0 = 8$ ist. Der Wert an Position 1 der reellen Zahl 1 ist 5, so daß $a_1 = 1$ ist. Fahren wir fort, so stellen wir fest, daß an Position 2 der reellen Zahl 2 der Wert 5 und an Position 3 der reellen Zahl 3 der Wert 2 steht, so daß die nächsten beiden Ziffern 18 lauten. ◆

Wir behaupten, daß r nirgendwo in der hypothetischen Liste reeller Zahlen vorkommt, auch wenn wir annahmen, daß alle reellen Zahlen von 0 bis 1 in der Liste stünden. Nehmen wir an, r sei r_j, die zur Zeile j assoziierte reelle Zahl. Betrachten wir die Differenz d von r und r_j. Wir wissen, daß a_j, die Ziffer an Position j der Dezimaldarstellung von r, speziell so ausgewählt wurde, daß sie sich um mindestens 4 und höchstens 8 von der Ziffer in der j-ten Position von r_j unterscheidet. Der Beitrag für d aus der j-ten Position liegt somit zwischen $4/10^{j+1}$ und $8/10^{j+1}$.

Der Beitrag, den d aus allen Positionen hinter der j-ten erhält, beträgt nicht mehr als $1/10^{j+1}$, da dies die Differenz wäre, enthielte eine der Zahlen r und r_j dort nur 0-en und die andere nur 9-en. Der Beitrag für d aus allen Positionen j und größer liegt somit zwischen $3/10^{j+1}$ und $9/10^{j+1}$.

An den Positionen vor der j-ten Stelle sind r und r_j schließlich entweder gleich, so daß d aus den ersten j - 1 Positionen 0 erhält, oder r und r_j unterscheiden sich um mindestens $1/10^j$. In jedem Fall stellen wir fest, daß d nicht 0 sein kann. Bei r und r_j kann es sich demnach nicht um dieselbe reelle Zahl handeln.

Wir schließen, daß r nicht in der Liste der reellen Zahlen vorkommt. Unsere hypothetische Eins-zu-Eins-Beziehung nichtnegativer ganzer Zahlen mit reellen Zahlen zwischen 0 und 1 ist somit nicht eins zu eins. Wir haben gezeigt, daß sich in diesem Bereich mindestens eine reelle Zahl, nämlich r, befindet, die zu keiner ganzen Zahl assoziiert wird.

ÜBUNGEN

7.11.1: Zeigen Sie, daß die Gleichmächtigkeit eine Äquivalenzrelation ist. *Hinweis*: Am schwierigsten ist die Transitivität, also zu zeigen, daß, wenn es eine Eins-zu-Eins-Beziehung f von S nach T und eine Eins-zu-Eins-Beziehung g von T nach R gibt, es dann auch eine Eins-zu-Eins-Beziehung von S nach R gibt. Bei dieser Funktion handelt es sich um die *Komposition* von f und g, das heißt, um die Funktion, die jedes Element x in S zu $g(f(x))$ in R assoziiert.

7.11.2: Welches Paar hat nach der Anordnung in Abb. 7.35 die Nummer 100?

7.11.3*: Zeigen Sie, daß die folgenden Mengen abzählbar sind (daß sie eine Eins-zu-Eins-Beziehung mit den natürlichen Zahlen haben):

a) Die Menge der perfekten Quadratzahlen.

b) Die Menge der Tripel (i, j, k) natürlicher Zahlen.

c) Die Menge der Zweierpotenzen.

d) Die Menge der endlichen Mengen natürlicher Zahlen.

7.11.4:** Zeigen Sie, daß **P(N)**, die Potenzmenge der natürlichen Zahlen, dieselbe Kardinalität hat, wie die reellen Zahlen – das heißt, es gibt eine Eins-zu-Eins-Beziehung von **P(N)** zu den reellen Zahlen zwischen 0 und 1. Es sei darauf hingewiesen, daß dieser Schluß in keinerlei Widerspruch zur Übung 7.11.3(d) steht, da wir es hier mit endlichen und unendlichen Mengen ganzer Zahlen zu tun haben, wohingegen wir dort nur endliche Mengen abzählten. *Hinweis*: Die folgende Herangehensweise funktioniert beinahe, muß aber überarbeitet werden. Man betrachte den charakteristischen Vektor für eine Menge natürlicher Zahlen. Dieser Vektor stellt eine unendliche Folge von 0-en und 1-en dar. {0, 1} hat zum Beispiel den charakteristischen Vektor 1100..., und die Menge der ungeraden Zahlen hat den charakteristischen Vektor 010101... . Wenn wir vor den charakteristischen Vektor einen Dezimalpunkt schreiben, erhalten wir einen binären Bruch zwischen 0 und 1, der eine reelle Zahl repräsentiert. Jede Menge wird demnach auf eine reelle Zahl zwischen 0 und 1 abgebildet, und jede reelle Zahl in diesem Bereich kann zu einer Menge assoziiert werden, indem man die binäre Darstellung in einen charakteristischen Vektor umwandelt. Der Grund, warum aus dieser Assoziation keine Eins-zu-Eins-Beziehung resultiert, ist, daß gewisse reelle Zahlen zwei binäre Darstellungen besitzen. Zum Beispiel stellen .11000... und .10111... beide die reelle Zahl 3/4 dar. Diese Folgen repräsentieren jedoch als charakteristische Vektoren unterschiedliche Mengen; die erste ist {0, 1} und die zweite ist die Menge aller natürlicher Zahlen ausschließlich der 1. Sie können diese Herangehensweise überarbeiten, um eine Eins-zu-Eins-Beziehung zu definieren.

7.11.5:**Zeigen Sie, daß es zwischen den Paaren reeller Zahlen zwischen 0 und 1 und zwischen reellen Zahlen dieses Bereiches eine Eins-zu-Eins-Beziehung gibt. *Hinweis*: Es ist nicht möglich, die Tabelle aus Abb. 7.35 direkt zu übertragen. Wir können jedoch ein Paar reeller Zahlen, sagen wir (r, s), nehmen und die unendlichen Dezimalbrüche für r und s kombinieren, um so eine eindeutige neue reelle Zahl t zu erzeugen. Diese Zahl wird durch keinen einfachen arithmetischen Ausdruck zu r und s in Beziehung stehen, aber aus t können wir r und s eindeutig zurückgewinnen. Der Leser muß einen Weg finden, die Dezimaldarstellung von t aus den Ausdehnungen von r und s zu erzeugen.

7.12 Zusammenfassung des 7. Kapitels

Aus Kapitel 7 sollten sie die folgenden Punkte behalten:

- Das Konzept der Menge ist sowohl für die Mathematik als auch für die Informatik von grundlegender Bedeutung.
- Die gängigen Mengenoperationen, wie Vereinigung, Schnitt und Differenz, lassen sich mit Hilfe von Venn-Diagrammen graphisch darstellen.
- Algebraische Gesetze können zur Umformung und Vereinfachung von Ausdrücken verwendet werden, die aus Mengen und Mengenoperationen bestehen.
- Verkettete Listen, charakteristische Vektoren und Hashtabellen stellen drei grundlegende Möglichkeiten zur Repräsentation von Mengen dar. Verkettete Listen bieten für die meisten Mengenoperationen die größte Flexibilität, sind aber nicht immer am effizientesten. Für bestimmte Mengenoperationen ist die Darstellung durch charakteristische Vektoren die schnellste. Sie kann jedoch nur benutzt werden, wenn die Universalmenge klein ist. Häufig sind Hashtabellen die Methode der Wahl, ermöglichen sie doch sowohl eine platzsparende Darstellung als auch einen schnellen Zugriff.
- (Zweistellige) Relationen sind Mengen von Paaren. Eine Funktion ist eine Relation, bei der es höchstens ein Tupel mit einer gegebenen ersten Komponente gibt.

- Eine Eins-zu-Eins-Beziehung zwischen zwei Mengen ist eine Funktion, die zu jedem Element der ersten Menge ein eindeutiges Element der zweiten Menge assoziiert und umgekehrt.
- Es gibt eine Reihe wichtiger Eigenschaften von zweistelligen Relationen: Reflexivität, Transitivität, Symmetrie und Antisymmetrie zählen zu den wesentlichsten.
- Partielle Ordnungen, totale Ordnungen und Äquivalenzrelationen sind wichtige Spezialfälle zweistelliger Relationen.
- Unendliche Mengen sind diejenigen Mengen, die eine Eins-zu-Eins-Beziehung mit einer ihrer echten Teilmengen besitzen.
- Einige unendliche Mengen sind „abzählbar", das heißt, sie besitzen eine Eins-zu-Eins-Beziehung zu den ganzen Zahlen. Andere unendliche Mengen, wie reelle Zahlen, sind nicht abzählbar.
- Den auf Mengen und Relationen definierten Datenstrukturen und Operationen dieses Kapitels werden wir noch häufiger in diesem Buch begegnen.

7.13 Bibliographische Anmerkungen zum 7. Kapitel

Halmos [1974] gibt eine gute Einführung in die Mengentheorie. Hashverfahren wurden zuerst in den 50er Jahren entwickelt, und Peterson [1957] deckt diese frühen Techniken ab. Knuth [1973] und Morris [1968] enthalten weitere Informationen über Hashverfahren. Reingold [1972] befaßt sich mit der Berechnungskomplexität grundlegender Mengenoperationen. Die Theorie der unendlichen Mengen wurde von Cantor [1915] entwickelt.

Cantor, G. [1915]. „Contributions to the founding of the theory of transfinite numbers", neu gedruckt von Dover Press, New York.

Halmos, P. R. [1974]. *Naive Set Theory*, Springer-Verlag, New York.

Knuth, D. E. [1973]. *The Art of Computer Programming*, Vol. III, *Sorting and Searching*, Addison Wesley, Reading, Mass.

Morris, R. [1968]. „Scatter storage techniques", *Comm. ACM* **11**:1, S. 35 - 44.

Peterson, W. W. [1957]. „Addressing for random access storage", *IBM J. Research and Development* **1**:7, S. 130 - 146.

Reingold, E. M. [1972]. „On the optimality of some set algorithms", *J. ACM* **19**:4, S. 649 - 659.

8

Das relationale Datenmodell

Eine der wichtigsten Aufgaben eines Computers besteht im Speichern und Verwalten von Information. Die Art und Weise, wie die Information organisiert ist, kann sich entscheidend darauf auswirken, wie leicht der Zugriff und die Verwaltung sind. Die vielleicht einfachste, aber vielseitigste Möglichkeit der Organisation von Information besteht in deren Speicherung in Tabellen.

Das relationale Modell dreht sich um diese Idee: Die Organisation von Daten in Sammlungen zweidimensionaler Tabellen, die „Relationen" genannt werden. Wir können uns das relationale Modell auch als eine Verallgemeinerung des in Kapitel 7 eingeführten Mengen-Datenmodells vorstellen, wobei zweistellige Relationen auf Relationen beliebiger Stelligkeit erweitert werden.

Ursprünglich wurde das relationale Datenmodell für *Datenbanken* – also für Informationen, die über einen langen Zeitraum in einem Rechner gespeichert werden – und für *Datenbankmanagementsysteme* entwickelt. Letzteres bezeichnet diejenige Software, die es Menschen ermöglicht, diese Informationen zu speichern, auf sie zuzugreifen und sie zu verändern. Datenbanken stellen eine wichtige Motivation für das Verstehen des relationalen Datenmodells dar. Man trifft sie heutzutage nicht nur in ihren ursprünglichen Anwendungen im großen Rahmen, wie bei Flugreservierungs- oder Banksystemen, sondern auch in Arbeitsplatzrechnern zur Handhabung individueller Aktivitäten, wie das Verwalten von Haushaltsbüchern, von Noten für Hausaufgaben und vielem anderen.

Neben den Datenbanksystemen können auch andere Arten von Software Informationstabellen nutzen. Das relationale Datenmodell unterstützt uns beim Entwurf dieser Tabellen und bei der Entwicklung von Datenstrukturen, die wir für einen effizienten Zugriff darauf benötigen. Derartige Tabellen werden beispielsweise von Compilern zur Speicherung der Informationen über die in einem Programm verwendeten Variablen benutzt. Auf diese Art und Weise werden ihre Datentypen und die Prozeduren, für die sie definiert sind, verwaltet.

8.1 Worum geht es in diesem Kapitel?

Dieses Kapitel enthält drei miteinander verwobene Themen. Zunächst geben wir eine Einführung in den Entwurf von Informationsstrukturen unter Verwendung des relationalen Modells. Wir werden feststellen, daß

- Informationstabellen, genannt „Relationen", eine mächtige und flexible Möglichkeit der Repräsentation von Informationen darstellen (Abschnitt 8.2).
- ein wichtiger Teil des Entwurfsprozesses in der Auswahl von „Attributen" bzw. von Eigenschaften der beschriebenen Objekte besteht, die zusammen in einer Tabelle gehalten werden können ohne dabei „Redundanz" einzuführen, eine Situation, in der eine Tatsache mehrfach wiederholt wird (Abschnitt 8.2).
- die Spalten einer Tabelle durch Attribute benannt sind. Der „Schlüssel" einer Tabelle (bzw. einer Relation) ist eine Menge von Attributen, deren Werte die Werte einer ganzen Zeile der Tabelle eindeutig bestimmen. Kennen wir den Schlüssel einer Tabelle, so fällt uns der Entwurf einer Datenstruktur für diese Tabelle leichter (Abschnitt 8.3).
- Indizes sind Datenstrukturen, die uns beim schnellen Wiederfinden oder Ändern der Informationen in einer Tabelle unterstützen. Die sorgfältige Auswahl von Indizes ist von wesentlicher Bedeutung, wollen wir auf unserer Tabelle effizient arbeiten (Abschnitte 8.4, 8.5 und 8.6).

Das zweite Thema befaßt sich damit, wie Datenstrukturen den Zugriff auf Informationen schneller machen können. Wir werden lernen, daß

- Primärindexstrukturen, wie Hashtabellen, die verschiedenen Zeilen einer Tabelle im Speicher eines Rechners anordnen. Die richtige Struktur kann die Effizienz für viele Operationen erhöhen (Abschnitt 8.4).
- Sekundärindizes eine zusätzliche Strukturierung zur Verfügung stellen und die effiziente Durchführung anderer Operationen unterstützen (Abschnitte 8.5 und 8.6).

Unser drittes Thema beinhaltet eine anspruchsvolle Möglichkeit, „Anfragen" auszudrücken. Anfragen sind Fragen über die Informationen in einer Ansammlung von Tabellen. Folgende Punkte werden herausgearbeitet:

- Die Relationenalgebra stellt eine mächtige Notation dar, um Anfragen auszudrücken, ohne Einzelheiten darüber anzugeben, wie die Operationen durchgeführt werden (Abschnitt 8.7).
- Die Operatoren der Relationenalgebra können unter Verwendung der in diesem Kapitel vorgestellten Datenstrukturen implementiert werden (Abschnitt 8.8).

- Damit wir Antworten auf in Relationenalgebra gestellte Anfragen schnell erhalten, ist es häufig notwendig, diese zu „optimieren“, das heißt algebraische Gesetze zu benutzen, um einen Ausdruck in einen äquivalenten Ausdruck mit einer schnelleren Auswertungsstrategie zu konvertieren. Einige Verfahren werden wir in Abschnitt 8.9 kennenlernen.

8.2 Relationen

Der Abschnitt 7.7 führte den Begriff einer „Relation“ als eine Menge von Tupeln ein. Jedes Tupel einer Relation ist eine Liste von Komponenten, und jede Relation hat eine feste Stelligkeit, die der Anzahl der in jedem Tupel enthaltenen Komponenten entspricht. Während wir uns vorzugsweise mit zweistelligen Relationen befaßten, das heißt mit Relationen der Stelligkeit 2, deuteten wir an, daß auch Relationen mit einer anderen Stelligkeit möglich sind und sogar sehr nützlich sein können.

Das relationale Modell benutzt einen Begriff der „Relation“, der nahe mit der mengentheoretischen Definition verwandt ist, sich jedoch in einigen Einzelheiten davon unterscheidet. Im relationalen Modell wird die Information in Tabellen wie derjenigen gespeichert, die in Abb. 8.1 angegeben ist. Diese bestimmte Tabelle repräsentiert Daten über Lehrveranstaltungen, über Studenten, die diese besuchten, und über deren Noten, welche im Rechner eines Verwaltungsbeamten gespeichert sein könnten.

Die Spalten der Tabelle tragen Namen, genannt *Attribute*. In Abb. 8.1 heißen die Attribute Course, StudentId und Grade.

Jede Zeile der Tabelle wird als *Tupel* bezeichnet und repräsentiert eine elementare Tatsache. Die erste Zeile, (CS101, 12345, A), stellt die Tatsache dar, daß der Student mit der Matrikelnummer 12345 eine Note mit der Bewertung A in der Lehrveranstaltung CS101 erhalten hat.

Lehrveranstaltung	**Matrikelnummer**	**Note**
CS101	12345	A
CS101	67890	B
EE200	12345	C
EE200	22222	B+
CS101	33333	A-
PH100	67890	C+

Abb. 8.1: Eine Informationstabelle.

Relationen als Mengen versus Relationen als Tabellen

Im relationalen Modell, wie auch in unserer Diskussion über mengentheoretische Relationen in Abschnitt 7.7, ist eine Relation eine Menge von Tupeln. Die Reihenfolge, in der die Zeilen einer Tabelle angeordnet sind, hat demnach keine Bedeutung, so daß wir die Zeilen beliebig vertauschen können, ohne den Wert der Tabelle zu verändern, ebenso wie wir die Reihenfolge der Elemente in einer Menge umordnen können, ohne den Wert der Menge zu verändern.

Die Reihenfolge der Komponenten in jeder Zeile der Tabelle ist dagegen wichtig, da unterschiedliche Spalten unterschiedlich benannt sind und jede Komponente einen Gegenstand der durch die Überschrift ihrer Spalte angegebenen Art darstellen muß. Im relationalen Modell können wir jedoch die Reihenfolge der Spalten zusammen mit den Namen ihrer Überschriften vertauschen, die Relation bleibt die gleiche. Dieser Aspekt von Datenbankrelationen unterscheidet sich von mengentheoretischen Relationen, wir werden die Spalten einer Tabelle jedoch nur selten neu anordnen, so daß wir dieselbe Terminologie auch weiterhin verwenden können. Bestehen irgendwelche Zweifel, so hat der Begriff „Relation" in diesem Kapitel immer die Datenbankbedeutung.

Eine Tabelle hat zwei Aspekte:

1. Die Menge der Spaltennamen und
2. die Zeilen, welche die Informationen enthalten.

Der Begriff „Relation" bezieht sich auf letzteren, das heißt auf die Menge der Zeilen. Jede Zeile repräsentiert ein Tupel der Relation. Die Reihenfolge, in der die Zeilen in der Tabelle stehen, ist nebensächlich. In derselben Tabelle darf es keine zwei Zeilen geben, die in allen Spalten identische Werte enthalten.

Punkt (1), die Menge der Spaltennamen (Attribute), wird das *Schema* der Relation genannt. Die Reihenfolge, in der die Attribute im Schema stehen, ist unwesentlich; um die Tupel richtig angeben zu können, müssen wir jedoch wissen, welches Attribut zu welcher Spalte der Tabelle gehört. Wir werden oft das Schema als Name der Relation verwenden. Die Tabelle in Abb. 8.1 heißt daher auch Course-StudentId-Grade-Relation. Alternativ könnten wir der Relation einen Namen, wie *CSG*, geben.

Darstellung von Relationen

Wie Mengen, können auch Relationen durch eine Vielzahl von Datenstrukturen dargestellt werden. Bei einer Tabelle ist es naheliegend, die Zeilen durch Records darzustellen, deren Felder den Spaltennamen entsprechen. Die Tupel in der Relation aus Abb. 8.1 könnten zum Beispiel durch Record-Strukturen folgenden Typs repräsentiert werden:

```
record
      Course: array [1..5] of char;
      StudentId: integer;
      Grade: array [1..2] of char
end;
```

Die Tabelle selbst könnte auf verschiedenste Weise repräsentiert werden, zum Beispiel

1. durch ein Array von Records dieses Typs, oder

2. durch eine verkettete Liste von Records dieses Typs, mit einem zusätzlichen `next`-Feld, um die Zellen der Liste miteinander zu verbinden.

Zusätzlich können wir ein oder mehrere Attribute als „Definitionsbereich" der Relation definieren und die restlichen Attribute als „Wertebereich" ansehen. Zum Beispiel kann die Relation aus Abb. 8.1 als eine Relation vom Definitionsbereich Course in den Wertebereich bestehend aus StudentId-Grade-Paaren angesehen werden. Wir könnten diese Relation dann in einer Hashtabelle, die dem in Abschnitt 7.9 vorgestellten Schema für zweistellige Relationen entspricht, speichern. Das heißt, wir bilden die Course-Werte mit Hilfe einer Hashfunktion ab, die Elemente in den Buckets der Hashtabelle sind Course-StudentId-Grade-Tripel. Beginnend in Abschnitt 8.4 werden wir diese Frage der Datenstrukturen für Relationen genauer betrachten.

Datenbanken

Eine Gruppierung von Relationen wird als *Datenbank* (*database*) bezeichnet. Das erste, was wir beim Entwurf einer Datenbank für eine bestimmte Anwendung entscheiden müssen, ist, wie die zu speichernde Information in Tabellen angeordnet werden soll. Der Entwurf einer Datenbank obliegt dem Geschmack und dem Urteilsvermögen, wie alle anderen Entwurfsprobleme auch. In einem folgenden Beispiel werden wir unsere Anwendung der Lehrveranstaltungs-Datenbank eines Verwaltungsbeamten erweitern und dabei einige Prinzipien eines guten Datenbankentwurfs enthüllen.

Einige der mächtigsten Operationen auf Datenbanken involvieren die Verwendung verschiedener Relationen zur Darstellung aufeinander abgestimmter Typen von Daten. Durch die Konstruktion geeigneter Datenstrukturen können wir auf effiziente Weise von einer Relation zur anderen springen und so Informationen aus der Datenbank ziehen, die wir aus einer einzelnen Relation niemals erhalten würden. Die Datenstrukturen und Algorithmen, die sich mit dem „Navigieren" zwischen Relationen befassen, werden in den Abschnitten 8.6 und 8.8 diskutiert.

Die Menge der Schemata für die verschiedenen Relationen in einer Datenbank wird als *Schema* der Datenbank bezeichnet. Beachten Sie den Unterschied zwischen dem Schema für die Datenbank, das uns etwas darüber aussagt, wie die Information in der Datenbank organisiert ist, und der Menge der Tupel in jeder Relation, die der tatsächlich in der Datenbank gespeicherten Information entspricht.

Beispiel 8.1

Wir wollen die Relation aus Abb. 8.1, die das Schema

{Course, StudentId, Grade}

hat, um vier weitere Relationen ergänzen. Ihre Schemata und intuitiven Bedeutungen lauten:

1. {StudentId, Name, Address, Phone}. Der Student, dessen Matrikelnummer an der ersten Komponente eines Tupels steht, hat den Namen, die Adresse und die Telefonnummer, die den in der zweiten, dritten bzw. vierten Komponente stehenden Werten entspricht.
2. {Course, Prerequisite}. Die in der zweiten Komponente stehende Lehrveranstaltung ist Voraussetzung für die in der ersten Komponente dieses Tupels genannte Lehrveranstaltung.
3. {Course, Day, Hour}. Die in der ersten Komponente genannte Lehrveranstaltung findet an dem in der zweiten Komponente angegebenen Tag und zu der in der dritten Komponente genannten Zeit statt.
4. {Course, Room}. Die in der ersten Komponente genannte Lehrveranstaltung findet in dem durch die zweite Komponente angegebenen Raum statt.

Diese vier Schemata plus das vorher erwähnte Schema {Course, StudentId, Grade} bilden das Datenbankschema für ein in diesem Kapitel durchgehend verwendetes Beispiel. Zudem müssen wir ein Beispiel eines möglichen „aktuellen Wertes" für die Datenbank zur Verfügung stellen. Abbildung 8.1 gab ein Beispiel für die Course-StudentId-Grade-Relation an, weitere Beispielrelationen für die anderen vier Schemata stehen in Abb. 8.2. Vergessen Sie nicht, daß all diese Relationen wesentlich kürzer sind, als dies in der Realität der Fall wäre; wir bieten für jede nur einige Tupel als Beispiel an. ◆

StudentId	**Name**	**Address**	**Phone**
12345	C. Brown	12 Apple St	555-1234
67890	L. Van Pelt	34 Pear. Ave.	555-5678
22222	P. Patty	56 Grape Blvd.	555-9999

(a) Student-Id-Name-Adress-Phone

Course	Prerequisite
CS101	CS100
EE200	EE005
EE200	CS100
CS120	CS101
CS121	CS120
CS205	CS101
CS206	CS121
CS206	CS205

(b) Course-Prerequisite

Course	Day	Hour
CS101	M	9AM
CS101	W	9AM
CS101	F	9AM
EE200	Tu	10AM
EE200	W	1PM
EE200	Th	10AM

(c) Course-Day-Hour

Course	Room
CS101	Turing Aud.
EE200	25 Ohm Hall
PH100	Newton Lab.

(d) Course-Room

Abb. 8.2: Beispielrelationen.

Anfragen an eine Datenbank

In Kapitel 7 haben wir einige der wichtigsten Operationen auf Relationen und Funktionen kennengelernt, die *insert*, *delete* und *lookup* hießen, obwohl ihre Bedeutung eine andere war, abhängig davon, ob wir es mit einem Wörterbuch, einer Funktion oder einer zweistelligen Relation zu tun hatten. Es gibt eine Vielzahl von Operationen, die man auf Datenbankrelationen durchführen kann, insbesondere auf Kombinationen von zwei oder mehr Relationen, und wir werden in Abschnitt 8.7. ein Gefühl für dieses weite Spektrum an Operationen vermitteln. Für den Moment widmen wir uns nur den elementaren Operationen, die wir auf einer einzelnen Relation durchführen können. Es handelt sich dabei um eine natürliche Verallgemeinerung der im vorherigen Kapitel behandelten Operationen.

1. *insert*(t, R). Wir erweitern die Relation R um das Tupel t, wenn er nicht bereits enthalten ist. Diese Operation ähnelt dem *insert* für Wörterbücher oder zweistellige Relationen.

2. *delete*(X, R). X soll hier eine Spezifikation von bestimmten Tupeln sein. Sie bestehen aus Komponenten für jedes der Attribute von R und jede Komponente kann entweder

   a) ein Wert sein oder

   b) das Symbol *, das bedeutet, daß jeder Wert akzeptabel ist.

   Diese Operation löscht alle Tupel, die der Spezifikation X entsprechen. Wenn wir beispielsweise die Lehrveranstaltung CS101 streichen, möchten wir alle Tupel der Relation

   Course-Day-Hour

   löschen, bei denen Course = „CS101" ist. Wir könnten diese Bedingung wie folgt ausdrücken:

   delete((„CS101", *, *), Course-Day-Hour)

   Diese Operation löscht die ersten drei Tupel aus der Relation in Abb. 8.2(c), da ihre ersten Komponenten jeweils denselben Wert haben wie die erste Komponente der Spezifikation und da ihre zweiten Komponenten alle auf * passen, wie jeder andere Wert auch.

3. *lookup*(X, R). Das Ergebnis dieser Operation ist die Menge der Tupel in R, die der Spezifikation X entsprechen; letzteres ist ein symbolisches Tupel wie im vorhergehenden Punkt (2) beschrieben. Wollten wir beispielsweise wissen, für welche Lehrveranstaltungen CS101 eine Voraussetzung ist, so fragen wir

   lookup((*, „CS101"), Course-Prerequisite)

   Das Ergebnis ist die Menge der beiden passenden Tupel

   (CS120, CS101)

   (CS205, CS101)

Entwurf I: Auswahl eines Datenbankschemas

Ein wichtiges Thema bei der Benutzung des relationalen Datenmodells ist die Frage, wie wir ein geeignetes Datenbankschema auswählen. Warum haben wir zum Beispiel die Informationen über Lehrveranstaltungen in fünf Relationen getrennt, anstatt eine Tabelle mit dem Schema

{Course, StudentId, Grade, Prerequisite, Day, Hour, Room}

zu verwenden. Intuitiv ist der Grund dafür folgender:

- Wenn wir in einem Relationsschema Informationen zweier unabhängiger Typen miteinander verknüpfen, sind wir möglicherweise gezwungen, dieselbe Tatsache mehrfach zu wiederholen.

Die Information über die Voraussetzungen für eine Lehrveranstaltung ist zum Beispiel unabhängig von der Information über den Tag und die Zeit. Wollten wir Prerequisite- und Day-Hour-Informationen miteinander verknüpfen, müßten wir die Voraussetzungen für eine Lehrveranstaltung zusammen mit jedem Vorkommen der Lehrveranstaltung auflisten, und umgekehrt. Die in Abb. 8.2(b) und (c) aufgelisteten Daten über die Lehrveranstaltung EE200, würden sie in eine einzelne Relation des Schemas

{Course, Prerequisite, Day, Hour}

gepreßt, hätten die Form

Course	Prerequisite	Day	Hour
EE200	EE205	Tu	10AM
EE200	EE205	W	1PM
EE200	EE205	TH	10AM
EE200	CS100	Tu	10AM
EE200	CS100	W	1PM
EE200	CS100	Th	10AM

Beachten Sie, daß wir sechs Tupel mit jeweils vier Komponenten benötigen, wo wir vorher nur fünf Tupel mit jeweils zwei bzw. drei Komponenten brauchten.

- Mit anderen Worten, trenne keine Attribute, die zusammenhängende Informationen repräsentieren.

So können wir beispielsweise die Course-Day-Hour-Relation nicht durch zwei Relationen ersetzen, von denen die eine das Schema Course-Day und die andere das Schema Course-Hour zur Grundlage hat. Denn dann könnten wir nur sagen, daß die Lehrveranstaltung EE200 Dienstags, Mittwochs und Donnerstags und daß sie um 10.00 Uhr und um 13.00 Uhr stattfindet. Wir könnten aber nicht sagen, wann sie an jedem der drei Tage stattfindet.

Beispiel 8.2

Es folgen weitere Beispiele von Operationen auf der Datenbank unseres Verwaltungsbeamten:

a) *lookup*((„CS101", 12345, *), Course-StudentId-Grade) findet die Note des Studenten mit der Matrikelnummer 12345 für die Lehrveranstaltung CS101. Formal ist das Ergebnis das eine passende Tupel, nämlich das erste Tupel aus Abb. 8.1.

b) *lookup*((„CS205", „CS120"), Course-Prerequisite) fragt nach, ob die Lehrveranstaltung CS120 Voraussetzung für CS205 ist. Formal erzeugt sie als Antwort entweder das einzelne Tupel („CS205", „CS120"), wenn sich dieses Tupel in der Relation befindet, oder die leere Menge, wenn nicht. Für die Relation in Abb. 8.2(b) ist die leere Menge die Lösung.

c) *delete*((„CS101", *), Course-Room) entfernt das erste Tupel aus der Relation in Abb. 8.2(d).

d) *insert*((„CS205", „CS120"), Course-Prerequisite) macht die Lehrveranstaltung CS120 zur Voraussetzung für CS205.

e) *insert*((„CS205", „CS101"), Course-Prerequisite) hat keinerlei Auswirkung auf die Relation in Abb. 8.2(b), da es das eingefügte Tupel bereits gibt.

Der Entwurf von Datenstrukturen für Relationen

Im überwiegenden Teil des verbleibenden Kapitel werden wir uns mit dem Thema befassen, wie man eine Datenstruktur für eine Relation auswählt. Wir haben bereits einige der Probleme kennengelernt, als wir in Abschnitt 7.9 die Implementierung zweistelliger Relationen besprachen. Die Relation Variety-Pollinizer hatte als Datenstruktur eine Hashtabelle über Variety, und wir stellen fest, daß diese Datenstruktur zur Beantwortung von Anfragen wie

lookup(("Wickson",*), Variety-Pollinizer)

nützlich war, da der Wert „Wickson" uns zu einem bestimmten Bucket führt, an dem wir suchen müssen. Bei Anfrage wie

lookup((*,"Wickson"), Variety-Pollinizer)

versagt diese Datenstruktur jedoch, da wir alle Buckets durchsuchen müßten.

Ob eine Hashtabelle auf Variety eine geeignete Datenstruktur ist, hängt von der erwarteten Streuung von Anfragen ab. Wenn wir erwarten, daß die

Sorte immer spezifiziert ist, ist eine Hashtabelle geeignet, erwarten wir aber, daß die Sorte gelegentlich nicht spezifiziert ist, wie in der vorhergehenden Anfrage, so müssen wir eine mächtigere Datenstruktur entwerfen.

Die Auswahl einer Datenstruktur ist eines der wichtigsten Entwurfsthemen. das wir in diesem Kapitel angehen. Im nächsten Abschnitt werden wir die grundlegenden Datenstrukturen für Funktionen und Relationen aus den Abschnitten 7.8 und 7.9 dahingehend verallgemeinern, daß mehrere Attribute sowohl im Definitions- als auch im Wertebereich vorkommen dürfen. Diese Strukturen werden „Primärindexstrukturen" genannt. In Abschnitt 8.5 werden wir dann „Sekundärindexstrukturen" einführen, bei denen es sich um zusätzliche Strukturen handelt, die es uns ermöglichen, eine große Anzahl von Anfragen effizient zu beantworten. An diesem Punkt angelangt werden wir erkennen, wie sowohl die oben genannten Anfragen als auch andere, die wir über die Variety-Pollinizer-Relation stellen können, effizient, das heißt in ungefähr der Zeit, die es braucht, alle Antworten aufzulisten, beantwortet werden.

Übungen

8.2.1: Geben Sie für die Tupel der Relation in Abb. 8.2(a) bis (d) geeignete Record-Strukturen an.

8.2.2*: Wie sieht ein geeignetes Datenbankschema für folgende Daten aus:

a) Ein Telefonverzeichnis einschließlich aller Informationen, die normalerweise in einem Verzeichnis stehen, wie zum Beispiel die Vorwahlnummer.

b) Ein Wörterbuch der englischen Sprache einschließlich aller Informationen, die normalerweise in einem Wörterbuch stehen, wie Ursprung des Wortes und Sprachgebiete.

c) Ein Kalender einschließlich aller Informationen, die normalerweise in einem Kalender stehen, wie Feiertage, welcher für die Jahre 1 bis 4000 gültig ist.

8.3 Schlüssel

Viele Datenbankrelationen können als Funktionen von einer Menge von Attributen in die restlichen Attribute angesehen werden. So könnten wir zum Beispiel die Relation

Course-StudentId-Grade

als Funktion ansehen, deren Definitionsbereich die Course-StudentId-Paare umfaßt und deren Wertebereich Grade ist. Da die Datenstrukturen für Funktionen etwas einfacher sind als die für allgemeine Relationen, ist es hilfreich, wenn uns eine Menge von Attributen bekannt ist, die als Definitionsbereich einer Funktion dienen kann. Eine derartige Menge von Attributen wird als „Schlüssel" bezeichnet.

Formaler ausgedrückt ist ein *Schlüssel* für eine Relation eine Menge eines oder mehrerer Attribute dergestalt, daß die Relation niemals zwei Tupel enthält, deren Werte in jeder der mit einem Schlüsselattribut überschriebenen Spalten übereinstimmen. Oft gibt es mehrere verschiedene Mengen von Attributen, die als Schlüssel einer Relation dienen könnten, üblicherweise entscheiden wir uns aber für eine und bezeichnen sie fortan als „den Schlüssel".

Das Finden von Schlüsseln

Da Schlüssel als Definitionsbereich einer Funktion dienen können, spielen sie eine bedeutende Rolle im nächsten Abschnitt, in dem wir Primärindexstrukturen behandeln werden. Im allgemeinen können wir nicht folgern oder beweisen, daß eine Menge von Attributen einen Schlüssel bildet; wir müssen vielmehr unsere Annahmen über die reale Welt und wie sie sich im von uns zu entwerfenden Datenbankschema widergespiegeln, sorgfältig untersuchen. Nur so läßt sich feststellen, ob eine gegebene Menge von Attributen als Schlüssel geeignet ist. Es folgt ein Reihe von Beispielen, die einige dieser Punkte verdeutlichen.

Beispiel 8.3

Betrachten wir die Relation StudentId-Name-Address-Phone aus Abb. 8.2(a). Es ist offensichtlich beabsichtigt, daß jedes Tupel Auskunft über einen anderen Studenten gibt. Wir erwarten nicht, zwei Tupel mit derselben Matrikelnummer zu finden, da der eigentliche Zweck einer derartigen Nummer darin besteht, jedem Studenten eine eindeutige Identifizierung zuzuordnen.

Befinden sich zwei Tupel mit identischen Matrikelnummern in derselben Relation, muß eines von zwei Dingen falsch gelaufen sein:

1. Wenn die beiden Tupel in allen Komponenten identisch sind, haben wir unsere Annahme verletzt, daß eine Relation eine Menge ist, da kein Element mehr als einmal in einer Menge vorkommen darf.

2. Wenn die beiden Tupel dieselbe Matrikelnummer haben, sich jedoch in mindestens einer der Spalten Name, Address oder Phone unterscheiden, so muß etwas mit den Daten nicht stimmen. Entweder haben wir zwei unterschiedliche Studenten mit derselben Matrikelnummer (wenn sich die Tupel in den Namen unterscheiden) oder wir haben fälschlicherweise zwei unterschiedliche Adressen und/oder Telefonnummern für denselben Studenten notiert.

Es ist daher sinnvoll, das StudentId-Attribut allein als Schlüssel für die StudentId-Name-Address-Phone-Relation zu wählen.

Indem wir StudentId als Schlüssel deklarierten, haben wir eine kritische, in Punkt (2) geschilderte Annahme gemacht, nämlich daß wir niemals zwei Namen, Adressen und Telefonnummern für einen Studenten speichern möchten. Wir hätten uns ebensogut anders entscheiden können, zum Beispiel, daß wir für jeden Studenten sowohl seine Heimatadresse als auch seine Kampusadresse speichern möchten. Wäre dies der Fall, sollten wir die Relation besser so entwerfen, daß sie fünf Attribute besitzt, wobei Address durch HomeAddress und LocalAddress ersetzt würde, anstatt zwei Tupel für jeden Studenten zu verwalten, bei denen alles, bis auf die Address-Komponente übereinstimmt. Würden wir zwei Tupel verwenden – die sich nur in ihrer Address-Komponente unterscheiden – so wäre StudentId kein Schlüssel, dafür wäre {StudentId, Address} einer. ◆

Beispiel 8.4

Betrachten wir die Course-StudentId-Grade-Relation in Abb. 8.1, so könnten wir annehmen, daß Grade ein Schlüssel ist, da wir keine zwei Tupel finden, die dieselbe Note enthalten. Diese Argumentation ist jedoch trügerisch. In diesem kleinen Beispiel mit sechs Tupeln enthalten keine zwei Tupel dieselbe Note; in einer typischen Course-StudentId-Grade-Relation, die Tausende oder Zehntausende von Tupeln umfaßt, würden dagegen mit Sicherheit viele Noten mehr als einmal vorkommen.

Es ist höchstwahrscheinlich die Absicht der Datenbankentwickler, daß Course und StudentId zusammen einen Schlüssel bilden. Unter der Annahme, daß Studenten nicht zweimal dieselbe Lehrveranstaltung besuchen können, bedeutet dies, daß demselben Studenten nicht zwei unterschiedliche Noten in derselben Lehrveranstaltung zugewiesen sein können; es kann somit keine zwei unterschiedlichen Tupel geben, die sowohl im Attribut Course als auch in der StudentId übereinstimmen. Da wir viele Tupel mit derselben Course-Komponente und viele mit derselben StudentId-Komponente erwarten, wäre weder Course noch StudentId allein ein Schlüssel.

Aber auch unsere Annahme, daß Studenten nur eine Note in jeder Lehrveranstaltung bekommen können, ist eine Entwurfsentscheidung, die in Abhängigkeit der Richtlinien der Universität hinterfragt werden kann. Ändern sich die Inhalte der Lehrveranstaltung wesentlich, so könnte sich ein Student vielleicht entscheiden, sich erneut für diese Lehrveranstaltung einzuschreiben. Wäre dies der Fall, würden wir {Course, StudentId} nicht als Schlüssel für die Course-StudentId-Grade-Relation deklarieren; vielmehr wäre die Menge aller drei Attribute der einzige Schlüssel. (Beachten Sie, daß die Menge aller Attribute für eine Relation immer als Schlüssel verwendet werden kann, da in einer Relation nicht zwei identische Tupel vorkommen dürfen.) Es wäre tatsächlich besser, ein viertes Attribut, Date, hinzuzufügen, das angibt, wann eine Lehrveranstaltung besucht wurde. Wir könnten dann die Situation, in der ein Student dieselbe Lehrveranstaltung zweimal besuchte und jedesmal dieselbe Note erhielt, handhaben. ◆

Beispiel 8.5

In der Course-Prerequisite-Relation in Abb. 8.2(b) ist kein Attribut allein ein Schlüssel, beide Attribute zusammen bilden jedoch einen Schlüssel. ◆

Beispiel 8.6

In der Course-Day-Hour-Relation in Abb. 8.2(c) bilden alle drei Attribute zusammen den einzigen geeigneten Schlüssel. Vielleicht könnten Course und Day auch allein als Schlüssel deklariert werden, dann wäre es jedoch unmöglich, die Tatsache zu speichern, daß eine Lehrveranstaltung an einem Tag zweimal stattfindet (z. B. für eine Vorlesung und einen Labortermin). ◆

Entwurf II: Auswahl eines Schlüssels

Die Auswahl eines Schlüssels für eine Relation ist ein entscheidender Aspekt beim Datenbankentwurf; er kommt zum Tragen, wenn wir in Abschnitt 8.4 eine Primärindexstruktur auswählen.

- Man kann den Schlüssel nicht finden, indem man einen Beispielwert der Relation betrachtet.

Das bedeutet, daß der Schein trügen kann, wie im Falle von Grade bei der Course-StudentId-Grade-Relation in Abb. 8.1, die wir in Beispiel 8.4 besprachen.

- Es gibt nicht die eine „richtige" Auswahl des Schlüssels; was ein Schlüssel ist, hängt von Annahmen ab, die wir über die Typen der Daten gemacht haben, die die Relationen enthalten sollen.

Beispiel 8.7

Betrachten wir zum Schluß die Course-Room-Relation in Abb. 8.2(d). Wir vermuten, daß Course ein Schlüssel ist; das heißt, keine Lehrveranstaltung findet in zwei oder mehr unterschiedlichen Räumen statt. Wäre dies nicht der Fall, dann hätten wir die Course-Room-Relation mit der Course-Day-Hour-Relation kombinieren sollen, so daß wir feststellen könnten, welche Termine einer Lehrveranstaltung in welchen Räumen abgehalten werden. ◆

ÜBUNGEN

8.3.1*: Angenommen, wir möchten die Heimatadresse und die lokale Adresse und die Heimattelefonnummer und die lokale Telefonnummer von Studenten in der StudentId-Name-Address-Phone-Relation speichern.

a) Welcher Schlüssel wäre für die Relation am besten geeignet?

b) Diese Veränderung verursacht Redundanz; der Name eines Studenten könnte zum Beispiel viermal wiederholt werden, wenn seine bzw. ihre beiden Adressen und Telefonnummern auf alle möglichen Arten in unterschiedlichen Tupeln kombiniert werden. In Beispiel 8.3 schlugen wir als eine Lösung vor, getrennte Attribute für die unterschiedlichen Adressen und Telefonnummern zu benutzen. Wie würde das Relationenschema dann aussehen? Welches wäre der geeignetste Schlüssel für diese Relation?

c) Ein anderer in Abschnitt 8.2 vorgeschlagener Ansatz der Behandlung von Redundanz besteht im Aufspalten der Relation in zwei Relationen mit unterschiedlichen Schemata, die zusammen alle Informationen der ursprünglichen Relation enthalten. In welche Relationen sollten wir die Relation StudentId-Name-Address-Phone aufspalten, wenn wir mehrere Adressen und Telefonnummern bei einem Studenten gestatten? Welches wären die geeignetsten Schlüssel für diese Relationen? *Hinweis*: Ein kritischer Punkt bezieht sich darauf, ob Adressen und Telefonnummern unabhängig voneinander sind. Würden Sie zum Beispiel erwarten, daß eine Telefonnummer das Läuten der Telefone bei allen zu einem Studenten gehörenden Adressen verursacht (dann wären die Adressen und Telefonnummern unabhängig), oder daß Telefone mit einzelnen Adressen assoziiert werden?

8.3.2*: Das *Department of Motor Vehicles* (Kraftfahrzeugsamt) verwaltet eine Datenbank mit folgenden Informationen.

1. Der Name eines Fahrers (Name).
2. Die Adresse eines Fahrers (Addr).
3. Die Führerscheinnummer eines Fahrers (LicenseNo).
4. Die Seriennummer eines Fahrzeugs (SerialNo).
5. Den Hersteller eines Fahrzeugs (Manf).
6. Die Modellbezeichnung eines Fahrzeugs (Model).
7. Die Zulassungsnummer (Nummernschild) eines Fahrzeugs (RegNo).

Das DMV assoziiert zu jedem Fahrer die relevanten Informationen: Adresse, Führerschein und in Besitz befindliche Fahrzeuge. Es verbindet mit jedem Fahrzeug die relevante Information: Besitzer, Seriennummer, Hersteller, Modell und Zulassung. Wir nehmen an, daß Sie sich mit der grundlegenden Arbeitsweise des DMV auskennen; so ist es beispielsweise bemüht, für zwei Fahrzeuge nicht dieselben Nummernschilder auszustellen. Vielleicht wissen Sie es nicht (es ist aber eine Tatsache), daß zwei Fahrzeuge, auch wenn sie von unterschiedlichen Herstellern stammen, niemals dieselbe Seriennummer haben.

a) Wählen Sie ein Datenbankschema – also eine Sammlung von Relationsschemata – die jeweils aus einer Menge der von 1 bis 7 aufgelisteten Attribute bestehen. Sie müssen es gestatten, jede der gewünschten Verbindungen, die aus den in diesen Relationen gespeicherten Daten gebildet werden, zu finden, und Sie müssen Redundanz vermeiden; das heißt, Ihr Schema sollte es nicht erforderlich machen, dieselbe Tatsache wiederholt zu speichern.

b) Geben Sie an, welche Attribute, wenn überhaupt, als Schlüssel für Ihre Relationen aus Teil (a) dienen können.

8.4 Primärspeicherstrukturen für Relationen

In den Abschnitten 7.8 und 7.9 haben wir gesehen, wie bestimmte Operationen auf Funktionen und zweistelligen Relationen schneller gemacht wurden, indem Paare entsprechend dem Wert ihres Definitionsbereiches gespeichert werden. In bezug auf die allgemeinen in Abschnitt 8.2 definierten *insert-*, *delete-* und *lookup*-Operationen wurden diejenigen Operationen verbessert, bei denen der Wert des Definitionsbereiches spezifiziert wird. Rufen wir uns die Variety-Pollinizer-Relation aus Abschnitt 7.9 in Erinnerung; wenn wir Variety als den Definitionsbereich der Relation ansehen, bevorteilen wir Operationen, die eine Sorte angeben, uns interessiert dagegen nicht, ob ein Bestäuber angegeben ist.

Es folgen einige Strukturen, die wir zur Darstellung einer Relation verwenden können.

1. Ein binärer Suchbaum mit einer „kleiner als" Relation auf den Werten des Definitionsbereiches, um die Einordnung der Tupel zu leiten, kann helfen, die Operationen, in denen ein Wert des Definitionsbereiches angegeben wird, zu erleichtern.
2. Ein als charakteristischer Vektor verwendetes Array mit Werten des Definitionsbereiches als Array-Indizes leistet manchmal gute Dienste.
3. Eine Hashtabelle, in der wir mittels einer Hashfunktion Buckets für die Werte des Definitionsbereiches finden, eignet sich.
4. Prinzipiell ist eine verkettete Liste von Tupeln eine mögliche Struktur. Wir werden diese Möglichkeit jedoch übergehen, da sie keine Operationen erleichtert.

Dieselben Strukturen eignen sich auch dann, wenn die Relation nicht zweistellig ist. Anstelle eines einzigen Attributs für den Definitionsbereich können wir dann eine Kombination aus k Attributen haben, die wir als *Definitionsbereichsattribute* (*domain attributes*) oder einfach als „Definitionsbereich" bezeichnen, wenn klar ist, daß wir uns auf eine Menge von Attributen beziehen. Die Werte des Definitionsbereiches sind k-Tupel, die jeweils eine Komponente für jedes Attribut des Definitionsbereiches enthalten. Die *Wertebereichsattribute* (*range attributes*) sind all diejenigen Attribute, die nicht zu den Definitionsbereichsattributen zählen. Die Werte des Wertebereiches können auch mehrere Komponenten haben, eine für jedes Attribut des Wertebereiches.

Im allgemeinen müssen wir die Attribute für den Definitionsbereich aussuchen. Am einfachsten ist es, wenn es ein oder nur eine geringe Anzahl an Attributen gibt, die als Schlüssel für die Relation dienen können. Es ist dann üblich, das/die Schlüsselattribut(e) als Definitionsbereich und den Rest als Wertebereich zu wählen. In den Fällen, in denen es keine Schlüssel gibt (außer der Menge aller Attribute, kein sehr sinnvoller Schlüssel), können wir irgendeine Menge von Attributen als Definitionsbereich auswählen. Wir können zum Beispiel typische Operationen betrachten, von denen wir erwarten, daß wir sie auf Relationen ausführen und als Definitionsbereich ein Attribut wählen, von dem wir erwarten, daß es häufig spezifiziert wird. In Kürze werden wir einige konkrete Beispiele vorstellen.

Haben wir uns einmal für einen Definitionsbereich entschieden, können wir jede der vier oben genannten Datenstrukturen zur Darstellung der Relation verwenden, oder wir könnten wieder eine andere Struktur auswählen. Es ist jedoch üblich, eine Hashtabelle zu benutzen, die auf den Werten des Definitionsbereiches als Indizes basiert. Im allgemeinen werden wir dies hier tun.

Die gewählte Struktur wird als *Primärindexstruktur* (*primary index structure*) für die Relation bezeichnet. Das Adjektiv „primär" bezieht sich auf die Tatsache, daß die Position der Tupel anhand dieser Struktur ermittelt wird. Ein Index ist eine Datenstruktur, die die Suche nach Tupeln unterstützt, wenn eine oder mehrere Komponenten des gewünschten Tupels gegeben sind. Im nächsten Abschnitt werden wir uns mit „Sekundärindizes" befassen, die bei der Beantwortung von Anfragen helfen, aber keinerlei Auswirkungen auf die Positionen der Daten haben.

```
type TUPLELIST = ^TUPLE;
   TUPLE = record
      StudentId: integer;
      Name: array [1..30] of char;
      Address: array [1..50] of char;
      Phone: array [1..8] of char;
      next: TUPLELIST
   end;
   HASHTABLE = array[0..1008] of TUPLELIST;
```

Abb. 8.3: Typen für eine Hashtabelle als Primärindexstruktur.

Beispiel 8.8

Gegeben sei die StudentId-Name-Address-Phone-Relation mit dem Schlüssel StudentId. Dieses Attribut dient uns als Definitionsbereich und die anderen drei Attribute bilden den Wertebereich. Wir können die Relation somit auch als Funktion von StudentId nach Name-Address-Phone-Tripeln ansehen.

Wie bei allen anderen Funktionen, wählen wir eine Hashfunktion, die einen Wert des Definitionsbereiches als Argument übernimmt und daraus eine Bucketnummer als Ergebnis berechnet. In diesem Fall erhält die Hashfunktion Matrikelnummern, also ganze Zahlen, als Argumente. Wir wählen die Anzahl der Buckets, B, als 1009[1] und die Hashfunktion

$$h(x) = x \texttt{ MOD } 1009$$

Diese Hashfunktion bildet Matrikelnummern auf ganze Zahlen von 0 bis 1008 ab.

Ein Array bestehend aus 1009 Bucket-Kopfelementen bringt uns zu einer Liste von Records. Die Records in der Liste von Bucket i repräsentieren jeweils Tupel, deren StudentId-Komponente eine ganze Zahl ist, deren Rest, nachdem sie durch 1009 geteilt wurde, i ergibt. Die Deklarationen in Abb. 8.3 eignen sich als Records für die verkettete Liste der Buckets und für das Array der Bucket-Kopfelemente. Abbildung 8.4 illustriert das Aussehen der Hashtabelle. ♦

Beispiel 8.9

Als etwas komplizierteres Beispiel sei die Course-StudentId-Grade-Relation betrachtet. Als Primärstruktur könnten wir eine Hashtabelle benutzen, deren Hashfunktion als Argumente sowohl die Lehrveranstaltung als auch den Studenten (d. h. beide Attribute des Schlüssels für diese Relation) übernimmt. Eine derartige Funktion nimmt die Zeichen eines Lehrveranstaltungsnamens, wandelt jedes in eine ganze Zahl um (durch Anwendung der `ORD`-Operation von Pascal), addiert diese Zahlen auf die Matrikelnummer, teilt durch 1009 und nimmt den Rest.

Diese Datenstruktur wäre sinnvoll, wollten wir nur für eine gegebene Lehrveranstaltung und einen Studenten die Note erfragen – das heißt Operationen wie die folgende durchführen

lookup(("CS101", "C. Brown", *), Course-StudentId-Grade)

[1] 1009 ist eine geeignete Primzahl um die 1000. Wir entscheiden uns für ungefähr 1000 Buckets, wenn es mehrere Tausend Studenten in unserer Datenbank gibt, so daß die durchschnittliche Anzahl an Tupeln in einem Bucket klein ist.

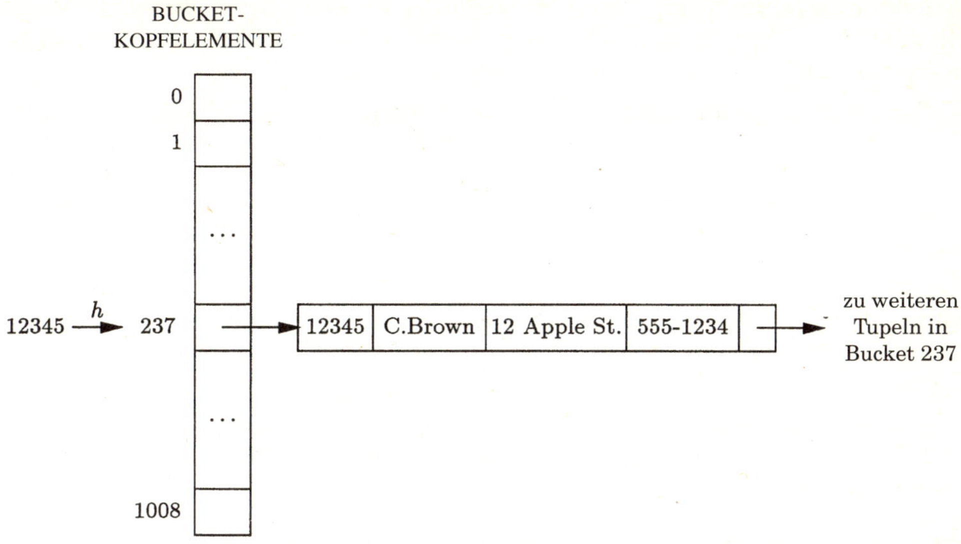

Abb. 8.4: Hashtabelle, welche die StudentId-Name-Address-Phone-Relation repräsentiert.

Sie eignet sich jedoch nicht für Operationen wie

1. das Ermitteln aller Studenten, die die Lehrveranstaltung CS101 besuchen oder
2. das Ermitteln aller Lehrveranstaltungen, die von dem Studenten mit der Matrikelnummer 12345 besucht werden.

In keinem der beiden Fälle wären wir in der Lage, einen Wert für die Hashfunktion zu berechnen. Wäre zum Beispiel nur die Lehrveranstaltung gegeben, so hätten wir keine Matrikelnummer, auf die wir die Summe der in ganze Zahlen umgewandelten Zeichen addieren könnten, und demnach auch keinen Wert, der durch 1009 geteilt werden könnte, um die Bucketnummer zu erhalten.

Entwurf III: Wahl eines Primärindexes

- Häufig ist es sinnvoll, den Schlüssel für ein Relationsschema zum Definitionsbereich einer Funktion und die restlichen Attribute zum Wertebereich zu machen.

Die Relation kann dann unter Verwendung eines Primärindexes, wie einer Hashtabelle, deren Hashfunktion auf den Schlüsselattributen basiert, so implementiert werden, als wäre es eine Funktion.

- Spezifiziert der am häufigsten vorkommende Anfragetyp jedoch Werte für ein Attribut oder eine Menge von Attributen, die keinen Schlüssel bilden, so könnten wir es vorziehen, diese Attributmenge vorzugsweise als Definitionsbereich mit den anderen Attributen als Wertebereich zu verwenden.

Anschließend implementieren wir diese Relation als zweistellige Relation (z. B. mit Hilfe einer Hashtabelle). Das einzige Problem dabei ist, daß die Aufteilung der Tupel in Buckets der Hashtabelle gegebenenfalls nicht so gleichmäßig ist, wie wir es erwarten würden, wenn der Definitionsbereich ein Schlüssel wäre.

- Die Wahl des Definitionsbereiches für die Primärindexstruktur hat vermutlich den größten Einfluß auf die Geschwindigkeit, mit der wir „typische" Anfragen ausführen können.

Nehmen wir jedoch an, es werden üblicherweise Anfragen wie „Wer besucht CS101?" gestellt, das heißt

lookup(("CS101", *, *), Course-StudentId-Grade)

Dann halten wir vielleicht die Verwendung einer Primärstruktur, die nur auf dem Wert der Course-Komponente basiert, für effizienter. Das bedeutet, wir betrachten unsere Relation als eine zweistellige Relation im mengentheoretischen Sinne, bei der der Definitionsbereich der Komponente Course und der Wertebereich den StudentId-Grade-Paaren entspricht.

Nehmen wir zum Beispiel an, wir konvertieren die Zeichen des Namens der Lehrveranstaltung in ganze Zahlen, summieren diese, teilen durch 197 und nehmen den Rest. Dann würden die Tupel der Relation

Course-StudentId-Grade

von dieser Hashfunktion auf 197 Buckets, die von 0 bis 196 numeriert sind, aufgeteilt. Würde die Lehrveranstaltung CS101 jedoch von 100 Studenten besucht, so würden sich mindestens 100 Records in ihrem Bucket in der Hashtabelle befinden, egal wie viele Buckets wir für unsere Hashtabelle wählen; das ist der Nachteil, wenn wir nicht einen Schlüssel verwenden, um darauf unsere Primärindexstruktur aufzubauen. Es könnten sogar noch mehr als 100 Records sein, wenn eine andere Lehrveranstaltung nach Berechnung der Hashfunktion im selben Bucket wie CS101 abgelegt wird.

Andererseits haben wir trotzdem einen Vorteil, wenn wir die Studenten für eine gegebene Lehrveranstaltung finden möchten. Ist die Anzahl der Lehrveranstaltungen wesentlich größer als 197, müssen wir im Durchschnitt ungefähr 1/197 der gesamten Relation

Course-StudentId-Grade

durchsuchen, was eine große Ersparnis bedeutet. Zudem werden wir bei Operationen unterstützt, bei denen wir eine Note eines bestimmten Studenten in einer bestimmten Lehrveranstaltung suchen oder ein Course-StudentId-Grade-Tupel einfügen oder löschen möchten. In diesen Fällen können wir den Course-Wert benutzen, um unsere Suche auf einen der 197 Buckets der Hashtabelle zu beschränken. Die einzige Art von Operation, bei der uns keinerlei Hilfe zuteil wird, ist die, bei der keine Lehrveranstaltung spezifiziert wurde. Um zum Beispiel die Lehrveranstaltungen herauszufinden, die Student 12345 besucht, müssen wir alle Buckets durchsuchen. Eine derartige Anfrage kann weitaus effizienter ablaufen, wenn wir eine Sekundärindexstruktur verwenden, mit der wir uns im nächsten Abschnitt befassen werden. ◆

Einfüge-, Lösch- und Suchoperationen

Die Art und Weise, wie wir Primärindexstrukturen zur Durchführung der Operationen *insert* (einfügen), *delete* (löschen) und *lookup* (suchen) verwenden, sollte nach unserer Diskussion in Kapitel 7 über dasselbe Thema bei zweistelligen Relationen klar sein. Um die Ideen noch einmal zu wiederholen, betrachten wir eine Hashtabelle als Primärindexstruktur. Wenn die Operation einen Wert für den Definitionsbereich spezifiziert, wenden wir auf diesen Wert die Hashfunktion an, um einen Bucket in der Hashtabelle zu finden.

1. Um ein Tupel t einzufügen, untersuchen wir den Bucket, um zu prüfen, ob t nicht bereits enthalten ist; wir erstellen eine neue Zelle für t in der Liste des Buckets, falls t noch nicht enthalten ist.

2. Um Tupel zu löschen, die mit einer Spezifikation X übereinstimmen, finden wir den Wert des Definitionsbereiches von X, ermitteln mit Hilfe der Hashfunktion den richtigen Bucket und gehen die Liste entlang, wobei wir jedes Tupel löschen, das der Spezifikation X entspricht.

3. Um Tupel entsprechend einer Spezifikation X zu suchen, finden wir wiederum den Wert des Definitionsbereiches von X und ermitteln mit Hilfe dieses Wertes den richtigen Bucket. Wir arbeiten uns an der Liste für diesen Bucket entlang und geben als Antwort jedes Tupel der Liste zurück, das der Spezifikation X genügt.

Spezifiziert die Operation den Wert des Definitionsbereiches nicht, sind wir in einer etwas unglücklichen Situation. Eine *insert*-Operation spezifiziert das einzufügende Tupel immer vollständig, eine *delete*- oder *lookup*-Operation tut dies unter Umständen nicht. In solchen Fällen müssen wir alle Bucketlisten nach passenden Tupeln durchsuchen und diese löschen bzw. auflisten.

ÜBUNGEN

8.4.1: Die DMV Datenbank aus Übung 8.3.2 sollte so entworfen werden, daß sie folgende Arten von Anfragen behandeln kann, von denen angenommen werden kann, daß sie häufig vorkommen werden.

1. Welche Adresse hat ein gegebener Fahrer?
2. Welche Führerscheinnummer hat ein gegebener Fahrer?
3. Welchen Namen hat der Fahrer mit einer gegebenen Führerscheinnummer?
4. Welchen Namen hat der Fahrer, der ein gegebenes, durch seine Zulassungsnummer identifiziertes Fahrzeug besitzt?
5. Welche Seriennummer, welchen Hersteller und welches Modell hat ein Fahrzeug mit einer gegebenen Zulassungsnummer?
6. Wem gehört das Fahrzeug mit einer gegebenen Zulassungsnummer?

Schlagen Sie geeignete Primärindexstrukturen für die von Ihnen in Übung 8.3.2 entworfenen Relationen vor, und verwenden Sie dabei jeweils eine Hashtabelle. Machen Sie eine Aussage über Ihre Annahmen darüber, wieviele Fahrer und Fahrzeuge es gibt. Geben Sie desweiteren an, wie viele Buckets Sie vorschlagen und welches die Definitionsbereichsattribute sind. Wieviele Anfragen diesen Typs können Sie effizient, das heißt in einer Durchschnittszeit von $O(1)$ unabhängig von der Größe der Relationen, beantworten?

8.4.2: Die Primärstruktur für die Course-Day-Hour-Relation aus Abb. 8.2(c) kann von den typischen Operationen abhängen, die wir durchzuführen beabsichtigen. Geben Sie eine geeignete Hashtabelle einschließlich der Attribute im Definitionsbereich und der Anzahl der Buckets an, wenn die typischen Anfragen jeweils eine der folgenden Formen haben. Gehen Sie von angemessenen Annahmen darüber aus, wie viele Lehrveranstaltungen und unterschiedliche Unterrichtsstunden es gibt. In allen Fällen soll ein spezifizierter Wert wie „CS101“ einen „typischen“ Wert repräsentieren; damit ist gemeint, daß Course als eine bestimmte Lehrveranstaltung spezifiziert ist. (Die Kurzschreibweise „AM“ bezieht sich auf die Stunden zwischen Mitternacht und Mittag.)

a) *lookup*((„CS101“, „M“, *), Course-Day-Hour).

b) *lookup*((*, „M“, „9AM“), Course-Day-Hour).

c) *delete*((„CS101“, *, *), Course-Day-Hour).

d) Zur Hälfte von Typ (a) und zur Hälfte von Typ (b).

e) Zur Hälfte von Typ (a) und zur Hälfte von Typ (c).

f) Zur Hälfte von Typ (b) und zur Hälfte von Typ (c).

8.5 Sekundärindexstrukturen

Angenommen, wir speichern die StudentId-Name-Address-Phone-Relation in einer Hashtabelle, bei der die Hashfunktion auf dem Schlüssel StudentId basiert, wie in Abb. 8.4. Diese Primärindexstruktur unterstützt uns bei Beantwortung von Anfragen, bei denen die Matrikelnummer spezifiziert ist. Was aber geschieht, wenn wir Anfragen mit Hilfe der Namen der Studenten stellen möchten, anstatt unter Verwendung der unpersönlichen – und vielleicht auch unbekannten – Matrikelnummern? Wir könnten zum Beispiel fragen: „Welche Telefonnummer hat der Student mit Namen C. Brown?“ Unsere Primärindexstruktur ist da nicht hilfreich. Wir müssen zu jedem Bucket der Hashtabelle gehen und solange die Record-Listen durchsuchen, bis wir einen mit einem Name-Feld finden, das den Wert „C. Brown“ enthält.

Um diese Anfrage schnell beantworten zu können, benötigen wir eine zusätzliche Datenstruktur, die uns von einem Namen zu dem Tupel bzw. zu den Tupeln bringt, die eben diesen Namen in der Name-Komponente des Tupels enthalten.[2] Eine Datenstruktur, die uns – für einen gegebenen Wert für ein bestimmtes Attribut oder mehrere Attribute – beim Auffinden von Tupeln unterstützt, aber nicht zum Positionieren der Tupel innerhalb der Gesamtstruktur verwendet wird, nennt man einen *Sekundärindex*.

Was wir für unseren Sekundärindex fordern, ist eine zweistellige Relation, deren

1. Definitionsbereich Name ist.

2. Wertebereich die Menge der Zeiger auf Tupel der StudentId-Name-Address-Phone-Relation ist.

[2]Denken Sie daran, daß Name kein Schlüssel für die StudentId-Name-Address-Phone-Relation ist, trotz der Tatsache, daß es in der Beispielrelation aus Abb. 8.2(a) keine Tupel gibt, die denselben Wert für Name haben. Würde Linus zum Beispiel dasselbe College wie Lucy besuchen, so würden wir zwei Tupel mit Name gleich „L. Van Pelt“ vorfinden, die aber unterschiedliche Matrikelnummern hätten.

Allgemein ist ein Sekundärindex auf dem Attribut A der Relation R eine Menge von Paaren (v, p) für die gilt

a) v ist ein Wert für das Attribut A und

b) p ist ein Zeiger auf eines der Tupel in der Primärindexstruktur für die Relation R, dessen A-Komponente den Wert v hat.

Der Sekundärindex hat für jedes Tupel mit dem Wert v in Attribut A ein derartiges Paar.

Wir können alle Datenstrukturen für zweistellige Relationen zur Speicherung von Sekundärindizes verwenden. Gewöhnlich wird eine Hashtabelle über den Wert des Attributes A benutzt. Solange die Anzahl der Buckets nicht größer ist als die Anzahl unterschiedlicher Werte für das Attribut A, können wir normalerweise eine gute Leistung erwarten – im Durchschnitt eine Zeit von $O(n/B)$ – um für einen gewünschten Wert von v ein Paar (v, p) in der Hashtabelle zu finden. (n ist hier die Anzahl der Paare und B die Anzahl der Buckets.) Um zu zeigen, daß sich auch andere Strukturen als Sekundär- (oder Primär-)Indizes eignen, werden wir im nächsten Beispiel einen binären Suchbaum als Sekundärindex verwenden.

Beispiel 8.10

Wir wollen eine Datenstruktur für die Relation

StudentId-Name-Address-Phone

aus Abb. 8.2(a) entwickeln, die als Primärindex eine Hashtabelle auf StudentId und als Sekundärindex für das Attribut Name einen binären Suchbaum verwendet. Um die Darstellung zu vereinfachen, werden wir als Primärstruktur eine Hashtabelle mit nur zwei Buckets benutzen. Die Hashfunktion berechnet den Rest, nachdem die Matrikelnummer durch 2 geteilt wurde. Das bedeutet, daß die geraden Matrikelnummern in Bucket 0 und die ungeraden in Bucket 1 wandern.

```
type TUPLELIST = ^TUPLE;

    TUPLE = record
        StudentId: integer;
        Name: array [1..30] of char;
        Address: array [1..50] of char;
        Phone: array [1..8] of char;
        next: TUPLELIST
    end;

    HASHTABLE = array[0..1] of TUPLELIST;
```

```
TREE = ^NODE;
NODE = record
   Name: array [1..30] of char;
   toTuple: TUPLELIST;
   (* ein Zeiger auf ein Tupel *)
   lc, rc: TREE
end;
```

Abb. 8.5: Typen für einen Primär- und einen Sekundärindex.

Als Sekundärindex verwenden wir einen binären Suchbaum, dessen Knoten Elemente speichern. Diese Elemente setzen sich aus Paaren bestehend aus dem Namen eines Studenten und einem Zeiger auf ein Tupel zusammen. Die Tupel selbst werden als Records gespeichert, die in einer Liste verkettet sind und so einen der Buckets der Hashtabelle bilden, so daß die Zeiger auf Tupel in Wirklichkeit Zeiger auf Records sind. Wir benötigen demnach die Strukturen aus Abb. 8.5. Die Typen `TUPLE` und `HASHTABLE` sind beinahe dieselben wie in Abb. 8.3, mit dem Unterschied, daß wir hier 2 Buckets verwenden und nicht 1009.

Der Typ `NODE` ist ein Knoten eines Binärbaums mit den beiden Feldern `Name` und `toTuple`, von denen das eine das Element dieses Knotens – das heißt den Namen eines Studenten – und das andere einen Zeiger auf ein Record, in dem sich das Tupel für diesen Studenten befindet, repräsentiert. Die beiden übrigen Felder, `lc` und `rc`, sind als Zeiger auf das linke und das rechte Kind des Knotens vorgesehen. Wir werden die alphabetische Reihenfolge auf den Nachnamen der Studenten als „kleiner-als"-Ordnung ansehen, mit der wir die Elemente an den Knoten des Baums vergleichen. Der Sekundärindex selbst ist eine Variable vom Typ `TREE` – das heißt ein Zeiger auf einen Knoten – und führt uns zur Wurzel des binären Suchbaums.

Ein Beispiel der gesamten Struktur wird in Abb. 8.6 angegeben. Um Platz zu sparen, sind die Address- und Phone-Komponenten der Tupel nicht dargestellt. Die Li bezeichnen die Speicherstellen, an denen die Records der Primärindexstruktur gespeichert sind.

Wollen wir nun die Anfrage beantworten, „Wie lautet die Telefonnummer von P. Patty?", so gehen wir zur Wurzel des Sekundärindexes, suchen nach dem Knoten mit dem `Name`-Feld „P. Patty" und folgen dem Zeiger im `toTuple`-Feld (in Abb. 8.6 als $L2$ angegeben). Auf diese Weise gelangen wir zum Record von P. Patty. In diesem Record können wir das `Phone`-Feld konsultieren und die Antwort auf die Anfrage ausgeben. ◆

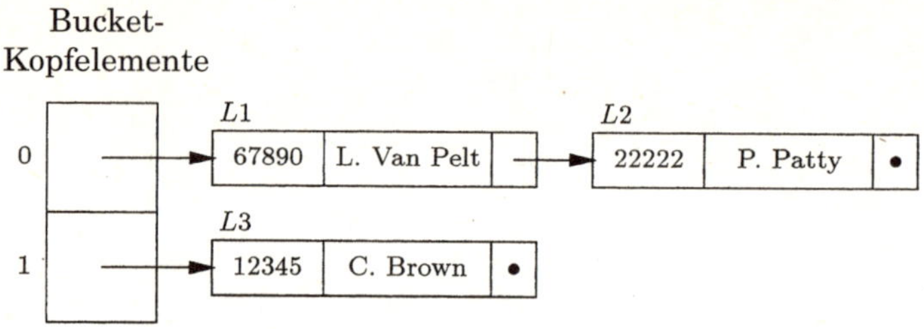

(a) Primärindexstruktur

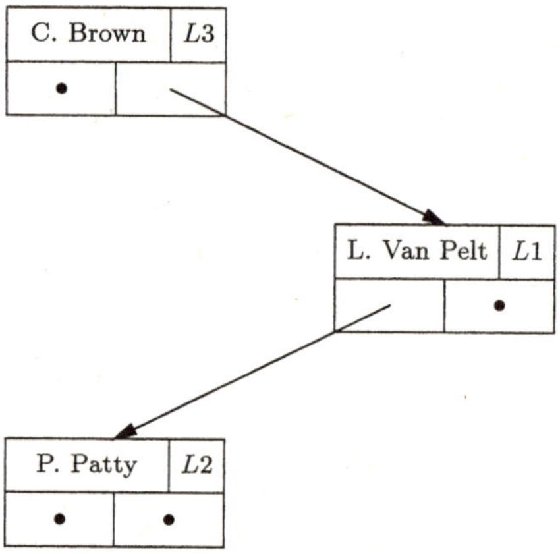

(b) Sekundärindexstruktur

Abb. 8.6: Beispiel von Primär- und Sekundärindexstrukturen.

Sekundärindizes auf Feldern, die keine Schlüssel sind

Es hatte den Anschein, als wäre das Attribut Name, auf dem wir in Beispiel 8.10 einen Sekundärindex aufbauten, ein Schlüssel, da keiner der Namen mehr als einmal vorkommt.
Wie wir aber wissen, ist es durchaus möglich, daß zwei Studenten denselben Namen haben, so daß Name in Wirklichkeit kein Schlüssel ist. Ist ein Attribut kein Schlüssel, so hat dies keine Auswirkungen auf die Hashtabellen-Datenstruktur, obwohl die Tupel unter Umständen nicht ganz so gleichmäßig auf die Buckets verteilt werden, wie erwartet. Wir hatten dies bereits in Abschnitt 7.9 besprochen.

Ein binärer Suchbaum ist wieder etwas anderes, da diese Datenstruktur keine zwei Elemente behandelt, von denen nicht eines „kleiner als" das andere ist, was der Fall wäre, wenn wir zwei Paare mit demselben Namen und unterschiedlichen Zeigern hätten. Eine einfache Anpassung der Struktur aus Abb.

8.5 besteht in der Verwendung des Feldes `toTuple` als Kopf einer verketteten Liste von Zeigern auf Tupel, ein Zeiger für jedes Tupel mit einem gegebenen Wert im `Name`-Feld. Gäbe es zum Beispiel mehrere P. Pattys, so enthielte der unterste Knoten in Abb. 8.6(b) anstelle von $L2$ den Kopf einer verketteten Liste. Die Elemente dieser Liste wären Zeiger auf die verschiedenen Tupel, deren Name-Attribut den Wert „P. Patty“ enthielten.

Entwurf IV: Wann sollten wir einen Sekundärindex erstellen?

Die Existenz eines Sekundärindexes erleichtert im allgemeinen bei einem gegebenen Wert einer oder mehrerer Komponenten die Suche nach einem Tupel. Es gilt aber:

- Jeder von uns erstellte Sekundärindex kostet Zeit, wenn wir Informationen in die Relation einfügen oder daraus löschen.
- Es ist demnach sinnvoll, einen Sekundärindex nur auf solchen Attributen zu erstellen, die wir voraussichtlich für die Suche von Daten benötigen.

Beabsichtigen wir zum Beispiel niemals, einen Studenten nur anhand einer gegebenen Telefonnummer zu finden, so wäre es eine Verschwendung, einen Sekundärindex auf dem Phone-Attribut der Relation

StudentId-Name-Address-Phone

zu erstellen.

Aktualisierung von Sekundärindexstrukturen

Gibt es für eine Relation einen oder mehrere Sekundärindizes, wird das Einfügen und Löschen von Tupeln schwieriger. Zusätzlich zur Aktualisierung der Primärindexstrukturen, wie in Abschnitt 8.4 umrissen, müssen wir nun gegebenenfalls auch jede der Sekundärindexstrukturen aktualisieren. Folgende Verfahren können zur Aktualisierung einer Sekundärindexstruktur für A verwendet werden, wenn ein Tupel mit dem Attribut A eingefügt oder gelöscht werden soll.

1. *Einfügen.* Wenn wir ein neues Tupel mit dem Wert v in der Komponente für Attribut A einfügen, müssen wir ein Paar (v, p) erzeugen, wobei p auf das neue Record in der Primärstruktur zeigt. Anschließend fügen wir das Paar (v, p) in den Sekundärindex ein.
2. *Löschen.* Wenn wir ein Tupel löschen, das den Wert v in der Komponente für A enthält, müssen wir uns zunächst einen Zeiger – nennen wir ihn p – auf

das gerade gelöschte Tupel merken. Dann bewegen wir uns in die Sekundärindexstruktur und untersuchen solange alle Paare mit der ersten Komponente v, bis wir die eine mit der zweiten Komponente p gefunden haben. Dieses Paar wird dann aus der Sekundärindexstruktur gelöscht.

ÜBUNGEN

8.5.1: Zeigen Sie, wie die Struktur des binären Suchbaums aus Abb. 8.5 verändert werden muß, damit mehrere Tupel in der StudentId-Name-Address-Phone-Relation gestattet sind, die denselben Studentennamen enthalten. Schreiben Sie eine Pascal-Prozedur, die einen Namen übernimmt und alle Tupel der Relation auflistet, die diesen Namen als Name-Attribut enthalten.

8.5.2:** Angenommen, wir haben uns entschieden, die Relation

StudentId-Name-Address-Phone

mit einem Primärindex auf StudentId zu speichern. Zudem entscheiden wir uns für die Erstellung einiger Sekundärindexes. Nehmen wir an, die Suchoperationen spezifizieren nur ein Attribut, entweder Name, Address oder Phone. Wir gehen davon aus, daß 75 % aller Suchoperationen Name spezifizieren, 20 % spezifizieren Address und 5 % Phone. Die Kosten für eine Einfüge- oder Löschoperation seien 1 Zeiteinheit plus 1/2 Zeiteinheit für jeden Sekundärindex, den wir erstellen (z. B. betragen die Kosten 2,5 Zeiteinheiten, wenn wir alle drei Sekundärindexes bilden). Die Kosten für eine Suchoperation lägen bei 1 Einheit, wenn wir ein Attribut spezifizieren, für das es einen Sekundärindex gibt, und 100 Einheiten, wenn es keinen Sekundärindex auf dem spezifizierten Attribut gibt. a sei der Bruchteil der Einfüge- und Lösch-Operationen, bei denen alle Attribute spezifiziert sind; der übrige Bruchteil $1 - a$ der Operationen sind Suchoperationen, bei denen eines der Attribute spezifiziert ist, entsprechend den von uns angenommenen Wahrscheinlichkeiten [z. B. sind $0{,}75(1 - a)$ aller Operationen Suchoperationen für einen gegebenen Wert für Name]. Wenn unser Ziel darin besteht, die durchschnittliche Zeit einer Operation zu minimieren, welche Sekundärindexes sollten wir dann erstellen, wenn der Wert von a (a) 0,01 (b) 0,1 (c) 0,5 (d) 0,9 (e) 0,99 beträgt?

8.5.3: Angenommen, die DMV möchte folgende Typen von Anfragen effizient, das heißt viel schneller als durch Absuchen ganzer Relationen, beantworten können.

i) Finde für den gegebenen Namen eines Fahrers den oder die Führerschein(e), die auf Leute dieses Namens ausgestellt wurden.

ii) Finde für eine gegebene Führerscheinnummer den Namen des Fahrers.

iii) Finde für eine gegebene Führerscheinnummer die Zulassungsnummer des oder der diesem Fahrer gehörenden Fahrzeug(e).

iv) Finde für eine gegebene Adresse die Namen aller Fahrer mit dieser Adresse.

v) Finde für eine gegebene Zulassungsnummer (d. h. ein Nummernschild) den oder die Führerschein(e) des oder der Besitzer des Fahrzeugs.

Geben Sie eine geeignete Datenstruktur für Ihre Relation aus Übung 8.3.2 an, die es ermöglicht, all diese Anfragen effizient zu beantworten. Es reicht aus anzunehmen, daß jeder Index aus einer Hashtabelle aufgebaut wird und die Primär- und Sekundärindexes für jede Relation anzugeben. Erklären Sie, wie Sie dann jeden der Anfragetypen beantworten würden.

8.5.4*: Angenommen, es wird gefordert, die auf ein bestimmtes Tupel t in der Primärindexstruktur zeigenden Zeiger in einem gegebenen Sekundärindex aufzuspüren. Geben Sie eine Datenstruktur an, die uns dabei unterstützt, diese Zeiger in einer Zeit proportional zur Anzahl der gefundenen Zeiger zu finden. Welche Operationen brauchen aufgrund dieser zusätzlichen Struktur mehr Zeit?

8.6 Die Navigation zwischen Relationen

Bisher haben wir uns nur mit Operationen beschäftigt, die sich auf eine einzige Relation bezogen, wie das Auffinden eines Tupels bei gegebenen Werten für eine oder mehrerer seiner Komponenten. Die Mächtigkeit des relationalen Modells ist jedoch erst zu erkennen, wenn wir Operationen betrachten, die uns nötigen, zu „navigieren“, das heißt von einer Relation zu einer anderen zu springen. So könnten wir beispielsweise die Anfrage „Welche Note bekam der Student mit der Matrikelnummer 12345 in CS101?“ beantworten, indem wir ausschließlich auf der Course-StudentId-Grade-Relation arbeiteten. Natürlicher wäre es jedoch zu fragen: „Welche Note erhielt C. Brown in CS101?“ Diese Anfrage kann nicht durch die Course-StudentId-Grade-Relation allein beantwortet werden, da diese Relation zwar Matrikelnummern, nicht aber Namen verwendet.

Um diese Anfrage zu beantworten, müssen wir zunächst die StudentId-Name-Address-Phone-Relation konsultieren und den Namen „C. Brown“ in eine Matrikelnummer (oder in mehrere Matrikelnummern, da zwei oder mehr Studenten mit demselben Namen und unterschiedlichen Matrikelnummern möglich sind) übersetzen. Für jede Matrikelnummer durchsuchen wir anschließend die Course-StudentId-Grade-Relation nach Tupeln mit dieser Matrikelnummer und mit der Lehrveranstaltungskomponente „CS101“. Aus jedem derartigen Tupel können wir die Note eines Studenten mit Namen C. Brown in der Lehrveranstaltung CS101 entnehmen. Abbildung 8.7 deutet an, wie diese Anfrage die Verbindung zwischen den gegebenen Werten, den Relationen und den angeforderten Antworten herstellt.

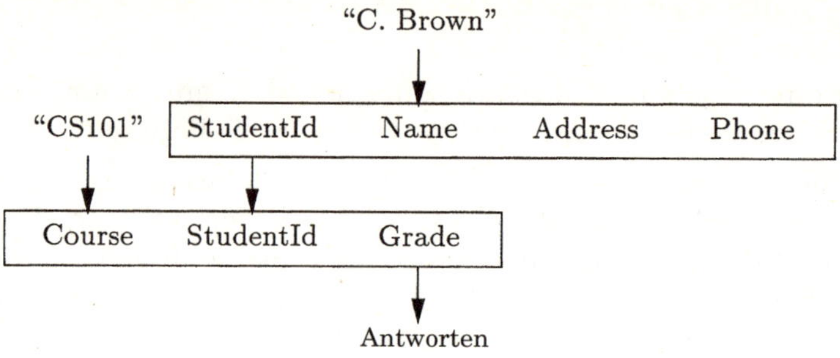

Abb. 8.7: Diagramm der Anfrage „Welche Note erzielte C. Brown in CS101?“

Gibt es keine Indexe, die wir verwenden können, so kann diese Anfrage sehr zeitaufwendig sein. Nehmen wir an, es gibt n Tupel in der Relation

StudentId-Name-Address-Phone

und m in der Course-StudentId-Grade-Relation. Gehen wir weiterhin davon aus, daß es k Studenten mit Namen „C. Brown“ gibt. Eine Skizze des Algorithmus zum Auffinden der Noten des oder der Studenten in CS101, ausgehend von der Annahme, es gäbe keine Indizes, die wir benutzen könnten, wird in Abb. 8.8 angegeben.

```
(1) for jedes Tupel t in StudentId-Name-Address-Phone do
(2)         if t hat "C. Brown" in seiner Name-Komponente stehen then begin
(3)             i sei die StudentId-Komponente von Tupel t;
(4)             for jedes Tupel s in Course-StudentId-Grade do
(5)                 if s hat die Course-Komponente "CS101" und die
                      StudentId-Komponente i then
(6)                     print die Grade-Komponente von Tupel s
        end
```

Abb. 8.8: Finden der Note von C. Brown in CS101.

Im folgenden werden wir die Laufzeit des Programms aus Abb. 8.8 ermitteln. Beginnend von innen nach außen benötigt die Druckanweisung aus Zeile (6) $O(1)$ Zeit. Auch die bedingte Anweisung der Zeilen (5) und (6) benötigt $O(1)$ Zeit, da der Test in Zeile (5) den Aufwand $O(1)$ hat. Da wir annehmen, daß es m Tupel in der Relation

Course-StudentId-Grade

gibt, wird die Schleife der Zeilen (4) bis (6) m mal iteriert und braucht demnach insgesamt $O(m)$ Zeit. Da Zeile (3) $O(1)$ Zeit benötigt, hat der Block der Zeilen (3) bis (6) den Aufwand $O(m)$.

Betrachten wir nun die if-Anweisung der Zeilen (2) bis (6). Da der Test in Zeile (2) $O(1)$ Zeit braucht, benötigt die gesamte if-Anweisung $O(1)$ Zeit, wenn die Bedingung falsch ist. Ist sie dagegen erfüllt, so braucht sie $O(m)$ Zeit. Wir hatten angenommen, daß die Bedingung für k Tupel erfüllt ist und für die restlichen nicht; das heißt, es gibt k Tupel t, deren Name-Komponenten den Wert „C. Brown“ enthalten. Da die Differenz zwischen dem Zeitaufwand in dem Fall, wenn die Bedingung wahr ist, und in dem Fall, daß die Bedingung falsch ist, so groß ist, sollten wir die Analyse der for-Schleife der Zeilen (1) bis (6) sehr sorgfältig angehen. Anstatt einfach nur die Anzahl der Schleifendurchläufe zu zählen und diese dann mit der größtmöglichen vom Rumpf benötigten Zeit zu multiplizieren, sollten wir die beiden Ausgänge des Tests in Zeile (2) getrennt voneinander untersuchen.

Zunächst durchlaufen wir die Schleife n mal, da dies der Anzahl der unterschiedlichen Werte von t entspricht. Für die k Tupel t, für die der Test in Zeile (2) wahr ist, benötigen wir jeweils $O(m)$ Zeit, bzw. insgesamt $O(km)$ Zeit. Für die restlichen $n - k$ Tupel, für die der Test falsch ist, benötigen wir $O(1)$ Zeit pro Tupel, bzw. $O(n - k)$ insgesamt. Da wir davon ausgehen können, daß k viel kleiner ist als n, können wir anstelle von $O(n - k)$ die Zeit $O(n)$ als eine einfachere, aber dichte obere Schranke ansehen. Das gesamte Programm hat somit einen Aufwand von $O(n + km)$. Im wahrscheinlichsten Fall, daß $k = 1$ ist, es also nur einen Studenten mit dem gegebenen Namen gibt, wird eine Zeit von $O(n + m)$ benötigt, die proportional zur Summe der Größen der beiden betroffenen Relationen ist. Ist k größer als 1, so ist der Zeitaufwand noch größer.

Beschleunigung der Navigation mit Hilfe von Indizes

Mit den richtigen Indizes können wir dieselbe Anfrage in durchschnittlich $O(k)$ Zeit beantworten – das heißt in $O(1)$ Zeit, wenn k, also die Anzahl der Studenten mit Namen C. Brown, 1 ist. Das ergibt insofern Sinn, als wir nur $2k$ Tupel, k aus jeder der beiden Relationen, untersuchen müssen. Wenn eine Hashtabelle mit der richtigen Anzahl an Buckets verwendet wird, sorgen die Indizes dafür, daß die benötigten Tupel in $O(1)$ Zeit gefunden werden. Haben wir einen Index auf Name in der StudentId-Name-Address-Phone-Relation und einen Index auf der Kombination von Course und StudentId in der Course-StudentId-Grade-Relation, so wird der Algorithmus für das Auffinden der Note von C. Brown in CS101 in Abb. 8.9 skizziert.

```
(1)  Finde unter Verwendung des Indexes auf Name jedes Tupel in der
     StudentId Name-Address-Grade-Relation, das die Name-Komponente "C.
     Brown" enthält;
(2)      for jedes unter (1) gefundene Tupel t do begin
(3)          i sei die StudentId-Komponente von Tupel t;
```

```
(4)         finde unter Verwendung der Indizes auf Course und StudentId in der
                Course-StudentId-Grade-Relation die Tupel s mit der Course-
                Komponente "CS101" und StudentId-Komponente i;
(5)         print die Grade-Komponente von Tupel s
        end
```

Abb. 8.9: Finden der Note von C. Brown in CS101 unter Verwendung von Indizes.

Nehmen wir an, der Index auf Name ist eine Hashtabelle mit ungefähr n Buckets und wird als Sekundärindex verwendet. Da n die Anzahl der Tupel in der Relation

StudentId-Name-Address-Grade

ist, haben die Buckets jeweils im Durchschnitt $O(1)$ Tupel. Das Finden des Buckets für den Name-Wert „C. Brown" benötigt $O(1)$ Zeit. Gibt es k Tupel mit demselben Namen, so dauert es $O(k)$ Zeit, um diese Tupel in ihrem Bucket zu finden, und $O(1)$ Zeit, um andere in diesem Bucket vorkommende Tupel zu übergehen. Zeile (1) aus Abb. 8.9 benötigt demnach durchschnittlich $O(k)$ Zeit.

Die Schleife in den Zeilen (2) bis (5) wird k mal ausgeführt. Angenommen, wir speichern die k in Zeile (1) gefundenen Tupel t in einer verketteten Liste. Dann betragen die Kosten für einen Schleifendurchlauf, bei dem entweder das nächste Tupel t gefunden wird oder sich herausstellt, daß es keine Tupel mehr gibt, $O(1)$, was den Kosten für die Zeilen (3) und (5) entspricht. Wir behaupten, daß Zeile (4) ebenfalls in $O(1)$ Zeit ausgeführt werden kann, so daß die Schleife in den Zeilen (2) bis (5) $O(k)$ Zeit benötigt.

Wir analysieren Zeile (4) wie folgt. Zeile (4) erfordert für einen gegebenen Schlüsselwert die Suche nach einem einzelnen Tupel. Nehmen wir an, daß die Course-StudentId-Grade-Relation einen Primärindex auf ihrem Schlüssel, {Course, StudentId}, hat, und daß dieser Index eine Hashtabelle mit ungefähr m Buckets ist. Dann beträgt die durchschnittliche Tupelanzahl pro Bucket $O(1)$, so daß Zeile (4) aus Abb. 8.9 $O(1)$ Zeit benötigt. Wir schließen, daß der Rumpf der Schleife in den Zeilen (2) bis (5) im Durchschnitt $O(k)$ Zeit und das gesamte Programm aus Abb. 8.9 somit durchschnittlich $O(k)$ Zeit benötigt. Das heißt, die Kosten sind proportional zur Anzahl der Studenten mit dem bestimmten Namen, über den wir eine Anfrage stellen, egal wie groß die betroffenen Relationen sind.

Die Navigation zwischen mehreren Relationen

Dieselben Verfahren, die uns bei der effizienten Navigation von einer Relation zur anderen unterstützen, gestatten auch das Navigieren zwischen mehreren Relationen. Angenommen, wir möchten die Frage klären: „Wo befindet sich C. Brown um 9.00 Uhr Montag morgens?" Ausgehend von der Annahme, daß er sich in einer Lehrveranstaltung befindet, finden wir die Antwort auf diese Anfrage, indem wir alle Lehrveranstaltungen ermitteln, an denen C. Brown teilnimmt. Wir stellen dabei fest, ob eine davon montags um 9.00 Uhr abgehalten wird. Ist dies der Fall, so finden wir noch den Raum, in dem die Lehrveranstaltung stattfindet. Abbildung 8.10 gibt für den gegebenen Wert „C. Brown" die Navigation durch die Relationen zu den gesuchten Lösungen an.

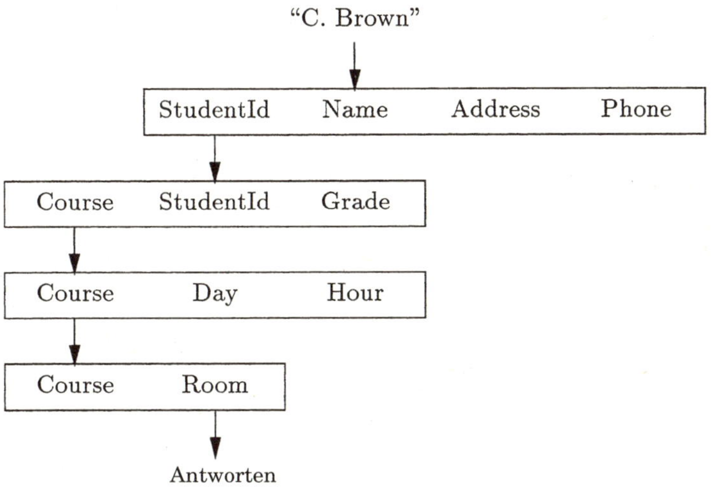

Abb. 8.10: Diagramm der Anfrage: „Wo befindet sich C. Brown montags um 9.00 Uhr?"

Im folgenden Plan wird davon ausgegangen, daß es nur einen Studenten mit Namen C. Brown gibt; wenn es mehrere gibt, können wir die Räume, in denen sich einer oder mehrere von ihnen montags um 9.00 Uhr befinden, herausfinden. Auch geht er davon aus, daß dieser Student nicht für zwei konfligierende Lehrveranstaltungen eingeschrieben ist; das heißt, er besucht höchstens eine Lehrveranstaltung, die montags um 9.00 Uhr stattfindet.

1. Finde unter Benutzung der StudentId-Name-Address-Phone-Relation für C. Brown die Matrikelnummer von C. Brown. Diese Matrikelnummer sei i.

2. Suche alle Tupel mit der StudentId-Komponente i in der Course-StudentId-Grade-Relation. $\{c_1, c_2, ..., c_k\}$ sei die Menge der Course-Werte in diesen Tupeln.

3. Suche in der Course-Day-Hour-Relation nach Tupeln mit der Course-Komponente c_i, das heißt nach einer der in Schritt (2) gefundenen Lehrveranstaltungen. Es sollte höchstens eine geben, die als Day-Komponente den Wert „M" und als Hour-Komponente den Wert „9AM" enthält.

4. Wird in Schritt (3) eine Lehrveranstaltung *c* gefunden, suche in der Course-Room-Relation den Raum, in dem die Lehrveranstaltung *c* abgehalten wird. Das ist der Ort, an dem sich C. Brown montags um 9.00 Uhr befindet, es sei denn, er hat sich für ein verlängertes Wochenende entschieden.

Stehen uns keine Indizes zur Verfügung, können wir diesen Plan bestenfalls in einer Zeit proportional zur Summe der Größen der vier betroffenen Relationen ausführen. Es gibt jedoch eine Anzahl von Indizes, die wir uns zunutze machen können.

a) In Schritt (1) können wir einen Index auf der Name-Komponente der Relation

   StudentId-Name-Address-Phone

   verwenden, um die Matrikelnummer von C. Brown in durchschnittlich $O(1)$ Zeit zu erhalten.

b) In Schritt (2) können wir einen Index auf der StudentId-Komponente von Course-StudentId-Grade zu unserem Vorteil nutzen, um in $O(\mathrm{k})$ Zeit alle von C. Brown besuchten Lehrveranstaltungen herauszufinden, wobei k der Anzahl der von ihm besuchten Lehrveranstaltungen entspricht.

c) In Schritt (3) kann uns ein Index auf Course für die Relation

   Course-Day-Hour

   dabei unterstützen, alle Termine der k in Schritt (2) gefundenen Lehrveranstaltungen in einer durchschnittlichen Zeit, die proportional zur Summe der Anzahl der Termine dieser Lehrveranstaltungen ist, herauszufinden. Wenn wir annehmen, daß keine Lehrveranstaltung mehr als fünfmal die Woche stattfindet, gibt es höchstens $5k$ Tupel, die wir in durchschnittlich $O(k)$ Zeit finden können. Gibt es für diese Relation keinen Index auf Course, sondern auf Day und/oder Hour, so können wir uns ebenfalls einen derartigen Index zunutze machen, obwohl wir weit mehr als $O(k)$ Tupel betrachten müssen, abhängig davon, wie viele Lehrveranstaltungen montags bzw. wie viele an verschiedenen Tagen um 9.00 Uhr stattfinden.

d) In Schritt (4) können wir einen Index auf Course für die Course-Room-Relation nutzen. In diesem Fall läßt sich der gesuchte Raum in durchschnittlich $O(1)$ Zeit ermitteln.

Wir schließen somit, daß wir bei Verwendung geeigneter Indizes diese doch recht schwierige Anfrage in durchschnittlich $O(k)$ Zeit beantworten können. Da k, die Anzahl der von C. Brown besuchten Lehrveranstaltungen, als klein angenommen werden kann – sagen wir 5 oder so – ist dieser Zeitabschnitt normalerweise recht klein und insbesondere auch unabhängig von den Größen jeder der betroffenen Relationen.

Zusammenfassung: Schneller Zugriff auf Relationen

Wir wollen uns noch einmal in Erinnerung rufen, wie unsere Fähigkeit, Antworten aus Relationen zu gewinnen, gewachsen ist. In Abschnitt 7.8 begannen wir unter Verwendung einer Hashtabelle oder einer anderen Struktur, wie einem binären Suchbaum oder einem (verallgemeinerten) charakteristischen Vektor, Funktionen zu implementieren, die im Kontext dieses Kapitels zweistellige Relationen sind, deren Definitionsbereich ein Schlüssel ist. In Abschnitt 7.9 haben wir dann gesehen, daß diese Methoden auch funktionierten, wenn der Definitionsbereich kein Schlüssel war, solange die Relation zweistellig war.

In Abschnitt 8.4 stellten wir fest, daß die Zweistelligkeit der Relation nicht notwendig ist; wir konnten alle Attribute, die Teil des Schlüssels waren, als eine „Definitionsbereichsmenge“ und alle anderen Attribute als eine „Wertebereichsmenge“ ansehen. Zudem sahen wir in Abschnitt 8.4, daß der Definitionsbereich nicht unbedingt ein Schlüssel sein muß.

In Abschnitt 8.5 lernten wir, daß wir mehr als eine Indexstruktur auf einer Relation verwenden können, um einen schnellen Zugriff basierend auf Attributen, die nicht Teil des Definitionsbereiches sind, zu gestatten. In Abschnitt 8.6 lernten wir schließlich, daß es möglich ist, eine Kombination aus Indizes auf mehreren Relationen zu verwenden, um komplexe Anfragen in einer Zeit proportional zur Anzahl der tatsächlich aufgesuchten Tupel durchzuführen.

ÜBUNGEN

8.6.1: Nehmen wir an, daß die Course-StudentId-Grade-Relation in Abb. 8.9 keinen Index auf den Course-StudentId-Paaren hat, sondern nur einen Index auf Course. Wie würde sich dies auf die Laufzeit von Abb. 8.9 auswirken? Was wäre, wenn es nur einen Index auf StudentId gäbe?

8.6.2: Erklären Sie, wie die folgenden Anfragen effizient beantwortet werden können. Geben Sie in jedem Fall an, welche Annahmen Sie über die Anzahl der Elemente in den sich zwischenzeitlich ergebenden Mengen aufstellen (z. B. die Anzahl der von C. Brown besuchten Lehrveranstaltungen) und machen Sie Aussagen darüber, von welchen Indizes Sie ausgehen.

a) Finden Sie alle Voraussetzungen für die von C. Brown besuchten Lehrveranstaltungen.

b) Finden Sie die Telefonnummern aller Studenten, die eine im Turing-Hörsaal stattfindende Lehrveranstaltung besuchen.

c) Finden Sie die Voraussetzungen für die Voraussetzungen von CS206.

8.6.3: Ausgehend von der Annahme, daß es keine Indizes gibt, wieviel Zeit würde jede der in Übung 8.6.2 angegebenen Anfragen als Funktion über den Größen der betroffenen Relationen benötigen, wenn wir von Iterationen über allen Tupeln ausgehen, wie bei den Beispielen dieses Abschnitts?

8.7 Die Relationenalgebra

In Abschnitt 8.6 haben wir gesehen, daß eine mehrere Relationen betreffende Anfrage ziemlich kompliziert sein kann. Es ist sinnvoll, diese Anfragen in einer Sprache auszudrücken, die auf einer wesentlich „höheren Ebene" angesiedelt ist als Pascal. Die Anfrage sollte also ausdrücken, was wir möchten (z. B. alle Tupel mit der Course-Komponente gleich „CS101"), ohne uns mit Dingen wie der Suche in Indizes befassen zu müssen, was in einem Pascal-Programm der Fall wäre. Zu diesem Zwecke wurde eine Sprache, genannt *Relationenalgebra*, entwickelt.

Wie jede andere Algebra gestattet uns die Relationenalgebra, Anfragen durch Anwendung algebraischer Gesetze umzuformen. Da für komplizierte Anfragen häufig viele verschiedene Schrittfolgen existieren, mit denen die Antworten aus gespeicherten Daten gewonnen werden können, und da unterschiedliche algebraische Ausdrücke unterschiedliche Folgen von Schritten repräsentieren, stellt die Relationenalgebra ein exzellentes Beispiel der Algebra als Entwurfstheorie dar. Die Effizienzverbesserungen, die erst durch die Umwandlung von Ausdrücken der Relationenalgebra möglich wurden, sind wohl das beste Beispiel für die Mächtigkeit einer Algebra, das wir in der Informatik finden. Die Fähigkeit, durch algebraische Umformungen Anfragen zu „optimieren", ist Thema des Abschnitts 8.9.

Operanden der Relationenalgebra

Bei der Relationenalgebra sind die Operanden Relationen. Wie bei anderen Algebren, können Operanden entweder Konstanten sein – in diesem Fall bestimmte Relationen – oder Variablen, die unbekannte Relationen repräsentieren. Ob jedoch Variable oder Konstante, jeder Operand hat ein besonderes Schema (eine Liste von Attributen zur Benennung seiner Spalten). Ein konstantes Argument kann somit folgendermaßen angegeben werden:

A	*B*	*C*
0	1	2
0	3	4
5	2	3

Diese Relation hat das Schema {A, B, C} und enthält die drei Tupel (0, 1, 2), (0, 3, 4) und (5, 2, 3).

Ein Variablenargument kann durch $R(A, B, C)$ angegeben werden, wobei R eine Relation bezeichnet, deren Spalten A, B und C heißen, deren Tupelmenge jedoch unbekannt ist. Wenn das Schema {A, B, C} für R bekannt oder nicht von Bedeutung ist, können wir auch nur R als Operanden verwenden.

Mengenoperatoren der Relationenalgebra

Die ersten drei Operatoren, die wir verwenden werden, sind die üblichen Mengenoperationen: Vereinigung, Schnitt und Mengendifferenz, die wir in Abschnitt 7.3 besprachen. Eines fordern wir von den Operanden dieser Operatoren: Die Schemata der beiden Operanden müssen gleich sein. Vom Schema des Ergebnisses wird dann natürlich angenommen, daß es dem Schema jedes der Argumente entspricht.

Beispiel 8.11

R und S seien die Relationen aus Abb. 8.11(a), bzw. (b). Beide Relationen haben das Schema {A, B}. Der Vereinigungsoperator erzeugt eine Relation, die jedes entweder in R oder in S oder in beiden Relationen vorkommende Tupel enthält. Man beachte, daß Relationen Mengen sind und daher niemals mehrere Kopien desselben Tupels enthalten können, auch wenn ein Tupel sowohl in R als auch in S vorkommt, was bei dem Tupel (0, 1) der Fall ist. Die Relation $R \cup S$ wird in Abb. 8.11(c) angegeben.

Der Schnittoperator erzeugt die Relation, die diejenigen Tupel enthält, welche in beiden Operanden vorkommen. Die Relation $R \cap S$ enthält somit nur das Tupel (0, 1), wie in Abb. 8.11(d) angegeben. Die Mengendifferenz erzeugt eine Relation, die die Tupel der ersten Relation, welche nicht in der zweiten Relation vorkommen, enthält. Die in Abb. 8.11(e) angegebene Relation $R - S$ enthält das Tupel (2, 3) aus R, da dieses Tupel nicht in S vorkommt. Das Tupel (0, 1) aus R enthält sie nicht, da dieses Tupel auch in S enthalten ist. ◆

A	*B*
0	1
2	3

(a) R

A	B
0	1
4	5

(b) S

A	B
0	1
2	3
4	5

(c) $R \cup S$

A	B
0	1

(d) $R \cap S$

A	B
2	3

(e) $R - S$

Abb. 8.11: Beispiele von Operationen der Relationenalgebra.

Der Selektionsoperator

Die anderen Operatoren der Relationenalgebra wurden entworfen, um die in diesem Kapitel untersuchten Arten von Aktionen auszuführen. Häufig möchten wir zum Beispiel aus einer Relation diejenigen Tupel herausziehen, die bestimmte Bedingungen erfüllen, wie beispielsweise alle Tupel der Relation

Course-StudentId-Grade

die die Course-Komponente „CS101" enthalten. Zu diesem Zweck verwenden wir den *Selektionsoperator.* Dieser Operator übernimmt eine einzelne Relation als Operand, hat jedoch zudem einen bedingten Ausdruck als „Parameter". Wir schreiben den Selektionsoperator als $\sigma_C(R)$, wobei σ das Symbol für Selektion, C die Bedingung und R der Relationenoperand ist. Die Bedingung C darf Operanden haben, welches Attribute aus dem Schema von R sind, ebenso wie Konstanten. Die in C gestatteten Operatoren entsprechen denen gewöhnlicher bedingter Ausdrücke in Pascal, das heißt arithmetische Vergleiche und logische Verknüpfungen.

Das Ergebnis dieser Operation ist eine Relation, deren Schema dem von R entspricht. In diese Relation packen wir jedes Tupel t aus R dergestalt, daß die Bedingung C wahr wird, wenn wir für jedes Attribut A die Komponente von Tupel t in der Spalte für A substituieren.

Beispiel 8.12

Es sei *CSG* synonym für die Course-StudentId-Grade-Relation aus Abb. 8.1. Möchten wir diejenigen Tupel herausziehen, die als Course-Komponente „CS101" enthalten, können wie folgenden Ausdruck schreiben:

$$\sigma_{\text{Course="CS101"}}(CSG)$$

Das Ergebnis dieses Ausdrucks ist eine Relation mit demselben Schema wie *CSG*, also {Course, StudentId, Grade}, und der in Abb. 8.12 angezeigten Tupelmenge. Das heißt, die Bedingung wird nur für diejenigen Tupel wahr, bei denen die Course-Komponente „CS101" lautet. Wenn wir dann nämlich „CS101" für Course substituieren, wird aus der Bedingung „CS101" = „CS101". Enthält das Tupel in der Course-Komponente einen anderen Wert, wie „EE200", so erhalten wir den Ausdruck „EE200" = „CS101", der falsch ist. ♦

Course	StudentID	Grade
CS101	12345	A
CS101	67890	B
CS101	33333	A-

Abb. 8.12: Ergebnis des Ausdrucks $\sigma_{Course="CS101"}(CSG)$.

Der Projektionsoperator

Während der Selektionsoperator eine Kopie der Relation erstellt, bei der einige Zeilen gelöscht wurden, ist uns häufig daran gelegen, eine Kopie zu erstellen, bei der einige Spalten eliminiert wurden. Für diesen Zweck steht uns der *Projektionsoperator* zur Verfügung, der durch das Symbol π repräsentiert wird. Wie die Selektion übernimmt der Projektionsoperator eine einzelne Relation als Argument. Zudem übernimmt er einen Parameter, der einer Liste von Attributen entspricht, die aus dem Schema der Argumentrelation ausgewählt wurden.

Wenn R eine Relation mit der Menge der Attribute $\{A_1, ..., A_k\}$ und $(B_1, ..., B_n)$ eine Liste einiger der A's ist, dann ist $\pi_{B_1,...,B_n}(R)$, die *Projektion von R auf die Attribute B_1, ..., B_n*, die Menge der Tupel, die wie folgt gebildet werden. Nehmen Sie jedes Tupel t in R und extrahieren Sie seine in den Attributen B_1, ..., B_n stehenden Komponenten, sagen wir b_1, ..., b_n. Erweitern Sie anschließend die Relation $\pi_{B_1, ..., B_n}(R)$ um das Tupel $(b_1, ..., b_n)$. Beachten Sie, daß zwei oder mehr Tupel von R dieselben Komponenten in allen $B_1, ..., B_n$ enthalten können. Trifft dies zu, so landet nur eine Kopie der Projektion dieser Tupel in $\pi_{B_1, ..., B_n}(R)$, da diese Relation, wie alle anderen Relationen auch, nicht mehr als eine Kopie jedes Tupels enthalten darf.

Beispiel 8.13

Angenommen, wir möchten nur die Matrikelnummern der Studenten herausfinden, die die Lehrveranstaltung CS101 besuchen. Wir könnten dieselbe Selektion wie in Beispiel 8.12 anwenden, die uns alle Tupel für CS101 in der *CSG*-Relation liefert, müßten dann aber die Lehrveranstaltung und die Note mit Hilfe der Projektion ausblenden; das heißt, wir projizieren nur auf StudentId. Der Ausdruck, der beide Operationen durchführt, lautet

$$\pi_{\text{StudentId}}(\sigma_{\text{Course="CS101"}}(CSG))$$

Das Ergebnis dieses Ausdrucks ist die in Abb. 8.12 angegebene Relation projiziert auf ihre StudentId-Komponente – das heißt, auf die einstellige Relation aus Abb. 8.13. ◆

StudentID
12345
67890
33333

Abb. 8.13: Studenten, die die Lehrveranstaltung CS101 belegen.

Der Verbund (Join) von Relationen

Zum Schluß benötigen wir noch eine Möglichkeit, die Verknüpfung zweier Relationen auszudrücken, so daß wir von einer Relation zur anderen navigieren können. Zu diesem Zwecke benutzen wir den *Verbund*-Operator (*join*-Operator), den wir durch $\bowtie$ kennzeichnen.[3]

Angenommen, wir haben zwei Relationen R und S mit den Attributmengen (Schemata) $\{A_1, ..., A_n\}$, bzw. $\{B_1, ..., B_m\}$. Wir nehmen ein Attribut aus jeder Menge – sagen wir A_i und B_j – diese Attribute werden zu Parametern des Verbundes (*join*) mit den Argumenten R und S.

[3]Der in diesem Buch beschriebene „Verbund" ist weniger allgemein als der, dem man normalerweise in der Relationenalgebra begegnet. Er genügt uns jedoch, um einen Eindruck von diesem Operator zu bekommen, ohne die Komplexität dieses Themas zu vertiefen.

Der Verbund von R und S, geschrieben als $R \underset{A_i=B_j}{\bowtie} S$, wird gebildet, indem man jedes Tupel r aus R und jedes Tupel s aus S nimmt und sie miteinander vergleicht. Wenn die Komponente von r für A_i gleich der Komponente von s für B_j ist, bilden wir aus r und s ein Tupel; sonst wird aus der Paarung von r und s kein Tupel gebildet. Wir bilden aus r und s ein Tupel, indem wir die Komponenten von r nehmen und dahinter alle Komponenten von s schreiben, dabei jedoch die Komponente für B_j weglassen, die sowieso gleich der A_i-Komponente von r ist.

Die Relation $R \underset{A_i=B_j}{\bowtie} S$ ist die Menge der auf diese Art und Weise gebildeten Tupel. Beachten Sie, daß diese Relation keine Tupel enthielte, wenn in der A_i-Spalte von R kein Wert stünde, der nicht auch in der B_j-Spalte von S vorkäme. Im anderen Extremfall hätte jedes Tupel von R denselben Wert in der Komponente A_i, und diese Komponente könnte ebenso in der B_j-Komponente jedes Tupels in S vorkommen. Die Anzahl der Tupel im Verbund entspräche dann dem Produkt der Anzahl der Tupel in R und in S, da jedes Paar übereinstimmen würde. Im allgemeinen liegt die Wahrheit irgendwo zwischen diesen beiden Extremen; jedes Tupel von R wird mit einigen, aber nicht mit allen Tupeln aus S verknüpft.

Das Schema der verknüpften Relation lautet

$$\{A_1, ..., A_n, B_1, ..., B_{j-1}, B_{j+1}, ..., B_m\}$$

und ist die Menge aller Attribute aus R und S mit Ausnahme von B_j. Es kann jedoch zwei Vorkommen desselben Namens in der Liste geben, wenn eines der A gleich einem der B war (gilt nicht für B_j, welches kein Attribut des Verbundes ist). Ist dies der Fall, so müssen wir darauf bestehen, daß eines der beiden identischen Attribute umbenannt wird.

Beispiel 8.14

Angenommen, wir möchten eine Operation durchführen, die die Relation

Course-Day-Hour

(die wir als *CDH* abkürzen) mit der Course-Room-Relation (*CR*) verbindet. Uns könnte zum Beispiel interessieren, zu welchen Zeiten jeder Raum mit einer Lehrveranstaltung belegt ist. Um diese Anfrage zu beantworten, müssen wir jedes Tupel aus *CR* mit jedem Tupel aus *CDH* verbinden, vorausgesetzt, die Course-Komponente der beiden Tupel ist gleich – das heißt die Tupel betreffen dieselbe Lehrveranstaltung. Wenn wir also *CR* mit *CDH* verbinden, immer ausgehend von der Gleichheit der beiden Course-Attribute, erhalten wir eine Relation mit dem Schema

{Course, Room, Day, Hour}

das jedes Tupel (c, r, d, h) dergestalt enthält, daß (c, r) ein Tupel aus *CR* und (c, d, h) ein Tupel aus *CDH* ist. Der diese Relation definierende Ausdruck lautet

$$CR \underset{Course=Course}{\bowtie} CDH$$

und der Wert der durch diesen Ausdruck erzeugten Relation, ausgehend von der Annahme, daß die Relationen die Tupel aus Abb. 8.2 enthalten, wird in Abb. 8.14 angegeben.

Um zu sehen, wie die Relation aus Abb. 8.14 erzeugt wird, betrachte man das erste Tupel aus *CR*, (CS101, Turing Aud.). Wir durchsuchen die Tupel aus *CHD* nach denen, die denselben Course-Wert, das heißt „CS101", enthalten. In Abb. 8.2(c) stellen wir fest, daß die ersten drei Tupel passen, und aus jedem von ihnen erstellen wir eines der ersten drei Tupel aus Abb. 8.14. So läßt sich das erste Tupel (CS101, M, 9AM) aus *CDH* mit dem Tupel (CS101, Turing Aud.) verknüpfen, um so das erste Tupel in Abb. 8.14 zu erzeugen. Beachten Sie, wie dieses Tupel mit jedem der beiden Tupel, aus denen er erzeugt wurde, übereinstimmt.

Course	**Room**	**Day**	**Hour**
CS101	Turing. Aud.	M	9AM
CS101	Turing. Aud.	W	9AM
CS101	Turing. Aud.	F	9AM
EE200	25 Ohm Hall	Tu	10AM
EE200	25 Ohm Hall	W	1PM
EE200	25 Ohm Hall	Th	10AM

Abb. 8.14: Verbund von CR und CDH über Course = Course.

Ebenso hat das zweite Tupel aus *CR*, (EE200, 25 Ohm Hall), eine gemeinsame Course-Komponente mit jedem der letzten drei Tupel aus *CDH*. Diese drei Paarungen formen die letzten drei Tupel aus Abb. 8.14. Das letzte Tupel aus *CR*,

(PH100, Newton Lab.)

hat eine andere Course-Komponente als jedes Tupel aus *CDH*. Dieses Tupel ist demnach nicht im Verbund enthalten. ◆

Natürlicher Verbund

Wenn wir zwei Relationen R und S verbinden, ist es üblich, daß die von uns gleichgesetzten Attribute dieselben Namen haben. Haben R und S sonst keine weiteren gemeinsamen Attributnamen, können wir die Parameter des Verbundes auch weglassen und einfach nur $R \bowtie S$ schreiben. Ein solcher Verbund heißt *natürlicher Verbund* (*natural join*).

Auch der Verbund in Beispiel 8.14 ist ein natürlicher Verbund. Die gleichgesetzten Attribute heißen beide Course, und die restlichen Attribute von *CR* und *CDH* tragen alle verschiedene Namen. Wir hätten diesen Join somit auch einfach als $CR \bowtie CDH$ schreiben können.

Termbäume für Ausdrücke der Relationenalgebra

Ebenso wie wir Termbäume für arithmetische Ausdrücke zeichnen können, können wir auch einen Ausdruck der Relationenalgebra als Baum darstellen. Die Blätter sind durch Operanden markiert, das heißt durch spezielle Relationen oder Variablen, welche Relationen repräsentieren. Jeder innere Knoten ist durch einen Operator einschließlich der Parameter des Operators markiert, falls es sich um die Selektion, Projektion oder den Verbund handelt (mit Ausnahme eines natürlichen Verbundes, der keine Parameter benötigt). Die Kinder jedes inneren Knotens N entsprechen den Knoten, welche diejenigen Operanden repräsentieren, auf die der Operator an Knoten N angewandt wird.

Beispiel 8.15

Aufbauend auf Beispiel 8.14 nehmen wir an, wir wollen nicht die gesamte Relation $CR \bowtie CDH$ finden, sondern nur die Day-Hour-Paare, für die der Turing-Hörsaal durch eine Lehrveranstaltung belegt ist. Wir müssen dazu die Relation aus Abb. 8.14 nehmen und

1. die Tupel mit der Room-Komponente „Turing Aud.“ selektieren und
2. auf die Attribute Day und Hour projizieren.

   Der Ausdruck, der diesen Join, diese Selektion und diese Projektion nacheinander ausführt, sieht wie folgt aus:

$$\pi_{\text{Day,Hour}}(\sigma_{\text{Room="Turing Aud."}}(CR \bowtie CDH))$$

SQL – eine auf der Relationenalgebra basierende Sprache

Um Anfragen auszudrücken, verwenden viele moderne Datenbanksysteme eine Sprache, genannt SQL (*Structured Query Language* - strukturierte Anfragesprache). Eine vollständige Einführung in diese Sprache sprengt den Rahmen dieses Buches, wir können dem Leser daher anhand einiger Beispiele nur ein Gefühl für SQL vermitteln.

$$\pi_{Day,Hour}$$
$$\sigma_{Room=\text{"Turing Aud."}}$$
$$\bowtie$$
CR CDH

Abb. 8.15: Termbaum in der Relationenalgebra.

```
SELECT StudentId
FROM CSG
WHERE Course = "CS101"
```

beschreibt die Art und Weise, wie SQL die Anfrage aus Beispiel 8.13, das heißt

$$\pi_{StudentId}(\sigma_{Course=\text{"CS101"}}(CSG))$$

ausdrückt. Die FROM-Klausel gibt die Relation an, auf die sich diese Anfrage bezieht. Die WHERE-Klausel beschreibt die Bedingung der Selektion und die SELECT-Klausel bezeichnet die Liste der Attribute, auf die die Antwort projiziert wird. (Es ist etwas unglücklich, daß das Schlüsselwort SELECT in SQL nicht dem als „Selektion" bekannten Operator der Relationenalgebra entspricht, sondern dem als „Projektion" bezeichneten Operator).

Um auch ein etwas schwierigeres Beispiel anzugeben, können wir die Anfrage aus Beispiel 8.15, das heißt $\pi_{Day,Hour}(\sigma_{Room=\text{„Turing Aud."}}(CR \bowtie CDH))$, durch folgendes SQL-Programm ausdrücken:

```
SELECT Day, Hour
FROM CR, CDH
WHERE CR.Course = CD.Course AND Room = "Turing Aud."
```

Hier besagt die FROM-Klausel, daß wir die beiden Relationen *CR* und *CDH* verknüpfen werden. Der erste Teil der WHERE-Klausel entspricht der Join-Bedingung; er besagt, daß das Course-Attribut in *CR* gleich dem Course-Attribut in *CDH* sein muß. Der zweite Teil der WHERE-Klausel ist die Selektionsbedingung. Die SELECT-Klausel nennt uns die Attribute in der Projektion.

Alternativ dazu können wir diesen Ausdruck auch als den in Abb. 8.15 angegebenen Baum darstellen. Die am Join-Knoten berechnete Relation stammt aus Abb. 8.14. Die Relation für den Selektionsknoten entspricht den ersten drei Tupeln aus Abb. 8.14, da diese „Turing Aud." als Room-Komponente enthalten.

Die Relation für die Wurzel dieses Ausdrucks, das heißt die Day- und Hour-Komponenten der drei zuletzt genannten Tupel, steht in Abb. 8.16. ◆

Day	Hour
M	9AM
W	9AM
F	9AM

Abb. 8.16: Ergebnis des Ausdrucks in Abb. 8.15.

ÜBUNGEN

8.7.1: Drücken Sie die Anfragen aus Übung 8.4.2(a, b, c) in der Relationenalgebra aus. Gehen Sie davon aus, daß die vollständigen Tupel als Antwort gesucht werden.

8.7.2: Wiederholen Sie Übung 8.7.1 für die Annahme, daß nur diejenigen Komponenten gesucht werden, die in der Spezifikation ein * enthalten.

8.7.3: Drücken Sie die Anfragen aus Übung 8.6.2(a, b, c) in der Relationenalgebra aus. Beachten Sie dabei, daß einige Attribute in Teil (c) umbenannt werden müssen, damit der Join einer Relation mit sich selbst durchgeführt werden kann.

8.7.4: Drücken Sie die Anfrage „Wo befindet sich C. Brown montags um 9.00 Uhr?“ in der Relationenalgebra aus. Die Diskussion am Ende des Abschnitts 8.6 sollten die zur Beantwortung der Anfrage notwendigen Joins andeuten.

8.7.5: Zeichnen Sie die Termbäume für die Anfragen aus Übung 8.7.2(a) bis (c), Übung 8.7.3(a) bis (c) und Übung 8.7.4.

8.8 Implementierung der Operationen der Relationsalgebra

Die Verwendung der richtigen Datenstrukturen und Algorithmen für die Operationen der Relationenalgebra kann Datenbankanfragen beschleunigen. In diesem Abschnitt werden wir einige der einfacheren und gebräuchlicheren Strategien zur Implementierung von Operationen der Relationenalgebra betrachten.

Implementierung der Vereinigung, des Schnitts und der Differenz

Die drei grundlegenden Mengenoperationen können für Relationen genauso implementiert werden wie für Mengen. Wir können die Vereinigung zweier Mengen oder Relationen berechnen, indem wir beide Mengen sortieren und dann zusammenfügen, wie in Abschnitt 7.4 beschrieben. Der Schnitt und die Differenz werden auf ähnliche Weise berechnet. Wenn die Relationen jeweils n Tupel enthalten, dauert es $O(n \log n)$ Zeit, um sie zu sortieren, und $O(n)$ Zeit, um sie zusammenzufügen bzw. insgesamt $O(n \log n)$ Zeit.

Es gibt jedoch noch weitere Möglichkeiten, die Vereinigung zweier Relationen R und S zu berechnen, welche manchmal zudem noch effizienter sind. Zunächst vernachlässigen wir das Entfernen von Duplikaten eines Tupels, das sowohl in R als auch in S vorkommt. Wir können $R \cup S$ bilden, indem wir eine Kopie von R, sagen wir eine verkettete Liste, anlegen und dann alle Tupel von S anhängen, ohne zu überprüfen, ob ein Tupel aus S auch in R enthalten ist. Diese Operation kann in einer Zeit proportional zur Summe der Größen von R und S durchgeführt werden. Der Nachteil ist jedoch, daß das Ergebnis strenggenommen nicht die Vereinigung ist, da Tupel doppelt vorkommen können. Unter Umständen ist die Existenz derartiger Duplikate jedoch egal, da sie nur sehr selten erwartet werden. Oder wir finden es praktischer, die Duplikate zu einem späteren Zeitpunkt zu löschen, wie zum Beispiel durch das Sortieren nach Berechnung der Vereinigung mehrerer anderer Relationen.

Eine weitere Möglichkeit bietet die Verwendung eines Indexes. Es sei zum Beispiel angenommen, daß S einen Index auf dem Attribut A hat und daß dieses Attribut ein Schlüssel für S ist. Wir bilden dann die Vereinigung $R \cup S$, indem wir mit den Tupeln aus S beginnen und jedes Tupel t aus R nacheinander untersuchen. Wir finden den Wert von t in seiner Komponente A – nennen wir ihn a – und verwenden den Index, um das Tupel aus S zu finden, das in seiner A-Komponente den Wert a enthält. Ist dieses Tupel aus S identisch mit t, so fügen wir t nicht ein zweites Mal in die Vereinigung ein; gibt es aber kein Tupel mit dem Schlüsselwert a in S oder unterscheidet sich das Tupel mit diesem Schlüsselwert von t, so fügen wir t in die Vereinigung ein.

Wenn der Index für einen gegebenen Schlüsselwert durchschnittlich $O(1)$ Zeit für die Suche nach einem Tupel benötigt, braucht dieses Verfahren im Durchschnitt eine Zeit proportional zur Summe der Größen von R und S. Außerdem enthält die Ergebnisrelation keine Duplikate, solange weder R noch S Duplikate enthält.

Implementierung der Projektion

Bei Durchführung einer Projektion haben wir im Prinzip keine andere Wahl, als jedes Tupel durchzugehen und eine Kopie anzulegen, die diejenigen Komponenten wegläßt, die den nicht in der Liste der Projektion enthaltenen Attributen entsprechen. Indizes helfen uns nicht. Außerdem stellen wir nach Berechnung der Projektion aller Tupel fest, daß es viele Duplikate gibt.

Es sei als Beispiel eine Relation R mit dem Schema (A, B, C) gegeben, für die wir $\pi_{A,B}(R)$ berechnen. Auch wenn in R keine Tupel vorkommen können, die in allen Attributen A, B und C übereinstimmen, kann sie doch viele Tupel mit denselben Werten in den Attributen A und B, aber mit unterschiedlichen Werten in C enthalten. Die Projektion all dieser Tupel wird dann dasselbe Tupel liefern.

Wir müssen somit nach Berechnung einer Projektion, wie $S = \pi_L(R)$ für eine Relation R und eine Liste von Attributen L, die Duplikate löschen. Zum Beispiel könnten wir S sortieren und dann die Tupel in ihrer sortierten Reihenfolge bearbeiten. Jedes Tupel, das in dieser sortierten Reihenfolge gleich seinem Vorgänger ist, wird gelöscht. Eine weitere Möglichkeit, Duplikate zu entfernen besteht darin, die Relation S als eine gewöhnliche Menge zu behandeln. Jedesmal, wenn wir ein Tupel erstellen, indem wir ein Tupel von R auf die Attribute in der Liste L projizieren, fügen wir es in die Menge ein. Wie bei allen Einfügungen in eine Menge tun wir nichts, wenn das einzufügende Element schon vorhanden ist. Die Struktur einer Hashtabelle dient hinlänglich zur Darstellung der Menge S von Tupeln, die durch die Projektion generiert wurde.

Um die Relation S vor dem Entfernen der Duplikate zu sortieren, benötigt man $O(n \log n)$ Zeit, wenn die Relation S n Tupel enthält. Wenn wir stattdessen die Tupel von S bei Erzeugung in eine Hashtabelle einfügen und dabei eine Bucketzahl proportional zu n benutzen, benötigt die gesamte Projektion im Durchschnitt $O(n)$ Zeit. Hashing ist demnach etwas besser als Sortieren.

Implementierung der Selektion

Wenn wir eine Selektion $S = \sigma_C(R)$ durchführen und es keine Indizes auf R gibt, bleibt uns nichts anderes übrig, als alle Tupel von R durchzugehen und dabei die Bedingung C anzuwenden. Egal wie wir die Selektion durchführen, wir wissen, daß es im Ergebnis S keine Duplikate geben kann, solange R keine Duplikate enthält.

Gibt es jedoch Indizes auf R, können wir häufig einen davon nutzen, um zu den Tupeln zu gelangen, die die Bedingung C erfüllen. Auf diese Weise können wir es vermeiden, die meisten bzw. alle Tupel zu betrachten, die die Bedingung C nicht erfüllen. Am einfachsten ist es, wenn die Bedingung C die Form $A = b$ hat, wobei A ein Attribut von R und b eine Konstante ist. Wenn R einen Index auf A hat, erhalten wir alle Tupel, die dieser Bedingung genügen, indem wir b im Index suchen.

Wenn C die logische UND-Verknüpfung mehrerer Bedingungen ist, können wir jede von ihnen verwenden, um mit Hilfe eines Indexes Tupel zu finden. Anschließend können wir die so erhaltenen Tupel überprüfen, um festzustellen, welche von ihnen den restlichen Bedingungen genügen. Angenommen, die Bedingung C lautet

$$(A = a)\ \text{AND}\ (B = b)$$

Dann können wir entweder einen Index auf A oder einen auf B verwenden, falls einer oder beide existieren. Angenommen, es gibt einen Index auf B, und es existiert entweder kein Index auf A oder wir ziehen es vor, den Index auf B zu verwenden. Dann erhalten wir alle Tupel aus R mit dem Wert b in der Komponente B. Jedes dieser Tupel, das a in der A-Komponente enthält, gehört in die Relation S, das Ergebnis der Selektion; die anderen Tupel gehören dort nicht hinein. Die von der Selektion benötigte Zeit ist proportional zur Anzahl der Tupel mit dem B-Wert b, die im allgemeinen irgendwo zwischen der Anzahl der Tupel in R und der Anzahl der Tupel in der Antwort S liegt.

Implementierung des Joins

Angenommen, wir möchten den natürlichen Verbund der Relation R mit dem Schema $\{A, B\}$ und der Relation S mit dem Schema $\{B, C\}$ bilden. Nehmen wir desweiteren an, daß der Verbund der natürliche Verbund mit Gleichheit zwischen den B-Attributen der beiden Relationen ist.[4] Wie wir diesen Join durchführen, hängt davon ab, welche Indizes auf Attribut B wir finden können. Diese Fragen ähneln denen in Abschnitt 8.6, wo wir die Navigation zwischen Relationen untersuchten, da der Join den Kern der Navigation bildet.

Es gibt eine offensichtliche und langsame Möglichkeit, den Verbund mit Hilfe geschachtelter Schleifen zu berechnen, die *Nested-Loop Join* genannt wird. Wir vergleichen jedes Tupel einer Relation mit jedem Tupel der anderen Relation wie in

```
for jedes Tupel r in R do
    for jedes Tupel s in S do
        if r und s stimmen auf ihren B-Attributen überein then
            drucke das Tupel, das mit r und s
            auf den Attributen A, B und C übereinstimmt
```

Es gibt jedoch noch viele andere effiziente Wege, einen Verbund zu bilden. Dazu zählt der *Index-Verbund* (*index-join*). Angenommen, S hat einen Index auf B. Dann können wir jedes Tupel t aus R aufsuchen und seine B-Komponente – nennen wir sie b – finden. Wir suchen b im Index für S und erhalten so alle Tupel, die mit t in ihren B-Werten übereinstimmen.

[4]Wir geben für jede Relation nur ein Attribut an (A bzw. C), das nicht im Join enthalten ist, die hier erwähnten Methoden lassen sich aber auch auf Relationen mit mehreren Attributen übertragen.

Ähnliches gilt, wenn R einen Index auf B hat; wir können dann die Tupel von S durchlaufen. Unter Verwendung des B-Indexes von R suchen wir zu jedem derartigen Tupel die entsprechenden Tupel aus R. Wenn sowohl R als auch S Indizes auf B haben, können wir uns einen der beiden aussuchen. Wie wir noch sehen werden, ist der Zeitaufwand zur Bildung des Verbundes unterschiedlich.

Gibt es keine Indizes auf B, können wir mit Hilfe einer als *Verbund durch Sortieren* (*sort-join*) bezeichneten Technik immer noch besser abschneiden, als dies beim Verbund mit geschachtelten Schleifen der Fall ist. Wir beginnen mit dem Zusammenfügen der Tupel aus R und S, wobei wir sie jedoch so umordnen, daß die B-Komponenten in allen Tupeln an erster Stelle stehen. Zudem enthalten die Tupel eine zusätzliche Komponente, die entweder R ist (wenn das Tupel aus der Relation R stammt) oder S (wenn es aus der Relation S stammt). Das heißt, ein Tupel (a, b) aus R wird zu (b, a, R), wohingegen ein Tupel (b, c) aus S zu (b, c, S) wird.

Wir sortieren die zusammengefügte Liste der Tupel nach der ersten bzw. nach der B-Komponente. Alle Tupel beider Relationen, die aufgrund eines gemeinsamen B-Wertes einen Verbund bilden, stehen nun in dieser Ordnung hintereinander, auch wenn die Tupel der beiden Relationen vermischt wurden.[5] Wir suchen die Tupel für jeden gegebenen B-Wert nacheinander auf, indem wir uns durch die sortierte Liste arbeiten. Wenn wir zu den Tupeln mit dem B-Wert b gelangen, können wir alle Tupel aus R mit denen aus S verknüpfen. Da diese Tupel denselben B-Wert haben, werden sie zu einem Verbund zusammengefügt. Die Zeit, die zur Erzeugung der Tupel für die im Verbund verknüpften Relationen benötigt wird, ist proportional zur Anzahl der generierten Tupel. Eine Ausnahme ergibt sich, falls der Verbund keine Tupel aus R oder aus S enthält. Im letzteren Fall benötigen wir noch immer eine Zeit proportional zur Anzahl der Tupel mit dem B-Wert b, nur um jeden einmal zu untersuchen und sie in der sortierten Liste zu überspringen.

Beispiel 8.16

Angenommen, wir möchten die Relation *CDH* aus Abb. 8.2(c) mit der Relation *CR* aus Abb. 8.2(d) verbinden. Course spielt hierbei die Rolle des Attributs B, Day und Hour nehmen gemeinsam die Rolle von A ein und Room entspricht C. Die sechs Tupel aus *CDH* und die drei aus *CR* werden zunächst um den Namen der Relation erweitert. Eine Umordnung der Komponenten ist nicht nötig, da Course bei beiden Relationen an erster Stelle steht. Wenn wir die Tupel vergleichen, vergleichen wir zuerst die Course-Komponenten unter Berück-

[5]Beim Sortieren könnten wir dafür sorgen, daß die letzte Komponente also der Relationsname ebenfalls berücksichtigt wird, so daß ein Tupel mit einem gegebenen B-Wert aus Relation R vor einem Tupel mit demselben B-Wert aus S steht. Die Tupel mit dem gleichen B-Wert würden dann so in der Liste erscheinen, daß die Tupel aus R vor den Tupeln aus S stehen.

sichtigung der lexikographischen Ordnung, um zu ermitteln, welcher Lehrveranstaltungsname in der Reihenfolge an erster Stelle steht. Gibt es ein Unentschieden, das heißt, sind die Lehrveranstaltungsnamen gleich, so vergleichen wir die letzten Komponenten, wobei wir davon ausgehen, daß *CDH* vor *CR* steht. Gibt es danach noch immer ein Unentschieden, so ist egal, welches Tupel vorne steht.

Eine sortierte Anordnung der Tupel sieht dann so aus, wie in Abb. 8.17 angegeben. Beachten Sie, daß diese Liste keine Relation ist, da sie Tupel unterschiedlicher Längen enthält. Sie gruppiert die Tupel für CS101 und die Tupel für EE200 jedoch so, daß wir mit Leichtigkeit den Verbund dieser Gruppen von Tupeln bilden können. ◆

Vergleich der Join-Verfahren

Angenommen, wir verbinden die Relation R mit dem Schema $\{A, B\}$ und die Relation S mit dem Schema $\{B, C\}$. Weiterhin gelte, daß R und S r bzw. s Tupel enthalten. Zudem sei m die Anzahl der Tupel im Verbund. Vergessen Sie nicht, daß m so groß werden kann wie rs, wenn jedes Tupel von R mit jedem Tupel von S verbunden wird (da alle denselben B-Wert haben), m könnte aber ebensogut 0 sein, wenn kein Tupel aus R einen B-Wert mit einem Tupel aus S gemeinsam hat. Nehmen wir schließlich noch an, daß wir jeden Wert in jedem Index in durchschnittlich $O(1)$ Zeit suchen können. Dies ist der Fall, wenn der Index eine Hashtabelle mit einer ausreichend großen Anzahl an Buckets ist.

CS101	M	9AM	*CDH*
CS101	W	9AM	*CDH*
CS101	F	9AM	*CDH*
CS101	Turing Aud.	*CR*	
EE200	Tu	10AM	*CDH*
EE200	W	1PM	*CDH*
EE200	F	10AM	*CDH*
EE200	25 Ohm Hall	*CR*	
PH100	Newton Lab.	*CR*	

Abb. 8.17: Sortierte Liste von Tupeln aus CDH und CR.

Jedes Join-Verfahren benötigt mindestens $O(m)$ Zeit allein um die Ausgabe zu erzeugen. Einige Verfahren brauchen noch länger. Wenn wir den Verbund mit geschachtelten Schleifen (*nested-loop join*) verwenden, benötigt die Durchführung der Vergleiche rs Zeit. Da $m \leq rs$ ist, können wir die Zeit zur Erzeugung der Ausgabe vernachlässigen und sagen, daß die Kosten der Verknüpfung aller Tupel $O(rs)$ betragen.

Auf der anderen Seite könnten wir die Relationen sortieren. Wenn wir einen Algorithmus wie Mergesort verwenden, um die vereinigte Liste von $r + s$ Tupeln zu sortieren, ergibt sich folgender Zeitaufwand:

$$O((r + s)\log(r + s))$$

Um die Ausgabetupel aus den aufeinanderfolgenden Tupeln der sortierten Liste zu bilden, braucht man $O(r + s)$ Zeit für die Untersuchung der Liste plus $O(m)$ Zeit zur Erzeugung der Ausgabe. Die Zeit für das Sortieren übersteigt den Term $O(r + s)$, der $O(m)$ Aufwand zur Erzeugung der Ausgabe kann jedoch größer oder kleiner als die Sortierzeit sein. Wir müssen daher beide Terme in der Laufzeit des Algorithmus, der den Verbund durch Sortieren erstellt, berücksichtigen; diese Laufzeit lautet somit

$$O(m + (r + s) \log(r + s))$$

Da m niemals größer ist als rs, und da $(r + s) \log(r + s)$ nur in einigen ungewöhnlichen Fällen größer ist als rs (zum Beispiel, wenn r oder s 0 ist), schließen wir, daß der *Sort-Join* im allgemeinen schneller ist als der *Nested-Loop Join*.

Nehmen wir nun an, es gibt in der Relation S einen Index auf B. Es dauert $O(r)$ Zeit, um jedes Tupel von R zu betrachten und seinen B-Wert im Index zu suchen. Zu dieser Zeit müssen wir den Aufwand $O(m)$ addieren, den es braucht, um die passenden Tupel für die verschiedenen B-Werte herauszufinden und die Ausgabe der Tupel zu erzeugen. Da m größer oder kleiner als r sein kann, lautet der Ausdruck für den Aufwand dieses Index-Joins $O(m + r)$. Ebenso können wir den Index-Join in $O(m + s)$ Zeit durchführen, wenn es einen Index auf B für die Relation R gibt. Da r und s beide kleiner sind als $(r + s) \log(r + s)$, mit Ausnahme einiger ungewöhnlicher Situationen wie $r + s \leq 1$, ist die Laufzeit des Index-Verbundes kleiner als die des Verbundes durch Sortieren. Natürlich benötigen wir einen Index auf einem der im Verbund enthaltenen Attribute, wenn wir einen Index-Join erstellen wollen, wohingegen ein Sort-Join auf allen Relationen durchgeführt werden kann.

ÜBUNGEN

8.8.1: Ausgehend von der Annahme, daß die StudentId-Name-Address-Phone-Relation (*SNAP*) aus Abb. 8.2(a) mit einem Primärindex auf StudentId (dem Schlüssel) und einem Sekundärindex auf Phone gespeichert wird, wie würden Sie die Antwort auf die Anfrage $\sigma_C(SNAP)$ am effizientesten berechnen, wenn C folgendes Aussehen hat:

a) StudentId = 12345 AND Address ≠ „45 Kumquat Blvd“?

b) Name = „C. Brown“ AND Phone = 555-1357?

c) Name = „C. Brown“ OR Phone = 555-1357?

8.8.2: Zeigen Sie, wie man die Relationen *CSG* aus Abb. 8.1 und *SNAP* aus Abb. 8.2(a) mittels eines Sort-Joins verbinden kann, indem man die zusammengefügte Tupelliste wie in Beispiel 8.16 sortiert. Gehen Sie davon aus, daß ein natürlicher Verbund oder die Gleichheit auf den StudentId-Komponenten gefordert ist. Zeigen Sie, analog zur Abb. 8.17, das Ergebnis des Sortierens, und geben Sie die Tupel im Ergebnis des Verbundes an.

8.8.3*: Nehmen Sie an, daß wir die Relationen R und S verbinden, daß jede n Tupel enthält und daß das Ergebnis $O(n^{3/2})$ Tupel enthält. Schreiben Sie für die folgenden Verfahren zur Bildung des Verbundes Formeln zur Berechnung der O-Laufzeit als Funktion über n:

a) Nested-Loop Join.

b) Sort-Join.

c) Index-Join unter Verwendung eines Indexes auf dem Join-Attribut von R.

d) Index-Join unter Verwendung eines Indexes auf dem Join-Attribut von S.

8.8.4*: Wir schlugen vor, die Vereinigung zweier Relationen unter Verwendung eines Indexes auf einem Attribut A zu bilden, das ein Schlüssel für eine der Relationen ist. Eignet sich dieses Verfahren auch zur Bildung der Vereinigung, wenn das Attribut A, das einen Index hat, kein Schlüssel ist?

8.8.5*: Angenommen, wir möchten unter Verwendung eines Indexes auf dem Attribut A für eine der Relationen R und S (a) $R \cap S$ (b) $R - S$ berechnen. Ist es möglich, eine Laufzeit zu erzielen, die in etwa der Summe der Größen beider Relationen entspricht?

8.8.6: Wenn wir eine Relation R auf eine Menge von Attributen projizieren, die einen Schlüssel für R enthält, müssen wir dann Duplikate entfernen? Warum?

8.9 Algebraische Gesetze für Relationen

Wie bei anderen Algebren, haben wir häufig die Möglichkeit, durch Umformung diese Ausdrücke zu „optimieren". Das bedeutet, wir können einen Ausdruck, dessen Auswertung einen hohen Aufwand hat, in einen äquivalenten Ausdruck umwandeln, der weitaus „billiger" auszuwerten ist. Während Transformationen arithmetischer oder logischer Ausdrücke manchmal ein paar Operationen einsparen, können die richtigen auf einen Ausdruck der Relationenalgebra angewandten Transformationen mehrere Größenordnungen in der Zeit einzusparen, die zur Auswertung des Ausdrucks benötigt wird. Aufgrund des enormen Unterschieds zwischen den Laufzeiten optimierter und nichtoptimierter Ausdrücke der Relationenalgebra ist die Fähigkeit, derartige Ausdrücke zu optimieren, von wesentlicher Bedeutung, wollen Programmierer in sehr hohen Programmiersprachen, wie der in Abschnitt 8.7 erwähnten Sprache SQL, programmieren.

Gesetze für die Vereinigung, den Schnitt und die Differenz

Der Abschnitt 7.3 befaßte sich mit den wichtigsten Gesetzen für die Vereinigung, den Schnitt und die Differenz von Mengen. Als Spezialfall finden diese auch bei Relationen Anwendung, obwohl der Leser die Anforderung an das relationale Modell nicht vergessen sollte, daß die Schemata der in diesen Operationen eingebundenen Relationen gleich sein müssen.

Gesetze für den Verbund

In einem Sinne ist der Verbund-Operator kommutativ, in einem anderen ist er es nicht. Wir gehen vom natürlichen Verbund $R \bowtie S$ aus, bei dem R die Attribute A und B hat, während S die Attribute B und C besitzt. Die Spalten des Schemas für $R \bowtie S$ heißen dann A, B und C in dieser Reihenfolge. Gehen wir stattdessen von $S \bowtie R$ aus, erhalten wir im wesentlichen dieselben Tupel, nur daß die Reihenfolge der Spalten nun B, C und dann A lautet. Wenn wir also darauf bestehen, daß die Reihenfolge der Spalten von Bedeutung ist, dann ist der Verbund nicht kommutativ. Akzeptieren wir jedoch, daß eine Relation, deren Spalten zusammen mit den Spaltennamen permutiert wurden, in Wirklichkeit dieselbe Relation ist, können wir den Join als kommutativ betrachten; dieser Standpunkt wird hier vertreten.

Der Verbund-Operator genügt dem Assoziativgesetz nicht immer. Gehen wir zum Beispiel von den Relationen R, S und T aus, die die Schemata $\{A, B\}$, $\{B, C\}$ bzw. $\{A, D\}$ haben. Angenommen, wir bilden den natürlichen Verbund $(R \bowtie S) \bowtie T$, bei dem wir erst die B-Komponenten von R und S und anschließend die A-Komponente des Ergebnisses mit der A-Komponente der Relation T gleichsetzen. Gehen wir rechtsassoziativ an die Sache heran und nicht linksassoziativ, so erhalten wir $R \bowtie (S \bowtie T)$. Die Relationen S und T haben die Schemata $\{B, C\}$ bzw. $\{A, D\}$. Es gibt kein Attributpaar, das wir zur Gleichsetzung auswählen können, das denselben Effekt wie ein natürlicher Verbund erzielen würde.

Es gibt jedoch einige Bedingungen, unter denen das Assoziativgesetz für $\bowtie$ gilt. Wir überlassen es dem Leser zu zeigen, daß

$$((R \underset{A=B}{\bowtie} S) \underset{C=D}{\bowtie} T) \equiv (R \underset{A=B}{\bowtie} (S \underset{C=D}{\bowtie} T))$$

gilt, wenn A ein Attribut von R ist, B und C verschiedene Attribute von S sind und D ein Attribut von T ist.

Gesetze zur Selektion

Die wichtigsten Gesetze der Relationenalgebra beziehen sich auf den Selektionsoperator. Wenn die Selektionsbedingung fordert, daß eine spezifizierte Komponente einen bestimmten Wert hat, was in der Praxis nicht selten der Fall ist, enthält die Ergebnisrelation der Selektionsoperation tendenziell weit weniger Tupel als die Relation, auf die die Selektion angewandt wird. Da Operationen auf kleineren Relationen im allgemeinen weniger Zeit benötigen, ist es von großem Vorteil, eine Selektion so früh wie möglich anzuwenden. Algebraisch ausgedrückt wenden wir eine Selektion früh an, indem wir ein Gesetz benutzen, das eine Selektion im Termbaum nach unten schiebt, unter andere Operatoren.

Ein Beispiel eines derartigen Gesetzes ist

$$(\sigma_C(R \bowtie S)) \equiv (\sigma_C(R) \bowtie S)$$

welches gilt, vorausgesetzt, daß alle Attribute, die in der Bedingung C erwähnt wurden, Attribute der Relation R sind. Ebenso können wir unter Verwendung des folgenden Gesetzes die Selektion zu S herunterziehen, wenn alle Attribute, die in C erwähnt wurden, auch Attribute von S sind

$$(\sigma_C(R \bowtie S)) \equiv (R \bowtie \sigma_C(S))$$

Beide Gesetze werden *Selektionsverschiebung* (*selection pushing*) genannt.

Haben wir es in einer Selektion mit einer komplexen Bedingung zu tun, können wir manchmal durch einen Join hindurch einen Teil davon in die eine Richtung und einen Teil in die andere Richtung verschieben. Um eine Selektion in ein oder mehrere Teile aufzuspalten, benötigen wir das Gesetz

$$\sigma_{C \text{ AND } D}(R) \equiv \sigma_C(\sigma_D(R))$$

Beachten Sie, daß eine Bedingung nur dann in zwei Teile aufgespalten werden kann – wie hier in C und D – wenn die Teile durch ein AND verbunden sind. Intuitiv ausgedrückt, wenn wir gemäß der AND-Verknüpfung zweier Bedingungen C und D selektieren, können wir entweder jedes Tupel der Relation R daraufhin untersuchen und feststellen, ob das Tupel sowohl C als auch D erfüllt, oder wir untersuchen alle Tupel aus R, selektieren alle, die D erfüllen und untersuchen dann die Tupel, die D erfüllen, um festzustellen, welche von ihnen auch C erfüllen. Wir nennen dieses Gesetz *Selektionsspaltung* (*selection splitting*).

Ein weiteres notwendiges Gesetz ist die Kommutativität von Selektionen. Wenn wir zwei Selektionen auf eine Relation anwenden, ist es egal, in welcher Reihenfolge wir die Selektionen anwenden; die selektierten Tupel sind immer gleich. Formal schreiben wir

$$\sigma_C(\sigma_D(R)) \equiv \sigma_D(\sigma_C(R))$$

für alle Bedingungen C und D.

Beispiel 8.17

Wir wollen die komplexe Anfrage, die wir zuerst in Abschnitt 8.6 betrachteten, wieder aufnehmen: „Wo befindet sich C. Brown montags um 9.00 Uhr?“ Diese Anfrage macht die Navigation durch die vier folgenden Relationen erforderlich

1. *CSG* (Course-StudentId-Grade)
2. *SNAP* (StudentId-Name-Address-Phone)
3. *CDH* (Course-Day-Hour)
4. *CR* (Course-Room)

Um einen algebraischen Ausdruck für die Anfrage zu erlangen, bilden wir zunächst von allen vier Relationen den natürlichen Verbund. Das heißt, wir verbinden *CSG* und *SNAP* durch Gleichsetzen der StudentId-Komponenten. Stellen Sie sich diese Relation so vor, als würde jedes Tupel

Course-StudentId-Grade

erweitert, indem Komponenten für den Namen, die Adresse und die Telefonnummer des in diesem Tupel erwähnten Studenten hinzugefügt werden. Natürlich möchten wir die Daten nicht so speichern, da sonst die Informationen über jeden Studenten für jede von ihm besuchte Lehrveranstaltung wiederholt würden. Wir speichern diese Daten nicht, sondern entwickeln einen Ausdruck zu deren Berechnung.

Das Ergebnis von $CSG \bowtie SNAP$ erweitern wir durch einen Join mit *CDH*, indem wir die Course-Komponenten gleichsetzen. Dieser Verbund nimmt jedes *CSG*-Tupel (das bereits die Information über den Studenten enthält), legt eine Kopie für jeden Termin der Lehrveranstaltung an und erweitert jedes Tupel um einen der möglichen Day- und Hour-Werte. Zum Schluß verbinden wir das Ergebnis von $(CSG \bowtie SNAP) \bowtie CDH$ durch einen Join mit der *CR*-Relation und setzen dabei die Course-Komponenten gleich. Das hat zur Folge, daß jedes Tupel durch Hinzufügen einer Komponente um den Raum erweitert wird, in dem die Lehrveranstaltung stattfindet. Die sich daraus ergebende Relation hat das Schema

{Course, StudentId, Grade, Name, Address, Phone, Day, Hour, Room}

und ein Tupel $(c, s, g, n, a, p, d, h, r)$ bedeutet, daß

1. Student s die Lehrveranstaltung c besuchte und die Note g erhielt.
2. der Name des Studenten mit der Matrikelnummer s n lautet, er oder sie die Adresse a und Telefonnummer p hat.
3. die Lehrveranstaltung c in Raum r stattfindet und ein Termin der Lehrveranstaltung an Tag d und zu der Uhrzeit h stattfindet.

Auf diese Tupelmenge müssen wir die Selektion anwenden, die unsere Betrachtung auf die relevanten Tupel beschränkt; das sind diejenigen, in denen die Name-Komponente den Wert „C. Brown“, die Day-Komponente den Wert „M“ und die Hour-Komponente den Wert „9AM“ enthält. Ausgehend von der Annahme, daß C. Brown montags um 9.00 Uhr höchstens eine Lehrveranstaltung besuchen kann, wird es höchstens ein derartiges Tupel geben. Da wir als Antwort die Room-Komponente dieses Tupels erwarten, beenden wir unseren Ausdruck mit einer Projektion auf Room. Der Termbaum für unsere Anfrage wird in Abb. 8.18 illustriert. Er besteht aus dem vierfachen Join gefolgt von der Selektion und anschließenden Projektion.

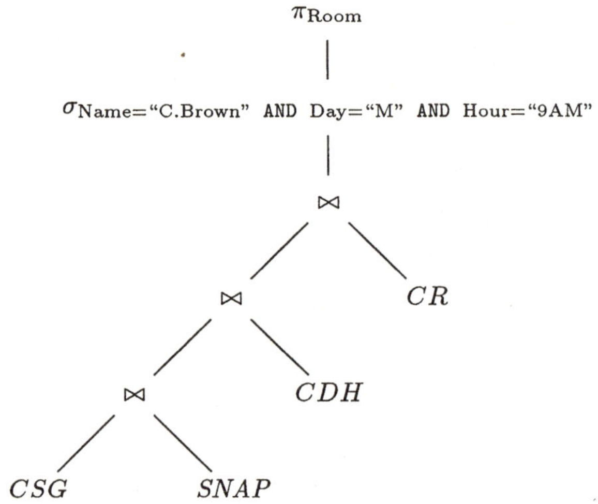

Abb. 8.18: Anfänglicher Ausdruck, der ermittelt, wo sich C. Brown montags um 9.00 Uhr befindet.

Wollten wir den Ausdruck in Abb. 8.18 so, wie er dasteht, auswerten, müßten wir eine riesige Relation konstruieren, indem wir *CSG*, *SNAP*, *CDH* und *CR* durch einen Join verbinden, diesen dann auf ein einziges Tupel einschränken und anschließend dieses Tupel auf eine einzige Komponente projizieren. Sie erinnern sich aus Abschnitt 8.6, daß es nicht nötig ist, eine derartig große Relation zu bilden; wir können die Selektion „im Baum nach unten verschieben“, um die vom Join betroffenen Relationen einzuschränken und somit die Größen der von uns erzeugten Relationen entscheidend zu verringern.

Unser erster Schritt wird in Abb. 8.19(a) angezeigt. Beachten Sie, daß die Selektion nur die Attribute Name, Day und Hour betrifft. Keines von ihnen entstammt dem rechten Operanden des obersten Verbundes in Abb. 8.18; sie kommen alle von der linken Seite, dem Verbund von *CSG*, *SNAP* und *CDH*.

Wir verschieben die Selektion somit unter den obersten Join und wenden sie so nur auf den linken Operanden an, wie in Abb. 8.19(a) angedeutet.

Wir können die Selektion nun nicht weiter verschieben, da eines der betroffenen Attribute, Name, vom linken Operanden des mittleren Joins in Abb. 8.19(a) stammt, während die anderen Attribute, Day und Hour, vom rechten Operanden, also aus der Relation *CDH*, kommen. Wir müssen demnach die Bedingung in der Selektion aufspalten, bei der es sich um eine UND-Verknüpfung der drei Bedingungen handelt. Wir könnten sie in drei Selektionen aufspalten, in diesem Beispiel ist es jedoch angebrachter, nur die Bedingung Name = „C. Brown“ von den anderen beiden zu trennen. Das Ergebnis dieser Aufspaltung steht in Abb. 8.19(b).

Die die Attribute Day and Hour betreffende Selektion kann nun weiter zu dem rechten Operanden des mittleren Join verschoben werden, da der rechte Operand, die Relation *CDH*, beide Attribute Day und Hour enthält. Die andere Selektion, die sich auf das Attribut Name bezieht, kann anschließend zum linken Operanden des mittleren Joins geschoben werden, da dieser Operand *CSG* ⋈ *SNAP* Name als Attribut besitzt. Diese beiden Veränderungen führen zu dem in Abb. 8.19(c) angegebenen Termbaum.

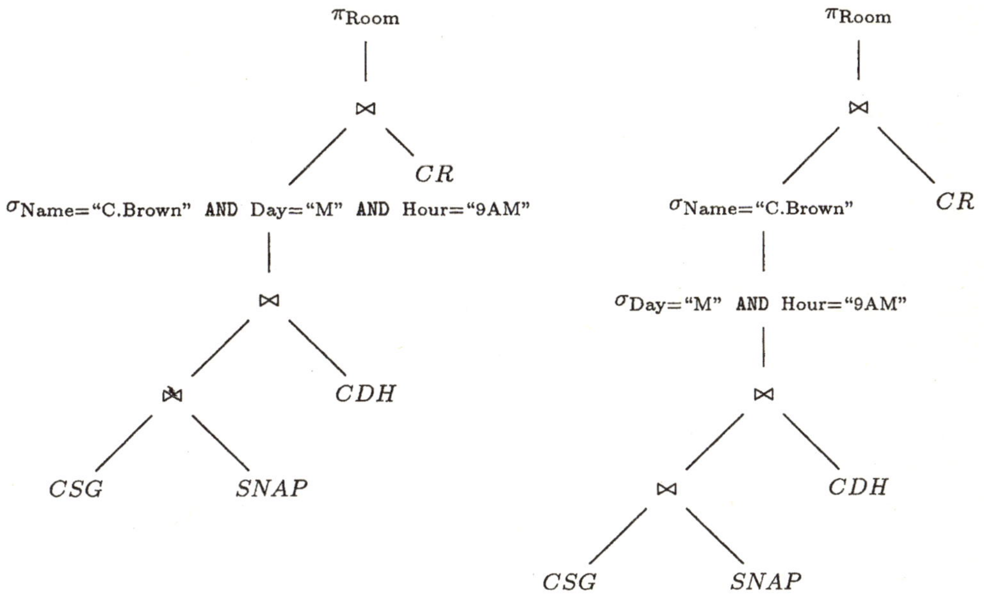

(a) Verschiebe die Relation unter den obersten Join.

(b) Spalte die Selektion.

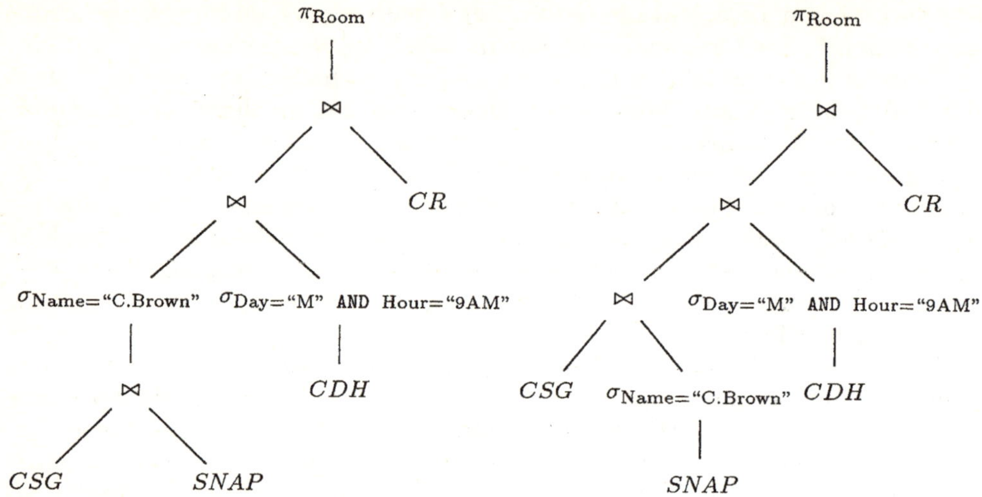

(c) Verschiebe die beiden Selektionen in unterschiedliche Richtungen.

(d) Verschiebe die Selektion auf Name unter den untersten Join.

Abb. 8.19: Verschieben der Selektion nach unten.

Schließlich bezieht sich die Selektion auf ein Attribut von *SNAP*, so daß wir diese Selektion zum rechten Operanden des untersten Joins verschieben können. Diese Veränderung ist in Abb. 8.19(d) zu erkennen.

Wir haben nun einen Ausdruck, der uns in etwa denselben Bearbeitungsplan liefert, den wir bereits in Abschnitt 8.6 für diese Anfrage entwickelt hatten. Wir beginnen unten in dem Ausdruck aus Abb. 8.19(d) und finden so für den oder die Studenten mit Namen „C. Brown“ die Matrikelnummer(n). Indem wir die Tupel von *SNAP*, bei denen Name = „C. Brown“ ist, durch einen Join mit der *CSG*-Relation verbinden, erhalten wir die von C. Brown besuchten Lehrveranstaltungen. Wenn wir die zweite Selektion auf die Relation *CDH* anwenden, erhalten wir die Lehrveranstaltungen, die montags um 9.00 Uhr stattfinden. Der mittlere Join in Abb. 8.19(d) liefert uns somit die Tupel, deren Lehrveranstaltung von C. Brown besucht wird und die montags um 9.00 Uhr stattfindet. Der oberste Join bringt uns zu den Räumen, in denen diese Lehrveranstaltungen gehalten werden, und die Projektion liefert uns diese Räume als Antwort.

Der wichtigste Unterschied zwischen diesem Bearbeitungsplan und dem aus Abschnitt 8.6 besteht darin, daß letzterer nutzlose Tupelkomponenten wegprojiziert, während der hier erwähnte sie bis zum Ende mitschleift. Um die Optimierung von Ausdrücken der Relationenalgebra zu vervollständigen, benötigen wir demnach noch Gesetze, die Projektionen innerhalb eines Baums nach unten verschieben. Diese Gesetze sind nicht alle die gleichen Gesetze für die Selektion, wie wir im nächsten Teilabschnitt sehen werden. ◆

Gesetze zur Projektion

Während Selektionen auch unter eine Vereinigung, einen Schnitt oder eine Mengendifferenz geschoben werden können (vorausgesetzt, daß wir die Selektion zu *beiden* Operanden herunterziehen), können Projektionen nur unter Vereinigungen geschoben werden. Das heißt, es gilt das Gesetz

$$(\pi_L(R \cup S)) \equiv (\pi_L(R) \cup \pi_L(S))$$

Es gilt jedoch nicht, daß $\pi_L(R \cap S)$ notwendigerweise dasselbe ist wie

$$\pi_L(R) \cap \pi_L(S)$$

Nehmen wir zum Beispiel an, daß R und S Relationen mit dem Schema $\{A, B\}$ sind, R nur das Tupel (a, b) und S nur das Tupel (a, c) enthält. $\pi_A(R) \cap \pi_A(S)$ enthält dann das (eine Komponente enthaltende) Tupel (a), $\pi_A(R \cap S)$ dagegen nicht (da $R \cap S$ leer ist). Wir haben also eine Situation, in der gilt

$$(\pi_A(R \cap S)) \neq (\pi_A(R) \cap \pi_A(S))$$

Es ist möglich, eine Projektion unter einen Join zu schieben. Im allgemeinen benötigen wir einen Projektionsoperator für jeden Operanden des Verbundes. Haben wir einen Ausdruck $\pi_L(R \underset{A=B}{\bowtie} S)$, so ergeben sich die von uns benötigten Attribute von R aus der Attributliste L und dem Attribut A von R, auf dem der Join basiert. Ebenso benötigen wir diejenigen Attribute aus S, die in der Liste L vorkommen, und das Join-Attribut B, egal ob es in L steht oder nicht. Formal lautet das Gesetz, das es uns gestattet, Projektionen unter einen Join zu schieben, wie folgt

$$(\pi_L(R \underset{A=B}{\bowtie} S)) \equiv (\pi_L(\pi_M(R) \underset{A=B}{\bowtie} \pi_N(S)))$$

wobei

1. die Liste M aus den Attributen von L besteht, die sich im Schema für R befinden, gefolgt von Attribut A, wenn dieses nicht schon in L vorkommt, und

2. die Liste N die Attribute von L enthält, die sich im Schema von S befinden, gefolgt von B, wenn dieses Attribut nicht schon in der Liste L vorkommt.

Am sinnvollsten wird dieses Gesetz der *Projektionsverschiebung* (*projection pushing* law) von links nach rechts angewandt, auch wenn wir dabei zusätzliche Projektionen einführen anstatt sie loszuwerden. Das liegt daran, daß es normalerweise vorteilhaft ist, so viele Attribute wie möglich so früh wie möglich „wegzuprojizieren“, das heißt, die Projektionen im Baum möglichst weit nach unten zu verschieben. Gegebenenfalls müssen wir nach dem Join immer noch die Projektion auf die Liste L durchführen, das gilt für die Situation, in der das Verbund-Attribut A nicht in der Liste L vorkommt (vergessen Sie nicht, daß das andere Verbund-Attribut B aus S sowieso nicht im Join vorkommen wird).

Manchmal bestehen die Listen M und/oder N aus allen Attributen von R bzw. S. Ist dies der Fall, so ergibt die Durchführung einer Projektion keinen Sinn, da unnützerweise nur die Spalten der Relation vertauscht werden. Wir sollten daher folgendes Gesetz verwenden

$$\pi_L(R) \equiv R$$

vorausgesetzt, daß die Liste L aus allen im Schema für R enthaltenen Attributen besteht. Beachten Sie, daß dieses Gesetz den Standpunkt einnimmt, daß Relationen nur durch Vertauschung ihrer Spalten nicht verändert werden.

Es gibt auch Situationen, in denen wir eine Projektion umgehen möchten. Angenommen, wir haben einen Teilausdruck $\pi_L(R)$, der Teil eines größeren Ausdrucks ist. R sei eine einzelne Relation (und kein Ausdruck, der einen oder mehrere Operatoren enthält).

Gehen wir zudem davon aus, daß sich oberhalb dieses Teilausdrucks im Termbaum eine weitere Projektion befindet. Um die Projektion auf R jetzt durchzuführen, müssen wir die gesamte Relation untersuchen, egal ob Indizes existieren oder nicht. Führen wir stattdessen die nicht zur Liste L gehörenden Attribute von R mit, bis sich die nächste Gelegenheit ergibt, diese Attribute herauszuprojizieren, können wir häufig eine erhebliche Zeitersparnis verzeichnen.

Im nächsten Beispiel werden wir einen Teilausdruck

$$\pi_{\text{Course,StudentId}}(CSG)$$

behandeln, der Noten entfernt. Da unser gesamter Ausdruck, der zur Klärung der Anfrage aus Beispiel 8.17 dient, sich am Ende nur auf ein Paar Tupel aus der *CSG*-Relation bezieht, sind wir weit besser beraten, die Noten später herauszuprojizieren; so bleibt uns die Untersuchung der gesamten *CSG*-Relation erspart.

Beispiel 8.18

Wir fahren mit Abb. 8.19(d) fort und verschieben die Projektionen nach unten. Zunächst wird die Projektion an der Wurzel unter den obersten Join geschoben. Die Liste der Projektion besteht nur aus Room, und das Join-Attribut ist auf beiden Seiten Course. Wir projizieren daher links nur auf Course, da Room kein Attribut des linksstehenden Ausdrucks ist.

Der rechte Operand des Joins wird sowohl auf Course als auch auf Room projiziert. Da dies alles Attribute des Operanden *CR* sind, können wir die Projektion weglassen. Der daraus resultierende Ausdruck wird in Abb. 8.20(a) angezeigt.

Wir können nun die Projektion auf Course unter den mittleren Join verschieben. Da Course auf beiden Seiten auch Join-Attribut ist, führen wir zwei Operatoren π_{Course} unterhalb des mittleren Joins ein. Da nun das Ergebnis des mittleren Verbundes nur das Attribut Course hat, benötigen wir die Projektion über diesem Join nicht mehr; der neue Ausdruck ist in Abb. 8.20(b) dargestellt. Es ist anzumerken, daß dieser Join, der sich auf zwei Relationen bezieht, deren Tupel nur die eine Komponente Course beinhalten, effektiv eine Schnittmenge ist.

Das ergibt Sinn – er schneidet die Menge der von C. Brown besuchten Lehrveranstaltungen mit der Menge der Lehrveranstaltungen, die montags um 9.00 Uhr stattfinden.
Dort angekommen müssen wir π_{Course} unter den untersten Join schieben. Auf beiden Seiten ist StudentId das Join-Attribut, so daß die Projektionsliste links (Course, StudentId) lautet und die Liste rechts nur StudentId enthält (da Course kein Attribut des Ausdrucks auf der rechten Seite ist). Der sich daraus ergebende Ausdruck steht in Abb. 8.20(c).

Wie wir unmittelbar vor dem Beispiel erwähnten, ist es von Vorteil, Grade hier nicht sofort aus der *CSG*-Relation zu projizieren. Oberhalb dieser Projektion treffen wir auf den Operator π_{Course}, der die Noten ohnehin entfernt.
Verwenden wir stattdessen den Ausdruck aus Abb. 8.20(d), so erhalten wir für diese Anfrage im wesentlichen den Bearbeitungsplan aus Abschnitt 8.6. Der Ausdruck $\pi_{\text{StudentId}}(\sigma_{\text{Name}=\text{“C. Brown“}}(SNAP))$ liefert uns somit die Matrikelnummer(n) des oder der Studenten mit Namen „C. Brown“, und der erste Join gefolgt von der Projektion π_{Course} liefert uns die von diesen Studenten besuchten Lehrveranstaltungen.
Wenn es einen Index auf Name für die Relation *SNAP* und einen auf StudentId für die Relation *CSG* gibt, können diese Operationen schnell ausgeführt werden.

Der Teilausdruck $\pi_{\text{Course}}(\sigma_{\text{Day=“M“ AND Hour=“9AM“}}(CDH))$ enthält als Wert die montags um 9.00 Uhr stattfindenden Lehrveranstaltungen, und der mittlere Join schneidet diese Mengen, damit wir auf diese Art die Lehrveranstaltungen erhalten, die von einem Studenten mit Namen „C. Brown“ besucht werden und die montags um 9.00 Uhr stattfinden. Der oberste Join, auf den eine Projektion folgt, sucht schließlich diese Lehrveranstaltungen in der *CR*-Relation (eine schnelle Operation, falls es einen Index auf Course gibt) und gibt die zugehörigen Räume als Antwort aus. ◆

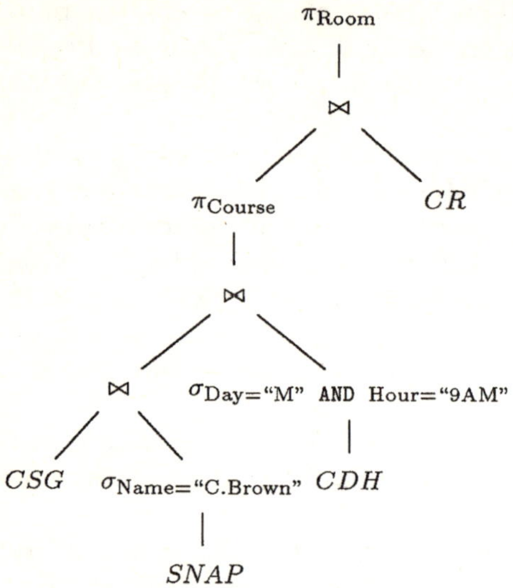

(a) Verschiebe die Projektion unter den obersten Join.

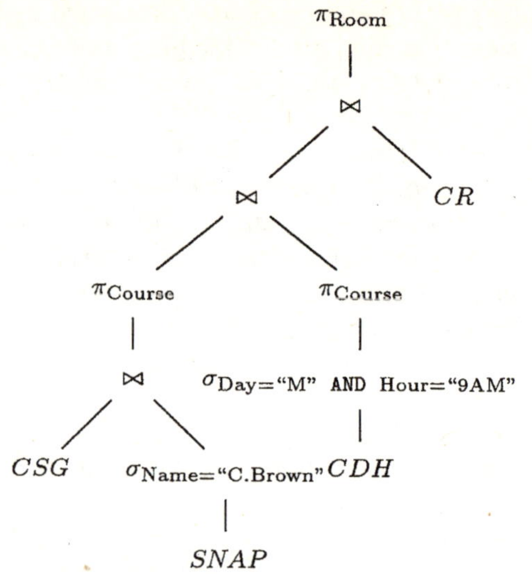

(b) Verschiebe die Projektion unter den mittleren Join.

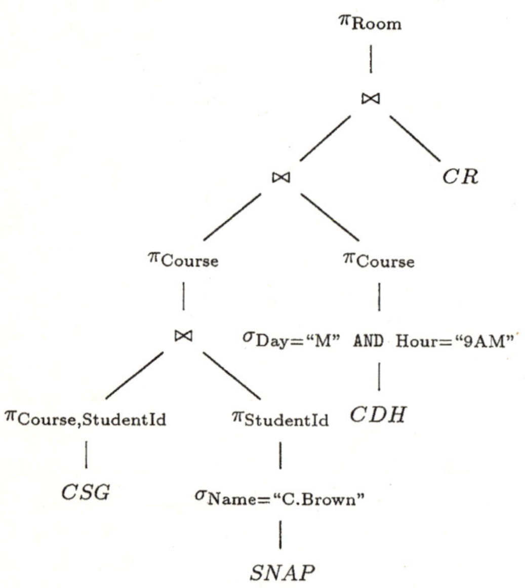

(c) Verschiebe die Projektion unter den untersten Join.

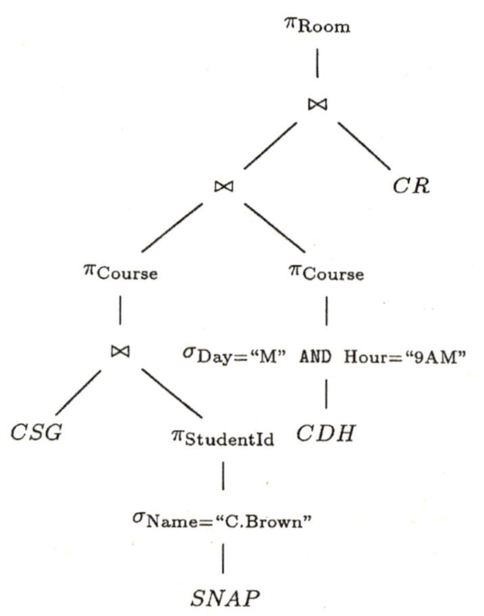

(d) Entferne den Schritt, der die Noten aus der Relation CSG herausprojiziert.

Abb. 8.20: Verschieben der Projektion nach unten.

ÜBUNGEN

8.9.1*: Beweisen Sie, daß

$$((R \underset{A=B}{\bowtie} S) \underset{C=D}{\bowtie} T) \equiv (R \underset{A=B}{\bowtie} (S \underset{C=D}{\bowtie} T))$$

immer gilt, wenn A ein Attribut von R ist, B und C verschiedene Attribute von S sind und D ein Attribut von T ist. Warum ist es wichtig, daß $B \neq C$ gilt? *Hinweis*: Sie erinnern sich vielleicht, daß gewisse Attribute verschwinden, wenn ein Join gebildet wird.

8.9.2*: Beweisen Sie, daß

$$((R \underset{A=B}{\bowtie} S) \underset{A=C}{\bowtie} T) \equiv (R \underset{A=B}{\bowtie} (S \underset{B=C}{\bowtie} T))$$

immer gilt, wenn A ein Attribut von R, B ein Attribut von S und C ein Attribut von T ist.

8.9.3: Nehmen Sie jede ihrer in der Relationenalgebra gestellten Anfragen aus Übung 8.7.3, und verschieben Sie die Selektionen und Projektionen so weit nach unten wie möglich.

8.9.4: Lassen Sie uns die folgenden groben Vereinfachungen bezüglich der Anzahl der in den Relationen vorkommenden Tupel, welche Ergebnis der Operationen der Relationenalgebra sind, einführen.

i) Jede Operandenrelation hat 1000 Tupel.

ii) Wenn wir Relationen mit n bzw. m Tupeln durch einen Join verbinden, enthält die Ergebnisrelation $mn/100$ Tupel.

iii) Wenn wir eine Selektion durchführen, deren Bedingung die UND-Verknüpfung von k Bedingungen ist, welche jeweils Attribute mit einem konstanten Wert gleichsetzen, teilen wir die Größe der Relation durch 10^k.

iv) Wenn wir eine Projektion durchführen, verändert sich die Größe der Relation nicht.

Desweiteren wollen wir den Aufwand für die Auswertung eines Ausdrucks anhand der Summe der Größen der für jeden inneren Knoten berechneten Relationen schätzen. Geben Sie die Kosten für jeden der Ausdrücke in den Abbildungen 8.18, 8.19(a) bis (d) und 8.20(a) bis (d) an.

8.9.5*: Beweisen Sie das Gesetz zur Selektionsverschiebung (selection pushing law)

$$(\sigma_C(R \bowtie S)) \equiv (\sigma_C(R) \bowtie S)$$

Hinweis: Um die Gleichheit von Mengen zu beweisen, ist es häufig am einfachsten zu zeigen, daß jede eine Teilmenge der anderen ist, wie in Abschnitt 7.3 besprochen.

8.9.6*: Beweisen Sie die Gesetze

a) $(\sigma_C(R \cap S)) \equiv (\sigma_C(R) \cap \sigma_C(S))$

b) $(\sigma_C(R \cup S)) \equiv (\sigma_C(R) \cup \sigma_C(S))$

c) $(\sigma_C(R - S)) \equiv (\sigma_C(R) - \sigma_C(S))$

8.9.7*: Zeigen Sie anhand eines Beispiels, daß das Gesetz

$$(\pi_L(R - S)) \equiv (\pi_L(R) - \pi_L(S))$$

nicht gilt.

8.9.8:** Manchmal ist es unter Ausnutzung der folgenden „Äquivalenz“ möglich, eine Selektion in beide Richtungen durch einen Join zu schieben.

$$\sigma_C(R \bowtie S) \equiv (\sigma_C(R) \bowtie \sigma_C(S)) \qquad (8.1)$$

a) Unter welchen Umständen ist die Gleichung (8.1) wirklich eine Äquivalenz?

b) Wenn (8.1) gültig ist, wann wäre es besser, dieses Gesetz zu benutzen, anstatt die Selektion nur zu *R* oder nur zu *S* herunterzuziehen?

8.10 Zusammenfassung des 8. Kapitels

Aus diesem Kapitel sollten Sie folgende Punkte behalten:

- Zweidimensionale Tabellen, genannt Relationen, bieten vielseitige Möglichkeiten zur Speicherung von Informationen.
- Die Zeilen einer Relation heißen „Tupel“ und die Spalten heißen „Attribute“.
- Ein „Primärindex“ repräsentiert die Tupel einer Relation als Datenstruktur und verteilt sie derart, daß Operationen, welche die Werte bestimmter Attribute verwenden – der „Definitionsbereich“ für den Index – vereinfacht werden.
- Ein „Schlüssel“ für eine Relation ist eine Menge von Attributen, die die Werte für die anderen Attribute der Relation eindeutig bestimmen. Häufig verwendet ein Primärindex einen Schlüssel als Definitionsbereich.
- „Sekundärindizes“ sind Datenstrukturen, die Operationen ermöglichen, welche ein bestimmtes Attribut spezifizieren, gewöhnlich eines, das nicht Teil des Definitionsbereiches für den Primärindex ist.

- Die Relationenalgebra ist eine High-Level-Notation zur Formulierung von Anfragen über eine oder mehrere Relationen. Ihre wichtigsten Operationen sind die Vereinigung, der Schnitt, die Differenz, die Selektion, die Projektion und der Verbund (*Join*).
- Es gibt eine Reihe von Möglichkeiten, Joins effizienter zu implementieren, als dies im offensichtlichen „Nested-Loop Join“ der Fall ist, der jedes Tupel einer Relation mit jedem Tupel der anderen Relation verknüpft. Der Index-Join und der Sort-Join benötigen annähernd soviel Zeit, wie es braucht, um die beiden betroffenen Relationen anzusehen und das Ergebnis des Joins zu erstellen.
- Die Optimierung von Ausdrücken der Relationenalgebra kann zu entscheidenden Verbesserungen in der Laufzeit für die Auswertung von Ausdrükken führen und ist daher von wesentlicher Bedeutung, wenn auf der Relationenalgebra basierte Sprachen in der Praxis verwendet werden, um Anfragen zu stellen.
- Es gibt viele Möglichkeiten, die Laufzeit eines gegebenen Ausdrucks zu verbessern. Häufig ist das Verschieben von Selektionen nach unten die wirksamste von allen.

8.11 Bibliographische Anmerkungen zum 8. Kapitel

Weitere Untersuchungen von Datenbanksystemen, insbesondere derer, die auf dem relationalen Modell basieren, sind in Ullman [1988] nachzulesen.

Die Veröffentlichung von Codd [1970] ist allgemein als Ursprung des relationalen Datenmodells anerkannt, obwohl es eine Reihe weiterer Arbeiten gab, die bereits einige dieser Ideen enthielten. Die ersten Implementierungen von Systemen, die dieses Modell verwendeten, waren INGRES (Stonebraker et al. [1976]) in Berkeley und System R (Astrahan et al. [1976]) bei IBM. Letzteres ist der Ursprung der Sprache SQL, die in Abschnitt 8.7 beispielhaft vorgestellt wurde und heutzutage in vielen Datenbankmanagementsystemen zu finden ist; vgl. Chamberlin et al. [1976]. Das relationale Modell findet sich auch im UNIX-Kommando `awk` (Aho, Kernighan and Weinberger [1988]) wieder.

Aho, A. V., B. W. Kernighan und P. J. Weinberger [1988]. *The AWK programming Language*, Addison Wesley, Reading, Mass.

Astrahan, M. M., et al. [1976]. „System R: a relational approach to data management“, *ACM Trans. on Database Systems* **1**:2, S. 97 - 137.

Chamberlin, D. D., et al. [1976]. „SEQUEL 2: a unified approach to data definition, manipulation and control“, *IBM J. Research and Development* **20**:6, S. 560 - 575.

Codd, E. F. [1970]. „A relational model for large shared data banks“, *Comm. ACM* **13**:6, S. 377 - 387.

Stonebraker, M., E. Wong, P. Kreps und G. Held [1976]. „The design and implementation of INGRES“, *ACM Trans. on Database Systems* **1**:3, S. 189 - 222.

Ullman, J. D. [1988]. *Principles of Database and Knowledge-Base Systems* (zwei Bände) Computer Science Press, New York.

9

Das Graph-Datenmodell

Graphen bilden nicht nur ein vielseitiges Modell zur Organisation von Daten, sie sind auch unentbehrlich zur Formulierung eines weiten Spektrums von Problemen, wie die Berechnung von Entfernungen, das Auffinden von Zyklen in Beziehungen und die Ermittlung von Verbindungen.

In gewissem Sinne ist ein Graph nichts anderes als eine zweistellige Relation. Er hat jedoch eine ausdrucksstarke Veranschaulichung als eine Menge von Punkten (genannt Knoten), die durch Linien (genannt Kanten) oder Pfeile (genannt Bögen) verbunden sind. In dieser Hinsicht ist der Graph auch als eine Verallgemeinerung des in Kapitel 5 behandelten Baum-Datenmodells anzusehen. Ebenso wie Bäume können Graphen unterschiedliche Formen haben: gerichtet, ungerichtet und markiert. Zudem sind Graphen, wie auch Bäume, bei einer Reihe von Anwendungen nützlich, von denen wir einige im Verlauf dieses Kapitels kennenlernen werden.

9.1 Worum geht es in diesem Kapitel?

Die wichtigsten Themen dieses Kapitels sind

- die Definitionen gerichteter und ungerichteter Graphen (Abschnitte 9.2 und 9.10).
- die beiden grundlegenden Datenstrukturen zur Darstellung von Graphen: Adjazenzlisten und Adjazenzmatrizen (Abschnitt 9.3).
- ein Algorithmus und eine Datenstruktur zum Finden zusammenhängender Komponenten eines ungerichteten Graphen (Abschnitt 9.4).
- ein Verfahren zum Finden minimaler aufspannender Bäume (Abschnitt 9.5).

- ein nützliches Verfahren zur Untersuchung von Graphen, genannt „Tiefensuche“ (Abschnitt 9.6).
- Anwendungen der Tiefensuche, um zu überprüfen, ob ein gerichteter Graph einen Zyklus enthält, um eine topologische Reihenfolge für azyklische Graphen zu finden und um festzustellen, ob es einen Pfad von einem Knoten zu einem anderen gibt (Abschnitt 9.7).
- Dijkstras Algorithmus zum Finden kürzester Wege (Abschnitt 9.8). Ausgehend von einem „Quell“-Knoten findet dieser Algorithmus die minimale Entfernung zu allen Knoten.
- Floyds Algorithmus zum Finden minimaler Entfernungen zwischen zwei beliebigen Knoten (Abschnitt 9.9).

Viele Algorithmen in diesem Kapitel sind Beispiele nützlicher Verfahren, die weitaus effizienter sind als der offensichtliche Weg zur Lösung des gegebenen Problems.

9.2 Grundlegende Konzepte

Mathematisch besteht ein *gerichteter Graph* (*directed graph*) aus

1. einer Menge N von *Knoten* (*nodes*) und
2. einer zweistelligen Relation A auf N. Wir nennen A die Menge der *Kanten* des gerichteten Graphen. Kanten entsprechen demnach Knotenpaaren.

Abbildung 9.1 enthält die Zeichnung eines Graphen. Jeder Knoten wird durch einen Kreis dargestellt, in dem der Name des Knotens steht. In Abb. 9.1 lautet die Menge der Knoten $N = \{1, 2, 3, 4, 5\}$ und die Menge der Kanten

$$A = \{(1, 1), (1, 2), (1, 3), (2, 4), (3, 1), (3, 2), (3, 5), (4, 3), (4, 5), (5, 2)\}$$

Jedes Paar (u, v) in A wird durch einen Pfeil von u nach v repräsentiert.

In Texten ist es üblich einen Bogen (u, v) als $u \to v$ darzustellen. Wir nennen v den *Kopf* (*head*) des Bogens und u das *Ende* (*tail*), der Vorstellung entsprechend, daß v der Kopf des Pfeils ist und u dessen Ende. Zum Beispiel stellt $1 \to 2$ in Abb. 9.1 einen Bogen dar; Knoten 2 bildet seinen Kopf und Knoten 1 sein Ende. $1 \to 1$ bildet einen weiteren Bogen; ein Bogen von einem Knoten auf sich selbst wird als *Schlinge* bezeichnet. Bei diesem Bogen ist Knoten 1 sowohl Kopf als auch Ende.

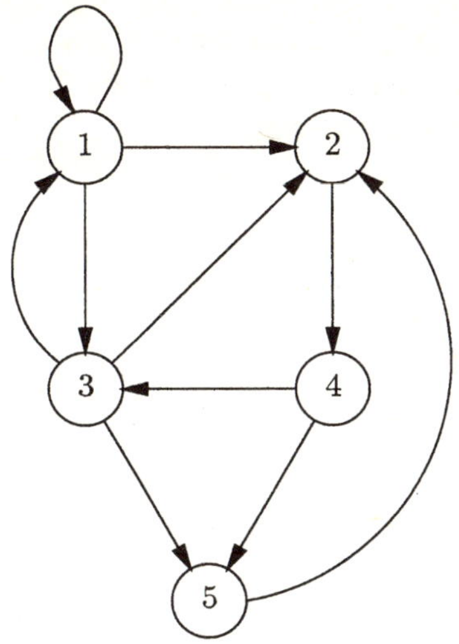

Abb. 9.1: Beispiel eines gerichteten Graphen.

Vorgänger und Nachfolger

Wenn $u \to v$ ein Bogen ist, sagen wir, daß u ein *Vorgänger* (*predecessor*) von v und daß v ein *Nachfolger* (*successor*) von u ist. Der Bogen $1 \to 2$ besagt demnach, daß 1 ein Vorgänger von 2 und 2 ein Nachfolger von 1 ist. Der Bogen $1 \to 1$ teilt uns mit, daß Knoten 1 sowohl Vorgänger als auch Nachfolger von sich selbst ist.

Markierungen

Wie bei Bäumen ist es erlaubt, an jeden Knoten eine *Markierung* (*label*) zu schreiben. Markierungen werden nah an die Knoten geschrieben. Ebenso können wir auch Bögen markieren, indem wir die Markierung in der Mitte des Bogens plazieren. Zur Knoten- oder Bogenmarkierung kann jeder Typ verwendet werden. Abbildung 9.2 zeigt einen Knoten mit dem Namen 1 und der Markierung „Hund", einen Knoten mit Namen 2 und der Markierung „Katze" und einen Bogen $1 \to 2$ mit der Markierung „beißt".

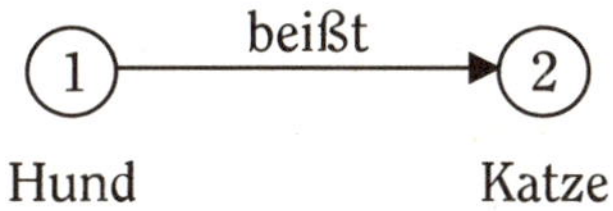

Abb. 9.2: Ein markierter Graph mit zwei Knoten.

Wiederum gilt gleiches wie bei Bäumen, nämlich daß wir den Namen eines Knotens nicht mit dessen Markierung verwechseln dürfen. Knotennamen dürfen innerhalb eines Graphen nur einmal vorkommen, wohingegen mehrere Knoten dieselbe Markierung haben können.

Pfade

Ein *Pfad* in einem gerichteten Graphen ist eine Liste von Knoten $(v_1, v_2, ..., v_k)$ derart, daß es von jedem Knoten einen Bogen zum nächsten Knoten gibt, es gilt somit $v_i \rightarrow v_{i+1}$ für $i = 1, 2, ..., k - 1$. Die *Länge* des Pfades beträgt $k - 1$, was der Anzahl der Bögen entlang des Pfades entspricht. (1, 2, 4) in Abb. 9.1 ist ein Pfad der Länge 2.

Der Trivialfall $k = 1$ ist ebenfalls erlaubt. Das heißt, jeder Knoten v ist selbst ein Pfad der Länge null von v nach v. Dieser Pfad besitzt keine Bögen.

Zyklische und azyklische Graphen

Ein *Zyklus* innerhalb eines gerichteten Graphen ist ein Pfad der Länge 1 oder größer, der am selben Knoten beginnt und endet. Die *Länge des Zyklus* entspricht der Länge des Pfades. Ein trivialer Pfad der Länge 0 ist kein Zyklus, auch wenn er „am selben Knoten beginnt und endet". Ein Pfad, der nur aus einem einzigen Bogen $v \rightarrow v$ besteht, ist jedoch ein Zyklus der Länge 1.

Beispiel 9.1

Gegeben sei der Graph aus Abb. 9.1. Aufgrund der Schlinge $1 \rightarrow 1$ gibt es einen Zyklus (1, 1) der Länge 1. Es gibt einen Zyklus (1, 3, 1) der Länge 2, der aus den Bögen $1 \rightarrow 3$ und $3 \rightarrow 1$ besteht. (2, 4, 3, 2) bildet einen Zyklus der Länge 3 und (2, 4, 3, 5 2) einen der Länge 4. ◆

Ein Zyklus kann bei jedem seiner Knoten beginnen und enden. Das bedeutet, daß der Zyklus $(v_1, v_2, ..., v_k, v_1)$ auch als $(v_2, ..., v_k, v_1, v_2)$ oder als $(v_3, ..., v_k, v_1, v_2, v_3)$ und so weiter geschrieben werden kann. Zum Beispiel kann der Zyklus (2, 4, 3, 5, 2) auch als (3, 5, 2, 4, 3) geschrieben werden.

Bei jedem Zyklus sind der erste und der letzte Knoten gleich. Wir sagen, daß ein Zyklus $(v_1, v_2, ..., v_k, v_1)$ *einfach* ist, wenn kein Knoten mehr als einmal in der Folge $v_1, v_2, ..., v_k$ vorkommt; das heißt, in einem einfachen Zyklus tritt die einzige Wiederholung beim letzten Knoten auf.

Beispiel 9.2

Alle Zyklen in Beispiel 9.1 sind einfach. In Abb. 9.1 ist der Zyklus (1, 3, 1) einfach. Es gibt jedoch auch Zyklen, die nicht einfach sind, wie (1, 3, 2, 4, 3, 1), in dem der Knoten 3 zweimal vorkommt. Der Pfad (1, 1, 1) ist nicht einfach, da wir zusätzlich zur letzten 1 noch zwei weitere Vorkommen von Knoten 1 haben. ◆

Für einen gegebenen Zyklus, der den Knoten v enthält und nicht einfach ist, können wir einen einfachen Zyklus finden, der v enthält. Zum Verständnis schreibe man den Zyklus so auf, daß er mit v beginnt und endet, wie in $(v, v_1, v_2, ..., v_k, v)$. Wenn der Zyklus nicht einfach ist, dann

1. kommt v entweder dreimal oder öfter vor oder
2. es gibt einen Knoten u, der nicht gleich v ist und der zweimal vorkommt; das heißt, der Zyklus hat dann die Form $(v, ..., u, ..., u, ..., v)$.

In Fall (1) können wir alles bis zum vorletzten Vorkommen von v, jedoch nicht einschließlich dieses Vorkommens, entfernen. Das Ergebnis ist ein kürzerer Zyklus von v nach v. In Fall (2) können wir den Abschnitt von u nach u entfernen und ihn durch ein einzelnes Vorkommen von u ersetzen, um so den Zyklus $(v, ..., u, ..., v)$ zu erhalten. Das Ergebnis muß in jedem Fall wieder ein Zyklus sein, da jeder Bogen des Ergebnisses im ursprünglichen Zyklus und somit auch im Graphen enthalten ist.

Es ist möglicherweise notwendig, diese Umformungen mehrmals zu wiederholen, bevor der Zyklus einfach wird. Da der Zyklus bei jedem Durchlauf kleiner wird, müssen wir irgendwann bei einem einfachen Zyklus ankommen. Wir haben gerade gezeigt, daß, wenn es einen Zyklus in einem Graphen gibt, es mindestens einen einfachen Zyklus geben muß.

Beispiel 9.3

In dem gegebenen Zyklus (1, 3, 2, 4, 3, 1) können wir die erste 3 und die darauffolgenden 2 und 4 entfernen, um den einfachen Zyklus (1, 3, 1) zu erhalten. Bildhaft gesprochen gingen wir von dem Zyklus aus, der bei der 1 beginnt, zur 3 geht, dann zur 2, zur 4, zurück zur 3 und schließlich zurück zur 1. Treffen wir das erste Mal auf die 3, können wir so tun, als sei es schon das zweite Mal. Wir überspringen die 2 und die 4 und gehen direkt zur 1.

Als zweites Beispiel sei der nichteinfache Zyklus (1, 1, 1) betrachtet. Da die 1 dreimal vorkommt, entfernen wir die erste 1, das heißt alles bis zur vorletzten 1, ohne diese jedoch einzuschließen. Wir haben also den Pfad, in dem die Schlinge $1 \rightarrow 1$ zweimal durchlaufen wurde, durch den Pfad, in dem die Schlinge einmal durchlaufen wird, ersetzt. ◆

Besitzt ein Graph einen oder mehrere Zyklen, so bezeichnen wir ihn als *zyklisch*. Gibt es keine Zyklen, heißt der Graph *azyklisch*. Nach dem, was wir gerade über einfache Zyklen lernten, ist ein Graph genau dann zyklisch, wenn er überhaupt einen einfachen Zyklus besitzt, denn wenn er Zyklen besitzt, besitzt er auch einen einfachen Zyklus.

Beispiel 9.4

In Abschnitt 3.8 erwähnten wir, daß wir die Aufrufe einer Sammlung von Prozeduren durch einen gerichteten Graphen, den „Aufrufgraphen“, darstellen können. Die Knoten entsprechen den Prozeduren. Wenn Prozedur P die Prozedur Q aufruft, wird dies durch einen Bogen $P \rightarrow Q$ angezeigt. Abbildung 9.3 gibt den zum Mergesort-Algorithmus aus Abschnitt 2.9 gehörigen Aufrufgraphen an.

Die Existenz eines Zyklus im Aufrufgraphen impliziert eine Rekursion im Algorithmus. In Abb. 9.3 gibt es fünf einfache Zyklen, jeweils einen um die Knoten `MakeList`, `MergeSort`, `PrintList`, `split` und `merge`. Jeder Zyklus bildet eine einfache Schlinge. Sie erinnern sich vielleicht, daß all diese Prozeduren sich selbst aufrufen und damit rekursiv sind. Rekursionen, bei denen sich die Prozedur selbst wieder aufruft, kommen am häufigsten vor; jede von ihnen erscheint als Schlinge im Aufrufgraphen. Wir nennen diese Rekursionen *direkt*. Gelegentlich begegnet man jedoch auch *indirekten* Rekursionen, die sich im Graphen durch Zyklen einer Länge größer als 1 niederschlagen. Zum Beispiel repräsentiert der Graph

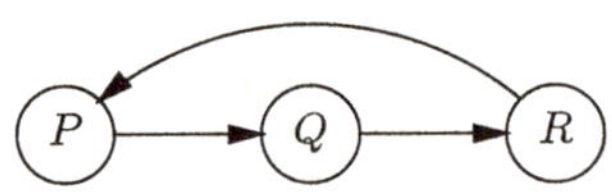

eine Prozedur P, die eine Prozedur Q aufruft, die eine Prozedur R aufruft, welche wiederum die Prozedur P aufruft. ◆

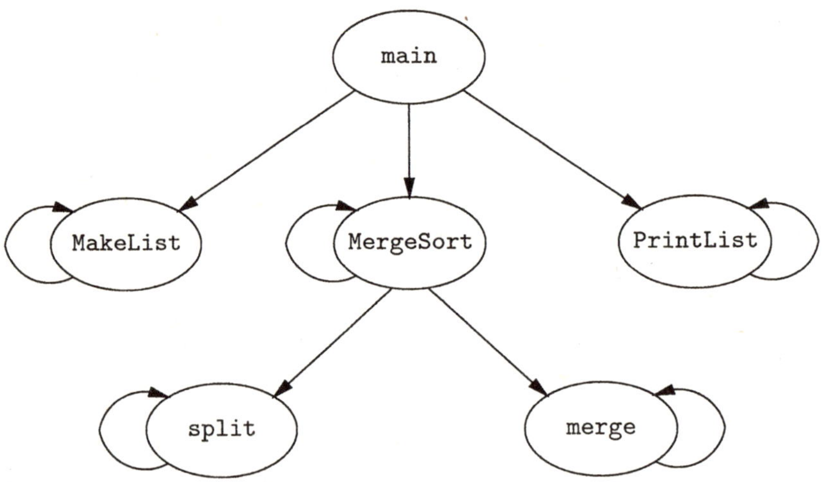

Abb. 9.3: Aufrufgraph für den Mergesort-Algorithmus.

Azyklische Pfade

Ein Pfad wird als *azyklisch* bezeichnet, wenn kein Knoten mehr als einmal im Pfad erscheint. Natürlich ist kein Zyklus azyklisch. Die Argumentation, die wir gerade führten, um zu zeigen, daß es zu jedem Zyklus einen einfachen Zyklus gibt, verdeutlicht auch das folgende Prinzip. Wenn es einen Pfad von u nach v gibt, dann gibt es einen azyklischen Pfad von u nach v. Um zu verstehen, warum, gehen wir von einem Pfad von u nach v aus. Enthält dieser die Wiederholung eines Knotens w, der auch u oder v sein könnte, so ersetze man die beiden Vorkommen von w und alles was dazwischen liegt durch ein Vorkommen von w. Wie im Falle von Zyklen, müssen wir diesen Prozeß gegebenenfalls mehrmals wiederholen, reduzieren den Pfad jedoch auf diese Weise letztendlich auf einen azyklischen Pfad.

Beispiel 9.5

Gegeben sei wiederum der Graph aus Abb. 9.1. Der Pfad (1, 2, 4, 3, 2, 4, 5) ist ein Pfad von 1 nach 5, der einen Zyklus enthält. Wir konzentrieren uns auf die beiden Vorkommen von Knoten 2 und ersetzen diese und die 4, 3 dazwischen durch 2, was uns zu dem Pfad (1, 2, 4, 5) führt. Dies ist ein azyklischer Pfad, da kein Knoten zweimal vorkommt. Wir hätten dasselbe Ergebnis erhalten, hätten wir die beiden Vorkommen von Knoten 4 gewählt. ◆

Ungerichtete Graphen

Manchmal ist es sinnvoll, die Knoten durch Linien zu verbinden, die keine Richtung vorgeben; sie werden als *Kanten* (*edges*) bezeichnet. Formal ausgedrückt ist eine Kante eine Menge bestehend aus zwei Knoten. Die Kante $\{u, v\}$ besagt, daß die Knoten u und v in beide Richtungen miteinander verbunden sind.[1] Wenn $\{u, v\}$ eine Kante ist, bezeichnet man die Knoten u und v als *adjazent* oder als *Nachbarknoten*. Einen Graphen mit Kanten, also einen mit einer symmetrischen Bogen-Relation, nennt man einen *ungerichteten Graphen* (*undirected graph*).

Beispiel 9.6

Abbildung 9.4 repräsentiert den Teil einer Straßenkarte der Hawaii-Inseln, der einige der wichtigsten Städte enthält. Städte, die durch eine Straße ver-

[1]Beachten Sie, daß jede Kante exakt zwei Knoten haben muß. Eine einelementige Menge bestehend aus einem Knoten ist keine Kante. Obwohl ein Bogen von einem Knoten auf sich selbst erlaubt ist, ist eine schlingenförmige Kante von einem Knoten auf sich selbst aus diesem Grunde nicht gestattet. Einige Definitionen „ungerichteter Graphen“ gestatten derartige Schlingen.

bunden sind, werden durch eine Kante gekennzeichnet, welche mit der Entfernung markiert ist. Es liegt in der Natur der Dinge, Straßen durch Kanten zu repräsentieren anstatt durch Bögen, da Straßen üblicherweise in beide Richtungen befahrbar sind. ◆

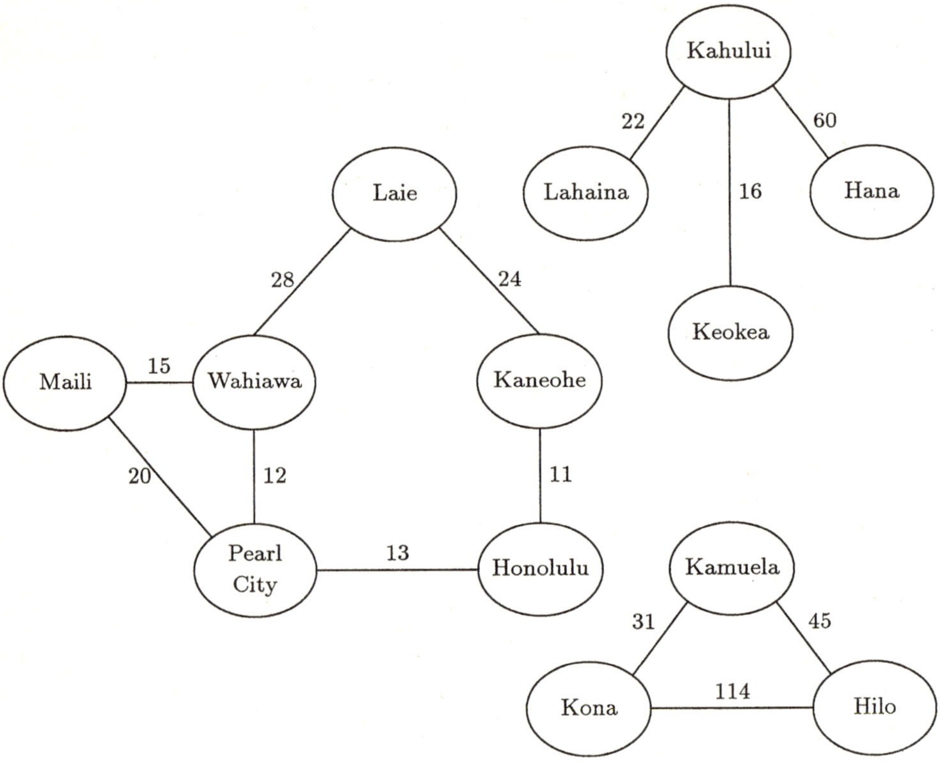

Abb. 9.4: Ein ungerichteter Graph zur Darstellung von Straßen auf den Hawaii-Inseln

Pfade und Zyklen in ungerichteten Graphen

In einem ungerichteten Graphen ist ein *Pfad* eine Liste von Knoten (v_1, v_2, ..., v_k) dergestalt, daß jeder Knoten mit dem nächsten durch eine Kante verbunden ist. Das heißt, $\{v_i, v_{i+1}\}$ ist eine Kante für $i = 1, 2, ..., k - 1$. Es ist zu bemerken, daß die Elemente von Kanten, die ja Mengen sind, keiner bestimmten Reihenfolge unterliegen. Die Kante $\{v_i, v_{i+1}\}$ könnte daher ebensogut die Form $\{v_{i+1}, v_i\}$ haben.

Die *Länge* des Pfades (v_1, v_2, ..., v_k) beträgt k - 1. Wie bei gerichteten Graphen ist ein einzelner Knoten ein Pfad der Länge 0.

Zyklen in einem ungerichteten Graphen zu definieren, ist etwas knifflig. Das Problem ist, daß wir einen Pfad der Form (u, v, u), der immer dann existiert, wenn es eine Kante $\{u, v\}$ gibt, nicht als Zyklus anerkennen möchten. Ähnliches gilt für den Pfad $(v_1, v_2, ..., v_k)$, den wir vorwärts und rückwärts traversieren können; wir möchten aber den Pfad

$$(v_1, v_2, ..., v_{k-1}, v_k, v_{k-1}, ..., v_2, v_1)$$

nicht als Zyklus bezeichnen.

Am einfachsten ist es, einen *einfachen Zyklus* in einem ungerichteten Graphen als Pfad der Länge drei oder größer zu definieren, der am selben Knoten beginnt und endet und der, mit Ausnahme des letzten Knotens, keine Wiederholungen von Knoten enthält. Der Begriff eines nichteinfachen Zyklus in einem ungerichteten Graphen ist im allgemeinen nicht sinnvoll, so daß wir von diesem Konzept absehen.

Beispiel 9.7

In Abb. 9.4 bildet (Wahiawa, Pearl City, Maili, Wahiawa) einen einfachen Zyklus der Länge drei. Auch

(Laie, Wahiawa, Pearl City, Honolulu, Kaneohe, Laie)

ist ein einfacher Zyklus, jedoch hat er die Länge fünf. ◆

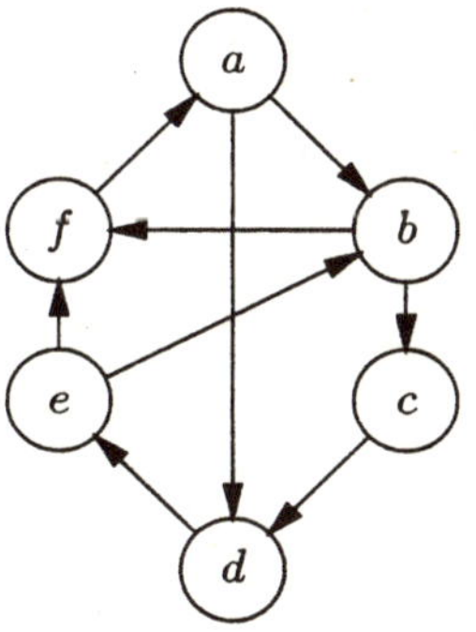

Abb. 9.5: Gerichteter Graph zu den Übungen 9.2.1 und 9.2.2.

ÜBUNGEN

9.2.1: Gegeben sei der Graph aus Abb. 9.5.

a) Wie viele Bögen gibt es?

b) Wie viele azyklische Pfade gibt es von Knoten a zu Knoten d? Wie sehen sie aus?

c) Wie heißen die Vorgänger von Knoten b?

d) Wie heißen die Nachfolger von Knoten b?

e) Wie viele einfache Zyklen gibt es? Schreiben Sie sie auf. Wiederholen Sie keine Pfade, die sich nur im Anfangspunkt unterscheiden (vgl. Übung 9.2.8).

f) Geben Sie alle nichteinfachen Zyklen bis zur Länge 7 an.

9.2.2: Betrachten Sie den Graphen aus Abb. 9.5. als ungerichteten Graphen, indem Sie jeden Bogen $u \to v$ durch eine Kante $\{u, v\}$ ersetzen.

a) Finden Sie alle Pfade von a nach d, bei denen kein Knoten mehr als einmal besucht wird.

b) Wie viele einfache, alle sechs Knoten umfassenden Zyklen gibt es? Geben Sie diese Zyklen an.

c) Welches sind die Nachbarknoten von Knoten a?

9.2.3*: Wenn ein Graph 10 Knoten besitzt, wie viele Bögen kann er dann höchstens haben? Wie viele Bögen muß er mindestens haben? Allgemein, wenn ein Graph n Knoten hat, wie groß ist die minimale und wie groß die maximale Anzahl an Bögen?

9.2.4*: Wiederholen Sie Übung 9.2.3 für die Kanten eines ungerichteten Graphen.

9.2.5:** Wenn ein gerichteter Graph azyklisch ist und n Knoten besitzt, wie viele Bögen kann er höchstens haben?

9.2.6: Finden Sie unter den bisher in diesem Buch behandelten Prozeduren ein Beispiel einer indirekten Rekursion.

9.2.7: Geben Sie alle möglichen Schreibweisen des Zyklus (1, 2, 3, 1) an.

9.2.8*: G sei ein gerichteter Graph und R sei die Relation auf den Zyklen von G, die definiert ist durch $(u_1, u_2, ..., u_k, u_1)R(v_1, v_2, ..., v_k, v_1)$ dann und nur dann, wenn $(u_1, u_2, ..., u_k, u_1)$ und $(v_1, v_2, ..., v_k, v_1)$ denselben Zyklus repräsentieren. Zeigen Sie, daß R eine Äquivalenzrelation auf den Zyklen von G ist.

9.2.9*: Zeigen Sie, daß die Relation S, die auf den Knoten eines Graphen definiert ist durch uSv dann und nur dann, wenn $u = v$ ist, bzw. wenn es einen Zyklus gibt, der beide Knoten u und v umfaßt, eine Äquivalenzrelation ist.

9.3 Implementierung von Graphen

Es gibt zwei Standardverfahren zur Darstellung von Graphen. Eines, genannt *Adjazenzlisten*, ist uns von der Implementierung zweistelliger Relationen her bekannt. Das zweite, genannt *Adjazenzmatrizen*, ist eine neue Art der Darstellung zweistelliger Relationen und eignet sich eher für Relationen, deren Anzahl an Paaren ein ziemlich großer Bruchteil der gesamten Anzahl von Paaren ist, die überhaupt bei einem gegebenen Definitionsbereich existieren können. Zunächst werden wir diese Art der Darstellung für gerichtete Graphen untersuchen, bevor wir uns den ungerichteten Graphen widmen.

Adjazenzlisten

Bilden die Namen der Knoten einen Aufzählungstyp wie `1..n`, können wir den in Abschnitt 7.9 eingeführten verallgemeinerten Ansatz charakteristischer Vektoren benutzen, um die Menge der Bögen zu repräsentieren. Diese Darstellungsweise wird als *Adjazenzlisten* bezeichnet. Wenn `NODE` der Typ der Knotennamen ist, können wir den üblichen `CELL`-Typ für verkettete Listen von Knoten definieren als

```
type LIST = ^CELL;
   CELL = record
      nodeName: NODE;
      next: LIST
   end;
```

und anschließend folgendes Array erstellen

```
headers: array[NODE] of LIST
```

Das bedeutet, daß der Eintrag `headers[u]` einen Zeiger auf eine verkettete Liste aller Nachfolger von Knoten u enthält.

Beispiel 9.8

Der Graph aus Abb. 9.1 kann durch die in Abb. 9.6 angegebenen Adjazenzlisten dargestellt werden. Wir haben die Adjazenzliste nach Knotennummern sortiert, die Nachfolger eines Knotens dürfen in der Adjazenzliste jedoch in beliebiger Reihenfolge stehen. ◆

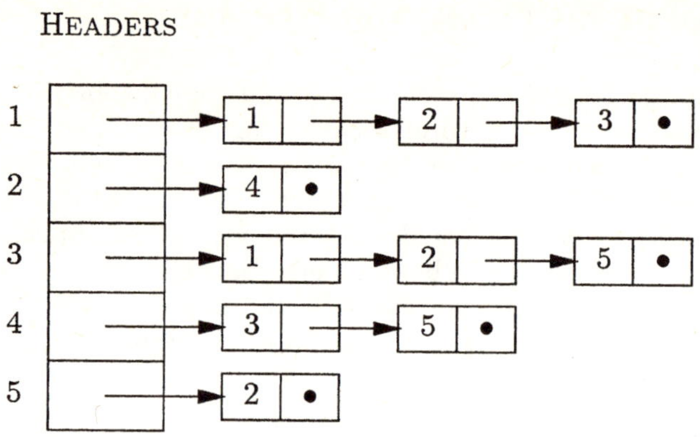

Abb. 9.6: Adjazenzlisten-Darstellung des in Abb. 9.1 angegebenen Graphen.

Adjazenzmatrizen

Eine weitere übliche Art der Darstellung gerichteter Graphen bilden die *Adjazenzmatrizen*. Wenn `NODE` ein Aufzählungstyp von Knotennamen ist, erzeugen wir ein zweidimensionales Array

```
arcs: array[NODE, NODE] of Boolean
```

das für den Wert `arcs[u,v]` `TRUE` enthält, wenn es einen Bogen $u \to v$ gibt, sonst `FALSE`.

Beispiel 9.9

Die Adjazenzmatrix für den Graphen aus Abb. 9.1 wird in Abb. 9.7 angegeben. 1 bedeutet `TRUE` und 0 steht für `FALSE`. ◆

	1	2	3	4	5
1	1	1	1	0	0
2	0	0	0	1	0
3	1	1	0	0	1
4	0	0	1	0	1
5	0	1	0	0	0

Abb. 9.7: Adjazenzmatrix zur Darstellung des Graphen aus Abb. 9.1.

Vergleich von Adjazenzmatrizen und Adjazenzlisten

Tendenziell bevorzugen wir Adjazenzmatrizen, wenn der Graph *dicht* ist, das heißt, wenn die Anzahl der Bögen der maximalen Anzahl möglicher Bögen sehr nahe kommt. Diese Zahl liegt in einem Graphen mit n Knoten bei n^2. Ist der Graph dagegen *spärlich*, sind also die meisten der möglichen Bögen nicht vorhanden, kann die Adjazenzlistendarstellung platzsparender sein. Um dies zu verstehen, muß man sich klarmachen, daß eine Adjazenzmatrix für einen n-knotigen Graphen n^2 Bits enthält und somit in $n^2/32$ 32-Bit-Worte paßt. Die typische Zelle einer Adjazenzliste besteht aus zwei Speicherworten, eines für den Knoten und eines für den Zeiger auf die nächste Zelle. Wenn also die Anzahl der Bögen a ist, benötigen wir ungefähr $2a$ Worte für die Liste und n Worte für das Array der Kopfelemente. Die Adjazenzliste braucht somit weniger Platz als die Adjazenzmatrix, wenn gilt

$$n + 2a < n^2/32 \tag{9.1}$$

Ist n viel kleiner als $2a$, dann ist (9.1) erfüllt, vorausgesetzt es gilt $a < n^2/64$, das heißt, weniger als 1/64 der möglichen Bögen existieren tatsächlich. Eine ausführlichere Argumentation, die die eine oder andere Form der Darstellung bevorzugt, folgt, wenn wir uns mit den Operationen auf Graphen befassen. Die nachfolgende Tabelle faßt die bevorzugten Darstellungsformen für verschiedene Operationen zusammen.

OPERATION	DENSE GRAPH	SPARSE GRAPH
Look up an arc	Adjacency matrix	Either
Find successors	Either	Adjacency lists
Find predecessors	Adjacency matrix	Either

Operationen auf Graphen

Wir lernen einige der Unterschiede zwischen den Graph-Repräsentationen kennen, wenn wir uns mit einigen einfachen Operationen auf Graphen befassen. Die vielleicht elementarste Operation besteht darin festzustellen, ob es einen Bogen $u \rightarrow v$ von einem Knoten u zu einem Knoten v gibt. In einer Adjazenzmatrix dauert es $O(1)$ Zeit, um `arcs[u,v]` aufzusuchen und festzustellen, ob der Eintrag an dieser Stelle `TRUE` ist oder nicht.

Bei Adjazenzlisten dauert es $O(1)$ Zeit, um das Kopfelement der Adjazenzliste für u zu finden. Anschließend müssen wir die Liste bis zum Ende traversieren, wenn v nicht enthalten ist. Wenn v in der Liste enthalten ist, müssen wir die Liste dagegen durchschnittlich bis zur Hälfte traversieren. Wenn der Graph a Bögen und n Knoten besitzt, benötigt die Suche durchschnittlich $O(1 + a/n)$ Zeit. Ist a nicht mehr als ein konstanter Faktor mal n, ergibt sich ein Aufwand von $O(1)$. Je größer a im Vergleich zu n ist, desto länger dauert es unter Benutzung der Adjazenzlistendarstellung festzustellen, ob ein Bogen existiert oder nicht. Im extremen Fall, das heißt, wenn a annähernd n^2 ist, also den größtmöglichen Wert hat, gibt es ungefähr n Knoten in jeder Adjazenzliste. In diesem Fall dauert es im Durchschnitt $O(n)$ Zeit, um einen gegebenen Bogen zu finden. Anders ausgedrückt, je dichter ein Graph ist, desto mehr bevorzugen wir die Adjazenzmatrix gegenüber der Adjazenzliste, wenn wir einen gegebenen Bogen suchen müssen.

Auf der anderen Seite müssen wir häufig alle Nachfolger eines gegebenen Knotens u finden. Bei Benutzung einer Adjazenzliste gehen wir zu `headers[u]` und traversieren die Liste mit einem durchschnittichen Zeitaufwand von $O(a/n)$, um alle Nachfolger von u zu finden. Ist a mit n vergleichbar, so finden wir alle Nachfolger von u in $O(1)$ Zeit. Bei Adjazenzmatrizen müssen wir die gesamte Zeile für den Knoten u durchsuchen, was $O(n)$ Zeit benötigt, egal wie groß a ist. Für Graphen mit einer geringen Anzahl an Kanten pro Knoten sind Adjazenzlisten somit weitaus schneller als Adjazenzmatrizen, wenn wir alle Nachfolger eines gegebenen Knotens untersuchen müssen.

Eine „Gra*d*-Wanderung“

Die Anzahl der Bögen aus einem Knoten v heraus bezeichnet man als *Ausgangsgrad* (*out-degree*) des Knotens v. Der Ausgangsgrad eines Knotens ist somit gleich der Länge seiner Adjazenzliste; er ist ebenfalls gleich der Anzahl der 1-en in einer Zeile für v in der Adjazenzmatrix. Die Anzahl der Bögen in einen Knoten v hinein nennt man den *Eingangsgrad* (*in-degree*) von v. Der Eingangsgrad mißt die Anzahl der Male, die v in der Adjazenzliste eines Knotens vorkommt, und er entspricht der Anzahl der 1-en in der Spalte für v in der Adjazenzmatrix.

Bei einem ungerichteten Graphen unterscheiden wir nicht zwischen den in einen Knoten hieingehenden und den aus einem Knoten herausgehenden Kanten. Bei einem ungerichteten Graphen entspricht der *Grad* eines Knotens v der Anzahl der Nachbarknoten von v, also der Anzahl der Kanten $\{u, v\}$, die v für einen Knoten u enthalten. Sie erinnern sich, daß bei Mengen die Reihenfolge der Elemente egal ist, so daß $\{u, v\}$ und $\{v, u\}$ dieselbe Kante beschreiben und somit nur einmal gezählt werden. Der *Grad eines ungerichteten Graphen* ergibt sich aus dem maximalen Grad aller Knoten des Graphen. Betrachten wir einen Binärbaum als ungerichteten Graphen, so hat dieser den Grad 3, da ein Knoten nur Kanten zu seinem Vaterknoten, zu seinem linken und zu seinem rechten Kind besitzt. Bei einem gerichteten Graphen ergibt sich der *Eingangsgrad des Graphen* aus dem Maximum der Eingangsgrade seiner Knoten, ebenso wie sich der *Ausgangsgrad des Graphen* aus dem Maximum der Ausgangsgrade seiner Knoten errechnet.

Nehmen wir jedoch an, wir möchten alle Vorgänger eines gegebenen Knotens v finden. Bei einer Adjazenzmatrix können wir die Spalte für v untersuchen; eine 1 in der Zeile für u bedeutet, daß u ein Vorgänger von v ist. Diese Untersuchung benötigt $O(n)$ Zeit. Von der Adjazenzlistendarstellung erhalten wir keinerlei Untersützung bei der Suche nach den Vorgängern. Wir müssen die Adjazenzliste jedes Knotens u durchsuchen, um feststellen zu können, ob diese Liste v enthält. Es kann passieren, daß wir alle Zellen aller Adjazenzlisten durchsuchen müssen, mit großer Wahrscheinlichkeit müssen wir die meisten von ihnen durchsuchen. Da die Anzahl der Zellen in der gesamten Adjazenzlistenstruktur gleich a ist, also der Anzahl der Bögen des Graphen entspricht, dauert es $O(a)$ Zeit, um bei Verwendung einer Adjazenzliste die Vorgänger in einem Graphen mit a Bögen zu finden. Hier liegt der Vorteil eindeutig bei den Adjazenzmatrizen, und je dichter ein Graph ist, desto größer ist dieser Vorteil.

Implementierung ungerichteter Graphen

Wenn ein Graph ungerichtet ist, können wir uns jede Kante so vorstellen, als wäre sie durch Bögen in beide Richtungen ersetzt worden. Den daraus resultierenden Graphen können wir entweder durch Adjazenzlisten oder durch eine Adjazenzmatrix repräsentieren. Verwenden wir eine Adjazenzmatrix, so ist diese Matrix *symmetrisch*. Das heißt, wenn wir die Matrix `edges` nennen, gilt $edges[u, v] = edges[v, u]$. Benutzen wir eine Adjazenzlistendarstellung, so wird die Kante $\{u, v\}$ zweimal dargestellt. Wir finden v in der Adjazenzliste für u, und wir finden u in der Adjazenzliste für v. Diese Anordnung ist sinnvoll, da wir nie im voraus sagen können, ob wir der Kante $\{u, v\}$ von u nach v oder von v nach u folgen müssen.

Beispiel 9.10

Wir möchten die größte Komponenten des ungerichteten Graphen aus Abb. 9.4 darstellen (die sechs Städte auf der Insel Oahu repräsentiert). Für den Moment werden wir die Markierungen an den Kanten ignorieren. Die Adjazenzmatrixdarstellung ist in Abb. 9.8 angegeben. Die Matrix ist symmetrisch.

	Laie	Kaneohe	Honolulu	PearlCity	Maili	Washiawa
Laie	0	1	0	0	0	1
Kaneohe	1	0	1	0	0	0
Honolulu	0	1	0	1	0	0
PearlCity	0	0	1	0	1	1
Maili	0	0	0	1	0	1
Washiawa	1	0	0	1	1	0

Abb. 9.8: Adjazenzmatrixdarstellung eines ungerichteten Graphen aus Abb. 9.4.

Abbildung 9.9 zeigt die Darstellung mit Adjazenzlisten. In beiden Fällen benutzen wir einen definierten Typ

```
type CITYTYPE = (Laie, Kaneohe, Honolulu, PearlCity, Maili, Wahiawa)
```

um Arrays zu indizieren. Die Anordnung ist genau festgelegt, da Änderungen in der Menge der Knoten des Graphen nicht gestattet sind. Wir werden in Kürze ein ähnliches Beispiel vorstellen, bei dem wir Knoten durch ganze Zahlen benennen und Städtenamen als Knotenmarkierungen verwenden, um auf diese Art und Weise einen höheren Grad an Flexibilität bei Veränderung der Knotenmenge zu erzielen. ◆

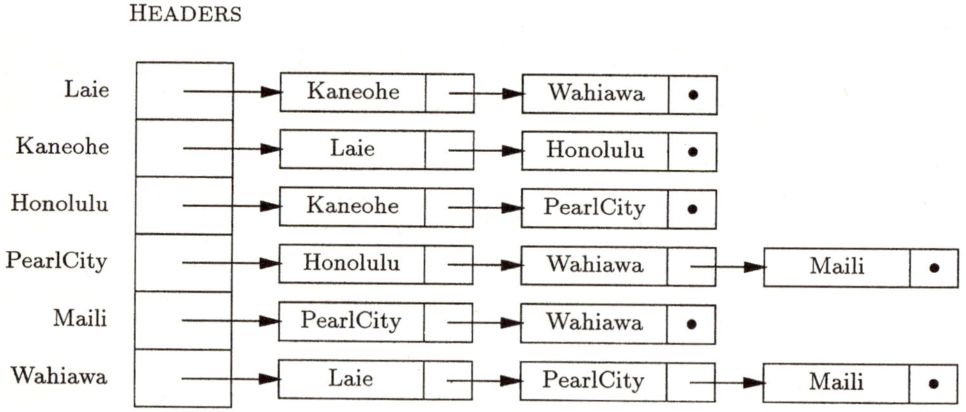

Abb. 9.9: Adjazenzlistendarstellung eines ungerichteten Graphen aus Abb. 9.4.

Darstellung markierter Graphen

Angenommen, ein Graph besitzt Markierungen an seinen Bögen (oder bei ungerichteten Graphen an den Kanten). Bei Adjazenzmatrizen können wir die 1, die das Vorhandensein eines Bogens $u \to v$ innerhalb eines Graphen repräsentiert, durch die Markierung dieses Bogens ersetzen. Wir benötigen eine Wert, der als Matrixeintrag erlaubt ist, jedoch nicht mit einer Markierung verwechselt werden kann; wir benutzen diesen Wert, um das Nichtvorhandensein eines Bogens zu repräsentieren.

Stellen wir den Graphen in Form von Adjazenzlisten dar, so erweitern wir die Zellen, aus denen sich die Liste zusammensetzt, um ein zusätzliches `nodeLabel`-Feld. Wenn es einen Bogen $u \rightarrow v$ mit der Markierung L gibt, finden wir in der Adjazenzliste für Knoten u eine Zelle, deren `nodeName`-Feld den Wert v und deren `nodeLabel`-Feld den Wert L enthält. Dieser Wert repräsentiert die Markierung des Bogens.

Die Markierungen von Knoten werden anders dargestellt. Bei einer Adjazenzmatrix erzeugen wir einfach ein weiteres Array, wir nennen es `nodeLabels`; `nodeLabels[u]` sei die Markierung des Knotens `u`. Wenn wir Adjazenzlisten benutzen, haben wir bereits ein Array bestehend aus Kopfelementen, das durch Knoten indiziert ist. Wir ändern dises Array dahingehend, daß es nun Records als Elemente enthält, die jeweils ein Feld für die Knotenmarkierung und eines, das auf den Anfang der Adjazenzliste zeigt, umfassen.

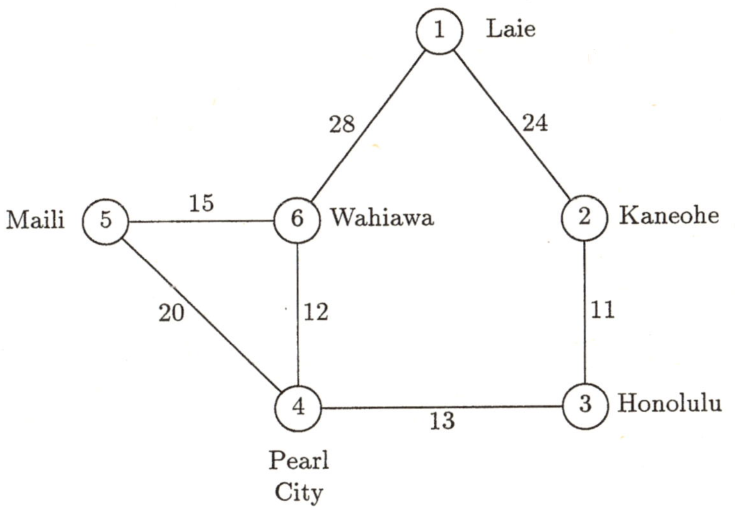

Abb. 9.10: Karte von Oahu mit Knoten, die durch ganze Zahlen benannt und mit Städten markiert sind.

cities

1	Laie
2	Kaneohe
3	Honolulu
4	PearlCity
5	Maili
6	Wahiawa

distances

	1	2	3	4	5	6
1	−1	24	−1	−1	−1	28
2	24	−1	11	−1	−1	−1
3	−1	11	−1	13	−1	−1
4	−1	−1	13	−1	20	12
5	−1	−1	−1	20	−1	15
6	28	−1	−1	12	15	−1

Abb. 9.11: Adjazenzmatrixdarstellung eines gerichteten Graphen.

Beispiel 9.11

Wir möchten wieder die große Komponente des Graphen aus Abb. 9.4 darstellen und diesmal die Kantenmarkierungen, die Entfernungen repräsentieren, ebenfalls berücksichtigen. Des weiteren geben wir den Knoten ganzzahlige Namen, wobei wir mit der 1 für Laie beginnen und dann im Uhrzeigersinn fortfahren. Der Städtename wird zur Markierung des Knotens. Diese Art der Darstellung ist flexibler als die aus Beispiel 9.10, denn wenn wir im Array zusätzliche Plätze zur Verfügung stellen, können wir bei Bedarf noch Städte hinzufügen. Der sich daraus ergebende Graph ist in seiner neuen Gestalt in Abb. 9.10 aufgezeichnet; die entsprechende Adjazenzmatrixdarstellung steht in Abb. 9.11.

Beachten Sie, daß es bei dieser Repräsentation in Wirklichkeit zwei Teile gibt: das Array `cities`, welches die Stadt angibt, für die jede der ganzen Zahlen von 1 bis 6 steht, und die Matrix `distances`, die Auskunft über das Vorhandensein oder Nichtvorhandensein von Kanten gibt und die Markierungen der vorhandenen Kanten enthält. Wir benutzen -1 als einen Wert, der nicht mit einer Markierung verwechselt werden kann, da die Markierungen in diesem Beispiel Entfernungen angeben, die positiv sein müssen. Wir können diese Struktur folgendermaßen deklarieren:

```
const NumCities = 6;
cities: array[1..NumCities] of CITYTYPE;
distances: array[1..NumCities, 1..NumCities] of integer
```

Auch können wir den Graph aus Abb. 9.10 durch Adjazenzlisten darstellen. Dann definieren wir die Typen CELL und LIST durch

```
type LIST = ^CELL;
   CELL = record
      nodeName: [1..NumCities];
      distance: integer;
      next: LIST
   end;
```

Als nächstes deklarieren wir das Array cities durch

```
cities: array[1..NumCities] of
   record
      city: CITYTYPE;
      header: LIST
   end;
```

Abbildung 9.12 zeigt den auf diese Weise dargestellten Graphen aus Abb. 9.10. ◆

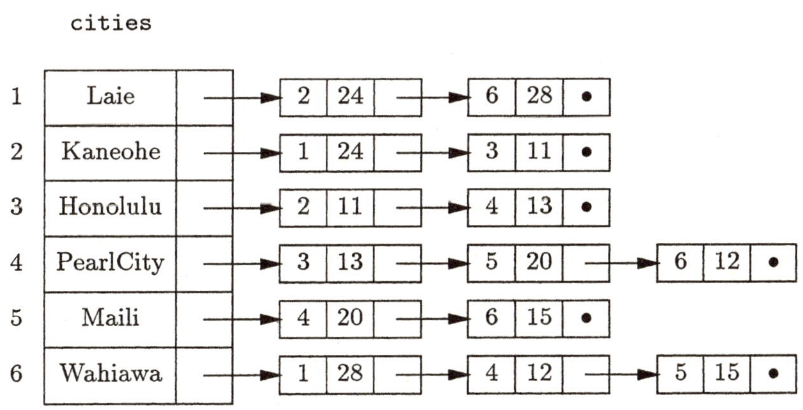

Abb. 9.12: Adjazenzlistendarstellung eines Graphen mit Knoten- und Kantenmarkierungen.

ÜBUNGEN

9.3.1: Stellen Sie den Graphen aus Abb. 9.5 (vgl. die Übungen aus Abschnitt 9.2) durch

a) Adjazenzlisten

b) eine Adjazenzmatrix

dar. Geben sie in beiden Fällen geeignete Typdefinitionen an.

9.3.2: Nehmen Sie an, die Bögen aus Abb. 9.5 wären Kanten (d. h., der Graph wäre ungerichtet). Wiederholen Sie Übung 9.3.1 für den ungerichteten Graph.

9.3.3: Jeder Bogen des gerichteten Graphen aus Abb. 9.5 sei durch die Zeichenkette der Länge 2 aus dem Ende gefolgt vom Kopf des Bogens markiert. Zum Beispiel ist der Bogen $a \to b$ durch die Zeichenkette `ab` markiert. Gehen Sie weiterhin davon aus, daß jeder Knoten mit einem seinem Namen entsprechenden Großbuchstaben markiert ist. Der Knoten mit dem Namen a trägt zum Beispiel die Markierung `A`. Wiederholen Sie Übung 9.3.1 für diesen markierten, gerichteten Graphen.

9.3.4*: In welcher Beziehung steht die Adjazenzmatrixdarstellung eines unmarkierten Graphen zu der Charakteristischer-Vektor-Darstellung einer Menge von Bögen?

9.3.5*: Beweisen Sie durch Induktion über n, daß bei einem ungerichteten Graphen mit n Knoten die Summe aller Grade der Knoten der zweifachen Anzahl an Kanten entspricht. *Anmerkung*: Es ist auch ein Beweis ohne Induktion möglich, hier wird jedoch ein Induktionsbeweis gefordert.

9.3.6: Entwickln Sie Algorithmen für das Einfügen und Löschen von Bögen in/aus eine(r) (a) Adjazenzmatrixdarstellung (b) Adjazenzlistendarstellung eines gerichteten Graphen.

9.3.7: Wiederholen Sie Übung 9.3.6 für einen ungerichteten Graphen.

9.3.8: Wir können die Adjazenzlistendarstellung eines gerichteten oder ungerichteten Graphen um eine „Vorgängerliste“ erweitern. Wann ist diese Darstellungsform zur Durchführung der Operationen (a) Suchen eines Bogens (b) Finden aller Nachfolger (c) Finden aller Vorgänger sowohl für dichte als auch für spärliche Graphen vorzuziehen?

9.4 Zusammenhängende Komponenten eines ungerichteten Graphen

Wir können einen Graphen in eine oder mehrere *zusammenhängende Komponenten* unterteilen. Jede zusammenhängende Komponente ist eine Menge von Knoten mit Pfaden von jedem Element der Komponente zu jedem anderen Element der Komponente. Zudem sind die zusammenhängenden Komponenten maximal, das heißt, von keinem Knoten innerhalb der Komponente gibt es einen Pfad zu einem Knoten außerhalb der Komponente. Wenn der Graph aus einer einzigen zusammenhängenden Komponente besteht, bezeichnen wir ihn als *zusammenhängend*.

Beispiel 9.12

Betrachten wir erneut den Graphen der Hawaii-Inseln aus Abb. 9.4. Es gibt drei zusammenhängende Komponenten, die drei Inseln entsprechen. Die größte Komponente besteht aus Laie, Kaneohe, Honolulu, Pearl City, Maili und Wahiawa. Diese Städte befinden sich auf der Insel Oahu und sind somit durch Straßen, das heißt durch Pfade bestehend aus Kanten miteinander verbunden. Auch ist klar, daß es keine Straßen gibt, die von Oahu zu einer der anderen Inseln führen. Graphentheoretisch bedeutet dies, daß es keine Pfade von den oben genannten sechs Städten zu den anderen in Abb. 9.4 angegebenen Städten gibt.

Eine zweite Komponente besteht aus den Städten Lahaina, Kahului, Hana und Keokea; diese Städte befinden sich auf der Insel Maui. Die dritte Komponente enthält die Städte Hilo, Kona und Kamuela auf der „großen Insel" Hawaii. ◆

Die bildhafte Interpretation zusammenhängender Komponenten

Wenn eine Zeichnung eines Graphen gegeben ist, sind die zusammenhängenden Komponenten leicht zu erkennen. Stellen wir uns die Kanten als Bindfäden vor. Wenn wir irgendeinen Knoten hochheben, wird die zusammenhängende Komponente, in der dieser Knoten ein Element ist, ebenfalls hochgehoben. Die Elemente aller anderen zusammenhängenden Komponenten bleiben, wo sie sind. Was mit dem „Auge" leicht zu erkennen ist, muß nicht notwendigerweise mit dem Computer leicht nachzuvollziehen sein. Ein Algorithmus zum Finden zusammenhängender Komponenten ist wesentliches Thema dieses Abschnitts.

Zusammenhängende Komponenten als Äquivalenzklassen

Eine weitere nützliche Betrachtungsweise zusammenhängender Komponenten besteht darin, sie als Äquivalenzklassen der Äquivalenzrelation P anzusehen, die auf den Knoten des ungerichteten Graphen folgendermaßen definiert ist: uPv gilt dann und nur dann, wenn es einen Pfad von u nach v gibt. Es ist leicht zu prüfen, daß P eine Äquivalenzrelation ist.

1. P ist reflexiv, das heißt, für jeden Knoten u gilt uPu, da es einen Pfad der Länge 0 von jedem Knoten zu sich selbst gibt.

2. P ist symmetrisch. Wenn uPv gilt, dann gibt es einen Pfad von u nach v. Da der Graph ungerichtet ist, ergibt die umgekehrte Knotenfolge ebenfalls einen Pfad. Es gilt somit vPu.

3. P ist transitiv. Angenommen, uPw und wPv sind wahr. Dann gibt es einen Pfad, sagen wir

   $$(x_1, x_2, ..., x_j)$$

   von u nach w. Hier gilt $u = x_1$ und $w = x_j$. Außerdem gibt es einen Pfad $(y_1, y_2, ..., y_k)$ von w nach v, wobei $w = y_1$ und $v = y_k$ gilt. Fügen wir diese Pfade zusammen, erhalten wir einen Pfad von u nach v, nämlich

   $$(u = x_1, x_2, ..., x_j = w = y_1, y_2, ..., y_k = v)$$

Beispiel 9.13

Gegeben sei der Pfad

(Honolulu, PearlCity, Wahiawa, Maili)

von Honolulu nach Maili aus Abb. 9.10. Zudem sei der Pfad

(Maili, PearlCity, Wahiawa, Laie)

desselben Graphen betrachtet. Verknüpfen wir diese Pfade miteinander, so erhalten wir einen Pfad von Honolulu nach Laie:

(Honolulu, PearlCity, Wahiawa, Maili, PearlCity, Wahiawa, Laie)

Der Zufall will es, daß dieser Graph zyklisch ist. Wie in Abschnitt 9.2 erwähnt, können wir Zyklen immer entfernen, um auf diese Art und Weise einen azyklischen Pfad zu erhalten. In diesem Fall besteht eine Möglichkeit, dies zu tun, darin, die beiden Vorkommen von Wahiawa und die dazwischenliegenden Knoten durch ein Vorkommen von Wahiawa zu ersetzen, so daß wir den Pfad

(Honolulu, PearlCity, Wahiawa, Laie)

erhalten, einen azyklischen Pfad von Honolulu nach Laie. ◆

Da P eine Äquivalenzrelation ist, wird die Menge der Knoten des betroffenen ungerichteten Graphen in Äquivalenzklassen unterteilt. Die den Knoten v enthaltende Klasse ist die Menge der Knoten u für die vPu gilt, das heißt, die Menge der Knoten, die durch einen Pfad mit v verbunden sind. Eine andere Eigenschaft von Äquivalenzklassen ist, daß, wenn die Knoten u und v aus unterschiedlichen Äquivalenzklassen stammen, uPv nicht möglich ist; das heißt, es gibt niemals einen Pfad von einem Knoten einer Äquivalenzklasse zu einem Knoten einer anderen Äquivalenzklasse. Die durch die „Pfad"-Relation P definierten Äquivalenzklassen entsprechen demnach exakt den zusammenhängenden Komponenten eines Graphen.

Ein Algorithmus zur Berechnung zusammenhängender Komponenten

Angenommen, wir möchten die zusammenhängenden Komponenten eines Graphen G konstruieren. Eine Möglichkeit, dies zu tun, ist, mit einem Graphen G_0 zu beginnen, der aus den Knoten von G ohne Kanten besteht. Anschließend nehmen wir nacheinander einzeln die Kanten von G hinzu und erzeugen so eine Folge von Graphen G_0, G_1, ..., wobei G_i aus den Knoten von G und den ersten i Kanten von G besteht.

BASIS. G_0 besteht nur aus den Knoten von G ohne eine einzige Kante. Jeder Knoten bildet für sich eine Komponente.

INDUKTION. Angenommen, wir haben nach Betrachtung der ersten i Kanten die zusammenhängenden Komponenten für den Graphen G_i, und wir betrachten nun $\{u, v\}$, die $(i + 1)$-te Kante.

1. Wenn sich u und v in derselben Komponente von G_i befinden, hat G_{i+1} dieselbe Menge zusammenhängender Komponenten wie G_i, da die neue Kante keine Knoten verbindet, die nicht bereits verbunden waren.

2. Wenn sich u und v in unterschiedlichen Komponenten befinden, fürgen wir die jeweils u und v enthaltenden Komponenten, um die zusammenhängenden Komponenten für G_{i+1} zu erhalten. Abbildung 9.13 verdeutlicht, warum es einen Pfad von jedem Knoten x in der Komponente von u zu jedem Knoten y in der Komponente von v gibt. Wir folgen dem Pfad in der ersten Komponente von x zu u, anschließend der Kante $\{u, v\}$ und schließlich dem Pfad von v zu y, von dem wir wissen, daß er in der zweiten Komponente existiert.

Nachdem alle Kanten auf diese Art und Weise untersucht wurden, haben wir die zusammenhängenden Komponenten des vollständigen Graphen.

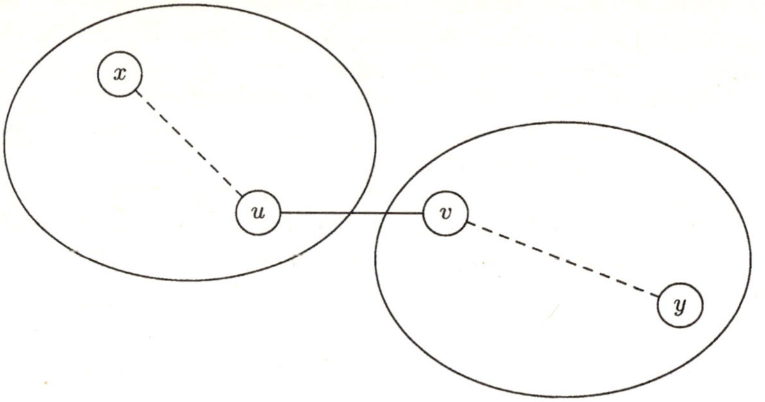

Abb. 9.13: Das Hinzufügen der Kante {u, v} verbindet die Komponenten, in denen u und v enthalten sind.

Beispiel 9.14

Gegeben sei der Graph aus Abb. 9.4. Wir können die Kanten zwar in jeder Reihenfolge betrachten, aus Gründen, die mit einem im nächsten Abschnitt vorgestellten Algorithmus zu tun haben, listen wir hier die Kanten jedoch in der Reihenfolge ihrer Kantenmarkierungen auf, angefangen mit der kleinsten Markierung. Diese Kantenliste ist in Abb. 9.14 angegeben.

Zu Beginn befinden sich alle dreizehn Knoten allein in jeweils einer Komponente. Wenn wir Kante 1, {Kaneohe, Honolulu}, betrachten, verschmelzen wir diese beiden Knoten zu einer Komponente. Die zweite Kante, {Wahiawa, PearlCity}, fügt diese beiden Städte zusammen. Die dritte Kante ist {PearlCity, Honolulu}.

Diese Kante vereint die diese beiden Städte enthaltenden Komponenten. Gegenwärtig enthält jede dieser beiden Komponenten zwei Städte, so daß wir nun eine Komponente mit vier Städten erhalten, nämlich

{Wahiawa, PearlCity, Honolulu, Kaneohe}

Alle anderen Städte sind noch immer allein in ihren Komponenten.
Die Kante 4 ist {Maili, Wahiawa} und fügt Maili in die große Komponente ein. Die fünfte Kante ist {Kahului, Keokea}, die diese beiden Städte zu einer Komponente zusammenfügt. Wenn wir Kante 6, {Maili, PearlCity}, betrachten, begegnen wir einem neuen Phänomen: Beide Enden der Kante befinden sich bereits in derselben Komponente. Kante 6 wird daher nicht zusammengefügt.

Kante	Stadt 1	Stadt 2	Entfernung
1	Kaneohe	Honolulu	11
2	Washiawa	PearlCity	12
3	Pearl City	Honolulu	13
4	Washiawa	Maili	15
5	Kahului	Keokea	16
6	Maili	PearlCity	20
7	Lahaina	Kahului	22
8	Laie	Kaneohe	24
9	Laie	Washiawa	28
10	Kona	Kamuela	31
11	Kamuela	Hilo	45
12	Kahului	Hana	60
13	Kona	Hilo	114

Abb. 9.14: Kanten aus Abb. 9.4 nach ihren Markierungen sortiert.

Kante 7 ist {Lahaina, Kahului} und fügt den Knoten Lahaina in die Komponente {Kahului, Keokea} ein, wodurch die Komponente {Lahaina, Kahului, Keokea} gebildet wird. Kante 8 erweitert die größte Komponente um den Knoten Laie; sie sieht nun wie folgt aus:

{Laie, Kaneohe, Honolulu, PearlCity, Wahiawa, Maili}

Die neunte Kante, {Laie, Wahiawa}, verbindet zwei Städte in dieser Komponente und wird somit ignoriert.

Kante 10 gruppiert Kamuela und Kona zu einer Komponente, und Kante 11 erweitert diese Komponente um Hilo. Kante 12 fügt Hana in die Komponente

{Lahaina, Kahului, Keokea}

ein. Und Kante 13, {Hilo, Kona}, verbindet zwei Städte, die sich bereits in derselben Komponente befinden. Daher bilden

{Laie, Kaneohe, Honolulu, PearlCity, Wahiawa, Maili}

{Lahaina, Kahului, Keokea, Hana}

{Kamuela, Hilo, Kona}

schließlich die Mengen zusammenhängender Komponenten. ◆

Eine Datenstruktur zum Bilden von Komponenten

Wenn wir den gerade informell beschriebenen Algorithmus betrachten, so fällt auf, daß wir in der Lage sein müssen, zwei Dinge schnell durchzuführen:

1. Für einen gegebenen Knoten seine aktuelle Komponente zu finden.

2. Zwei Komponenten zu einer zusammenzufügen.

Es gibt eine Reihe von Datenstrukturen, die diese Operationen unterstützen. Wir werden eine einfache Idee verfolgen, die eine erstaunlich gute Leistung erbringt. Der Kern dieses Ansatzes basiert darauf, die Knoten jeder Komponente in einen Baum zu packen.[2] Die Komponente wird durch die Wurzel des Baumes repräsentiert. Die beiden oben genannten Operationen können nun wie folgt implementiert werden:

1. Um die Komponente eines Knotens in einem Graphen zu finden, gehen wir zu dem Vertreter dieses Knotens im Baum und folgen dem Pfad in diesem Baum zur Wurzel, die die Komponente repräsentiert.

2. Um zwei unterschiedliche Komponenten zusammenzufügen, machen wir die Wurzel einer Komponente zum Kind der Wurzel der anderen Komponente.

Beispiel 9.15

Wir befolgen die Schritte aus Beispiel 9.14 und geben dabei die bei bestimmten Schritten erzeugten Bäume an. Zu Beginn befindet sich jeder Knoten allein in einem ein-knotigen Baum. Die erste Kante, {Kaneohe, Honolulu}, führt zur Vereinigung zweier ein-knotiger Bäume, {Kaneohe} und {Honolulu}, zu einem zwei-knotigen Baum, {Kaneohe, Honolulu}. Jeder Knoten kann zum Kind des anderen werden. Wir nehmen an, Honolulu wird zum Kind der Wurzel Kaneohe.

Ebenso fügt die zweite Kante, {Wahiawa, PearlCiy}, zwei Bäume zusammen. Wir nehmen an, daß PearlCity zum Kind der Wurzel Wahiawa wird. Zu diesem Zeitpunkt wird die gegenwärtige Gruppe von Komponenten durch die beiden in Abb. 9.15 angegebenen Bäume und durch neun ein-knotige Bäume repräsentiert.

Die dritte Kante, {PearlCity, Honolulu}, fügt diese beiden Komponenten zusammen. Wir gehen davon aus, daß Wahiawa zum Kind der Wurzel Kaneohe wird. Die sich daraus ergebende Komponenten wird durch den Baum in Abb. 9.16 repräsentiert.

---

[2]Es ist wichtig zu begreifen, daß im folgenden „Baum“ und „Graph“ unterschiedliche Strukturen bezeichnen. Es gibt eine Eins-zu-Eins-Beziehung zwischen den Knoten des Graphen und den des Baumes; das heißt, jeder Baumknoten repräsentiert einen Graphknoten. Die Vater-Kind-Kanten des Baumes sind jedoch nicht notwendigerweise auch Kanten des Graphen.

Wenn wir die vierte Kante, {Wahiawa, Maili}, betrachten, so fügen wir Maili mit der durch den Baum in Abb. 9.16 dargestellten Komponente zusammen. Wir könnten entweder Maili zum Kind von Kaneohe oder Kaneohe zum Kind von Maili machen. Wir ziehen die erste Variante vor, da dies die Höhe des Baumes klein hält. Würden wir dagegen die Wurzel der großen Komponente zum Kind der Wurzel der kleinen Komponente machen, würden die Pfade innerhalb des Baumes länger. Bei langen Pfaden dauert es länger, einem Pfad zur Wurzel zu folgen, was aber notwendig ist, um die Komponente eines Knotens zu ermitteln. Durch Befolgen dieser Regel und durch beliebige Entscheidungen im Fall, daß die Komponenten dieselbe Höhe haben, gelangen wir möglicherweise irgendwann zu den Bäumen in Abb. 9.17, die die drei fertigen zusammenhängenden Komponenten repräsentieren. ◆

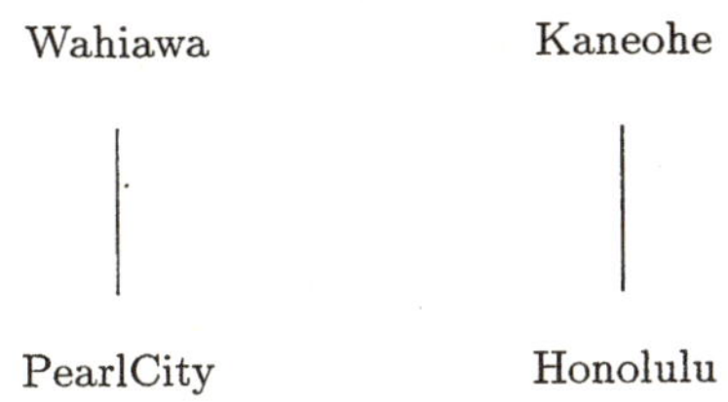

Abb. 9.15: Die ersten beiden nichttrivialen Bäume beim Zusammenfügen von Komponenten.

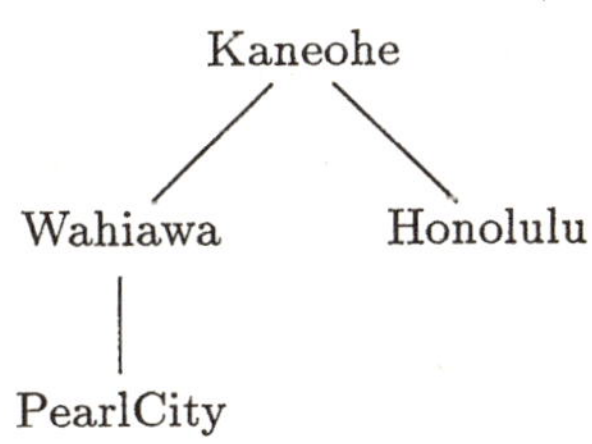

Abb. 9.16: Ein Baum, der eine Komponente bestehend aus vier Knoten repräsentiert.

Der Lektion aus Beispiel 9.15 folgend, formulieren wir eine Regel, daß, immer wenn wir zwei Bäume vereinigen, die Wurzel des Baumes mit geringerer Höhe zum Kind der Wurzel des Baumes mit der größeren Höhe wird. Ein Unentschieden kann beliebig gehandhabt werden. Der wesentliche Nutzen dieser Regel besteht darin, daß die Höhen der Bäume nur logarithmisch mit der Anzahl der Knoten im Baum wachsen; in der Praxis ist die Höhe häufig geringer. Wenn wir also einem Pfad von einem Baumknoten zur Wurzel folgen, benötigen wir höchstens eine Zeit proportional zum Logarithmus der Anzahl der Knoten im Baum. Wir können die logarithmische Schranke herleiten, indem wir die folgende Aussage durch Induktion über die Höhe h beweisen.

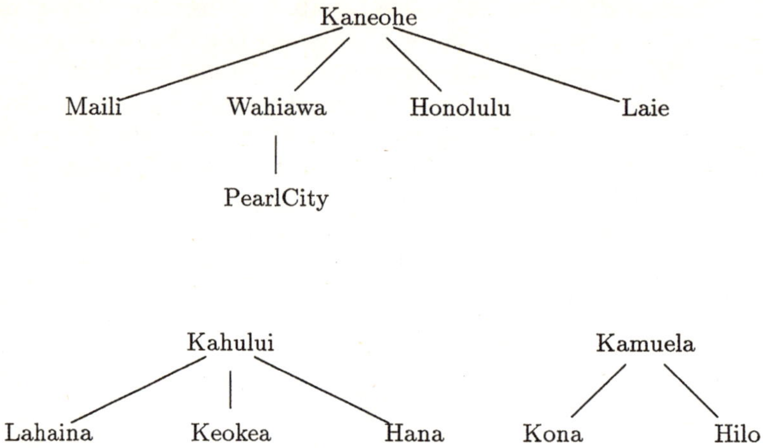

Abb. 9.17: Bäume, die die drei endgültigen zusammenhängenden Komponenten unter Verwendung eines Baum-Vereinigungs-Algorithums repräsentieren.

AUSSAGE $S(h)$: Ein Baum der Höhe h, der nach der Regel gebildet wurde, daß kleinere in größere Bäume eingebunden werden, enthält mindestens 2^h Knoten.

BASIS. Der Induktionsanfang ist $h = 0$. Ein derartiger Baum besteht aus einem einzigen Knoten, und da $2^0 = 1$ ist, ist die Aussage $S(0)$ wahr.

INDUKTION. Angenommen, $S(h)$ ist für ein $h \geq 0$ wahr, und es ist ein Baum T der Höhe $h + 1$ gegeben. Irgendwann bei der Konstruktion von T durch Zusammenfügen, wird die Höhe $h + 1$ zum ersten Mal erreicht. Die einzige Möglichkeit, einen Baum der Höhe $h + 1$ zu erlangen, besteht darin, die Wurzel eines anderen Baumes T_1 der Höhe h zum Kind der Wurzel eines Baumes T_2 zu machen. T ergibt sich aus T_1 plus T_2 plus eventueller anderer Knoten, die später hinzugefügt wurden, wie in Abb. 9.18 graphisch dargestellt.

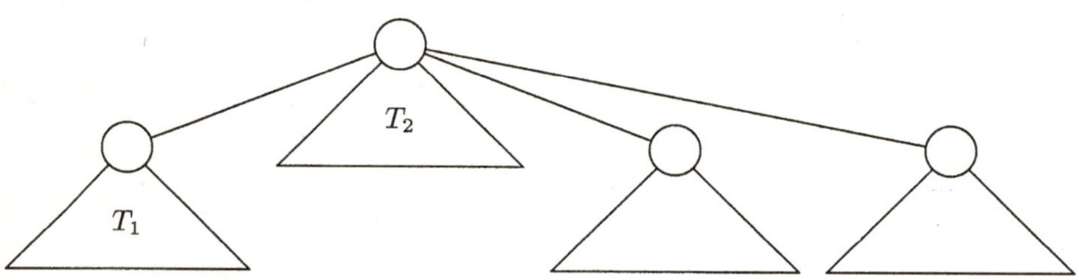

Abb. 9.18: Konstruieren eines Baumes der Höhe h + 1.

Aufgrund der Induktionsannahme hat T_1 nun mindestens 2^h Knoten. Da seine Wurzel zum Kind der Wurzel von T_2 wurde, ist die Höhe von T_2 ebenfalls mindestens h. T_2 hat demnach auch mindestens 2^h Knoten. T besteht aus T_1, T_2 und vielleicht noch ein paar anderen Knoten, so daß T mindestens $2^h + 2^h = 2^{h+1}$ Knoten enthält. Diese Aussage entspricht $S(h+1)$, wir haben somit den Induktionsschritt bewiesen.

Wir wissen, daß, wenn ein Baum n Knoten und die Höhe h hat, $n \geq 2^h$ gelten muß. Nehmen wir auf beiden Seiten den Logarithmus, so erhalten wir $\log_2 n \geq h$; das heißt, die Höhe des Baumes kann nicht größer sein als der Logarithmus der Anzahl der Knoten. Daraus folgt, daß, wenn wir einem Pfad von einem Knoten zur Wurzel folgen, wir dafür $O(\log n)$ Zeit benötigen.

Wir werden nun die Datenstruktur, die diese Ideen implementiert, ausführlich beschreiben. Nehmen wir zunächst an, es gibt einen Typ `NODE` zur Darstellung von Knoten. `NODE` könnte ein Aufzählungstyp sein, nehmen wir zum Beispiel die 13 Städte des Graphen aus Abb. 9.4, oder ein Bereichstyp wie `1..n`, der beliebige Graphen mit n Knoten erlaubt. Wir gehen davon aus, daß es eine aus Zellen des Typs `EDGE` bestehende Liste `edges` gibt. Diese Zellen werden durch

```
type EDGELIST = ^EDGE;
   EDGE = record
      node1, node2: NODE;
      next: EDGELIST
   end;
```

definiert und wir deklarieren

```
edges : EDGELIST
```

Zum Schluß benötigen wir noch für jeden Knoten des Graphen einen entsprechenden Baumknoten. Baumknoten sind Records vom Typ `TREENODE` bestehend aus

1. einem Zeiger auf den Vaterknoten, so daß wir aus den Knoten des Graphen einen Baum aufbauen und dem Baum zur Wurzel folgen können. Ein Wurzelknoten ist dadurch gekennzeichnet, daß der Zeiger auf seinen Vaterknoten `NIL` ist.

2. der Höhe des Baumes, von dem ein gegebener Knoten die Wurzel ist. Die Höhe wird nur dann verwendet, wenn der Knoten gegenwärtig eine Wurzel ist.

Wir definieren den Type `TREENODE` daher durch

```
type PTRTREENODE = ^TREENODE;
   TREENODE = record
         parent: PTRTREENODE;
         height: integer
      end;
```

Das Array nodes, das deklariert wird durch

```
nodes: array[NODE] of PTRTREENODE
```

assoziiert zu jedem Knoten eines Graphen einen Knoten in einem Baum. Verwenden wir Adjazenzlisten oder haben die Knoten Markierungen, dann sind die Elemente des Arrays nodes statt dessen Records. Diese bestehen dann aus einem Zeiger auf einen Baumknoten und entweder aus einem Kopfelement für die Adjazenzliste, aus einer Knotenmarkierung oder aus beiden. Um die Sache einfach zu gestalten, vernachlässigen wir dies hier.

In Abb. 9.19 sind zwei wichtige Hilfsprozeduren angegeben. Die erste, find, übernimmt einen Knoten a, bekommt einen Zeiger auf den entsprechenden Baumknoten, x, und folgt den Vaterzeigern in x und in seinen Vorfahren, bis sie bei der Wurzel angelangt ist. Diese Suche nach der Wurzel geschieht in den Zeilen (2) und (3). Wenn die Wurzel gefunden ist, wird in Zeile (4) ein Zeiger auf die Wurzel zurückgegeben.

Die zweite Prozedur, merge, erhält als Eingabe zwei Zeiger auf zwei Baumknoten, x und y, bei denen es sich um die Wurzeln zweier unterschiedlicher Bäume handeln muß, damit die Vereinigung ordnungsgemäß vonstatten gehen kann. Der Test in Zeile (5) stellt fest, welche Wurzel die größere Höhe hat; Unentschieden werden zugunsten von y aufgelöst. In Zeile (6) bzw. in Zeile (7) wird der höhere Knoten der lokalen Variablen higher und der niedrigere der lokalen Variablen lower zugewiesen. Anschließend wird in Zeile (8) der niedrigere zum Kind des höheren gemacht und in den Zeilen (9) und (10) wird die Höhe des höheren, der nun Wurzel des kombinierten Baumes ist, um eins inkrementiert, wenn die Höhen von T_1 und T_2 gleich sind. Die Höhe des niedrigeren bleibt, wie sie war, hat jedoch nun keine Bedeutung mehr, da der niedrigere nicht länger eine Wurzel ist.

```
      function find(a: NODE): PTRTREENODE;
      (* Gibt die Wurzel des Baumes zurück, der den Baumknoten x enthält,
         welcher dem Graphknoten a entspricht. *)

      var x: PTRTREENODE;

      begin
(1)      x := nodes[a];
(2)      while x^.parent <> NIL do
(3)         x := x^.parent;
(4)      find := x
      end; (* find *)

      procedure merge(x, y: PTRTREENODE);
      (* Fügt die Bäume mit den Wurzeln x und y zu einem Baum zusammen, indem
         sie die Wurzel des niedrigeren zum Kind der Wurzel des höheren
         macht.*)
```

```
      var higher, lower: PTRTREENODE;

      begin
(5)      if x^.height > y^.height then
(6)         begin higher := x; lower := y end
         else
(7)      begin higher := y; lower := x end;
(8)      lower^.parent := higher;
(9)      if lower^.height = higher^.height then
(10)        higher^.height := higher^.height + 1
      end; (* merge *)
```

Abb. 9.19: Hilfsprozeduren find *und* merge.

Das Kernstück des Algorithmus zum Finden zusammenhängender Komponenten ist in Abb. 9.20 angegeben. Beim Array nodes und bei der Liste der Kanten mit dem Kopfelement edges gehen wir davon aus, daß beide irgendwo außerhalb des Programms aus Abb. 9.20 deklariert wurden. Die Liste mit dem Kopfelement edges wurde so initialisiert, daß sie den gegebenen Graphen repräsentiert. Auch nehmen wir an, daß der Typ NODE der Bereichstyp 1..n ist; Zeile (1) muß verändert werden, damit u über die aktuelle Knotenmenge läuft.

Die Zeilen (1) bis (4) arbeiten das Array nodes ab und erzeugen dabei in Zeile (2) für jeden Knoten einen Baumknoten. Dessen parent-Feld wird in Zeile (3) auf NIL gesetzt, was ihn zur Wurzel seines eigenen Baumes macht, und das height-Feld erhält in Zeile (4) den Wert 0, wodurch die Tatsache widergespiegelt wird, das sich der Knoten allein in seinem Baum befindet.

Zeile (5) initialisiert e, welches dann auf die erste Kante der Kantenliste zeigt, und die Schleife in den Zeilen (6) bis (11) untersucht nacheinander jede Kante. In den Zeilen (7) und (8) finden wir die Wurzeln der beiden Enden der aktuellen Kante. Anschließend überprüfen wir in Zeile (9), ob es sich bei diesen Wurzeln um unterschiedliche Baumknoten handelt. Wenn ja, so befinden sich die Enden der aktuellen Kante in unterschiedlichen Komponenten, und wir fügen diese Komponenten in Zeile (10) zusammen. Sind die beiden Enden der Kante in derselben Komponente enthalten, überspringen wir Zeile (10), so daß die Bäume nicht verändert werden. In Zeile (11) bewegen wir uns schließlich zum nächsten Element der Kantenliste.

```
      var u: NODE;
         a, b: PTRTREENODE;
         e: EDGELIST;
            (* Initialisiere nodes so, daß jeder Knoten für sich einen
            Baum bildet. *)
(1)      for u := 1 to n do begin
(2)         new(nodes[u]);
(3)         nodes[u].parent := NIL;
(4)         nodes[u].height := 0
```

```
          end;
             (* Initialisiere e und laß es die Kantenliste langlaufen. *)
(5)       e := edges;
             (* Untersuche jede Kante; befinden sich ihre Enden in
             unterschiedlichen Komponenten, so vereine sie. *)
(6)       while e <> NIL do begin
(7)          a := find(e^.node1);
(8)          b := find(e^.node2);
(9)          if a <> b then
(10)            merge(a, b);
(11)         e := e^.next
          end
```

Abb. 9.20: Rumpf des Programms zum Finden zusammenhängender Komponenten.

Die Laufzeit des Algorithmus zusammenhängender Komponenten

Im folgenden werden wir herausfinden, wie lange der in Abb. 9.20 angegebene Algorithmus zur Bearbeitung eines Graphen benötigt. Angenommen, der Graph hat n Knoten und m sei die größere Zahl der Anzahl der Knoten und der Anzahl der Kanten.[3] Wir wollen zunächst die Hilfsprozeduren untersuchen. Wir haben erläutert, daß die Regel des Einbindens niedrigerer Bäume in höhere uns garantiert, daß der Pfad von jedem Knoten bis zu seiner Wurzel nicht länger sein kann als $\log n$. `find` benötigt somit $O(\log n)$ Zeit.

Als nächstes untersuchen wir die Prozedur `merge` aus Abb. 9.19. Jede ihrer Anweisungen benötigt $O(1)$ Zeit. Da es keine Schleifen oder Prozeduraufrufe gibt, braucht die gesamte Prozedur $O(1)$ Zeit.

Abschließend widmen wir uns dem Hauptprogramm aus Abb. 9.20. Der Rumpf der for-Schleife der Zeilen (1) bis (4) benötigt $O(1)$ Zeit, und die Schleife wird n mal durchlaufen. Die Zeilen (1) bis (4) haben demnach einen Aufwand von $O(n)$. Zeile (5) benötigt $O(1)$ Zeit. Betrachten wir zum Schluß die while-Schleife in den Zeilen (6) bis (11). Im Rumpf benötigen die Zeilen (7) und (8) jeweils $O(\log n)$ Zeit, da sie Aufrufe der Funktion `find` enthalten, die, wie gerade gesehen, den Aufwand $O(\log n)$ hat. Die Zeilen (9) und (11) benötigen $O(1)$ Zeit. Auch Zeile (10) hat den Aufwand $O(1)$, da wir gerade herausgefunden hatten, daß die Prozedur `merge` $O(1)$ Zeit benötigt. Der gesamte Rumpf hat somit einen Aufwand von $O(\log n)$. Die while-Schleife wird nun m mal durchlaufen, wobei m der Anzahl der Kanten entspricht (da wir angenommen hatten, die Anzahl der Kanten sei größer als die Anzahl der Knoten im Graphen). Der Zeitaufwand für die Schleife beläuft sich somit auf $O(m \log n)$, er ergibt sich aus der Anzahl der Iterationen mal der Schranke der Laufzeit für den Rumpf.

---

[3]Normalerweise entspricht m der Anzahl der Kanten, in einigen Graphen gibt es jedoch mehr Knoten als Kanten.

Wir können die $O(1)$ Zeit für Zeile (5) zugunsten der größeren Laufzeiten der Schleifen vernachlässigen. Allgemein muß die Laufzeit des gesamten Programms dann als $O(n + m \log n)$ ausgedrückt werden. m ist jedoch mindestens so groß wie n, so daß der Term $m \log n$ den n-Term dominiert. Das Programm in Abb. 9.20 hat somit eine Laufzeit von $O(m \log n)$.

Stadt 1	**Stadt 2**	**Entfernung**
Marquette	Sault Ste. Marie	153
Saginaw	Flint	31
Grand Rapids	Lansing	60
Detroit	Lansing	78
Escanba	Sault Ste. Marie	175
Ann Arbor	Detroit	28
Ann Arbor	Battle Creek	89
Battle Creek	Kalamazoo	21
Menominee	Escanba	56
Kalamazoo	Grand Rapids	45
Escanba	Marquette	78
Battle Creek	Lansing	40
Flint	Detroit	58

Abb. 9.21: Einige Straßen des Staates Michigan.

Bessere Algorithmen für zusammenhängende Komponenten

Wenn wir in Abschnitt 9.6 die Tiefensuche (*depth-first search*) kennenlernen werden, werden wir feststellen, daß es noch eine bessere Möglichkeit gibt, zusammenhängende Komponenten zu berechnen; eine Möglichkeit, die nur $O(m)$ anstelle von $O(m \log n)$ Zeit benötigt. Die in Abschnitt 9.4 vorgestellte Datenstruktur ist jedoch für sich schon nützlich, und wir werden in Abschnitt 9.5 noch ein weiteres Programm kennenlernen, das diese Datenstruktur verwendet.

ÜBUNGEN

9.4.1: Abbildung 9.21 listet einige Städte des Staates Michigan auf und gibt die Entfernungen zwischen ihnen in Meilen an. Bei dieser Übungsaufgabe ignorieren wir die Meilenzahlen. Konstruieren Sie die zusammenhängenden Komponenten des Graphen, indem Sie jede Kante auf die in diesem Abschnitt beschriebene Weise untersuchen.

9.4.2*: Beweisen Sie durch Induktion über k, daß eine zusammenhängende Komponente mit k Knoten mindestens k - 1 Kanten enthält.

9.4.3*: Es gibt eine einfachere Möglichkeit, „merge" und „find" zu implementieren, wobei wir ein durch Knoten indiziertes Array benutzen, das die Komponente jedes Knotens angibt. Zu Beginn ist jeder Knoten selbst eine Komponente, so daß wir die Komponente durch den Knoten benennen. Um die Komponente eines Knotens zu finden, schauen wir einfach im entsprechenden Array-Eintrag nach. Wollen wir Komponenten zusammenfügen, so laufen wir am Array entlang und ändern jedes Vorkommen der ersten Komponente in die zweite Komponente um.

a) Schreiben Sie ein Pascal-Programm, das diesen Algorithmus implementiert.

b) Geben Sie die Laufzeit dieses Programms als Funktion über n und m an. n entspricht der Anzahl der Knoten und m entspricht dem größeren Wert von Knoten- und von Kantenzahl.

c) Für bestimmte Kanten- und Knotenanzahlen ist diese Implementierung sogar besser als die in diesem Abschnitt beschriebene. Geben Sie als Funktion über die Anzahl der Knoten an, wie groß die Anzahl der Kanten sein muß, damit diese Implementierung besser abschneidet.

9.4.4*: Anstatt bei dem in diesem Abschnitt beschriebenen Algorithmus zusammenhängender Komponenten niedrigere Bäume in höhere Bäume einzufügen, nehmen wir nun an, wir fügen Bäume mit weniger Knoten in Bäume mit einer größeren Anzahl an Knoten ein. Hat der Algorithmus zusammenhängender Komponenten dann noch immer die Laufzeit $O(m \log n)$?

9.5 Minimale aufspannende Bäume

Es gibt eine wichtige Verallgemeinerung des Problems zusammenhängender Komponenten, bei dem ein ungerichteter Graph mit durch (ganze oder reelle) Zahlen markierten Kanten gegeben ist. Wir müssen dabei nicht nur die zusammenhängenden Komponenten finden, sondern wir müssen für jede Komponente einen Baum finden, der die Knoten dieser Komponente verbindet.

Zudem muß dieser Baum *minimal* sein, was bedeutet, daß die Summe der Kantenmarkierungen so klein wie möglich ist.

Die hier erwähnten Bäume entsprechen nicht ganz den Bäumen aus Kapitel 5; hier gibt es keinen explizit als Wurzel bezeichneten Knoten, und auch der Begriff der Kinder und einer Reihenfolge unter Kindern trifft hier nicht zu. Wenn wir in diesem Abschnitt von „Bäumen" reden, so meinen wir vielmehr ungeordnete Bäume ohne Wurzeln, bei denen es sich nur um ungerichtete Graphen handelt, die keine einfachen Zyklen enthalten.

Ein *aufspannender Baum* eines ungerichteten Graphen *G* besteht aus den Knoten von *G* zusammen mit einer Teilmenge der Kanten von *G*, die

1. die Knoten verbinden; das heißt, es gibt einen Pfad zwischen jeweils zwei Knoten, der nur die Kanten des aufspannenden Baumes benutzt.
2. einen ungeordneten Baum ohne Wurzel bilden; das heißt, es gibt keine (einfachen) Zyklen.

Wenn *G* eine einzelne zusammenhängende Komponente ist, gibt es immer einen aufspannenden Baum. Ein *minimaler aufspannender Baum* ist ein aufspannender Baum, dessen Summe der Kantenmarkierungen die kleinste aller aufspannenden Bäume dieses Graphen ist.

Beispiel 9.16

Graph *G* sei die zusammenhängende Komponente für die Insel Oahu, wie in Abb. 9.4 oder in Abb. 9.10 gegeben. Ein möglicher aufspannender Baum ist in Abb. 9.22 illustriert. Er wurde durch Löschen der Kanten {Maili, Wahiawa} und {Kaneohe, Laie} und durch Erhalt der anderen fünf Kanten gebildet. Die *Gewichtung* (*weight*), bzw. die Summe der Kantenmarkierungen beträgt für diesen Baum 84. Wie wir noch sehen werden, ist dies kein Minimum. ♦

Bäume mit und ohne Wurzel

Der Begriff eines Baumes ohne Wurzel sollte uns nicht zu seltsam anmuten. Tatsächlich können wir jeden Knoten eines wurzellosen Baumes als dessen Wurzel auswählen. Dies gibt allen Kanten eine Richtung, weg von der Wurzel, bzw. vom Vater zum Kind. Bildlich kann man sich das so vorstellen, als hebe man den wurzellosen Baum an einem Knoten hoch, so daß der Rest des Baumes vom ausgewählten Knoten herunterhängt.

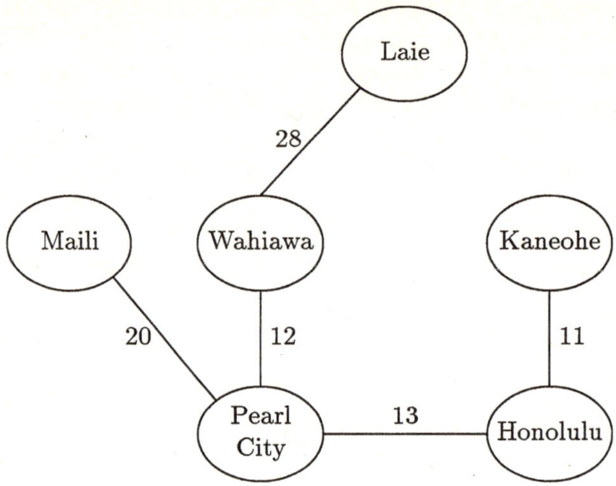

Abb. 9.22: Ein aufspannender Baum für die Insel Oahu.

Wir könnten zum Beispiel Pearl City zur Wurzel des aufspannenden Baumes aus Abb. 9.22 machen, dieser würde dann so aussehen:

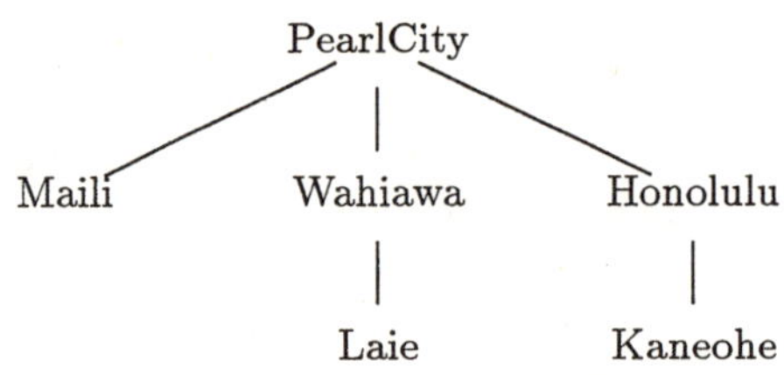

Wenn wir wollen, können wir die Kinder jedes Knotens ordnen, die Ordnung wäre jedoch beliebig und hätte keine Beziehung zum ursprünglichen wurzellosen Baum.

Finden eines minimalen aufspannenden Baumes

Es gibt eine Reihe von Algorithmen zum Finden minimaler aufspannender Bäume. Wir werden einen davon, *Kruskals Algorithmus*, vorstellen. Er stellt eine einfache Erweiterung des im vorigen Abschnitt besprochenen Algorithmus zum Finden zusammenhängender Komponenten dar. Die folgenden Änderungen sind dafür erforderlich:

1. Wir müssen die Kanten in aufsteigender Reihenfolge ihrer Markierungen betrachten. (Wir hatten diese Reihenfolge bereits in Beispiel 9.14 ausgewählt, sie jedoch bei den zusammenhängenden Komponenten nicht benötigt.)

2. Wenn sich die Enden einer betrachteten Kante in unterschiedlichen Komponenten befinden, wählen wir diese Kante für den aufspannenden Baum aus und fügen die Komponenten wie bei dem im vorigen Abschnitt beschriebenen Algorithmus zusammen. Ansonsten benutzen wir diese Kante nicht für den aufspannenden Baum und fügen keine Komponenten zusammen.

Beispiel 9.17

Die Acme Surfboard Wax Company besitzt in den dreizehn in Abb. 9.4 angegebenen Städten Büros. Sie möchte zuverlässige Datenübertragungsleitungen von der Telefongesellschaft mieten, von denen wir annehmen, daß die Telefonleitungen entlang der Straßen verlaufen, die durch die Kanten in Abb. 9.4 gekennzeichnet sind. Zwischen den Inseln muß die Gesellschaft Satellitenübertragungen benutzen, die Kosten sind proportional zur Anzahl der Komponenten. Für die Bodenübertragungsleitungen berechnet die Telefongesellschaft dagegen die Gebühren meilenweise.[4] Wir möchten daher einen minimalen aufspannenden Baum für jede zusammenhängende Komponente des in Abb. 9.4 angegebenen Graphen finden.

Wenn wir die Kanten komponentenweise aufteilen, können wir Kruskals Algorithmus auf jeder Komponente getrennt ablaufen lassen. Kennen wir die Komponenten jedoch noch nicht, so müssen wir alle Kanten gemeinsam in der in Abb. 9.14 angegebenen Reihenfolge betrachten, beginnend mit der kleinsten Markierung. Wie in Abb. 9.4 fangen wir mit jedem Knoten als einzelner Komponente an.

Als erstes betrachten wir {Kaneohe, Honolulu}, die Kante mit der kleinsten Markierung. Diese Kante fügt zwei Städte zu einer Komponente zusammen, und da wir eine Vereinigungsoperation durchführen, wählen wir diese Kante für den minimalen aufspannenden Baum. Kante 2 ist {Wahiawa, PearlCity}, und da diese Kante ebenfalls zwei Komponenten vereint, wird auch sie im aufspannenden Baum aufgenommen. Auf gleiche Weise fügen die Kanten 3 und 4, {PearlCity, Honolulu} und {Wahiawa, Maili}, Komponenten zusammen und werden daher in den aufspannenden Baum eingefügt.

Kante 5, {Kahului, Keokea}, vereint diese beiden Städte und wird zugleich für den aufspannenden Baum akzeptiert, obwohl sich diese Kante noch als Teil

---

[4]Dies ist eine durchaus übliche Art und Weise, Gebühren für gemietete Telefonleitungen zu erheben. Ein minimaler aufspannender Baum verbindet die gewünschten Orte miteinander, die Gebühr basiert auf der Gewichtung dieses Baumes, egal in welcher Form die Telefonverbindungen physisch zur Verfügung stehen.

des aufspannenden Baumes der Maui-Komponente herausstellen wird und somit nicht zur Oahu-Komponente gehört wie die vier vorhergehenden Kanten ebenfalls galt.

Kante 6, {Maili, PearlCity}, verbindet zwei Städte, die sich bereits in derselben Komponente befinden. Diese Kante wird daher für den aufspannenden Baum abgelehnt. Auch wenn wir einige Kanten mit größeren Markierungen auswählen müssen, können wir die Kante {Maili, PearlCity} nicht nehmen, da wir sonst einen Zyklus der Städte Maili, Wahiawa und Pearl City bilden würden. Zyklen sind in aufspannenden Bäumen nicht gestattet, so daß wir eine der drei Kanten verwerfen müssen. Da wir die Kanten in der Reihenfolge ihrer Markierungen betrachten, muß die zuletzt in diesem Zyklus betrachtete Kante die größte Markierung besitzen, sie sollte daher ausgeschlossen werden.

Kante 7, {Lahaina, Kahului}, und Kante 8, {Laie, Kaneohe}, werden beide für den aufspannenden Baum akzeptiert, da sie Komponenten zusammenfügen. Kante 9, {Laie, Wahiawa}, wird abgelehnt, da sich ihre Enden in derselben Komponente befinden. Wir akzeptieren die Kanten 10 und 11; sie bilden den Baum für die „große-Insel"-Komponente, und wir akzeptieren Kante 12 zur Vervollständigung der Maui-Komponente. Kante 13 wird abgelehnt, da sie Kona und Hilo verbindet, die wir durch die Kanten 10 und 11 zu einer Komponente zusammengefügt haben. Die sich daraus ergebenden aufspannenden Bäume sind in Abb. 9.23 graphisch dargestellt. ◆

Warum Kruskals Algorithmus funktioniert

Wir können beweisen, daß Kruskals Algorithmus einen aufspannenden Baum erzeugt, dessen Gewichtung kleiner oder gleich der Gewichtung jedes aufspannenden Baumes eines gegebenen Graphen ist. G sei ein ungerichteter zusammenhängender Graph. Wenn nötig, addieren wir aus praktischen Gründen sehr kleine Werte zu einigen der Markierungen, so daß alle Markierungen verschieden sind, die Summe der addierten kleinen Werte jedoch noch nicht so groß ist wie die Differenz zwischen zwei Kanten von G, die verschiedene Markierungen besitzen. Als Ergebnis dieser neuen Markierungen besitzt G einen eindeutigen minimalen aufspannenden Baum, der einem der minimalen aufspannenden Bäume von G mit den ursprünglichen Gewichtungen entspricht.

$e_1, e_2, \ldots, e_m$ seien alle Kanten von G in der Reihenfolge ihrer Markierungen, wobei die kleinste Markierung an erster Stelle steht. Beachten Sie, daß diese Reihenfolge der Reihenfolge entspricht, in der Kruskals Algorithmus die Kanten bearbeitet. K sei der aufspannende Baum für G mit den angepaßten Markierungen, der durch Kruskals Algorithmus erzeugt wurde, und T sei der eindeutige minimale aufspannende Baum für G.

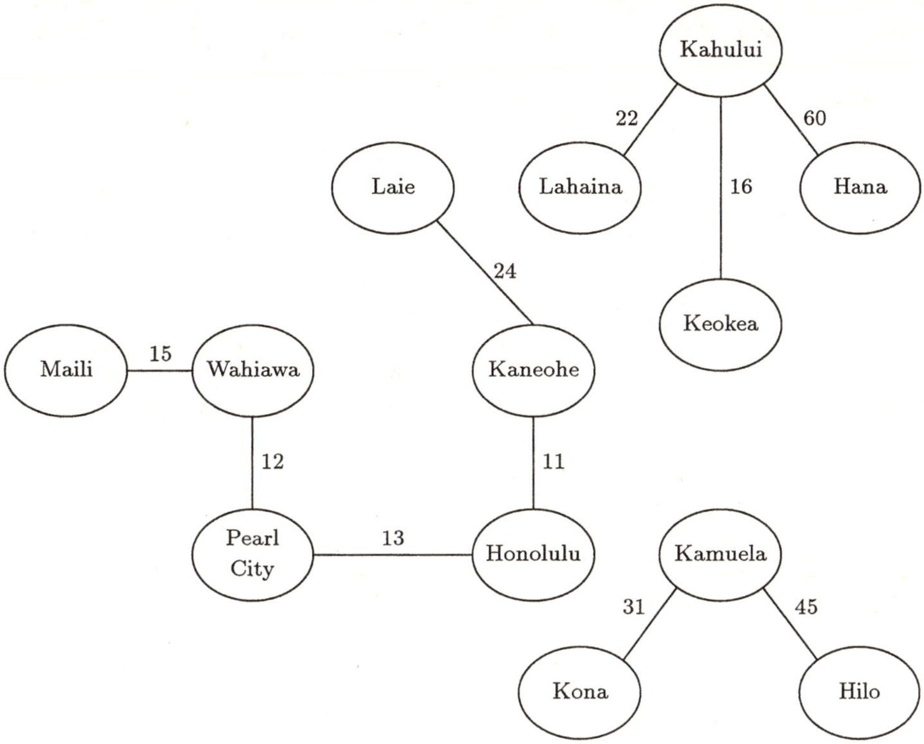

Abb. 9.23: Aufspannende Bäume für den Graphen aus Abb. 9.4.

Wir werden beweisen, daß K und G tatsächlich gleich sind. Wenn sie unterschiedlich sind, muß es mindestens eine Kante geben, die bei dem einen enthalten ist, bei dem anderen dagegen nicht. Es sei e_i die erste derartige Kante in der Reihenfolge der Kanten; das heißt, jede der Kanten e_1, ..., e_{i-1} ist entweder sowohl in K als auch in T enthalten oder sie ist in keinem von beiden enthalten. Abhängig davon, ob e_i sich in K oder in T befindet, ergeben sich zwei Fälle. Wir werden für jeden Fall einen Widerspruch herleiten und daraus schließen, daß e_i nicht existiert, daß also $K = T$ gilt, was beweist, daß K der minimale aufspannende Baum für G ist.

Fall 1. Die Kante e_i ist zwar in T, nicht aber in K enthalten. Wenn Kruskals Algorithmus e_i ablehnt, muß e_i mit einem vorher für K ausgewählten Pfad P aus Kanten einen Zyklus bilden, wie in Abb. 9.24 angedeutet. Die Kanten von P befinden sich daher alle unter den Kanten e_1, ..., e_{i-1}. T und K stimmen jedoch in diesen Kanten überein; das heißt, wenn die Kanten von P in K enthalten sind, dann sind sie auch in T enthalten. Da T zudem e_i enthält, P plus e_i aber einen

Zyklus in T bildet, widerspricht dies unserer Annahme, daß T ein aufspannender Baum ist. Es ist daher nicht möglich, daß e_i in T enthalten ist, nicht aber in K.

„Gier" macht sich manchmal bezahlt

Kruskals Algorithmus ist ein gutes Beispiel eines *Greedy-Algorithmus* (*greedy* bedeutet „gierig"), bei dem wir eine Folge von Entscheidungen fällen, von denen jede das für den Augenblick bestmögliche Ergebnis liefert. Wir entscheiden dabei lokal, welche Kante zu dem zu bildenden aufspannenden Baum hinzugefügt werden soll. Jedesmal entscheiden wir uns für die Kante mit der kleinsten Markierung, die die Definition „aufspannender Bäume" nicht durch Bildung eines Zyklus verletzt. Häufig führen uns diese lokal optimalen Entscheidungen nicht zu einem globalen Optimum. Im Falle von Kruskals Algorithmus kann jedoch gezeigt werden, daß das Ergebnis global optimal ist; das heißt, daß ein Baum mit minimaler Gewichtung berechnet wird.

Fall 2. Die Kante e_i ist zwar in K, nicht aber in T enthalten. e_i verbinde die Knoten u und v. Da T zusammenhängend ist, muß es in T einen azyklischen Pfad von u nach v geben; den Pfad nennen wir Q. Da Q die Kante e_i nicht verwendet, bildet Q plus e_i im Graphen G einen einfachen Zyklus. Es ergeben sich wiederum zwei Fälle, abhängig davon, ob e_i eine höhere Markierung hat als alle anderen Kanten des Pfades Q, oder nicht.

a) Kante e_i hat die höchste Markierung. Dann befinden sich alle Kanten von Q unter $\{e_1, ..., e_{i-1}\}$. Sie erinnern sich, daß T und K in allen Kanten vor e_i übereinstimmen, so daß alle Kanten von Q auch Kanten von K sind. e_i kommt jedoch auch in K vor, was impliziert, daß K einen Zyklus enthält. Wir schließen somit die Möglichkeit aus, daß e_i eine höhere Markierung hat als jede der Kanten des Pfades Q.

b) In Pfad Q gibt es ein Kante f, die eine höhere Markierung hat als e_i. Angenommen, f verbindet die Knoten w und x. Abbildung 9.25 zeigt die Situation in Baum T. Wenn wir die Kante f aus T entfernen und e_i einfügen, erzeugen wir keinen Zyklus, da der Pfad Q durch das Entfernen von f unterbrochen wurde. Die daraus resultierenden Kanten haben eine niedrigere Gewichtung als T, da f eine höhere Markierung als e_i hat. Wir behaupten, daß die Ergebniskanten noch immer alle Knoten verbinden. Um zu verstehen warum, ist zu bemerken, daß w und x noch immer verbunden sind; es gibt einen Pfad, welcher Q von w nach u, anschließend der Kante e_i und dann dem Pfad Q von v nach x folgt.

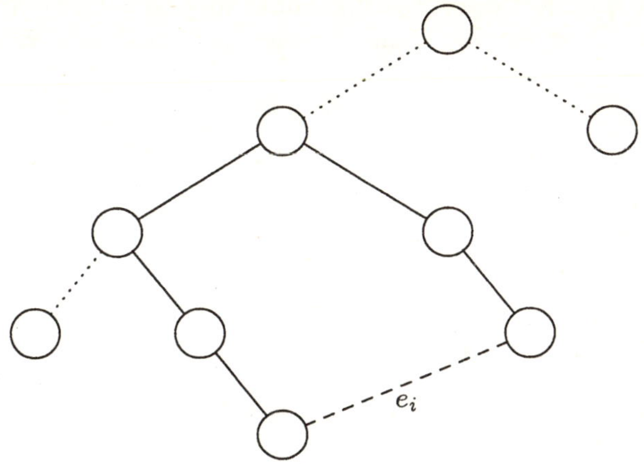

Abb. 9.24: P (durchgezogene Linien) ist in T und in K enthalten; Kante e_i ist nur in T enthalten.

Da $\{w, x\}$ die einzige Kante war, die entfernt wurde, gilt, wenn die Endpunkte der Kante noch immer verbunden sind, daß mit Sicherheit alle Knoten verbunden sind. Die neue Kantenmenge bildet daher einen aufspannenden Baum und seine Existenz widerspricht der Annahme, daß T minimal ist.

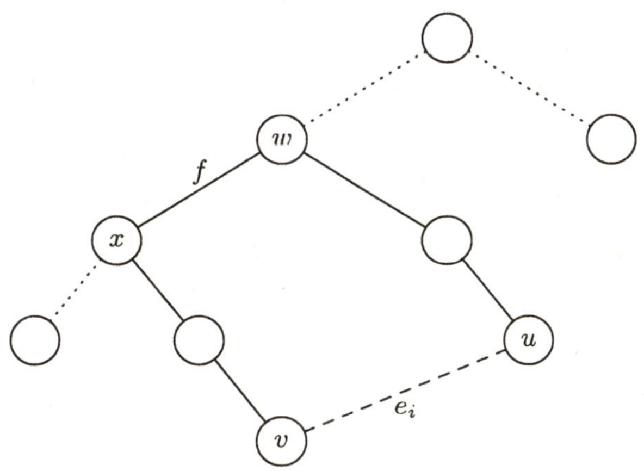

Abb. 9.25: Pfad Q (durchgezogene Linie) ist in T enthalten. Wir können e_i in T einfügen und die Kante f entfernen.

Wir haben nun gezeigt, daß e_i unmöglich in K enthalten sein kann, ohne auch in T enthalten zu sein. Das schließt den zweiten Fall aus. Da es unmöglich ist, daß sich e_i in T oder K befindet, ohne im jeweils anderen enthalten zu sein, schließen wir, daß K wirklich der minimale aufspannende Baum T ist. Das heißt, Kruskals Algorithmus findet immer den minimalen aufspannenden Baum.

Die Laufzeit von Kruskals Algorithmus

Angenommen, wir lassen Kruskals Algorithmus auf einem Graphen mit n Knoten laufen. Wie im vorigen Abschnitt sei m die größere Zahl der Anzahl der Knoten und der Anzahl der Kanten, aber denken Sie daran, daß üblicherweise die Anzahl der Kanten überwiegt. Nehmen wir weiterhin an, der Graph wird durch Adjazenzlisten repräsentiert, so daß wir alle Kanten in $O(m)$ Zeit finden können.

Zu Anfang müssen wir die Kanten nach Markierungen sortieren, was $O(m \log m)$ Zeit benötigt, wenn wir einen effizienten Sortieralgorithmus wie Mergesort verwenden. Als nächstes untersuchen wir die Kanten, wobei wir zur Ausführung aller find- und merge-Aufrufe $O(m \log n)$ Zeit benötigen, wie im vorigen Abschnitt besprochen. Es scheint, als hätte Kruskals Algorithmus demnach den Gesamtaufwand von $O(m(\log n + \log m))$.

Beachten Sie jedoch, daß gilt $m \leq n^2$, da es nur $n(n - 1)/2$ Knotenpaare gibt. Es gilt daher $\log m \leq 2 \log n$ und $m(\log n + \log m) \leq 3m \log n$. Da konstante Faktoren in einem O-Ausdruck vernachlässigt werden können, schließen wir, daß Kruskals Algorithmus $O(m \log n)$ Zeit benötigt.

ÜBUNGEN

9.5.1: Zeichnen Sie den Baum aus Abb. 9.22 mit Wahiawa als Wurzel.

9.5.2: Benutzen Sie Kruskals Algorithmus, um den minimalen aufspannenden Baum für jede der Komponenten des Graphen zu finden, dessen Kanten und Markierungen in Abb. 9.21 aufgelistet sind (vgl. die Übungen aus Abschnitt 9.4).

9.5.3:** Beweisen Sie, daß, wenn G ein zusammenhängender, ungerichteter Graph mit n Knoten und T ein aufspannender Baum für G ist, T dann $n - 1$ Kanten hat. *Hinweis*: Wir müssen eine Induktion über n führen. Schwierig dabei ist es zu zeigen, daß T einen Knoten v mit Grad 1 haben muß; das heißt, T hat genau eine Kante, die v enthält. Überlegen Sie sich, was passieren würde, wenn es für jeden Knoten u mindestens zwei Kanten in T gäbe, die u enthielten. Folgten wir den Kanten durch eine Knotenfolge, indem wir jeweils an einer Kante zu einem Knoten gelangen und über eine andere Kante weitergehen, würden wir schließlich einen Zyklus finden. Da T aufgrund unserer Annahme ein aufspannender Baum ist, darf er keine Zyklen enthalten, was uns zu einem Widerspruch führt.

9.5.4*: Haben wir einmal n - 1 Kanten ausgewählt, so ist es nicht notwendig, weitere Kanten zu betrachten, um sie möglicherweise in den aufspannenden Baum einzufügen. Beschreiben Sie eine Variation von Kruskals Algorithmus, in der die Kanten nicht alle sortiert, sondern in einer Prioritätsschlange abgelegt werden, wobei die negierte Markierung die Priorität angibt (d. h., die kürzeste Kante wird durch *deleteMax* zuerst ausgewählt). Zeigen Sie, daß, wenn unter den ersten $m/\log m$ Kanten ein aufspannender Baum gefunden werden kann, diese Version von Kruskals Algorithmus nur $O(m)$ Zeit benötigt.

9.5.5:** Ein *Eulerscher Kreis* in einem ungerichteten Graphen G ist ein Pfad, der am selben Knoten beginnt und endet und jede Kante von G genau einmal enthält.

a) Zeigen Sie, daß ein zusammenhängender, ungerichteter Graph nur dann einen Eulerschen Kreis enthält, wenn jeder Knoten einen geraden Grad hat.

b) G sei ein ungerichteter Graph mit m Kanten dessen Knoten alle einen geraden Grad haben. Geben Sie einen Algorithmus mit dem Aufwand $O(m)$ an, der für G einen Eulerschen Kreis erzeugt.

9.6 Tiefensuche

Wir werden nun ein Untersuchungsverfahren für Graphen beschreiben, das bei gerichteten Graphen sinnvoll ist. In Abschnitt 5.4 besprachen wir Präorder- und Postorder-Traversierungen von Bäumen, wobei wir bei der Wurzel beginnen und rekursiv die Kinder jedes aufgesuchten Knotens untersuchen. Beinahe dieselbe Idee läßt sich auch auf jeden gerichteten Graphen übertragen.[5] Von jedem Knoten aus untersuchen wir rekursiv dessen Nachfolger.

Wir müssen allerdings aufpassen, wenn der Graph Zyklen enthält. Wenn es einen Zyklus gibt, kann es passieren, daß wir die Bearbeitungsprozedur endlos rekursiv für diesen Zyklus aufrufen. Als Beispiel sei der Graph aus Abb. 9.26 gegeben. Ausgehend von Knoten a entscheiden wir uns gegebenenfalls dafür, als nächstes Knoten b zu untersuchen. Von b aus untersuchen wir zuerst c und von c aus untersuchen wir als erstes b. Dies führt zu einer endlosen Rekursion, in der wir abwechselnd b und c untersuchen. Eigentlich ist es egal, welche Reihenfolge wir zur Untersuchung der Nachfolger von b und c wählen. Entweder geraten wir in einen anderen Zyklus, oder wir enden irgendwann in einer endlosen Untersuchung von c von b.

---

[5]Beachten Sie, daß ein Baum als ein Sonderfall eines gerichteten Graphen angesehen werden kann, wenn wir die Bögen des Baumes als von Vater zu Kind gerichtet betrachten. Tatsächlich ist jeder Baum auch ein azyklischer Graph.

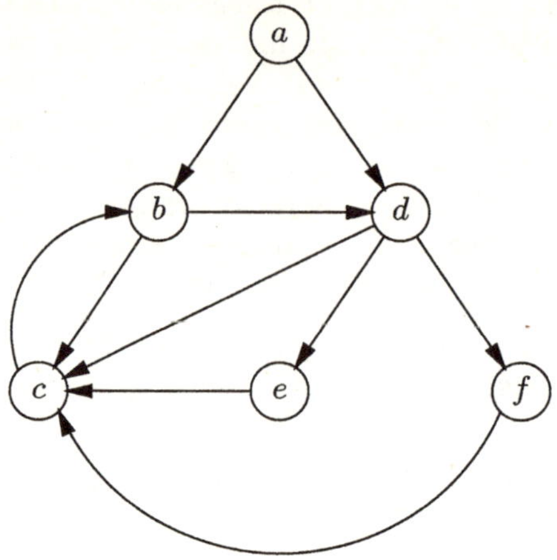

Abb. 9.26: Ein Beispiel eines gerichteten Graphen.

Es gibt eine einfache Lösung unseres Problems: Wir markieren die Knoten, wenn wir sie bearbeiten und besuchen keine markierten Knoten. Auf diese Art wird jeder von unserem Ausgangspunkt erreichbare Knoten besucht, es wird jedoch kein bereits besuchter Knoten erneut aufgesucht. Wir werden sehen, daß die Zeit, die diese Untersuchung benötigt, proportional zur Anzahl der untersuchten Bögen ist.

Der Suchalgorithmus heißt *Tiefensuche* (*depth-first search*), da wir uns von unserem Ausgangsknoten aus so schnell (so „tief") wie möglich vorarbeiten. Er kann mit Hilfe einer einfachen Datenstruktur implementiert werden. Nehmen wir zunächst an, es gibt einen Typ `NODE`, der zur Benennung von Knoten verwendet wird; bei uns hat dieser Typ die Form `1..n`, obwohl es auch jeder andere Typ sein könnte, der sich als Indextyp für ein Array eignet. Bögen stellen wir durch Adjazenzlisten dar. Da wir für jeden Knoten eine „Marke" benötigen, die die Werte `VISITED` und `UNVISITED` annehmen kann, erzeugen wir ein Array aus Records zur Darstellung des Graphen. Diese Records enthalten sowohl die Marke als auch das Kopfelement der Adjazenzliste.

```
type GRAPH = array[NODE] of
      record
         mark: (VISITED, UNVISITED);
         header: LIST
      end;
```

`LIST` ist hier eine Adjazenzliste, die auf die übliche Art und Weise definiert wird:

```
type LIST = ^CELL;
   CELL = record
```

```
      nodeName: NODE;
      next: LIST
   end;
```

Zu Anfang versehen wir alle Knoten mit der Marke `UNVISITED`. Die rekursive Prozedur `dfs(u)` aus Abb. 9.27 arbeitet auf einem Knoten u eines extern definierten Graphen G vom Typ `GRAPH`. In Zeile (1) wird bei u die Marke `VISITED` gesetzt, so daß wir `dfs` auf diesem Knoten nicht noch einmal aufrufen. Zeile (2) initialisiert p so, daß er auf die erste Zelle der Adjazenzliste für Knoten u zeigt. Die Schleife der Zeilen (3) bis (7) läßt p die Adjazenzliste entlanglaufen, wobei nacheinander jeder Nachfolger v von u untersucht wird.

```
      procedure dfs(u: NODE);

      var p: LIST; (* Läuft die Adjazenzliste von u entlang. *)
          v: NODE; (* Der Knoten in der Zelle, auf die p zeigt. *)
      begin
(1)      G[u].mark := VISITED;
(2)      p := G[u].header;
(3)      while p <> NIL do begin
(4)         v := p^.nodeName;
(5)         if G[v].mark = UNVISITED then
(6)            dfs(v)
(7)         p .= p^.next
         end
      end; (* dfs *)
```

Abb. 9.27: Die rekursive Prozedur zur Tiefensuche.

Zeile (4) legt v als „aktuellen" Nachfolger von u fest. In Zeile (5) überprüfen wir, ob v bereits aufgesucht wurde. Wenn ja, überspringen wir den rekursiven Aufruf in Zeile (6) und lassen p in Zeile (7) auf die nächste Zelle der Adjazenzliste zeigen. Wurde v noch nie besucht, so starten wir in Zeile (6) von Knoten v aus eine Tiefensuche. Irgendwann ist der Aufruf von `dfs(v)` beendet. Dann führen wir Zeile (7) aus, um p auf die nächste Zelle der Adjazenzliste von u zu setzen und die Schleife zu durchlaufen.

Beispiel 9.18

Gegeben sei der Graph aus Abb. 9.26; wir nehmen an, die Knoten jeder Adjazenzliste seien alphabetisch geordnet. Zu Beginn enthalten alle Knoten die Marke `UNVISITED`. Wir rufen `dfs(a)` auf. In Zeile (1) wird Knoten a mit der Marke `VISITED` versehen und in Zeile (2) initialisieren wir p, so daß er auf die erste Zelle der Adjazenzliste von a zeigt. In Zeile (4) wird v auf b gesetzt, da b der Knoten in der ersten Zelle ist. Da b gegenwärtig besucht wird, ist der Test in Zeile (5) erfolgreich und wir rufen in Zeile (6) `dfs(b)` auf.

Wir starten nun einen neuen Aufruf von `dfs` mit $u = b$, während der alte Aufruf mit $u = a$ zwar im Augenblick ruht, aber durchaus noch existiert. Wir beginnen in Zeile (1) und markieren b mit `VISITED`. Da c der erste Knoten in der Adjazenzliste von b ist, bekommt v in Zeile (4) den Wert c. Knoten c wurde noch nicht besucht, so daß wir in Zeile (5) erfolgreich sind und in Zeile (6) `dfs(c)` aufrufen.

Es existiert nun ein dritter Aufruf von `dfs`, und zu Anfang von `dfs(c)` markieren wir c mit `VISITED` und setzen in Zeile (4) v auf b, da b der erste und einzige Knoten in der Adjazenzliste von c ist. b wurde jedoch in Zeile (1) des Aufrufs von `dfs(b)` schon mit der Marke `VISITED` versehen, so daß wir Zeile (6) überspringen und in Zeile (7) p auf die nächste Zelle der Adjazenzliste von c setzen. Da c keine Nachfolger mehr hat, erhält p den Wert `NIL`, so daß der Test in Zeile (3) versagt und `dfs(c)` beendet ist.

Wir kehren nun zum Aufruf `dfs(b)` zurück. Der Zeiger p wird in Zeile (7) inkrementiert und zeigt nun auf die zweite Zelle der Adjazenzliste von b, die den Knoten d enthält. In Zeile (4) setzen wir v auf d, und da d noch nicht besucht wurde, rufen wir in Zeile (6) `dfs(d)` auf.

Zur Ausführung von `dfs(d)` markieren wir d mit `VISITED`. Anschließend wird v zunächst auf c gesetzt. c wurde jedoch bereits besucht, so daß im nächsten Schleifendurchlauf $v = e$ gilt. Das führt zum Aufruf `dfs(e)`. Knoten e hat nur c als Nachfolger, so daß `dfs(e)` nach Markierung von e mit `VISITED` zurückkehrt zu `dfs(d)`. In Zeile (4) von `dfs(d)` setzen wir als nächstes $v = f$ und rufen `dfs(f)` auf. Nachdem f mit `VISITED` markiert wurde, stellen wir fest, daß f ebenfalls nur c als Nachfolger hat, und c wurde bereits besucht.

`dfs(f)` ist nun beendet. Da f der letzte Nachfolger von d war, sind wir mit `dfs(d)` fertig, und da d der letzte Nachfolger von b war, ist auch `dfs(b)` abgeschlossen. Das bringt uns zurück zu `dfs(a)`. Knoten a hat noch einen weiteren Nachfolger, d, nur wurde dieser Knotetn bereits besucht, so daß der Aufruf `dfs(a)` ebenfalls beendet ist.

Abbildung 9.28 faßt die Aktionen von `dfs` auf dem Graphen aus Abb. 9.26 noch einmal zusammen. Sie enthält den Keller für die Aufrufe von `dfs`, der gegenwärtig aktive Aufruf steht jeweils rechts. Des weiteren geben wir die in jedem Schritt durchgeführten Aktionen und den Wert der lokalen Variablen v für jeden gegenwärtig existierenden Aufruf an, oder wir geben an, daß p = `NIL` ist, was bedeutet, daß es keinen aktiven Wert für v gibt. ◆

Erzeugen eines Suchbaums zur Tiefensuche

Da wir die Knoten markieren, um zu vermeiden, daß sie zweimal besucht werden, verhält sich der Graph bei Bearbeitung wie ein Baum. Wir können sogar einen Baum zeichnen, dessen Vater-Kind-Kanten einige der in Graph G durchsuchten Bögen sind. Wenn wir uns in `dfs(u)` befinden und sich daraus ein Aufruf von `dfs(v)` ergibt, wird v innerhalb des Baumes das Kind von u. Die Kinder von u erscheinen von links nach rechts in der Reihenfolge, in der *dfs* auf diesen Kindern aufgerufen wurde. Der Knoten, auf dem der erste Aufruf von *dfs* durchgeführt wurde, ist die Wurzel. Für keinen Knoten kann *dfs* zweimal aufgerufen werden, da jeder Knoten bei seinem ersten Aufruf mit `VISITED` markiert wurde. Die auf diese Art definierte Struktur ist demnach tatsächlich ein Baum. Wir bezeichnen diesen Baum als *Tiefensuchbaum* (*depth-first search tree*) für den gegebenen Graphen.

Beispiel 9.19

Der Baum zur Untersuchung des Graphen aus Abb. 9.26, die in Abb. 9.28 zusammenfassend aufgelistet wurde, ist in Abb. 9.29 noch einmal graphisch dargestellt. Die die Vater-Kind-Beziehung repräsentierenden *Baumbögen* sind anhand durchgezogender Linien angedeutet. Andere Bögen des Graphen bestehen aus gepunkteten Pfeilen. Für den Moment ignorieren wir die Zahlen, die die Knoten markieren. ◆

`dfs(a)` $v = b$				Aufruf `dfs(b)`
`dfs(a)` $v = b$	`dfs(b)` $v = c$			Aufruf `dfs(c)`
`dfs(a)` $v = b$	`dfs(b)` $v = c$	`dfs(c)` $v = b$		Überspringen; b bereits besucht
`dfs(a)` $v = b$	`dfs(b)` $v = c$	`dfs(c)` $p =$ `NIL`		Rückkehr
`dfs(a)` $v = b$	`dfs(b)` $v = d$			Aufruf `dfs(d)`
`dfs(a)` $v = b$	`dfs(b)` $v = d$	`dfs(d)` $v = c$		Überspringen; c bereits besucht
`dfs(a)` $v = b$	`dfs(b)` $v = d$	`dfs(d)` $v = e$		Aufruf `dfs(e)`
`dfs(a)` $v = b$	`dfs(b)` $v = d$	`dfs(d)` $v = e$	`dfs(e)` $v = c$	Überspringen; c bereits besucht
`dfs(a)` $v = b$	`dfs(b)` $v = d$	`dfs(d)` $v = e$	`dfs(e)` $p =$ `NIL`	Rückkehr

Abb. 9.28: Aufruffolge bei der Tiefensuche.

`dfs(a)` $v = b$	`dfs(b)` $v = d$	`dfs(d)` $v = f$		Aufruf `dfs(f)`
`dfs(a)` $v = b$	`dfs(b)` $v = d$	`dfs(d)` $v = f$	`dfs(f)` $v = c$	Überspringen; *c* bereits besucht
`dfs(a)` $v = b$	`dfs(b)` $v = d$	`dfs(d)` $v = f$	`dfs(f)` $p =$ `NIL`	Rückkehr
`dfs(a)` $v = b$	`dfs(b)` $v = d$	`dfs(d)` $p =$ `NIL`		Rückkehr
`dfs(a)` $v = b$	`dfs(b)` $p =$ `NIL`			Rückkehr
`dfs(a)` $v = d$				Überspringen: *d* bereits besucht
`dfs(a)` $p =$ `NIL`				Rückkehr

Abb. 9.28: Aufruffolge bei der Tiefensuche.

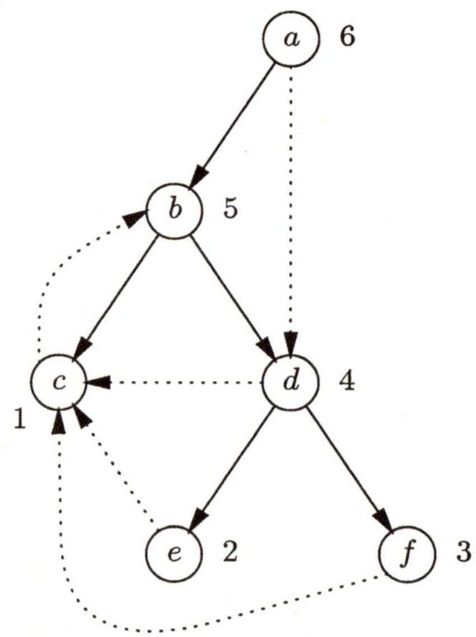

Abb. 9.29: Einer der möglichen Tiefensuchbäume für den Graphen aus Abb. 9.26.

Klassifikation der Bögen für einen Tiefensuchbaum

Wenn wir einen Tiefensuchbaum für einen Graphen G aufbauen, können wir die Kanten von G in vier Klassen unterteilen. Es ist wichtig zu verstehen, daß sich diese Klassifikation auf einen bestimmten Tiefensuchbaum bzw. dazu äquivalent auf eine bestimmte Ordnung für die Knoten in jeder Adjazenzliste bezieht, die zu einer bestimmten Abarbeitung von G führt. Die vier Arten von Bögen heißen

1. *Baumbögen*. Dies sind Bögen $u \to v$ für die gilt, daß `dfs(v)` von `dfs(u)` aufgerufen wird.

2. *Vorwärtsbögen*. Dies sind Bögen $u \to v$ für die gilt, daß v ein echter Nachkomme von u, aber kein Kind von u ist. In Abb. 9.29 ist der Bogen $a \to d$ der einzige Vorwärtsbogen. Ein Baumbogen kann niemals Vorwärtsbogen sein.

3. *Rückwärtsbögen*. Dies sind Bögen $u \to v$ für die gilt, daß v im Baum ein Vorfahr von u ist ($u = v$ ist gestattet). In Abb. 9.29 ist der Bogen $c \to b$ einziges Beispiel für einen Rückwärtsbogen. Jede Schlinge, das heißt, jeder Bogen von einem Knoten zu sich selbst, wird als rückwärts klassifiziert.

4. *Querbögen*. Dies sind Bögen $u \to v$ für die gilt, daß v weder Vorfahren noch Nachkommen von u ist. In Abb. 9.29 gibt es drei Querbögen: $d \to c$, $e \to c$ und $f \to c$.

In Abb. 9.29 verlaufen alle Querbögen von rechts nach links. Das ist kein Zufall. Angenommen, in einem Tiefensuchbaum ist ein Querbogen $u \to v$ enthalten, bei dem u sich links von v befindet. Was geschieht dann bei einem Aufruf von `dfs(u)`? Bis zu dem Zeitpunkt, an dem der Aufruf von `dfs(u)` beendet ist, sollten wir den Bogen von u nach v untersucht haben. Wurde v noch nicht in den Baum eingefügt, so wird es dann im Baum zu einem Kind von u. Da dies offensichtlich nicht geschehen ist (da sich v dann nicht rechts von u befände), muß v bereits im Baum enthalten sein, wenn Bogen $u \to v$ untersucht wird.

Abbildung 9.30 zeigt den Teil des Baumes, der während des Aufrufs `dfs(u)` aktiv ist. Da Kinder von links nach rechts eingefügt werden, hat bis jetzt kein echter Vorfahr des Knotens u ein Kind rechts von u. v kann demnach nur ein Vorfahr von u, ein Nachkomme von u oder irgendwo links von u sein. Wenn $u \to v$ ein Querbogen ist, muß v sich links von u befinden, und nicht rechts von u, wie ursprünglich angenommen.

Der Tiefensuchwald

In Beispiel 9.19 hatten wir ziemlich viel Glück, daß wir vom Anfangsknoten a alle Knoten des Graphen aus Abb. 9.26 erreicht haben. Hätten wir mit irgend einem anderen Knoten begonnen, so wären wir nie zu a gelangt, so daß a im Baum nicht vorkäme.

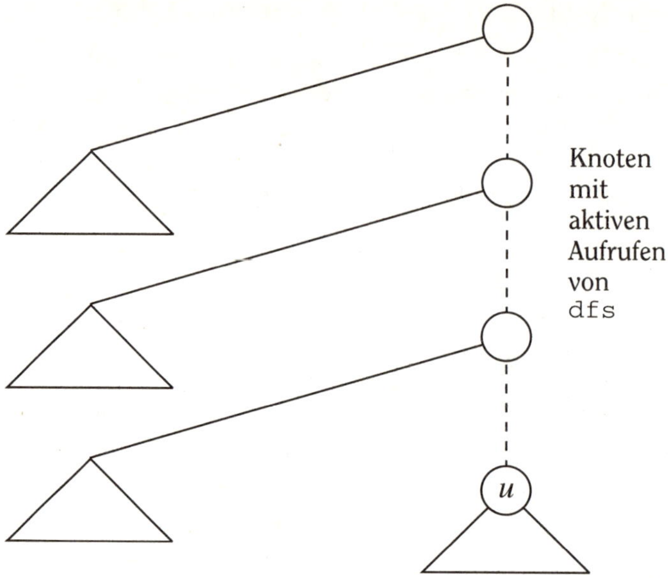

Abb. 9.30: Teil des Baumes, der bei Betrachtung des Bogens u → v aufgebaut ist.

Das allgemeine Verfahren zur Untersuchung eines Graphen besteht deshalb in der Erzeugung einer Folge von Bäumen. Wir beginnen bei einem Knoten u und rufen `dfs(u)` auf. Wenn es Knoten gibt, die noch nicht besucht wurden, wählen wir einen davon aus, sagen wir v, und rufen `dfs(v)` auf. Wir wiederholen dieses Vorgehen, solange es Knoten gibt, die noch keinem Baum zugewiesen wurden.

Wenn alle Knoten einem Baum zugewiesen wurden, listen wir die Bäume von links nach rechts in der Reihenfolge ihrer Konstruktion auf. Diese Liste von Bäumen wird als *Tiefensuchwald* (*depth-first search forest*) bezeichnet. Anhand der oben definierten Datentypen `NODE` und `GRAPH` können wir einen ganzen Graphen G mit Hilfe der in Abb. 9.31 angegebenen Prozedur untersuchen, wobei wir die Suche mit so vielen Wurzeln wie notwendig beginnen. Wir gehen dort davon aus, daß der Typ `NODE [1..n]` lautet; es gibt jedoch eine einfache Veränderung, wenn es sich um einen Aufzählungs- oder Bereichstyp handelt.

In den Zeilen (1) und (2) initialisieren wir alle Knoten als `UNVISITED`. Anschließend betrachten wir in der Schleife der Zeilen (3) bis (5) nacheinander jeden Knoten u. Wenn bei Betrachtung des Knotens u dieser noch in keinem Baum enthalten ist, ist er noch immer als noch nicht besucht markiert, wenn wir in Zeile (4) den Test durchführen. In diesem Fall rufen wir in Zeile (5) `dfs(u)` auf und untersuchen den Tiefensuchbaum mit Wurzel u. Der erste Knoten wird immer zur Wurzel eines Baumes. Wurde u bereits in einen Baum eingefügt, wenn wir in Zeile (4) den Test durchführen, so ist u als `VISITED` markiert, und wir erzeugen keinen Baum mit Wurzel u.

Beispiel 9.20

Angenommen, wir wenden den oben erwähnten Algorithmus auf den Graphen aus Abb. 9.26 an, benutzen dabei jedoch d als ersten Knoten und nicht a. Wir rufen `dfs(d)` auf, was zur Erstellung des ersten Baumes aus Abb. 9.32 führt. Es sind nun alle Knoten bis auf a besucht. Da u in der Schleife der Zeilen (3) bis (5) aus Abb. 9.31 zu jedem der verschiedenen Knoten wird, versagt der Test in Zeile (4), es sei denn, es gilt $u = a$. Dann nämlich erzeugen wir den ein-knotigen zweiten Baum aus Abb. 9.31. Bleibt zu erwähnen, daß beide Nachfolger von a die Marke `VISITED` enthalten, wenn wir `dfs(a)` aufrufen, so daß wir keine rekursiven Aufrufe von `dfs(a)` durchführen. ◆

```
        procedure dfsForest(G: GRAPH);

        var u: NODE;

        begin
(1)        for u := 1 to n do
(2)           G[u].mark := UNVISITED;
(3)        for u := 1 to n do
(4)           if G[u].mark = UNVISITED then
(5)              dfs(u)
        end; (* dfsForest *)
```

Abb. 9.31: Abarbeitung eines Graphen durch Untersuchung so vieler Bäume wie nötig.

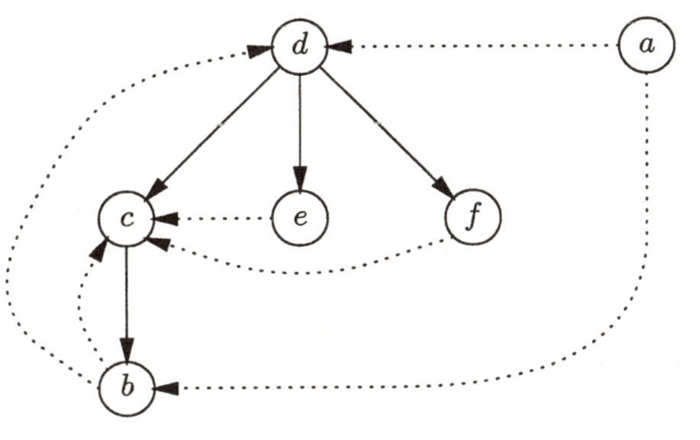

Abb. 9.32: Ein Tiefensuchwald.

Stellen wir die Knoten eines Graphen als Tiefensuchwald dar, so finden die Begriffe der Vorwärts-, Rückwärts- und Baumbögen ebenso Anwendung wie zuvor. Der Begriff des Querbogens muß jedoch um diejenigen Bögen erweitert werden, die von einem Baum zu einem Baum links von ihm verlaufen. Beispiele derartiger Querbögen in Abb. 9.32 sind $a \to b$ und $a \to d$.

Die Regel, daß Querbögen immer von rechts nach links verlaufen, gilt weiterhin. Der Grund dafür ist derselbe. Gäbe es einen Querbogen $u \to v$ von einem Baum zu einem Baum rechts, so überlege man sich, was passiert, wenn wir `dfs(u)` aufrufen. Da v nicht in den gegenwärtig aufzubauenden Baum eingefügt wurde, muß er sich bereits in einem Baum befinden. Die Bäume rechts von u wurden jedoch noch nicht erstellt, so daß v nicht darin enthalten sein kann.

Die Vollkommenheit der Tiefensuche

Egal in welcher Beziehung n und m zueinander stehen, die Laufzeit der Tiefensuche eines Graphen ist proportional zur „Größe" des Graphen, das heißt zur Summe der Anzahl der Knoten und Bögen. Somit ist die Tiefensuche bis auf konstanten Faktor so schnell wie jeder andere Algorithmus, der einen Graphen „betrachtet".

Laufzeit des Algorithmus der Tiefensuche

G sei ein Graph mit n Knoten, und m sei die größere der Anzahl der Knoten und der Anzahl der Bögen. Dann benötigt `dfsForest` aus Abb. 9.31 $O(m)$ Zeit. Der Beweis dieser Tatsache ist nur mit Hilfe eines Tricks zu führen. Wenn wir die Zeit berechnen, die ein Aufruf `dfs(u)` benötigt, werden wir nicht, wie in Abschnitt 3.9 vorgegeben, die Zeit mitrechnen, die jeder rekursive Aufruf von `dfs` in Zeile (6) in Abb. 9.27 benötigt. Wir stellen vielmehr fest, daß `dfs(u)` einmal für jeden Wert von u aufgerufen wird. Wenn wir also die Kosten jedes Aufrufs, ausschließlich der rekursiven Aufrufe, summieren, erhalten wir die gesamte Zeit, die für alle Aufrufe benötigt wurde.

Beachten Sie, daß die while-Schleife der Zeilen (3) bis (7) in Abb. 9.27 einen variablen Zeitaufwand haben kann, auch wenn die Zeit für einen rekursiven Aufruf von `dfs` nicht berücksichtigt wird, da die Anzahl der Nachfolger von Knoten u jede Zahl zwischen 0 und n sein kann. Angenommen, m_u ist der Ausgangsgrad, also die Anzahl der Nachfolger, des Knotens u. Dann wird die while-Schleife bei Ausführung von `dfs(u)` mit Sicherheit m_u mal durchlaufen. Wir zählen die Ausführung von `dfs(v)` in Zeile (6) nicht, wenn wir die Laufzeit von `dfs(u)` schätzen, und der Rumpf der Schleife benötigt ohne diesen Aufruf $O(1)$ Zeit. Der Gesamtaufwand der Schleife in den Zeilen (3) bis (7) ohne rekursive Aufrufe beträgt somit $O(1 + m_u)$ Zeit; die zusätzliche 1 wird benötigt, falls m_u gleich 0 ist. In diesem Fall brauchen wir noch immer $O(1)$ Zeit für den Test in Zeile (3). Da die Zeilen (1) und (2) von `dfs` $O(1)$ Zeit benötigen, schließen wir, daß, unter Vernachlässigung rekursiver Aufrufe, `dfs` $O(1 + m_u)$ Zeit braucht.

Als nächstes ist zu beobachten, daß wir `dfs(u)` während des Ablaufs von `dfs-Forest` genau einmal für jeden Wert von u aufrufen. Der Gesamtaufwand all dieser Aufrufe ergibt sich daher aus dem O-Ausdruck der Summe der in jedem Aufruf benötigten Zeit, das heißt aus $O(\sum_u (1+m_u))$. $\sum_u m_u$ entspricht aber exakt der Anzahl der Bögen des Graphen, das heißt höchstens m,[6] da jeder Bogen von einem bestimmten Knoten ausgeht. Die Anzahl der Knoten ist n, so daß $\sum_u 1$ einfach n ist. Da $n \leq m$ gilt, beträgt die von allen Aufrufen von `dfs` benötigte Zeit $O(m)$.

Zum Schluß müssen wir die Zeit betrachten, die `dfsForest` braucht. Dieses in Abb. 9.31 angegebene Programm besteht aus zwei Schleifen, die jeweils n mal durchlaufen werden. Wie leicht zu erkennen ist, benötigen die Rümpfe der Schleifen, ohne Berücksichtigung der Aufrufe von `dfs`, $O(1)$ Zeit, so daß sich der Aufwand der Schleifen auf $O(n)$ beläuft. Diese Zeit wird durch die $O(m)$ Zeit für die Aufrufe von `dfs` dominiert. Da die Zeit für die Aufrufe von `dfs` bereits zu Buche steht, schließen wir, daß `dfsForest` zusammen mit all ihren Aufrufen von `dfs` $O(m)$ Zeit benötigt.

Postorder-Traversierung gerichteter Graphen

Haben wir einmal einen Tiefensuchbaum aufgebaut, so können wir dessen Knoten in Postorder-Reihenfolge numerieren. Es gibt eine einfache Art und Weise, dies gleich bei der Suche zu tun. Als letzte Aktion numerieren wir einfach einen Knoten u, bevor wir `dfs(u)` beenden. Ein Knoten wird dann unmittelbar nach all seinen Kindern numeriert, wie bei einer Postorder-Numerierung.

```
var k: integer;

procedure dfs(u: NODE);

var p: LIST; (* Zeigt auf Zellen der Adjazenzliste von u. *)
    v: NODE; (* Der Knoten in der Zelle, auf die p zeigt. *)

begin
   G[u].mark := VISITED;
   p := G[u].header;
   while p <> NIL do begin
     v := p^.nodeName;
     if G[v].mark = UNVISITED then
```

[6]Die Summe der m_u ergibt sogar genau m, mit Ausnahme des sehr selten vorkommenden Falls, daß die Anzahl der Knoten die Anzahl der Bögen übersteigt. Sie erinnern sich, daß m die größere der Anzahl der Knoten und der Anzahl der Bögen ist.

```
      dfs(v);
    p := p^.next
  end;
  k := k + 1;
  G[u].postorder := k
  end; (* dfs *)

  procedure dfsForest(G: GRAPH);

  var u: NODE;

  begin
    k := 0;
    for u := 1 to n do
     G[u].mark := UNVISITED;
    for u := 1 to n do
     if G[u].mark = UNVISITED then
         dfs(u)
  end; (* dfsForest *)
```

Abb. 9.33: Prozedur zum Numerieren der Knoten eines gerichteten Graphen in Postorder-Reihenfolge.

Beispiel 9.21

Der Baum aus Abb. 9.29, den wir durch Tiefensuche aus dem Graphen aus Abb. 9.26 konstruierten, enthält die Postorder-Nummern, die die Knoten markieren. Betrachten wir noch einmal die Auflistung aus Abb. 9.28, so erkennen wir, daß der erste zurückkehrende Aufruf `dfs(c)` ist und daß Knoten c die Nummer 1 erhält. Anschließend besuchen wir d, dann e und kehren aus dem Aufruf von e zurück. e hat daher die Nummer 2. Gleiches gilt, wenn wir f besuchen und dann zurückkehren; f erhält die Nummer 3. An diesem Punkt angelangt, haben wir den Aufruf auf d beendet, der die Nummer 4 erhält. Dies beendet den Aufruf `dfs(b)` und b bekommt die Nummer 5. Zum Schluß kehrt der urspüngliche Aufruf auf a zurück, so daß a die Nummer 6 zugeteilt bekommt. Beachten Sie, daß diese Reihenfolge genau derjenigen entspricht, die sich ergibt, wenn wir den Baum einfach in Postorder entlanglaufen. ◆

Wir können diese Postorder-Nummern durch ein paar einfache Veränderungen am bisher entwickelten Tiefensuchalgorithmus den Knoten zuweisen; diese Veränderungen sind in Abb. 9.33 zusammengefaßt.

1. Im `GRAPH`-Typ benötigen wir ein zusätzliches Feld für jeden Knoten, genannt `postorder`. Beim Graphen G legen wir die Postorder-Nummer von Knoten u in `G[u].postorder` ab.

2. Wir benutzen eine Variable `k`, um die Knoten in Postorder zu zählen. Diese Variable wird außerhalb von `dfs` und `dfsForest` definiert. Wie in Abb. 9.33 zu erkennen ist, initialisieren wir k in `dfsForest` mit 0, und unmittelbar vor der Zuweisung der Postorder-Nummer inkrementieren wir k um 1.

Beachten Sie, daß als ein Resultat daraus bei mehreren Bäumen im Tiefensuchwald der erste Baum die niedrigsten Nummern erhält, der nächste Baum die nächste Nummer in aufsteigender Folge, und so weiter. In Abb. 9.32 würde a zum Beispiel die Postorder-Nummer 6 bekommen.

Besondere Eigenschaften der Postorder-Nummern

Die Tatsache, daß Querbögen von links nach rechts nicht möglich sind, sagt einiges Interessantes und Nützliches über Postorder-Nummern und über die vier Bogentypen bei der Tiefendarstellung eines Graphen aus. In Abb. 9.34(a) sehen wir drei Knoten u, v und w in einer Tiefendarstellung eines Graphen. Die Knoten v und w sind Nachkommen von u, und w befindet sich rechts von v. Abbildung 9.34(b) gibt für jeden dieser Knoten die Dauer seiner Aktivität bei den Aufrufen von `dfs` an.

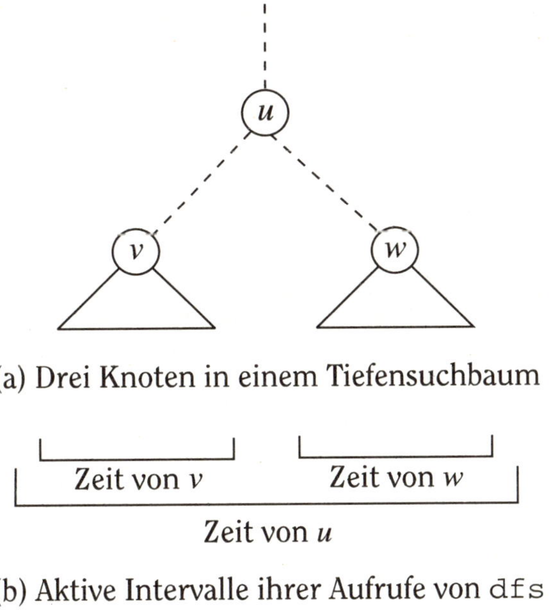

Abb. 9.34: Beziehung zwischen der Position im Baum und der Dauer der Aufrufe.

Wir können mehrere Dinge beobachten. Zunächst ist der Aufruf von `dfs` auf einem Nachkommen wie v nur in einem Teilintervall der Zeit eines Aufrufs auf einem Vorfahr wie u aktiv. Insbesondere terminiert der Aufruf von `dfs(v)` vor dem Aufruf von `dfs(u)`. Die Postorder-Nummer von v muß daher immer kleiner sein als die Postorder-Nummer von u, wenn v ein echter Nachkomme von u ist.

Zweitens, wenn w rechts von v steht, kann der Aufruf von `dfs(w)` beginnen, nachdem der Aufruf von `dfs(v)` terminiert. Immer wenn v sich also links von w befindet, ist die Postorder-Nummer von v kleiner als die von w. Auch wenn dies in Abb. 9.34 nicht angegeben wurde, gilt dasselbe, wenn v und w in unterschiedlichen Bäumen des Tiefensuchwaldes enthalten sind, wobei der Baum von v links vom Baum von w steht.

Nun können wir die Beziehung zwischen den Postorder-Nummern von u und v für jeden Bogen $u \to v$ betrachten.

1. Ist $u \to v$ ein Baum- oder Vorwärtsbogen, dann ist v ein Nachkomme von u, und v kommt in Postorder vor u.
2. Ist $u \to v$ ein Querbogen, dann wissen wir, daß v sich links von u befindet, und wiederum gilt, daß v in Postorder vor u kommt.
3. Ist $u \to v$ ein Rückwärtsbogen und es gilt $v \neq u$, dann ist v ein echter Vorfahr von u, so daß v in Postorder auf u folgt. Bei einem Rückwärtsbogen ist jedoch auch $v = u$ möglich, da eine Schlinge ebenfalls ein Rückwärtsbogen ist. Wir wissen daher im allgemeinen, daß bei einem Rückwärtsbogen $u \to v$ die Postoder-Nummer von v mindestens so groß ist wie die Postorder-Nummer von u.

Zusammenfassend stellen wir also fest, daß in Postorder der Kopf eines Bogens vor dem Ende kommt, es sei denn es handelt sich um einen Rückwärtsbogen; in diesem Fall steht das Ende des Bogens vor oder ist gleich dem Kopf. Wir können Rückwärtsbögen also leicht identifizieren, indem wir diejenigen Bögen finden, deren Enden in Postorder gleich oder kleiner als ihre Köpfe sind. Wir werden im nächsten Abschnitt eine Reihe von Anwendungen dieser Ideen vorstellen.

ÜBUNGEN

9.6.1: Geben Sie für den Baum aus Abb. 9.5 (vgl. die Übungen für Abschnitt 9.2) zwei Tiefensuchbäume an; beginnen Sie jeweils mit Knoten a. Geben Sie einen Tiefensuchbaum ausgehend von Knoten d an.

9.6.2*: Egal mit welchem Knoten wir in Abb. 9.5 beginnen, immer ist nur ein Baum im Tiefensuchwald enthalten. Geben Sie eine kurze Erklärung dafür, warum dies bei diesem bestimmten Graphen der Fall ist.

9.6.3: Geben Sie für jeden Ihrer Bäume aus Übung 9.6.1 an, welche der Bögen Baumbögen, welche Vorwärts-, Rückwärts- und Querbögen sind.

9.6.4: Geben Sie für jeden Ihrer Bäume aus Übung 9.6.1 die Postorder-Nummern für die Knoten an.

9.6.5*: Gegeben sei der Graph mit den drei Knoten a, b und c und mit den beiden Bögen $a \rightarrow b$ und $b \rightarrow c$. Geben Sie alle möglichen Tiefensuchwälder für diesen Graphen an, und betrachten Sie dabei alle möglichen Anfangsknoten für jeden Baum. Wie lautet die Postorder-Numerierung der Knoten für jeden Wald? Sind die Postorder-Nummern für diesen Graphen immer gleich?

9.6.6*: Gegeben sei die Verallgemeinerung des Graphen aus Übung 9.6.5 zu einem Graphen mit n Knoten $a_1, a_2, ..., a_n$ und mit den Bögen $a_1 \rightarrow a_2$, $a_2 \rightarrow a_3$, ..., $a_{n-1} \rightarrow a_n$. Beweisen Sie durch vollständige Induktion über n, daß dieser Graph 2^{n-1} unterschiedliche Tiefensuchwälder besitzt. *Hinweis*: Es ist hilfreich zu wissen, daß $1 + 1 + 2 + 4 + 8 + ... + 2^i = 2^{i+1}$ für $i \geq 0$ ist.

9.6.7*: Angenommen, wir gehen von einem Graphen G aus und fügen einen Knoten x ein, der Vorgänger aller anderen Knoten in G ist. Wenn wir `dfsForest` aus Abb. 9.31 auf dem neuen Graphen laufen lassen und dabei mit Knoten x beginngen, ist das Ergebnis ein einzelner Baum. Wenn wir x anschließend aus diesem Baum löschen, so können daraus mehrere Bäume werden. In welcher Beziehung stehen diese Bäume zu dem Tiefensuchwald des ursprünglichen Graphen G?

9.7 Einige Anwendungen der Tiefensuche

In diesem Abschnitt werden wir sehen, wie die Tiefensuche zur schnellen Lösung einiger Probleme genutzt werden kann. Wie im vorhergehenden Abschnitt werden wir n als Anzahl der Knoten und m als die größere der Anzahl der Knoten und der Anzahl der Bögen verwenden; insbesondere nehmen wir an, daß $n \leq m$ immer gilt. Auf einem durch eine Adjazenzliste repräsentierten Graphen benötigt jeder der hier vorgestellten Algorithmen $O(m)$ Zeit. Der erste Algorithmus stellt fest, ob ein gerichteter Graph azyklisch ist. Für die Graphen, die tatsächlich azyklisch sind, werden wir anschließend zeigen, wie sich eine topologische Sortierung der Knoten finden läßt (topologisches Sortieren wurde in Abschnitt 7.10 besprochen; die wichtigsten Definitionen werden zur gegebenen Zeit wiederholt). Des weiteren werden wir zeigen, wie man den transitiven Abschluß eines Graphen berechnet (vgl. wiederum Abschnitt 7.10), und wie zusammenhängende Komponenten eines ungerichteten Graphen schneller als mit dem in Abschnitt 9.4 angegebenem Algorithmus gefunden werden.

Finden von Zyklen in einem gerichteten Graphen

Während der Tiefensuche auf einem gerichteten Graphen können wir allen Knoten in $O(m)$ Zeit eine Postorder-Nummer zuweisen. Sie erinnern sich aus dem letzten Abschnitt, daß es sich bei den Rückwärtsbögen um die einzigen Bögen handelt, deren Enden in Postorder gleich oder kleiner als ihre Köpfe sind. Immer wenn es einen Rückwärtsbogen $u \to v$ gibt, bei dem die Postorder-Nummer von v mindestens so groß ist wie die von u, muß es im Graphen einen Zyklus geben, wie in Abb. 9.35 angedeutet. Der Zyklus besteht aus dem Bogen von u nach v und aus dem Pfad im Baum von v zu seinem Nachfolger u.

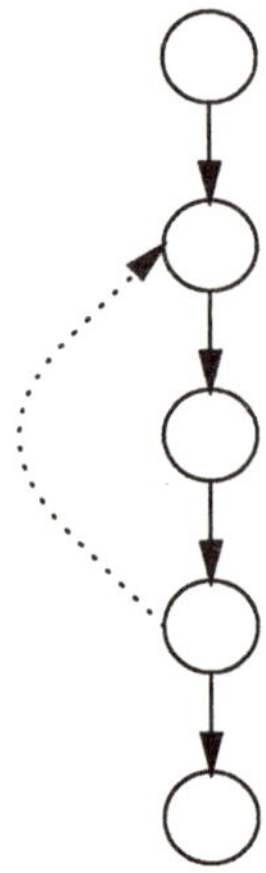

Abb. 9.35: Jeder Rückwärtsbogen bildet zusammen mit Baumbögen einen Zyklus.

Der umgekehrte Fall gilt ebenfalls; wenn es einen Zyklus gibt, muß es auch einen Rückwärtsbogen geben. Um zu verstehen warum, nehmen wir an, es gibt einen Zyklus $v_1 \to v_2 \to ... \to v_k \to v_1$. Die Postorder-Nummer des Knotens v_i sei p_i mit i = 1, 2, ..., k. Wenn k = 1 ist, der Zyklus also aus einem einzigen Bogen besteht, dann ist $v_1 \to v_1$ in jeder Tiefendarstellung eines Graphen G mit Sicherheit ein Rückwärtsbogen.

Ist $k > 1$, so nehmen wir an, daß keiner der Bögen $v_1 \to v_2$, $v_2 \to v_3$, und so weiter bis $v_{k-1} \to v_k$ rückwärts verläuft. Jeder Kopf kommt in Postorder vor jedem Ende, so daß die Postorder-Nummern $p_1, p_2, ..., p_k$ eine absteigende Folge bilden. Insbesondere gilt $p_k < p_1$. Anschließend betrachten wir den Bogen $v_k \to v_1$, der den Zyklus schließt. Die Postorder-Nummer von dessen Ende, p_k, ist kleiner als die Postorder-Nummer seines Kopfes, p_1; dieser Bogen ist somit ein Rückwärtsbogen. Das beweist, daß es in jedem Zyklus einen Rückwärtsbogen geben muß.

Als Ergebnis untersuchen wir nach Berechnung der Postorder-Nummern aller Knoten einfach alle Bögen, um festzustellen, ob einer ein Ende besitzt, das nach Postorder kleiner oder gleich seinem Kopf ist. Wenn ja, haben wir einen Rückwärtsbogen gefunden und somit festgestellt, daß der Graph zyklisch ist. Gibt es keinen derartigen Bogen, so ist der Graph azyklisch. Abbildung 9.36 enthält eine Prozedur, die unter Verwendung der im vorigen Abschnitt beschriebenen Datenstrukturen für Graphen überprüft, ob ein Graph G azyklisch ist. Des weiteren benutzt sie die in Abb. 9.33 definierte Prozedur `dfsForest` zur Berechnung der Postorder-Nummern der Knoten von G.

```
        function TestAcyclic(G: GRAPH): Boolean;

        var answer: Boolean;
           u, v: NODE; (* u durchläuft alle Knoten. *)
           p: LIST; (* p zeigt auf jede Zelle der Adjazenzliste für u; v ist ein
                    Knoten der Adjazenzliste. *)
        begin
(1)        answer := TRUE;
(2)        dfsForest(G);
(3)           for u := 1 to n do begin
(4)              p := G[u].header;
(5)              while p <> NIL do begin
(6)                 v := p^.nodeName;
(7)                 if G[u].postorder <= G[v].postorder then
(8)                    answer := FALSE;
(9)                 p := p^.next
                 end
              end;
(10)          TestAcyclic := answer
        end;
```

Abb. 9.36: Prozedur zur Bestimmung, ob ein Graph azyklisch ist.

Nachdem `answer` in Zeile (1) auf `TRUE` gesetzt und in Zeile (2) `dfsForest` zur Berechnung der Postorder-Nummern aufgerufen wurde, untersuchen wir jeden Knoten u in der Schleife der Zeilen (3) bis (9). Der Zeiger p läuft die Adjazenzliste von u entlang, und in Zeile (6) wird v nacheinander zu jedem Nachfolger von u. Wenn wir in Zeile (7) feststellen, daß u nach Postorder gleich v ist oder vor v steht, haben wir einen Rückwärtsbogen $u \to v$ gefunden und setzen `answer` in Zeile (8) auf `FALSE`. An dieser Stelle könnten wir ein goto zur Zeile (10) einführen und die Prozedur verlassen, da die Antwort mit Sicherheit `FALSE` ist.

Laufzeit des Tests auf Ayzklizität

Wir wissen bereits, daß der Aufruf von `dfsForest` in Zeile (2) aus Abb. 9.36 $O(m)$ Zeit benötigt. Der Rumpf der while-Schleife in den Zeilen (6) bis (9) benötigt offensichtlich $O(1)$ Zeit. Um eine gute Schranke für die Laufzeit der while-Schleife zu erhalten, müssen wir erneut den im vorigen Abschnitt benutzten Trick zur Beschränkung des Aufwandes der Tiefensuche anwenden. m_u sei der Ausgangsgrad von Knoten u. Dann durchlaufen wir die Schleife der Zeilen (5) bis (9) m_u mal. Der Aufwand der Zeilen (5) bis (9) beläuft sich somit auf $O(1 + m_u)$. Zeile (4) benötigt nur $O(1)$ Zeit, so daß die for-Schleife der Zeilen (3) bis (9) den Aufwand $O(\sum_u (1+m_u))$ hat. Wie im vorigen Abschnitt erwähnt, ist die Summe von 1 $O(n)$, und die Summe der m_u ist höchstens m. Da $n \leq m$ gilt, benötigt die Schleife der Zeilen (3) bis (9) $O(m)$ Zeit. Das entspricht dem Aufwand für Zeile (2), zudem benötigen die Zeilen (1) und (10) $O(1)$ Zeit. Der gesamte Test auf Azyklizität hat somit einen Aufwand von $O(m)$. Wie bei der Tiefensuche selbst, beträgt die Zeit, die es dauert, einen Zyklus zu finden, bis auf einen konstanten Faktor nur die Zeit, die es braucht, um den gesamten Graphen zu untersuchen.

Anwendungen topologischer Ordnungen und des Findens von Zyklen

Es gibt eine Reihe von Situationen, in denen sich die in diesem Abschnitt vorgestellten Algorithmen als nützlich erweisen werden. Die topologische Ordnung eignet sich dann, wenn es Einschränkungen bezüglich der Reihenfolge gibt, in der wir gewisse durch Knoten repräsentierte Aufgaben erfüllen müssen. Wenn wir immer dann einen Bogen von u nach v zeichen, wenn Aufgabe u vor Aufgabe v verrichtet werden muß, ist die topologische Ordnung eine Reihenfolge, in der wir alle Aufgaben erfüllen können. Ein Beispiel in Abschnitt 7.10 über das Anziehen von Schuhen und Socken illustrierte diesen Problemtyp.

Ein ähnliches Beispiel bildet der Aufrufgraph einer nichtrekursiven Sammlung von Prozeduren, bei dem wir jede Prozedur analysieren, nachdem wir die Prozeduren analysiert haben, die diese Prozedur aufruft. Da die Bögen vom Aufrufer zur aufgerufenen Prozedur verlaufen, ist die Umkehrung einer topologischen Ordnung, also die Postorder selbst, eine Reihenfolge, in der wir die Prozedur analysieren können. Wir bewegen uns dabei auf der sicheren Seite, da wir eine Prozedur nur dann bearbeiten, wenn wir bereits alle von ihr aufgerufenen Prozeduren untersucht haben.

In anderen Situation ist es hinreichend, den Zyklustest ablaufen zu lassen. Zum Beispiel besagt ein Zyklus in dem Graphen der Aufgabenprioritäten, daß es keine Reihenfolge gibt, in der alle Aufgaben bearbeitet werden können, und ein Zyklus in einem Aufrufgraphen bedeutet Rekursion.

Topologisches Sortieren

Angenommen, wir wissen, daß ein gerichteter Graph G azyklisch ist. Wie für jeden Graphen finden wir einen Tiefensuchwald für G und ermitteln dabei eine Postorder für die Knoten von G. Nehmen wir weiterhin an, $(v_1, v_2, ..., v_n)$ ist eine Liste der Knoten von G in umgekehrter Postorder; das heißt, v_1 ist der nach Postorder mit n numerierte Knoten, v_2 ist mit n - 1 numeriert, und allgemein ist v_i der mit n - i + 1 in Postorder numerierte Knoten.

Die Reihenfolge der Knoten in dieser Liste hat die Eigenschaft, daß alle Bögen von G in dieser Reihenfolge vorwärts verlaufen. Um zu verstehen warum, nehmen wir an, $v_i \to v_j$ ist ein Bogen von G. Da G azyklisch ist, gibt es keine Rückwärtsbögen. Bei jedem Bogen kommt also der Kopf vor dem Ende. Das heißt, v_j kommt in Postorder vor v_i. Die Liste entspricht jedoch der Umkehrung der Postorder, so daß v_i in der Liste vor v_j steht. Das bedeutet, daß in der Listenreihenfolge jedes Ende vor dem entsprechenden Kopf kommt.

Eine Reihenfolge der Knoten eines Graphen G mit der Eigenschaft, daß bei jedem Bogen von G das Ende des Bogens vor dem Kopf kommt, wird als *topologische Ordnung* bezeichnet. Den Prozeß des Findens einer derartigen Ordnung nennt man *topologisches Sortieren.* Nur azyklische Graphen besitzen eine topologische Ordnung, und wie wir gerade festgestellt haben, können wir unter Durchführung einer Tiefensuche für einen azyklischen Graphen eine topologische Ordnung in $O(m)$ Zeit ermitteln, wobei m die größere aus der Anzahl der Knoten und Bögen ist. Wenn wir gerade einem Knoten seine Postorder-Nummer zuteilen wollen, das heißt, wenn wir den Aufruf von `dfs` auf diesem Knoten beenden, legen wir den Knoten auf einem Keller ab. Wenn wir fertig sind, entspricht der Keller einer Liste, in der die Knoten in Postorder enthalten sind, wobei der Knoten mit der höchsten Nummer ganz oben (vorne) steht. Das entspricht der von uns gewünschten umgekehrten Postorder. Da die Tiefensuche $O(m)$ Zeit benötigt und das Ablegen der Knoten auf einem Keller nur $O(n)$ Zeit braucht, dauert der gesamte Prozeß $O(m)$ Zeit.

Beispiel 9.22

Abbildung 9.37(a) enthält einen azyklischen Graphen und Abb. 9.37(b) den dazugehörigen Tiefensuchwald, wobei die Knoten in alphabetischer Reihenfolge betrachtet wurden. Des weiteren gibt Abb. 9.37(b) die Postorder-Nummern an, die wir aufgrund dieser Tiefensuche erhalten. Wenn wir die Knoten mit der höchsten Postorder-Nummer zuerst auflisten, erhalten wir die topologische Ordnung d, e, c, f, b, a. Der Leser möge prüfen, daß jeder der 8 Bogen in Abb. 9.37(a) ein Ende hat, welches, entsprechend dieser Liste, vor seinem Kopf kommt. Übrigens gibt es für diesen Graphen noch drei weitere topologische Ordnungen, dazu zählt auch d, c, e, b, f, a. ◆

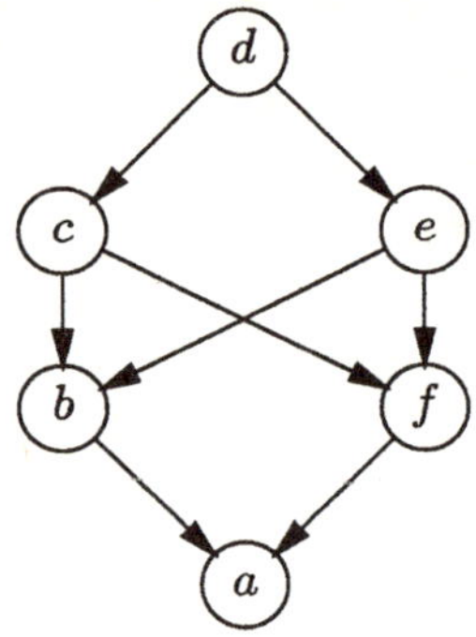

(a) Ein gerichteter azyklischer Graph.

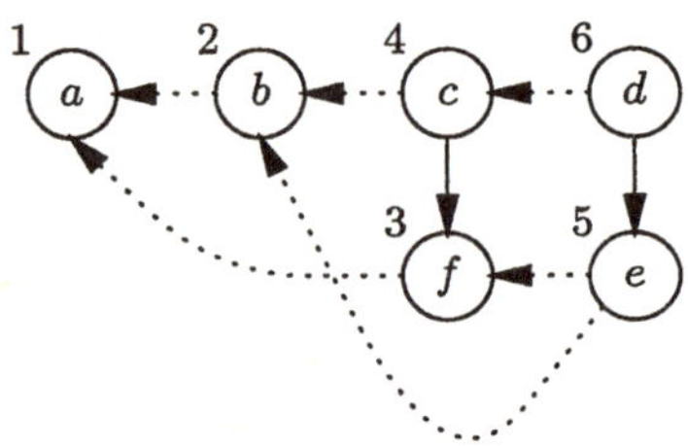

(b) Ein Tiefensuchwald.

Abb. 9.37: Topologische Sortierung eines azyklischen Graphen.

Das Erreichbarkeitsproblem

Eine natürliche Frage, die sich bei einem gerichteten Graphen stellt, lautet, welche Knoten von einem gegebenen Knoten u aus erreichbar sind, indem man den Bögen folgt? Wir nennen diese Menge die für den Knoten *u erreichbare Menge*. Stellen wir diese Frage der *Erreichbarkeit* für jeden Knoten u, so wissen wir, für welche Paare (u, v) es einen Pfad von u nach v gibt.

Der Algorithmus zur Lösung der Erreichbarkeit ist einfach. Wenn wir uns für Knoten u interessieren, markieren wir alle Knoten mit `UNVISITED` und rufen `dfs(u)` auf. Anschließend untersuchen wir erneut alle Knoten. Diejenigen, die mit `VISITED` markiert wurden, sind von u aus erreichbar, und die anderen sind es nicht. Möchten wir danach alle von einem anderen Knoten v aus erreichbaren Knoten ermitteln, so setzen wir wiederum alle Knoten auf `UNVISITED` und rufen `dfs(v)` auf. Dieser Prozeß kann für so viele Knoten wie nötig wiederholt werden.

Transitiver Abschluß und reflexiv-transitiver Abschluß

R sei eine zweistellige Relation auf einer Menge S. Das Erreichbarkeitsproblem kann als Berechnung des *reflexiv-transitiven Abschlusses* (*reflexive-transitive closure*) von R, den wir üblicherweise als R^* kennzeichnen, betrachtet werden. Die Relation R^* ist definiert als die Menge der Paare (u, v), für die gilt, daß es in dem durch R repräsentierten Graphen einen Pfad der Länge null oder länger von Knoten u zu Knoten v gibt.

Eine andere, sehr ähnliche Relation ist R^+, der *transitive Abschluß* (*transitive closure*) von R, der durch die Menge der Paare (u, v) definiert ist, für die gilt, daß es in dem durch R repräsentierten Graphen einen Pfad der Länge eins oder länger von u nach v gibt. Der Unterschied zwischen R^* und R^+ besteht darin, daß (u, u) für jedes u aus S immer in R^* enthalten ist, wohingegen (u, u) nur dann in R^+ enthalten ist, wenn es von u nach u einen Zyklus der Länge eins oder länger gibt. Um R^+ aus R^* zu berechnen, müssen wir nur überprüfen, ob jeder Knoten u einen Eingangsbogen von einem der von ihm aus erreichbaren Knoten, einschließlich sich selbst, hat oder nicht; wenn nicht, entfernen wir u aus seiner eigenen erreichbaren Menge.

Beispiel 9.23

Gegeben sei der Graph aus Abb. 9.37(a). Wenn wir unsere Tiefensuche mit Knoten a beginnen, kommen wir nicht sehr weit, da es keine Bögen aus a heraus gibt. `dfs(a)` terminiert sofort. Da nur a besucht wird, schließen wir daraus, daß a der einzige von a aus erreichbare Knoten ist.

Beginnen wir mit b, dann erreichen wir a und sind wiederum fertig; die von b aus erreichbare Menge lautet somit $\{a, b\}$. Ebenso erreichen wir von c aus die Knoten $\{a, b, c, f\}$, von d aus erreichen wir alle Knoten, von e erreichen wir $\{a, b, e, f\}$ und von f aus erreichen wir nur $\{a, f\}$.

Als weiteres Beispiel betrachten wir den Graphen aus Abb. 9.26. Von a aus erreichen wir alle Knoten. Von allen Knoten bis auf a können wir alle Knoten mit Ausnahme von a erreichen. ◆

Die Laufzeit des Erreichbarkeitstests

Nehmen wir an, es ist ein gerichteter Graph G mit n Knoten und m Bögen gegeben. Des weiteren gehen wir davon aus, daß G durch den im vorigen Abschnitt definierten Datentyp `GRAPH` repräsentiert wird. Zunächst möchten wir die erreichbare Menge für einen Knoten u finden. Die Initialisierung der Knoten als `UNVISITED` benötigt $O(n)$ Zeit. Der Aufruf von `dfs(u)` braucht $O(m)$ Zeit, und die erneute Untersuchung der Knoten zur Feststellung, welche von ihnen besucht wurden, hat wiederum den Aufwand $O(n)$. Während wir die Knoten untersuchen, können wir gleichzeitig eine Liste derjenigen Knoten erstellen, die von u aus erreichbar sind, was den Aufwand von $O(n)$ nicht verändern würde. Das Finden der erreichbaren Menge für einen gegebenen Knoten benötigt somit $O(m)$ Zeit.

Nehmen wir nun an, wir möchten die erreichbaren Mengen aller n Knoten finden. Dann wiederholen wir den Algorithmus n mal, einmal für jeden Knoten. Der Gesamtaufwand beläuft sich somit auf $O(nm)$.

Finden zusammenhängender Komponenten durch Tiefensuche

In Abschnitt 9.4 stellten wir einen Algorithmus für das Finden zusammenhängender Komponenten eines ungerichteten Graphen mit n Knoten vor, der $O(m \log n)$ Zeit benötigte, wobei m der größeren der Anzahl der Knoten und der-Kanten entsprach. Die dabei verwendete Baumstruktur zur Vereinigung der Komponenten ist für sich schon interessant; wir verwendeten sie zum Beispiel bei der Implementierung von Kruskals Algorithmus zur Berechnung minimal aufspannender Bäume. Zusammenhängende Komponenten sind jedoch effizienter unter Verwendung der Tiefensuche zu finden. Wie wir sehen werden, reicht dafür die Zeit $O(m)$ aus.

Die Idee basiert darauf, den ungerichteten Graphen so zu behandeln, als wäre es ein gerichteter Graph, bei dem jede Kante durch Bögen in beide Richtungen ersetzt wurde. Wenn wir den Graphen durch Adjazenzlisten repräsentieren, brauchen wir die Darstellung nicht einmal zu ändern. Wir erstellen nun den Tiefensuchwald für den gerichteten Graphen. Jeder Baum in diesem Wald entspricht einer zusammenhängenden Komponente des ungerichteten Graphen.

Um zu verstehen warum, sei zuerst bemerkt, daß das Vorhandensein eines Bogens $u \rightarrow v$ im gerichteten Graphen angibt, daß eine Kante $\{u, v\}$ existiert. Alle Knoten eines Baumes sind demnach verbunden.

Nun müssen wir das Gegenteil zeigen, nämlich, daß sich zwei Knoten, die verbunden sind, im selben Baum befinden. Angenommen, es gibt einen Pfad zwischen zwei Knoten u und v des ungerichteten Graphen, die sich in unterschiedlichen Bäumen befinden. Sagen wir, der Baum von u wurde zuerst erzeugt. Dann gibt es im gerichteten Graphen einen Pfad von u nach v, was besagt, daß v und alle Knoten in diesem Pfad in den Baum von u hätten eingefügt werden sollen. Knoten in einem ungerichteten Graphen sind somit dann und nur dann zusammenhängend, wenn sie sich im selben Baum befinden; das heißt, die Bäume entsprechen den zusammenhängenden Komponenten.

Beispiel 9.24

Gegeben sei wiederum der ungerichtete Graph aus Abb. 9.4. Ein möglicher Tiefensuchwald, den wir für diesen Graphen erzeugen können, wird in Abb. 9.38 angegeben. Beachten Sie, in welcher Weise die drei Tiefensuchbäume den drei zusammenhängenden Komponenten entsprechen. ◆

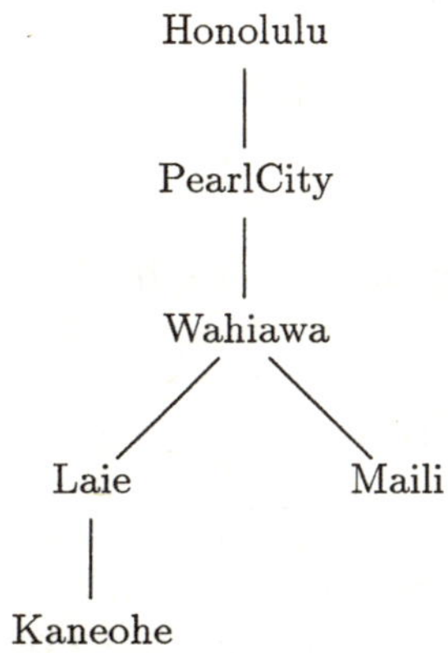

Abb. 9.38: Der Tiefensuchwald teilt einen ungerichteten Graphen in zusammenhängende Komponenten.

ÜBUNGEN

9.7.1: Finden Sie für den Graphen aus Abb. 9.37 alle topologischen Ordnungen.

9.7.2*: Angenommen, R ist eine partielle Ordnung auf dem Definitionsbereich D. Wir können R durch ihren Graphen repräsentieren, in dem die Knoten den Elementen des Definitionsbereiches D entsprechen und in dem es immer dann einen Bogen $u \rightarrow v$ gibt, wenn uRv gilt und $u \neq v$ ist. $(v_1, v_2, ..., v_n)$ sei eine topologische Ordnung des Graphen von R. T sei eine Relation, die definiert ist durch $v_i T v_j$, immer wenn $i \leq j$ ist. Zeigen Sie, daß

a) T eine totale Ordnung ist, und

b) daß die in R enthaltenen Paare eine Teilmenge der Paare in T bilden; das heißt, T ist eine totale Ordnung, die die partielle Ordnung R enthält.

9.7.3: Wenden Sie die Tiefensuche auf dem Graphen aus Abb. 9.21 an (nachdem sie ihn in einen symmetrischen gerichteten Graphen umgewandelt haben), um so die zusammenhängenden Komponenten zu finden.

9.7.4: Gegeben sei ein Graph mit den Bögen $a \to c$, $b \to a$, $b \to c$, $d \to a$ und $e \to$ c.

a) Testen Sie den Graphen auf Zyklen.

b) Finden Sie alle topologischen Ordnungen für diesen Graphen.

c) Finden sie die erreichbare Menge jedes Knotens.

9.8 Dijkstras Algorithmus zum Finden kürzester Wege

Angenommen, es ist ein gerichteter oder ungerichteter Graph gegeben, mit Markierungen an den Bögen (bzw. Kanten) die „Länge" dieses Bogens repräsentieren. Ein Beispiel dafür ist Abb. 9.4, die die Entfernungen entlang bestimmter Straßen der Hawaii-Inseln enthielt. Das Finden der minimalen Entfernung zweier Knoten ist ein durchaus häufig gestelltes Problem; oft enthalten Landkarten Entfernungstabellen als Richtlinie dafür, wie weit man an einem Tag reisen kann oder um feststellen zu können, welche von zwei Routen (die über unterschiedliche Städte führen) kürzer ist. Ein ähnliches Problem assoziiert zu jedem Bogen den Zeitaufwand, den es braucht, um über diesen Bogen zu fahren oder die Kosten für die Befahrung dieses Bogens. Die minimale „Entfernung" zwischen zwei Knoten entspräche dann der Reisezeit, bzw. dem Fahrpreis.

Allgemein entspricht die *Distanz* eines Pfades der Summe der Markierungen dieses Pfades. Die *minimale Distanz von Knoten u nach Knoten v* ist die minimale Distanz aller Pfade von u nach v.

Beispiel 9.25

Gegeben sei die Landkarte von Oahu aus Abb. 9.10. Angenommen, wir möchten die minimale Distanz von Maili nach Kaneohe finden. Wir müssen aus vielen Pfaden wählen. Eine nützliche Beobachtung ist, daß der Pfad mit der minimalen Distanz keinen Zyklus enthalten muß, solange die Markierungen der Bögen nicht negativ sind. Wir könnten einen derartigen Zyklus weglassen und einen Pfad zwischen denselben beiden Knoten finden, dessen Distanz nicht größer ist als die des Pfades mit dem Zyklus. Wir brauchen daher nur folgende Pfade zu berücksichtigen:

1. Den Pfad durch Pearl City und Honolulu.
2. Den Pfad durch Wahiawa, Pearl City und Honolulu.
3. Den Pfad durch Wahiawa und Laie.
4. Den Pfad durch Pearl City, Wahiawa und Laie.

Die Entfernungen dieser Pfade betragen 44, 51, 67 und 84. Die minimale Distanz von Maili nach Kaneohe beträgt somit 44. ◆

Wollen wir die minimale Distanz eines gegebenen Knotens, genannt *Quellknoten*, zu allen Knoten des Graphen finden, so hat sich dafür ein als *Dijkstras Algorithmus* bezeichnetes Verfahren als eine der effizientesten Techniken erwiesen. Es wird Thema dieses Abschnitts sein. Wenn wir nur die Distanz von einem Knoten u zu einem anderen Knoten v herausfinden möchten, so ist es am besten, Dijkstras Algorithmus mit u als Quellknoten laufen zu lassen und aufzuhören, wenn die Distanz zu v ermittelt wurde. Möchten wir die minimale Distanz zwischen jedem Knotenpaar wissen, so gibt es einen Algorithmus, den wir im nächsten Abschnitt behandeln werden und der als Floyds Algorithmus bezeichnet wird. Dieser ist manchmal vorzuziehen, anstatt Dijkstras Algorithmus mit jedem Knoten als Quellknoten laufen zu lassen.

Der Kernpunkt von Dijkstras Algorithmus besteht darin, daß wir die minimale Distanz von der Quelle zu anderen Knoten in der Reihenfolge dieser Distanzen entdecken, das heißt die am nächsten liegenden Knoten zuerst. Bei Voranschreiten von Dijkstras Algorithmus erreichen wir eine Situation, die der in Abb. 9.39 angegebenen entspricht. In Graph G gibt es bestimmte Knoten, die schon *geklärt* sind, das heißt, ihre minimale Distanz ist bereits bekannt; diese Menge enthält immer den Quellknoten s. Für die ungeklärten Knoten v merken wir uns die Länge des kürzesten *speziellen Pfades*. Bei diesem speziellen Pfad handelt es sich um einen Pfad, der nur durch geklärte Knoten verläuft und im letzten Schritt aus dem geklärten Bereich zu v springt.

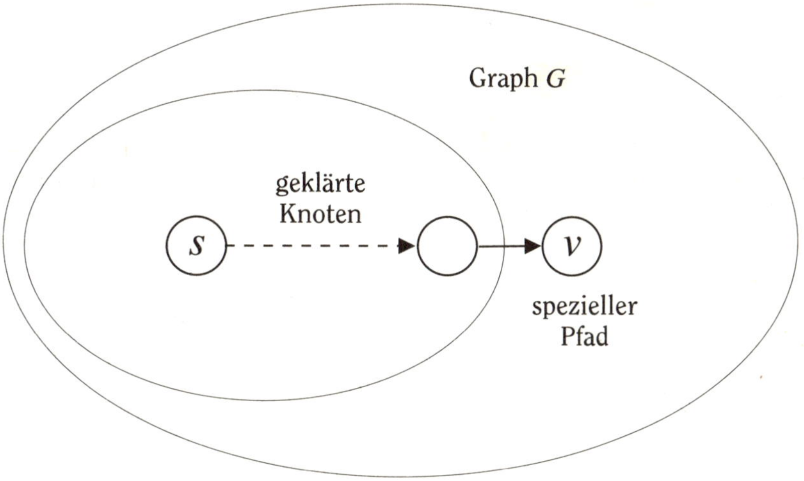

Abb. 9.39: Zwischenstadium bei Ausführung von Dijkstras Algorithmus.

Für jeden Knoten u verwalten wir einen Wert $dist(u)$. Wenn u ein geklärter Knoten ist, dann entspricht $dist(u)$ der Länge des kürzesten Pfades von der Quelle zu u. Ist u noch nicht geklärt, so enthält $dist(u)$ die Länge des kürzesten speziellen Pfades von der Quelle zu u. Zu Beginn ist nur der Quellknoten s geklärt, und es gilt $dist(s) = 0$, da der nur aus s bestehende Pfad die Distanz 0 hat. Wenn es einen Bogen von s nach u gibt, entspricht $dist(u)$ der Markierung dieses Bogens. Es ist wichtig zu wissen, daß, wenn nur s geklärt ist, die Bögen aus s heraus die einzigen speziellen Pfade sind, so daß $dist(u)$ der Markierung des Bogens $s \to u$ entspräche, wäre er vorhanden. Wir werden die definierte Konstante `INFTY` verwenden, die länger als jede Distanz entlang jedes Pfades des Graphen G ist. `INFTY` dient somit als „unendlicher" Wert und gibt an, daß noch keine speziellen Pfade gefunden wurden. Das bedeutet, daß, wenn es keinen Bogen $s \to u$ gibt, zu Beginn $dist(u)$ = `INFTY` ist.

Nehmen wir nun an, es gibt einige geklärte und einige ungeklärte Knoten, wie in Abb. 9.39 angedeutet. Wir finden den noch nicht geklärten Knoten v, der den kleinsten *dist*-Wert aller ungeklärten Knoten hat. Wir „klären" v durch

1. Akzeptieren des Wertes von $dist(v)$ als minimale Distanz von s nach v,
2. Anpassen des Wertes $dist(u)$ für alle Knoten u, die weiterhin ungeklärt sind, um so die Tatsache zu berücksichtigen, daß v nun geklärt ist.

Die in Schritt (2) durchgeführte Anpassung geht folgendermaßen. Wir vergleichen den alten Wert von $dist(u)$ mit der Summe von $dist(v)$ und der Markierung des Bogens $v \to u$, und wenn diese letzte Summe kleiner ist, ersetzen wir $dist(u)$ durch diese Summe. Wenn es keinen Bogen $v \to u$ gibt, verändern wir $dist(u)$ nicht.

Beispiel 9.26

Gegeben sei die Landkarte von Oahu aus Abb. 9.10. Dieser Graph ist zwar ungerichtet, wir gehen aber davon aus, daß Kanten durch in beide Richtungen verlaufende Bögen repräsentiert werden. Honolulu sei der Quellknoten. Dann ist zu Beginn nur Honolulu geklärt und seine Distanz ist 0. Wir setzen *dist*(PearlCity) auf 13 und *dist*(Kaneohe) auf 11, alle anderen Städte, zu denen kein Bogen von Honolulu aus verläuft, bekommen die Distanz `INFTY` zugewiesen. Diese Situation wird in der ersten Spalte in Abb. 9.40 verdeutlicht. Der Stern an einer Distanz gibt an, daß dieser Knoten geklärt ist.

Unter den ungeklärten Knoten ist Kaneohe derjenige mit der kleinsten Distanz, so daß dieser Knoten geklärt wird. Von Kaneohe gibt es Bögen nach Honolulu und Laie. Der Bogen nach Honolulu bringt uns nicht weiter, aber der Wert von *dist*(Kaneohe), also 11, plus der Markierung des Bogens von Kaneohe nach Laie, 24, ergibt insgesamt 35, was kleiner ist als „unendlich", dem aktuellen Wert von *dist*(Laie). In der zweiten Spalte haben wir die Distanz zu Laie auf 35 gesenkt. Kaneohe ist nun geklärt.

	Runde				
Stadt	(1)	(2)	(3)	(4)	(5)
Honolulu	0*	0*	0*	0*	0*
PearlCity	13	13	13*	13*	13*
Maili	INFTY	INFTY	33	33	33*
Washiawa	INFTY	INFTY	25	25*	25*
Laie	INFTY	35	35	35	35
Kaneohe	11	11*	11*	11*	11*

WERTE VON dist

Abb. 9.40: Stadien bei der Ausführung von Dijkstras Algorithmus.

In der nächsten Runde ist Pearl City, mit einer Distanz von 13, der ungeklärte Knoten mit der kleinsten Distanz. Wenn wir Pearl City klären, müssen wir die Nachbarn von Pearl City, also Maili und Wahiawa, betrachten. Wir verringern die Distanz zu Maili auf 33 (der Summe aus 13 und 20) und die zu Wahiawa auf 25 (der Summe aus 13 und 12). Diese Situation ist in Spalte (3) nachzuvollziehen.

Der nächste zu klärende Knoten ist Wahiawa mit einer Distanz von 25, der kleinsten Distanz der gegenwärtig ungeklärten Knoten. Dieser Knoten gestattet es uns jedoch nicht, die Distanz zu einem anderen Knoten zu verringern, so daß Spalte (4) dieselben Distanzen enthält wie Spalte (3). Ebenso klären wir als nächstes Maili mit einer Distanz von 33, dadurch wird jedoch keine der Distanzen verringert, so daß Spalte (5) gleich Spalte (4) ist. Strenggenommen müßten wir auch noch den letzten Knoten, Laie, klären, der letzte Knoten kann jedoch keinerlei Auswirkung auf die anderen Distanzen haben, so daß Spalte (5) nun die kürzesten Entfernungen von Honolulu zu allen sechs Städten enthält. ◆

Warum Dijkstras Algorithmus funktioniert

Um zu zeigen, warum Dijkstras Algorithmus funktioniert, müssen wir annehmen, daß die Markierungen der Bögen positiv sind.[7] Wir werden durch Induktion über k beweisen, daß, wenn es k geklärte Knoten gibt,

a) $dist(u)$ für jeden geklärten Knoten u die minimale Distanz von s nach u angibt und daß der kürzeste Pfad nach u nur aus geklärten Knoten besteht.

[7]Wenn Markierungen negativ sein dürfen, können wir Graphen angeben, für die Dijkstras Algorithmus falsche Lösungen erzeugt.

b) $dist(u)$ für jeden ungeklärten Knoten u die minimale Distanz jedes speziellen Pfades von s nach u (INFTY, wenn kein derartiger Pfad existiert) enthält.

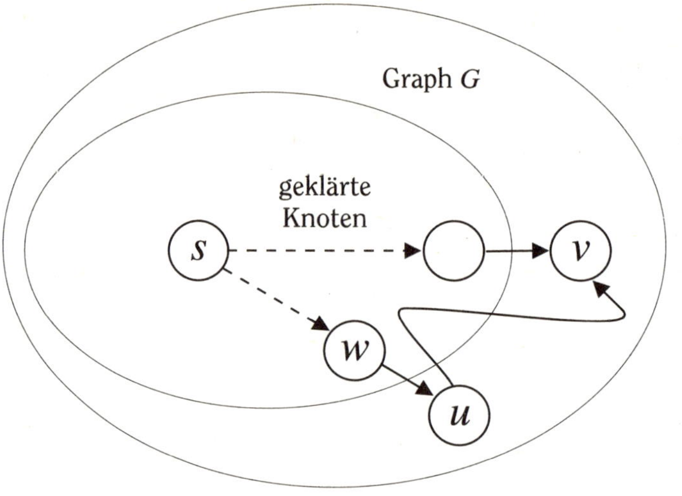

Abb. 9.41: Hypothetischer kürzester Pfad nach v, durch w und u.

BASIS. Für $k = 1$ ist s der einzige geklärte Knoten. Wir initialisieren $dist(s)$ mit 0 und entsprechen damit Punkt (a). Für jeden anderen Knoten u initialisieren wir $dist(u)$ mit der Markierung des Bogens $s \to u$, wenn dieser existiert, und mit INFTY, wenn nicht. Damit ist auch Punkt (b) erfüllt.

INDUKTION. Nun nehmen wir an, (a) und (b) gelten, nachdem k Knoten geklärt wurden, und v sei der $(k + 1)$-ste geklärte Knoten. Wir behaupten, daß (a) noch immer gilt, da $dist(v)$ die kleinste Distanz jedes Pfades von s nach v ist. Nehmen wir an, das wäre falsch. Wenn k Knoten geklärt sind, ist aufgrund von Teil (b) der Induktionsannahme $dist(v)$ die minimale Distanz jedes speziellen Pfades nach v, so daß es einen kürzeren nichtspeziellen Pfad nach v geben muß. Wie in Abb. 9.41 angegeben, muß dieser Pfad die geklärten Knoten an einem Knoten w verlassen (der auch s sein kann) und zu einem ungeklärten Knoten u schweifen. Von dort könnte sich der Pfad in die und aus der Region geklärter Knoten schlängeln, bis er bei v anlangt.

v wurde jedoch als der $(k + 1)$-ste geklärte Knoten angenommen, was bedeutet, daß zu diesem Zeitpunkt $dist(u)$ nicht kleiner sein könnte als $dist(v)$, da wir sonst u als $(k + 1)$-sten Knoten ausgewählt hätten. Aufgrund von Teil (b) der Induktionsannahme entspricht $dist(u)$ der minimalen Länge jedes speziellen Pfades nach u. Der Pfad von s über w nach u in Abb. 9.41 ist aber ein spezieller Pfad, so daß seine Distanz mindestens $dist(u)$ beträgt. Der als kürzer angenommene Pfad von s nach v durch w und u hat somit eine Distanz, die mindestents *dist*(*v*) ist, da der Anfangsteil von *s* nach *u* bereits die Distanz *dist*(*u*) hat und *dist*(*u*) ≥ *dist*(*v*) gilt.[8] (a) gilt also auch für $k + 1$ Knoten, das heißt, (a) gilt auch dann noch, wenn wir *v* bei den geklärten Knoten aufnehmen.

Nun müssen wir zeigen, daß (b) gilt, wenn wir *v* zu den geklärten Knoten hinzunehmen. Betrachten wir einen Knoten *u*, der ungeklärt bleibt, wenn wir die geklärten Knoten um *v* erweitern. Im kürzesten speziellen Pfad nach *u* muß sich ein vorletzter Knoten befinden; dieser Knoten ist entweder *v* oder irgendein anderer Knoten *w*. Diese beiden Möglichkeiten werden in Abb. 9.42 graphisch dargestellt.

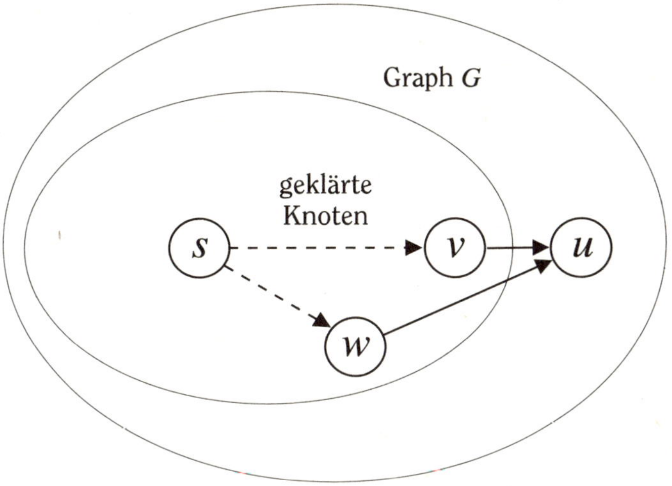

Abb. 9.42: Welches ist der vorletzte Knoten des kürzesten speziellen Pfades nach u?

Nehmen wir zunächst an, der vorletzte Knoten ist *v*. Dann entspricht die Länge des in Abb. 9.42 angegebenen Pfades von *s* nach *v* nach *u* *dist*(*v*) plus die Markierung des Bogens $v \to u$.

Alternativ dazu nehmen wir an, daß der vorletzte Knoten irgendein anderer Knoten *w* ist. Aufgrund der Induktionsannahme (a) besteht der kürzeste Pfad von *s* nach *w* nur aus den Knoten, die vor *v* geklärt wurden, so daß *v* nicht im Pfad enthalten ist. Die Länge des kürzesten speziellen Pfades nach *u* verändert sich somit nicht, wenn wir *v* zu den geklärten Knoten hinzufügen.

Rufen Sie sich nun in Erinnerung, daß, wenn wir *v* klären, wir jede Distanz *dist*(*u*) so anpassen, daß sie dem kleineren des alten Wertes von *dist*(*u*) und

---

[8]Beachten Sie, daß die Tatsache, daß die Markierungen positiv sind, von entscheidender Bedeutung ist; wären sie nicht positiv, könnte der Teil des Pfades von *u* nach *v* eine negative Distanz haben, was einen kürzeren Pfad nach *v* zur Folge hätte.

dist(v) plus die Markierung des Bogen $v \to u$ entspricht. Erstere deckt den Fall ab, daß irgendein w und nicht v der vorletzte Knoten ist und letztere deckt den Fall ab, daß v der vorletzte Knoten ist. Teil (b) gilt also auch, so daß wir mit dem Induktionsschritt fertig sind.

Datenstrukturen für Dijkstras Algorithmus

Wir werden uns nun einer effizienten Implementierung von Dijkstras Algorithmus widmen, die sich die Struktur ausgewogener, partiell geordneter Bäume aus Abschnitt 5.10 zunutze macht.[9] Wir benötigen zwei Arrays, ein Array G zur Darstellung des Graphen, und das andere, genannt `POTnodes`, das den partiell geordneten Baum repräsentiert. Die dahinterstehende Absicht ist, daß jeder Knoten u einem Knoten a des partiell geordneten Baumes entspricht, der eine Priorität gleich *dist*(u) besitzt. Im Gegensatz zu Abschnitt 5.10 werden wir den partiell geordneten Baum jedoch nach geringster Priorität und nicht nach höchster Priorität ordnen. Alternativ kann man die Priorität von a auch als -*dist*(u) annehmen. Abbildung 9.43 gibt die Datenstruktur an.

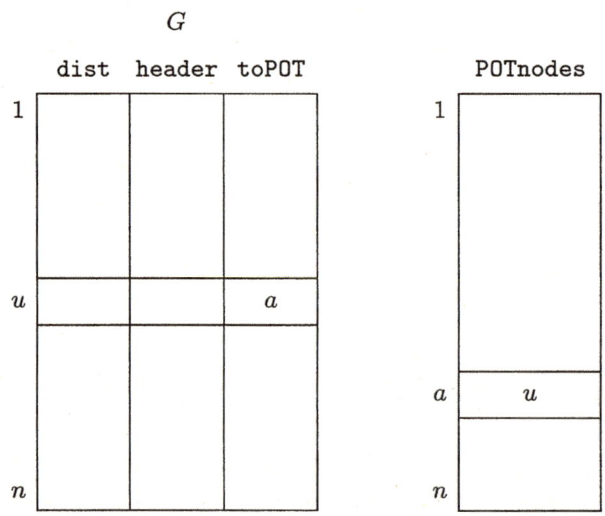

Abb. 9.43: Datenstrukturen zur Darstellung eines Graphen für Dijkstras Algorithmus.

[9]Tatsächlich ist diese Datenstruktur nur dann die beste, wenn die Anzahl der Bögen etwas kleiner ist als das Quadrat der Anzahl der Knoten, was der maximalen Anzahl möglicher Bögen entspricht. Eine einfache Implementierung für den Fall eines dichten Graphen wird in den Übungen vorgestellt.

Wir verwenden NODE als Typ für die Graphknoten, nehmen jedoch an, daß dieser Typ 1..n ist, so daß wir alle Knoten der Reihe nach bearbeiten können. Des weiteren werden wir den Typ POTNODE benutzen, der ebenfalls 1..n ist; wir verwenden zwei unterschiedliche Typnamen, um dem Leser den Unterschied zwischen Graph- und Baumknoten vor Augen zu führen. Der Datentyp GRAPH wird neu definiert als

```
type GRAPH = array[NODE] of
   record
      dist: real;
      header: LIST;
      toPOT: POTNODE
   end;
```

LIST ist hier der Typ der Adjazenzliste bestehend aus den Zellen des Typs CELL. Da wir Markierungen mit aufnehmen müssen, die wir als reelle Zahlen annehmen, werden wir als Typ CELL folgendes verwenden:

```
type LIST = ^CELL;
   CELL = record
         nodeName: NODE;
         nodeLabel: real;
         next: LIST
      end;
```

Wir definieren den Graphen G durch

```
var G: GRAPH
```

Einen partiell geordneten Baum definieren wir als ein Array von Knoten, also durch

```
type POT = array[POTNODE] of NODE
```

Wir deklarieren

```
var  POTnodes: POT;
   last: POTNODE
```

last gibt somit das aktuelle Ende des partiell geordneten Baumes an, der sich in POTnodes[1..last] befindet. Intuitiv wird die Struktur des partiell geordneten Baumes durch die Postition im Array POTnodes dargestellt, wie bei einem partiell geordneten Baum üblich. Die Elemente dieses Arrays geben Auskunft über die Priorität eines Knotens, indem sie sich auf den Graphen selbst beziehen. Insbesondere legen wir in einem Element von POTnodes den Index des dargestellten Graphknotens ab.

Hilfsfunktionen zu Dijkstras Algorithmus

Damit unsere Implementierung läuft, benötigen wir eine Reihe von Hilfsprozeduren. Die wichtigste ist die Prozedur `swap`, die zwei Knoten des partiell geordneten Baumes vertauscht. Die Sache ist nicht ganz so einfach wie in Abschnitt 5.10. Das `toPOT`-Feld von `G` muß auch weiterhin dem Wert im Array `POTnodes` folgen, wie in Abb. 9.43 angegeben. Das heißt, wenn der Wert `G[u].toPOT` a ist, muß auch gelten, daß `POTnodes[a]` den Wert u enthält. Abbildung 9.44 gibt den Code von `swap` an. Wir überlassen es dem Leser zu überprüfen, ob die Prozedur die Werte `POTnodes[a]` und `POTnodes[b]` und gleichzeitig die `toPOT`-Felder der entsprechenden Graphknoten vertauscht.

```
procedure swap(a, b: POTNODE);

var temp: NODE; (* Zum Vertauschen der POT-Knoten. *)

begin
   temp := POTnodes[b];
   POTnodes[b] := POTnodes[a];
   POTnodes[a] := temp;
   G[POTnodes[a]].toPOT := a;
   G[POTnodes[b]].toPOT := b
end; (* swap *)
```

Abb. 9.44: Prozedur zum Vertauschen zweier Knoten des partiell geordneten Baumes.

Wir müssen in der Lage sein, Knoten von oben nach unten und von unten nach oben durch den Baum zu reichen (*to bubble*), wie auch in Abschnitt 5.10 geschehen. Der wesentliche Unterschied hierbei ist, daß der Wert in einem Element des Arrays `POTnodes` nicht der Priorität entspricht. Dieser Knoten führt uns vielmehr zu einem Knoten des Graphen G. Im Record für diesen Knoten finden wir das Feld `dist`, das uns die Priorität liefert. Wir benötigen somit eine Hilfsfunktion `priority`, die `dist` für den entsprechenden Graphknoten zurückgibt. Des weiteren werden wir in diesem Abschnitt davon ausgehen, daß sich kleinere Prioritäten oben im partiell geordneten Baum ansiedeln anstelle der größeren, wie in Abschnitt 5.10. Dieser Unterschied ist unwichtig, da wir `priority` sonst das Negative von `dist` zurückgeben und höhere Prioritäten in Richtung der Wurzel des partiell geordneten Baumes durchreichen lassen könnten. Abbildung 4.45 enthält die Funktion `priority` und die Prozeduren `bubbleUp` und `bubbleDown`, bei denen es sich um einfache Modifikationen der Prozeduren derselben Namen aus Abschnitt 5.10 handelt. Die globale Variable `last` wird hier verwendet, um das Ende des partiell geordneten Baumes anzugeben; wir übergeben sie nicht als Parameter an `bubbleDown`.

```
function priority(a: POTNODE): real;
begin
   priority := G[POTnodes[a]].dist
end; (* priority *)

procedure bubbleUp(a: POTNODE);
begin
   if a > 1 then
      if priority(a) < priority(a DIV 2) then
      begin
         swap(a, a DIV 2);
         bubbleUp(a DIV 2)
      end
end; (* bubbleUp *)

procedure bubbleDown(a: POTNODE);

var child: POTNODE;

begin
   child := 2*a;
   if child < last then
      if priority(child+1) < priority(child) then
         child := child+1;
   if child <= last then
      if priority(a) > priority(child) then
         begin
            swap(a, child);
            bubbleDown(child)
         end
end; (* bubbleDown *)
```

Abb. 9.45: Das Durchreichen von Knoten im partiell geordneten Baum nach oben und nach unten.

Initialisierung

Wir gehen davon aus, daß die Adjazenzliste jedes Graphknotens bereits erzeugt wurde und daß sich in `G[u].header` ein Zeiger auf die Adjazenzliste für den Graphknoten u befindet. Auch nehmen wir an, daß Knoten 1 der Quellknoten ist. Wenn wir annehmen, daß der Graphknoten i dem Knoten i des partiell geordneten Baumes entspricht, so ist das Array `POTnodes` bereits als partiell geordneter Baum angemessen initialisiert, ohne daß wir etwas dafür tun müssen. Das heißt, die Wurzel des partiell geordneten Baumes repräsentiert den Quellknoten des Graphen, der die Priorität 0 erhält, alle anderen Knoten erhalten als Priorität `INFTY`, unsere „unendliche“ definierte Konstante.

Wie wir noch sehen werden, wählen wir in der ersten Runde von Dijkstras Algorithmus den Quellknoten für das „Klären“ aus. Dies wird den Zustand erzeugen, den wir in der informellen Einführung als unseren Ausgangspunkt bezeichneten. Der Quellknoten ist schon geklärt und `dist[u]` ist nur dann nicht unendlich, wenn es einen Bogen von der Quelle zu u gibt. Die Initialisierungsprozedur steht in Abb. 9.46.

Zur Vereinfachung sind wir davon ausgegangen, daß `G` und `POTnodes` außerhalb der Prozedur `initialize` definiert werden. In der Praxis könnten wir diese beiden Arrays auch als Parameter übergeben.

```
        procedure initialize;

        var i: integer; (* Wir verwenden i sowohl für Baum- als auch für
                            Graphknoten. *)

        begin
(1)        for i := 1 to n do begin
(2)           G[i].dist := INFTY;
(3)           G[i].toPOT := i;
(4)           POTnodes[i] := i
           end;
(5)        G[1].dist := 0;
(6)        last := n
        end; (* initialize *)
```

Abb. 9.46: Initialisierung für Dijkstras Algorithmus.

Initialisierung mit einer Ausnahme

Beachten Sie, daß wir in Zeile (2) aus Abb. 9.46 `dist[1]` auf `INFTY` setzen, zusammen mit all den anderen Distanzen. In Zeile (5) korrigieren wir diese Distanz dann auf 0. Das ist effizienter, als jeden Wert von i zu überprüfen, um zu sehen, ob es sich um den Ausnahmefall handelt. Natürlich könnten wir Zeile (5) entfernen, wenn wir Zeile (2) durch

```
if i = 1 then
   G[i].dist := 0
else
   G[i].dist := INFTY
```

ersetzten. Das würde jedoch nicht nur das Programm verlängern, es würde auch die Laufzeit erhöhen, da wir n Tests und n Zuweisungen durchführen müßten. In Abb. 9.46 führen wir stattdessen in den Zeilen (2) und (5) $n + 1$ Zuweisungen, aber dafür keine Tests durch.

Die Implementierung von Dijkstras Algorithmus

Abbildung 9.47 enthält das Programm für Dijkstras Algorithmus, das alle oben geschriebenen Prozeduren verwendet. In Zeile (1) rufen wir `initialize` auf. Der Rest des Codes, die Zeilen (2) bis (13), bestehen aus einer Schleife, in der jede Iteration einer Runde von Dijkstras Algorithmus entspricht, in der wir einen Knoten v nehmen und ihn klären. Der in Zeile (3) gewählte Knoten v ist immer derjenige, dessen entsprechender Baumknoten sich an der Wurzel befindet, das heißt `POTnodes[1]` ist. In Zeile (4) nehmen wir v aus dem partiell geordneten Baum, indem wir ihn mit dem gegenwärtig letzten Knoten dieses Baumes vertauschen. Zeile (5) entfernt v durch Dekrementierung von `last`. Anschließend stellt Zeile (6) die Eigenschaft partiell geordneter Bäume wieder her, indem `bubbleDown` auf dem gerade an der Wurzel abgelegten Knoten aufgerufen wird. Das hat zur Folge, daß sich ungeklärte Knoten unterhalb von *last* befinden, wohingegen geklärte Knoten *last* entsprechen oder darüber stehen.

In Zeile (7) beginnen wir mit der Aktualisierung der Distanzen, um die Tatsache widerzuspiegeln, daß v nun geklärt ist. Zeiger p wird auf den Anfang der Adjazenzliste für Knoten v gesetzt. In der Schleife der Zeilen (8) bis (13) betrachten wir anschließend jeden Nachfolger u von v. Nachdem die Variable `u` in Zeile (9) auf einen Nachfolger von v gesetzt wurde, überprüfen wir in Zeile (10), ob der kürzeste spezielle Pfad nach u durch v verläuft. Das ist der Fall, wenn der alte Wert von $dist(u)$, in dieser Datenstruktur dargestellt durch `G[u].dist`, größer ist als die Summe von $dist(v)$ plus der Markierung von Bogen $v \to u$. Wenn ja, setzen wir in Zeile (11) $dist(u)$ auf seinen neuen, kleineren Wert, und in Zeile (12) rufen wir `bubbleUp` auf, so daß, wenn nötig, u innerhalb des partiell geordneten Baumes aufsteigen kann, um so seine neue Priorität anzuzeigen. Die Schleife ist beendet, wenn wir in Zeile (13) p in der Adjazenzliste von v auf die nächste Zelle setzen.

```
      procedure Dijkstra;

      var u, v: NODE; (* v ist der zu klärende Knoten. *)
         p: LIST; (* p läuft die Liste der Nachfolger von v
             entlang. u ist der Nachfolger, auf den p zeigt. *)

      begin
(1)      initialize;
(2)      while last > 1 do begin
(3)      v := POTnodes[1];
(4)      swap(1, last);
(5)      last := last - 1;
(6)      bubbleDown(1);
(7)      p := G[v].header;
(8)      while p <> NIL do begin
(9)         u := p^.nodeName;
```

```
(10)         if G[u].dist > G[v].dist + p^.nodeLabel then begin
(11)            G[u].dist := G[v].dist + p^.nodeLabel;
(12)            bubbleUp(G[u].toPOT) end;
(13)            p := p^.next
             end
          end
      end; (* Dijkstra *)
```

Abb. 9.47: Die Hauptprozedur für Dijkstras Algorithmus.

Die Laufzeit von Dijkstras Algorithmus

Wie in den vorigen Abschnitten, werden wir annehmen, daß unser Graph n Knoten hat und daß m die größere der Anzahl der Bögen und der Anzahl der Knoten ist. Wir werden die Laufzeit jeder Prozedur in der Reihenfolge ihrer Beschreibung analysieren. `swap` benötigt eindeutig $O(1)$ Zeit, da sie nur aus Zuweisungen besteht. Ebenso hat `priority` einen Aufwand von $O(1)$.

Die Prozedur `bubbleUp` ist rekursiv, ihre Laufzeit ist jedoch $O(1)$ plus die Zeit, die ein rekursiver Aufruf auf einem Knoten, der sich auf der Hälfte der Distanz zur Wurzel befindet, benötigt. In Abschnitt 5.10 argumentierten wir, daß es höchstens $\log n$ Aufrufe, die jeweils $O(1)$ Zeit brauchen, benötigt, was für `bubbleUp` eine Gesamtzeit von $O(\log n)$ ergibt. Auch `bubbleDown` benötigt $O(\log n)$ Zeit.

Die Prozedur `initialize` benötigt $O(n)$ Zeit. Das bedeutet, die Schleife der Zeilen (1) bis (4) wird n mal durchlaufen, und ihr Rumpf benötigt $O(1)$ Zeit pro Iteration. Das ergibt einen Zeitaufwand von $O(n)$ für die Schleife. Die Zeilen (5) und (6) leisten jeweils einen Beitrag von $O(1)$, den wir vernachlässigen können.

Richten wir nun unsere Aufmerksamkeit auf die Prozedur *Dijkstra* in Abb. 9.47. m_v sei der Ausgangsgrad des Knotens v, bzw. dazu äquivalent die Länge der Adjazenzliste von v. Wir beginnen mit der Analyse der inneren Schleife der Zeilen (8) bis (13). Jede der Zeilen (9) bis (13) benötigt $O(1)$ Zeit, mit Ausnahme von Zeile (12), dem Aufruf von `bubbleUp`, der ja $O(\log n)$ Zeit benötigt. Der Rumpf der Schleife hat somit einen Aufwand von $O(\log n)$. Die Anzahl der Schleifendurchläufe ist gleich der Länge der Adjazenzliste von v, die wir durch m_v bezeichneten. Die Laufzeit der Schleife der Zeilen (8) bis (13) kann demnach als $O(1 + m_v \log n)$ angenommen werden; der Term 1 deckt den Fall ab, daß v keinen Nachfolger hat, das heißt, daß $m_v = 0$ ist; den Test in Zeile (8) führen wir trotzdem durch.

Betrachten wir nun die äußere Schleife der Zeilen (2) bis (13). Wir haben die Zeilen (8) bis (13) bereits berechnet. Zeile (6) benötigt $O(\log n)$ Zeit für den Aufruf von `bubbleDown`. Die anderen Zeilen des Rumpfes benötigen jeweils $O(1)$ Zeit. Der Rumpf hat somit einen Aufwand von $O((1 + m_v) \log n)$.

Die äußere Schleife wird genau n - 1 mal durchlaufen, wobei `last` die Werte von n bis 2 annimmt. Der Term 1 in 1 + m_v steuert somit n - 1, bzw. $O(n)$ zur Laufzeit bei. Der Term m_v muß jedoch über jeden Knoten v summiert werden, da alle Knoten (bis auf den letzten) einmal als v ausgewählt werden. Der Beitrag, den der über alle Iterationen der äußeren Schleife summierte Wert m_v leistet, beläuft sich somit auf $O(m)$, da $\sum_v m_v \le m$ ist. Wir schließen, daß die äußere Schleife einen Aufwand von $O(m \log n)$ hat. Die zusätzliche Zeit für Zeile (1), den Aufruf von `initialize`, beträgt nur $O(n)$, was wir vernachlässigen können. Unsere Schlußfolgerung lautet, daß Dijkstras Algorithmus nur $O(m \log n)$ Zeit braucht, das heißt höchstens einen Faktor von log n mehr als die Zeit, die es braucht, die Knoten und Bögen des Graphen nur zu betrachten.

ÜBUNGEN

9.8.1: Finden Sie für den Graphen aus Abb. 9.21 die kürzeste Distanz von Detroit zu allen anderen Städten (vgl. die Übungen aus Abschnitt 9.4). Wenn eine Stadt von Detroit aus nicht erreichbar ist, so ist die Entfernung „unendlich".

9.8.2: Manchmal möchten wir die Bögen zählen, die auf dem Weg von einem Knoten zu einem anderen durchlaufen werden. Zum Beispiel möchten wir die Anzahl der Transfers bei einer Flug- oder Busreise so gering wir möglich halten. Wenn wir jeden Bogen mit 1 markieren, so werden bei Berechnung der minimalen Distanz nur die Bögen gezählt. Finden Sie für den Graphen aus Abb. 9.5 (vgl. die Übungen aus Abschnitt 9.2) die minimale Anzahl an Bögen, die benötigt wird, um jeden Knoten von Knoten a aus zu erreichen.

9.8.3: In Abb. 9.48(a) befinden sich sieben Gattungen von Hominiden und dazu deren geeignete Abkürzungen. Von einigen dieser Gattungen ist bekannt, daß sie vor anderen existierten, da Überreste an denselben Stellen durch mehrere Schichten getrennt gefunden wurden, was zeigt, daß Zeit vergangen ist. Die Tabelle in Abb. 9.48(b) enthält Tripel (x, y, t), die angeben, daß Gattung x an derselben Stelle wie Gattung y gefunden wurde, nur daß x t Millionen Jahre vor y lebte.

a) Zeichnen Sie einen gerichteten Graphen zur Darstellung der Daten aus Abb. 9.48, dessen Bögen von früheren Gattungen zu späteren verlaufen und mit dem Zeitunterschied markiert sind.

b) Lassen Sie Dijkstras Algorithmus auf dem Graphen aus (a) laufen, wobei AF der Quellknoten sei, um die kürzeste Zeit herauszufinden, nach der jede der anderen Gattungen auf AF hätte folgen können.

Australopithecus Afarensis	AF
Australopithecus Africanus	AA
Homo Habilis	HH
Australopithecus Robustus	AR
Homo Erectus	HE
Australopithecus Boisei	AB
Homo Sapiens	HS

(a) Gattungen und Abkürzungen

Gattung 1	**Gattung 2**	**Zeit**
AF	HH	1.0
AF	AA	0.8
HH	HE	1.2
HH	AB	0.5
HH	AR	0.3
AA	AB	0.4
AA	AR	0.6
AB	HS	1.7
HE	HS	0.8

(b) Gattung 1 existierte zeitlich vor Gattung 2

Abb. 9.48: Beziehungen zwischen hominiden Gattungen.

9.8.4*: Die von uns angegebene Implementierung von Dijkstras Algorithmus benötigt $O(m \log n)$ Zeit, was weniger ist als $O(n^2)$ Zeit. Eine Ausnahme bildet wieder der Fall, daß die Anzahl der Bögen annähernd n^2 ist, also ihrer maximalen Anzahl nahe kommt. Wenn m groß ist, können wir uns eine andere Implementierung ohne Prioritätsschlange entwerfen. Diese benötigt für die Auswahl des Gewinners jeder Runde $O(n)$ Zeit, aber nur $O(m_u)$ Zeit, das heißt eine Zeit proportional zur Anzahl der Bögen aus dem geklärten Knoten u, um *dist* zu aktualisieren. Das Ergebnis ist ein $O(n^2)$ Algorithmus. Enwickeln Sie die hier vorgeschlagenen Ideen, und schreiben Sie ein Pascal-Programm für diese Implementierung von Dijkstras Algorithmus.

9.8.5:** Dijkstras Algorithmus funktioniert nicht immer, wenn einige Bögen negative Markierungen haben. Geben Sie ein Beispiel eines Graphen mit einigen negativen Markierungen an, bei dem Dijkstras Algorithmus für eine minimale Distanz eine falsche Lösung berechnet.

9.9 Floyds Algorithmus zur Berechnung kürzester Wege

Suchen wir die minimale Distanz zwischen allen Knotenpaaren eines Graphen mit n Knoten und mit nichtnegativen Markierungen, so können wir Dijkstras Algorithmus mit jedem der n Knoten als Quelle aufrufen. Da ein Durchlauf von Dijkstras Algorithmus $O(m \log n)$ Zeit benötigt, wobei m die größere der Anzahl der Knoten und der Anzahl der Bögen ist, braucht das Finden minimaler Distanzen aller Paare bei dieser Vorgehensweise $O(mn \log n)$ Zeit. Wenn m zudem annähernd seinem maximalen Wert, n^2, entspricht, können wir die $O(n^2)$-Implementierung von Dijkstras Algorithmus aus Übung 9.8,4 verwenden, die bei n Durchläufen einen $O(n^3)$-Algorithmus zum Finden minimaler Distanzen zwischen jedem Knotenpaar liefert.

Es gibt noch einen anderen Algorithmus zum Finden minimaler Distanzen zwischen allen Knotenpaaren, den man *Floyds Algorithmus* nennt. Dieser Algorithmus hat einen Aufwand von $O(n^3)$ und ist somit im Prinzip nicht besser als Dijkstras Algorithmus. Er ist sogar schlechter als Dijkstras Algorithmus, wenn die Anzahl der Bögen viel kleiner ist als n^2. Floyds Algorithmus arbeitet jedoch auf Adjazenzmatrizen und ist konzeptuell wesentlich einfacher als Dijkstras Algorithmus.

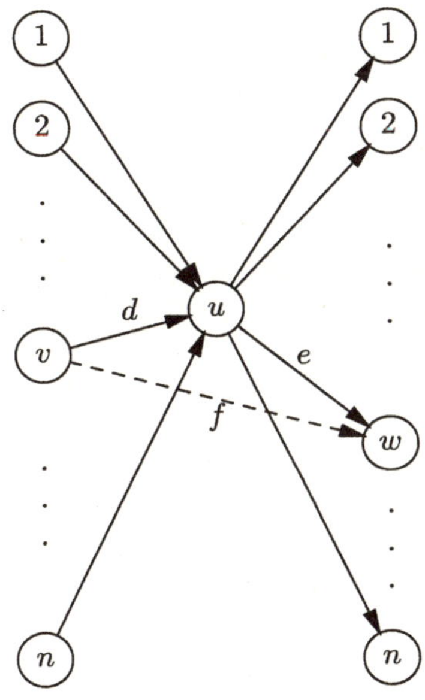

Abb. 9.49: Verwendung des Knotens u als Pivot-Element zur Verbesserung der Distanzen zwischen einigen Knotenpaaren.

Das Wesentliche bei Floyds Algorithmus ist, daß wir jeden Knoten u des Graphen der Reihe nach als *Pivot*-Element betrachten. Wenn u das Pivot-Element ist, versuchen wir u, als einen Zwischenknoten zwischen allen Knotenpaaren zu nutzen, wie in Abb. 9.49 angedeutet. Wenn bei einem Knotenpaar, sagen wir v und w, die Summe der Markierungen der Bögen $v \to u$ und $u \to w$, die in Abb. 9.49 $d + e$ entspricht, kleiner ist als die aktuelle Markierung, f, des Bogens von v nach w, ersetzen wir f durch $d + e$.

Das Programm zu Floyds Algorithmus steht in Abb. 9.50. Wie im Programm des vorigen Abschnitts gehen wir auch hier davon aus, daß `NODE` der Typ eines Knoten ist, der aus Gründen der Einfachheit die Form `1..n` hat, was uns der Reihe nach eine Iteration über alle Knoten gestattet. Wir nehmen an, es gibt ein $n \times n$ Array `arc` dergestalt, daß `arc[v,w]` die Markierung des Bogens v $\to$ w eines gegebenen Graphen enthält. Auf der Diagonalen gilt jedoch `arc[v,v]` = 0 für alle Knoten v, auch wenn der Bogen $v \to v$ existiert, da die kürzeste Distanz von einem Knoten zu sich selbst immer 0 ist und wir keinen Bögen folgen möchten. Gibt es von v nach w keinen Bogen, so erhält `arc[v,w]` den Wert `INFTY` als speziellen Wert, der größer ist als jede andere Markierung. Es gibt noch ein ähnliches Array `dist`, das am Schluß die minimalen Distanzen enthält; `dist[v,w]` wird zur minimalen Distanz von Knoten v zu Knoten w.

Die Zeilen (1) bis (3) initialisieren `dist` als `arc`. Die Zeilen (4) bis (8) bilden eine Schleife, in der jeder Knoten u nacheinander als Pivot-Element ausgewählt wird. Für jedes Pivot-Element u betrachten wir jedes Knotenpaar in einer doppelten Schleife über v und w. Zeile (7) überprüft, ob es kürzer ist, von v nach w über u zu gehen, als den direkten Weg zu nehmen; wenn ja, verringert Zeile (8) `dist[v,w]` auf die Summe der Distanzen von v nach u und von u nach w.

Beispiel 9.27

Wir verwenden den Graphen aus Abb. 9.10 aus Abschnitt 9.3 und benutzen dabei für die Knoten die Nummern `1..6`; 1 ist Laie, 2 ist Kaneohe, und so weiter. Abbildung 9.51 zeigt die `arc`-Matrix mit der Markierung `INFTY` für jedes Knotenpaar, das keine verbindende Kante besitzt. Die `arc`-Matrix entspricht dem Anfangswert der `dist`-Matrix.

Beachten Sie, daß der Graph aus Abb. 9.10 ungerichtet ist, daß die Matrix also symmetrisch ist; das heißt, es gilt `arc[v,w] = arc[w,v]`. Wenn der Graph gerichtet ist, gibt es diese Symmetrie nicht, da Floyds Algorithmus jedoch keinen Nutzen aus der Symmetrie zieht, funktioniert er für gerichtete und ungerichtete Graphen gleichermaßen.

```
        procedure Floyd;

        var u, v, w: NODE;

        begin
(1)        for v := 1 to n do
(2)           for w := 1 to n do
(3)              dist[v,w] := arc[v,w];
(4)        for u := 1 to n do
(5)           for v := 1 to n do
(6)              for w := 1 to n do
(7)              if dist[v,u] + dist[u,w] < dist[v,w] then
(8)                 dist[v,w] := dist[v,u] + dist[u,w]
        end; (* Floyd *)
```

Abb. 9.50: Floyds Algorithmus.

Warshalls Algorithmus

Manchmal möchten wir nur wissen, ob es einen Pfad zwischen zwei Knoten gibt, und nicht, welches die minimale Distanz ist. Ist dies der Fall, so können wir eine Adjazenzmatrix verwenden, deren Elemententyp `Boolean` ist, wobei `TRUE` das Vorhandensein eines Bogens und `FALSE` dessen Fehlen anzeigt. Auch die Elemente der `dist`-Matrix haben den Typ `Boolean`, wobei `TRUE` die Existenz eines Pfades angibt und `FALSE` bedeutet, daß es zwischen den beiden betroffenen Knoten keinen Pfad gibt. Die einzige Veränderung an Floyds Algorithmus besteht darin, daß wir die Zeilen (7) und (8) in Abb. 9.50 durch

```
(7)     if NOT dist[v,w] then
(8)        dist[v,w] := dist[v,u] AND dist[u,w]
```

ersetzen. Diese Zeilen setzen `dist[v,w]` immer dann auf `TRUE`, falls es nicht bereits `TRUE` enthält, wenn sowohl `dist[v,u]` und `dist[u,w]` `TRUE` sind.

Der sich daraus ergebende Algorithmus, genannt *Warshalls Algorithmus*, berechnet den reflexiven und transitiven Abschluß eines Graphen mit n Knoten in $O(n^3)$ Zeit. Das ist in keinem Fall besser als die $O(nm)$ Zeit, die das Verfahren aus Abschnitt 9.7 benötigt, bei dem wir von jedem Knoten aus eine Tiefensuche starteten. Warshalls Algorithmus verwendet jedoch eine Adjazenzmatrix anstelle von Adjazenzlisten, und wenn m annähernd so groß wie n^2 ist, kann er sogar effizienter sein als die mehrfache Tiefensuche, was in der Einfachheit von Warshalls Algorithmus begründet ist.

	1	2	3	4	5	6
1	0	24	INFTY	INFTY	INFTY	28
2	24	0	11	INFTY	INFTY	INFTY
3	INFTY	11	0	13	INFTY	INFTY
4	INFTY	INFTY	13	0	20	12
5	INFTY	INFTY	INFTY	20	0	15
6	28	INFTY	INFTY	12	15	0

Abb. 9.51: Die `arc`*-Matrix, die dem initialen Wert der* `dist`*-Matrix entspricht.*

Das erste Pivot-Element ist $u = 1$. Da die Summe von `INFTY` und irgend etwas anderem wieder `INFTY` ist, ist das einzige Paar von Knoten v und w, die beide nicht u sind und für die `dist[v,u] + dist[u,w]` kleiner ist als `INFTY`, $v = 2$ und $w = 6$ oder umgekehrt.[10] Da `dist[2,6]` zu diesem Zeitpunkt `INFTY` ist, ersetzen wir `dist[2,6]` durch 52, die Summe aus `dist[2,1]` + `dist[1,6]`. Ebenso ersetzen wir `dist[6,2]` durch 52. Es können keine weiteren Distanzen durch das Pivot-Element 1 verbessert werden, was zur `dist`-Matrix aus Abb. 9.52 führt.

	1	2	3	4	5	6
1	0	24	INFTY	INFTY	INFTY	28
2	24	0	11	INFTY	INFTY	52
3	INFTY	11	0	13	INFTY	INFTY
4	INFTY	INFTY	13	0	20	12
5	INFTY	INFTY	INFTY	20	0	15
6	28	52	INFTY	12	15	0

Abb. 9.52: Die Matrix `dist` *nach Verwendung der 1 als Pivot-Element.*

Als nächstes machen wir Knoten 2 zum Pivot-Element. In der aktuellen in Abb. 9.52 angegebenen `dist`-Matrix besitzt Knoten 2 endliche Verbindungen zu 1 (Distanz 24), zu 3 (Distanz 11) und zu 6 (Distanz 52). Wir können diese Kanten kombinieren, um die Distanz zwischen den Knoten 1 und 3 von `INFTY` auf 24 + 11 = 35 zu verringern. Auch die Distanz zwischen 3 und 6 wird auf 11 + 52 = 63 verringert. Beachten Sie, daß 63 die Distanz entlang des Pfades von Honolulu über Kneohe und Laie nach Wahiawa nicht der kürzeste Weg nach

[10] Ist einer der beiden Knoten v und w u, so ist leicht zu erkennen, daß `dist[v,w]` niemals dadurch verbessert werden kann, daß der Pfad über u führt. Wir können somit Paare der Form (v, u) und (u, w) ignorieren, wenn wir nach Paaren suchen, deren Distanz durch den Weg über das Pivot-Element u verbessert wird.

Wahiawa ist, aber der kürzeste Weg, der nur über Knoten führt, die bisher das Pivot-Element waren. Letztendlich werden wir auch die kürzere Route über Pearl City finden. Die aktuelle `dist`-Matrix ist in Abb. 9.53 angegeben.

	1	**2**	**3**	**4**	**5**	**6**
1	0	24	35	INFTY	INFTY	28
2	24	0	11	INFTY	INFTY	52
3	35	11	0	13	INFTY	63
4	INFTY	INFTY	13	0	20	12
5	INFTY	INFTY	INFTY	20	0	15
6	28	52	63	12	15	0

Abb. 9.53: Die Matrix `dist` *nach Verwendung der 2 als Pivot-Element.*

Nun wird der Knoten 3 zum Pivot-Element. Er besitzt zur Zeit endliche Verbindungen zu 1 (Distanz 35), zu 2 (Distanz 11), zu 4 (Distanz 13) und zu 6 (Distanz 63). Von diesen Knoten können die Distanzen zwischen 1 und 4 auf 35 + 13 = 48 und zwischen 2 und 4 auf 11 + 13 = 24 verbessert werden. Die aktualisierte `dist`-Matrix entspricht dann Abb. 9.54.

	1	**2**	**3**	**4**	**5**	**6**
1	0	24	35	48	INFTY	28
2	24	0	11	24	INFTY	52
3	35	11	0	13	INFTY	63
4	48	24	13	0	20	12
5	INFTY	INFTY	INFTY	20	0	15
6	28	52	63	12	15	0

Abb. 9.54: Die Matrix `dist` *nach Verwendung der 3 als Pivot-Element.*

Als nächstes wird Knoten 4 Pivot-Element. Abbildung 9.55 zeigt die gegenwärtig beste Distanz zwischen 4 und jedem anderen Knoten.[11] Indem unsere Pfade über Knoten 4 führen, können wir folgende Verbesserungen bei den Distanzen verbuchen.

---

[11]Der Leser sollte Abb. 9.55 mit Abb. 9.49 vergleichen. Letztere verdeutlicht, wie ein Pivot-Element im allgemeinen Fall eines gerichteten Graphen verwendet wird, bei dem die Bögen in und aus dem Pivot-Element unterschiedliche Markierungen besitzen können. Abbildung 9.55 macht sich die Symmetrie des Beispielgraphen zunutze, indem sie Kanten zwischen Knoten 4 und den anderen Knoten verwendet, um sowohl in Knoten 4 hineingehende Bögen zu repräsentieren, wie links in Abb. 9.49 dargestellt als auch die Bögen aus 4 heraus darzustellen, wie rechts in Abb. 9.49 zu erkennen.

1. Zwischen 2 und 6 wird die Distanz auf 36 verringert.
2. Zwischen 3 und 6 wird die Distanz auf 25 verringert.
3. Zwischen 1 und 5 wird die Distanz auf 68 verringert.
4. Zwischen 2 und 5 wird die Distanz auf 44 verringert.
5. Zwischen 3 und 5 wird die Distanz auf 33 verringert.

Die aktuelle `dist`-Matrix ist in Abb. 9.56 angegeben.

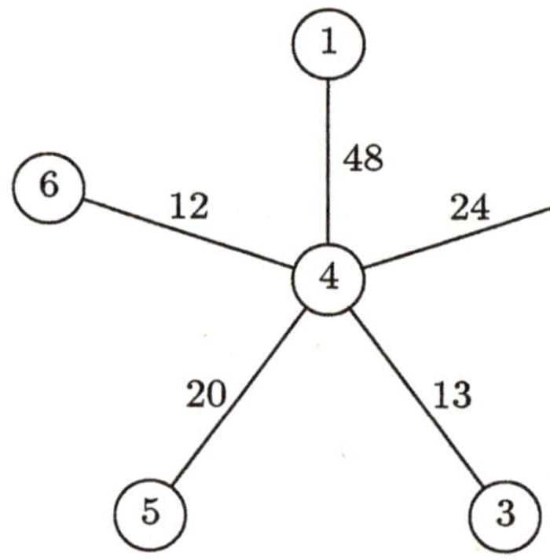

Abb. 9.55: Gegenwärtig beste Distanzen zu Knoten 4.

	1	**2**	**3**	**4**	**5**	**6**
1	0	24	35	48	68	28
2	24	0	11	24	44	36
3	35	11	0	13	33	25
4	48	24	13	0	20	12
5	68	44	33	20	0	15
6	28	36	25	12	15	0

Abb. 9.56: Die Matrix `dist` *nach Verwendung der 4 als Pivot-Element.*

Die Verwendung der 5 als Pivot-Element führt bei keiner Distanz zu einer Verbesserung. Wenn 6 Pivot-Element ist, können wir die Distanz zwischen 1 und 4 verbessern, da

```
dist[1,6] + dist[6,4] = 40
```

in Abb. 9.56 kleiner ist als `dist[1,4]`, bzw. 48. In bezug auf die Städte bedeutet dies, daß der Weg von Laie nach Pearl City via Wahiawa kürzer ist als der Weg über Kaneohe und Honolulu. Ebenso können wir die Distanz zwischen 1 und 5 von 68 auf 43 verbessern. Die abschließende `dist`-Matrix steht in Abb. 9.57. ◆

	1	2	3	4	5	6
1	0	24	35	40	43	28
2	24	0	11	24	44	36
3	35	11	0	13	33	25
4	40	24	13	0	20	12
5	43	44	33	20	0	15
6	28	36	25	12	15	0

Abb. 9.57: Die abschließende `dist`*-Matrix.*

Warum funktioniert Floyds Algorithmus?

Wie wir gesehen haben, entspricht die Distanz von Knoten v zu Knoten w in jedem Stadium von Floyds Algorithmus der Länge des kürzesten Pfades, der nur durch Pivot-Knoten verläuft. Irgendwann werden alle Knoten einmal Pivot-Element, und `dist[v,w]` enthält die minimale Länge aller möglichen Pfade.

Wir definieren einen *k-Pfad* von einem Knoten v zu einem Knoten w als einen Pfad von v nach w, für den gilt, daß kein dazwischenliegender Knoten eine höhere Nummer als k trägt. Beachten Sie, daß hierbei nicht gefordert wird, daß v oder w gleich k oder kleiner als k sein müssen. Abbildung 9.58 verdeutlicht, wie ein k-Pfad aussieht, auch wenn die Endpunkte v und w über oder unter k liegen können. In dieser Abbildung repräsentiert die Höhe der Linie die Nummern der Knoten auf dem Pfad von v nach w.

Beispiel 9.28

In Abb. 9.10 ist der Pfad 1, 2, 3, 4 ein 3-Pfad. Die Innenknoten 2 und 3 sind jeweils kleiner oder gleich 3. Dieser Pfad ist zudem ein 4-Pfad, ein 5-Pfad und ein 6-Pfad. Er ist dagegen kein 2-Pfad, weil der Innenknoten 3 größer als 2 ist. Ebenso ist er kein 0- oder 1-Pfad. ◆

Da wir annehmen, daß die Knoten von 1 bis n numeriert sind, kann ein 0-Pfad überhaupt keine Innenknoten besitzen und muß daher ein Bogen oder ein einzelner Knoten sein. Außerdem ist jeder Pfad ein n-Pfad, da es in einem Graphen, dessen Knoten von 1 bis n numeriert sind, keine Innenknoten mit einer größeren Nummer als n geben kann. Wir werden per Induktion über k den folgenden Satz beweisen:

SATZ $S(k)$: Wenn die Markierungen der Bögen nicht negativ sind, entspricht `dist[v,w]`, unmittelbar bevor wir u in der Schleife der Zeilen (4) bis (8) in Abb. 9.50 auf $k + 1$ setzen, der Länge des kürzesten k-Pfades von v nach w, bzw. `INFTY`, wenn es keinen derartigen Pfad gibt.

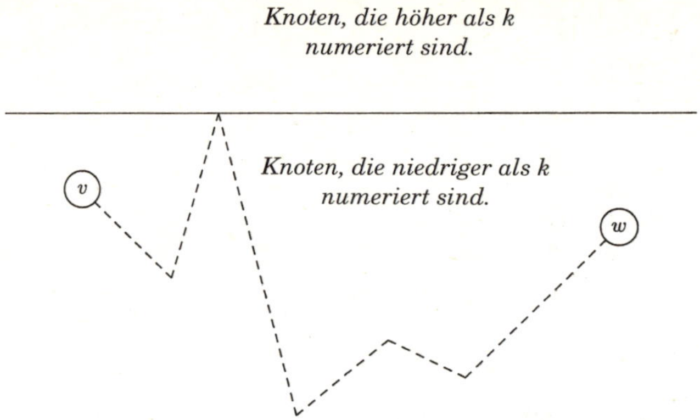

Abb. 9.58: Ein k-Pfad kann keine Knoten mit höheren Nummern als k haben, außer (möglicherweise) an den Enden.

BASIS. Der Induktionsanfang ist $k = 0$. Bevor wir den Schleifenrumpf zum ersten Mal ausführen, setzen wir u auf 1. Wir haben in den Zeilen (1) bis (3) gerade `dist` mit `arc` initialisiert. Weil die Bögen und die Pfade, die nur aus einem Knoten bestehen, die einzigen 0-Pfade sind, ist die Induktionsannahme wahr.

INDUKTION. Nehmen wir $S(k)$ an und betrachten wir, was mit `dist[v,w]` während der Iteration der Schleife mit $u = k + 1$ geschieht. Sei P der kürzeste $(k + 1)$-Pfad von v nach w. Dann gibt es zwei Fälle, je nachdem, ob P durch den Knoten $k + 1$ verläuft oder nicht.

1. Wenn P ein k-Pfad ist, das heißt, P geht nicht durch den Knoten $k + 1$, so gilt nach der Induktionsannahme, daß `dist[v,w]` bereits der Länge von P nach der k-ten Iteration entspricht. Wir können `dist[v,w]` während des Durchlaufs mit $k + 1$ als Pivot-Element nicht ändern, da es keine kürzeren $(k + 1)$-Pfade gibt.

2. Wenn P ein $(k + 1)$-Pfad ist, können wir annehmen, daß P nur einmal den Knoten $k + 1$ enthält, da die Entfernungen durch Zyklen nie verringert werden können (wir erinnern uns, daß alle Kantenmarkierungen nicht negativ sein sollten). Also setzt sich P aus einem k-Pfad Q von v zum Knoten $k + 1$, gefolgt von einem k-Pfad R vom Knoten $k + 1$ zu w zusammen, wie in Abb. 9.59 illustriert. Nach der Induktionsannahme entsprechen `dist[v,k+1]` und `dist[k+1,w]` den Längen der Pfade Q und R nach der k-ten Iteration.

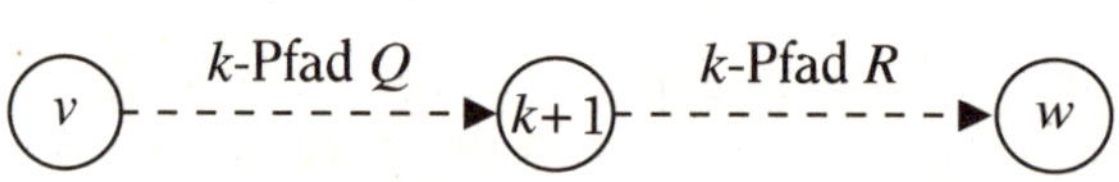

Abb. 9.59: Ein (k+1)-Pfad P kann in zwei k-Pfade, Q gefolgt von R, aufgespalten werden.

Wir beobachten zunächst, daß `dist[v,k+1]` und `dist[k+1,w]` in der $(k + 1)$-ten Iteration nicht verändert werden können. Das liegt daran, daß keine Bogenmarkierung und demzufolge auch die Länge keines Pfades negativ ist; der Test in Zeile (7) der Abb. 9.59 muß also scheitern, wenn u (d. h. der Knoten $k + 1$) entweder v oder w ist.

Wenn wir nun den Test aus Zeile (7) auf beliebige v und w mit $u = k + 1$ anwenden, haben sich die Werte von `dist[v,k+1]` und `dist[k+1,w]` seit dem Ende der k-ten Iteration nicht verändert. Das heißt also, daß der Test in Zeile (7) die Länge des kürzesten k-Pfades mit der Summe der Längen der kürzesten k-Pfade von v nach $k + 1$ und von $k + 1$ nach w vergleicht. In Fall (1), wenn P also nicht durch $k + 1$ verläuft, wird der erste der kürzere sein; in Fall (2), in dem P durch $k + 1$ geht, wird letzterer die Summe der Längen der Pfade Q und P in Abb. 9.50 und somit kürzer sein.

Wir schließen daraus, daß die $(k + 1)$-te Iteration `dist[v,w]` für alle Knoten v und w auf die Länge des kürzesten $(k + 1)$-Pfades setzt. Das entspricht der Aussage $S(k + 1)$ und somit beenden wir die Induktion.

Um unseren Beweis abzuschließen, sei $k = n$. Das heißt, wir wissen, daß `dist[v,w]` nach Beendigung aller n Iterationen die minimale Distanz jedes n-Pfades von v nach w enthält. Da aber jeder Pfad ein n-Pfad ist, haben wir gezeigt, daß `dist[v,w]` die minimale Distanz entlang jedes Pfades von v nach w beschreibt.

ÜBUNGEN

9.9.1: Ausgehend von der Annahme, daß alle Bögen in Abb. 9.5 (vgl. die Übungen für Abschnitt 9.2) die Markierung 1 besitzen, benutzen Sie Floyds Algorithmus, um die Länge des kürzesten Pfades zwischen jedem Knotenpaar zu finden. Geben Sie die Distanzmatrix für jeden zum Pivot-Element gewordenen Knoten an.

9.9.2: Wenden Sie Warshalls Algorithmus auf den Graphen aus Abb. 9.5 an, um seinen reflexiven und transitiven Abschluß zu berechnen. Geben Sie die Erreichbarkeitsmatrix für jeden zum Pivot-Element gewordenen Knoten an.

9.9.3: Wenden Sie Floyds Algorithmus an, um die kürzesten Entfernungen zwischen jedem Städtepaar im Graphen von Michigan aus Abb. 9.21 zu finden (vgl. die Übungen für Abschnitt 9.4).

9.9.4: Wenden Sie Floyds Algorithmus an, um die kürzeste Zeit zwischen jeder der hominiden Gattungen aus Abb. 9.48 zu finden (vgl. die Übungen für Abschnitt 9.8).

9.9.5: Manchmal interessieren uns nur Pfade mit einem oder mehreren Bögen anstelle einzelner Knoten, die auch Pfade sind. Wie müssen wir die Initialisierung der `arc`-Matrix verändern, damit nur Pfade der Länge 1 oder länger beim Finden des kürzesten Pfades von einem Knoten zu sich selbst betrachtet werden?

9.9.6*: Finden Sie in Abb. 9.10 alle azyklischen 2-Pfade.

9.9.7*: Warum funktioniert Floyds Algorithmus nicht, wenn die Bögen positive und negative Markierungen haben?

9.9.8:** Geben Sie einen Algorithmus zum Finden des längsten azyklischen Pfades zwischen zwei gegebenen Knoten an.

9.10 Eine Einführung in die Graphentheorie

Die Graphentheorie ist der Zweig der Mathematik, der sich mit Eigenschaften von Graphen befaßt. In den vorigen Abschnitten haben wir die elementaren Definitionen der Graphentheorie zusammen mit einigen grundlegenden Algorithmen vorgestellt, die Informatiker zur effizienten Berechnung der Schlüsseleigenschaften von Graphen entwickelt haben. Wir haben Algorithmen zur Berechnung kürzester Pfade, aufspannender Bäume und zur Berechnung von Tiefensuchbäumen kennengelernt. In diesem Abschnitt werden wir weitere wichtige Konzepte der Graphentheorie vorstellen.

Vollständige Graphen

Ein ungerichteter Graph, der zwischen jedem Paar verschiedener Knoten eine Kante besitzt, wird als *vollständiger* Graph bezeichnet. Den vollständigen Graphen mit n Knoten nennt man K_n. Abbildung 9.60 zeigt die vollständigen Graphen K_1 bis K_4.

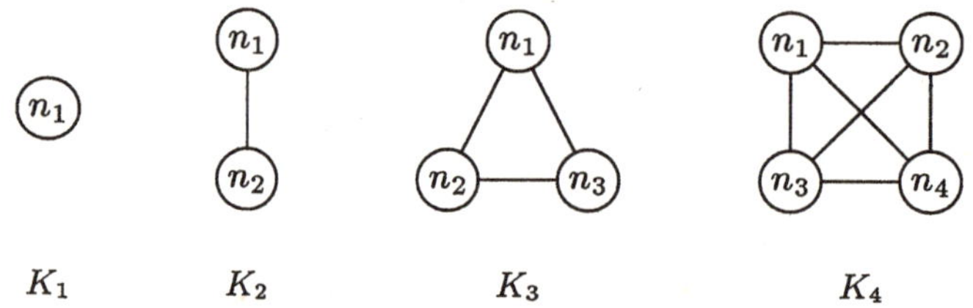

Abb. 9.60: Die ersten vier vollständigen Graphen.

Die Anzahl der Kanten in K_n beträgt $n(n - 1)/2$ bzw. $\binom{n}{2}$. Um zu verstehen warum, betrachten wir eine Kante $\{u, v\}$ aus K_n. Für u können wir einen der n

Knoten wählen; für v können wir einen der übrigen n - 1 Knoten wählen. Die gesamte Anzahl an Wahlmöglichkeiten beträgt somit $n(n - 1)$. Auf diese Art zählen wir jedoch jede Kante zweimal, einmal als $\{u, v\}$ und das zweite Mal als $\{v, u\}$, so daß wir die Gesamtzahl der Wahlmöglichkeiten durch 2 teilen müssen, um die korrekte Anzahl an Kanten zu erhalten.

Es gibt auch den Begriff eines vollständigen gerichteten Graphen. Dieser Graph besitzt einen Bogen von jedem Knoten zu jedem anderen Knoten, einschließlich zu sich selbst. Ein vollständiger gerichteter Graph mit n Knoten besitzt n^2 Kanten. Abbildung 9.61 enthält den vollständigen gerichteten Graphen mit 3 Knoten und 9 Kanten.

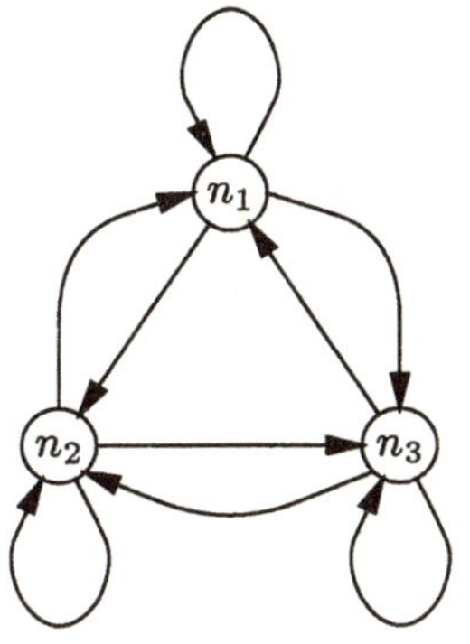

Abb. 9.61: Der vollständige gerichtete Graph mit drei Knoten.

Planare Graphen

Ein ungerichteter Graph wird als *planar* (*eben*) bezeichnet, wenn es möglich ist, all seine Knoten auf einer Ebene anzuordnen und seine Kanten als durchgehende Linien zu zeichnen, wobei keine Kanten sich überschneiden.

Beispiel 9.29

Der Graph K_4 wurde in Abb. 9.60 so gezeichnet, daß sich seine beiden diagonalen Kanten überschnitten. K_4 ist dennoch ein planarer Graph, wie in Abb. 9.62 zu erkennen ist. Indem wir eine der beiden Diagonalen außen entlang verlaufen lassen, vermeiden wir das Überschneiden der Kanten. Wir sagen, daß Abb. 9.62 eine *planare Darstellung* des Graphen K_4 ist, während die Zeichnung in Abb. 9.60 eine nichtplanare Darstellung von K_4 ist. Beachten Sie, daß es gestattet ist, in einer planaren Darstellung Kanten zu verwenden, die keine geraden Linien sind. ◆

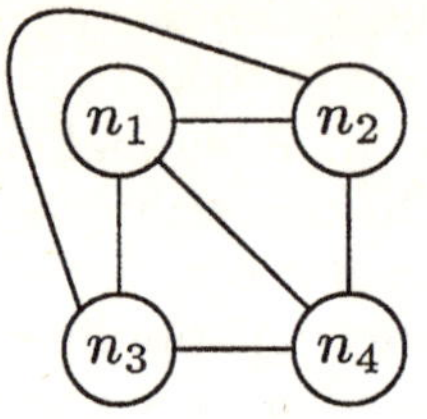

Abb. 9.62: Eine planare Darstellung von K_4.

In Abb. 9.63 sehen wir, welches die beiden in gewissem Sinne einfachsten *nichtplanaren* Graphen sind, das heißt Graphen, für die es keine planare Darstellung gibt. Einer von ihnen ist K_5, der vollständige Graph mit 5 Knoten. Der andere wird manchmal $K_{3,3}$ genannt; er wird dadurch gebildet, daß man zwei Gruppen mit drei Knoten nimmt und jeden Knoten der einen Gruppe mit jedem Knoten der anderen Gruppe verbindet. Es werden keine Knoten derselben Gruppe verbunden. Der Leser sollte versuchen, diese beiden Graphen so aufzumalen, daß sich keine zwei Kanten überschneiden, nur um ein Gefühl dafür zu bekommen, warum sie nicht planar sind.

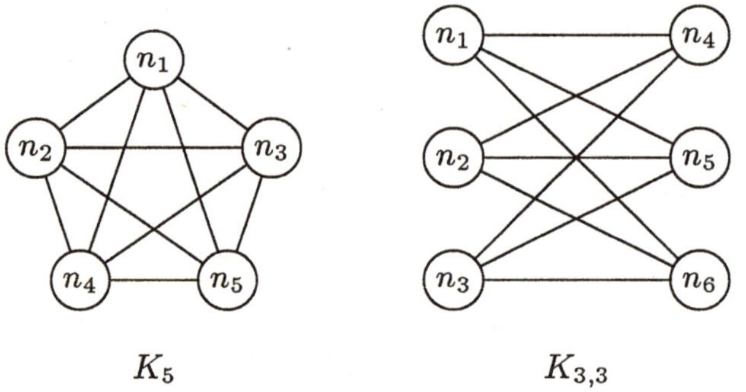

Abb. 9.63: Die beiden einfachsten nichtplanaren Graphen.

Ein berühmtes Theorem von Kuratowski besagt, daß jeder nichtplanare Graph eine „Kopie" von mindestens einem dieser beiden Graphen enthält. Bei der Interpretation des Begriffs einer Kopie müssen wir allerdings sehr vorsichtig sein; um eine Kopie von K_5 oder $K_{3,3}$ in einem beliebigen nichtplanaren Graphen G zu erkennen, müssen wir möglicherweise einige Kanten der Graphen aus Abb. 9.63 mit Pfaden im Graphen G assoziieren.

Anwendungen der Planarität

Die Planarität hat in der Informatik eine beachtliche Bedeutung. Zum Beispiel müssen viele Graphen oder vergleichbare Diagramme auf einem Computerbildschirm oder auf Papier dargestellt werden. Aus Gründen der Klarheit ist es wünschenswert, eine planare Darstellung eines Graphen anzufertigen oder, wenn der Graph nicht planar ist, so wenig Kantenüberschneidungen wie möglich zu haben.

Der Leser wird feststellen, daß wir in Kapitel 13 einige ziemlich komplexe Diagramme von Schaltkreisen zeichnen werden, bei denen es sich in Wirklichkeit um Graphen handelt, deren Knoten Gatter und Anschlußstellen und deren Kanten Drähte sind. Da diese Schaltkreise im allgemeinen nicht planar sind, mußten wir eine Konvention einführen, nach der Drähte sich überschneiden dürfen, ohne verbunden zu sein und nach der ein Punkt eine Verknüpfung von Drähten signalisiert.

Eine damit verwandte Anwendung betrifft den Entwurf integrierter Schaltungen. Integrierte Schaltungen oder „Chips“ verkörpern logische Schaltungen, wie die in Kapitel 13 diskutierten. Sie fordern nicht, daß die logische Schaltung in einer planaren Darstellung gedruckt wird. Es gibt aber eine ähnliche Beschränkung, die es gestattet, Kanten mehreren unterschiedlichen „Ebenen“, häufig drei oder vier Ebenen, zuzuweisen. Auf einer Ebene muß der Graph der Schaltung eine planare Darstellung besitzen; Kanten dürfen sich nicht überschneiden. Kanten unterschiedlicher Ebenen dürfen sich dagegen überschneiden.

Graphfärbung

Das Problem der *Graphfärbung* für einen Graphen G besteht darin, jedem Knoten eine „Farbe“ zuzuweisen, so daß keine zwei Knoten, die durch eine Kante verbunden sind, dieselbe Farbe haben. Es stellt sich dabei die Frage, wie viele unterschiedliche Farben notwendig sind, um einen Graphen auf diese Art und Weise *einzufärben*. Die minimale Anzahl benötigter Farben für einen Graph G nennt man die *chromatische Zahl*, die häufig als $\chi(G)$ geschrieben wird. Ein Graph, der mit nicht mehr als k Farben eingefärbt werden kann, wird *k-färbbar* genannt.

Beispiel 9.30

Wenn ein Graph vollständig ist, entspricht seine chromatische Zahl der Anzahl der Knoten; das heißt, $\chi(K_n) = n$. Als Beweis dürfen wir zwei Knoten u und v nicht mit derselben Farbe einfärben, da es sicherlich eine Kante zwischen diesen beiden Knoten gibt. Jeder Knoten benötigt daher seine eigene Farbe.

Ein anderes Beispiel bildet der Graph $K_{3,3}$ aus Abb. 9.63, der die chromatische Zahl 2 besitzt. So können wir beispielsweise die drei Knoten der linken Gruppe *rot* und die drei Knoten der rechten Gruppe *blau* färben. Dann verlaufen alle Kanten zwischen einem *roten* und einem *blauen* Knoten. $K_{3,3}$ ist ein Beispiel eines *bipartiten Graphen*, was nur ein anderer Namen für einen Graphen ist, der mit zwei Farben eingefärbt werden kann. Bei allen derartigen Graphen können die Knoten so in zwei Gruppen eingeteilt werden, daß keine Kante zwischen Mitgliedern derselben Gruppe verläuft.

Als abschließendes Beispiel ist 4 die chromatische Zahl für den sechs-knotigen Graphen aus Abb. 9.64. Um zu sehen warum, sei bemerkt, daß der Knoten im Zentrum nicht dieselbe Farbe haben kann wie jeder der anderen Knoten, da er mit allen verbunden ist. Wir reservieren also eine Farbe nur für ihn, sagen wir *rot*. Wir benötigen mindestens noch zwei weitere Farben für den Knotenring, da Nachbarknoten entlang des Rings nicht dieselbe Farbe haben dürfen. Versuchen wir es jedoch abwechselnd mit zwei Farben – sagen wir *blau* und *grün* – wie wir es in Abb. 9.64 getan haben, so begegnen wir dem Problem, daß der fünfte Knoten einen *blauen* und einen *grünen* Nachbarn hat und somit in unserem Beispiel eine vierte Farbe, *orange*, benötigt wird. ◆

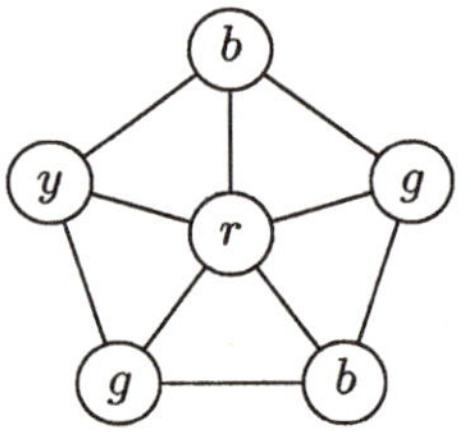

Abb. 9.64: Ein Graph mit der chromatischen Zahl 4.

Anwendungen der Graphfärbung

Das Finden einer guten Graphfärbung ist ein anderes Problem, das häufig in der Informatik gelöst werden muß. Zum Beispiel betrachteten wir in unserer Einführung in das erste Kapitel die terminliche Planung von Lehrveranstaltungen. Es sollten keine Lehrveranstaltungen zum gleichen Termin stattfinden, die beide von einem Studenten besucht wurden. Abschlußprüfungen sollten zeitlich so gelegt werden, daß kein Student zwei Abschlußprüfungen zur gleichen Zeit ablegen mußte. Wir zeichneten einen Graphen, dessen Knoten Lehrveranstaltungen waren und dessen Kanten zwei Lehrveranstaltungen miteinander verbanden, wenn ein Student beide besuchte.

Die Frage nach der Anzahl benötigter Termine für die zeitliche Planung von Prüfungen kann somit durch Beantwortung der Frage nach der chromatischen Zahl dieses Graphen gelöst werden. Alle Knoten mit derselben Farbe können zum selben Termin angesetzt werden, da es zwischen ihnen keine Kanten gibt. Umgekehrt können wir alle Lehrveranstaltungen, die zur selben Zeit stattfinden, mit derselben Farbe färben, wenn wir einen Terminplan haben, der keinen der Studenten in Konflikte bringt. Wir können somit eine Graphfärbung mit so vielen Farben erstellen, wie es Prüfungstermine gibt.

In Kapitel 1 diskutierten wir eine Heuristik zur zeitlichen Planung von Prüfungen, die auf dem Finden maximaler unabhängiger Mengen basierte. Sie stellt ebenfalls eine geeignete Heuristik zum Finden guter Färbungen eines Graphen dar. Man könnte erwarten, daß man alle möglichen Färbungen für einen so kleinen Graphen wie den fünf-knotigen Graphen aus Abb. 1.1 ausprobieren könnte, was auch wahr ist. Die Anzahl möglicher Färbungen eines Graphen wächst jedoch exponentiell mit der Anzahl der Knoten; es ist daher bei deutlich größeren Graphen nicht durchführbar, bei unserer Suche nach der kleinstmöglichen Anzahl an Farben alle möglichen Färbungen zu betrachten.

Cliquen

Eine *Clique* in einem ungerichteten Grahen G entspricht einer Menge von Knoten derart, daß es in G zwischen jedem Knotenpaar der Menge eine Kante gibt. Eine Clique aus k Knoten nennt man eine *k-Clique*. Die Größe der größten Clique des Graphen wird als *Cliquenzahl* des Graphen bezeichnet.

Beispiel 9.31

Als einfaches Beispiel ist jeder vollständige Graph K_n eine Clique bestehend aus allen n Knoten.

Der Graph aus Abb. 9.64 besitzt Cliquen der Größe drei, aber keine größeren. Die 3-Cliquen sind jeweils duch Dreiecke gekennzeichnet. In diesem Graphen kann es keine 4-Clique geben, da diese einige der Ringknoten einschließen müßte. Jeder Ringknoten ist nur mit drei anderen Knoten verbunden, so daß die 4-Clique einen Knoten v auf dem Ring, dessen Nachbarn auf dem Ring und den zentralen Knoten enthalten müßte. Die Nachbarknoten von v auf dem Ring sind jedoch durch keine Kante verbunden, so daß es keine 4-Clique gibt. ◆

Als Anwendungsbeispiel von Cliquen nehmen wir an, wir stellen Konflikte zwischen Lehrveranstaltungen nicht wie in Abb. 1.1 dar, sondern dadurch, daß wir zwei Knoten durch eine Kante verbinden, wenn es *keinen* an beiden Lehrveranstaltungen teilnehmenden Studenten gibt. Zwei durch eine Kante verbundene Lehrveranstaltungen können ihre Prüfungen dann zur selben Zeit stattfinden lassen. Wir suchen also nach *maximalen Cliquen*, das heißt nach Cliquen, die keine Teilmengen größerer Cliquen sind, und setzen die Prüfungen für eine maximale Clique von Lehrveranstaltungen zum gleichen Zeitpunkt an.

ÜBUNGEN

9.10.1: Gegeben sei der Graph aus Abb. 9.4.

a) Wie lautet seine chromatische Zahl?

b) Wie lautet die Cliquenzahl?

c) Geben Sie ein Beispiel einer größten Clique.

9.10.2: Wie lauten die chromatischen Zahlen der ungerichteten Versionen der Graphen aus (a) Abb. 9.5 und (b) Abb. 9.26? (Behandeln Sie Bögen wie Kanten.)

9.10.3: Abbildung 9.5 ist nicht planar dargestellt. Ist der Graph planar? Können Sie ihn so aufzeichnen, daß sich keine Kanten überschneiden?

9.10.4*: Drei zu einem ungerichteten Graphen assoziierte Größen sind sein Grad (maximale Anzahl an Nachbarn jedes Knotens), seine chromatische Zahl und seine Cliquenzahl. Leiten Sie Ungleichungen her, die zwischen diesen Größen gelten müssen. Erklären Sie, warum sie gelten müssen.

9.10.5:** Entwickeln Sie einen Algorithmus, der einen Graphen mit n Knoten übernimmt und in $O(m)$ Zeit feststellt, ob der Graph ein bipartiter Graph (2-färbbar) ist, wobei m der größeren der Anzahl der Knoten und der Kanten entspricht.

9.10.6*: Wir können den Graphen aus Abb. 9.64 dahingehend verallgemeinern, daß wir einen zentralen Knoten und k Knoten in einem Ring anordnen, von denen jeder Knoten nur mit seinen Nachbarknoten entlang des Rings und mit dem zentralen Knoten verbunden ist. Wie lautet die chromatische Zahl dieses Graphen als Funktion über k?

9.10.7*: Welche Aussagen können Sie über die chromatische Zahl ungeordneter, wurzelloser Bäume machen (die in Abschnitt 9.5 besprochen wurden)?

9.10.8:** $K_{i,j}$ sei der Graph, der aus einer Gruppe bestehend aus i Knoten und aus einer Gruppe bestehend aus j Knoten gebildet wird, indem von jedem Mitglied der einen Gruppe zu jedem Mitglied der anderen Gruppe eine Kante gesetzt wird. Wir beobachteten, daß, wenn $i = j = 3$ ist, der daraus resultierende Graph nicht planar ist. Für welche Werte von i und j ist der Graph $K_{i,j}$ planar?

9.11 Zusammenfassung des 9. Kapitels

Die Tabelle in Abb. 9.65 faßt noch einmal die verschiedenen in diesem Kapitel besprochenen Probleme, Algorithmen zu deren Lösung und die Laufzeiten dieser Algorithmen zusammen. In dieser Tabelle entspricht n der Anzahl der Knoten und m ergibt sich aus der größeren der Anzahl der Knoten und der Anzahl der Bögen/Kanten. Wenn nichts anderes angegeben ist, nehmen wir an, daß Graphen durch Adjazenzlisten dargestellt werden.

Problem	**Algorithmen**	**Laufzeit**
Minimal aufspannende Bäume	Kruskals	$O(m \log n)$
Entdeckung von Zyklen	Tiefensuche	$O(m)$
Topologische Ordnung	Tiefensuche	$O(m)$
Erreichbarkeit von einer Quelle aus	Tiefensuche	$O(m)$
Zusammenhängende Komponenten	Tiefensuche	$O(m)$
Transitiver Abschluß	n Tiefensuchen	$O(mn)$
Kürzester Pfad von einer Quelle aus	Dijkstras mit POT-Implementierung	$O(m \log n)$
	Dijkstras mit Implementierung aus Übung 9.8.4	$O(n^2)$
Kürzeste Pfade aller Paare	n Anwendungen von Dijkstra mit POT-Implementierung	$O(mn \log n)$
	n Anwendungen von Dijkstra mit Implementierung aus Übung 9.8.4	$O(n^3)$
	Floyds mit Adjazenzmatrix	$O(n^3)$

Abb. 9.65: Eine Zusammenfassung der Graphalgorithmen.

Zusätzlich gaben wir dem Leser eine Einführung in die Schlüsselkonzepte der Graphentheorie. Dazu zählen

- Pfade und kürzeste Pfade
- aufspannende Bäume
- Tiefensuchbäume und -wälder
- Graphfärbung und die chromatische Zahl
- Planare Graphen

9.12 Bibliographische Anmerkungen zum 9. Kapitel

Zusätzliche Informationen über Graphalgorithmen enthält Aho, Hopcroft und Ullman [1974, 1983]. Die Tiefensuche wurde zuerst von Hopcroft und Tarjan [1973] zur Erzeugung effizienter Graphalgorithmen verwendet. Dijkstras Algorithmus stammt aus Dijkstra [1959], Floyds Algorithmus aus Floyd [1962], Kruskals Algorithmus aus Kruskal [1956] und Warshalls Algorithmus aus Warshall [1962].

Berge [1962] deckt die mathematische Theorie von Graphen ab. Lawler [1976], Papadimitriou und Steiglitz [1982] und Tarjan [1983] stellen weiterführende Graphoptimierungstechniken vor.

Aho, A. V., J. E. Hopcroft und J. D. Ullman [1974]. *The Design and Analysis of Computer Algorithms*, Addison Wesley, Reading, Mass.

Aho, A. V., J. E. Hopcroft und J. D. Ullman [1983]. *Data Structures and Algorithms*, Addison Wesley, Reading, Mass.

Berge, C. [1962]. *The Theory of Graphs and its Applications*, Wiley, New York.

Dijkstra, E. W. [1959]. „A note on two problems in connexion with graphs“, *Numerische Mathematik* **1**, S. 269 - 271.

Floyd, R. W. [1962]. „Algorithm 97: shortest path“, *Comm. ACM* **5**:6, S. 345.

Hopcroft, J. E. und R. E. Tarjan [1973]. „Efficient algorithms for graph manipulation“, *Comm. ACM* **16**: 6, S. 372 - 378.

Kruskal, J. B., Jr. [1956]. „On the shortest spanning subtree of a graph and the traveling salesman problem“, *Proc. AMS* **7**:1, S. 48 - 50.

Lawler, E. [1976]. *Combinatorial Optimization: Networks and Matroids*, Holt, Rinehart and Winston, New York.

Papadimitriou, C. H. und K. Steiglitz [1982]. *Combinatorial Optimization: Algorithms and Complexity*, Prentice-Hall, Enlgewoold Cliffs, New Jersey.

Tarjan, R. E. [1983]. *Data Structures and Network Algorithms*, SIAM, Philadelphia.

Warshall, S. [1962]. „A theorem on Boolean matrices“, *J. ACM* **9**: 1, S. 11 - 12.

10

Muster, Automaten und reguläre Ausdrücke

Ein Muster ist eine Menge von Objekten mit einer erkennbaren Eigenschaft. Eine Art von Muster ist eine Menge von Zeichenketten, wie zum Beispiel die Menge erlaubter Pascal-Bezeichner (*identifier*), die jeweils aus einem String aus Buchstaben und Ziffern bestehen und alle mit einem Buchstaben beginnen müssen. Ein anderes Beispiel ist die Menge der Arrays von 0-en und 1-en einer gegebenen Größe, die ein Zeichenlesegerät als dasselbe Symbol interpretieren würde. Abbildung 10.1 enthält drei 7×7-Arrays, die als Buchstabe A interpretiert werden könnten. Die Menge aller derartigen Arrays würde das als „A“ bezeichnete Muster bilden.

0001000	0000000	0001000
0011100	0010000	0010100
0010100	0011000	0110100
0110110	0101000	0111110
0111110	0111000	1100011
1100011	1001100	1000001
1000001	1000100	0000000

Abb. 10.1: Drei Instanzen des Musters „A“.

Die beiden grundlegenden Probleme, die sich in Zusammenhang mit Mustern ergeben, beziehen sich auf deren Definition und Erkennung, welche Themen dieses und des nächsten Kapitels sind. Die Mustererkennung ist ein integraler Bestandteil vieler wichtiger Aufgaben, wie der optischen Zeichenerkennung, die beispielhaft in Abb. 10.1 dargestellt wurde. In einigen Anwendungen ist die Mustererkennung nur Teil eines größeren Problems. Zum Beispiel spielt die Mustererkennung bei Programmen als Teil der Compilierung eine entscheidende Rolle – das heißt bei der Übersetzung von Programmen von einer Sprache, wie Pascal, in eine andere, wie beispielsweise eine Maschinensprache.

Es gibt in der Informatik noch viele andere Beispiele für die Verwendung von Mustern. Muster spielen beim Entwurf elektronischer Schaltungen zum Bau von Rechnern und anderer digitaler Geräte eine Schlüsselrolle. Sie werden von Texteditoren genutzt, um beispielsweise die Instanzen eines speziellen Wortes oder von Mengen von Zeichenketten, wie „die Buchstaben `if` gefolgt von einer beliebigen Folge von Zeichen gefolgt von `then`“ zu suchen. Die meisten Betriebssysteme gestatten uns, Muster in Befehlen zu benutzen; zum Beispiel listet der UNIX-Befehl „ `*.o`“ alle Dateien auf, deren Namen mit den zwei Zeichen „`.o`“ enden.

Es hat sich ein umfangreiches Wissen um die Definition und Erkennung von Mustern angesammelt. Diese Theorie wird als „Automatentheorie“ oder „Sprachtheorie“ bezeichnet, und ihre grundlegenden Definitionen und Techniken sind Teil des Kerns der Informatik.

10.1 Worum geht es in diesem Kapitel?

Dieses Kapitel befaßt sich mit Mustern, die aus Mengen von Zeichenketten bestehen. Wir werden lernen

- daß der „endliche Automat“ eine auf Graphen basierende Möglichkeit darstellt, Muster zu spezifizieren. Es gibt zwei verschiedene Arten: deterministische Automaten (Abschnitt 10.2) und nichtdeterministische Automaten (Abschnitt 10.3).
- daß ein deterministischer Automat auf einfache Weise in ein Programm umgewandelt werden kann, welches sein Muster erkennt (Abschnitt 10.2).
- daß ein nichtdeterministischer Automat unter Verwendung der in Abschnitt 10.4 vorgestellten „Teilmengenkonstruktion“ in einen deterministischen Automaten umgewandelt werden kann, der dasselbe Muster erkennt.
- daß reguläre Ausdrücke eine Algebra zur Beschreibung derselben Muster ist, die auch durch Automaten beschrieben werden können (Abschnitte 10.5 bis 10.7).
- daß aus regulären Ausdrücken Automaten gemacht werden können (Abschnitt 10.8) und umgekehrt (Abschnitt 10.9).

Wir befassen uns auch im nächsten Kapitel mit Zeichenkettenmustern. Wir führen dort eine rekursive Schreibweise zur Definition von Mustern ein, die „kontextfreie Grammatik“. Wir werden sehen, daß es mit dieser Schreibweise möglich ist, Muster zu beschreiben, die nicht durch Automaten und reguläre Ausdrücke ausgedrückt werden können. Häufig sind Grammatiken jedoch nicht so leicht in Programme umzuwandeln, wie das bei Automaten oder regulären Ausdrücken der Fall ist.

10.2 Zustandmaschinen und Automaten

Programme, die nach Mustern suchen, verfügen häufig über eine besondere Struktur. Wir können gewisse Stellen im Programm identifizieren, an denen wir etwas Bestimmtes über den Fortlauf des Programms in bezug auf dessen Ziel, die Instanz eines Musters zu finden, wissen. Wir nennen diese Stellen *Zustände* (*states*). Das Gesamtverhalten des Programms läßt sich so beschreiben, daß es sich beim Lesen der Eingaben von einem Zustand zum nächsten bewegt.

Um diese Vorstellungen zu konkretisieren, betrachten wir ein bestimmtes Mustererkennungsproblem: „Welche englischen Worte enthalten die fünf Vokale in ihrer Reihenfolge?“ Um eine Antwort auf diese Frage zu erhalten, verwenden wir eine Liste von Wörtern, die in vielen Betriebssystemen enthalten ist. Im UNIX-System zum Beispiel befindet sich eine derartige Liste in der Datei `/usr/dict/words`, in der die am häufigsten verwendeten Wörter der englischen Sprache jeweils eines in einer Zeile erscheinen. Einige der Wörter in dieser Datei, die hintereinander die Vokale enthalten, sind

```
asteious
facetious
sacrilegious
```

Wir wollen untersuchen, wie ein einfaches Pascal-Programm alle Wörter findet, die hintereinander die fünf Vokale enthalten. Das Programm kann jede Zeile (jedes Wort) in ein Array einlesen und anschließend die Zeichen des Arrays durchlaufen. Beginnend mit dem Anfang des Arrays sucht das Programm zunächst nach einem `a`. Wir sagen, daß es sich so lange in „Zustand 0“ befindet bis es ein `a` findet, wodurch es dann in „Zustand 1“ übergeht. In Zustand 1 sucht es nach einem `e`, und wenn es eines findet, geht es in „Zustand 2“ über. Das Programm fährt auf diese Weise fort bis es „Zustand 4“ erreicht hat, in dem es nach einem `u` sucht. Wenn es ein `u` findet, enthält das Wort alle fünf Vokale der Reihe nach und das Programm kann in einen akzeptierenden „Zustand 5“ übergehen, in dem es das Wort ausdruckt. Es ist nicht nötig, den Rest des Wortes zu bearbeiten, da sich das Wort bereits qualifiziert hat, egal welche Buchstaben hinter `u` stehen.

Wir können den Zustand i so interpretieren, daß wir sagen, daß das Programm die ersten i Vokale bereits in ihrer Reihenfolge gefunden hat, wobei $i = 0, 1, ..., 5$ ist. Diese sechs Zustände fassen all das zusammen, was das Programm bei Bearbeitung der Eingabe von links nach rechts wissen muß. Während es zum Beispiel in Zustand 0 nach einem `a` sucht, braucht es sich nicht zu erinnern, ob es bereits ein `e` gefunden hat. Der Grund dafür ist, daß `a` nicht Vorgänger eines solchen `e` ist und somit nicht als das `e` in der Teilsequenz `aeiou` dienen kann.

```
          function FindChar(A: WORD; var i: integer; c: char): Boolean;
          begin
(1)           while (A[i] <> c) AND (A[i] <> ' ') do
(2)               i := i+1;
(3)           if A[i] = c then begin
(4)               FindChar := TRUE;
(5)               i := i+1;
              end
              else
(6)               FindChar := FALSE
          end
```

Abb. 10.2: Suche nach einem gegebenen Zeichen c.

Das Kernstück dieses Mustererkennungsalgorithmus bildet `FindChar(A,i,c)`, die in Abb. 10.2 angegebene Funktion, die Array `A` beginnend bei Position i so lange durchsucht, bis sie entweder das Zeichen c oder ein Leerzeichen findet. Zur Vereinfachung nehmen wir an, daß die Elemente des Arrays `A` aus einer Folge von Kleinbuchstaben gefolgt von mindestens einem Leerzeichen bestehen. Der Typ `WORD` wird definiert durch

```
const WORDLENGTH = 50;
type WORD = packed array[1..WORDLENGTH] of char
```

Der Wert 50 ist repräsentativ; wenn wir ein Wörterbuch mit längeren Wörtern hätten, würden wir den Wert von `WORDLENGTH` verändern.

Die Schleife der Zeilen (1) und (2) in Abb. 10.2 erhöht i so lange, bis entweder das gewünschte Zeichen gefunden wurde oder das Programm auf ein Leerzeichen trifft, was bedeutet, daß das Ende des Wortes erreicht ist. Zeile (3) überprüft danach, welcher der beiden Gründe zur Termination führte. Wird dabei das Zeichen c gefunden, so wird anschließend in Zeile (4) der Rückgabewert auf `TRUE` gesetzt, um den Erfolg anzuzeigen. In Zeile (5) addiert das Programm 1 zu i, so daß bei der Suche nach dem nächsten Vokal das Zeichen $A[i]$ nicht unnötigerweise erneut untersucht wird, sondern mit dem nächsten Zeichen des Wortes begonnen werden kann. Findet der Test in Zeile (3) schließlich ein Leerzeichen anstelle von c, so gibt das Programm in Zeile (6) `FALSE` zurück, um das Scheitern anzuzeigen.

Abbildung 10.3 enthält ein vollständiges Programm, das eine Eingabedatei nach Wörtern durchsucht, die alle Vokale der Reihe nach enthalten. Der Test wird von der Funktion `TestWord` durchgeführt. In Zeile (1) initialisiert das Programm den Rückgabewert für diese Funktion mit `FALSE`; dieser Wert wird in Zeile (8) auf `TRUE` gesetzt, wenn die Suche nach den Vokalen erfolgreich war.

Zeile (2) initialisiert die Positionsnummer i mit 1, und wir können das Programm als in Zustand 0 befindlich betrachten. In diesem Zustand ruft es in Zeile (3) `FindChar` mit dem dritten Argument `'a'` auf, um nach dem Buchstaben `a` zu suchen. Wenn es ein `a` findet, wissen wir aufgrund unserer Diskussion über Abb. 10.2, daß `FindChar` `TRUE` zurückgeben und i inkrementieren wird, um die Position hinter dem ersten `a` in Array `A` zu markieren. Wenn `FindChar` in Zeile (3) `TRUE` zurückgibt, geht das Programm in Zustand 1 über, wo es in Zeile (4) einen ähnlichen Test für `e` durchführt und nur den Teil des Arrays `A` durchsucht, der auf das erste `a` folgt. Auf diese Weise werden alle Vokale abgearbeitet, bis das Programm in Zeile (8), falls ein `u` gefunden wird, `TRUE` zurückgibt.

Das Hauptprogramm erscheint in den Zeilen (9) bis (12) und besteht aus einer einzigen while-Schleife. Der Rumpf dieser Schleife liest in Zeile (10) ein Wort ein, das einer Zeile der Eingabedatei entspricht. Zeile (11) überprüft, ob dieses Wort die Teilsequenz `aeiou` enthält; wenn ja, wird das Wort in Zeile (12) ausgegeben. Die Schleife terminiert in Zeile (9), nachdem die letzte Zeile der Datei eingelesen wurde, was durch das Dateiendezeichen (*end-of-file character*) angezeigt wird.

Graphen, die Zustandsmaschinen darstellen

Wir können das Verhalten eines Programms, wie das in Abb. 10.3, durch einen Graphen darstellen, dessen Knoten die Zustände des Programms repräsentieren. Vielleicht noch wichtiger ist, daß wir ein Programm entwerfen können, indem wir zunächst den Graphen entwickeln und diesen dann mechanisch entweder von Hand oder unter Benutzung eines aus einer Reihe von Programmierwerkzeugen, die zu diesem Zweck geschrieben wurden, in ein Programm übersetzen.

Das die Zustände eines Programms darstellende Bild ist ein Graph, dessen Bögen mit Mengen von Zeichen markiert sind. Es gibt einen Bogen von Zustand s nach Zustand t, der mit der Menge von Zeichen C markiert ist, wenn wir von Zustand s genau dann in Zustand t übergehen, wenn wir eines der Zeichen der Menge C antreffen. Die Bögen nennt man *Übergänge* (*transitions*). Wenn x eines der Zeichen in der Menge C ist, die den Übergang von Zustand s nach Zustand t markiert, und wenn wir uns dann in Zustand s befinden und ein x als nächstes Zeichen erhalten, sagen wir, wir „machen einen Übergang über x in den Zustand t". Im häufigsten Fall, daß C eine einelementige Menge $\{x\}$ ist, markieren wir den Bogen mit x anstatt mit $\{x\}$.

Zudem markieren wir einige der Knoten als *Endzustände* (*accepting states*). Wenn wir einen dieser Zustände erreichen, haben wir unser Muster gefunden und „akzeptieren“ es. Üblicherweise werden Endzustände durch doppelte Kreise dargestellt. Zum Schluß wird noch einer der Knoten als *Anfangszustand* (*start state*) bestimmt, also als der Zustand, in dem wir mit der Mustererkennung beginnen. Wir kennzeichnen den Anfangszustand durch einen aus dem Nichts kommenden Pfeil. Ein solcher Graph wird als *endlicher Automat* (*finite automaton*) oder einfach nur als *Automat* bezeichnet. Ein Beispielautomat ist in Abb. 10.4 gegeben.

Das Verhalten eines Automaten ist konzeptionell sehr einfach. Wir stellen uns vor, daß ein Automat eine Liste von Zeichen erhält, die man als *Eingabesequenz* bezeichnet. Er beginnt im Anfangszustand, das erste Zeichen der Eingabesequenz zu lesen. In Abhängigkeit dieses Zeichens findet ein Übergang in denselben oder in einen anderen Zustand statt. Der Übergang wird durch den Graphen des Automaten vorgegeben. Anschließend liest der Automat das zweite Zeichen ein und führt den entsprechenden Übergang aus, und so weiter.

```
const WORDLENGTH = 50;
type WORD = packed array[1..WORDLENGTH] of char;

function FindChar(A: WORD; var i: integer; c: char): Boolean;
begin
   while (A[i] <> c) AND (A[i] <> ' ') do
      i := i+1;
   if A[i] = c then begin
      FindChar := TRUE;
      i := i+1;
   end
   else
      FindChar := FALSE
end; (* FindChar *)

function TestWord(A: WORD): Boolean;
var i: integer; (* Die Position in A, an der die Suche nach dem Vokal
                   beginnt. *)

begin
   TestWord := FALSE; (* Zustand 0 *)
   i := 1;
   if FindChar(A, i, 'a') then (* Zustand 1 *)
      if FindChar(A, i, 'e') then (* Zustand 2 *)
         if FindChar(A, i, 'i') then (* Zustand 3 *)
               if FindChar(A, i, 'o') then (* Zustand 4 *)
                  if FindChar(A, i, 'u') then (* Zustand 5 *)
                     TestWord := TRUE
```

```
end; (* TestWord *)

(* Hauptprogramm *)

var A: WORD;
begin
   while NOT EOF(input) do begin
      readln(A);
      if TestWord(A) then
         writeln(A)
   end
end.
```

Abb. 10.3: Finden der Worte mit der Teilsequenz aeiou.

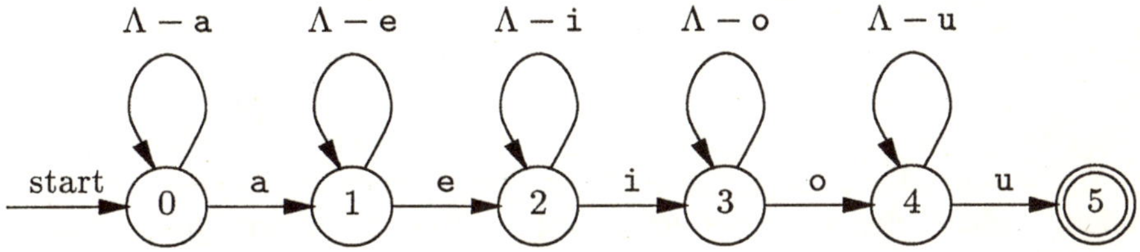

Abb. 10.4: Automat, der die Buchstabenfolgen erkennt, die die Teilsequenz aeiou *enthalten.*

Beispiel 10.1

Der Automat, der der Funktion TestWord aus Abb. 10.3 entspricht, ist in Abb. 10.4 illustriert. In diesem Graphen verwenden wir eine Konvention, die wir auch später befolgen werden; der griechische Buchstabe Λ (Lambda) steht für die Menge aller Groß- und Kleinbuchstaben. Zudem benutzen wir Abkürzungen wie Λ - a, um die Menge aller Buchstaben mit Ausnahme von a zu repräsentieren.

Knoten 0 ist der Anfangszustand. Bei allen Buchstaben außer bei a bleiben wir in Zustand 0, nur bei a gehen wir über in Zustand 1. Ähnliches gilt, wenn wir in Zustand 1 angelangt sind; wir bleiben dort, außer wenn wir ein e finden, dann gehen wir über in Zustand 2. Die nächsten Zustände, 3 und 4, werden erreicht, wenn wir ein i und ein o finden. In Zustand 4 bleiben wir so lange, bis wir ein u finden und gehen dann in Zustand 5 über, den einzigen Endzustand. Aus Zustand 5 heraus gibt es keine Übergänge, da wir das zu testende Wort nicht weiter überprüfen, sondern vielmehr unseren Erfolg verkünden, indem wir den Wert TRUE zurückgeben.

Es ist auch beachtenswert, daß, wenn wir in den Zuständen 0 bis 4 auf ein Leerzeichen treffen (oder auf ein anderes Zeichen, das kein Buchstabe ist), keine Übergänge stattfinden. In einem solchen Fall wird die Bearbeitung beendet und, da wir uns noch nicht im Endzustand befinden, diese Eingabe *abgelehnt.* ◆

Beispiel 10.2

Unser nächstes Beispiel stammt aus der Signalverarbeitung. Anstatt alle Zeichen als potentielle Eingaben für einen Automaten zu betrachten, sind hier nur die Eingaben 0 und 1 gestattet. Der Automat, den wir entwickeln werden und der *Rauschfilter* genannt wird, erhält eine Folge von 0-en und 1-en als Eingabe. Sein Zweck besteht darin, die Sequenz zu „glätten“ indem er eine einzelne von 1-en umgebene 0 als „Rauschen“ betrachtet und die 0 durch eine 1 ersetzt. Ebenso wird eine von 0-en umgebene 1 als Rauschen angesehen und durch eine 0 ersetzt.

Als Anwendungsbeispiel eines Rauschfilters können wir ein digitalisiertes schwarz-weiß Bild Zeile für Zeile einlesen. Jede Zeile des Bildes entspricht einer Folge von 0-en und 1-en. Da Bilder manchmal kleine Flecken einer falschen Farbe enthalten, zum Beispiel aufgrund eines Fehlers im Film oder eines beim Prozeß des Fotografierens aufgetretenen Fehlers, ist es sinnvoll, derartige Flecken zu beseitigen, um die Anzahl unterschiedlicher Regionen im Bild zu verringern, so daß wir uns auf „echte“ Merkmale anstatt auf die unechte konzentrieren können.

Abbildung 10.5 gibt den Automaten für unseren Rauschfilter an. Die Interpretationen der vier Zustände lauten:

a) Wir haben gerade ein Folge von mindestens zwei 0-en hintereinander gesehen.

b) Wir haben gerade eine Folge von 0-en gefolgt von einer einzelnen 1 gesehen.

c) Wir haben gerade eine Folge von mindestens zwei 1-en gesehen.

d) Wir haben gerade eine Folge von 1-en gefolgt von einer einzelnen 0 gesehen.

Zustand *a* ist der Anfangszustand, was impliziert, daß unser Automat sich so verhält, als gäbe es vor der Eingabe einen nicht sichtbaren Präfix bestehend aus 0-en.

c und *d* sind die Endzustände. Bei diesem Automaten hat die Akzeptanz der Endzustände eine etwas andere Bedeutung als die des Automaten aus Abb. 10.4. Wenn wir dort den Endzustand erreichten, bedeutete dies, daß die gesamte Eingabe, einschließlich der Zeichen, die der Automat nicht einmal gelesen hatte, akzeptiert wurde.[1]

---

[1]Wir hätten den Automaten jedoch dahingehend verändern können, daß er alle folgenden Buchstaben auch noch liest. Dafür hätten wir nur Zustand 5 um einen Übergang auf sich selbst für alle Buchstaben zu erweitern brauchen.

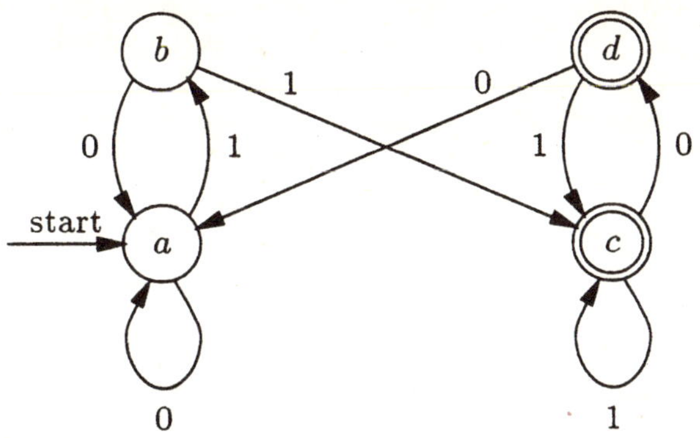

Abb. 10.5: Automat zur Beseitigung falscher 0-en und 1-en.

Hier soll ein akzeptierender Endzustand dagegen die Aussage machen „gib eine 1 aus"; ein nichtakzeptierender Endzustand soll aussagen „gib eine 0 aus". Nach dieser Interpretation übersetzen wir jedes Bit der Eingabe in ein Bit der Ausgabe. Zumeist wird die Ausgabe gleich der Eingabe sein, aber manchmal wird sie auch anders lauten. Abbildung 10.6 zeigt die Eingaben, Zustände und Ausgaben für die Eingabe 0101101.

Eingabe:		0	1	0	1	1	0	1
Zustand:	a	a	b	a	b	c	d	c
Ausgabe:	0	0	0	0	0	1	1	1

Abb. 10.6: Simulation des Automaten aus Abb. 10.5 für die Eingabe 0101101.

Wir beginnen in Zustand a, und da a kein Endzustand ist, geben wir 0 aus. Es ist wichtig zu bemerken, daß diese Anfangsausgabe nicht die Antwort auf irgend eine Eingabe ist, sondern den Zustand des Automaten beim ersten Einschalten des Gerätes repräsentiert.

Der in Abb. 10.5 mit 0 markierte Übergang aus Zustand a geht wieder in Zustand a selbst über. Die zweite Ausgabe ist demnach 0. Die zweite Eingabe ist 1, und von Zustand a machen wir einen Übergang über 1 in Zustand b. Dieser Zustand „erinnert" sich daran, daß wir auf eine alleinstehende 1 getroffen sind; da b aber kein Endzustand ist, ist die Ausgabe noch immer 0. Bei der dritten Eingabe, einer weiteren 0, gehen wir von Zustand b zurück zu Zustand a und geben wiederum 0 aus.

Die nächsten beiden Eingaben sind 1-en; der Automat geht also zunächst in Zustand b und dann in Zustand c über. Nach der ersten der beiden 1-en befinden wir uns in Zustand b, was die Ausgabe 0 zur Folge hat; diese Ausgabe stellt sich als falsch heraus, da wir einen Durchlauf mit 1-en begonnen hatten, was wir jedoch nach dem Lesen der vierten Eingabe nicht wissen. Der Effekt unseres einfachen Entwurfs ist, daß alle Durchläufe, ob 0 oder 1, um eine Position nach rechts verschoben werden, da zwei Bits hintereinander benötigt werden, bevor der Automat realisiert, daß er den Anfang eines neuen Durchlaufs und kein „Geräusch"-Bit entdeckt hat. Wenn die fünfte Eingabe empfangen wird, folgen wir dem Übergang für Eingabe 1 von Zustand *b* in Zustand *c*. An dieser Stelle machen wir unsere erste 1-er Ausgabe, da *c* ein Endzustand ist.

Die letzten beiden Eingaben sind 0 und 1. Die 0 bringt uns von Zustand *c* zu *d*, so daß wir uns daran erinnern, daß wir eine einzelne 0 entdeckt haben. Die Ausgabe aus Zustand *d* ist wieder 1, da dies ein Endzustand ist. Die letzte 1 bringt uns zurück zu Zustand *c* und erzeugt als Ausgabe eine 1. ◆

Der Unterschied zwischen Automaten und ihren Programmen

Automaten sind Abstraktionen. Wie wir in Abschnitt 10.3 sehen werden, liefern Automaten für jede Folge von Eingabezeichen eine akzeptierende/ablehnende Entscheidung, indem sie feststellen, ob es einen Pfad vom Anfangszustand zu einem Endzustand gibt, der mit eben dieser Sequenz markiert ist. Die in Abb. 10.6 für den Rauschfilter aus Abb. 10.5 angegebene Aktion sagt uns, daß der Automat die Präfixe ε, `0`, `01`, `010` und `0101` ablehnt, wohingegen er `01011`, `010110` und `0101101` akzeptiert. Der Automat aus Abb. 10.4 akzeptiert Strings wie `abstemiou`, lehnt `abstemious` jedoch ab, da er aus Zustand 5 mit dem letzten `s` nirgendwo hin kann.

Andererseits können aus Automaten erzeugte Programme eine akzeptierende/ablehnende Entscheidung auf unterschiedliche Weise nutzen. Zum Beispiel benutzte das Programm aus Abb. 10.3 den Automaten aus Abb. 10.4 nicht, um den String zu akzeptieren, der den Pfad zum Endzustand markiert, sondern um die gesamte Zeile der Eingabe, das heißt `abstemious` anstelle von `abstemiou` anzunehmen. Das ist auch völlig in Ordnung und spiegelt die Art wider, wie wir ein Programm geschrieben hätten, das das Vorhandensein aller fünf Vokale in richtiger Reihenfolge überprüft. Es ist dabei egal, ob ein Automat oder ein anderer Ansatz verwendet wurde. Vermutlich würde unser Programm das gesamte Wort ausdrucken, wenn das `u` gefunden wurde, ohne es weiter zu untersuchen.

Der Automat aus Abb. 10.5 wird direkter verwendet. Wir werden in Abb. 10.8 ein Programm für den Rauschfilter zeigen, das jeden Endzustand einfach in eine Aktion übersetzt, die eine `1` druckt, und jeden ablehnenden Zustand in eine Aktion, die eine `0` druckt.

ÜBUNGEN

10.2.1: Entwerfen Sie Automaten, die Strings bestehend aus 0-en und 1-en lesen und

a) feststellen, ob die bisher gelesene Sequenz eine gerade Parität hat (d. h. ob sie eine gerade Anzahl an 1-en enthält). Insbesondere akzeptiert der Automat den String, wenn dieser bisher eine gerade Parität hat, und er lehnt ihn ab, wenn er eine ungerade Parität hat.

b) prüfen, ob diese nicht mehr als zwei aufeinanderfolgende 1-en enthalten. Das bedeutet, sie akzeptieren die Strings nur dann, wenn 111 nicht Teilstring des bisher eingelesenen Eingabestrings ist.

Welche Bedeutung hat jeder seiner Zustände?

10.2.2: Geben Sie die Folge der Zustände und Ausgaben an, wenn Ihre Automaten aus Übung 10.2.1 die Eingabe 101001101110 erhalten.

10.2.3*: Entwerfen Sie einen Automaten, der ein Wort (eine Zeichenkette) liest und feststellt, ob die Buchstaben dieses Wortes sortiert sind. Die Buchstaben von `adept` und `chilly` sind zum Beispiel sortiert; das gilt nicht für das Wort `baby`, da ein `a` auf das erste `b` folgt. Das Wort muß durch ein Leerzeichen beendet werden, so daß der Automat weiß, wann er alle Buchstaben gelesen hat. (Im Gegensatz zu Beispiel 10.1 dürfen wir hier nicht akzeptieren, bis wir alle Buchstaben gelesen haben, das heißt, bis wir das Leerzeichen am Ende des Wortes erreicht haben.) Wie viele Zustände benötigen Sie? Welche Bedeutung haben sie? Wie viele Übergänge gibt es aus jedem Zustand? Wie viele Endzustände gibt es?

10.2.4: Entwerfen Sie einen Automaten, der feststellt, ob eine Zeichenkette ein erlaubter Pascal-Bezeichner (Buchstabe gefolgt von Buchstaben oder Ziffern) gefolgt von einem Leerzeichen ist.

10.2.5: Schreiben Sie Pascal-Programme, um jeden der Automaten aus den Übungen 10.2.1 bis 10.2.4 zu implementieren.

10.2.6: Entwerfen Sie einen Automaten, der feststellt, ob eine gegebene Zeichenkette einem der englischen Pronomen in der dritten Person Singular, `he`, `his`, `him`, `she`, `her` oder `hers`, gefolgt von einem Leerzeichen entspricht.

10.2.7*: Wandeln Sie Ihren Automaten aus Übung 10.2.6 in eine Pascal-Prozedur um, und verwenden Sie diese in einem Programm, um alle Stellen zu finden, in denen die Pronomen in der dritten Person Singular als Teilstring eines gegebenen Strings enthalten sind.

Terminologie bei Automateneingaben

In den Beispielen, die wir hier behandeln werden, sind die Eingaben für Automaten Zeichen, wie Buchstaben und Ziffern, dabei ist es vorteilhaft, sich Eingaben als Zeichen und Eingabesequenzen als Zeichenketten vorzustellen. Im allgemeinen werden wir hier diese Terminologie verwenden, nur werden wir „Zeichenkette" gelegentlich durch den Begriff „String" abkürzen. Es gibt jedoch auch einige Anwendungen, bei denen die Eingaben, auf denen ein Automat seine Übergänge durchführt, aus einer allgemeineren Menge als der des ASCII-Zeichensatzes ausgewählt werden. Ein Compiler möchte beispielsweise ein Schlüsselwort wie `while` als ein einzelnes Eingabesymbol behandeln, das wir durch den fettgedruckten String `while` darstellen werden. Wir werden die individuellen Eingaben daher gelegentlich als „Symbole" und nicht als „Zeichen" bezeichnen.

10.3 Deterministische und nichtdeterministische Automaten

Eine der elementarsten Operationen, die ein Automat durchführt, besteht darin, eine Folge von Symbolen $a_1a_2...a_k$ zu übernehmen und vom Anfangszustand aus einem Pfad zu folgen, dessen Bögen Markierungen besitzen, die diese Symbole nacheinander enthalten. Das heißt, für $i = 1, 2, ..., k$ ist a_i ein Element der Menge S_i, das den i-ten Bogen des Pfades markiert. Die Konstruktion dieses Pfades und seiner Zustandsfolge wird als *Simulation* des Automaten für die Eingabesequenz $a_1a_2...a_k$ bezeichnet. Von diesem Pfad wird gesagt, er besäße die Markierung $a_1a_2...a_k$; natürlich kann er auch andere Markierungen besitzen, da die Mengen S_i, die die Bögen entlang des Pfades markieren, mehrere andere Zeichen enthalten können.

Beispiel 10.3

Eine solche Simulation führten wir in Abb. 10.6 durch, wo wir die Eingabesequenz 0101101 auf dem Automaten aus Abb. 10.5 verfolgten. Als weiteres Beispiel betrachten wir den Automaten aus Abb. 10.4, den wir zum Erkennen von Wörtern mit der Teilsequenz `aeiou` benutzten. Nehmen wir den String `adept`.

Wir beginnen in Zustand 0. Es gibt zwei Übergänge aus Zustand 0, einen über die Menge der Zeichen Λ - `a` und einen weiteren über `a`. Da der erste Buchstabe in `adept` ein `a` ist, folgen wir dem zuletzt genannten Übergang, der uns zu Zustand 1 bringt. Aus Zustand 1 gibt es die Übergänge über Λ - `e` und über e. Da der zweite Buchstabe ein d ist, müssen wir den ersten Übergang nehmen, da alle Buchstaben bis auf e in der Menge Λ - e enthalten sind. Wir bleiben also weiterhin in Zustand 1. Da der dritte Buchstabe ein e ist, folgen wir dem zweiten Übergang aus Zustand 1, der uns zu Zustand 2 bringt. Die letzten beiden Buchstaben von adept sind in der Menge Λ - i enthalten, so daß unsere nächsten beiden Übergänge von Zustand 2 zu Zustand 2 verlaufen. Wir haben somit die Bearbeitung von adept in Zustand 2 beendet. Die Folge der Zustandsübergänge ist in Abb. 10.7 aufgezeichnet. Da Zustand 2 kein Endzustand ist, akzeptieren wir die Eingabe adept nicht. ◆

Eingabe:		a		d		e		p		t	
Zustand:	0		1		1		2		2		2

Abb. 10.7: Simulation des Automaten aus Abb. 10.4 mit der Eingabe adept.

Deterministische Automaten

Die im vorigen Abschnitt besprochenen Automaten besitzen eine wichtige Eigenschaft. Für jeden Zustand s und für jedes Eingabezeichen x gibt es höchstens einen Übergang aus Zustand s, dessen Markierung x enthält. Ein derartiger Automat wird als *deterministisch* bezeichnet.

Die Simulation eines deterministischen Automaten für eine gegebene Eingabesequenz ist einfach. In jedem Zustand s betrachten wir für das nächste Eingabezeichen x jede der Markierungen der aus s herausgehenden Übergänge. Wenn wir einen Übergang finden, dessen Markierung x einschließt, zeigt dieser Übergang auf den nächsten gültigen Zustand. Enthält keiner der Übergänge x, dann „stirbt" der Automat und kann keine weiteren Eingaben bearbeiten. Auf dieselbe Weise stirbt auch der Automat aus Abb. 10.4, nachdem er Zustand 5 erreicht hat, da er erkennt, daß er die Teilsequenz aeiou bereits gefunden hat.

Es ist leicht, einen deterministischen Automaten in ein Programm umzuwandeln. Für jeden Zustand erzeugen wir ein Programmstück. Der Code für Zustand s untersucht dessen Eingabe und entscheidet sich für einen der Übergänge aus s, wenn es einen entsprechenden Übergang gibt. Wenn ein Übergang von Zustand s nach Zustand t ausgewählt wurde, muß der Code für Zustand s, gegebenenfalls durch Verwendung einer goto-Anweisung, dafür sorgen, daß als nächstes der Code für Zustand t ausgeführt wird.

Beispiel 10.4

Wir werden ein Programmfragment schreiben, daß dem Rauschfilter-Automaten aus Abb. 10.5 entspricht. Es enthält eine Variable c, die die Zeichen der Eingabe liest. Die Zustände a, b, c und d werden durch die Markierungen 1, 2,

3 und 4 repräsentiert. Zudem verwenden wir die Markierung 99 zur Kennzeichnung des Programmendes, das wir erreichen, wenn wir in der Eingabe auf ein Zeichen treffen, das nicht 0 oder 1 ist.

Das Programm steht in Abb. 10.8. In Zustand a, der der Markierung 1 entspricht, drucken wir zum Beispiel das Zeichen 0, da a kein Endzustand ist. Ist das Eingabezeichen eine 0, so bleiben wir in Zustand a, ist es dagegen eine 1, gehen wir über in Zustand b. ◆

Nichts in der Definition eines „Automaten" sagt aus, daß die Markierungen der Übergänge aus einem gegebenen Zustand disjunkt sein müssen (Mengen sind *disjunkt*, wenn sie keine gemeinsamen Elemente enthalten; d. h. wenn ihre Schnittmenge leer ist). Ist ein Graph der in Abb. 10.9 gezeigten Art gegeben, der für die Eingabe x Übergänge von Zustand s zu den Zuständen t und u besitzt, so ist die Implementierung dieses Automaten durch ein Programm nicht so offensichtlich. Wenn wir nämlich den Code für Zustand s ausführen, wenn x als nächstes Eingabezeichen gefunden wird, so wird uns mitgeteilt, daß wir zum Anfang des Codes für Zustand t und gleichzeitig zum Anfang des Codes für Zustand u gelangen müssen. Da das Programm nicht zu zwei Stellen gleichzeitig springen kann, ist es völlig unverständlich, wie man einen Automaten mit nicht-disjunkten Markierungen der Übergänge eines Zustands simulieren kann.

```
      label 1, 2, 3, 4, 99;

      var c: char;

      begin

1:       (* Zustand a *)
         write('0');
         read(c);
         if c = '0' then goto 1; (* Übergang zu Zustand a *)
         if c = '1' then goto 2; (* Übergang zu Zustand b *)
         goto 99;

2:       (* Zustand b *)
         write('0');
         read(c);
         if c = '0' then goto 1; (* Übergang zu Zustand a *)
         if c = '1' then goto 3; (* Übergang zu Zustand c *)
         goto 99;

3:       (* Zustand c *)
         write('1');
         read(c);
         if c = '0' then goto 4; (* Übergang zu Zustand d *)
```

```
        if c = '1' then goto 3; (* Übergang zu Zustand c *)
        goto 99;

4:      (* Zustand d *)
        write('1');
        read(c);
        if c = '0' then goto 1; (* Übergang zu Zustand a *)
        if c = '1' then goto 3; (* Übergang zu Zustand c *)
        goto 99;
99:
      end;
```

Abb. 10.8: Programmfragment zur Implementierung des deterministischen Automaten aus Abb. 10.5.

Nichtdeterministische Automaten

Nichtdeterministische Automaten dürfen (müssen aber nicht) zwei oder mehr Übergänge aus einem Zustand haben, die dasselbe Symbol enthalten. Beachten Sie, daß ein deterministischer Automat strenggenommen auch ein nichtdeterministischer Automat ist, einer, der zufällig nicht mehrere Übergänge für ein Symbol besitzt. Ein „Automat" ist im allgemeinen nichtdeterministisch, wir werden trotzdem den Ausdruck „nichtdeterministische Automaten" verwenden, wenn wir betonen wollen, daß der Automat kein deterministischer Automat zu sein braucht.

Wie wir bereits erwähnten, lassen sich nichtdeterministische Automaten nicht direkt als Programme implementieren, sie sind aber ein nützliches Werkzeug für eine Reihe von Anwendungen, die wir noch behandeln werden. Desweiteren ist es unter Verwendung der im nächsten Abschnitt vorgestellten „Teilmengenkonstruktion" möglich, jeden nichtdeterministischen Automaten in einen deterministischen Automaten umzuwandeln, der dieselbe Menge von Zeichenketten akzeptiert.

Nichtdeterminismus und das Raten

Nichtdeterminismus gestattet es den Automaten zu „raten". Wenn wir in einem gegebenen Zustand bei einem gegebenen Eingabezeichen nicht wissen, was zu tun ist, können wir mehrere nächste Zustände auswählen. Da jeder mit einer Zeichenkette markierte Pfad als akzeptierend interpretiert wird, wenn er zu einem Endzustand führt, wird der nichtdeterministische Automat demzufolge für eine richtige Vermutung belohnt, egal wie viele falsche Vermutungen er noch anstellt.

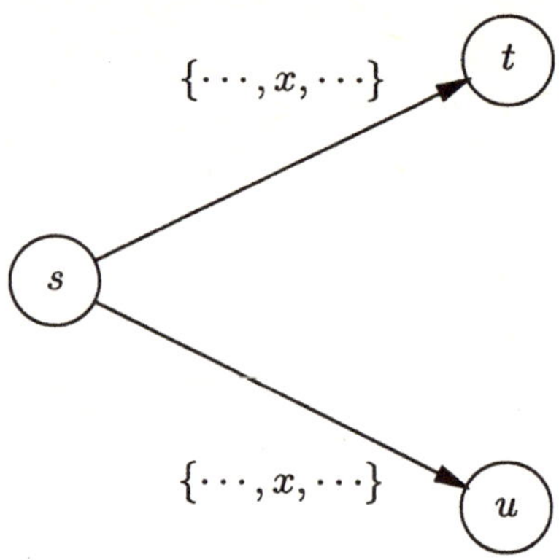

Abb. 10.9: Nichtdeterministische Übergänge von Zustand s für die Eingabe x.

Akzeptanz durch nichtdeterministische Automaten

Wenn wir versuchen, einen nichtdeterministischen Automaten für einen Eingabestring $a_1a_2...a_k$ von Zeichen zu simulieren, stellen wir unter Umständen fest, daß derselbe String mehrere Pfade markiert. Laut Übereinkunft sagt man, daß dieser nichtdeterministische Automat diesen Eingabestring *akzeptiert*, wenn mindestens einer der von ihm markierten Pfade zu einem Endzustand führt. Sogar ein einzelner Pfad, der zu einem Endzustand führt, hat mehr Gewicht als jede Anzahl an Pfaden, die nicht an einem Endzustand enden.

Beispiel 10.5

Die „Liga gegen sexistische Sprache" (*League Against Sexist Speach*, kurz: *LASS*) ist bemüht, sexistische Schriften aufzustöbern, die das Wort „man" enthalten. Sie möchten nicht nur Konstrukte wie „ombudsman" finden, sondern auch die versteckteren Formen der Diskriminierung wie „maniac" oder „emancipate". LASS plant unter Verwendung eines Automaten den Entwurf eines Programms; dieses Programm wird Zeichenketten einlesen und diese „akzeptieren", wenn es die Zeichenkette `man` irgendwo in der Eingabe findet.

Man würde es vielleicht zunächst mit einem deterministischen Automaten wie dem aus Abb. 10.10 versuchen. In diesem Automaten repräsentiert der Zustand 0, der Anfangszustand, den Fall, in dem wir noch keine Buchstaben von „man" gefunden haben. Zustand 1 soll die Situation repräsentieren, in der ein `m` entdeckt wurde; in Zustand 2 haben wir ein `ma` erkannt und in Zustand 3 das Wort `man`. Wenn wir in den Zuständen 0, 1 und 2 die erhofften Buchstaben nicht finden, gehen wir zurück zu Zustand 0 und versuchen es erneut.

Abbildung 10.10 ist jedoch nicht ganz korrekt. Mit einem Eingabestring wie `command` bleibt er beim Lesen von `c` und `o` in Zustand 0 stecken. Er geht in Zustand 1 über, wenn er das erste `m` liest, das zweite `m` bringt ihn jedoch wieder zurück in Zustand 0, den er anschließend nicht mehr verläßt.

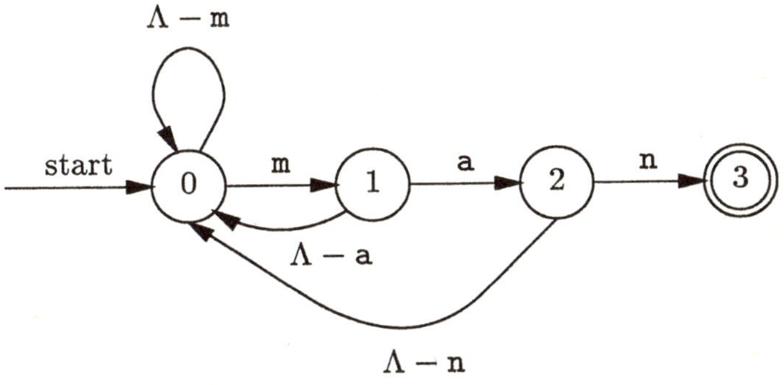

Abb. 10.10: Deterministischer Automat, der die meisten, aber nicht alle mit `man` *endenden Strings erkennt.*

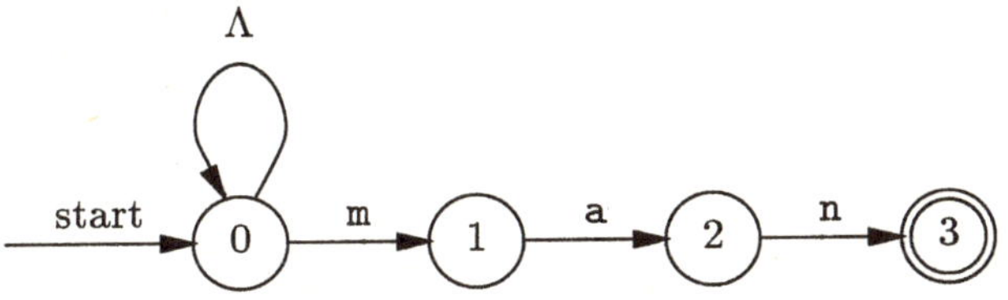

Abb. 10.11: Nichtdeterministischer Automat, der die mit `man` *endenden Strings erkennt.*

Ein nichtdeterministischer Automat, der Zeichenketten, die den String `man` enthalten, korrekt erkennt, ist in Abb. 10.11 angegeben. Die wesentliche Neuerung besteht darin, daß wir in Zustand 0 raten, ob `m` den Anfang von `man` markiert oder nicht. Da der Automat nichtdeterministisch ist, kann er gleichzeitig „ja" (dargestellt durch den Übergang von Zustand 0 in Zustand 1) und „nein" (dargestellt durch die Tatsache, daß der Übergang von Zustand 0 zu Zustand 0 von allen Buchstaben durchgeführt werden kann, einschließlich `m`) raten. Da für die Akzeptanz durch einen nichtdeterministischen Automaten nicht mehr als ein einziger Pfad zu einem Endzustand erforderlich ist, werden wir für beide Vermutungen belohnt.

Abbildung 10.12 enthält die Aktion des nichtdeterministischen Automaten aus Abb. 10.11 für den Eingabestring `command`. Als Antwort auf `c` und `o` kann der Automat nur in Zustand 0 verharren. Wird das erste `m` eingegeben, so hat der Automat die Wahl, in Zustand 0 oder in Zustand 1 überzugehen; er tut beides. Mit dem zweiten m kommt man in Zustand 1 nicht sehr weit, so daß dieser Zweig „stirbt“. Von Zustand 0 können wir jedoch wiederum entweder in Zustand 0 oder 1 übergehen; wir tun beides. Wenn a die Eingabe ist, können wir von Zustand 0 in Zustand 0 und von Zustand 1 in Zustand 2 übergehen. Ebenso gehen wir bei der Eingabe n von Zustand 0 in Zustand 0 über und von Zustand 2 in Zustand 3.

Da Zustand 3 ein Endzustand ist, akzeptieren wir an dieser Stelle.[2] Die Tatsache, daß wir uns zudem in Zustand 0 befinden, nachdem wir comman erkannt haben, ist in bezug auf die Akzeptanz ohne Bedeutung.

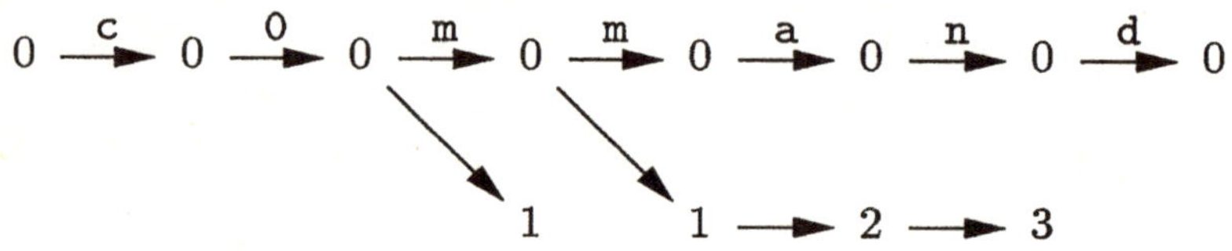

Abb. 10.12: Simulation des nichtdeterministischen Automaten aus Abb. 10.11 für den Eingabestring command.

Der letzte Übergang von Zustand 0 in Zustand 0 findet bei Eingabe d statt. Beachten Sie, daß Zustand 3 für keine Eingabe irgendwohin führt, so daß der Zweig stirbt. Weiterhin ist zu bemerken, daß die Übergänge zurück zu Zustand 0, die in Abb. 10.10 zur Behandlung des Falls vorgesehen waren, daß das nächste Zeichen des Wortes man nicht empfangen wurde, in Abb. 10.11 nicht benötigt werden. Das liegt daran, daß wir in Abb. 10.11 nicht gezwungen sind der Sequenz von Zustand 0 zu 1 zu 2 zu 3 zu folgen. Wir raten vielmehr, daß wir man nicht finden werden und verharren in Zustand 0, wobei wir zusätzlich die Möglichkeit überprüfen, daß jedes gegebene m der Anfang des Wortes man sein könnte. ♦

Auch wenn es den Anschein hat, so kann der Entwurf aus Abb. 10.11 natürlich nicht unmittelbar in ein Programm umgewandelt werden. Wir werden im nächsten Abschnitt sehen, wie es möglich ist, Abb. 10.11 in einen deterministischen Automaten mit nur vier Zuständen umzuwandeln. Dieser deterministische Automat wird, im Gegensatz zu dem aus Abb. 10.11, alle Vorkommen von man korrekt erkennen.

Während wir jeden nichtdeterministischen Automaten in einen deterministischen umwandeln können, haben wir nicht immer solches Glück wie im Falle von Abb. 10.11. In diesem Fall hat der entsprechende deterministische

[2]Beachten Sie, daß der Automat aus Abb. 10.11, wie auch der Automat aus Abb. 10.4, dann akzeptiert, wenn er das gesuchte Muster gefunden hat, und nicht erst am Ende des Wortes. Wenn wir Abb. 10.11 in einen deterministischen Automaten umwandeln, können wir daraus ein Programm entwerfen, das das gesamte Wort ausgibt wie das Programm aus Abb. 10.3.

Automat mit seinen vier Zuständen nicht mehr Zustände als der nichtdeterministische Automat. Es gibt andere nichtdeterministische Automaten, deren entsprechender deterministischer Automat weit mehr Zustände besitzt. Ein nichtdeterministischer Automat mit n Zuständen kann unter Umständen nur in einen deterministischen Automaten mit 2^n Zuständen umgewandelt werden. Das nächste Beispiel befaßt sich mit einem deterministischen Automaten, der weitaus mehr Zustände besitzt als der nichtdeterministische Automat. Es folgt daraus, daß ein nichtdeterministischer Automat wesentlich einfacher zu entwerfen ist als ein deterministischer Automat für dasselbe Problem.

Beispiel 10.6

Als Peter Ullman, der Sohn eines der Autoren, in der vierten Klasse war, hatte er einen Lehrer, der versuchte, das Vokabular der Schüler aufzubauen, indem er ihnen „partielle Anagramme" zuteilte. Jede Woche erhielten sie ein Wort, aus dem sie alle Wörter bilden sollten, die unter Verwendung eines oder mehrerer seiner Buchstaben gebildet werden konnten.

Einmal, als das Wort „Washington" dran war, setzten sich die beiden Autoren dieses Buches zusammen und entschieden, eine erschöpfende Suche durchzuführen, um festzustellen, wie viele Wörter möglich waren. Mit Hilfe der Datei `/usr/dict/words` und einer Prozedur bestehend aus drei Schritten, fanden wir 269 Wörter. Dazu zählten auch fünf Wörter mit 7 Buchstaben:

```
agonist
goatish
showing
washing
wasting
```

Da die Schreibweise eines Buchstaben – ob groß oder klein – bei diesem Problem keine Rolle spielte, haben wir im ersten Schritt alle Großbuchstaben des Wörterbuches in Kleinbuchstaben übersetzt. Ein Programm zur Lösung dieser Aufgabe ist einfach.

Der zweite Schritt bestand in der Auswahl derjenigen Wörter, die ausschließlich Zeichen der Menge S = {a, g, h, i, n, o, s, t, w} enthielten, also nur die im Wort `washington` enthaltenen Buchstaben. Ein einfacher deterministischer Automat kann diese Aufgabe erfüllen; ein solcher ist in Abb. 10.13 angegeben. Das **newline**-Zeichen ist das Zeichen, das das Ende der Zeilen in `/usr/dict/words` markiert. In Abb. 10.13 bleiben wir so lange in Zustand 0, wie wir Buchstaben erkennen, die in `washington` enthalten sind. Treffen wir auf irgendein anderes Zeichen außer **newline**, so gibt es keinen Übergang, und der Automat kann niemals in den Endzustand 1 gelangen. Treffen wir auf ein **newline**, nachdem wir nur Buchstaben aus dem Wort `washington` gelesen haben, so gehen wir von Zustand 0 in Zustand 1 über und akzeptieren.

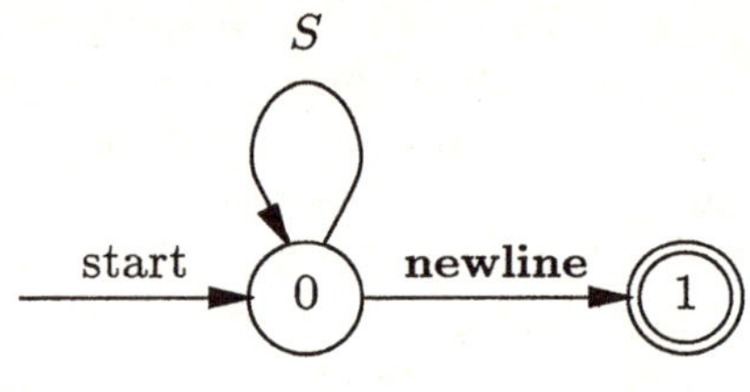

Abb. 10.13: Deterministischer Automat, der Wörter entdeckt, die aus den im Wort `washington` *vorkommenden Buchstaben bestehen.*

Der Automat in Abb. 10.13 akzeptiert Wörter wie `hash`, die mehr Vorkommen eines Buchstaben haben, als in dem Wort `washington` selbst enthalten sind. Unser dritter und letzter Schritt bestand somit darin, diejenigen Wörter zu eliminieren, die drei oder mehr Vorkommen von `n` oder zwei oder mehr Vorkommen eines anderen Zeichens der Menge S enthielten. Auch diese Aufgabe kann von einem Automaten durchgeführt werden. Zum Beispiel akzeptiert der Automat in Abb. 10.14 die Wörter, die mindestens zweimal den Buchstaben `a` enthalten. Wir bleiben in Zustand 0, bis wir ein `a` entdecken und dadurch in Zustand 1 übergehen. Dort bleiben wir so lange, bis wir ein zweites `a` gefunden haben. In diesem Fall entsprechen die von uns gesuchten Wörter exakt denjenigen, die den Automaten im Laufe der Bearbeitung niemals in den Endzustand 2 übergehen lassen.

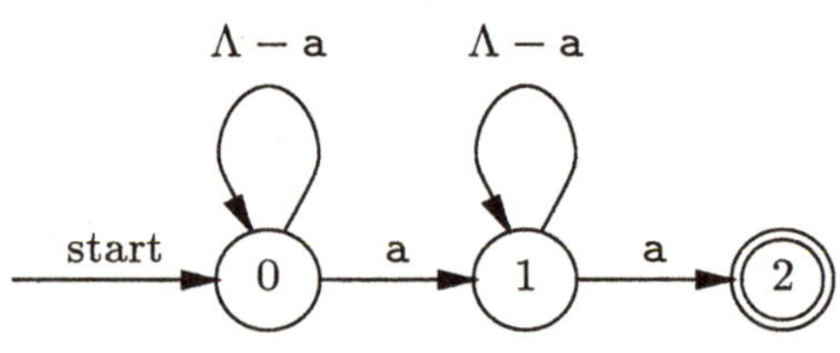

Abb. 10.14: Automat, der akzeptiert, wenn zweimal der Buchstabe a enthalten ist.

Der Automat aus Abb. 10.14 ist deterministisch. Er repräsentiert jedoch nur einen von neun Gründen, warum ein Wort, das von dem Automaten aus Abb. 10.13 akzeptiert wurde, unter Umständen trotzdem kein partielles Anagramm von `washington` ist. Um alle Wörter zu akzeptieren, die zu viele Instanzen eines Buchstaben aus `washington` enthalten, können wir den nichtdeterministischen Automaten aus Abb. 10.15 verwenden.

Abbildung 10.15 beginnt in Zustand 0, und eine seiner Wahlmöglichkeiten für jeden Buchstaben besteht darin, in Zustand 0 zu bleiben. Ist das Eingabezeichen ein Buchstabe aus dem Wort `washington`, gibt es noch eine weitere Wahlmöglichkeit; der Automat rät, daß er in einen Zustand übergehen sollte, dessen Funktion darin besteht, sich zu erinnern, daß ein Vorkommen dieses

Buchstaben bereits gefunden wurde. Zum Beispiel haben wir bei Eingabe des Buchstabens `i` noch die Möglichkeit, in Zustand 7 überzugehen. Wir verbleiben dann so lange in Zustand 7, bis wir ein weiteres `i` finden, wodurch wir in Zustand 8 übergehen, der einer der Endzustände ist. Vergessen Sie nicht, daß Akzeptanz bei diesem Automaten bedeutet, daß der Eingabestring *kein* partielles Anagramm von `washington` ist; in diesem Fall gilt dies, da er zweimal das `i` enthielt.

Da es in `washington` zwei `n` gibt, wird der Buchstabe `n` etwas anders behandelt. Der Automat kann in Zustand 9 übergehen, wenn er auf ein `n` trifft, anschließend in Zustand 10, wenn er ein zweites Mal ein `n` findet. Entdeckt er zum dritten Mal ein `n`, so geht er über in Zustand 11, in dem er akzeptiert.

Zum Beispiel zeigt Abb. 10.16 alle Zustände, die wir erreichen können, nachdem wir den Eingabestring `shining` gelesen haben. Da wir in den Endzustand 8 übergehen, nachdem wir das zweite `i` gelesen haben, ist das Wort `shining` kein partielles Anagramm von `washington`, auch wenn es von dem Automaten in Abb. 10.13 deswegen akzeptiert wurde, weil es nur Buchstaben des Wortes `washington` enthält.

Zusammenfassend besteht unser Algorithmus aus drei Schritten:

1. Zunächst wandeln wir alle Großbuchstaben des Wörterbuches in Kleinbuchstaben um.

2. Wir finden alle Wörter, die von dem Automaten aus Abb. 10.13 akzeptiert werden und daher nur aus Buchstaben des Wortes `washington` bestehen.

3. Aus der unter (2) erstellten Liste entfernen wir all diejenigen Wörter, die der nichtdeterministische Automat aus Abb. 10.15 akzeptierte.

Dieser Algorithmus bietet eine einfache Möglichkeit, alle partiellen Anagramme von „Washington“ in der Datei `/usr/dict/words` zu finden. Natürlich müssen wir einen geeigneten Weg finden, um den nichtdeterministischen Automaten aus Abb. 10.15 zu simulieren. Wir werden dies im nächsten Abschnitt tun. ◆

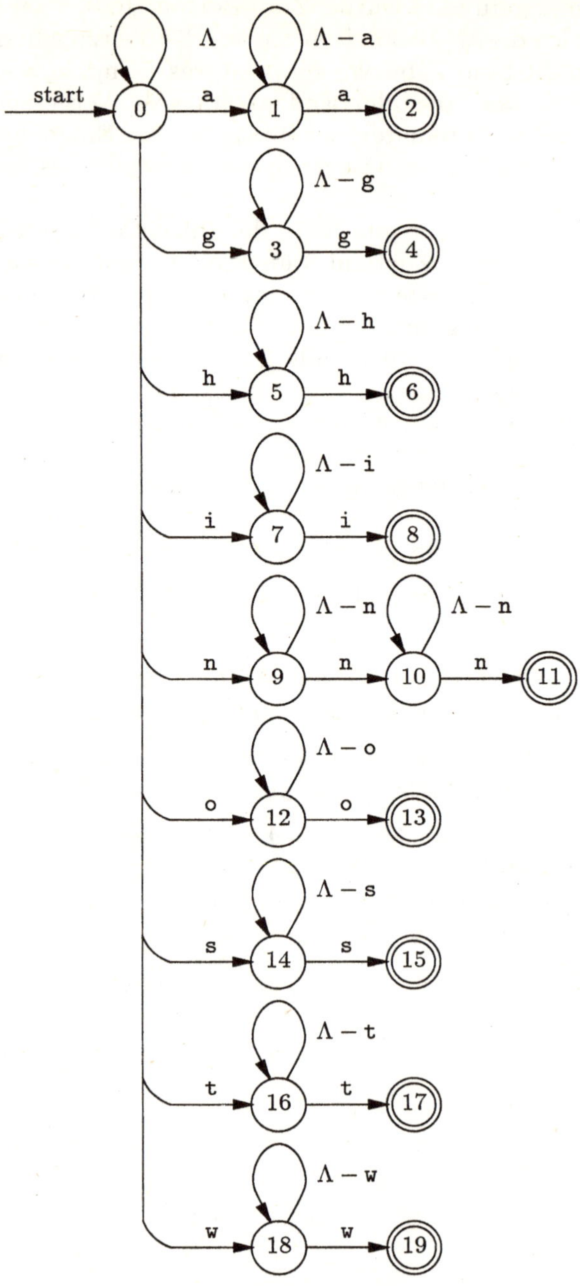

Abb. 10.15: Nichtdeterministischer Automat, der Wörter mit mehr als einem Vorkommen von a, g, h, i, o, s, t, w *oder mit mehr als zwei Vorkommen von* n *entdeckt.*

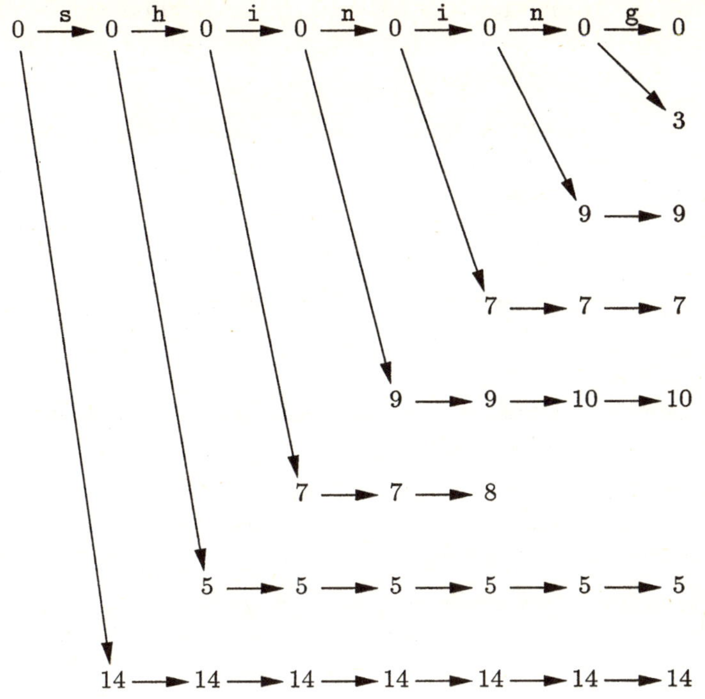

Abb. 10.16: Die Zustände, die durch den nichtdeterministischen Automaten aus Abb. 10.15 für den Eingabestring `shining` *erreicht werden.*

Das Finden partieller Anagramme ohne Programmierung

Nebenbei bemerkt konnten wir diesen aus drei Schritten bestehenden Algorithmus aus Beispiel 10.6 unter Verwendung der Kommandos des UNIX-Systems fast ohne Programmierung implementieren. Für Schritt (1) benutzten wir das Kommando

```
tr A-Z a-z </usr/dict/words
```
(10.1)

um die Großbuchstaben in Kleinbuchstaben umzuwandeln. Für Schritt (2) verwendeten wir den Befehl

```
egrep '^[aghinostw]*$'
```
(10.2)

der, grob gesprochen, einen Automaten ähnlich wie den in Abb. 10.13 definiert. Für Schritt (3) verwendeten wir das Kommando

```
egrep -v 'a.*a|g.*g|h.*h|i.*i|n.*n.*n|o.*o|s.*s|t.*t|w.*w'
```
(10.3)

das etwas mit dem Automaten aus Abb. 10.15 Vergleichbares spezifiziert. Die gesamte Aufgabe wurde unter Verwendung der dreielementigen Pipe

```
(10.1) | (10.2) | (10.3)
```

durchgeführt. Das vollständige Kommando wird gebildet, indem man den Text durch jede der angegebenen Zeilen ersetzt. Der vertikale Balken, bzw. das „Pipe"-Symbol, macht die Ausgabe des Befehls auf der linken Seite zur Eingabe des Befehls auf der rechten Seite. Das `egrep`-Kommando wird in Abschnitt 10.6 näher erläutert.

ÜBUNGEN

10.3.1: Schreiben Sie ein Pascal-Programm zur Implementierung des deterministischen Automaten aus Abb. 10.10.

10.3.2: Entwerfen Sie einen deterministischen Automaten, der auf korrekte Weise alle Vorkommen von `man` in einer Zeichenkette findet. Implementieren Sie diesen Automaten als Programm.

10.3.3: LASS möchte alle Vorkommen der Strings `man`, `son` und `father` finden. Entwerfen Sie einen nichtdeterministischen Automaten, der immer dann akzeptiert, wenn er das Ende einer dieser drei Zeichenketten findet.

10.3.4*: Entwerfen Sie einen deterministischen Automaten, der dasselbe Problem wie in der vorigen Übung löst.

10.3.5: Simulieren Sie die Automaten aus den Abb. 10.10 und 10.11 für den Eingabestring `summand`.

10.3.6: Simulieren Sie den Automaten aus Abb. 10.15 für die Eingabestrings

a) `saint`

b) `antgonist`

c) `hashish`

Welche werden akzeptiert?

10.3.7: Wir können einen Automaten durch eine Relation mit den Attributen *State*, *Input* und *Next* repräsentieren. Wenn (s, x, t) ein Tupel ist, dann ist das Eingabesymbol x eine Markierung des Übergangs von Zustand s nach Zustand t. Welches ist ein geeigneter Schlüssel für die Relation, wenn der Automat deterministisch ist? Welches, wenn der Automat nichtdeterministisch ist?

10.3.8: Welche Datenstrukturen schlagen Sie zur Darstellung der Relation aus der vorigen Übung vor, wenn wir für einen gegebenen Zustand und ein Eingabesymbol nur den oder die nächsten Zustände herausfinden möchten?

10.3.9: Stellen Sie die Automaten aus

a) Abb. 10.11

b) Abb. 10.10

c) Abb. 10.15

als Relationen dar. Verwenden Sie Ellipsen, um die Übergänge über große Mengen von Buchstaben, wie A - m zu repräsentieren.

10.4 Von Nichtdeterminismus zu Determinismus

In diesem Abschnitt werden wir feststellen, daß jeder nichtdeterministische Automat durch einen deterministischen Automaten ersetzt werden kann. Wir haben gesehen, daß es manchmal einfacher ist, sich einen nichtdeterministischen Automaten auszudenken, der eine bestimmte Aufgabe erfüllen soll. Da wir aber aus einem nichtdeterministischen Automaten nicht so einfach ein Programm erzeugen können wie aus einer deterministischen Maschine, ist es wichtig, einen Algorithmus zu haben, der einen nichtdeterministischen Automaten in einen äquivalenten deterministischen Automaten umwandelt.

Äquivalenz von Automaten

In den vorherigen Abschnitten haben wir zwei Betrachtungsweisen der Akzeptanz kennengelernt. In einigen Beispielen, wie in Beispiel 10.1 (Wörter, die die Teilsequenz `aeiou` enthielten) hatte Akzeptanz die Bedeutung, daß das gesamte Wort akzeptiert wurde, auch wenn wir das gesamte Wort noch nicht eingelesen hatten. In anderen Beispielen, wie bei dem Rauschfilter aus Beispiel 10.2 oder dem Automaten aus Abb. 10.13 (Wörter, deren Buchstaben alle im Wort `washington` enthalten sind) akzeptierten wir nur, wenn wir die Billigung der exakten Eingabe signalisieren wollten, die wir seit dem Start des Automaten betrachtet haben. In Beispiel 10.2 akzeptierten wir daher alle Folgen von Eingaben, die als Ausgabe eine 1 hatten. In Abb. 10.13 akzeptierten wir nur, wenn wir das **newline**-Zeichen gefunden hatten und daher wußten, daß das gesamte Wort bearbeitet wurde.

Reden wir vom formalen Verhalten von Automaten, so benötigen wir nur die zweite Interpretation (die bisherige Eingabe ist akzeptiert). Um die Sache formal auszudrücken, seien die beiden Automaten A und B (deterministisch oder nicht) gegeben. Wir bezeichnen A und B als *äquivalent*, wenn sie dieselbe Menge von Eingabestrings akzeptieren. Anders ausgedrückt, wenn $a_1a_2...a_k$ ein String von Symbolen ist, dann gelten die beiden folgenden Bedingungen:

1. Wenn es einen mit $a_1a_2...a_k$ markierten Pfad vom Anfangszustand von A zu einem Endzustand von A gibt, dann gibt es auch einen mit $a_1a_2...a_k$ markierten Pfad vom Anfangszustand von B zu einem Endzustand von B, und
2. wenn es einen mit $a_1a_2...a_k$ markierten Pfad vom Anfangszustand von B zu einem Endzustand von B gibt, dann gibt es auch einen mit $a_1a_2...a_k$ markierten Pfad vom Anfangszustand von A zu einem Endzustand von A.

Beispiel 10.7

Gegeben seien die Automaten aus Abb. 10.10 und 10.11. Wie wir in Abb. 10.12 feststellten, akzeptiert der Automat aus Abb. 10.11 den Eingabestring `comman`, da diese Zeichenfolge in Abb. 10.11 den Pfad $0 \to 0 \to 0 \to 0 \to 1 \to 2 \to 3$ markiert, und dieser Pfad von einem Anfangszustand zu einem Endzustand führt. Im deterministischen Automaten aus Abb. 10.10 können wir aber überprüfen, daß der einzige mit `comman` markierte Pfad $0 \to 0 \to 0 \to 1 \to 0 \to 0 \to 0$ lautet. Wenn also Abb. 10.10 ein Automat A und Abb. 10.11 ein Automat B ist, haben wir hier eine Verletzung von Punkt (2), welche besagt, daß diese beiden Automaten nicht äquivalent sind. ◆

Die Teilmengenkonstruktion

Wir werden nun sehen, wie wir „einem Automaten den Nichtdeterminismus austreiben“, indem wir einen äquivalenten deterministischen Automaten konstruieren. Das Verfahren wird *Teilmengenkonstruktion* (*subset construction*) genannt und sein Wesen wird in den Abb. 10.12 und 10.16 angedeutet, in denen wir nichtdeterministische Automaten für bestimmte Eingaben simulierten. Wir erkennen in diesen Abbildungen, daß sich der nichtdeterministische Automat in einer Menge von Zuständen befindet und daß diese Zustände in einer Spalte des Simulationsdiagramms erscheinen. Das heißt, der nichtdeterministische Automat befindet sich „in“ denjenigen Zuständen, die von einem Anfangszustand entlang eines mit $a_1a_2...a_k$ markierten Pfades erreicht werden können, nachdem er eine Eingabeliste $a_1a_2...a_k$ gelesen hat.

Beispiel 10.8

Nachdem er den Eingabestring `shin` gelesen hat, befindet sich der in Abb. 10.16 illustrierte Automat in der Menge der Zustände {0, 5, 7, 9, 14}. Dies sind die Zustände, die in der Spalte unmittelbar hinter dem ersten `n` stehen. Nach dem Lesen des nächsten `i` befindet er sich in der Menge der Zustände {0, 5, 7, 8, 9, 14} und nach Lesen des folgenden `n` befindet er sich in der Zustandsmenge {0, 5, 7, 9, 10, 14}. ◆

Wir haben nun eine Vorstellung davon, wie wir einen nichtdeterministischen Automaten N in einen deterministischen Automaten D umwandeln können. Die Zustände von D sind jeweils eine Menge von Zuständen von N, und die Übergänge zwischen den Zuständen von D werden durch die Übergänge von N bestimmt. Um zu sehen, wie die Übergänge von D erzeugt werden, sei S ein Zustand von D und x ein Eingabesymbol. Da S ein Zustand von D ist, besteht er aus Zuständen von N. Es sei T als die Menge derjenigen Zustände t des Automaten N definiert, für die gilt, es gibt einen Zustand s in S und einen Übergang in N von s nach t über eine Menge, die das Eingabesymbol x enthält. Dann erweitern wir den Automaten D um einen Übergang von S nach T über das Symbol x.

Beispiel 10.8 illustrierte die Übergänge von einem deterministischen Zustand in einen anderen über verschiedene Eingabesymbole. Wenn der gegenwärtige deterministische Zustand {0, 5, 7, 9, 14} lautet und der Buchstabe `i` das Eingabesymbol ist, haben wir in diesem Beispiel gesehen, daß die Menge der nächsten deterministischen Zustände, entsprechend dem nichtdeterministischen Automaten aus Abb. 10.15, T = {0, 5, 7, 8, 9, 14} lautet. Aus diesem deterministischen Zustand ergibt sich über das Eingabesymbol `n` die Menge der nächsten nichtdeterministischen Zustände U = {0, 5, 7, 9, 10, 14}. Diese beiden deterministischen Übergänge werden in Abb. 10.17 dargestellt.

Wir wissen nun, wie man einen Übergang zwischen zwei Zuständen des deterministischen Automaten D konstruiert, müssen jedoch noch die genaue Menge der Zustände von D, den Anfangszustand von D und den Endzustand von D ermitteln. Wir konstruieren die Zustände von D durch eine Induktion.

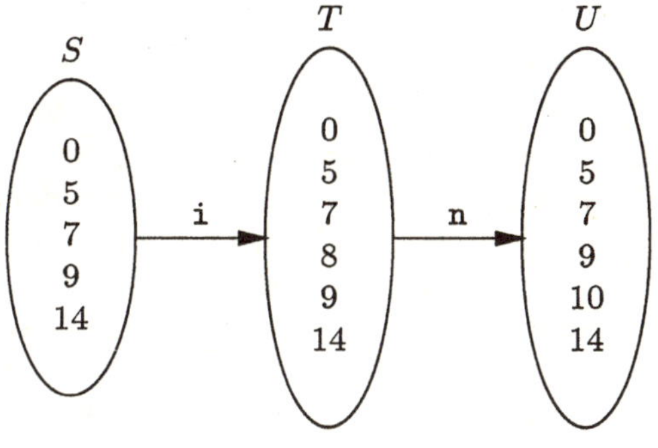

Abb. 10.17: Übergänge zwischen den deterministischen Zuständen S, T und U.

BASIS. Wenn der Anfangszustand eines nichtdeterministischen Automaten N s_0 ist, ist der Anfangszustand eines deterministischen Automaten D $\{s_0\}$, also die Menge, die nur s_0 enthält.

INDUKTION. Angenommen, wir haben herausgefunden, daß die Menge S, bestehend aus Zuständen von N, ein Zustand von D ist. Wir betrachten nacheinander jedes mögliche Eingabezeichen x. Für ein gegebenes x sei T die Menge der Zustände t von N derart, daß es für einen Zustand s aus S einen Übergang von s nach t mit einer Markierung gibt, die x enthält. Dann ist die Menge T ein Zustand von D, und es gibt einen Übergang von S nach T über die Eingabe x.

Die Endzustände von D sind diejenigen Mengen von Zuständen von N, die mindestens einen Endzustand von N enthalten. Das ist sinnvoll. Wenn S ein Zustand von D und eine Menge von Zuständen von N ist, bringen die Eingaben $a_1a_2...a_k$, die D vom Anfangszustand in Zustand S übergehen lassen, auch N vom Anfangszustand zu allen Zuständen in S. Wenn S einen Endzustand enthält, wird $a_1a_2...a_k$ von N akzeptiert, und D muß ebenfalls akzeptieren. Da D bei Eingabe von $a_1a_2...a_k$ nur in Zustand S übergeht, muß S ein Endzustand von D sein.

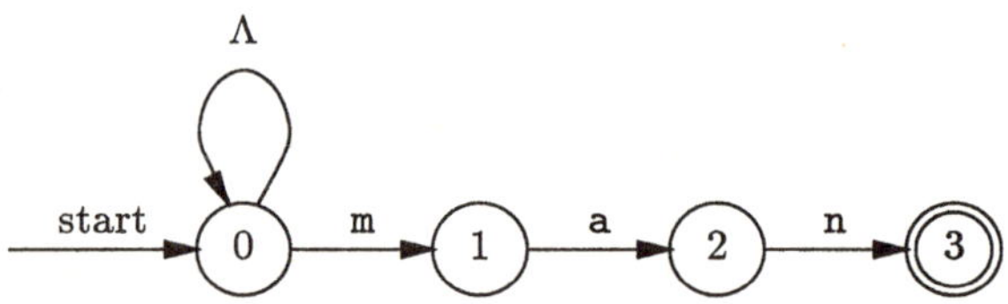

Abb. 10.18: Nichtdeterministischer Automat, der Strings erkennt, die mit `man` *enden.*

Beispiel 10.9

Wir werden den nichtdeterministischen Automaten aus Abb. 10.11, den wir hier in Abb. 10.18 noch einmal angeben, in einen deterministischen Automaten D umwandeln. Wir beginnen mit {0}, dem Anfangszustand von D.

Der induktive Teil der Konstruktion macht es erforderlich, daß wir jeden Zustand von D betrachten und dessen Übergänge ermitteln. Bei {0} brauchen wir uns nur zu fragen, wohin Zustand 0 führt. Die Antwort, die wir durch Betrachtung der Abb. 10.18 erhalten, lautet, daß Zustand 0 für jeden Buchstaben mit Ausnahme von `m` wieder in Zustand 0 übergeht, während er bei Eingabe `m` sowohl in Zustand 0 als auch in Zustand 1 übergeht. Der Automat benötigt daher den Zustand {0}, den er bereits besitzt, und den Zustand {0, 1}, den wir hinzufügen müssen. Die bisher für D erzeugten Übergänge und Zustände werden in Abb. 10.19 illustriert.

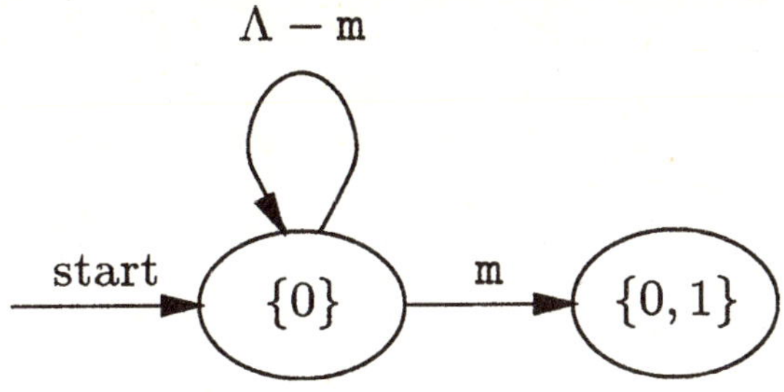

Abb. 10.19: Die Zustände {0} und {0, 1} und ihre Übergänge.

Als nächstes betrachten wir die Übergänge von {0, 1} aus. Bei Untersuchung der Abb. 10.18 stellen wir wiederum fest, daß Zustand 0 für alle Eingaben, mit Ausnahme von `m` und `a`, nur in Zustand 0 übergeht, und daß Zustand 1 nirgendwohin führt. Es gibt somit einen Übergang von Zustand {0, 1} in Zustand {0}, der mit allen Buchstaben außer mit `m` und `a` markiert ist. Für die Eingabe `m` führt Zustand 1 wieder nirgendwohin, aber Zustand 0 geht über in die Zustände 0 und 1. Es gibt also einen mit `m` markierten Übergang von {0, 1} zu sich selbst. Für die Eingabe `a` schließlich geht Zustand 0 nur über zu sich selbst, Zustand 1 geht dagegen über in Zustand 2. Es gibt demnach einen mit `a` markierten Übergang von Zustand {0, 1} zu Zustand {0, 2}. Der bisher von *D* konstruierte Teil ist in Abb. 10.20 zu betrachten.

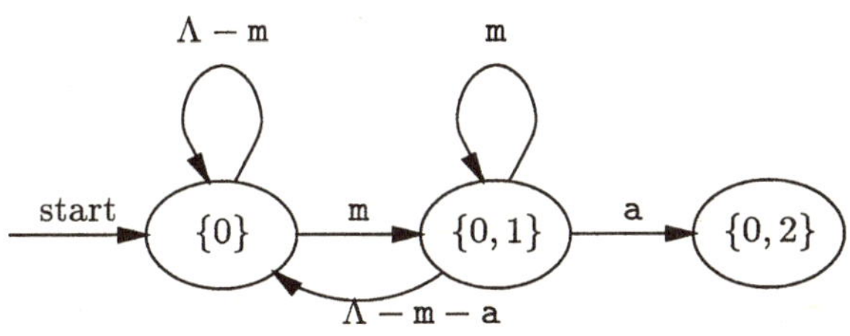

Abb. 10.20: Zustände {0} und seine Übergänge.

Nun müssen wir die Übergänge aus Zustand {0, 2} konstruieren. Für alle Eingaben, mit Ausnahme von `m` und `n`, geht Zustand 0 nur in Zustand 0 über und Zustand 2 geht nirgendwohin, so daß es einen mit allen Buchstaben außer `m` und `n` markierten Übergang von {0, 2} nach {0} gibt. Für die Eingabe `m` geht Zustand 2 nirgendwohin und 0 geht sowohl in 0 als auch in 1 über, so daß es einen Übergang von {0, 2} nach {0, 1} gibt, der mit `m` markiert ist. Für die Eingabe `n` führt Zustand 0 nur zu sich selbst und 2 geht über in 3. Es gibt somit einen mit `n` markierten Übergang von {0, 2} nach {0, 3}. Dieser Zustand von *D* ist ein Endzustand, da er den Endzustand 3 aus Abb. 10.18 enthält.

Zuletzt müssen wir die Übergänge von {0, 3} finden. Da Zustand 3 für keine Eingabe irgendwohin führt, spiegeln die Übergänge aus {0, 3} nur die Übergänge aus 0 wider, sie gehen somit in dieselben Zustände über wie Zustand {0}. Da uns die Übergänge aus {0, 3} zu keinem Zustand von D bringen, den wir nicht bereits erfaßt hätten, ist die Konstruktion von D beendet. Der vollständige deterministische Automat ist in Abb. 10.21 angegeben.

Beachten Sie, daß dieser Automat korrekterweise alle und nur diejenigen Buchstabenstrings akzeptiert, die auf `man` enden. Der Automat wird sich immer in Zustand 0 befinden, wenn die bisher gefundene Zeichenkette nicht mit einem Präfix von `man` endet, das gilt nicht für den leeren String. Zustand {0, 1} bedeutet, daß der bisher gefundene String mit einem `m` endet, {0, 2} bedeutet, daß er mit `ma` endet, und {0, 3}, daß er mit `man` endet. ◆

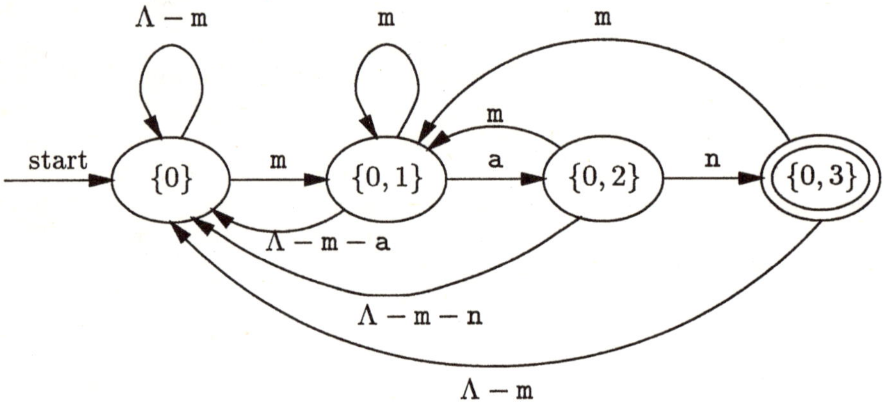

Abb. 10.21: Der deterministische Automat D.

Einige Gedanken zu Teilmengenkonstruktion

Die Teilmengenkonstruktion ist nicht ganz einfach zu verstehen. Insbesondere die Idee, daß Zustände (des deterministischen Automaten) Mengen von Zuständen (des nichtdeterministischen Automaten) sein können, bedarf einiger Überlegung und der Geduld, sie zu durchdenken. Diese Verschmelzung aus dem strukturierten Objekt (der Menge der Zustände) und dem atomaren Objekt (einem Zustand des deterministischen Automaten) zu ein und demselben Objekt beschreibt ein wichtiges Konzept der Informatik. Wir sind dieser Idee bereits in Programmen begegnet und müssen sie häufig anwenden. So kann sich ein scheinbar atomares Argument einer Prozedur, sagen wir `L`, bei näherer Betrachtung als Objekt mit einer komplexen Struktur herausstellen, zum

Beispiel als Record mit Feldern, die es mit anderen Records verbinden und somit eine Liste bilden. Ebenso könnte der Zustand von D, den wir $\{0, 2\}$ nannten, in Abb. 10.21 durch einen einfachen Namen wie „5“ oder „a“ ersetzt werden.

Beispiel 10.10

Der nichtdeterministische Automat aus Abb. 10.18 besitzt vier Zustände und sein äquivalenter deterministischer Automat aus Abb. 10.21 hat ebenfalls vier Zustände. Es wäre schön, wenn sich alle nichtdeterministischen Automaten in kleine deterministische Automaten umwandeln ließen; es gibt viele gängige Beispiele, die bei der Compilierung von Programmiersprachen verwendet werden und sich in der Tat in relativ kleine deterministische Automaten umwandeln lassen. Es gibt aber keine Garantie dafür, daß der deterministische Automat klein sein wird. Ein nichtdeterministischer Automat mit k Zuständen kann sogar einen deterministischen Automaten mit 2^k Zuständen zur Folge haben. Das heißt, der deterministische Automat besäße für jedes Element der Potenzmenge der Menge der Zustände eines nichtdeterministischen Automaten einen Zustand.

Als ein Beispiel, in dem wir viele Zustände erhalten, betrachten wir den Automaten aus Abb. 10.15 des vorigen Abschnitts. Da dieser nichtdeterministische Automat 20 Zustände besitzt, ist es durchaus denkbar, daß der durch die Teilmengenkonstruktion erzeugte deterministische Automat 2^{20} bzw. über eine Millionen Zustände haben könnte; diese Zustände wären alle Elemente der Potenzmenge von $\{0, 1, ..., 19\}$. Es ist nicht ganz so schlimm, obwohl es dennoch ziemlich viele Zustände werden.

Wir werden nicht versuchen, den äquivalenten deterministischen Automaten für Abb. 10.15 aufzuzeichnen. Wir wollen vielmehr darüber nachdenken, welche Zustandsmengen wir tatsächlich benötigen. Da es zunächst für jeden Buchstaben einen Übergang von Zustand 0 auf sich selbst gibt, enthalten alle Zustandsmengen, die wir tatsächlich finden, den Zustand 0. Wenn der Buchstabe `a` nicht eingegeben wurde, können wir auch nicht in Zustand 1 übergehen. Haben wir jedoch genau ein `a` gefunden, so befinden wir uns in Zustand 1, egal was sonst noch gefunden wurde. Gleiches gilt für jeden anderen Buchstaben des Wortes `washington`.

Wenn wir in Abb. 10.15 mit dem Zustand 0 beginnen und ihn mit einer Buchstabenfolge füttern, die Teilmenge der in `washington` enthaltenen Buchstaben ist, so befinden wir uns nicht nur in Zustand 0, sondern in einer Teilmenge der Zustände 1, 3, 5, 7, 9, 12, 14, 16 und 18. Indem wir die Eingabebuchstaben richtig wählen, können wir dafür sorgen, daß wir uns in jeder der Zustandsmengen befinden. Da es $2^9 = 512$ solcher Mengen gibt, besitzt der zur Abb. 10.15 äquivalente deterministische Automat mindestens diese Anzahl an Zuständen.

Es gibt aber noch mehr Zustände, da der Buchstabe n in Abb. 10. 15 eine Sonderbehandlung erfährt. Wenn wir uns in Zustand 9 befinden, können wir auch in Zustand 10 sein. Tatsächlich sollten wir uns sowohl in 9 als auch in 10 befinden, wenn wir zweimal das n gefunden haben. Während wir also bei den anderen acht Buchstaben jeweils zwei Wahlmöglichkeiten haben (z. B. für den Buchstaben a entweder Zustand 1 einzuschließen oder nicht), haben wir beim Buchstaben n drei Wahlmöglichkeiten (weder 9 noch 10 einzuschließen, nur 9 einzuschließen oder sowohl 9 als auch 10 einzuschließen). Es gibt somit mindestens $3 \times 2^8 = 768$ Zustände.

Das ist noch nicht alles. Wenn die bisherige Eingabe mit einem der Buchstaben aus `washington` endet, wir vorher aber bereits genügend dieser Buchstaben gefunden haben, so befinden wir uns in dem Endzustand, der diesem Buchstaben entspricht (z. B. in Zustand 2 für a). Wir dürfen uns nach derselben Eingabe jedoch nicht in zwei Endzuständen befinden. Das Zählen der Anzahl zusätzlicher Zustandsmengen wird etwas kniffliger.

Angenommen, der Endzustand 2 ist Element der Menge. Dann wissen wir, daß 1 Element der Menge ist und daß natürlich 0 Element der Menge ist, wir haben jedoch noch immer alle Wahlmöglichkeiten für die Zustände, die den von a verschiedenen Buchstaben entsprechen; diese Mengenanzahl entspricht 3×2^7 bzw. 384. Gleiches gilt, wenn unsere Menge den Endzustand 4, 6, 8, 13, 15, 17 oder 19 enthält; in jedem Falle gibt es 384 Mengen, die den Endzustand enthalten. Die einzige Ausnahme bildet der Fall, daß der Endzustand 11 enthalten ist (und daher 9 und 10 ebenfalls vorkommen). Dann gibt es nur $2^8 = 256$ Möglichkeiten. Die Gesamtzahl der Zustände in dem äquivalenten deterministischen Automaten beläuft sich somit auf

$$768 + 8 \times 384 + 256 = 4864$$

Der erste Term, 768, zählt die Mengen, die keinen Endzustand enthalten. Der nächste Term zählt die acht Fälle, in denen die Menge den Endzustand für einen der acht Buchstaben, mit Ausnahme von n, enthält, und der letzte Term zählt die Mengen, die den Zustand 11 enthalten. ◆

Warum funktioniert die Teilmengenkonstruktion?

Es ist eindeutig, daß, wenn D aus einem nichtdeterministischen Automaten N unter Benutzung der Teilmengenkonstruktion erzeugt wurde, D ein deterministischer Automat ist. Das liegt daran, daß wir für jedes Eingabesymbol x und jeden Zustand S von D einen speziellen Zustand T aus D derart definierten, daß die Markierung des Übergangs von S nach T x enthält. Woher wissen wir aber, daß die Automaten N und D äquivalent sind?

Wir müssen wissen, daß für jede Eingabesequenz $a_1a_2...a_k$ der Zustand S, den der Automat D erreicht, wenn wir

1. bei einem Anfangszustand beginnen und
2. dem mit $a_1a_2...a_k$ markierten Pfad folgen,

dann und nur dann ein Endzustand ist, wenn N $a_1a_2...a_k$ akzeptiert. Sie erinnern sich, daß N nur dann $a_1a_2...a_k$ akzeptiert, wenn es einen mit $a_1a_2...a_k$ markierten Pfad vom Anfangszustand von N zu einem Endzustand von N gibt.

Die Verbindung zwischen dem, was D tut, und dem, was N tut, ist sogar noch stärker. Wenn D einen mit $a_1a_2...a_k$ markierten Pfad von seinem Anfangszustand zu einem Zustand S besitzt, dann entspricht die Menge S, die wir uns als eine Menge von Zuständen von N vorstellen, exakt der Menge der von dem Anfangszustand von N über einen mit $a_1a_2...a_k$ markierten Pfad aus erreichten Zuständen. Diese Beziehung wird in Abb. 10.22 verdeutlicht. Da wir definiert haben, daß S genau dann ein Endzustand von D ist, wenn eines der Elemente von S ein Endzustand von N ist, ist die in Abb. 10.22 angedeutete Beziehung alles, was wir für die Schlußfolgerung benötigen, daß entweder D und N oder keiner von beiden $a_1a_2...a_k$ akzeptieren; das heißt, N und D sind äquivalent.

(a) In Automat D

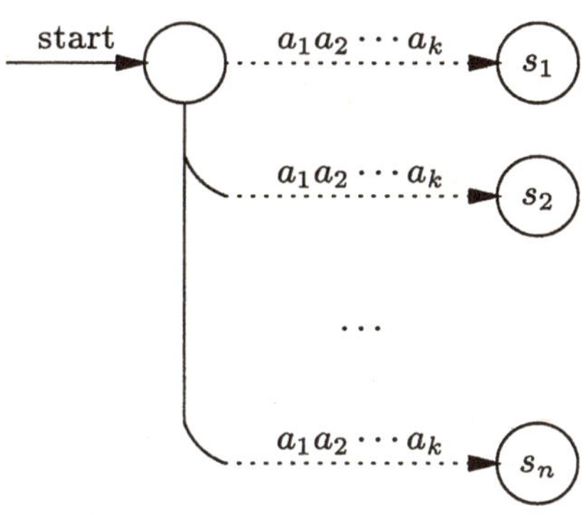

(a) In Automat N

Abb. 10.22: Beziehung zwischen der Arbeitsweise des nichtdeterministischen Automaten N und seines deterministischen Gegenstücks D.

Wir müssen die Beziehung aus Abb. 10.22 beweisen; der Beweis ist eine Induktion über k, die Länge des Eingabestrings. Die anhand der Induktion über k zu beweisende formale Aussage besagt, daß der Zustand $\{s_1, s_2, ...s_n\}$, der in D erreicht wird, indem man dem Pfad mit der Markierung $a_1a_2...a_k$ vom Anfangszustand von D aus folgt, genau der Menge der Zustände von N entspricht, die vom Anfangszustand von N aus durch Verfolgen eines mit $a_1a_2...a_k$ markierten Pfades erreicht werden können.

BASIS. Es sei $k = 0$. Ein Pfad der Länge 0 läßt uns dort verharren, wo wir beginnen, also im Anfangszustand der beiden Automaten D und N. Vergessen Sie nicht, daß, wenn s_0 der Anfangszustand von N ist, $\{s_0\}$ den Anfangszustand von D bildet. Die Induktionsaussage gilt für $k = 0$.

INDUKTION. Angenommen, die Aussage gilt für k, und es ist ein Eingabestring

$$a_1a_2...a_ka_{k+1}$$

gegeben. Dann sieht der mit $a_1a_2...a_ka_{k+1}$ markierte Pfad vom Anfangszustand von D zum Zustand T wie in Abb. 10.23 aus; unmittelbar bevor er bei der Eingabe a_{k+1} den letzten Übergang nach T nimmt, durchläuft er einen Zustand S.

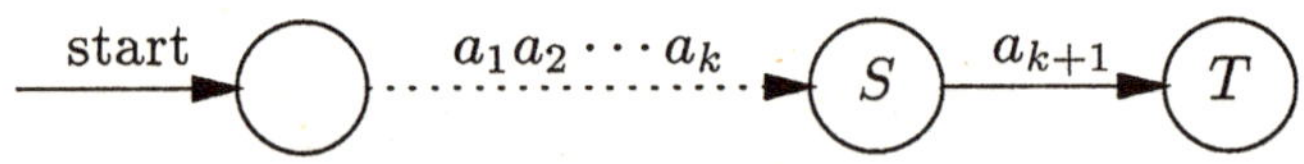

Abb. 10.23: S ist der von D erreichte Zustand, unmittelbar bevor er Zustand T erreicht.

Aufgrund der Induktionsannahme gehen wir davon aus, daß S genau die Menge der Zustände ist, die Automat N von seinem Anfangszustand entlang eines mit $a_1a_2...a_k$ markierten Pfades erreicht. Wir müssen beweisen, daß T genau der Menge der Zustände entspricht, die N von seinem Anfangszustand aus entlang eines mit $a_1a_2...a_ka_{k+1}$ markierten Pfades erreicht. Der Beweis dieses Induktionsschrittes besteht aus zwei Teilen.

1. Wir müssen beweisen, daß T nicht zuviel enthält; das heißt, wenn t ein Zustand von N ist, der in T enthalten ist, dann ist t durch einen mit $a_1a_2...a_ka_{k+1}$ markierten Pfad vom Anfangszustand von N aus erreichbar.

2. Wir müssen beweisen, daß T genug enthält; das heißt, wenn t ein Zustand von N ist, der vom Anfangszustand entlang eines mit $a_1a_2...a_ka_{k+1}$ markierten Pfades erreicht werden kann, dann ist t in T enthalten.

Für (1) sei t in T enthalten. Dann muß es, wie in Abb. 10.24 angedeutet, einen Zustand s in S geben, der das Vorhandensein von t in T rechtfertigt. Das heißt, N enthält einen Übergang von s nach t, dessen Markierung a_{k+1} enthält. Da s in S enthalten ist, muß es aufgrund der Induktionsannahme einen mit $a_1a_2...a_k$

markierten Pfad vom Anfangszustand von N nach s geben. Dann gibt es auch einen mit $a_1a_2...a_ka_{k+1}$ markierten Pfad vom Anfangszustand von N nach t.

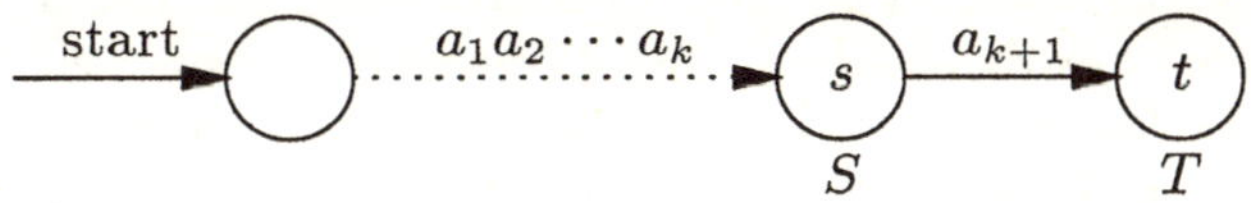

Abb. 10.24: Der Zustand s in S erklärt, warum wir t in T einfügen.

Nun müssen wir noch (2) zeigen, nämlich daß, wenn es einen mit $a_1a_2...a_ka_{k+1}$ markierten Pfad vom Anfangszustand von N nach t gibt, t in T enthalten ist. Dieser Pfad muß, unmittelbar bevor er seinen Übergang nach t für die Eingabe a_{k+1} durchführt, durch einen Zustand s laufen. Es gibt demnach einen mit $a_1a_2...a_k$ markierten Pfad vom Anfangszustand von N nach s. Aufgrund der Induktionsannahme ist s in der Zustandsmenge S enthalten.
Da N einen Übergang von s nach t mit einer Markierung besitzt, die a_{k+1} enthält, macht es die Anwendung der Teilmengenkonstruktion auf die Zustandsmenge S und das Eingabesymbol a_{k+1} erforderlich, daß t in T eingefügt wird. t ist somit in T enthalten.

Wir haben für die gegebene Induktionsannahme nun gezeigt, daß T exakt aus den Zuständen von N besteht, die vom Anfangszustand von N entlang eines mit $a_1a_2...a_ka_{k+1}$ markierten Pfades erreicht werden können. Dies ist der Induktionsschritt und wir schließen, daß der entlang des mit $a_1a_2...a_k$ markierten Pfades erreichte Zustand des deterministischen Automaten D immer der Menge der Zustände von N entspricht, die entlang eines Pfades mit derselben Markierung erreicht werden können. Da die Endzustände von D diejenigen sind, die einen Endzustand von N enthalten, schließen wir, daß D und N dieselben Strings akzeptieren; das heißt, D und N sind äquivalent, und die Teilmengenkonstruktion „funktioniert".

Minimierung von Automaten

Eines der Themen in bezug auf Automaten, die uns insbesondere beim Entwurf von Schaltkreisen interessieren, beschäftigt sich mit der Frage, wie viele Zustände für eine gestellte Aufgabe notwendig sind. Wir fragen uns zum Beispiel für einen gegebenen Automaten, ob es einen äquivalenten Automaten mit weniger Zuständen gibt, und, wenn ja, wie groß die kleinstmögliche Anzahl an Zuständen eines äquivalenten Automaten ist?

Es stellt sich heraus, daß es, wenn wir uns auf deterministische Automaten beschränken, einen eindeutigen deterministischen Automaten mit einer minimalen Anzahl an Zuständen gibt, der zu einem gegebenen Automaten äquivalent und relativ einfach zu finden ist. Der wesentliche Punkt dabei besteht in der Definition, wann zwei Zustände s und t eines deterministischen Automaten *äquivalent* sind. Das bedeutet, daß für jede Eingabesequenz mit dieser Sequenz markierten Pfade von s und t entweder beide zu einem Endzustand führen oder daß keiner von ihnen zu einem Endzustand führt. Wenn s und t äquivalent sind, gibt es keine Möglichkeit, sie anhand von Automateneingaben auseinanderzuhalten, so daß wir s und t zu einem Zustand verschmelzen können. Die im folgenden angegebene Definition zweier nicht äquivalenter Zustände ist wesentlich einfacher.

BASIS. Wenn s ein Endzustand und t kein Endzustand ist, oder umgekehrt, so sind s und t nicht äquivalent.

INDUKTION. Gibt es ein Eingabesymbol x dergestalt, daß Übergänge von s und t über die Eingabe x zu zwei Zuständen existieren, welche bekanntermaßen nicht äquivalent sind, so sind s und t nicht äquivalent.

Es sind noch weitere Einzelheiten notwendig, damit dieser Test funktioniert; insbesondere müssen wir gegebenenfalls einen „Fehlerzustand“ hinzufügen, der kein Endzustand ist und für jede Eingabe einen Übergang auf sich selbst besitzt. Da es sein kann, daß ein deterministischer Automat für ein gegebenes Symbol keinen Übergang aus einem gegebenen Zustand besitzt, müssen wir von jedem Zustand aus für alle Eingaben, für die es keine anderen Übergänge gibt, Übergänge in den Fehlerzustand schaffen, bevor wir diese Minimierungsprozedur durchführen. Sei zuletzt noch angemerkt, daß es keine vergleichbare Theorie zur Minimierung nichtdeterministischer Automaten gibt.

ÜBUNGEN

10.4.1: Wandeln Sie Ihren nichtdeterministischen Automaten aus Übung 10.3.3 unter Benutzung der Teilmengenkonstruktion in einen deterministischen Automaten um.

10.4.2: Welche Muster erkennen die nichtdeterministischen Automaten aus Abb. 10.25(a) bis (d)?

10.4.3: Wandeln Sie die nichtdeterministischen Automaten aus Abb. 10.25(a) bis (d) in deterministische Automaten um.

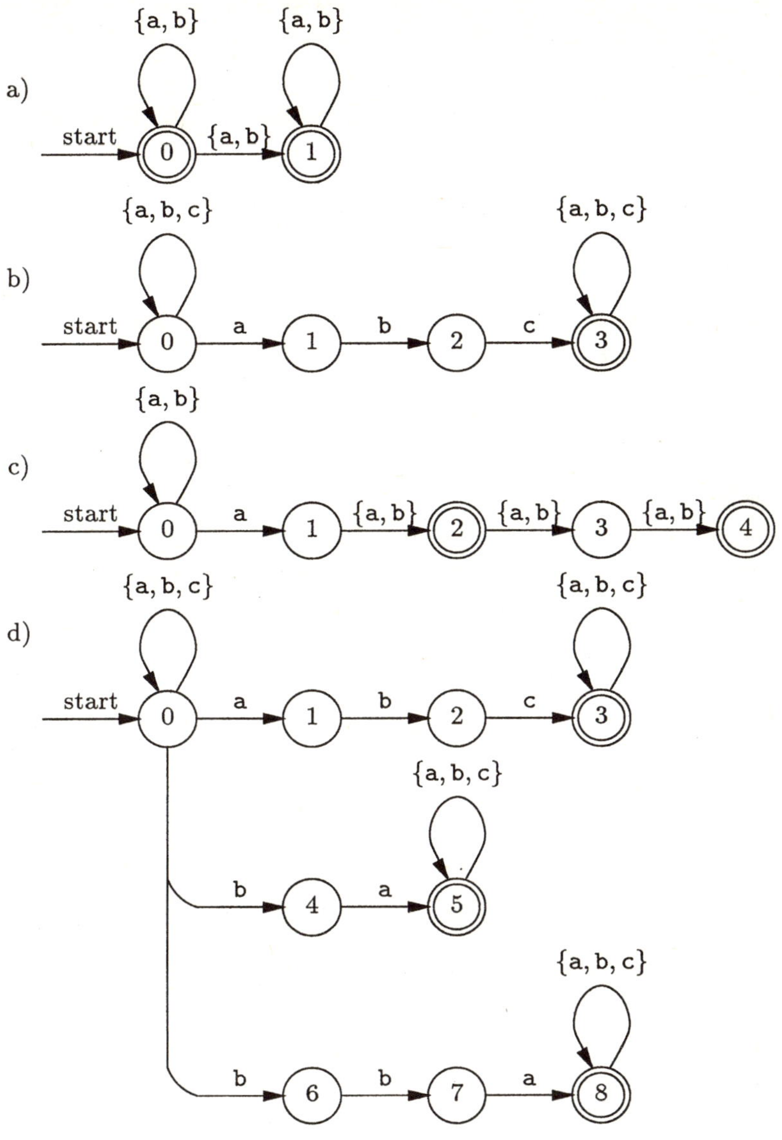

Abb. 10.25: Nichtdeterministische Automaten.

10.4.4*: Einige Automaten haben Zustands-Eingabe-Kombinationen, für die es keine Übergänge gibt. Wenn Zustand s keinen Übergang für Symbol x besitzt, können wir einen Übergang von s zu einem speziellen „Fehlerzustand" über x hinzufügen. Der Fehlerzustand ist kein Endzustand und besitzt für jedes Eingabesymbol einen Übergang auf sich selbst. Zeigen Sie, daß das Hinzufügen eines „Fehlerzustandes" einen Automaten erzeugt, der zu dem ursprünglichen Automaten äquivalent ist.

10.4.5: Zeigen Sie, daß, wenn wir einen deterministischen Automaten um einen Fehlerzustand erweitern, wir einen äquivalenten Automaten erhalten, der Pfade vom Anfangszustand aus besitzt, die mit allen möglichen Strings markiert sind.

10.4.6*: Zeigen Sie, daß, wenn wir die Teilmengenkonstruktion auf einen deterministischen Automaten anwenden, wir entweder denselben Automaten erhalten, dessen Zustände s in $\{s\}$ umbenannt wurden, oder einen, der um einen Fehlerzustand erweitert wurde (welcher der leeren Zustandsmenge entspricht).

10.4.7:** Angenommen, wir nehmen einen deterministischen Automaten und ändern jeden Endzustand in einen nichtakzeptierenden Zustand und jeden nichtakzeptierenden Zustand in einen Endzustand.

a) Wie würden Sie anhand der Sprache des alten Automaten die von dem neuen Automaten akzeptierte Sprache beschreiben?

b) Wiederholen Sie (a), nachdem zunächst der ursprüngliche Automat um einen Fehlerzustand erweitert wurde.

c) Wiederholen Sie (a), wenn der ursprüngliche Automat nichtdeterministisch ist.

10.5 Reguläre Ausdrücke

Ein Automat definiert ein Muster, nämlich die Menge der Zeichenketten, die Pfade vom Anfangszustand zu einem Endzustand in dem Graphen des Automaten markieren. In diesem Abschnitt befassen wir uns mit *regulären Ausdrücken* (*regular expressions*), einer algebraischen Möglichkeit zur Definition von Mustern. Reguläre Ausdrücke sind analog zur Algebra arithmetischer Ausdrücke, die wir alle kennen, und zur relationalen Algebra, der wir in Kapitel 8 begegnet sind. Interessanterweise entspricht die Menge der Muster, die in der Algebra regulärer Ausdrücke ausgedrückt werden kann, exakt derselben Menge an Mustern, die durch einen endlichen Automaten beschrieben werden kann.

Operanden regulärer Ausdrücke

Wie alle Algebren, besitzen reguläre Ausdrücke bestimmte Arten atomarer Operanden. In der Algebra der Arithmetik sind die atomaren Operanden Konstanten (z. B. Integer- oder Real-Zahlen) oder Variablen, deren mögliche Werte Konstanten sind. Bei der relationalen Algebra sind die atomaren Operanden entweder feste Relationen oder Variablen, deren mögliche Werte Relationen sind. In der Algebra regulärer Ausdrücke zählt ein atomarer Operand zu einer der folgenden Gruppen:

1. ein Zeichen,
2. das Symbol ε,
3. das Symbol $\emptyset$ oder
4. eine Variable, deren Wert jedes durch einen regulären Ausdruck beschriebene Muster sein kann.

Werte regulärer Ausdrücke

Die Ausdrücke jeder Algebra haben Werte eines bestimmten Typs. Bei arithmetischen Ausdrücken haben die Werte den Typ Integer, Real oder welchen Typ auch immer die Zahlen haben, mit denen wir arbeiten, annehmen können. Bei der relationalen Algebra ist der Wert eines Ausdrucks eine Relation.

Bei regulären Ausdrücken ist der Wert jedes Ausdrucks ein Muster bestehend aus einer Menge von Strings, die häufig *Sprache* genannt wird. Die durch einen regulären Ausdruck E definierte Sprache wird als $L(E)$ oder als „die Sprache von E" bezeichnet. Die Sprache der atomaren Operanden ist folgendermaßen definiert.

1. Wenn x ein Zeichen ist, dann steht der reguläre Ausdruck x für die Sprache {x}; das heißt, es gilt $L(\mathrm{x}) = \{\mathrm{x}\}$. Beachten Sie, daß diese Sprache eine Menge ist, die einen String enthält; dieser String hat die Länge 1, und die einzige Position dieses Strings enthält das Zeichen x.
2. $L(\varepsilon) = \varepsilon$. Das spezielle Symbol ε als regulärer Ausdruck kennzeichnet die Menge, deren einziger String der leere String, bzw. der String der Länge 0 ist.
3. $L(\emptyset) = \emptyset$. Das spezielle Symbol $\emptyset$ als regulärer Ausdruck kennzeichnet die leere Menge von Strings.

Es ist noch zu erwähnen, daß wir keinen Wert für einen atomaren Operanden definieren, der eine Variable ist. Ein derartiger Operand nimmt nur einen Wert an, wenn wir die Variable durch einen konkreten Ausdruck ersetzen, wonach ihr Wert dem Wert dieses Ausdrucks entspricht.

Schreibweise

Wir werden weiterhin Schreibmaschinenschrift für die in Strings vorkommenden Zeichen verwenden. Der atomare Operand eines regulären Ausdrucks wird für ein gegebenes Zeichen durch dieses Zeichen in Fettdruck gekennzeichnet. Zum Beispiel ist **a** der dem Zeichen `a` entsprechende reguläre Ausdruck. Müssen wir eine Variable verwenden, so werden wir dies in kursiver Schrift angeben. Variablen werden als Repräsentanten komplizierter Ausdrücke benutzt. Zum Beispiel steht die Variable *letter* für „irgendein Buchstabe", eine Menge, deren regulären Ausdruck wir bald kennenlernen werden.

Operatoren regulärer Ausdrücke

Es gibt drei Operatoren, die in regulären Ausdrücken verwendet werden. Diese können mit Hilfe von Klammern gruppiert werden, wie in den uns bereits bekannten Algebren auch. Es gibt eine Reihenfolge der Bindungsstärken und Assoziativgesetze, die uns gestatten, einige der Klammernpaare wegzulassen, was auch bei arithmetischen Ausdrücken der Fall war. Wir werden die Regeln zur Klammerung erklären, nachdem wir die Operatoren untersucht haben.

Vereinigung

Der erste und uns geläufigste Operator ist der *Vereinigungsoperator*, den wir durch | kennzeichnen werden.[3] Die Regel der Vereinigung besagt, daß, wenn R und S zwei reguläre Ausdrücke sind, $R \mid S$ die Vereinigung der durch R und S bezeichneten Sprachen bezeichnet. Das heißt es gilt $L(R \mid S) = L(R) \cup L(S)$. Sie erinnern sich, daß $L(R)$ und $L(S)$ jeweils Mengen von Strings sind, so daß die Verwendung des Begriffs der Vereinigung sinnvoll ist.

Beispiel 10.11

Wir wissen, daß **a** ein regulärer Ausdruck ist, der die Menge{a} bezeichnet und daß **b** ein regulärer Ausdruck ist, der die Menge{b} bezeichnet. **a** | **b** ist demnach ein regulärer Ausdruck, der die Menge {a, b} bezeichnet. Es ist die Menge, die die beiden Strings `a` und `b` enthält, wobei jeder String die Länge 1 hat.

Auch können wir einen Ausdruck wie (**a** | **b**) | **c** verwenden, um die Menge {a, b, c} zu bezeichnen. Da die Vereinigung ein assoziativer Operator ist, das

[3] Auch das Pluszeichen + wird häufig als Vereinigungsoperator in regulären Ausdrücken verwendet; wir werden dies jedoch nicht tun.

heißt, da es egal ist, in welcher Reihenfolge wir die Operanden gruppieren, können wir die Klammern auch weglassen und einfach nur **a** | **b** | **c** schreiben, wenn wir die Vereinigung dreier Mengen bilden. ◆

Konkatenation

Der zweite Operator für die Algebra regulärer Ausdrücke wird *Konkatenation* genannt. Er wird durch kein ausgeschriebenes Operatorsymbol dargestellt, wie auch die Multiplikation gelegentlich ohne Operator geschrieben wird; in der Arithmetik bezeichnet ab beispielsweise das Produkt aus a und b. Wie die Vereinigung ist auch die Konkatenation ein binärer Infix-Operator. Wenn R und S reguläre Ausdrücke sind, so ist RS die Konkatenation von R und S.[4]

Einige knifflige Unterscheidungen zwischen Typen

Der Leser sollte sich durch die Vielfalt der Objekte, die ähnlich erscheinen, aber tatsächlich ziemlich verschieden sind, nicht verwirren lassen. Zum Beispiel ist der leere String ε nicht dasselbe wie die leere Menge ∅, und beide sind verschieden von der den leeren String enthaltenden Menge {ε}. Das erste Beispiel ist vom Typ „String“ bzw. vom Typ „Liste von Zeichen“, während das zweite und das dritte den Typ „Menge von Strings“ haben.

Auch sollten wir nicht vergessen, zwischen dem Zeichen a vom Typ „Character“, dem String a der Länge 1 vom Typ „String“ und {a}, das als Wert des regulären Ausdrucks **a** vom Typ „Menge von Strings“ ist, zu unterscheiden. Desweiteren ist zu beachten, daß {a} in einem anderen Zusammenhang auch die Menge sein kann, die das Zeichen a enthält, und daß uns keine notationellen Übereinkünfte zur Verfügung stehen, um diese beiden Bedeutungen von {a} zu unterscheiden. Im Rest dieses Kapitels wird {a} normalerweise die erste der beiden Bedeutungen haben, das heißt als „Menge von Strings“ interpretiert werden und nicht als „Menge von Zeichen“.

---

[4]Strenggenommen sollten wir RS als $(R)(S)$ schreiben, um die Tatsache hervorzuheben, daß R und S getrennte Ausdrücke sind und daß ihre Teile nicht aufgrund von Bindungsstärken vermischt werden dürfen. Diese Situation ist analog zu der Tatsache, daß, wenn wir den arithmetischen Ausdruck $w + x$ mit dem arithmetischen Ausdruck $y + z$ multiplizieren, wir das Produkt als $(w + x)(y + z)$ schreiben müssen. Da die Multiplikation Vorrang vor der Addition hat, würde das Produkt ohne die Klammerung, also $w + xy + z$, nicht als das Produkt aus $w + x$ und $y + z$ interpretiert werden. Wie wir noch sehen werden, haben Konkatenation und Vereinigung mit der Multiplikation, bzw. Addition vergleichbare Bindungsstärken.

Die durch RS bezeichnete Sprache $L(RS)$ wird aus den Sprachen $L(R)$ und $L(S)$ wie folgt gebildet. Für jeden String r in $L(R)$ und für jeden String s in $L(S)$ gilt, daß der String rs, also die Konkatenation der Strings r und s, in $L(RS)$ enthalten ist. Sie erinnern sich, daß die Konkatenation zweier Listen, wie zum Beispiel zweier Zeichenketten, gebildet wird, indem man die Elemente der ersten Liste in ihrer ursprünglichen Reihenfolge nimmt und die Elemente der zweiten Liste in ihrer ursprünglichen Reihenfolge hinten anhängt.

Beispiel 10.12

R sei der reguläre Ausdruck **a**, so daß $L(R)$ die Menge {a} ist. Desweiteren sei S der reguläre Ausdruck **b**, so daß $L(S)$ die Menge {b} ist. Dann entspricht RS dem Ausdruck **ab**. Um $L(RS)$ zu bilden, müssen wir jeden String aus $L(R)$ nehmen und ihn mit jedem String aus $L(S)$ konkatenieren. In diesem Fall sind die beiden Sprachen $L(R)$ und $L(S)$ jeweils einelementige Mengen, so daß wir jeweils nur eine Wahlmöglichkeit haben. Wir wählen a aus $L(R)$ und b aus $L(S)$ und konkatenieren diese Listen der Länge 1, um so den String ab zu erhalten. $L(RS)$ entspricht demnach {ab}. ◆

Das Beispiel 10.12 kann dahingehend verallgemeinert werden, daß jeder fettgedruckte String ein regulärer Ausdruck ist, der die Sprache bezeichnet, die aus einem String der entsprechenden Liste von Zeichen besteht. Zum Beispiel ist **then** ein regulärer Ausdruck, dessen Sprache {then} lautet. Wir werden feststellen, daß die Konkatenation ein assoziativer Operator ist, so daß es egal ist, wie die Zeichen im regulären Ausdruck gruppiert sind, und wir benötigen keine Klammern.

Beispiel 10.13

Betrachten wir nun die Konkatenation zweier regulärer Ausdrücke, deren Sprachen keine einelementigen Mengen sind. R sei der reguläre Ausdruck **a** | (**ab**).[5] Die Sprache $L(R)$ ist die Vereinigung von $L(\mathbf{a})$ und $L(\mathbf{ab})$, also {a, ab}. S sei der reguläre Ausdruck **c** | (**bc**). Es gilt demnach $L(S)$ = {c, bc}. Der reguläre Ausdruck RS lautet dann (**a** | (**ab**))(**c** | (**bc**)). Beachten Sie, daß die Klammern um R und S aufgrund von Bindungsstärken notwendig sind.

Um die Strings in $L(RS)$ zu finden, verknüpfen wir jeden der beiden Strings aus L(R) mit jedem der beiden Strings aus $L(S)$. Diese Verknüpfung wird in Abb. 10.16 verdeutlicht. Aus a aus $L(R)$ und c aus $L(S)$ erhalten wir den String ac. Den String abc erhält man auf zweierlei Art, entweder als (a)(bc) oder als (ab)(c). Der String abbc wird durch die Konkatenation von ab aus $L(R)$ mit bc aus $L(S)$ gebildet. $L(RS)$ ist somit gleich {ac, abc, abbc}. ◆

---

[5]Wie wir noch sehen werden, bindet die Konkatenation stärker als die Vereinigung, so daß diese Klammern redundant sind.

	c	bc
a	ac	abc
ab	abc	abbc

Abb. 10.26: Bildung der Konkatenation von {a, ab} und {c, bc}.

Beachten Sie, daß die Anzahl der Strings einer Sprache $L(RS)$ nicht größer sein kann als das Produkt der Anzahl der Strings aus $L(R)$ mal der Anzahl der Strings aus $L(S)$. Die Anzahl der Strings in $L(RS)$ entspricht sogar exakt diesem Produkt, es sei denn, es gibt „Übereinstimmungen", in denen derselbe String auf zwei oder mehr unterschiedliche Arten gebildet werden kann. In Beispiel 10.13 konnte der String abc auf zweierlei Art gebildet werden, so daß die Anzahl der Strings in $L(RS)$, 3, um eins kleiner war als das Produkt der Anzahlen der Strings in den Sprachen von R und S. Ähnliches gilt für die Anzahl der Strings in der Sprache $L(R \mid S)$, die nicht größer ist als die Summe der Anzahlen der Strings in den Sprachen $L(R)$ und $L(S)$, und die nur kleiner sein kann, wenn $L(R)$ und $L(S)$ gemeinsame Strings enthalten. Wie wir in unserer Diskussion der algebraischen Gesetze für diese Operatoren noch sehen werden, gibt es eine enge, aber nicht ganz exakte Übereinstimmung zwischen der Vereinigung und der Konkatenation auf der einen und den arithmetischen Operatoren + und × auf der anderen Seite.

Abschluß

Ein dritter Operator wird *Kleene-Abschluß* (*Kleene closure*) oder einfach *Abschluß* genannt.[6] Es ist ein unärer Postfix-Operator; das heißt, er erhält einen Operanden und steht hinter diesem. Der Abschluß wird durch einen Stern bezeichnet, so daß R^* der Abschluß des regulären Ausdrucks R ist. Da der Abschlußoperator höchsten Vorrang besitzt, ist es häufig notwendig, R in Klammern zu setzen und $(R)^*$ zu schreiben.

Der Abschlußoperator besagt, daß es „null oder mehr Vorkommen von Strings aus R" gibt. Das bedeutet, $L(R^*)$ besteht aus

1. dem leeren String ε, der null Vorkommen von Strings aus R repräsentiert.
2. allen Strings in $L(R)$; diese repräsentieren ein Vorkommen eines Strings aus $L(R)$.
3. allen Strings in $L(RR)$, der Konkatenation von $L(R)$ mit sich selbst; diese repräsentieren zwei Vorkommen der Strings aus $L(R)$.

[6]Steven C. Kleene schrieb das Papier, in dem die Beschreibung der Algebra regulärer Ausdrücke ihren Ursprung fand.

4. allen Strings in $L(RRR)$, $L(RRRR)$ und so weiter, die drei, vier und mehr Vorkommen von Strings aus $L(R)$ repräsentieren.

Informell können wir auch schreiben

$$R^* = \varepsilon \mid R \mid RR \mid RRR \mid \ldots$$

Wir müssen jedoch verstehen, daß der Ausdruck auf der rechten Seite des Gleichheitszeichens kein regulärer Ausdruck ist, da er eine unendliche Anzahl von Vorkommen des Vereinigungsoperators enthält. Alle regulären Ausdrücke werden aus einer endlichen Anzahl von Vorkommen der drei Operatoren gebildet.

Beispiel 10.14

Es sei R = **a**. Wie sieht dann $L(R^*)$ aus? Wie in jedem Abschluß ist sicherlich ε in dieser Sprache enthalten. Der String `a`, der der einzige in $L(R)$ enthaltene String ist, ist in der Sprache enthalten ebenso wie `aa` aus $L(RR)$, `aaa` aus $L(RRR)$ und so weiter. Das heißt, $L(\mathbf{a}^*)$ ist die Menge der Strings bestehend aus null oder mehr Verknüpfungen von `a`, bzw. die Menge {ε, `a`, `aa`, `aaa`, ...}. ◆

Beispiel 10.15

R sei nun der reguläre Ausdruck **a** | **b**, so daß $L(R)$ = {`a`, `b`} ist. Betrachten wir $L(R^*)$. Wiederum enthält diese Sprache ε, das null Vorkommen der Strings aus $L(R)$ repräsentiert. Ein Vorkommen eines Strings von R liefert uns {`a`, `b`} für $L(R^*)$. Zwei Vorkommen liefern uns die vier Strings {`aa`, `ab`, `ba`, `bb`}, drei Vorkommen liefern uns acht Strings der Länge drei, die aus den Zeichen `a` und/oder `b` bestehen und so weiter. $L(R^*)$ entspricht demnach allen Strings bestehend aus den Zeichen `a` und `b` jeder endlichen Länge. ◆

Bindungsstärken der Operatoren regulärer Ausdrücke

Wie wir oben bereits informell erwähnten, gibt es eine traditionelle Reihenfolge der Bindungsstärken der drei Operatoren Vereinigung, Konkatenation und Abschluß. Diese Reihenfolge lautet

1. Abschluß (am höchsten) dann
2. Konkatenation und anschließend
3. Vereinigung (am niedrigsten).

Wenn wir einen Ausdruck interpretieren, gruppieren wir zunächst die Abschlußoperatoren, indem wir den kleinsten, unmittelbar links von einem gegebenen * stehenden Ausdruck finden, der die Form eines Ausdrucks hat (d. h., vorhandene Klammern sollten ausgewogen sein). Wir können diesen Ausdruck zusammen mit dem * in Klammern setzen.

Als nächstes betrachten wir die Konkatenationsoperatoren von links aus. Wir suchen jeweils den kleinsten Ausdruck unmittelbar links und den kleinsten Ausdruck unmittelbar rechts davon und klammern dieses Paar von Ausdrücken. Zum Schluß betrachten wir von links aus beginnend die Vereinigungsoperatoren. Wir finden den kleinsten Ausdruck unmittelbar links und rechts jeder Vereinigung und setzen dieses Ausdruckspaar mit dem Vereinigungssymbol in der Mitte in Klammern.

Beispiel 10.16

Betrachten wir den Ausdruck **a** | **bc*d**. Zunächst suchen wir alle *. Es gibt nur einen, und der kleinste Ausdruck links daneben ist das **c**. Wir gruppieren den * zusammen mit seinem Operanden als **a** | **b(c*)d**.

Als nächstes suchen wir im oben genannten Ausdruck nach Konkatenationen. Es gibt zwei, eine zwischen dem **b** und der linken Klammer und die zweite zwischen der rechten Klammer und dem **d**. Wenn wir die erste betrachten, finden wir gleich links den Ausdruck **b**; rechts müssen wir die rechte Klammer mit berücksichtigen, da Ausdrücke eine ausgewogene Klammerung besitzen müssen. Die Operanden der ersten Konkatenation lauten somit **b** und (**c***). Fügen wir die Klammern ein, so erhalten wir den Ausdruck

a | (b(c*))d

Bei der zweiten Konkatenation lautet der kürzeste Ausdruck unmittelbar links nun (**b**(**c***)), der kürzeste Ausdruck rechts ist **d**. Gruppieren wir die Operanden dieser Konkatenation wiederum durch Klammern, so erhalten wir den Ausdruck

a | ((b(c*))d)

Zum Schluß müssen wir noch die Vereinigungen betrachten. Es gibt nur eine; ihr linker Operand ist **a** und ihr rechter Operand ist der Rest des oben angegebenen Ausdrucks. Strenggenommen müssen wir noch den gesamten Ausdruck einklammern, was zu dem Ausdruck

(a | ((b(c*))d))

führt, die äußeren Klammern sind jedoch redundant. ◆

Weitere Beispiele regulärer Ausdrücke

Wir beschließen diesen Abschnitt mit einigen komplexeren Beispielen regulärer Ausdrücke.

Beispiel 10.17

Die Idee aus Beispiel 10.15 läßt sich durch folgenden regulären Ausdruck erweitern, der „Strings jeder Länge bestehend aus den Symbolen $\mathbf{a}_1$, $\mathbf{a}_2$, ..., $\mathbf{a}_n$" bezeichnet

$$(\mathbf{a}_1 \mid \mathbf{a}_2 \mid \ldots \mid \mathbf{a}_n)^*$$

Zum Beispiel können wir Pascal-Bezeichner wie folgt beschreiben. Als erstes definiert man den regulären Ausdruck

letter = **A | B | ... | Z | a | b | ... | z**

Ebenso definiert man

digit = **0 | 1 | ... | 9**

Dann beschreibt der reguläre Ausdruck

*letter(letter | digit)**

eine Sprache, deren Strings aus einem Buchstaben gefolgt von null oder mehr Buchstaben und/oder Ziffern bestehen. ◆

Beispiel 10.18

Betrachten wir nun einen regulären Ausdruck, der etwas schwieriger zu schreiben ist: das Rauschfilterproblem aus Beispiel 10.2. Sie erinnern sich, daß wir einen Automaten beschrieben, der immer dann die Ausgabe 1 erzeugte, wenn die Eingabe in einer Folge von 1-en endete, um es einmal einfach auszudrücken. Wir entschieden, daß wir uns in einer Folge von 1-en befinden, sobald wir zwei 1-en hintereinander gefunden hatten. Nachdem wir jedoch entschieden hatten, daß wir 1-en erkennen, konnte uns eine einzelne 0 nicht von dieser Schlußfolgerung abbringen. Die Ausgabe des Automaten aus Beispiel 10.2 ist daher immer dann 1, wenn die Eingabe in einer Folge von 1-en gefolgt von irgend etwas endet, so lange nur auf jede 0 entweder unmittelbar eine 1 folgt oder die 0 das letzte bisher gefundene Eingabezeichen ist. Wir drücken diese Bedingung durch folgenden regulären Ausdruck aus

(0 | 1)*11(1 | 01)*(ε | 0)

Um diesen Ausdruck zu verstehen, sei zunächst bemerkt, daß (**0** | **1**)* jeden String repräsentiert, der aus 0-en und 1-en besteht. Auf diesen String müssen zwei 1-en folgen, was durch den Ausdruck **11** vorgegeben ist. Die Sprache von (**0** | **1**)***11** umfaßt somit alle Strings bestehend aus 0-en und 1-en, die mit (mindestens) zwei 1-en enden.

Weiter repräsentiert der Ausdruck (**1** | **01**)* alle Strings aus 0-en und 1-en, in denen auf jede 0 eine 1 folgt. Das heißt, die Strings der Sprache für diesen

Ausdruck werden aus der Konkatenation der Strings `1` und `01` in beliebiger Reihenfolge und beliebiger Menge erzeugt. Während **1** uns gestattet, den zu bildenden String zu jeder Zeit um eine 1 zu erweitern, zwingt uns **01** dazu, auf jede 0 eine 1 folgen zu lassen. Der Ausdruck (**0** | **1**)***11**(**1** | **01**)* repräsentiert demnach alle Strings bestehend aus 0-en und 1-en, die mit zwei 1-en enden, auf die eine Sequenz folgt, in der auf eventuell vorkommende 0-en unmittelbar eine 1 folgt. Der abschließende Faktor, (ε | **0**), beschreibt „eine optionale 0", das heißt, der gerade beschriebene String kann mit einer 0 enden, braucht es aber nicht. ◆

ÜBUNGEN

10.5.1: In Beispiel 10.13 betrachteten wir den regulären Ausdruck (**a** | **ab**)(**c** | **bc**) und stellten fest, daß seine Sprache aus den drei Strings `ac`, `abc` und `abbc` besteht, das heißt aus einem `a` und einem `c` getrennt durch null bis zwei Vorkommen von `b`. Geben Sie zwei weitere reguläre Ausdrücke an, die dieselbe Sprache beschreiben.

10.5.2: Geben Sie reguläre Ausdrücke an, die die folgenden Sprachen definieren.

a) Die Strings zur Beschreibung der sechs Pascal-Vergleichsoperatoren =, <>, usw.

b) Alle Strings von 0-en und 1-en, die mit einer 0 enden.

c) Alle Strings von 0-en und 1-en, die mindestens eine 1 enthalten.

d) Alle Strings von 0-en und 1-en, die höchstens eine 1 enthalten.

e) Alle Strings von 0-en und 1-en bei denen die dritte Position von rechts eine 1 ist.

f) Alle Strings von Kleinbuchstaben, die sortiert sind.

10.5.3*: Geben Sie reguläre Ausdrücke an, die die folgenden Sprachen definieren.

a) Alle aus den Zeichen `a` und `b` bestehenden Strings, in denen alle Folgen von `a` eine gerade Länge haben. Strings wie `aabaaaa`, `aaaabb` und ε gehören zur Sprache; `abbabaa` und `aaa` gehören nicht dazu.

b) Strings, die die Real-Zahlen in Pascal repräsentieren, wie beispielsweise `123.456789` oder `0.12345`.

c) Strings bestehend aus 0-en und 1-en, die eine gerade Parität besitzen, also eine gerade Anzahl von 1-en besitzen. *Hinweis*: Stellen Sie sich die Strings mit gerader Parität als die Konkatenation elementarer Strings mit gerader Parität vor, entweder eine einzelne 0 oder ein Paar von 1-en nur durch 0-en getrennt.

10.5.4:** Geben Sie reguläre Ausdrücke an, die die folgenden Sprachen definieren.

a) Die Menge aller Pascal-Bezeichner, die keine Schlüsselwörter sind. Es ist nicht schlimm, wenn Sie einige der Schlüsselwörter vergessen. Wichtig bei dieser Aufgabe ist, daß Sie Ausdrücke für solche Strings finden, die *nicht* in einer angemessen großen Menge von Strings enthalten sind.

b) Alle aus den Zeichen `a`, `b` und `c` bestehenden Strings, in denen keine aufeinanderfolgenden Positionen dasselbe Zeichen enthalten.

c) Die Menge aller Strings bestehend aus zwei Kleinbuchstaben, die nicht gleich sind. *Hinweis*: Sie können diese Aufgabe zwar mit „roher Gewalt lösen", es gibt jedoch 650 Paare unterschiedlicher Buchstaben. Besser wäre es zu gruppieren. Zum Beispiel deckt der relativ kurze Ausdruck

```
(a | b | ... | m)(n | o | ... | z)
```

bereits 169 der 650 Paare ab.

d) Alle Strings bestehend aus 0-en und 1-en, die als Binärzahl eine ganze Zahl repräsentieren, die ein Vielfaches von 3 ist.

10.5.5: Erweitern Sie die folgenden regulären Ausdrücke um Klammern, die die richtige Gruppierung der Operanden gemäß den Bindungsstärken der Operatoren Vereinigung, Konkatenation und Abschluß anzeigt.

a) **a** | **bc** | **de**

b) **a** | **b*** | (**a** | **b**)***a**

10.5.6: Entfernen Sie die redundanten Klammern aus den folgenden Ausdrükken, das heißt, entfernen Sie Klammern, deren Gruppierung durch die Bindungsstärken der Operatoren und durch die Tatsache impliziert werden, daß Vereinigung und Konkatenation assoziativ sind (und damit die Gruppierung aufeinanderfolgender Vereinigungen oder Konkatenationen bedeutungslos ist).

a) (**ab**)(**cd**)

b) (**a** | (**b**(**c**)*))

c) (((**a**) | **b**)(**c** | **d**))

10.5.7*: Beschreiben Sie die durch die folgenden Ausdrücke definierten Sprachen.

a) $\emptyset$ | ε

b) ε**a**

c) (**a** | **b**)*

d) $(\mathbf{a}^*\mathbf{b}^*)^*$

e) $(\mathbf{a}^*\mathbf{ba}^*\mathbf{b})^*\mathbf{a}^*$

f) ε^*

g) R^{**}, wobei R ein regulärer Ausdruck ist.

10.6 UNIX-Erweiterungen regulärer Ausdrücke

Das UNIX-Betriebssystem enthält mehrere Kommandos, die eine mit regulären Ausdrücken vergleichbare Notation zur Beschreibung von Mustern verwenden. Auch wenn sich der Leser mit UNIX oder mit den meisten dieser Kommandos nicht auskennt, ist es nützlich, diese Notationen zu kennen. Wir finden reguläre Ausdrücke in mindestens drei Arten von Kommandos.

1. *Editoren.* Die UNIX-Editoren `ed` und `vi` ebenso wie die meisten Texteditoren gestatten es dem Benutzer, eine Stelle in einem Text zu suchen, an der eine Ausprägung eines gegebenen Musters steht. Dieses Muster wird durch einen regulären Ausdruck spezifiziert, obwohl es keinen allgemeinen Vereinigungsoperator, sondern nur „Zeichenklassen“ gibt, die wir weiter unten behandeln werden.

2. *Das Pattern-Matching-Programm* `grep` *und all seine Vettern.* Das UNIX-Kommando `grep` liest eine Datei ein und untersucht jede Zeile. Wenn die Zeile einen Teilstring enthält, der mit dem durch einen regulären Ausdruck spezifizierten Muster übereinstimmt, wird die Zeile ausgedruckt (`grep` steht für „*g*lobally search for *r*egular *e*xpressions and *p*rint“ – globale Suche nach regulären Ausdrücken und anschließendes Ausdrucken). Das Kommando `grep` selbst gestattet nur eine Teilmenge der regulären Ausdrücke, das erweiterte Kommando `egrep` erlaubt dagegen die vollständige Notation regulärer Ausdrücke einschließlich einiger zusätzlicher Erweiterungen. Das Kommando `awk` ermöglicht die Suche nach vollständigen regulären Ausdrücken und behandelt Textzeilen so als wären es die Tupel einer Relation. Auf diese Art und Weise wird die Durchführung von Operationen der Relationenalgebra, wie Selektion und Projektion, auf Dateien ermöglicht.

3. *Lexikalische Analyse.* Das UNIX-Kommando `lex` erweist sich als nützlich, will man einen Teil eines Compilers schreiben oder vergleichbare Aufgaben lösen. Die erste von einem Compiler zu lösende Aufgabe besteht darin, das Programm in *Token* zu zerlegen; Token sind Teilstrings, die logisch zusammenpassen. Beispiele sind Bezeichner, Konstanten, Schlüsselwörter wie `then` und Operatoren wie + oder <=. Jedes Token kann als regulärer Ausdruck spezifiziert werden; Beispiel 10.17 gab an, wie die Tokenklasse „Bezeichner“ zu spezifizieren ist. Das `lex`-Kommando gestattet es dem

Benutzer, Tokenklassen anhand regulärer Ausdrücke zu spezifizieren. Es erstellt ein Programm, das als *lexikalischer Analysator* fungiert; das ist ein Programm, welches seine Eingabe in Tokens gliedert.

Zeichenklassen

Häufig benötigen wir einen regulären Ausdruck, der eine Menge von Zeichen oder, genauer gesagt, eine Menge von Zeichenketten der Länge 1 bezeichnet, wobei jeder String dieser Menge aus einem anderen Zeichen besteht. In Beispiel 10.17 definierten wir den Ausdruck *letter*, um jeden aus einem Groß- oder Kleinbuchstaben bestehenden String zu bezeichnen. Desweiteren definierten wir den Ausdruck *digit*, der jeden aus einer einzelnen Ziffer bestehenden String bezeichnet. Derartige Ausdrücke können ziemlich lang werden, UNIX stellt jedoch einige Abkürzungen zur Verfügung.

Zunächst können wir jede Liste von Zeichen in eckigen Klammer einschließen, was dem regulären Ausdruck entspricht, der die Vereinigung dieser Buchstaben bildet. Ein solcher Ausdruck wird als *Zeichenklasse* (*character class*) bezeichnet. Zum Beispiel gibt der Ausdruck [**aghinostw**] die Menge der Buchstaben an, die in dem Wort `washington` enthalten sind, und [**aghinostw**]* bezeichnet die Menge der Strings, die nur aus diesen Buchstaben gebildet werden können.

Als zweites brauchen wir nicht immer alle Zeichen explizit aufzulisten. Vergessen Sie nicht, daß Zeichen normalerweise nach dem ASCII-Code kodiert sind. Dieser Code weist den verschiedenen Zeichen Bitstrings zu, die als ganze Zahlen interpretiert werden können, und er tut dies auf sehr rationale Weise. Zum Beispiel haben die Großbuchstaben aufeinanderfolgende ganze Zahlen zugewiesen bekommen. In Pascal bedeutet dies, daß `ORD('A')`, `ORD('B')` und so weiter aufeinanderfolgende ganze Zahlen sind. Auch Kleinbuchstaben und Ziffern besitzen ihnen zugewiesene, aufeinanderfolgende ganze Zahlen.

Wenn wir einen Bindestrich zwischen zwei Zeichen setzen, so kennzeichnen wir damit nicht nur diese beiden Zeichen, sondern auch alle Zeichen liegende Zeichen, deren Code sich zwischen ihren Codes befindet.

Beispiel 10.19

Wir können die Groß- und Kleinbuchstaben durch [**A-Za-z**] definieren. Die ersten drei Zeichen **A-Z** repräsentieren alle Zeichen, deren Code sich zwischen dem für `A` und dem für `Z` befindet, also alle Großbuchstaben. Die nächsten drei Zeichen **a-z** definieren alle Kleinbuchstaben.

Da der Bindestrich diese besondere Bedeutung hat, müssen wir bei der Definition einer Zeichenklasse, die den Bindestrich - enthält, sehr sorgfältig vorgehen. Entweder müssen wir ihn als erstes oder als letztes in die Liste schreiben. Wir könnten beispielsweise die Menge der vier arithmetischen Operatoren durch [-+*/] definieren. Die Definition [+-*/] wäre dagegen falsch, da der Bereich zwischen +-* all diejenigen Zeichen bezeichnet, deren Code zwischen den Codes von + und * liegen. ◆

Zeilenanfang und Zeilenende

Da sich UNIX-Kommandos häufig mit einzelnen Textzeilen befassen, enthält die UNIX-Notation regulärer Ausdrücke ein besonderes Symbol, um Anfang und Ende einer Zeile zu bezeichnen. Das Symbol ^ bezeichnet den Anfang der Zeile, und das Symbol $ bezeichnet das Ende einer Zeile.

Wie man den Zeichen ihre buchstäbliche Bedeutung wieder gibt

Da die Zeichen ^ und $ in regulären Ausdrücken eine besondere Bedeutung haben, mag es erscheinen, als gäbe es keine Möglichkeit, diese Zeichen selbst in regulären Ausdrücken von UNIX zu spezifizieren. UNIX verwendet aber den Backslash, \, als *Escape-Zeichen*. Schreiben wir einen Backslash vor die Zeichen ^ oder $, so wird die Kombination dieser beiden Zeichen als die buchstäbliche Bedeutung des zweiten Zeichens interpretiert und nicht als dessen spezielle Bedeutung. Zum Beispiel stellt \$ innerhalb eines regulären Ausdrucks in UNIX das Zeichen $ dar. Ebenso werden zwei Backslashes als ein einzelner Backslash interpretiert, der dann nicht die Bedeutung eines Escape-Zeichens hat. Der String \\$ in einem regulären Ausdruck von UNIX bezeichnet das Zeichen Backslash gefolgt vom Ende der Zeile.

Es gibt eine Reihe anderer Zeichen, die in UNIX für bestimmte Situationen eine besondere Bedeutung besitzen. All diese Zeichen können aber auch in ihrer buchstäblichen Bedeutung referenziert werden, das heißt ohne ihre spezielle Bedeutung zu aktivieren, indem man einfach einen Backslash davor schreibt. Zum Beispiel müssen eckige Klammern in regulären Ausdrücken auf diese Weise behandelt werden, damit sie nicht als Trennzeichen für Zeichenklassen interpretiert werden.

Beispiel 10.20

Der Automat aus Abb. 10.13 aus Abschnitt 10.3, der am Anfang einer Zeile begann, akzeptiert diese Zeile genau dann, wenn diese nur aus den im Wort `washington` enthaltenen Buchstaben besteht. Wir können dieses Muster als regulären Ausdruck in UNIX ausdrücken: ^[**aghinostw**]*$. In Worten ausgedrückt entspricht dieses Muster dem „Anfang einer Zeile, gefolgt von einer beliebigen Sequenz von Buchstaben des Wortes `washington`, gefolgt vom Ende der Zeile“.

Als ein Beispiel, wie diese reguläre Ausdruck verwendet wird, druckt das UNIX-Kommando

```
grep '^[aghinostw]*$' /usr/dict/words
```

alle Wörter des Wörterbuches aus, die nur aus Buchstaben des Wortes `washington` bestehen. In diesem Fall fordert UNIX, daß der reguläre Ausdruck als Zeichenkette in Anführungszeichen (*quoted string*) geschrieben wird. Der Effekt dieses Kommandos besteht darin, daß jede Zeile der spezifizierten Datei `/usr/dict/words` untersucht wird. Enthält sie einen Teilstring der durch den regulären Ausdruck bezeichneten Menge, so wird diese Zeile gedruckt; sonst wird die Zeile nicht gedruckt. Es ist wichtig zu bemerken, daß die Anfangs- und Endsymbole hier eine wesentliche Rolle spielen. Angenommen, sie würden fehlen. Da der leere String in der durch den regulären Ausdruck [**aghinostw**]* bezeichneten Sprache vorkommt, würden wir feststellen, daß jede Zeile einen Teilstring (nämlich ε) enthält, der in der Sprache des regulären Ausdrucks enthalten ist. Es würde also jede Zeile ausgegeben werden. ◆

Das Wildcard-Symbol

Das Zeichen . steht in den regulären Ausdrücken von UNIX für „ein beliebiges Zeichen mit Ausnahme des Newline-Zeichens".

Beispiel 10.21

Der reguläre Ausdruck

.*a.*e.*i.*o.*u.*

bezeichnet alle Strings, die nacheinander die Vokale enthalten. Wir könnten `grep` mit diesem regulären Ausdruck verwenden, um das Wörterbuch nach allen Wörtern mit den in aufsteigender Reihenfolge enthaltenen Vokalen zu durchsuchen. Es ist jedoch effizienter, das .* am Anfang und am Ende wegzulassen, da `grep` nach dem spezifizierten Muster als Teilstring und nicht als ganze Zeile sucht, es sei denn, wir fügen die Zeilenanfangs- und Zeilenendesymbole explizit ein. Das Kommando

```
grep 'a.*e.*i.*o.*u' /usr/dict/words
```

findet und druckt somit alle Wörter, die `aeiou` als Teilsequenz enthalten.

Die Tatsache, daß Punkte auch als Zeichen interpretiert werden, die keine Buchstaben sind, ist hier nebensächlich, da es neben den Buchstaben und dem Newline-Zeichen keine anderen Zeichen in der Datei `/usr/dict/words` gibt. Würde der Punkt auch als Newline-Zeichen interpretiert werden, so würde dieser reguläre Ausdruck `grep` gestatten, mehrere Zeilen gleichzeitig zu betrachten, um ein Vorkommen der Vokale in ihrer Reihenfolge zu finden. Aufgrund solcher Bespiele ist der Punkt so definiert, daß er nicht als Newline-Zeichen interpretiert werden darf. ◆

Zusätzliche Operatoren

Die regulären Ausdrücke in den UNIX-Kommandos `awk` und `egrep` umfassen noch einige andere Operatoren.

1. Im Gegensatz zu `grep` erlauben die Kommandos `awk` und `egrep` die Verwendung des Vereinigungsoperators | in regulären Ausdrücken.

2. Die unären Postfix-Operatoren ? und $^+$ gestatten uns zwar nicht, zusätzliche Sprachen zu definieren, sie erleichtern es jedoch häufig, Sprachen auszudrücken. Wenn R ein regulärer Ausdruck ist, dann steht $R?$ für $\varepsilon \mid R$, also für ein optionales R. $L(R?)$ beschreibt somit die Sprache $L(R) \cup \{\varepsilon\}$. R^+ steht für RR^* oder äquivalent für „ein oder mehrere Vorkommen von Wörtern aus R“. Es gilt somit

   $$L(R^+) = L(R) \cup L(RR) \cup L(RRR)...$$

   Insbesondere bezeichnen $L(R^+)$ und $L(R^*)$ dieselbe Sprache, wenn ε in $L(R)$ enthalten ist. Ist ε nicht in $L(R)$ enthalten, dann bezeichnet $L(R^+)$ die Sprache $L(R^*)$ - $\{\varepsilon\}$. Die Operatoren $^+$ und ? haben dieselbe Assoziativität und Bindungsstärke wie *.

Beispiel 10.22

Angenommen, wir möchten anhand eines regulären Ausdrucks die reellen Zahlen bestehend aus einem nichtleeren String von Ziffern mit einem Dezimalpunkt spezifizieren. Es wäre nicht korrekt, diesen Ausdruck als [**0-9**]*\.[**0-9**]* zu schreiben, da dann der nur aus einem Punkt bestehende String auch als reelle Zahl angesehen würde. Eine Möglichkeit, diesen Ausdruck bei Verwendung von `egrep` zu schreiben, sieht wie folgt aus

[**0-9**]$^+$\.[**0-9**]* | \.[**0-9**]$^+$

Der erste Term der Vereinigung deckt die Zahlen ab, bei denen mindestens eine Ziffer links vom Dezimalpunkt steht, und der zweite Term enthält die mit dem Dezimalpunkt beginnenden Zahlen, die mindestens eine Ziffer hinter dem Dezimalpunkt haben müssen. Beachten Sie, daß der Punkt hinter einem Backslash steht, was ihm seine „Wildcard“-Bedeutung nimmt.

Beispiel 10.23

Wir können eine Eingabe nach allen Zeilen, deren Buchstaben in streng alphabetischer Reihenfolge angeordnet sind, mit folgendem egrep-Kommando durchsuchen

```
egrep '^a?b?c?d?e?f?g?h?i?j?k?l?m?n?o?p?q?r?s?t?u?v?w?x?y?z?$'
```

Wir lesen also jede Zeile ein, um festzustellen, ob es zwischen Anfang und Ende der Zeile ein optionales a, ein optionales b und so weiter gibt. Eine Zeile, die zum Beispiel das Wort adept enthält, kann mit diesem Ausdruck in Übereinstimmung gebracht werden, da die ? hinter a, d, e, p und t als „ein Vorkommen" interpretiert werden können, während die anderen ? als „null Vorkommen", das heißt als ε interpretiert werden. ◆

ÜBUNGEN

10.6.1: Schreiben Sie Ausdrücke für die folgenden Zeichenklassen.

a) Alle Zeichen, die Operatoren oder Interpunktionssymbole in Pascal sind. Beispiele sind + und Klammern.

b) Alle kleingeschriebenen Vokale.

c) Alle kleingeschriebenen Konsonanten.

10.6.2*: Falls Ihnen UNIX zur Verfügung steht, schreiben Sie egrep-Programme, die die Datei /usr/dict/words untersuchen und folgendes finden:

a) Alle Wörter, die auf dous enden.

b) Das längste nur einen Vokal enthaltende Wort.

c) Alle Wörter, die abwechselnd Konsonanten und Vokale enthalten.

d) Alle Wörter, die vier oder mehr aufeinanderfolgende Konsonanten enthalten.

10.7 Algebraische Gesetze für reguläre Ausdrücke

Es ist möglich, daß zwei reguläre Ausdrücke dieselbe Sprache bezeichnen, ebenso wie zwei arithmetische Ausdrücke dieselbe Funktion ihrer Operanden bezeichnen können. Zum Beispiel bezeichnen die arithmetischen Ausdrücke $x + y$ und $y + x$ jeweils dieselbe Funktion von x und y, da die Addition kommutativ ist. Ebenso bezeichnen die regulären Ausdrücke $R \mid S$ und $S \mid R$ dieselbe Sprache, egal welche regulären Ausdrücke wir für R und S einsetzen; zu rechtfertigen ist dies mit der Kommutativität der Operation der Vereinigung.

Oft ist es sinnvoll, reguläre Ausdrücke zu vereinfachen. Wir werden in Kürze feststellen, daß, wenn wir reguläre Ausdrücke aus Automaten erzeugen, wir häufig einen regulären Ausdruck erhalten, der unnötig komplex ist. Ein Repertoire an algebraischen Äquivalenzen gestattet uns, Ausdrücke zu „vereinfachen". Wir ersetzen dabei einen regulären Ausdruck durch einen anderen, der weniger Operanden und/oder Operatoren enthält und dennoch dieselbe Sprache bezeichnet. Wir gehen dabei vor wie bei der Manipulation arithmetischer Ausdrücke, wo wir aus einem komplizierten Ausdruck einen einfachen Ausdruck machen. Wir möchten zum Beispiel zwei große Polynome multiplizieren und anschließend das Ergebnis vereinfachen, indem wir ähnliche Terme gruppieren. Oder in Abschnitt 8.9 vereinfachten wir Ausdrücke der relationalen Algebra, um so eine schnellere Auswertung zu ermöglichen.

Zwei reguläre Ausdrücke R und S sind *äquivalent*, geschrieben als $R \equiv S$, wenn $L(R) = L(S)$ ist. Wenn dies gilt, bezeichnen wir $R \equiv S$ als *Äquivalenz*. Im folgenden werden wir annehmen, daß R, S und T beliebige reguläre Ausdrücke sind und unsere Äquivalenzen mit Hilfe dieser Operanden einführen.

Beweis von Äquivalenzen

In diesem Abschnitt beweisen wir eine Reihe von Äquivalenzen, die reguläre Ausdrücke betreffen. Sie erinnern sich, daß eine Äquivalenz zwischen zwei regulären Ausdrücken den Anspruch hat, daß die Sprachen dieser beiden Ausdrücke gleich sind, egal welche Sprachen wir für ihre Variablen einsetzen. Wir beweisen eine Äquivalenz also dadurch, daß wir die Gleichheit zweier Sprachen, also zweier Mengen von Strings, zeigen. Allgemein beweisen wir, daß die Menge S_1 gleich der Menge S_2 ist, indem wir zeigen, daß jeweils die eine Menge in der anderen Menge enthalten ist. Wir beweisen also, daß sowohl $S_1 \subseteq S_2$ als auch $S_2 \subseteq S_1$ gilt. Beide Richtungen sind notwendig, um die Gleichheit von Mengen zu zeigen.

Auf welche Weise die Vereinigung und die Konkatenation das Plus und das Mal widerspiegeln

In diesem Abschnitt werden wir die wichtigsten Äquivalenzen aufzählen, die die Operatoren Vereinigung, Konkatenation und Abschluß regulärer Ausdrücke betreffen. Wir beginnen mit der Analogie zwischen Vereinigung und Konkatenation auf der einen und Addition und Multiplikation auf der anderen Seite. Wir werden feststellen, daß diese Analogie ungenau ist, vor allem, da die Konkatenation im Gegensatz zur Multiplikation nicht kommutativ ist. Es gibt aber viele Gemeinsamkeiten zwischen diesen beiden Operationspaaren.

Sowohl die Vereinigung als auch die Konkatenation besitzen Identitäten. Für die Vereinigung ist $\varnothing$ die Identität und für die Konkatenation ε.

1. *Identität für die Vereinigung.* $(\varnothing \mid R) \equiv (R \mid \varnothing) \equiv R$.

2. *Identität für die Konkatenation.* $\varepsilon R \equiv R\varepsilon \equiv R$.

Es sollte aufgrund der Definition der leeren Menge und der Vereinigung offensichtlich sein, warum (1) gilt. Um zu verstehen, warum (2) ebenfalls wahr ist, betrachten wir folgendes: Wenn der String x in $L(\varepsilon R)$ enthalten ist, ist x die Konkatenation eines Strings aus $L(\varepsilon)$ mit einem String r aus $L(R)$. Der einzige in $L(\varepsilon)$ enthaltene String ist jedoch ε selbst, so daß wir wissen, daß $x = \varepsilon r$ gilt. Verknüpft man den leeren String mit einem anderen String r, erhält man wieder r, so daß $x = r$ gilt. Das heißt, x ist in $L(R)$ enthalten. Wir sehen zudem, daß, wenn x in $L(R\varepsilon)$ enthalten ist, x auch in $L(R)$ enthalten ist.

Um das Paar (2) von Äquivalenzen zu beweisen, müssen wir nicht nur zeigen, daß alles, was in $L(\varepsilon R)$ oder $L(R\varepsilon)$ enthalten ist auch in $L(R)$ enthalten ist. Wir müssen auch das Umgekehrte zeigen, nämlich daß alles aus $L(R)$ auch in $L(\varepsilon R)$ und $L(R\varepsilon)$ vorkommt. Wenn r in $L(R)$ enthalten ist, ist εr in $L(\varepsilon R)$ enthalten. Es gilt jedoch $\varepsilon r = r$, so daß r in $L(\varepsilon R)$ enthalten ist. Die gleiche Argumentation besagt, daß r auch in $L(R\varepsilon)$ enthalten ist. Wir haben somit gezeigt, daß $L(R)$ und $L(R\varepsilon)$ dieselbe Sprache bezeichnen und daß $L(R)$ und $L(R\varepsilon)$ dieselbe Sprache bezeichnen, was den Äquivalenzen aus (2) entspricht.

Die leere Menge $\varnothing$ ist somit analog zur 0 der Arithmetik, und ε ist analog zur 1. Es gibt noch eine weitere Analogie. $\varnothing$ ist ein *Annihilator* für die Konkatenation; das heißt

3. *Annihilator für die Konkatenation.* $\varnothing R \equiv R\varnothing \equiv \varnothing$. Anders ausgedrückt, wenn wir die leere Menge mit irgend etwas konkatenieren, erhalten wir die leere Menge. Analog dazu ist die 0 Annihilator für die Multiplikation, da $0 \times x = x \times 0 = 0$ gilt.

Wir erklären im folgenden, warum (3) wahr ist. Damit $L(\varnothing R)$ einen String x enthalten kann, müßten wir x durch Konkatenation eines Strings aus $L(\varnothing)$ mit einem String aus $L(R)$ bilden. Da $L(\varnothing)$ aber keinen String enthält, gibt es keine Möglichkeit, x zu bilden. Ein ähnliches Argument zeigt, daß $L(R\varnothing)$ leer sein muß.

Die nächsten Äquivalenzen sind die Kommutativ- und Assoziativgesetze für die Vereinigung, die wir bereits in Kapitel 7 behandelt haben.

4. *Kommutativität der Vereinigung.* $(R \mid S) \equiv (S \mid R)$.

5. *Assoziativität der Vereinigung.* $((R \mid S) \mid T) \equiv (R \mid (S \mid T))$.

Wie wir bereits erwähnten, ist die Konkatenation auch assoziativ. Das heißt es gilt

6. *Assoziativität der Konkatenation.* $((RS)T) \equiv (R(ST))$.

Um zu sehen, warum (6) wahr ist, nehmen wir an, String x ist in $L((RS)T)$ enthalten. Dann ist x die Konkatenation eines Strings y aus $L(RS)$ und eines Strings t aus $L(T)$. Zudem muß y die Konkatenation eines r aus $L(R)$ und eines s aus $L(S)$ sein. Es gilt also $x = yt = rst$. Betrachten wir nun $L(R(ST))$. Der String st muß in $L(ST)$ enthalten sein, so daß sich rst, also x, in $L(R(ST))$ befindet. Jeder String x in $L((RS)T)$ ist somit auch in $L((R(ST))$ enthalten. Ein ähnliches Argument zeigt, daß jeder String in $L(R(ST))$ auch in $L((RS)T)$ enthalten sein muß. Diese beiden Sprachen sind demnach gleich, und (6) ist gültig.

Als nächstes kommen wir zu den Distributivgesetzen der Konkatenation über die Vereinigung, das heißt zur

7. *Linksdistributivität der Konkatenation über die Vereinigung.* $(R\ (S \mid T)) \equiv (RS \mid RT)$.
8. *Rechtsdistributivität der Konkatenation über die Vereinigung.* $((S \mid T)\ R) \equiv (SR \mid TR)$.

Wir wollen sehen, warum (7) gilt; (8) ist ähnlich und wird daher als Übungsaufgabe offengelassen. Wenn x in

$$L(R\ (S \mid T))$$

enthalten ist, dann gilt $x = ry$, wobei r aus $L(R)$ und y entweder aus $L(S)$ oder aus $L(T)$ oder aus beiden stammt. Wenn y in $L(S)$ enthalten ist, ist x aus $L(RS)$, und wenn y in $L(T)$ enthalten ist, ist x aus $L(RT)$. In jedem Fall ist x in $L(RS \mid RT)$ enthalten. Somit gilt, daß alles, was in $L(R\ (S \mid T))$ enthalten ist, auch in $L(RS \mid RT)$ vorkommt.

Außerdem müssen wir noch das Umgekehrte beweisen, nämlich daß alles, was in $L(RS \mid RT)$ enthalten ist, auch in

$$L(R\ (S \mid T))$$

enthalten ist. Wenn x in der ersten Sprache vorkommt, dann befindet sich x entweder in $L(RS)$ oder in $L(RT)$. Angenommen, x stammt aus $L(RS)$. Dann gilt $x = rs$, wobei r in $L(R)$ und s in $L(S)$ enthalten ist. s ist somit in $L(S \mid T)$ enthalten, und daher ist x in $L(R\ (S \mid T))$ enthalten. Ähnliches gilt, wenn x aus $L(RT)$ stammt. Dann können wir zeigen, daß x in $L(R\ (S \mid T))$ enthalten sein muß. Wir haben nun gezeigt, daß die eine Menge jeweils in der anderen enthalten ist, was die Äquivalenz (7) beweist.

Auf welche Weise sich die Vereinigung und die Konkatenation von Plus und Mal unterscheiden

Ein Grund, warum die Vereinigung nicht analog zur Addition ist, beruht auf dem Gesetz über die Idempotenz. Die Vereinigung ist idempotent, die Addition ist es jedoch nicht.

9. *Idempotenz der Vereinigung.* $(R \mid R) \equiv R$.

Auch die Konkatenation weicht in einem wichtigen Punkt von der Multiplikation ab: Die Konkatenation ist nicht kommutativ, während die Multiplikation reeller oder ganzer Zahlen kommutativ ist. Um zu sehen, warum RS im allgemeinen nicht äquivalent zu SR ist, betrachten wir ein einfaches Beispiel, wie R = **a** und S = **b**. Dann ist $L(RS)$ = {ab}, während $L(SR)$ = {ba}, also eine andere Menge, ist.

Den Abschluß betreffende Äquivalenzen

Es gibt eine Reihe nützlicher Äquivalenzen, die sich auf den Abschlußoperator beziehen.

10. $\varnothing^* \equiv \varepsilon$. Sie können überprüfen, daß beide Seiten die Sprache $\{\varepsilon\}$ beschreiben.

11. $RR^* \equiv R^*R$. Beachten Sie, daß beide Seiten nach der erweiterten Notation aus Abschnitt 10.6 äquivalent zu R^+ sind.

12. $(RR^* \mid \varepsilon) \equiv R^*$. Das bedeutet, daß die Vereinigung von R^+ und dem leeren String äquivalent zu R^* sind.

ÜBUNGEN

10.7.1: Beweisen Sie, daß die Äquivalenz (8) des Rechtsdistributivgesetzes der Konkatenation über die Vereinigung gilt.

10.7.2: Die Äquivalenzen $\varnothing\varnothing \equiv \varnothing$ und $\varepsilon\varepsilon \equiv \varepsilon$ folgen aus den bereits angegebenen Äquivalenzen durch Substitution für Variablen. Welche Äquivalenzen meinen wir?

10.7.3: Beweisen Sie die Äquivalenzen (10) bis (12).

10.7.4: Beweisen Sie, daß gilt

a) $(R \mid R^*) \equiv R^*$

b) $(\varepsilon \mid R^*) \equiv R^*$

10.7.5*: Gibt es Beispiele bestimmter regulärer Ausdrücke R und S, die in dem Sinne „kommutativ" sind, daß für diese besonderen Ausdrücke $RS = SR$ gilt? Liefern Sie einen Beweis, falls dies nicht gilt, oder einige Beispiele, falls doch.

10.7.6*: Der Operand $\varnothing$ wird bei regulären Ausdrücken eigentlich nicht benötigt, mit der Ausnahme, daß wir ohne ihn keinen regulären Ausdruck finden könnten, dessen Sprache die leere Menge ist. Wir nennen einen regulären Ausdruck *$\varnothing$-frei*, wenn er keine Vorkommen von $\varnothing$ enthält. Beweisen Sie durch Induktion über die Anzahl der Vorkommen von Operatoren in einem $\varnothing$-freien regulären Ausdruck R, daß $L(R)$ nicht die leere Menge ist. *Hinweis*: Der nächste Abschnitt enthält ein Beispiel einer Induktion über die Anzahl der Vorkommen von Operatoren in einem regulären Ausdruck.

10.7.7**:Zeigen Sie durch Induktion über die Anzahl der Vorkommen von Operatoren in einem regulären Ausdruck R, daß R entweder zu dem regulären Ausdruck $\varnothing$ oder zu einem $\varnothing$-freien regulären Ausdruck äquivalent ist.

10.8 Von regulären Ausdrücken zu Automaten

Sie erinnern sich an unsere anfängliche Diskussion über Automaten in Abschnitt 10.2, in dem wir eine enge Beziehung zwischen deterministischen Automaten und Programmen beobachteten, die das Konzept des „Zustandes" benutzten, um die von unterschiedlichen Teilen des Programms zu übernehmenden Aufgaben zu unterscheiden. Wir sagten, daß der Entwurf eines deterministischen Automaten häufig eine gute Möglichkeit bietet, ein derartiges Programm zu entwickeln. Wir stellten aber auch fest, daß es sehr schwierig sein kann, einen deterministischen Automaten zu entwerfen. In Abschnitt 10.3 sahen wir, daß der Entwurf eines nichtdeterministischen Automaten manchmal einfacher ist und daß die Teilmengenkonstruktion es ermöglicht, jeden nichtdeterministischen Automaten in einen deterministischen Automaten umzuwandeln. Nachdem wir nun reguläre Ausdrücke kennengelernt haben, sehen wir, daß es häufig sogar leichter ist, einen regulären Ausdruck zu schreiben als einen nichtdeterministischen Automaten zu entwerfen.

Nicht alle Sprachen werden durch Automaten beschrieben

Obwohl wir viele Sprachen kennengelernt haben, die sich durch Automaten oder reguläre Ausdrücke beschreiben lassen, gibt es auch Sprachen, die man nicht so beschreiben kann. Das liegt daran, daß „Automaten nicht zählen können". Das heißt, wenn wir eine Sequenz mit n mal demselben Symbol in einen Automaten mit n Zuständen eingeben, muß er zweimal denselben Zustand erreichen. Er kann sich dann nicht daran erinnern, wie viele Symbole er gefunden hat. Ein Automat kann zum Beispiel nicht alle und ausschließlich die Strings ausgewogener Klammern erkennen. Da reguläre Ausdrücke und Automaten dieselbe Sprache definieren, gibt es demnach auch keinen regulären Ausdruck, dessen Sprache exakt den Strings ausgewogener Klammern entspricht. Wir werden uns im nächsten Kapitel mit dem Thema befassen, welche Sprachen nicht durch Automaten definierbar sind.

Es ist daher beruhigend zu wissen, daß es eine Möglichkeit gibt, jeden regulären Ausdruck in einen nichtdeterministischen Automaten umzuwandeln, um anschließend die Teilmengenkonstruktion zu nutzen, um daraus einen deterministischen Automaten zu erzeugen. Im nächsten Abschnitt werden wir sogar sehen, daß es möglich ist, jeden Automaten in einen regulären Ausdruck umzuwandeln, dessen Sprache exakt der Menge der Strings entspricht, die der Automat akzeptiert. Automaten und reguläre Ausdrücke besitzen demnach dieselbe Fähigkeit, Sprachen zu beschreiben.

Wir benötigen in diesem Abschnitt eine Reihe von Dingen, um zu zeigen, wie reguläre Ausdrücke in Automaten umgewandelt werden.

1. Wir führen Automaten mit ε-Übergängen ein; sie besitzen mit ε markierte Bögen. Diese Bögen werden in Pfaden verwendet, tragen jedoch nicht zu den Markierungen der Pfade bei. Diese Art von Automat bildet ein Zwischenstadium zwischen regulären Ausdrücken und den in diesem Kapitel bereits diskutierten Automaten.

2. Wir zeigen, wie man einen beliebigen regulären Ausdruck in einen Automaten mit ε-Übergängen umwandelt, der dieselbe Sprache definiert.

3. Wir zeigen, wie man einen beliebigen Automaten mit ε-Übergängen in einen Automaten ohne ε-Übergänge umwandelt, der dieselbe Sprache akzeptiert.

Automaten mit Epsilon-Übergängen

Zunächst erweitern wir unseren Begriff eines Automaten dahingehend, daß Bögen nun mit ε markiert sein dürfen. Derartige Automaten akzeptieren einen String *s* noch immer nur dann, wenn es einen mit *s* markierten Pfad vom Anfangszustand zu einem Endzustand gibt. Beachten Sie, daß ε, der leere String, in Strings „unsichtbar" ist, so daß wir, wenn wir die Markierung für einen Pfad erzeugen, alle Vorkommen von ε löschen und nur die „wirklichen" Zeichen verwenden.

Beispiel 10.24

Gegeben sei der in Abb. 10.27 abgebildete Automat mit ε-Übergängen. Der Zustand 0 ist hier der Anfangszustand, und Zustand 3 ist der einzige Endzustand. Ein Pfad von Zustand 0 zu Zustand 3 läuft über die Zustände

0, 4, 5, 6, 7, 8, 7, 8, 9, 3

Die Markierungen der Bögen bilden die Sequenz

`ε b ε ε c ε c ε ε`

Wenn wir uns daran erinnern, daß ε konkateniert mit einem anderen String wieder diesen anderen String ergibt, erkennen wir, daß wir alle Vorkommen von ε „streichen" können, um den String `bcc` zu erhalten, der der Markierung des betroffenen Pfades entspricht.

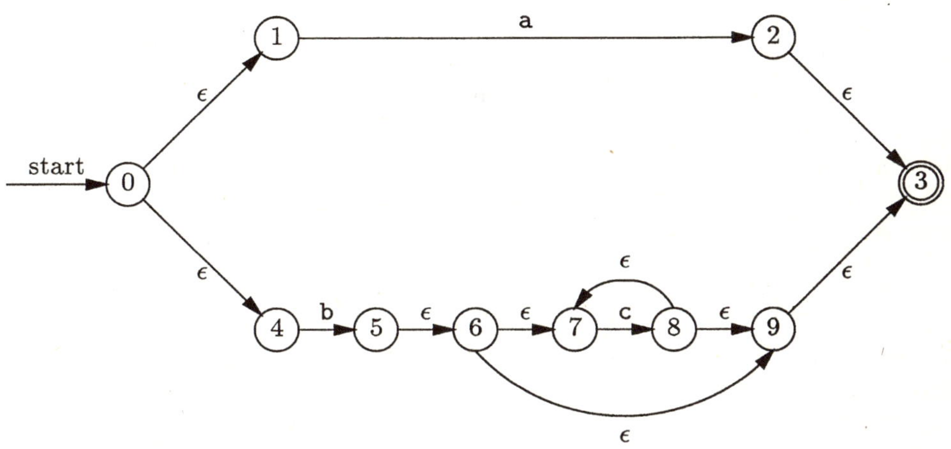

Abb. 10.27: Ein Automat mit ε-Übergängen für **a | bc***.

Sie haben vermutlich schon erkannt, daß alle Pfade von Zustand 0 zu Zustand 3 ausschließlich mit den Strings `a`, `b`, `bc`, `bcc`, `bccc` und so weiter markiert sind. **a | bc*** ist ein regulärer Ausdruck zur Beschreibung dieser Menge, und wir werden sehen, daß der Automat aus Abb. 10.27 auf natürliche Weise aus diesem Ausdruck konstruiert wird. ◆

Von Ausdrücken zu Automaten mit Epsilon-Übergängen

Wir wandeln einen regulären Ausdruck in einen Automaten um, indem wir einen Algorithmus verwenden, der aus einer vollständigen Induktion über die Anzahl der Vorkommen von Operatoren in diesem regulären Ausdruck hergeleitet wurde. Die Idee ist vergleichbar mit der in Abschnitt 5.5 vorgestellten strukturellen Induktion über Bäume. Die Übereinstimmung wird deutlicher, wenn wir reguläre Ausdrücke anhand ihrer Ausdrucksbäume repräsentieren, in denen sich die atomaren Operanden an den Blättern und die Operatoren an den inneren Knoten befinden. Die zu beweisende Aussage lautet:

AUSSAGE $S(n)$: Wenn R ein regulärer Ausdruck mit n Vorkommen von Operatoren ist, der keine Variablen als atomare Operanden enthält, dann gibt es einen Automaten A mit ε-Übergängen, der die in $L(R)$ enthaltenen Strings akzeptiert und keine anderen. Desweiteren besitzt A

1. nur einen Endzustand,
2. keine in seinen Anfangszustand eingehenden Bögen und
3. keine aus seinem Endzustand herausgehenden Bögen.

BASIS. Wenn $n = 0$ ist, muß R ein atomarer Operand sein, der entweder ∅, ε oder **x** für ein Symbol x ist. In diesen drei Fällen können wir einen Automaten mit 2 Zuständen bauen, der den Anforderungen der Aussage $S(0)$ genügt. Diese Automaten sind in Abb. 10.28 abgebildet.

Hierbei ist wichtig zu verstehen, daß wir für jedes Vorkommen eines Operanden im regulären Ausdruck einen neuen Automaten erstellen, dessen Zustände sich von denen jedes anderen Automaten unterscheiden. Enthielte der Ausdruck zum Beispiel drei Vorkommen von **a**, so würden wir drei unterschiedliche Automaten mit insgesamt sechs Zuständen erzeugen, die alle dem in Abb. 10.28(c) dargestellten Automaten ähnlich sind, nur daß x durch a ersetzt würde.

Der Automat aus Abb. 10.28(a) akzeptiert offensichtlich keine Strings, da man vom Anfangszustand nicht zum Endzustand gelangen kann; seine Sprache ist somit ∅. Abbildung 10.28(b) eignet sich zur Beschreibung von ε, da der Automat nur den leeren String akzeptiert, und keinen anderen. Der Automat in Abb. 10.28(c) akzeptiert nur den String x. Wir können nach Belieben neue Automaten mit unterschiedlichen Werten des Symbols x erzeugen. Beachten Sie, daß jeder der Automaten die drei oben genannten Anforderungen erfüllt; es gibt genau einen Endzustand, es existieren keine Bögen in einen Anfangszustand und keine Bögen aus einem Endzustand.

(a) Automat für ∅.

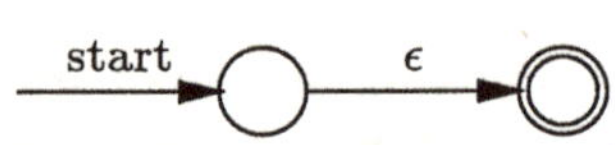

(b) Automat für ε.

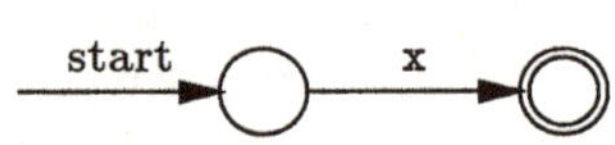

(c) Automat für x.

Abb. 10.28: Automaten für die Basisfälle.

INDUKTION. Nehmen wir nun an, daß $S(i)$ für alle $i \leq n$ gilt; das heißt, für jeden regulären Ausdruck R mit bis zu n Operatoren gibt es einen Automaten, der die Bedingungen der Induktionsannahme erfüllt und alle und nur die in $L(R)$ enthaltenen Strings akzeptiert. R sei nun ein regulärer Ausdruck mit $n + 1$ Operatoren. Wir betrachten den „äußersten" Operator in R; R kann also nur die Form $R_1 \mid R_2$, R_1R_2 oder $R_1{}^*$ haben, abhängig davon, ob die Vereinigung, die Konkatenation oder der Abschluß der bei der Bildung von R zuletzt verwendete Operator ist.

In jedem dieser drei Fälle können R_1 und R_2 nicht mehr als n Operatoren enthalten, da es einen Operator von R gibt, der nicht Teil dieser beiden Ausdrücke ist.[7] Die Induktionsannahme gilt somit in allen drei Fällen für R_1 und R_2. Wir beweisen $S(n+1)$, indem wir diese drei Fälle nacheinander betrachten.

Fall 1. Wenn $R = R_1 \mid R_2$ ist, bauen wir den Automaten aus Abb. 10.29(a). Wir tun dies, indem wir die Automaten für R_1 und R_2 um zwei neue Zustände, den Startzustand und den Endzustand, erweitern. Der Anfangszustand des Automaten für R besitzt ε-Übergänge zu den Anfangszuständen der Automaten für R_1 und R_2. Die Endzustände dieser beiden Automaten haben ε-Übergänge zum Endzustand des Automaten für R. Die Anfangs- und Endzustände der Automaten für R_1 und R_2 sind jedoch keine Anfangs- und Endzustände in dem auf diese Weise konstruierten Automaten.

Daß diese Vorgehensweise funktioniert, liegt daran, daß die einzige Möglichkeit, im Automaten für R vom Anfangszustand zum Endzustand zu gelangen, darauf beruht, einem mit ε markierten Bogen zum Anfangszustand des Automaten R_1 oder dem des Automaten R_2 zu folgen. Anschließend folgen wir einem Pfad innerhalb des ausgewählten Automaten, um zu dessen Endzustand zu gelangen. Von dort gelangen wir über einen ε-Übergang zum Endzustand des Automaten für R. Dieser Pfad ist mit einem String s markiert, den der durchlaufene Automat akzeptiert, da wir vom Anfangszustand dieses Automaten zum Endzustand übergegangen sind. s ist daher entweder in $L(R_1)$ oder in $L(R_2)$ enthalten, abhängig davon, welchen Automaten wir durchlaufen haben. Da wir die Markierung des Pfades nur um einige ε erweitern, akzeptiert der Automat aus Abb. 10.29(a) ebenfalls den String s. Die akzeptierten Strings entsprechen somit denen in $L(R_1) \cup L(R_2)$, was $L(R_1 \mid R_2)$, bzw. $L(R)$ entspricht.

---

[7] Auch wenn die Konkatenation durch Nebeneinanderstellen dargestellt wird und nicht durch ein sichtbares Operatorsymbols, sollten wir nicht vergessen, daß die Verwendung der Konkatenation dennoch als Vorkommen eines Operators zählt, wenn wir entscheiden müssen, wie viele Operatoren in R enthalten sind.

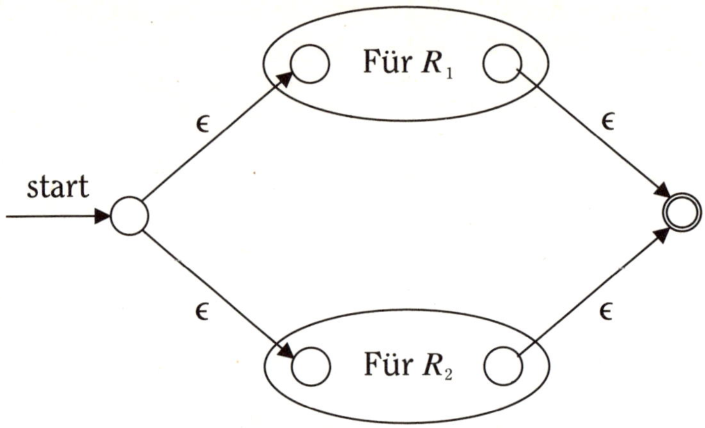

(a) Aufbau des Automaten für die Vereinigung zweier regulärer Ausdrücke.

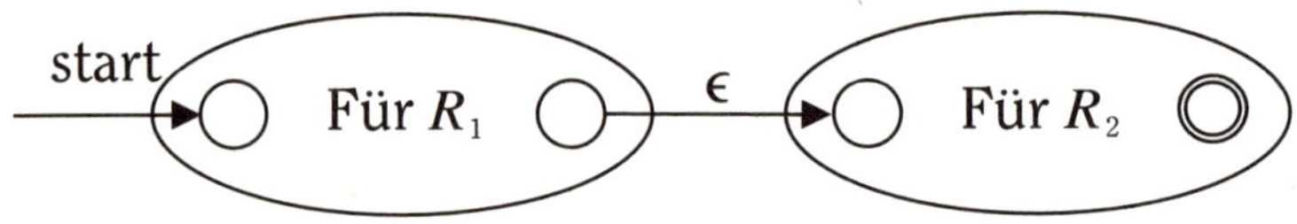

(b) Aufbau des Automaten für die Konkatenation zweier regulärer Ausdrücke.

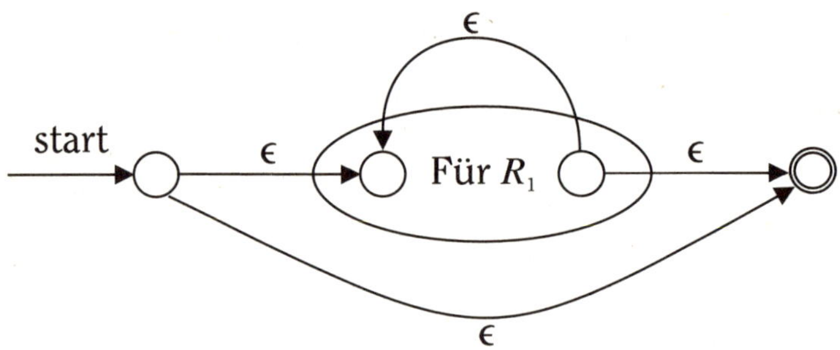

(c) Aufbau des Automaten für den Abschluß eines regulären Ausdrucks.

Abb. 10.29: Induktionsteil der Konstruktion eines Automaten aus einem regulären Ausdruck.

Fall 2. Wenn $R = R_1R_2$ ist, bauen wir den Automaten aus Abb. 10.29(b). Dieser Automat besitzt als Anfangszustand den Anfangszustand des Automaten für R_1 und als Endzustand den Endzustand des Automaten für R_2. Wir fügen einen ε-Übergang vom Endzustand des Automaten für R_1 zum Anfangszustand des Automaten für R_2 ein. In dem auf diese Weise erzeugten Automaten ist der Endzustand des ersten Automaten somit kein Endzustand mehr, ebenso wie der Anfangszustand des zweiten Automaten kein Anfangszustand mehr ist.

Die einzige Möglichkeit, in Abb. 10.29(b) vom Anfangszustand zum Endzustand zu gelangen, besteht darin

1. entlang eines mit dem String s in $L(R_1)$ markierten Pfades zu laufen, um im Automaten für R_1 vom Anfangszustand zum Endzustand zu gelangen, anschließend
2. entlang des mit ε markierten Bogens zum Anfangszustand des Automaten für R_2 überzugehen, um dann
3. entlang eines mit dem String t in $L(R_2)$ markierten Pfades zum Endzustand zu gelangen.

Dieser Pfad ist mit st markiert. Der in Abb. 10.29(b) angegebene Automat akzeptiert demnach genau die in $L(R_1R_2)$, bzw. $L(R)$ enthaltenen Strings.

Fall 3. Wenn $R = R_1{}^*$ ist, bauen wir den Automaten aus Abb. 10.29(c). Wir erweitern den Automaten für R_1 um jeweils einen neuen Anfangs- und Endzustand. Der Anfangszustand besitzt einen ε-Übergang zum Endzustand (so daß der String ε akzeptiert wird) und zum Anfangszustand des Automaten für R_1. Der Endzustand des Automaten für R_1 erhält einen ε-Übergang zurück zu seinem Anfangszustand und einen weiteren zum Endzustand des Automaten für R. Die Anfangs- und Endzustände des Automaten für R_1 bilden im erzeugten Automaten keine Anfangs- und Endzustände mehr.

Die Pfade in Abb. 10.29(c) vom Anfangs- zum Endzustand sind entweder mit ε markiert (wenn wir direkt übergehen) oder mit der Konkatenation eines oder mehrerer Strings aus $L(R_1)$, wenn wir uns durch den Automaten für R_1 durcharbeiten und dabei wahlweise sooft zurück zum Anfang gehen, wie wir wollen. Beachten Sie, daß wir nicht bei jedem Durchlauf denselben Pfad durch den Automaten für R_1 nehmen müssen. Die Markierungen der Pfade durch Abb. 10.29(c) entsprechen exakt den Strings in $L(R_1{}^*)$ und somit auch denen in $L(R)$.

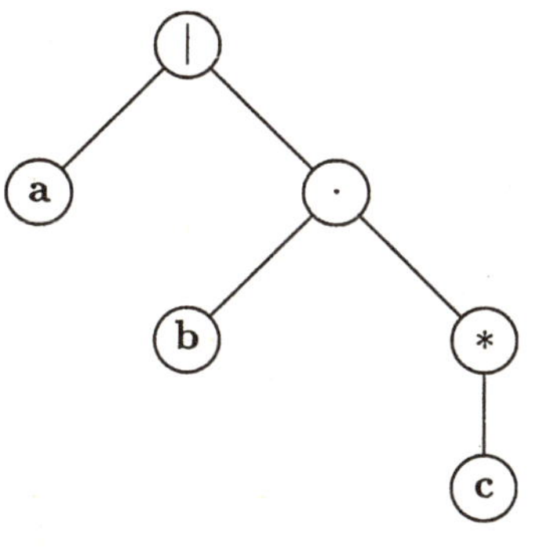

Abb. 10.30: Ausdrucksbaum für den regulären Ausdruck **a | bc***.

Beispiel 10.25

Wir werden im folgenden den Automaten für den regulären Ausdruck **a** | **bc*** bauen. Ein Ausdrucksbaum für diesen regulären Ausdruck ist in Abb. 10.30 gegeben; er ist analog zu den in Abschnitt 5.2 eingeführten Ausdrucksbäumen und unterstützt uns dabei, die Reihenfolge zu erkennen, in der die Operatoren auf die Operanden angewandt werden.

Es gibt drei Blätter, für die wir jeweils eine Instanz des Automaten aus Abb. 10.28(c) konstruieren. Diese Automaten sind in Abb. 10.31 graphisch dargestellt. Wir haben die mit dem Automaten aus Abb. 10.27 konsistenten Zustände verwendet, bei dem es sich, wie bereits erwähnt, um den Automaten handelt, den wir letztendlich für unseren regulären Ausdruck bauen werden. Man sollte sich unbedingt klarmachen, daß die Automaten zu den verschiedenen Vorkommen von Operanden auch verschiedene Zustände haben müssen. In unserem Beispiel erwarten wir, da jeder Operand unterschiedlich ist, auch die Verwendung unterschiedlicher Zustände. Gäbe es aber in dem Ausdruck mehrere Vorkommen von **a**, so würden wir ebenfalls für jedes Vorkommen einen eigenen Automaten konstruieren.

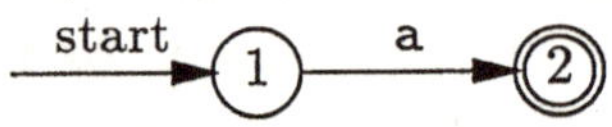

(a) Automat für ***a****.*

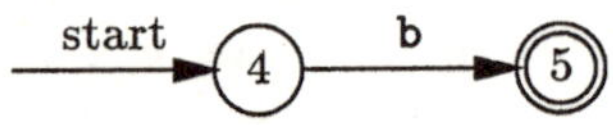

(b) Automat für **b**.

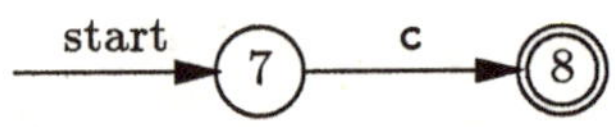

(c) Automat für **c**.

Abb. 10.31: Automaten für **a**, **b** *und* **c**.

Wir müssen uns nun im Baum aus Abb. 10.30 hocharbeiten, wobei wir Operatoren anwenden und größere Automaten erzeugen. Der erste Operator ist der Abschlußoperator, der auf den Operanden **c** angewandt wird. Wir benutzen die Konstruktion für den Abschluß aus Abb. 10.29(c). Die neu eingeführten Zustände heißen 6 und 9, um so die Konsistenz mit Abb. 10.27 zu wahren. Abbildung 10.32 zeigt den Automaten für den regulären Ausdruck **c***.

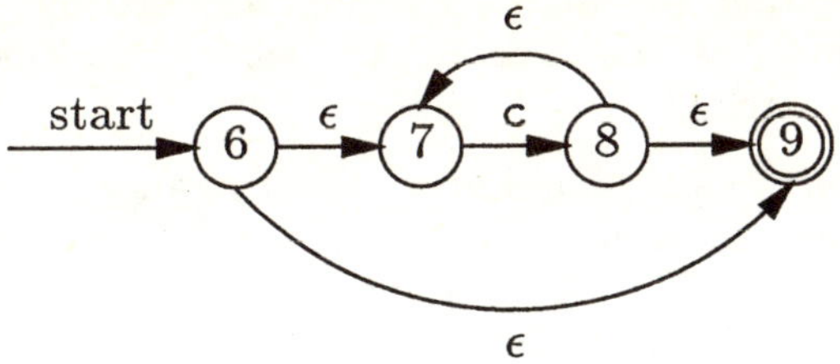

Abb. 10.32: Automat für **c***.

Als nächstes wenden wir den Konkatenationsoperator auf **b** und **c*** an. Wir benutzen die Konstruktion aus Abb. 10.29(b); der daraus resultierende Automat wird in Abb. 10.33 illustriert.

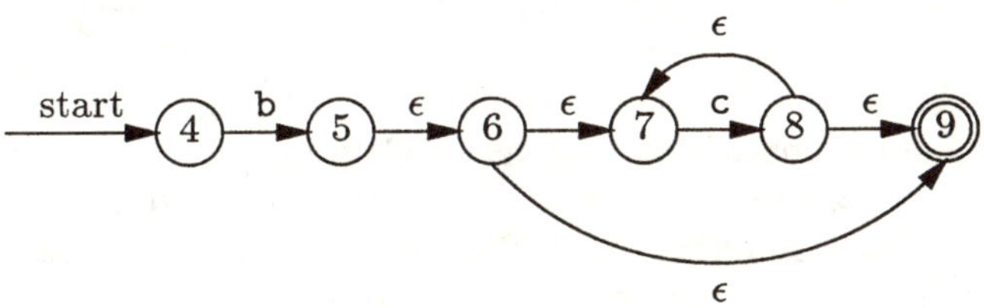

Abb. 10.33: Automat für **bc***.

Zum Schluß wenden wir den Vereinigungsoperator auf **a** und **bc*** an. Die verwendete Konstruktion entstammt Abb. 10.29(a), und wir nennen die neu eingeführten Zustände 0 und 3. Der fertige Automat war in Abb. 10.27 angegeben. ◆

Die Eliminierung von Epsilon-Übergängen

Befinden wir uns in einem Zustand s eines Automaten mit ε-Übergängen, so befinden wir uns auch in jedem Zustand, zu dem wir gelangen können, indem wir von s aus einem Pfad folgen, der über mit ε markierte Bögen führt. Das liegt daran, daß, welcher String auch immer den von uns ausgewählten Pfad zum Zustand s markiert, derselbe String sein wird, der die Markierung des um die ε-Übergänge erweiterten Pfades ist.

Beispiel 10.26

In Abb. 10.27 können wir Zustand 5 erreichen, indem wir einem mit b markierten Pfad folgen. Von Zustand 5 gelangen wir zu den Zuständen 6, 7, 9 und 3, indem wir den Pfaden bestehend aus ε-Bögen folgen. Wenn wir uns also in Zustand 5 befinden, befinden wir uns auch in den vier anderen Zuständen. Da 3 ein Endzustand ist, können wir auch 5 als einen Endzustand ansehen, da jeder Eingabestring, der den Zustand 5 erreicht, auch in den Zustand 3 übergeht und somit akzeptiert wird. ◆

Die erste Frage, die wir uns stellen, lautet: „Welche anderen Zustände können wir von jedem Zustand erreichen, wenn wir nur den ε-Übergängen folgen?“ Wir stellten in Abschnitt 9.7 einen Algorithmus zur Beantwortung dieser Frage vor, als wir die Erreichbarkeit als eine Anwendung der Tiefensuche untersuchten. Bei dem gegebenen Problem brauchen wir nur den Graphen des endlichen Automaten zu verändern, indem wir alle Übergänge bis auf die ε-Übergänge entfernen. Das heißt, für jedes echte Symbol x entfernen wir alle mit x markierten Bögen. Anschließend führen wir für jeden Knoten eine Tiefensuche des restlichen Graphen durch. Die während der Tiefensuche von einem Knoten v aus aufgesuchten Knoten entsprechen exakt der Menge der Knoten, die von v unter ausschließlicher Benutzung von ε-Übergängen zu erreichen sind.

Sie erinnern sich, daß eine Tiefensuche $O(m)$ Zeit benötigt, wobei m die größere der Anzahl der Knoten und Bögen des Graphen war. Hier müssen wir die Tiefensuche n-mal durchführen, wenn der Graph n Knoten besitzt, was zu einem Gesamtaufwand von $O(mn)$ Zeit führt. Es gibt jedoch höchstens zwei Ausgangsbögen aus einem Knoten in dem Automaten, der aus einem regulären Ausdruck unter Verwendung des im vorigen Abschnitt beschriebenen Algorithmus konstruiert wurde. Damit gilt $m \leq 2n$, so daß aus $O(mn)$ ein Aufwand von $O(n^2)$ wird.

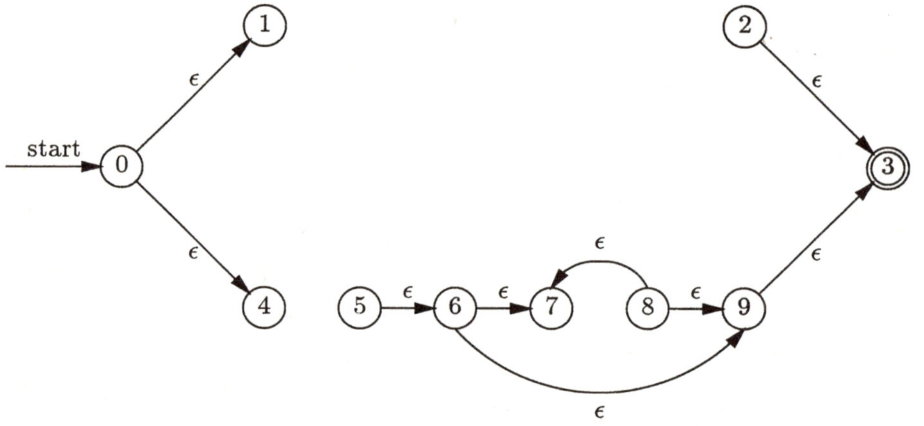

Abb. 10.34: Die ε-Übergänge aus Abb. 10.27.

Beispiel 10.27

In Abb. 10.34 sehen wir die Bögen, die in Abb. 10.27 übrigbleiben, nachdem die drei mit realen Symbolen, a, b oder c, markierten Bögen gelöscht wurden. Abbildung 10.35 gibt eine Tabelle an, die die Informationen über die Erreichbarkeit in Abb. 10.34 enthält; eine 1 in Zeile i und Spalte j bedeutet, daß es einen Pfad der Länge 0 oder länger von Knoten i nach Knoten j gibt. ◆

	0	**1**	**2**	**3**	**4**	**5**	**6**	**7**	**8**	**9**
0	1	1			1					
1		1								
2			1	1						
3				1						
4					1					
5				1		1	1	1		1
6				1			1	1		1
7								1		
8				1				1	1	1
9				1						1

Abb. 10.35: Erreichbarkeitstabelle für Abb. 10.34.

Ausgerüstet mit dieser Erreichbarkeitsinformation, bauen wir nun unseren äquivalenten Automaten, der keine ε-Übergänge mehr enthält. Die Idee basiert darauf, einen Pfad aus dem alten Automaten, der aus null oder mehr ε-Übergängen gefolgt von einem Übergang über ein wirkliches Symbol besteht, als *einen* Übergang des neuen Automaten zusammenzufassen. Jeder derartige Übergang bringt uns in den zweiten Zustand eines der Automaten, die durch die Basisregel aus Abb. 10.28(c) eingeführt wurden; (c) gilt dabei für Operanden, die tatsächliche Symbole sind. Der Grund dafür ist, daß nur diese Zustände durch mit wirklichen Symbolen markierte Bögen erreichbar sind. Unser neuer Automat benötigt also für seine eigene Menge von Zuständen nur diese Zustände und den Anfangszustand. Wir werden diese Zustände die *wichtigen* Zustände nennen.

Im neuen Automaten gibt es einen Übergang vom wichtigen Zustand i zum wichtigen Zustand j, der in seinen Markierungen das Symbol x enthält, wenn es einen Zustand k dergestalt gibt, daß

1. Zustand k von Zustand i über einen Pfad bestehend aus null oder mehr ε-Übergängen erreichbar ist. Beachten Sie, daß $k = i$ immer erlaubt ist.
2. es im alten Automaten einen mit x markierten Übergang von Zustand k nach Zustand j gibt.

Wir müssen auch entscheiden, welche Zustände im neuen Automaten die Endzustände sind. Wenn wir uns in einem Zustand befinden, so befinden wir uns, wie bereits erwähnt, effektiv in jedem Zustand, den dieser Zustand entlang eines mit ε markierten Pfades erreichen kann. Wir machen also i im neuen Automaten zu einem Endzustand, wenn es im alten Automaten einen mit ε-Bögen markierten Pfad von Zustand i zum Endzustand des alten Automaten gibt. Beachten Sie, daß i auch selbst der Endzustand des alten Automaten sein kann, der dann auch im neuen Automaten Endzustand bleibt.

Beispiel 10.28

Wir wollen den Automaten aus Abb. 10.27 in einen Automaten ohne ε-Übergänge umwandeln, der dieselbe Sprache akzeptiert. Die wichtigen Zustände sind Zustand 0, der Anfangszustand, und die Zustände 2, 5 und 8, da diese von Bögen erreicht werden, die mit wirklichen Symbolen markiert sind.

Wir beginnen damit, die Übergänge von Zustand 0 zu untersuchen. In Abb. 10.35 ist zu erkennen, daß wir von Zustand 0 die Zustände 0, 1 und 4 über Pfade erreichen können, die aus mit ε markierten Bögen bestehen. Wir finden einen Übergang über a von Zustand 1 in Zustand 2 und einen Übergang über b von 4 nach 5. Es gibt somit im neuen Automaten einen mit a markierten Übergang von 0 nach 2 und einen mit b markierten Übergang von 0 nach 5. Sie haben bemerkt, daß wir die Pfade $0 \rightarrow 1 \rightarrow 2$ und $0 \rightarrow 4 \rightarrow 5$ aus Abb. 10.27 zu jeweils einem einzigen Übergang zusammengefaßt haben, der die Markierung des Nicht-ε-Überganges entlang dieses Pfades trägt. Da weder Zustand 0 noch die von ihm aus über ε-markierte Pfade erreichbaren Zustände 1 und 4 Endzustände sind, ist Zustand 0 im neuen Automaten kein Endzustand.

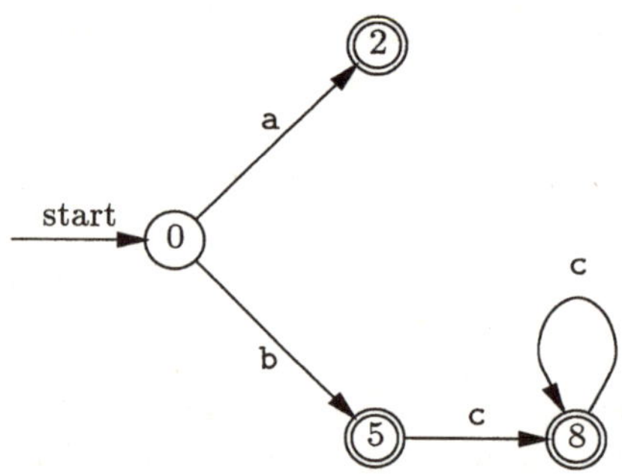

*Abb. 10.36: Ein aus Abb. 10.27 durch Eliminierung der ε-Übergänge erzeugter Automat. Dieser Automat akzeptiert alle und ausschließlich die Strings in L(**a** | **bc***).*

Betrachten wir als nächstes die Übergänge aus Zustand 2. Abbildung 10.35 besagt, daß Zustand 2 nur sich selbst und Zustand 3 über ε-Übergänge erreichen kann, so daß wir Übergänge aus Zustand 2 und 3 über wirkliche Symbole suchen müssen. Da wir keine finden, wissen wir, daß es im neuen Automaten aus Zustand 2 keine Übergänge gibt. Da 3 jedoch ein Endzustand ist und 2 den Zustand 3 über ε-Übergänge erreicht, wird 2 im neuen Automaten zu einem Endzustand.

Betrachten wir Zustand 5, so besagt Abb. 10.35, daß wir uns die Zustände 3, 5, 6, 7 und 9 ansehen müssen. Von ihnen besitzt nur Zustand 7 einen Nicht-ε-Übergang; er ist mit c markiert und geht in Zustand 8 über. Im neuen Automaten erhält Zustand 5 somit nur einen Übergang über c in den Zustand 8. Wir machen Zustand 5 im neuen Automaten zu einem Endzustand, da man von ihm aus den Endzustand 3 über mit ε markierte Bögen erreicht.

Zum Schluß müssen wir uns noch den Übergängen aus Zustand 8 widmen. Die Argumentation ist ähnlich wie bei Zustand 5. Wir schließen, daß Zustand 8 im neuen Automaten nur einen Übergang auf sich selbst besitzt, der mit c markiert ist. Zudem ist Zustand 8 im neuen Automaten ein Endzustand.

Abbildung 10.36 zeigt den neuen Automaten. Die Menge der von ihm akzeptierten Strings entspricht genau den Strings in $L(\mathbf{a} \mid \mathbf{bc}^*)$, das heißt dem String a (der uns zu Zustand 2 bringt), dem String b (der uns zu Zustand 5 bringt) und den Strings bc, bcc, bccc, und so weiter, die uns alle in den Zustand 8 bringen. Der Automat in Abb. 10.36 ist bereits deterministisch. Wäre dies nicht der Fall, so hätten wir ihn unter Verwendung der Teilmengenkonstruktion in einen deterministischen Automaten umgewandelt, wollten wir ein Programm entwerfen, das die Strings des ursprünglichen regulären Ausdrucks erkennt. ◆

Es gibt übrigens noch einen einfacheren deterministischen Automaten, der dieselbe Sprache wie Abb. 10.36 akzeptiert. Dieser Automat ist in Abb. 10.37 angegeben. Wir erhalten diesen verbesserten Automaten, indem wir erkennen, daß die Zustände 5 und 8 äquivalent sind und somit verschmolzen werden können. Der daraus resultierende Zustand wird in Abb. 10.37 5 genannt.

ÜBUNGEN

10.8.1: Bauen Sie Automaten mit ε-Übergängen für die folgenden regulären Ausdrücke.

a) **aaa** *Hinweis*: Vergessen Sie nicht, einen neuen Automaten für jedes Vorkommen des Operanden **a** zu erzeugen.

b) $(\mathbf{ab} \mid \mathbf{ac})^*$

c) $(\mathbf{0} \mid \mathbf{1} \mid \mathbf{1}^*)^*$

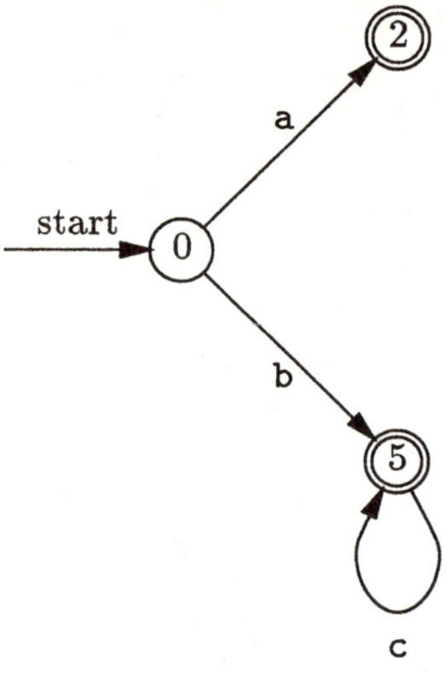

*Abb. 10.37: Einfacherer Automat für die Sprache L(***a** | **bc***).*

10.8.2: Finden Sie für jeden der in Übung 10.8.1 erzeugten Automaten die erreichbare Menge von Knoten im Graphen, der sich aus den mit ε markierten Bögen zusammensetzt. Sie brauchen nur die erreichbaren Zustände für den Anfangszustand und für die Zustände finden, die über Nicht-ε-Übergänge erreicht werden können, wenn Sie den Automaten ohne ε-Übergänge erzeugen.

10.8.3: Erzeugen Sie für jeden Automaten aus Übung 10.8.1 einen äquivalenten Automaten ohne ε-Übergänge.

10.8.4: Welche der Automaten aus Übung 10.8.3 sind deterministisch? Konstruieren Sie für diejenigen, die es nicht sind, einen äquivalenten deterministischen Automaten.

10.8.5*: Gibt es für die deterministischen Automaten der Übungen 10.8.3 oder 10.8.4 äquivalente deterministische Automaten mit weniger Zuständen? Wenn ja, finden Sie die minimale Version.

10.8.6*: Wir können unsere Konstruktion eines Automaten mit ε-Übergängen aus einem regulären Ausdruck dahingehend verallgemeinern, daß wir Ausdrücke hinzunehmen, die die erweiternden Operatoren aus Abschnitt 10.7 benutzen. Dies ist im Prinzip richtig, da jede dieser Erweiterungen eine Abkürzung für einen „gewöhnlichen" regulären Ausdruck darstellt, durch den wir den erweiterten Operator ersetzen könnten. Wir können die erweiterten Operatoren jedoch auch direkt in unsere Konstruktion einarbeiten.

Zeigen Sie, wie die Konstruktion verändert werden muß, um folgendes einzubauen:

a) Den ? Operator (null oder ein Vorkommen)

b) Den $^+$ Operator (ein oder mehr Vorkommen)

c) Zeichenklassen.

10.8.7: Wir können den Fall der Konkatenation in unserem Algorithmus ändern, der einen regulären Ausdruck in einen Automaten umwandelt. In Abb. 10.29(b) führten wir einen ε-Übergang vom Endzustand des Automaten für R_1 zum Anfangszustand des Automaten für R_2 ein. Eine andere Möglichkeit besteht darin, den Endzustand von R_1 mit dem Anfangszustand von R_2 zu verschmelzen, wie in Abb. 10.38 angegeben. Konstruieren Sie einen Automaten für den regulären Ausdruck **ab*c** sowohl unter Verwendung des alten als auch unter Verwendung des modifizierten Algorithmus.

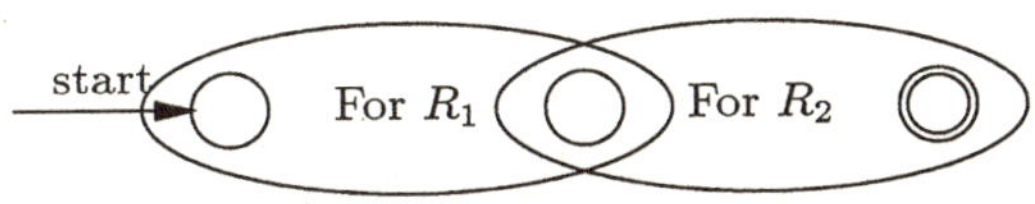

Abb. 10.38: Ein anderer Automat für die Konkatenation zweier regulärer Ausdrücke.

10.9 Von Automaten zu regulären Ausdrücken

In diesem Abschnitt werden wir die andere Hälfte der Äquivalenz zwischen Automaten und regulären Ausdrücken vorstellen, indem wir zeigen, daß es für jeden Automaten A einen regulären Ausdruck gibt, dessen Sprache exakt der Menge von Strings entspricht, die A akzeptiert. Während wir im allgemeinen die Richtung des letzten Abschnitts benutzen, bei der wir „Entwürfe" in Form von regulären Ausdrücken in Programme in Form deterministischer Automaten umwandeln, ist diese Richtung ebenfalls durchaus interessant und lehrreich. Sie vervollständigt den Beweis der Äquivalenz in der Ausdruckskraft zweier völlig verschiedener Notationen zur Beschreibung von Mustern.

Bei unserer Konstruktion entfernen wie einen Zustand nach dem anderen aus einem Automaten. Während wir voranschreiten, ersetzen wir die Markierungen der Bögen, die zu Beginn eine Menge von Zeichen sind, durch kompliziertere reguläre Ausdrücke. Besitzt ein Bogen die Markierung $\{x_1, x_2, ..., x_n\}$, so ersetzen wir diese Markierung durch den regulären Ausdruck $x_1 \mid x_2 \mid ... \mid x_n$, der im wesentlichen dieselbe Symbolmenge bezeichnet, obwohl der reguläre Ausdruck strenggenommen Strings der Länge 1 repräsentiert.

Im allgemeinen können wir uns die Markierung eines Pfades als die Konkatenation regulärer Ausdrücke entlang dieses Pfades oder als die durch die Konkatenation dieser Ausdrücke definierte Sprache vorstellen. Diese Sichtweise stimmt mit unserem Begriff eines durch einen String markierten Pfades überein. Das heißt, wenn die Bögen eines Pfades mit den regulären Ausdrükken R_1, R_2, ..., R_n in dieser Reihenfolge markiert sind, ist der Pfad nur dann mit `w` markiert, wenn der String `w` in der Sprache $L(R_1R_2...R_n)$ enthalten ist.

Beispiel 10.29

Gegeben sei der Pfad 0 → 1 → 2 aus Abb. 10.39. Die die Bögen markierenden regulären Ausdrücke lauten **a** | **b** und **a** | **b** | **c** in dieser Reihenfolge. Die Menge der Strings, die diesen Pfad markieren, setzt sich somit aus der durch den regulären Ausdruck

(a | b)(a | b | c)

definierten Sprache zusammen. Sie lautet {`aa`, `ab`, `ac`, `ba`, `bb`, `bc`}. ◆

Abb. 10.39: Ein mit regulären Ausdrücken markierter Pfad. Die Markierung des Pfades entspricht der Sprache der konkatenierten regulären Ausdrücke.

Die Eliminierung von Zuständen

Der wichtigste Schritt bei der Umwandlung eines Automaten in einen regulären Ausdruck ist das Eliminieren von Zuständen, was in Abb. 10.40 illustriert ist. Wir möchten Zustand u eliminieren, müssen aber die aus regulären Ausdrücken bestehenden Markierungen der Bögen erhalten, so daß sich die Menge der Markierungen der Pfade zwischen zwei anderen übrigen Knoten nicht verändert. In Abb. 10.40 sind s_1, s_2, ..., s_n die Vorgänger von Zustand u und t_1, t_2, ..., t_m die Nachfolger von u. Obwohl wir die Menge der Zustände s und die Menge der Zustände t als disjunkte Zustandsmengen dargestellt haben, könnte es einige Zustände geben, die zu beiden Gruppen gehören.

Wenn u jedoch Nachfolger von sich selbst ist, stellen wir diese Tatsache explizit durch einen mit U markierten Bogen dar. Besitzt der Zustand u keine derartige Schlinge, können wir diese einführen und sie mit der Markierung ∅ versehen. Ein Bogen mit der Markierung ∅ ist „nicht da", weil jede Markierung eines Pfades, der diesen Bogen enthält, die Konkatenation regulärer Ausdrücke einschließlich ∅ ist. Da ∅ ein Annihilator für die Konkatenation ist, definiert jede derartige Konkatenation die leere Sprache.

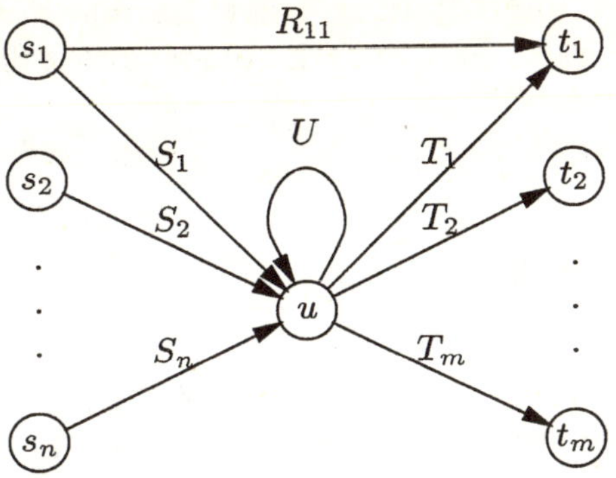

Abb. 10.40: Wir möchten Zustand u eliminieren.

Des weiteren haben wir explizit ein mit R_{11} markierte Kante von s_1 nach t_1 angegeben. Im allgemeinen nehmen wir an, daß es für jedes $i = 1, 2, ..., n$ und für jedes $j = 1, 2, ..., m$ einen Bogen von s_i nach t_j gibt, der mit einem regulären Ausdruck R_{ij} markiert ist. Ist der Bogen $s_i \to t_j$ nicht vorhanden, führen wir ihn ein und versehen ihn mit der Markierung $\varnothing$.

Schließlich gibt es in Abb. 10.40 einen mit dem regulären Ausdruck S_i markierten Bogen von jedem s_i nach u und einen mit dem regulären Ausdruck T_j markierten Bogen von u zu jedem t_j. Wenn wir den Knoten u eliminieren, verschwinden diese Bögen und der mit U markierte Bogen aus Abb. 10.40. Um die Menge der Strings zu erhalten, die die Pfade markieren, müssen wir jedes Paar s_i und t_j betrachten und die Markierung des Bogens $s_i \to t_j$ um den regulären Ausdruck erweitern, der den Verlust auffängt.

Bevor wir u eliminieren, wird die Menge der Strings, die die Pfade von s_i nach u und von u nach t_j markieren, einschließlich derer, die die Schlinge $u \to u$ mehrmals durchlaufen, durch den regulären Ausdruck $S_iU^*T_j$ beschrieben. Das heißt, ein String in $L(S_i)$ bringt uns von s_i nach u, ein String in $L(U^*)$ bringt uns von u nach u, indem wir der Schlinge ein oder mehrmals folgen, und ein String aus $L(T_j)$ bringt uns schließlich von u nach t_j.

Nachdem wir also alle in u hinein- oder aus u herausgehenden Bögen eliminiert haben, müssen wir R_{ij}, die Markierung des Bogens $s_i \to t_j$, durch

$$R_{ij} \mid S_iU^*T_j$$

ersetzen. Es gibt eine Reihe sinnvoller Sonderfälle. Der erste Fall ergibt sich, wenn $U = \varnothing$ ist, das heißt, wenn es die Schlinge über u nicht wirklich gibt. Dann gilt $U^* = \varnothing^* = \varepsilon$. Da ε bei der Konkatenation die Identität ist, gilt $S_i\varepsilon T_j = S_iT_j$,; das heißt, U ist verschwunden, genau wie wir vorhergesagt hatten. Ähnliches geschieht, wenn $R_{ij} = \varnothing$ ist, was bedeutet, daß es vorher keinen Bogen von s_i nach t_j gegeben hat, daß wir diesen Bogen erst eingeführt und ihn mit

$S_iU^*T_j$ oder einfach nur mit S_iT_j, wenn $U = \varnothing$ ist, markiert haben. Der Grund, warum wir dies tun dürfen, ist, daß $\varnothing$ die Identität für die Vereinigung ist, so daß gilt $\varnothing \mid S_iU^*T_j = S_iU^*T_j$.

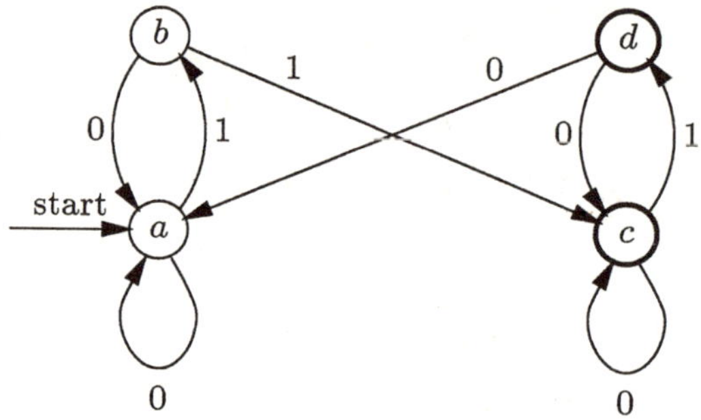

Abb. 10.41: Endlicher Automat für den Rauschfilter.

Beispiel 10.30

Widmen wir uns noch einmal dem Rauschfilter aus Abb. 10.5, den wir in Abb. 10.41 der Übersicht halber erneut angeben. Angenommen, wir möchten Zustand b eliminieren, der damit die Rolle von Zustand u aus Abb. 10.40 übernimmt. Zustand b hat einen Vorgänger, a, und zwei Nachfolger, a und c. Über b gibt es keine Schlinge, so daß wir eine einführen und sie mit $\varnothing$ markieren. Es gibt einen mit **0** markierten Bogen von a auf sich selbst. Da a sowohl Vorgänger als auch Nachfolger von b ist, wird dieser Bogen bei der Transformation benötigt. Das einzige andere Vorgänger-Nachfolger-Paar bilden a und c. Da es keinen Bogen $a \to c$ gibt, fügen wir einen mit $\varnothing$ markierten Bogen ein. Das aus den relevanten Zuständen und Bögen bestehende Diagramm ist in Abb. 10.42 illustriert.

Bei dem a-a-Paar ersetzen wir die Markierung des Bogens $a \to a$ durch $\mathbf{0} \mid \mathbf{1}\varnothing^*\mathbf{0}$. Der Term **0** repräsentiert die ursprüngliche Markierung des Bogens, **1** ist die Markierung des Bogens $a \to c$, $\varnothing$ die der Schleife $b \to b$ und die zweite **0** ist die Markierung des Bogens $b \to a$. Wie oben beschrieben, können wir dies vereinfachen, indem wir $\varnothing^*$ entfernen und so den Ausdruck $\mathbf{0} \mid \mathbf{10}$ erhalten. Das ist sinnvoll. In Abb. 10.41 besitzen die Pfade, die von a nach a und null- oder mehrmals durch b verlaufen, aber sonst durch keinen Zustand führen, die Markierungsmenge {0, 10}.

Das Paar a-c wird ähnlich behandelt. Wir ersetzen die Markierung $\varnothing$ des Bogens $a \to c$ durch $\varnothing \mid \mathbf{1}\varnothing^*\mathbf{1}$, was sich zu **11** vereinfachen läßt. Das ist wiederum sinnvoll, da der einzige von a nach c über b verlaufende Pfad in Abb. 10.41 die Markierung **11** besitzt. Wenn wir Knoten b eliminieren und die Bogenmarkierungen ändern, wird Abb. 10.41 zu Abb. 10.43. Es fällt auf, daß einige der Bögen in diesem Automaten reguläre Ausdrücke als Markierungen besitzen, deren Sprachen Strings enthalten, die länger als 1 sind. Die Menge der Pfadmarkierungen für die Pfade zwischen den Zuständen a, c und d hat sich jedoch im Vergleich zu Abb. 10.41 jedoch nicht verändert. ◆

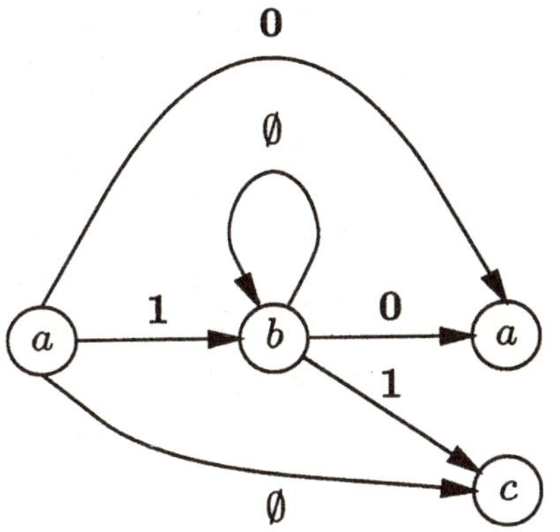

Abb. 10.42: Zustand b, seine Vorgänger und seine Nachfolger.

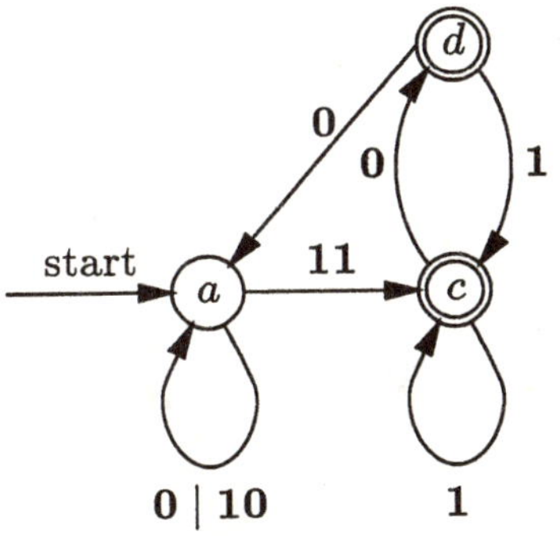

Abb. 10.43: Rauschfilter-Automat nach Eliminierung von Zustand b.

Vollständige Reduktion von Automaten

Um einen regulären Ausdruck zu erhalten, der nur und ausschließlich die Strings bezeichnet, die von einem Automaten A akzeptiert werden, betrachten wir nacheinander jeden Endzustand t von A. Jeder von A akzeptierte String wird deswegen akzeptiert, weil er einen Pfad vom Anfangszustand s zu einem Endzustand t markiert. Im folgenden wird erklärt, wie wir einen regulären Ausdruck für die Strings entwickeln, die uns von s zu einem bestimmten Endzustand t bringen.

Wir entfernen so lange Zustände aus A, bis nur noch s und t übrig sind. Der Automat sieht dann aus wie in Abb. 10.44. Wir haben alle vier möglichen Bögen angegeben, die jeweils mit einem regulären Ausdruck markiert sind. Wenn einer oder mehrere der möglichen Bögen nicht existieren, so fügen wir sie ein und markieren sie mit $\emptyset$.

Wir müssen herausfinden, welcher reguläre Ausdruck die Menge der Markierungen der Pfade beschreibt, die bei s beginnen und bei t enden. Eine Möglichkeit, diese Stringmenge auszudrücken, besteht darin zu erkennen, daß jeder derartige Pfad den Zustand t zum ersten Mal erreicht und dann null mal oder öfter von t zu sich selbst übergeht, wobei er möglicherweise auch bei s „vorbeikommt". Die Menge der Strings, die uns zum ersten Mal zu t bringen, lautet $L(S^*U)$. Wir verwenden also Strings aus $L(S)$ null mal oder öfter, wobei wir in Zustand s bleiben und folgen anschließend einem String aus $L(U)$. Wir können in Zustand t bleiben, indem wir entweder einem String aus $L(T)$ folgen, der uns von t nach t bringt, oder indem wir einem String in VS^*U folgen, der uns in Zustand s bringt, uns dort eine Weile bleiben läßt und uns dann zurück zu t übergehen läßt. Wir können null oder mehr Strings dieser beiden Gruppen in jeder Reihenfolge folgen und drücken dies durch $(T \mid VS^*U)^*$ aus. Ein regulärer Ausdruck für die Menge derjenigen Strings, die uns von Zustand s zu Zustand t bringen, lautet somit

$$S^*U(T \mid VS^*U)^* \qquad (10.4)$$

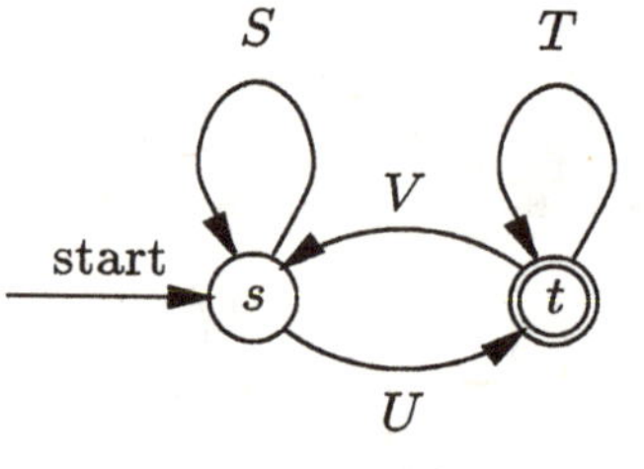

Abb. 10.44: Ein auf zwei Zustände reduzierter Automat.

Ein Sonderfall ergibt sich, wenn der Anfangszustand s selbst ein Endzustand ist. Dann gibt es Strings, die akzeptiert werden, weil sie den Automaten von s nach s übergehen lassen. Wir eliminieren alle Zustände bis auf s und erhalten den in Abb. 10.45 dargestellten Automaten. Die Menge der Strings, die A von s nach s bringen, entspricht $L(S^*)$. Wir verwenden daher S^* als regulären Ausdruck, um dem Endzustand s gerecht zu werden.

Der vollständige Algorithmus zur Umwandlung eines Automaten A mit dem Anfangszustand s in einen äquivalenten regulären Ausdruck lautet wie folgt. Man beginne für jeden Endzustand t mit dem Automaten A und eliminiere so lange Zustände, bis nur noch s und t übrig sind. Natürlich beginnen wir für jeden Endzustand t mit dem ursprünglichen Automaten A.

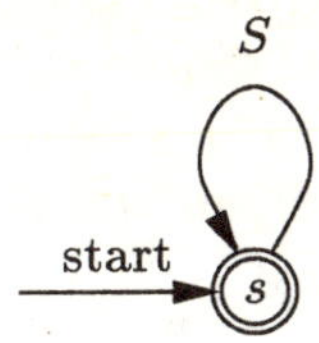

Abb. 10.45: Ein Automat mit nur dem Anfangszustand.

Wenn $s \neq t$ ist, verwenden wir Formel (10.4), um einen regulären Ausdruck zu erhalten, dessen Sprache der Menge der Strings entspricht, die A von s nach t übergehen lassen. Ist $s = t$, so verwenden wir S^* als regulären Ausdruck, wobei S die Markierung des Bogens $s \rightarrow s$ ist. Anschließend bilden wir die Vereinigung der regulären Ausdrücke für jeden Endzustand t. Die Sprache dieses Ausdrucks entspricht genau der von A akzeptierten Menge von Strings.

Beispiel 10.31

Wir werden einen regulären Ausdruck für den Rauschfilter-Automaten aus Abb. 10.41 entwickeln. Da c und d Endzustände sind, müssen wir

1. die Zustände b und d aus Abb. 10.41 entfernen, um einen Automaten zu erhalten, der nur a und c umfaßt.
2. die Zustände b und c aus Abb. 10.41 entfernen, um einen Automaten zu erhalten, der nur a und d umfaßt.

Da wir in jedem Fall b eliminieren müssen, bringt uns Abb. 10.43 schon auf halbem Wege zum Ziel. Für (1) entfernen wir Zustand d aus Abb. 10.43. Es gibt einen mit **00** markierten Pfad von c nach a über d, so daß wir einen mit **00** markierten Bogen von c nach a einführen müssen. Auch gibt es einen mit **01** markierten Pfad von c via d zu sich selbst, so daß wir die Markierung der Schlinge von c um die Markierung **01** erweitern müssen, woraus dann **1** | **01** wird. Der sich auf diese Weise ergebende Automat ist in Abb. 10.46 illustriert.

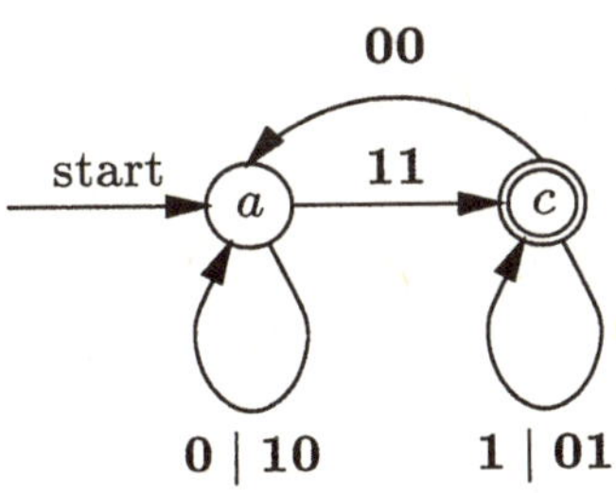

Abb. 10.46: Der auf die Zustände a und c reduzierte Automat aus Abb. 10.41.

Um Ziel (2) zu erreichen, beginnen wir wiederum mit dem Automaten aus Abb. 10.43, nur eliminieren wir diesmal Zustand *c*. In Abb. 10.43 gibt es einen Übergang von Zustand *a* in Zustand *d* via *c*, so daß der reguläre Ausdruck, der die möglichen Strings beschreibt, **111*0** lautet.[8] **11** bringt uns von *a* nach *c*, **1*** gestattet uns, die Schlinge an Zustand *c* null mal oder öfter zu durchlaufen und **0** läßt uns schließlich von *c* in *d* übergehen. Wir führen also einen mit **111*0** markierten Bogen von *a* nach *d* ein. Ebenso können wir in Abb. 10.43 von *d* über *c* wieder zu *d* selbst gelangen, indem wir den Strings **11*0** folgen. Dieser Ausdruck wird somit zur Markierung der Schlinge von *d*. Der reduzierte Automat ist in Abb. 10.47 dargestellt.

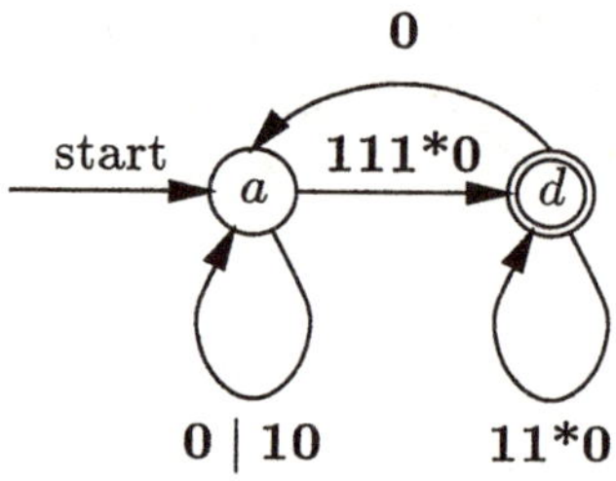

Abb. 10.47: Der auf die Zustände a und d reduzierte Automat aus Abb. 10.41.

Wir wenden nun die in (10.4) entwickelte Formel auf die Automaten der Abbildungen 10.46 und 10.47 an. In Abb. 10.46 gibt es S = **0 | 10**, U = **11**, V = **00** und T = **1 | 01**. Ein regulärer Ausdruck, der die Menge von Strings bezeichnet, die den Automaten aus Abb. 10.46 vom Anfangszustand *a* in den Endzustand *c* übergehen lassen, sieht somit wie folgt aus

(0 | 10)*11((1 | 01) | 00(0 | 10)*11)* (10.5)

Und der Ausdruck, der die Strings bezeichnet, die Zustand *a* in den Endzustand *d* übergehen lassen, lautet

(0 | 10)*111*0(11*0 | 0(0 | 10)*111*0)* (10.6)

Der Ausdruck, der die Strings bezeichnet, die vom Automaten für den Rauschfilter akzeptiert werden, ergibt sich aus der Vereinigung von (10.5) und (10.6), bzw. aus

((0 | 10)*11((1 | 01) | 00(0 | 10)*11)*) |
((0 | 10)*111*0(11*0 | 0(0 | 10)*111*0)*)

---

[8]Vergessen Sie nicht, daß der Ausdruck **111*0** aufgrund der höheren Bindungsstärke von * gegenüber der Konkatenation als **11(1*)0** abgearbeitet wird und diejenigen Strings repräsentiert, die aus zwei oder mehr 1-en gefolgt von einer 0 bestehen.

Bei diesem Ausdruck gibt es nicht viel zu vereinfachen. Beide Teilausdrücke besitzen einen gemeinsamen Anfangsfaktor (**0** | **10***)**11**, das ist auch schon alles. Zudem können wir die Klammern um den Faktor (**1** | **01**) in (10.5) entfernen, da die Vereinigung assoziativ ist. Der sich daraus ergebende Ausdruck sieht dann wie folgt aus:

$$(0 \mid 10^*)11((1 \mid 01 \mid 00(0 \mid 10)^*11)^* \mid 1^*0(11^*0 \mid 0(0 \mid 10)^*111^*0)^*)$$

Vielleicht erinnern Sie sich, daß wir einen wesentlich einfacheren regulären Ausdruck für dieselbe Sprache vorschlugen,

$$(0 \mid 1)^*11(1 \mid 01)^*(e \mid 0)$$

Dieser Unterschied sollte uns daran erinnern, daß es für dieselbe Sprache mehr als einen regulären Ausdruck geben kann und daß der Ausdruck, den wir durch Umwandlung eines Automaten in einen regulären Ausdruck erhalten, nicht notwendigerweise auch der einfachste Ausdruck für diese Sprache ist. ◆

ÜBUNGEN

10.9.1: Finden Sie reguläre Ausdrücke für die Automaten aus

a) Abb. 10.4

b) Abb. 10.10

c) Abb. 10.11

d) Abb. 10.13

e) Abb. 10.14

f) Abb. 10.18

g) Abb. 10.21

Verwenden Sie gegebenenfalls die Abkürzungen aus Abschnitt 10.6.

10.9.2: Wandeln Sie die Automaten aus Übung 10.4.1 in reguläre Ausdrücke um.

10.9.3*: Zeigen Sie, daß $(S \mid UT^*V)^*UT^*$ ein anderer regulärer Ausdruck ist, der uns in Abb. 10.44 von Zustand s zu Zustand t bringt.

10.9.4: Wie läßt sich die Konstruktion dieses Abschnitts verändern, damit reguläre Ausdrücke aus Automaten mit ε-Übergängen generiert werden können?

10.10 Zusammenfassung des 10. Kapitels

Die Teilmengenkonstruktion aus Abschnitt 10.4 zusammen mit den Umwandlungen aus den Abschnitten 10.8 und 10.9 besagen, daß drei Möglichkeiten zur Beschreibung von Sprachen exakt dieselbe Ausdruckskraft besitzen. Die folgenden drei Aussagen über eine Sprache L sind somit entweder alle wahr, oder sie sind alle falsch.

1. Es gibt einen deterministischen Automaten, der nur und ausschließlich die Strings in L akzeptiert.
2. Es gibt einen (möglicherweise nichtdeterministischen) Automaten, der alle und ausschließlich die Strings in L akzeptiert.
3. L ist $L(R)$ für einen regulären Ausdruck R.

Die Teilmengenkonstruktion zeigt, daß (2) die Aussage (1) impliziert. Offensichtlich impliziert Aussage (1) auch Aussage (2), da ein deterministischer Automat eine Sonderform eines nichtdeterministischen Automaten ist. In Abschnitt 10.8 zeigten wir, daß Aussage (3) die Aussage (2) impliziert, und in Abschnitt 10.9 zeigten wir, daß (2) (3) impliziert. (1), (2) und (3) sind somit äquivalent.

Zusätzlich zu diesen Äquivalenzen sollten wir eine Reihe wichtiger Ideen aus diesem Kapitel 10 behalten.

- Deterministische Automaten können als Kern von Programmen verwendet werden, die viele unterschiedliche Arten von Mustern in Strings erkennen.
- Reguläre Ausdrücke sind häufig eine geeignete Notation zur Beschreibung von Mustern.
- Es gibt algebraische Gesetze für reguläre Ausdrücke, die die Vereinigung und Konkatenation in mancherlei Beziehung so ähnlich aussehen lassen wie die Operationen + und ×, es gibt aber auch Unterschiede.

10.11 Bibliographische Anmerkungen zum 10. Kapitel

Der Leser kann noch mehr über die Automaten- und die Sprachtheorie in Hopcroft und Ullman [1979] erfahren.

Das Automatenmodell zur Bearbeitung von Zeichenketten wurde zuerst ungefähr in der hier vorgestellten Form von Huffman [1954] beschrieben, obwohl es auch eine Menge ähnlicher Modelle gab, die zur gleichen Zeit oder früher beschrieben wurden; die geschichtliche Entwicklung ist in Hopcroft und Ullman [1979] nachzulesen. Reguläre Ausdrücke und ihre Äquivalenz zu Automaten stammen von Kleene [1956]. Nichtdeterministische Automaten und die

Teilmengenkonstruktion wurden von Rabin und Scott [1959] beschrieben. Die Konstruktion nichtdeterministischer Automaten aus regulären Ausdrücken, die wir in Abschnitt 10.8 vorstellten, ist McNaughton und Yamada [1960] entnommen, während die Konstruktion in der Gegenrichtung in Abschnitt 10.9 aus Kleenes Arbeit stammt.

Die Verwendung regulärer Ausdrücke als eine Möglichkeit zur Beschreibung von Mustern in Zeichenketten erschien zuerst in Ken Thompsons QED-System (Thompson [1968]); dieselben Ideen beeinflußten später viele Kommandos in seinem UNIX-System. Es gibt noch eine Vielzahl anderer Anwendungen regulärer Ausdrücke in der Systemsoftware, viele davon sind in Aho, Sethi und Ullman [1986] beschrieben.

Aho, A. V., R. Sethi und J. D. Ullman [1986]. *Compiler Design: Principles, Techniques, and Tools*, Addison Wesley, Reading, Mass.

Hopcroft, J. E. und J. D. Ullman [1979]. *Introduction to Automata Theory, Languages, and Computation*, Addison Wesley, Reading, Mass.

Huffman, D. A. [1954]. „The synthesis of sequential switching machines“, *Journal of the Franklin Institute* **257**:3-4, S. 161 - 190 und 275 - 303.

Kleene, S. C. [1956]. „Representation of events in nerve nets and finite automata“, in *Automata Studies* (C. E. Shannon und J. McCarthy, Hrsg.), Princeton University Press.

McNaughton, R. und H. Yamada [1960]. „Regular expressions and state graphs for automata“, *IEEE Trans. on Computers* **9**:1, S. 39 - 47.

Rabin, M. O. und D. Scott [1959]. „Finite automata and their decision problems“, *IBM J. Research and Development* **3**:2, S. 115 - 125.

Thompson, K. [1968]. „Regular expression search algorithm“, *Comm. ACM* **11**:6, S. 419 - 422.

11

Rekursive Beschreibung von Mustern

Im letzten Kapitel stellten wir zwei äquivalente Möglichkeiten zur Beschreibung von Mustern vor. Die eine entstammte der Graphentheorie und machte sich die Markierungen der Pfade in einer Art Graph zunutze, den wir „Automaten" nannten. Die andere war algebraisch und verwendete die Notation regulärer Ausdrücke. In diesem Kapitel werden wir eine dritte Möglichkeit zur Beschreibung von Mustern kennenlernen, die eine Form rekursiver Definition verwendet, die als „kontextfreie Grammatik" (kurz „Grammatik") bezeichnet wird.

Eine wichtige Anwendung von Grammatiken besteht in der Spezifikation von Programmiersprachen. Grammatiken sind eine kurze Notation zur Beschreibung der Syntax typischer Programmiersprachen; wir werden im Verlauf dieses Kapitels vielen Beispielen begegnen. Zudem gibt es eine mechanische Vorgehensweise, eine Grammatik für eine typische Programmiersprache in einen „Parser" umzuwandeln, der eines der wichtigsten Teile eines Compilers für eine Programmiersprache darstellt. Der Parser legt die Struktur des Quellprogramms frei, häufig in Form eines Ausdrucksbaums für jede Anweisung des Programms.

11.1 Worum geht es in diesem Kapitel?

Dieses Kapitel befaßt sich mit folgenden Themen:

- Grammatiken und deren Verwendung zur Definition einer Sprache (Abschnitte 11.2 und 11.3).
- Ableitungsbäumen, also Baumdarstellungen, die die Struktur der Strings entsprechend einer gegebenen Grammatik anzeigen (Abschnitt 11.4).

- Mehrdeutigkeit, das Problem, das sich ergibt, wenn ein String zwei oder mehr unterschiedliche Ableitungsbäume hat und somit keine bezüglich einer gegebenen Grammatik „eindeutige“ Struktur besitzt (Abschnitt 11.5).
- Einer Prozedur zur Umwandlung einer Grammatik in einen Parser. Es handelt sich dabei um einen Algorithmus, der herausfindet, ob ein gegebener String in einer Sprache enthalten ist (Abschnitte 11.6 und 11.7).
- Ein Beweis, daß Grammatiken zur Beschreibung von Sprachen mächtiger sind als reguläre Ausdrücke (Abschnitt 11.8). Zunächst zeigen wir, daß Grammatiken mindestens so deskriptiv sind wie reguläre Ausdrücke, indem wir zeigen, wie sich ein regulärer Ausdruck mit Hilfe einer Grammatik simulieren läßt. Anschließend beschreiben wir eine bestimmte Sprache, die durch eine Grammatik, nicht aber durch einen regulären Ausdruck spezifiziert werden kann.

11.2 Kontextfreie Grammatiken

Arithmetische Ausdrücke können auf natürliche Weise anhand einer rekursiven Definition definiert werden. Folgendes Beispiel illustriert, wie diese Definition aussieht. Wir werden arithmetische Ausdrücke betrachten, die

1. die vier binären Operatoren, +, -, * und /,
2. Klammern zur Gruppierung und
3. Operanden in Form von Zahlen

enthalten. Die übliche Definition eines solchen Ausdrucks basiert auf einer Induktion der folgenden Form:

BASIS. Eine Zahl ist ein Ausdruck.

INDUKTION. Wenn E für irgend ein Ausdruck steht, dann sind folgendes auch Ausdrücke:

a) (E). Das heißt, wir setzen einen Ausdruck in Klammern, um einen neuen Ausdruck zu erhalten.
b) $E + E$. Das heißt, zwei durch ein Pluszeichen verbundene Ausdrücke bilden einen Ausdruck.
c) $E - E$. Diese und die nächsten beiden Regeln sind analog zur Regel (2), verwenden jedoch die anderen Operatoren.
d) $E * E$.
e) E/E.

Diese Induktion definiert eine Sprache, also eine Menge von Strings. Der Induktionsanfang besagt, daß jede Zahl in der Sprache enthalten ist. Regel (a) sagt aus, daß, wenn *s* ein String in der Sprache ist, dann auch der geklammerte String (s) Teil der Sprache ist; dieser String entspricht *s*, davor steht eine linke und dahinter eine rechte Klammer. Die Regeln (b) bis (e) besagen, daß, wenn *s* und *t* zwei Strings dieser Sprache sind, gleiches auch für die Strings *s+t*, *s-t*, *s*t* und *s/t* gilt.

(1) *<Expression>* → *number*
(2) *<Expression>* → *(<Expression>)*
(3) *<Expression>* → *<Expression>* + *<Expression>*
(4) *<Expression>* → *<Expression>* - *<Expression>*
(5) *<Expression>* → *<Expression>* * *<Expression>*
(6) *<Expression>* → *<Expression>* / *<Expression>*

Abb. 11.1: Grammatik für einfache arithmetische Ausdrücke.

Grammatiken gestatten es uns, derartige Regeln in relativ knapper und bündiger Form und mit einer präzisen Bedeutung aufzuschreiben. Wir können beispielsweise unsere Definition arithmetischer Ausdrücke anhand der in Abb. 11.1 angegebenen Definition beschreiben.

Die in Abb. 11.1 verwendeten Symbole bedürfen einiger Erklärungen. Das Symbol

<Expression>

wird als *syntaktische Kategorie* (*syntactic category*) bezeichnet; es steht für einen beliebigen String in der Sprache arithmetischer Ausdrücke. Das Symbol → bedeutet „kann gebildet werden aus“. Zum Beispiel besagt Regel (2) aus Abb. 11.1, daß ein Ausdruck aus einer linken Klammer gefolgt von einem String, der ein Ausdruck ist, gefolgt von einer rechten Klammer zusammengesetzt werden kann. Regel (3) besagt, daß ein Ausdruck aus irgendeinem String, der ein Ausdruck ist, dem Zeichen + und irgendeinem anderen String, der ein Ausdruck ist, zusammengesetzt werden kann. Die Regeln (4) bis (6) sind ähnlich wie Regel (3).

Regel (1) ist anders, da das Symbol *number* zur Rechten des Pfeils nicht als ein eigentlicher String vorgesehen ist, sondern als Platzhalter für einen beliebigen String, der als Zahl interpretiert werden kann. Wir werden später noch sehen, wie Zahlen grammatikalisch definiert werden. Im Moment stellen wir uns einfach vor, daß *number* ein abstraktes Symbol ist und daß Ausdrücke dieses Symbol verwenden, um einen beliebigen atomaren Operanden zu repräsentieren.

Die Terminologie von Grammatiken

Es gibt drei Arten von Symbolen, die in Grammatiken vorkommen. Das erste sind „Metasymbole", also Symbole, die eine besondere Rolle spielen und nicht alleine stehen. Das einzige Beispiel, das wir bisher kennengelernt haben, ist das Symbol →. Es wird verwendet, um die zu definierende syntaktische Kategorie von der Art und Weise zu trennen, wie Strings eben dieser syntaktischen Kategorie zusammengesetzt werden. Die zweite Symbolart ist eine syntaktische Kategorie, die, wie wir erwähnten, eine Menge von zu definierenden Strings repräsentiert. Die dritte Art von Symbol wird *Terminalsymbol* genannt. Terminalsymbole können Zeichen, wie + oder (, oder abstrakte Symbole wie *number* sein, die einen oder mehrere Strings repräsentieren, die wir zu einem späteren Zeitpunkt definieren möchten.

Eine Grammatik besteht aus einer oder mehreren *Produktionen*. Jede Zeile in Abb. 11.1 ist eine Produktion. Im allgemeinen besteht eine Produktion aus drei Teilen:

1. Einem *Kopf*, der der syntaktischen Kategorie auf der linken Seite des Pfeils entspricht,
2. dem Metasymbol → und
3. einem *Rumpf*, bestehend aus 0 oder mehr syntaktischen Kategorien und/oder Terminalsymbolen auf der rechten Seite des Pfeils.

Zum Beispiel entspricht der Kopf in Regel (2) aus Abb. 11.1 *<Expression>*, während der Rumpf aus drei Symbolen besteht: dem Terminalsymbol (, der syntaktischen Kategorie *<Expression>* und dem Terminalsymbol).

Beispiel 11.1

Wir erweitern die Definition der Ausdrücke, mit der wir diesen Abschnitt begannen, indem wir eine Definition von *number* hinzufügen. Wir nehmen an, daß Zahlen Strings bestehend aus einer oder mehreren Ziffern sind. In der erweiterten Notation regulärer Ausdrücke aus Abschnitt 10.6 könnten wir somit folgendes ausdrücken:

$$digit = [\mathbf{0\text{-}9}]$$
$$number = digit^{+}$$

Dieselbe Idee läßt sich jedoch auch in grammatikalischer Schreibweise ausdrücken. Wir benutzen dazu die Produktionen

<Digit> → **0** | **1** | **2** | **3** | **4** | **5** | **6** | **7** | **8** | **9**
<Number> → *<Digit>*
<Number> → *<Number>* *<Digit>*

Hierbei ist wichtig zu erwähnen, daß aufgrund unserer Übereinkunft bezüglich des Metasymbols | gilt, daß die erste Zeile die Kurzform für die folgenden zehn Produktionen ist

<*Digit*> → **0**
<*Digit*> → **1**
...
<*Digit*> → **9**

Schreibweise

Wir kennzeichnen syntaktische Kategorien durch einen kursiv geschriebenen Namen, der in spitzen Klammern steht, wie <*Expression*>. Terminalsymbole werden in Produktionen entweder durch ein fettgedrucktes **x** gekennzeichnet, was für den String x steht (analog zu den Übereinkünften für reguläre Ausdrücke), oder durch eine kursiv geschriebene Zeichenkette ohne spitze Klammern, falls es sich bei dem Terminalsymbol um ein abstraktes Symbol wie *number* handelt.

Wir verwenden das Metasymbol ε, um den leeren Rumpf darzustellen. Die Produktion <*S*> → ε bedeutet somit, daß der leere String in der Sprache der syntaktischen Kategorie <*S*> enthalten ist. Gelegentlich gruppieren wir die Rümpfe für eine syntaktische Kategorie in einer Produktion, wobei wir die Rümpfe durch das Metasymbol | trennen, was als „oder“ zu lesen ist. Sind zum Beispiel die Produktionen

<*S*> → B_1, <*S*> → B_2, ..., <*S*> → B_n

gegeben, wobei jedes *B* dem Rumpf einer Produktion für die syntaktische Kategorie <*S*> entspricht, so können wir diese Produktionen auch wie folgt aufschreiben

<*S*> → B_1 | B_2 | ... | B_n

Ebenso hätten wir auch die beiden Produktionen für <*Number*> in eine Zeile schreiben können. Beachten Sie, daß die erste Zeile für <*Number*> besagt, daß eine einzelne Ziffer eine Zahl ist, wohingegen die zweite Produktion besagt, daß jede Zahl gefolgt von einer weiteren Ziffer ebenfalls eine Zahl ist. Zusammen sagen diese beiden Produktionen aus, daß jeder String bestehend aus einer oder mehreren Ziffern eine Zahl ist.

Abbildung 11.2 stellt eine erweiterte Grammatik für Ausdrücke dar, in der das abstrakte Terminalsymbol *number* durch Produktionen ersetzt wurde, die diesen Begriff definieren. Die Grammatik enthält drei syntaktische Kategorien, *<Expression>*, *<Number>* und *<Digit>*. Wir werden die syntaktische Kategorie *<Expression>* als *Startsymbol* behandeln; es generiert die Strings (in diesem Fall wohlgeformte arithmetische Ausdrücke), die wir mit dieser Grammatik zu definieren beabsichtigen. Die anderen syntaktischen Kategorien, *<Number>* und *<Digit>*, stehen für Hilfskonzepte, die zwar eine wichtige Rolle spielen, aber nicht das Hauptkonzept darstellen, für das diese Grammatik geschrieben wurde. ◆

Beispiel 11.2

In Abschnitt 2.6 befaßten wir uns mit dem Thema ausgewogener Klammerstrings. Wir gaben dort eine induktive Definition dieser Strings an, die auf informelle Weise den in diesem Abschnitt entwickelten formalen Stil zum Schreiben von Grammatiken widerspiegelt. Wir definierten eine syntaktische Kategorie „ausgewogener Klammerstrings", die wir *<Balanced>* nennen können. Zudem gab es dort eine Basisregel, die besagte, daß der leere String ausgewogen ist. Wir können diese Regel folgendermaßen als Produktion angeben

<Balanced> → ε

Desweiteren gab es den Induktionsschritt, der die Aussage zum Inhalt hatte, daß, wenn x und y ausgewogene Strings sind, $(x)y$ ebenfalls ausgewogen ist. Diese Regel läßt sich als eine Produktion schreiben:

<Balanced> → (*<Balanced>*)*<Balanced>*

Verbreitete grammatikalische Muster

Das Beispiel 11.1 verwendete zwei Produktionen für *<Number>*, um auszusagen, daß „eine Zahl ein String bestehend aus einer oder mehreren Ziffern ist". Dem hierbei verwendeten Muster begegnet man häufig. Wenn eine syntaktische Kategorie *<X>* gegeben und *Y* entweder ein Terminalsymbol oder eine andere syntaktische Kategorie ist, dann besagen die Produktionen

<X> → *<X>Y* | *Y*

daß jeder aus einem oder mehreren *Y* bestehende String ein *<X>* ist. In der Notation regulärer Ausdrücke entspricht das *<X>* = Y^+. Ebenso besagen die Produktionen

<X> → *<X>Y* | ε

daß jeder String bestehend aus null oder mehr *Y* ein *<X>*, bzw. daß *<X>* = Y^* ist. Ein etwas komplexeres, aber ebenso häufig anzutreffendes Muster bildet das Produktionenpaar

<X> → *<X>ZY* | *Y*

das besagt, daß jeder String, der aus sich abwechselnden *Y* und *Z* besteht und mit einem *Y* beginnt und endet, ein <*X*> ist. Das heißt, es gilt <*X*> = *Y*(*ZY*)*.

Zudem können wir die Reihenfolge der Symbole im Rumpf einer rekursiven Produktion in jedem der drei oben genannten Beispiele umkehren. Zum Beispiel definiert

<*X*> → *Y*<*X*> | *Y*

auch <*X*> = Y^+.

---

(1) <*Digit*> → **0** | **1** | **2** | **3** | **4** | **5** | **6** | **7** | **8** | **9**
(2) <*Number*> → <*Digit*>
(3) <*Number*> → <*Number*><*Digit*>
(4) <*Expression*> → <*Number*>
(5) <*Expression*> → (<*Expression*>)
(6) <*Expression*> → <*Expression*> + <*Expression*>
(7) <*Expression*> → <*Expression*> - <*Expression*>
(8) <*Expression*> → <*Expression*> * <*Expression*>
(9) <*Expression*> → <*Expression*> / <*Expression*>

Abb. 11.2: Grammatik für Ausdrücke mit grammatikalisch definierten Zahlen.

Die Grammatik aus Abb. 11.3 definiert somit ausgewogene Klammerstrings.

<*Balanced*> → ε
<*Balanced*> → (<*Balanced*>)<*Balanced*>

Abb. 11.3: Eine Grammatik für ausgewogene Klammerstrings.

Es gibt noch eine andere Möglichkeit, ausgewogene Klammerstrings zu definieren. Rufen wir uns Abschnitt 2.6 in Erinnerung, so stellen wir fest, daß unsere ursprüngliche Motivation zur Beschreibung von Strings darin bestand, daß es sich dabei um aus Klammern bestehende Teilsequenzen handelt. Diese bleiben von den Ausdrücken übrig, wenn wir alles bis auf die Klammern löschen. Abbildung 11.1 beinhaltet eine Grammatik für Ausdrücke. Überlegen Sie sich, was geschieht, wenn wir alle Terminalsymbole bis auf die Klammern entfernen. Produktion (1) wird zu

<*Expression*> → ε

Produktion (2) wird zu

<*Expression*> → (<*Expression*>)

und die Produktionen (3) bis (6) werden alle zu

<*Expression*> → <*Expression*><*Expression*>

Ersetzen wir die syntaktische Kategorie *<Expression>* durch den passenderen Namen *<BalancedE>*, so erhalten wir eine andere, in Abb. 11.4 angegebene Grammatik für ausgewogene Klammerstrings. Diese Produktionen kommen der Natur der Dinge etwas näher. Sie besagen, daß

1. der leere String ausgewogen ist,
2. wenn wir einen ausgewogenen String in Klammern setzen, das Ergebnis ebenfalls ausgewogen ist, und
3. die Konkatenation ausgewogener Strings ebenfalls ausgewogen ist.

<BalancedE> → ε
<BalancedE> → (*<BalancedE>*)
<BalancedE> → *<BalancedE><BalancedE>*

Abb. 11.4: Eine Grammatik für ausgewogene Klammerstrings, die aus der Grammatik arithmetischer Ausdrücke entwickelt wurde.

Obwohl sich die Grammatiken aus den Abbildungen 11.3 und 11.4 äußerlich voneinander unterscheiden, definieren sie doch dieselbe Stringmenge. Das läßt sich am einfachsten beweisen, indem man zeigt, daß die in Abb. 11.4 durch *<BalancedE>* definierten Strings exakt den in Abschnitt 2.6 definierten „profil-ausgewogenen" Strings entsprechen. Dort bewiesen wir dieselbe Behauptung über die in Abb. 11.3 durch *<Balanced>* definierten Strings. ◆

Beispiel 11.3

Die Struktur des Kontrollflusses in Pascal läßt sich grammatikalisch beschreiben. Es ist hilfreich sich vorzustellen, daß es die abstrakten Terminalsymbole *condition* und *simpleStat* gibt. Das erste Symbol steht für einen bedingten Ausdruck in Pascal. Wir könnten dieses Terminalsymbol durch eine syntaktische Kategorie ersetzen, nennen wir sie *<Condition>*. Diese enthielte Regeln, die unserer oben genannten Ausdrucksgrammatik ähnlich sind, mit der Ausnahme, daß auch logische Operatoren wie `AND`, Vergleichsoperatoren wie < und die arithmetischen Operatoren vorkämen. Das Terminalsymbol *simpleStat* steht für eine Anweisung, die keine geschachtelten Kontrollstrukturen enthält, wie beispielsweise eine Zuweisung, ein Aufruf, eine read- oder write-Anweisung. Wieder könnten wir dieses Terminalsymbol durch eine syntaktische Kategorie und die entsprechenden Erweiterungsregeln ersetzen.

Wir werden *<Statement>* als syntaktische Kategorie von Pascal-Anweisungen verwenden. Eine Möglichkeit der Bildung von Anweisungen besteht in der Verwendung des while-Konstrukts. Wenn wir also eine Anweisung haben, die als Rumpf der Schleife dient, können wir davor das Schlüsselwort **while**, eine Bedingung und das Schlüsselwort **do** schreiben, um eine weitere Anweisung zu bilden. Die Produktion für diese Regel zur Bildung einer Anweisung lautet

<Statement> → **while** *condition* **do** *<Statement>*

Eine andere Möglichkeit, Anweisungen aufzubauen, bietet das if-Konstrukt. Diese Anweisungen nehmen zweierlei Gestalt an, abhängig davon, ob sie einen else-Teil besitzen oder nicht; sie werden anhand der beiden folgenden Regeln ausgedrückt:

<Statement> → **if** *condition* **then** *<Statement>*
<Statement> → **if** *condition* **then** *<Statement>* **else** *<Statement>*

Auch auf andere Art und Weise können Anweisungen gebildet werden, wie beispielsweise in Form von for-, repeat- und case-Anweisungen. Wir überlassen Ihnen diese Produktionen als Übung; sie sind den bereits vorgestellten sehr ähnlich.

Eine andere wichtige Konstruktionsregel bildet der Block, der sich geringfügig von den bereits erwähnten Regeln unterscheidet. Ein Block verwendet die Schlüsselworte **begin** und **end**, die eine Liste bestehend aus einer oder mehreren Anweisungen umgeben. Zur Beschreibung von Blöcken benötigen wir eine syntaktische Hilfskategorie, die wir *<StatList>* nennen; sie steht für eine Liste von Anweisungen. Die Produktionen für *<StatList>* sind einfach:

<StatList> → *<Statement>*
<StatList> → *<StatList> ; <Statement>*

Die erste Produktion besagt, daß jede Anweisung einer einelementigen Liste aus Anweisungen entspricht. Die zweite Produktion gibt an, daß, wenn auf eine Liste von Anweisungen ein Semikolon und eine weitere Anweisung folgt, wir es mit einer Liste von Anweisungen zu tun haben. Anders ausgedrückt ist eine *<StatList>* ein *<Statement>* gefolgt von null oder mehr Paaren bestehend aus einem Semikolon und einem *<Statement>*.

Wir können Blöcke nun als eine von **begin** und **end** umgebene Anweisungsliste definieren, das heißt als

<Statement> → **begin** *<StatList>* **end**

Zusammen mit der Basisproduktion, die besagt, daß eine Anweisung auch eine einfache Anweisung sein kann (Zuweisung, Aufruf oder Ein-/Ausgabe), sind die von uns entwickelten Produktionen in Abb. 11.5 dargestellt. ◆

<Statement> → **while** *condition* **do** *<Statement>*
<Statement> → **if** *condition* **then** *<Statement>*
<Statement> → **if** *condition* **then** *<Statement>* **else** *<Statement>*
<Statement> → **begin** *<StatList>* **end**
<Statement> → *simpleStat*

<StatList> → *<Statement>*
<StatList> → *<StatList>* ; *<Statement>*

Abb. 11.5: Produktionen, die einige der Anweisungsformen von Pascal definieren.

ÜBUNGEN

11.2.1: Geben Sie eine Grammatik an, die die syntaktische Kategorie *<Identifier>* für all diejenigen Strings definiert, bei denen es sich um Pascal-Bezeichner handelt. Definieren Sie gegebenenfalls einige syntaktische Hilfskategorien wie *<Digit>*.

11.2.2: In Pascal können arithmetische Ausdrücke auch Bezeichner und nicht nur Zahlen als Operanden verwenden. Verändern Sie die Grammatik aus Abb. 11.2 dahingehend, daß die Operanden auch Bezeichner sein können. Benutzen Sie Ihre Grammatik aus Übung 11.2.1 zur Definition von Bezeichnern.

11.2.3: Zahlen können hier Real-Zahlen mit einem Dezimalpunkt und wahlweise auch mit einem Exponenten zur Basis 10 sein, es können aber auch einfach nur ganze Zahlen sein. Verändern Sie die Grammatik aus Übung 11.2.2 dahingehend, daß auch reelle Zahlen als Operanden gestattet sind.

11.2.4*: Die Operanden arithmetischer Ausdrücke in Pascal können auch Ausdrücke sein, die Zeiger (den ^ Operator), Felder eines Records (den . Operator) oder Array-Indizierung enthalten. Ein Index eines Arrays kann auf irgendeinen Ausdruck verweisen, zudem kann zwischen den eckigen Klammern eines Array-Indexes eine ganze Liste von Indizes stehen. Ein Array-Index kann dann die Form `[i+1, j-2*i]` haben.

a) Schreiben Sie eine Grammatik für die syntaktische Kategorie *<ArrayRef>* zur Definition von Strings, die aus einem Paar von Klammern bestehen, welches ein oder mehrere Ausdrücke zur Bezeichnung von Array-Indizes umgibt. Verwenden Sie die syntaktische Kategorie *<Expression>* als Hilfskategorie. Zudem sollten Sie voraussichtlich noch mindestens eine weitere Hilfskategorie definieren.

b) Schreiben Sie eine Grammatik für die syntaktische Kategorie *<Name>* zur Definition von Strings, die sich auf Operanden beziehen. Wie in Abschnitt 1.4 besprochen, ist `a^.b[c,d]` ein Beispiel eines derartig definierten Namens. Verwenden Sie gegebenenfalls *<ArrayRef>* als Hilfskategorie.

c) Schreiben Sie eine Grammatik für arithmetische Ausdrücke, die als Operanden Namen gestattet. Verwenden Sie *<Name>* gegebenenfalls als Hilfskategorie. Wenn Sie Ihre Produktionen aus (a), (b) und (c) zusammenfügen, erhalten Sie dann eine Grammatik, die Ausdrücke wie `a[b.c,d^]+e` zuläßt?

11.2.5*: Zeigen Sie, daß die Grammatik aus Abb. 11.4 die in Abschnitt 2.6 definierten profil-ausgewogenen Strings generiert. *Hinweis*: Führen Sie zwei Induktionen über die Länge der Strings, ähnlich wie bei den Beweisen in Abschnitt 2.6.

11.2.6*: Gelegentlich enthalten Ausdrücke zwei oder mehr Arten ausgewogener Klammern. So können Pascal-Ausdrücke zum Beispiel sowohl runde als auch eckige Klammern enthalten, die jeweils ausgewogen sein müssen; das heißt, jede (muß zu einer) passen und jede [muß zu einer] gehören. Schreiben Sie eine Grammatik zur Definition ausgewogener Klammerstrings dieser beiden Typen. Sie müssen dafür alle und ausschließlich die Strings derjenigen Klammern generieren, die in wohlgeformten Pascal-Ausdrücken enthalten sein können.

11.2.7: Erweitern Sie die Grammatik aus Abb. 11.5 um Produktionen, die for-, repeat- und case-Anweisungen definieren. Benutzen Sie gegebenenfalls abstrakte Terminalsymbole und syntaktische Hilfsregeln.

11.2.8*: Erweitern Sie das abstrakte Terminalsymbol *condition* aus Beispiel 11.3, um auch die Verwendung logischer Operatoren anzuzeigen. Definieren Sie also eine syntaktische Kategorie *<Condition>*, die den Platz des Terminalsymbols *condition* einnimmt. Benutzen Sie ein abstraktes Terminalsymbol *comparison*, um einen Vergleichsausdruck wie `x+1 < y+z` darzustellen. Ersetzen Sie anschließend *comparison* durch eine syntaktische Kategorie *<Comparison>*, die arithmetische Vergleiche anhand von Vergleichsoperatoren wie < und einer syntaktischen Kategorie *<Expression>* ausdrückt. Letztere entspricht in etwa der, die am Anfang des Abschnitts 11.2 definiert wurde, es müssen jedoch zusätzliche in Pascal vorkommende Operatoren wie das unäre Minus und `MOD` hinzugefügt werden.

11.2.9*: Schreiben Sie Produktionen zur Definition der syntaktischen Kategorie *<SimpleStat>*, die das abstrakte Terminalsymbol *simpleStat* aus Abb. 11.5 ersetzen. Gehen Sie davon aus, daß die syntaktische Kategorie *<Expression>* die arithmetischen Ausdrücke in Pascal repräsentiert. Sie erinnern sich, daß eine „einfache Anweisung“ eine Zuweisung, ein Prozeduraufruf oder eine read- oder write-Anweisung sein kann und daß der leere String strenggenommen auch eine einfache Anweisung ist.

11.3 Spracherzeugung aus Grammatiken

Eine Grammatik ist im wesentlichen eine induktive Definition, die sich auf eine Menge von Strings bezieht. Die größte Abweichung von den Beispielen induktiver Definitionen, die wir in Abschnitt 2.6 und vielen der Beispiele aus Abschnitt 11.2 kennenlernten, besteht darin, daß bei Grammatiken üblicherweise mehrere syntaktische Kategorien durch eine Grammatik definiert werden. Im Gegensatz dazu definierten unsere Beispiele aus Abschnitt 2.6 jeweils ein einzelnes Konzept. Nichtsdestoweniger findet die Art und Weise, wie wir in Abschnitt 2.6 die Menge definierter Objekte konstruierten, auch bei Grammatiken Anwendung. Wir definieren für jede syntaktische Kategorie *<S>* einer Grammatik wie folgt eine Sprache $L(<S>)$:

BASIS. Wir gehen aus von der Annahme, daß die Sprache $L(<S>)$ für jede syntaktische Kategorie $<S>$ in der Grammatik leer ist.

INDUKTION. Angenommen, die Grammatik besitzt eine Produktion $<S> \rightarrow X_1X_2...X_n$, bei der jedes X_i für $i = 1, 2, ..., n$ entweder eine syntaktische Kategorie oder ein Terminalsymbol ist. Wir wählen für jedes $i = 1, 2, ..., n$ wie folgt einen String s_i für X_i:

1. Wenn X_i ein Terminalsymbol ist, verwende X_i als den String s_i.
2. Wenn X_i eine syntaktische Kategorie ist, wähle s_i als einen String, von dem bereits bekannt ist, daß er in $L(X_i)$ enthalten ist. Entsprechen mehrere X_i derselben syntaktischen Kategorie, so können wir für jedes Vorkommen einen anderen String aus $L(X_i)$ auswählen.

Dann bildet die Konkatenation $s_1s_2...s_n$ dieser ausgewählten Strings einen String in der Sprache $L(<S>)$. Beachten Sie, daß auch ε zur Sprache gehört, wenn $n = 0$ ist.

Diese Definition läßt sich systematisch implementieren, indem man eine Folge von Durchläufen durch die Produktionen der Grammatik ausführt. Bei jedem Durchlauf aktualisieren wir die Sprache jeder syntaktischen Kategorie, indem wir alle Möglichkeiten der Induktionsregel ausschöpfen, das heißt, die unterschiedlichen s_i mit allen Wahlmöglichkeiten belegen.

Beispiel 11.4

Betrachten wir eine Grammatik, die aus einigen der Produktionen aus Beispiel 11.3, der Grammatik für Pascal-Anweisungen, besteht. Zur Vereinfachung nehmen wir nur die Produktionen für while-Anweisungen, Blöcke und einfache Anweisungen und die beiden Produktionen für Anweisungslisten. Zudem benutzen wir eine abkürzende Schreibweise, die die Strings um einiges verkürzt. Die abkürzende Schreibweise verwendet die Terminalsymbole **w** (*while*), **c** (*condition*), **d** (*do*), **b** (*begin*), **e** (*end*), **s** (*simpleStat*) und das Semikolon. Die Grammatik verwendet die syntaktische Kategorie $<S>$ für Anweisungen und die syntaktische Kategorie $<L>$ für Anweisungslisten. Die Produktionen werden in Abb. 11.6 angegeben.

(1)	$<S> \rightarrow \mathbf{w\ c\ d}\ <S>$
(2)	$<S> \rightarrow \mathbf{b}\ <L>\ \mathbf{e}$
(3)	$<S> \rightarrow \mathbf{s}$
(4)	$<L> \rightarrow <L>\ ;\ <S>$
(5)	$<L> \rightarrow <S>$

Abb. 11.6: Vereinfachte Grammatik für Anweisungen.

L sei die Sprache der Strings in der syntaktischen Kategorie <*L*>, und *S* sei die Sprache der Strings in der syntaktischen Kategorie <*S*>. Aufgrund der Basisregel sind *L* und *S* zu Beginn leer. Beim ersten Durchlauf ist nur die Produktion (3) von Nutzen, da die Rümpfe aller anderen Produktionen jeweils eine syntaktische Kategorie umfassen, es jedoch bisher noch keine Strings in den Sprachen für die syntaktischen Kategorien gibt. Aus Produktion (3) leiten wir ab, daß `s` ein String in der Sprache *S* ist.

Der zweite Durchlauf beginnt mit der leeren Sprache *L* und mit *S* = {`s`}. Produktion (1) gestattet uns, `wcds` in *S* einzufügen, da `s` bereits in *S* enthalten ist. Das heißt, die Terminalsymbole **w**, **c** und **d** stehen im Rumpf der Produktion (1) nur für sich selbst, die syntaktische Kategorie <*S*> kann jedoch durch jeden String der Sprache *S* ersetzt werden. Da im Augenblick nur der String *s* Element von *S* ist, bleibt uns nur die eine Wahl, die den String `wcds` ergibt.

Die Produktion (2) leistet keinen Beitrag, da *L* noch immer leer ist. Da Produktion (3) einen aus einem Terminalsymbol bestehenden Rumpf besitzt, wird sie niemals etwas anderes als `s` erzeugen, so daß wir diese Produktion von nun an vernachlässigen können. Produktion (4) kann noch nicht benutzt werden, aber Produktion (5) erweitert die Sprache *L* um `s`. Am Ende dieses Durchlaufs haben die Sprachen folgendes Aussehen: *S* = {`s`, `wcds`} und *L* = {`s`}.

Im nächsten Durchlauf verwenden wir die Produktionen (1), (2), (4) und (5) zur Erzeugung neuer Strings. In Produktion (1) können wir <*S*> auf zweierlei Weise ersetzen, durch `s` und durch `wcds`. Die erste Ersetzung führt zu einem String der Sprache *S*, der bereits existiert, letztere erzeugt den neuen String `wcdwcds`. In der Produktion (2) können wir nur `s` für <*L*> substituieren, was die Sprache *L* um den String `bse` erweitert. In Produktion (4) können wir nur `s` für <*L*> einsetzen, dürfen jedoch `s` oder `wcds` für <*S*> substituieren, wodurch wir die beiden Strings `s;s` und `s;wcds` für die Sprache *L* erhalten. Zum Schluß erweitert die Produktion (5) die Sprache *L* um den neuen String `wcds`.[1]

Im Moment haben die Sprachen folgendes Aussehen: *S* = {`s`, `wcds`, `wcdwcds`, `bse`} und *L* = {`s`, `s;s`, `s;wcds`, `wcds`}.

Wir fahren auf diese Weise fort, solange wir wollen. Abbildung 11.7 faßt die ersten drei Durchläufe noch einmal zusammen. ◆

---

[1] In der Art, wie wir syntaktische Kategorien durch Strings ersetzen, gehen wir äußerst systematisch vor. Während des gesamten Durchlaufs einer Runde gehen wir davon aus, daß die Sprachen *L* und *S* noch immer dieselbe Form haben, die am Ende der vorigen Runde definiert wurde. In allen Produktionsrümpfen werden Substitutionen vorgenommen. Den Rümpfen ist es zwar gestattet, neue Strings für die syntaktischen Kategorien der Köpfe zu erzeugen, wir verwenden die in einer Produktion neu erzeugten Strings jedoch nicht im Rumpf einer anderen Produktion desselben Durchlaufs. Das ist nicht schlimm; alle generierbaren Strings werden irgendwann in irgendeiner Runde generiert, egal ob wir neue Strings sofort in den Rümpfen wiederverwenden oder auf die nächste Runde mit der Benutzung des neuen Strings warten.

	S	*L*
1. Durchlauf	s	
2. Durchlauf	wcds	s
3. Durchlauf	wcdwcds bse	s;wcds s;s wcds

Abb. 11.7: Neue Strings in den ersten drei Durchläufen.

In Beispiel 11.4 kann die durch eine Grammatik definierte Sprache unendlich sein. Wenn eine Sprache unendlich ist, so ist es nicht möglich, jeden String aufzulisten. Wir können die Strings bestenfalls Durchlauf für Durchlauf *aufzählen*, wie in Beispiel 11.4 geschehen. Jeder String der Sprache wird irgendwann in einem Durchlauf auftauchen, es gibt jedoch keinen Durchlauf, in dem wir alle Strings erzeugt haben werden. Die Menge der Strings, die jemals in die Sprache einer syntaktischen Kategorie <*S*> eingefügt werden, bildet die (unendliche) Sprache *L*(<*S*>).

ÜBUNGEN

11.3.1: Welche neuen Strings ergeben sich in Beispiel 11.4 im 4. Durchlauf?

11.3.2*: Welche Länge hat der kürzeste neue String, der sich im *i*-ten Durchlauf von Beispiel 11.4 für eine der syntaktischen Kategorien ergibt? Welche Länge hat der längste neue String für

a) <*S*>

b) <*L*>?

11.3.3: Generieren Sie unter Verwendung der Grammatiken aus

a) Abb. 11.3

b) Abb. 11.4

Strings ausgewogener Klammern, indem Sie die Grammatiken durchlaufen. Erzeugen die beiden Grammatiken dieselben Strings in denselben Durchläufen?

11.3.4: Nehmen wir an, jede Produktion mit <*S*> als Kopf hat <*S*> auch irgendwo im Rumpf stehen. Warum ist *L*(<*S*>) dann leer?

11.3.5*: Wenn man Strings anhand nacheinander durchgeführter Durchläufe erzeugt, wie in diesem Abschnitt beschrieben, so werden die einzigen neu generierten Strings für eine syntaktische Kategorie <*S*> gefunden, indem man eine Substitution für die syntaktischen Kategorien des Rumpfes einer Produktion für <*S*> derart durchführt, daß mindestens ein substituierter String im vorigen Durchgang neu entdeckt wurde. Erklären Sie, warum diese Aussage wahr ist.

11.3.6*: Angenommen, wir möchten feststellen, ob ein bestimmter String s in der Sprache einer syntaktischen Kategorie <*S*> enthalten ist.

a) Erklären Sie, warum, wenn in einem Durchlauf alle für jede syntaktische Kategorie erzeugten neuen Strings länger als *s* sind und *s* noch nicht für *L*(<*S*>) generiert wurde, *s* dann niemals in *L*(<*S*>) eingefügt werden kann.

b) Erklären Sie, warum wir nach einer endlichen Anzahl an Durchläufen keine neuen Strings mehr generieren können, die so kurz wie oder kürzer als *s* sind.

c) Verwenden Sie (a) und (b), um einen Algorithmus zu entwickeln, der eine Grammatik, eine ihrer syntaktischen Kategorien <*S*> und einen String aus Terminalsymbolen *s* übernimmt und feststellt, ob *s* in *L*(<*S*>) enthalten ist.

11.4 Ableitungsbäume

Wie wir gesehen haben, können wir durch wiederholtes Anwenden von Produktionen feststellen, ob String *s* für eine syntaktische Kategorie <*S*> zur Sprache *L*(<*S*>) gehört. Wir beginnen mit einigen Strings, die sich aus den Basisproduktionen ableiten lassen, also aus den Produktionen, deren Rümpfe keine syntaktische Kategorie enthalten. Anschließend „wenden" wir die Produktionen auf bereits für verschiedene syntaktische Kategorien abgeleitete Strings an. Jede Anwendung ersetzt Strings für Vorkommen der verschiedenen syntaktischen Kategorien im Rumpf der Produktion, wodurch ein String erzeugt wird, der zur syntaktischen Kategorie des Kopfes gehört. Schließlich konstruieren wir den String *s* durch Verwendung einer Produktion mit dem Kopf <*S*>.

Häufig ist es nützlich, den „Beweis", daß *s* in der Sprache *L*(<*S*>) enthalten ist, als Baum aufzuzeichnen; wir nennen diesen Baum einen *Ableitungsbaum* (*parse tree*). Die Knoten eines Ableitungsbaums sind entweder mit Terminalsymbolen, mit syntaktischen Kategorien oder mit dem Symbol ε markiert. Die Blätter sind nur mit Terminalsymbolen oder mit ε markiert, während die inneren Knoten nur mit syntaktischen Kategorien markiert sind.

Jeder innere Knoten *v* repräsentiert die Anwendung einer Produktion. Das heißt, es muß eine Produktion geben, für die gilt

1. daß die syntaktische Kategorie, die *v* markiert, dem Kopf der Produktion entspricht und

2. daß die Markierungen der Kinder von *v* von links nach rechts den Rumpf der Produktion bilden.

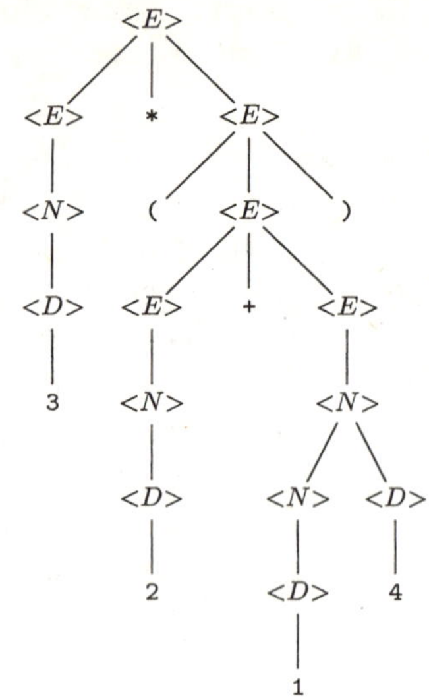

Abb. 11.8: Ableitungsbaum für den String 3(2+14) erstellt nach der Grammatik aus Abb. 11.2.*

Beispiel 11.5

Abbildung 11.8 ist ein Beispiel eines Ableitungsbaums, der auf der Grammatik aus Abb. 11.2 basiert. Wir haben die syntaktischen Kategorien <*Expression*>, <*Number*> und <*Digit*> abgekürzt zu <*E*>, <*N*> und <*D*>. Der durch diesen Ableitungsbaum repräsentierte String lautet `3*(2+14)`.

Die Wurzel und ihre Kinder repräsentieren zum Beispiel die Produktion

$$<E> \rightarrow <E> * <E>$$

die in Abb. 11.2 der Produktion (6) entspricht. Zusammen mit seinen drei Kindern bildet das rechte Kind der Wurzel die Produktion <*E*> → (<*E*>), bzw. Produktion (5) aus Abb. 11.2. ♦

Konstruktion von Ableitungsbäumen

Jeder Ableitungsbaum repräsentiert einen String *s* aus Terminalsymbolen, den wir als *Ertrag* (*yield*) des Baumes bezeichnen. Der String *s* besteht aus den Markierungen der Blätter des Baums von links nach rechts gelesen. Alternativ können wir den Ertrag auch herausfinden, indem wir eine Präorder-Traversierung des Ableitungsbaums durchführen und nur die Markierungen auflisten, bei denen es sich um Terminalsymbole handelt. Der Ableitungsbaum aus Abb. 11.8 hat zum Beispiel den Ertrag `3*(2+14)`.

Besitzt ein Baum nur einen Knoten, so ist dieser Knoten mit einem Terminalsymbol oder mit ε markiert, da es sich bei diesem Knoten um ein Blatt handelt. Besitzt der Baum dagegen mehr als einen Knoten, ist die Wurzel mit einer syntaktischen Kategorie markiert, da die Wurzel eines Baumes, der aus zwei oder mehr Knoten besteht, immer ein innerer Knoten ist. Zu den Strings dieser syntaktischen Kategorie gehört auch immer der Ertrag des Baums. Es folgt eine induktive Definition von Ableitungsbäumen für eine gegebene Grammatik.

BASIS. Für jedes Terminalsymbol x der Grammatik gibt es einen Baum mit einem mit x markierten Knoten. Dieser Baum hat natürlich den Ertrag x.

INDUKTION. Angenommen, es ist die Produktion <*S*> → $X_1X_2...X_n$ gegeben, in der jedes der X_i entweder ein Terminalsymbol oder eine syntaktische Kategorie repräsentiert. Wenn $n = 0$ ist, das heißt, wenn die Produktion in Wirklichkeit <*S*> → ε lautet, erhält man einen Baum wie in Abb. 11.9. Der Ertrag ist ε und die Wurzel ist <*S*>; aufgrund dieser Produktion gilt sicher, daß der String ε in *L*(<*S*>) enthalten ist.

Abb. 11.9: Ableitungsbaum der Produktion <S> → ε.

Nehmen wir nun an, daß <*S*> → $X_1X_2...X_n$ und $n \geq 1$ gelten. Für jedes X_i wählen wir wie folgt einen Baum T_i mit $i = 1, 2, ..., n$ aus:

1. Wenn X_i ein Terminalsymbol ist, müssen wir den einknotigen mit X_i markierten Baum wählen. Bezeichnen zwei oder mehr der X_i dasselbe Terminalsymbol, so müssen wir unterschiedliche einknotige Bäume mit derselben Markierung für jedes Vorkommen dieses Terminalsymbols wählen.

2. Wenn X_i eine syntaktische Kategorie ist, wählen wir einen bereits erzeugten Ableitungsbaum, dessen Wurzel die Markierung X_i trägt. Anschließend konstruieren wir einen Baum, der das Aussehen des in Abb. 11.10 angegebenen Baums hat. Das heißt, wir erzeugen eine mit <*S*> markierte Wurzel, die der syntaktischen Kategorie im Kopf der Produktion entspricht, und fügen anschließend ihre Kinder ein. Diese Kinder entsprechen den Wurzeln der Bäume, die für $X_1, X_2, ..., X_n$ in dieser Reihenfolge von links nach rechts ausgewählt wurden. Bezeichnen zwei oder mehrere der *X* dieselbe syntaktische Kategorie, so können wir für jede Kategorie denselben Baum auswählen, müssen jedoch jedesmal, wenn der Baum ausgewählt wird, eine eigene

Kopie dieses Baums anlegen. Desweiteren ist es uns gestattet, unterschiedliche Bäume für unterschiedliche Vorkommen derselben syntaktischen Kategorie auszuwählen.

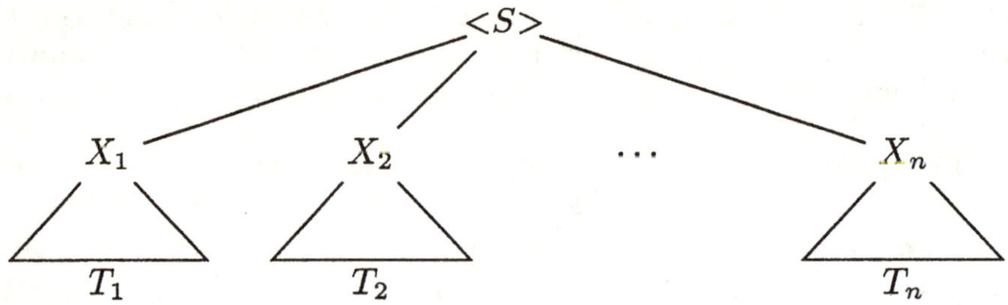

Abb. 11.10: Erzeugung eines Ableitungsbaums unter Verwendung einer Produktion und anderer Ableitungsbäume.

Beispiel 11.6

Folgen wir der Konstruktion des Ableitungsbaums aus Abb. 11.8 und stellen wir fest, wie diese Konstruktion den Beweis imitiert, daß der String `3*(2+14)` in *L*(<*E*>) enthalten ist. Zunächst erzeugen wir für jedes Terminalsymbol im Baum einen einknotigen Baum. Die Gruppe der Produktionen in Zeile (1) aus Abb. 11.2 besagt dann, daß jede der zehn Ziffern einem String der Länge 1 entspricht, der zu *L*(<*D*>) gehört. Wir verwenden vier dieser Produktionen, um die vier in Abb. 11.11 angegebenen Bäume zu erzeugen. Wir benutzen beispielsweise die Produktion <*D*> → **1**, um auf folgende Weise den Ableitungsbaum aus Abb. 11.11(a) zu erstellen. Für das Symbol **1** im Rumpf erzeugen wir einen Baum mit einem einzelnen mit `1` markierten Knoten. Anschließend erzeugen wir einen mit <*D*> markierten Knoten als Wurzel und weisen diesem ein Kind zu, welches der Wurzel (und dem einzigen Knoten) des für **1** ausgewählten Baums entspricht.

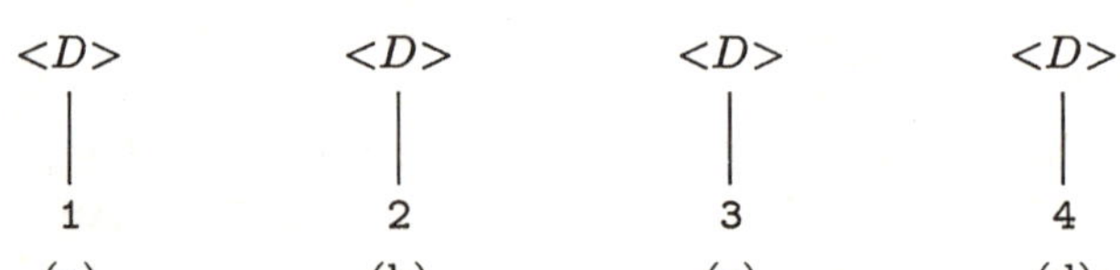

*Abb. 11.11: Ableitungsbäume, die unter Verwendung der Produktion <D> → **1** und ähnlicher Produktionen erzeugt wurden.*

Im nächsten Schritt stellen wir unter Verwendung der Produktion (2) aus Abb. 11.2, bzw. unter Verwendung von <*N*> → <*D*> fest, daß Ziffern Zahlen sind. Wir wählen beispielhaft den Baum aus Abb. 11.11(a) aus, um ihn für <*D*> im

Rumpf der Produktion (2) einzusetzen und so den Baum aus Abb. 11.12(a) zu erhalten. Die anderen beiden Bäume aus Abb. 11.12 werden auf ähnliche Weise erzeugt.

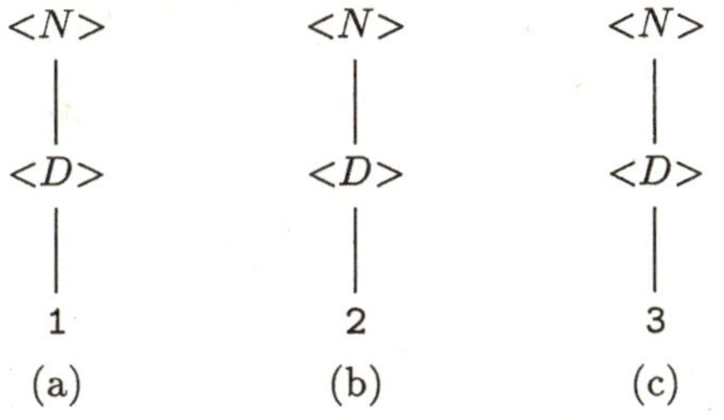

Abb. 11.12: Unter Verwendung der Produktion <N> → <D> erzeugte Ableitungsbäume.

Nun können wir Produktion (3), also <*N*> → <*N*><*D*>, verwenden. Für <*N*> im Rumpf wählen wir den Baum aus Abb. 11.12(a) und für <*D*> den aus Abb. 11.11(d). Wir erzeugen einen neuen mit <*N*> markierten Knoten für den Kopfteil und weisen ihm zwei Kinder zu, die den Wurzeln der beiden ausgewählten Bäumen entsprechen. Der sich daraus ergebende Baum ist in Abb. 11.13 angegeben. Der Ertrag dieses Baums ist die Zahl 14.

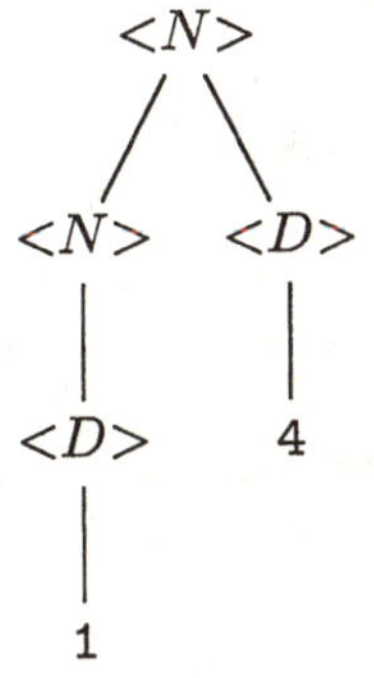

Abb. 11.13: Unter Verwendung der Produktion <N> → <N><D> erzeugter Ableitungsbaum.

Unsere nächste Aufgabe besteht darin, einen Baum für die Summe 2+14 zu erzeugen. Zunächst verwenden wir Produktion (4), <*E*> → <*N*>, um die Ableitungsbäume aus Abb. 11.14 zu konstruieren. Diese drei Bäume zeigen, daß 3, 2 und 14 jeweils Ausdrücke sind. Der erste Baum ergibt sich aus der Auswahl des Baums aus Abb. 11.12(c) für das <*N*> des Rumpfes. Den zweiten erhält man, indem man den Baum aus Abb. 11.12(b) für <*N*> wählt und den dritten durch Auswahl des Baums aus Abb. 11.13.

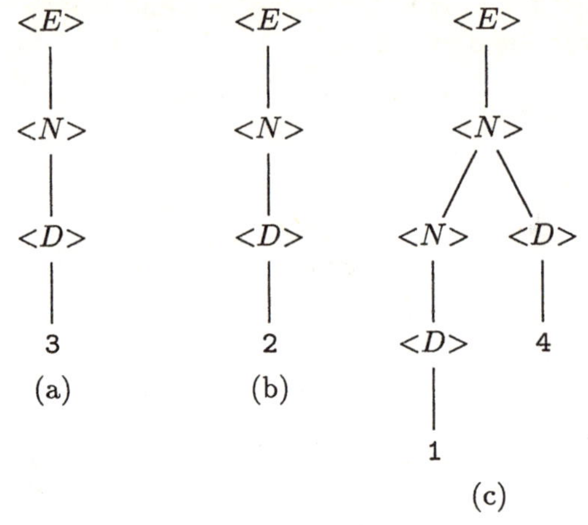

Abb. 11.14: Unter Verwendung der Produktion <E> → <N> erzeugte Ableitungsbäume.

Anschließend benutzen wir Produktion (6), die die Form <*E*> → <*E*>+<*E*> hat. Für das erste <*E*> im Rumpf verwenden wir den Baum aus Abb. 11.14(b) und für das zweite <*E*> im Rumpf wählen wir den Baum aus Abb. 11.14(c). Für das Terminalsymbol + im Rumpf benutzen wir einen einknotigen Baum mit der Markierung +. Der daraus resultierende Baum ist in Abb. 11.15 illustriert; sein Ertrag ist `2+14`.

Als nächstes nehmen wir die Produktion (5) bzw. <*E*> → (<*E*>), um den Ableitungsbaum aus Abb. 11.16 zu erzeugen. Wir wählen für das <*E*> im Rumpf einfach den Ableitungsbaum aus Abb. 11.15, und für die terminalen Klammern verwenden wir die offensichtlichen einknotigen Bäume.

Zuletzt benutzen wir Produktion (8), das heißt <*E*> → <*E*>*<*E*>, um den ursprünglich in Abb. 11.8 angegebenen Ableitungsbaum zu erstellen. Für das erste <*E*> im Rumpf wählen wir den Baum aus Abb. 11.14(a) und für das zweite wählen wir den Baum aus Abb. 11.16. ◆

Warum Ableitungsbäume „funktionieren"

Die Konstruktion eines Ableitungsbaums entspricht in vielerlei Hinsicht einer induktiven Definition von Strings, die zu einer syntaktischen Kategorie gehören. Wir können mit Hilfe zweier einfacher Induktionen beweisen, daß die Erträge eines Ableitungsbaums mit der Wurzel <*S*> für jede syntaktische Kategorie <*S*> exakt den Strings in *L*(<*S*>) entsprechen. Das heißt,

1. wenn *T* ein Ableitungsbaum mit der mit <*S*> markierten Wurzel und dem Ertrag *s* ist, dann ist der String *s* in der Sprache *L*(<*S*>) enthalten.
2. wenn String *s* in *L*(<*S*>) enthalten ist, dann gibt es einen Ableitungsbaum mit dem Ertrag *s* und mit einer mit <*S*> markierten Wurzel.

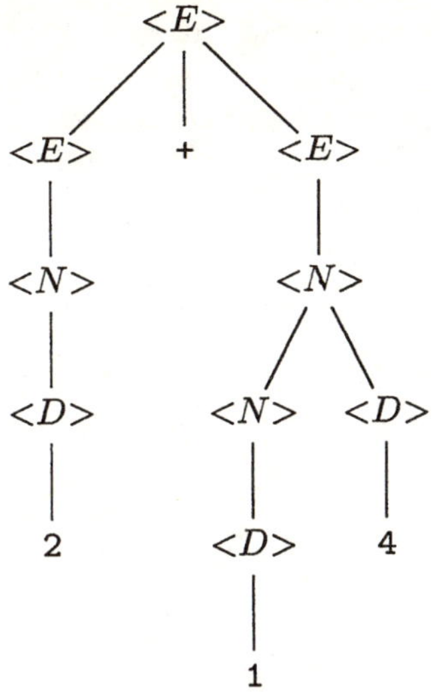

Abb. 11.15: Unter Verwendung der Produktion <E> → <E> + <E> erzeugter Ableitungsbaum.

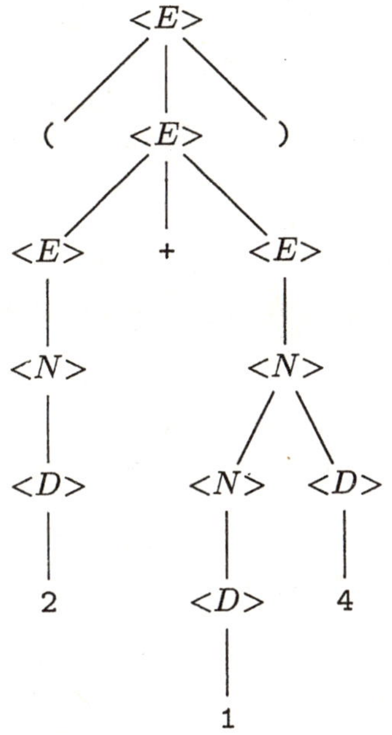

Abb. 11.16: Unter Verwendung der Produktion <E> → (<E>) erzeugter Ableitungsbaum.

Diese Äquivalenz sollte intuitiv klar sein. Anders ausgedrückt bedeutet es, daß Ableitungsbäume mit Hilfe von Substitutionen für syntaktische Kategorien in den Produktionsrümpfen aus kleineren Ableitungsbäumen auf dieselbe Weise zusammengebaut werden, wie lange Strings aus kürzeren zusammengesetzt werden. Wir beginnen mit Teil (1), den wir durch vollständige Induktion über die Höhe des Baums *T* beweisen.

BASIS. Angenommen, die Höhe des Ableitungsbaums ist 1. Dann hat der Baum die in Abb. 11.17 angegebene Form. Gilt der Sonderfall, daß $n = 0$ ist, so sieht der Baum wie in Abb. 11.9 aus. Die einzige Möglichkeit, einen derartigen Baum zu erzeugen, bietet sich, wenn es eine Produktion <*S*> $\rightarrow \mathbf{x}_1\mathbf{x}_2...\mathbf{x}_n$ gibt, in der jedes **x** ein Terminalsymbol ist (wenn $n = 0$ ist, lautet die Produktion <*S*> $\rightarrow \varepsilon$). $\mathtt{x}_1\mathtt{x}_2...\mathtt{x}_n$ ist somit ein String in *L*(<*S*>).

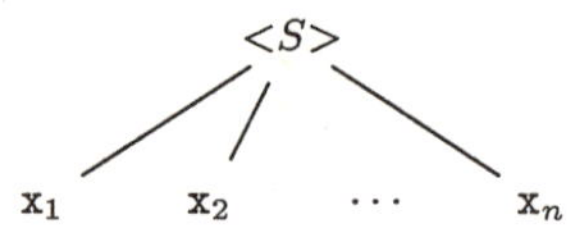

Abb. 11.17: Ableitungsbaum der Höhe 1.

INDUKTION. Angenommen, Aussage (1) gilt für alle Bäume der Höhe *k* oder kleiner. Betrachten wir einen der Abb. 11.10 entsprechenden Baum der Höhe $k + 1$. Dann kann jeder der Unterbäume T_i für $i = 1, 2, ..., n$ höchstens die Höhe *k* haben. Denn hätte auch nur einer der Unterbäume die Höhe $k + 1$ oder höher, so hätte der gesamte Baum mindestens die Höhe $k + 2$. Die Induktionsannahme gilt somit für jeden Baum T_i.

Aufgrund der Induktionsannahme gilt, daß, wenn X_i, die Wurzel des Unterbaums T_i, eine syntaktische Kategorie ist, dann der Ertrag von T_i, nennen wir ihn s_i, in der Sprache $L(X_i)$ enthalten ist. Ist X_i ein Terminalsymbol, so definieren wir den String s_i als X_i. Der Ertrag des gesamten Baums ist $s_1s_2...s_n$.

Aufgrund der Definition eines Ableitungsbaums wissen wir, daß <*S*> $\rightarrow X_1X_2...X_n$ eine Produktion ist. Angenommen, wir ersetzen X_i immer dann durch den String s_i, wenn X_i eine syntaktische Kategorie ist. Per Definition ist X_i s_i, wenn X_i ein Terminalsymbol ist. Daraus folgt, daß der substituierte Rumpf $s_1s_2...s_n$ ergibt und somit dem Ertrag des Baums entspricht. Aufgrund der induktiven Regel für die Sprache <*S*> wissen wir, daß $s_1s_2...s_n$ in *L*(<*S*>) enthalten ist.

Wir müssen nun Aussage (2) beweisen, daß jeder String *s* in einer syntaktischen Kategorie <*S*> einen Ableitungsbaum mit der Wurzel <*S*> und dem Ertrag *s* besitzt. Lassen Sie uns zu Beginn bemerken, daß es für jedes Terminalsymbol $\mathtt{x}$ einen Ableitungsbaum gibt, der sowohl die Wurzel und als auch den Ertrag $\mathtt{x}$ besitzt. Wir führen eine vollständige Induktion über die Anzahl der Anwendungen des (in Abschnitt 11.3 beschriebenen) Induktionsschrittes, wo wir folgerten, daß s in $L(<S>)$ enthalten ist.

BASIS. Angenommen, es bedarf genau einer Anwendung des Induktionsschrittes, um zu zeigen, daß s in $L(<S>)$ enthalten ist. Dann muß es eine Produktion $<S> \rightarrow \mathbf{x}_1\mathbf{x}_2...\mathbf{x}_n$ geben, in der alle **x** Terminalsymbole sind und $s = \mathtt{x}_1\mathtt{x}_2...\mathtt{x}_n$ ist. Wir wissen, daß es einen mit $\mathtt{x}_i$ markierten, einknotigen Ableitungsbaum für $i = 1, 2, ..., n$ gibt. Es existiert somit ein Ableitungsbaum mit dem Ertrag s und der mit $<S>$ markierten Wurzel; dieser Baum entspricht dem aus Abb. 11.17. In dem besonderen Fall, daß $n = 0$ ist, wissen wir, daß $s = \varepsilon$ ist und nehmen stattdessen den Baum aus Abb. 11.9.

INDUKTION. Angenommen, jeder String t, der nach k oder weniger Anwendungen des Induktionsschrittes als zu der Sprache einer syntaktischen Kategorie $<T>$ gehörig befunden wird, besitzt einen Ableitungsbaum mit dem Ertrag t und der Wurzel $<T>$. Zudem sei ein String s gegeben, der nach $k + 1$ Anwendungen des Induktionsschrittes als zur Sprache der syntaktischen Kategorie $<S>$ gehörig befunden wird. Dann gibt es eine Produktion $<S> \rightarrow X_1X_2..X_n$, und es gilt $s = s_1s_2...s_n$, wobei jeder Teilstring s_i entweder

1. X_i entspricht, wenn X_i ein Terminalsymbol ist, oder

2. einem String entspricht, von dem bekannt ist, daß er nach höchstens k Anwendungen der induktiven Regel in $L(<X_i>)$ enthalten ist, falls X_i eine syntaktische Kategorie ist.

Wir können somit für jedes i einen Baum T_i finden, der den Ertrag s_i hat und dessen Wurzel mit X_i markiert ist. Ist X_i eine syntaktische Kategorie, so berufen wir uns auf die Induktionsannahme und behaupten, daß T_i existiert. Ist X_i dagegen ein Terminalsymbol, so benötigen wir die Induktionsannahme nicht, um zu behaupten, daß es einen einknotigen, mit X_i markierten Baum gibt. Der analog zu Abb. 11.10 konstruierte Baum hat somit den Ertrag s und eine mit $<S>$ markierte Wurzel, was den Induktionsschritt beweist.

Syntaxbäume und Ausdrucksäume

Häufig werden Bäume, die wie Ableitungsbäume aussehen, zur Darstellung von Ausdrücken verwendet. So benutzten wir im gesamten Kapitel 5 *Ausdrucksäume* (*expression trees*) in unseren Beispielen. *Syntaxbaum* (*syntax tree*) ist ein anderer Name für „Ausdrucksbaum“. Ist eine Grammatik für Ausdrücke gegeben, wie die aus Abb. 11.2, so können wir die Ableitungsbäume mit Hilfe der drei folgenden Transformationen in Ausdrucksbäume umwandeln:

1. Atomare Operanden werden zu einem Knoten zusammengefaßt, der mit diesem Operanden markiert ist.
2. Operatoren werden von den Blättern zu ihren Väterknoten verschoben. Das heißt, ein Operatorsymbol wie + wird zur Markierung des darüberliegenden Knotens, der mit der syntaktischen Kategorie *„Expression“* markiert war.
3. Bei inneren Knoten, deren Markierung auch weiterhin *„Expression“* wäre, werden die Markierungen entfernt.

Zum Beispiel wird der Ableitungsbaum aus Abb. 11.8 in folgenden Ausdrucksbaum, bzw. Syntaxbaum, umgewandelt:

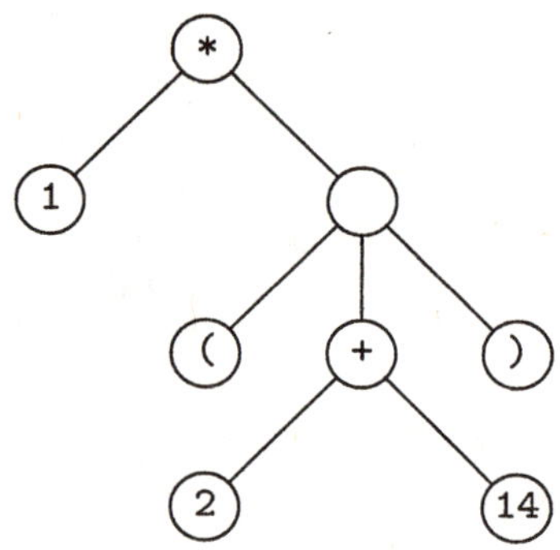

ÜBUNGEN

11.4.1: Finden Sie Ableitungsbäume für die Strings

a) `35+21`

b) `123-(4*5)`

c) `1*2*(3-4)`

entsprechend der Grammatik aus Abb. 11.2. Die syntaktische Kategorie an der Wurzel sollte in jedem Fall <*E*> sein.

11.4.2: Finden Sie unter Benutzung der Anweisungsgrammatik aus Abb. 11.6 Ableitungsbäume für die folgenden Strings:

a) `wcdwcds`

b) `bse`

c) `bs;wcdse`

Die syntaktische Kategorie an der Wurzel sollte in jedem Fall <*S*> sein.

11.4.3: Finden Sie unter Benutzung der Grammatik zur ausgewogenen Klammerung aus Abb. 11.3 Ableitungsbäume für die folgenden Strings:

a) `(()())`

b) `((()))`

c) `((())())`

11.4.4: Finden Sie unter Benutzung der Grammatik aus Abb. 11.4 Ableitungsbäume für die Strings aus Übung 11.4.3.

11.5 Mehrdeutigkeit und der Entwurf von Grammatiken

Wir betrachten die Grammatik für ausgewogene Klammern, die wir ursprünglich in Abb. 11.4 vorgestellt haben; die syntaktische Kategorie <*B*> bezeichnet hier die Abkürzung für <*Balanced*>:

$$<B> \rightarrow (<B>) \mid <B><B> \mid \varepsilon \tag{11.1}$$

Angenommen, wir suchen einen Ableitungsbaum für den String `()()()`. Zwei derartige Ableitungsbäume sind in Abb. 11.18 angegeben, wobei bei dem einen die ersten beiden Klammerpaare und bei dem anderen die hinteren beiden Klammerpaare zuerst gruppiert wurden.

Es sollte nicht überraschen, daß diese beiden Ableitungsbäume existieren. Wenn wir einmal herausgefunden haben, daß `()` und `()()` ausgewogene Klammerstrings sind, können wir die Produktion <*B*> → <*B*><*B*> verwenden. Wir substituieren `()` für das erste <*B*> im Rumpf und `()()` für das zweite oder umgekehrt. Immer stellen wir fest, daß der String `()()()` in der syntaktischen Kategorie <*B*> enthalten ist.

Eine Grammatik, in der es zwei oder mehr Ableitungsbäume mit demselben Ertrag und derselben syntaktischen Kategorie als Markierung der Wurzel gibt, wird als *mehrdeutig* bezeichnet. Es ist zu bemerken, daß nicht jeder String der Ertrag mehrerer Ableitungsbäume sein muß; schon ein solcher String genügt, um die Grammatik mehrdeutig zu machen. Zum Beispiel reicht der String `()()()` aus, um zu folgern, daß die Grammatik (11.1) mehrdeutig ist. Eine Grammatik, die nicht mehrdeutig ist, heißt *eindeutig*. Bei einer eindeutigen Grammatik gibt es für jeden String s und für jede syntaktische Kategorie <*S*> höchstens einen Ableitungsbaum, der den Ertrag s und die Wurzel <*S*> besitzt.

Zum Beispiel handelt es sich bei der hier erneut angegebenen Grammatik aus Abb. 11.3

$$<B> \rightarrow (<B>)<B> \mid \varepsilon \tag{11.2}$$

bei der wir *<Balanced>* durch *<B>* ersetzten, um eine eindeutige Grammatik. Es ist ziemlich schwierig, die Eindeutigkeit dieser Grammatik zu beweisen. Abbildung 11.19 enthält den eindeutigen Ableitungsbaum für den String ()()(); die Tatsache, daß dieser String einen eindeutigen Ableitungsbaum besitzt, beweist nicht, daß die Grammatik (11.2) eindeutig ist, da wir die Eindeutigkeit natürlich nur beweisen können, indem wir zeigen, daß jeder String in der Sprache einen eindeutigen Ableitungsbaum besitzt.

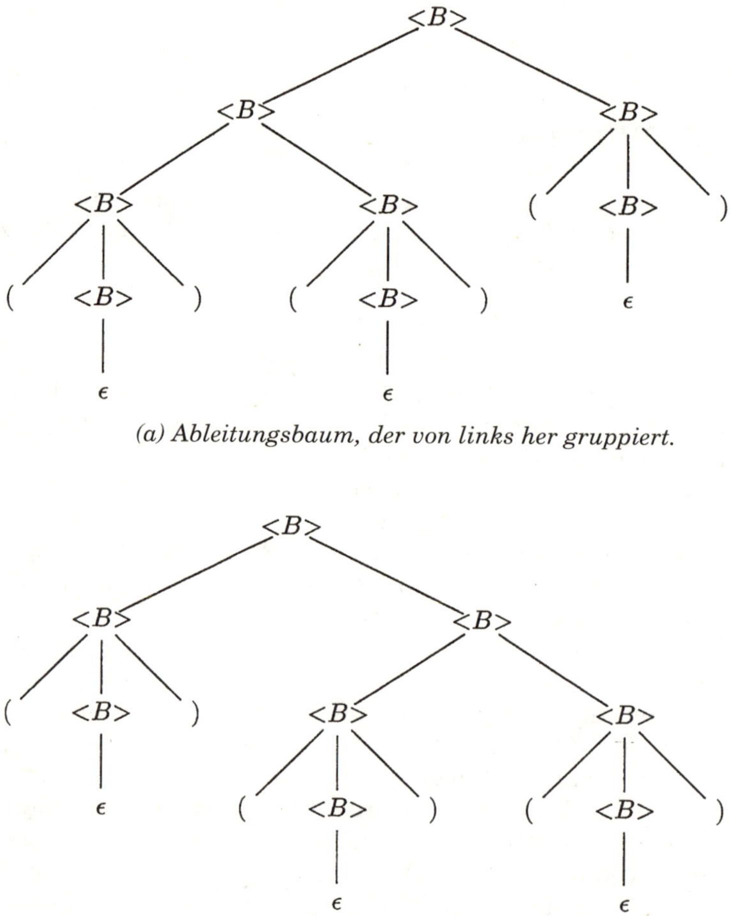

(a) Ableitungsbaum, der von links her gruppiert.

(b) Ableitungsbaum, der von rechts her gruppiert.

Abb. 11.18: Zwei Ableitungsbäume mit demselben Ertrag und derselben Wurzel.

Mehrdeutigkeit bei Ausdrücken

Auch wenn die Grammatik aus Abb. 11.4 mehrdeutig ist, so schadet diese Mehrdeutigkeit doch nicht, da es ziemlich egal ist, ob wir mehrere Strings ausgewogener Klammern von links oder von rechts her gruppieren. Wenn wir dagegen Grammatiken für Ausdrücke betrachten, wie die aus Abb. 11.2 in Abschnitt 11.2, so kann es zu schwerwiegenden Problemen kommen. Insbesondere implizieren einige Ableitungsbäume den falschen Wert für einen Ausdruck, während andere den korrekten Wert implizieren.

Beispiel 11.7

Wir verwenden wieder die abkürzende Schreibweise für die in Beispiel 11.5 entwickelte Ausdrucksgrammatik. Weiter sei der Ausdruck `1-2+3` gegeben. Er besitzt zwei Ableitungsbäume, abhängig davon, ob wir die Operatoren von links her oder von rechts her gruppieren. Diese Ableitungsbäume sind in Abb. 11.20(a) und (b) graphisch dargestellt.

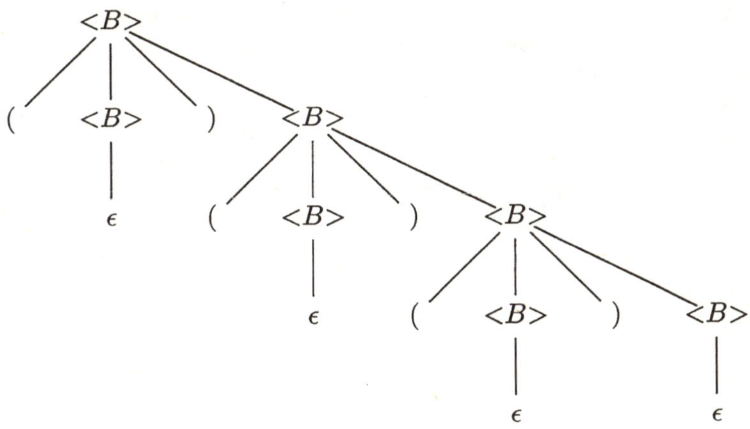

Abb. 11.19: Eindeutiger Ableitungsbaum für den String () () () bei Verwendung der Grammatik (11.2)

Warum Eindeutigkeit wichtig ist

Der Parser, der Ableitungsbäume für Programme erstellt, ist ein wesentlicher Bestandteil eines Compilers. Wenn eine Grammatik, die eine Programmiersprache beschreibt, mehrdeutig ist, und ihre Mehrdeutigkeiten nicht aufgelöst werden, gibt es zumindest für einige Programme mehr als einen Ableitungsbaum. Unterschiedliche Ableitungsbäume für dasselbe Programm geben dem Programm unterschiedliche Bedeutungen, wobei die „Bedeutung“ in diesem Fall diejenige Aktion beschreibt, die durch das maschinensprachliche Programm durchgeführt wird, in die das ursprüngliche Programm übersetzt wird. Wenn also die Grammatik für ein Programm mehrdeutig ist, kann ein Compiler nicht korrekt entscheiden, welchen Ableitungsbaum er für gewisse Programme verwenden muß. Er kann folglich auch nicht entscheiden, was das maschinensprachliche Programm eigentlich tun soll. Aus diesem Grunde müssen Compiler eindeutige Spezifikationen verwenden.

Der Baum in Abb. 11.20(a) ist linksassoziativ und gruppiert die Operanden daher von links. Das ist korrekt, da wir im allgemeinen Operatoren mit derselben Bindungsstärke von links gruppieren; `1-2+3` wird üblicherweise als `(1-2)+3` interpretiert, was den Wert 2 ergibt. Wenn wir die durch Unterbäume dargestellten Ausdrücke auswerten, arbeiten wir uns im Baum aus Abb. 11.20(a) von unten nach oben durch und berechnen zuerst 1 - 2 = -1 am linken Kind der Wurzel und anschließend -1 + 3 = 2 an der Wurzel.

Andererseits gruppiert die rechtsassoziierende Abbildung 11.20(b) unseren Ausdruck als `1-(2+3)`, der dann den Wert -4 hat. Diese Interpretation des Ausdrucks ist jedoch nicht üblich. Der Wert -4 ergibt sich, wenn man sich im Baum aus Abb. 11.20(b) hocharbeitet, da 2 + 3 = 5 am rechten Kind der Wurzel ausgewertet und danach 1 - 5 = -4 an der Wurzel berechnet wird. ◆

Es kann Probleme hervorrufen, Operatoren derselben Bindungsstärke von der falschen Richtung her zu assoziieren. Auch ergeben sich Probleme mit Operatoren unterschiedlicher Bindungsstärken; es ist möglich, einen Operator mit niedriger Bindungsstärke vor einem mit höherer Bindungsstärke zu gruppieren.

Beispiel 11.8

Gegeben sei der Ausdruck `1+2*3`. In Abb. 11.21(a) ist der Ausdruck inkorrekterweise von links her gruppiert, während er in Abb. 11.21(b) korrekterweise von rechts her gruppiert wurde, so daß die Operanden der Multiplikation vor denen der Addition angeordnet sind. Die erste Gruppierung führt zur Berechnung des falschen Wertes 9, während die letztere Gruppierung den korrekten Wert 7 berechnet. ◆

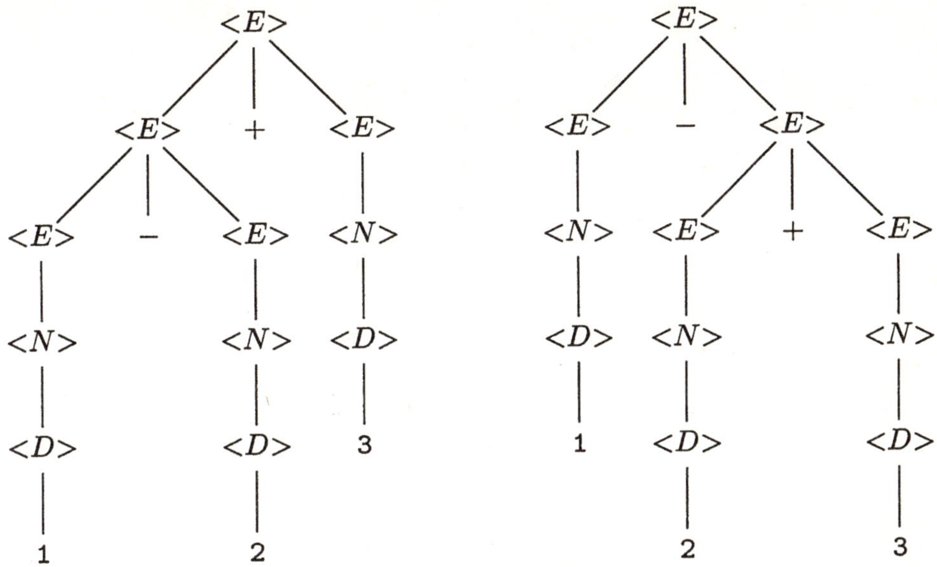

(a) Korrekter Ableitungsbaum. *(b) Inkorrekter Ableitungsbaum.*

Abb. 11.20: Zwei Ableitungsbäume für den Ausdruck 1-2+3.

Eindeutige Grammatiken für Ausdrücke

Genauso wie man die Grammatik (11.2) für ausgewogene Klammerung als eine eindeutige Version der Grammatik (11.1) ansehen kann, ist es auch möglich, eine eindeutige Version der Ausdrucksgrammatik aus Beispiel 11.5 zu erzeugen. Der „Trick“ besteht darin, drei syntaktische Kategorien mit folgenden intuitiven Bedeutungen zu definieren:

1. *<Factor>* generiert Ausdrücke, die nicht „auseinandergezogen“ werden können, ein Faktor ist somit entweder ein einzelner Operand oder ein geklammerter Ausdruck.

2. *<Term>* generiert ein Produkt oder einen Quotienten von Faktoren. Ein einzelner Faktor ist ein Term, gleiches gilt für eine Folge von durch * oder / getrennte Faktoren. Beispiele von Termen sind 12 und 12/3*45.

3. *<Expression>* generiert eine Summe oder Differenz eines oder mehrerer Terme. Ein einzelner Term ist ein Ausdruck, gleiches gilt für eine Folge von durch die Operatoren + oder - getrennte Terme. Beispiele von Ausdrücken sind 12, 12/3*45 und 12+3*45-6.

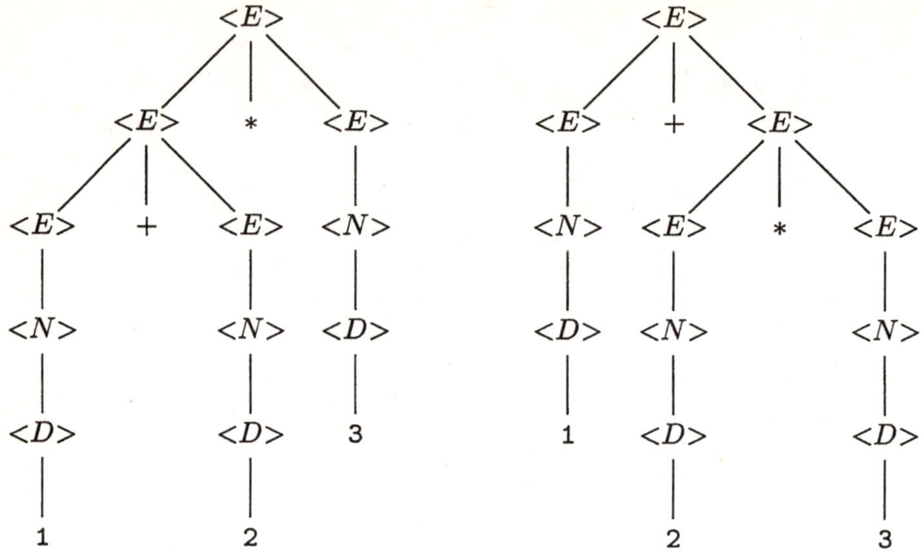

(a) Inkorrekter Ableitungsbaum. *(b) Korrekter Ableitungsbaum.*

Abb. 11.21: Zwei Ableitungsbäume für den Ausdruck `1+2*3`.

Abbildung 11.22 enthält eine Grammatik, die die Beziehung zwischen Ausdrücken, Termen und Faktoren verdeutlicht. Wir verwenden die Abkürzungen *<E>*, *<T>* und *<F>* für *<Expression>*, *<Term>* und *<Factor>*.

(1)	*<E>* → *<E>*+*<T>* | *<E>*-*<T>* | *<T>*
(2)	*<T>* → *<T>***<F>* | *<T>*/*<F>* | *<F>*
(3)	*<F>* → (*<E>*) | *<N>*
(4)	*<N>* → *<N><D>* | *<D>*
(5)	*<D>* → **0** | **1** | ... | **9**

Abb. 11.22: Eindeutige Grammatik für arithmetische Ausdrücke.

Die drei Produktionen in Zeile (1) definieren einen Ausdruck, der sich entweder aus einem kleineren Ausdruck gefolgt von einem + oder - und einem weiteren Term zusammensetzt, oder aber nur aus einem einzelnen Term besteht. Fassen wir die Ideen zusammen, so besagen diese Produktionen, daß jeder Ausdruck einem Term gefolgt von null oder mehr Paaren entspricht, die jeweils aus einem + oder - und einem Term bestehen. Ähnlich dazu ist ein Term ein Faktor gefolgt von null oder mehr Paaren, die jeweils aus einem * oder einem / und einem Faktor bestehen. Zeile (3) besagt, daß Faktoren entweder Zahlen oder von Klammern eingeschlossene Ausdrücke sind. Die Zeilen (4) und (5) definieren Zahlen und Ziffern genau wie in den vorigen Abschnitten.

Die Tatsache, daß wir in den Zeilen (1) und (2) Produktionen wie

<*E*> → <*E*>+<*T*>

verwenden, anstelle der scheinbar äquivalenten Produktion <*E*> → <*T*>+<*E*>, erzwingt, daß Terme von links gruppiert werden. Wir werden feststellen, daß ein Ausdruck wie `1-2+3` korrekt als `(1-2)+3` gruppiert wird. Auch Terme wie `1/2*3` werden korrekt als `(1/2)*3` und nicht fälschlicherweise als `1/(2*3)` gruppiert. Abbildung 11.23 gibt den einzig möglichen Ableitungsbaum für den Ausdruck `1-2+3` in der Grammatik aus Abb. 11.22 an. Beachten Sie, daß `1-2` zuerst als ein Ausdruck gruppiert werden muß. Würden wir `2+3` zuerst gruppieren, wie in Abb. 11.20(b) geschehen, gäbe es in der Grammatik aus Abb. 11.22 keine Möglichkeit, die `1-` an diesen Ausdruck anzukoppeln.

Der Unterschied zwischen Ausdrücken, Termen und Faktoren erzwingt die korrekte Gruppierung der Operatoren auf unterschiedlichen Ebenen der Bindungsstärke. Zum Beispiel besitzt der Ausdruck `1+2*3` nur den Ableitungsbaum aus Abb. 11.24, der den Teilausdruck `2*3` zuerst gruppiert, wie der Baum aus Abb. 11.21(b), aber im Gegensatz zu dem inkorrekten Baum aus Abb. 11.21(a), der `1+2` zuerst gruppiert.

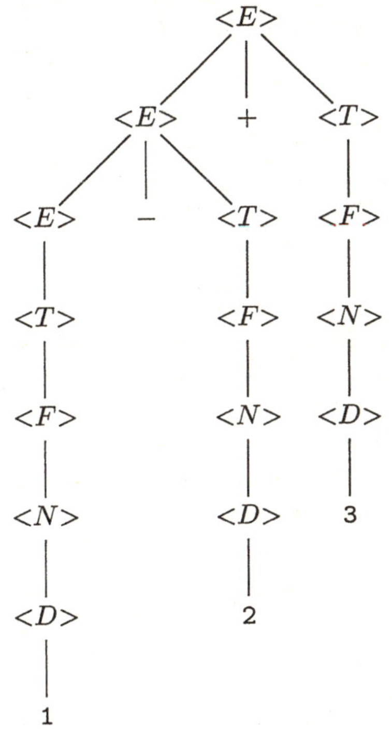

Abb. 11.23: Ableitungsbaum für den Ausdruck `1-2+3` *in der eindeutigen Grammatik aus Abb. 11.22.*

In bezug auf das Thema ausgewogener Klammerung haben wir nicht bewiesen, daß die Grammatik aus Abb. 11.22 eindeutig ist. Die Übungen enthalten weitere Beispiele, die den Leser überzeugen sollten, daß diese Grammatik nicht nur eindeutig ist, sondern für jeden Ausdruck eine korrekte Gruppierung liefert. Zudem geben wir an, wie diese Grammatik auf allgemeinere Familien von Ausdrücken erweitert werden kann.

ÜBUNGEN

11.5.1: Geben Sie für jeden der folgenden Ausdrücke den eindeutigen Ableitungsbaum in der Grammatik aus Abb. 11.22 an:

a) `(1+2)/3`

b) `1*2-3`

c) `(1+2)*(3+4)`

11.5.2*: Die Ausdrücke der Grammatik aus Abb. 11.22 besitzen zwei Bindungsebenen; + und - auf der einen Ebene und * und / auf der zweiten, höheren Ebene. Im allgemeinen können wir Ausdrücke mit k Ebenen von Bindungsstärken durch die Verwendung von $k + 1$ syntaktischen Kategorien behandeln. Verändern Sie die Grammatik aus Abb. 11.22 dahingehend, daß sie den Exponentations-Operator ^ einschließt, der sich auf einer Bindungsebene befindet, die höher ist als die von * und /. Ein kleiner Tip: Definieren Sie *primary* als einen Operanden oder als geklammerten Ausdruck. Definieren Sie anschließend *factor* neu als einen oder mehrere „Primaries", die durch den Exponentations-Operator verknüpft sind. Beachten Sie, daß die Exponentations-Operation von rechts gruppiert und nicht von links, und daß `2^3^4` nicht `(2^3)^4` sondern `2^(3^4)` bedeutet. Wie erzwingen wir bei „Primaries" eine Gruppierung von rechts?

11.5.3*: Erweitern Sie die eindeutige Ausdrucksgrammatik dahingehend, daß sie die Vergleichsoperatoren =, <= und so weiter gestattet, die alle dieselbe Bindungsstärke besitzen. Diese Bindungsebene liegt unterhalb von + und -. Beachten Sie, daß die Vergleichsoperatoren *nichtassoziativ* sind; das heißt, wir können nicht zwei oder mehr Vergleichsoperatoren gruppieren. Zum Beispiel ist der Ausdruck `1<2<3` in Pascal nicht erlaubt.

11.5.4: Erweitern Sie die Grammatik aus Abb. 11.22 dahingehend, daß sie das unäre Minuszeichen einschließt. Beachten Sie, daß dieser Operator eine höhere Bindungsstärke besitzt als die anderen Operatoren; so wird auch `-2*-3` als `(-2)*(-3)` gruppiert.

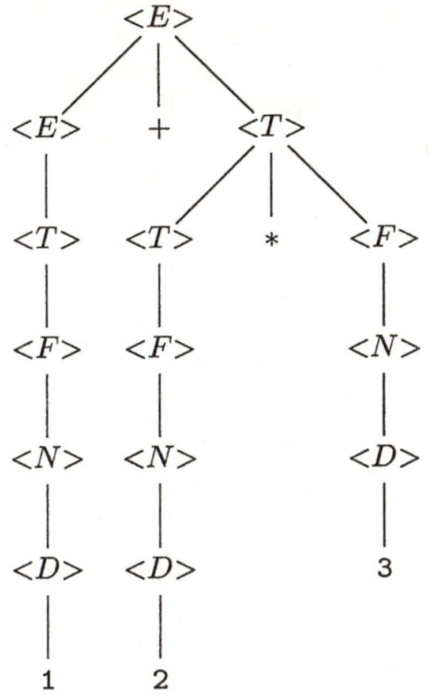

Abb. 11.24: Ableitungsbaum für `1+2*3` *in der eindeutigen Grammatik aus Abb. 11.22.*

11.5.5: Erweitern Sie Ihre Grammatik aus Übung 11.5.3 dahingehend, daß sie die logischen Operatoren `AND`, `OR` und `NOT` einschließt. Geben Sie `AND` die Bindungsstärke von *, `OR` die Bindungsstärke von + und `NOT` eine höhere Bindungsstärke als dem unären -. `AND` und `OR` sind binäre Operatoren, die von links her gruppieren.

11.5.6*: Nicht jeder Ausdruck der mehrdeutigen Grammatik aus Abb. 11.2 in Abschnitt 11.2 besitzt mehr als einen Ableitungsbaum. Geben Sie einige Beispiele von Ausdrücken an, die in dieser Grammatik einen eindeutigen Ableitungsbaum haben. Können Sie eine Regel aufstellen, die angibt, wann ein Ausdruck einen eindeutigen Ableitungsbaum besitzt?

11.5.7: Die folgende Grammatik definiert die Menge der Strings (ohne ε), die nur aus 0-en und 1-en bestehen.

<String> → *<String><String>* | **0** | **1**

Wie viele Ableitungsbäume besitzt der String `010` in dieser Grammatik?

11.5.8: Geben Sie eine eindeutige Grammatik an, die dieselbe Sprache wie die Grammatik aus Übung 11.5.7 definiert.

11.5.9*: Wie viele Ableitungsbäume besitzt die Grammatik (11.1) für den leeren String? Geben Sie drei unterschiedliche Ableitungsbäume für den leeren String an.

11.6 Erzeugung von Ableitungsbäumen

Grammatiken sind regulären Ausdrücken sehr ähnlich: Beide Notationen beschreiben Sprachen, liefern aber keinen direkten Algorithmus, der bestimmt, ob ein String in der zu definierenden Sprache enthalten ist oder nicht. In Kapitel 10 lernten wir, wie man einen regulären Ausdruck zunächst in einen nichtdeterministischen Automaten und anschließend in einen deterministischen Automaten umwandelt; letzterer kann unmittelbar als Programm implementiert werden.

Auch für Grammatiken gibt es einen vergleichbaren Prozeß. Im allgemeinen können wir eine Grammatik nicht in einen deterministischen Automaten umwandeln; der nächste Abschnitt befaßt sich mit einigen Beispielen dafür, wann diese Umwandlung unmöglich ist. Häufig ist es jedoch möglich, eine Grammatik in ein Programm umzuwandeln, welches, ähnlich wie ein Automat, die Eingabe von Anfang bis Ende liest und entscheidet, ob der Eingabestring in der Sprache der Grammatik enthalten ist. Das wichtigste, auf dieser Idee basierende Verfahren wird „LR-Parsen" genannt (LR steht für Bearbeitung der Eingabe „von links nach rechts"), es sprengt jedoch den Rahmen dieses Buches.

Rekursiv absteigendes Parsen

Wir werden stattdessen ein einfacheres, zugleich jedoch auch weniger mächtiges Syntaxanalyseverfahren vorstellen, das als „rekursiver Abstieg" bezeichnet wird. Die Grammatik wird dabei durch eine Ansammlung verschränkt rekursiver Funktionen ersetzt, welche jeweils einer der syntaktischen Kategorien der Grammatik entsprechen. Die Aufgabe der Funktion *S*, die der syntaktischen Kategorie <*S*> entspricht, besteht darin, eine Folge von Eingabezeichen, die einen String in der Sprache *L*(<*S*>) bilden, zu lesen und einen Zeiger auf die Wurzel eines Ableitungsbaumes für diesen String zurückzugeben.

Man kann sich den Rumpf einer Produktion als eine Folge von Zielen – den Terminalsymbolen und syntaktischen Kategorien – vorstellen, die erreicht werden müssen, um einen String in der syntaktischen Kategorie des Kopfes zu finden. Betrachten wir zum Beispiel die eindeutige Grammatik für ausgewogene Klammerung, die wir in Abb. 11.25 noch einmal angegeben.

(1) <*B*> → ε
(2) <*B*> → (<*B*>)<*B*>

Abb. 11.25: Grammatik für ausgewogene Klammerfolgen.

Die Produktion (2) besagt, daß man einen ausgewogenen Klammerstring findet, indem man nacheinander folgende vier Ziele erfüllt:

1. das Zeichen (finden, dann
2. einen ausgewogenen Klammerstring finden, anschließend
3. das Zeichen) finden und schließlich
4. einen weiteren ausgewogenen Klammerstring finden.

Im allgemeinen ist ein terminales Ziel erreicht, wenn wir herausfinden, daß dieses Terminalsymbol das nächste Eingabesymbol ist. Es wird nicht erreicht, wenn das nächste Eingabesymbol etwas anderes als dieses Terminalsymbol ist. Einer syntaktischen Kategorie im Rumpf wird entsprochen, indem die Funktion für diese syntaktische Kategorie aufgerufen wird.

In Abb. 11.26 ist vorgegeben, wie Ableitungsbäume anhand einer Grammatik aufgebaut werden. Angenommen, wir möchten herausfinden, ob eine Folge von Terminalsymbolen $X_1X_2...X_n$ einem String in der syntaktischen Kategorie <*S*> entspricht. Ist dies der Fall, so möchten wir den dazugehörigen Ableitungsbaum finden. Wir schreiben $X_1X_2...X_n$ `ENDM` in die Eingabedatei, wobei `ENDM` ein besonderes Symbol darstellt, das kein Terminalsymbol ist. Wir nennen `ENDM` die *Endekennung* (*endmarker*), deren Zweck darin besteht, zu kennzeichnen, daß der gesamte zu untersuchende String eingelesen wurde.

X_1 X_2 ... X_n `ENDM`
$\uparrow$
Aufruf von S

Abb. 11.26: Initialisierung des Programms, um ein <S> in der Eingabe zu finden.

Ein *Eingabe-Cursor* markiert das nächste zu bearbeitende Terminalsymbol. Wir lesen dieses Terminalsymbol in eine Variable `NextTerminal` vom Typ `TERMINAL` ein; dieser Typ könnte `char` oder ein Aufzählungstyp sein, falls er sich auf abstrakte Terminalsymbole bezieht. Wir starten unseren Parser, indem wir die Funktion *S* für die erste syntaktische Kategorie <*S*> aufrufen.

Jedesmal, wenn wir den Rumpf einer Produktion bearbeiten und dabei in der Produktion auf ein Terminalsymbol **a** treffen, suchen wir nach dem passenden Terminalsymbol `a` als Wert von `NextTerminal`. Wenn wir `a` finden, setzen wir den Eingabe-Cursor weiter, indem wir einen neuen Wert für `NextTerminal` aus der Eingabedatei einlesen. Hat `NextTerminal` einen anderen Wert als `a`, so gibt es keine Übereinstimmung und also auch keinen Ableitungsbaum für den Eingabestring.

Ein rekursiv-absteigender Parser für ausgewogene Klammerung

Bevor wir zu den Einzelheiten des rekursiven Abstiegs kommen, betrachten wir ein Beispiel, wie die rekursive Funktion *B* für die syntaktische Kategorie <*B*> der Grammatik aus Abb. 11.25 zu definieren ist. Am schwierigsten gestaltet sich die Entscheidung, ob dem Ziel, ein <*B*> zu finden, durch Verwendung der Produktion (1), <*B*> $\rightarrow \varepsilon$, entsprochen wird, was sofort erfolgreich wäre, oder ob Produktion (2), <*B*> $\rightarrow$ (<*B*>)<*B*>, uns dem Ziel näher bringt. Wir werden der Strategie folgen, daß wir die Produktion (2) immer dann verwenden, wenn das nächste Terminalsymbol (ist; ist das nächste Terminalsymbol) oder die Endekennung, so entscheiden wir uns immer für Produktion (1). Die Funktion *B* ist in Abb. 11.27 angegeben.

```
        var NextTerminal: TERMINAL;
        ParseTree: TREE;

        function B: TREE;

           var firstB, secondB: TREE;

           begin
(1)           if NextTerminal = '(' then begin
                                (* wir folgen hier Produktion (2) *)
(2)              read(NextTerminal);
(3)              firstB := B;
(4)              if (NextTerminal = ')') AND (firstB <> FAILED) then begin
(5)                 read(NextTerminal);
(6)                 secondB := B;
(7)                 if secondB = FAILED then
                       (* keinen ausgewogenen Klammerstring  gefunden *)
(8)                    B := FAILED; (* Dieser Aufruf von B versagt. *)
                    else
(9)                    B := makeNode4('B', makeNode0('('),
                           firstB, makeNode0(')'), secondB)
                 end
                 else  (* Test aus Zeile (4) hat versagt. Entweder wurde der
                          erste ausgewogene String nicht gefunden oder es folgte
                          etwas anderes als eine rechte Klammer. *)
(10)                B := FAILED (* Dieser Aufruf von B versagt. *)
              end
              else  (* Test aus Zeile (1) versagt. String beginnt nicht mit
                       einer linken Klammer. Wir nehmen an, Produktion (1) ist
                       die richtige Wahl. *)
(11)             B := makeNode1('B', makeNode0('e'))
           end; (* B *)
```

```
begin (* Hauptprogramm *)
    read(NextTerminal);
    ParseTree := B;
    if NextTerminal <> ENDM then
        ParseTree := FAILED
end.
```

Abb. 11.27: Funktion zur Erzeugung von Ableitungsbäumen für Strings ausgewogener Klammern.

Im Programm aus Abb. 11.27 wird von einigen Annahmen ausgegangen:

1. Es gibt einen Typ `TREE` zur Darstellung eines Ableitungsbaums oder eines seiner Teilbäume. `TREE` könnte beispielsweise ein Zeiger auf ein Record sein, das den Wurzelknoten des Baums bildet. Funktion B gibt einen Wert dieses Typs zurück.

2. Manchmal gelingt es uns nicht, einen ausgewogenen Klammerstring zu finden, so daß wir keinen Ableitungsbaum erstellen können. In diesen Fällen gibt die Funktion B den Wert `FAILED` zurück, der zum Beispiel `NIL` sein könnte.

3. Es gibt einen Typ `TERMINAL`, der den Typ der Terminalsymbole einschließlich der Endekennung angibt. Dieser Typ könnte beispielsweise `char` sein, oder es könnte ein Aufzählungstyp sein, der nur aus `'('`, `')'` und `ENDM` besteht.

4. Es gibt Funktionen, die aus Unterbäumen Bäume erzeugen und den erzeugten Baum, einen Wert von Typ `TREE`, zurückgeben.

   a) Die Funktion *makeNode*0(x) erzeugt einen Knoten mit 0 Kindern, also ein Blatt, und markiert dieses mit dem Symbol x. Der aus diesem einen Knoten bestehende Baum wird zurückgegeben. Die in diesem und in anderen Baumkonstruktionen erlaubten Symbole x sind die für sich selbst stehenden Symbole `'('` und `')'`, das für <*B*> stehende Symbol `'B'` und das für ε stehende Symbol `'e'`.

   b) Die Funktion *makeNode*1(x, t) erzeugt einen Knoten mit einem Kind. Die Markierung dieses neuen Knotens ist x, und das Kind ist die Wurzel des Baums t. Der Baum, dessen Wurzel dem erzeugten Knoten entspricht, wird zurückgegeben.

   c) Die Funktion *makeNode*4(x, t_1, t_2, t_3, t_4) erzeugt einen Knoten mit vier Kindern. Der Knoten erhält die Markierung x, und die Kinder ergeben sich aus den Wurzeln der Bäume t_1, t_2, t_3 und t_4 von links nach rechts. Der Baum, dessen Wurzel dem erzeugten Knoten entspricht, wird zurückgegeben.

5. Immer wenn B aufgerufen wird, befindet sich ein Terminalsymbol in `NextTerminal`. Dieses Terminalsymbol ist der Anfang des Teils der Eingabe, der

noch nicht bearbeitet wurde. Beachten Sie, daß `NextTerminal` global zu allen Aufrufen von *B* ist, so daß ihr Wert über die Aufrufe und Terminierungen von *B* hinweg erhalten bleibt.

6. Wenn die Funktion *B* zurückkehrt, hat sie bis zu dem gegenwärtig in `NextTerminal` stehenden Terminalsymbol, jedoch nicht einschließlich dieses Symbols, einen ausgewogenen String gefunden, und der von *B* zurückgegebene Baum ist ein Ableitungsbaum für diesen gefundenen String.

Betrachten wir nun das Programm aus Abb. 11.27 Zeile für Zeile. Die Zeile (1) überprüft, ob das nächste Terminalsymbol der Eingabe `(` ist. Wenn ja, müssen wir nach einer Instanz des Rumpfes der Produktion (2) suchen, und wenn nicht, nehmen wir an, daß Produktion (1) verwendet wird und daß ε der ausgewogene String ist. In Zeile (2) holen wir das nächste Terminalsymbol für `NextTerminal`, da die `(` in `NextTerminal` mit der `(` im Rumpf von Produktion (2) übereinstimmte. Wir müssen einen Aufruf von *B* starten, der für das erste <*B*> im Rumpf der Produktion (2) einen ausgewogenen String findet. Dieser Aufruf steht in Zeile (3), und der zurückgegebene Baum wird in der Variablen `firstB` gespeichert, um später in einen Ableitungsbaum für den aktuellen Aufruf von *B* eingebaut zu werden.

In Zeile (4) überprüfen wir, ob es noch immer möglich ist, einen ausgewogenen String zu finden; das heißt, wir prüfen, ob der aktuelle Wert von `NextTerminal` wirklich `)` ist. Sie erinnern sich, daß wir unter Punkt (6) annahmen, daß, wenn *B* zurückkehrt, `NextTerminal` das nächste Terminalsymbol der Eingabe enthält, aus dem ein ausgewogener String gebildet werden soll. Sind wir gerade dabei, eine Übereinstimmung mit dem Rumpf von Produktion (2) zu finden, und haben bereits `(` und das erste <*B*> gefunden haben, so müssen wir als nächstes eine `)` finden, was den ersten Teil des Tests erklärt. Der zweite Teil überprüft, ob `firstB` nicht den Wert `FAILED` hat; wir überprüfen also, ob der Aufruf von *B* in Zeile (3) nicht beim Finden eines ausgewogenen Strings gescheitert ist. Ist eine der Bedingungen nicht erfüllt, scheitert der aktuelle Aufruf von *B* in Zeile (10).

Überstehen wir den Test in Zeile (4), so erhalten wir in den Zeilen (5) und (6) die nächste Eingabe und rufen *B* erneut auf, um die Übereinstimmung für das letzte <*B*> in Produktion (2) zu finden. Der zurückgegebene Baum wird vorübergehend in `secondB` gespeichert.

Wenn der Aufruf von *B* in Zeile (6) scheitert, wird `secondB` auf `FAILED` gesetzt; Zeile (7) überprüft diese Bedingung. Ist sie eingetreten, so haben wir keinen ausgewogenen String gefunden, und der aktuelle Aufruf von *B* scheitert in Zeile (8).

Die Zeile (9) deckt den Fall ab, daß wir bei der Suche nach einem ausgewogenen String erfolgreich waren. Wir geben einen durch *makeNode*4 konstruierten Baum zurück.

Dieser Baum besitzt eine mit `B` markierte Wurzel und vier Kinder. Das erste Kind ist ein mit `(` markiertes Blatt, das durch *makeNode*0 erzeugt wurde. Das zweite ist der Baum, den wir in `firstB` gespeichert haben, welcher dem durch den Aufruf von *B* in Zeile (3) erzeugten Ableitungsbaum entspricht. Das dritte Kind ist ein mit `)` markiertes Blatt, und das vierte ist der in `secondB` gespeicherte Ableitungsbaum, der vom zweiten Aufruf von *B* in Zeile (6) zurückgegeben wurde.

Zeile (11) befaßt sich schließlich mit dem Fall, daß der ursprüngliche Test in Zeile (1) keine `(` als erstes Zeichen findet. Wir nehmen dann an, daß die Produktion (1) korrekt ist. Diese Produktion hat den Rumpf ε, so daß wir keine weitere Eingabe mehr lesen, sondern einen durch *makeNode*1 erzeugten Knoten zurückgeben, der die Markierung `B` und ein mit ε markiertes Kind besitzt.

Das Hauptprogramm initialisiert `NextTerminal` in Zeile (12) mit dem ersten Terminalsymbol der Eingabe und ruft in Zeile (13) *B* auf. Der zurückgegebene Ableitungsbaum wird in der Variablen `ParseTree` gespeichert.

Beispiel 11.9

Angenommen, die Eingabe besteht aus den Terminalsymbolen `( ) ( ) ENDM`. Der erste Aufruf von *B* in Zeile (13) findet `(` in `NextTerminal`, so daß der Test in Zeile (1) erfolgreich ist. In Zeile (2) wird `)` in `NextTerminal` eingelesen, und in Zeile (3) wird ein zweiter Aufruf von *B* gestartet, was durch „Aufruf 2" in Abb. 11.28 angedeutet wird.

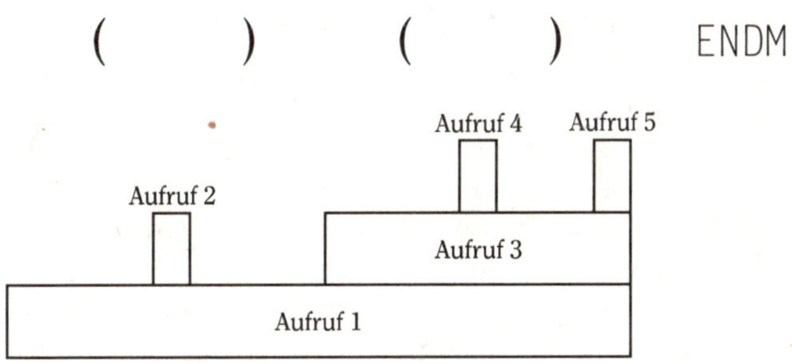

Abb. 11.28: Aufrufe, die bei Bearbeitung der Eingabe `( ) ( ) ENDM` *ausgeführt werden.*

In Aufruf 2 versagt der Test aus Zeile (1), so daß wir in Zeile (11) den Baum aus Abb. 11.29(a) zurückgeben. Wir kehren nun zurück zu Aufruf 1, wo wir uns in Zeile (4) befinden, `NextTerminal` den Wert `)` enthält und der Baum aus Abb. 11.29(a) durch `firstB` repräsentiert wird. Der Test in Zeile (4) verläuft demnach erfolgreich. Wir lesen die zweite `(` der Eingabe in `NextTerminal` und rufen *B* in Zeile (6) auf. Dies entspricht in Abb. 11.28 dem „Aufruf 3".

In Aufruf 3 sind wir in Zeile (1) erfolgreich, lesen) in `NextTerminal` ein und rufen in Zeile (3) *B* auf; dieser Aufruf entspricht „Aufruf 4" in Abb. 11.28. Wie bei Aufruf 2 versagt der Test von Zeile (1) für Aufruf 4 und gibt in Zeile (11) einen neuen Baum wie aus Abb. 11.29(a) zurück.

Wir kehren zu Aufruf 3 zurück, wobei `NextTerminal` das Terminalsymbol), `firstB` (lokal zu diesem Aufruf von *B*) einen Baum wie in Abb. 11.29(a) enthält und der Kontrollfluß in Zeile (4) fortfährt. Der Test verläuft erfolgreich, wir lesen in Zeile (5) `ENDM` in `NextTerminal` ein und starten in Zeile (6) den fünften Aufruf von *B*. Bei diesem Aufruf versagt schon der Test in Zeile (1) und gibt in Zeile (11) eine weitere Kopie des Baums aus Abb. 11.29(a) zurück. Dieser Baum wird in Aufruf 3 der Wert von `secondB`, und der Test in Zeile (7) scheitert. In Zeile (9) von Aufruf 3 erzeugen wir somit den in Abb. 11.29(b) dargestellten Baum.

An diesem Punkt angelangt, kehrt Aufruf 3 erfolgreich zu Aufruf 1 in Zeile (7) zurück, wobei `secondB` für Aufruf 1 den Baum aus Abb. 11.29(b) enthält. Wie bei Aufruf 3 versagt der Test in Zeile (7). In Zeile (9) erstellen wir einen Baum mit einem neuen Wurzelknoten, dessen zweites Kind eine Kopie des Baums aus Abb. 11.29(a) ist – dieser Baum wurde in `firstB` von Aufruf 1 gespeichert – und dessen viertes Kind dem Baum aus Abb. 11.29(b) entspricht. Der Ergebnisbaum, der in Zeile (13) in `ParseTree` abgelegt wird, ist in Abb. 11.29(c) graphisch dargestellt. ◆

Konstruktion rekursiv-absteigender Parser

Das in Abb. 11.27 verwendete Verfahren läßt sich auf viele Grammatiken, wenn auch nicht auf alle, verallgemeinern. Die wichtigste Anforderung ist, daß für jede syntaktische Kategorie <*S*>, für die es mehr als eine Produktion mit <*S*> als Kopf gibt, ausschließlich durch Betrachtung des gegenwärtig nächsten Terminalsymbols (häufig als *Lookahead*-Symbol bezeichnet) entschieden werden kann, welche der Produktionen von <*S*> auszuwählen ist. In Abb. 11.27 besteht unsere Entscheidungsstrategie zum Beispiel darin, immer dann die zweite Produktion mit dem Rumpf (<*B*>)<*B*> zu wählen, wenn das Lookahead-Symbol eine (ist. Die erste Produktion mit dem Rumpf ε wählen wir, wenn das Lookahead-Symbol) oder `ENDM` entspricht.

Im allgemeinen ist es nicht möglich festzustellen, ob es einen Algorithmus für eine gegebene Grammatik gibt, der immer die richtige Entscheidung fällt. Für Abb. 11.27 behaupteten wir zwar, daß die oben angegebene Strategie funktioniert, bewiesen haben wir es jedoch nicht. Haben wir aber eine Entscheidungsstrategie, von der wir glauben, daß sie funktioniert, so können wir für jede syntaktische Kategorie <*S*> eine Funktion *S* derart entwickeln, daß sie folgendes ausführt:

1. Untersuche das Lookahead-Symbol und entscheide, welche Produktion zu verwenden ist. Nimm an, die Produktion hat den Rumpf $X_1X_2...X_n$.

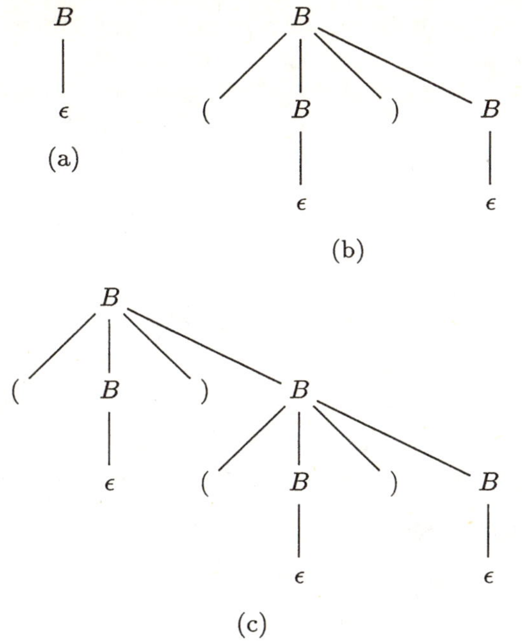

Abb. 11.29: Durch rekursive Aufrufe von B erzeugte Bäume.

2. Tue für $i = 1, 2, ..., n$ folgendes mit X_i.
   a) Wenn X_i ein Terminalsymbol ist, so stelle fest, ob das Lookahead-Symbol X_i ist. Wenn ja, lies das nächste Terminalsymbol der Eingabe. Wenn nicht, scheitert dieser Aufruf von S.
   b) Wenn X_i eine syntaktische Kategorie wie <*T*> ist, rufe die dieser syntaktischen Kategorie entsprechende Prozedur T auf. Wenn der Rückgabewert von T deren Scheitern anzeigt, scheitert auch der Aufruf von S. Wenn T dagegen erfolgreich zurückkehrt, speichere den zurückgegebenen Baum zur späteren Verwendung.

   Ist man nicht gescheitert, nachdem alle X_i betrachtet wurden, so erstelle man den Ableitungsbaum, der zurückgegeben werden soll. Dies geschieht, indem man einen neuen Knoten mit den den $X_1, X_2, ..., X_n$ entsprechenden Kindern in dieser Reihenfolge erzeugt. Wenn X_i ein Terminalsymbol ist, so ist das Kind für X_i ein neu erzeugtes Blatt mit der Markierung X_i. Ist X_i dagegen eine syntaktische Kategorie, so entspricht das Kind für X_i der Wurzel des Baums, der nach Beendigung eines Aufrufs der Funktion für X_i zurückgegeben wurde. Abbildung 11.29 illustrierte ein Beispiel dieser Baumkonstruktion.

Wenn die syntaktische Kategorie <*S*> die Sprache repräsentiert, deren Strings wir erkennen und parsen möchten, beginnen wir den Prozeß des Parsens, indem wir die erste Eingabe lesen, die damit zum Lookahead-Symbol wird. Ein Aufruf der Funktion *S* bewirkt die Konstruktion eines Ableitungsbaums für die Eingabe, wenn es einen gibt, und gibt eine Fehlermeldung zurück, wenn die Eingabe nicht in der Sprache *L*(<*S*>) enthalten ist.

ÜBUNGEN

11.6.1: Geben Sie die Folge von Aufrufen an, die das Programm aus Abb. 11.27 für die Eingaben

a) `(())`

b) `(()())`

c) `())(`

durchführt. Auf diese Eingaben folgt jeweils das Endezeichen `ENDM`.

11.6.2: Gegeben sei die folgende Grammatik für Zahlen.

<*Number*> → <*Digit*><*Number*> | ε
<*Digit*> → **0** | **1** | ... | **9**

Entwerfen Sie einen rekursiv-absteigenden Parser für diese Grammatik; das heißt, schreiben Sie Funktionen für <*Number*> und für <*Digit*>. Folgen Sie dem Stil aus Abb. 11.27, und nehmen Sie an, daß es Funktionen wie *MakeNode*1 gibt, die Bäume zurückgeben, deren Wurzeln eine spezifizierte Anzahl an Kindern besitzen.

11.6.3:** Nehmen wir an, die Produktion für <*Number*> wäre in Übung 11.6.2 als

<*Number*> → <*Digit*><*Number*> | <*Digit*>

oder als

<*Number*> → <*Number*><*Digit*> | ε

geschrieben worden. Könnten wir dann einen rekursiv-absteigenden Parser schreiben? Warum oder warum nicht?

(1) <*L*> → (<*E*><*T*>
(2) <*T*> → , <*E*><*T*>
(3) <*T*> →)
(4) <*E*> → <*L*>
(5) <*E*> → *atom*

Abb. 11.30: Grammatik für Listenstrukturen.

11.6.4*: Die Grammatik aus Abb. 11.30 definiert nicht-leere Listen, bei denen es sich um durch Kommata getrennte und von Klammern umgebene Elemente handelt. Ein Element kann entweder ein Atom oder eine Listenstruktur sein. <*E*> steht hier für Element, <*L*> für Liste und <*T*> für „*Tail*" (also für den Rest), das heißt entweder für eine abschließende) oder für Paare bestehend aus Kommata und Elementen, die durch) abgeschlossen werden. Schreiben Sie einen rekursiv-absteigenden Parser für die Grammatik aus Abb. 11.30.

11.7 Ein tabellenbasierter Syntaxanalysealgorithmus

Wie wir in Abschnitt 6.7 bereits gesehen haben, werden rekursive Prozeduraufrufe mit Hilfe eines aus Aktivierungssegmenten bestehenden Kellers (*stack*) implementiert. Da die Prozeduren eines rekursiv-absteigenden Parsers etwas sehr spezielles tun, ist es möglich, sie durch eine einzige Prozedur zu ersetzen, die eine Tabelle untersucht und selbst einen Keller manipuliert.

Sie erinnern sich, daß die Prozedur *S* für eine syntaktische Kategorie <*S*> zunächst entscheidet, welche Produktion zu verwenden ist. Anschließend durchläuft sie eine Folge von Schritten, von denen jeder einem Symbol im Rumpf der ausgewählten Produktion entspricht. Wir können demnach einen Keller bestehend aus Grammatiksymbolen verwalten, der in etwa dem Keller der Aktivierungssegmente entspricht. Es werden jedoch sowohl Terminalsymbole als auch syntaktische Kategorien auf diesem Keller abgelegt. Wenn eine syntaktische Kategorie <*S*> das oberste Element des Kellers bildet, ermitteln wir zunächst die korrekte Produktion. Anschließend ersetzen wir <*S*> durch den Rumpf der ausgewählten Produktion, wobei das linke Ende zu oberst auf dem Keller liegt. Befindet sich ein Terminalsymbol oben auf dem Keller, so stellen wir fest, ob es mit dem aktuellen Eingabesymbol übereinstimmt; ist dies der Fall, entfernen wir es vom Keller.

Um zu verstehen, warum dies funktioniert, nehmen wir an, daß ein rekursiv-absteigender Parser gerade die Funktion *S* für die syntaktische Kategorie <*S*> aufgerufen hat, und daß die ausgewählte Produktion den Rumpf **a**<*B*><*C*> besitzt. Das Aktivierungssegment für *S* wäre dann viermal aktiv.

1. Wenn es überprüft, ob a die Eingabe ist,
2. wenn es einen Aufruf von *B* startet,
3. wenn dieser Aufruf zurückkehrt und *C* aufgerufen wird und
4. wenn der Aufruf von *C* zurückkehrt und *S* fertig ist.

Wenn wir in diesem tabellenbasierten Parser <*S*> sofort durch die Symbole des Rumpfes, in diesem Beispiel **a**<*B*><*C*>, ersetzen, wird der Keller diese Symbole der Eingabe zu dem Zeitpunkt zur Verfügung stellen, an dem die Kontrolle an das entsprechende Aktivierungssegment von *S* im rekursiv-absteigenden Parser zurückkehrt.

1. Als erstes wird **a** freigelegt, so daß wir die Eingabe überprüfen; die Prozedur *S* würde dasselbe tun.
2. Als zweites würde *S* unmittelbar danach *B* aufrufen, <*B*> befindet sich jedoch ganz oben auf dem Keller, was dieselbe Aktion bewirkt.
3. Drittens ruft *S C* auf, wir finden <*C*> jedoch oben auf dem Keller und führen dieselbe Aktion aus.
4. Beim vierten Mal kehrt *S* zurück, und wir finden keine Symbole mehr, die <*S*> ursprünglich ersetzt hatten. Somit liegt nun das Symbol unter der Stelle des Kellers frei, an der sich vorher <*S*> befand. Analog dazu würde nun das Aktivierungssegment unterhalb des Aktivierungssegmentes von *S* die Kontrolle bei einem rekursiv-absteigenden Parser übernehmen.

Parser-Tabellen

Als Alternative zum Schreiben einer Anzahl rekursiver Funktionen können wir eine Parser-Tabelle (*parsing table*) erstellen, deren Zeilen den syntaktischen Kategorien und deren Spalten den möglichen Lookahead-Symbolen entsprechen. Der Eintrag in der Zeile für eine syntaktische Kategorie und ein Lookahead-Symbol *X* ist die Nummer der Produktion, die den Kopf <*S*> besitzt und die für <*S*> verwendet werden muß, wenn *X* das Lookahead-Zeichen ist. Ist der Eintrag leer, wird ein Fehler angezeigt; taucht diese Kombination der syntaktischen Kategorie und des Lookahead-Symbols jemals auf, so gehört die Eingabe nicht zur Sprache.

Beispiel 11.10

Abbildung 11.31 enthält die Parser-Tabelle für die Grammatik (11.2), die eindeutige Grammatik für ausgewogene Klammerung. Diese Parser-Tabelle ist ziemlich einfach, da es nur eine syntaktische Kategorie gibt. Die Tabelle drückt dieselbe Strategie aus, die wir bereits in unserem laufenden Beispiel benutzten. Verwende Produktion (2) bzw. <*B*> $\rightarrow$ (<*B*>)<*B*>, wenn das Lookahead-Symbol (ist, sonst wähle Produktion (1) bzw. <*B*> $\rightarrow$ ε. Wir werden in Kürze sehen, wie Parser-Tabellen wie diese verwendet werden. ◆

	(	)	ENDM
<*B*>	2	1	1

Abb. 11.31: Parser-Tabelle für die Grammatik ausgewogener Klammern.

Beispiel 11.11

Abbildung 11.32 enthält ein weiteres Beispiel einer Parser-Tabelle. Sie beschreibt die Grammatik aus Abb. 11.33, bei der es sich um eine Variante der Anweisungsgrammatik aus Abb. 11.6 handelt.

	w	c	d	b	e	s	;	ENDM
<*S*>	1			2		3		
<*L*>	4			4		4		
<*T*>					6		5	

Abb. 11.32: Parser-Tabelle für die Grammatik aus Abb. 11.33.

(1) <*S*> → **w c d**<*S*>
(2) <*S*> → **b**<*L*>**e**
(3) <*S*> → **s**
(4) <*L*> → <*S*><*T*>
(5) <*T*> → ;<*L*>
(6) <*T*> → ε

Abb. 11.33: Grammatik für einfache Anweisungen, die durch rekursiven Abstieg parsiert werden kann.

Die Grammatik aus Abb. 11.33 hat die Form, die sie hat, damit sie mit Hilfe des rekursiven Abstiegs parsiert werden kann (oder dazu äquivalent, durch den beschriebenen tabellenbasierten Algorithmus). Um zu verstehen, warum diese Form notwendig ist, gehen wir von der Grammatik aus Abb. 11.6 aus, die für <*S*> dieselben drei Produktionen besitzt, für <*L*> aber die folgenden Produktionen hat:

<*L*> → <*L*>;<*S*> | <*S*>

Diese Produktionen können nicht durch rekursiven Abstieg parsiert werden. Wenn wir nämlich die Funktion für <*L*> mit einem Lookahead-Symbol aufrufen, das den Anfang einer Anweisung bildet, also **w**, **b** oder **s**, so ist es nicht möglich herauszufinden, welche Produktion zu verwenden ist. Sicherlich könnte <*L*> → <*S*> richtig sein, da die Liste nur aus einer Anweisung bestehen könnte. Wenn es in der Liste jedoch n Anweisungen gibt, müssen wir zuerst die Produktion

<*L*> → <*L*>;<*S*>

n - 1 mal verwenden, um den Semikola und den zusätzlichen Anweisungen, die wir schließlich in der Eingabe antreffen werden, gerecht zu werden. Da wir jedoch nur das Lookahead-Symbol sehen, können wir nicht vorhersagen, wie viele Anweisungen sich in der Liste befinden, so daß wir die korrekte Wahl der Produktion für <*L*> nicht treffen können.

Anders können wir die Produktionen einer Liste schreiben, indem wir die Reihenfolge, in der wir die Anweisungen einer Liste gruppieren, umdrehen. Wir schreiben die Produktionen für <*L*> dann als

$$<L> \rightarrow <S>;<L> \mid <S> \tag{11.3}$$

Wenn das Lookahead-Symbol ein Terminalsymbol ist, das den Anfang einer Anweisung bildet, können wir noch immer nicht entscheiden, welche Produktion zu verwenden ist, da jede einen mit einer Anweisung beginnenden Rumpf besitzt. Wir können die Entscheidung aber so lange verschieben, bis wir entweder ein Semikolon finden, das besagt, daß die erste Produktion verwendet werden sollte, oder bis wir das **e** finden, das für das Schlüsselwort `end` steht und besagt, daß die Liste, die wir bearbeiten, nun beendet ist, und wir die zweite Produktion verwenden sollten.

Um die Entscheidung verschieben zu können, führen wir eine neue syntaktische Kategorie <*T*> ein, die man sich als den „Rest“ einer Liste vorstellen kann. Wir führen mit den beiden Produktionen aus (11.3) eine *Linksfaktorisierung* durch, indem wir sagen, daß eine Liste eine Anweisung gefolgt vom Rest einer Liste ist. Anschließend bezeichnen wir den Rest einer Liste als das, was in einer der Produktionen aus (11.3) auf <*S*> folgt. Wir verwenden also nur die Produktion

$$<L> \rightarrow <S><T>$$

für <*L*> und für <*T*> benutzen wir

$$<T> \rightarrow ;<L> \mid \varepsilon$$

Diese Produktionen entsprechen den Produktionen (4) bis (6) in Abb. 11.33.

Klären wir nun, wie die Einträge der Parser-Tabelle gewählt wurden. In Abb. 11.33 gibt es drei Produktionen für die syntaktische Kategorie <*S*>, die von (1) bis (3) numeriert sind. Jede dieser Produktionen besitzt einen Rumpf, der mit einem anderen Terminalsymbol, nämlich mit `w`, `b` oder `s`, beginnt. Bei jedem dieser drei Lookahead-Symbole entscheiden wir uns, <*S*> anhand derjenigen Produktion zu erweitern, deren Rumpf mit diesem Symbol beginnt. Keine dieser drei Produktionen könnte für andere Lookahead-Symbole einen String mit diesem Lookahead-Symbol finden, so daß unser Versuch einen Ableitungsbaum zu finden scheitert.

Die syntaktische Kategorie <*L*> besitzt nur eine Produktion <*L*> → <*S*><*T*>. Wir könnten diese Produktion verwenden, um <*L*> für jeden Lookahead zu erweitern, haben jedoch gerade festgestellt, daß die Sprache von <*S*> nur Strings enthalten kann, die mit `w`, `b` oder `s` beginnen. Da der nächste Schritt nach Erweiterung von <*L*> die Erweiterung von <*S*> ist, können wir an anderen Lookahead-Symbolen scheitern.

Betrachten wir zum Schluß die Wahlmöglichkeiten der Produktionen für die syntaktische Kategorie <*T*>. Die Produktion (5) aus Abb. 11.33, also <*T*> → ;<*L*>, können wir nur verwenden, wenn das Lookahead-Symbol ein ; ist. Wir haben sogar festgestellt, daß jede Produktion, deren Rumpf mit einem Terminalsymbol beginnt, nur dann verwendet werden kann, wenn dieses Terminalsymbol das Lookahead-Symbol ist. Für alle anderen Lookahead-Symbole könnten wir die Produktion (6) bzw. <*T*> → ε benutzen. Untersuchen wir allerdings die Grammatik aus Abb. 11.33, so stellen wir fest, daß <*T*> (aufgrund von Produktion 4) nur am Ende eines <*L*> stehen kann, und daß auf <*L*> immer ein e folgt (aufgrund von Produktion 2). Immer, wenn wir also <*T*> durch ε ersetzen, können wir erwarten, daß das nächste Terminalsymbol ein e sein wird. Und nur für dieses Lookahead-Symbol gilt, daß wir <*T*> durch Produktion (6) erweitern müssen. Bei allen Lookaheads außer ; und e scheitern wir, da es für diese Eingabe keinen Ableitungsbaum geben kann. ◆

Wie der tabellenbasierte Parser funktioniert

Alle Parser-Tabelle können im wesentlichen von ein und demselben Programm als Daten verwendet werden. Dieses *Treiberprogramm* (*driver programm*) verwaltet einen Keller von Grammatiksymbolen, sowohl den Terminalsymbolen als auch den syntaktischen Kategorien. Man kann sich diesen Keller als die Ziele vorstellen, die nacheinander durch den Rest der Eingabe erreicht werden müssen, wobei man sich vom obersten Element des Kellers zum untersten Element durcharbeitet.

1. Wir erreichen ein terminales Ziel, indem wir dieses Terminalsymbol als das Lookahead-Symbol der Eingabe antreffen. Das heißt, immer wenn sich ein Terminalsymbol **x** oben auf dem Keller befindet, prüfen wir, ob das Lookahead-Symbol x ist. Trifft dies zu, so entfernen wir **x** mit Hilfe der pop-Operation vom Keller und lesen das nächste Terminalsymbol der Eingabe ein, das wiederum zum nächsten Lookahead-Symbol wird.

2. Wir erreichen das Ziel einer syntaktischen Kategorie <*S*>, indem wir in der Parser-Tabelle in der Zeile für <*S*> und in der Spalte den Eintrag für das Lookahead-Symbol ablesen.

   a) Ist der Eintrag leer, so gibt es keinen Ableitungsbaum für die Eingabe. Das Treiberprogramm terminiert.

   b) Wenn der Eintrag die Produktion *i* enthält, entfernen wir <*S*> mit Hilfe der pop-Operation vom obersten Platz des Kellers und legen jedes der Symbole aus dem Rumpf der Produktion *i* mit Hilfe der push-Operation auf dem Keller ab. Die Symbole des Rumpfes werden von rechts nach links auf dem Keller abgelegt, so daß sich am Ende das erste Symbol des Rumpfes oben auf dem Keller befindet, das zweite Symbol unmittelbar darunter, und so weiter. Beachten Sie, daß es noch einen Sonderfall gibt, nämlich dann, wenn der Rumpf ε ist. Wir entfernen dann einfach <*S*> vom Keller und legen anschließend nichts darauf ab.

Angenommen, wir möchten feststellen, ob String *s* in *L*(<*S*>) enthalten ist. In diesem Fall starten wir unseren Treiber mit dem String *s* `ENDM` an der Eingabe[2] und lesen das erste Terminalsymbol als Lookahead-Symbol ein. Zu Beginn besteht der Keller nur aus der syntaktischen Kategorie <*S*>.

Beispiel 11.12

Für die Eingabe

```
b w c d s ; s e ENDM
```

benutzen wir die Parser-Tabelle aus Abb. 11.32. Abbildung 11.34 zeigt die vom tabellenbasierten Parser ausgeführten Schritte. Die Inhalte des Kellers werden jeweils so angezeigt, daß das am weitesten links stehende Symbol dem obersten Element entspricht. Wenn wir also eine sich im obersten Element des Kellers befindende syntaktische Kategorie durch den Rumpf einer ihrer Produktionen ersetzen, steht der Rumpf an den obersten Positionen des Kellers, und die Symbole des Rumpfes stehen in der üblichen Reihenfolge.

Zeile (1) aus Abb. 11.34 zeigt die Ausgangssituation. Da <*S*> eine syntaktische Kategorie ist, für die wir die Zugehörigkeit des Strings `bwcds;se` überprüfen wollen, beginnen wir mit dem Keller, der nur <*S*> enthält. Das erste Symbol des gegebenen Strings, `b`, ist das Lookahead-Symbol, und der Rest des Strings, gefolgt von `ENDM`, ist die restliche Eingabe.

Konsultieren wir den Eintrag in Abb. 11.32 für die syntaktische Kategorie <*S*> und das Lookahead-Symbol `b`, so sehen wir, daß wir <*S*> durch Produktion (2) erweitern müssen. Der Rumpf dieser Produktion lautet **b**<*L*>**e**, und wenn wir Zeile (2) betrachten, stellen wir fest, daß diese Sequenz der drei Grammatiksymbole das <*S*> im obersten Element des Kellers ersetzt hat.

Nun bildet das Terminalsymbol **b** das oberste Element des Kellers. Wir vergleichen es daher mit dem Lookahead-Symbol. Da sie übereinstimmen, entfernen wir das oberste Element mittels der pop-Operation vom Keller und lesen das nächste Eingabesymbol, `w`, ein, das zum neuen Lookahead-Symbol wird. Diese Veränderungen sind Zeile (3) zu entnehmen.

---

[2]Gelegentlich wird das Endezeichen `ENDM` als Lookahead-Symbol benötigt, um uns darüber zu informieren, daß wir das Ende der Eingabe erreicht haben; ein anderes Mal wird es nicht gebraucht und auch nicht benutzt. Zum Beispiel wird `ENDM` in Abb. 11.31 benötigt, da es nach einem ausgewogenen String immer noch mehr Klammern geben kann. In Abb. 11.32 wird es dagegen nicht benötigt, was durch die Tatsache angezeigt wird, daß wir keine Einträge in die Spalt für `ENDM` eintragen.

	STACK	LOOKAHEAD	REMAINING INPUT
1)	<*S*>	`b`	`wcds;seENDM`
2)	b<*L*>e	`b`	`wcds;seENDM`
3)	<*L*>e	`w`	`cds;seENDM`
4)	<*S*><*T*>e	`w`	`cds;seENDM`
5)	wcd<*S*><*T*>e	`w`	`cds;seENDM`
6)	cd<*S*><*T*>e	`c`	`ds;seENDM`
7)	d<*S*><*T*>e	`d`	`s;seENDM`
8)	<*S*><*T*>e	`s`	`;seENDM`
9)	s<*T*>e	`s`	`;seENDM`
10)	<*T*>e	`;`	`seENDM`
11)	;<*L*>e	`;`	`seENDM`
12)	<*L*>e	`s`	`eENDM`
13)	<*S*><*T*>e	`s`	`eENDM`
14)	s<*T*>e	`s`	`eENDM`
15)	<*T*>e	`e`	`ENDM`
16)	e	`e`	`ENDM`
17)	ϵ	`ENDM`	ϵ

Abb. 11.34: Schritte eines tabellenbasierten Parsers, der die Tabelle aus Abb. 11.32 verwendet.

Als nächstes suchen wir Abb. 11.32 mit <*L*> als oberstem Element und `w` als Lookahead-Symbol auf und finden heraus, daß die korrekte Aktion die Erweiterung durch Produktion (4) ist. Wir entfernen daher <*L*> von der obersten Position des Kellers und legen mit Hilfe der push-Operation <*S*><*T*> auf dem Keller ab, was in Zeile (4) nachempfunden wird. Ebenso wird das sich nun im top-Element des Kellers befindende <*S*> durch den Rumpf der Produktion (1) ersetzt, da dies die durch die in der Zeile für <*S*> und der Spalte für das Lookahead-Symbol `w` vorgeschriebene Aktion der Abb. 11.32 ist; diese Veränderung steht in Zeile (5). In den Zeilen (6), (7) und (8) werden jeweils die Terminalsymbole des obersten Kellerelements mit dem aktuellen Lookahead-Symbol verglichen. Da alle übereinstimmen, werden sie mit Hilfe der pop-Operation vom Keller entfernt und die nächste Eingabe wird gelesen.

Der Leser möge die Zeilen (9) bis (17) genauer betrachten, um nachzuvollziehen, daß jeweils die der Parser-Tabelle entsprechende korrekte Aktion ausgeführt wird. Da jedes Terminalsymbol, das zur obersten Position des Kellers vordringt, mit dem jeweils aktuellen Lookahead-Symbol übereinstimmt, scheitern wir hier nicht. Der String `bwcds;se` gehört somit zur syntaktischen Kategorie <*S*>; das heißt, es handelt sich um eine Anweisung. ◆

Erzeugung eines Ableitungsbaums

Der oben angegebene Algorithmus stellt zwar fest, ob ein gegebener String in einer gegebenen syntaktischen Kategorie enthalten ist, er erstellt jedoch keinen Ableitungsbaum. Es bedarf nur eine einfachen Veränderung des Algorithmus, um den Ableitungsbaum zu erstellen, sollte der Eingabestring in der syntaktischen Kategorie enthalten sein, mit der wir den Keller initialisieren. Der im vorigen Abschnitt beschriebene rekursiv-absteigende Parser baut seinen Ableitungsbaum von unten nach oben auf (*bottom-up*), das heißt, er beginnt mit den Blättern und fügt diese nach Rückkehr der Funktionsaufrufe zu immer größer werdenden Unterbäumen zusammen. Bei dem tabellenbasierten Parser ist es praktischer, den Ableitungsbaum von oben nach unten aufzubauen (*top down*). Wir beginnen mit der Wurzel, und während wir eine Produktion auswählen, mit der wir die syntaktische Kategorie im obersten Element des Kellers erweitern, erzeugen wir gleichzeitig Kinder für einen Knoten in dem im Aufbau befindlichen Baum; diese Kinder entsprechen den Symbolen des Rumpfes der ausgewählten Produktion. Die Regeln zur Erzeugung eines Baums lauten wie folgt:

1. Zu Beginn besteht der Keller nur aus einer syntaktischen Kategorie, sagen wir <*S*>. Wir initialisieren den Ableitungsbaum so, daß er nur aus einem mit <*S*> markierten Knoten besteht. Das <*S*> auf dem Keller *entspricht* diesem einen Knoten des zu erstellenden Ableitungsbaums.

2. Wenn der Keller aus den Symbolen $X_1X_2...X_n$ besteht und wenn X_1 das oberste Element des Kellers ist, haben die Blätter des aktuellen Ableitungsbaums Markierungen, die von links nach rechts einen String *s* bilden, der den Suffix $X_1X_2...X_n$ besitzt. Die letzten *n* Blätter des Ableitungsbaums *entsprechen* den Symbolen im Keller, so daß jedes Kellersymbol X_i einem Blatt mit der Markierung X_i entspricht.

3. Nehmen wir an, eine syntaktische Kategorie <*S*> belegt die oberste Position des Kellers, und wir entscheiden uns, <*S*> durch den Rumpf der Produktion <*S*> $\rightarrow Y_1Y_2...Y_n$ zu ersetzen. Wir finden das Blatt des Ableitungsbaums, das diesem <*S*> entspricht (es ist das linkeste Kind, das mit einer syntaktischen Kategorie markiert ist), und erzeugen dafür *n* Kinder, die von links aus mit $Y_1, Y_2, ..., Y_n$ markiert werden. In dem besonderen Fall, daß der Rumpf ε ist, erzeugen wir stattdessen ein mit ε markiertes Kind.

Beispiel 11.13

Folgen wir den Schritten aus Abb. 11.34 und erzeugen dabei den Ableitungsbaum. Zu Anfang, in Zeile (1), besteht der Keller nur aus <*S*>. Der entsprechende Baum besitzt den einen in Abb. 11.35(a) dargestellten Knoten. In Zeile (2) erweitern wir <*S*> unter Verwendung der Produktion

<*S*> → **b**<*L*>**e**

Wir erweitern das Blatt aus Abb. 11.35(a) um die drei Kinder, die von links nach rechts mit **b**, <*L*> und **e** markiert sind. Der Baum für Zeile (2) steht in Abb. 11.35(b).

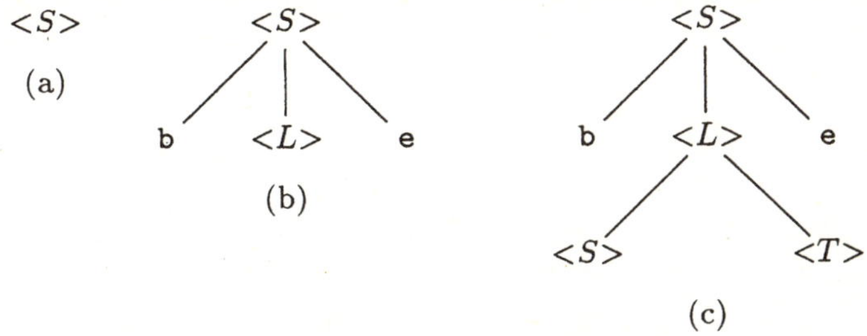

Abb. 11.35: Die ersten Schritte ber der Erzeugung des Ableitungsbaums.

Zeile (3) bewirkt keine Veränderung im Ableitungsbaum, da wir nur die Übereinstimmung der Terminalsymbole feststellen, aber keine syntaktische Kategorie erweitern. In Zeile (4) ersetzen wir <*L*> aber durch <*S*><*T*>, so daß das mit <*L*> markierte Blatt der Abb. 11.35(b) zwei Kinder mit diesen Symbolen als Markierungen erhält; dies wird in Abb. 11.35(c) angezeigt. Anschließend wird in Zeile (5) das <*S*> erweitert zu **wcd**<*S*>, was dazu führt, daß das mit <*S*> markierte Blatt in Abb. 11.35(c) vier Kinder erhält. Der Leser kann diesen Prozeß gerne weiterführen. Zum Vergleich ist der abschließende Ableitungsbaum in Abb. 11.36 dargestellt.

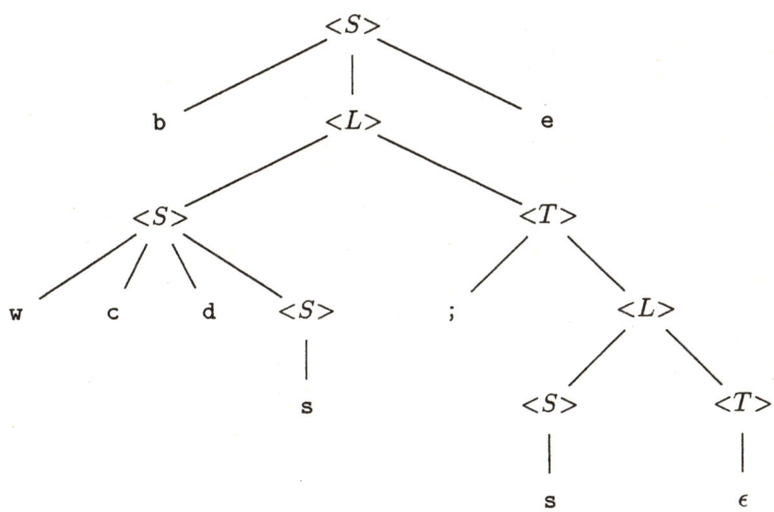

Abb. 11.36: Vollständiger Ableitungsbaum der Syntaxanalyse aus Abb. 11.34.

ÜBUNGEN

11.7.1: Simulieren Sie den tabellenbasierten Parser aus Abb. 11.32 für die folgenden Eingabestrings:

a) `bse`

b) `wcdbs;se`

c) `bbs;se;se`

d) `bs;s;e`

11.7.2: Zeigen Sie für jede erfolgreiche Syntaxanalyse in Übung 11.7.1, wie der Ableitungsbaum während der Analyse erstellt wird.

11.7.3: Simulieren Sie den tabellenbasierten Parser unter Verwendung der Parser-Tabelle aus Abb. 11.31 für die Eingabestrings aus Übung 11.6.1.

11.7.4: Stellen Sie die Erzeugung der Ableitungsbäume aus Übung 11.7.3 dar.

11.7.5*: Die Grammatik

(1) *<Statement>* → **if** *condition* **then** *<Statement>* **else***<Statement>*
(2) *<Statement>* → **if** *condition* **then** *<Statement>*
(3) *<Statement>* → *simpleStat*

repräsentiert verzweigende Anweisungen, wie sie in Pascal vorkommen. Durch rekursiven Abstieg kann sie nicht analysiert werden (ebensowenig wie durch einen tabellenbasierten Parser), da wir für das Lookahead-Symbol **if** nicht feststellen können, welche der ersten beiden Produktionen zu verwenden ist. Führen Sie bei dieser Grammatik eine Linksfaktorisierung durch, damit sie mit den Algorithmen aus diesem Abschnitt und aus Abschnitt 11.6 analysiert werden kann. *Hinweis*: Wenn Sie die Linksfaktorisierung durchführen, erhalten Sie eine neue syntaktische Kategorie, mit zwei Produktionen. Die eine hat einen leeren Rumpf, die andere einen Rumpf, der mit **else** beginnt. Wenn **else** das Lookahead-Symbol ist, kann die zweite Produktion gewählt werden. Sie wird für kein anderes Lookahead-Symbol gewählt. Wenn wir aber untersuchen, für welche Lookaheads es sinnvoll ist, durch die Produktion mit dem Rumpf ε zu erweitern, stellen wir fest, daß **else** zu diesen Lookahead-Symbolen zählt. Wir können uns aber willkürlich dafür entscheiden, nie eine Erweiterung auf ε durchzuführen, wenn das Lookahead **else** ist. Diese Wahl entspricht der Regel, daß „ein **else** mit dem letzten nicht zugeordneten **then** verbunden wird". Es ist also die „richtige" Wahl. Vielleicht finden Sie ein Beispiel einer Eingabe, bei der die Erweiterung auf ε mit dem Lookahead **else** dem Parser gestattet, die Syntaxanalyse zu beenden. Sie werden feststellen, daß der erzeugte Baum bei jeder derartigen Syntaxanalyse ein **else** dem falschen **then** zuordnet.

11.7.6:** Die folgende Grammatik

<Record> → **record** *<FieldList>* **end**
<FieldList> → *fieldName* : *type* ; *<FieldList>*
<FieldList> → *fieldName* : *type*

bedarf einiger Veränderungen, ehe sie durch in diesem oder im vorigen Abschnitt vorgestellte Verfahren analysierbar ist. Schreiben Sie die Grammatik so um, daß sie analysierbar wird, und erstellen Sie die Parser-Tabelle.

11.8 Grammatiken versus reguläre Ausdrücke

Grammatiken und reguläre Ausdrücke sind beides Notationen zur Beschreibung von Sprachen. Wir sahen in Kapitel 10, daß reguläre Ausdrücke in dem Sinne äquivalent zu zwei anderen Notationsformen, zu deterministischen und nichtdeterministischen Automaten, sind, daß die Menge der durch jede dieser Notationen beschreibbaren Sprachen dieselbe ist. Ist es möglich, daß Grammatiken eine weitere zu einer der bereits vorgestellten Notationen äquivalente Schreibweise darstellen?

Die Antwort ist „nein“; Grammatiken sind mächtiger als solche Notationen wie reguläre Ausdrücke, die wir in Kapitel 10 einführten. Wir werden die Ausdruckskraft von Grammatiken in zwei Schritten demonstrieren. Zunächst werden wir zeigen, daß jede durch einen regulären Ausdruck beschreibbare Sprache auch durch eine Grammatik beschrieben werden kann. Anschließend werden wir eine Sprache vorstellen, die durch eine Grammatik, aber durch keinen regulären Ausdruck beschrieben werden kann.

Simulation regulärer Ausdrücke durch Grammatiken

Der intuitive Gedanke hinter der Simulation ist der, daß die drei Operatoren regulärer Ausdrücke, Vereinigung, Konkatenation und Abschluß, jeweils durch eine oder zwei Produktionen „simuliert“ werden können. Formal beweisen wir folgende Aussage durch vollständige Induktion über n, die Anzahl der Operatorvorkommen in dem regulären Ausdruck R.

AUSSAGE Für jeden regulären Ausdruck R gibt es eine Grammatik derart, daß für eine ihrer syntaktischen Kategorien *<S>* gilt $L(<S>) = L(R)$.

Das heißt, die durch den regulären Ausdruck gekennzeichnete Sprache entspricht der Sprache der syntaktischen Kategorie *<S>*.

BASIS. Der Basisfall ist $n = 0$, der reguläre Ausdruck R enthält also null Operatoren. Entweder ist R ein einzelnes Symbol – sagen wir $\mathbf{x}$ – oder R ist ε oder $\varnothing$. Wir erzeugen eine neue syntaktische Kategorie *<S>*. Im ersten Fall, in dem

$R = \mathbf{x}$ ist, erzeugen wir die Produktion $<S> \rightarrow \mathbf{x}$. Es gilt somit $L(<S>) = \{x\}$, und $L(R)$ bezeichnet dieselbe aus einem String bestehende Sprache. Ist R ε, erzeugen wir für $<S>$ eine Produktion $<S> \rightarrow \varepsilon$, wenn aber $R = \emptyset$ gilt, erzeugen wir für $<S>$ keine Produktion. $L(<S>)$ ist also $\{\varepsilon\}$, wenn R ε ist, und $L(<S>)$ entspricht ∅, wenn R ∅ ist.

INDUKTION. Angenommen, die Induktionsannahme gilt für reguläre Ausdrücke mit n oder weniger Vorkommen von Operatoren. R sei eine regulärer Ausdruck mit $n + 1$ Operatorvorkommen. Dann ergeben sich drei Fälle, abhängig davon, ob der letzte angewandte Operator zur Bildung von R eine Vereinigung, eine Konkatenation oder ein Abschluß ist.

1. $R = R_1 \mid R_2$. Da es ein Operatorvorkommen, | (Vereinigung), gibt, das weder Teil von R_1 noch von R_2 ist, wissen wir, daß weder R_1 noch R_2 mehr als n Operatorvorkommen haben. Die Induktionsannahme gilt somit für jeden dieser beiden Teilausdrücke, so daß wir eine Grammatik G_1 mit der syntaktischen Kategorie $<S_1>$ und eine Grammatik G_2 mit der syntaktischen Kategorie $<S_2>$ derart finden können, daß $L(<S_1>) = L(R_1)$ und $L(<S_2>) = L(R_2)$ gelten. Um beim Zusammenfügen der beiden Grammatiken Übereinstimmungen zu vermeiden, gehen wir davon aus, daß wir bei Erzeugung einer neuen Grammatik immer syntaktische Kategorien erstellen, deren Namen in keiner anderen Grammatik enthalten sind. Daher haben G_1 und G_2 auch keine gemeinsame syntaktische Kategorie. Wir erzeugen eine neue syntaktische Kategorie $<S>$, die weder in G_1 noch in G_2 noch in irgendeiner anderen Grammatik vorkommt, die wir gegebenenfalls für andere reguläre Ausdrücke erzeugt haben. Wir nehmen zu den Produktionen von G_1 und G_2 noch die beiden Produktionen

   $$<S> \rightarrow <S_1> \mid <S_2>$$

   hinzu. Dann besteht die Sprache von $<S>$ aus allen und ausschließlich den Strings, die in den Sprachen von $<S_1>$ und $<S_2>$ enthalten sind. Diese entsprechen $L(R_1)$ bzw. $L(R_2)$, so daß

   $$(<S>) = L(R_1) \cup L(R_2) = L(R)$$

   wie gefordert gilt.

2. $R = R_1R_2$. Wie in Fall (1) nehmen wir an, es gibt Grammatiken G_1 und G_2 mit den syntaktischen Kategorien $<S_1>$, bzw. $<S_2>$ derart, daß $L(<S_1>) = L(R_1)$ und $L(<S_2>) = L(R_2)$ gelten. Dann erzeugt man eine neue syntaktische Kategorie $<S>$ und fügt die Produktion

   $$<S> \rightarrow <S_1> <S_2>$$

   zu den Produktionen von G_1 und G_2 hinzu. Es gilt dann $L(<S>) = L(<S_1>)L(<S_2>)$.

3. $R = R_1{}^*$. G_1 sei eine Grammatik mit der syntaktischen Kategorie $<S_1>$ derart, daß $L(<S_1>) = L(R_1)$ gilt. Wir erzeugen eine neue syntaktische Kategorie $<S>$ und fügen die Produktionen

   $$<S> \rightarrow <S_1>\ <S_2> \mid \varepsilon$$

   hinzu. Dann gilt $L(<S>) = L(<S_1>)^*$, da $<S>$ Strings bestehend aus null oder mehreren der $<S_1>$ generiert.

Beispiel 11.14

Gegeben sei der reguläre Ausdruck **a** | **bc***. Wir beginnen damit, daß wir syntaktische Kategorien für die drei in dem Ausdruck vorkommenden Symbole erzeugen.[3] Wir erhalten somit die Produktionen

$$<A> \rightarrow \mathbf{a}$$
$$<B> \rightarrow \mathbf{b}$$
$$<C> \rightarrow \mathbf{c}$$

Den Gruppierungsregeln für reguläre Ausdrücke entsprechend, wird unser Ausdruck als **a** | (**b**(**c**)*) gruppiert. Wir müssen also zuerst die Grammatik für **c*** herleiten. Aufgrund der oben erwähnten Regel (3) fügen wir zur Produktion $<C> \rightarrow \mathbf{c}$, also zur Grammatik für den regulären Ausdruck **c**, folgende Produktionen hinzu:

$$<D> \rightarrow <C><D> \mid \varepsilon$$

Die syntaktische Kategorie $<D>$ wurde hier willkürlich gewählt und hätte auch jede andere Kategorie sein können, mit Ausnahme der bereits verwendeten Kategorien $<A>$, $<B>$ und $<C>$. Beachten Sie, daß gilt

$$L(<D>) = (L(<C>))^* = c^*$$

Als nächstes müssen wir eine Grammatik für **bc*** finden. Wir nehmen die Grammatik für **b**, die nur aus der Produktion $<B> \rightarrow \mathbf{b}$ besteht, und die Grammatik von **c*** der Form

$$<C> \rightarrow \mathbf{c}$$
$$<D> \rightarrow <C><D> \mid \varepsilon$$

Wir erzeugen eine neue syntaktische Kategorie $<E>$ und ergänzen sie um folgende Produktion

$$<E> \rightarrow <B><D>$$

---

[3] Käme eines dieser Symbole zweimal oder öfter vor, so wäre es nicht notwendig, für jedes Vorkommen eine eigene syntaktische Kategorie zu erzeugen; eine syntaktische Kategorie für jedes Symbol reicht aus.

Diese Produktion wird aufgrund von Regel (2) im Fall der Konkatenation verwendet. Ihr Rumpf enthält <*B*> und <*D*>, da dies die syntaktischen Kategorien für die regulären Ausdrücke **b** und **c*** sind. Die Grammatik für **bc*** sieht demnach wie folgt aus

<*E*> → <*B*><*D*>
<*D*> → <*C*><*D*> | ε
<*B*> → **b**
<*C*> → **c**

wobei <*E*> die syntaktische Kategorie ist, die die gewünschte Sprache bezeichnet.

Um schließlich eine Grammatik für den gesamten regulären Ausdruck zu erhalten, verwenden wir Regel (1) für die Vereinigung. Wir erfinden die neue syntaktische Kategorie <*F*> mit den Produktionen

<*F*> → <*A*> | <*E*>

Beachten Sie, daß <*A*> die syntaktische Kategorie für den Teilausdruck **a** ist, während <*E*> die syntaktische Kategorie für den Teilausdruck **bc*** bezeichnet. Die sich ergebende Grammatik lautet

<*F*> → <*A*> | <*E*>
<*E*> → <*B*><*D*>
<*D*> → <*C*><*D*> | ε
<*A*> → **a**
<*B*> → **b**
<*C*> → **c**

<*F*> ist die syntaktische Kategorie, deren Sprache der durch den gegebenen regulären Ausdruck beschriebenen Sprache entspricht. ◆

Eine Sprache, die sich mit einer Grammatik, aber mit keinem regulären Ausdruck beschreiben läßt

Wir werden nun zeigen, daß Grammatiken nicht nur ebenso mächtig, sondern mächtiger als reguläre Ausdrücke sind. Dafür stellen wir eine Sprache vor, die zwar eine Grammatik, aber keinen regulären Ausdruck besitzt. Diese Sprache, die wir *E* nennen werden, beschreibt die Menge der Strings, die aus einer oder mehreren 0-en gefolgt von derselben Anzahl von 1-en besteht. Das heißt,

$$E = \{01, 0011, 000111, \ldots\}$$

Um die Strings in *E* zu beschreiben, verwenden wir eine nützliche, auf Exponenten basierende Schreibweise. s^n stehe für *ss...s* (*n* mal), wobei *s* ein String und *n* eine ganze Zahl ist, das heißt, *s* wird *n* mal mit sich selbst konkateniert.

Dann gilt

$$E = \{0^1 1^1, 0^2 1^2, 0^3 1^3, ...\}$$

oder bei Verwendung eines Mengenbildners

$$E = \{0^n 1^n \mid n \geq 1\}$$

Überzeugen wir uns zunächst davon, daß wir E mit einer Grammatik beschreiben können. Folgende Grammatik erledigt diese Aufgabe.

(1) <S> → **0<S>1**
(2) <S> → **01**

Eine Anwendung der Basisproduktion (2) sagt uns, daß 01 in der Sprache L(<S>) enthalten ist. Beim zweiten Durchlauf können wir die Produktion (1) mit 01 anstelle von <S> im Rumpf verwenden, was $0^2 1^2$ zu einem String in L(<S>) werden läßt. Eine weitere Anwendung von (1) mit $0^2 1^2$ anstelle von <S> besagt, daß $0^3 1^3$ in L(<S>) enthalten ist, und so weiter. Allgemein ausgedrückt sind für den String $0^n 1^n$ eine Anwendung der Produktion (2) gefolgt von $n - 1$ Anwendungen der Produktion (1) erforderlich. Da wir aus diesen Produktionen keine anderen Strings erzeugen können, stellen wir fest, daß E = L(<S>) gilt.

Ein Beweis, daß E durch keinen regulären Ausdruck definiert werden kann

Nun müssen wir zeigen, daß E nicht durch einen regulären Ausdruck beschrieben werden kann. Es stellt sich heraus, daß es einfacher ist zu zeigen, daß E durch keinen deterministischen endlichen Automaten beschrieben werden kann. Dieser Beweis zeigt auch, daß E keinen regulären Ausdruck besitzt, denn wäre E die Sprache eines regulären Ausdrucks R, könnten wir R mit Hilfe des in Abschnitt 10.8 beschriebenen Verfahrens in einen äquivalenten deterministischen endlichen Automaten umwandeln. Dieser deterministische endliche Automat würde dann die Sprache E definieren.

Nehmen wir also an, daß E die Sprache eines deterministischen endlichen Automaten A ist. Dann besitzt A eine bestimmte Anzahl von Zuständen, sagen wir m Zustände. Betrachten wir, was geschieht, wenn A 000... als Eingabe erhält. Wir geben dem Anfangszustand des unbekannten Automaten A den Namen s_0. Für die Eingabe 0 muß A einen Übergang von s_0 zu einem anderen Zustand besitzen, den wir s_1 nennen. Von diesem Zustand bringt eine weitere 0 A in einen von uns als s_2 bezeichneten Zustand, und so weiter. Nachdem A also i 0-en gelesen hat, befindet er sich im Zustand s_i, wie in Abb. 11.37 verdeutlicht.[4]

Abb. 11.37: Eingabe von 0-en in den Automaten A.

Das Taubenschlag-Prinzip

Der Beweis, daß eine Sprache E keinen deterministischen endlichen Automaten besitzt, verwendete ein als *Taubenschlag-Prinzip* (*pigeonhole principle*) bekanntes Verfahren, das üblicherweise wie folgt beschrieben wird:

> „Wenn $m + 1$ Tauben zu m Taubenschlägen fliegen, muß es mindestens einen Taubenschlag mit zwei Tauben geben.“

Hier entsprechen die Taubenschläge den Zuständen des Automaten A. Die Tauben sind die $m+1$ Zustände, in denen A sich befindet, nachdem er null, eins, zwei und bis zu m 0-en gelesen hat.

Beachten Sie, daß m endlich sein muß, damit das Taubenschlag-Prinzip angewandt werden kann. Die Geschichte mit dem unendlichen Hotel aus Abschnitt 7.11 besagte, daß das Gegenteil für unendliche Mengen gilt. Wir berichteten dort von einem Hotel mit einer unendlichen Anzahl an Zimmern (die den Taubenschlägen entsprechen) und einer Anzahl von Gästen (die den Tauben entsprechen), die um eins größer war als die Anzahl der Zimmer. Es war dennoch möglich, jeden Gast in einem Zimmer unterzubringen, ohne zwei Gäste in ein Zimmer zu legen.

Es wurde nun angenommen, daß A genau m Zustände besitzt, es gibt aber m + 1 Zustände s_0, s_1, ..., s_m. Es ist somit nicht möglich, daß all diese Zustände verschieden sind. Es muß zwei verschiedene ganze Zahlen i und j im Bereich 0 bis m derart geben, daß s_i und s_j in Wirklichkeit denselben Zustand bezeichnen. Wenn wir annehmen, daß i die kleinere Zahl von i und j ist, muß der Pfad aus Abb. 11.37 mindestens eine Schleife enthalten, wie in Abb. 11.38 verdeutlicht. In der Praxis könnte es weit mehr Schleifen und Wiederholungen von Zustän-

[4]Der Leser sollte nicht vergessen, daß wir die Namen der Zustände von A nicht wirklich wissen; wir wissen nur, daß A m Zustände besitzt, wobei m eine ganze Zahl ist. Die Namen s_0, ..., s_m sind also nicht die Namen der Zustände von A, sondern unsere Namen für diese Zustände. Das ist nicht so absonderlich, wie es im Moment erscheint. Wir tun zum Beispiel routinemäßig Dinge, wie beispielsweise ein von 0 bis m indiziertes Array s zu erzeugen und in *s[i]* einen Wert zu speichern, der auch der Name eines Zustands des Automaten A sein könnte. In einem Programm beziehen wir uns dann auf den Namen dieses Zustands als *s[i]*, anstatt seinen wirklichen Namen zu verwenden.

den geben, als durch Abb. 11.38 illustriert. Beachten Sie weiterhin, daß i auch 0 sein könnte, dann wäre der in Abb. 11.38 vorgeschlagene Pfad von s_0 nach s_i tatsächlich ein einzelner Knoten. Ebenso könnte s_j auch s_m sein, so daß der Pfad von s_j nach s_m nur ein einzelner Knoten wäre.

Abbildung 11.38 impliziert somit, daß der Automat A sich nicht „erinnern" kann, wieviele 0-en er gelesen hat. Wenn er sich in Zustand s_m befindet, hat er vielleicht genau m 0-en gesehen, daher muß gelten, wenn wir in Zustand m beginnen und genau m 1-en in A eingeben, daß A einen Endzustand erreicht, wie in Abb. 11.39 verdeutlicht.

Nehmen wir jedoch an, wir hätten einen String bestehend aus $m - j + i$ 0-en in A eingegeben. Betrachten wir Abb. 11.38, stellen wir fest, daß i 0-en A von s_0 nach s_i bringen, welcher gleich s_j ist. Auch sehen wir, daß $m - j$ 0-en A von s_j nach s_m bringen. Demnach lassen $m - j + i$ 0-en A von s_0 in den Zustand s_m übergehen, was der obere Pfad von Abb. 11.39 verdeutlicht.

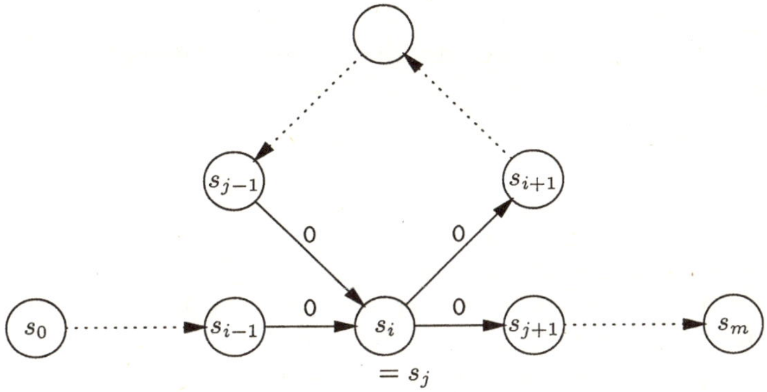

Abb. 11.38: Der Pfad aus Abb. 11.37 muß eine Schleife haben.

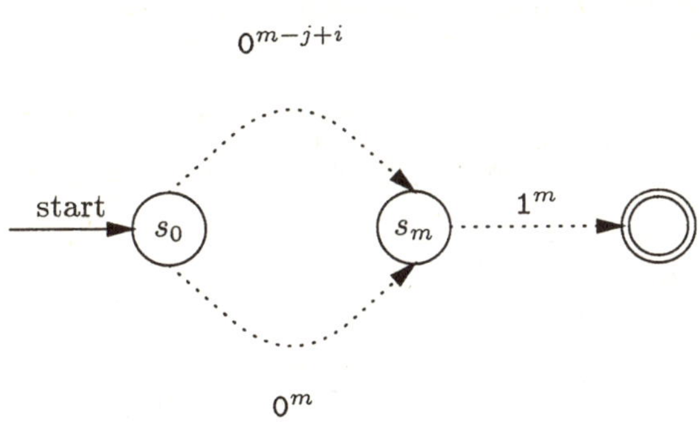

Abb. 11.39: Automat A kann nicht feststellen, ob er m oder m - j + i 0-en gelesen hat.

Also bringen $m - j + i$ 0-en gefolgt von m 1-en A von s_0 zu einem Endzustand. Anders ausgedrückt bedeutet dies, daß der String $0^{m-j+i}1^m$ in der Sprache von A enthalten ist. Da j aber größer ist als i, besitzt dieser String mehr 1-en als 0-en und ist somit nicht in der Sprache E enthalten. Wir schließen, daß die Sprache von A nicht exakt E entspricht, was wir ursprünglich annahmen.

Da wir ursprünglich von der Annahme ausgingen, daß E einen deterministischen endlichen Automaten besitzt, und wir nun einen Widerspruch hergeleitet haben, schließen wir, daß unsere Annahme falsch war; das heißt, E besitzt keinen deterministischen endlichen Automaten. E kann demnach auch durch keinen regulären Ausdruck beschrieben werden.

Die Sprache $\{0^n1^n \mid n \geq 1\}$ ist nur ein Beispiel einer unendlichen Anzahl von Sprachen, die zwar durch eine Grammatik, aber durch keinen regulären Ausdruck spezifiziert werden können. Weitere Beispiele sind in den Übungen enthalten.

ÜBUNGEN

11.8.1: Finden Sie Grammatiken, die die Sprachen folgender regulärer Ausdrücke definieren.

a) (**a** | **b**)***a**

b) **a*** | **b*** | (**ab**)*

c) **a*****b*****c***

11.8.2*: Zeigen Sie, daß die Menge der Strings ausgewogener Klammern durch keinen regulären Ausdruck definiert ist. *Hinweis*: Der Beweis läuft ähnlich ab, wie der oben für die Sprache E geführte Beweis. Nehmen Sie an, daß die Menge ausgewogener Strings einen deterministischen endlichen Automaten mit m Zuständen besitzt. Geben Sie m (in diesen Automaten ein und untersuchen Sie die erreichten Zustände. Zeigen Sie, daß der Automat so „ausgetrickst" werden kann, daß er einen String mit unausgewogenen Klammern akzeptiert.

Sprachen, die eine Grammatik nicht definieren kann

Wir fragen uns vielleicht, ob Grammatiken die mächtigste Form der Notation zur Beschreibung von Sprachen sind. Die Antwort lautet „bei weitem nicht". Es gibt einfache Sprachen, für die man zeigen kann, daß es keine Grammatik gibt, auch wenn die Beweistechnik den Umfang dieses Buches überschreitet. Ein Beispiel einer derartigen Sprache ist die Menge der Strings, die aus der gleichen Anzahl von hintereinanderstehenden 0-en, 1-en und 2-en bestehen, also die Menge

{012, 001122, 000111222, ...}

Betrachten wir Pascal selbst als ein Beispiel einer noch mächtigeren Notation zur Beschreibung von Sprache. Für jede Grammatik und für jede ihrer syntaktischen Kategorien <*S*> kann man ein Pascal-Programm schreiben, das feststellt, ob ein String in *L*(<*S*>) enthalten ist. Zudem ist ein Pascal-Programm, das bestimmt, ob ein String in der oben beschriebenen Sprache enthalten ist, nicht schwer zu schreiben.

Dennoch gibt es Sprachen, die ein Pascal-Programm nicht definieren kann. Es gibt eine elegante Theorie über „unentscheidbare Probleme", die verwendet wird, um zu zeigen, daß gewisse Probleme von keinem Computerprogramm gelöst werden können. Die Theorie der Unentscheidbarkeit wird zusammen mit einigen Beispielen unentscheidbarer Probleme in Abschnitt 14.10 angesprochen.

11.8.3*: Zeigen Sie, daß die Sprache bestehend aus Strings der Form 0^n10^n, das heißt aus zwei gleich langen Folgen von 0-en, die durch eine einzige 1 voneinander getrennt sind, durch keinen regulären Ausdruck definiert ist.

11.8.4:** Manchmal begegnet man *trügerischen* Behauptungen, daß eine Sprache wie *E* aus diesem Abschnitt durch einen regulären Ausdruck beschrieben werden kann. Die Argumentation besagt, daß für jedes *n* $\mathbf{0}^n\mathbf{1}^n$ ein regulärer Ausdruck ist, der die Sprache mit einem String, 0^n1^n, beschreibt. Folglich ist

$$\mathbf{01} \mid \mathbf{0}^2\mathbf{1}^2 \mid \mathbf{0}^3\mathbf{1}^3 \mid \dots$$

ein regulärer Ausdruck, der *E* beschreibt. Was ist an dieser Argumentation falsch?

11.8.5*: Ein weiteres trügerisches Argument über Sprachen behauptet, daß *E* den folgenden endlichen Automaten besitzt. Der Automat hat einen Zustand *a*, der sowohl Anfangs- als auch Endzustand ist. Es gibt einen Übergang von *a* zu sich selbst über die Symbole 0 und 1. Der String 0^i1^i läßt Zustand *a* zu sich selbst übergehen und wird somit akzeptiert. Warum zeigt dieses Argument nicht, daß *E* die Sprache eines endlichen Automaten ist?

11.8.6:** Zeigen Sie, daß keine der folgenden Sprachen durch einen regulären Ausdruck definiert werden kann.

a) $\{ww^R \mid w$ ist ein String bestehend aus *a*'s und *b*'s und w^R ist dessen Umkehrung$\}$

b) $\{0^i \mid i$ ist ein perfektes Quadrat$\}$

c) $\{0^i \mid i$ ist eine Primzahl$\}$

Welche dieser Sprachen können durch eine Grammatik definiert werden?

11.9 Zusammenfassung des 11. Kapitels

Nach dem Durchlesen dieses Kapitels sollte der Leser folgende Punkte behalten haben:

- Wie eine (kontextfreie) Grammatik eine Sprache definiert.
- Wie man einen Ableitungsbaum erzeugt, um die grammatikalische Struktur eines Strings darzustellen.
- Was Mehrdeutigkeit ist und warum mehrdeutige Grammatiken bei der Spezifikation von Programmiersprachen unerwünscht sind.
- Ein als rekursiver Abstieg bezeichnetes Verfahren, das zur Erzeugung von Ableitungsbäumen für gewisse Klassen von Grammatiken verwendet werden kann.
- Eine tabellenbasierte Methode, rekursiv-absteigende Parser zu implementieren.
- Warum Grammatiken eine mächtigere Notation zur Beschreibung von Sprachen darstellen als reguläre Ausdrücke oder endliche Automaten

11.10 Bibliographische Anmerkungen zum 11. Kapitel

Kontextfreie Grammatiken wurden zuerst von Chomsky [1956] als ein Formalismus zur Beschreibung natürlicher Sprachen untersucht. Ähnliche Formalismen wurden zur Definition der Syntax der beiden frühesten, wichtigen Programmiersprachen, Fortran (Backus et al. [1957]) und Algol 60 (Naur [1963]) verwendet. Aus diesem Grunde werden kontextfreie Grammatiken auch häufig als Backus-Naur-Form (kurz: BNF) bezeichnet. Die Untersuchung kontextfreier Grammatiken bezüglich ihrer mathematischen Eigenschaften begann mit Bar-Hillel, Perles und Shamir [1961]. Eine umfassendere Untersuchung kontextfreier Grammatiken und ihrer Anwendungen befindet sich in Hopcroft und Ullman [1979] oder in Aho, Sethi und Ullman [1986].

Rekursiv-absteigende Parser wurden in vielen Compilern und Compiler erzeugenden Systemen verwendet (vgl. Lewis, Rosenkrantz und Stearns [1974]). Knuth [1965] war der erste, der LR-Grammatiken beschrieb, die größte natürliche Klasse von Grammatiken, die auf deterministische Weise analysiert werden können, indem man die Eingabe von links nach rechts einliest.

Aho, A. V., R. Sethi und J. D. Ullman [1986]. *Compiler Design: Principles, Techniques and Tools*, Addison Wesley, Reading, Mass.

Backus, J. W. [1957]. „The FORTRAN automatic coding system“, *Proc. AFIPS Western Joint Computer Conference*, S. 188 - 198, Spartan Books, Baltimore.

Bar-Hillel, Y., M. Perles und E. Shamir [1961]. „On formal properties of simple phrase structure grammars“, *Z. Phonetik, Sprachwissenschaft und Kommunikationsforschung* **14**, S. 143 - 172.

Chomsky, N. [1956]. „Three models for the description of language“, *IRE Trans. Information Theory* **IT-2**:3, S. 113 - 124.

Hopcroft, J. E. und J. D. Ullman [1979]. *Introduction to Automata Theory, Languages, and Computation*, Addison Wesley, Reading, Mass.

Knuth, D. E. [1965]. „On the translation of languages from left to right“, *Information and Control* **8**:6, S. 607 - 639.

Lewis, P. M., D. J. Rosenkrantz und R. E. Stearns [1974]. „Attributed translations“, *J. Computer and System Sciences* **9**:3, S. 279 - 307.

Naur, P. (Hrsg.) [1963]. „Revised report on the algorithmic language Algol 60“, *Comm. ACM* **6**:1, S. 1 - 17.

12

Aussagenlogik

In diesem Kapitel geben wir eine Einführung in die Aussagenlogik, eine Algebra, deren ursprünglicher, auf Aristoteles zurück gehender Zweck darin bestand, logisches Denken zu modellieren. In letzter Zeit hat sich diese Algebra, wie viele Algebren, als nützliches Entwurfswerkzeug herausgestellt – insbesondere wird das nächste Kapitel zeigen, wie die Aussagenlogik beim Entwurf von Computerschaltungen benutzt werden kann. Eine dritte Anwendung der Logik ist die als ein Berechnungsmodell, wofür verschiedene, auf der Logik basierende Programmiersprachen, wie Prolog, zur Verfügung stehen. Viele Systeme, die dem Computer das logische Schließen zugänglich machen, wurden in logikbasierten Programmiersprachen implementiert; dazu zählen Theorembeweiser, Programmverifizierer und Anwendungen im Bereich der künstlichen Intelligenz. Diese Sprachen benutzen in der Regel „Prädikatenlogik", eine mächtigere Form der Logik, die die Fähigkeiten der Aussagenlogik noch erweitert. Wir werden uns in Kapitel 14 mit der Prädikatenlogik befassen.

12.1 Worum geht es in diesem Kapitel?

Der Abschnitt 12.2 erklärt intuitiv, was Aussagenlogik eigentlich ist und warum sie so nützlich ist. Der nächste Abschnitt, 12.3, gibt eine Einführung in die Algebra für logische Ausdrücke. Sie umfaßt Operanden, die Boolesche Werte besitzen, und logische Operatoren wie `UND`, `ODER` und `NICHT`, die auf Booleschen Werten (wahr/falsch) arbeiten. Diese Algebra wird nach George Boole, dem Logiker, der als erster die Logik als eine Algebra beschrieb, als *Boolesche Algebra* bezeichnet. Wir werden folgende Ideen kennenlernen:

- Wahrheitstafeln bieten eine nützliche Möglichkeit, die Bedeutung eines Ausdrucks in der Logik darzustellen (Abschnitt 12.4).

- Wir können eine Wahrheitstafel in einen logischen Ausdruck umwandeln, der dieselbe logische Funktion beschreibt (Abschnitt 12.5).
- Das Karnaugh-Diagramm stellt ein nützliches tabularisches Verfahren zur Vereinfachung logischer Ausdrücke dar (Abschnitt 12.6).
- Es gibt eine reichhaltige Menge von „Tautologien", bzw. algebraischen Gesetzen, die auf logische Ausdrücke angewandt werden können (Abschnitte 12.7 und 12.8).
- Gewisse Tautologien der Aussagenlogik gestatten uns, gängige Beweisverfahren wie „Widerspruchsbeweis" oder „Beweis durch Kontraposition" zu erklären (Abschnitt 12.9).
- Die Aussagenlogik ist auch der „Deduktion" zugänglich, das heißt, der Entwicklung von Beweisen durch Aufschreiben einer Folge von Zeilen, welche jeweils gegeben sind oder durch vorhergehende Zeilen gerechtfertigt werden (Abschnitt 12.10). Dieser Art des Beweises sind die meisten von uns bereits in der Oberschule im Geometrieunterricht begegnet.
- Ein mächtiges Verfahren, genannt „Resolution", unterstützt uns beim schnellen Finden von Beweisen (Abschnitt 12.11).

12.2 Was ist Aussagenlogik?

Sam schrieb ein Pascal-Programm, das die if-Anweisung

```
if (a<b) OR ((a>=b) AND (c=d)) then ...                    (12.1)
```

enthielt. Sally untersuchte das Programm und wies darauf hin, daß die bedingte Anweisung in der if-Anweisung einfacher als

```
if (a<b) OR (c=d) then ...                                 (12.2)
```

geschrieben werden könnte. Wie ist Sally zu diesem Schluß gekommen?

Vielleicht hat sie folgendermaßen argumentiert. Angenommen, es gilt `a<b`. Dann ist die erste der beiden durch `ODER` verknüpften Bedingungen in beiden Anweisungen wahr, so daß in beiden Fällen der then-Zweig gewählt wird. Nehmen wir nun an, daß `a<b` falsch ist. In diesem Fall können wir nur dann den then-Zweig durchlaufen, wenn die zweite der beiden Bedingungen wahr ist. Bei Anweisung (12.1) fragen wir, ob

```
(a>=b) AND (c=d)
```

wahr ist. `a>=b` ist sicher wahr, da wir annehmen, daß `a<b` falsch ist. Wir wählen also genau dann den then-Zweig, wenn `c=d` wahr ist. In der Anweisung (12.2) nehmen wir eindeutig den then-Zweig, wenn `c=d` wahr ist. Es ist somit egal, welche Werte `a`, `b`, `c` und `d` haben, es wird entweder bei beiden if-Anweisungen

oder bei keiner der then-Zweig gewählt. Wir schließen daraus, daß Sally recht hat und daß der vereinfachte bedingte Ausdruck den ersten ersetzen kann, ohne daß das Programm hinterher etwas anderes tut.

Die Aussagenlogik ist ein mathematisches Modell, das es uns gestattet, die Wahrheit oder Falschheit eines logischen Ausdrucks herzuleiten. Im nächsten Abschnitt werden wir logische Ausdrücke formal definieren, für den Augenblick können wir uns einen logischen Ausdruck aber als eine Vereinfachung eines bedingten Ausdrucks vorstellen, wie in den Zeilen (12.1) und (12.2) angedeutet.

Aussagen und Wahrheitswerte

Sie haben sicherlich bemerkt, daß unsere Folgerungen über die beiden oben genannten if-Anweisungen nicht davon abhingen, was `a<b` oder ähnliche Bedingungen „bedeuten". Alles was wir wissen mußten, war, daß die Bedingungen `a<b` und `a>=b` *komplementär* sind. Das bedeutet, wenn eine von ihnen wahr ist, ist die andere falsch und umgekehrt. Wir können daher die Aussage `a<b` durch ein einzelnes Symbol p ersetzen, `a>=b` durch den Ausdruck `NICHT` p und `c=d` durch das Symbol q. Die Symbole p und q bezeichnet man als *aussagenlogische Variablen* (*propositional variables*), da sie für jede „Aussage" stehen können, das heißt für jede Aussage, die einen der *Wahrheitswerte*, wahr oder falsch, haben können. Eine aussagenlogische Variable entspricht im wesentlichen einer Variablen vom Typ `Boolean` in Pascal.

Logische Ausdrücke können logische Operatoren wie `UND`, `ODER` und `NICHT` enthalten. Sind die Werte der Operanden der logischen Operatoren in einem logischen Ausdruck bekannt, so kann der Wert des Ausdrucks unter Verwendung folgender Regeln ermittelt werden:

1. Der Ausdruck p `UND` q ist nur dann wahr, wenn p und q beide wahr sind; ansonsten ist er falsch.

2. Der Ausdruck p `ODER` q ist wahr, wenn entweder p oder q wahr ist, oder wenn beide wahr sind; sonst ist er falsch.

3. Der Ausdruck `NICHT` p ist wahr, wenn p falsch ist, und er ist falsch, wenn p wahr ist.

Beachten Sie, daß diese Regeln exakt den Regeln zur Auswertung Boolescher Ausdrücke in Pascal entsprechen.

Die Bedingung in Gleichung (12.1) kann als der logische Ausdruck

p `ODER` ((`NICHT` p) `UND` q)

und Gleichung (12.2) kann als p `ODER` q geschrieben werden. Unsere Folgerung über die if-Anweisungen (12.1) und (12.2) beinhalteten die allgemeine Aussage, daß

$$(p \text{ ODER } ((\text{NICHT } p) \text{ UND } q)) \equiv (p \text{ ODER } q) \tag{12.3}$$

gilt, wobei ≡ die Bedeutung „ist äquivalent zu" oder „hat denselben Booleschen Wert wie" hat. Das bedeutet, egal welche Wahrheitswerte die aussagenlogischen Variablen p und q besitzen, die linke Seite und die rechte Seite von ≡ sind entweder beide wahr oder beide falsch. Wir hatten herausgefunden, daß bei der oben genannten Äquivalenz beide dann wahr sind, wenn p wahr ist oder wenn q wahr ist, und daß beide falsch sind, wenn p und q beide falsch sind. Die Äquivalenz ist somit gültig.

Da p und q jeweils beliebige Aussagen sein können, können wir die Äquivalenz (12.3) zur Vereinfachung vieler unterschiedlicher Ausdrücke verwenden. p könnte zum Beispiel die Form

```
(a=b+1) UND (c<d)
```

haben, während q gleich `(a=c) ODER (b=c)` ist. In diesem Fall hat die linke Seite von (12.3) die Form

```
((a=b+1) UND (c<d)) ODER                                          (12.4)
   ((NICHT((a=b+1) UND (c<d))) UND ((a=c) ODER (b=c)))
```

Die Äquivalenz (12.3) besagt, daß (12.4) vereinfacht werden kann, so daß sie die Form der rechten Seite von (12.3) hat,

```
((a=b+1) UND (c<d)) ODER ((a=c) ODER (b=c))
```

Ebenso könnte p die Aussage zum Inhalt haben „Die Sonne scheint" und q die Aussage „Joe nimmt seinen Regenschirm mit". Dann sieht die linke Seite von (12.3) so aus:

> „Die Sonne scheint oder die Sonne scheint nicht und Joe nimmt seinen Regenschirm mit"

Die rechte Seite, die dasselbe aussagt, sieht dagegen wie folgt aus:

> „Die Sonne scheint oder Joe nimmt seinen Regenschirm mit"

12.3 Logische Ausdrücke

Die in bedingten Anweisungen von Pascal vorkommenden Ausdrücke sind für Ausdrücke der Aussagenlogik typisch, wenn wir die Vergleiche, wie `a<b`, durch aussagenlogische Variablen ersetzen. Eine elementare Menge *logischer Ausdrücke* kann wie folgt induktiv definiert werden:

Was die Aussagenlogik nicht kann

Die Aussagenlogik ist zwar ein nützliches Werkzeug für das logische Schließen, sie ist jedoch dadurch eingeschränkt, daß sie nicht in die Aussagen hineinsehen und somit keine Vorteile aus deren Beziehungen untereinander ziehen kann. Zum Beispiel schrieb Sally einmal die if-Anweisung

```
if (a<b) UND (a<c) UND (b<c) then ...
```

Sam wies sie darauf hin, daß es ausreichte

```
if (a<b) UND (b<c) then ...
```

zu schreiben. Nehmen wir p, q und r anstelle der Aussagen `(a<b)`, `(a<c)` bzw. `(b<c)`, dann erscheint es so, als hätte Sam folgendes gesagt:

$$(p \text{ UND } q \text{ UND } r) \equiv (p \text{ UND } r)$$

Diese Äquivalenz ist aber nicht immer gültig. Nehmen wir zum Beispiel an, p und r sind wahr, aber q ist falsch. Dann wäre die rechte Seite falsch und die linke Seite wahr.

Es stellt sich heraus, daß Sams Vereinfachung korrekt ist, aber nicht aus einem Grund, den wir mit Hilfe der Aussagenlogik entdecken können. Sie erinnern sich vielleicht aus Abschnitt 7.10, daß $<$ eine transitive Relation ist. Immer wenn p und r beide wahr sind, wenn also sowohl `a<b` als auch `b<c` gilt, muß auch q wahr sein, das `a<c` entspricht.

In Kapitel 14 werden wir ein noch mächtigeres Modell betrachten, die Prädikatenlogik, die es uns gestattet, Aussagen mit Argumenten zu versehen. Dieses Privileg erlaubt es uns, besondere Eigenschaften von Operatoren wie $<$ auszunutzen. (Für unsere Zwecke können wir uns ein Prädikat als den Namen einer Relation im mengentheoretischen Sinne der Kapitel 7 und 8 vorstellen.) Zum Beispiel könnten wir zur Darstellung des Operators $<$ ein Prädikat lt erzeugen und p, q und r als $lt(a, b)$, $lt(a, c)$ und $lt(b, c)$ schreiben. Dann könnten wir mit Hilfe geeigneter Gesetze, die die Eigenschaften von lt, wie die Transitivität, ausdrückten, schließen, daß gilt

$$(lt(a, b) \text{ UND } lt(a, c) \text{ UND } lt(b, c)) \equiv (lt(a, b) \text{ UND } lt(b, c))$$

Dies gilt sogar für jedes Prädikat lt, das dem Transitivitätsgesetz gehorcht, und nicht nur für das Prädikat $<$.

BASIS. Aussagenlogische Variablen und die logischen Konstanten WAHR und FALSCH sind logische Ausdrücke. Sie bilden die atomaren Operanden.

INDUKTION. Wenn E und F logische Ausdrücke sind, dann sind folgende Ausdrücke ebenfalls logische Ausdrücke:

1. E UND F. Der Wert dieses Ausdrucks ist WAHR, wenn E und F beide WAHR sind, sonst ist er FALSCH.
2. E ODER F. Der Wert dieses Ausdrucks ist WAHR, wenn entweder E oder F oder beide WAHR sind, und der Wert ist FALSCH, wenn E und F beide FALSCH sind.
3. NICHT E. Der Wert dieses Ausdrucks ist WAHR, wenn E FALSCH ist, und er ist FALSCH, wenn E WAHR ist.

Das bedeutet, daß logische Ausdrücke aus den binären Infix-Operatoren UND und ODER und aus dem unären Präfix-Operator NICHT gebildet werden können. Wie in anderen Algebren benötigen wir Klammern zur Gruppierung. In einigen Fällen können wir Bindungsstärken und die Assoziativität von Operatoren nutzen, um redundante Klammernpaare zu eliminieren, wie wir es bei bedingten Ausdrücken in Pascal tun, die diese logischen Operatoren (AND, OR und NOT) verwenden. Im nächsten Abschnitt werden wir weitere logische Operatoren kennenlernen, die in logischen Ausdrücken vorkommen können.

Beispiel 12.1

Einige Beispiele logischer Ausdrücke sind:

1. WAHR
2. WAHR ODER FALSCH
3. NICHT p
4. p UND (q ODER r)
5. (q UND p) ODER (NICHT p)

p, q und r sind in diesen Ausdrücken aussagenlogische Variablen. ◆

Bindungsstärken logischer Operatoren

Wie bei Ausdrücken anderer Art, weisen wir den logischen Operatoren eine Bindungsstärke zu und verwenden diese, um gewisse Klammernpaare zu eliminieren. Die Reihenfolge der Bindungsstärken für die bisher kennengelernten Operatoren ist: NICHT (am höchsten), dann UND und anschließend ODER (am niedrigsten). UND und ODER werden üblicherweise von links gruppiert, obwohl wir noch sehen werden, daß sie assoziativ sind und daß das Gruppieren daher keine Bedeutung hat. NICHT kann als Präfix-Operator nur von rechts gruppieren.

Beispiel 12.2

NICHT NICHT p ODER q wird gruppiert zu (NICHT (NICHT p)) ODER q. NICHT p ODER q UND r wird zu (NICHT p) ODER (q UND r) gruppiert. Sie haben sicher bemerkt, daß es eine Analogie zwischen der Bindungsstärke und der Assoziativität von UND, ODER und NICHT auf der einen und den arithmetischen Operatoren ×, + und dem unären - auf der anderen Seite gibt. So läßt sich der zuletzt genannte Ausdruck mit dem arithmetischen Ausdruck $-p+q\times r$ vergleichen, der dieselbe Gruppierung, $(-p)+(q\times r)$, besitzt. ◆

Auswertung logischer Ausdrücke

Wenn allen aussagenlogischen Variablen eines logischen Ausdrucks Wahrheitswerte zugewiesen werden, besitzt der Ausdruck selbst ebenfalls einen Wahrheitswert. Wir können einen logischen Ausdruck dann genauso auswerten wie einen arithmetischen oder einen relationalen Ausdruck.

Die Vorgehensweise läßt sich am besten anhand des Ausdrucksbaums für einen Ausdruck erklären. Betrachten wir beispielhaft Abb. 12.1 für den Ausdruck p UND (q ODER r) ODER s. Für eine *Wahrheitsbelegung* (*truth assignment*), das heißt für eine Zuweisung von WAHR oder FALSCH zu jeder Variablen, beginnen wir an den Blättern, die den atomaren Operanden entsprechen. Jeder atomare Operand ist entweder eine der logischen Konstanten, WAHR oder FALSCH, oder eine Variable, welcher einer der Werte WAHR oder FALSCH durch die Wahrheitsbelegung zugewiesen wurde. Sind die Werte der Kinder eines inneren Knotens v einmal bekannt, so können wir den Operator von v auf diese Werte anwenden und einen Wahrheitswert für Knoten v ermitteln. Der Wahrheitswert der Wurzel entspricht dem Wahrheitswert des gesamten Ausdrucks.

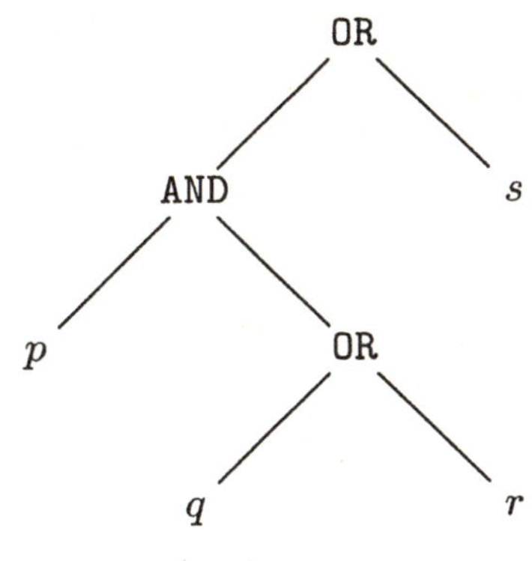

Abb. 12.1: Der Ausdrucksbaum für den logischen Ausdruck p UND (q ODER r) ODER s.

Beispiel 12.3

Angenommen, wir wollen den Ausdruck p UND (q ODER r) ODER s mit der Wahrheitsbelegung WAHR, FALSCH, WAHR, FALSCH für p, q, r bzw. s auswerten. Dann betrachten wir zuerst den untersten inneren Knoten in Abb. 12.1, der den Ausdruck q ODER r repräsentiert. Da q FALSCH ist, r dagegen WAHR, hat q ODER r den Wert WAHR.

Anschließend bearbeiten wir den Knoten mit dem UND-Operator. Seine beiden Kinder, die die Ausdrücke p und q ODER r repräsentieren, haben den Wert WAHR. Dieser den Ausdruck p UND (q ODER r) repräsentierende Knoten hat somit den Wert WAHR.

Zum Schluß betrachten wir die Wurzel, die den Operator ODER besitzt. Wie wir gerade herausgefunden haben, hat ihr linkes Kind den Wert WAHR und ihr rechtes Kind, welches den Ausdruck s repräsentiert, laut Wahrheitsbelegung den Wert FALSCH. Da WAHR ODER FALSCH immer WAHR ergibt, besitzt der gesamte Ausdruck den Wert WAHR. ◆

Boolesche Funktionen

Die „Bedeutung" jedes Ausdrucks kann formal als eine Funktion von den Werten seiner Argumente zu einem Wert für den gesamten Ausdruck beschrieben werden. Zum Beispiel ist der arithmetische Ausdruck $x \times (x + y)$ eine Funktion, die die Werte von x und y übernimmt (z. B. reelle Zahlen) und den Wert zurückgibt, der sich durch Addieren der beiden Argumente und Multiplizieren dieser Summe mit dem ersten Argument ergibt. Das Verhalten ähnelt dem einer Pascal-Funktion mit der Deklaration

```
function foo(x,y: real): real;
```

Im mengentheoretischen Sinne entspricht ein Ausdruck einer Funktion von (x,y)-Paaren nach Werten. Diese Funktion enthält Elemente wie ((3,4),21) oder ((10,12),220).

Auch logische Ausdrücke haben die Bedeutung einer Funktion, die Wahrheitsbelegungen als Argumente erhält und entweder WAHR oder FALSCH zurückgibt. Derartige Funktionen werden *Boolesche Funktionen* genannt. Zum Beispiel ist der logische Ausdruck

E: p UND (p ODER q)

der folgendermaßen deklarierten Pascal-Funktion sehr ähnlich:

```
function foo(p,q: Boolean): Boolean;
```

Man kann sie auch als eine mengentheoretische Funktion von (p,q)-Paaren auf die Booleschen Werte WAHR und FALSCH ansehen. Zum Beispiel kann der oben genannte Ausdruck E durch eine Funktion bestehend aus vier Elementen repräsentiert werden. ((WAHR, FALSCH), WAHR) ist eines davon. Dieses Element verdeutlicht die Tatsache, daß, wenn p WAHR und q FALSCH ist, E den Wert WAHR hat. Wir ermitteln diesen Wert, indem wir den Ausdrucksbaum für E nach der in Beispiel 12.3 beschriebenen Vorgehensweise von unten nach oben durchlaufen. Der Leser möge E für die anderen drei Wahrheitsbelegungen auswerten und somit die gesamte durch E repräsentierte Boolesche Funktion bilden.

ÜBUNGEN

12.3.1: Werten Sie die folgenden Ausdrücke für alle möglichen Wahrheitswerte aus, um so deren Boolesche Funktionen als mengentheoretische Funktion auszudrücken.

a) p UND (p ODER q)

b) NICHT p ODER q

c) (p UND q) ODER (NICHT p UND NICHT q)

12.4 Wahrheitstafeln

Es ist praktisch, eine Boolesche Funktion in Form einer *Wahrheitstafel* aufzuzeichnen, in der die Zeilen den möglichen Kombinationen von Wahrheitswerten für die Argumente entsprechen. Es gibt jeweils eine Spalte für jedes Argument und für den Wert der Funktion.

p	q	p AND q
0	0	0
0	1	0
1	0	0
1	1	1

p	q	p OR q
0	0	0
0	1	1
1	0	1
1	1	1

p	NOT p
0	1
1	0

Abb. 12.2: Wahrheitstafeln für UND, ODER *und* NICHT.

Beispiel 12.4

Die Wahrheitstafeln für UND, ODER und NICHT sind in Abb. 12.2 angegeben. An dieser Stelle und häufig im weiteren Verlauf des Kapitels werden wir zur Abkürzung eine 1 für WAHR und eine 0 für FALSCH verwenden. Die Wahrheitstafel für UND besagt somit, daß das Ergebnis dann und nur dann WAHR ist, wenn beide Operanden WAHR sind. Die zweite Wahrheitstafel sagt uns, daß das Ergebnis der Anwendung des ODER-Operators WAHR ist, wenn einer der beiden Operanden oder beide Operanden WAHR sind. Die dritte Wahrheitstafel besagt, daß das Ergebnis der Anwendung des NICHT-Operators dann und nur dann WAHR ist, wenn der Operand den Wert FALSCH hat. ◆

Die Größe von Wahrheitstafeln

Die Wahrheitstafel für eine Boolesche Funktion mit k Argumenten hat 2^k Zeilen, eine für jeden String von k 0-en und 1-en, die die Werte der k Argumente repräsentieren. Wenn $k = 2$ ist, gibt es zum Beispiel vier Zeilen, die 00, 01, 10 und 11 entsprechen. Dies ist in Abb. 12.2 in den Wahrheitstafeln für UND und ODER zu sehen.

Jede Zeile einer Wahrheitstafel weist der Funktion einen Wert von 0 oder 1 zu, so daß es $2 \times 2 \times 2 \times 2 = 16$ mögliche Funktionen mit zwei Argumenten gibt. Wir haben bereits zwei derartige Funktionen kennengelernt, UND und ODER. Andere sind trivial, wie beispielsweise die Funktion, die den Wert 1 hat, egal welche Argumente sie erhält. Es gibt aber noch eine Reihe anderer Funktionen mit zwei Argumenten, denen wir später in diesem Abschnitt begegnen werden. Auch haben wir NICHT kennengelernt, eine nützliche Funktion mit einem Argument. Oft verwendet man auch Boolesche Funktionen mit drei oder mehr Argumenten.

Eine Anmerkung über das Zählen von Dingen

Etwas nützliches läßt sich beobachten, wenn wir einen aus a Werten an jedes aus b Objekten zuweisen möchten. Eine nützliche Beobachtung besteht dann, daß es a^b Möglichkeiten gibt. Stehen zum Beispiel vier Häuser nebeneinander, und wir möchten jedes in einer von drei Farben streichen, so gibt es $3^4 = 81$ Möglichkeiten, diese vier Häuser zu streichen. Das heißt, wir können das erste Haus in einer der drei Farben streichen. Für jede Auswahl einer Farbe für das erste Haus ergeben sich drei Möglichkeiten, das zweite Haus zu streichen oder neun Möglichkeiten, um die ersten beiden Häuser zu streichen. Für jede dieser neun Möglichkeiten kann das dritte Haus auf dreierlei Art gestrichen werden, was zusammen 27 Möglichkeiten ergibt, die ersten drei Häuser zu streichen. Ebenso kann das letzte Haus für jede dieser 27 Möglichkeiten mit drei verschiedenen Farben gestrichen werden, was zusammen 81 Möglichkeiten ergibt, alle vier Häuser zu streichen. Die allgemeine Regel kann durch eine einfache Induktion über b bewiesen werden.

Wir haben mehrfach beobachtet, daß die Anzahl möglicher Strings aus 0-en und 1-en der Länge k 2^k beträgt. Das folgt aus dem allgemeinen Prinzip. Stellen wir uns 0 und 1 als die Farben vor und die k Positionen des Strings als k Häuser, dann gilt $a = 2$ und $b = k$. Eine weitere interessante Anwendung ergibt sich aus der Frage, wie viele Boolesche Funktionen mit k Argumenten es gibt. Jede derartige Funktion wird, wie bereits erwähnt, durch eine Wahrheitstafel mit 2^k Zeilen repräsentiert. Jede Zeile kann mit 0 oder 1 „gestrichen" werden; die Farbe entspricht dem Wahrheitswert, der für diese Funktion für die Wertebelegungen der Argumente in dieser Zeile zurückgegeben wird. Es gibt somit 2 „Farben" und 2^k „Häuser" bzw. insgesamt 2^{2^k} Funktionen. Ist zum Beispiel k = 2, so gibt es $2^{2^2} = 16$ Funktionen, und für $k = 5$ gibt es $2^{2^5} = 2^{32}$ oder ungefähr vier Milliarden Funktionen.

Während Wahrheitstafeln mit ein, zwei oder drei Variablen noch relativ klein sind, besagt die Tatsache, daß die Anzahl der Zeilen für eine k-stellige Funktion 2^k beträgt, daß k nicht sehr groß zu werden braucht, ehe es nicht mehr möglich ist, diese Wahrheitstafeln zu zeichnen. Eine Funktion mit zehn Argumenten hat beispielsweise bereits über 1000 Zeilen. In späteren Abschnitten werden wir uns mit der Tatsache abfinden müssen, daß, während Wahrheitstafeln endlich sind und grundsätzlich alles über eine Boolesche Funktion aussagen, uns ihr exponentielles Wachstum häufig zwingt, andere Mittel zu finden, um Boolesche Funktionen zu verstehen, auszuwerten oder zu vergleichen.

Weitere logische Operatoren

Es gibt vier weitere Boolesche Funktionen mit zwei Argumenten, die sich im folgenden noch als nützlich erweisen werden.

1. *Implikation*, geschrieben als $\rightarrow$. Wir schreiben $p \rightarrow q$, wenn wir meinen, daß, „wenn p wahr ist, dann auch q wahr ist". Die Wahrheitstafel für $\rightarrow$ ist in Abb. 12.3 angegeben. Beachten Sie, daß es nur eine Möglichkeit gibt, daß die Aussage $p \rightarrow q$ falsch wird: p muß wahr sein und q muß falsch sein. Wenn p falsch ist, dann ist $p \rightarrow q$ immer wahr, und wenn q wahr ist, dann ist $p \rightarrow q$ immer wahr.

2. *Äquivalenz*, geschrieben $\equiv$, bedeutet „dann und nur dann, wenn"; das heißt, $p \equiv q$ ist dann wahr, wenn p und q beide wahr oder beide falsch sind, sonst nicht. Die dazugehörige Wahrheitstafel ist in Abb. 12.4 abgebildet. Eine andere Möglichkeit, den $\equiv$-Operator zu betrachten, ist, daß er behauptet, daß die Operanden auf der linken und rechten Seite dieselben Wahrheitswerte haben. Genau das meinten wir in Abschnitt 12.2, als wir behaupteten, daß zum Beispiel (p ODER (NICHT p UND q)) $\equiv$ (p ODER q) ist.

3. Der Operator NAND, bzw. „not-and", wendet UND auf seine Operanden an und bildet dann durch Anwendung von NICHT das Komplement des Ergebnisses. Wir schreiben p NAND q und meinen damit NICHT (p UND q).

4. Ähnliches gilt für den Operator NOR, bzw. „not-or", der ODER auf seine Operanden anwendet und das Komplement des Ergebnisses bildet; p NOR q bedeutet NICHT (p ODER q). Die Wahrheitstafeln für NAND und NOR befinden sich in Abb. 12.4.

p	q	$p \rightarrow q$
0	0	1
0	1	1
1	0	0
1	1	1

Abb. 12.3: Wahrheitstafel für „impliziert".

Wie ist das „impliziert" zu verstehen?

Die Bedeutung des Implikationsoperators $\rightarrow$ mag auf den ersten Blick unverständlich erscheinen, da wir uns erst daran gewöhnen müssen, daß „Falschheit alles impliziert". Wir sollten $\rightarrow$ nicht mit dem Gesetz von Ursache und Wirkung verwechseln. $p \rightarrow q$ mag zwar wahr sein, dennoch „verursacht" p q in keinster Weise. Zum Beispiel sei p die Aussage „es regnet" und q die Aussage „Sue nimmt ihren Schirm mit". Dann könnten wir behaupten, daß $p \rightarrow q$ wahr ist. Es mag auch so scheinen, daß es der Regen war, der dafür sorgte, daß Sue ihren Regenschirm mitnahm. Es könnte jedoch ebenfalls wahr sein, daß Sue eine der Personen ist, die nicht an Wettervorhersagen glauben und es daher vorziehen, immer einen Regenschirm bei sich zu haben.

p	q	$p \equiv q$
0	0	1
0	1	0
1	0	0
1	1	1

p	q	p NAND q
0	0	1
0	1	1
1	0	1
1	1	0

p	q	p NOR q
0	0	1
0	1	0
1	0	0
1	1	0

Abb. 12.4: Wahrheitstafeln für Äquivalenz, NAND *und* NOR.

Operatoren mit mehreren Argumenten

Einige logische Operatoren können mehr als zwei Argumente als natürliche Erweiterung übernehmen. Zum Beispiel ist es einfach zu erkennen, daß der Operator UND assoziativ ist [(p UND q) UND r ist äquivalent zu p UND (q UND r)]. Ein Ausdruck der Form p_1 UND p_2 UND ... UND p_k kann demnach in jeder Reihenfolge gruppiert werden; sein Wert ist genau dann WAHR, wenn alle $p_1, p_2, ..., p_k$ WAHR sind. Wir schreiben diesen Ausdruck somit als eine Funktion mit k Argumenten

UND$(p_1, p_2, ..., p_k)$

Die Wahrheitstafel ist in Abb. 12.5 angegeben. Wir erkennen, daß ihr Ergebnis nur dann 1 ist, wenn alle Argumente 1 sind.

p_1	p_2	...	p_{k-1}	p_k	AND $(p_1, p_2, ..., p_k)$
0	0	...	0	0	0
0	0	...	0	1	0
0	0	...	1	0	0
0	0	...	1	1	0
.	.		.	.	.
.	.		.	.	.
.	.		.	.	.
1	1	...	1	0	0
1	1	...	1	1	1

Abb. 12.5: Wahrheitstafel für UND *mit k Argumenten.*

Die Bedeutung einiger Operatoren

Der Grund dafür, daß uns die k-stelligen UND, ODER, NAND und NOR besonders interessieren, liegt darin, daß diese Operatoren besonders leicht elektronisch zu implementieren sind. Das heißt, es gibt einfache Mittel zum Bau von „Gattern", bei denen es sich um elektronische Schaltungen handelt, die k Eingaben erhalten und anschließend das UND, ODER, NAND oder NOR dieser Eingaben erzeugen. Während die Einzelheiten der zugrundeliegenden elektronischen Technologien den Rahmen dieses Buches sprengen würden, beruht die allgemeine Idee darauf, 1 und 0, bzw. WAHR und FALSCH, durch zwei unterschiedliche Spannungsebenen zu repräsentieren. Einige andere Operatoren, wie $\equiv$ oder $\rightarrow$, sind elektronisch nicht so einfach zu implementieren und wir benutzen im allgemeinen mehrere Gatter vom Typ NAND oder NOR, um diese zu implementieren. Den NICHT-Operator kann man sich entweder als 1-argumentiges NAND oder als 1-argumentiges NOR vorstellen, weshalb er ebenfalls einfach zu implementieren ist.

Auch das ODER ist assoziativ, so daß sich der logische Ausdruck p_1 ODER p_2 ODER ... ODER p_k als die Boolesche Funktion ODER $(p_1, p_2, ..., p_k)$ ausdrücken läßt. Die Wahrheitstafel für dieses k-stellige ODER, die wir hier nicht angeben, besitzt 2^k Zeilen wie die Tafel für das k-stellige UND. Beim ODER hat allerdings die erste Zeile, in der alle $p_1, p_2, ..., p_k$ eine 0 zugewiesen bekommen, den Wert 0; die verbleibenden 2^k - 1 Zeilen haben den Wert 1.

Die binären Operatoren NAND und NOR sind kommutativ, aber nicht assoziativ. Der ungeklammerte Ausdruck p_1 NAND p_2 NAND ... NAND p_k hat keine ihm innewohnende Bedeutung. Wenn wir von einem k-stelligen NAND sprechen, meinen wir keine der möglichen Gruppierungen von

$$p_1 \text{ NAND } p_2 \text{ NAND ... NAND } p_k$$

Wir definieren NAND$(p_1, p_2, ..., p_k)$ vielmehr als äquivalent zu dem Ausdruck

$$\text{NICHT}(p_1 \text{ UND } p_2 \text{ UND ... UND } p_k)$$

NAND $(p_1, p_2, ..., p_k)$ hat also den Wert 0, wenn alle $p_1, p_2, ..., p_k$ den Wert 1 haben, für alle anderen 2^k - 1 Kombinationen der Eingabewerte hat es den Wert 1.

Ebenso steht NOR $(p_1, p_2, ..., p_k)$ für NICHT $(p_1$ ODER p_2 ODER ... ODER $p_k)$. Es hat den Wert 1, wenn alle $p_1, p_2, ..., p_k$ den Wert 0 haben; sonst hat es den Wert 0.

Assoziativität und Bindungsstärken logischer Operatoren

Die Reihenfolge der von uns verwendeten Bindungsstärken lautet

1. NICHT (am höchsten)
2. NAND
3. NOR
4. UND
5. ODER
6. $\rightarrow$
7. $\equiv$ (am niedrigsten)

Demnach wird $p \rightarrow q \equiv$ NICHT p ODER q gruppiert zu $(p \rightarrow q) \equiv$ ((NICHT p) ODER q).

Wie wir bereits erwähnten, sind UND und ODER assoziativ und kommutativ, und wenn es notwendig ist, genaue Angaben zu machen, nehmen wir an, daß sie von links gruppieren. Die anderen aufgelisteten binären Operatoren sind nicht assoziativ. Wir werden sie im allgemeinen explizit in Klammern setzen, um Mehrdeutigkeiten zu vermeiden. Jeder der Operatoren $\rightarrow$, $\equiv$, NAND und NOR wird aber bei Folgen von zwei oder mehr Vorkommen desselben Operators von links her gruppiert.

Verwendung von Wahrheitstafeln zur Auswertung logischer Ausdrücke

Mit einer Wahrheitstafel läßt sich der Wert eines Ausdrucks E für alle möglichen Wahrheitsbelegungen leicht berechnen und anzeigen, solange der Ausdruck nicht zu viele Variablen enthält. Wir beginnen mit den Spalten für jede der in E vorkommenden Variablen und schreiben dahinter die Spalten für die verschiedenen Teilausdrücke von E in einer Reihenfolge, die der Auswertung eines Ausdrucksbaums von E von unten nach oben (*bottom-up*) entspricht.

Wenn wir einen Operator auf die Spalten anwenden, die die Werte einiger Knoten darstellen, führen wir einfach eine dem Operator entsprechende Operation auf den Spalten durch. Wollen wir zum Beispiel die UND-Verknüpfung zweier Spalten bilden, schreiben wir in diejenigen Zeilen eine 1, die in beiden Spalten eine 1 enthalten, in die anderen Spalten schreiben wir eine 0. Um die ODER-Verknüpfung zweier Spalten zu bilden, schreiben wir in diejenigen Zeilen eine 1, in denen eine oder beide Spalten eine 1 enthalten, sonst schreiben wir eine 0 hinein. Um das NICHT für eine Spalte zu erhalten, bilden wir das *Komplement* der Spalte, indem wir dort eine 1 schreiben, wo in der Spalte eine 0 steht und umgekehrt. Als letztes Beispiel betrachten wir den Operator $\rightarrow$, der auf zwei Spalten angewandt wird; das Ergebnis hat nur dort eine 0 stehen, wo die erste Spalte eine 1 und die zweite eine 0 enthält; andere Zeilen erhalten das Ergebnis 1.

Die Regeln für einige andere Operatoren werden als Übungsaufgabe offengelassen. Im allgemeinen wenden wir Operatoren auf Spalten an, indem wir diesen Operator Zeile für Zeile auf die Werte in dieser Zeile anwenden.

Beispiel 12.5

Gegeben sei der Ausdruck E: (p UND q) $\rightarrow$ (p ODER r). Abbildung 12.6 zeigt die Wahrheitstafel für diesen Ausdruck und seine Teilausdrücke. Die Spalten (1), (2) und (3) geben die Werte der Variablen p, q und r in allen Kombinationen an. Spalte (4) enthält die Werte des Teilausdrucks p UND q, der berechnet wird, indem immer dort eine 1 eingetragen wird, wo beide Spalten (1) und (2) eine 1 enthalten. Spalte (5) zeigt den Wert des Ausdrucks p ODER r; er wird berechnet, indem in die Zeilen eine 1 geschrieben wird, in denen entweder Spalte (1) oder

Spalte (3) oder beide Spalten eine 1 enthalten. Spalte (6) repräsentiert schließlich den gesamten Ausdruck E. Er ergibt sich aus den Spalten (5) und (6); diese Spalte enthält nur in den Zeilen keine 1, in denen Spalte (4) eine 1 enthält und Spalte (5) eine 0. Da es keine derartige Zeile gibt, besteht Spalte (6) nur aus 1-en, was besagt, daß E den Wahrheitswert 1 hat, egal welche Argumente er besitzt. Wie wir in Abschnitt 12.7 noch sehen werden, nennt man einen solchen Ausdruck eine „Tautologie". ◆

(1)	(2)	(3)	(4)	(5)	(6)
p	q	r	p AND q	p OR q	E
0	0	0	0	0	1
0	0	1	0	1	1
0	1	0	0	0	1
0	1	1	0	1	1
1	0	0	0	1	1
1	0	1	0	1	1
1	1	0	1	1	1
1	1	1	1	1	1

Abb. 12.6: Wahrheitstafel für (p UND q) → (p ODER r).

ÜBUNGEN

12.4.1: Geben Sie die Regeln zur Berechnung von (a) NAND (b) NOR (c) ≡ zweier Spalten einer Wahrheitstafel an.

12.4.2: Berechnen Sie die Wahrheitstafeln für folgende Ausdrücke und deren Teilausdrücke.

a) $(p \rightarrow q) \equiv$ (NICHT p ODER q)

b) $p \rightarrow (q \rightarrow (r$ ODER NICHT $p))$

c) (p ODER q) → (p UND q)

12.4.3*: Welchem Mengenoperator entspricht der logische Ausdruck p UND NICHT q? (Vgl. den Kasten über den Vergleich von Venn-Diagrammen und Wahrheitstafeln.)

12.4.4*: Geben Sie Beispiele an, die zeigen, daß →, ≡, NAND und NOR nicht assoziativ sind.

12.4.5:** Eine Boolesche Funktion f *hängt nicht vom ersten Argument ab*, wenn

$$f(\text{WAHR}, x_2, x_3, \ldots, x_k) = f(\text{FALSCH}, x_2, x_3, \ldots, x_k)$$

für beliebige Wahrheitswerte x_2, x_3, ..., x_k gilt. Ebenso kann man sagen, daß f nicht von seinem i-ten Argument abhängt, wenn der Wert von f sich niemals verändert, wenn sein i-tes Argument zwischen WAHR und FALSCH umschaltet. Wie viele Boolesche Funktionen mit zwei Argumenten hängen nicht von ihrem ersten oder zweiten Argument (oder von beiden) ab?

12.4.6*: Erstellen Sie die Wahrheitstafeln für die 16 aus zwei Variablen bestehenden Booleschen Funktionen. Wie viele dieser Funktionen sind kommutativ?

12.4.7*: Beweisen Sie durch Induktion über b, daß es a^b Möglichkeiten gibt, b Häuser jeweils in einer von a Farben zu streichen.

Venn-Diagramme und Wahrheitstafeln

Wahrheitstafeln und die in Abschnitt 7.3 vorgestellten Venn-Diagrammen für Mengenoperationen sind sich recht ähnlich. So verhält sich die Operation der Vereinigung auf Mengen wie das ODER bei Wahrheitswerten, und der Schnitt verhält sich wie das UND. In Abschnitt 12.8 werden wir sehen, daß diese beiden Paare von Operationen denselben algebraischen Gesetzen gehorchen. Genau wie ein Ausdruck, der k Mengen als Argumente enthält, zu einem Venn-Diagramm mit 2^k Regionen wird, ergibt ein logischer Ausdruck mit k Variablen eine Wahrheitstafel mit 2^k Zeilen. Zudem gibt es eine natürliche Beziehung zwischen Regionen und Zeilen. Zum Beispiel entspricht ein logischer Ausdruck mit den Variablen p, q und r einem Mengenausdruck mit den Mengen P, Q und R. Betrachten wir das Venn-Diagramm für diese Mengen:

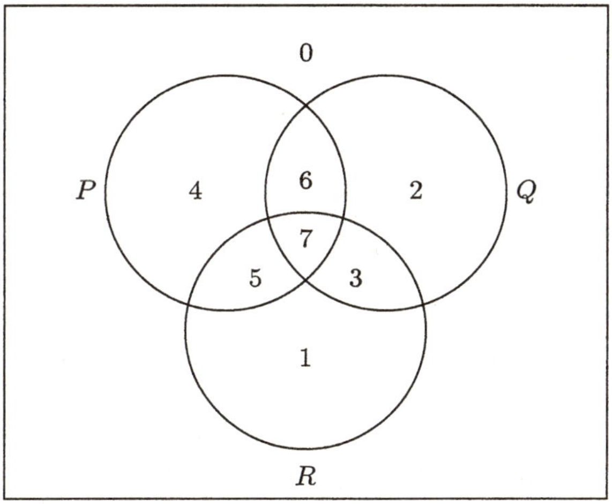

Die Region 0 entspricht hier der Menge von Elementen, die in keiner der Mengen P, Q und R enthalten sind. Region 1 beschreibt die Elemente, die in R, aber weder in P noch in Q vorkommen. Allgemein gilt, wenn wir eine dreistellige binäre Darstellungsweise einer Regionsnummer betrachten, sagen wir abc, so befinden sich die Elemente der Region in P, wenn $a = 1$ ist, in Q, wenn $b = 1$ ist und in R, wenn $c = 1$ ist. Die mit $(abc)_2$ numerierte Region entspricht somit der Zeile der Wahrheitstafel, in der p, q und r die Wahrheitswerte a, b bzw. c haben.

Beim Umgang mit Venn-Diagrammen nehmen wir an, daß die Vereinigung zweier Mengen von Regionen die Regionen in beiden Menge einschloß. Bilden wir analog dazu in einer Wahrheitstafel die `ODER`-Verknüpfung von Spalten, so schreiben wir eine 1 in die Vereinigung der Zeilen, die eine 1 in der ersten Spalte haben und wir schreiben eine 1 in die Vereinigung der Zeilen, die eine 1 in der zweiten Spalte haben. Ebenso bilden wir in einem Venn-Diagramm den Schnitt von Mengen von Regionen, indem wir nur die Regionen nehmen, die in beiden Mengen enthalten sind, und wir bilden das `UND` von Spalten, indem wir eine 1 in den Schnitt der Menge der Zeilen schreiben, die eine 1 in der ersten Spalte enthalten, und der Menge der Zeilen, die eine 1 in der zweiten Spalte enthalten.

Der logische `NICHT`-Operator entspricht eigentlich keinem Mengenoperator. Wenn wir uns aber vorstellen, daß die Vereinigung aller Regionen eine „Universalmenge“ ist, entspricht das logische `NICHT` der Operation, die eine Menge von Regionen nimmt und dafür die Menge der übrigen Regionen des Venn-Diagramms erzeugt, das heißt, die gegebene Menge wird von der Universalmenge subtrahiert.

12.5 Von Booleschen Funktionen zu logischen Ausdrücken

Betrachten wir nun das Problem, aus einer Wahrheitstafel einen logischen Ausdrucks zu entwickeln. Wir gehen von einer Wahrheitstafel als Spezifikation eines logischen Ausdrucks aus, und unser Ziel besteht darin, einen Ausdruck für die gegebene Wahrheitstafel zu finden. Im allgemeinen gibt es unendlich viele unterschiedliche Ausdrücke, die wir verwenden könnten; gewöhnlich beschränken wir uns aber auf eine bestimmte Operatormenge. Auch wünschen wir uns häufig einen in gewissem Sinne „einfachsten“ Ausdruck.

Dies ist ein grundlegendes Problem beim Entwurf von Schaltungen. Die logischen Operatoren in einem Ausdruck können als Gatter in einer Schaltung angesehen werden, so daß es eine einfache Übersetzung eines logischen Ausdrucks in eine elektronische Schaltung gibt. Diesen Prozeß werden wir im nächsten Kapitel besprechen.

Beispiel 12.6

Wie in Abschnitt 1.3 beschrieben, können wir aus einem Ein-Bit-Addierer des in Abb. 12.7 angegeben Typs einen 32-Bit-Addierer machen. Der Ein-Bit-Addierer summiert zwei Eingabebits x und y und ein Eingangs-Übertragsbit (*carry-in bit*) c, um so ein Ausgangs-Übertragsbit (*carry-out bit*) d und ein Summenbit z zu erzeugen.

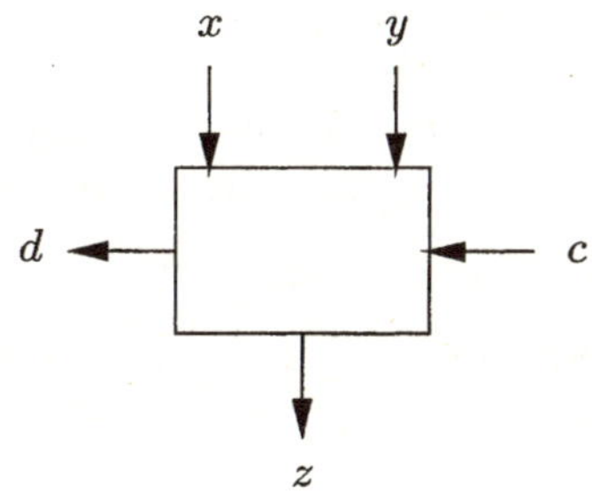

Abb. 12.7: Ein Ein-Bit-Addierer: $(dz)_2$ entspricht der Summe $x + y + c$.

Die Wahrheitstafel in Abb. 12.8 gibt für jede der acht Kombinationen der Eingabewerte die Werte des Ausgangs-Übertragsbits d und des Summenbits z als Funktion von x, y und c an. Das Ausgangs-Übertragsbit ist 1, wenn mindestens zwei aus x, y und c den Wert 1 haben, und es gilt $d = 0$, wenn nur null oder eine der Eingaben 1 ist. Das Summenbit z ist 1, wenn eine ungerade Anzahl aus x, y und z 1 ist, und 0, wenn nicht.

	x	y	c	d	z
0)	0	0	0	0	0
1)	0	0	1	0	1
2)	0	1	0	0	1
3)	0	1	1	1	0
4)	1	0	0	0	1
5)	1	0	1	1	0
6)	1	1	0	1	0
7)	1	1	1	1	1

Abb. 12.8: Wahrheitstafel für das Ausgangs-Übertragsbit d und das Summenbit z.

Wir werden gleich einen allgemeinen Weg vorstellen, wie man von einer Wahrheitstafel zu einem logischen Ausdruck gelangt. Ist die Ausgangs-Übertragsfunktion d aus Abb. 12. 8 gegeben, so könnten wir aber auch folgendermaßen argumentieren, um einen entsprechenden logischen Ausdruck zu bilden.

1. Aus den Zeilen 3 und 7 folgt, daß d 1 ist, wenn sowohl y als auch c 1 ist.

2. Aus den Zeilen 5 und 7 folgt, daß d 1 ist, wenn sowohl x als auch c 1 ist.

3. Aus den Zeilen 6 und 7 folgt, daß d 1 ist, wenn sowohl x als auch y 1 ist.

Die Bedingung (1) wird durch den logischen Ausdruck y UND c modelliert, da y UND c genau dann wahr ist, wenn y und c beide 1 sind. Ebenso wird Bedingung (2) durch x UND c und Bedingung (3) durch x UND y modelliert.

Alle Zeilen, in denen $d = 1$ ist, sind in mindestens einem dieser drei Zeilenpaare enthalten. Wir können somit einen logischen Ausdruck schreiben, der immer dann wahr ist, wenn eine oder mehrere dieser drei Bedingungen gelten, indem wir die logische ODER-Verknüpfung dieser drei Ausdrücke bilden:

$$(y \text{ UND } c) \text{ ODER } (x \text{ UND } c) \text{ ODER } (x \text{ UND } y) \qquad (12.5)$$

Die Korrektheit dieses Ausdrucks wird in Abb. 12.9 überprüft. Die letzten vier Spalten entsprechen den Teilausdrücken y UND c, x UND c, x UND y und den Ausdruck (12.5).◆

x	y	c	y AND c	x AND c	x AND y	d
0	0	0	0	0	0	0
0	0	1	0	0	0	0
0	1	0	0	0	0	0
0	1	1	1	0	0	1
1	0	0	0	0	0	0
1	0	1	0	1	0	1
1	1	0	0	0	1	1
1	1	1	1	1	1	1

Abb. 12.9: Wahrheitstafel für den Ausgangs-Übertrags-Ausdruck (12.5) und seine Teilausdrücke.

Abkürzungen

Bevor wir mit der Beschreibung fortfahren, wie man Ausdrücke aus Wahrheitstafeln bildet, geben wir noch einige Vereinfachungen der Schreibweise an, die sich als hilfreich erweisen werden.

1. Den UND-Operator repräsentieren wir durch Nebeneinanderstellen, also genaugenommen durch gar keinen Operator, genau wie wir häufig die Multiplikation oder die Konkatenation aus Kapitel 10 auf diese Weise dargestellt haben.

2. Der ODER-Operator wird durch + repräsentiert.

3. Der NICHT-Operator wird durch einen Überstrich dargestellt. Diese Konvention ist besonders sinnvoll, wenn das NICHT auf eine einzelne Variable angewandt wird, wir werden somit für NICHT p häufig $\overline{p}$ schreiben.

Beispiel 12.7

Der Ausdruck p UND q ODER r kann somit als $pq+r$ geschrieben werden. Der Ausdruck p UND NICHT q ODER NICHT r läßt sich als $p\overline{q}+\overline{r}$ schreiben. Auch können wir die alte Schreibweise zusammen mit der neuen verwenden. Zum Beispiel kann der Ausdruck $((p$ UND $q) \rightarrow r)$ UND $(p \rightarrow s)$ als $(pq \rightarrow r)$ UND $(p \rightarrow s)$ oder sogar als $(pq \rightarrow r)(p \rightarrow s)$ geschrieben werden. ◆

Ein wichtiger Grund für diese Schreibweise ist der, daß sie uns erlaubt, uns UND und ODER als die Multiplikation und die Addition in der Arithmetik vorzustellen. Wir können somit auch die Gesetze der Kommutativität, Assoziativität und Distributivität anwenden, die, wie wir in Abschnitt 12.8 sehen werden, gleichermaßen für diese logischen Operatoren wie für die entsprechenden arithmetischen Operatoren gelten. Wir werden zum Beispiel feststellen, daß $p(q + r)$ durch $pq + pr$ und anschließend durch $rp + qp$ ersetzt werden kann, egal ob es sich bei den Operatoren um UND und ODER oder um Multiplikation und Addition handelt.

Aufgrund dieser Abkürzungen ist es üblich, die UND-Verknüpfung von Ausdrücken als *Produkt* und die ODER-Verknüpfung als *Summe* zu bezeichnen. Ein anderer Name für die UND-Verknüpfung von Ausdrücken lautet *Konjunktion*, die ODER-Verknüpfung von Ausdrücken wird als *Disjunktion* bezeichnet.

Erstellen eines logischen Ausdrucks aus einer Wahrheitstafel

Jede Boolesche Funktion kann unter Verwendung der Operatoren UND, ODER und NICHT durch einen logischen Ausdruck dargestellt werden. Im allgemeinen ist das Finden des einfachsten Ausdrucks ein schwieriges Problem, aber wir können leicht für jede durch eine Wahrheitstafel repräsentierte Boolesche Funktion einen Ausdruck konstruieren. Die Technik ist einfach: Wir erzeugen einen logischen Ausdruck der Form

$$m_1 \text{ ODER } m_2 \text{ ODER } \dots \text{ ODER } m_n$$

Jedes m_i ist ein Term, welcher einer der Zeilen der Wahrheitstafel entspricht, für die die Funktion den Wert 1 hat. Dieser Ausdruck besitzt demnach so viele Terme wie es 1-en in der Spalte für diese Funktion gibt. Jeder dieser m_i Terme heißt *Minterm* und hat eine besondere Form, die wir weiter unten beschreiben werden.

Zu Beginn unserer Erläuterung eines Minterms ist zunächst der Begriff des *Literals* zu klären. Ein Literal ist ein Ausdruck, der entweder aus einer einzelnen Variablen, wie p, besteht oder aus einer negierten Variablen, wie NICHT p.

Letzteres werden wir häufig als $\overline{p}$ schreiben. Enthält die Wahrheitstafel k Variablenspalten, so besteht jeder Minterm aus dem logischen UND, bzw. aus dem „Produkt", von k Literalen. r sei eine Zeile, für die wir einen Minterm erstellen möchten. Wenn die Variable p in Zeile r den Wert 1 hat, wähle das Literal p. Hat p in Zeile r den Wert 0, so wähle $\overline{p}$ als Literal. Der Minterm für Zeile r entspricht dem Produkt der Literale für jede Variable. Natürlich kann der Minterm nur dann den Wert 1 haben, wenn alle Variablen die Werte haben, die in Zeile r der Wahrheitstafel enthalten sind.

Man konstruiere nun einen Ausdruck für die Funktion, indem man das logische ODER, bzw. die „Summe", derjenigen Minterme bildet, die den Zeilen entsprechen, welche eine 1 als Wert für die Funktion enthalten. Der sich daraus ergebende Ausdruck hat die Form einer „Produktsumme", bzw. die *disjunktive Normalform*. Der Ausdruck ist korrekt, da er genau dann den Wert 1 hat, wenn es einen Minterm mit dem Wert 1 gibt; dieser Minterm kann nur dann 1 sein, wenn die Werte der Variablen einer Zeile der Wahrheitstafel entsprechen, die den Wert 1 hat.

Beispiel 12.8

Wir wollen den Ausdruck der Produktsumme für die in der Wahrheitstafel aus Abb. 12.8 definierte Ausgangs-Übertragsfunktion d erstellen. Die Zeilen mit dem Wert 1 tragen die Nummern 3, 5, 6 und 7. Der Minterm für Zeile 3, in der $x = 0$, $y = 1$ und $c = 1$ ist, lautet somit $\overline{x}$ UND y UND c, was wir als $\overline{x}yc$ abkürzen. Der Minterm für Zeile 5 lautet $x\overline{y}c$, für Zeile 6 $xy\overline{c}$ und für Zeile 7 xyc. Der gewünschte Ausdruck für d besteht somit aus der logischen ODER-Verknüpfung dieser Ausdrücke

$$\overline{x}yc + x\overline{y}c + xy\overline{c} + xyc \qquad (12.6)$$

Dieser Ausdruck ist komplexer als (12.5). Wir werden jedoch im nächsten Abschnitt sehen, wie sich daraus der Ausdruck (12.5) ableiten läßt.

Ebenso können wir einen logischen Ausdruck für das Summenbit z erstellen, indem wir die Summe der Minterme für die Zeilen 1, 2, 4 und 7 bilden und so

$$\overline{x}\,\overline{y}c + \overline{x}y\overline{c} + x\overline{y}\,\overline{c} + xyc$$

erhalten. ◆

Vollständige Mengen von Operatoren

Das Minterm-Verfahren zum Entwurf von Ausdrücken wie (12.6), die Produktsummen sind, zeigt, daß die Menge logischer Operatoren UND, ODER und NICHT eine *vollständige* Menge ist. Das bedeutet, daß jede Boolesche Funktion einen

Ausdruck besitzt, der nur diese Operatoren benutzt. Es ist nicht schwierig zu zeigen, daß der NAND-Operator allein schon vollständig ist. Wir können die Funktionen UND, ODER und NICHT unter ausschließlicher Verwendung von NAND wie folgt ausdrücken:

1. (p UND q) ≡ ((p NAND q) NAND WAHR)
2. (p ODER q) ≡ ((p NAND WAHR) NAND (q NAND WAHR))
3. (NICHT p) ≡ (p NAND WAHR)

Wir können jeden Produktsummen-Ausdruck in einen Ausdruck umwandeln, der nur NAND-Operatoren enthält, indem wir den passenden NAND-Ausdruck für jede Verwendung von UND, ODER und NICHT ersetzen. Gleiches gilt für NOR, das auch für sich allein schon vollständig ist.

UND und ODER sind dagegen ein Beispiel einer Operatormenge, die nicht vollständig ist. Sie können beispielsweise nicht die Funktion NICHT ausdrücken. Um zu verstehen warum, sei bemerkt, daß UND und ODER *monoton* sind. Das bedeutet, daß, wenn man eine 1 anstelle einer 0 eingibt, die Ausgabe sich nicht von 1 zu 0 ändert. Durch Induktion über die Größe eines Ausdrucks kann man zeigen, daß jeder Ausdruck mit den Operatoren UND und ODER monoton ist. Offensichtlich ist NICHT nicht monoton. Es gibt somit keine Möglichkeit, NICHT durch UND und ODER auszudrücken.

ÜBUNGEN

12.5.1: Abbildung 12.10 enthält eine Wahrheitstafel, die zwei Boolesche Funktionen, a und b, anhand der Variablen p, q und r definiert. Schreiben Sie für jede dieser Funktionen Ausdrücke in Form von Produktsummen.

p	q	r	a	b
0	0	0	0	1
0	0	1	1	1
0	1	0	0	1
0	1	1	0	0
1	0	0	1	0
1	0	1	1	0
1	1	0	1	0
1	1	1	1	0

Abb. 12.10: Zwei Boolesche Funktionen zur Übung.

12.5.2: Schreiben Sie Ausdrücke aus Summenprodukten (vgl. den Kasten über „Summenprodukt-Ausdrücke") für

a) Funktion a aus Abb. 12.10.

b) Funktion b aus Abb. 12.10.

c) Funktion z aus Abb. 12.8.

Summenprodukt-Ausdrücke

Es gibt einen dualen Weg, aus einer Wahrheitstafel einen Ausdruck zu machen, der nur die Operatoren UND, ODER und NICHT verwendet; diesmal wird der Ausdruck ein Produkt (logisches UND) von Summen (logisches ODER) von Literalen sein. Diese Form nennt man „Summenprodukt", bzw. *konjunktive Normalform*.

Für jede Zeile der Wahrheitstafel können wir einen *Maxterm* definieren, der der Summe derjenigen Literale entspricht, die mit dem Wert einer der Argument-Variablen in dieser Zeile nicht übereinstimmen. Wenn also die Zeile den Wert 0 für die Variable p hat, verwende das Literal p, und wenn der Wert dieser Zeile für p 1 ist, so verwende $\overline{p}$. Der Wert des Maxterms ist somit 1, es sei denn, jede Variable p hat den für p durch diese Zeile spezifizierten Wert.

Betrachten wir dann alle Zeilen der Wahrheitstafel, für die der Wert 0 ist, und bilden das logische UND der Maxterme all dieser Zeilen, so hat unser Ausdruck genau dann den Wert 0, wenn die Eingaben mit einer der Zeilen übereinstimmen, in denen die Funktion 0 ist. Daraus folgt, daß der Ausdruck in allen anderen Zeilen den Wert 1 hat, also in denjenigen Zeilen, für die die Wahrheitstafel den Wert 1 angibt. Zum Beispiel sind die Zeilen für d mit dem Wert 0 in Abb. 12.8. mit 0, 1, 2 und 4 numeriert. Der Maxterm für die Zeile 0 lautet $x + y + c$, der für Zeile 1 lautet x + y + $\overline{c}$. Der Summenprodukt-Ausdruck für d lautet

$$(x + y + c)(x + y + \overline{c})(x + \overline{y} + c)(\overline{x} + y + c)$$

Dieser Ausdruck ist äquivalent zu (12.5) und (12.6).

12.5.3:** Welche der folgenden logischen Operatoren bilden bereits allein eine vollständige Operatormenge: (a) $\equiv$ (b) $\rightarrow$ (c) NOR? Beweisen Sie Ihre Antworten.

12.5.4:** Wie viele der 16 Booleschen Funktionen von zwei Variablen sind bereits vollständig?

12.5.5*: Zeigen Sie, daß die UND- und ODER-Verknüpfung monotoner Funktionen monoton ist. Zeigen Sie anschließend, daß jeder nur die Operatoren UND und ODER enthaltende Ausdruck monoton ist.

12.6 Entwurf logischer Ausdrücke mit Hilfe von Karnaugh-Diagrammen

In diesem Abschnitt stellen wir Ihnen ein tabularisches Verfahren vor, mit dessen Hilfe sich Produktsummen-Ausdrücke für Boolesche Funktionen finden lassen. Die so erstellten Ausdrücke sind häufig einfacher als diejenigen, die wir im vorigen Abschnitt durch Bildung der logischen ODER-Verknüpfung aller notwendigen Minterme in der Wahrheitstafel gefunden haben.

In Beispiel 12.6 erzeugten wir den ad-hoc-Entwurf eines Ausdrucks für die Ausgangs-Übertragsfunktion eines Ein-Bit-Addierers. Wir stellten fest, daß es möglich ist, ein Produkt von Literalen zu verwenden, das kein Minterm ist; das heißt, es fehlen Literale für einige der Variablen. So verwendeten wir beispielsweise das Produkt der Literale xy, um die sechste und siebente Zeile in Abb. 12.8 *abzudecken* in dem Sinne, daß xy genau dann den Wert 1 hat, wenn die Variablen x, y und c die durch eine dieser beiden Zeilen angegebenen Werte haben.

Ebenso benutzten wir in Beispiel 12.6 den Ausdruck xc, um die Zeilen 5 und 7 abzudecken und yc, um dasselbe für die Zeilen 3 und 7 zu tun. Beachten Sie, daß Zeile 7 in allen drei Ausdrücken abgedeckt wird. Das ist nicht schlimm. Hätten wir vielmehr anstelle von xc und yc nur die Minterme für die Zeilen 5 und 7 benutzt, also $x\bar{y}c$ bzw. $\bar{x}yc$, so ergäbe dies zwar einen korrekten Ausdruck, dieser hätte jedoch zwei Operatorvorkommen mehr als der Ausdruck $xy + xc + yc$ aus Beispiel 12.6.

Wenn zwei Minterme gegeben sind, die sich nur durch die Negation einer Variablen unterscheiden, was bei $xy\bar{c}$ und xyc für die Zeilen 6 und 7 der Fall ist, so können wir diese beiden Minterme zusammenfassen. Wir nehmen einfach die gemeinsamen Literale und entfernen die Variable, in der sich die Terme unterscheiden. Gerechtfertigt wird dieses Vorgehen durch folgendes Gesetz:

$$(pq + \bar{p}q) \equiv q$$

Will man diese Äquivalenz verstehen, so ist folgendes zu bemerken: Wenn q wahr ist, dann ist entweder pq oder $\bar{p}q$ wahr und umgekehrt, wenn entweder pq oder $\bar{p}q$ wahr ist, muß auch q wahr sein.

Im nächsten Abschnitt werden wir ein Verfahren kennenlernen, mit dem sich derartige Gesetze verifizieren lassen. Im Augenblick sei die Verwendung dieses Gesetzes durch seine intuitive Bedeutung gerechtfertigt. Bleibt zu erwähnen, daß die Verwendung dieses Gesetzes nicht auf Minterme beschränkt ist. Als Beispiel sei p eine aussagenlogische Variable und q ein Produkt von Literalen. Dann können wir zwei Produkte von Literalen zusammenfassen, die sich nur in einer Variablen unterscheiden (ein Produkt enthält die Variable selbst und das andere deren Komplement), indem wir die beiden Produkte durch das eine Produkt aus den gemeinsamen Literalen ersetzen.

Karnaugh-Diagramme

Es existiert ein graphisches Verfahren zum Entwurf von Produktsummen-Ausdrücken aus Wahrheitstafeln; dieses Verfahren eignet sich für Boolesche Funktionen mit bis zu vier Variablen. Die Idee beruht darauf, eine Wahrheitstafel als ein zweidimensionales Array zu zeichnen, welches man *Karnaugh-Diagramm* (gesprochen als „Kar-no") nennt, und dessen Einträge, oder „Punkte", jeweils eine Zeile der Wahrheitstafel repräsentieren. Indem man diejenigen Punkte benachbart hält, die Zeilen repräsentieren, welche sich nur in einer Variablen unterscheiden, lassen sich daraus Produkte von Literalen als Rechtecke „ablesen", deren Punkte alle den Wert 1 haben.

Karnaugh-Diagramme mit zwei Variablen

Am einfachsten sind die Karnaugh-Diagramme für Boolesche Funktionen mit zwei Variablen. Die Zeilen entsprechen den Werten einer der Variablen und die Spalten entsprechen den Werten der anderen Variablen. Das Diagramm enthält die Einträge 0 oder 1, abhängig davon, ob für diese Kombination der Werte der beiden Variablen die Funktion den Wert 0 oder 1 hat. Das Karnaugh-Diagramm ist demnach eine zweidimensionale Darstellung der Wahrheitstafel für eine Boolesche Funktion.

Beispiel 12.9

In Abb. 12.11 sehen wir das Karnaugh-Diagramm für die Funktion „impliziert", $p \to q$. Es gibt vier Punkte, die den vier möglichen Werten für p und q entsprechen. Beachten Sie, daß „impliziert" nur im Falle, daß $p = 1$ und $q = 0$ ist, nicht den Wert 1 hat, so daß im Karnaugh-Diagramm der einzige Punkt mit dem Wert 0 der Eintrag für $p = 1$ und $q = 0$ ist; alle anderen Punkte haben den Wert 1. ◆

		q	
		0	1
p	0	1	1
	1	0	1

Abb. 12.11: Karnaugh-Diagramm für $p \to q$.

Implikanten

Eine *Implikante* für eine Boolesche Funktion f ist ein Produkt x von Literalen, für die es keine Zuweisung von Werten zu den Variablen von f gibt, die x wahr und f falsch werden läßt. Zum Beispiel ist jeder Minterm, für den die Funktion f den Wert 1 hat, eine Implikante von f. Es gibt auch andere Produkte, die Implikanten sein können, und wir werden noch lernen, diese aus einem Karnaugh-Diagramm für f abzulesen.

Beispiel 12.10

Der Minterm pq ist eine Implikante für die Funktion „impliziert" aus Abb. 12.11, da die einzige Zuweisung von Werten für p und q, die pq wahr werden läßt, nämlich $p = 1$ und $q = 1$, auch die „impliziert"-Funktion wahr werden läßt.

Als weiteres Beispiel ist $\overline{p}$ selbst eine Implikante für die Funktion „impliziert", da die beiden Wertzuweisungen für p und q, die $\overline{p}$ wahr werden lassen, auch $p \rightarrow q$ wahr werden lassen. Diese beiden Zuweisungen lauten $p = 0, q = 0$ und $p = 0, q = 1$. ◆

Von einer Implikante sagt man, daß sie die Punkte *abdeckt*, an denen sie den Wert 1 hat. Für eine Boolesche Funktion kann ein logischer Ausdruck erzeugt werden, indem man die ODER-Verknüpfung der Menge von Implikanten bildet, die zusammen alle Punkte abdecken, in denen die Funktion den Wert 1 hat.

Beispiel 12.11

Die Abbildung 12.12 enthält zwei Implikanten im Karnaugh-Diagramm für die Funktion „impliziert". Die größere, welche zwei Punkte abdeckt, entspricht dem einzelnen Literal $\overline{p}$. Diese Implikante deckt die oberen zwei Punkte des Diagramms ab, die beide eine 1 enthalten. Die kleinere Implikante, pq, deckt den Punkt $p = 1$ und $q = 1$ ab. Da diese beiden Implikanten zusammen alle Punkte abdecken, die den Wert 1 haben, ist ihre Summe, $\overline{p} + pq$, ein zu $p \rightarrow q$ äquivalenter Ausdruck; es gilt also $(p \rightarrow q) \equiv (\overline{p} + pq)$. ◆

Die Rechtecke, die in den Karnaugh-Diagrammen den Implikanten entsprechen, müssen ein besonderes „Aussehen" haben. Bei den einfachen Diagrammen, die sich aus Funktionen mit zwei Variablen ergeben, können die Rechtecke nur folgendes sein:

1. Einzelne Punkte,
2. Zeilen oder Spalten oder
3. das gesamte Diagramm.

Ein einzelner Punkt in einem Karnaugh-Diagramm entspricht einem Minterm. Wir finden den dazugehörigen Ausdruck, indem wir das Produkt der Literale für jede Variable bilden, die der Zeile und Spalte dieses Punktes entspricht. Wenn sich also der Punkt in der Zeile oder Spalte für 0 befindet, nehmen wir die Negation der dieser Zeile bzw. Spalte entsprechenden Variablen. Befindet sich der Punkt in der Zeile oder Spalte für 1, so nehmen wir die entsprechende, nicht negierte Variable. Zum Beispiel befindet sich die kleinere Implikante in Abb. 12.12 in der Zeile für $p = 1$ und der Spalte für $q = 1$. Wir wählen deshalb das Produkt der nicht negierten Literale p und q für diese Implikante.

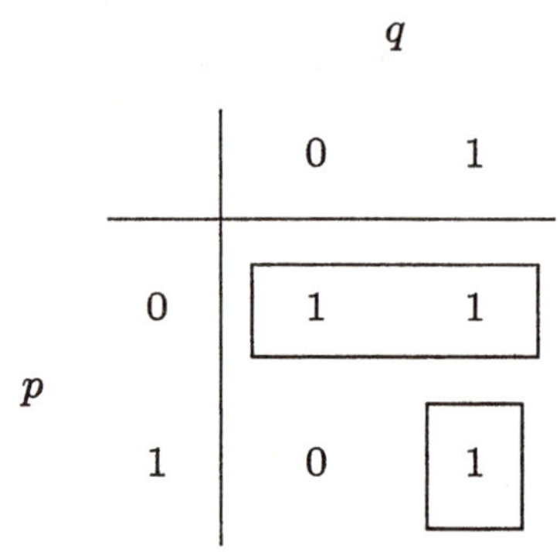

Abb. 12.12: Zwei Implikanten p und q im Karnaugh-Diagramm für $p \to q$.

Eine Zeile oder Spalte in einem Karnaugh-Diagramm mit zwei Variablen entspricht einem Paar von Punkten, welche in einer Variablen übereinstimmen und in einer anderen nicht. Das entsprechende „Produkt“ von Literalen reduziert sich zu einem einzigen Literal. Das verbleibende Literale enthält die Variable, deren übereinstimmenden Wert die Punkte gemeinsam haben. Das Literal ist negiert, wenn dieser gemeinsame Wert 0 ist, und es ist nicht negiert, wenn der gemeinsame Wert 1 ist. Die größere Implikante in Abb. 12.12 – die erste Zeile – enthält somit Punkte mit einem gemeinsamen Wert von p. Dieser Wert ist 0, was die Verwendung des Literalprodukts $\overline{p}$ für diese Implikante rechtfertigt.

Eine aus dem gesamten Diagramm bestehende Implikante ist ein Sonderfall. Grundsätzlich entspricht sie einem Produkt, das sich auf die Konstante 1 oder `WAHR` reduziert. Es ist klar, daß das Karnaugh-Diagramm für den logischen Ausdruck `WAHR` in allen Punkten des Diagramms eine 1 enthält.

Primimplikante

Eine *Primimplikante* x für eine Boolesche Funktion f ist eine Implikante für f, die keine Implikante für f mehr wäre, wenn irgendein Literal in x gelöscht würde. Effektiv ist eine Primimplikante eine Implikante, die so wenig Literale enthält wie möglich.

Beachten Sie, daß umso weniger Literale im Produkt enthalten sind, je größer ein Rechteck ist. Im allgemeinen möchten wir ein Produkt mit vielen Literalen durch eines mit wenigen ersetzen, da es weniger Operatoren enthält und somit „einfacher" ist. Wir versuchen daher, nur Primimplikanten zu betrachten, wenn wir ein Menge von Implikanten auswählen, um so ein Diagramm abzudecken.

Sie erinnern sich, daß jede Implikante für ein gegebenes Karnaugh-Diagramm nur aus Punkten besteht, die eine 1 enthalten. Eine Implikante ist eine Primimplikante, weil man sie erweitern würde, indem man ihre Größe verdoppelt, einen Punkt mit dem Wert 0 abdecken müßte.

Beispiel 12.12

In Abb. 12.12 ist die größere Implikante $\overline{p}$ prim, da die einzig mögliche größere Implikante das gesamte Diagramm ist. Diese kann jedoch nicht verwendet werden, da sie eine 0 enthält. Die kleinere Implikante pq ist nicht prim, da sie in der zweiten Spalte enthalten ist, die nur aus 1-en besteht. Sie ist daher eine Implikante für das Karnaugh-Diagramm für „impliziert" ist. Abbildung 12.13 zeigt die einzig mögliche Wahl von Primimplikanten für das „impliziert"-Diagramm.[1] Sie entsprechen den Produkten $\overline{p}$ und q und führen zu dem Ausdruck $\overline{p} + q$, der in Abschnitt 12.3 als äquivalent zu $p \rightarrow q$ befunden wurde. ◆

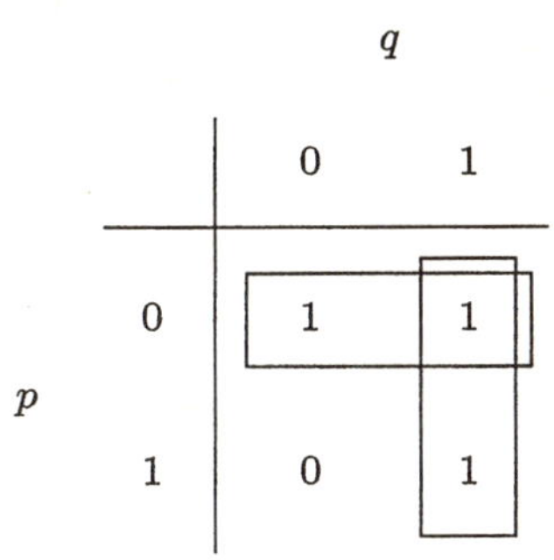

Abb. 12.13: Die Primimplikanten $\overline{p}$ und q für die „impliziert"-Funktion.

---

[1] Im allgemeinen gibt es viele Mengen von Primimplikanten, die ein gegebenes Karnaugh-Diagramm abdecken.

Karnaugh-Diagramme mit drei Variablen

Wenn unsere Wahrheitstafel drei Variablen umfaßt, verwenden wir ein Diagramm mit zwei Zeilen und vier Spalten, wie in Abb. 12.14 angegeben. Es entspricht der Ausgangs-Übertrags-Wahrheitstafel aus Abb. 12.8. Beachten Sie die ungewöhnliche Reihenfolge, in der die Spalten den Paaren von Werten für zwei Variablen entsprechen (in diesem Beispiel für die Variablen y und c). Wir bewirken damit, daß benachbarte Spalten solchen Belegungen mit Wahrheitswerten entsprechen, die sich nur in einer Variablen unterscheiden. Hätten wir die übliche Reihenfolge, 00, 01, 10, 11, gewählt, würden sich die beiden mittleren Spalten sowohl in y als auch in c unterscheiden. Desweiteren ist zu bemerken, daß auch die erste und die letzte Spalte in gewissem Sinne „nebeneinander liegen“, da sie sich nur in der Variablen y unterscheiden. Wenn wir also Implikanten auswählen, können wir die erste und letzte Spalte als ein 2×2-Rechteck betrachten und den ersten und letzten Punkt jeder Zeile als ein 1×2-Rechteck.

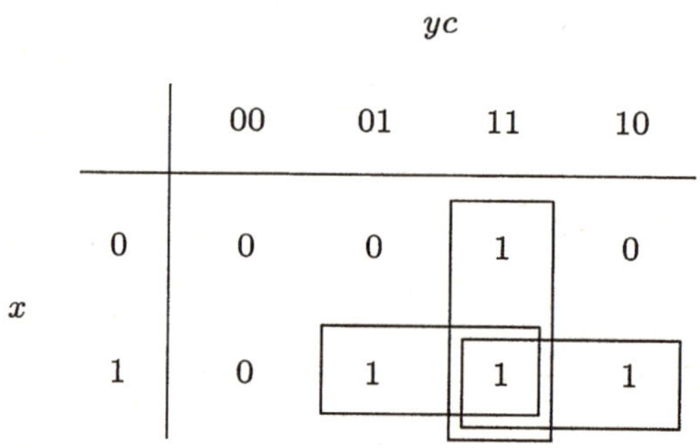

Abb. 12.14: Karnaugh-Diagramm für die Ausgangs-Übertragsfunktion mit den Primimplikanten xc, yc und xy.

Das Lesen der Implikanten aus einem Karnaugh-Diagramm

Egal wie viele Variablen vorkommen, wir können jedes Rechteck auswählen, das eine Implikante repräsentiert und das Produkt von Literalen erstellen, das für genau diese Punkte des Rechtecks `WAHR` ist. Wenn p eine beliebige Variable ist, gilt

1. wenn jeder Punkt im Rechteck $p = 1$ enthält, dann ist p ein Literal im Produkt.

2. wenn jeder Punkt im Rechteck $p = 0$ enthält, dann ist $\overline{p}$ ein Literal im Produkt.
3. wenn das Rechteck Punkte enthält, in denen $p = 0$ ist und andere, in denen $p = 1$ ist, dann enthält das Produkt kein Literal mit der Variablen p.

Wir müssen herausfinden, welche Rechtecke eines Diagramms für drei Variablen mögliche Implikanten darstellen. Zunächst muß ein zulässiges Rechteck einem Produkt von Literalen entsprechen. In einem Produkt erscheint jede Variable auf eine von drei möglichen Arten: negiert, nicht negiert oder überhaupt nicht. Erscheint eine Variable negiert oder nicht negiert, so halbiert sie die Anzahl der Punkte in der entsprechenden Implikante, da nur Punkte mit dem richtigen Wert für diese Variable in diese Implikante gehören. Die Anzahl der Punkte in einer Implikante ist daher immer eine Zweierpotenz. Jede zulässige Implikante ist somit eine Ansammlung von Punkten, die für jede Variable entweder

a) nur Punkte mit dieser Variablen gleich 0 enthält,

b) nur Punkte mit dieser Variablen gleich 1 enthält oder

c) nicht auf der Grundlage des Wertes dieser Variablen unterscheidet.

Bei Diagrammen mit drei Variablen gibt es die folgenden möglichen Implikanten:

1. Jeder Punkt.
2. Jede Spalte.
3. Jedes Paar horizontal benachbarter Punkte, einschließlich des endübergreifenden Falles, daß ein Paar sich aus den Spalten 1 und 4 einer Zeile zusammensetzt.
4. Jede Zeile.
5. Jedes 2×2-Quadrat bestehend aus zwei benachbarten Spalten, einschließlich des endübergreifenden Falles, daß Spalte 1 und Spalte 4 enthalten sind.
6. Das gesamte Diagramm.

Beispiel 12.13

Die drei Primimplikanten für die Ausgangs-Übertragsfunktion wurden in Abb. 12.14 angegeben. Wir wandeln jede von ihnen in ein Produkt von Literalen um; vgl. den Kasten über das „Lesen der Implikanten aus einem Karnaugh-Diagramm“. Die entsprechenden Produkte lauten xy für den am weitesten links stehenden, yc für den vertikalen und xy für den rechten. Die Summe dieser drei Ausdrücke entspricht der Produktsumme, die wir in Beispiel 12.6 bereits informell berechneten; hier sehen wir, wie wir zu diesem Ausdruck gelangten. ◆

Beispiel 12.14

Abbildung 12.15 zeigt das Karnaugh-Diagramm für die Boolesche Funktion NAND (p, q, r), die drei Variablen enthält. Die Primimplikanten bestehen aus

1. der ersten Zeile, die $\overline{p}$ entspricht.
2. den ersten beiden Spalten, die $\overline{q}$ entsprechen.
3. den Spalten 1 und 4, die $\overline{r}$ entsprechen.

Der Ausdruck der Produktsumme lautet für dieses Diagramm $\overline{p} + \overline{q} + \overline{r}$. ◆

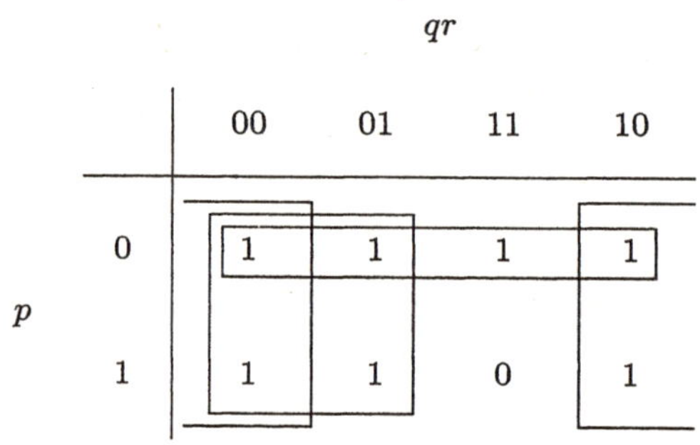

Abb. 12.15: Karnaugh-Diagramm mit den Primimplikanten $\overline{p}$, $\overline{q}$ und $\overline{r}$ für NAND (p, q, r).

Karnaugh-Diagramme mit vier Variablen

Eine Funktion mit vier Argumenten kann durch ein 4×4-Karnaugh-Diagramm dargestellt werden, in dem zwei Variablen den Zeilen und zwei den Spalten entsprechen. Sowohl in den Zeilen als auch in den Spalten gilt die besondere Reihenfolge, die wir für die Spalten in den Diagrammen für drei Variablen verwendet haben; Abb. 12.16 verdeutlicht dies.

Bei Diagrammen mit vier Variablen muß das Nebeneinanderliegen sowohl von Spalten als auch von Zeilen im endübergreifenden Sinne interpretiert werden. Das heißt, die oberste und unterste Zeile sind benachbart, ebenso wie die linke und rechte Spalte benachbart sind. Ein wichtiger Sonderfall ergibt sich für die vier Eckpunkte, die ein 2×2-Rechteck bilden; sie entsprechen in Abb. 12.16 dem Produkt der Literale $\overline{q}\ \overline{s}$ (was in Abb. 12.16 keine Implikante ist, da die rechte untere Ecke 0 ist).

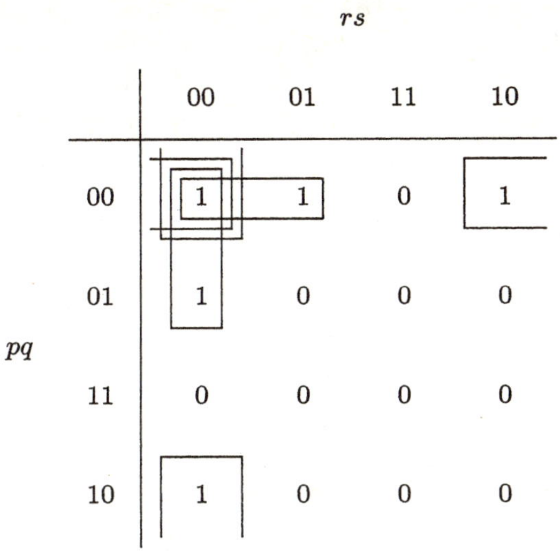

Abb. 12.16: Karnaugh-Diagramm mit den Primimplikanten für die Funktion „höchstens eine 1“.

Die Rechtecke in einem Karnaugh-Diagramm mit vier Variablen, die den Produkten von Literalen entsprechen, sind die folgenden:

1. Jeder Punkt.
2. Zwei horizontal oder vertikal benachbarte Punkte, einschließlich der im endübergreifenden Sinne benachbarten Punkte.
3. Jede Zeile oder Spalte.
4. Jedes 2×2-Quadrat, einschließlich endübergreifender Quadrate, wie beispielsweise zwei benachbarte Punkte der obersten Zeile und zwei benachbarte Punkte der untersten Zeile, die sich in denselben Spalten befinden. Wie wir erwähnten, bilden auch die vier Ecken ein „Quadrat“.
5. Jedes 2×4- oder 4×2-Rechteck, einschließlich endübergreifender Rechtecke, wie beispielsweise die erste und die letzte Spalte.
6. Das gesamte Diagramm.

Beispiel 12.15

Abbildung 12.16 zeigt das Karnaugh-Diagramm für eine Boolesche Funktion mit den vier Variablen p, q, r und s, die den Wert 1 hat, wenn höchstens eine der Eingaben 1 ist. Es gibt vier Primimplikanten, die alle die Größe 2 haben, von denen zwei endübergreifend sind. Die aus dem ersten und letzten Punkt der obersten Reihe bestehende Implikante enthält Punkte, die in den Variablen p, q und s übereinstimmen; der gemeinsame Wert ist für jede Variable 0. Ihr Literalprodukt lautet somit $\bar{p}\,\bar{q}\,\bar{s}$. Die anderen Implikanten ergeben die Produkte $\bar{p}\,\bar{q}\,\bar{r}$, $\bar{p}\,\bar{r}\,\bar{s}$ und $\bar{q}\,\bar{r}\,\bar{s}$. Der Ausdruck für diese Funktion lautet somit

$$\bar{p}\,\bar{q}\,\bar{r} + \bar{p}\,\bar{q}\,\bar{s} + \bar{p}\,\bar{r}\,\bar{s} + \bar{q}\,\bar{r}\,\bar{s}$$

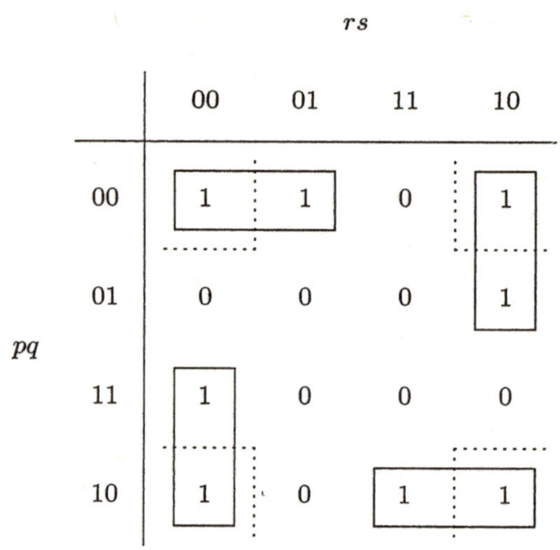

Abb. 12.17: Karnaugh-Diagramm mit einer aus allen Ecken bestehenden Primimplikante.

Beispiel 12.16

Das Diagramm aus Abb. 12.17 wurde aufgrund seines 1er-Musters gewählt, nicht, weil die Funktion irgendeine besondere Bedeutung hätte. Es verdeutlicht einen wichtigen Punkt. Es werden fünf Primimplikanten gezeigt, die zusammen alle mit einer 1 belegten Punkte abdecken, einschließlich der aus allen Ecken bestehenden Implikanten (gestrichelte Linien), für die der Ausdruck des Produkts der Literale $\bar{q}\,\bar{s}$ lautet; die anderen vier Primimplikanten repräsentieren die Produkte $\bar{p}\,\bar{q}\,\bar{r}$, $\bar{p}\,r\,\bar{s}$, $p\,\bar{q}\,r$ und $p\,\bar{r}\,\bar{s}$.

Aufgrund bisher gesehener Beispiele glauben wir vielleicht, daß wir die logische ODER-Verknüpfung dieser fünf Implikanten bilden, um den logischen Ausdruck für dieses Diagramm zu erhalten. Ein Augenblick des Überlegens zeigt uns jedoch, daß die größte Implikante, $\bar{q}\,\bar{s}$, überflüssig ist, da all ihre Punkte durch andere Primimplikanten abgedeckt sind. Zudem ist dies die einzige Primimplikante, die wir eliminieren können, da jede andere Primimplikante einen Punkt enthält, den nur sie abdeckt. Zum Beispiel ist $\bar{p}\,\bar{q}\,\bar{r}$ die einzige Primimplikante, die den Punkt in der ersten Zeile und zweiten Spalte abdeckt. Somit wird der Ausdruck

$$\bar{p}\,\bar{q}\,\bar{r} + \bar{p}\,r\,\bar{s} + p\,\bar{q}\,r + p\,\bar{r}\,\bar{s}$$

zur favorisierten Produktsumme, die aus dem Diagramm aus Abb. 12.17 ermittelt werden kann. ◆

ÜBUNGEN

12.6.1: Zeichnen Sie die Karnaugh-Diagramme für die folgenden Funktionen mit den Variablen p, q, r und s.

a) Die Funktion, die WAHR ist, wenn ein, zwei oder drei der Variablen p, q, r und s WAHR sind, nicht aber, wenn null oder alle vier Variablen WAHR sind.

b) Die Funktion, die WAHR ist, wenn bis zu zwei der Variablen p, q, r und s WAHR sind, nicht aber, wenn drei oder vier WAHR sind.

c) Die Funktion, die WAHR ist, wenn eine, drei oder vier der Variablen p, q, r und s WAHR sind, nicht jedoch, wenn null oder zwei WAHR sind.

d) Die durch den logischen Ausdruck $pqr \rightarrow s$ repräsentierte Funktion.

e) Die Funktion, die WAHR ist, wenn $pqrs$, als Binärzahl angesehen, einen Wert kleiner als zehn hat.

12.6.2: Finden Sie die Implikanten – ungleich den Mintermen – für jedes Ihrer Karnaugh-Diagramme aus Übung 12.6.1. Welche davon sind Primimplikanten? Finden Sie für jede Funktion eine Summe von Primimplikanten, die alle 1-en des Diagramms abdeckt. Müssen Sie alle Primimplikanten benutzen?

12.6.3: Zeigen Sie, daß jedes Produkt in einem Produktsummen-Ausdruck für eine Boolesche Funktion eine Implikante dieser Funktion ist.

12.6.4*: Man kann auch einen Summenprodukt-Ausdruck aus einem Karnaugh-Diagramm erstellen. Zunächst suchen wir die Rechtecke, die die Implikanten bilden, nur daß nun alle Punkte 0 und nicht 1 sind. Wir bezeichnen ein solches Rechteck als „Anti-Implikante“. Für jede Anti-Implikante können wir eine Summe von Literalen erzeugen, die auf allen Punkten 1 ist, außer auf denen der Anti-Implikante. Für jede Variable x enthält diese Summe ein Literal x, wenn die Anti-Implikante nur Punkte enthält, für die $x = 0$ gilt, und sie enthält das Literal $\bar{x}$, wenn die Anti-Implikante nur Punkte mit $x = 1$ enthält. Sonst enthält die Summe kein Literal x. Finden Sie alle Anti-Implikanten für Ihre Karnaugh-Diagramme aus Übung 12.6.1.

12.6.5: Schreiben Sie unter Verwendung Ihrer Lösung aus Übung 12.6.4 für jede der Funktionen aus Übung 12.6.1 Summenprodukt-Ausdrücke. Benutzen Sie so wenig Summen wie möglich.

12.6.6:** Wie viele (a) 1×2- (b) 2×2- (c) 1×4 (d) 2×4-Rechtecke, die Implikanten darstellen, gibt es in einem 4×4-Karnaugh-Diagramm? Beschreiben Sie ihre Implikanten als Produkte von Literalen, und gehen sie dabei von den Variablen p, q, r und s aus.

12.7 Tautologien

Eine *Tautologie* ist ein logischer Ausdruck, dessen Wert immer wahr ist, egal welchen Wert seine aussagenlogischen Variablen annehmen. Bei einer Tautologie enthalten alle Zeilen der Wahrheitstafel, bzw. alle Punkte im Karnaugh-Diagramm, den Wert 1. Einfache Beispiele von Tautologien sind

WAHR

$$p + \bar{p}$$

$$(p + q) \equiv (p + \bar{p}q)$$

Tautologien werden in vielen wichtigen Bereichen verwendet. Nehmen wir zum Beispiel an, es ist ein Ausdruck der Form $E_1 \equiv E_2$ gegeben, der eine Tautologie ist. Immer, wenn wir dann innerhalb eines Ausdrucks einer Instanz von E_1 begegnen, können wir E_1 durch E_2 ersetzen. Die sich daraus ergebende Funktion repräsentiert auch weiterhin dieselbe Boolesche Funktion.

Abbildung 12.18(a) enthält den Ausdrucksbaum für einen logischen Ausdruck F, der E_1 als Teilausdruck enthält. Abbildung 12.18(b) zeigt denselben Ausdruck, nur daß E_1 durch E_2 ersetzt wurde. Wenn $E_1 \equiv E_2$ gilt, müssen die Werte der Wurzeln der beiden Bäume gleich sein, egal mit welchen Wahrheitswerten die Variablen belegt sind. Der Grund ist, daß wir wissen, daß die mit n markierten Knoten in beiden Bäumen, welche den Wurzeln der Ausdrucksbäume für E_1 und E_2 entsprechen, in beiden Bäumen dieselben Werte erhalten müssen, da $E_1 \equiv E_2$ gilt. Die Auswertung der Bäume oberhalb von n ergibt sicherlich denselben Wert, was beweist, daß die beiden Bäume äquivalent sind. Die Möglichkeit, äquivalente Ausdrücke gegenseitig substituieren zu können, ist allgemeinhin als „die Substitution von Gleichem für Gleiches“ bekannt. Beachten Sie, daß wir in anderen Algebren, wie in denen der Arithmetik, der Mengen, der Relationen oder der regulären Ausdrücke, ebenfalls einen Ausdruck für einen anderen substituieren können, der denselben Wert hat.

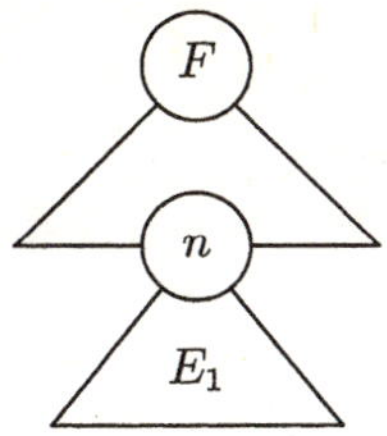

(a) Ausdruck, der E_1 enthält.

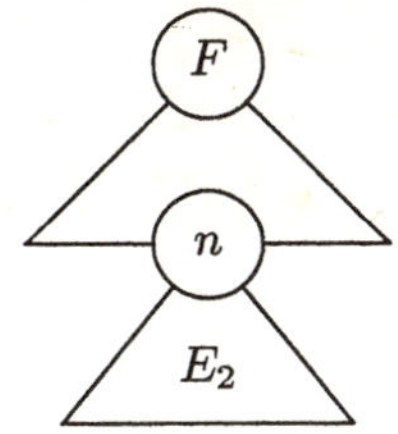

(a) Ausdruck, der E_2 enthält.

Abb. 12.18: Ausdrucksbäume, die die Substitution von Gleichem für Gleiches zeigen.

Beispiel 12.17

Betrachten wir das Assoziativgesetz für den logischen Operator ODER, das in Form des folgenden Ausdrucks beschrieben werden kann.

$$((p + q) + r) \equiv (p + (q + r)) \tag{12.7}$$

Die Wahrheitstafel für die verschiedenen Teilausdrücke ist in Abb. 12.19 gegeben. Die letzte mit E markierte Spalte repräsentiert den gesamten Ausdruck. Beachten Sie, daß jede Zeile für E den Wert 1 enthält, was zeigt, daß der Ausdruck (12.7) eine Tautologie ist. Wann immer wir also einen Ausdruck der Form $(p + q) + r$ haben, können wir diesen durch $p + (q + r)$ ersetzen. Dabei können p, q und r für beliebige Ausdrücke stehen, solange derselbe Ausdruck für jeweils beide Vorkommen von p, q und r verwendet wird. ◆

p	q	r	$p+q$	$(p+q)+r$	$q+r$	$p+(q+r)$	E
0	0	0	0	0	0	0	1
0	0	1	0	1	1	1	1
0	1	0	1	1	1	1	1
0	1	1	1	1	1	1	1
1	0	0	1	1	0	1	1
1	0	1	1	1	1	1	1
1	1	0	1	1	1	1	1
1	1	1	1	1	1	1	1

Abb. 12.19: Wahrheitstafel, die das Assoziativgesetz für ODER *beweist.*

Das Substitutionsprinzip

Wir erwähnten bereits in Beispiel 12.17, daß, wenn wir ein Gesetz haben, das sich auf eine bestimmte Menge aussagenlogischer Variablen bezieht, dieses Gesetz nicht nur für diese Variablen, sondern auch für jede Substitution eines Ausdrucks für jede dieser Variablen gilt. Dem liegt zugrunde, daß Tautologien auch dann Tautologien bleiben, wenn wir eine Substitution für eine oder mehrere ihrer Variablen durchführen. Diese Tatsache ist unter dem Namen *Substitutionsprinzip* bekannt.[2] Natürlich müssen wir für jedes Vorkommen einer gegebenen Variablen denselben Ausdruck substituieren.

Beispiel 12.18

Das Kommutativgesetz für den logischen Operator UND kann bewiesen werden, indem man zeigt, daß der logische Ausdruck $pq \equiv qp$ eine Tautologie ist. Um eine Instanz dieses Gesetzes zu erhalten, führen wir Substitutionen auf diesem Ausdruck durch. Zum Beispiel können wir $r + s$ für p und $\bar{r}$ für q substituieren, um die folgende Äquivalenz zu erhalten.

$$(r + s)(\bar{r}) \equiv (\bar{r})(r + s)$$

Beachten Sie, daß wir jeden substituierten Ausdruck in Klammern setzen, um versehentliche Änderungen der Gruppierung von Operatoren aufgrund unserer Operator-Bindungsstärken zu vermeiden. In diesem Fall sind die Klammern um $r + s$ notwendig, wohingegen die Klammern um $\bar{r}$ redundant sind.

Es folgen weitere Substitutionsinstanzen. Wir könnten p durch r ersetzen und q so lassen, um $rq \equiv qr$ zu erhalten. Wir könnten auch p belassen und q durch die Konstante 1 (WAHR) ersetzen, um p UND $1 \equiv 1$ UND p zu erhalten. Wir dürften jedoch nicht für das erste Vorkommen von p den Ausdruck r substituieren und für das zweite Vorkommen einen anderen Ausdruck, sagen wir $r + s$. Der Ausdruck $rq \equiv q(r + s)$ ist demnach keine Tautologie (sein Wert ist 0, wenn $s = q = 1$ und $r = 0$ ist). ◆

Der Grund für die Gültigkeit des Substitutionsprinzips läßt sich anhand von Ausdrucksbäumen verdeutlichen. Stellen Sie sich den Ausdrucksbaum der Tautologie aus Beispiel 12.18 vor, den wir in Abb. 12.20 darstellen. Da der Ausdruck eine Tautologie ist, wissen wir, daß der Wert der Wurzel immer wahr ist, egal mit welchen Wahrheitswerten wir die aussagenlogischen Variablen belegen (solange wir nur jedem mit einer gegebenen Variablen markierten Blatt denselben Wert zuweisen).

---

[2] Man darf das Substitutionsprinzip nicht mit der „Substitution von Gleichem für Gleiches" verwechseln. Das Substitutionsprinzip gilt nur für Tautologien, während wir in jedem Ausdruck Gleiches für Gleiches ersetzen können.

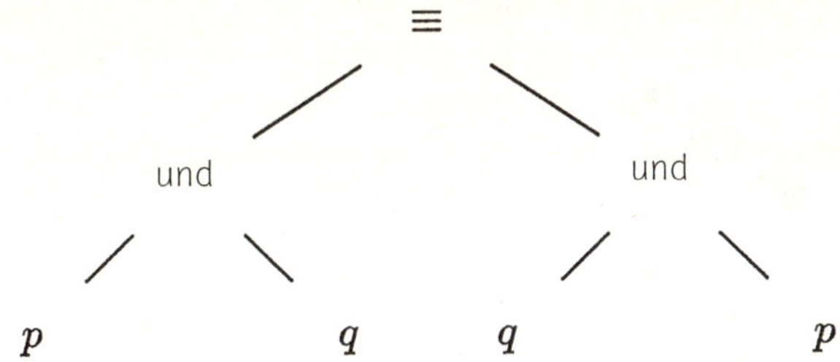

Abb. 12.20: Ausdrucksbaum für die Tautologie $pq \equiv qp$.

Angenommen, wir substituieren für p einen Ausdruck mit dem Ausdrucksbaum T_p und für q einen Ausdruck mit dem Ausdrucksbaum T_q; im allgemeinen wählen wir für jede Variable der Tautologie einen Baum aus und ersetzen alle Blätter für diese Variable durch den für diese Variable ausgewählten Baum.[3] Auf diese Weise erhalten wir einen neuen Ausdrucksbaum, der dem aus Abb. 12.21 ähnlich ist. Weisen wir den Variablen des neuen Baums Wahrheitswerte zu, so hat der Wert jeder Wurzel eines Baums T_p denselben Wert, da unterhalb eines solchen Knotens dieselben Auswertungsschritte durchgeführt werden.

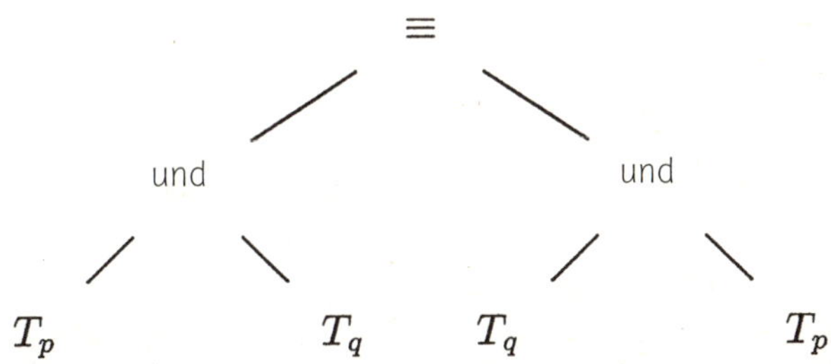

Abb. 12.21: Eine Substitution für die Variablen aus Abb. 12.20.

Sind die Wurzeln der Bäume wie T_p und T_q aus Abb. 12.21 einmal ausgewertet, dann sind die Variablen an den Blättern des ursprünglichen Baums, den wir in Abb. 12.20 illustrierten, mit konsistenten Werten belegt. Das heißt, wir nehmen den für die Vorkommen von T_p berechneten Wert, der immer gleich sein muß, und weisen ihn allen mit p markierten Blättern des ursprünglichen Baumes zu. Dasselbe tun wir für q und allgemein für jede im ursprünglichen Baum vorkommende Variable. Da der ursprüngliche Baum eine Tautologie repräsentiert, wissen wir, daß die Auswertung dieses Baums an der Wurzel den

[3]Es gibt den Sonderfall, daß der für eine Variable x ausgewählte Baum aus einem einzelnen mit x markierten Blatt besteht, was bedeutet, daß man eigentlich gar nicht substituiert.

Wert WAHR ergibt. Oberhalb des substituierten Baums sind der neue und der ursprüngliche Baum gleich, so daß der neue Baum an der Wurzel ebenfalls den Wert WAHR besitzt. Da die obigen Folgerungen gelten, egal welche Substitution von Werten wir für die Variablen des neuen Baums durchführen, schließen wir, daß der durch den neuen Baum dargestellte Ausdruck ebenfalls eine Tautologie ist.

Das Tautologie-Problem

Das Tautologie-Problem besteht darin zu überprüfen, ob ein gegebener logischer Ausdruck äquivalent zu WAHR ist, das heißt, ob er eine Tautologie ist. Es gibt eine einfache Möglichkeit, dieses Problem zu lösen. Man erstelle eine Wahrheitstafel mit einer Zeile für jede mögliche Wahrheitsbelegung der Variablen des Ausdrucks mit Wahrheitswerten. Desweiteren erzeuge man eine Spalte für jeden inneren Knoten des Baums und werte, in angemessener Reihenfolge von unten nach oben (*bottom-up*) jeden Knoten für jede Wahrheitsbelegung der Variablen mit Wahrheitswerten aus. Der Ausdruck ist dann und nur dann eine Tautologie, wenn der Wert des gesamten Ausdrucks für jede Wahrheitsbelegung 1 (WAHR) ist. Das Beispiel 12.17 illustriert dieses Vorgehen.

Laufzeit des Tautologie-Tests

Wenn der Ausdruck k Variablen und n Operatorvorkommen enthält, besteht die Tabelle aus 2^k Zeilen und aus n noch zu füllenden Spalten. Wir erwarten daher, daß eine einfache Implementierung dieses Algorithmus den Aufwand $O(2^k n)$ hat. Für Ausdrücke mit zwei oder drei Variablen ist dies nicht sehr lang, und auch bei, sagen wir, 20 Variablen können wir diesen Test in ein paar Sekunden oder Minuten von einem Computer durchführen lassen. Bei 30 Variablen gibt es bereits eine Milliarde Zeilen, so daß dieser Test auch unter Verwendung eines Computers kaum durchführbar ist. Dieses Verhalten ist für exponentielle Algorithmen typisch. Bei kleinen Instanzen lassen sich gewöhnlich keine Probleme feststellen. Wenn aber die Probleminstanzen größer werden, stellen wir plötzlich fest, daß es auch mit dem schnellsten Rechner nicht mehr möglich ist, das Problem in angemessener Zeit zu lösen.

ÜBUNGEN

12.7.1: Welche der folgenden Ausdrücke sind Tautologien?

a) $pqr \rightarrow p + q$

b) $((p \rightarrow q)(q \rightarrow r)) \rightarrow (p \rightarrow r)$

c) $(p \rightarrow q) \rightarrow p$

d) $(p \equiv (p + r)) \rightarrow (\overline{q} \rightarrow pr)$

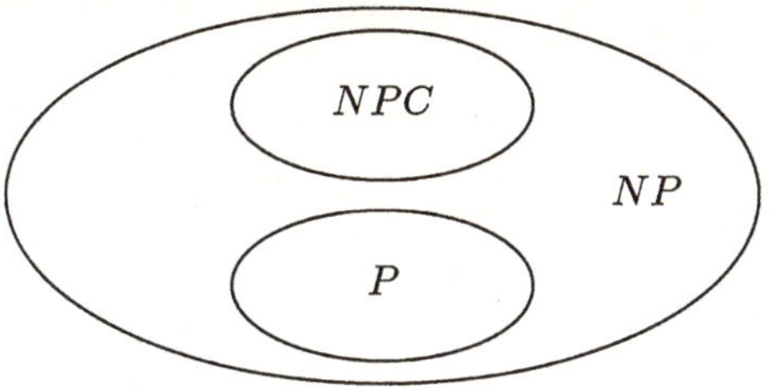

Abb. 12.22: P entspricht der Familie der Probleme, die in polynomialer Zeit lösbar sind, NP beschreibt die Familie der in einer nichtdeterministischen polynomialen Zeit zu lösenden Probleme und NPC ist die Familie der NP-vollständigen Probleme.

12.7.2*: Angenommen es gibt eine Prozedur, die das Tautologie-Problem für einen logischen Ausdruck löst. Zeigen Sie, wie diese Prozedur verwendet werden könnte, um

a) zu bestimmen, ob zwei Ausdrücke äquivalent sind.

b) das Erfüllbarkeitsproblem zu lösen (vgl. den Kasten über „Inhärente Unzugänglichkeit“).

Inhärente Unzugänglichkeit

Das Tautologie-Problem „Ist E eine Tautologie“ ist ein wichtiges Beispiel eines Problems, das inhärent exponentiell erscheint. Das heißt, wenn k die Anzahl der Variablen in einem Ausdruck E ist, so haben alle bekannten Algorithmen zur Lösung des Tautologie-Problems eine Laufzeit, die sich aus einer exponentiellen Funktion von k berechnet.

Es gibt eine Familie von Problemen, die *NP-vollständig* genannt werden. Sie umfaßt viele wichtige Optimierungsprobleme, für die es keine Lösungsverfahren gibt, die weniger als eine exponentielle Zeit benötigt. Viele Mathematiker und Wissenschaftler haben lange und hart daran gearbeitet, um zumindest für eines dieser Probleme einen Algorithmus zu finden, der in weniger als exponentieller Zeit abläuft. Bisher wurde ein solcher Algorithmus jedoch nicht gefunden, so daß viele Leute inzwischen mutmaßen, daß es keinen gibt.

Eines der klassischen NP-vollständigen Probleme ist das *Erfüllbarkeitsproblem*: „Gibt es eine Wahrheitsbelegung, die den logischen Ausdruck E wahr werden läßt?“ Erfüllbarkeit ist eng mit dem Tautologie-Problem verwandt. Wie für dieses Problem, ist keine wesentlich bessere Lösung für das Erfüllbarkeitsproblem bekannt, als alle möglichen Wahrheitsbelegungen abzuarbeiten.

Entweder gibt es für alle NP-vollständigen Probleme Lösungen mit Laufzeiten, die kleiner als exponentiell sind, oder es gibt für keines von ihnen eine derartige Lösung. Die Tatsache, daß jedes NP-vollständige Problem scheinbar einen exponentiellen Aufwand besitzt, zwingt uns zu der Annahme, daß alle von Natur aus exponentielle Probleme sind. Es ist somit naheliegend, daß der Erfüllbarkeitstest das Beste ist, was wir erreichen können.

Übrigens steht „NP" für „nichtdeterministisch polynomial". „Nichtdeterministisch" beschreibt informell „die Fähigkeit, richtig zu raten", die in Abschnitt 10.3 besprochen wurde. Ein Problem kann „in nichtdeterministischer polynomialer Zeit gelöst werden", wenn wir bei einer gegebenen Vermutung der Lösung für eine Instanz der Größe n in polynomialer Zeit prüfen können, ob die Vermutung korrekt ist, also in einer Zeit n^c für eine Konstante c.

Die Erfüllbarkeit ist ein Beispiel eines solchen Problems. Ist eine Wahrheitsbelegung von Variablen mit Wahrheitswerten gegeben, von der behauptet oder vermutet wird, daß der Ausdruck E mit dieser Wahrheitsbelegung den Wert 1 hat, so könnten wir E mit dieser Wahrheitsbelegung seiner Operanden auswerten und in einer Zeit, die höchstens quadratisch zur Länge von E ist, überprüfen, ob der Ausdruck erfüllbar ist.

Die Klasse der Probleme, die – wie die Erfüllbarkeit – durch Raten gefolgt von einem Test mit polynomialen Zeitaufwand „gelöst" werden können, nennt man *NP*. Einige in *NP* enthaltene Probleme sind eigentlich recht einfach; sie können ohne zu raten gelöst werden und benötigen dennoch nur eine Zeit, die polynomial zur Länge der Eingabe ist. Es gibt aber auch viele Probleme in *NP*, von denen man beweisen kann, daß sie mindestens so schwierig wie jedes schwierige andere Problem in *NP* sind. Es handelt sich dabei um die *NP*-vollständigen Probleme. (Verwechseln Sie die „Vollständigkeit", die hier soviel bedeutet wie „schwierigstes der Klasse", nicht mit der der „vollständigen Operatormengen", die die „Fähigkeit, jede Boolesche Funktion auszudrücken" bedeutet.)

Die Familie der in polynomialer Zeit ohne vorheriges Raten zu lösenden Probleme wird häufig *P* genannt. Abbildung 12.22 zeigt die Beziehungen zwischen *P*, *NP* und das *NP*-vollständigen Problem. Wenn sich ein *NP*-vollständiges Problem in *P* befindet, dann gilt $P = NP$, was wir sehr bezweifeln, da alle bekannten *NP*-vollständigen Probleme und einige andere in *NP* enthaltene Probleme dem Anschein nach nicht in *P* enthalten sind. Man glaubt nicht, daß sich das Tautologie-Problem in *NP* befindet, es ist aber so schwierig wie oder schwieriger als jedes Problem in *NP* (und wird daher als *NP-hartes* Problem bezeichnet); wenn das Tautologie-Problem in *P* enthalten ist, dann gilt $P = NP$.

12.8 Einige algebraische Gesetze für Logische Ausdrücke

In diesem Abschnitt werden wir einige nützliche Tautologien vorstellen. Wir werden jeweils das entsprechende Gesetz angeben und überlassen es dem Leser, mit Hilfe einer Wahrheitstafel zu überprüfen, ob es eine Tautologie ist.

Gesetze der Äquivalenz

Wir beginnen mit einigen Beobachtungen bezüglich der Äquivalenz. Dem Leser soll damit die zweideutige Rolle verdeutlicht werden, die die Äquivalenz einnimmt. Es handelt sich dabei um einen von mehreren Operatoren, die wir in logischen Ausdrücken verwenden. Zudem ist es ein Signal, das anzeigt, daß zwei Ausdrücke „gleich" sind, und daß einer für den anderen substituiert werden kann. Eine Tautologie der Form $E_1 \equiv E_2$ sagt somit etwas über E_1 und E_2 aus, nämlich, daß unter Verwendung des Prinzips „Gleiches kann durch Gleiches ersetzt werden" jeder Ausdruck innerhalb größerer Ausdrücke für den anderen substituiert werden kann.

Des weiteren können wir Äquivalenzen für den Beweis anderer Äquivalenzen verwenden. Ist ein Folge von Ausdrücken $E_1, E_2, ..., E_k$ derart gegeben, daß jeder Ausdruck durch eine Substitution von „Gleichem für Gleiches" vom vorherigen abgeleitet wurde, so repräsentiert jeder dieser Ausdrücke denselben Wert, wenn jeder mit derselben Wahrheitsbelegung ausgewertet wird. Daraus folgt, daß $E_1 \equiv E_k$ eine Tautologie sein muß.

12.1. *Die Reflexivität der Äquivalenz*: $p \equiv p$.

Wie bei allen hier angegebenen Gesetzen gilt das Substitutionsprinzip, so daß wir p durch jeden Ausdruck ersetzen können. Dieses Gesetz besagt, daß jeder Ausdruck äquivalent zu sich selbst ist.

12.2. *Das Kommutativgesetz für die Äquivalenz*: $(p \equiv q) \equiv (q \equiv p)$.

Informell ausgedrückt ist p äquivalent zu q, wenn q äquivalent zu p ist. Nach dem Substitutionsprinzip gilt, wenn ein Ausdruck E_1 äquivalent zu einem anderen Ausdruck E_2 ist, daß dann E_2 äquivalent zu E_1 ist. E_1 und E_2 können somit jeweils für den anderen substituiert werden.

12.3. *Das Transitivitätsgesetz für die Äquivalenz*: $((p \equiv q)\ \text{UND}\ (q \equiv r)) \rightarrow (q \equiv r)$.

Informell ausgedrückt, wenn p äquivalent zu q ist, und q äquivalent zu r, dann ist auch p äquivalent zu r. Eine wichtige Folge dieses Gesetzes ist, daß, wenn sowohl $E_1 \equiv E_2$ als auch $E_2 \equiv E_3$ Tautologien sind, dann auch $E_1 \equiv E_3$ eine Tautologie ist.

12.4. *Die Äquivalenz der Negationen*: $((p \equiv q) \equiv (\overline{p} \equiv \overline{q}))$.

Zwei Ausdrücke sind dann und nur dann äquivalent, wenn ihre Negationen äquivalent sind.

Zur Arithmetik analoge Gesetze

Es besteht eine Analogie zwischen den arithmetischen Operatoren +, × und dem unären Minus auf der einen und ODER, UND und NICHT auf der anderen Seite. Die folgenden Gesetze sollten daher keine Überraschungen bergen.

12.5. *Das Kommutativgesetz für* UND: $pq \equiv qp$.

Informell ausgedrückt ist pq genau dann wahr, wenn qp wahr ist.

12.6. *Das Assoziativgesetz für* UND: $p(qr) \equiv (qp)r$.

Informell heißt dies, wir können die UND-Verknüpfung dreier Variablen (oder Ausdrücke) entweder so gruppieren, daß wir zuerst das UND der ersten beiden Variablen bilden oder so, daß wir die letzten beiden zuerst durch UND verknüpfen. Zudem können wir mit Hilfe des Gesetzes 12.5 zeigen, daß die UND-Verknüpfung jeder Zusammenfassung von Aussagen oder Ausdrücken auf jede mögliche Art permutiert und gruppiert werden darf – das Ergebnis ist immer gleich.

12.7. *Das Kommutativgesetz für* ODER: $(p + q) \equiv (q + p)$.

12.8. *Das Assoziativgesetz für* ODER: $(p + (q + r)) \equiv ((p + q) + r)$.

Dieses Gesetz und das Gesetz 12.7 besagen, daß die ODER-Verknüpfung jeder Menge von Ausdrücken nach Belieben gruppiert werden kann.

12.9. *Das Distributivgesetz für* UND *über* ODER: $p(q + r) \equiv (pq + pr)$.

Möchten wir eine UND-Verknüpfung von p und der ODER-Verknüpfung zweier Aussagen oder Ausdrücke bilden, so können wir entweder zuerst das ODER oder zuerst das UND von p mit jedem Ausdruck bilden; das Ergebnis ist immer gleich.

12.10. 1 (WAHR) *ist die Identität für* UND: (p UND 1) $\equiv p$.

Beachten Sie, daß auch (1 UND p) $\equiv p$ eine Tautologie ist. Eigentlich brauchten wir dies nicht zu erwähnen, da es aus dem Substitutionsprinzip und bereits genannten Gesetzen folgt. Das heißt, wir substituieren in 12.5, dem Kommutativgesetz für UND, gleichzeitig 1 für p und p für q und erhalten so die Tautologie (p UND 1) $\equiv$ (1 UND p). Anschließend sagt uns die Anwendung von 12.3, der Transitivität der Äquivalenz, daß (1 UND p) $\equiv p$ gilt.

12.11. 0 (FALSCH) *ist die Identität für* ODER: (p ODER 0) $\equiv p$.

Unter Benutzung derselben Argumentation wie in 12.10 können wir auch (0 ODER p) $\equiv p$ herleiten.

12.12. 0 (FALSCH) *ist der Annihilator für* UND: (p UND 0) $\equiv$ 0.[4]

In Abschnitt 10.7 erwähnten wir, daß ein Annihilator für einen Operator eine Konstante ist, für die gilt, daß dieser Operator angewandt auf diese Konstante und jeden beliebigen Wert wiederum den Annihilator als Wert erzeugt. In der Arithmetik ist 0 ein Annihilator für $\times$, + hat dagegen keinen Annihilator. Wir werden jedoch feststellen, daß 1 ein Annihilator für ODER ist.

12.13. *Die Eliminierung doppelter Negationen*: (NICHT NICHT p) $\equiv p$.

Analogien zwischen arithmetischen und logischen Operatoren

Wenn wir die abkürzende Schreibweise für UND und ODER verwenden, können wir uns bei Benutzung der Gesetze 12.5 bis 12.12 häufig vorstellen, wir hätten es mit der Multiplikation und Addition zu tun. Das ist ein Vorteil, da uns die entsprechenden Gesetze für die Arithmetik geläufig sind. Der Leser sollte so beispielsweise in der Lage sein, $(p + q)(r + s)$ schnell durch $pr + ps + qr + qs$ oder durch $q(s + r) + (r + s)p$ zu ersetzen.

Was schwieriger ist und Übung erfordert, ist die Anwendung der Gesetze, die nicht analog zur Arithmetik sind. Beispiele sind die Gesetze von DeMorgan und die Verteilung von ODER über UND. Beispielsweise ist die Ersetzung von $pq + rs$ durch $(p + r)(p + s)(q + r)(q + s)$ gültig, macht aber einige Überlegung erforderlich, um zu sehen, daß sie aus drei Anwendungen von 12.14, dem Distributivgesetz für ODER über UND, sowie den Kommutativ- und Assoziativgesetzen folgt.

Unterschiede zwischen UND und ODER auf der einen und Plus und Mal auf der anderen Seite

Es gibt eine Reihe von Gesetzen, die den Unterschied zwischen UND und ODER auf der einen und den arithmetischen Operatoren $\times$ und + auf der anderen Seite verdeutlichen. Einige davon zählen wir hier auf.

[4]Natürlich gilt auch (0 UND p) $\equiv$ 0. Im weiteren Verlauf werden wir nicht alle Anwendungen des Kommutativgesetzes erwähnen.

12.14. *Das Distributivgesetz für* ODER *über* UND: $(p + qr) \equiv ((p + q)(p + r))$.

Ebenso wie sich UND über ODER verteilt, verteilt sich auch ODER über UND. Beachten Sie, daß die dazu analoge arithmetische Identität, $x + yz = (x + y)(x + z)$, im allgemeinen falsch ist.

12.15. 1 *ist der Annihilator für* ODER: (1 ODER p) $\equiv 1$.

Die arithmetische Analogie $1 + x = 1$ ist im allgemeinen falsch.

12.16. *Die Idempotenz von* UND: $pp \equiv p$.

Sie erinnern sich, daß ein Operator idempotent ist, wenn er wieder denselben Wert erzeugt, nachdem er auf zwei Kopien desselben Wertes angewandt wurde.

12.17. *Die Idempotenz von* ODER: $p + p \equiv p$.

Hierbei ist anzumerken, daß weder $\times$ noch $+$ idempotent ist. Das heißt, daß im allgemeinen weder $x \times x = x$ noch $x + x = x$ wahr ist.

12.18. *Subsumtion.*

Es gibt zwei Versionen dieses Gesetzes, abhängig davon, ob wir ein überflüssiges Produkt oder eine überflüssige Summe entfernen.

a) $(p + pq) \equiv p$.

b) $p(p + q) \equiv p$.

Wenn wir ein beliebiges Produkt von Literalen für p und ein anderes Produkt von Literalen für q in (a) substituieren, können wir in einer Produktsumme jedes Produkt eliminieren, das eine Obermenge der Literale eines anderen Produktes enthält. Von der kleineren Menge sagt man, sie *subsumiere* die Obermenge. In Teil (b) wird das Analoge über ein Summenprodukt ausgesagt; wir können eine Summe eliminieren, die eine Obermenge der Literale einer anderen Summe in diesem Produkt ist.

12.19. *Die Eliminierung gewisser Negationen.*

a) $p(\overline{p} + q) \equiv pq$.

b) $p + \overline{p}q \equiv p + q$.

Vielleicht haben Sie bemerkt, daß (b) das Gesetz ist, das wir in Abschnitt 12.2 verwendeten, um zu erklären, warum Sallys Bedingung die von Sam ersetzen konnte.

DeMorgans Gesetze

Es gibt zwei Gesetze, die es uns gestatten, den Operator NICHT durch einen Ausdruck bestehend aus UND und ODER zu „schieben". Wir erhalten so einen Ausdruck, in dem alle Negationen unmittelbar auf aussagenlogische Variablen angewandt werden. Der Ergebnisausdruck ist ein auf Literale angewandter UND-ODER-Ausdruck. Wenn wir einen Ausdruck mit UND und ODER negieren, können wir die Negation im Ausdrucksbaum abwärts verschieben und beim herabsteigen die Operatoren „vertauschen“. Das heißt, jedes UND wird zu einem ODER und umgekehrt. Wenn die Negationen schließlich die Blätter erreichen, bleiben sie dort stehen, es sei denn, sie treffen auf ein negiertes Literal. Dann ließen sich diese beiden Negationen durch das Gesetz 12.13 entfernen. Wir müssen aufpassen, daß wir die Klammern im neuen Ausdruck richtig setzen, da sich die Bindungsstärke der Operatoren verändert, wenn wir jeweils UND und ODER vertauschen.

Die elementaren Regeln nennt man „DeMorgans Gesetze“. Sie beschreiben die folgenden Tautologien.

12.20. *DeMorgans Gesetze*.

a) NICHT $(pq) \equiv \bar{p} + \bar{q}$.

b) NICHT $(p + q) \equiv \bar{p}\,\bar{q}$.

Teil (a) besagt, daß p und q genau dann nicht beide wahr sind, wenn mindestens eine von ihnen falsch ist. (b) besagt, daß weder p noch q dann und nur dann wahr ist, wenn beide falsch sind. Wir können diese beiden Gesetze dahingehend verallgemeinern, daß jede Anzahl aussagenlogischer Variablen erlaubt ist.

c) (NICHT $(p_1 p_2 ... p_k)) \equiv (\bar{p}_1 + \bar{p}_2 + ... + \bar{p}_k)$.

d) (NICHT $(p_1 + p_2 + ... + p_k)) \equiv (\bar{p}_1 \bar{p}_2 ... \bar{p}_k)$.

Gesetz (d) besagt zum Beispiel, daß dann und nur dann keiner der Ausdrücke einer Gruppe von Ausdrücken wahr ist, wenn alle Ausdrücke falsch sind.

Beispiel 12.19

In den Abschnitten 12.5 und 12.6 haben wir gesehen, wie man Produktsummen-Ausdrücke für beliebige logische Ausdrücke erstellt. Angenommen, wir beginnen mit einem beliebigen Ausdruck E, den wir als $E_1 + E_2 + ... + E_k$ schreiben, wobei jedes E_i einer UND-Verknüpfung von Literalen entspricht. Dann können wir einen Produktsummen-Ausdruck für NICHT E bilden, indem wir von

NICHT $(E_1, E_2, ..., E_k)$

ausgehen und nach Anwendung von DeMorgans Gesetz (d) folgendes erhalten:

(NICHT (E_1)) (NICHT (E_2)) ... (NICHT (E_k)) (12.8)

Es sei E_i das Produkt von Literalen $X_{i1}X_{i2}...X_{iji}$, wobei jedes X entweder eine Variable oder deren Negation ist. Dann können wir (c) auf NICHT (E_i) anwenden, um daraus

$$\overline{X}_{i1} + \overline{X}_{i2} + ... + \overline{X}_{iji}$$

zu machen. Wenn ein Literal eine negierte Variable ist, sagen wir $\overline{q}$, sollte $\overline{X}$ unter Verwendung des Gesetzes 12.13 durch q selbst ersetzt werden. Dieses Gesetz besagt, daß doppelte Negationen eliminiert werden dürfen. Führen wir all diese Änderungen durch, so wird (12.8) zu einem Produkt einer Summe von Literalen.

Zum Beispiel ist $rs + \overline{r}\,\overline{s}$ ein Produktsummen-Ausdruck, der genau dann wahr ist, wenn $r \equiv s$ gilt; er kann somit als eine Definition der Äquivalenz angesehen werden, die die Operatoren UND, ODER und NICHT verwendet. Die folgende Formel, die Negation der oben angegebenen Formel, ist wahr, wenn r und s nicht äquivalent sind, genau dann also, wenn einer der Ausdrücke r und s wahr ist.

$$\text{NICHT } (rs + \overline{r}\,\overline{s}) \tag{12.9}$$

Wir führen nun eine Substitution in DeMorgans Gesetz (b) durch, bei der p durch rs und q durch $\overline{r}\,\overline{s}$ ersetzt wird. Die linke Seite von (b) wird damit zu (12.9), und aufgrund des Substitutionsprinzips wissen wir, daß (12.9) äquivalent zur rechten Seite von (b) mit derselben Substitution ist, also zu

$$\text{NICHT } (rs) \text{ UND NICHT } (\overline{r}\,\overline{s}) \tag{12.10}$$

Als nächstes wenden wir (a) an, wobei wir r für p und s für q substituieren, was NICHT (rs) durch $\overline{r} + \overline{s}$ ersetzt. Ebenso folgt aus (a), daß NICHT ($\overline{r}\,\overline{s}$) äquivalent zu NICHT ($\overline{r}$) + NICHT ($\overline{s}$) ist. NICHT ($\overline{r}$) ist aber dasselbe wie NICHT (NICHT(r)), was wiederum äquivalent zu r ist, da doppelte Negationen eliminiert werden dürfen. Ebenso kann NICHT ($\overline{s}$) durch s ersetzt werden. (12.10) ist somit äquivalent zu $(\overline{r} + \overline{s})(r + s)$. Dies ist ein Produktsummen-Ausdruck für „genau einer aus r und s ist wahr". Informell sagt er aus, daß „mindestens einer von r und s falsch ist und mindestens eine wahr". Offensichtlich tritt dies nur dann ein, wenn genau einer von r und s wahr ist. ◆

Das Dualitätsprinzip

Während wir die Gesetze dieses Abschnitts durchgehen, begegnen wir einem kuriosen Phänomen. Äquivalenzen scheinen paarweise aufzutreten, wobei die Rollen von UND und ODER jeweils vertauscht sind. Zum Beispiel bilden Teil (a) und Teil (b) von Gesetz 12.19 ein solches Paar, gleiches gilt für die Gesetze 12.9 und 12.14; letztere sind die beiden Distributivgesetze. Sind die Konstanten 0 und 1 betroffen, so müssen diese ausgetauscht werden, was in dem Paar von Identitätsgesetzen, 12.10 und 12.11, zu beobachten ist.

Die Erklärung für dieses Phänomens findet sich in DeMorgans Gesetzen. Angenommen, wir beginnen mit einer Tautologie $E_1 \equiv E_2$, wobei E_1 und E_2 Ausdrücke sind, die die Operatoren UND, ODER und NICHT enthalten. Nach Gesetz 12.4 ist NICHT $(E_1) \equiv$ NICHT (E_2) ebenfalls eine Tautologie. Wenden wir nun DeMorgans Gesetze an, um die Negationen durch alle UND und ODER zu „schieben", so „drehen" wir dabei jedes UND in ein ODER um und umgekehrt und schieben die Negation auf diese Weise zu jedem Operanden. Begegnen wir einem NICHT-Operator, so schieben wir einfach das „wandernde" NICHT darunter, bis wir das nächste UND oder ODER antreffen. Eine Ausnahme bildet der Fall, daß wir einem negierten Literal begegnen, sagen wir $\overline{p}$. Dann kombinieren wir das wandernde NICHT mit dem bereits vorhandenen, was uns den Operanden p liefert. In dem Spezialfall, daß das wandernde NICHT auf eine Konstante, 0 oder 1, trifft, negieren wir diese Konstante; das heißt, (NICHT 0) $\equiv$ 1 und (NICHT 1) $\equiv$ 0.

Beispiel 12.20

Gegeben sei die Tautologie 12.19(b). Zunächst negieren wir beide Seiten und erhalten so den Baum aus Abb. 12.23(a). Anschließend schieben wir die Negationen auf jeder Seite der Äquivalenz durch die ODER-Operatoren und wandeln sie auf diese Weise in UND-Operatoren um; über jedem der beiden Argumente von ODER steht nun ein NICHT, was in Abb. 12.23(b) illustriert ist. Drei der neuen NICHT befinden sich über Variablen, so daß ihre Wanderungen beendet sind. Das eine, das sich über einem UND befindet, dreht zu einem ODER um und fügt an dessen beiden Argumenten ein NICHT ein. Das rechte Argument wird somit zu NICHT q, während das linke Argument, das vorher NICHT p lautete, nun zu NICHT NICHT p bzw. einfach zu p wird. Der sich so ergebende Baum ist in Abb. 12.23(c) dargestellt.

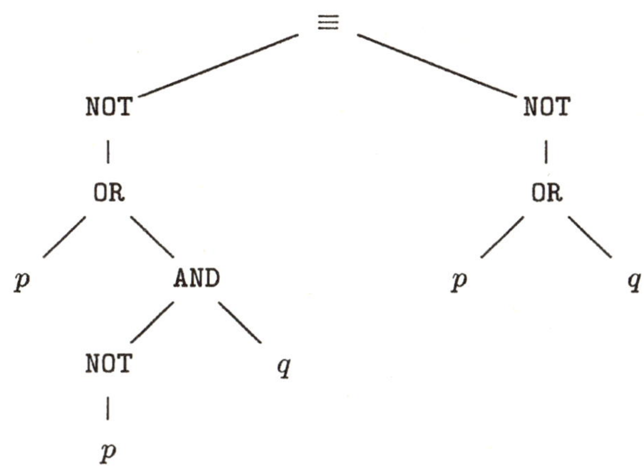

(a) Ausdrucksbaum zu Beginn.

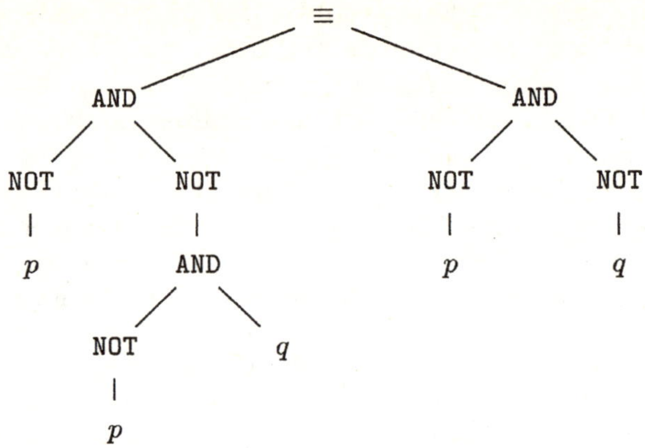

(b) Erste „Verschiebungen“ von Negationen.

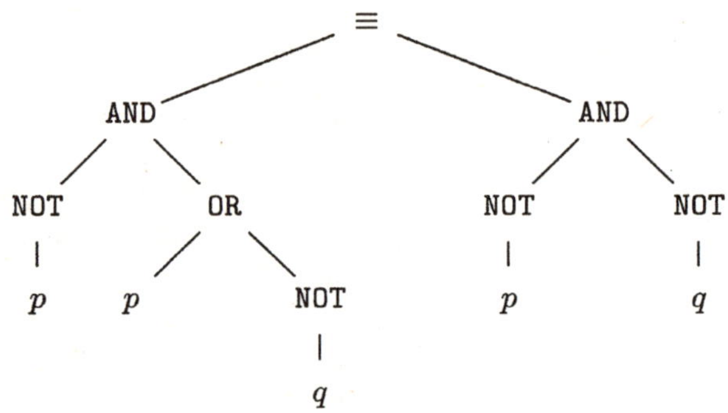

(c) Endgültiger Ausdruck.

Abb. 12.23: Erzeugung des dualen Ausdrucks.

Der Baum aus Abb. 12.23(c) repräsentiert den Ausdruck $\overline{p}(p + \overline{q}) \equiv \overline{p}\,\overline{q}$. Um für diesen Ausdruck die Form des Gesetzes 12.19(a) zu erreichen, negieren wir die Variablen. Das heißt, wir substituieren $\overline{p}$ für p und $\overline{q}$ für q. Wenn wir die doppelten Negationen eliminieren, erhalten wir genau 12.19(a). ◆

Die Implikation betreffende Gesetze

Es gibt etliche nützliche Tautologien, die uns Eigenschaften des → Operators liefern.

12.21. $((p \rightarrow q)$ UND $(q \rightarrow p)) \equiv (p \equiv q)$.

Zwei Ausdrücke sind dann und nur dann äquivalent, wenn sie den jeweils anderen implizieren.

12.22. $(p \equiv q) \rightarrow (p \rightarrow q)$.

Die Äquivalenz zweier Ausdrücke besagt, daß jeder den anderen impliziert.

12.23. *Die Transitivität von Implikationen*: $((p \rightarrow q)$ UND $(q \rightarrow r)) \rightarrow (p \rightarrow r)$.

Wenn p q impliziert und q r impliziert, dann impliziert auch p r.

12.24. Es ist möglich, die Implikation durch NICHT und ODER auszudrücken. Die einfachste Form lautet:

a) $(p \rightarrow q) \equiv (\overline{p} + q)$.

Wir werden sehen, daß es viele Situationen gibt, in denen wir es mit einem Ausdruck der Form „wenn dies und dies und .... gilt, dann gilt das" zu tun haben. Zum Beispiel basieren die Programmiersprache Prolog und viele andere Sprachen der „künstlichen Intelligenz" auf „Regeln" dieser Form. Diese Regeln werden formal als $(p_1p_2...p_n) \rightarrow q$ geschrieben. Mit Hilfe der folgenden Äquivalenz können sie nur mit NICHT und ODER ausgedrückt werden

b) $(p_1p_2...p_n \rightarrow q) \equiv (\overline{p}_1 + \overline{p}_2 + ... + \overline{p}_n + q)$

Das heißt, sowohl die linke als auch die rechte Seite der Äquivalenz ist immer dann wahr, wenn q wahr ist oder eines oder mehrere der p falsch ist; sonst sind beide Seiten falsch.

ÜBUNGEN

12.8.1: Überprüfen Sie mit Hilfe von Wahrheitstafeln, daß jedes der Gesetze 12.1 bis 12.24 eine Tautologie ist.

12.8.2: Wir können jede aussagenlogische Variable in einer Tautologie durch einen Ausdruck ersetzen und erhalten wieder eine Tautologie. Substituieren Sie in jeder der Tautologien 12.1 bis 12.24 $x + y$ für p, yz für q und $\overline{x}$ für r, um neue Tautologien zu erhalten. Vergessen Sie nicht, die substituierten Ausdrücke bei Bedarf zu klammern.

12.8.3: Beweisen Sie, daß

a) $p_1 + p_2 + ... + p_n$ zu der Summe (logisches ODER) der p_i in beliebiger Reihenfolge äquivalent ist.

b) $p_1p_2 ... p_n$ zu dem Produkt (logisches UND) der p_i in beliebiger Reihenfolge äquivalent ist.

Hinweis: Ähnliches wurde für die Addition in Abschnitt 2.4 gezeigt.

12.8.4*: Verwenden Sie die in diesem Abschnitt angegebenen Gesetze, um den ersten Ausdruck jedes Paares von Ausdrücken in den zweiten umzuwandeln. Damit die Sache nicht zu mühsam wird, übergehen Sie die Schritte, die die Gesetze 12.5 bis 12.13 verwenden, welche analog zur Arithmetik sind. Zum Beispiel kann von der Kommutativität und der Assoziativität ausgegangen werden.

a) Wandeln Sie $pq + rs$ in $(p + r)(p + s)(q + r)(q + s)$ um.

b) Wandeln Sie $pq + p\bar{q}r$ in $p(q + r)$ um.

c) Wandeln Sie $pq + p\bar{q} + \bar{p}q + \bar{p}\bar{q}$ in 1 um. (Diese Umwandlung erfordert Gesetz 12.25 aus dem nächsten Abschnitt.)

d) Wandeln Sie $pq \rightarrow r$ in $(p \rightarrow r) + (q \rightarrow r)$ um.

e) Wandeln Sie NICHT $(pq \rightarrow r)$ in $pq\bar{r}$ um.

12.8.5*: Zeigen Sie, daß die Subsumtionsgesetze, 12.18(a) und (b), in dem Sinne aus vorher angegebenen Gesetzen folgen, daß es möglich ist, $p + pq$ in p und $p(p + q)$ in p umzuwandeln, wobei nur die Gesetze 12.1 bis 12.17 benutzt werden.

12.8.6: Wenden Sie DeMorgans Gesetze an, um die folgenden Ausdrücke in Ausdrücke umzuwandeln, bei denen der NICHT-Operator jeweils nur auf aussagenlogische Variablen angewandt wird (d. h., NICHT erscheint nur in den Literalen).

a) NICHT $(pq + \bar{p}r)$

b) NICHT (NICHT $p + q($NICHT $(r + \bar{s})))$

12.8.7*: Beweisen Sie unter Verwendung der elementaren Gesetze 12.20(a) und (b) die verallgemeinerten Gesetze von DeMorgan aus 12.20(c) und (d) durch Induktion über k. Begründen Sie anschließend informell, warum diese verallgemeinerten Gesetze gelten, indem Sie das Aussehen der aus 2^k Zeilen bestehenden Wahrheitstafeln für jeden Ausdruck und seine Teilausdrücke beschreiben.

12.8.8*: Finden Sie diejenigen Paare von Gesetzen dieses Abschnitts, die dual zueinander sind.

12.8.9*: Beweisen Sie Gesetz 12.24(b) durch Induktion über n.

12.8.10*: Zeigen Sie, daß Gesetz 12.24(b) gilt, indem sie die 2^n Zeilen der Wahrheitstafel für den Ausdruck und jeden seiner Teilausdrücke beschreiben.

12.8.11: Vereinfachen Sie die folgenden Ausdrücke mit Hilfe der Subsumtions- und der Kommutativ- und Assoziativgesetze für UND und ODER.

a) $w\bar{x} + w\bar{x}y + \bar{z}\bar{x}w$

b) $(w + \bar{x})(w + y + \bar{z})(\bar{w} + \bar{x} + \bar{y})(\bar{x})$

12.8.12*: Zeigen Sie, daß die arithmetischen Analogien der Gesetze 12.14 bis 12.20 falsch sind, indem Sie bestimmte Zahlen angeben, für die die analoge Gleichheit nicht gilt.

12.9 Tautologien und Beweisverfahren

In den letzten drei Abschnitten haben wir einen Aspekt der Logik kennengelernt: ihre Verwendung als Entwurfstheorie. In Abschnitt 12.6 sahen wir, wie Karnaugh-Diagramme zum Entwurf von Ausdrücken aus einer gegebenen Booleschen Funktion zu verwenden sind, und in Kapitel 13 werden wir sehen, wie diese Methodik den Entwurf von Schaltkreisen unterstützt, aus denen Computer und andere digitale Geräte gebaut werden. Die Abschnitte 12.7 und 12.8 enthielten eine Einführung in Tautologien, die zur Vereinfachung von Ausdrücken verwendet werden können und daher als wichtiges Werkzeug dienen, wenn für eine gegebene Boolesche Funktion Ausdrücke zu erstellen sind.

Eine zweite wichtige Verwendung der Logik ist Thema dieses Abschnitts. Wenn Leute Aussagen der Mathematik begründen oder beweisen, verwenden sie eine Reihe von Verfahren, um ihre Beweisführung zu untermauern. Beispiele solcher Verfahren sind

1. Fallunterscheidung,
2. Beweis durch Kontraposition,
3. Widerspruchsbeweis und
4. Beweis durch Reduktion auf Wahres.

In diesem Abschnitt werden wir diese Verfahren definieren und dabei zeigen, wie jedes in Beweisen verwendet werden kann. Des weiteren werden wir zeigen, wie diese Verfahren durch gewisse Tautologien der Aussagenlogik gerechtfertigt werden.

Das Gesetz des ausgeschlossenen Dritten

Wir stellen zunächst einige Tautologien vor, welche elementare Tatsachen über das logische Schließen darstellen.

12.25. *Das Gesetz des ausgeschlossenen Dritten*: $(p + \bar{p}) \equiv 1$ ist eine Tautologie.

Etwas ist entweder wahr oder falsch; dazwischen gibt es nichts.

Beispiel 12.21

Als eine Anwendung des Gesetzes 12.25 sowie einiger anderer bisher gezeigter Gesetze beweisen wir das in Abschnitt 12.6 benutzte Gesetz $(pq + \bar{p}q) \equiv q$. Beginnen wir mit

$$(1 \text{ UND } q) \equiv (1 \text{ UND } q)$$

das aus Gesetz 12.1, der Reflexivität der Äquivalenz, durch Substitution von 1 UND q für p folgt. Aufgrund von Gesetz 12.25 ersetzen wir nun die 1 auf der linken Seite durch $p + \bar{p}$ und substituieren somit von „Gleichem für Gleiches".

$$((p + \bar{p})q) \equiv (1 \text{ UND } q)$$

ist also eine Tautologie. Auf der rechten Seite der Äquivalenz wende man das Gesetz 12.10 an, um 1 UND q durch q zu ersetzen. Auf der linken Seite verwenden wir 12.9, die Distributivität von UND über ODER, zwischen zwei Anwendungen des Gesetzes 12.5, der Kommutativität von UND, um zu zeigen, daß die linke Seite äquivalent zu $pq + \bar{p}q$ ist. Wir erhalten somit den gewünschten Ausdruck

$$(pq + \bar{p}q) \equiv q$$

Eine Verallgemeinerung des Gesetzes des ausgeschlossenen Dritten ist ein Beweisverfahren, das „Fallunterscheidung" genannt wird, bei dem wir einen Ausdruck E beweisen wollen. Wir benutzen dafür einen anderen Ausdruck F und dessen Negation, NICHT F, und beweisen, daß sowohl F als auch NICHT F E impliziert. Da F entweder wahr oder falsch sein muß, können wir daraus E schließen. Die formale Grundlage für die Fallunterscheidung ist die folgende Tautologie.

12.26. *Die Fallunterscheidung*: $((p \rightarrow q) \text{ UND } (\bar{p} \rightarrow q)) \equiv q$.

Die beiden Fälle ergeben sich, wenn p wahr und wenn p falsch ist. Wird in beiden Fällen q impliziert, dann muß q wahr sein. Wir überlassen es Ihnen als Übungsaufgabe zu zeigen, daß 12.26 aus 12.25 und anderen bereits bewiesenen Gesetzen folgt.

12.27. $p\bar{p} \equiv 0$.

Eine Aussage und ihre Negation können nicht gleichzeitig wahr sein. Dieses Gesetz ist bei einem „Widerspruchsbeweis" unerläßlich. Wir werden diese Form des Beweisens in Kürze in Gesetz 12.29 und in Abschnitt 12.11 vorstellen, wenn wir Resolutionsbeweise behandeln.

Beweis der Kontraposition

Gelegentlich wollen wir eine Implikation, wie $p \rightarrow q$, beweisen, und erachten es als einfacher, den äquivalenten Ausdruck, $\bar{q} \rightarrow \bar{p}$ zu beweisen, der als *Kontraposition* von $p \rightarrow q$ bezeichnet wird. Dieses Prinzip ist im folgenden Gesetz formalisiert.

12.28. *Das Gesetz der Kontraposition*: $(p \rightarrow q) \equiv (\bar{q} \rightarrow \bar{p})$

Beispiel 12.22

Betrachten wir ein einfaches Beweisbeispiel, das zeigt, wie das Gesetz der Kontraposition angewandt wird. Zudem führt uns dieses Beispiel die Grenzen der Aussagenlogik in Beweisen vor Augen. Die Logik leistet nur einen Teil der Strecke, indem sie uns gestattet, Schlüsse über Aussagen zu ziehen, ohne Bezug darauf, was die Aussagen bedeuten. Um einen vollständigen Beweis zu erhalten, müssen wir normalerweise auch Folgerungen aufführen, die sich auf die Bedeutung unseres Terms beziehen. In diesem Beispiel müssen wir wissen, was Begriffe wie „Primzahl“, „ungerade“ und „größer als“ im Zusammenhang mit ganzen Zahlen bedeuten.

Wir werden drei Aussagen über eine positive ganze Zahl x betrachten:

a	“$x > 2$”
b	“x is a prime”
c	“x is odd”

Das zu beweisende Theorem lautet $ab \rightarrow c$, das heißt

AUSSAGE „Wenn x größer ist als 2 und wenn x eine Primzahl ist, dann ist x ungerade.“

Zunächst wandeln wir den Ausdruck $ab \rightarrow c$ durch Anwendung einiger bisher untersuchter Gesetze in einen äquivalenten Ausdruck um, der sich besser beweisen läßt. Zuerst wenden wir das Gesetz 12.28 an, um die Kontraposition, $\bar{c} \rightarrow$ NICHT (ab), zu bilden. Anschließend machen wir unter Benutzung von DeMorgans Gesetz 12.20(a) aus NICHT (ab) den Ausdruck $\bar{a} + \bar{b}$. Wir haben somit das zu beweisende Theorem umgeformt in $\bar{c} \rightarrow (\bar{a} + \bar{b})$. Anders ausgedrückt, müssen wir beweisen, daß

AUSSAGE „Wenn x nicht ungerade ist, dann ist x nicht größer als 2 oder x ist keine Primzahl.“

Wir können „nicht ungerade“ durch „gerade“, „nicht größer als 2“ durch „kleiner oder gleich 2“ und „keine Primzahl“ durch „teilbare Zahl“ ersetzen. Wir wollen somit folgendes beweisen:

AUSSAGE „Wenn x gerade ist, dann gilt $x \leq 2$ oder x ist teilbar.“

Wir haben nun die Aussagenlogik restlos ausgeschöpft und müssen anfangen, uns über die Bedeutung unserer Terme zu unterhalten. Wenn x gerade ist, dann gilt $x = 2y$ für eine ganze Zahl y; das ist die Bedeutung dessen, daß x gerade ist. Da x in diesem Beweis eine positive ganze Zahl ist, muß y 1 oder größer sein.

Nun verwenden wir die Fallunterscheidung und betrachten die Fälle, in denen y 1 ist und in denen y größer als 1 ist, die beiden einzigen Möglichkeiten also, da wir gerade zeigten, daß $y \geq 1$ sein muß. Wenn $y = 1$ ist, ist $x = 2$, und wir haben gezeigt, daß $x \leq 2$ gilt. Ist $y > 1$, so ist x das Produkt zweier ganzer Zahlen, 2 und y, die beide größer als 1 sind, was bedeutet, daß x teilbar ist. Wir haben gezeigt, daß, wenn x gerade ist, dann entweder $x \leq 2$ (im Falle, daß $y = 1$ ist) gilt oder daß x teilbar ist (im Falle, daß $y > 1$ ist). ◆

Widerspruchsbeweis

Häufig ist es einfacher, anstatt einen „direkten" Beweis eines Ausdrucks E zu führen, den Beweis mit der Annahme zu beginnen, daß NICHT E gilt und daraus einen *Widerspruch*, das heißt den Ausdruck FALSCH herzuleiten. Solche Beweise basieren auf folgender Tautologie:

12.29. *Widerspruchsbeweis*: $(\overline{p} \rightarrow 0) \equiv p$.

Informell ausgedrückt, wenn wir $\overline{p}$ annehmen und daraus 0, also FALSCH, schließen, bzw. einen Widerspruch herleiten können, dann ist dies dasselbe, als würden wir p beweisen. Dieses Gesetz folgt tatsächlich aus anderen, die wir bereits kennengelernt haben. Ausgehend von Gesetz 12.24 mit $\overline{p}$ anstelle von p und 0 anstelle von q erhalten wir die Äquivalenz

$$(\overline{p} \rightarrow 0) \equiv (\text{NICHT}(\overline{p}) + 0)$$

Gesetz 12.13, die Eliminierung doppelter Negationen, gestattet es uns, NICHT $(\overline{p})$ durch p zu ersetzen, was uns zu dem Ausdruck

$$(\overline{p} \rightarrow 0) \equiv (p + 0)$$

führt. Das Gesetz 12.11 besagt schließlich, daß $(p + 0) \equiv p$ ist, so daß eine weitere Substitution folgendes ergibt.

$$(\overline{p} \rightarrow 0) \equiv p$$

Beispiel 12.23

Betrachten wir die Aussagen a, b und c aus Beispiel 12.22, die sich auf eine positive ganze Zahl x beziehen und behaupten, daß $x > 2$ ist, daß x eine Primzahl ist und daß x ungerade ist. Wir wollen das Theorem $ab \rightarrow c$ beweisen und substituieren daher diesen Ausdruck in 12.29 für p. $\overline{p} \rightarrow 0$ wird damit zu (NICHT $(ab \rightarrow c)) \rightarrow 0$.

Wenden wir 12.24 auf die erste dieser Implikationen an, so erhalten wir

$$(\text{NICHT } (\text{NICHT } (ab) + c)) \rightarrow 0$$

Die Anwendung von DeMorgans Gesetz auf das innere NICHT führt zu dem Ausdruck (NICHT $(\overline{a} + \overline{b} + c)) \rightarrow 0$. Eine weitere Benutzung von DeMorgans

Gesetz gefolgt von der zweimaligen Verwendung von 12.13 zur Eliminierung der doppelten Negationen wandelt diesen Ausdruck in $(ab\bar{c}) \rightarrow 0$ um.

Bis zu diesem Punkt gelangen wir mit Hilfe der Aussagenlogik; von nun an müssen wir uns Gedanken machen über ganze Zahlen. Wir beginnen mit a, b und $\bar{c}$ und leiten einen Widerspruch her. Das heißt, wir gehen aus von der Annahme, daß $x > 2$ ist, daß x eine Primzahl ist und daß x gerade ist und leiten daraus einen Widerspruch her.

Da x gerade ist, muß $x = 2y$ für eine ganze Zahl y gelten. Und da zudem $x > 2$ ist, muß $y \geq 2$ sein. Dann ist x, das ja gleich $2y$ ist, aber das Produkt zweier ganzer Zahlen, die beide größer sind als 1, so daß x teilbar ist. Wir haben somit gezeigt, daß x keine Primzahl ist, was der Aussage $\bar{b}$ entspricht. Da b gegeben war, x also eine Primzahl ist, und nun zusätzlich $\bar{b}$ gilt, haben wir den Ausdruck $b\bar{b}$, der laut 12.27 äquivalent zu 0, bzw. FALSCH ist.

Wir haben somit bewiesen, daß (NICHT$(ab \rightarrow c)) \rightarrow 0$ gilt, was aufgrund von 12.29 äquivalent ist zu $ab \rightarrow c$. Das beendet unseren Widerspruchsbeweis. ◆

Äquivalenz zu Wahr

Unser nächstes Beweisverfahren ermöglicht es zu beweisen, daß ein Ausdruck eine Tautologie ist, indem man ihn mit Hilfe der Substitution von „Gleichem für Gleiches" so lange umformt, bis der Ausdruck auf 1 (WAHR) reduziert ist.

12.30. *Beweis durch Äquivalenz zu Wahr*: $(p \equiv 1) \equiv p$.

Beispiel 12.24

Der Ausdruck $rs \rightarrow r$ besagt, daß die UND-Verknüpfung zweier Ausdrücke den ersten der beiden impliziert (und aufgrund der Kommutativität von UND auch den zweiten). Wir können durch die folgende Sequenz von Äquivalenzen zeigen, daß $rs \rightarrow r$ eine Tautologie ist.

$rs \rightarrow r$

1) $\equiv$ NICHT $(rs) + r$

2) $\equiv (\bar{r} + \bar{s}) + r$

3) $\equiv 1 + \bar{s}$

4) $\equiv 1$

Punkt (1) ist das Ergebnis der Anwendung des Gesetzes 12.24, also der Definition von $\rightarrow$ anhand von NICHT und ODER. (2) folgt aus der Anwendung von DeMorgans Gesetz. Der Punkt (3) ergibt sich, wenn wir 12.7 und 12.8 verwenden, um die Terme neu zu ordnen und anschließend $r + \bar{r}$ entsprechend Gesetz

12.25 durch 1 ersetzen. (4) schließlich ist eine Anwendung des Gesetzes 12.15, der Tatsache, daß 1 ein Annihilator für ODER ist. ◆

ÜBUNGEN

12.9.1: Zeigen Sie, daß die Gesetze 12.25 und 12.27 dual zueinander sind.

12.9.2*: Wir möchten folgendes Theorem beweisen: „Wenn x ein perfektes Quadrat und wenn x gerade ist, dann ist x durch 4 teilbar."

a) Weisen Sie den drei in diesem Theorem erwähnten Bedingungen über x aussagenlogische Variablen zu.

b) Schreiben Sie das Theorem mit Hilfe dieser aussagenlogischen Variablen formal auf.

c) Geben Sie die Kontraposition Ihrer Antwort aus (b) sowohl anhand Ihrer aussagenlogischen Variablen als auch umgangssprachlich an.

d) Beweisen Sie die Aussage aus (c). *Hinweis*: Es ist hilfreich zu erkennen, daß, wenn x nicht durch 4 teilbar ist, x entweder ungerade ist oder $x = 2y$ gilt und y ungerade ist.

12.9.3*: Geben Sie einen Widerspruchsbeweis des Theorems aus Übung 12.9.2 an.

12.9.4*: Wiederholen Sie die Übungen 12.9.2 und 12.9.3 für die Aussage „Wenn x^3 ungerade ist, dann ist x ungerade" über ganze Zahlen. (In 12.9.2(a) werden dann nur zwei Bedingungen besprochen.)

12.9.5*: Beweisen Sie, daß die folgenden Ausdrücke Tautologien sind, indem Sie die Äquivalenz zu 1 (WAHR) zeigen.

a) $pq + r + \bar{q}\,\bar{r} + \bar{p}\,\bar{r}$

b) $p + \bar{q}\,\bar{r} + \bar{p}r + q\bar{r}$

12.9.6*: Beweisen Sie das Gesetz 12.26 der Fallunterscheidung durch Substitution von „Gleichem für Gleiches" in (Instanzen von) vorher bewiesenen Gesetzen.

12.9.7*: Verallgemeinern Sie das Fallunterscheidungsgesetz dahingehend, daß die Fälle durch k aussagenlogische Variablen definiert sind, die in allen 2^k Kombinationen wahr oder falsch sein können. Welche Tautologie ergibt sich für den Fall daß $k = 2$ ist? Für den allgemeinen Fall k? Zeigen Sie, warum diese Tautologie wahr sein muß.

Anwendungen der Deduktion

Zusätzlich zu der Tatsache, daß die Deduktion und der formale Beweis den Stoff bilden, aus dem alle mathematischen Beweise letztendlich sind, finden sich auch in der Informatik viele Anwendungen. Eine ist das *automatische Theorembeweisen*. Es gibt Systeme, die Beweise von Theoremen finden, indem sie nach Schrittfolgen suchen, die von Hypothesen zu einer Schlußfolgerung führen. Einige Systeme suchen allein nach Beweisen, und andere arbeiten interaktiv mit dem Benutzer, der Hinweise gibt und kleinere Lücken in der zu einem Beweis führenden Schrittfolge ausfüllt. Manche Menschen glauben, daß sich diese Systeme irgendwann zum Beweis der Korrektheit von Programmen eignen werden, auch wenn es noch ein weiter Weg bis dahin ist.

Eine zweite Verwendung der Deduktion oder des Beweises betrifft Programmiersprachen, die die Deduktion zur Berechnung in Beziehung setzen. Ein sehr einfaches Beispiel ist ein Roboter, der seinen Weg durch ein Labyrinth findet. Seine möglichen Zustände werden durch eine endliche Menge von Positionen in den Zentren der Gänge dargestellt. Wir könnten einen Graphen zeichnen, in dem die Knoten die Positionen repräsentieren, und ein Bogen $u \rightarrow v$ bedeutet, daß der Roboter durch einen einfachen Schritt von Position u zu Position v gelangen kann, da u und v adjazente Gänge repräsentierten.

Wir können uns die Positionen auch als Aussagen vorstellen, bei denen u für „der Roboter kann Position u erreichen" steht. Dann ist $u \rightarrow v$ nicht nur als Bogen zu interpretieren, sondern auch als die logische Implikation: „Wenn der Roboter u erreichen kann, dann kann er auch v erreichen." (Beachten Sie das „Wortspiel"; der Pfeil repräsentiert einen Bogen oder eine Implikation.) Daraus ergibt sich natürlich die Frage: „Welche Positionen kann der Roboter von einer Position a aus erreichen?"

Diese Frage läßt sich als eine Deduktion formulieren, wenn wir den Ausdruck a und alle Ausdrücke $u \rightarrow v$ für die benachbarten Positionen u und v als Hypothesen annehmen und sehen, welche aussagenlogischen Variablen x wir aus diesen Annahmen beweisen können. Hier benötigen wir eigentlich kein so mächtiges Werkzeug wie die Deduktion, da auch die in Abschnitt 9.7 besprochene Tiefensuche dieses Problem löst. Es gibt jedoch viele vergleichbare Situationen, in denen graphentheoretische Verfahren nicht effektiv sind, das Problem jedoch als eine Deduktion formuliert und eine vernünftige Lösung gefunden werden kann.

12.10 Deduktion

In den Abschnitten 12.6 bis 12.8 haben wir die Logik als eine Entwurfstheorie kennengelernt, und in Abschnitt 12.9 offenbarte sie sich als eine Formalisierung von Beweisverfahren. Betrachten wir noch eine dritte Seite: die Verwendung der Logik in der *Deduktion*, das heißt in einer Folge von Aussagen, die zusammen einen vollständigen Beweis bilden. Der Leser sollte der Deduktion schon einmal in der Oberschule im Unterricht für Ebenengeometrie begegnet sein. Ausgehend von gewissen *Hypothesen* (das „Gegebene") gilt es, durch eine Folge von Schritten eine *Konklusion* zu beweisen; jeder Schritt folgt dabei nach einem aus einer beschränkten Anzahl logischer Schlüsse, genannt *Ableitungsregeln* (*inference rules*), aus vorher durchgeführten Schritten. In diesem Abschnitt erklären wir, was einen deduktiven Beweis ausmacht, und geben eine Reihe von Beispielen an.

Leider ist es schwierig, einen deduktiven Beweis für eine Tautologie zu finden. Wie wir in Abschnitt 12.7 erwähnten, ist dies ein Beispiel eines „unzugänglichen" Problems in der *NP*-harten Klasse. Wir dürfen daher nicht erwarten, außer durch glückliche Umstände oder eine erschöpfende Suche, einen deduktiven Beweis zu finden. In Abschnitt 12.11 werden wir Resolutionsbeweise vorstellen, die eine gute Heuristik zum Finden von Beweisen zu sein scheinen, obwohl auch dieses Verfahren, wie alle anderen, im schlimmsten Fall einen exponentiellen Aufwand hat.

Was macht einen Beweis aus?

Angenommen, es sind die logischen Ausdrücke E_1, E_2, ..., E_k als Hypothese gegeben, und wir möchten eine Konklusion in Form eines anderen logischen Ausdrucks E ziehen. Im allgemeinen sind weder die Konklusion noch eine der Hypothesen Tautologien. Wir möchten zeigen, daß

$$(E_1 \text{ UND } E_2 \text{ UND } \ldots \text{ UND } E_k) \to E \tag{12.11}$$

eine Tautologie ist; das heißt, wenn wir annehmen, daß E_1, E_2, ..., E_k wahr sind, folgt daraus, daß auch E wahr ist.

Um zu zeigen, daß (12.11) eine Tautologie ist, kann man die Wahrheitstafel erstellen und prüfen, ob in jeder Zeile der Wert 1 steht. Aus zwei Gründen reicht das gegebenenfalls nicht aus.

1. Wie wir bereits erwähnten, ist der Tautologietest nicht mehr durchführbar, wenn es zu viele Variablen in dem Ausdruck gibt.

2. Was noch wichtiger ist: Während der Tautologietest in der Aussagenlogik noch funktioniert, kann er in komplexeren Systemen, wie der in Kapitel 14 vorgestellten Prädikatenlogik, nicht mehr zum Testen von Tautologien verwendet werden.

Häufig können wir zeigen, daß (12.11) eine Tautologie ist, indem wir einen *Beweis* angeben. Ein Beweis ist eine Folge von Zeilen, die jeweils entweder einer gegebenen Hypothese entsprechen oder aus einer oder mehreren der vorangehenden Zeilen durch eine Ableitungsregel konstruiert wurden. Wenn die letzte Zeile E entspricht, dann sagen wir, wir haben einen Beweis von E aus E_1, E_2, ..., E_k.

Es stehen uns eine Reihe von Ableitungsregeln zur Verfügung. Die einzige Anforderung besteht darin, daß, wenn uns eine Ableitungsregel gestattet, den Ausdruck F als eine Zeile immer dann zu schreiben, wenn die Ausdrücke F_1, F_2, ..., F_n ebenfalls Zeilen sind,

$$(F_1 \text{ UND } F_2 \text{ UND } \ldots \text{ UND } F_n) \rightarrow F$$

eine Tautologie sein muß. Zum Beispiel gilt:

a) Jede Tautologie kann als Zeile eines Beweises verwendet werden, unabhängig von vorherigen Zeilen. Zu rechtfertigen ist diese Regel dadurch, daß, wenn F eine Tautologie ist, das logische UND aus null Zeilen des Beweises F impliziert. Beachten Sie, daß die UND-Verknüpfung von null Ausdrücken per Konvention 1 ist, und daß $1 \rightarrow F$ eine Tautologie ist, wenn F eine Tautologie ist.

b) Die Regel des *Modus Ponens* besagt, daß, wenn E und $E \rightarrow F$ Zeilen eines Beweises sind, F als Zeile des Beweises hinzugefügt werden kann. Der Modus Ponens folgt aus der Tautologie $(p \text{ UND } (p \rightarrow q)) \rightarrow q$; hier werden die Ausdrücke E für p und F für q substituiert. Der einzige Unterschied ist, daß wir keine Zeile $E \text{ UND } (E \rightarrow F)$ benötigen, sondern vielmehr zwei getrennte Zeilen, eine mit E und eine mit $E \rightarrow F$.

c) Wenn E und F zwei Zeilen eines Beweises sind, können wir auch die Zeile $E \text{ UND } F$ hinzufügen. Das ist möglich, weil $(p \text{ UND } q) \rightarrow (p \text{ UND } q)$ eine Tautologie ist; wir können jeden beliebigen Ausdruck E für p und F für q substituieren.

d) Enthält der Beweis die Zeilen E und $E \equiv F$, so dürfen wir Zeile F hinzufügen. Die Rechtfertigung dafür ähnelt der des Modus Ponens, da $E \equiv F$ den Ausdruck $E \rightarrow F$ impliziert. Das heißt

$$(p \text{ UND } (p \equiv q)) \rightarrow q$$

ist eine Tautologie, und die Ableitungsregel (d) ist eine substituierte Instanz dieser Tautologie.

Viel Lärm um „Nichts“

Häufig begegnet uns der Fall eines auf keine Operanden angewandten Operators, wie auch in der Ableitungsregel (a). Wir versicherten, daß es sinnvoll ist, die UND-Verknüpfung von null Ausdrücken (oder Zeilen eines Beweises) so anzusehen, als habe sie den Wert 1. Motiviert wird dies dadurch, daß F_1 UND F_2 UND ... UND F_n wahr ist, wenn nicht mindestens eines der F falsch ist. Wenn jedoch $n = 0$ ist, das heißt, wenn es kein F gibt, kann dieser Ausdruck nicht falsch sein. Es ist daher nur natürlich anzunehmen, daß die UND-Verknüpfung von null Ausdrücken 1 ist.

Wir übernehmen somit die Konvention, daß, immer wenn wir einen Operator auf null Operanden anwenden, das Ergebnis die Identität für diesen Operator ist. Wir erwarten somit auch, daß das ODER von null Ausdrücken 0 ergibt, da eine ODER-Verknüpfung nur dann wahr ist, wenn einer der Ausdrücke wahr ist; gibt es keine Ausdrücke, so kann die ODER-Verknüpfung auch nicht wahr werden. Auf ähnliche Weise wird die Summe von null Zahlen als 0 und das Produkt von null Zahlen als 1 angenommen.

Beispiel 12.25

Gegeben seien folgende aussagenlogischen Variablen und ihre intuitiven Bedeutungen.

r	„Es regnet.“
u	„Joe bringt seinen Regenschirm mit.“
w	„Joe wird naß.“

Weiterhin seien die folgenden Hypothesen gegeben.

$r \to u$	„Wenn es regnet, bringt Joe seinen Regenschirm mit“
$u \to \overline{w}$	„Wenn Joe einen Regenschirm hat, wird er nicht naß.“
$\overline{r} \to \overline{w}$	„Wenn es nicht regnet, wird Joe nicht naß.“

Wir wollen $\overline{w}$ beweisen, das heißt, Joe wird niemals naß. In gewissem Sinne ist diese Frage trivial, da der Leser überprüfen kann, daß

$$((r \to u) \text{ UND } (u \to \overline{w}) \text{ UND } (\overline{r} \to \overline{w})) \to \overline{w}$$

eine Tautologie ist. Es ist jedoch auch möglich, $\overline{w}$ unter Verwendung einiger algebraischer Gesetze aus Abschnitt 12.8 und einiger der gerade vorgestellten Ableitungsregeln aus den Hypothesen herzuleiten. Der Ansatz zum Finden eines Beweises ist derselbe, den wir wählen müßten, wenn wir es mit einer komplexeren Form der Logik zu tun hätten als mit dem Aussagenkalkül oder mit einem logischen Ausdruck mit vielen Variablen. Ein möglicher Beweis steht in Abb. 12.24, ergänzt um die Rechtfertigungen jedes Schrittes.

1)	$r \rightarrow u$	Hypothese
2)	$u \rightarrow \overline{w}$	Hypothese
3)	$(r \rightarrow u)$ UND $(u \rightarrow \overline{w})$	(c) angewandt auf (1) und (2)
4)	$((r \rightarrow u)$ UND $(u \rightarrow \overline{w})) \rightarrow (r \rightarrow \overline{w})$	Substitution in Gesetz (12.23)
5)	$r \rightarrow \overline{w}$	Modus Ponens mit (3) und (4)
6)	$\overline{r} \rightarrow \overline{w}$	Hypothese
7)	$(r \rightarrow \overline{w})$ UND $(\overline{r} \rightarrow \overline{w})$	(c) angewandt auf (5) und (6)
8)	$((r \rightarrow \overline{w})$ UND $(\overline{r} \rightarrow \overline{w})) \equiv \overline{w}$	Substitution in Gesetz (12.26)
9)	$\overline{w}$	(d) mit (7) und (8)

Abb. 12.24: Beispiel eines Beweises.

Die grobe Idee des Beweises ist eine Fallunterscheidung. Wir betrachten sowohl den Fall, daß es regnet, als auch den Fall, daß es nicht regnet. In Zeile (5) haben wir bewiesen, daß Joe nicht naß wird, wenn es regnet, und Zeile (6), eine der vorgegebenen Hypothesen, sagt aus, daß Joe nicht naß wird, wenn es nicht regnet. Die Zeilen (7) bis (9) kombinieren die beiden Fälle, um die gewünschte Schlußfolgerung zu ziehen.

Warum ein Beweis „funktioniert"

In einem Beweis geht man von Hypothesen $E_1, E_2, ..., E_k$ aus und fügt zusätzliche Zeilen (d. h. Ausdrücke) hinzu, die jeweils durch E_1 UND E_2 UND ... UND E_k impliziert werden. Jede hinzugefügte Zeile wird durch die UND-Verknüpfung null oder mehrerer vorhergehender Zeilen impliziert oder ist selbst eine der Hypothesen. Durch Induktion über die Anzahl bisher hinzugefügter Zeilen können wir zeigen, daß E_1 UND E_2 UND ... UND E_k jede Zeile des Beweises impliziert. Um dies zu tun, benötigen wir zwei Arten von Tautologien, die die Implikation betreffen. Die erste entspricht dem verallgemeinerten Transitivitätsgesetz für $\rightarrow$.

Für alle n gilt:

$$((p \rightarrow q_1) \text{ UND } (p \rightarrow q_2) \text{ UND } \dots \text{ UND } (p \rightarrow q_n)$$
$$\text{UND } ((q_1 q_2 \dots q_n) \rightarrow r)) \rightarrow (p \rightarrow r) \qquad (12.12)$$

Das heißt, wenn p jedes der q_i impliziert, und die q_i zusammen r implizieren, dann impliziert p r.

Anhand folgender logischer Schlüsse stellen wir fest, daß (12.12) eine Tautologie ist. (12.12) kann nur dann falsch sein, wenn $p \rightarrow r$ falsch und die linke Seite wahr ist. Der Ausdruck $p \rightarrow r$ kann aber nur falsch sein, wenn p wahr und r falsch ist, so daß wir im folgenden p und $\bar{r}$ annehmen werden. Wir müssen zeigen, daß die linke Seite von (12.12) dann falsch ist.

Wenn die linke Seite von (12.12) wahr ist, ist jeder ihrer durch UND verknüpften Teilausdrücke wahr. Zum Beispiel ist $p \rightarrow q_1$ wahr. Da wir annehmen, daß p wahr ist, kann $p \rightarrow q_1$ nur dann wahr sein, wenn q_1 wahr ist. Ebenso schließen wir, daß alle $q_2, \dots, q_n$ wahr sind. $q_1 q_2 \dots q_n \rightarrow r$ muß somit falsch sein, da wir von r annehmen, daß es falsch ist, und gerade herausgefunden haben, daß alle q_i wahr sind.

Wir gingen davon aus, daß (12.12) falsch ist und stellten fest, daß die rechte Seite dann wahr sein muß, woraus folgt, daß p und $\bar{r}$ wahr sein müssen. Anschließend kamen wir zu dem Schluß, daß die linke Seite von (12.12) falsch ist, wenn p wahr und r falsch ist. Ist die linke Seite von (12.12) aber falsch, dann ist (12.12) selbst wahr, was uns zu einem Widerspruch führt. (12.12) kann somit niemals falsch sein und ist daher eine Tautologie.

Wenn $n = 1$ gilt, so entspricht (12.12) dem gewöhnlichen Transitivitätsgesetz für $\rightarrow$, dem Gesetz 12.23. Ist $n = 0$, wird aus (12.12) die Tautologie $(1 \rightarrow r) \rightarrow r$. Sie erinnern sich, daß, wenn $n = 0$ ist, $q_1 q_2 \dots q_n$ per Konvention die Identität für UND, also 1 ist.

Des weiteren benötigen wir eine Tautologie, die die Tatsache rechtfertigt, daß wir die Hypothese im Beweis verwenden dürfen. Es handelt sich dabei um eine Verallgemeinerung einer in Beispiel 12.24 erwähnten Tautologie. Wir behaupten, daß für jedes m und i derart, daß $1 \leq i \leq m$ gilt,

$$(p_1 p_2 \dots p_m) \rightarrow p_i \qquad (12.13)$$

eine Tautologie ist. Das heißt, daß die UND-Verknüpfung einer oder mehrerer Aussagen jede von ihnen impliziert.

Der Ausdruck (12.13) ist eine Tautologie, da er nur dann falsch wird, wenn die linke Seite wahr und die rechte Seite, p_i, falsch ist. Wenn p_i jedoch falsch ist, dann ist die UND-Verknüpfung von p_i mit den anderen p mit Sicherheit falsch, so daß die linke Seite von (12.13) falsch ist. (12.13) ist jedoch immer wahr, wenn seine linke Seite falsch ist.

Nun können wir beweisen, daß

1. für die gegebenen Hypothesen $E_1, E_2, ..., E_k$ und

2. für eine Menge von Ableitungsregeln, für die gilt, daß, immer wenn sie uns gestatten, eine Zeile F zu schreiben, diese Zeile entweder einem der E_i entspricht oder es eine Tautologie

$$(F_1 \text{ UND } F_2 \text{ UND } ... \text{ UND } F_n) \rightarrow F$$

für eine Menge vorher angegebener Zeilen $F_1, F_2, ..., F_n$ gibt, $(E_1 \text{ UND } E_2 \text{ UND } ... \text{ UND } E_k) \rightarrow F$ eine Tautologie für jede Zeile F ist. Diese Induktion wird über die Anzahl der in einen Beweis eingefügten Zeilen geführt.

BASIS. Als Induktionsanfang gehen wir von null Zeilen aus. Die Aussage gilt, da sie etwas über jede Zeile F eines Beweises aussagt und es keine derartigen Zeilen gibt. Das heißt, unsere Induktionsaussage hat in Wirklichkeit die Form „Wenn F eine Zeile ist, dann ...“, und wir wissen, daß eine solche wenn-dann-Aussage wahr ist, wenn die Bedingung falsch ist.

INDUKTION. Bei der Induktion nehmen wir an, daß für jede vorhergehende Zeile G gilt, daß

$$(E_1 \text{ UND } E_2 \text{ UND } ... \text{ UND } E_k) \rightarrow G$$

eine Tautologie ist. F sei die als nächstes hinzugefügte Zeile. Dann ergeben sich zwei Fälle.

Fall 1: F ist eine der Hypothesen. Dann ist der Ausdruck $(E_1 \text{ UND } E_2 \text{ UND } ... \text{ UND } E_k) \rightarrow F$ eine Tautologie, da er sich aus (12.13) mit $m = k$ ergibt, in dem für jedes p_j E_j substituiert wurde, für $j = 1, 2, ..., k$.

Fall 2: F wird hinzugefügt, weil es eine Ableitungsregel

$$(F_1 \text{ UND } F_2 \text{ UND } ... \text{ UND } F_n) \rightarrow F$$

gibt, in der jedes F_j einer der vorhergehenden Zeilen entspricht. Aufgrund der Induktionsannahme ist

$$(E_1 \text{ UND } E_2 \text{ UND } ... \text{ UND } E_k) \rightarrow F_j$$

für jedes j eine Tautologie. Wenn wir somit F_j in (12.12) für q_j,

$$E_1 \text{ UND } E_2 \text{ UND } ... \text{ UND } E_k$$

für p und F für r substituieren, wissen wir, daß jede Substitution von Wahrheitswerten für die Variablen aller Ausdrücke E und F die linke Seite von (12.12) wahr werden läßt. Da (12.12) eine Tautologie ist, macht jede Wahrheitsbelegung auch die rechte Seite wahr. Die rechte Seite lautet aber $(E_1 \text{ UND } E_2 \text{ UND } ... \text{ UND } E_k) \rightarrow F$. Wir schließen, daß dieser Ausdruck für jede Wahrheitsbelegung wahr ist; das heißt, es ist eine Tautologie.

Wir haben somit die Induktion hergeleitet und gezeigt, daß

$$(E_1 \text{ UND } E_2 \text{ UND } ... \text{ UND } E_k) \rightarrow F$$

für jede Zeile F des Beweises gilt. Insbesondere wissen wir, wenn die letzte Zeile des Beweises unserem Ziel E entspricht, daß $(E_1 \text{ UND } E_2 \text{ UND } ... \text{ UND } E_k) \rightarrow E$ gilt.

ÜBUNGEN

12.10.1*: Beweisen Sie die folgenden Konklusionen aus den gegebenen Hypothesen. Verwenden Sie die Ableitungsregeln (a) bis (d). Benutzen Sie für Tautologien nur die in den Abschnitten 12.8 und 12.9 angegebenen Gesetze und die Tautologien, die sich aus Instanzen dieser Gesetze durch Substitution von „Gleichem für Gleiches" ergeben.

a) Hypothesen: $p \rightarrow q$, $p \rightarrow r$; Konklusion: $p \rightarrow qr$.

b) Hypothesen: $p \rightarrow (q + r)$, $p \rightarrow (q + \bar{r})$; Konklusion: $p \rightarrow q$.

c) Hypothesen: $p \rightarrow q$, $qr \rightarrow s$; Konklusion: $pr \rightarrow s$.

12.10.2: Begründen Sie, warum folgendes eine Ableitungsregel ist. Wenn $E \rightarrow F$ eine Zeile und G irgendein Ausdruck ist, dann können wir $E \rightarrow (F \text{ ODER } G)$ als Zeile hinzufügen.

12.11 Beweise durch Resolution

Wie wir bereits in diesem Kapitel erwähnten, ist das Finden von Beweisen eine schwierige Angelegenheit, und da das Tautologieproblem sehr wahrscheinlich inhärent exponentiell ist, gibt es keinen allgemeinen Weg, das Finden von Beweisen zu erleichtern. Es sind jedoch viele Verfahren bekannt, die bei „typischen" Tautologien die notwendige, alles ausschöpfende Suche nach einem Beweis zu unterstützen scheinen. In diesem Abschnitt werden wir uns mit einer nützlichen Ableitungsregel, der *Resolution*, befassen, die vielleicht das elementarste dieser Verfahren darstellt. Die Resolution basiert auf der folgenden Tautologie.

$$((p + q)(\bar{p} + r)) \rightarrow (q + r) \qquad (12.14)$$

Die Gültigkeit dieser Ableitungsregel ist leicht zu überprüfen. Sie wird nur dann falsch, wenn $q + r$ falsch und die linke Seite wahr ist. Wenn $q + r$ falsch ist, müßten q und r beide falsch sein. Angenommen, p ist wahr, so daß $\bar{p}$ falsch ist. Dann ist $\bar{p} + r$ falsch, und die linke Seite von (12.14) muß falsch sein. Ähnliches gilt, wenn p falsch ist, dann ist $p + q$ falsch, was uns wiederum sagt, daß die linke Seite falsch ist. Es ist somit unmöglich, daß gleichzeitig die rechte Seite falsch und die linke Seite wahr ist, und wir schließen daraus, daß (12.14) eine Tautologie ist.

Üblicherweise wird die Resolution angewandt, indem die Hypothesen in Klauseln umgeformt werden; Klauseln sind Summen (logische ODER-Verknüpfungen) von Literalen. Wir wandeln jede Hypothese in ein Produkt von Klauseln um. Zu Beginn ist jede dieser Klauseln eine Zeile unseres Beweises, was damit zu rechtfertigen ist, daß jede Klausel „gegeben" ist. Anschließend wenden wir die Resolutionsregel an, um zusätzliche Zeilen zu erzeugen, die auch immer Klauseln sein werden. Das heißt, wenn q und r in (12.14) jeweils durch eine Summe von Literalen ersetzt werden, dann ist $q + r$ auch eine Summe von Literalen.

In der Praxis werden wir Klauseln durch die Entfernung von Duplikaten vereinfachen. Denn sowohl q als auch r könnten ein Literal X enthalten, und wir würden in dem Fall einfach eine Kopie von X aus $q + r$ entfernen. Dies gestatten uns die Gesetze 12.17, 12.7 und 12.8, das heißt die Idempotenz, die Kommutativität und die Assoziativität von ODER. Im allgemeinen ist es sinnvoller, eine Klausel als eine Menge von Literalen anstatt als Liste anzusehen. Aufgrund der Assoziativ- und Kommutativgesetze dürfen wir Literale auf jede mögliche Art anordnen, und die Idempotenz-Gesetze ermöglichen es uns, Duplikate zu löschen.

Des weiteren eliminieren wir Klauseln, die widersprüchliche Literale enthalten. Wenn zum Beispiel sowohl X als auch $\overline{X}$ in derselben Klausel vorkommen, ist diese Klausel aufgrund der Gesetze 12.25, 12.7, 12.8 und 12.15 äquivalent zu 1, so daß wir sie in keinen Beweis aufzunehmen brauchen. Nach Gesetz 12.25 ist $(X + \overline{X}) \equiv 1$, und nach dem Annihilator-Gesetz 12.15 ist 1 ODER irgend etwas äquivalent zu 1.

Beispiel 12.26

Es seien die Klauseln $(a + \overline{b} + c)$ und $(\overline{d} + a + b + e)$ gegeben. b spiele die Rolle von p in (12.14). Dann entspricht q dem Ausdruck $\overline{d} + a + e$ und r dem Ausdruck $a + c$. Es sind einige Umordnungen notwendig, damit unsere Klauseln mit (12.14) übereinstimmen. Zunächst wurde unsere zweite Klausel an die erste aus (12.14), $p + q$, angepaßt, und unsere erste Klausel an die zweite aus (12.14). Zudem erscheint die Variable, die die Rolle von p spielt, nicht als erste in unseren beiden Klauseln, was aber nicht schlimm ist, da das Kommutativ- und das Assoziativgesetz für ODER beliebige Umordnungen der Klausel rechtfertigen.

Die neue Klausel $q + r$, die als eine Zeile in einem Beweis vorkommen könnte, wenn unsere beiden Klauseln bereits enthalten wären, lautet $(\overline{d} + a + e + a + c)$. Wir vereinfachen diese Klausel, indem wir ein doppeltes a entfernen, was uns den Ausdruck $(\overline{d} + a + e + c)$ liefert.

Als weiteres Beispiel betrachten wir die Klauseln $(a + b)$ und $(\bar{a} + \bar{b})$. a übernehme die Rolle von p in (12.14); q ist b und r ist $\bar{b}$. Dann erhalten wir die neue Klausel $(b + \bar{b})$. Diese Klausel ist äquivalent zu 1 und braucht daher nicht generiert zu werden. ◆

Überführung logischer Ausdrücke in die konjunktive Normalform

Damit die Resolution funktioniert, müssen wir alle Hypothesen und die Konklusion in die Summenproduktform, bzw. in die „konjunktive Normalform" überführen. Es gibt mehrere Ansätze, aus denen man wählen kann. Der folgende zählt zu den einfachsten.

1. Zunächst müssen wir alle Operatoren bis auf UND, ODER und NICHT loswerden. Aufgrund von Gesetz 12.21 ersetzen wir $E \equiv F$ durch $(E \rightarrow F)(F \rightarrow E)$. Danach ersetzen wir $G \rightarrow H$ durch

   NICHT $(G) + (H)$

   entsprechend dem Gesetz 12.24. NAND und NOR werden einfach durch UND bzw. ODER, jeweils gefolgt von NICHT ersetzt. Da UND, ODER und NICHT eine vollständige Operatormenge ist, wissen wir, daß jeder logische Operator einschließlich der nicht in diesem Buch vorgestellten Operatoren durch einen nur aus UND, ODER und NICHT bestehenden Ausdruck ersetzt werden kann.

2. Anschließend wenden wir DeMorgans Gesetze an und verschieben so alle Negationen so lange, bis sie entweder aufgrund von Gesetz 12.13 aus Abschnitt 12.8 zusammen mit anderen Negationen gestrichen werden oder sich nur noch auf eine aussagenlogische Variable beziehen.

3. Zum Schluß benutzen wir das Distributivgesetz für ODER über UND, um alle ODER (im Ausdrucksbaum) unter alle UND zu schieben. Das Ergebnis ist ein Ausdruck, in dem es durch ODER verbundene Literale gibt, die durch UND verknüpft sind; dies ist die konjunktive Normalform des Ausdrucks.

Beispiel 12.27

Gegeben sei der Ausdruck

p + (q UND NICHT (r UND ($s \rightarrow t$)))

Damit sich Kürze und Klarheit die Waage halten, verwenden wir in diesem und in nachfolgenden Ausdrücken den Oberstrich, das + und das Nebeneinanderstellen durcheinander mit ihren jeweiligen Entsprechungen – NICHT, ODER und UND.

Aufgrund von Schritt (1) ersetzen wir s → t durch $\bar{s} + t$ und erhalten den UND-ODER-NICHT-Ausdruck

$$p + (q \text{ UND NICHT } (r(\bar{s} + t)))$$

In Schritt (2) müssen wir das erste NICHT mit Hilfe der DeMorgan-Gesetze nach unten schieben. Die Folge der Schritte, in denen NICHT die Variablen erreicht, lautet

$$p + (q(\bar{r} + \text{NICHT } (\bar{s} + t)))$$
$$p + (q(\bar{r} + (\text{NICHT } \bar{s})(\bar{t})))$$
$$p + (q(\bar{r} + (s\bar{t})))$$

Wenden wir nun Gesetz 12.14 an, um das erste ODER unter das erste UND zu schieben.

$$(p + q)(p + (\bar{r} + (s\bar{t})))$$

Als nächstes gruppieren wir den Ausdruck unter Verwendung von Gesetz 12.8 aus Abschnitt 12.8 um, damit wir das zweite und dritte ODER unter das zweite UND schieben können.

$$(p + q)((p + \bar{r}) + (s\bar{t}))$$

Zum Schluß verwenden wir wiederum Gesetz 12.14, so daß anschließend alle ODER-Operatoren unter allen UND stehen. Der Ergebnisausdruck

$$(p + q)(p + \bar{r} + s) + (p + \bar{r} + \bar{t})$$

ist in konjunktiver Normalform. ◆

Ableitung unter Verwendung der Resolution

Wir umreißen im folgenden eine Möglichkeit, aus den Hypothesen $E_1, E_2, ..., E_k$ einen Beweis von E zu finden. Man wandle zunächst E und jeden Ausdruck $E_1, E_2, ..., E_k$ in die Ausdrücke F und $F_1, F_2, ..., F_k$ in konjunktiver Normalform um. Unser Beweis besteht aus einer Liste von Klauseln. Wir beginnen den Beweis damit, alle Klauseln der Hypothesen $F_1, F_2, ..., F_k$ aufzuschreiben. Durch Anwendung der Resolutionsregel auf Klauselpaare fügen wir neue Klauseln als Zeilen in unseren Beweis ein. Wenn wir dann unseren Beweis um alle Klauseln von F erweitern, haben wir F und somit auch E bewiesen.

Beispiel 12.28

Angenommen, es ist der Ausdruck

$$(r \rightarrow u)(u \rightarrow \bar{w})(\bar{r} \rightarrow \bar{w})$$

als Hypothese gegeben. Beachten Sie, daß dieser Ausdruck die UND-Verknüpfung der in Beispiel 12.25 verwendeten Hypothesen ist.[5] Die gesuchte Konklusion sei $\bar{w}$, wie in Beispiel 12.25. Wir wandeln die Hypothese in die konjunktive Normalform um, indem wir alle $\rightarrow$ entsprechend dem Gesetz 12.24 ersetzen. An diesem Punkt angelangt, ist das Ergebnis schon in konjunktiver Normalform und bedarf keiner weiteren Manipulation. Die gewünschte Konklusion, $\bar{w}$, entspricht bereits der konjunktiven Normalform, da jedes einzelne Literal eine Klausel und eine einzelne Klausel ein Produkt von Klauseln ist. Wir beginnen somit mit der Klausel

$$(\bar{r} + u)(\bar{u} + \bar{w})(r + \bar{w})$$

Angenommen, wir resolvieren die erste und die dritte Klausel, indem wir r anstelle von p verwenden. Die Ergebnisklausel ist $(u + \bar{w})$. Diese Klausel kann mit der zweiten Klausel in der Hypothese resolviert werden, wobei u die Rolle von p einnimmt, um so $(\bar{w})$ zu erhalten. Da diese Klausel der gewünschten Konklusion entspricht, sind wir fertig. Abbildung 12.25 zeigt den Beweis als eine Folge von Zeilen, die jeweils einer Klausel entsprechen. ◆

1)	$(\bar{r} + u)$	Hypothese
2)	$(\bar{u} + \bar{w})$	Hypothese
3)	$(r + \bar{w})$	Hypothese
4)	$(u + \bar{w})$	Resolution von (1) und (3)
5)	$(\bar{w})$	Resolution von (2) und (4)

Abb. 12.25: Resolutionsbeweis von $\bar{w}$.

Warum die Resolution so effektiv ist

Im allgemeinen erfordert das Finden eines Beweises Glück und Erfahrung, um eine Folge von Zeilen herzuleiten, die von Hypothesen zu einer Konklusion führen. Während es einfach zu überprüfen ist, daß die in den Abschnitten

[5] Sie haben sicher bemerkt, daß es egal ist, ob man mehrere Hypothesen schreibt oder ob man alle durch UND verknüpft und somit nur eine Hypothese schreibt.

12.10 und 12.11 angegebenen Beweise tatsächlich gültige Beweise sind, haben Sie sicherlich schon bemerkt, daß das Lösen von Übungen, die einen Beweis erforderlich machen, wesentlich schwieriger ist. Eine Folge durchzuführender Resolutionen zu raten, um so eine Klausel oder einige Klauseln zu erzeugen, wie in Beispiel 12.28, ist nicht wesentlich einfacher als allgemein einen Beweis zu finden.

Verbinden wir jedoch die Resolution mit einem Widerspruchsbeweis, wie in Beispiel 12.29, so erkennen wir die Magie der Resolution. Da 0, also die „kleinste" Klausel, unsere Zielklausel ist, haben wir auf einmal den Begriff einer „Richtung", in der wir suchen müssen. Das heißt, wir versuchen immer kleiner werdende Klauseln zu beweisen, immer darauf hoffend, daß wir schließlich 0 beweisen. Natürlich garantiert diese Heuristik nicht den Erfolg. Manchmal müssen wir eine sehr große Klausel beweisen, ehe wir die Klauseln verkleinern können, um schließlich 0 zu beweisen.

In der Tat ist die Resolution eine *vollständige* Beweisprozedur für den Aussagenkalkül. Immer wenn $E_1E_2 \ldots E_k \to E$ eine Tautologie ist, können wir 0 aus $E_1, E_2, \ldots, E_k$ und NICHT E in Klauselform ableiten. (Ja, dies ist eine dritte Bedeutung, die Logiker dem Wort „vollständig" geben. Die anderen Bedeutungen waren „eine Operatormenge, die jede logische Funktion ausdrücken kann" und „ein härtestes Problem innerhalb einer Klasse von Problemen", wie in „NP-vollständig".) Wieder gilt: Daß es einen Beweis gibt, heißt nicht, daß es leicht ist, ihn zu finden.

Resolutionsbeweise durch Widerspruch

Die gängigste Art der Benutzung der Resolution als ein Beweismechanismus unterscheidet sich von der in Beispiel 12.28 angegebenen. Anstatt ausgehend von der Hypothese zu versuchen, die Konklusion zu beweisen, fangen wir sowohl mit der Hypothese als auch mit der Negation der Konklusion an und versuchen, 0 abzuleiten – eine Klausel, die keine Literale enthält. Sind zum Beispiel die Klauseln (p) und $(\bar{p})$ gegeben, so wenden wir (12.14) mit $q = r = 0$ an und erhalten die Klausel 0.

Der Grund für die Gültigkeit dieses Ansatzes basiert auf dem Widerspruchsgesetz 12.29 aus Abschnitt 12.9, bzw. auf $(\bar{p} \to 0) \equiv p$. p sei hier die zu beweisende Aussage: $(E_1E_2 \ldots E_k) \to E$ für die Hypothesen $E_1, E_2, \ldots, E_k$ und die Konklusion E. $\bar{p}$ entspricht dann NICHT $(E_1E_2 \ldots E_k \to E)$ bzw. NICHT (NICHT $(E_1E_2 \ldots E_k) + E)$ nach Gesetz 12.24. Mehrere Anwendungen von DeMorgans Gesetzen besagen, daß p äquivalent zu $E_1E_2 \ldots E_k\bar{E}$ ist. Um p also zu beweisen, können wir stattdessen $\bar{p} \to 0$, bzw. $(E_1E_2 \ldots E_k\bar{E}) \to 0$ beweisen. Das heißt, wir beweisen, daß die Hypothesen und die Negation der Konklusion zusammen einen Widerspruch implizieren.

Beispiel 12.29

Betrachten wir erneut Beispiel 12.28. Nur gehen wir diesmal von den drei Hypothesen und der Negation der Konklusion aus, das heißt auch von Klausel (w). Der Resolutionsbeweis von 0 ist in Abb. 12.26 angegeben. Unter Verwendung des Gesetzes des Widerspruchs können wir schließen, daß die Hypothesen die Konklusion $\overline{w}$ implizieren. ◆

1)	$(\overline{r} + u)$	Hypothese
2)	$(\overline{u} + \overline{w})$	Hypothese
3)	$(r + \overline{w})$	Hypothese
4)	(w)	Negation der Konklusion
5)	$(u + \overline{w})$	Resolution aus (1) und (3)
6)	$(\overline{w})$	Resolution aus (2) und (5)
7)	0	Resolution aus (4) und (6)

Abb. 12.26: Resolutionsbeweis durch Widerspruch.

ÜBUNGEN

12.11.1: Benutzen Sie die Wahrheitstafelmethode, um zu überprüfen, daß der Ausdruck (12.14) eine Tautologie ist.

a	Eine Person hat Blutgruppe A.
b	Eine Person hat Blutgruppe B.
c	Eine Person hat Blutgruppe AB.
o	Eine Person hat Blutgruppe 0.
t	Test T ist für die Blutprobe einer Person positiv.
s	Test S ist für die Blutprobe einer Person positiv.

Abb. 12.27: Aussagen für Übung 12.11.2.

12.11.2: Die Aussagen haben die in Abb. 12.27 angegebenen Bedeutungen. Schreiben Sie eine Klausel oder ein Produkt von Klauseln, das die folgenden Ideen ausdrückt.

a) Wenn Test T positiv ist, dann hat diese Person Blutgruppe A oder AB.

b) Wenn Test S positiv ist, dann hat diese Person Blutgruppe B oder AB.

c) Wenn eine Person Blutgruppe A hat, dann ist Test T positiv.

d) Wenn eine Person Blutgruppe B hat, dann ist Test S positiv.

e) Wenn eine Person Blutgruppe AB hat, dann ist sowohl Test T als auch Test S positiv. *Hinweis*: Beachten Sie, daß ($\bar{c} + st$) keine Klausel ist.

f) Eine Person hat die Blutgruppe A, B, AB oder 0.

12.11.3: Verwenden Sie die Resolution, um alle nichttrivialen Klauseln zu finden, die aus Ihren in Übung 12.11.2 gefundenen Klauseln folgen. Übergehen Sie Klauseln, die sich zu 1 (WAHR) vereinfachen lassen, und lassen Sie eine Klausel C weg, falls ihre Literale eine echte Obermenge der Literale einer anderen Klausel D sind.

12.11.4: Geben Sie Beweise für die Implikationen aus Übung 12.10.1 an, die die Resolution und den Widerspruchsbeweis verwenden.

12.12 Zusammenfassung des 12. Kapitels

In diesem Kapitel haben wir die wesentlichen Bestandteile der Aussagenlogik kennengelernt. Dazu zählen:

- Die wichtigsten Operatoren UND, ODER, NICHT, →, ≡, NAND und NOR.
- Die Verwendung von Wahrheitstafeln zur Darstellung der Bedeutung eines logischen Ausdrucks einschließlich zweier Algorithmen zur Erzeugung einer Wahrheitstafel aus einem Ausdruck und umgekehrt.
- Einige der vielen algebraischen Gesetze, die für logische Operatoren gelten.

Des weiteren diskutierten wir die Logik als Entwurfstheorie und stellten fest:

- Wie uns Karnaugh-Diagramme beim Entwurf einfacher Ausdrücke für logische Funktionen unterstützen, die bis zu vier Variablen haben.
- Wie algebraische Gesetze manchmal zur Vereinfachung von Ausdrücken der Logik verwendet werden können.

Anschließend sahen wir, daß die Logik uns dabei unterstützt, gängige Beweisverfahren auszudrücken und zu verstehen. Dazu gehören:

- Beweis durch Fallunterscheidung,
- Beweis durch Kontraposition,
- Widerspruchsbeweis und
- Beweis durch Reduktion auf Wahres.

Zum Schluß befaßten wir uns mit der Deduktion, das heißt mit der zeilenweisen Erzeugung eines Beweises; wir lernten dabei folgendes:

- Es gibt eine Reihe von Ableitungsregeln, wie den „Modus Ponens“, die uns gestatten, eine Zeile eines Beweises aus vorhergehenden Zeilen zu erzeugen.

- Das Resolutionsverfahren unterstützt uns häufig beim schnellen Finden von Beweisen, indem die Zeilen eines Beweises als Summen von Literalen dargestellt und die Summen auf sinnvolle Art miteinander verknüpft werden.
- Kein Algorithmus kann jedoch garantieren, daß ein Beweis eines Ausdrucks in weniger als zur Größe des Ausdrucks exponentieller Zeit gefunden wird.
- Da das Tautologieproblem zudem noch „NP-hart" ist, wird angenommen, daß es keinen Algorithmus für dieses Problem gibt, dessen Aufwand kleiner als exponentiell ist.

12.13 Bibliographische Anmerkungen zum 12. Kapitel

Die Untersuchung der Deduktion in der Logik geht zurück auf Aristoteles Zeiten. Boole [1854] entwickelte die Algebra der Aussagen, aus dieser Arbeit stammt auch die Boolesche Algebra.

Lewis und Papadimitriou [1979] enthält eine etwas fortgeschrittnere Darstellung der Logik. Enderton [1972] und Mendelson [1987] sind leicht verständliche Abhandlungen über die mathematische Logik. Manna und Waldinger [1990] betrachten das Thema vom Standpunkte des Beweisens der Korrektheit von Programmen.

Genesereth und Nilsson [1987] beziehen sich in ihrer Behandlung der Logik auf Anwendungen in der künstlichen Intelligenz. Darin läßt sich noch mehr zum Thema von Heuristiken zum Finden von Beweisen nachlesen, einschließlich resolutionsähnlicher Verfahren. Die ursprüngliche Arbeit über die Resolution als ein Beweisverfahren stammt von Robinson [1965].

Um weitere Informationen über die Theorie unzugänglicher Probleme zu erfahren, empfiehlt sich Garey und Johnson [1979]. Das Konzept der NP-Vollständigkeit stammt von Cook [1971], und die Arbeit von Karp [1972] hob die Wichtigkeit des Konzeptes für häufig anzutreffende Probleme hervor.

Boole, G. [1854]. *An Investigation of the Laws of Thought*, McMillan; Neuauflage durch Dover Press, New York, 1958.

Cook, S. A. [1971]. „The complexity of theorem proving procedures", *Proc. Third Annual ACM Symposium on the Theory of Computing*, S. 151 - 158.

Enderton, H. B. [1972]. *A Mathematical Introduction to Logic*, Academic Press, New York.

Garey, M. R. und D. S. Johnson [1979]. *Computers and Intractability: A Guide to the Theory of NP-Completeness*, W. H. Freeman, New York.

Genesereth, M. R. und N. J. Nilsson [1987]. *Logical Foundations for Artificial Intelligence*, Morgan-Kaufmann, San Mateo, Calif.

Karp, R. M. [1972]. „Reducibility among combinatorial problems“ in *Complexity of Computer Computations* (R. E. Miller and J. W. Thatcher, Hrsg.), Plenum, New York, S. 85 - 103.

Lewis, H. R. und C. H. Papadimitriou [1981]. *Elements of the Theory of Computation*, Prentice-Hall, Englewood Cliffs, New Jersey.

Manna, Z. und R. Waldinger [1990]. *The Logical Basis for Computer Programming* (zwei Bände), Addison Wesley, Reading, Mass.

Mendelson, E. [1987]. *Introduction to Mathematical Logic*, Wadsworth and Brooks, Monterey, Calif.

Robinson, J. A. [1965]. „A machine-oriented logic based on the resolution principle“, *J. ACM* **12**:1, S. 23 - 41.

13

Verwendung der Logik beim Entwurf von Rechnerkomponenten

In Kapitel 4 lernten wir, daß die Hauptbestandteile eines Computers aus elektronischen Schaltungen bestehen. In diesem Kapitel werden wir sehen, daß die im vorigen Kapitel behandelte Aussagenlogik auch beim Entwurf *digitaler* elektronischer Schaltungen Anwendung findet. Derartige Schaltungen, die in jedem Computer enthalten sind, verwenden zur Darstellung der binären Werte 1 und 0 zwei Spannungsebenen („high“ und „low“). Wir werden nicht nur den Entwurfsprozeß besser verstehen lernen, sondern sehen, daß Algorithmenentwurfstechniken, wie „Divide-and-Conquer“, auch auf die Hardware angewendet werden können. In der Tat ist es wichtig zu erkennen, daß der Prozeß des Entwurfs einer digitalen Schaltung zur Durchführung einer gegebenen logischen Funktion dem Prozeß des Entwurfs eines Computerprogramms zur Durchführung einer gegebenen Aufgabe von der Idee her sehr ähnlich ist. Die Datenmodelle unterscheiden sich erheblich, und häufig werden Schaltungen entworfen, um viele Dinge *parallel* (gleichzeitig) ausführen zu können, während übliche Programmiersprachen entworfen werden, um Schritte *sequentiell* (einen nach dem anderen) auszuführen. Allgemeine Programmiertechniken, wie die Modularisierung eines Entwurfs, lassen sich allerdings auf Schaltungen ebenso anwenden wie auf Programme.

13.1 Worum geht es in diesem Kapitel?

Dieses Kapitel befaßt sich mit folgenden Konzepten des Entwurfs digitaler Schaltungen:

- Dem Begriff eines Gatters, das heißt einer elektronischen Schaltung, die eine logische Operation ausführt (Abschnitt 13.2).
- Wie Gatter in Schaltungen organisiert sind (Abschnitt 13.3).
- Gewissen Arten von Gattern, die kombinatorisch genannt werden und die ein elektronisches Äquivalent zu logischen Ausdrücken repräsentieren (Abschnitt 13.4).
- Den physikalischen Zwängen, denen der Entwurf von Schaltungen unterliegt, und welche Eigenschaften Schaltungen haben müssen, um Ausgaben schnell erzeugen zu können (Abschnitt 13.5).
- Zwei interessanten Beispielen von Schaltungen: dem Addierer und dem Multiplexer. Die Abschnitte 13.6 und 13.7 zeigen, wie eine schnelle Schaltung für jedes Problem unter Verwendung einer Divide-and-Conquer-Technik entworfen werden kann.
- Dem Speicherelement als einem Beispiel einer Schaltung, die sich an Eingaben erinnert. Im Gegensatz dazu kann sich eine kombinatorische Schaltung nicht an in der Vergangenheit empfangene Eingaben erinnern (Abschnitt 13.8).

13.2 Gatter

Ein *Gatter* (*gate*) ist ein elektronisches Gerät mit einem oder mehreren Eingängen, die jeweils entweder den Wert 0 oder den Wert 1 annehmen. Wie bereits erwähnt werden die logischen Werte 0 und 1 im allgemeinen durch zwei unterschiedliche Spannungsebenen elektronisch dargestellt, die physikalische Methode der Darstellung soll uns hier aber nicht interessieren. Üblicherweise hat ein Gatter einen Ausgang, der einer Funktion seiner Eingänge entspricht und ebenfalls entweder 0 oder 1 ist.

Jedes Gatter berechnet eine bestimmte Boolesche Funktion. Die meisten elektronischen „Technologien“ (Arten der Herstellung elektronischer Schaltungen) bevorzugen die Konstruktion von Gattern bestimmter Boolescher Funktionen und keiner anderen. Insbesondere sind `UND`- und `ODER`-Gatter ebenso wie `NICHT`-Gatter, die *Inverter* genannt werden, für gewöhnlich einfach zu bauen. `UND`- und `ODER`-Gatter können eine beliebige Anzahl von Eingängen besitzen, obwohl, wie in Abschnitt 13.5 erwähnt, die Anzahl der Eingänge eines Gatters in der Praxis häufig begrenzt ist.

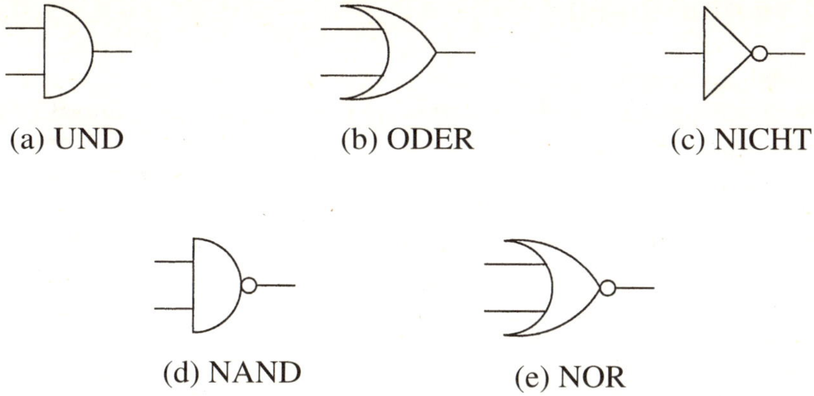

Abb. 13.1: Symbole für Gatter.

Die Ausgabe eines UND-Gatters ist 1, wenn alle Eingänge 1 sind, und die Ausgabe ist 0, wenn ein oder mehrere seiner Eingänge 0 sind. Ebenso ist die Ausgabe eines ODER-Gatters 1, wenn einer oder mehrerer seiner Eingänge 1 sind, und die Ausgabe ist 0, wenn alle Eingaben 0 sind. Der Inverter (NICHT-Gatter) hat einen Eingang; seine Ausgabe ist 1, wenn sein Eingang 0 ist, und 0, wenn sein Eingang 1 ist.

Auch ist es in den meisten Technologien einfach, NAND- und NOR-Gatter zu implementieren. Das NAND-Gatter erzeugt immer die Ausgabe 1, es sei denn, all seine Eingänge sind 1, dann erzeugt es die Ausgabe 0. Das NOR-Gatter erzeugt die Ausgabe 1, wenn alle Eingänge 0 sind, ansonsten erzeugt es 0. Ein Beispiel einer logischen Funktion, die elektronisch schwieriger zu implementieren ist, ist die Äquivalenz. Sie erhält die beiden Eingaben x und y und erzeugt eine 1 als Ausgabe, wenn x und y beide 1 oder beide 0 sind. Eine 0 gibt sie nur dann aus, wenn genau eines aus x und y 1 ist. Äquivalenzschaltungen lassen sich aber aus UND-, ODER- und NICHT-Gattern zusammenbauen, indem wir eine Schaltung implementieren, die die logische Funktion $xy + \overline{x}\,\overline{y}$ realisiert.

Die Symbole für die genannten Gatter sind in Abb. 13.1 illustriert. Jedes Gatter, mit Ausnahme des Inverters (NICHT-Gatter), ist mit zwei Eingängen dargestellt. Wir könnten jedoch leicht mehr als zwei Eingänge angeben, indem wir einfach ein paar Linien hinzufügen. Auch UND- und ODER-Gatter mit einem Eingang sind möglich, sie tun jedoch nichts; die Eingabe wird nur an den Ausgang übergeben.

13.3 Schaltungen

Gatter werden zu Schaltungen zusammengesetzt, indem die Ausgänge einiger Gatter mit den Eingängen anderer verbunden werden. Die gesamte Schaltung besitzt einen oder mehrere Eingänge, die jeweils Eingänge in mehrere Gatter der Schaltung sein können. Die Ausgaben eines oder mehrerer Gatter sind als Ausgänge der Schaltung vorgesehen. Gibt es mehr als einen Ausgang, so muß zusätzlich eine Reihenfolge für die Ausgangsgatter spezifiziert werden.

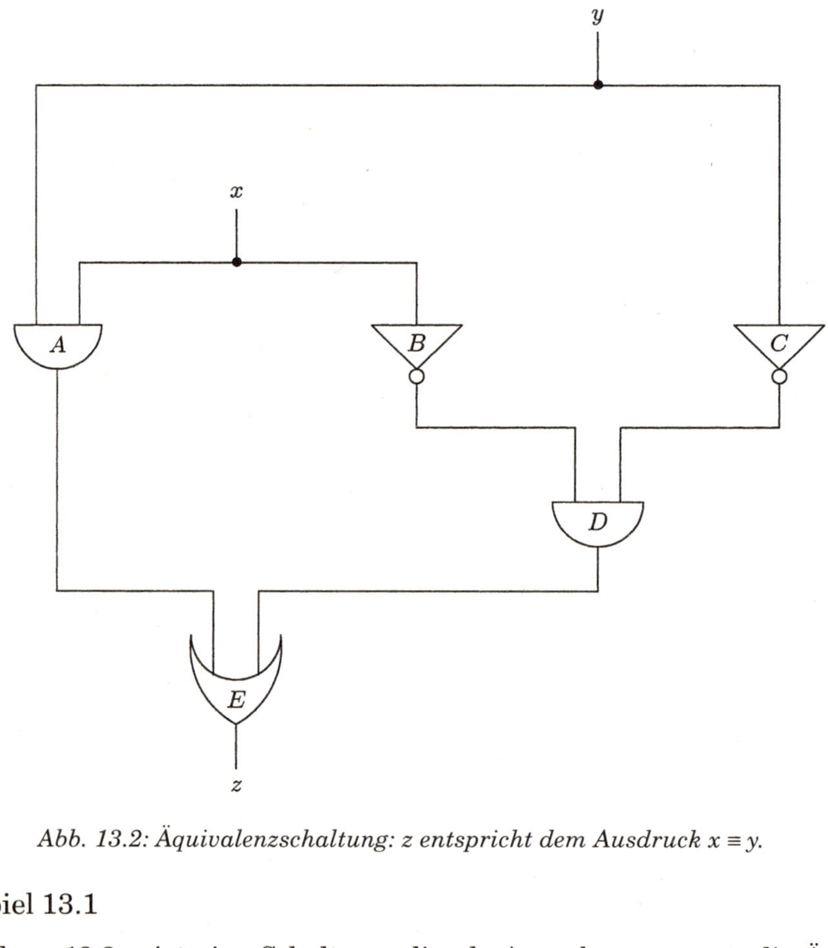

Abb. 13.2: Äquivalenzschaltung: z entspricht dem Ausdruck $x \equiv y$.

Beispiel 13.1

Abbildung 13.2 zeigt eine Schaltung, die als Ausgabe z erzeugt, die Äquivalenzfunktion der Eingaben x und y. Es ist üblich, die Eingänge oben einzutragen. Beide Eingänge führen in das UND-Gatter A, das dann (und nur dann) eine

1 als Ausgabe erzeugt, wenn $x = y = 1$ gilt. Zudem werden x und y durch die NICHT-Gatter B bzw. C invertiert, die Ausgaben dieser Inverter gelangen in das UND-Gatter D. Die Ausgabe von Gatter D ist somit dann und nur dann 1, wenn x und y beide 0 sind. Da die Ausgaben der Gatter A und D in das ODER-Gatter E übergehen, stellen wir fest, daß die Ausgabe dieses Gatters dann und nur dann 1 ist, wenn $x = y = 1$ oder wenn $x = y = 0$ ist. Die Tabelle in Abb. 13.3 enthält einen logischen Ausdruck für die Ausgabe jedes Gatters.

Gatter	**Ausgaben der Gatter**
A	xy
B	$\overline{x}$
C	$\overline{y}$
D	$\overline{x}\ \overline{y}$
E	$xy+\overline{x}\ \overline{y}$

Abb. 13.3: Ausgaben der Gatter in Abb. 13.2.

Kombinatorische und sequentielle Schaltungen

Es gibt einen engen Zusammenhang zwischen den logischen Ausdrücken, die wir unter Benutzung einer Sammlung logischer Operatoren, wie UND, ODER und NICHT, schreiben können, auf der einen und Schaltungen, die aus Gattern zusammengefügt werden, welche dieselbe Menge von Operatoren ausführen, auf der anderen Seite. Bevor wir fortfahren, richten wir noch unser Augenmerk auf eine wichtige Klasse von Schaltungen, die *kombinatorischen Schaltungen*. Diese Schaltungen sind azyklisch, in dem Sinne, daß die Ausgabe eines Gatters keinen Einfluß auf dessen Eingaben hat, nicht einmal durch eine Reihe dazwischenliegender Gatter.

Wir nutzen unser Wissen über Graphen, um genau zu definieren, was wir mit einer kombinatorischen Schaltung meinen. Zeichnen wir zunächst einen gerichteten Graphen, dessen Knoten den Gattern der Schaltung entsprechen. Anschließend fügen wir einen Bogen $u \to v$ ein, wenn der Ausgang von Gatter u direkt mit einem Eingang von Gatter v verbunden ist. Besitzt der Graph der Schaltung keine Zyklen, so ist die Schaltung *kombinatorisch*; sonst ist sie *sequentiell*.

Beispiel 13.2

In Abb. 13.4 sehen wir den gerichteten Graphen, der sich aus der Schaltung aus Abb. 13.2 ergibt. Er enthält zum Beispiel den Bogen $A \to E$, da der Ausgang von Gatter A mit einem Eingang von Gatter E verbunden ist. Der Graph aus Abb. 13.4 enthält offensichtlich keine Zyklen; es ist vielmehr ein Baum mit der Wurzel E, der auf dem Kopf steht. Wir schließen somit, daß die Schaltung aus Abb. 13.2 kombinatorisch ist.

Betrachten wir dagegen die Schaltung aus Abb. 13.5(a). Dort ist die Ausgabe von Gatter A eine Eingabe von Gatter B, und die Ausgabe von Gatter B ist eine Eingabe von Gatter A. Der Graph für diese Schaltung ist in Abb. 13.5(b) dargestellt. Es ist deutlich ein Zyklus zu erkennen, was bedeutet, daß die Schaltung sequentiell ist.

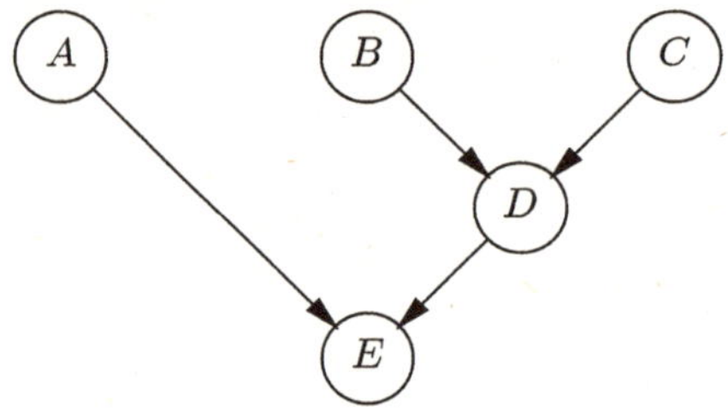

Abb. 13.4: Ein aus der Schaltung aus Abb. 13.2 erzeugter gerichteter Graph.

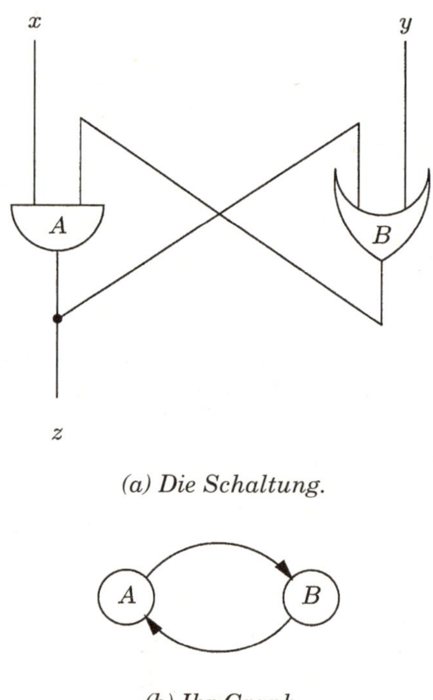

(a) Die Schaltung.

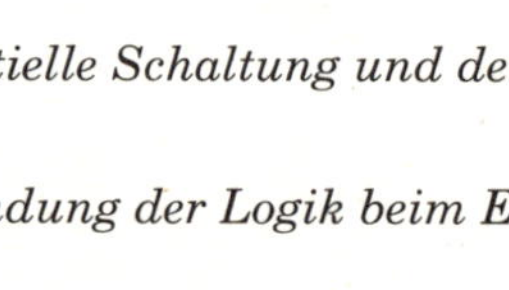

(b) Ihr Graph.

Abb. 13.5: Eine sequentielle Schaltung und der dazugehörige Graph.

Angenommen, beide Eingaben x und y dieser Schaltung sind 1. Dann ist die Ausgabe von B sicherlich 1, und daher sind beide Eingaben des UND-Gatters A 1. Dieses Gatter erzeugt somit die Ausgabe 1.
Wenn die Eingabe y nun aber 0 wird, bleibt die Ausgabe des ODER-Gatters B weiterhin 1, da dessen andere Eingabe (die Eingabe der Ausgabe von A) 1 ist. Beide Eingaben von A bleiben somit 1, so daß wiederum 1 ausgegeben wird.

Nehmen wir jedoch an, daß x 0 wird, egal ob y 0 ist oder nicht. Dann muß die Ausgabe von Gatter A, und damit die Ausgabe z der Schaltung, ebenfalls 0 sein. Die Ausgabe z der Schaltung kann dann als 1 beschrieben werden, wenn irgendwann in der Vergangenheit sowohl x als auch y 1 waren und x (aber y nicht notwendigerweise) 1 bliebt. Abbildung 13.6 zeigt die Ausgabe als Funktion über die Zeit für verschiedene Kombinationen von Eingabewerten; die niedrige Ebene stellt die 0 dar und die höhere repräsentiert die 1. ◆

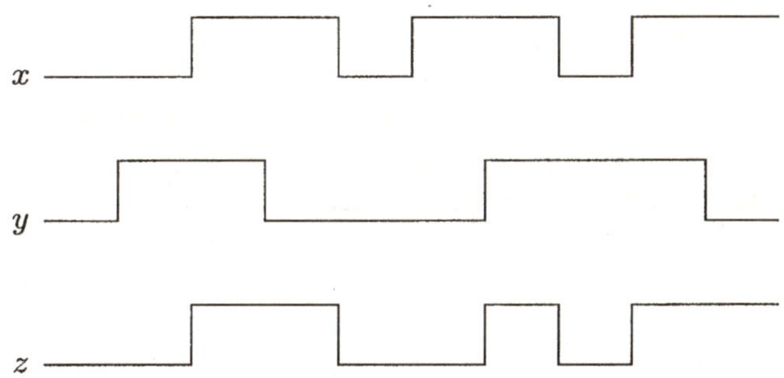

Abb. 13.6: Ausgabe für die Schaltung aus Abb. 13.5(a), dargestellt als Funktion über die Zeit.

Sequentielle Schaltungen und Automaten

Die in Kapitel 10 eingeführten deterministischen endlichen Automaten sind eng mit sequentiellen Schaltungen verwandt. Zwar sprengt das Thema den Rahmen dieses Buches, doch können wir für jeden gegebenen deterministischen Automaten eine sequentielle Schaltung entwerfen, deren Ausgabe genau dann 1 ist, wenn die Eingabefolge des Automaten akzeptiert wird. Genauer gesagt müssen die Eingaben des Automaten, die aus einer beliebigen Menge von Zeichen stammen können, durch eine passende Anzahl logischer Eingaben (die jeweils den Wert 0 oder 1 haben) kodiert werden; k logische Eingaben der Schaltung können bis zu 2^k Zeichen codieren.

Auf sequentielle Schaltungen werden wir kurz am Ende dieses Kapitels eingehen. Wie wir gerade in Abb. 13.2 gesehen haben, haben sequentielle Schaltungen die Fähigkeit sich an wichtige Dinge über die Folge der bisher gesehenen Eingaben zu erinnern, so daß sie für die Schlüsselkomponenten des Computers, wie Hauptspeicher und Register, benötigt werden. Kombinatorische Schaltungen berechnen dagegen die Werte logischer Funktionen, sie müssen jedoch mit einer einzelnen Belegung ihrer Eingänge arbeiten und können sich nicht erinnern, wie die Eingänge vorher belegt waren. Nichtsdestotrotz sind kombinatorische Schaltungen ebenfalls unverzichtbare Komponenten des Computers. Sie werden benötigt, um Zahlen zu addieren, um Befehle in elektronische Signale zu dekodieren, die dafür sorgen, daß der Computer diese Befehle ausführt, und um viele andere Aufgaben zu bewerkstelligen. In den folgenden Abschnitten werden wir unser Hauptaugenmerk auf den Entwurf kombinatorischer Schaltungen richten.

ÜBUNGEN

13.3.1: Entwerfen Sie Schaltungen, die die folgenden Ausgaben erzeugen. Verwenden Sie dafür die in Abb. 13.1 angegebenen Gatter.

a) Die *Parität*, bzw. die Summe-Mod-2-Funktion der Eingaben x und y, die dann und nur dann 1 ist, wenn genau eine der Eingaben von x und y 1 ist.

b) Die *Mehrheitsfunktion* der Eingaben w, x, y und z, die dann und nur dann 1 ist, wenn drei oder mehr der Eingaben 1 sind.

c) Die Funktion der Eingaben w, x, y und z, die 1 ist, es sei denn, alle oder keine der Eingaben sind 1.

13.3.2*: Angenommen, die Schaltung aus Abb. 13.5(a) wird dahingehend verändert, daß beide Gatter A und B UND-Gatter sind, und beide Eingaben sind zu Beginn 1. Unter welchen Bedingungen ist die Ausgabe 1, wenn sich die Eingaben verändern.

13.3.3*: Wiederholen Sie Übung 13.3.2; nehmen Sie aber diesmal an, beide Gatter seien ODER-Gatter.

13.4 Logische Ausdrücke und Schaltungen

Es ist relativ einfach, eine Schaltung zu bauen, deren Ausgabe als Funktion ihrer Eingaben dieselbe ist wie die eines gegebenen logischen Ausdrucks. Umgekehrt können wir zu einer gegebenen kombinatorischen Schaltung für jede ihrer Ausgaben einen logischen Ausdruck als Funktion ihrer Eingaben finden. Das Gleiche gilt nicht für sequentielle Schaltungen, wie wir in Beispiel 13.2 gesehen haben.

Von Ausdrücken zu Schaltungen

Wir können für einen gegebenen logischen Ausdruck mit einer Menge logischer Operatoren eine kombinatorische Schaltung konstruieren, die Gatter mit derselben Menge logischer Operatoren verwendet und dieselbe Boolesche Funktion realisiert. Die auf diese Weise erzeugten Schaltungen haben immer die Form eines Baums. Wir erzeugen die Schaltung durch strukturelle Induktion über den Ausdrucksbaum für den Ausdruck.

BASIS. Wenn der Ausdrucksbaum ein einzelner Knoten ist, kann der Ausdruck nur eine Eingabe sein, sagen wir x. Die „Schaltung" für diesen Ausdruck ist die Schaltungseingabe x selbst.

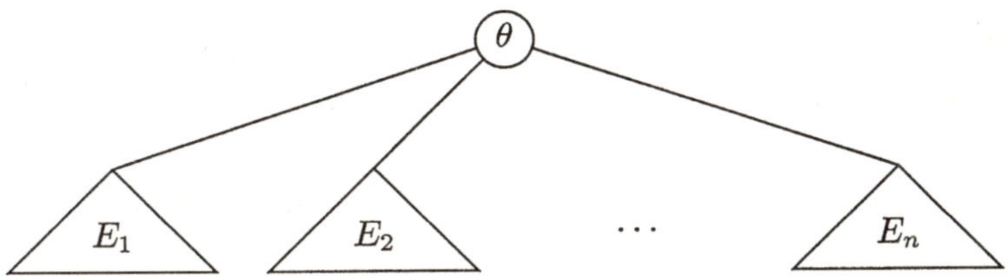

Abb. 13.7: Ausdrucksbaum für den Ausdruck $\theta(E_1, E_2, ..., E_n)$.

INDUKTION. Für die Induktion nehmen wir an, daß der betroffene Ausdrucksbaum dem aus Abb. 13.7 ähnlich ist. Es gibt einen logischen Operator an der Wurzel, den wir θ nennen; θ kann zum Beispiel UND oder ODER sein. Für ein n hat die Wurzel n Unterbäume, und der Operator θ wird auf die Ergebnisse dieser Unterbäume angewandt, um ein Ergebnis für den gesamten Baum zu berechnen.

Da wir eine strukturelle Induktion durchführen, können wir annehmen, daß die Induktionsannahme für die Teilausdrücke gilt. Es gibt somit eine Schaltung C_1 für den Ausdruck E_1, eine Schaltung C_2 für den Ausdruck E_2 und so weiter.

Um die Schaltung für E zu bauen, nehmen wir ein Gatter für den Operator θ und übergeben diesem Gatter n Eingaben, eine von jeder der Ausgaben der Schaltungen C_1, C_2, ..., C_n, in dieser Reihenfolge. Die Ausgabe der Schaltung für E wird von dem gerade vorgestellten θ-Gatter berechnet. Die Konstruktion ist in Abb. 13.8 angegeben.

Die von uns konstruierte Schaltung berechnet den Ausdruck in der naheliegenden Weise. Es gibt jedoch gegebenenfalls noch andere Schaltungen, die dieselbe Ausgabefunktion mit weniger Gattern oder weniger Ebenen berechnen. Wenn zum Beispiel der Ausdruck $(x + y)z + (x + y)\overline{w}$ gegeben ist, so enthält die erzeugte Schaltung zwei Vorkommen der den Ausdruck $x + y$ realisierenden Teilschaltung.

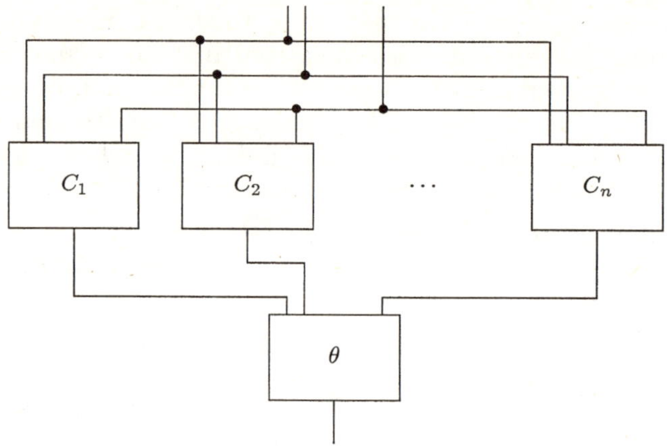

Abb. 13.8: Die Schaltung für θ *(*$E_1, E_2, ..., E_n$*), wobei* C_i *der Schaltung für* E_i *entspricht.*

Wir können die Schaltung dahingehend neu gestalten, daß sie nur ein Vorkommen dieser Teilschaltung enthält und deren Ausgabe überall da benutzt, wo dieser gemeinsame Teilausdruck benötigt wird.

Es gibt noch weitere, radikalere Umformungen, mit denen man den Entwurf von Schaltungen verbessern kann. Der Entwurf von Schaltungen ist ebenso wie der Entwurf effizienter Algorithmen eine Kunst. Wir werden einige der wichtigsten Verfahren dieser Kunst im Laufe dieses Kapitels kennenlernen.

Von Schaltungen zu logischen Ausdrücken

Betrachten wir nun das umgekehrte Problem, einen logischen Ausdruck für die Ausgabe einer kombinatorischen Schaltung zu erstellen. Da wir wissen, daß der Graph der Schaltung azyklisch ist, können wir eine topologische Ordnung seiner Knoten (d. h. seiner Gatter) wählen, die die Eigenschaft besitzt, daß, wenn die Ausgabe des i-ten Gatters dieser Ordnung eine Eingabe für das j-te Gatter der Ordnung bildet, i kleiner als j sein muß.

Beispiel 13.3

Eine mögliche topologische Ordnung der Gatter in der Schaltung aus Abb. 13.2 ist *ABCDE*, eine andere lautet *BCDAE*. *ABDCE* ist aber keine topologische Ordnung, da Gatter *C* das Gatter *D* versorgt, *D* in dieser Folge jedoch vor *C* steht. ◆

Um aus der Schaltung den Ausdruck zu bilden, benutzen wir eine induktive Konstruktion. Wir werden durch Induktion über i die folgende Aussage zeigen:

AUSSAGE $S(i)$: Für die ersten i Gatter der topologischen Ordnung gibt es logische Ausdrücke für die Ausgabe dieser Gatter.

BASIS. Den Induktionsanfang bildet $i = 0$. Da null Gatter zu betrachten sind, gibt es nichts zu beweisen, so das der Basisteil erledigt ist.

INDUKTION. Bei der Induktion betrachten wir das i-te Gatter der topologischen Ordnung. Angenommen, die Eingaben des i-ten Gatters heißen $I_1, I_2, \ldots, I_k$. Wenn I_j eine Eingabe der Schaltung, sagen wir x, ist, dann sei der Ausdruck E_j für die Eingabe I_j x. Wenn die Eingabe I_j Ausgabe eines anderen Gatters ist, muß dieses Gatter vor dem i-ten Gatter in der topologischen Reihenfolge stehen, was bedeutet, daß wir bereits einen Ausdruck E_j für die Ausgabe dieses Gatters konstruiert haben. Der zu Gatter i gehörende Operator sei θ. Dann lautet der Ausdruck für Gatter i $\theta\ (E_1, E_2, \ldots, E_k)$. Im häufig vorkommenden Fall, daß θ ein binärer Operator ist, für den üblicherweise die Infix-Notation verwendet wird, kann der Ausdruck für Gatter i als $(E_1)\theta\ (E_2)$ geschrieben werden. Die Klammern sind aus Sicherheitsgründen gesetzt, obwohl sie, abhängig von den Bindungsstärken der Operatoren, vielleicht gar nicht notwendig sind.

Beispiel 13.4

Wir wollen den Ausgabeausdruck für die Schaltung aus Abb. 13.2 unter Benutzung der topologischen Gatter-Ordnung *ABCDE* bestimmen. Betrachten wir zunächst das UND-Gatter A. Seine beiden Eingaben entstammen den Eingaben x und y der Schaltung, so daß der Ausdruck für die Ausgabe von A xy lautet.

Das Gatter B ist ein Inverter mit der Eingabe x, der als Ausgabe $\bar{x}$ erzeugt. Ähnliches gilt für Gatter C, dessen Ausgabe den Ausdruck $\bar{y}$ besitzt. Widmen wir uns nun dem Gatter D, bei dem es sich um ein UND-Gatter handelt, das seine Eingaben aus den Ausgängen von B und C erhält. Der Ausdruck für die Ausgabe von D lautet somit $\bar{x}\,\bar{y}$. Das Gatter E ist ein ODER-Gatter, dessen Eingaben sich aus den Ausgaben von A und D ergeben. Wir verbinden die Ausdrücke der Ausgaben dieser Gatter durch den ODER-Operator, um so den Ausdruck $xy + \bar{x}\,\bar{y}$ als Ausgabe für Gatter E zu erhalten. Da E das einzige Ausgabegatter der Schaltung ist, entspricht dieser Ausdruck auch der Ausgabe der Schaltung. Sie erinnern sich, daß die Schaltung aus Abb. 13.2 entworfen wurde, um die Boolesche Funktion $x \equiv y$ zu realisieren. Es ist leicht zu beweisen, daß der für Gatter E abgeleitete Ausdruck äquivalent zu $x \equiv y$ ist. ◆

Beispiel 13.5

In den vorhergehenden Beispielen hatten die Schaltungen nur eine Ausgabe, und die Schaltung selbst hatte die Form eines Baums. Im allgemeinen gilt jedoch keine dieser beiden Bedingungen. Im folgenden werden wir ein wichtiges Beispiel des Entwurfs einer Schaltung mit mehreren Ausgaben betrachten, bei der die Ausgabe einiger Gatter als Eingabe mehrerer anderer Gatter dient. Sie erinnern sich vielleicht, daß wir in Kapitel 1 die Verwendung eines *Ein-Bit-Addierers* zum Aufbau einer Schaltung, die Binärzahlen addiert, verwendeten. Eine Ein-Bit-Addierer-Schaltung erhält zwei Eingaben, x und y, die die Bits an einer bestimmten Position der beiden zu addierenden Zahlen repräsentieren. Eine dritte Eingabe, c, steht für den Eingangsübertrag in diese Position von der Position rechts daneben (nächst niedrigere Position). Der Ein-Bit-Addierer erzeugt als Ausgabe die beiden folgenden Bits:

1. Das *Summenbit* z ist 1, wenn eine ungerade Anzahl der Eingaben x, y und c 1 ist und

2. das *Ausgangsübertragsbit* (*carry-out bit*) d ist 1, wenn zwei oder mehr aus x, y und c 1 sind.

Abbildung 13.9 enthält Karnaugh-Diagramme für z und d, die Summen- und Übertragsfunktionen des Ein-Bit-Addierers. Sieben der acht möglichen Minterme erscheinen in den Funktionen für z oder d, und nur einer, xyc, ist in beiden enthalten.

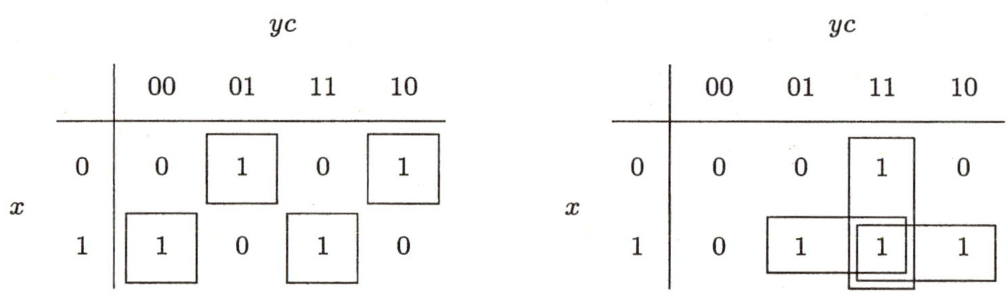

(a) Summe (b) Übertrag

Abb. 13.9: Karnaugh-Diagramme für die Summen- und Übertragsfunktionen.

Eine systematisch entworfene Schaltung für den Ein-Bit-Addierer ist in Abb. 13.10 angegeben. Zu Beginn invertieren wir die Eingaben der Schaltung unter Benutzung der drei oben stehenden Inverter. Anschließend erzeugen wir für jeden der Minterme UND-Gatter, die wir in einer oder mehreren Ausgaben benötigen. Diese Gatter sind von 1 bis 7 numeriert, und jede ganze Zahl informiert uns darüber, welche ihrer Eingaben den „wahren“ Schaltungseingaben x, y oder c und welche den „komplementären“ Eingaben $\bar{x}$, $\bar{y}$ und $\bar{c}$ entsprechen. Wir schreiben die ganze Zahl somit als eine aus drei Bits bestehende Binärzahl und gehen davon aus, daß diese Bits x, y und c in dieser Reihenfolge repräsentieren. So ist die Eingabe x für Gatter 4, bzw. $(100)_2$, zum Beispiel wahr, während die Eingaben y und c komplementär sind; das heißt, es wird der Ausgangsausdruck $x\bar{y}\bar{c}$ erzeugt. Beachten Sie, daß es kein Gatter 0 gibt, da der Minterm $\bar{x}\,\bar{y}\,\bar{c}$ für keine Ausgabe benötigt wird.

Übereinkunft über Schaltungsdiagramme

Wenn Schaltungen kompliziert sind, wie beispielsweise die Schaltung aus Abb. 13.10, gibt es eine nützliche Übereinkunft zur Vereinfachung der Zeichnung. Häufig müssen wir „Leitungen" (die Linien zwischen einer Ausgabe und der/den Eingabe(n), mit denen sie verbunden ist) überkreuzen, ohne damit implizieren zu wollen, daß sie Teil derselben Leitung sind. Standardmäßig ist daher festgelegt, daß Leitungen nicht verbunden sind, es sei denn, die Stelle der Überschneidung ist mit einem Punkt markiert. Zum Beispiel ist die vertikale Linie der Schaltungseingabe y nicht mit den mit x und $\bar{y}$ markierten horizontalen Linien verbunden, auch wenn sich diese beiden Linien überkreuzen. Mit der horizontalen mit y markierten Linie ist sie verbunden, da dort die Stelle der Überschneidung mit einem Punkt markiert ist.

Abschließend werden die Schaltungsausgaben, z und d, unten in der Schaltung mit Hilfe von ODER-Gattern berechnet. Das ODER-Gatter für z erhält Eingaben aus den Ausgaben jedes UND-Gatters, dessen Minterme z wahr werden lassen, die Eingaben des ODER-Gatters für d werden auf ähnliche Weise ausgewählt.

Wir wollen nun den Ausgangsausdruck für die Schaltung aus Abb. 13.10 berechnen. In unserer topologischen Ordnung werden wir zuerst die Inverter verwenden, anschließend die UND-Gatter 1, 2, ..., 7 und zum Schluß die ODER-Gatter für z und d. Die drei Inverter erzeugen offensichtlich die Ausdrücke $\bar{x}$, $\bar{y}$ und $\bar{c}$ als Ausgabe. Wir erwähnten bereits, wie anschließend die Eingaben für die UND-Gatter gewählt werden und wie der Ausdruck für die Ausgabe von jedem Gatter zu der binären Darstellung der Zahl des Gatters assoziiert wird. Gatter 1 besitzt demnach den Ausgangsausdruck $\bar{x}\,\bar{y}c$. Die Ausgabe des ODER-Gatters z ergibt sich schließlich aus der ODER-Verknüpfung der Ausgangsausdrücke für die Gatter 1, 2, 4 und 7 und lautet

$$\bar{x}\,\bar{y}c + \bar{x}y\bar{c} + x\bar{y}\,\bar{c} + xyc$$

Ebenso ergibt sich die Ausgabe des ODER-Gatters für d aus der ODER-Verknüpfung der Ausgangsausdrücke für die Gatter 3, 5, 6 und 7 und lautet

$$\bar{x}yc + x\bar{y}c + xy\bar{c} + xyc$$

Wir überlassen es Ihnen als Übungsaufgabe zu zeigen, daß dieser Ausdruck äquivalent zu dem Ausdruck

$$yc + xc + xy$$

ist, den wir erhielten, würden wir nur mit dem Karnaugh-Diagramm für d arbeiten. ◆

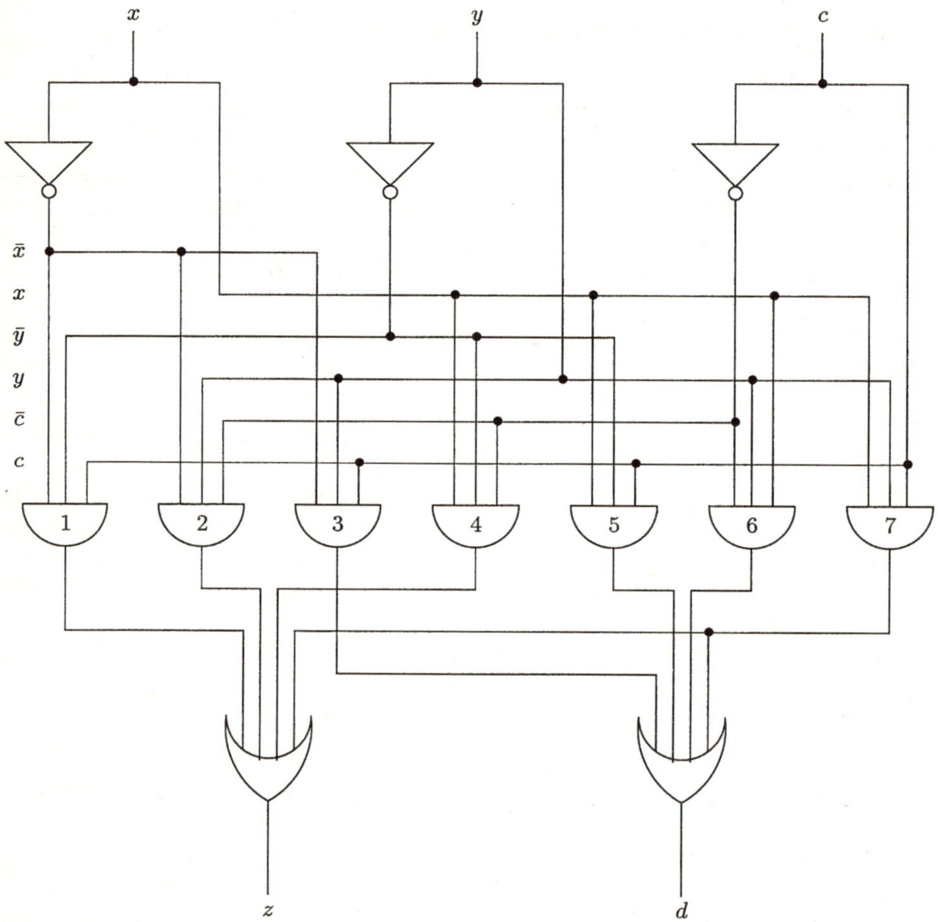

Abb. 13.10: Schaltung eines Ein-Bit-Addierers.

ÜBUNGEN

13.4.1: Entwerfen Sie Schaltungen für die folgenden Booleschen Funktionen. Sie brauchen sich dabei nicht auf Gatter mit 2 Eingängen zu beschränken, wenn Sie drei oder mehr Operanden gruppieren können, die durch denselben Operator verbunden sind.

a) $x + y + z$. *Hinweis*: Stellen Sie sich diesen Ausdruck als ODER (x, y, z) vor.

b) $xy + xz + yz$

c) $x + (\bar{y}\,\bar{x})(y + z)$

13.4.2: Berechnen Sie für jede der Schaltungen in Abb. 13.11 den logischen Ausdruck für jedes Gatter. Wie lauten die Ausdrücke für die Ausgänge der Schaltung? Erzeugen Sie für Schaltung (b) eine äquivalente Schaltung, die nur UND, ODER- und NICHT-Gatter verwendet.

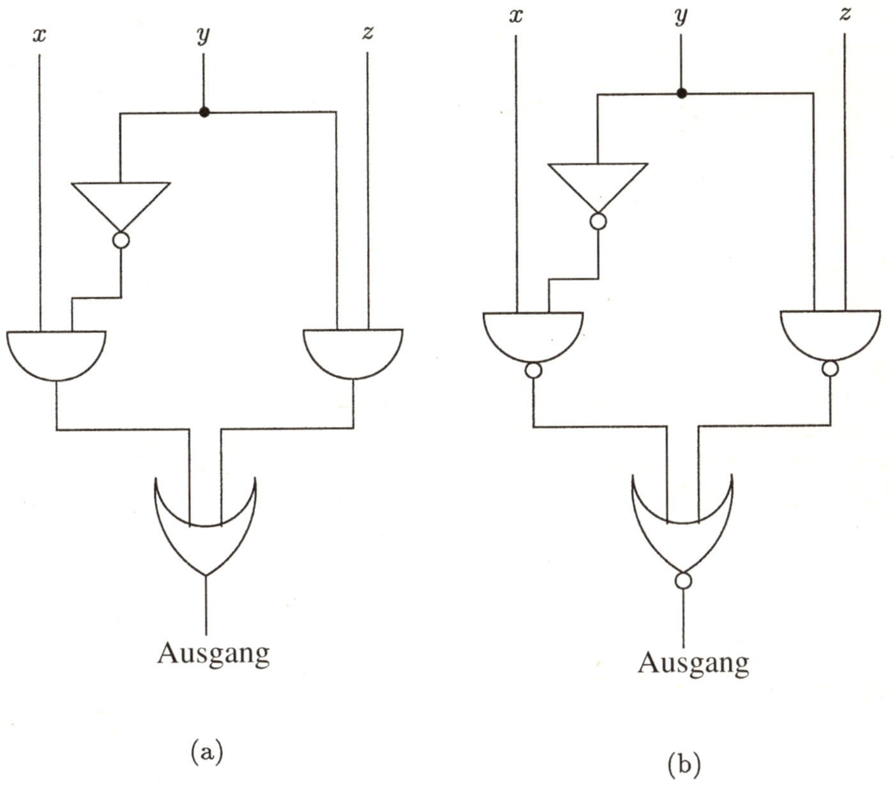

Abb. 13.11: Schaltungen für Übung 13.4.2.

13.4.3: Beweisen Sie die folgenden in den Beispielen 13.4 und 13.5 verwendeten Tautologien:

a) $(xy + \bar{x}\,\bar{y}) \equiv (x \equiv y)$

b) $(\bar{x}yc + x\bar{y}c + xy\bar{c} + xyc) \equiv (yc + xc + xy)$

13.5 Physikalische Zwänge denen Schaltungen unterliegen

Heutzutage werden die meisten Schaltungen als „Chips", oder integrierte Schaltungen gebaut. Sehr viele Gatter, vielleicht Millionen von Gattern und Leitungen, die diese verbinden, werden auf einer Fläche mit ungefähr einem Zentimeter Seitenlänge aus Halbleitern oder metallischem Material konstruiert. Die verschiedenen „Technologien", bzw. Verfahren zur Konstruktion integrierter Schaltungen, legen der Art und Weise, wie effiziente Schaltungen entworfen werden können, eine Reihe von Zwängen auf. Wir erwähnten zum Beispiel, daß gewisse Gattertypen, wie UND, ODER und NICHT, einfacher zu konstruieren sind als andere.

Schaltungsgeschwindigkeit

Zu jedem Gatter wird eine Verzögerung zwischen der Zeit, zu der die Eingaben aktiv werden und der Zeit, zu der die Ausgabe zur Verfügung steht, assoziiert. Bei dieser Verzögerung könnte es sich nur um ein paar Nanosekunden handeln (eine Nanosekunde entspricht 10^{-9} Sekunden), bei einer komplexen Schaltung, wie die Zentraleinheit eines Computers, pflanzt sich die Information jedoch auch bei Ausführung eines einzelnen Befehls durch viele Ebenen von Gattern fort. Da moderne Rechner Befehle in weit weniger Zeit als einer Mikrosekunde (also 10^{-6} Sekunden) durchführen, ist es offensichtlich dringend erforderlich, daß die Anzahl der Gatter, durch die sich ein Wert fortpflanzt, so klein wie möglich gehalten werden muß.

Bei einer kombinatorischen Schaltung ist demnach die maximale Anzahl an Gattern, die sich auf einem Pfad von einer Eingabe zu einer Ausgabe befinden, ein Maß analog zur Laufzeit eines Programms. Wollen wir also, daß unsere Schaltung die Ausgabe schnell berechnet, müssen wir die längste Pfadlänge im Graphen der Schaltung minimieren. Die *Verzögerung* (*delay*) einer Schaltung entspricht der Anzahl der im längsten Pfad enthaltenen Gatter – das heißt, eins plus die Länge des Pfades ist gleich die Verzögerung. Der Addierer aus Abb. 13.10 hat zum Beispiel die Verzögerung 3, da der längste Pfad von der Eingabe zur Ausgabe durch einen der Inverter, durch eines der UND-Gatter und schließlich durch eines der ODER-Gatter verläuft; es gibt viele Pfade der Länge 3.

Beachten Sie, daß die Schaltungsverzögerung wie auch die Laufzeit nur als „Größenordnung“ sinnvoll ist. Unterschiedliche Technologien liefern unterschiedliche Werte für die Zeit, die es dauert, bis sich die Eingabe eines Gatters auf die Ausgabe dieses Gatters auswirkt. Sind somit zwei Schaltungen mit den Verzögerungen 10 bzw. 20 gegeben, so wissen wir, daß, wenn diese in derselben Technologie implementiert werden und alle anderen Faktoren gleich sind, die erste die Hälfte der Zeit der zweiten benötigt. Implementieren wir die zweite Schaltung jedoch in einer schnelleren Technologie, so könnte diese die erste in der ursprünglichen Technologie implementierte Schaltung schlagen.

Größenbeschränkungen

Die Kosten für den Bau einer Schaltung sind in etwa proportional zur Anzahl der in der Schaltung enthaltenen Gatter, so daß wir uns bemühen, die Anzahl der Gatter zu reduzieren. Zudem beeinflußt die Größe einer Schaltung auch deren Geschwindigkeit, wobei kleinere Schaltungen häufig schneller sind. Im allgemeinen gilt, je mehr Gatter eine Schaltung enthält, desto größer ist die benötigte Fläche auf dem Chip. Aus der Benutzung einer großen Fläche ergeben sich zumindest zwei negative Effekte.

1. Ist die Fläche groß, so werden lange Leitungen benötigt, um weit auseinanderliegenden Gatter zu verbinden. Je länger eine Leitung ist, desto länger braucht ein Signal von einem Gatter zum anderen. Diese *Propagationsverzögerung* (*propagation delay*) bildet eine weitere Quelle von Verzögerungen in der Schaltung zusätzlich zu der Zeit, die es braucht, bis ein Gatter seine Ausgabe „berechnet“ hat.

2. Die Größe eines Chips ist begrenzt, je größer ein Chip ist, desto wahrscheinlicher ist es, daß er einen Fehler enthält, der dafür verantwortlich ist, daß der Chip fehlerhaft oder gar nicht arbeitet. Müssen wir eine Schaltung auf mehrere Chips aufteilen, so verursachen die Leitungen, die die Chips miteinander verbinden, eine erhebliche Propagationsverzögerung.

Wir schließen daraus, daß es äußerst vorteilhaft ist, die Anzahl der Gatter in einer Schaltung klein zu halten.

Chips

In der Regel besitzen Chips mehrere Material-“Schichten“, die zusammen zum Bau von Gattern verwendet werden. In jeder Schicht verlaufen Leitungen, die die Gatter miteinander verbinden; Leitungen unterschiedlicher Schichten können sich gewöhnlich ohne Wechselwirkungen überkreuzen. Die „Feature-Size“, das heißt die minimale Breite, die eine Leitung haben kann, liegt häufig unter einem Mikrometer (ein *Mikrometer* entspricht 0,001 Millimeter bzw. ungefähr 0,00004 Zoll). Gatter können auf einer Fläche von mehreren Mikrometern Seitenlänge gebaut werden. Ein Bild eines Chips ist in Abb. 13.12 angegeben.

Der Herstellungsprozeß eines Chips ist sehr komplex. In einem Schritt wird ein Chip vollständig mit einer dünnen, lichtempfindlichen Filmschicht (*photoresist*) bedeckt. Anschließend wird ein fotografisches Negativ der Bestandteile verwendet, die auf einer bestimmten Schicht benötigt werden. Indem man einen Licht- oder Elektronenstrahl durch das Negativ sendet, wird die oberste Schicht an Stellen weggeätzt, an denen der Strahl durchscheint, so daß nur die gewünschten Teile der Schaltung übrigbleiben.

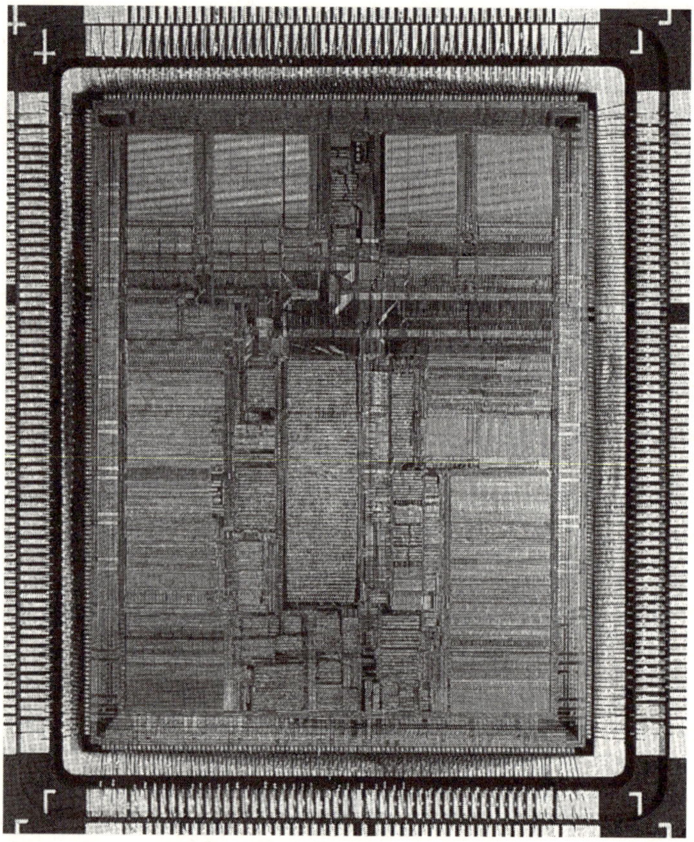

Abb. 13.12: Ein Chip einer integrierten Schaltung: der 64-Bit MIPS R4000 Mikroprozessor.
© MIPS Computer Systems Inc., 1991.

Fan-In- und Fan-Out-Beschränkungen

Beim Entwurf von Schaltungen ergibt sich die dritte Beschränkung aus physikalischen Gegebenheiten. Für Gatter, die zu viele Eingänge besitzen, oder deren Ausgänge mit zu vielen anderen Eingängen verbunden sind, müssen wir teuer bezahlen. Die Anzahl der Eingänge eines Gatters wird als *Fan-In*-Wert bezeichnet, und die Anzahl der Eingänge, mit denen der Ausgang eines Gatters verbunden ist, nennt man den *Fan-Out*-Wert eines Gatters.
Während es grundsätzlich keine Beschränkung der Fan-In- bzw. Fan-Out-Werte gibt, so stellt sich in der Praxis doch heraus, daß Gatter mit großen Fan-In- und/oder Fan-Out-Werten langsamer sind als Gatter mit kleinen Fan-In- und Fan-Out-Werten. Unsere Schaltungsentwürfe sollten daher niedrige Fan-In- und Fan-Out-Werte besitzen.

Beispiel 13.6

Angenommen, ein bestimmter Rechner besitzt Register mit 32 Bits, und wir möchten den Maschinenbefehl `COMPARE` als Schaltkreis implementieren. Wir benötigen eine Schaltung, die überprüft, ob ein Register nur 0-en enthält. Dieser Test wird durch ein `ODER`-Gatter mit 32 Eingängen implementiert, ein Eingang für jedes Bit des Registers. Die Ausgabe einer 1 besagt, daß das Register nicht 0 enthält, während eine 0 anzeigt, daß es nur 0 enthält.[1] Möchten wir jedoch, daß 1 die positive Antwort auf die Frage „Enthält das Register 0?" anzeigt, so würden wir mit Hilfe eines Inverters das Komplement der Ausgabe bilden oder ein `NOR`-Gatter verwenden.

Im allgemeinen ist ein Fan-In von 32 allerdings viel höher als das, was wir uns wünschen. Angenommen, wir beschließen, uns auf Gatter mit einem Fan-In von 2 zu beschränken. Diese Beschränkung ist vermutlich zu niedrig angesetzt, reicht jedoch für unser Beispiel aus. Wie viele `ODER`-Gatter mit 2 Eingängen benötigen wir, um die `ODER`-Verknüpfung von n Eingaben zu bilden? Jedes Gatter mit 2 Eingängen macht aus zwei Werten einen Wert (seine Ausgabe) und reduziert auf diese Weise die Anzahl der Werte, für die wir das `ODER` von n Eingaben berechnen müssen, um eins. Nachdem wir n - 1 Werte verwendet haben, sollte nur noch ein Wert übrig sein, und wenn wir die Schaltung korrekt entworfen haben, bezeichnet dieser eine Wert die `ODER`-Verknüpfung aller ursprünglichen n Werte. Wir benötigen somit mindestens 31 Gatter, um das `ODER` von 32 Bits, x_1, x_2, ..., x_{32}, zu berechnen.

Ein naiver Weg, diese `ODER`-Verknüpfung zu realisieren, ist in Abb. 13.13 angegeben. Die Bits werden linksassoziativ gruppiert. Da jedes Gatter seine Aus-

[1] Strenggenommen gilt dies nur für die 2er-Komplement-Schreibweise. In einigen anderen Notationen gibt es zwei Möglichkeiten zur Darstellung der 0. Zum Beispiel würden wir in der Schreibweise vorzeichenbehafteter Größen nur überprüfen, ob die letzten 31 Bits 0 sind.

gabe an das nächste übergibt, enthält der Graph der Schaltung einen Pfad mit 31 Gattern, so daß die Verzögerung der Schaltung 31 beträgt.

Eine bessere Möglichkeit ist in Abb. 13.14 illustriert. Ein vollständiger Binärbaum mit fünf Ebenen verwendet dieselben 31 Gatter, die Verzögerung beträgt jedoch nur 5. Wir könnten daher von der Schaltung in Abb. 13.14 erwarten, daß sie sechsmal schneller läuft als die Schaltung aus Abb. 13.13. Andere die Geschwindigkeit beeinflussende Faktoren können diesen Faktor von sechs reduzieren, aber auch für eine „kleine" Anzahl von Bits wie 32 ist der letztere Entwurf bedeutend schneller als der naive Entwurf.

Sollte man den Trick der Benutzung eines Binärbaums nicht sofort „erkennen", so gelangt man unter Anwendung des Divide-and-Conquer-Paradigmas zu der Schaltung aus Abb. 13.14. Um das ODER von 2^k Bits zu bilden, teilen wir die Bits in zwei Gruppen mit jeweils 2^{k-1} Bits. Schaltungen für jede der beiden Gruppen werden durch ein abschließendes ODER-Gatter verbunden, wie in Abb. 13.15 verdeutlicht. Natürlich erhält man die Schaltung für den Basisfall $k = 1$ (d. h. für zwei Eingaben) nicht durch Divide-and-Conquer, sondern durch die Verwendung eines ODER-Gatters mit zwei Eingängen. ◆

ÜBUNGEN

13.5.1*: Angenommen, wir können ODER-Gatter mit einem Fan-In von k verwenden und möchten die ODER-Verknüpfung von n Eingaben bilden, wobei n eine Potenz von k ist. Wie groß ist die minimal mögliche Verzögerung für eine derartige Schaltung? Wie groß wäre die Verzögerung, wenn wir eine naive „Kaskaden"-Schaltung wie die in Abb. 13.13 verwendeten?

13.5.2*: Entwerfen Sie „Divide-and-Conquer"-Schaltungen, die die folgenden Operationen durchführen. Wie groß ist die Verzögerung jeder Ihrer Schaltungen?

a) Erzeugen Sie dann und nur dann für die gegebenen Eingaben $x_1, x_2, ..., x_n$ eine 1 als Ausgabe, wenn alle Eingaben 1 sind.

b) Erzeugen Sie dann und nur dann für die gegebenen Eingaben $x_1, x_2, ..., x_n$ und $y_1, y_2, ..., y_n$ eine 1 als Ausgabe, wenn jedes x_i gleich jedem y_i für $i = 1, 2, ..., n$ ist. *Hinweis*: Verwenden Sie die Schaltung aus Abb. 13.2, um zu überprüfen, ob zwei Eingaben gleich sind.

13.5.3*: Der Divide-and-Conquer-Ansatz funktioniert auch dann, wenn die Anzahl der Eingaben keine Zweierpotenz ist. Dann muß die Basis Mengen aus zwei oder drei Eingaben enthalten; Mengen mit drei Eingaben werden durch zwei ODER-Gatter behandelt, wobei das eine die Eingabe für das andere liefert, wenn wir auch weiterhin von unserer strengen Fan-In-Beschränkung von zwei ausgehen. Wie groß ist die Verzögerung einer derartigen Schaltung als Funktion über die Anzahl der Eingaben?

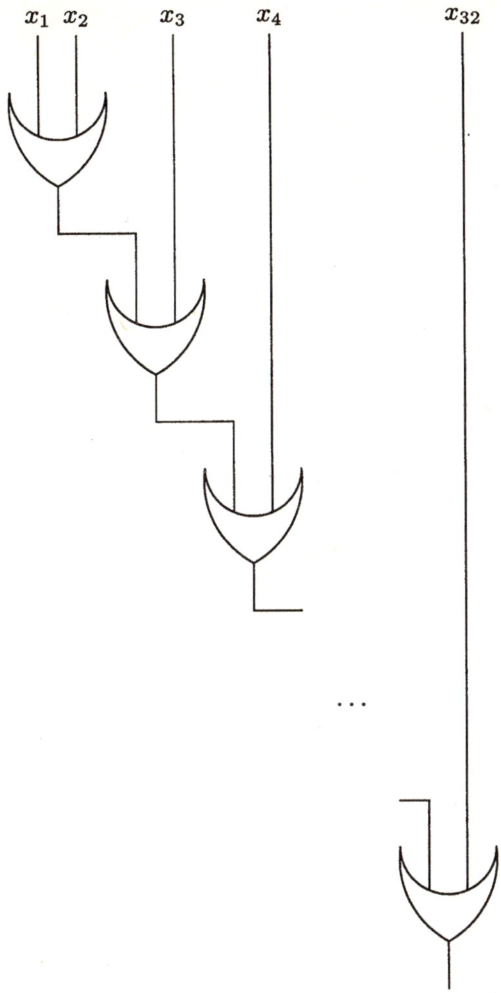

Abb. 13.13: Langsame Möglichkeit, die ODER*-Verknüpfung von 32 Bits zu bilden.*

13.5.4*: Entwerfen Sie Schaltungen, um einen Test auf null in den folgenden Notationsformen durchzuführen:

a) Vorzeichenbehaftete Größe

b) Einerkomplement

c) Excess-2^{n-1}

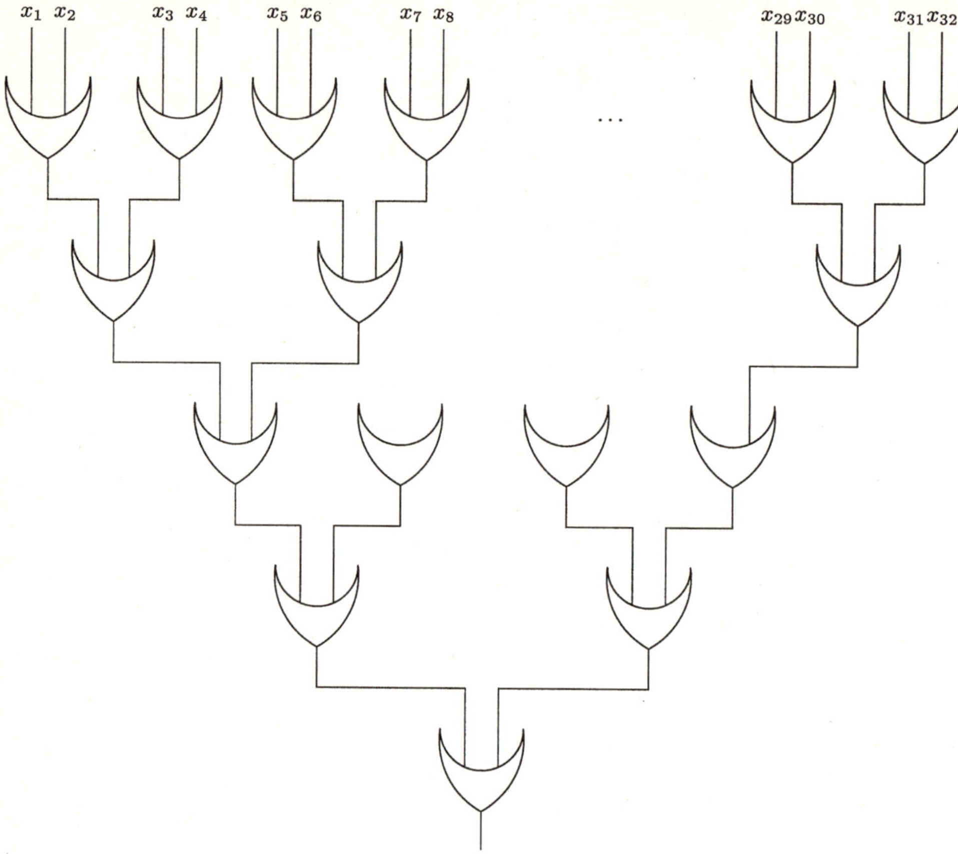

Abb. 13.14: Ein vollständiger Binärbaum aus ODER*-Gattern.*

13.6 Ein Divide-and-Conquer Addierwerk

Eines der Schlüsselteile der arithmetischen Einheit eines Computers ist eine Schaltung, die zwei Zahlen addiert. Das Additionswerk muß gegebenenfalls auch Überläufe erkennen. Um das Entwurfsproblem zu vereinfachen, erzeugen wir eine Schaltung, die zwei vorzeichenlose Zahlen addiert. Dieses Problem eignet sich als lehrreiches Beispiel eines Divide-and-Conquer-Schaltungsentwurfs.

Wir können einen Addierer für n-Bit-Zahlen aus n Ein-Bit-Addierern auf eine von vielen möglichen Arten zusammensetzen. Nehmen wir an, wir verwenden die Schaltung aus Abb. 13.10 als Schaltung eines Ein-Bit-Addierers.

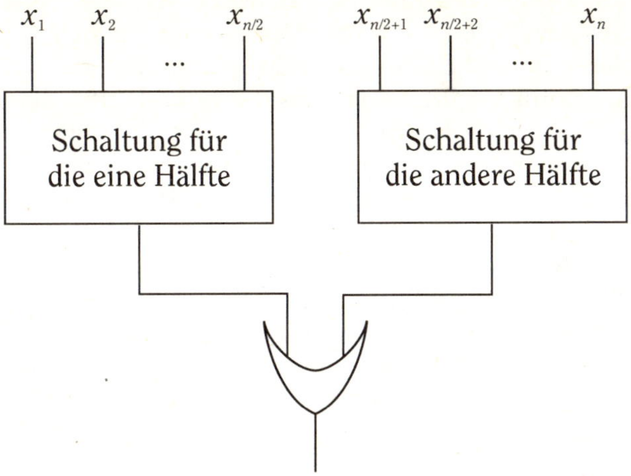

Abb. 13.15: Divide-and-Conquer-Ansatz zum Schachtelungsentwurf.

Diese Schaltung hat eine Verzögerung von 3, was der bestmöglichen Verzögerung schon sehr nahe kommt.[2] Den einfachsten Ansatz, ein Addierwerk zu bauen, bildet der *Ripple-Carry-Addierer*, dem wir in Abschnitt 1.3 bereits begegnet sind.
In dieser Schaltung wird die Ausgabe jedes Ein-Bit-Addierers zur Eingabe des nächsten Ein-Bit-Addierers, so daß die Addition zweier n-Bit-Zahlen eine Verzögerung von $3n$ besitzt. Wenn $n = 32$ ist, ergibt sich somit eine Schaltungsverzögerung von 96.

Ein rekursives Addierwerk

Wir können ein Addierwerk mit einer wesentlich geringeren Verzögerung entwerfen, wenn wir die Divide-and-Conquer-Strategie des Entwurfs einer Schaltung für $n/2$ Bits verwenden und zwei dieser Schaltungen zusammen mit einigen zusätzlichen Schaltkreisen benutzen, um einen n-Bit-Addierer zu bauen. In Beispiel 13.6 sprachen wir von einer Divide-and-Conquer-Schaltung, um unter Verwendung von ODER-Gattern mit 2 Eingängen die ODER-Verknüpfung mehrerer Bits zu bilden. Das war ein besonders einfaches Beispiel des Divide-and-Conquer-Verfahrens, da jede der kleineren Schaltungen genau die gewünschte Funktion (ODER) durchführte und die Kombination der Ausgaben dieser Unterschaltungen sehr einfach war (sie wurden einfach an ein ODER-

[2]Wir können einen komplizierteren Ein-Bit-Addierer mit einer Verzögerung von 2 bauen, indem wir alle Eingaben außerhalb des Volladdierers komplementieren, und sowohl den Übertrag als auch sein Komplement innerhalb des Volladdierers berechnen.

Gatter übergeben). Die beiden nur halb so großen Schaltungen leisteten ihre Arbeit gleichzeitig (parallel), so daß ihre Verzögerungen sich nicht addierten.

Bei dem Addierer ist die Sache etwas kniffliger. Bei naiver Herangehensweise könnte man damit beginnen, jeweils die linke Hälfte der Bits (die hochwertigen Bits) und die rechte Hälfte (die niederwertigen Bits) unter Benutzung zweier identischer nur halb so großer Addierwerke zu addieren. Im Gegensatz zu dem n-Bit ODER-Beispiel, wo wir die linke und die rechte Seite unabhängig voneinander bearbeiten konnten, sieht es bei dem Addierer allerdings etwas anders aus. Die Addition der linken Hälfte kann nicht beginnen solange die rechte Hälfte nicht fertig ist und ihren Übertrag an das letzte Bit in der linken Hälfte übergeben hat, wie in Abb. 13.16 angegeben. Ist dies der Fall, so werden wir feststellen, daß die „Divide-and-Conquer"-Schaltung tatsächlich identisch ist zum Ripple-Carry-Addierer, so daß wir die Verzögerung in keiner Weise verbessert haben.

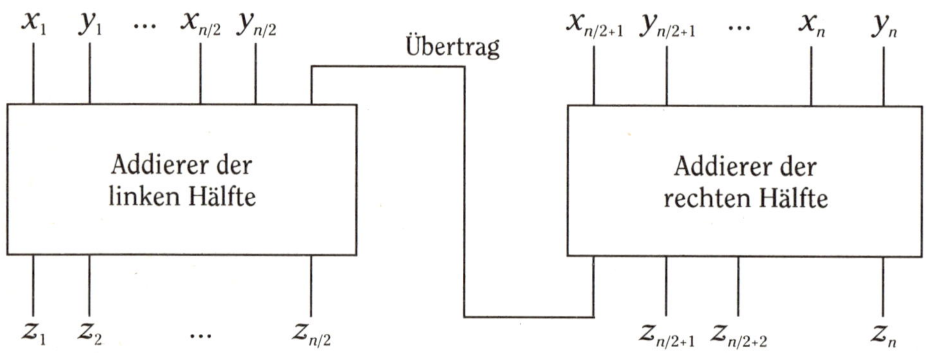

Abb. 13.16: Ein ineffizienter Divide-and-Conquer-Entwurf eines Addierers.

Der zusätzliche Trick, den wir benötigen, besteht darin, zu erkennen, daß wir mit der Berechnung der linken Hälfte beginnen können, ohne den Übertrag der rechten Hälfte zu kennen, vorausgesetzt wir berechnen mehr als nur die Summe. Zwei Fragen gilt es zu beantworten. Erstens, was wäre die Summe, wenn es keinen Übertrag in die rechteste Stelle der linken Hälfte gäbe, und zweitens, wie lautete die Summe, gäbe es einen Eingangsübertrag?[3] Dann dürften die Schaltungen für die linke und rechte Hälfte ihre beiden Antworten gleichzeitig berechnen. Wenn beide fertig sind, stellen wir fest, ob es einen Übertrag von der rechten Hälfte in die linke Hälfte gegeben hat. Dies sagt uns wiederum, welche Antwort richtig ist. Mit drei weiteren Verzögerungsschritten können wir die korrekte Antwort für die linke Seite auswählen. Die Verzöge-

[3]Beachten Sie, daß „es gibt einen Eingangsübertrag" bedeutet, daß der Eingangsübertrag 1 ist; „kein Eingangsübertrag" bedeutet, daß der Eingangsübertrag 0 ist.

rung für die Addition von n Bits ist daher nur um drei größer als die Verzögerung für die Addition von $n/2$ Bits, was zu einer Schaltung mit der Verzögerung $3(1 + \log_2 n)$ führt. Im Vergleich zum Ripple-Carry-Addierer ist dies für $n = 32$ ziemlich gut; der Divide-and-Conquer-Addierer hat eine Verzögerung von $3(1 + \log_2 32) = 3(1 + 5) = 18$ verglichen mit 96 für den Ripple-Carry-Addierer.

Genauer ausgedrückt definieren wir einen *n-Bit-Addierer* als eine Schaltung mit den Eingaben $x_1, x_2, ..., x_n$ und $y_1, y_2, ..., y_n$, die zwei n-Bit-Integer-Zahlen repräsentieren, und als Ausgabe

1. $s_1, s_2, ..., s_n$, die n-Bit-Summe der Eingaben liefern (ohne einen Ausgangsübertrag aus der Stelle ganz links, d. h. aus der Stelle, die zu x_1 und y_1 gehört), ausgehend von der Annahme, daß es keinen Übertrag in die Stelle ganz rechts (die Stelle von x_n und y_n) gibt.

2. $t_1, t_2, ..., t_n$, die n-Bit-Summe der Eingaben liefern, ausgehend von der Annahme, daß es einen Übertrag in die Stelle ganz rechts gibt.

3. p, ein *Übertragspropagationsbit* (*carry-propagate bit*) erzeugen, das 1 ist, wenn es einen Übertrag aus der Stelle ganz links gibt, ausgehend von der Annahme, daß es einen Übertrag in die Stelle ganz rechts gibt.

4. g, das *Übertragsgenerierungsbit* (*carry-generate bit*) erzeugen, das 1 ist, wenn es einen Übertrag aus der Stelle ganz links gibt, auch wenn es keinen Übertrag in die Stelle ganz rechts gibt.

Beachten Sie, daß $g \rightarrow p$ gilt; das heißt, wenn g 1 ist, muß auch p 1 sein. g kann jedoch auch 0 sein und p trotzdem 1. Wenn die x zum Beispiel durch 1010... belegt sind, und die y durch 0101..., dann gilt $g = 0$, da, wenn es keinen Eingangsübertrag gibt, die Summe nur 1-en enthält und es keinen Ausgangsübertrag aus der Stelle ganz links gibt. Wenn es dagegen einen Übertrag in die rechteste Position gibt, sind die letzten n Bits der Summe alle 0 und es gibt einen Ausgangsübertrag aus der Stelle ganz links; es gilt somit $p = 1$.

Wir werden rekursiv einen n-Addierer für eine Zweierpotenz n konstruieren.

BASIS. Betrachten wir den Fall $n = 1$. Wir haben zwei Eingaben, x und y, und müssen vier Ausgaben, s, t, p und g, berechnen, die durch die folgenden logischen Ausdrücke gegeben sind.

$$
\begin{aligned}
s &= x\bar{y} + \bar{x}y \\
t &= xy + \bar{x}\,\bar{y} \\
g &= x \\
p &= x + y
\end{aligned}
$$

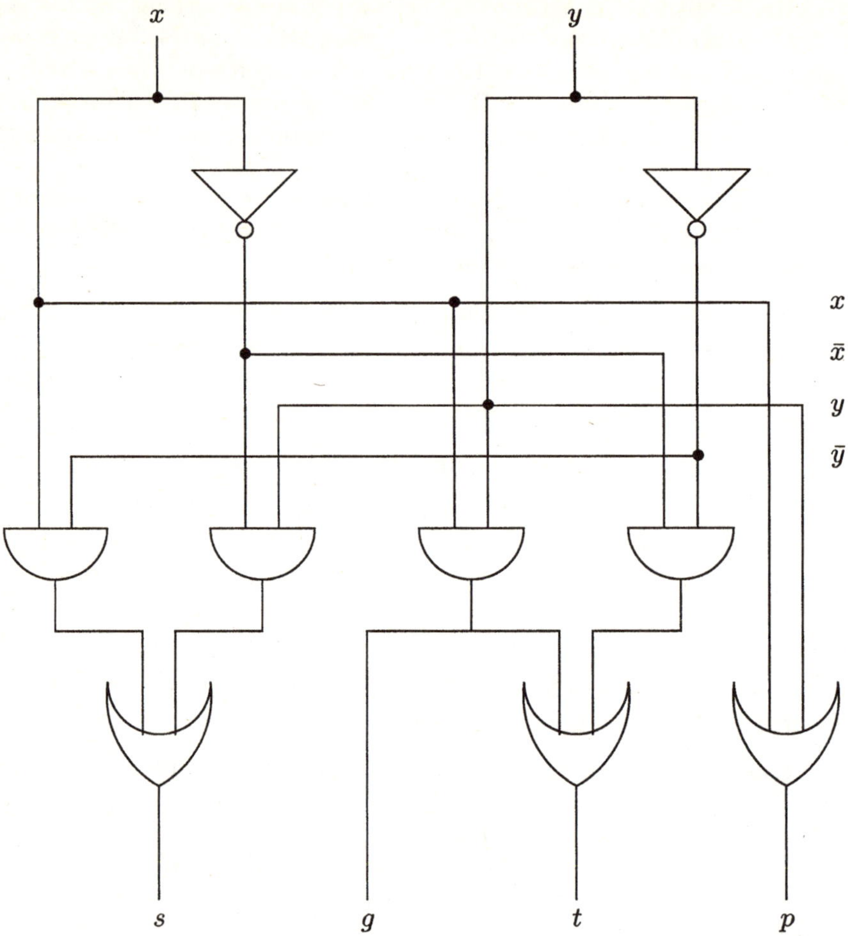

Abb. 13.17: Basisfall: ein 1-Addierer.

Um zu sehen, warum diese Ausdrücke korrekt sind, nehmen wir zunächst an, daß es keinen Übertrag in die eine fragliche Stelle gibt. Dann ist das Summenbit, das 1 ist, wenn eine ungerade Anzahl aus x, y und dem Eingangsübertrag 1 ist, 1, wenn genau eines von x und y 1 ist. Der für s angegebene Ausdruck besitzt offensichtlich diese Eigenschaft. Wenn es keinen Eingangsübertrag gibt, kann es nur einen Ausgangsübertrag geben, wenn x und y beide 1 sind, was den Ausdruck für g erklärt.

Nehmen wir nun an, es gibt einen Eingangsübertrag. Um dann zu einer ungeraden Anzahl an 1-en für x, y und den Eingangsübertrag zu gelangen, muß gelten, daß beide oder keines von x und y 1 ist, was den Ausdruck von t erklärt. Auch gibt es einen Ausgangsübertrag, wenn entweder eines oder beide von x

und y 1 sind, was den Ausdruck für p rechtfertigt. Eine Schaltung für die Basis ist in Abb. 13.17 angegeben. Sie entspricht in etwa dem Volladdierer aus Abb. 13.10, ist jedoch tatsächlich etwas einfacher, da sie nur zwei anstelle von drei Eingängen besitzt.

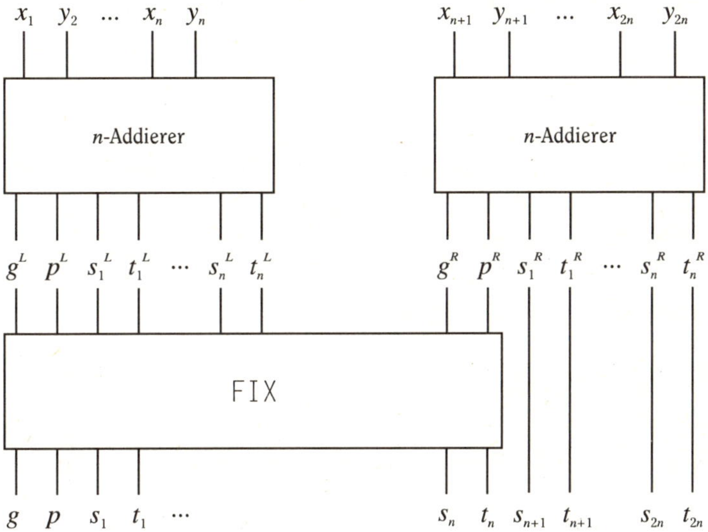

Abb. 13.18: Skizze eines Divide-and-Conquer-Addierers.

INDUKTION. Der Induktionsschritt ist in Abb. 13.18 illustriert, in der wir aus zwei n-Addierern einen $2n$-Addierer bauen. Ein $2n$-Addierer wird aus zwei n-Addierern zusammengesetzt, hinter denen die zwei in Abb. 13.18 mit FIX markierten Schaltkreise folgen, die die beiden folgenden Bereiche abdecken:

1. Die Berechnung der Übertragspropagations- und Übertragsgenerierungsbits für den $2n$-Addierer.
2. Die Anpassung der linken Hälfte aller s und t, um festzustellen, ob es von rechts einen Übertrag in die linke Hälfte gibt oder nicht.

Nehmen wir zunächst an, es gibt einen Übertrag in das rechte Ende der gesamten Schaltung für den $2n$-Addierer. Dann gibt es einen Übertrag aus dem linken Ende der gesamten Schaltung, wenn eine der folgenden Bedingungen gilt:

a) Beide Hälften des Addierers propagieren einen Übertrag; das heißt, $p^L p^R$ ist wahr. Beachten Sie, daß dieser Ausdruck den Fall einschließt, daß die rechte Hälfte einen Übertrag generiert und die linke Hälfte dies propagiert. Dann ist $p^L g^R$ wahr, aber es gilt $g^R \rightarrow p^R$, so daß $(p^L p^R + p^L g^R) \equiv p^L p^R$ ist.

b) Die linke Hälfte generiert einen Übertrag; das heißt, g^L ist wahr. In diesem Fall hängt die Existenz eines Ausgangsübertrags auf der linken Seite nicht davon ab. ob es einen Übertrag in das rechte Ende gibt, oder ob die rechte Hälfte einen Übertrag generiert.

Somit lautet der Ausdruck für p, das Übertragspropagationsbit für den $2n$-Addierer, wie folgt

$$p = g^L + p^L p^R$$

Nehmen wir nun an, es gibt keinen Übertrag am rechten Ende des $2n$-Addierers. Dann gibt es einen Ausgangsübertrag am linken Ende des $2n$-Addierers, wenn entweder

a) die rechte Hälfte einen Übertrag generiert und die linke Hälfte ihn propagiert oder

b) die linke Hälfte einen Übertrag generiert.

Der logische Ausdruck für g lautet demnach

$$g = g^L + p^L g^R$$

Richten wir nun unsere Aufmerksamkeit auf die s und die t. Zunächst bleiben die Bits der rechten Hälfte von den Ausgaben des rechten n-Addierers unverändert, da das Vorhandensein der linken Hälfte sich nicht auf die rechte Hälfte auswirkt. Es gilt somit $s_{n+i} = s_i^R$ und $t_{n+i} = t_i^R$ für $i = 1, 2, ..., n$.

Die Bits der linken Hälfte müssen jedoch verändert werden, um die Arten in Betracht zu ziehen, auf die die rechte Hälfte einen Übertrag generieren kann. Nehmen wir zunächst an, es gibt keinen Eingangsübertrag am rechten Ende des $2n$-Addierers. Über diese Situation sollen uns die s_i informieren, so daß wir Ausdrücke für die s_i auf der linken Seite entwickeln können, also s_1, s_2, ..., s_n. Da es für die rechte Hälfte keinen Eingangsübertrag gibt, gibt es nur dann einen Eingangsübertrag für die linke Hälfte, wenn von der rechten Hälfte ein Übertrag generiert wird. Wenn also g^R wahr ist, gilt $s_i = t_i^L$ (da uns die t_i^L darüber informieren, was geschieht, wenn es einen Übertrag in die linke Hälfte gibt). Wenn g^R falsch ist, dann gilt $s_i = s_i^L$ (da alle s_i^L uns mitteilen, was geschieht, wenn es keinen Übertrag in die linke Hälfte gibt). Als logischen Ausdruck können wir schreiben

$$s_i = s_i^L \bar{g}^R + t_i^L g^R$$

für $i = 1, 2, ..., n$.

Betrachten wir zum Schluß, was geschieht, wenn es einen Eingangsübertrag am rechten Ende des $2n$-Addierers gibt. Wir können uns nun die Frage nach den Werten für die t_i auf der linken Seite wie folgt stellen. Es gibt einen Übertrag in die linke Hälfte, wenn die rechte Hälfte einen Übertrag propagiert, das heißt, wenn $p^R = 1$ ist. t_i nimmt somit den Wert von t_i^L an, wenn p^R wahr ist, und den Wert von s_i^L, wenn p^R falsch ist. Als logischer Ausdruck ergibt sich somit

$$t_i = s_i^L \bar{p}^R + t_i^L p^R$$

Zusammenfassend berechnen die durch den mit FIX markierten Kasten aus Abb. 13.18 repräsentierten Schaltungen die folgenden Ausdrücke:

$$p = g^L + p^L p^R$$
$$g = g^L + p^L g^R$$
$$s_i = s_i^L \bar{g}^R + t_i^L g^R \quad \text{für } i = 1, 2, ..., n$$
$$t_i = s_i^L \bar{p}^R + t_i^L p^R \quad \text{für } i = 1, 2, ..., n$$

Diese Ausdrücke können durch eine Schaltung mit höchstens drei Ebenen realisiert werden. Zum Beispiel benötigt der letzte Ausdruck nur die Schaltung aus Abb. 13.19.

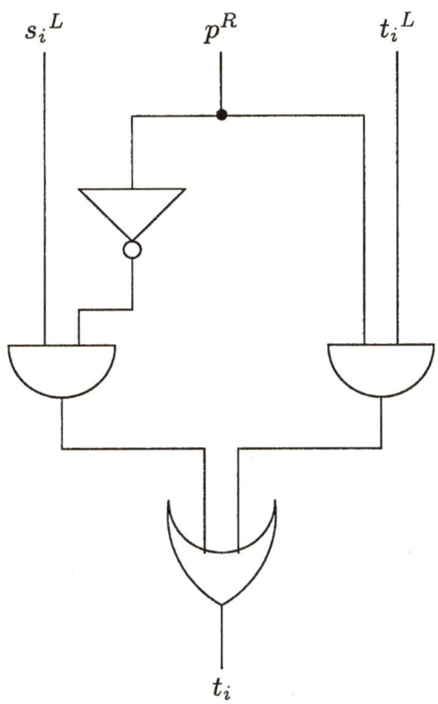

Abb. 13.19: Teil des FIX*-Schaltkreises.*

Verzögerung des Divide-and-Conquer-Addierers

$D(n)$ sei die Verzögerung des gerade entworfenen n-Addierers. Wir können folgende Rekurrenzbeziehung für D angeben. Man untersuche für die Basis, $n = 1$, die Basisschaltung aus Abb. 13.17 und schließe, daß die Verzögerung 3 ist. Es gilt somit $D(1) = 3$.

Betrachten wir nun die induktive Konstruktion der Schaltung in Abb. 13.18. Die Verzögerung dieser Schaltung entspricht der Verzögerung der n-Addierer plus der Verzögerung des `FIX`-Schaltkreises. n-Addierer haben eine Verzögerung von $D(n)$. Jeder der für den `FIX`-Schaltkreis entwickelten Ausdrücke besitzt eine einfache Schaltung mit höchstens drei Ebenen. Abbildung 13.19 enthält ein typisches Beispiel. $D(2n)$ ist somit drei mehr als $D(n)$. Die Rekurrenzbeziehung für $D(n)$ lautet also

$$D(1) = 3$$
$$D(2n) = D(n) + 3$$

Die Lösung für Bitzahlen, die Zweierpotenzen sind, beginnt mit $D(1) = 3$, $D(2) = 6$, $D(4) = 9$, $D(8) = 12$, $D(16) = 15$, $D(32) = 18$ und so weiter. Die Lösung dieser Rekurrenz lautet

$$D(n) = 3(1 + \log_2 n)$$

für eine Zweierpotenz n, was der Leser unter Benutzung der Verfahren aus Abschnitt 3.11 überprüfen möge. Beachten Sie insbesondere, daß die Verzögerung von 18 für einen 32-Bit-Addierer wesentlich geringer ist als die Verzögerung von 96 für den 32-Bit-Ripple-Carry-Addierer.

Anzahl der von einem Divide-and-Conquer-Addierer verwendeten Gatter

Wir sollten auch überprüfen, ob die Anzahl der Gatter angemessen ist. $G(n)$ sei die Anzahl der in einer n-Addierer-Schaltung verwendeten Gatter. $G(1) = 9$ bildet die Basis, was sich durch Zählen der Gatter in der Schaltung aus Abb. 13.17 leicht nachvollziehen läßt. Anschließend ermitteln wir, daß die Schaltung aus Abb. 13.18, der induktive Fall, $2G(n)$ Gatter in den beiden n-Addierer-Teilschaltungen enthält. Dazu müssen wir noch die Anzahl der Gatter im `FIX`-Schaltkreis addieren. Da es genügt, g^R und p^R einmal zu invertieren, können die n s und t jeweils mit drei Gattern (zwei `UND` und ein `ODER`), bzw. mit $6n$ insgesamt, berechnet werden. Dazu addieren wir die beiden Inverter g^R und p^R; des weiteren müssen wir jeweils die beiden Gatter berücksichtigen, die wir zur Berechnung von g und p benötigen. Die Gesamtzahl der Gatter im `FIX`-Schaltkreis beläuft sich somit auf $6n + 6$. Die Rekurrenz für G lautet also

$$G(1) = 9$$
$$G(2n) = 2G(n) + 6n + 6$$

Wiederum ist unsere Funktion nur dann definiert, wenn n eine Zweierpotenz ist. Die ersten sechs Werte von G sind in der Tabelle aus Abb. 13.20 aufgeführt. Für $n = 32$ sind beispielsweise 954 Gatter erforderlich. Der geschlossene Ausdruck für $G(n)$ lautet $3n\log_2 n + 15n - 6$ für eine Zweierpotenz n, was der Leser durch Anwendung der in Abschnitt 3.11 vorgestellten Verfahren zeigen kann.

n	$G(n)$
1	9
2	30
4	78
8	186
16	426
32	954

Abb. 13.20: Anzahl der von verschiedenen n-Addierern verwendeten Gatter.

Wenn wir nur einen 32-Bit-Addierer bauen wollen, kommen wir mit weniger Gattern aus. Wir wissen dann nämlich, daß es keinen Eingangsübertrag rechts des 32. Bits gibt, so daß der Wert von p und die Werte $t_1, t_2, ..., t_{32}$ in der letzten Phase der Schaltung nicht berechnet werden müssen. Auch braucht der 16-Addierer der rechten Hälfte sein Übertragspropagationsbit und seine 16 t-Werte nicht zu berechnen; auch der 8-Addierer der rechten Hälfte im rechten Teil des 16-Addierers braucht sein p und t nicht zu berechnen und so weiter.

Es ist interessant, die Anzahl der von einem Divide-and-Conquer-Addierer verwendeten Gatter mit der Anzahl der von einem Ripple-Carry-Addierer benutzten Gatter zu vergleichen. Die Schaltung eines Volladdierers, der in Abb. 13.10 entworfen wurde, verwendet 12 Gatter. Ein n-Bit-Ripple-Carry-Addierer benötigt somit $12n$ Gatter, was für $n = 32$ eine Zahl von 384 ergibt (wir können ein paar Gatter sparen, da wir wissen, daß der Übertrag in das Bit ganz rechts 0 ist).

Wir stellen fest, daß der Ripple-Carry-Addierer im interessanten Fall von $n = 32$ weniger als die Hälfte der Gatter verwendet als der Divide-and-Conquer-Addierer, auch wenn er viel langsamer ist. Zudem ist die Wachstumsrate des letzteren mit $O(n \log n)$ höher als die Wachstumsrate von $O(n)$ des Ripple-Carry-Addierers, so daß der Unterschied in der Anzahl der Gatter sich mit einem größer werdenden Wert von n erhöht. Das Verhältnis ist jedoch nur $O(\log n)$, der Unterschied in der Anzahl verwendeter Gatter ist also nicht schlimm. Da der Unterschied in der Zeit, die die beiden Schaltungsklassen benötigen, weitaus signifikanter ist [$O(n)$ versus $O(\log n)$], wird in der Regel in allen modernen Rechnern eine Form des Divide-and-Conquer-Addierers verwendet.

ÜBUNGEN

13.6.1: Zeichnen Sie die in diesem Abschnitt entwickelte Divide-and-Conquer-Schaltung zur Addition zweier 4-Bit-Zahlen.

13.6.2: Entwerfen Sie Schaltungen ähnlich der aus Abb. 13.19 zur Berechnung der anderen Ausgaben des Addierers aus Abb. 13.18, das heißt zur Berechnung von p, g und der s_i.

13.6.3:** Entwerfen Sie eine Schaltung, die als Eingabe eine Dezimalzahl erhält, deren Ziffern jeweils durch vier Eingaben repräsentiert sind, welche das binäre Äquivalent dieser dezimalen Ziffer bezeichnen. Die Ausgabe ist die äquivalente Zahl in Binärdarstellung. Gehen Sie davon aus, daß die Anzahl der Ziffern eine Zweierpotenz ist, und verwenden Sie einen Divide-and-Conquer-Ansatz. *Hinweis*: Welche Informationen benötigt die Schaltung der linken Hälfte (höherwertige Ziffern) von der rechten Hälfte (niederwertige Ziffern)?

13.6.4*: Zeigen Sie, daß die Lösung der Rekurrenzgleichung

$$D(1) = 3$$
$$D(2n) = D(n) + 3$$

$D(n) = 3(1 + \log_2 n)$ lautet, wenn n eine Zweierpotenz ist.

13.6.5*: Zeigen Sie, daß die Lösung der Rekurrenzgleichung

$$G(1) = 9$$
$$G(2n) = 2G(n) + 6n + 6$$

$G(n) = 3n\log_2 n + 15n - 6$ lautet, wenn n eine Zweierpotenz ist.

13.6.6:** Wir haben festgestellt, daß, wenn wir nur einen 32-Bit-Addierer haben wollen, wir nicht alle 954 in Abb. 13.20 angegebenen Gatter benötigen. Der Grund dafür ist, daß es keinen Übertrag in die rechteste Stelle der 32 Bits gibt. Wie viele Gatter benötigen wir tatsächlich?

13.7 Entwurf eines Multiplexers

Eine *Multiplexer*, oft abkürzend als MUX bezeichnet, ist eine häufig vorkommende Form einer Computerschaltung, die d *Steuereingaben*, sagen wir $x_1, x_2, ..., x_d$, und 2^d *Dateneingaben*, sagen wir $y_0, y_1, ..., y_{2^d}$-1, übernimmt, was in Abb. 13.21 angegeben ist. Die Ausgabe des MUX ist gleich einer bestimmten Dateneingabe, der Eingabe $y_{(x_1x_2..x_d)_2}$. Wir behandeln die Steuereingaben somit als binäre Integer-Zahl im Bereich von 0 bis 2^d - 1. Diese ganze Zahl ist der Index der Dateneingabe, die wir an die Ausgabe übergeben.

Beispiel 13.7

Die Schaltungen zur Berechnung der s_i und t_i im Divide-and-Conquer-Addierer sind Multiplexer, bei denen $d = 1$ ist. Die Formel für s_i lautet zum Beispiel $s_i^L\bar{g}^R + t_i^L g^R$, die schematische Darstellung ihrer Schaltung ist in Abb. 13.22 angegeben. g^R spielt hier die Rolle der Steuereingabe x_1, s_i^L entspricht der Dateneingabe y_0 und t_i^L der Dateneingabe y_1.

Als weiteres Beispiel lautet die Formel für die Ausgabe eines MUX mit zwei Steuereingaben, x_1 und x_2, und vier Dateneingaben, y_0, y_1, y_2 und y_3

$$y_0\bar{x}_1\bar{x}_2 + y_1\bar{x}_1x_2 + y_2x_1\bar{x}_2 + y_3x_1x_2$$

Wie Sie bemerkt haben, gibt es einen Term für jede Dateneingabe. Der Term mit der Dateneingabe y_i enthält immer jede der Steuereingaben, die entweder negiert oder nicht negiert sind. Wir können feststellen, welche negiert sind, indem wir i als eine d-Bit binäre Integer-Zahl schreiben. Wenn die j-te Position von i in Binärdarstellung eine 0 enthält, dann ist x_j negiert, und wenn die j-te Position eine 1 enthält, negieren wir x_j nicht. Diese Regel gilt für jede Anzahl d von Steuereingaben. ◆

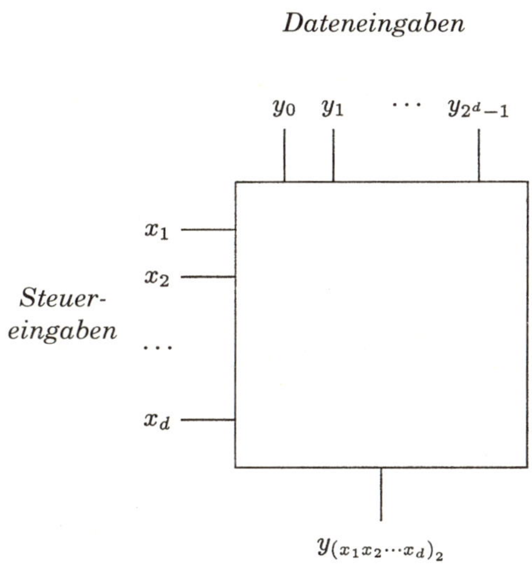

Abb. 13.21: Ein Schema einer Multiplexer-Schaltung.

Ein einfacher Entwurf eines Multiplexers entspricht einer Schaltung mit drei Gatterebenen. In der ersten Ebene berechnen wir die Negationen der Steuerbits. Die nächste Ebene besteht aus einer Reihe von UND-Gattern.

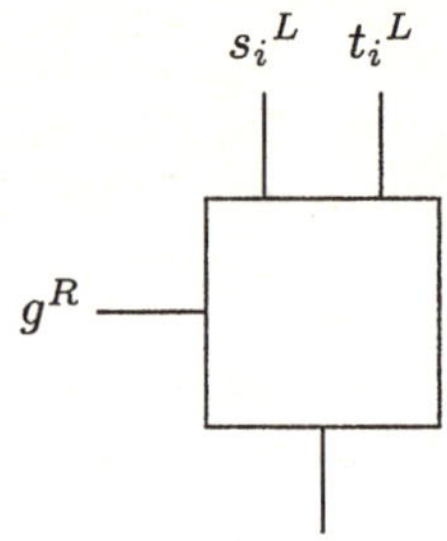

$$s_i = s_i{}^L \bar{g}^R + t_i{}^L g^R$$

Abb. 13.22: Ein 1-Multiplexer.

Das i-te Gatter kombiniert die Dateneingabe y_i mit der geeigneten Kombination aus Steuereingaben und negierten Steuereingaben. Die Ausgabe des i-ten Gatters ist somit immer 0, es sei denn, die Steuerbits wurden auf die binäre Darstellung von i gesetzt, dann ist die Ausgabe gleich y_i. Die letzte Ebene enthält ein ODER-Gatter, das seine Eingaben aus jedem der UND-Gatter erhält. Da alle UND-Gatter bis auf eines als Ausgabe eine 0 haben, macht das verbleibende Gatter, sagen wir das i-te Gatter, das die Ausgabe y_i hervorbringt, die Ausgabe der Schaltung gleich dem Wert von y_i. Ein Beispiel dieser Schaltung für $d = 2$ ist in Abb. 13.23 angegeben.

Ein Divide-and-Conquer-Multiplexer

Die Schaltung aus Abb. 13.23 besitzt einen maximalen Fan-In von 4, im allgemeinen ist dies akzeptabel. Wird d jedoch größer, so wächst der Fan-In-Wert des ODER-Gatters, der 2^d beträgt, in nicht mehr akzeptable Höhen. Sogar die UND-Gatter mit jeweils $d + 1$ Eingaben besitzen dann unangenehm hohe Fan-In-Werte. Glücklicherweise gibt es einen Divide-and-Conquer-Ansatz, der auf der Aufteilung der Steuerbits in zwei Hälften basiert und uns gestattet, eine Schaltung mit Gattern zu bauen, die höchstens einen Fan-In von 2 haben. Zudem verwendet diese Schaltung viel weniger Gatter und ist fast so schnell wie die Verallgemeinerung aus Abb. 13.23, vorausgesetzt alle Schaltungen werden aus Gattern zusammengesetzt, die dieselbe Beschränkung des Fan-In-Wertes haben.

Es folgt eine induktive Konstruktion einer Familie von Multiplexer-Schaltungen: Wir nennen die Schaltung für einen Multiplexer mit d-Steuereingaben und 2^d-Dateneingaben einen d-MUX (siehe Abb. 13.23).

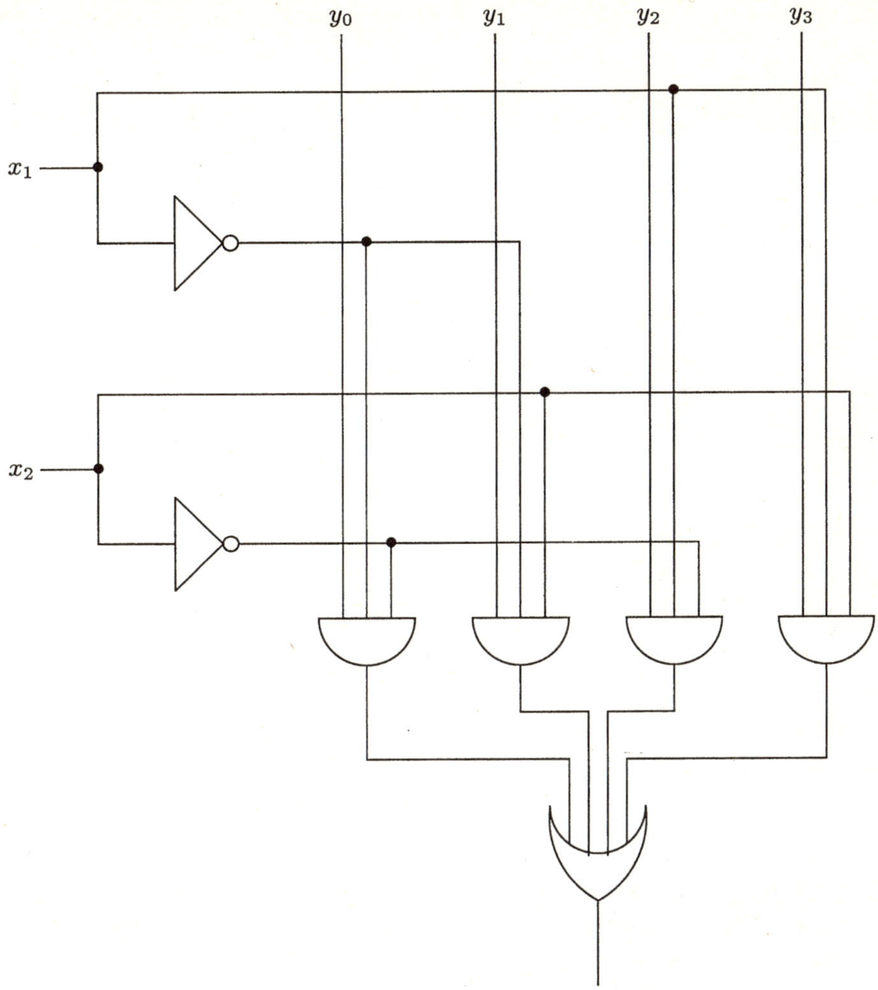

Abb. 13.23: Eine Multiplexer-Schaltung für d = 2.

BASIS. Die Basis ist eine Multiplexer-Schaltung für $d = 1$, das heißt ein in Abb. 13.24 dargestellter 1-MUX. Er besteht aus vier Gattern, und der Fan-In ist auf 2 beschränkt.

INDUKTION. Die Induktion wird in der Schaltung aus Abb. 13.25 durchgeführt, die einen $2d$-MUX aus $2^d + 1$ Kopien von d-MUXs konstruiert. Beachten Sie, daß, wenn wir die Anzahl der Steuereingaben verdoppeln, die Anzahl der Dateneingaben quadrieren, da $2^{2d} = (2^d)^2$ gilt.

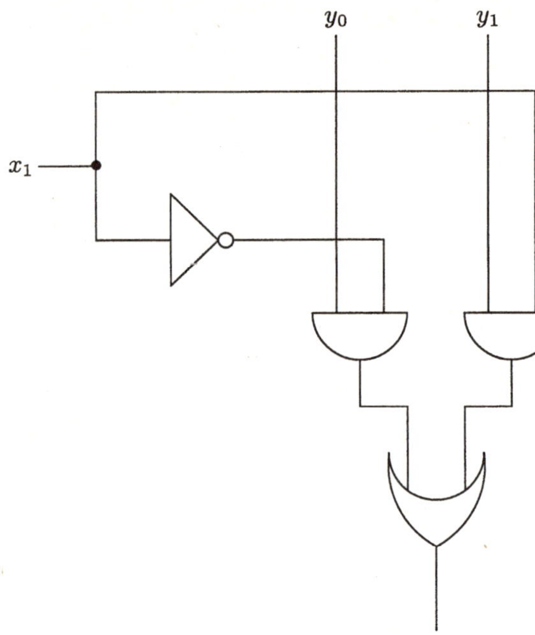

Abb. 13.24: Basisschaltung, der Multiplexer für d = 1.

Nehmen wir an, die Steuereingaben in den $2d$-MUX verlangen nach der Dateneingabe y_i; das heißt

$$i = (x_1x_2...x_{2d})_2$$

Jeder d-MUX in der obersten Reihe aus Abb. 13.25 übernimmt eine Gruppe von 2^d Dateneingaben und beginnt mit einem y_j, für das j ein Vielfaches von 2^d ist. Wenn wir die niederwertigen d Steuerbits, x_{d+1}, ..., x_{2d}, verwenden, um jeden dieser d-MUX zu steuern, entspricht die gewählte Eingabe der k-ten Eingabe jeder Gruppe (die linkeste Eingabe jeder Gruppe wird als Eingabe 0 gezählt), wobei gilt

$$k = (x_{d+1}...x_{2d})_2$$

Das heißt, k ist die durch die niederwertige Hälfte der Bits repräsentierte ganze Zahl.

Die Dateneingaben der unteren d-MUX sind die Ausgaben der oberen Zeile von d-Multiplexern, die, wie gerade festgestellt, $y_k, y_{2^d+k}, y_{2\times 2^d+k}, ..., y_{(2^d-1)2^d+k}$ entsprechen. Der untere d-MUX wird durch $x_1...x_d$ gesteuert, was eine ganze Zahl j in Binärdarstellung repräsentiert; das heißt, es ist $j = (x_1...x_d)_2$. Der untere d-MUX wählt somit als Ausgabe die j-te dieser Eingaben (wobei die linkeste als Eingabe 0 gezählt wird). Die gewählte Ausgabe lautet also y_{j2^d+k}.

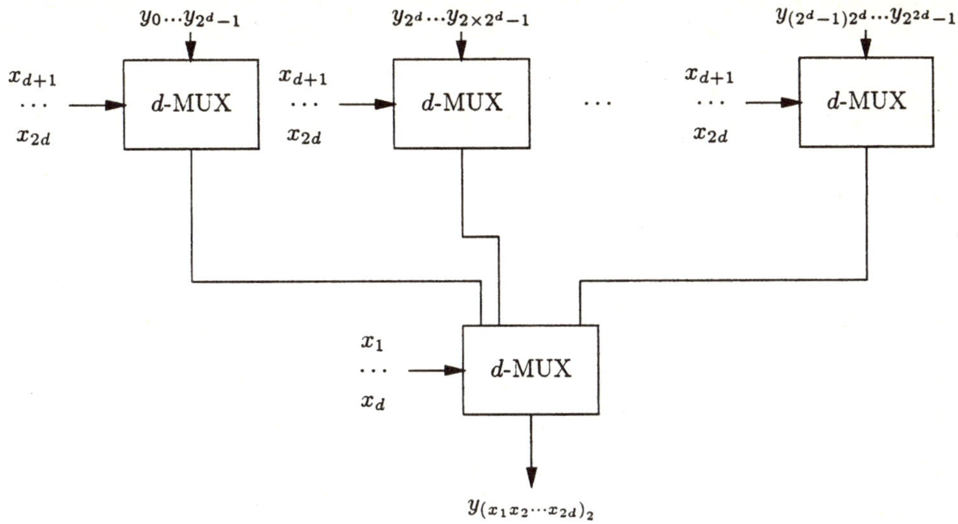

Abb. 13.25: Ein Divide-and-Conquer-Multiplexer.

Wir können zeigen, daß $j2^d + k = i$ ist. Beachten Sie, daß die Multiplikation von j mit 2^d den Effekt hat, daß die binäre Darstellung von j um d Stellen nach links verschoben wird. Das heißt, $j2^d = (x_1...x_d0...0)_2$, wobei der dargestellte String von 0-en die Länge d hat. Die binäre Darstellung von $j2^d + k$ lautet somit $(x_1...x_dx_{d+1}...x_{2d})_2$. Das folgt daraus, daß die binäre Darstellung von k $(x_{d+1}...x_{2d})_2$ entspricht und es offensichtlich keinen Übertrag aus der d-ten Stelle von rechts gibt, wenn diese Zahl zu der mit d 0-en endenden Zahl $j2^d$ addiert wird. Wir sehen nun, daß $j2^d + k = i$ ist, da beide dieselbe Binärdarstellung besitzen. Daher wählt der $2d$-MUX aus Abb. 13.25 korrekt y_i aus, wobei $i = (x_1x_2...x_{2d})_2$ ist.

Verzögerung des Divide-and-Conquer-MUX

Die Verzögerung der entworfenen Multiplexer-Schaltung läßt sich anhand der entsprechenden Rekurrenz berechnen. Es sei $D(d)$ die Verzögerung eines d-MUX. Eine Untersuchung der Abb. 13.24 ergibt, daß es für $d = 1$ eine Verzögerung von 3 gibt.

Um eine dichtere Schranke zu erhalten, nehmen wir an, daß alle Steuereingaben außerhalb des MUX durch Inverter verlaufen, so daß wir die Ebene für Inverter in Abb. 13.24 nicht mitzählen. Anschließend addieren wir 1 zur Gesamtverzögerung, um die Invertierung aller Steuereingaben zu berücksichtigen, nachdem wir die Verzögerung vom Rest der Schaltung bestimmt haben. Wir beginnen unsere Rekurrenz demnach mit $D(1) = 2$.

Bei der Induktion stellen wir fest, daß die Verzögerung beim Durchlauf durch die Schaltung aus Abb. 13.25 der Summe der Verzögerungen beim Durchlauf durch irgendeinen der Multiplexer in der oberen Reihe und der Verzögerung beim Durchlauf durch den abschließenden MUX entspricht. $D(2d)$ entspricht somit zweimal $D(d)$, wir haben die Rekurrenz gefunden.

$$D(1) = 2$$
$$D(2d) = 2D(d)$$

Die Lösung läßt sich leicht finden. Es ist $D(2) = 4$, $D(4) = 8$, $D(8) = 16$ und allgemein $D(d) = 2d$. Strenggenommen gilt diese Formel natürlich nur, wenn d eine Zweierpotenz ist, dieselbe Idee kann aber auch für eine beliebige Anzahl von Steuerbits d verwendet werden. Da wir zu der Verzögerung für die Invertierung der Steuerbits 1 addieren müssen, ergibt sich für die Schaltung eine Gesamtverzögerung von $2d + 1$.

Multiplexer als Elemente eines Computers

Multiplexer übernehmen in einem Computer eine Reihe von Aufgaben. Zum Beispiel kann eine „Disk-Controller"-Schaltung vier Platten steuern. An den Controller kann ein Befehl ergehen, von einer der vier Platten zu lesen. Zwei Bits des Befehls werden somit als Steuerbits eines MUX an den Disk-Controller übergeben. Die vier Dateneingaben stammen von den vier Platten, und die Platte, die durch die Steuerbits ausgewählt wird, darf ihre Ausgaben durch den Disk Controller hindurchreichen und auf dem Bus des Rechners ablegen.

Der Bus kann selbst als ein Array von Multiplexern angesehen werden. Wird ein 32-Bit-Bus verwendet, so besteht der Bus aus 32 Leitungen. Die i-te Leitung kann durch das i-te Bit der verschiedenen Elemente des Rechners gelesen oder beschrieben werden: dazu zählen Register, Pufferspeicher, Ein-/Ausgabegeräte, Disk Controller und so weiter. Der Computer entscheidet, welches dieser Elemente zu einem gegebenen Zeitpunkt Zugriff auf den Bus erhält, indem er mehrere Steuerbits setzt; wenn es d Steuerbits gibt, können wir aus bis zu 2^d Elementen auswählen. Gibt es zum Beispiel 50 Elemente, die Zugriff auf den Bus haben, so ist $d = 6$. Dieselben Steuerbits können (und müssen) zur Steuerung des MUX für jede Leitung des Busses verwendet werden. Die Eingabebits für jeden MUX stammen von den Elementen, die auf den Bus schreiben dürfen.

Widmen wir uns nun der einfachen Multiplexer-Schaltung (ein `UND` für jede Dateneingabe, deren Ausgaben alle an dasselbe `ODER`-Gatter übergeben werden).

Wie bereits erwähnt, liegt ihre Verzögerung bei 3, unabhängig von d. In der Regel kann sie aber nicht gebaut werden, da der Fan-In-Wert des letzten ODER-Gatters unrealistisch ist. Was geschieht, wenn wir die Begrenzung des Fan-In auf 2 fordern? Dann wird das ODER-Gatter mit 2^d Eingängen durch einen vollständigen Binärbaum mit d Ebenen ersetzt. Sie erinnern sich, daß ein derartiger Baum 2^d Blätter besitzt, also genau die richtige Anzahl. Dieser Baum hat eine Verzögerung von d.

Wir müssen auch die UND-Gatter durch Bäume ersetzen, deren Gatter einen Fan-In von 2 haben, da die UND-Gatter im allgemeinen $d + 1$ Eingänge besitzen. Vergessen Sie nicht, daß, wenn Gatter mit zwei Eingängen verwendet werden, jede Benutzung eines Gatters die Anzahl der Eingaben um 1 verringert, so daß d Gatter mit einem Fan-In von 2 benötigt werden, um die $d + 1$ Eingaben zu einer Ausgabe zu reduzieren. Wenn wir die Gatter in Form eines ausgewogenen Binärbaums aus UND-Gattern anordnen, benötigen wir $\lceil \log_2(d+1) \rceil$ Ebenen. Fügen wir noch eine weitere Ebene für die Invertierung der Steuereingaben ein, so ergibt sich eine Gesamtverzögerung von $d + 1 + \lceil \log_2(d+1) \rceil$. Im Vergleich zur Verzögerung von $2d + 1$ für den Divide-and-Conquer-MUX ist dieser Wert etwas besser, obwohl der Unterschied nicht sehr groß ist; in Abb. 13.26 wird dies deutlich.

	Verzögerung	
d	Divide-and-Conquer MUX	Einfacher MUX
1	3	3
2	5	5
4	9	8
8	17	13
16	33	22

Abb. 13.26: Verzögerungen von Multiplexer-Entwürfen.

Zählung der Gatter

In diesem Abschnitt vergleichen wir die Anzahl der Gatter des einfachen MUX mit der des Divide-and-Conquer-MUX. Wir werden feststellen, daß der Divide-and-Conquer-MUX mit ansteigendem d weitaus weniger Gatter enthält.

Um die Anzahl der Gatter im Divide-and-Conquer-MUX zu zählen, können wir die Inverter vorübergehend ignorieren. Wir wissen, daß jede der d Steuereingaben einmal invertiert wird, so daß wir am Ende einfach d addieren. $G(d)$ sei die Anzahl der in einem d-MUX verwendeten Gatter (ohne die Inverter). Dann können wir wie folgt eine Rekurrenz für G entwickeln:

BASIS. Im Basisfall, $d = 1$, gibt es in der Schaltung aus Abb. 13.24 ohne den Inverter drei Gatter. Es gilt somit $G(1) = 3$.

INDUKTION. Bei der Induktion wird der $2d$-MUX aus Abb. 13.25 aus insgesamt $2^d + 1$ d-MUXs gebaut. Die Rekurrenzbeziehung lautet somit

$$G(1) = 3$$
$$G(2d) = (2^d + 1)G(d)$$

Wie wir in Abschnitt 3.11 gesehen haben, lautet die Lösung dieser Rekurrenz

$$G(d) = 3(2^d - 1)$$

Die ersten Werte dieser Rekurrenz sind $G(2) = 9$, $G(4) = 45$ und $G(8) = 765$.

Betrachten wir nun die Anzahl der in dem einfachen MUX benutzten Gatter, der so konvertiert wurde, daß er nur Gatter mit einem Fan-In von 2 verwendet. Wie oben werden wir die d für die Steuereingaben benötigten Inverter ignorieren. Das letzte ODER-Gatter wird durch einen Baum bestehend aus $2^d - 1$ ODER-Gattern ersetzt. Jedes der 2^d UND-Gatter wird durch einen Baum mit d UND-Gattern ersetzt. Die Gesamtzahl an Gattern beträgt somit $2^d(d + 1) - 1$. Diese Funktion ist ungefähr um das Verhältnis von $(d+1)/3$ größer als die Anzahl der Gatter für den Divide-and-Conquer-MUX. Abbildung 13.27 vergleicht die Anzahl der Gatter (jeweils ohne die d Inverter) für die beiden Arten von MUX.

Gatterzählung

d	Divide-and-Conquer MUX	Einfacher MUX
1	3	3
2	9	11
4	45	79
8	765	2303
16	196,605	1,114,111

Abb. 13.27: Zählung der Gatter bei Multiplexer-Entwürfen (ohne Inverter).

Noch mehr zum Thema Divide-and-Conquer

Der durch unseren Multiplexer-Entwurf vorgestellte Stil eines Divide-and-Conquer-Algorithmus ist zwar eine seltene, aber mächtige Form. Die meisten Divide-and-Conquer-Beispiele spalten ein Problem in zwei Teile. Beispiele sind Mergesort, der schnelle in Abschnitt 13.6 entwickelte Addierer und der vollständige Binärbaum, der zur Berechnung von UND und ODER einer großen Anzahl von Bits verwendet wurde. Bei einem Multiplexer bauen wir einen $2d$-

MUX aus $d + 1$ kleineren MUXs. Anders ausgedrückt wird ein MUX für $n = 2^{2d}$ Dateneingaben aus $\sqrt{n} + 1$ kleinen MUXs gebaut.

ÜBUNGEN

13.7.1: Konstruieren Sie unter Verwendung des Divide-and-Conquer-Verfahrens aus diesem Abschnitt einen

a) 2-MUX

b) 3-MUX

13.7.2*: Wie würden Sie einen Multiplexer konstruieren, für den die Anzahl der Dateneingaben keine Zweierpotenz ist?

13.7.3*: Verwenden Sie das Divide-and-Conquer-Verfahren, um einen *One-Hot-Decoder* zu entwerfen. Diese Schaltung übernimmt d Eingaben, $x_1, x_2, ..., x_d$, und besitzt 2^d Ausgänge, $y_0, y_1, ..., y_{2^d}$-1. Es ist exakt eine der Ausgaben 1, genau dasjenige y_i für das $i = (x_1, x_2, ..., x_d)_2$ gilt. Welche Verzögerung hat ihre Schaltung als Funktion von d? Wie viele Gatter benutzt es als Funktion von d? *Hinweis*: Es gibt mehrere Ansätze. Einer besteht darin, die Schaltung für d zu entwerfen, indem man einen One-Hot-Decoder für die ersten d - 1 Eingaben nimmt, und jede Ausgabe des Decoders in zwei Ausgaben aufspaltet, die auf der letzten Eingabe, x_d, basieren. Ein zweiter Ansatz basiert auf der Annahme, daß d eine Zweierpotenz ist. Es werden zwei One-Hot-Decoder verwendet, einer für die ersten $d/2$ Eingaben und der andere für die letzten $d/2$ Eingaben. Anschließend müssen die Ausgaben dieser beiden Decoder angemessen verknüpft werden.

13.7.4*: Wie schneidet Ihre für Übung 13.7.3 entworfene Schaltung im Vergleich der Verzögerung und Gatteranzahl mit dem naheliegenden One-Hot-Decoder ab, der aus einem UND-Gatter für jeden Ausgang besteht, welches mit den passenden Eingaben und invertierten Eingaben gespeist wird? Wie schneidet Ihre Schaltung aus Übung 13.7.3 im Vergleich zu Ihrer Schaltung aus dieser Übung ab, wenn sie die UND-Gatter mit einem großen Fan-In-Wert durch Bäume mit Gattern ersetzen, die nur 2 Eingänge besitzen?

13.7.5*: Eine *Mehrheitsschaltung* erhält $2d$ - 1 Eingaben und besitzt nur einen Ausgang. Ihre Ausgabe ist 1, wenn d oder mehr Eingaben 1 sind. Entwerfen Sie eine Divide-and-Conquer-Mehrheitsschaltung. Wie groß ist ihre Verzögerung und ihre Gatteranzahl als Funktion von d? *Hinweis*: Wie beim Addierer aus Abschnitt 13.6 wird dieses Problem am besten durch eine Schaltung gelöst, die mehr als notwendig berechnet. Insbesondere können wir eine Schaltung entwerfen, die n Eingaben erhält und $n + 1$ Ausgaben, $y_0, y_1, ..., y_n$, erzeugt. Die Ausgabe y_i ist 1, wenn genau i der Eingaben 1 sind. Anschließend können wir die Mehrheitsschaltung induktiv konstruieren, indem wir einen der beiden in Übung 13.7.3 vorgeschlagenen Ansätze wählen.

13.7.6*: Es gibt eine naive Version der Mehrheitsschaltung, die konstruiert wird, indem man für jede Menge von d Eingaben ein UND-Gatter erzeugt. Die Ausgabe der Mehrheitsschaltung entspricht der ODER-Verknüpfung all dieser UND-Gatter. Wie schneiden die Verzögerung und die Gatteranzahl im Vergleich zur Divide-and-Conquer-Schaltung aus Übung 13.7.5 ab? Was geschieht, wenn die Gatter der naiven Schaltung durch Gatter mit nur 2 Eingängen ersetzt werden?

13.8 Speicherelemente

Bevor wir das Thema logischer Schaltungen hinter uns lassen, wollen wir noch einen wichtigen Schaltungstyp betrachten, der sequentiell und nicht kombinatorisch arbeitet. Ein *Speicherelement* ist eine Ansammlung von Gattern, die sich an ihre letzte Eingabe erinnern und diese Eingabe als ihre Ausgabe erzeugen können, egal wie lange die Eingabe her ist. So ist ein 32-Bit-Register in Wirklichkeit ein Array aus 32 Speicherelementen (oder Flip-Flops, wie sie häufig genannt werden). Wenn wir ein Wort in ein Register schreiben, erwarten wir, daß dieses Wort solange dort bleibt, bis es durch ein anderes Wort überschrieben wird. Ebenso besteht der Hauptspeicher eines Rechners aus Bits, die in Bytes organisiert sind, in denen man etwas speichern kann und die ihren Wert so lange behalten, bis ein anderer Wert gespeichert wird.

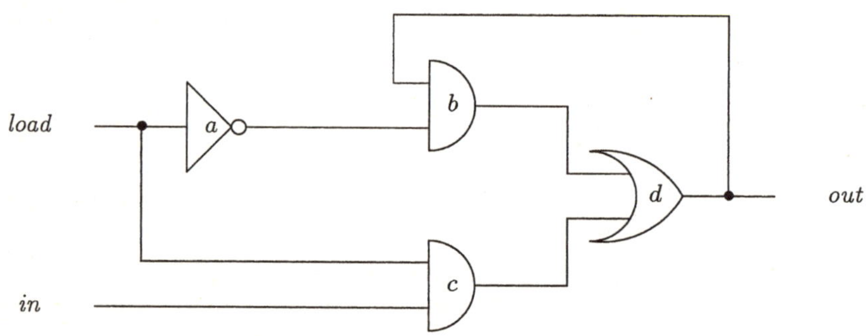

Abb. 13.28: Ein Speicherelement.

Abbildung 13.28 enthält ein einfaches Speicherelement. Es wird durch eine als *load* bezeichnete Eingabe kontrolliert. Gewöhnlich hat *load* den Wert 0. In dem Fall ist die Ausgabe des Inverters a 1. Da ein UND-Gatter immer dann den

Wert 0 ausgibt, wenn eine oder mehrere seiner Eingaben 0 sind, muß die Ausgabe des UND-Gatters *c* immer 0 sein, wenn *load* 0 ist.
Wenn *load* = 0 ist, und die Ausgabe des Gatters *d* (die gleichzeitig Ausgabe der Schaltung ist) ist 1, dann sind beide Eingaben in Gatter *b* 1, so daß seine Ausgabe 1 ist. Daher ist eine Eingabe des ODER-Gatters *d* 1, und seine Ausgabe bleibt 1. Nehmen wir dagegen an, die Ausgabe von *d* ist 0. Dann ist eine Eingabe in das UND-Gatter *b* 0, was bedeutet, daß seine Ausgabe 0 ist. Damit werden beide Eingaben in *d* 0, so daß die Ausgabe 0 bleibt, solange *load* = 0 ist. Wir schließen daraus, daß die Ausgabe der Schaltung bleibt wie sie ist, solange *load* = 0 ist.

Was geschieht nun, wenn *load* = 1 ist? Die Ausgabe des Inverters *a* ist nun 0, so daß die Ausgabe des UND-Gatters *b* ebenfalls 0 ist. Auf der anderen Seite ist die erste Eingabe in das UND-Gatter *c* 1, so daß die Ausgabe von *c* der Eingabe *in* entspricht. Da die erste Eingabe in das ODER-Gatter *d* 0 ist, entspricht die Ausgabe von *d* der Ausgabe von *c*, welche wiederum der Schaltungseingabe *in* entspricht. Wenn *load* auf 1 gesetzt wird, führt dies demnach dazu, daß die Ausgabe der Schaltung immer dem Wert von *in* entspricht. Ändern wir *load* wieder in 0 um, so wird die Ausgabe der Schaltung weiter zwischen den Gattern *b* und *d* kreisen, wie bereits besprochen.

Wir schließen daraus, daß sich die Schaltung aus Abb. 13.28 wie ein Speicherelement verhält, wenn wir „Schaltungseingabe" dahingehend interpretieren, daß sie den Wert bezeichnet, den *in* hat, wenn *load* 1 ist. Ist *load* null, dann sagen wir, daß es keine Schaltungseingabe gibt, egal welchen Wert *in* hat. Indem wir *load* auf 1 setzen, veranlassen wir das Speicherelement, einen neuen Wert zu akzeptieren. Das Element wird diesen Wert speichern, solange *load* auf 0 steht, das heißt solange es keine neue Schaltungseingabe gibt.

Echte Speicherchips

Wir sollten nicht davon ausgehen, daß Abb. 13.28 ein typisches Registerbit repräsentiert, ganz falsch ist es jedoch nicht. Während es zumindest prinzipiell ein Bit des Hauptspeichers darstellt, gibt es signifikante Unterschiede. Viele Fragen beim Entwurf eines Speicherchips betreffen die Elektronik auf einer Ebene, die die Grenzen dieses Buches bei weitem übersteigen.

Da Speicherchips in derart großen Mengen sowohl in Computern als auch in anderen Arten von Hardware verwendet werden, hat deren Massenproduktion einige trickreiche Chipentwürfe ermöglicht, die Millionen Bits und mehr speichern. Um sich die Kompaktheit eines Speicherchips vorzustellen, denken Sie daran, daß seine Fläche ungefähr einen Quadratzentimeter (10^{-4} Quadratmeter) beträgt. Wenn es eine Million Bits auf dem Chip gibt, belegt jedes eine Fläche von 10^{-10} Quadratmetern, bzw. ein Fläche mit einer Seitenlänge von 10

Mikrometern (ein Mikrometer sind 10^{-6} Meter). Wenn die minimale Breite einer Leitung oder der Platz zwischen zwei Leitungen einen Mikrometer beträgt, so bleibt nicht viel Platz für die Schaltkreise zum Bau eines Speicherelements übrig. Was die Sache noch schwieriger macht, wir müssen nicht nur Bits speichern, sondern auch eines aus der Million Bits auswählen, das einen Wert empfängt oder aus dem ein Wert gelesen wird. Der Selektionsschaltkreis benötigt einen beachtlichen Teil des Platzes auf dem Chip, wodurch noch weniger Platz für das Speicherelement selbst übrigbleibt.

ÜBUNGEN

13.8.1: Zeichnen Sie ein Zeitdiagramm für die Schaltung des Speicherelements aus Abb. 13.28, ähnlich dem aus Abb. 13.6.

13.8.2: Beschreiben Sie, welche Auswirkungen es auf das Verhalten des in Abb. 13.28 angegebenen Speicherelements hat, wenn ein Alpha-Teilchen auf den Inverter trifft und für kurze Zeit (jedoch lange genug, so daß sich Signale um die Schaltung fortpflanzen können) dafür sorgt, daß die Ausgabe von Gatter a gleich seiner Eingabe ist.

13.9 Zusammenfassung des 13. Kapitels

Der Leser sollte nach dem Lesen dieses Kapitels vertrauter im Umgang mit den Schaltkreisen eines Computers sein, und er sollte eine Vorstellung davon haben, wie die Logik zur Unterstützung des Entwurfs von Schaltkreisen verwendet wird. Insbesondere wurden die folgenden Punkte abgedeckt:

- Was Gatter sind und wie sie zur Bildung von Schaltungen zusammengefügt werden.
- Der Unterschied zwischen einer kombinatorischen und einer sequentiellen Schaltung.
- Wie kombinatorische Schaltungen aus logischen Ausdrücken entworfen werden und wie logische Ausdrücke zur Modellierung kombinatorischer Schaltungen benutzt werden.
- Wie Algorithmenentwurfstechniken wie Divide-and-Conquer verwendet werden, um Schaltungen wie Addierer und Multiplexer zu entwerfen.
- Einige Faktoren, die in den Entwurf schneller Schaltungen einfließen.
- Ein Hinweis darauf, wie ein Computer die Bits in seinen elektronischen Schaltkreisen speichert.

13.10 Bibliographische Anmerkungen zum 13. Kapitel

Shannon [1938] entdeckte als Erster, daß die Boolesche Algebra zur Beschreibung des Verhaltens kombinatorischer Schaltungen benutzt werden kann. Für eine umfassendere Beschreibung der Theorie und des Entwurfs kombinatorischer Schaltungen ziehe man Friedman und Menon [1975] zu Rate.

Mead und Conway [1980] beschreiben Techniken, die zur Konstruktion von VLSI-Schaltungen (*very large scale integrated circuits*) verwendet werden. Hennessy und Patterson [1990] befassen sich mit der Rechnerarchitektur und den Verfahren zur Organisation von Schaltungselementen.

Friedman, A. D. und P. R. Menon [1975]. *Theory and Design of Switching Circuits*, Computer Science Press, New York.

Hennessy, J. L. und D. A. Patterson [1990]. *Computer Architecture: A Quantitative Approach*, Morgan Kaufmann, San Mateo, Calif.

Mead, C. und L. Conway [1980]. *Introduction to VLSI Systems*, Addison Wesley, Reading, Mass.

Shannon, C. E. [1983]. „Symbolic analysis of relay and switching circuits", *Trans. of AIEE* **57**, S. 713 - 723.

14

Prädikatenlogik

Wir richten nun unser Augenmerk auf eine Verallgemeinerung der Aussagenlogik, die „Prädikatenlogik" oder „Logik erster Stufe" genannt wird. Bei Prädikaten handelt es sich um Funktionen mit null oder mehr Variablen, die Boolesche Werte zurückgeben. Prädikate können somit in Abhängigkeit der Werte ihrer Argumente manchmal wahr und manchmal falsch sein. Zum Beispiel werden wir in der Prädikatenlogik atomaren Operanden wie $csg(C, S, G)$ begegnen. *csg* ist hier der Prädikatname, und C, S und G bilden die Argumente. Wir können uns diesen Ausdruck als eine Logikdarstellung der Datenbankrelation Course-StudentId-Grade aus Abb. 8.1 vorstellen. Er gibt immer dann den Wert WAHR zurück, wenn die Werte von C, S und G besagen, daß der Student S in der Lehrveranstaltung C die Note G bekommen hat, sonst gibt er FALSCH zurück.

Die Benutzung von Prädikaten als atomare Operanden anstelle von aussagenlogischen Variablen liefert uns eine mächtigere Sprache als Ausdrücke, die nur Aussagen betreffen. Die Prädikatenlogik ist sogar so ausdrucksstark, daß sie die Grundlage für eine Reihe nützlicher Programmiersprachen wie Prolog (für „*Pro*grammierung in *Log*ik") und die Sprache SQL bildet, die wir in Abschnitt 8.7 erwähnten. Zudem wird die Prädikatenlogik in Beweissystemen bzw. „Expertensystemen" verwendet, dazu zählen zum Beispiel automatische medizinische Diagnoseprogramme und Programme zum Beweis von Theoremen.

14.1 Worum geht es in diesem Kapitel?

In Abschnitt 14.2 werden wir zunächst Prädikate einführen. Wie wir bald sehen werden, sind Prädikate ein weitaus mächtigeres Mittel zur formalen Beschreibung von Ideen als aussagenlogische Variablen. Ein Großteil der Entwicklung der Prädikatenlogik verläuft ähnlich wie die Aussagenlogik aus Kapitel 12, obwohl es auch wichtige Unterschiede gibt.

- Ausdrücke der Prädikatenlogik lassen sich aus Prädikaten unter Benutzung der Operatoren der Aussagenlogik bilden (Abschnitt 14.3).
- „Quantoren“ sind Operatoren der Prädikatenlogik, für die es in der Aussagenlogik kein Gegenstück gibt (Abschnitt 14.4). Wir verwenden Quantoren, um anzugeben, daß ein Ausdruck für alle Werte eines Arguments wahr ist oder daß es mindestens einen Wert des Arguments gibt, der den Ausdruck wahr werden läßt.
- „Interpretationen“ für Ausdrücke der Prädikatenlogik sind mögliche Bedeutungen für die Prädikate und Variablen (Abschnitt 14.5). Sie sind analog zu den Wahrheitsbelegungen in der Aussagenlogik.
- Tautologien der Prädikatenlogik sind Ausdrücke, die für alle Interpretationen wahr sind. Einige Tautologien der Prädikatenlogik sind analog zu Tautologien der Aussagenlogik (Abschnitt 14.6), für andere gilt dies nicht (Abschnitt 14.7).
- Beweise können in der Prädikatenlogik ähnlich wie in der Aussagenlogik geführt werden (Abschnitte 14.8 und 14.9).

In Abschnitt 14.10 werden wir einige Implikationen der Prädikatenlogik in bezug auf unsere Fähigkeit ansprechen, Antworten auf Fragen zu berechnen. Wir werden folgendes herausfinden:

- Daß eine Aussage eine Tautologie ist, heißt noch nicht, daß sie in bestimmten Beweissystemen beweisbar ist.
- Insbesondere besagt Gödels Unvollständigkeitstheorem, daß es eine spezialisierte Form der Prädikatenlogik gibt, die sich mit ganzen Zahlen befaßt, in der kein Beweissystem Beweise jeder Tautologie liefern kann.
- Des weiteren besagt Turings Theorem, daß es Probleme gibt, die wir zwar angeben können, die jedoch durch keinen Computer zu lösen sind. Ein Beispiel ist, ob ein gegebenes Pascal-Programm für bestimmte Eingaben in eine Endlosschleife gerät oder nicht.

14.2 Prädikate

Ein Prädikat ist eine Verallgemeinerung einer aussagenlogischen Variablen. Wie in Abschnitt 12.10 nehmen wir an, wir haben drei Aussagen: r („Es regnet"), u („Joe nimmt seinen Regenschirm mit") und w („Joe wird naß"). Zudem gehen wir davon aus, daß wir drei Hypothesen oder Aussagen haben, von denen wir annehmen, daß sie wahr sind: $r \rightarrow u$ („Wenn es regnet, nimmt Joe seinen Regenschirm mit"), $u \rightarrow \overline{w}$ („Wenn Joe seinen Regenschirm mitnimmt, wird er nicht naß") und $\overline{r} \rightarrow \overline{w}$ („Wenn es nicht regnet, wird Joe nicht naß").

Was für Joe wahr ist, ist auch für Mary und Sue und Bill und so weiter wahr. Wir können uns daher die Aussage u als u_{Joe} vorstellen, während w der Aussage w_{Joe} entspricht. Auf diese Weise erhalten wir die Hypothesen

$$r \rightarrow u_{Joe},\ u_{Joe} \rightarrow \overline{w}_{Joe} \text{ und } \overline{r} \rightarrow \overline{w}_{Joe}$$

Wenn wir definieren, daß die Aussage u_{Mary} bedeutet, daß Mary ihren Regenschirm mitnimmt, und die Aussage w_{Mary}, besagt, daß Mary naß wird, erhalten wir eine ähnliche Hypothesenmenge

$$r \rightarrow u_{Mary},\ u_{Mary} \rightarrow \overline{w}_{Mary} \text{ und } \overline{r} \rightarrow \overline{w}_{Mary}$$

Auf diese Weise könnten wir fortfahren, Aussagen über jedes uns bekannte Individuum X zu erfinden und Hypothesen anzugeben, welche die Aussage r zu den neuen Aussagen u_X und w_X in Beziehung setzen:

$$r \rightarrow u_X,\ u_X \rightarrow \overline{w}_X \text{ und } \overline{r} \rightarrow \overline{w}_X$$

Wir haben nun eine Vorstellung davon, was ein Prädikat ist. Anstelle einer unendlichen Sammlung von Aussagen u_X und w_X können wir das Symbol u als ein Prädikat definieren, das ein Argument X besitzt. Der Ausdruck $u(X)$ ist als „X nimmt seinen oder ihren Regenschirm mit" zu interpretieren. Für einige Werte von X ist $u(X)$ wahr und für andere Werte ist $u(X)$ falsch. Auch w kann ein Prädikat sein; informell steht $w(X)$ für die Aussage „X wird naß".

Die aussagenlogische Variable r kann ebenfalls als ein Prädikat mit null Argumenten behandelt werden. Das heißt, ob es regnet, hängt nicht, wie u und w, vom Individuum X ab.

Mit Hilfe der Prädikate schreiben wir unsere Hypothesen nun wie folgt:

1. $r \rightarrow u(X)$. (Für jedes Individuum X gilt, wenn es regnet, nimmt X seinen/ihren Regenschirm mit.)

2. $u(X) \rightarrow$ `NICHT` $w(X)$. (Egal wer Du bist, wenn Du Deinen Regenschirm mitnimmst, wirst Du nicht naß.)

3. `NICHT` $r \rightarrow$ `NICHT` $w(X)$. (Wenn es nicht regnet, wird niemand naß.)

Atomare Formeln

Eine *atomare Formel* (auch *Atom* genannt) ist ein Prädikat mit null oder mehr Argumenten. $u(X)$ ist zum Beispiel eine Formel mit dem Prädikat u und einem Argument, das hier durch die Variable X belegt ist. Allgemein ist ein Argument entweder eine Variable oder eine Konstante.[1] Während grundsätzlich jede Art von Wert für Konstanten erlaubt sein sollte, werden wir davon ausgehen, daß es sich dabei um ganze Zahlen, reelle Zahlen oder Zeichenketten handelt.

Variablen sind Symbole, die jede Konstante als Wert annehmen können. Wir dürfen diese Form von „Variablen" nicht mit den „aussagenlogischen Variablen" aus Kapitel 12 verwechseln. Tatsächlich ist eine aussagenlogische Variable äquivalent zu einem Prädikat ohne Argumente. Wenn wir p schreiben, meinen wir damit eine atomare Formel mit dem Prädikatnamen p und mit null Argumenten.

Eine atomare Formel, deren Argumente ausschließlich Konstanten sind, nennt man *Grundatom*. Atomare Formeln, die keine Grundatome sind, können Konstanten oder Variablen als Argumente haben, mindestens ein Argument muß jedoch eine Variable sein. Beachten Sie, daß jede Aussage, bei der es sich um eine atomare Formel ohne Argumente handelt, „nur konstante Argumente" besitzt und daher ein Grundatom ist.

Die Unterscheidung von Konstanten und Variablen

Wir werden die folgende Übereinkunft zur Unterscheidung von Konstanten und Variablen treffen. Ein Variablenname beginnt immer mit einem Großbuchstaben. Konstanten werden entweder durch

1. mit Kleinbuchstaben beginnende Zeichenketten,
2. Zahlen wie 12 oder 14.3 oder
3. in Anführungszeichen gesetzte Zeichenketten

dargestellt. Möchten wir beispielsweise die Lehrveranstaltung CS101 durch eine Konstante repräsentieren, so könnten wir dies entweder durch „CS101" oder durch *cs*101 tun.[2]

---

[1] Die Prädikatenlogik erlaubt auch Argumente, die komplizierter sind als einzelne Variablen oder Konstanten. Für gewisse Zwecke ist dies wichtig, in diesem Buch werden sie jedoch nicht behandelt. Daher werden wir in diesem Kapitel nur Variablen und Konstanten als Argumente von Prädikaten aufführen.

[2] Konstanten werden in der Logik häufig als „Atome" bezeichnet. Unglücklicherweise wird das, was wir als „atomare Formeln" bezeichnen, gelegentlich auch „Atom" genannt. Wir werden daher im allgemeinen den Begriff „Atom" vermeiden.

Ebenso wie Konstanten werden Prädikate durch Zeichenketten repräsentiert, die mit einem Kleinbuchstaben beginnen. Es ist unmöglich, ein Prädikat mit einer Konstanten zu verwechseln, da Konstanten nur in der Argumentliste einer atomaren Formel vorkommen können, während Prädikate dort nicht auftauchen können.

Beispiel 14.1

Zur Repräsentation der in der Course-StudentId-Grade-Relation enthaltenen Information, die wir in Abschnitt 8.2 diskutierten, könnten wir den Prädikatnamen *csg* wählen. Die atomare Formel csg(C, S, G) sagt dann über die Variablen C, S und G aus, daß Student S an der Lehrveranstaltung C teilgenommen hat und dafür die Note G bekam. Anders ausgedrückt, wenn wir die Konstanten c für C, s für S und g für G substituieren, hat *csg*(c, s, g) dann und nur dann den Wert `WAHR`, wenn Student s die Lehrveranstaltung c besuchte und die Note g erhielt.

Die Fakten (d. h. die Tupel) in der Relation lassen sich auch als Grundatome ausdrücken, indem wir Konstanten als Argumente verwenden. Zum Beispiel könnte das erste Tupel aus Abb. 8.1 als *csg*(*cs*101, 12345, „A") geschrieben werden, was besagt, daß der Student mit der Matrikelnummer 12345 in CS101 die Note mit der Bewertung A erhalten hat. Wir können Konstanten und Variablen auch gemischt verwenden, so daß eine Formel wie *csg*(*cs*101, S, G) ebenfalls möglich ist. Diese Formel ist wahr, wenn die Variablen S und G ein Wertepaar (s, g) übernehmen, für das gilt, daß s ein Student ist, der die Lehrveranstaltung CS101 besuchte und die Note g erhielt, sonst ist sie falsch. ◆

ÜBUNGEN

14.2.1: Identifizieren Sie die folgenden als Konstanten, Variablen, Grundatome oder atomare Formeln, die keine Grundatome sind, unter Berücksichtigung der in diesem Abschnitt vereinbarten Konventionen.

a) CS205

b) *cs*205

c) 205

d) „*cs*205"

e) $p(X, x)$

f) $p(3, 4, 5)$

g) „$p(3, 4, 5)$"

14.3 Logische Ausdrücke

Die in Kapitel 12 für die Aussagenlogik verwendeten Begriffe – Literal, logischer Ausdruck, Klausel und so weiter – lassen sich auch auf die Prädikatenlogik übertragen. Im nächsten Abschnitt werden wir zwei weitere Operatoren zur Bildung logischer Ausdrücke einführen. Die der Konstruktion logischer Ausdrücke zugrundeliegende Idee ist jedoch bei der Aussagenlogik und der Prädikatenlogik im wesentlichen die gleiche.

Literal

Ein *Literal* ist entweder eine atomare Formel oder deren Negation. Befindet sich unter den Argumenten der atomaren Formel keine Variable, so ist das Literal ein *Grundliteral*.

Beispiel 14.2

$p(X, a)$ ist eine atomare Formel und ein Literal. Aufgrund des Argumentes X, bei dem es sich nach unserer Konvention um eine Variable handelt, handelt es sich nicht um ein Grundliteral. NICHT $p(X, a)$ ist zwar ein Literal, aber keine atomare Formel und kein Grundliteral. Die Ausdrücke $p(a, b)$ und NICHT $p(a, b)$ sind Grundliterale; nur der erste von beiden ist ein Grundatom. ◆

Wie bei der Aussagenlogik können wir einen Überstrich anstelle des NICHT-Operators verwenden. Es wird jedoch schwierig, Überstriche zu lesen, wenn sie auf einen langen Ausdruck angewandt werden, und wir werden NICHT öfter als in Kapitel 12 verwenden.

Logische Ausdrücke

Ebenso wie in Abschnitt 12.3 Ausdrücke aus aussagenlogischen Variablen aufgebaut wurden, lassen sich Ausdrücke auch aus atomaren Formeln bilden. Wir werden wieder die Operatoren UND, ODER, NICHT, $\rightarrow$ und $\equiv$ und andere in Kapitel 12 vorgestellte logische Verknüpfungen verwenden. Im nächsten Abschnitt führen wir „Quantoren“ ein. Quantoren sind Operatoren, die zur Konstruktion von Ausdrücken in der Prädikatenlogik verwendet werden, aber kein Gegenstück in der Aussagenlogik besitzen.

Neben der abkürzenden Schreibweise für NICHT werden wir auch die anderen Abkürzungen benutzen, wie das Nebeneinanderstellen (kein Operator) für UND und das + für ODER. Wir werden diese Abkürzungen nicht sehr häufig verwenden, da längere Ausdrücke der Prädikatenlogik schnell unübersichtlich werden.

Das folgende Beispiel soll dem Leser einen Einblick in die Bedeutung logischer Ausdrücke verschaffen. Beachten Sie jedoch, daß diese Diskussion eine enorme Vereinfachung darstellt und wir bis Abschnitt 14.5 warten müssen, in dem wir „Interpretationen“ und die Bedeutung behandeln werden, die diese den logischen Ausdrücken der Prädikatenlogik verleihen.

Beispiel 14.3

Angenommen, es sind die Prädikate *csg* und *snap* gegeben, die wir als die in Kapitel 8 eingeführten Relationen Course-StudentId-Grade und StudentId-Name-Address-Phone interpretieren. Nehmen wir weiterhin an, wir möchten herausfinden, welche Note der Student mit Namen „C. Brown“ in der Lehrveranstaltung CS101 hat. Dann könnten wir den folgenden logischen Ausdruck zusichern

$$(csg(\text{„CS101“}, S, G) \text{ UND } snap(S, \text{„C. Brown“}, A, P)) \rightarrow answer(G) \quad (14.1)$$

answer ist hier ein neues Prädikat, das dann für eine Note G wahr sein soll, wenn G die Note eines Studenten mit Namen „C. Brown“ in CS101 ist.

Die „Zusicherung“ eines Ausdrucks bedeutet, daß dieser den Wert WAHR hat, egal welche Werte wir für seine Variablen substituieren. Informell kann ein Ausdruck wie (14.1) folgendermaßen interpretiert werden. Substituieren wir für jede Variable eine Konstante, so wird jede der atomaren Formeln zu einem Grundatom. Wir entscheiden, ob ein Grundatom wahr oder falsch ist, indem wir uns entweder auf die „reale Welt“ beziehen oder für ein gegebenes Prädikat in einer Relation nachsehen, die die wahren Grundatome enthält. Wenn wir für jedes Grundatom 0 oder 1 einsetzen, können wir den Ausdruck so auswerten, wie wir es bei Ausdrücken der Aussagenlogik in Kapitel 12 getan haben.

In Ausdruck (14.1) können wir davon ausgehen, daß die Tupel aus Abb. 8.1 und 8.2(a) wahr sind. Insbesondere sind

$$csg(\text{"CS101"}, 12345, \text{"A"})$$

und

$$snap(12345, \text{"C. Brown"}, \text{"12 Apple St."}, \text{"555-1234"})$$

wahr. Dann seien

$$\begin{aligned} S &= 12345 \\ G &= \text{"A"} \\ A &= \text{"12 Apple St."} \\ P &= \text{"555-1234"} \end{aligned}$$

Dadurch wird die linke Seite von (14.1) zu 1 UND 1, was natürlich den Wert 1 ergibt. Im Prinzip wissen wir gar nichts über das Prädikat *answer*. Wir gaben jedoch die Zusicherung (14.1), was bedeutet, daß ihr Wert immer WAHR ist, egal durch welchen Wert ihre Variablen substituiert werden. Da die linke Seite aufgrund der oben durchgeführten Substitution WAHR gemacht wurde, kann die rechte Seite nicht FALSCH sein. Wir schließen daraus, daß *answer* („A") wahr sein muß. ◆

Noch mehr zur Terminologie

Wir werden noch andere Begriffe aus der Aussagenlogik verwenden. Wenn wir in Kapitel 12 von aussagenlogischen Variablen gesprochen haben, sprechen wir in diesem Kapitel von beliebigen atomaren Formeln, einschließlich des Sonderfalls eines Prädikats mit null Argumenten (d. h. einer aussagenlogischen Variablen). Zum Beispiel ist eine *Klausel* eine durch ODER verknüpfte Zusammenfassung von Literalen. Ebenso wird ein Ausdruck als *Summenproduktform* bezeichnet, wenn er aus einer UND-Verknüpfung von Klauseln besteht. Wir sprechen von einer *Produktsummenform*, wo der Ausdruck einer ODER-Verknüpfung von Termen entspricht, die selbst wieder aus einer UND-Verknüpfung von Literalen bestehen.

ÜBUNGEN

14.3.1: Schreiben Sie einen dem Ausdruck (14.1) ähnlichen Ausdruck für die Anfrage: „Welche Note erhielt L. Van Pelt in PH100?" Für welchen Wert seines Arguments ist *answer* mit Sicherheit wahr, wenn wir von den Fakten in den Abb. 8.1 und 8.2 ausgehen? Welche Variablensubstitutionen führten Sie durch, um die Wahrheit dieser Antwort zu zeigen?

14.3.2: *cdh* sei ein Prädikat, das für die Course-Day-Hour-Relation aus Abb. 8.2(c) steht, und *cr* sei ein Prädikat, das die Course-Room-Relation aus Abb. 8.2(d) repräsentiert. Schreiben Sie einen dem Ausdruck (14.1) ähnlichen Ausdruck für die Anfrage: „Wo befindet sich C. Brown montags morgens um 9.00 Uhr?" (Genauer gesagt, in welchem Raum findet die von C. Brown am Montag um 9.00 Uhr besuchte Lehrveranstaltung statt?) Für welche Werte seiner Argumente ist *answer* mit Sicherheit wahr, wenn wir von den Fakten aus den Abb. 8.1 und 8.2 ausgehen? Welche Variablensubstitutionen führten Sie durch, um die Wahrheit dieser Antwort zu zeigen?

14.3.3:** Jede der in Abschnitt 8.7 behandelten Operationen der relationalen Algebra kann unter Verwendung eines Ausdrucks wie (14.1) in der Prädikatenlogik ausgedrückt werden. Zum Beispiel ist (14.1) selbst das Äquivalent zu folgendem Ausdruck der relationalen Algebra

$$\pi_{\text{Grade}}(\sigma_{Course=\text{"CS101" AND } Name=\text{"C. Brown"}}(CSG \bowtie SNAP))$$

Zeigen Sie, wie die Wirkung jeder der Operationen Selektion, Projektion, Verbund, Vereinigung, Schnitt und Differenz in der Prädikatenlogik in der Form

„Ausdruck impliziert Antwort" ausgedrückt werden kann. Übersetzen Sie anschließend jeden der in Abschnitt 8.7 in den Beispielen aufgeführten Ausdrücke der relationalen Algebra in die Logik.

14.4 Quantoren

Kehren wir zurück zu unserem Beispiel des Prädikates r mit null Argumenten („Es regnet") und der ein-argumentigen Prädikate $u(X)$ („X nimmt seinen Regenschirm mit") und $w(X)$ („X wird naß"). Wenn wir die Zusicherung geben möchten „wenn es regnet, wird jemand naß", könnten wir dies auf folgende Weise versuchen:

$r \rightarrow w(\text{"Joe"})$ ODER $w(\text{"Sally"})$ ODER $w(\text{"Sue"})$ ODER $w(\text{"Sam"})$ ODER ...

Dieser Versuch scheitert, da

1. wir zwar einen Ausdruck für die ODER-Verknüpfung einer endlichen Menge von Ausdrücken schreiben können, nicht aber für die ODER-Verknüpfung einer unendlichen Menge von Ausdrücken.
2. wir nicht die vollständige Menge der Individuen kennen, über die wir reden.

Um die ODER-Verknüpfung einer Sammlung von Ausdrücken darstellen zu können, die durch Substitution jeder möglichen Variablen für eine Variable X gebildet wird, bedarf es einer weiteren Möglichkeit, Ausdrücke der Prädikatenlogik erzeugen zu können. Der Operator $\exists$ wird als „es existiert" gelesen. Wir benutzen ihn in Ausdrücken wie $(\exists X)w(X)$, was informell soviel bedeutet, wie „es existiert ein Individuum X derart, daß X naß wird". Allgemein gilt, wenn E ein logischer Ausdruck ist, ist $(\exists X)(E)$ ebenfalls ein logischer Ausdruck.[3] Die informelle Bedeutung besteht darin, daß es mindestens einen Wert von X gibt, der E wahr werden läßt. Präziser ausgedrückt können wir für jeden Wert der anderen Variablen von E einen Wert X finden (nicht notwendigerweise in allen Fällen denselben Wert), um E wahr zu machen.

Auch können wir die unendliche UND-Verknüpfung von Ausdrücken nicht wie im folgenden angegeben schreiben

$u(\text{"Joe"})$ UND $u(\text{"Sally"})$ UND $u(\text{"Sue"})$ UND $u(\text{"Sam"})$ UND ...

[3] Manchmal werden die Klammern um E benötigt und manchmal nicht, das hängt von dem Ausdruck ab. Dieses Thema wird vertieft, wenn wir uns später in diesem Abschnitt mit den Bindungsstärken und der Assoziativität von Operatoren befassen. Die Klammern um X sind Teil der Notation und werden daher unweigerlich benötigt.

Wir benötigen vielmehr ein Symbol $\forall$ (gelesen als „für alle"), um die UND-Verknüpfung von einer Gruppe von Ausdrücken zu bilden, die aus einem gegebenen Ausdruck durch Substitution aller möglichen Werte für eine gegebene Variable entsteht. Wenn wir in diesem Beispiel $(\forall X)u(X)$ schreiben, so meinen wir die Aussage „für alle X gilt, X nimmt seinen/ihren Regenschirm mit". Allgemein bedeutet der Ausdruck $(\forall X)(E)$ für einen logischen Ausdruck E, daß für alle möglichen Werte der anderen Variablen von E gilt, daß jede Konstante, die wir für X substituieren, E wahr macht.

Die Symbole $\forall$ und $\exists$ heißen *Quantoren*. Manchmal bezeichnen wir $\forall$ als *Allquantor* und $\exists$ als *Existenzquantor*.

Beispiel 14.4

Der Ausdruck $r \rightarrow (\forall X)(u(X)$ ODER $w(X))$ bedeutet: „Wenn es regnet, gilt für alle Individuen X, daß X entweder einen Regenschirm mitnimmt oder X naß wird." Es ist zu bemerken, daß Quantoren auf beliebige Ausdrücke angewandt werden können, nicht nur auf atomare Formeln, wie in vorherigen Beispielen geschehen.

Als weiteres Beispiel können wir den Ausdruck

$$(\forall C)(((\exists S)csg(C, S, \text{"A"})) \rightarrow ((\exists T)csg(C, T, \text{"B"}))) \tag{14.2}$$

dahingehend interpretieren, daß seine Aussage lautet: „Für alle Lehrveranstaltungen C gilt, wenn es einen Studenten S gibt, der die Note mit der Bewertung A in der Lehrveranstaltung erhält, dann muß es auch einen Studenten T geben, der ein B bekommt." Weniger formal heißt das, „wenn Du die Note A vergibst, mußt Du auch die Note B vergeben".

Ein drittes Beispiel bildet der Ausdruck

$$((\forall X)\ \texttt{NICHT}\ w(X))\ \texttt{ODER}\ ((\exists Y)w(Y)) \tag{14.3}$$

Informell besagt er: „Entweder bleiben alle Individuen X trocken, oder mindestens ein Individuum Y wird naß." Der Ausdruck (14.3) unterscheidet sich von den anderen dieses Beispiels, da es sich dabei um eine Tautologie handelt – das heißt, um einen Ausdruck, der immer wahr ist, egal welche Bedeutung das Prädikat w hat. Die Wahrheit von (14.3) hat nichts mit der Eigenschaft „naß zu sein" zu tun. Egal wie die Menge S von Werten aussieht, die das Prädikat w wahr machen, entweder ist S leer (d. h. $w(X)$ ist für alle X falsch) oder S ist nicht leer (d. h., es existiert ein Y, für das $w(Y)$ wahr ist). ◆

Rekursive Definition logischer Ausdrücke

Als Überblick werden wir eine rekursive Definition der Klasse logischer Ausdrücke in der Prädikatenlogik geben.

BASIS. Jede atomare Formel ist ein Ausdruck.

INDUKTION. Wenn E und F logische Ausdrücke sind, dann gilt dies auch für

1. NICHT E, E UND F, E ODER F, $E \rightarrow F$ und $E \equiv F$. Informell können wir auch die Verwendung anderer Operatoren der Aussagenlogik gestatten, wie NAND.

2. $(\exists X)E$ und $(\forall X)E$ für jede Variable X. Grundsätzlich braucht X nicht einmal in E vorzukommen, in der Praxis ist ein derartiger Ausdruck jedoch selten „sinnvoll“.

Bindungsstärken von Operatoren

Im allgemeinen müssen wir alle Vorkommen von Ausdrücken E und F in Klammern setzen. Wie bei den anderen bisher aufgeführten Algebren ist es jedoch häufig möglich, aufgrund von Bindungsstärken der Operatoren einige Klammern zu entfernen. Wir werden weiterhin die in Abschnitt 12.4 definierten Bindungsstärken für NICHT (am höchsten), UND, ODER, $\rightarrow$ und $\equiv$ (am niedrigsten) verwenden. Die Quantoren besitzen jedoch die höchste Bindungsstärke von allen.

Beispiel 14.5

$(\exists X)p(X)$ ODER $q(X)$ würde wie folgt gruppiert

$$((\exists X)p(X)) \text{ ODER } q(X)$$

In (14.3) sind die äußeren Klammernpaare ebenfalls redundant, so daß wir auch

$$(\forall X) \text{ NICHT } w(X) \text{ ODER } (\exists Y)w(Y)$$

schreiben können. Zudem können wir zwei Klammernpaare aus (14.2) eliminieren und stattdessen schreiben

$$(\forall C)((\exists S)csg(C, S, \text{"A"}) \rightarrow (\exists T)csg(C, T, \text{"B"}))$$

Das Klammernpaar um den gesamten Ausdruck hinter $(\forall C)$ ist notwendig, um zu kennzeichnen, daß sich das „für alle C“ auf den ganzen Ausdruck bezieht. ♦

Bleibt zu erwähnen, daß die Klammern um die Quantoren $(\forall X)$ und $(\exists X)$ nicht zum Gruppieren verwendet werden, sondern als Teil des Symbols, das einen Quantor bezeichnet, zu betrachten sind. Auch sollten Sie nicht vergessen, daß es sich bei den Quantoren und bei NICHT um unäre Präfix-Operatoren handelt, die nur von rechts gruppiert werden sollten.

Beispiel 14.6

Der Ausdruck $(\forall X)$ NICHT $(\exists Y)p(X, Y)$ wird somit wie folgt gruppiert

$$(\forall X)\ (\text{NICHT}\ ((\exists Y)\text{p}(X, Y)))$$

und bedeutet: „Für alle X gibt es kein Y derart, daß $p(X, Y)$ wahr ist." Anders ausgedrückt, es gibt kein Wertepaar für X und Y, das $p(X, Y)$ wahr werden läßt. ◆

Die Reihenfolge von Quantoren

Ein häufig auftretender logischer Fehler besteht darin, die Reihenfolge der Quantoren durcheinanderzubringen – so wird zum Beispiel angenommen, daß $(\forall X)(\exists Y)$ dasselbe bedeutet wie $(\exists Y)(\forall X)$, was aber nicht der Fall ist. Wenn wir beispielsweise *loves*(X, Y) informell als „X liebt Y" interpretieren, dann bedeutet $(\forall X)(\exists Y)$*loves*(X, Y), daß „jeder jemanden liebt". Das heißt, für jedes Individuum X gibt es mindestens ein Individuum Y, das von X geliebt wird. Auf der anderen Seite bedeutet $(\exists Y)(\forall X)$*loves*(X, Y), daß es ein Individuum Y gibt, das von jedermann geliebt wird – welch glückliches Y, wenn eine solche Person denn existiert.

Gebundene und freie Variablen

Die Interaktion der Quantoren mit den in einem Ausdruck vorkommenden Variablen ist eine knifflige Angelegenheit. Bevor wir uns diesem Thema widmen, rufen wir uns den Begriff lokaler Variablen in Pascal in Erinnerung. Angenommen, eine Prozedur P definiert in ihrem Rumpf die Prozeduren Q und R, wie in Abb. 14.1 angegeben. Wenn Q eine lokale Variable X deklariert, unterscheidet sich diese Variable X von einer von P oder R deklarierten Variablen X. Wenn sich Q in ihrem Code auf eine Variable Y bezieht und Q zudem Y deklariert, bezieht sie sich auf dieses Y. Deklariert Q dagegen keine Variable Y, so ist diese Referenz auf Y „global" und bezieht sich auf die Deklaration von Y in der nächsten Q umgebenden Prozedur. Wir prüfen also zunächst, ob P Y deklariert hat, wenn ja, beziehen wir uns auf dieses Y. Ansonsten betrachten wir die Prozedur, in der P deklariert wird und stellen fest, ob diese Prozedur Y deklariert und so weiter. Wir würden niemals in R nachschauen, da R die Prozedur P nicht umschließt.

```
procedure P;
    ...
    procedure Q;
    ...
    end; (* Q *)
```

```
    procedure R;
    ...
    end; (* R *)
    ...
end; (* P *)
```

Abb. 14.1: Geschachtelte Prozedurdeklarationen.

Die Deklaration von X auf der einen Seite und ein Quantor $(\forall X)$ oder $(\exists X)$ auf der anderen Seite sind eng miteinander verwandt. Wenn wir es mit einem Ausdruck wie $(\forall X)E$ oder $(\exists X)E$ zu tun haben, dient der Quantor dazu, X für den Ausdruck E zu deklarieren, genauso als wäre E eine Prozedur.

Im folgenden verwenden wir zur Vereinfachung das Symbol Q, das für einen der Quantoren steht. Insbesondere nehmen wir an, daß (QX) für „ein Quantor angewandt auf X" steht, also entweder für $(\forall X)$ oder für $(\exists X)$.

Wenn E einen Teilausdruck der Form $(QX)F$ enthält, verhält sich dieser Teilausdruck wie eine innerhalb von E deklarierte Prozedur, die ihre eigene Deklaration von X besitzt. Verweise auf X innerhalb von F beziehen sich auf das durch dieses (QX) „deklarierte" X, während die Verwendung von X innerhalb von E, aber außerhalb von F, sich auf eine andere Deklaration von X bezieht – ein Quantor wird entweder zu E oder zu einem anderen Ausdruck assoziiert, der in E enthalten ist, aber die betroffene Verwendung von X einschließt.

Beispiel 14.7

Gegeben sei der Ausdruck

$$(\forall X)u(X) \texttt{ ODER } (\forall X)w(X) \tag{14.4}$$

Informell besagt er: „Entweder jeder nimmt einen Regenschirm mit, oder jeder wird naß." Es mag sein, daß wir die Wahrheit dieser Aussage bezweifeln, nehmen wir sie jedoch als Beispiel. Der Ausdrucksbaum für Ausdruck (14.4) ist in Abb. 14.2 graphisch dargestellt. Beim ersten Quantor $(\forall X)$ steht nur die Verwendung von X in u darunter, während beim zweiten $(\forall X)$ nur die Verwendung von X in w steht. Um herauszufinden, in welchem Quantor eine Anwendung von X „deklariert" wurde, brauchen wir uns nur von der Verwendung solange aufwärts zu bewegen, bis wir auf einen Quantor (QX) treffen. Die beiden Verwendungen von X beziehen sich somit auf unterschiedliche „Deklarationen", so daß es zwischen ihnen keinerlei Beziehung gibt. Dies ist analog zu den Deklarationen von X innerhalb der Geschwisterprozeduren Q und R aus Abb. 14.1 in unserer oben gegebenen, informellen Einführung. ◆

Natürlich können wir in (14.4) auch unterschiedliche Variablen für die beiden „Deklarationen" von X benutzen, indem wir $(\forall X)u(X)$ ODER $(\forall Y)w(Y)$ schreiben. Im allgemeinen können wir Variablen prädikatenlogischer Ausdrücke so umbenennen, daß keine Variable in zwei Quantoren vorkommt. Diese Situation ist analog zu einer Programmiersprache wie Pascal, in der wir die Variablen eines Programms umbenennen können, um zu vermeiden, daß derselbe Name in zwei Deklarationen verwendet wird.

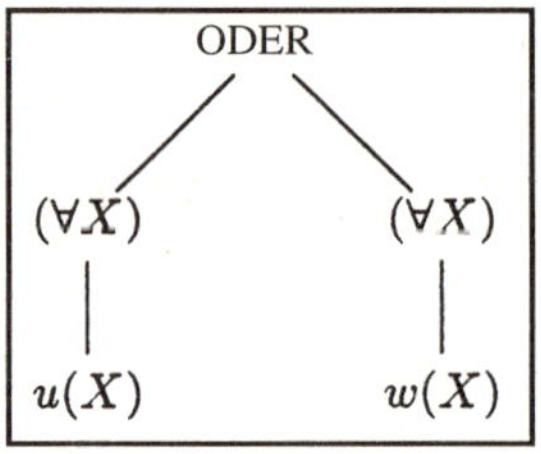

Abb. 14.2: Ausdrucksbaum für $(\forall X)u(X)$ ODER $(\forall X)w(X)$.

Beispiel 14.8

Als weiteres Beispiel sei der Ausdruck

$$(\forall X)(u(X) \text{ ODER } (\exists X)w(X))$$

betrachtet. Informell besagt er: „Für jedes Individuum gilt, entweder nimmt dieses Individuum seinen Regenschirm mit, oder es existiert ein (vielleicht anderes) Individuum, das naß wird." Der Baum für diesen Ausdruck steht in Abb. 14.3. Beachten Sie, daß sich die Verwendung von X innerhalb von w auf die am nächsten liegende „Deklaration" von X bezieht, in diesem Fall also auf den Existenzquantor. Anders ausgedrückt, wenn wir im Baum von $w(X)$ nach oben wandern, treffen wir zuerst auf den Existenzquantor, bevor wir auf den Allquantor treffen. Die Verwendung von X innerhalb von u zählt jedoch nicht zur „Reichweite" des Existenzquantors. Wenn wir uns von $u(X)$ nach oben vorarbeiten, finden wir zuerst den Allquantor. Diese Situation gleicht den Deklarationen von X innerhalb der Prozedur P aus Abb. 14.1 (die analog zu einem Allquantor ist) und innerhalb der Prozedur Q (die analog zu einem Existenzquantor ist). Der Ausdruck läßt sich folgendermaßen umschreiben

$$(\forall X)(u(X) \text{ ODER } (\exists Y)w(Y))$$

so daß keine Variable mehr als einmal quantifiziert wird. ◆

Wir sagen, ein Vorkommen einer Variablen X innerhalb eines logischen Ausdrucks E ist durch einen Quantor (QX) *gebunden* (*bound*), wenn dieser Quantor im Ausdrucksbaum für E der niedrigste Vorgänger dieses Vorkommens von X ist, der sich auf X bezieht. Wenn ein Vorkommen von X nicht durch einen Quantor gebunden ist, bezeichnet man dieses Vorkommen von X als *frei* (*free*).

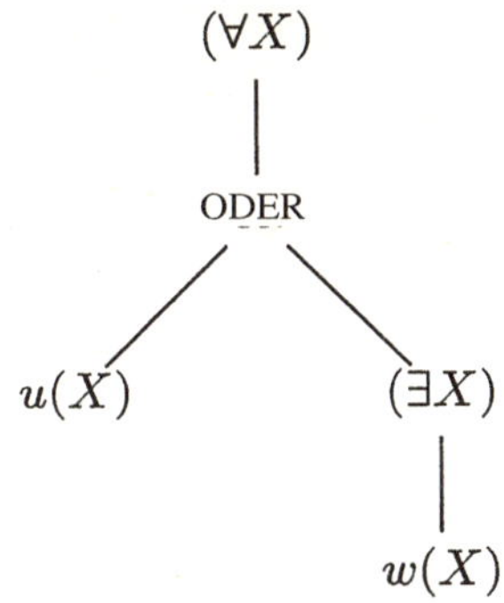

Abb. 14.3: Ausdrucksbaum für (∀X)(u(X) ODER *(∃X)w(X)).*

Quantoren verhalten sich somit wie „Deklarationen", die lokal zu einem Unterbaum T gehören, dessen Wurzel der Knoten des Quantors bildet. Sie gelten überall innerhalb von T, außer in einem Unterbaum, dessen Wurzel einem anderen Quantor mit derselben Variablen entspricht. Freie Variablen sind insofern den globalen Variablen einer Prozedur ähnlich, als ihre „Deklaration", wenn sie existiert, irgendwo außerhalb des betroffenen Ausdrucks stattfindet.

Beispiel 14.9

Gegeben sei der Ausdruck

u(X) ODER (∃X)w(X)

das heißt, „entweder X nimmt seinen oder ihren Regenschirm mit, oder es gibt eine Person, die naß wird". Der Baum ist in Abb. 14.4 angegeben. Wie in den vorhergehenden Beispielen beziehen sich die beiden Vorkommen von X auf unterschiedliche Individuen. Das Vorkommen von X in w ist an den Existenzquantor gebunden. Oberhalb des Vorkommens von X in u gibt es jedoch keinen Quantor, so daß dieses Vorkommen von X im gegebenen Ausdruck frei ist. Dieses Beispiel verdeutlicht, daß es sowohl freie als auch gebundene Vorkommen derselben Variablen geben kann, so daß wir in einigen Situationen besser von „gebundenen Vorkommen" als von „gebundenen Variablen" reden sollten. Die Ausdrücke in den Beispielen 14.8 und 14.7 verdeutlichen, daß es auch möglich ist, unterschiedliche Vorkommen einer Variablen an unterschiedliche Vorkommen von Quantoren zu binden. ◆

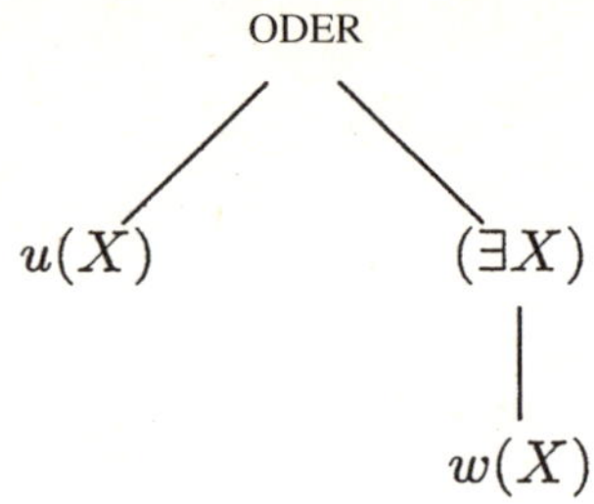

Abb. 14.4: Ausdrucksbaum für u(X) ODER *(∃X)w(X).*

ÜBUNGEN

14.4.1: Entfernen Sie aus folgenden Ausdrücken die redundanten Klammernpaare.

a) $(\forall X)((\exists Y)($NICHT $(p(X)$ ODER $(p(Y)$ UND $q(X)))))$

b) $(\exists X)(($NICHT $p(X))$ UND $((\exists Y)(p(Y))$ ODER $(\exists X)(q(X, Z))))$

14.4.2: Zeichnen Sie Ausdrucksbäume für die Ausdrücke aus Übung 14.4.1. Geben Sie für jedes Vorkommen einer Variablen an, durch welchen Quantor sie, wenn überhaupt, gebunden ist.

14.4.3: Schreiben Sie den Ausdruck aus Übung 14.4.1(b) so neu, daß dieselbe Variable nicht zweimal quantifiziert wird.

14.4.4*: In dem Kasten „Die Reihenfolge von Quantoren" sprachen wir von einem Prädikat $loves(X, Y)$ und gaben ihm die erwartete informelle Interpretation. Wie wir in Abschnitt 14.5 sehen werden, haben Prädikate jedoch keine spezielle Interpretation. Wir hätten ebenso gut annehmen können, daß *loves* sich auf ganze Zahlen anstatt auf Individuen bezieht und die informelle Interpretation besitzt, daß $Y = X + 1$ ist. Vergleichen Sie die Bedeutungen der Ausdrücke $(\forall X)(\exists Y)loves(X, Y)$ und $(\exists Y)(\forall X)loves(X, Y)$ nach dieser Interpretation. Wie lauten ihre informellen Interpretationen? Welche von beiden glauben Sie, wenn Sie überhaupt eine glauben?

14.4.5*: Schreiben Sie unter Verwendung des Prädikates *csg* unseres laufenden Beispiels Ausdrücke, die folgendes zusichern:

a) C. Brown ist ein A-Student (d. h., er hat in allen von ihm besuchten Lehrveranstaltungen die Note mit der Bewertung A).

b) C. Brown ist kein A-Student.

14.4.6*: Entwerfen Sie eine Grammatik, die die erlaubten Ausdrücke der Prädikatenlogik beschreibt. Verwenden Sie symbolische Terminalsymbole wie *constant* und *variable*, redundante Klammern sind gestattet.

14.5 Interpretationen

Bisher sind unsere Aussagen darüber eher vage, was ein Ausdruck der Prädikatenlogik denn nun „bedeutet“ oder wie wir ihm eine Bedeutung zuschreiben können. Wir erörtern dieses Thema, indem wir uns zunächst die „Bedeutung“ eines aussagenlogischen Ausdrucks E in Erinnerung rufen. Diese Bedeutung entspricht einer Funktion, die eine „Wahrheitsbelegung“ (eine Zuweisung der Wahrheitswerte 0 und 1 an die Aussagenvariablen in E) erhält und 0 oder 1 als Ergebnis zurückgibt. Das Ergebnis wird durch Auswertung von E mit den durch 0 und 1 ersetzten atomaren Operanden entsprechend einer gegebenen Wahrheitsbelegung ermittelt. Anders ausgedrückt, die Bedeutung eines logischen Ausdrucks E entspricht einer Wahrheitstafel, die den Wert von E (0 oder 1) für jede Wahrheitsbelegung enthält.

Eine Wahrheitsbelegung ist wiederum eine Funktion, die aussagenlogische Variablen als Argumente besitzt und für jedes Argument 0 oder 1 zurückgibt. Alternativ können wir eine Wahrheitsbelegung als eine Tabelle ansehen, die für jede aussagenlogische Variable einen Wahrheitswert, 0 oder 1, enthält. Abbildung 14.5 verdeutlicht die Rolle, die diese beiden Arten von Funktionen spielen.

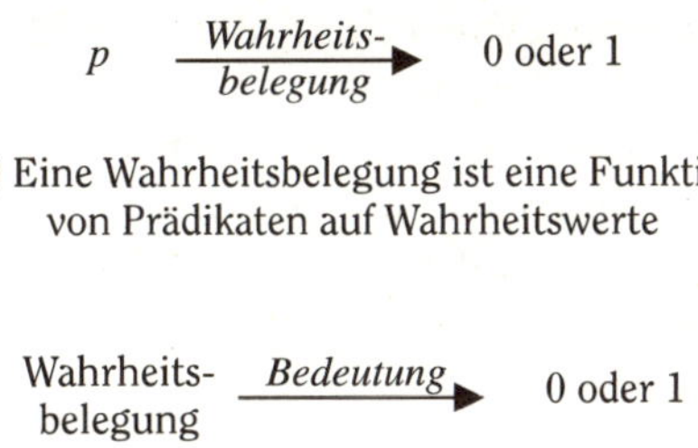

(a) Eine Wahrheitsbelegung ist eine Funktion von Prädikaten auf Wahrheitswerte

(b) Die Bedeutung eines Ausdrucks entspricht einer Funktion von Wahrheitsbelegungen

Abb. 14.5: Die Bedeutung von Ausdrücken in der Aussagenlogik.

In der Prädikatenlogik reicht es nicht, den Prädikaten eine Konstante 0 oder 1 (`WAHR` oder `FALSCH`) zuzuweisen (es sei denn, sie haben keine Argumente, dann sind es im wesentlichen aussagenlogische Variablen). Vielmehr ist der einem Prädikat zugewiesene Wert selbst eine Funktion, die Werte der Argumente des Prädikats als ihre eigene Eingabe übernimmt und 0 oder 1 als Ausgabe erzeugt.

Wir müssen uns also zunächst für einen nicht-leeren *Definitionsbereich* D von Werten entscheiden, aus dem wir die Werte für die Variablen auswählen. Dieser Definitionsbereich kann alles mögliche sein: ganze Zahlen, reelle Zahlen oder eine Menge von Werten ohne besonderen Namen und Bedeutung. Wir nehmen jedoch an, daß der Definitionsbereich jede Konstante enthält, die in dem Ausdruck selbst vorkommt. Eine *Interpretation für ein Prädikat* p mit k Argumenten ist dann eine Funktion, die als Eingabe eine Zuweisung von Elementen des Definitionsbereichs an jedes der k Argumente von p erhält und 0 oder 1 (WAHR oder FALSCH) zurückgibt. Gleichermaßen ist die Interpretation von p als eine Relation mit k Spalten anzusehen. Für jede Zuweisung von Werten an die Argumente, die p nach dieser Interpretation wahr machen, gibt es ein Tupel in der Relation.[4]

Wir können nun eine *Interpretation* für einen Ausdruck E wie folgt definieren:

1. Ein nicht-leerer Definitionsbereich D einschließlich aller in E enthaltenen Konstanten,
2. eine Interpretation für jedes in E vorkommende Prädikat p und
3. einen Wert in D für jede freie Variable in E, wenn es welche gibt.

Eine Interpretation und eine „Interpretation für ein Prädikat" sind in Abb. 14.6(a) bzw. (b) illustriert. Sie haben sicher bemerkt, daß Interpretationen in der Prädikatenlogik diejenige Rolle spielen, die in der Aussagenlogik von den Wahrheitsbelegungen übernommen wurden. Wenn alle Prädikate in einem Ausdruck E null Argumente haben, können wir die Interpretation für E sogar als eine Wahrheitsbelegung ansehen. Das liegt daran, daß der Definitionsbereich irrelevant ist, da es keine Variablen gibt, an die Werte zugewiesen werden können. Auch die Interpretation eines 0-stelligen Prädikats p entspricht einfach einem Wert, 0 oder 1, da es keine Argumente gibt, von denen die Interpretation von p abhängen könnte. Und schließlich gibt es keine Variablen im Ausdruck E, so daß die Interpretation von E keine Werte für freie Variablen spezifizieren muß (siehe Abbildung 14.6).

Beispiel 14.10

Gegeben sei der folgende Ausdruck der Prädikatenlogik:

$$p(X, Y) \rightarrow (\exists Z)(p(X, Z) \text{ UND } p(Z, Y)) \qquad (14.5)$$

Eine mögliche Interpretation für das Prädikat p, die wir als Interpretation I_1 bezeichnen werden, lautet wie folgt:

1. Der Definitionsbereich D ist die Menge der reellen Zahlen.
2. $p(U, V)$ ist immer dann wahr, wenn $U < V$ gilt. Das heißt, die Interpretation von p entspricht der Relation bestehend aus der unendlichen Menge von Paaren (U, V) für die gilt, daß U und V reelle Zahlen sind und daß U kleiner als V ist.

---

[4]Der einzige Unterschied zwischen den in Kapitel 8 behandelten Relationen und hier ist, daß die zu der Interpretation eines Prädikats assoziierte Relation eine unendliche Menge an Tupeln besitzen kann.

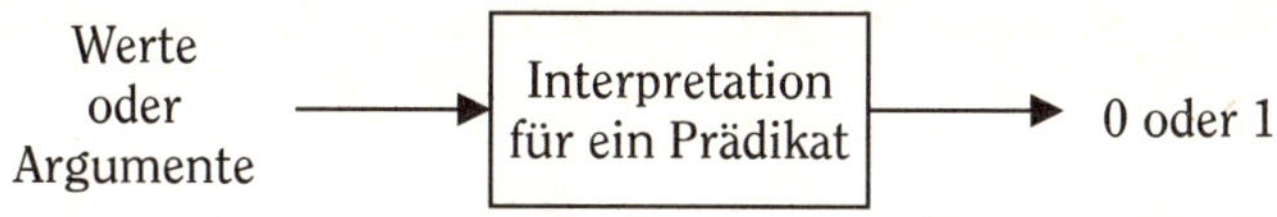

(a) Die Interpretation für ein Prädikat weist den Tupeln von Werten für die Argumente Wahrheitswerte zu.

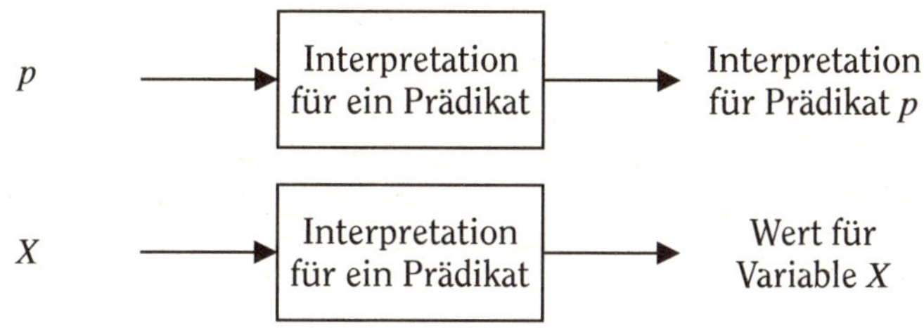

(b) Die Interpretation weißt jedem Prädikat eine Prädikatsinterpretation, sowie für jede Variable einen Wert zu.

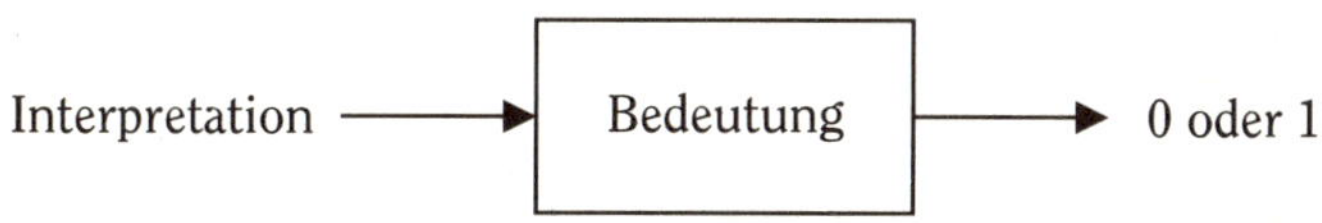

(c) Die Bedeutung eines Ausdrucks weist jeder Interpretation einen Wahrheitswert zu (analog zu einer Wahrheitstafel

Abb. 14.6: Die Bedeutung von Ausdrücken in der Prädikatenlogik.

Dann sagt (14.5) aus, daß, wenn $X < Y$ ist, es für alle reellen Zahlen X und Y ein Z gibt, das echt zwischen diesen Zahlen liegt; das heißt, es gilt $X < Z < Y$. Für die Interpretation I_1 ist (14.5) immer wahr. Wenn $X < Y$ gilt, können wir $Z = (X + Y)/2$ wählen – den Durchschnitt von X und Y – und so sicherstellen, daß $X < Z$ und $Z < Y$ gilt. Wenn $X \geq Y$ gilt, ist die linke Seite der Implikation falsch, so daß (14.5) mit Sicherheit wahr ist.

Basierend auf der Interpretation I_1 für das Prädikat p können wir eine unendliche Anzahl an Interpretationen für (14.5) bilden, indem wir beliebige reelle Zahlen für die freien Variablen X und Y auswählen. Aufgrund des gerade erwähnten wird jede dieser Interpretationen für (14.5) diesen Ausdruck wahr machen.

Eine zweite mögliche Interpretation, I_2, für p lautet

1. D ist die Menge der ganzen Zahlen.

2. $p(U, V)$ ist dann und nur dann wahr, wenn $U < V$ ist.

Wir behaupten nun, daß (14.5) wahr ist, es sei denn, es gilt $Y = X + 1$. Denn wenn Y um zwei oder mehr größer ist als X, kann Z als $X + 1$ gewählt werden. Es gilt dann $X < Z < Y$. Wenn $Y \leq X$ ist, ist $p(X, Y)$ falsch, so daß (14.5) wieder wahr ist. Wenn aber $Y = X + 1$ ist, ist $p(X, Y)$ wahr, es gibt jedoch keine ganze Zahl Z, die echt zwischen X und Y liegt. Daher gilt für jede ganze Zahl Z, daß entweder $p(X, Z)$ oder $p(Z, Y)$ falsch ist und die rechte Seite der Implikation – also $(\exists Z)(p(X, Z)$ UND $p(Z, Y))$ – nicht wahr ist.

Wir können I_2 zu einer Interpretation für (14.5) erweitern, indem wir den freien Variablen X und Y ganze Zahlen zuweisen. Die oben angegebene Analyse zeigt, daß (14.5) für jede derartige Interpretation wahr ist, außer für die, in denen $Y = X + 1$ gilt.

Unsere dritte Interpretation, I_3, für p ist abstrakt, ohne daß ihr eine bestimmte Bedeutung in der Mathematik zukommt, was bei I_1 und I_2 der Fall war:

1. D ist die Menge der drei Symbole a, b, c.

2. $p(U, V)$ ist wahr, wenn UV eines der sechs Paare

   aa, ab, ba, bc, cb, cc

   ist, für die drei anderen Paare *ac*, *bb* und *ca* ist es falsch.

Dann tritt der Fall ein, daß (14.5) für jedes der neun Paare XY wahr ist. Auf jeden Fall ist entweder $p(X, Y)$ falsch, oder es gibt ein Z, das die rechte Seite von (14.5) wahr macht. Die neun Fälle sind in Abb. 14.7 aufgezählt. Wir können I_3 auf neun Arten zu einer Interpretation für (14.5) erweitern, indem wir beliebige Kombinationen von a, b, c an die freien Variablen X und Y zuweisen. Jede dieser Interpretationen macht (14.5) wahr. ◆

X	Y	Warum wahr
a	a	$Z = a$ oder b
a	b	$Z = a$
a	c	$p(a, c)$ falsch
b	a	$Z = a$
b	b	$p(b, b)$ falsch
b	c	$Z = c$

Abb. 14.7: Werte von (14.5) unter der Interpretation I_3.

X	Y	Warum wahr
c	a	$p(c, a)$ falsch
c	b	$Z = c$
c	c	$Z = b$ oder c

Abb. 14.7: Werte von (14.5) unter der Interpretation I_3.

Die Bedeutung von Ausdrücken

Sie erinnern sich, daß die Bedeutung eines Ausdrucks in der Aussagenlogik eine Funktion von den Wahrheitsbelegungen auf die Wahrheitswerte 0 und 1 war, was in Abb. 14.5(b) verdeutlicht wurde. Das heißt, eine Wahrheitsbelegung sagt alles Wissenswerte über die Werte der atomaren Operanden des Ausdrucks aus, und der Ausdruck wird dann zu 0 oder 1 ausgewertet. Ähnlich entspricht die Bedeutung eines Ausdrucks in der Prädikatenlogik einer Funktion, die eine Interpretation erhält, welche wir zur Auswertung der atomaren Operanden benötigen, und die 0 oder 1 zurückgibt. Der Begriff der „Bedeutung“ wurde in Abb. 14.6(c) illustriert.

Beispiel 14.11

Gegeben sei der Ausdruck (14.5) aus Beispiel 14.10. X und Y sind freie Variablen in (14.5). Sind die Interpretation I_1 aus Beispiel 14.10 für p (p entspricht $<$ auf reellen Zahlen) und die Werte $X = 3{,}14$ und $Y = 3{,}5$ gegeben, so ist der Wert von (14.5) 1. Tatsächlich hat der Ausdruck für die Interpretation I_1 für p und beliebige Werte von X und Y den Wert 1, was bereits in Beispiel 14.10 erwähnt wurde. Gleiches gilt für die Interpretation I_3 für p; alle aus dem Definitionsbereich $\{a, b, c\}$ gewählten Werte für X und Y geben (14.5) den Wert 1.

Sind dagegen die Interpretation I_2 (p entspricht $<$ auf ganzen Zahlen) und die Werte $X = 3$ und $Y = 4$ gegeben, so hat (14.5) den Wert 0, was in Beispiel 14.10 herausgefunden wurde. Für die Interpretation I_2 und die Werte $X = 3$ und $Y = 5$ für die freien Variablen hat (14.5) den Wert 1. ◆

Um die Definition der „Bedeutung“ eines Ausdrucks zu vervollständigen, müssen wir formal definieren, wie die Wahrheitswerte für atomare Operanden in einen Wahrheitswert für den gesamten Ausdruck übersetzt werden. Bisher sind wir eher intuitiv an die Sache herangegangen, wobei wir uns auf unser Verständnis, wie logische Verknüpfungen der Aussagenlogik funktionieren, und auf unsere Intuition in bezug auf Quantoren stützten. Für eine gegebene Interpretation I mit dem Definitionsbereich D ergibt sich eine formale Definition des Wertes eines Ausdrucks anhand einer strukturellen Induktion über den Ausdrucksbaum für den gegebenen logischen Ausdruck E.

BASIS. Ist der Ausdrucksbaum ein Blatt, so ist E eine atomare Formel $p(X_1, X_2, ..., X_k)$. Die X_i sind entweder Konstanten oder freie Variablen des Ausdrucks E. Die Interpretation I liefert uns für jede der Variablen einen Wert, so daß wir für alle Argumente von p Werte haben. Zudem teilt uns I mit, ob p mit diesen Werten als Argumenten wahr oder falsch ist. Der Wahrheitswert entspricht dem Wert des Ausdrucks E.

INDUKTION. Nehmen wir nun an, es ist ein Ausdruck E gegeben, dessen Ausdrucksbaum an der Wurzel einen Operator enthält. In Abhängigkeit dieses Operators an der Wurzel von E ergeben sich mehrere Fälle.

Betrachten wir zunächst den Fall, daß E die Form E_1 `UND` E_2 hat; das heißt, der Operator an der Wurzel ist ein logisches `UND`. Die Induktionsannahme läßt sich auf die Teilausdrücke E_1 und E_2 anwenden. Wir können somit E_1 unter der Interpretation I auswerten.[5] In gleicher Weise läßt sich E_2 unter der Interpretation I auswerten. Ergeben beide den Wert 1, so hat auch E den Wert 1; sonst wird E zu 0 ausgewertet.

Die Induktion für andere logische Operatoren wie `ODER` oder `NICHT` ist auf dieselbe Art und Weise zu führen. Für `ODER` werten wir beide Teilausdrücke aus und erzeugen den Wert 1, wenn einer der Teilausdrücke oder beide den Wert 1 haben; für `NICHT` werten wir den einen Teilausdruck aus und erzeugen die Negation des Wertes dieses Ausdrucks, genauso verfahren wir bei den anderen Operatoren der Aussagenlogik.

Nehmen wir nun an, E hat die Form $(\exists X)E_1$. Der Wurzeloperator ist der Existenzquantor, und wir wenden die Induktionsannahme auf den Teilausdruck E_1 an. Alle Prädikate in E_1 tauchen auch in E auf, und die freien Variablen in E_1 entsprechen den freien Variablen in E und (möglicherweise) X.[6] Wir können somit für jeden Wert v im Definitionsbereich D eine Interpretation I für E_1 mit der zusätzlichen Zuweisung des Wertes v an die Variable X konstruieren; nennen wir diese Interpretation J_v. Für jeden Wert v fragen wir dann, ob E_1 unter der Interpretation J_v wahr ist. Wenn es mindestens einen derartigen Wert v gibt, so ist $E = (\exists X)E_1$ wahr; sonst ist E falsch.

---

[5] Strenggenommen müssen wir aus I die Interpretation für jedes Prädikat p entfernen, das zwar in E, nicht aber in E_1 vorkommt. Weiterhin müssen wir den Wert für jede freie Variable entfernen, die in E, aber nicht in E_1 auftaucht. Es ergeben sich jedoch keine konzeptuellen Schwierigkeiten, wenn in einer Interpretation zusätzliche Information enthalten ist, die nicht benötigt wird.

[6] Strenggenommen braucht E_1 kein freies Vorkommen von X zu enthalten, auch wenn wir einen X betreffenden Quantor auf E_1 anwenden. In diesem Fall könnte der Quantor ebensogut nicht vorhanden sein, wir haben jedoch seine Existenz nicht verboten.

Nehmen wir zum Schluß an, daß E die Form $(\forall X)E_1$ hat. Wieder gilt die Induktionsannahme für E_1. Wir fragen nun, ob E_1 für jeden Wert v im Definitionsbereich D unter der Interpretation J_v wahr ist. Wenn ja, hat E den Wert 1; wenn nicht, hat E den Wert 0.

Können wir die Werte von Ausdrücken berechnen?

Vielleicht stehen Sie unserer Definition, wann ein Ausdruck E in den Fällen, in denen E gleich $(\exists X)E_1$ oder $(\forall X)E_1$ ist, den Wert 1 hat, skeptisch gegenüber. Wenn der Definitionsbereich D unendlich ist, muß der von uns vorgeschlagene Test zur Auswertung von E_1 unter jeder Interpretation J_v keinen Algorithmus für dessen Ausführung haben. Im wesentlichen wird von uns gefordert, jeweils ein Programm wie

```
answer := FALSE;
for each v in D do
    if E1 ist unter der Interpretation Jv wahr then
        answer := TRUE;
```

für den Existenzquantor und ein Programm wie

```
answer := TRUE;
for each v in D do
    if E1 ist unter der Interpretation Jv falsch then
        answer := FALSE;
```

für den Allquantor auszuführen.

Auch wenn die Absicht dieser Programme offensichtlich sein sollte, so handelt es sich dabei nicht um Algorithmen. Wenn nämlich der Definitionsbereich D unendlich ist, durchlaufen wir die Schleife unendlich oft. Auch wenn wir so unter Umständen nicht feststellen können, ob E wahr oder falsch ist, bieten wir dennoch die korrekte Definition, wann E wahr ist; das heißt, wir versehen die Quantoren $\forall$ und $\exists$ mit der beabsichtigten Bedeutung. In vielen praktischen und nützlichen Situationen sind wir in der Lage, zu bestimmen, ob E wahr oder falsch ist. In anderen Situationen, bei denen es sich typischerweise um die Umwandlung von Ausdrücken in äquivalente Formen handelt, werden wir feststellen, daß es egal ist, ob E wahr oder falsch ist. Wir werden die Äquivalenz zweier Ausdrücke aus den Definitionen ihrer Werte schließen können, ohne zu wissen, ob ein Wert v, der einen Teilausdruck E_1 wahr werden läßt, existiert.

Beispiel 14.12

Werten wir nun den Ausdruck (14.5) mit der Interpretation I_2 für p (entspricht $<$ auf ganzen Zahlen) und den Werten 3 und 7 für die freien Variablen X bzw. Y aus. Abbildung 14.8 enthält den Ausdrucksbaum für (14.5). Die Wurzel ist mit dem Operator $\rightarrow$ markiert. Wir haben diesen Fall zwar nicht explizit behandelt, das Prinzip sollte dennoch klar sein. Der gesamte Ausdruck kann als $E_1 \rightarrow E_2$ geschrieben werden, wobei E_1 dem Teilausdruck $p(X, Y)$ und E_2 dem Teilausdruck $(\exists Z)(p(X, Z)$ UND $p(Z, Y))$ entspricht. Aufgrund der Bedeutung von $\rightarrow$ ist der gesamte Ausdruck wahr, mit Ausnahme des Falls, daß E_1 wahr und E_2 falsch ist.

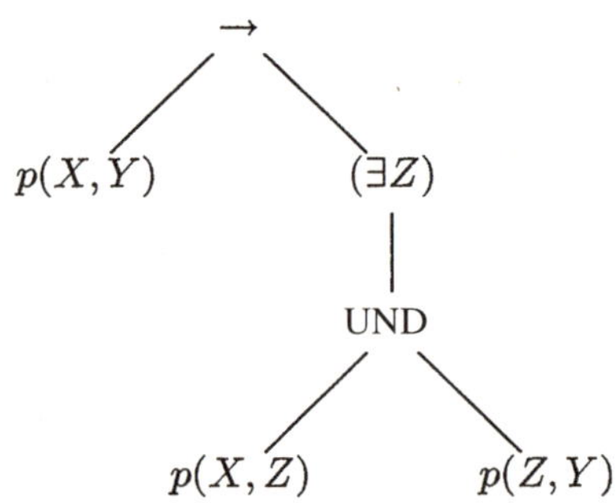

Abb. 14.8: Ausdrucksbaum für (14.5).

Der Teilausdruck E_1, der $p(X, Y)$ entspricht, ist einfach auszuwerten. Da $X = 3$, $Y = 7$ und $p(X, Y)$ dann und nur dann wahr ist, wenn $X < Y$ gilt, schließen wir, daß E_1 wahr ist. Die Auswertung von E_2 ist etwas schwieriger. Wir müssen alle möglichen Werte v für Z betrachten, um festzustellen, ob es mindestens einen Wert gibt, der $p(X, Z)$ UND $p(Z, Y)$ wahr werden läßt. Wenn beispielsweise $Z = 0$ ist, ist zwar $p(Z, Y)$ wahr, aber $p(X, Z)$ ist falsch, da $X = 3$ nicht kleiner als Z ist.

Bei näherer Betrachtung stellen wir fest, daß wir, um $p(X, Z)$ UND $p(Z, Y)$ wahr zu machen, einen Wert v benötigen, für den gilt, daß $3 < v$ ist [damit $p(X, Z)$ wahr wird] und daß $v < 7$ ist [damit $p(Z, Y)$ wahr wird]. Zum Beispiel macht $v = 4$ den Ausdruck $p(X, Z)$ UND $p(Z, Y)$ wahr und zeigt auf diese Weise, daß E_2, bzw. $p(X, Z)$ UND $p(Z, Y)$, für die gegebene Interpretation wahr ist.

Wir wissen nun, daß sowohl E_1 als auch E_2 wahr ist. Da $E_1 \rightarrow E_2$ wahr ist, wenn E_1 und E_2 beide wahr sind, schließen wir daraus, daß (14.5) für die Interpretation den Wert 1 hat, in der das Prädikat p die Interpretation I_2 besitzt, $X = 3$ und $Y = 7$. ◆

ÜBUNGEN

14.5.1: Geben Sie für jeden der folgenden Ausdrücke eine Interpretation an, die ihn wahr macht, und eine, die ihn falsch macht.

a) $(\forall X)(\exists Y)(loves(X, Y))$

b) $p(X) \rightarrow \texttt{NICHT}\ p(X)$

c) $(\exists X)p(X) \rightarrow (\forall X)p(X)$

d) $(p(X, Y)\ \texttt{UND}\ p(Y, Z)) \rightarrow p(X, Z)$

14.5.2: Erklären Sie, warum jede Interpretation den Ausdruck $p(X) \rightarrow p(X)$ wahr macht.

14.6 Tautologien

Sie erinnern sich, daß wir in der Aussagenlogik einen Ausdruck als Tautologie bezeichnen, wenn der Wert des Ausdrucks für jede Wahrheitsbelegung 1 ist. Dasselbe gilt in der Prädikatenlogik. Ein Ausdruck E ist eine *Tautologie*, wenn E für jede Interpretation von E den Wert 1 hat.

Beispiel 14.13

Wie bei der Aussagenlogik ist „irgendein" Ausdruck der Prädikatenlogik nur selten eine Tautologie. Zum Beispiel ist der Ausdruck (14.5), bzw.

$$p(X, Y) \rightarrow (\exists Z)(p(X, Z)\ \texttt{UND}\ p(Z, Y))$$

den wir in Beispiel 14.10 untersuchten, für einige Interpretationen des Prädikats p immer wahr. Es gibt aber auch andere Interpretationen, wie I_2 aus Beispiel 14.10 – p entspricht der Relation < auf den ganzen Zahlen – für die dieser Ausdruck nicht immer wahr ist (z. B. ist er für $X = 1$ und $Y = 2$ falsch). Dieser Ausdruck ist daher keine Tautologie.

Ein Beispiel einer Tautologie bildet der Ausdruck

$$q(X)\ \texttt{ODER NICHT}\ q(X)$$

Hier ist es egal, welche Interpretation wir für q verwenden oder welchen Wert wir der freien Variablen X zuweisen. Wenn unsere Wahl der Interpretation $q(X)$ wahr macht, ist der Ausdruck wahr. Wenn unsere Wahl $q(X)$ falsch macht, muß NICHT $q(X)$ wahr sein, was wiederum den ganzen Ausdruck wahr werden läßt. ◆

Das Substitutionsprinzip

Die Tautologien der Aussagenlogik bilden eine reichhaltige Quelle für Tautologien der Prädikatenlogik. Das in Abschnitt 12.7 vorgestellte Substitutionsprinzip besagt, daß wir jede Tautologie der Aussagenlogik nehmen und jede Substitution der aussagenlogischen Variablen vornehmen können, ohne die Tatsache zu verändern, daß das Ergebnis auch weiterhin eine Tautologie ist. Dieses Prinzip gilt auch dann, wenn wir die Substitution von Ausdrücken der Prädikatenlogik für aussagenlogische Variablen gestatten. Die in Beispiel 14.13 erwähnte Tautologie $q(X)$ ODER NICHT $q(X)$ entspricht beispielsweise der Substitution des Ausdrucks $q(X)$ für die aussagenlogische Variable p in der Tautologie p ODER NICHT p.

Wenn Ausdrücke der Prädikatenlogik für aussagenlogische Variablen ersetzt werden, gilt das Substitutionsprinzip aus demselben Grund, aus dem es etwa bei der Substitution aussagenlogischer Ausdrücke gilt. Ersetzen wir alle Vorkommen einer aussagenlogischen Variablen wie p durch einen Ausdruck wie $q(X)$, so wissen wir, daß der Wert des substituierten Ausdrucks für jede Interpretation für jedes seiner Vorkommen derselbe sein wird. Da der ursprüngliche Ausdruck der Aussagenlogik, in dem die Substitution vorgenommen wird, eine Tautologie ist, ist dieser Ausdruck immer wahr, wenn für eine seiner aussagenlogischen Variablen eine konsistente Substitution von 0 oder eine konsistente Substitution von 1 durchgeführt wird.

Zum Beispiel ist in dem Ausdruck $q(X)$ ODER NICHT $q(X)$ der Teilausdruck $q(X)$ entweder wahr oder falsch, egal welche Interpretation von q oder welcher Wert von X verwendet wird. Der Ausdruck wird somit entweder zu 1 ODER NICHT 1 oder zu 0 ODER NICHT 0, die beide dem Wert 1 entsprechen.

Äquivalenz von Ausdrücken

Wie in der Aussagenlogik definieren wir zwei Ausdrücke E und F der Prädikatenlogik als äquivalent, wenn $E \equiv F$ eine Tautologie ist. Das ebenfalls in Abschnitt 12.7 eingeführte „Substitutionsprinzip von Gleichem für Gleiches“ gilt auch, wenn äquivalente Ausdrücke der Prädikatenlogik gegeben sind. Wenn also E_1 äquivalent zu E_2 ist, können wir E_2 in jedem Ausdruck F_1 für E_1 substituieren, und der daraus resultierende Ausdruck F_2 ist äquivalent; das heißt, es gilt $F_1 \equiv F_2$.

Beispiel 14.14

Das Kommutativgesetz für UND besagt (p UND q) $\equiv$ (q UND p). Wir substituieren $p(X)$ für p und $q(Y, Z)$ für q und erhalten so die folgende Tautologie der Prädikatenlogik

$$(p(X) \text{ UND } q(Y, Z)) \equiv (q(Y, Z) \text{ UND } p(X))$$

Die Ausdrücke $p(X)$ UND $q(Y, Z)$ und $q(Y, Z)$ UND $p(X)$ sind äquivalent. Haben wir nun einen Ausdruck wie ($p(X)$ UND $q(Y, Z)$) ODER $q(X, Y)$, können wir $q(Y, Z)$ UND $p(X)$ für $p(X)$ UND $q(Y, Z)$ substituieren, um einen anderen Ausdruck zu erhalten

$$(q(Y, Z) \text{ UND } p(X)) \text{ ODER } q(X, Y)$$

Wir wissen dann, daß noch immer gilt

$$((p(X) \text{ UND } q(Y, Z)) \text{ ODER } q(X, Y)) \equiv ((q(Y, Z) \text{ UND } p(X)) \text{ ODER } q(X, Y))$$

Es gibt noch kniffligere Fälle äquivalenter Ausdrücke in der Prädikatenlogik. Normalerweise würden wir von äquivalenten Ausdrücken erwarten, daß sie dieselben freien Variablen und Prädikate enthalten, es gibt jedoch einige Fälle, in denen die freien Variablen und/oder Prädikate unterschiedlich sein können. Zum Beispiel ist der Ausdruck

$$(p(X) \text{ ODER NICHT } p(X)) \equiv (q(Y) \text{ ODER NICHT } q(Y))$$

deswegen eine Tautologie, weil beide Seiten des ≡ Tautologien sind, was wir in Beispiel 14.13 gezeigt hatten. Wir können somit in $p(X)$ ODER NICHT $p(X)$ ODER $q(X)$ den Ausdruck $q(Y)$ ODER NICHT $q(Y)$ für $p(X)$ ODER NICHT $p(X)$ substituieren, um die Äquivalenz

$$(p(X) \text{ ODER NICHT } p(X) \text{ ODER } q(X)) \equiv (q(Y) \text{ ODER NICHT } q(Y) \text{ ODER } q(X))$$

zu erhalten. Da die linke Seite der ≡ eine Tautologie ist, können wir schließen, daß auch

$$q(Y) \text{ ODER NICHT } q(Y) \text{ ODER } q(X)$$

eine Tautologie ist. ◆

ÜBUNGEN

14.6.1: Erklären Sie, warum die folgenden Ausdrücke Tautologien sind. Das heißt, welche Ausdrücke der Prädikatenlogik wurden in welche Tautologien der Aussagenlogik substituiert?

a) $(p(X) \text{ ODER } q(Y)) \equiv (q(Y) \text{ ODER } p(X))$

b) $(p(X, Y) \text{ UND } p(X, Y)) \equiv p(X, Y)$

c) $(p(X) \rightarrow \text{FALSCH}) \equiv \text{NICHT } p(X)$

14.7 Quantoren betreffende Tautologien

Tautologien der Prädikatenlogik, die Quantoren enthalten, haben kein unmittelbares Gegenstück in der Aussagenlogik. Dieser Abschnitt untersucht diese Tautologien und zeigt, wie sie bei der Manipulation von Ausdrücken verwendet werden können. Das wichtigste Ergebnis dieses Abschnitts ist, daß wir jeden Ausdruck in einen äquivalenten Ausdruck umformen können, bei dem alle Quantoren vorne stehen.

Variablenumbenennung

In Pascal können wir den Namen einer lokalen Variablen ändern, vorausgesetzt wir ändern konsistent alle Anwendungen dieser lokalen Variablen. Analog dazu können wir die in einem Quantor verwendete Variable ändern, vorausgesetzt wir ändern alle Vorkommen dieser an diesen Quantor gebundenen Variablen. Ebenfalls wie in Pascal müssen wir bei der Auswahl eines neuen Variablennamens sorgfältig vorgehen. Wenn wir nämlich einen Namen wählen, der außerhalb der betroffenen Prozedur bereits definiert ist, ändern wir unter Umständen die Bedeutung des Programms und verursachen dadurch einen schweren Fehler.

Beispiel 14.15

Nehmen wir an, es ist eine Prozedur P wie in Abb. 14.9 gegeben, die eine Variable `x` und eine Prozedur Q definiert; Q definiert die lokale Variable `y`. Gehen wir weiterhin davon aus, daß Q die Zuweisung `x := y` enthält. Wenn wir `y` in ihren beiden Deklarationen und in ihrer Anwendung in `z` umbenennen, wird aus der alten Zuweisung nun `x := z`. Diese Zuweisung hat dieselbe Bedeutung: Die zu P gehörende Variable `x` bekommt den Wert der lokalen Variablen von Q zugewiesen.

```
procedure P;
x: integer;
   ...
   procedure Q;
   y: integer;
      ...
      x := y;
   ...
   end; (* Q *)
...
end; (* P *)
```

Abb. 14.9: Prozeduren mit lokalen Deklarationen.

Wenn wir jedoch `y` zu `x` ändern, hat die Zuweisung die Form `x := x`. Beide `x` beziehen sich dann auf das lokale `x` von Q, so daß sich die Zuweisung nicht mehr auf das zu P gehörende `x` auswirkt. Durch die Verwendung desselben Namens, den die Variable `x` in P hat, die außerhalb von Q deklariert wurde, kann man nun nicht mehr von Q aus auf das `x` in P zugreifen, so daß wir jeden Verweis auf dieses `x` innerhalb von Q „geraubt" haben. Die Moral von der Geschicht, verwende niemals einen lokalen Variablennamen, der auch global benutzt wird und auf den sich die fragliche Prozedur auch noch bezieht. ◆

Unter Berücksichtigung der Beispiel 14.15 zugrundeliegenden Aussage betrachten wir den folgenden Typ einer Äquivalenz und die Bedingungen, unter denen sie eine Tautologie ist.

$$(QX)E \equiv (QY)E' \tag{14.6}$$

E' entspricht dem Ausdruck E, bei dem alle Vorkommen von X, die an den explizit angegebenen Quantor (QX) gebunden sind, durch Y ersetzt wurden. Wir behaupten, daß (14.6) unter der Voraussetzung eine Tautologie ist, daß kein Vorkommen von Y in E frei ist. Um dies zu verstehen, sei eine Interpretation I für $(QX)E$ gegeben (oder äquivalent dazu für $(QY)E'$, da die freien Variablen und Prädikate der beiden quantifizierten Ausdrücke gleich sind). Wenn I, welches durch die Vergabe des Wertes v an X erweitert wurde, E wahr macht, so macht I auch E' mit dem Wert v für Y wahr. Wenn umgekehrt I durch die Verwendung von v für X E falsch werden läßt, macht auch die Erweiterung von I um v für Y den Ausdruck E' falsch.

Wenn $\exists$ der Quantor Q ist, dann gibt es einen Wert v für Y, der E' wahr macht, falls es einen Wert v für X gibt, der E ebenfalls wahr werden läßt; gleiches gilt für den umgekehrten Fall. Wenn Q $\forall$ entspricht, machen dann und nur dann alle Werte von X E wahr, wenn alle Werte von Y E' wahr werden lassen. $(QX)E$ ist somit dann und nur dann für einen der beiden Quantoren unter einer gegebenen Interpretation I wahr, wenn $(QY)E'$ unter derselben Interpretation wahr ist, was zeigt, daß

$$(QX)E \equiv (QY)E'$$

eine Tautologie ist.

Beispiel 14.16

Gegeben sei der Ausdruck

$$((\exists X)p(X, Y)) \texttt{ ODER NICHT } ((\exists X)p(X, Y)) \tag{14.7}$$

der eine Tautologie ist. Wir werden zeigen, wie die beiden X umzubenennen sind, um eine andere Tautologie mit unterschiedlichen Variablen für die beiden Quantoren zu erhalten.

Wenn E in (14.6) $p(X, Y)$ ist, und wir die Variable Z auswählen, die Rolle von Y in (14.6) zu übernehmen, erhalten wir die Tautologie $((\exists X)p(X, Y)) \equiv ((\exists Z)p(Z, Y))$. Um den Ausdruck E' zu konstruieren, substituieren wir Z für X in $E = p(X, Y)$ und erhalten so $p(Z, Y)$. Wir substituieren „Gleiches für Gleiches" und ersetzen das erste Vorkommen von $(\exists X)p(X, Y)$ in (14.7) durch $(\exists Z)p(Z, Y)$, um so den Ausdruck

$$((\exists Z)p(Z, Y)) \texttt{ ODER NICHT } ((\exists X)p(X, Y))$$

zu erhalten. Dieser Ausdruck ist äquivalent zu (14.7) und ist demnach ebenfalls eine Tautologie.

Beachten Sie, daß wir X auch in der zweiten Hälfte von (14.7) durch Z ersetzen können; es ist egal, ob wir dies tun oder nicht, da die beiden Quantoren unterschiedliche und nicht in Beziehung stehende Variablen definieren, die in (14.7) beide den Namen X trugen. Wir sollten jedoch verstehen, daß es nicht erlaubt ist, eines der Vorkommen von $\exists X$ durch $\exists Y$ zu ersetzen, da Y in jedem der Teilausdrücke $p(X, Y)$ frei ist.

Das heißt, $((\exists X)p(X, Y)) \equiv ((\exists Y)p(Y, Y))$ ist keine Instanz von (14.6), die gleichzeitig eine Tautologie ist, da Y im Ausdruck $p(X, Y)$ frei ist. Um zu erkennen, daß es keine Tautologie ist, sei p als $<$ auf ganzen Zahlen interpretiert. Dann gilt für jeden Wert der freien Variablen Y, sagen wir $Y = 10$, daß der Ausdruck $(\exists X)p(X, Y)$ wahr ist, da beispielsweise $X = 9$ gelten kann. Die rechte Seite der Äquivalenz, $(\exists Y)p(Y, Y)$, ist aber falsch, da keine ganze Zahl echt kleiner ist als sie selbst.

Ebenso dürfen wir in (14.7) nicht $(\exists Y)p(Y, Y)$ für $(\exists X)p(X, Y)$ substituieren. Der sich daraus ergebende Ausdruck

$$((\exists Y)p(Y, Y)) \texttt{ ODER NICHT } ((\exists X)p(X, Y)) \tag{14.8}$$

ist keine Tautologie. Wieder interpretieren wir p als $<$ auf den ganzen Zahlen. Der Wert der freien Variablen Y sei beispielsweise 10. Beachten Sie, daß die ersten beiden Vorkommen von Y in $p(Y, Y)$ in (14.8) gebundene Vorkommen sind, die an den Quantor $(\exists Y)$ gebunden sind. Nur das letzte Vorkommen von Y in $p(X, Y)$ ist frei. Dann ist $(\exists Y)p(Y, Y)$ für diese Interpretation falsch, da kein Wert von Y kleiner als er selbst ist. Andererseits ist $(\exists X)p(X, Y)$ wahr, wenn $Y = 10$ gilt (oder eine andere ganze Zahl), so daß NICHT $((\exists X)p(X, Y))$ falsch ist. (14.8) ist somit für diese Interpretation falsch. ♦

Allquantifizierung freier Variablen

Ein Ausdruck mit freien Variablen kann nur eine Tautologie sein, wenn derselbe Ausdruck mit allquantifizierten freien Variablen eine Tautologie ist. Formal gilt für jede Tautologie T und Variable X, daß $(\forall X)T$ auch eine Tautologie ist. Strenggenommen ist es egal, ob X in T vorkommt oder nicht.

Wie man quantifizierte Variablen eindeutig macht

Als interessante Konsequenz aus (14.6) ergibt sich, daß wir jeden Ausdruck E der Prädikatenlogik in einen äquivalenten Ausdruck umwandeln können, in dem keine zwei Quantoren dieselbe Variable benutzen und kein Quantor eine Variable verwendet, die in E auch frei ist. Ein solcher Ausdruck heißt *rektifiziert*.

In einem Beweis beginnen wir mit der Tautologie $E \equiv E$. Anschließend wenden wir (14.6) auf Vorkommen von E auf der rechten Seite an, um nacheinander jede quantifizierte Variable durch eine nirgendwo sonst in E verwendete Variable neu zu benennen. Das Ergebnis ist ein Ausdruck $E \equiv E'$, bei dem alle Quantoren (QX) von E' unterschiedliche X betreffen, und diese X nicht frei in E oder E' vorkommen. Laut Transitivitätsgesetz der Äquivalenz für die Aussagenlogik ist $E \equiv E'$ eine Tautologie; das heißt, E und E' sind äquivalente Ausdrücke.

Um zu verstehen, warum $(\forall X)T$ eine Tautologie ist, seien $Y_1, ..., Y_k$ die freien Variablen von T; X kann dazugehören oder auch nicht. Nehmen wir zunächst an, daß $X = Y_1$ gilt. Wir müssen zeigen, daß $(\forall X)T$ für jede Interpretation I wahr ist. Äquivalent dazu müssen wir zeigen, daß für jeden Wert v im Definitionsbereich von I, die Interpretation J_v, die aus I gebildet wird, indem X den Wert v zugewiesen bekommt, T wahr macht. T ist aber eine Tautologie und daher für jede Interpretation wahr.

Wenn X eine der anderen freien Variablen Y_i von T ist, ist das Argument, daß (($\forall X)T$ eine Tautologie ist, im wesentlichen genauso. Wenn X keines der Y_i ist, so hat sein Wert keinerlei Auswirkungen darauf, ob T wahr oder falsch ist. T ist somit einfach deswegen für alle X wahr, weil T eine Tautologie ist.

Geschlossene Ausdrücke

Eine interessante Folge ist, daß wir immer annehmen dürfen, daß Tautologien keine freien Variablen enthalten. Wir können die oben genannten Transformation anwenden, um die freien Variablen der Reihe nach zu allquantorisieren. Ein Ausdruck, der keine freie Variable enthält, wird als *geschlossener* Ausdruck bezeichnet.

Beispiel 14.17

Wir wissen, daß $p(X, Y)$ ODER NICHT $p(X, Y)$ eine Tautologie ist. Wir erweitern diesen Ausdruck, indem wir Allquantoren für die freien Variablen X und Y hinzufügen und erhalten die Tautologie

$$(\forall X)(\forall Y)(p(X, Y) \text{ ODER NICHT } p(X, Y))$$

Verschieben von Quantoren durch NICHT

Es gibt eine unendliche Version der DeMorgan Gesetze, mit deren Hilfe wir ∀ durch ∃ und ∃ durch ∀ ersetzen können, ebenso wie uns die „normalen“ Gesetze von DeMorgan gestatten, zwischen UND und ODER umzuschalten, wenn wir einem NICHT begegnen. Angenommen, es ist ein Ausdruck wie

$$\text{NICHT } ((\forall X)p(X))$$

gegeben. Wenn der Definitionsbereich der Werte endlich ist und, sagen wir $v_1, ..., v_n$, entspricht, könnte der Ausdruck auch die Form NICHT $(p(v_1)$ UND $p(v_2)$ UND ... UND $p(v_n))$ haben. Dann könnten wir die Gesetze von DeMorgan anwenden und diesen Ausdruck als NICHT $p(v_1)$ ODER NICHT $p(v_2)$ ODER ... ODER NICHT $p(v_n)$ neu schreiben. Da wir von einem endlichen Definitionsbereich ausgehen, ist dieser Ausdruck der gleiche wie $(\exists X)$ (NICHT $p(X)$) – $p(X)$ ist somit für einen Wert von X falsch.

Tatsächlich hängt diese Umwandlung nicht von der Endlichkeit des Definitionsbereiches ab; sie gilt für jede mögliche Interpretation. Das heißt, folgende Äquivalenz ist für jeden Ausdruck E eine Tautologie.

$$(\text{NICHT } (((\forall X)E)) \equiv ((\exists X)(\text{NICHT } E)) \tag{14.9}$$

Informell besagt (14.9), daß E genau dann nicht für alle X wahr wird, wenn es einen Wert von X gibt, der E falsch werden läßt.

Eine ähnliche Tautologie gestattet es uns, ein NICHT in einen Existenzquantor zu schieben.

$$(\text{NICHT } ((\exists X)E)) \equiv (((\forall X)(\text{NICHT } E)) \tag{14.10}$$

Informell bedeutet dies, es existiert genau dann kein X, das E wahr macht, wenn E für alle X falsch ist.

Beispiel 14.18

Gegeben sei die Tautologie

$$((\forall X)p(X) \text{ ODER NICHT } (((\forall X)p(X)) \tag{14.11}$$

die wir mit Hilfe des Substitutionsprinzips aus der Tautologie p ODER NICHT p der Aussagenlogik erhalten. Wir benutzen (14.9) mit $E = p(X)$, um NICHT $((\forall X)p(X))$ in (14.11) durch $(\exists X)$(NICHT $p(X)$) zu ersetzen, was uns die Tautologie

$$(\forall X)p(X) \text{ ODER } (\exists X)(\text{NICHT } p(X))$$

liefert. Das heißt, entweder ist $p(X)$ für alle X wahr, oder es existiert ein X, für das $p(X)$ falsch ist. ◆

Verschieben von Quantoren durch UND und ODER

Werden die Gesetze (14.9) und (14.10) von links nach rechts angewandt, so schieben sie einen Quantor aus einer Negation und „invertieren" ihn dabei. Das bedeutet, sie vertauschen $\forall$ mit $\exists$ und umgekehrt. Ebenso lassen sich Quantoren außerhalb von UND oder ODER schieben. Wir müssen aber darauf achten, daß die Bindungen jedes Vorkommens einer Variablen eingehalten werden. Auch invertieren wir die Quantoren nicht, während wir uns durch UND und ODER arbeiten. Die Ausdrücke dieser Gesetze lauten

$$(E \text{ UND } (QX)F) \equiv (QX)(E \text{ UND } F) \tag{14.12}$$

$$(E \text{ ODER } (QX)F) \equiv (QX)(E \text{ ODER } F) \tag{14.13}$$

wobei E und F Ausdrücke sind und Q einem Quantor entspricht. Wir fordern jedoch, daß X in E nicht frei ist.

Da UND und ODER kommutativ sind, können wir (14.12) und (14.13) auch verwenden, um Quantoren zu verschieben, die zu dem linken Operanden von UND oder ODER gehören. Eine Form einer Tautologie, die sich aus (14.12) und der Kommutativität von UND ergibt, lautet

$$((QX)E \text{ UND } F) \equiv (QX)(E \text{ UND } F)$$

Hier fordern wir, daß X in F nicht frei ist.

Beispiel 14.19

Wir werden die in Beispiel 14.18 entwickelte Tautologie

$$(\forall X)p(X) \text{ ODER } (\exists X)(\text{NICHT } p(X))$$

so umformen, daß die Quantoren sich außerhalb des Ausdrucks befinden. Zunächst müssen wir die von einem der beiden Quantoren verwendete Variable umbenennen. Aufgrund von Gesetz (14.6) ersetzen wir den Teilausdruck $(\exists X)$ NICHT $p(X)$ durch den Ausdruck $(\exists Y)$ NICHT $p(Y)$ und erhalten die Tautologie

$$(\forall X)p(X) \text{ ODER } (\exists Y)(\text{NICHT } p(Y)) \tag{14.14}$$

Nun verwenden wir (14.13) in seiner abgeänderten Form, in der der Quantor des linken Operanden von ODER verschoben wird, damit $\forall$ außerhalb des ODER steht. Der daraus resultierende Ausdruck lautet

$$(\forall X)(p(X) \text{ ODER } (\exists Y)(\text{NICHT } p(Y))) \tag{14.15}$$

Der Ausdruck (14.15) unterscheidet sich von (14.14) in der Form, nicht aber in der Bedeutung; (14.15) gibt an, daß für alle Werte von X mindestens einer der folgenden Punkte gilt.

1. $p(X)$ ist wahr.
2. Es gibt einen Wert für Y, der $p(Y)$ falsch werden läßt.

Um zu sehen, warum (14.15) eine Tautologie ist, betrachten wir einen Wert v für X. Wenn die gegebene Interpretation $p(v)$ wahr macht, ist $p(X)$ ODER $(\exists Y)$(NICHT $p(Y)$) wahr. Wenn $p(v)$ falsch ist, muß (2) in dieser Interpretation gelten. Insbesondere ist NICHT $p(Y)$ wahr, wenn $Y = v$ gilt, so daß auch $(\exists Y)$(NICHT $p(Y)$) wahr ist.

Abschließend wenden wir (14.13) an, um $\exists Y$ außerhalb des ODER zu schieben. Das führt zu dem Ausdruck

$(\forall X)(\exists Y)(p(X)$ ODER NICHT $p(Y))$

Dieser Ausdruck muß ebenfalls eine Tautologie sein. Informell sagt er aus, daß für jeden Wert von X ein Wert von Y existiert, der $p(X)$ ODER NICHT $p(Y)$ wahr macht. Um zu verstehen warum, sei v ein möglicher Wert von X. Wenn $p(v)$ in der gegebenen Interpretation I wahr ist, dann ist

$p(X)$ ODER NICHT $p(Y)$

mit Sicherheit wahr, egal welchen Wert Y hat. Wenn $p(v)$ in der Interpretation I falsch ist, wählen wir v für Y, so daß $(\exists Y)(p(X)$ ODER NICHT $p(Y))$ wahr ist. ◆

Pränexe Normalform

Als Konsequenz der Gesetze (14.9), (14.10), (14.12) und (14.13) ergibt sich, daß wir für jeden gegebenen Ausdruck, welcher Quantoren und die logischen Operatoren UND, ODER und NICHT enthält, einen äquivalenten Ausdruck finden können, dessen Quantoren vorne stehen (bzw. sich ganz oben im Ausdrucksbaum befinden). Das heißt, wir können einen äquivalenten Ausdruck der Form

$$(Q_1X_1)(Q_2X_2) \ldots (Q_nX_n)E \qquad (14.16)$$

finden, bei dem die $Q_1, \ldots, Q_k$ jeweils für einen der Quantoren $\forall$ oder $\exists$ stehen, und der Teilausdruck E *frei von Quantoren* ist – also keine Quantoren mehr enthält. Von dem Ausdruck (14.16) wird gesagt, daß er in *pränexer Normalform* ist.

Ein Ausdruck läßt sich in zwei Schritten in pränexe Normalform umformen.

1. Rektifiziere den Ausdruck. Das heißt, verwende Gesetz (14.6), damit jeder der Quantoren sich auf eine andere Variable bezieht, auf eine, die weder in einem anderen Quantor enthalten ist noch im Ausdruck frei ist.

2. Schiebe anschließend jeden Quantor mit Hilfe der Gesetze (14.9) und (14.10) durch die NICHT-Operatoren, mit (14.12) durch die UND- und mit (14.13) durch die ODER-Operatoren.

Programme in pränexer Normalform

Grundsätzlich können wir ein Pascal-Programm in die „pränexe Normalform" bringen, indem wir allen lokalen Variablen unterschiedliche Namen geben und anschließend ihre Deklarationen in das Hauptprogramm verlegen. Im allgemeinen möchten wir dies jedoch nicht; wir bevorzugen es, Variablen lokal zu deklarieren, damit wir uns zum Beispiel nicht für eine Variable `i`, die als Schleifenindex in zehn unterschiedlichen Prozeduren verwendet wird, unterschiedliche Namen ausdenken müssen. Im Gegensatz dazu, werden logische Ausdrücke häufig aus einem bestimmten Grund in die pränexe Normalform überführt, auch wenn dieses Thema den Rahmen dieses Buches sprengt.

Beispiel 14.20

Die Beispiele 14.18 und 14.19 zeigten diese Vorgehensweise. Wir begannen in Beispiel 14.18 mit dem Ausdruck $(\forall X)(p(X)$ ODER NICHT $((\forall X)p(X))$. Indem wir das zweite $\forall$ durch das NICHT schoben, erhielten wir den Ausdruck

$$(\forall X)p(X) \text{ ODER } (\exists X)(\text{NICHT } p(X))$$

von dem wir in Beispiel 14.19 ausgingen. Anschließend benannten wir die zweite Verwendung von X um, was wir schon zu Beginn hätten tun können (bzw. sollen). Wir verschoben die beiden Quantoren durch das ODER und erhielten auf diese Weise den Ausdruck $(\forall X)(\exists Y)(p(X)$ ODER NICHT $p(Y))$, was der pränexen Normalform entspricht. ◆

Bleibt zu erwähnen, daß auch Ausdrücke in die pränexe Normalform gebracht werden können, die andere als die logischen Operatoren UND, ODER und NICHT enthalten. Jeder logische Operator kann anhand von UND, ODER und NICHT dargestellt werden, wie in Kapitel 12 erwähnt. So kann $E \rightarrow F$ durch NICHT E ODER F ersetzt werden. Wenn wir jeden logischen Operator anhand von UND, ODER und NICHT schreiben können, können wir auch die oben genannten Umformungsregeln anwenden, um einen äquivalenten Ausdruck in pränexer Normalform zu finden.

Umordnung von Quantoren

Unsere letzte Tautologie-Familie ergibt sich aus der Tatsache, daß in der Anwendung eines Allquantors auf zwei Variablen die Reihenfolge der Quantoren egal ist. Auch zwei Existenzquantoren lassen sich in beliebiger Reihenfolge aufschreiben. Formal ergeben sich damit die folgenden Tautologien

$$(\forall X)(\forall Y)E \equiv (\forall Y)(\forall X)E \qquad (14.17)$$

$$(\exists X)(\exists Y)E \equiv (\exists Y)(\exists X)E \qquad (14.18)$$

Aufgrund von (14.17) kann jeder aus $\forall$ bestehende String, $(\forall X_1)(\forall X_2)(...)(\forall X_k)$, in jede gewünschte Reihenfolge permutiert werden. Effektiv entspricht (14.17) dem Kommutativgesetz für $\forall$. Analoges gilt für (14.18), das Kommutativgesetz für $\exists$.

ÜBUNGEN

14.7.1: Formen Sie die folgenden Ausdrücke in rektifizierte Ausdrücke um, das heißt in Ausdrücke, bei denen keine zwei Quantoren dieselbe Variable verwenden.

a) $(\exists X)((\texttt{NICHT}\ p(X))\ \texttt{UND}\ ((\exists Y)(p(Y))\ \texttt{ODER}\ ((\exists X)(q(X, Z))))$

b) $(\exists X)((\exists X)p(X)\ \texttt{ODER}\ (\exists X)q(X)\ \texttt{ODER}\ r(X))$

14.7.2: Wandeln Sie die folgenden Ausdrücke in geschlossene Ausdrücke um, indem Sie jede freie Variable allquantorisieren. Benennen Sie, wenn nötig, die Variablen so um, daß es keine zwei Quantorvorkommen gibt, die denselben Namen verwenden.

a) $p(X, Y)\ \texttt{UND}\ (\exists Y)q(Y)$

b) $(\forall X)(p(X, Y)\ \texttt{ODER}\ (\exists X)p(Y, X))$

14.7.3*: Impliziert das Gesetz (14.12), daß $p(X, Y)\ \texttt{UND}\ (\forall X)q(X)$ äquivalent zu

$$(\forall X)(p(X, Y)\ \texttt{UND}\ q(X))$$

ist? Erklären Sie Ihre Antwort.

14.7.4: Formen Sie die Ausdrücke aus Übung 14.7.1 in pränexe Normalform um.

14.7.5*: Zeigen Sie, wie Quantoren durch einen $\rightarrow$ Operator verschoben werden müssen. Das heißt, wandeln Sie den Ausdruck $((Q_1X)E) \rightarrow (Q_2Y)F))$ in einen Ausdruck in pränexer Normalform um. Welchen Auflagen unterliegen die freien Variablen in E und F?

14.7.6: Wir können die Tautologien (14.9) und (14.10) auch benutzen, um NICHT-Operatoren in Quantoren hinein zu schieben, und nicht nur, um sie heraus zu schieben. Unter Verwendung dieser und DeMorgans Gesetze lassen sich alle NICHT-Operatoren so verschieben, daß sie direkt auf die atomaren Formeln angewandt werden. Führen Sie diese Umformung bei folgenden Ausdrücken durch:

a) $\texttt{NICHT}\ ((\forall X)(\exists Y)p(X, Y))$

b) $\texttt{NICHT}\ ((\forall X)(p(X)\ \texttt{ODER}\ (\exists Y)q(X, Y)))$

14.7.7*: Ist es wahr, daß E immer dann eine Tautologie ist, wenn $(\exists X)E$ eine Tautologie ist?

14.8 Beweise in der Prädikatenlogik

In diesem und im nächsten Abschnitt werden wir uns mit Beweisen in der Prädikatenlogik befassen. Das Resolutionsverfahren aus Abschnitt 12.11 werden wir nicht auf die Prädikatenlogik erweitern, obwohl dies möglich ist. Die Resolution ist sogar für viele Systeme, die die Prädikatenlogik einsetzen, äußerst wichtig. Die mechanische Vorgehensweise bei einem Beweis wurde in Abschnitt 12.10 eingeführt. Sie erinnern sich, daß in einem Beweis der Aussagenlogik einige Ausdrücke E_1, E_2, ..., E_k als Hypothesen bzw. „Axiome“ gegeben waren und wir eine Folge von Ausdrücken (Zeilen) derart konstruieren, daß jeder Ausdruck entweder

1. einem der E_i entspricht, oder
2. aufgrund einer Ableitungsregel aus null oder mehreren der vorherigen Ausdrücke folgt.

Ableitungsregeln müssen die Eigenschaft haben, daß, immer wenn wir aufgrund der Existenz von F_1, F_2, ..., F_n in der Liste den Ausdruck F in diese Liste von Ausdrücken einfügen dürfen,

$$(F_1 \text{ UND } F_2 \text{ UND } \ldots \text{ UND } F_n) \rightarrow F$$

eine Tautologie ist.

Die Beweise in der Prädikatenlogik sind im wesentlichen gleich. Natürlich sind die Ausdrücke, die die Hypothesen und die Zeilen des Beweises bilden, Ausdrücke der Prädikatenlogik und nicht Ausdrücke der Aussagenlogik. Desweiteren ist es wenig sinnvoll, in einem Ausdruck freie Variablen zu haben, die in Beziehung zu einer freien Variablen mit demselben Namen in einem anderen Ausdruck stehen. Wir werden daher fordern, daß Hypothesen und Zeilen des Beweises geschlossene Formeln sind.

Implizite Allquantoren

Es ist durchaus üblich, Ausdrücke in Beweisen ohne explizite Angabe der äußersten Allquantoren zu schreiben. Betrachten wir beispielsweise den Ausdruck

$$(csg(\text{„CS101“}, S, G) \text{ UND } snap(S, \text{„C. Brown“}, A, P)) \rightarrow answer(G) \quad (14.19)$$

aus Beispiel 14.3. Dieser Ausdruck (14.19) könnte eine der Hypothesen in einem Beweis sein. In Beispiel 14.3 erachteten wir ihn intuitiv als die Definition des Prädikats *answer*. Wir könnten (14.19) in einem Beweis verwenden, zum Beispiel für *answer*(„A“) – was besagt, daß C. Brown in der Lehrveranstaltung CS101 die Note mit der Bewertung A erhielt.

In Beispiel 14.3 erklärten wir die Bedeutung von (14.19) damit, daß für alle Werte von S, G, A und P gelten muß, wenn Student S in CS101 die Note G hat – das heißt, wenn *csg*(„CS101", S, G) wahr ist – und Student S den Namen „C. Brown", die Adresse A und die Telefonnummer P hat – wenn also *snap*(S, „C. Brown", A, P) wahr ist – dann G eine Antwort ist (d. h. *answer*(G) wahr ist). In diesem Beispiel gab es den formalen Begriff eines Quantors noch nicht. Wir erkennen nun jedoch, daß wir in Wirklichkeit folgendes zusichern wollten:

$$(\forall S)(\forall G)(\forall A)(\forall P)((csg(\text{"CS101"}, S, G) \text{ UND } snap(S, \text{"C. Brown"}, A, P)) \\ \rightarrow answer(G))$$

Da es häufig notwendig ist, um einen Ausdruck eine Folge von Allquantoren einzuführen, werden wir die abkürzende Schreibweise $(\forall^*)E$ verwenden, die eine Folge von Allquantoren $(\forall X_1)(\forall X_2)(\ldots)(\forall X_k)E$ bezeichnet, wobei $X_1, X_2, \ldots, X_k$ allen freien Variablen des Ausdrucks E entsprechen. Zum Beispiel könnte (14.19) als

$$(\forall^*)((csg(\text{"CS101"}, S, G) \text{ UND } snap(S, \text{"C. Brown"}, A, P)) \rightarrow answer(G))$$

geschrieben werden. Wir werden uns auch weiterhin auf Variablen, die in E frei sind, als „frei" in $(\forall^*)E$ beziehen. Strenggenommen ist diese Verwendung des Begriffes „frei" inkorrekt, sie ist aber sehr hilfreich.

Substitution für Variablen als Ableitungsregel

Zusätzlich zu den in Kapitel 12 behandelten Ableitungsregeln für die Aussagenlogik, wie dem Modus Ponens und der Substitution „Gleiches für Gleiches" in einer vorhergehenden Zeile des Beweises, gibt es eine Ableitungsregel, die sich auf die Substitution für Variablen bezieht und bei Beweisen in der Prädikatenlogik nützlich ist. Haben wir einen Ausdruck E entweder als Hypothese oder als Zeile eines Beweises zugesichert, und wird E' aus E durch die Substitution von Variablen und Konstanten für eine der freien Variablen von E gebildet, dann ist $E \rightarrow E'$ eine Tautologie und wir fügen E' als Zeile des Beweises hinzu. Wir dürfen dabei nie vergessen, daß wir ausschließlich freie Variablen von E substituieren dürfen, nicht gebundene Variablen von E.

Formal läßt sich eine Substitution für Variablen durch eine Funktion *sub* repräsentieren. Für jede Variable X aus E definieren wir $sub(X)$ als eine Variable oder Konstante. Wenn wir keinen Wert für $sub(X)$ spezifizieren, nehmen wir an, daß $sub(X) = X$ gilt. Ist E ein Ausdruck der Prädikatenlogik, dann entspricht $sub(E)$ dem Ausdruck E, in dem alle freien Vorkommen jeder Variablen X durch $sub(X)$ ersetzt wurden.

Das *Gesetz der Variablensubstitution* besagt, daß $E \rightarrow sub(E)$ eine Tautologie ist. Wenn also E einer Zeile des Beweises entspricht, können wir auch $sub(E)$ als eine Zeile desselben Beweises hinzufügen.

Beispiel 14.21

Als E sei der Ausdruck (14.19)

$$(csg(\text{"CS101"}, S, G) \text{ UND } snap(S, \text{"C. Brown"}, A, P)) \rightarrow answer(G)$$

gegeben. Eine mögliche Substitution *sub* ist definiert durch

$$sub(G) = \text{"B"}$$
$$sub(P) = S$$

Das heißt, wir substituieren die Konstante „B“ für die Variable G und die Variable S für die Variable P. Die Variablen S und A bleiben unverändert. Der Ausdruck $sub(E)$ lautet

$$(csg(\text{"CS101"}, S, \text{"B"}) \text{ UND } snap(S, \text{"C. Brown"}, A, S)) \rightarrow answer(\text{"B"}) \quad (14.20)$$

Informell besagt (14.20), wenn es einen Studenten S gibt, der die Note B in CS101 erhielt, und wenn dieser Student C. Brown heißt und die Telefonnummer und die Matrikelnummer des Studenten identisch sind, daß dann „B“ eine Antwort ist.

Hierbei ist zu beachten, daß (14.20) ein Spezialfall der allgemeineren, durch (14.19) ausgedrückten Regel ist. Das heißt, (14.20) leitet nur dann die korrekte Antwort ab, wenn B die Note ist und wenn die Telefonnummer und Matrikelnummer von C. Brown aufgrund eines eigenartigen Zufalls identisch sind; sonst läßt sich aus (14.20) gar nichts ableiten. ◆

Beispiel 14.22

Der Ausdruck

$$p(X, Y) \text{ ODER } (\exists Z)q(X, Z) \quad (14.21)$$

enthält die freien Variablen X und Y und die gebundene Variable Z. Sie erinnern sich, daß (14.21) strenggenommen dem geschlossenen Ausdruck $(\forall^*)(p(X, Y) \text{ ODER } (\exists Z)q(X, Z))$ entspricht und daß $(\forall^*)$ hier für die Quantifizierung der freien Variablen X und Y steht, daß heißt für

$$(\forall X)(\forall Y)(p(X, Y) \text{ ODER } (\exists Z)q(X, Z))$$

In (14.21) können wir $sub(X) = a$ und $sub(Y) = b$ substituieren und so den Ausdruck $p(a, b) \text{ ODER } (\exists Z)q(a, Z)$ erhalten. Dieser Ausdruck, der keine freien Variablen enthält, da wir für jede freie Variable eine Konstante substituiert haben, ist leicht als Spezialfall von (14.21) zu erkennen; er besagt, daß entweder $p(a, b)$ wahr ist oder daß $q(a, Z)$ für einen Wert von Z wahr ist. Formal gilt, daß

$$((\forall X)(\forall Y)(p(X, Y) \text{ ODER } (\exists Z)q(X, Z))) \rightarrow (p(a, b) \text{ ODER } (\exists Z)q(a, Z))$$

eine Tautologie ist.

Man mag sich fragen, was mit den implizierten Quantoren aus (14.21) geschehen ist, als wir a und b für X und Y substituierten. Die Antwort lautet, daß der Ergebnisausdruck $p(a, b)$ ODER $(\exists Z)q(a, Z)$ keine freien Variablen enthält, so daß der implizierte Ausdruck $(\forall^*)(p(a, b)$ ODER $(\exists Z)q(a, Z))$ keinen Präfix aus Allquantoren hat; das heißt

$$p(a, b) \text{ ODER } (\exists Z)q(a, Z)$$

steht in diesem Fall für sich selbst. Wir ersetzen $(\forall^*)$ nicht durch $(\forall a)(\forall b)$, weil dies sinnlos ist, da Konstanten nicht quantifiziert werden können. ◆

Die Substitution als Verursacher von Spezialfällen

Das Beispiel 14.21 ist insofern typisch, als daß, wenn wir eine Substitution *sub* auf einen Ausdruck E anwenden, wir einen Spezialfall von E erhalten. Wenn *sub* die Variable X durch eine Konstante c ersetzt, gilt der Ausdruck $sub(E)$ nur dann, wenn $X = c$ ist, sonst nicht. Wenn $sub(E)$ dazu führt, daß zwei Variablen gleich werden, gilt $sub(E)$ nur in dem Spezialfall, daß diese beiden Variablen denselben Wert haben. Dennoch sind Substitutionen für Variablen häufig genau das, was wir zum Führen eines Beweises benötigen, da sie uns gestatten, in einem Spezialfall eine allgemeine Regel anzuwenden und Regeln miteinander zu kombinieren, um auf diese Weise zusätzliche Regeln zu erstellen. Wir werden diese Form des Beweisens im nächsten Abschnitt kennenlernen.

ÜBUNGEN

14.8.1: Beweisen Sie unter Benutzung der in Abschnitt 12.10 behandelten Ableitungsregeln und der gerade vorgestellten Variablen-Substitutionsregel aus den gegebenen Hypothesen die folgenden Konklusionen. Sie dürfen jede Tautologie der Aussagen- oder Prädikatenlogik als Zeile des Beweises verwenden. Versuchen Sie jedoch, Ihre Tautologien nur aus den in den Abschnitten 12.8, 12.9 und 14.7 erwähnten zu wählen.

a) Beweisen Sie aus der Hypothese $(\forall X)p(X)$ die Konklusion $(\forall X)p(X)$ ODER $q(Y)$.

b) Beweisen Sie aus der Hypothese $(\exists X)p(X, Y)$ die Konklusion NICHT $((\forall X)($NICHT $p(X, a)))$.

c) Beweisen Sie aus den Hypothesen $p(X)$ und $p(X) \rightarrow q(X)$ die Konklusion $q(X)$.

14.9 Beweise aus Regeln und Fakten

Die vielleicht einfachste Form eines Beweises in der Prädikatenlogik bezieht sich auf Hypothesen, die zu einer von zwei Klassen gehören.

1. *Fakten* sind Grundatome.
2. *Regeln* sind „wenn-dann-Ausdrücke“. Ein Beispiel bildet die Anfrage (14.19) über die Note von C. Brown in der Lehrveranstaltung CS101.

   $(csg(\text{„CS101“}, S, G)\ \text{UND}\ snap(S, \text{„C. Brown“}, A, P)) \rightarrow answer(G)$

   die wir in Beispiel 14.21 diskutierten. Regeln bestehen aus der UND-Verknüpfung einer oder mehrerer atomarer Formeln auf der linken Seite des Implikationszeichens und einer atomaren Formel auf der rechten Seite. Wir nehmen an, daß jede im Kopf stehende Variable auch irgendwo im Rumpf enthalten ist.

Die linke Seite (die Hypothesen) einer Regel wird als *Rumpf* bezeichnet und die rechte Seite nennt man *Kopf*. Jede atomare Formel aus dem Rumpf heißt *Subgoal*. Zum Beispiel sind $csg(\text{„CS101“}, S, G)$ und $snap(S, \text{„C. Brown“}, A, P)$ in der oben wiedergegebenen Regel (14.19) Subgoals. $answer(G)$ bildet den Kopf.

Die allgemeine Idee hinter der Verwendung von Regeln besteht darin, daß Regeln allgemeine Grundsätze bilden, die auf Fakten angewandt werden können. Wir suchen nach Übereinstimmungen der Subgoals des Rumpfes einer Regel mit den Fakten, die entweder gegeben oder schon bewiesen sind, indem wir in der Regel für die Variablen substituieren. Wenn uns dies gelingt, macht die Substitution aus dem Kopf ein Grundatom, da wir davon ausgingen, daß jede Variable des Kopfes auch im Rumpf vorkommt. Wenn wir wollen, können wir dieses neue Grundatom zur Sammlung von Fakten hinzufügen, die uns für weitere Beweise zur Verfügung stehen.

Beispiel 14.23

Eine einfache Anwendung des Beweises aus Regeln und Fakten besteht in der Beantwortung von Anfragen wie im relationalen Modell in Kapitel 8. Jede Relation entspricht einem Prädikatsymbol und jedes Tupel in der Relation entspricht einem Grundatom mit diesem Prädikatsymbol, dessen Argumente gleich den Komponenten des Tupels in entsprechender Reihenfolge sind. Zum Beispiel erhalten wir aus der Course-StudentId-Grade-Relation aus Abb. 8.1 die folgenden Fakten

csg(„CS101“, 12345, „A“)	*csg*(„CS101“, 67890, „B“)
csg(„EE200“, 12345, „C“)	*csg*(„EE200“, 22222, „B+“)
csg(„CS101“, 33333, „A-“)	*csg*(„PH100“, 67890, „C+“)

Ebenso erhalten wir aus der StudentId-Name-Address-Phone-Relation aus Abb. 8.2(a) die Fakten

snap(12345, "C. Brown", "12 Apple St.", 555-1234)
snap(67890, "L. Van Pelt", "34 Pear Ave.", 555-5678)
snap(22222, "P. Patty", "56 Grape Blvd.", 555-9999)

Zu diesen Fakten können wir die Regel (14.19)

(*csg*("CS101", *S*, *G*) UND *snap*(*S*, "C. Brown", *A*, *P*)) → *answer*(*G*)

hinzufügen, um so die Liste der Hypothesen zu vervollständigen.

Angenommen, wir möchten zeigen, daß *answer*(„A") wahr ist, daß also C. Brown in CS101 die Note A erhielt. Wir beginnen unseren Beweis mit allen Fakten und mit der Regel, obwohl wir hier nur die Regel, das erste *csg*- und das erste *snap*-Faktum benötigen. Die ersten drei Zeilen des Beweises lauten

1. (*csg*(„CS101", *S*, *G*) UND *snap*(*S*, „C. Brown", *A*, *P*)) → *answer*(*G*)

2. *csg*(„CS101", 12345, „A")

3. *snap*(12345, „C. Brown", „12 Apple St.", 555-1234)

Im nächsten Schritt verbinden wir die zweite und dritte Zeile des Beweises, indem wir die Ableitungsregel anwenden, die besagt, daß, wenn E_1 und E_2 Zeilen eines Beweises sind, E_1 UND E_2 als Zeile in den Beweis einfließen kann. Auf dieses Weise erhalten wir die Zeile

4. *csg*(„CS101", 12345, „A") UND *snap*(12345, „C. Brown", „12 Apple St.", 555-1234)

Als nächstes verwenden wir das Gesetz der Substitution für freie Variablen, um unsere Regel – Zeile (1) – dahingehend zu spezialisieren, daß sie für die Konstanten in Zeile (4) gilt. Wir führen somit in (1) die Substitutionen

sub(*S*) = "12345"
sub(*G*) = "A"
sub(*A*) = "12 Apple St."
sub(*P*) = 555-1234

durch, um die Zeile

5. (*csg*(„CS101", 12345, „A") UND *snap*(„CS101", „C. Brown", „12 Apple St.", 555-1234)) → *answer*(„A")

zu erhalten. Wendet man zuletzt den Modus Ponens auf (4) und (5) an, erhält man die sechste und letzte Zeile des Beweises,

6. *answer*(„A").

Eine vereinfachte Ableitungsregel

Wenn wir den Beweis ausBeispiel 14.23 näher betrachten, erkennen wir folgende Strategie für den Aufbau einer Beweises aus Grundatomen und logischen Regeln.

1. Wir wählen eine Regel zur Anwendung und eine Substitution, die jedes Subgoal in ein Grundatom umwandelt, das entweder einem gegebenen Faktum oder etwas bereits Bewiesenem entspricht. In Beispiel 14.23 substituierten wir 12345 für S und so weiter. Das Ergebnis stand in Zeile (5) in Beispiel 14.23.
2. Für jedes der substituierten Subgoals erzeugen wir Zeilen des Beweises, entweder weil sie Fakten sind oder indem wir sie auf irgendeine Weise ableiten. Dieser Schritt entspricht in Beispiel 14.23 den Zeilen (2) und (3).
3. Wir erzeugen eine Zeile, die die UND-Verknüpfung der Zeilen bildet, welche jedem der substituierten Subgoals entsprechen. Diese Zeile bildet den Rumpf der substituierten Regel. In Beispiel 14.23 erscheint dieser Schritt als Zeile (4).
4. Anschließend benutzen wir den Modus Ponens mit dem substituierten Rumpf aus (4) und der substituierten Regel aus (5), um den substituierten Kopf abzuleiten. Dieser Schritt erscheint als Zeile (6) in Beispiel 14.23.

Wir können diese Schritte wie folgt als eine einzelne Ableitungsregel zusammenfassen. Wenn es unter den Hypothesen eine Regel R und eine Substitution *sub* derart gibt, daß in der substituierten Instanz $sub(R)$ jedes der Subgoals einer Zeile des Beweises entspricht, so fügen wir den Kopf von $sub(R)$ als eine Zeile des Beweises hinzu.

Die Interpretation von Regeln

Ebenso wie alle in Beweisen vorkommenden Ausdrücke, werden Regeln implizit allquantifiziert. Wir können (14.19) somit lesen als „für alle S, G, A und P gilt, wenn *csg*(„CS101“, S, G) und *snap*(S, „C. Brown“, A, P) wahr sind, dann ist auch *answer*(G) wahr“. Wir behandeln Variablen, die im Rumpf, nicht aber im Kopf vorkommen, was ja für S, A und P gilt, so, als wären sie für den Bereich des Rumpfes durch einen Existenzquantor gebunden. Formal ist (14.19) äquivalent zu

$$(\forall G)((\exists S)(\exists A)(\exists P)(csg(\text{"CS101"}, S, G) \text{ UND } snap(S, \text{"C. Brown"}, A, P)) \\ \rightarrow answer(G))$$

Das heißt, für alle G gilt, wenn S, A und P derart existieren, daß *csg*(„CS101", S, G) und *snap*(S, „C. Brown", A, P) beide wahr sind, daß *answer*(G) dann wahr ist.

Diese Formulierung entspricht eher unserer Vorstellung von der Anwendung einer Regel. Sie empfiehlt, daß wir für jeden Wert der im Kopf enthaltenen Variablen Werte derjenigen Variablen finden sollen, die nur im Rumpf vorkommen, die den Rumpf wahr werden lassen. Wenn wir solche Werte finden, ist der Kopf für die gewählten Werte seiner Variablen wahr.

Um einzusehen, warum wir Variablen, die lokal zum Rumpf sind, als existenzquantifiziert behandeln können, beginnen wir mit einer Regel der Form $B \rightarrow H$, bei der B den Rumpf und H den Kopf bezeichnet. X sei eine Variable, die nur in B vorkommt. Implizit lautet die Regel

$$(\forall^*)(B \rightarrow H)$$

und aufgrund von Gesetz (14.17) können wir den Quantor für X zum innersten Quantor machen. Wir erhalten auf diese Weise den Ausdruck $(\forall^*)(\forall X)(B \rightarrow H)$. Hierbei umfaßt $(\forall^*)$ alle Variablen bis auf X. Wir ersetzen die Implikation nun durch den nur aus NICHT und ODER bestehenden äquivalenten Ausdruck, also durch $(\forall^*)(\forall X)((\texttt{NICHT}\ B)\ \texttt{ODER}\ H)$. Da X nicht in H enthalten ist, wenden wir die Umkehrung von Gesetz (14.13) an. Dadurch wird die Quantifizierung $(\forall X)$ nur auf NICHT B angewandt, und wir erhalten den Ausdruck $(\forall^*)(((\forall X)\ \texttt{NICHT}\ B)\ \texttt{ODER}\ H)$. Als nächstes benutzen wir Gesetz (14.10), um $(\forall X)$ in die Negation zu schieben und erhalten den Ausdruck

$$(\forall^*)((\texttt{NICHT}\ (\exists X)\ (\texttt{NICHT NICHT}\ B))\ \texttt{ODER}\ H)$$

bzw. nach Eliminierung der doppelten Negation $(\forall^*)((\texttt{NICHT}\ (\exists X)B)\ \texttt{ODER}\ H)$. Zum Schluß stellen wir die Implikation wieder her und erhalten $(\forall^*)(((\exists X)B) \rightarrow H)$.

Beispiel 14.24

In Beispiel 14.23 entspricht die Regel R dem Ausdruck (14.19), bzw.

$$(csg(\text{"CS101"}, S, G)\ \texttt{UND}\ snap(S, \text{"C. Brown"}, A, P)) \rightarrow answer(G)$$

Die Substitution *sub* ist wie in dem Beispiel angegeben, und die Subgoals von *sub*(R) entsprechen den Zeilen (2) und (3) in Beispiel 14.23. Aufgrund der neuen Ableitungsregel könnten wir Zeile (6) aus Beispiel 14.23 unmittelbar aufschreiben; wir benötigen die Zeilen (4) und (5) nicht. Sogar Zeile (1), die Regel R selbst, kann weggelassen werden, solange sie einer gegebenen Hypothese entspricht. ◆

Beispiel 14.25

Als weiteres Beispiel der Anwendung von Regeln in Beweisen betrachten wir die Course-Prerequisite-Relation aus Abb. 8.2(b), deren acht Fakten durch die acht Grundatome mit dem Prädikat *cp* repräsentiert werden:

cp(„CS101“, „CS100“)	*cp*(„EE200“, „EE005“)
cp(„EE200“, „CS100“)	*cp*(„CS120“, „CS101“)
cp(„CS121“, „CS120“)	*cp*(„CS205“, „CS101“)
cp(„CS206“, „CS121“)	*cp*(„CS206“, „CS205“)

Wir definieren ein weiteres Prädikat *before*(X, Y), das besagt, daß die Lehrveranstaltung Y vor der Lehrveranstaltung X besucht werden muß. Y ist entweder eine Voraussetzung für X, oder es ist eine Voraussetzung für eine Voraussetzung für X, und so weiter. Wir können den Begriff „before“ rekursiv definieren, indem wir sagen

1. wenn Y eine Voraussetzung für X ist, dann kommt Y vor X.
2. wenn X die Voraussetzung Z hat und Y vor Z kommt, dann kommt Y auch vor X.

Die Regeln (1) und (2) können wie folgt als Regeln der Prädikatenlogik ausgedrückt werden.

$$cp(X, Y) \rightarrow before(X, Y) \qquad (14.22)$$

$$(cp(X, Z) \text{ UND } before(Z, Y)) \rightarrow before(X, Y) \qquad (14.23)$$

Lassen Sie uns nun einige *before*-Fakten untersuchen, die wir anhand der acht zu Beginn des Beispiels gegebenen Course-Prerequisite-Fakten und der Regeln (14.22) und (14.23) beweisen können. Zunächst wenden wir Regel (14.22) an, um jedes *cp*-Faktum in ein entsprechendes *before*-Faktum umzuwandeln. Auf diese Weise erhalten wir

before(„CS101“, „CS100“)	*before*(„EE200“, „EE005“)
before(„EE200“, „CS100“)	*before*(„CS120“, „CS101“)
before(„CS121“, „CS120“)	*before*(„CS205“, „CS101“)
before(„CS206“, „CS121“)	*before*(„CS206“, „CS205“)

Wenden wir auf (14.22) beispielhaft die Substitution

$sub_1(X)$ = "CS101"
$sub_1(Y)$ = "CS100"

an, so erhalten wir die substituierte Instanz der Regel

cp("CS101", "CS100") → *before*("CS101", "CS100")

Zusammen mit der Hypothese *cp*(„CS101", „CS100") liefert uns diese Regel

before("CS101", "CS100")

Nun können wir Regel (14.23) zusammen mit der Hypothese *cp*(„CS120", „CS101") und dem Faktum benutzen, um

before("CS120", "CS100")

zu beweisen. Das heißt, wir wenden die Substitutionen

$sub_2(X)$ = "CS120"
$sub_2(Y)$ = "CS100"
$sub_2(Z)$ = "CS101"

auf (14.23) an, um folgende Regel zu erhalten:

(*cp*("CS120", "CS101") UND *before*("CS101", "CS100"))
→ *before*("CS120", "CS100")

Anschließend leiten wir den Kopf der substituierten Regel ab, um

before("CS120", "CS100")

zu beweisen.

Ebenso können wir Regel (14.23) auf die Grundatome

cp("CS121", "CS120")

und *before*(„CS120", „CS100") anwenden, um *before*(„CS121", „CS100") zu beweisen. Anschließend benutzen wir (14.23) mit *cp*(„CS206", „CS121") und *before*(„CS121", „CS100") und beweisen so auch

before("CS206", "CS100")

Es gibt noch viele andere *before*-Fakten, die sich auf ähnliche Weise beweisen lassen. ◆

Pfade in einem Graphen

Das Beispiel 14.25 befaßt sich mit einer häufigen Art von Regeln, die für gegebene Bögen eines Graphen Pfade in einem gerichteten Graphen definieren. Stellen wir uns die Lehrveranstaltungen als Knoten vor, die durch einen Bogen $a \rightarrow b$ verbunden sind, wenn Lehrveranstaltung b Voraussetzung für Lehrveranstaltung a ist. *before*(a, b) entspricht dann der Existenz eines Pfades der Länge 1 oder länger von a nach b. Abbildung 14.10 zeigt den auf der Course-Prerequisite-Information aus Abb. 11.2(b) basierenden Graphen.

Wenn der Graph Voraussetzungen repräsentiert, erwarten wir, daß er azyklisch ist, da er keine Lehrveranstaltung enthält, die vor sich selbst besucht werden muß. Selbst wenn der Graph Zyklen besitzt, definieren dieselben logischen Regeln Pfade anhand von Bögen. Wir schreiben diese Regeln als

$$arc(X, Y) \rightarrow path(X, Y)$$

Sie besagen, daß es, wenn es einen Bogen von Knoten X zu Knoten Y gibt, auch einen Pfad von X nach Y gibt und es gilt

$$(arc(X, Z) \text{ UND } path(Z, Y)) \rightarrow path(X, Y)$$

Wenn es also einen Bogen von X zu einem Z und einen Pfad von Z nach Y gibt, dann gibt es auch einen Pfad von X nach Y. Beachten Sie, daß diese Regeln den Regeln (14.22) und (14.23) entsprechen, wobei das Prädikat *arc* den Platz von *cp* und *path* den Platz von *before* einnimmt.

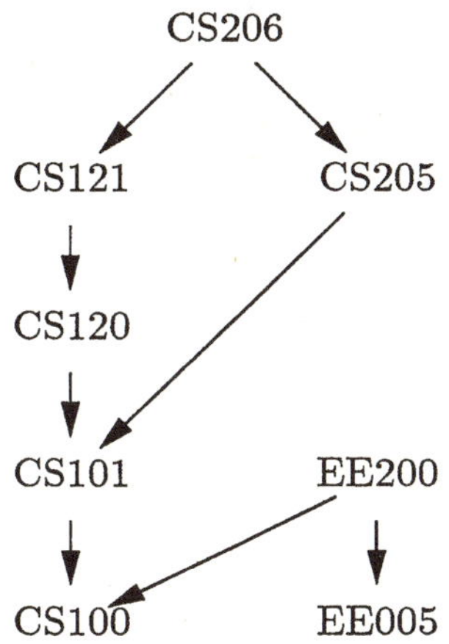

Abb. 14.10: Informationen über die Voraussetzung in Form eines gerichteten Graphen.

ÜBUNGEN

14.9.1*: Wir können wie folgt zeigen, daß das Prädikat *before* aus Beispiel 14.25 dem transitiven Abschluß des Prädikates *cp* entspricht. Angenommen, es gibt eine Folge von Lehrveranstaltungen $c_1, c_2, ..., c_n$ für ein $n \geq 2$, und c_1 ist Voraussetzung von c_2, das wiederum Voraussetzung von c_3 ist, und so weiter; allgemein entspricht $cp(c_i, c_{i+1})$ für $i = 1, 2, ..., n - 1$ einem gegebenen Faktum. Zeigen Sie, daß c_1 vor c_n kommt, indem Sie durch Induktion über i zeigen, daß $before(c_1, c_i)$ für alle $i = 2, 3, ..., n$ gilt.

14.9.2: Verwenden Sie die Regeln und Fakten aus Beispiel 14.25, um folgende Fakten zu beweisen.

a) *before*(„CS120“, „CS100“)

b) *before*(„CS206“, „CS100“)

14.9.3: Wir können den Prozeß des Verfolgens von Ketten von Voraussetzungen beschleunigen, indem wir Beispiel 14.25 um folgende Regel erweitern:

$$(before(X, Z) \text{ UND } before(Z, Y)) \rightarrow before(X, Y)$$

Das heißt, das erste Subgoal kann jedes *before*-Faktum sein, es muß kein Voraussetzungsfaktum sein. Finden Sie unter Benutzung dieser Regel einen kürzeren Beweis für Übung 14.9.2(b).

14.9.4*: Wie viele *before*-Fakten können wir in Beispiel 14.25 beweisen?

14.9.5: *csg* sei ein Prädikat, das für die Course-StudentId-Grade-Relation aus Abb. 8.1 steht, *cdh* sei ein Prädikat, das für die Course-Day-Hour-Relation aus Abb. 8.2(c) steht und *cr* sei eines für die Course-Room-Relation aus Abb. 8.2(d). Es sei $where(S, D, H, R)$ ein Prädikat, das besagt, daß Student S sich zur Zeit H des Tages D in Raum R befindet. Genauer gesagt besucht S eine Lehrveranstaltung, die in diesem Raum zu dieser Zeit stattfindet.

a) Schreiben Sie eine Regel, die *where* anhand von *csg*, *cdh* und *cr* definiert.

b) Wenn die Fakten für die Prädikate *csg*, *cdh* und *cr* den in Abb. 8.1 und 8.2 angegebenen entsprechen, welche *where*-Fakten können wir dann ableiten? Beweisen Sie zwei derartige Fakten.

14.10 Wahrheit und Beweisbarkeit

Wir beschließen unsere Diskussion der Prädikatenlogik mit einer Einführung in eines der kniffligeren Gebiete der Logik: der Unterschied zwischen dem, was beweisbar ist, und dem, was wahr ist. Wir haben gesehen, daß Ableitungsregeln es ermöglichen, Dinge der Aussagen- oder Prädikatenlogik zu beweisen.

Dennoch konnten wir nicht sicher sein, daß eine gegebene Menge von Regeln dahingehend als vollständig zu bezeichnen war, daß wir mit ihrer Hilfe jede wahre Aussage beweisen konnten. So gaben wir beispielsweise die Zusicherung, daß die in Abschnitt 12.11 eingeführte Resolution für die Aussagenlogik vollständig ist. Eine verallgemeinerte Form der Resolution, die wir hier nicht behandeln werden, ist auch für die Prädikatenlogik vollständig.

Modelle

Um die Vollständigkeit einer Beweisstrategie zu verstehen, müssen wir den Begriff der „Wahrheit" begreifen. Bevor wir uns der „Wahrheit" nähern können, müssen wir aber zunächst ein Verständnis für den Begriff eines *Modells* entwickeln. Jede Art der Logik besitzt das Konzept von Modellen für eine Sammlung von Ausdrücken. Diese Modelle entsprechen den Interpretationen, die den Ausdruck wahr machen.

Beispiel 14.26

In der Aussagenlogik entsprechen Interpretationen den Wahrheitsbelegungen. Gegeben seien die Ausdrücke $E_1 = p$ UND q und $E_2 = \overline{p}$ ODER r. Für Ausdrücke mit den Variablen p, q und r gibt es acht Wahrheitsbelegungen, die wir durch einen String aus drei Bits kennzeichnen, wobei jedes Bit dem Wahrheitswert jeder Variablen in deren Reihenfolge entspricht.

Der Ausdruck E_1 wird nur durch die Belegungen wahr, die sowohl p als auch q wahr machen, also durch 110 und 111. Der Ausdruck E_2 wird durch sechs Belegungen wahr: 000, 001, 010, 011, 101 und 111. Es gibt somit nur ein Modell für die Ausdrucksmenge $\{E_1, E_2\}$, nämlich 111, da nur dieses Modell in beiden Listen vorkommt. ◆

Beispiel 14.27

In der Prädikatenlogik entsprechen Interpretationen den in Abschnitt 14.5 definierten Strukturen. Betrachten wir einen Ausdruck wie

$$E: (\forall X)(\exists Y)p(X, Y)$$

Das heißt, für jeden Wert von X gibt es mindestens einen Wert von Y, für den $p(X, Y)$ wahr ist.

Eine Interpretation macht E wahr, wenn es für jedes Element a des Definitionsbereichs D ein Element b in D gibt – nicht notwendigerweise für jedes a dasselbe b – für das gilt, daß die Relation, welche der Interpretation für das Prädikat p entspricht, das Paar (a, b) als Element enthält. Diese Interpretationen sind Modelle von E; für andere Interpretationen gilt dies nicht. Wenn sich der Definitionsbereich D beispielsweise aus den ganzen Zahlen zusammensetzt und die Interpretation für das Prädikat p den Ausdruck $p(X, Y)$ dann und nur dann wahr macht, wenn $X < Y$ ist, haben wir ein Modell für den Ausdruck E. Die Interpretation, die den Definitionsbereich der ganzen Zahlen und eine Interpretation von p besitzt, bei der $p(X, Y)$ dann und nur dann wahr wird, wenn $X = Y^2$ gilt, ist kein Modell für den Ausdruck E. ◆

Folgerung

Wir können nun sagen, was es für einen Ausdruck E bedeutet, für eine gegebene Menge von Ausdrücken $\{E_1, E_2, ..., E_n\}$ wahr zu sein. Wir sagen, daß E aus $\{E_1, E_2, ..., E_n\}$ *folgt*, wenn jedes Modell M für $\{E_1, E_2, ..., E_n\}$ auch ein Modell für E ist. Der *doppelte Turnstile*-Operator bezeichnet die Folgerung, wie in

$$E_1, E_2, ..., E_n \models E$$

Vorab müssen wir annehmen, daß jede Interpretation einer möglichen Welt entspricht. Wenn wir sagen, daß $E_1, E_2, ..., E_n \models E$ gilt,, meinen wir damit, daß E in jeder möglichen Welt, in der die Ausdrücke $E_1, E_2, ..., E_n$ wahr sind, ebenfalls wahr ist.

Der Begriff der Folgerung sollte dem Begriff eines Beweises gegenübergestellt werden. Wenn wir uns ein bestimmtes Beweissystem, wie die Resolution, vorstellen, können wir den *einfachen Turnstile*-Operator $\vdash$ benutzen, um einen Beweis auf dieselbe Weise anzugeben. Das heißt

$$\mathrm{E}_1, \mathrm{E}_2, ..., \mathrm{E}_n \vdash \mathrm{E}$$

bedeutet, daß es für die Menge der gegebenen Ableitungsregeln einen Beweis für E aus den Hypothesen $E_1, E_2, ..., E_n$ gibt. Es ist zu beachten, daß $\vdash$ für unterschiedliche Beweissysteme unterschiedliche Bedeutungen haben kann. Beachten Sie desweiteren, daß $\models$ und $\vdash$ nicht notwendigerweise dieselbe Beziehung sind, obwohl wir uns im allgemeinen ein Beweissystem wünschen, in dem das eine dann und nur dann wahr ist, wenn auch das andere wahr ist.

Es gibt eine enge Verbindung zwischen Tautologien und Folgerungen. Nehmen wir $E_1, E_2, ..., E_n \models E$ an. Dann behaupten wir, daß

$$(E_1 \text{ UND } E_2 \text{ UND } ... \text{ UND } E_n) \to E \tag{14.24}$$

eine Tautologie ist. Gegeben sei eine Interpretation I. Wenn I die linke Seite von (14.24) wahr macht, ist I ein Modell von $\{E_1, E_2, ..., E_n\}$. Da $E_1, E_2, ..., E_n \models E$ gilt, muß I ebenfalls E wahr machen. I macht (14.24) somit wahr.

Die einzige andere Möglichkeit besteht darin, daß I die linke Seite von (14.24) falsch werden läßt. Da eine Implikation immer wahr ist, wenn ihre linke Seite falsch ist, wissen wir, daß (14.24) wieder wahr ist. (14.24) ist demnach eine Tautologie.

Umgekehrt können wir beweisen, daß, wenn (14.24) eine Tautologie ist, dann $E_1, E_2, ..., E_n \models E$ gilt. Wir überlassen Ihnen diesen Beweis zur Übung.

Bleibt zu erwähnen, daß unsere Argumentation nicht davon abhängt, ob die betroffenen Ausdrücke aus der Aussagenlogik, der Prädikatenlogik oder einer anderen Art von Logik stammen, die wir hier nicht untersucht haben. Wir müssen nur wissen, daß die Tautologien den durch jede „Interpretation" wahr gemachten Ausdrücke entsprechen und daß ein Modell für einen Ausdruck oder eine Menge von Ausdrücken eine Interpretation ist, die den oder die Ausdrücke wahr werden läßt.

Vergleich von Beweisbarkeit und Folgerung

Wir möchten sicher sein, daß ein gegebenes Beweissystem uns ermöglicht, alles Wahre und nichts Falsches zu beweisen. Wir möchten also, daß der einfache und doppelte Turnstile-Operator dieselbe Bedeutung haben. Ein Beweissystem heißt *konsistent*, wenn, immer, wenn etwas bewiesen werden kann, dies auch gefolgert werden kann. Das heißt, $E_1, E_2, ..., E_n \vdash E$ impliziert $E_1, E_2, ..., E_n \models E$. Wir erwähnten in Abschnitt 12.10, warum unsere Ableitungsregeln für die Aussagenlogik konsistent sind. Genauer gesagt zeigten wir, daß, immer wenn wir von den Hypothesen $E_1, E_2, ..., E_n$ ausgehen und eine Zeile E in unseren Beweis einfügen, $(E_1 \text{ UND } E_2 \text{ UND } ... \text{ UND } E_n) \rightarrow E$ eine Tautologie ist. Aufgrund unserer oben angeführten Argumentation ist dies dasselbe, als würden wir sagen $E_1, E_2, ..., E_n \models E$.

Wir möchten auch, daß unser Beweissystem vollständig ist. Dann könnten wir alles beweisen, was aus unseren Hypothesen folgt, auch wenn sich das Finden dieses Beweises schwierig gestaltet. Es stellt sich heraus, daß die in Abschnitt 12.10 gegebenen Ableitungsregeln und die Resolutionsregel aus Abschnitt 12.11 demnach beides vollständige Beweissysteme sind. Das heißt, wenn $E_1, E_2, ..., E_n \models E$ gilt, dann gilt auch $E_1, E_2, ..., E_n \vdash E$ in jedem dieser Beweissysteme. In gleicher Weise gibt es für die Prädikatenlogik vollständige Beweissysteme, die wir hier jedoch nicht vorstellen werden.

Gödels Unvollständigkeitstheorem

Eines der bemerkenswertesten Ergebnisse moderner Mathematik wird häufig als ein Widerspruch zu dem gerade erwähnten angesehen, daß es vollständige Beweissysteme für die Prädikatenlogik gibt. Dieses Ergebnis bezieht sich nicht auf die Prädikatenlogik, die wir gerade behandelten, sondern vielmehr auf eine Spezialisierung dieser Logik, die sich mit ganzen Zahlen und den üblichen Operationen auf ganzen Zahlen befaßt. Insbesondere müssen wir die Prädikatenlogik dahingehend verändern, daß wir Prädikate für die folgenden arithmetischen Operatoren einführen:

1. *plus*(*X*, *Y*, *Z*), das dann und nur dann wahr sein soll, wenn $X + Y = Z$ ist,

2. *mal*(*X*, *Y*, *Z*), das genau dann wahr ist, wenn $X \times Y = Z$ ist und

3. *kleiner*(*X*, *Y*), das genau dann wahr ist, wenn $X < Y$ gilt.

Zudem müssen wir den Definitionsbereich der Interpretationen so einschränken, daß die Werte wie positive ganze Zahlen aussehen. Wir können dies auf eine von zwei möglichen Arten tun. Die eine Möglichkeit besteht darin, eine Menge von Ausdrücken einzuführen, deren Wahrheit wir zusichern. Wenn wir diese Ausdrücke korrekt auswählen, muß der Definitionsbereich in jeder den Ausdrücken genügenden Interpretation „aussehen wie" die ganzen Zahlen. Die Prädikate, wie *plus* und *kleiner*, müssen sich so verhalten wie die uns bekannten Operatoren mit denselben Namen.

Beispiel 14.28

Wir können Ausdrücke wie

$$plus(X, Y, Z) \rightarrow plus(Y, X, Z)$$

zusichern, was dem Kommutativgesetz der Addition entspricht, oder wie

$$(less(X, Y) \text{ UND } less(Y, Z)) \rightarrow less(X, Z)$$

der Entsprechung des Transitivitätsgesetzes für <. ◆

Eine einfachere Möglichkeit, um die durch Gödels Theorem angesprochene Beschränkung der Prädikatenlogik zu verstehen, ergibt sich aus der Annahme, daß die Logik nur ein Modell erlaubt: Das Modell, in dem der Definitionsbereich den positiven ganzen Zahlen entspricht und die speziellen Prädikate gegebene Relationen sind, die ihre herkömmliche Bedeutung besitzen. Die Interpretation für das Prädikat *plus* würde zum Beispiel folgendermaßen lauten:

$$\{(a, b, c) \mid a + b = c\}$$

Gödels Theorem besagt, daß, egal welches konsistente Beweissystem man auswählt, es einen Ausdruck E gibt, der zwar wahr, aber nicht zu beweisen ist! Um es präziser zu formulieren, wenn $E_1, E_2, ..., E_n$ eine Menge von Ausdrücken ist, deren Modelle sich wie die positiven ganzen Zahlen verhalten, dann ist $E_1, E_2, ..., E_n \models E$ wahr, $E_1, E_2, ..., E_n \vdash E$ jedoch falsch. Das heißt, es gibt in unserem gewählten System keinen Beweis aus $\{E_1, E_2, ..., E_n\}$ für E.

Der unbeweisbare Ausdruck E kann für verschiedene ausgewählte Beweissysteme unterschiedlich sein. In der Tat kann man sich den gewählten Ausdruck E auch als eine Möglichkeit vorstellen, die Tatsache in den ganzen Zahlen zu kodieren, daß der Ausdruck selbst keinen Beweis in dem gegebenen Beweissystem besitzt.

Beschränkungen dessen, was ein Computer zu leisten vermag

Eine wichtige Konsequenz aus Gödels Theorem ist, daß es eine Beschränkung unserer Fähigkeit gibt, Fragen über die Mathematik zu beantworten. Wenn ein so komplexes mathematisches Modell, wie die ganzen Zahlen, gegeben ist (und viele mathematische Modelle sind, wie wir in diesem Buch festgestellt haben, weitaus komplexer als die ganzen Zahlen), so gibt es keinen mechanischen Weg, wahre Aussagen von falschen zu unterscheiden. Alles, was wir tun können, ist, mit Hilfe eines konsistenten Beweissystems nach Beweisen zu suchen. Wenn wir einen finden, haben wir Glück und können sicher sein, daß die bewiesene Aussage wahr ist. Unsere Suche kann unter Umständen ewig dauern, ohne daß wir jemals einen Beweis finden, auch wenn die Aussage wahr ist; das heißt, die Aussage folgt aus den Annahmen, die wir zur Definition des gegebenen mathematischen Modells machten.

Philosophisch betrachtet, verheißt diese Situation, daß die Mathematik für immer interessant und herausfordernd bleiben wird. In der Praxis bedeutet dies, daß ein Computer bei der Lösung gegebener Probleme gewissen Beschränkungen unterliegt. Insbesondere können wir keine Programme schreiben, die Beweise in relativ komplexen Systemen finden, obwohl dies in einfachen Systemen, wie der Aussagen- oder sogar der Prädikatenlogik ohne spezielle Prädikate oder Einschränkungen, möglich ist. Der Leser sollte auch den Kasten über „Unentscheidbarkeit“ anschauen, in dem ein dem Theorem von Gödel verwandtes Theorem diskutiert wird. Die Theorie der Unentscheidbarkeit gestattet uns, auf spezielle Probleme hinzuweisen, für die wir zeigen können, daß kein Computer sie lösen kann.

Um dieses Buch nicht mit einer negativen Bemerkung zu beenden, erinnert uns die Theorie der Unentscheidbarkeit daran, daß die Informatik, wie auch die Mathematik, dafür bestimmt ist, die besten Geister herauszufordern, die die Menschheit erschaffen kann. Der Student, der sich diesem Gebiet widmet, wird die Kunst und Wissenschaft erlernen, die zur Vermeidung des Unentscheidbaren (und des in der Praxis Unlösbaren) benötigt wird. Er oder sie wird dann vielleicht zu den Wissenschaftlern und Ingenieuren gehören, die die Grenzen dessen, was ein Computer leisten kann, um ein weiteres Stück nach hinten verschieben.

Unentscheidbarkeit

Der Logiker Alan Turing entwickelte in den 30er Jahren eine formale Theorie der Berechnung, lange bevor es elektronische Rechner gab, die er mit seiner Theorie modellieren konnte. Das wichtigste Ergebnis dieser Theorie ist die Entdeckung, daß gewisse Probleme *unentscheidbar* sind; kein Computer kann sie lösen.

Einen Kernpunkt seiner Theorie bildet die *Turingmaschine*, ein abstrakter Rechner, der aus einem endlichen Automaten mit einem unendlichen, in Quadrate unterteilten Band besteht. In einer einzigen Bewegung kann die Turingmaschine das Zeichen auf dem einen vom *Schreib-Lese-Kopf* bearbeiteten Quadrat lesen und, basierend auf diesem Zeichen und ihrem gegenwärtigen Zustand, dieses Zeichen durch ein anderes ersetzen, ihren Zustand wechseln und den Schreib-Lese-Kopf um eins nach links oder rechts bewegen. Eine beobachtete Tatsache ist, daß jeder reale Computer genauso wie jedes andere mathematische Modell einer Rechenmaschine genau das berechnen kann, was auch die Turingmaschine berechnen kann. Die Turingmaschine wird daher als abstraktes Standardmodell eines Computers angesehen.

Wir brauchen nicht alle Einzelheiten der Arbeitsweise einer Turingmaschine zu kennen, um Turings Theorie zu verstehen. Es genügt, uns als Modell eines Computers eine Art Pascal-Programm vorzustellen, welches Eingabezeichen liest und nur zwei mögliche Schreibanweisungen ausführt: `writeln('yes')` und `writeln('no')`. Des weiteren muß das Programm terminieren, nachdem es eine der möglichen Ausgaben gemacht hat, so daß später nichts Widersprüchliches ausgegeben werden kann. Es ist wichtig zu verstehen, daß ein Programm dieses Typs für einige Eingaben weder „yes" noch „no" ausgibt; es gerät unter Umständen in eine Endlosschleife.

Wir werden beweisen, daß es kein Programm wie *D*, das „Entscheider"-Programm aus Abb. 14.11(a), gibt. Von *D* wird angenommen, daß es ein Programm *P* des oben beschriebenen Typs als Eingabe erhält und „yes" ausgibt, wenn *P* für *P* selbst als Eingabe „yes" ausgibt. *D* gibt „no" aus, wenn – wenn *P* wieder *P* als Eingabe erhält – *P* entweder „no" ausgibt oder *P* keine Entscheidung fällt. Wie wir sehen werden, ist es genau diese Anforderung, daß *D* feststellt, in welchen Fällen *P* niemals eine Entscheidung treffen wird, die es unmöglich macht, *D* zu schreiben.

Ausgehend von der Annahme, daß *D* existiert, ist es jedoch einfach, ein „Komplementierer"-Programm *C* zu schreiben, wie in Abb. 14.11(b). *C* wird aus dem hypothetischen *D* gebildet, indem jede Anweisung, die im einen Programm „no" schreibt im anderen ein „yes" ausgibt und umgekehrt.

Wir fragen uns nun, was geschieht, wenn *C* sich selbst als Eingabe erhält, was in Abb. 14.11(c) dargestellt ist? Wenn *C* „yes" ausgibt, sichert *C* zu, daß „*C* für die Eingabe *C* nicht 'yes' ausgibt". Wenn *C* „no" ausgibt, sichert *C* zu, wie wir aus Abb. 14.11.(b) sehen können, daß „*C* für die Eingabe *C* 'yes' ausgibt". Wir haben nun einen dem Paradoxon von Russell ähnlichen Widerspruch, wobei *C* weder „yes" noch „no" wahrheitsgemäß ausgeben kann.

Wir schließen daraus, daß das Entscheider-Programm *D* nicht wirklich existiert. Das heißt, das durch *D* gelöste Problem, ob ein gegebenes Pascal-Programm des eingeschränkten Typs „yes" ausgibt oder bei der Ausgabe von „yes" versagt (indem „no" oder gar nichts ausgegeben wird), wenn es sich selbst als Eingabe erhält, kann nicht durch einen Computer gelöst werden. Es ist ein unentscheidbares Problem.

Seit Turings ursprünglichem Ergebnis wurden eine große Anzahl unentscheidbarer Probleme entdeckt. Es ist zum Beispiel unentscheidbar, ob ein gegebenes Pascal-Programm für eine gegebene Eingabe in eine Endlosschleife gerät oder ob zwei Pascal-Programme für dieselbe Eingabe dieselbe Ausgabe erzeugen.

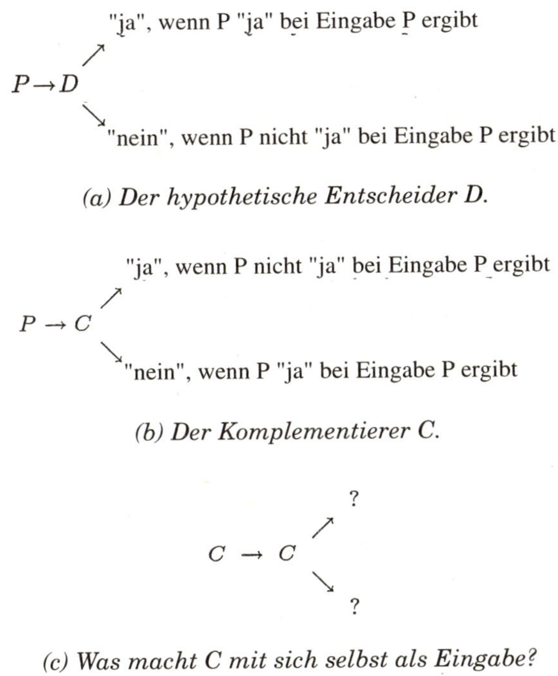

Abb. 14.11: Teile von Turings Konstruktion.

ÜBUNGEN

14.10.1: Es seien $E_1 = p$, $E_2 = q$ und $E_3 = qr + p\bar{r}$ gegeben. Beschreiben Sie die Modelle (Wahrheitsbelegungen für die aussagenlogischen Variablen p, q und r), die $\{E_1, E_2\}$ wahr machen. Beschreiben Sie die Modelle für E_3. Gilt $E_1, E_2 \models E_3$? Warum oder warum nicht?

14.10.2:** Gegeben seien die folgenden Ausdrücke der Prädikatenlogik.

1. $E_1 = (\forall X)p(X, X)$
2. $E_2 = (\forall X)(\forall Y)(p(X, Y) \rightarrow p(Y, X))$

3. $E_3 = (\forall X)(\forall Y)(\forall Z)((p(X, Y) \text{ UND } p(Y, Z)) \rightarrow p(X, Z))$

4. $E_4 = (\forall X)(\forall Y)(p(X, Y) \text{ ODER } p(Y, X))$

5. $E_5 = (\forall X)(\forall Y)p(X, Y)$

Welche dieser fünf Ausdrücke folgen aus den vier anderen? Geben Sie für jeden Fall entweder einen Beweis für alle möglichen Interpretationen an, um die Folgerung zu zeigen, oder geben Sie eine bestimmte Interpretation an, die für vier der Ausdrücke ein Modell ist, nicht aber für den fünften. *Hinweis*: Gehen Sie zu Beginn davon aus, daß das Prädikat p die Bögen eines gerichteten Graphen repräsentiert und betrachten Sie jeden Ausdruck als Eigenschaft eines Graphen. Das Material in Abschnitt 7.10 sollte entweder beim Finden geeigneter Modelle behilflich sein, in denen der Definitionsbereich den Knoten eines gewissen Graphen und das Prädikat p den Bögen dieses Graphen entsprechen, oder um zu zeigen, warum es eine Folgerung gibt. Es reicht aber nicht aus, die Folgerung zu zeigen, indem man darauf besteht, daß die Interpretation einem Graphen entspricht.

14.10.3*: S_1 und S_2 seien zwei Ausdrucksmengen der Prädikatenlogik (oder der Aussagenlogik – das spielt keine Rolle) und ihre entsprechenden Modellmengen seien M_1 bzw. M_2.

a) Zeigen Sie, daß die Menge der Modelle für die Menge der Ausdrücke $S_1 \cup S_2$ der Menge $M_1 \cap M_2$ entspricht.

b) Ist die Menge der Modelle für die Menge der Ausdrücke $S_1 \cap S_2$ immer gleich $M_1 \cup M_2$?

14.10.4*: Zeigen Sie, daß, wenn $(E_1 \text{ UND } E_2 \text{ UND } \ldots \text{ UND } E_n) \rightarrow E$ eine Tautologie ist, dann $E_1, E_2, \ldots, E_n \models E$ gilt.

14.11 Zusammenfassung des 14. Kapitels

Aus diesem Kapitel sollte der Leser die folgenden Punkte behalten haben.

- Die Prädikatenlogik verwendet atomare Formeln, also Prädikate mit Argumenten als atomare Operanden und die Operatoren der Prädikatenlogik plus die beiden Quantoren „für alle“ und „es existiert“.
- Variablen sind in einem Ausdruck der Prädikatenlogik durch Quantoren auf eine Art und Weise gebunden, die analog zur Bindung der Variablen eines Programms an Deklarationen ist.
- Anstelle der Wahrheitsbelegung der Aussagenlogik haben wir in der Prädikatenlogik eine komplexe Struktur, die „Interpretation“ genannt wird. Eine

Interpretation besteht aus einem Definitionsbereich von Werten, aus Relationen auf diesem Definitionsbereich für die Prädikate und aus Werten aus dem Definitionsbereich für alle freien Variablen.

- Die Interpretationen, die eine Menge von Ausdrücken wahr machen, sind die „Modelle“ dieser Menge von Ausdrücken.
- Tautologien des Prädikatenkalküls sind diejenigen, die sich für jede Interpretation zu WAHR auswerten lassen. Während man viele Tautologien erhält, indem man in den Tautologien der Aussagenlogik Substitutionen durchführt, gibt es auch einige wichtige Tautologien, die Quantoren enthalten.
- Es ist möglich, jeden Ausdruck der Prädikatenlogik in „pränexe Normalform“ zu überführen, die aus einem quantorenfreien Ausdruck besteht, auf den als letzte Operatoren die Quantoren angewandt werden.
- Beweise in der Prädikatenlogik werden auf ähnliche Weise aufgebaut wie Beweise der Aussagenlogik.
- Die Substitution von Konstanten für Variablen in einer Tautolgie führt zu einer anderen Tautologie. Diese Ableitungsregel ist insbesondere dann in Beweisen nützlich, wenn wir von einer Datenbasis aus Fakten und einer Sammlung von Regeln ausgehen.
- Ein Ausdruck E „folgt“ aus einer Menge von Ausdrücken $\{E_1, ..., E_n\}$, wenn jedes Modell der Ausdrucksmenge auch ein Modell des Ausdrucks E ist. E ist für die als Hypothesen gegebene Ausdrücke E_1, ..., E_n „wahr“, wenn E aus E_1, ..., E_n folgt.
- Gödels Theorem besagt, daß, wenn Ausdrücke zur Beschreibung der Zahlentheorie (z. B. Arithmetik für die positiven ganzen Zahlen) als Hypothesen gegeben sind, es dann für jedes Beweissystem einen Ausdruck gibt, der aus den Hypothesen folgt, jedoch nicht aus ihnen bewiesen werden kann.
- Turings Theorem beschreibt ein formales Modell eines Computers, das „Turingmaschine“ genannt wird, und besagt, daß es Probleme gibt, die von einen Computer nicht gelöst werden können.

14.12 Bibliographische Anmerkungen zum 14. Kapitel

Die in Abschnitt 12.14 angegebenen Bücher über Logik, einschließlich Enderton [1972], Mendelson [1987], Lewis und Papadimitriou [1981] und Manna und Waldinger [1990] behandeln auch die Prädikatenlogik.

Gödels Unvollständigkeitstheorem erschien in Gödel [1931]. Turings Arbeit über die Unentscheidbarkeit ist Turing [1936].

Gödel, K. [1931]. „Über formal unentscheidbare Sätze der Principia Mathematica und verwandter Systeme“, *Monatshefte für Mathematik und Physik* **38**, S. 173 - 198.

Turing, A. M. [1936]. „On computable numbers with an application to the *entscheidungsproblem*“, *Proc. London Math. Soc.* **2**:42, S. 230 - 265.

Index

B

Q

R